BIOLOGY

Raven
Johnson
Mason
Losos
Singer

생명과학의 이해

역 · 편자 방재욱 외

녹 문 당

The McGraw·Hill Companies

Biology, 9th Edition (Brief Edition).

1 2 3 4 5 6 7 8 9 10 NMD 20 13

Original: Biology, 9th Edition.
By Peter Raven, George Johnson, Kenneth Mason, Jonathan Losos, Susan Singer.
ISBN 978-0-07-735002-4

This book is exclusively distributed by Nok Moon Dang Publishing Co.

When ordering this title, please use ISBN 978-89-88684-76-4 93470

Printed in Korea

머리말

새로운 밀레니엄으로 시작된 21세기는 생명공학(Biotechnology, BT)의 발달에 힘입어 이제 생명사회(Biosociety)로 진입하고 있습니다. 생명사회의 기반이 되는 생명과학은 생명현상의 원리를 밝혀 그 결과를 인류 생활에 유익하게 적용하고자 하는 자연과학의 한 분야입니다.

현재 우리가 살고 있는 지구는 인구 증가에 따른 식량 부족, 암, 심장병, 조류독감, AIDS 등의 질병, 환경오염과 오존층의 파괴에 따른 환경의 악화 그리고 에너지 부족 문제 등 해결해야 할 많은 문제들을 안고 있으며, 이러한 문제들의 해결에 생명과학이 광범위하게 관련되어 그 역할이 점점 증대되고 있습니다.

생물은 햇빛과 공기, 물과 산소, 동물과 식물 그리고 미생물들이 함께 공존하는 생태계를 이루어 살아가고 있으며, 인간도 생태계의 일원이기 때문에 우리가 살고 있는 환경이 망가지면 인류의 생존이 위협을 받을 수 있습니다. 따라서 생명과학에 대한 지식과 소양은 급격하게 변화하고 있는 지구 환경에 대한 적응을 위해 우리가 필연적으로 선택해야만 하는 주제로 대두되고 있는 것이 현실입니다.

지금까지 생명과학에서는 생물을 이루는 기본 구조인 세포로부터 개체, 군집 그리고 생태계를 아우르는 여러 분야에서 많은 연구가 이루어져 왔습니다. 분자생물학의 발달로 생명현상에 대한 많은 새로운 이론들이 대두되고 있습니다. 최근에는 유전체학(Genomics)에 대한 연구가 대대적으로 이루어지고 있으며, 이러한 모든 생명현상의 바탕에는 진화의 개념이 자리하고 있습니다.

이 책은 McGraw-Hill사에서 2011년 출판된 **'Biology'** 제9판의 번역본인 **'생명과학**(녹문당 발간)' 에서 교양생물에서 다루어야 할 내용들을 정선하여 발간한 전공 교양서입니다.

이 책의 구성에서 Part 1은 '생명체의 구성' 을 주제로 세포의 구조와 세포분열을 다루고 있고, Part 2는 '유전과 진화' 를 주제로 유전의 원리, 생물공학과 유전체학 그리고 진화와 계통을 다루고 있습니다. '생물의 다양성' 을 주제로 한 Part 3은 생물의 기원과 분류를 바탕으로 원핵생물, 식물 그리고 동물의 다양성을 다루고 있습니다. Part 4와 Part 5는 식물의 구조와 기능 그리고 동물의 구조와 기능을 다양한 그림과 함께 다루고 있습니다. 마지막 단원인 Part 6은 '환경생물학' 을 주제로 생태계와 생물권 그리고 보전생물학을 다루고 있습니다.

이 교양서의 역편자들은 이 책이 대학에서 생명과학의 교양 교과서로서뿐만 아니라 중 · 고등학교 교사들은 물론 생명현상에 관심을 가진 일반인들도 쉽게 접할 수 있는 교양 교재로 꾸미고자 노력하였습니다. 부디 이 책이 생명과학의 시대인 21세기에 부응하는 교양생물의 교재로 생명현상에 대한 기반을 제공할 수 있는 디딤돌 역할에 도움이 되기를 바라는 마음입니다.

생명과학의 이해를 위한 이 책의 출판을 주관해 주신 녹문당 김중현 사장님을 비롯하여 편집진들에게 깊은 사의를 표합니다. 특히 바쁘신 중에도 후학들을 위해 **'생명과학(Biology)'** 번역본과 **'생명과학의 이해'** 출간에 성의를 다해 주신 교수님들께도 깊은 감사를 드립니다.

2013년 1월

생명과학의 이해 역편자들을 대표하여

방 재 욱 충남대학교 생명시스템과학대학 생물과학과

역편자 소개

구 용 범 / 인제대학교 의생명공학대학 생명과학부

권 도 헌 / 인제대학교 의생명공학대학 생명과학부

김 남 수 / 강원대학교 의생명과학대학 분자생명과학과

김 명 옥 / 경상대학교 자연과학대학 생물학과

김 승 범 / 충남대학교 생명시스템과학대학 미생물 분자생명과학과

김 영 희 / 부산대학교 자연과학대학 분자생물학과

김 현 희 / 삼육대학교 과학기술대학 생명과학과

도 은 수 / 중부대학교 관광보건대학 한방제약과학과

문 병 용 / 인제대학교 의생명공학대학 생명과학부

문 용 환 / 부산대학교 자연과학대학 분자생물학과

박 기 룡 / 경남대학교 사범대학 과학교육과

박 선 주 / 영남대학교 이과대학 생물학과

박 택 규 / 경북대학교 자연과학대학 생명과학부

방 재 욱 / 충남대학교 생명시스템과학대학 생물과학과

부 성 민 / 충남대학교 생명시스템과학대학 생물과학과

석 호 영 / 영남대학교 이과대학 생물학과

신 광 순 / 충남대학교 수의과대학 수의학과

안 광 국 / 충남대학교 생명시스템과학대학 생물과학과

안 상 낙 / 충남대학교 농업생명과학대학 응용식물학과

오 정 일 / 부산대학교 자연과학대학 미생물학과

우 제 창 / 목포대학교 자연과학대학 생명과학과

우 혜 련 / 충남대학교 생명시스템과학대학 생물과학과

유 시 욱 / 영남대학교 이과대학 생물학과

윤 부 현 / 부산대학교 자연과학대학 생명과학과

이 대 원 / 동국대학교 과학기술대학 바이오학부

이 명 철 / 충남대학교 생명시스템과학대학 생물과학과

이 선 우 / 동아대학교 생명자원과학대학 응용생물공학과

이 재 헌 / 동아대학교 생명자원과학대학 의학생명공학과

이 정 일 / 동국대학교 과학기술대학 바이오학부

이 종 욱 / 영남대학교 이과대학 생물학과

장 갑 수 / 영남대학교 이과대학 생물학과

장 경 립 / 부산대학교 자연과학대학 미생물학과

장 해 룡 / 동국대학교 과학기술대학 바이오학부

정 영 미 / 부산대학교 자연과학대학 생명과학과

정 재 훈 / 부산대학교 자연과학대학 분자생물학과

최 혜 운 / 충남대학교 생명시스템과학대학 생물과학과

한 승 진 / 인제대학교 의생명공학대학 생명과학부

한 영 환 / 동국대학교 과학기술대학 바이오학부

허 윤 강 / 충남대학교 생명시스템과학대학 생물과학과

역편자 가나다 순

차례

Part 1

BIOLOGY

생명체의 구성

제 1 장 생명과학

The science of life

1 생명과학의 이해

1.1 생명과학이란?

현재 생물학 연구는 역사상 가장 흥미로운 시점에 와 있다. 이는 자연계에 대한 정보와 지식이 지난 25년 동안 폭발적으로 증가하였으며, 그에 따라 과거에는 상상도 할 수 없었던 많은 의문들에 대해 해답을 제시할 수 있게 되었기 때문이다.

인간 게놈 프로젝트(Human Genome Project, HGP)에 의해 사람 **유전체**(genome)의 전체 서열이 밝혀졌으며, 많은 생물 종들의 유전체 분석도 빠른 속도로 진행되고 있다. 세포에서 분자 수준의 작용들이 더욱 상세하게 밝혀지고 있으며, 다세포 생물에서 세포들이 어떠한 방식으로 복잡한 체계를 구성하는지도 상세히 밝혀지고 있다. 그리고 로봇의 활용, 영상기술과 분석기술의 발전으로 과거에는 공상과학의 소재로만 이용되었던 도구들이 실제 연구에 이용되고 있다.

이 책의 도입부에 해당하는 본 장은 생물학의 본질과 과학의 일반적인 기초에 대해 소개함으로써 앞으로 제시될 내용들을 이해하는 데 도움이 될 수 있도록 편성되었다.

자연과학을 통합하는 생물학의 이해

생물체를 구성하는 기본 단위인 **세포**(cell)에서 일어나는 정교한 화학반응들은 화학에서 이미 밝혀진 반응들이다. 또한 열역학(thermodynamics) 연구에서 밝혀진 에너지 전환의 특성은 모든 생물 조직의 각 단계에 그대로 적용될 수 있다. 생물계에는 새로운 형태의 물질이 존재하지는 않지만 생물체는 현재까지 알려진 물질들로 가장 복잡하게 구성되어 있다. 생물계의 복잡한 특성은 태양의 지속적인 에너지 공급으로 유지되고 있으며, 태양의 에너지원을 광합성을 통하여 유기분자로 전환시키는 과정은 지금까지 화학과 물리학에서 알려진 가장 정교하고 복잡한 반응들 중 하나이다.

우리는 과학을 하면서 점점 더 어렵고 새로운 문제들에 직면하게 되고 이를 해결해 나가야 한다. 과학은 나노기술과 같이 다양하고 새로운 영역의 전문가들과 함께 연구하는 융합(interdisciplinary) 학문으로 발전하고 있다. 생물학 연구에서 나타나는 의문점들을 해결하기 위해 여러 가지 접근 방법들이 요구되고 있는 현 상황에서 생물학은 다학제간(multidisciplinary) 연구의 중심에 위치하고 있다.

생명의 정의

넓은 의미에서 생물학은 살아있는 것들에 대해 연구하는 **생명과학**으로 불린다. 생물학자들은 매우 다양한 모양과 형태로 나타나는 생물들을 대상으로 많은 방법들을 도입하여 생명 현상을 연구한다. 생물학자들은 고릴라와 함께 살거나, 화석을 수집하며, 고래의 소리를 듣기도 한다. 그리고 그들은 유전을 담당하는 긴 분자에 기록된 메시지를 읽어내기도 하고, 벌새의 날개가 1초에 몇 번 퍼덕거리는지를 세기도 한다.

생명이란 무엇인가? 누구나 달리는 말은 살아있고 자동차는 달리기는 하지만 살아있는 것은 아니라고 구분할 수 있지만 왜 그런지를 답하기란 쉽지 않다. 이는 차도 움직일 수 있고 젤라틴(gelatin)도 그릇 안에서 꿈틀거릴 수 있어 단순히 움직인다고 해서 살아있는 것은 아니기 때문이다. 생명을 하나의 단순한 문장으로 정의를 내릴 수는 없지만 모든 생물들은 다음에 제시하는 바와 같은 7가지 특징들을 공통적으로 지니고 있다.

- **세포로 이루어진 구조(Cellular organization):** 모든 생물은 하나 혹은 그 이상의 세포로 이루어져 있다. 눈으로 관찰할 수 없을 정도로 작은 세포는 생명의 모든 기본적인 활동을 수행한다. 그리고 각 세포는 주위 환경으로부터 자신을 구분 짓는 경계막으로 둘러싸여 있다.
- **체계의 복잡성(Ordered complexity):** 생물체들의 구조는 복잡하며 고도로 체계화되어 있다. 우리의 몸은 매우 다양한 세포들로 이루어져 있으며, 각 세포는 수많은 복잡한 분자 구조물들을 지니고 있다. 살아있지 않은 물체들도 구성이 복잡할 수 있지만 생물체만큼 체계적인 복잡성을 나타내지는 않는다.
- **감수성(Sensitivity):** 생물은 자극에 대하여 반응을 한다. 식물은 빛이 있는 쪽으로 자라고, 어두운 방으로 들어가면 우리 눈의 동공은 확장된다.
- **성장, 발생 및 생식(Growth, development, and reproduction):** 생물들은 자라나 생식을 하며, 자손에게 유전물질을 물려주면서 자손이 부모와 닮게 된다.
- **에너지 이용(Energy utilization):** 생물들은 에너지를 받아들여 생명을 유지하며 살아간다. 우리 몸을 이루고 있는 근육은 우리가 먹는 음식물로부터 에너지를 얻어 살아간다.
- **항상성(Homeostasis):** 생물들은 주변 환경과는 다른 내부 조건을 비교적 일정하게 유지하는데 이를 항상성이라고 한다.
- **진화적 적응(Evolutionary adaptation):** 생물은 다른 생물들이나 무생물적 환경과 상호작용을 하며, 이들은 생물의 생존에 영향을 준다. 이를 통하여 생물은 환경에 적응하면서 진화한다.

생물계의 계층 구조

생물계를 이루는 다양한 생물들은 여러 단계에 걸친 계층 구조로 이루어져 있다.

1. **세포와 세포소기관** 세포 단계에서 물질의 기본 요소인 원자(atom)는 서로 결합하여 분자를 이룬다(**그림 1.1**). **세포**(cell) 내에서 복잡한 구조의 분자들은 서로 결합하여 막으로 둘러싸인 단위체인 소기관이라 부르는 작은 구조물을 이룬다. 세포는 생명의 기본 단위이다. 박테리아는 단세포이지만 모든 동물과 식물 그리고 대다수의 균류 및 조류들은 하나 이상의 세포로 구성된 다세포 생물이다.
2. **생물체를 이루는 조직, 기관 및 기관계** 다세포 생물은 3단계의 구조로 이루어져 있다. 가장 기본적인 단계인 **조직**(tissue)은 기능적 단위로 작용하는 유사한 세포들의 집단이다. 구조적 및 기능적 단위로 작용하는 여러 조직들이 모여 **기관**(organ)을 형성하며, 그 실례로 우리의 뇌는 신경세포와 혈액을 공급하는 다양한 조직들로 이루어져 있다. 세 번째 단계로 기관들이 모여 **기관계**(organ system)를 형성한다. 예를 들어 신경계는 감각기관, 뇌와 척수 그리고 신호를 전달하는 뉴런으로 이루어져 있다.
3. **개체군과 생물군집** 생물계에서 생물들은 여러 계층적 단계로 구분된다. 가장 기본적인 단계인 **개체군**(population)은 같은 장소에서 사는 같은 종의 생물집단을 의미한다. 개체군을 이루는 생물 **종**(species)은 생김새가 비슷하며 서로 교배할 수 있다. 개체군이 모여 구성하는 단계를 **생물군집**(community)이라 부르며, 군집은 한 장소에 서식하는 모든 종의 개체군들로 구성된다.
4. **생태계** 생물계의 가장 높은 계층은 하나의 군집과 이들의 물리적인 서식처로 이루어지는데 이를 **생태계**(ecostem)라 부른다. 그 실례로 산림 생태계를 이루는 생물 군집은 토양, 물 그리고 대기와 다양한 방식으로 상호작용을 한다.
5. **생물권** 지구 전체를 하나의 생태계로 볼 수 있으며 이를 **생물권**(biosphere)이라고 부른다.

생물계에서는 계층적 단계에서 상위로 갈수록 새로운 특성들이 나타나는데, 이러한 특성들은 생물계를 구성하고 있는 요소들의 상호작용에 의해 나타나기 때문에 개개의 구성원들로부터 그 특성을 유추해 내는 것은 쉽지 않다. 예를 들어 개개의 세포를 관찰한다고 해서 전체 동물에 대하여 얻을 수 있는 정보는 많지 않으며, 생물계에는 이러한 특성들이 너무 많아 생명 현상을 간단하게 정의하는 것은 쉽지 않다.

1.2 과학의 본질

생명 자체를 정의하기 어려운 것처럼 자연과학을 간단하게 정의하기란 쉽지 않다. 오랫동안 과학자들은 과학적 연구 방법을 한 가지 방식으로만 기술해 왔으나 이와 같이 과학을 너무 단순화시키면 비과학자들은 과학의 본질에 대하여 혼란을 겪을 수 있다.

과학은 우리 주변 세계를 관찰하고 사고하여 보다 더 정확하게 이해하고자 하는 학문 분야이며, 먼저 현재 지구상에 작용하고 있는 자연적 힘이 우주의 탄생 이후 변함없이 작용하여 왔으며, 지금도 변하지 않는다는 것을 가정하고 있다. 그리고 여러 가지 상호보완적인 방법들을 이용하여 자연현상을 이해할 수 있게 되었지만 과학에서 단 한가지의 옳은 방법만 있을 수는 없다.

과학자들은 수집한 데이터와 관찰 결과를 최대한 객관적으로 해석하려고 노력하지만 과학자들도 인간이기 때문에 완벽하게 객관성을 유지할 수는 없다. 그래서 과학은 항상 논생과 감독의 대상이 되어 자체적으로 수정이 이루어지면서 발전하고 있다. 한 과학자가 얻은 결과는 다른 과학자들에 의해

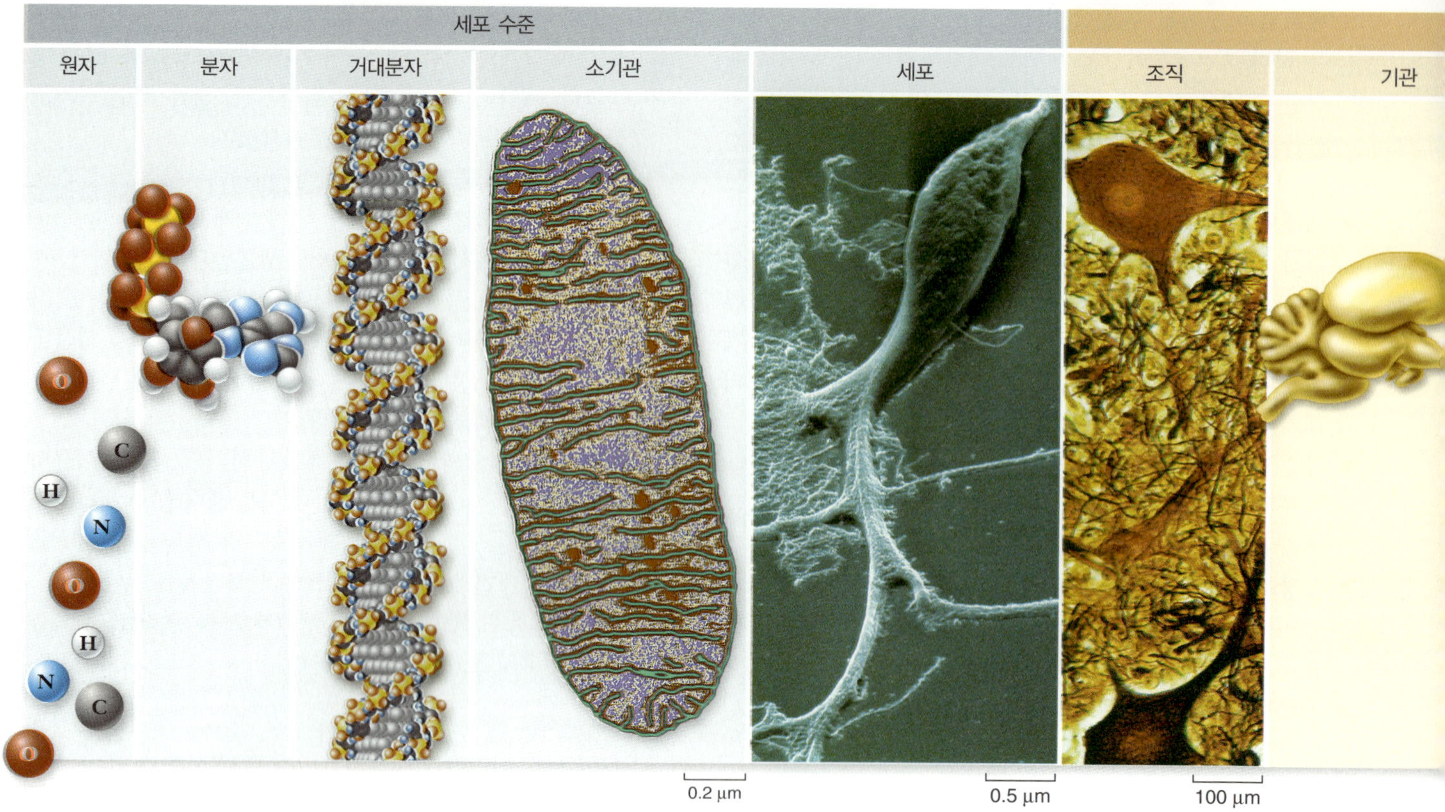

검증이 되고 만약 그 결과가 재현될 수 없는 결과라면 이는 과학적 사실로 받아들여질 수 없게 된다.

과학과 과학적 서술

고전적 과학 방법에서는 관찰을 통하여 가설을 세우고 이로부터 실험적으로 증명이 가능한 예측을 하며, 그를 통해 새로운 아이디어를 냉정하게 평가하여 보다 정확하게 자연을 이해할 수 있게 된다. 과학적 방법에서 대다수의 과학이 서술적이라는 것을 이해하는 것이 중요하다. 즉, 어떤 사실이나 현상을 이해하기 위해서는 먼저 그에 대하여 완전하게 기술하는 것이 필요하다. 따라서 생물학에서는 자연 현상에 대해 보다 상세하게 서술하는 데 관심을 기울이게 된다.

과학적 서술의 한 예로 **생물다양성**(biodiversity) 연구를 들 수 있다. 현재 지구상의 모든 생물들에 대한 분류 작업이 진행되고 있다. 이러한 야심찬 프로젝트는 완전히 서술적으로 이루어지고 있으며, 생물의 다양성 연구뿐만 아니라 인간이 생물다양성에 미치는 영향을 이해하는 데에도 크게 도움을 줄 수 있다.

연역적 추론과 귀납적 추론

논리학에서 논리적인 결론에 도달하는 방법으로 **연역적 추론**과 **귀납적 추론**의 두 가지 상반된 방법이 사용된다. 이 두 가지 방법들은 모두 과학에 이용되지만, 가설에 근거한 과학에서는 주로 귀납적 추론이 이용된다.

연역적 추론

연역적 추론(deductive reasoning)은 기존의 일반적 원리를 적용하여 특정 결과를 예측하는 방법이다. 2,200여년 전에 그리스 과학자인 에라토스테네스(Eratosthenes)는 유클리드 기하학과 연역적 추론을 이용하여 지구의 둘레를 정확하게 예측한 바 있다. 연역적 추론은 수학과 철학에 적용되며 모든 분야의 지식에서 일반적인 사고의 타당성을 검증하는 데 이용된다. 예를 들어 모든 포유동물이 털을 가진다고 정의하고 털을 가지지 않은 동물을 발견한다면 이 동물이 포유동물이 아니라고 결론을 내리는 것이다. 생물학자들은 생물의 특징을 이용하여 종을 예측하는 데 연역적 추론을 이용하고 있다.

귀납적 추론

귀납적 추론(inductive reasoning)은 특정 사실들로부터 일반적 원리를 찾아내는 방법으로 논리의 흐름이 연역적 추론과 반대 방향으로 진행된다. 예를 들어 푸들과 테리어가 털을 가지고 있고 당신이 관찰한 모든 개들이 털을 가진다면 모든 개가 털을 가진다고 결론을 내리게 되는 것이다. 귀납적 추론에서는 검증이 가능한 일반론을 이끌어낸다. 귀납적 추론은 1,600년대에 유럽에서 베이컨(Bacon)과 뉴턴(Newton) 등이 특정 실험결과로부터 지구의 작동에 대한 일반적 원리를 유추하는 데 이용하면서 처음으로 과학의 중요한 연구 접근방법으로 대두되기

그림 1.1 생물계의 계층적 구조.
생물은 가장 단순한 원자에서부터 복잡한 다세포 생물에 이르기까지 고도로 체계화되어 있다. 이러한 계층적 구조에서 원자는 분자를, 분자는 세포소기관을, 그리고 소기관은 세포내에서 기능적인 체계를 형성한다. 세포는 조직을 이루고 조직들은 기관과 기관계를 구성한다. 이러한 생물계의 체계화는 개체에서 개체군, 군집, 생태계 그리고 마지막으로 생물권으로 확장된다.

시작하였다.

가설-근거의 과학: 예측과 검증

과학자들은 특정 사안을 체계적으로 검증하는 절차를 거쳐 어떤 일반적 원리의 진실 여부를 알아낸다. 만약 이들 사안이 실험적 관찰과 일치하지 않는 것으로 밝혀지면 진실이 아닌 것으로 부정되며, **그림 1.2**는 이러한 과정을 보여준다.

과학자들은 특정 사안에 대해 세밀한 관찰을 한 다음 관찰결과에 대해 설명할 수 있는 **가설**(hypothesis)을 세운다. 가설은 진실 가능한 하나의 명제로 가설이 반증되지 않는 한 유지된다. 이러한 가설들은 알려진 사실의 확인에 적합하기 때문에 유용하게 이용될 수 있지만 후에 새로운 정보에 의해 부정확한 것으로 판명되어 거부될 수도 있다.

가설 검증

가설을 검증하는 과정을 **실험**(experiment)이라고 한다. 어두운 방이 있다면 그 방이 왜 어두운지를 설명하기 위하여 여러 가지 가설들이 제안될 수 있다. 첫 번째로 아마도 "스위치가 꺼져 있어 방이 어두울 것이다."는 가설을 세울 수 있다. 다른 가설로 "전구가 손상되어 방이 어둡다."라는 것도 가능하다. 또한 "내가 장님이 되어가고 있는 것 같다."고도 할 수 있다. 이들 가설을 평가하기 위하여 하나 혹은 그 이상의 가설들을 배제하기 위해 고안된 실험을 수행할 수 있다.

예를 들어 전원 스위치를 여러 번 작동시켜 보아도 여전히 어둡다면 첫 번째 가설에 대한 반증이 확보되어 이 가설은 바로 폐기된다. 여기에서 주목할 점은 이러한 실험이 다른 어떤 가설이 진실인지는 알려주지 않고 검증 중인 것만 반증한다는 것이다. 어떤 실험을 통하여 하나 혹은 그 이상의 대체가설이 결과와 일치하지 않는다는 사실을 증명할 수 있다면 성공적이다.

대조군 설정

어떤 현상은 여러 가지 요인들을 나타내는 **변수**(variants)의 영향을 받는다. 만약 하나의 변수에 대한 대체가설을 검증하고자 한다면 다른 모든 변수들을 일정하게 유지하여야 한다. 이를 위하여 검증 실험과 대조군 실험을 함께 수행한다. **검증 실험**(test experiment)에서는 특정 가설을 검증하기 위하여 하나의 변수를 알려진 방식대로 바꾸어 준다. 그에 비해 **대조군 실험**(control experiment)에서는 변수에 변화를 주지 않는다. 두 실험에서 모든 다른 조건들을 일정하게 유지한다면

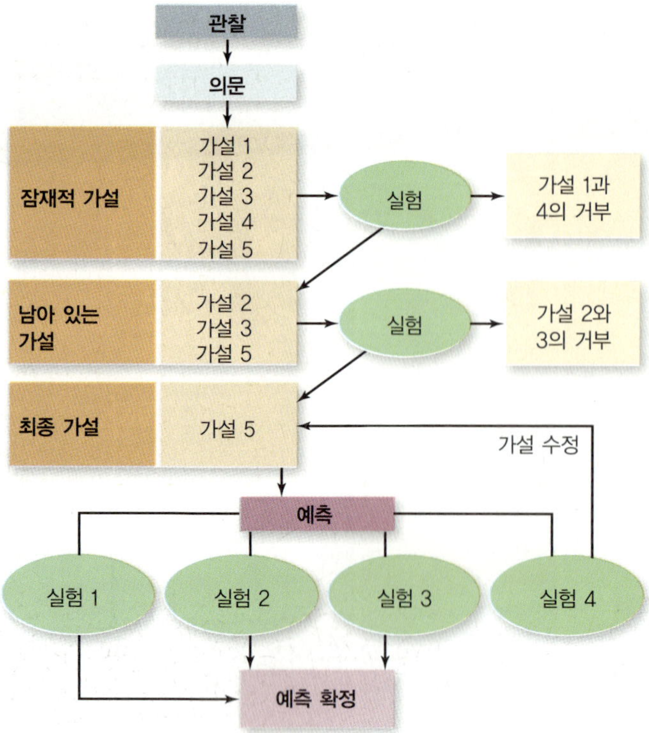

그림 1.2 과학적 연구 방법.
이 그림은 과학적 연구를 진행하는 방법을 보여준다. 과학자들은 먼저 관찰을 통하여 질문을 만들어내고 그 질문에 대한 답을 얻기 위하여 여러 가지 가능한 가설들을 만든다. 그 다음 이들 가설 가운데 하나 혹은 그 이상을 배제하기 위하여 실험을 수행한다. 그리고 남아 있는 가설에 근거하여 예측을 하고 이 예측을 검증하기 위하여 추가 실험을 진행한다. 이러한 과정은 반복적으로 진행될 수 있다. 실험 결과로부터 얻은 정보를 이용하여 새로운 관찰에 적합하도록 원래의 가설을 변형시킬 수도 있다.

두 실험에서 나온 결과의 차이는 변수의 차이에서 생겨난 것으로 해석할 수 있다.

예측의 이용

과학적 방법으로 입증된 과학적 가설은 분명하고 이용 가치를 지녀야 한다. 즉, 가설이 우리가 원하는 것들을 알려줄 수 있어야 한다. 가장 유용한 가설은 **예측**(prediction)을 만들 수 있는 가설로 이는 그 예측이 가설의 타당성을 검증하는 방법을 제공하기 때문이다. 어떤 실험에서 예측과 다른 결과를 얻었다면 가설은 폐기되거나 수정되어야 한다. 반면에 예측이 실험적 검증에 의하여 지지를 받았다면 그 가설은 지지된다. 가설이 만든 예측이 실험적으로 더 많은 지지를 받을수록 그 가설은 더욱 확고해진다.

그 실례로 미생물학의 초기 연구에서 육즙을 공기에 노출시킨 채로 방치하면 오염된다는 사실이 알려졌다. 이러한 관찰을 설명하기 위하여 **자연발생설**(spontaneous generation)과 **생식질설**(germ plasm hyphothesis)의 두 가지 가설이 제안되었다.

이 두 가설들은 공기를 여과하고 육즙을 끓여 오염된 생식질을 죽이는 것을 포함한 많은 실험들을 통하여 검증되었다. 결정적인 실험은 파스퇴르(Louis Pasteur)에 의하여 이루어졌다. 파스퇴르는 **그림 1.3**에서 보는 바와 같이 공기에 노출될 수는 있지만 미생물의 오염을 배제할 수 있는 휘어진 목을 가지는 플라스크를 이용하였다. 이 플라스크 속의 육즙을 끓여 멸균시키면 오랫동안 멸균상태가 유지되었지만 휘어진 목을 절단한 플라스크에서는 오염이 발생하였다.

멸균된 플라스크가 공기에 노출되면 공기 중에 있는 미생물이 육즙에 내려앉아 자란다는 것은 생식질설이 예측한 결과이다. 반면에 자연발생설에서는 공기에 노출되더라도 결과에 아무런 차이가 없을 것으로 예측하였다. 따라서 이 실험 결과를 통해 자연발생설은 부정되었고 생식질설이 지지를 받게 되었다.

생물계를 세분하여 이해하는 환원주의

과학자들은 흔히 복잡한 계를 작용 부위별로 세분하여 이해하는 철학적 접근법인 **환원주의**(reductionism)를 이용한다. 환원주의는 생화학에서 일반적으로 이용되는 접근법으로, 개개의 경로와 특정 효소들을 집중적으로 연구하여 복잡한 세포의 물질대사를 규명하는 데 많은 성과를 거두었다. 모든 경로와 이들의 구성요소들을 분석함으로써 세포의 전반적인 물질대사를 이해할 수 있게 된 것이다.

그러나 환원주의를 생물계에 전적으로 적용하는 데에는 한계가 있다. 그 실례로 효소는 정제 상태에서 항상 세포 내에서와 같이 작용하지는 않는다. 더 큰 문제는 서로 연결된 여러 가지 기능들이 복잡하게 상호작용하여 각 부분에서의 작용으로는 예측될 수 없었던 새로운 특성이 생겨날 수 있다는 것이다.

그림 1.3 자연발생설과 생식질설의 검증 실험.

결과: 멸균된 백조 목 모양의 플라스크에서 미생물 성장이 일어나지 않았다. 목이 절단되어 육즙이 공기에 노출된 플라스크에서는 미생물 성장이 일어났다.
결론: 육즙에서의 미생물의 성장은 기존의 미생물에 의한 것이다.

과학적 이론의 특성

과학자들은 **이론**(theory)이라는 용어를 두 가지 방식으로 이용한다. 첫 번째로 이론은 어떤 자연현상에 대해 일반적인 원리에 근거를 두고 제안된 설명을 의미한다. 뉴턴에 의하여 처음 제안된 원리를 "**중력이론**(theory of gravity)"이라고 한다. 이러한 이론은 이전에는 관련이 없는 것으로 여겨졌던 개념들을 통합시키기도 한다. 두 번째로 이론은 상호 연관된 개념들이 과학적 추론과 실험적 증거에 의해 지지되어 하나의 실체로 정립되어 특정 연구 분야의 사실을 설명하는 데 이용되기도 한다. 이러한 이론은 지식의 실체를 조직하는 데 필수적인 뼈대를 제공한다. 그 실례로 물리학에서 **양자이론**은 우주의 본질에 대한 모든 생각들을 묶어 실험적 사실들을 설명하고 추후의 의문점과 실험에 대한 지침을 제공해주고 있다.

그림 1.4 촬스 다윈(Charles Darwin). 최근에 발견된 다윈이 사망하기 1년 전인 1881년에 촬영된 사진.

기초연구와 응용연구

과거에는 "**과학적 방법**(scientific method)"이 정해진 순서의 논리 혹은 단계로 구성되어 있다고 여겼다. 각 단계에서 두 가지 상호배타적인 안들 가운데 하나가 거부되고 시행착오를 거쳐 궁극적으로 과학적 해답에 도달한다고 생각한 것이다. 이것이 사실이라면 컴퓨터가 가장 훌륭한 과학자가 될 것이지만 실제로 과학은 그러한 방식으로 발전하지 않고 있다.

일부 과학자들은 기초연구를 수행하여 우리가 알고 있는 영역을 더 넓히고자 한다. 이들은 보통 대학에서 일하며 통상 이들의 연구는 다양한 연구재단의 연구비로 지원된다. 기초연구에 의하여 얻어진 정보는 과학적 지식을 늘리는 데 기여하고 응용연구의 과학적 토대를 제공한다. 그에 비해 응용과학을 연구하는 과학자들은 대부분 회사에 고용되어 있다. 이들은 식품 첨가제를 제조하거나 새로운 약을 개발하고 환경오염을 검사하기도 한다.

연구 결과를 논문으로 작성하여 과학저널에 출판하기 위해 논문을 투고하면 다른 과학자들이 이를 심사한다. 이러한 평가과정을 동료심사(peer review)라고 하며 현대 과학에서 중요한 분야로 자리 잡고 있다. 이러한 과정을 거쳐 잘못된 연구나 주장은 거부될 수 있으며, 학자들은 논문을 기초로 자신의 연구를 시작하기 전에 실험 결과의 재현성을 검증하기도 한다. 왜냐하면 재현되지 못하는 결과는 다른 사람들의 인정을 받을 수 없기 때문이다.

2 과학탐구의 실례: 다윈과 진화론

다윈(Charles Darwin; 1809~1882, **그림 1.4**)의 진화론은 지구상의 생물들이 시간이 지남에 따라 어떻게 변화하면서 다양한 새로운 형태를 획득해 왔는지를 설명해준다. 진화론은 과학자들이 어떻게 가설을 세우고 어떠한 과정을 거쳐 과학적 이론을 확립하여 인정받을 수 있는지에 대한 좋은 실례이다.

다윈은 영국의 박물학자로 30여 년간의 연구와 관찰 결과를 정리하여 역사상 가장 유명하고 영향력이 높은 "**자연선택에 의한 종의 기원**(On the Origin of Species by Means of Natural Selection)"이라는 책을 저술하였다. 이 책이 출판되었을 때 사회에서 커다란 관심을 불러일으켰으며 이 책에 담겨 있는 다윈의 생각은 후에 인간의 사고 발전에 크게 기여하였다.

다윈 이전 시대의 진화 사상

다윈 시대에 대부분의 사람들은 서로 다른 종류의 생물들과 이들의 특징적인 모양은 지금도 여전히 많은 사람들이 믿고 있는 것처럼 창조자의 의해 생겨났다고 믿고 있었다. 따라서 생물 종은 특이하게 창조되어 시간이 지나더라도 변하지 않는 것으로 여겼다.

이러한 생각과는 달리 여러 박물학자들과 철학자들은 지구상의 생명체들은 시간이 지나면서 변화해 왔을 것이라고 제안하였다. 그들의 생각에 따르면 **진화**(evolution)의 결과로 출현한 현존 생물들은 이들이 처음 생겨났을 때와는 모습이 전혀 다를 수 있다는 것이다. 다윈의 공로는 진화에 "**자연선택**(natural selection)"이라는 개념을 도입한 것으로 자연선택에 의한 진화의 과정을 논리적으로 설명하고자 하였으며, 그의 생각은 대중적 관심을 크게 불러일으키기에 충분하였다.

유사한 생물들의 차이를 관찰한 다윈

다윈은 22살이던 1831년에 그의 이론에 대한 연구를 시작하면서 남아메리카 해안 주변을 5년간 조사하는 탐험대의 일원으로 **비글호**(Beagle)에 올랐다. 오랜 기간의 탐험에서 다윈은 대륙과 섬, 그리고 멀리 떨어진 바다에 서식하는 다양한 동물과 식물들을 접하게 되면서 후에 그의 최종 결론을 내리는 데

그림 1.5 세 종류의 핀치새와 이들의 먹이.
갈라파고스 군도에서 다윈은 부리와 먹이의 섭취 특성이 다른 14종의 핀치새를 관찰하였다. 그림에 제시된 3종의 핀치새의 먹이가 매우 다르다는 사실로부터 다윈은 부리 형태의 차이는 특정 서식처에서 확보 가능한 먹이를 섭취하는 능력을 향상시킨 진화적 적응의 결과라고 추정하였다.

중요한 많은 현상들을 관찰하는 기회를 가지게 되었다.

다윈은 탐험을 하면서 유사한 종들의 특징이 장소에 따라 어느 정도 차이가 난다는 사실을 관찰하였다. 이러한 지리적 분포 양상에 따라 그는 한 종이 장소를 이동함에 따라 계통이 점차 변화한다고 제안하였다. 남아메리카의 에콰도르 해안에서 960 km 정도 떨어진 갈라파고스 섬에서 다윈은 여러 섬들에 서식하는 다양한 **핀치새**(finch)들을 관찰하였다. **그림 1.5**에서 보는 바와 같이 14종의 핀치새는 서로 비슷하기는 했지만 모양은 지역에 따라 다르게 나타나며, 특히 부리의 모양에서 큰 차이를 보이는 것을 관찰하였다.

다윈은 이러한 새들이 수백만 년 전에 남아메리카 본토에서 이주한 공통조상의 후손들이라고 생각하면서 서로 다른 섬에서 다른 먹이를 먹으면서 핀치새의 부리가 변화한 것으로 설명하였다.

다윈이 진화의 메커니즘으로 제안한 자연선택

진화의 결과를 관찰하는 것과 진화가 어떻게 일어나는지를 이해하는 것은 전혀 다른 관점이다. 다윈의 위대한 업적은 개개의 관찰을 기반으로 진화가 자연선택으로 일어난다는 가설을 만들었다는 것이다.

다윈과 맬서스

다윈의 사고에 결정적인 영향을 미친 것은 맬서스(Malthus)의 저서인 "**인구론**(An Essay on the Principle of Population; 1798)"이었다. 이 책에서 맬서스는 인간을 포함한 동식물 집단의 개체 수는 기하급수적으로 증가하지만 인간이 생산하여 공급하는 식량은 산술급수적으로만 증가시킬 수 있다고 하였다. 다시 말해 인구가 2, 6, 18, 54와 같이 삼배수로 증가한다면 식량은 2, 4, 8, 16과 같이 배가 되는 방식으로 증가한다는 이론으로 시간이 경과함에 따라서 이들 사이에 큰 차이가 나타난다는 것이다.

집단 내의 개체 수가 기하급수적으로 증가한다면 빠른 속도로 지구 전체에 널리 퍼지게 될 것이다. 그러나 실제로 집단의 개체 수는 매년 거의 일정하게 유지되는데 이는 사망이 집단의 크기를 제한하기 때문이다.

특정 환경에서 물리적, 행동적 혹은 다른 특징에서 이점을 가지는 개체들은 그들보다 적은 이점을 지닌 개체들보다 생존력이 높아 자손을 남길 확률이 높다. 그러한 생존력을 통해 이들 개체들은 자신이 지니고 있는 유용한 특징들을 자손에 전달할 기회를 가진다. 집단에서 이러한 특징의 빈도가 증가하면서 집단 전체의 특성도 점차 변하게 되는데, 다윈은 이러한 과정을 **선택**(selection)이라고 불렀다.

자연선택

다윈은 동물의 육종과정에서 어떤 특징을 가지는 동물을 만들기 위해서는 어떠한 변종을 선택하여야 한다는 것을 알고 있었으며 이를 **인위선택**(artificial selection)이라고 불렀다.

인위선택에서는 변이가 더 크게 나타나는데 그 실례로 집비둘기 교배에서 전 세계에서 발견되는 모든 야생 비둘기 종들보다 훨씬 더 다양한 변종들이 만들어진 것을 들 수 있다. 다윈은 이러한 유형의 변화가 자연계에서도 일어날 수 있다고 생각하였다. 비둘기 육종가들이 새끼의 변이를 인위적으로 선택할 수 있다면 자연도 이와 같이 할 수 있을 것이며 다윈은 이러한 과정을 **자연선택**(natural selection)이라 명명하였다.

자연선택의 검증

1882년에 다윈이 사망한 지 이미 130년이 지나고 있다. 그 동안에 그의 이론을 지지하는 증거들이 점차 늘어갔으며, 여기에서는 이러한 증거들의 일부에 대해 살펴보고 제7장에서 더 자세하게 다루도록 한다.

화석 기록

다윈은 어류와 양서류 그리고 파충류와 조류 등과 같이 몸체의 크기가 큰 생물집단 사이의 변화에 대한 증거가 화석 기록을 통해 연결될 수 있을 것으로 예측하였다. 또한 자연선택 이론에 따라 이러한 중간형의 상대적 순서도 예측하였다. 오늘날 화석학자들은 19세기에는 생각할 수 없을 정도의 많은 화석 기록들을 확보하여 중간형으로 여겨지는 것들을 여러 가지 발견하였으며 이들을 예측한 순서대로 배열하고 있다.

최근 현미경으로 관찰할 수 있는 미세화석이 발견되어 지구상의 생명의 역사는 약 35억 년 전으로 연장되었다. 다른 화석들도 다윈의 예측을 지지하고 있으며 생물이 이처럼 오랜 시간을 거치면서 어떻게 단순한 생물에서 복잡한 생물로 진화해 왔는지에 대한 실마리를 제공해주고 있다.

지구의 나이

다윈의 이론에서 지구가 매우 오래 전에 생겨난 것으로 예측되었지만 당시의 일부 물리학자들은 지구의 나이가 수천 년에 불과하다고 반박하였다. 모든 생물들이 공통조상으로부터 진화되었다면 이보다 훨씬 더 오랜 시간이 요구되므로 이들의 주장은 다윈을 힘들게 하였다. 하지만 방사능 동위원소의 붕괴 속도에 대한 연구를 통해 다윈 시대의 물리학자들이 지구의 나이를 잘못 측정하였다는 것이 밝혀졌다. 현재 지구의 기원은 45억 년으로 추정되고 있다.

유전 메커니즘

다윈은 유전학 분야에서 가장 신랄한 비평을 받았다. 그 당시에 누구도 유전자의 개념이나 유전의 원리를 알지 못하였기 때문에 다윈이 진화가 어떻게 일어나는지를 완벽하게 설명하는 데 어려움이 많았다.

멘델(Gregor Mendel)이 다윈과 비슷한 시기에 오스트리아의 브륀(Brünn; 현재 체코공화국의 Brno)에서 완두를 가지고 실험을 수행하고 있었지만 유전학은 20세기에 접어들면서 하나의 과학으로 자리 잡았다. 과학자들이 유전 법칙을 이해하기 시작하면서 다윈 이론에 대한 의심도 점차 사라졌다.

비교해부학

동물의 비교해부학적(comparative anatomy) 연구는 다윈의 이론에 강력한 증거를 제공하였다. 예를 들어 척추동물들은 그들의 공통적인 진화적 증거를 보여주는 동일한 뼈대를 지니고 있다. **그림 1.6**에서 보는 바와 같이 동물의 앞다리는 기본적으로 동일한 배열의 뼈로 이루어져 있으며, 살아오면서 사용 목적에 따라 변형된 것이다.

서로 다른 척추동물에서 그들이 지닌 뼈대가 동일한 진화적 기원을 가졌지만 현재 구조와 기능이 다를 경우 **상동성**(homologous) 기관이라 부른다. 그에 비해 새와 나비의 날개에서 보는 것처럼 진화상 기원은 다르지만 유사한 기능을 가지는 기관은 **상사성**(analogous) 구조라 부른다.

분자적 증거

진화의 양상은 분자 단계에서도 관찰할 수 있는데, 서로 다른 동식물의 **유전체**(genome)를 비교해 보면 그룹 간의 연관 정도를 더 자세히 파악할 수 있다. 이는 시간에 따른 일련의 진화적 변화는 DNA 상의 유전적 변화의 축적과 더불어 일어나기 때문이다.

많은 생물들에서 유전자 서열이 밝혀지면서 특정 뉴클레오티드의 변화와 기원 조사가 가능해져 진화의 시간 경로가 밝혀지고 있다. 이렇게 작성된 가계도를 **계통수**(phylogenetic tree)라고 부르며, 이는 유전자의 진화적 역사와 함께 족보의 확인을 가능케 해준다. 이러한 분자계통수는 진화의 강력한 증거인 화석의 기록과 잘 일치하며, DNA 변화의 축적 양상이 바로 진화 역사의 발자취를 보여주는 것이다.

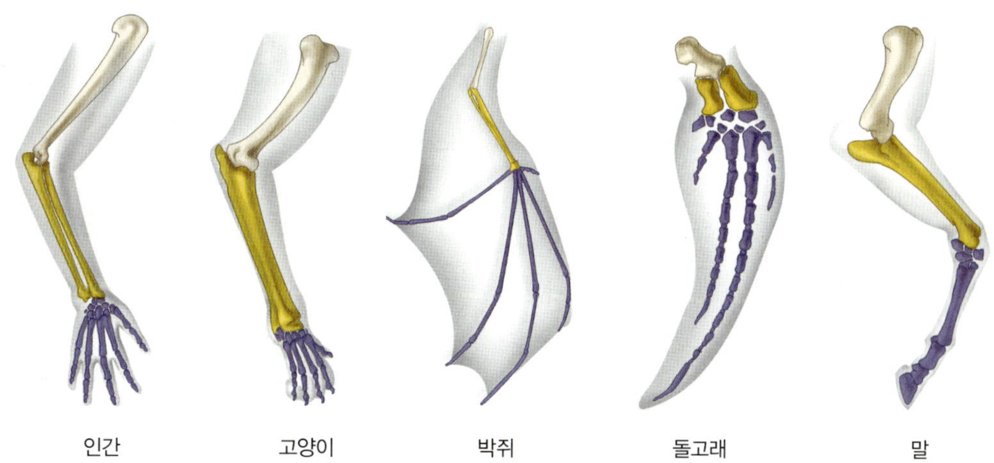

그림 1.6 척추동물 다리의 상동성.
5가지 척추동물의 앞다리에서 뼈들의 상대적 비율이 각 동물의 삶의 방식에 따라 변화하여 왔음을 볼 수 있다.

3 생물학의 공통 주제

생물학은 생화학에서 생태학에 이르기까지 다양한 세부 연구 분야들을 포함하고 있다. 이들 모든 분야에서 공통된 주제들을 찾아볼 수 있는데, 세포설, 유전의 분자적 원리, 구조와 기능의 관계, 진화, 그리고 새로운 특성의 출현 등이 그것이다.

생명계의 구조에 기반이 되는 세포설

모든 생물은 생명체의 기본 단위인 세포로 구성되어 있다. 1665년에 영국의 후크(Hooke)가 실물의 약 30배를 확대할 수 있는 초기의 현미경으로 처음 세포를 관찰하였다. 뒤를 이어 네덜란드 과학자 레벤후크(Leeuwenhoek)는 300배로 확대하여 관찰할 수 있는 현미경을 사용하여 한 방울의 웅덩이 물에서 놀라운 단세포들의 세계를 발견하였다.

1839년에 독일 생물학자인 실라이덴(Schleiden)과 시반(Schwann)은 그들이 관찰한 결과와 다른 사람들의 관찰 결과들을 요약하여 모든 생물은 세포로 이루어져 있다는 **세포설**(Cell theory)을 제안하였다. 후에 생물학자들은 모든 세포들은 기존의 세포에서 생겨난다는 내용을 세포설에 추가하였다. 생물학의 기반이 되는 세포설은 모든 생물의 증식과 성장을 이해하는 데 필요한 개념이다.

유전의 분자적 기초와 생명의 연속성

가장 단순하게 보이는 세포일지라도 실제로는 매우 복잡하여 어떠한 컴퓨터보다도 더 정교하다. 세포를 만드는 데 필요한 정보는 케이블 모양의 긴 분자인 **데옥시리보핵산**(deoxyribonucleic acid, DNA)에 저장되어 있다. 각 DNA 분자는 뉴클레오티드(nucleotide)라고 부르는 단위체로 이루어진 2개의 긴 가닥이 서로 감겨져서 만들어진다. DNA에는 4종류의 뉴클레오티드가 있으며 유전정보는 이들의 배열순서에 의해 정해진다. 수백에서 수천 개에 이르는 뉴클레오티드 서열이 유전정보의 단위인 **유전자**(gene)를 구성한다.

한 세대에서 다음 세대로 이어지는 생명의 연속성은 세포의 DNA가 정확하게 복사되어 자손에게 전달되면서 가능해진다. 한 세포의 핵 내에 들어 있는 한 세트의 DNA 정보를 **유전체**라고 부른다. 사람의 유전체 서열은 30억 개의 뉴클레오티드로 이루어져 있으며, 과학 연구의 위대한 성과인 **인간 게놈 프로젝트**(Human Genome Project, HGP)의 완성으로 2003년에 밝혀졌다.

생명계를 이루는 구조와 기능의 관계

분자생물학(molecular biology)의 공통적인 관심사 가운데 하나는 구조와 기능 간의 관계로 분자와 분자보다 더 큰 거대 분자복합체의 기능은 이들의 구조에 의존하게 된다. 분자와 거대 분자복합체들의 기능을 밝히기 위해 이들 구조의 연구가 필요하며, 특정 구조의 기능을 알게 되면 다른 생물에서의 유사한 구조의 기능을 유추할 수 있다.

생물학자들은 구조와 기능 간의 관계에서 유사한 구조를 가지면 이들의 기능이 유사할 것으로 생각하고 있으며, 기능이 알려지면 구조도 밝힐 수 있을 것으로 여기고 있다.

그림 1.7 생명의 다양성.
생물학자들은 모든 생물을 박테리아(Bacteria), 고세균(Archaea) 및 진핵류(Eukarya)의 세 가지 도메인으로 구분한다. 진핵류(Eukarya)는 네 가지 계인 식물계(Plantae), 균계(Fungi), 동물계(Animalia) 및 원생생물계(Protista)로 구분된다.

진화에 따른 생명의 다양성

많은 생물에서 공통적으로 나타나는 생명의 핵심적 특징들은 지구상의 다양한 환경에서 서식하는 생물의 높은 다양성과 큰 대조를 이룬다. 생물 종들이 보이는 생화학 및 유전학적 공통성은 모든 생명이 공통조상에서 진화해 왔다는 것을 의미하며, 생명의 다양성은 진화적 변화로 생겨난 결과이다.

생물학자들은 지구상의 생물들을 **그림 1.7**에서 보는 바와 같이 박테리아(Bacteria), 고세균(Archaea) 그리고 진핵류(Eukarya)의 3가지 도메인(domain)으로 구분한다. 박테리아와 고세균은 내부구조가 단순한 원핵생물(prokaryotes)이며, 진핵류는 복잡한 구조를 지닌 단세포 또는 다세포의 진핵생물(eukaryotes)이다.

진핵류(Eukarya)는 특성에 따라 원생생물계(Kingdom Protista), 식물계(Kingdom Plantae), 균계(Kingdom Fungi) 및 동물계(Kingdom Animalia)로 이루어진다.

연 습 문 제

Exercise

1. 다음 중 생명의 특성이 아닌 것은?
   a. 에너지 이용 b. 복잡성
   c. 운동 d. 항상성
2. 다음 중 귀납적 추론은?
   a. 일반적 원리를 이용하여 특정한 결과를 예측한다.
   b. 하나의 신뢰계에 근거하여 특정한 예측을 만든다.
   c. 특정한 관찰을 이용하여 일반적인 원리를 개발한다.
   d. 일반적인 원리를 이용하여 하나의 가설을 지지한다.
3. 세포설이란?
   a. 세포는 작다.
   b. 세포는 고도로 조직되어 있다.
   c. 단 하나의 기본적인 세포 유형이 있다.
   d. 모든 생물은 세포로 이루어져 있다.
4. DNA 분자가 생물계에서 중요한 이유는?
   a. DNA는 복제될 수 있다.
   b. DNA는 새로운 개체를 만드는 데 필요한 유전정보를 저장한다.
   c. DNA는 복잡한 이중나선 구조이다.
   d. 뉴클레오티드가 유전자를 형성한다.
5. 화석기록은 자연선택에 의한 진화이론을 어떻게 지지하는가?
   a. 단순한 생물이 더 복잡한 생물에 선행한다는 것을 나타낸다.
   b. 시간에 따른 생물형의 변화에 대한 증거를 제공한다.
   c. 생물 다양성이 수백만 년 전에도 있었음을 보여준다.
   d. a와 b
6. 파스퇴르의 기본 실험(그림 1.3 참조)은 세포가 다른 세포에서 생겨난다는 가설을 검증한 것이다. 이 실험에서 백조 목 모양의 플라스크와 부러진 목을 가지는 플라스크에 들어 있는 육즙을 멸균시킨 뒤 세포의 성장을 측정하였다.
   a. 두 실험에서 일정하게 유지한 변수는 무엇인가?
   b. 플라스크의 모양이 실험에 어떻게 영향을 주었는가?

제 2 장

생명체의 화학적 구성

Chemical Composition of Organisms

1 분자의 성질과 물의 특성

1.1 원자의 특성

모든 **물질**(matter)은 질량을 가지고 일정한 공간을 차지하고 있으며, 극히 작은 입자인 **원자**(atom)로 이루어져 있다. 원자는 크기가 너무 작아 연구가 어려웠으며, 20세기 초에 와서야 과학자들에 의해 원자의 물리적 성질을 규명하는 최초의 실험이 수행되었다.

원자의 구조를 이루는 중심핵과 전자

원자와 같이 작은 물체는 터널현미경(tunneling microscopy)과 같은 복잡한 기술을 이용하여 간접적으로 관찰할 수 있다(**그림 2.1**). 현재 원자 구조의 복잡성에 대하여 많은 것이 밝혀져 있지만 원자이론은 1913년 덴마크 물리학자인 보어(Niels Bohr)에 의해 밝혀지기 시작했다. 보어는 모든 원자들이 원자 중심과 그 주위를 돌고 있는 전자구름으로 이루어져 있다고 제안하였다. 각 원자의 중심에는 작고 밀도가 높은 핵이 위치하며 핵은 **그림 2.1**에서 보는 것처럼 **중성자**(neutron)와 **양성자**(proton)로 이루어져 있다.

원자번호와 원소

원자의 핵(nucleus)에서 양성자와 중성자는 극히 짧은 거리에서만 작용하는 힘으로 서로 붙어 있다. 양성자는 양(+)전하를 띠지만 중성자는 전하를 띠지 않으며, 전자는 음(−)전하를 띤다. 일반적으로 하나의 원자는 각 양성자당 하나씩의 전자를 가지므로 전기적으로 중성으로 나타난다. 원자는 양성자의 수로 나타내는 **원자번호**(atomic number)로 구분하며, 한 원자

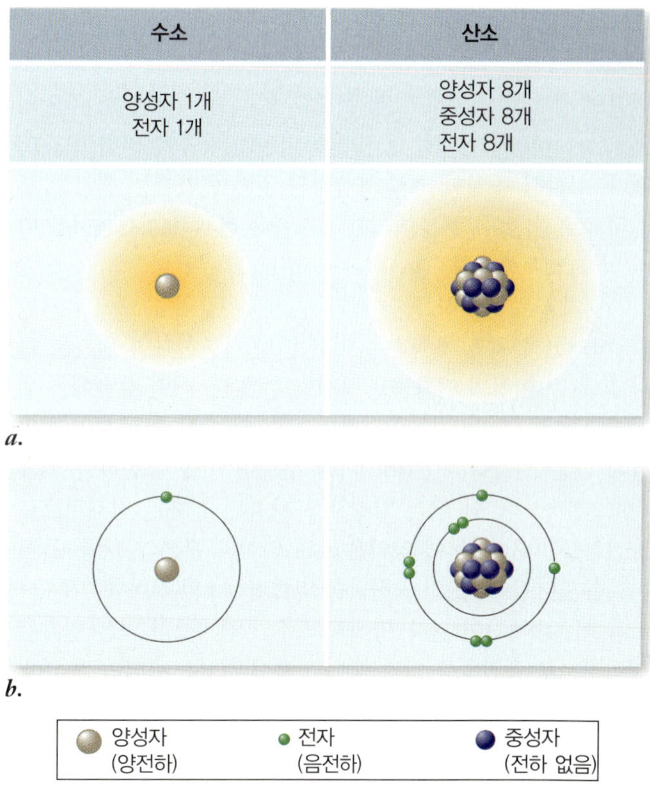

그림 2.1 원자의 기본 구조.
모든 원자는 양성자와 중성자로 이루어진 원자핵을 가진다. 예외로 가장 작은 원자인 수소는 핵에 하나의 양성자를 가지고 중성자는 없다. 산소는 핵에 8개의 양성자와 8개의 중성자를 가진다. 이 그림은 단순한 보어의 원자 모델로 전자가 비교적 먼 거리에서 원자핵 주위를 돌고 있음을 보여준다. ***a.*** 원자를 전자구름을 가지는 핵으로 모식화하였다. ***b.*** 전자들이 서로 다른 에너지 준위에 있음을 보여준다.

의 화학적 성질은 전자의 수와 그 배열에 의해 결정된다. 동일한 원자번호(양성자의 수가 같음)를 가지며 동일한 화학적 특성을 지닌 물질은 **원소**(element)라 부르며, 일반적인 화학적 방법으로 더 작은 물질로 나누어지지 않는 특징을 지닌다.

원자의 질량

질량과 무게는 흔히 혼동되어 사용되기도 하지만 약간 다른 의미를 가진다. 질량은 물질의 양을 의미하지만 무게는 물질에 가해지는 중력을 말한다. 물체는 지구에서나 달에서나 동일한 질량을 가지지만 달보다 지구의 중력이 더 크기 때문에 무게는 지구에서 더 크게 나타난다. 한 원자의 질량은 양성자와 중성자의 질량의 합과 같다. 지구상에 존재하는 원자들은 1개에서 92개의 양성자와 146개까지의 중성자를 가진다.

원자와 아원자 입자(subatomic particle)의 질량은 달톤이라는 단위로 나타내며, 1그램(g)은 6.02×10^{23}달톤에 해당한다. 양성자 하나의 질량은 약 1달톤(정확하게는 1.007달톤)이며, 중성자의 질량도 1달톤(1.009달톤) 정도이다. 그에 비해 전자는 1/1,840달톤으로 한 원자의 전체 질량에서 차지하는 비율은 무시될 정도로 작다.

전자

원자의 중심에 위치하는 핵이 띠고 있는 양전하는 핵 주위의 궤도(orbital)에 위치한 음전하를 띠는 전자들에 의하여 중화된다. 따라서 동일한 수의 양성자와 전자를 가지는 원자는 전기적으로 중성이 된다. 이러한 전자들은 전체적으로 전하를 띠지 않으므로 중성원자(neutral atom)라고 부른다.

전자들은 양전하를 띤 핵의 인력에 이끌려 궤도에 유지된다. 이러한 인력을 초과하는 어떤 힘이 작용한다면 원자는 하나 혹은 그 이상의 전자들을 상실할 수 있다. 어떤 경우에는 원자가 전자를 추가로 얻기도 한다. 전자의 수가 양성자의 수와 같지 않은 원자를 이온(ion)이라 부르며 이들은 전하를 띠게 된다. 전자보다 더 많은 양성자를 가지는 원자는 전체적으로 양전하를 띠기 때문에 **양이온**(cation)이라 부른다. 예를 들어 나트륨 원자(Na)가 전자 하나를 잃으면 +1의 전하를 띠는 나트륨 이온(Na^+)이 된다. 양성자의 수가 전자보다 적은 원자는 전체적으로 음전하를 띠기 때문에 **음이온**(anion)이라 부른다. 그 실례로 염소 원자(Cl)가 하나의 전자를 얻으면 −1의 전하를 띠는 염소 이온(Cl^-)이 된다.

동위원소

한 원소의 모든 원자들은 같은 수의 양성자를 가지지만 이들의 중성자 수는 다를 수 있다. 이와 같이 서로 다른 수의 중성자를 가지는 원소를 **동위원소**(isotope)라고 부른다.

자연계의 대부분 원소들은 여러 가지 동위원소들의 혼합물로 존재한다. 예를 들어 6개의 양성자를 지니고 있는 탄소 원자(C)는 3가지의 동위원소로 이루어져 있다. 지구상에서 발견되는 99% 이상의 탄소는 6개의 중성자를 가지는 동위원소이다. 이 동위원소의 전체 질량은 12(양성자 6개와 중성자 6개)이므로 12C(carbon-12)로 나타내기도 한다. 그리고 나머지 탄소의 대부분은 7개의 중성자를 가지는 동위원소인 13C(carbon-13)이다. 가장 희귀한 탄소 동위원소는 6개의 양성자와 8개의 중성자를 가지는 14C로 다른 2가지 동위원소들과는 달리 불안정하여 핵이 분해되어 더 낮은 원자번호를 가지는 원소로 바뀌려는 경향이 있다. 이러한 핵분열에서는 상당한 양의 에너지가 방출되는데 이를 방사능 붕괴(radioactive decay)라고 부르며, 이러한 동위원소를 **방사능 동위원소**(radioactive isotope)라고 한다.

방사능 동위원소를 특정 분자에 표지시키면 화학반응이나 살아있는 세포 또는 조직에서 그 이동의 추적이 가능하기 때문에 현대 생물학에서 매우 유용하게 이용되고 있다. 그러나 방사능 물질에서 방출되는 강한 아원자 입자는 유전적 돌연변이를 유발하거나 세포 사멸을 초래하여 살아있는 세포에 심각한 손상을 입힐 수 있다. 따라서 방사능에 노출되는 것을 철저하게 제어하고 조절하여야 한다. 방사능을 취급하는 과학자들은 엄격한 취급수칙을 준수하여야 하며 노출정도를 모니터링하기 위해 방사능에 민감한 배지를 부착하여야 한다.

원자의 화학적 행동을 결정하는 전자

한 원자의 화학적 행동은 주로 전자의 수와 궤도에서의 배열방식에 의해 좌우된다. 보어(Bohr)의 원자모델에서 개개의 전자는 중심핵 주위의 환형 궤도에 위치하지만 실제로는 이와 같이 단순하지는 않다. 현대물리학에서도 특정 시기에 어떤 전자의 위치를 정확하게 지적하는 것은 어려운데, 이는 전자가 핵 가까이 혹은 멀리 어디에나 존재할 수 있기 때문이다.

전자에 따라 특정 지역에 머무르는 경향을 보이며, 궤도(orbital)는 하나의 전자가 발견될 확률이 가장 높은 핵 주위의 영역으로 정의된다. 즉, 궤도는 전자가 위치할 확률이 높은 영역을 나타낸다. 어떤 전자 궤도는 구형(*s* 궤도)이며 다른 것들은 아령 모양(*p* 궤도)이다(**그림 2.2**). 핵에서 멀리 떨어진 궤도들은 다른 모양을 지니지만 한 궤도에는 2개 이상의 전자가 존재할 수 없다.

원자의 에너지 준위

원자에서 전자들은 특정한 **에너지 준위**(energy level)를 지니는데, 이는 특정한 양의 에너지를 의미하는 **양자**(quantum)에 해당한다. 이를 포도에 비유하면 포도는 빌딩의 특정 층으로만 옮길 수 있는데, 그와 마찬가지로 모든 원자들도 계단식의 위치에너지 값을 가지며 이는 핵에서 특정 거리에 위치한 여러 궤도들에 의해 전자가 위치하기 때문이다.

하나의 전자가 가지는 에너지 양은 핵에서의 거리와 관련

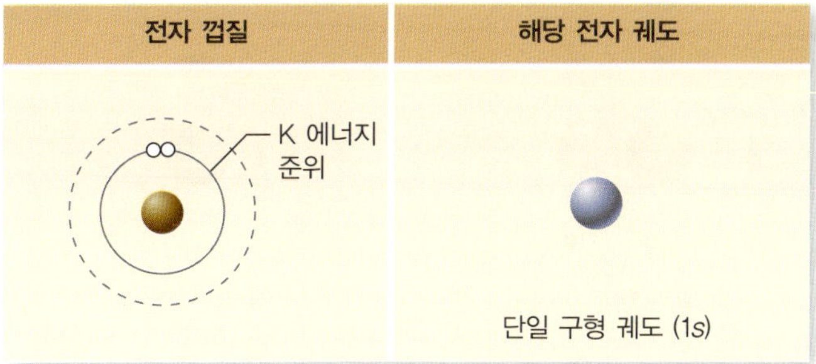

a.

그림 2.2 전자 궤도.
a. 가장 낮은 에너지 준위 혹은 핵에서 가장 가까운 전자각은 K 준위이다. 이는 하나의 s 궤도로 채워져 있으므로 1*s*로 표시한다. ***b.*** K 준위 다음으로 높은 에너지 준위는 L 준위이며 하나의 *s* 궤도(2*s* 궤도로 표시함)와 3개의 *p* 궤도(각각 2*p* 궤도로 표시함)로 이루어진 4개의 궤도로 채워져 있다. 각 궤도는 반대로 회전하는 2개의 전자를 가진다. 따라서 K 준위는 2개의 전자를 가지고 L 궤도는 전체적으로 8개의 전자를 가진다.

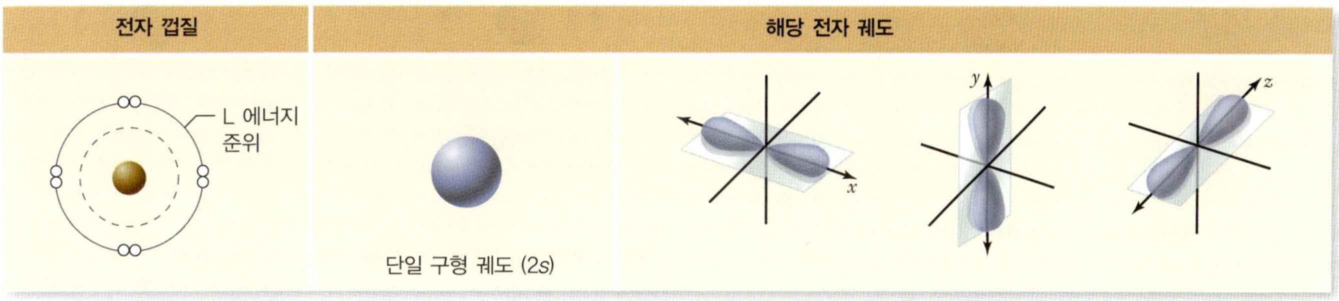

b.

이 있으므로 핵에서 동일한 위치에 있는 전자들은 서로 다른 궤도를 차지하고 있더라도 동일한 에너지를 가진다. 에너지 준위는 **그림 2.3**에서 보는 것처럼 K, L, M 등으로 나타낸다. 이때 전자의 에너지를 나타내기 위하여 고리로 그려진 에너지 준위와 다양한 3차원적인 형태로 전자의 위치를 나타내는 궤도를 혼동하지 않는 것이 중요하다. 전자궤도는 마치 채워져 있는 것처럼 배열되어 있고 이들이 각 에너지 준위를 순서대로 차지하고 있다. 이러한 궤도와 에너지 준위의 충족 정도가 원소의 화학 반응성을 좌우한다.

화학반응이 일어나면 전자는 한 원자에서 다른 원자로 전달될 수 있다. 이러한 반응에서 전자의 상실을 **산화**(oxidation)라 부르며 전자의 획득을 **환원**(reduction)이라 부른다. 이러한 방식을 통해 전자가 이동할 때 에너지가 유지된다. 산화와 환원은 흔히 연계되어 일어나므로 한 원자가 산화되면 다른 원자는 환원된다. 이러한 조합을 **산화–환원반응**(redox reaction)이라 부른다. 생물에서 화학적 에너지는 고에너지 전자에 저장되어 산화–환원반응을 통해 한 원자에서 다른 원자로 이동한다.

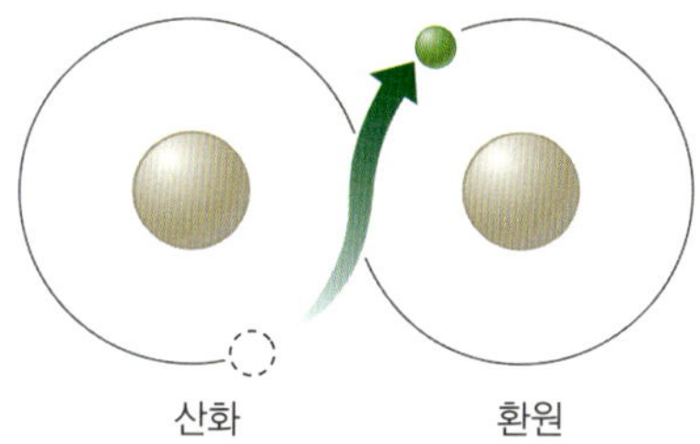

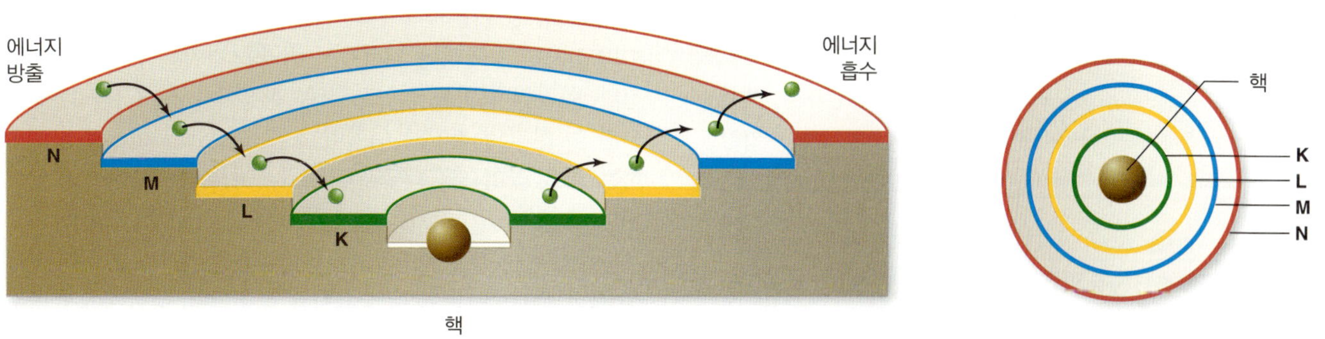

그림 2.3 원자의 에너지 준위.
전자는 위치에너지를 가진다. 전자가 에너지를 흡수하면 핵에서 더 높은 에너지 준위(바깥쪽 전자각)로 이동한다. 전자가 핵에 가까운 더 낮은 에너지 준위로 떨어지면 에너지가 방출된다.

1.2 생명계의 원소들

자연계에는 90여 가지의 원소들이 존재한다. 이들은 양성자 수에서 차이를 나타내며 서로 다른 전자배열을 가진다. 19세기에 러시아 화학자인 멘델레예프(Dimitri Mendeleev)는 당시에 알려진 원소들을 원자번호에 따라 표에 배열하면서 중요한 발견을 하였는데, 그것은 원소들이 8개로 이루어진 그룹으로 반복되는 화학적 특성을 나타낸다는 사실이었다. 이렇게 주기적으로 반복되는 패턴의 특징에 따라 배열한 이 표를 원소의 **주기율표**라고 한다.

1.3 화학결합

여러 원자들이 에너지에 의해 안정된 결합으로 연결된 것을 분자(molecule)라고 부르며, 한 분자가 한 가지 이상의 원소를 포함할 때 이를 화합물(compound)이라 부른다. 분자에서 원자들은 화학결합(chemical bond)에 의하여 연결된다. **이온결합**(ionic bond)은 정반대의 전하를 띠는 원자들이 서로 끌어당겨 생겨나고, **공유결합**(covalent bond)은 하나 혹은 그 이상의 전자쌍을 두 원자가 공유할 때 형성되며, 그 밖에 원자들의 상호작용에 의해서도 결합이 생겨난다(**표 2.1**).

이온결합에 의한 결정 형성

소금은 염화나트륨(NaCl) 분자로 **그림 2.4**에서 보는 것처럼 원자들이 이온결합으로 연결되어 격자구조를 이룬다. 나트륨은 11개의 전자를 가지는데 2개는 내부 에너지 준위(K)에 있고, 8개는 다음 준위(L)에, 1개는 최외각 준위(M)에 위치한다. 짝을 이루지 못한 하나의 원자가 전자는 짝을 이루기 못한 다른 원자의 전자와 결합하려는 경향이 강하다. 나트륨 원자가 짝을 이루지 못한 전자를 가지는 다른 원자에 원자가 전자를 빼앗기면 양전하를 띠는 나트륨 이온(Na^+)이 형성된다.

염소원자는 17개의 전자를 가지는데 K준위에 2개, L준위에 8개, 그리고 M준위에 7개가 배열하여 있다. 최외각 준위에 짝을 짓지 못한 전자를 하나 가지는데(적색 환), 이 염소원자에 전자가 하나 첨가되면 그 준위를 채우면서 음전하를 띠는 염소 이온(Cl^-)이 만들어진다.

표 2.1	결합과 상호작용	
결합명	**상호작용의 근거**	**세기**
공유결합	전자쌍 공유	강함
이온결합	반대 전하의 인력	↑
수소결합	H 원자의 공유	
소수성 상호작용	극성물질이 존재할 때 분자의 소수성부위에 가해지는 힘	↓
반데르발스 인력	반대로 치우친 전자구름으로 인하여 생겨나는 원자 간의 약한 인력	약함

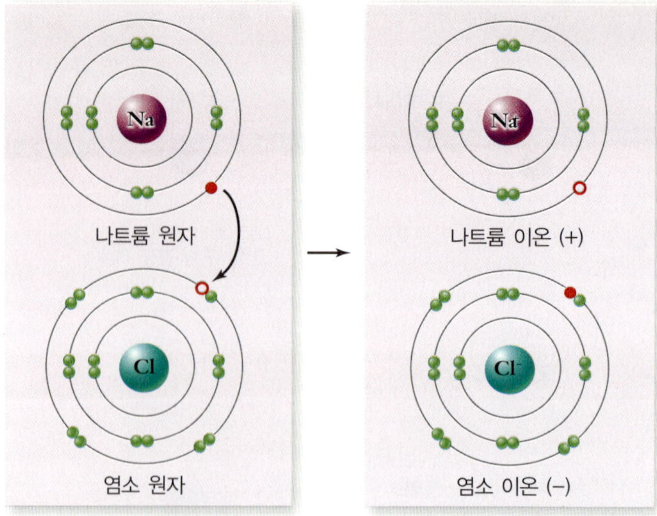

a.

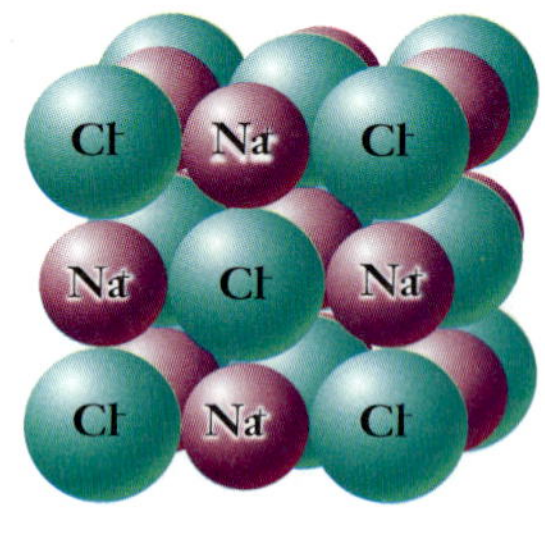

b. 결정

그림 2.4 염화나트륨에 의한 이온결합의 형성.
a. 나트륨 원자가 염소 원자에게 전자를 주면 나트륨 원자는 양전하를 띠는 나트륨 이온이 되고, 염소 원자는 음전하를 띠는 염소 이온이 된다. ***b.*** 반대 전하를 띠는 이온의 정전기적 인력으로 Na^+와 Cl^-의 격자가 형성된다.

금속성의 나트륨과 기체성의 염소를 함께 섞으면 빠르고 강하게 반응하여 나트륨 원자는 염소에게 전자를 내어주고 Na^+와 Cl^- 이온이 형성되면서 정반대의 두 전하를 지니는 Na^+와 Cl^-는 전기적으로 중성인 NaCl이라는 **이온 화합물**(ionic compound)을 형성하게 된다. 이 때 NaCl을 유지하는 전기적인 인력이 개개의 Na^+와 Cl^- 이온 사이에 특이적으로 작용하지 않기 때문에 개별적인 염화나트륨 분자는 형성되지 않으며, 한 이온과 주변의 반대 전하를 띠는 이온들 사이에 힘이 작용하여 특정한 기하학적 배열을 가지는 결정체로 뭉쳐진다. 이러한 결정체가 바로 소금 결정이다. NaCl를 물에 넣으면 물 분자의 전기적 인력이 소금 결정에서 이온들이 결합하는 힘을 끊어 소금이 Na^+와 Cl^- 이온으로 녹아 소금물이 된다.

생물계는 항상 물이 포함되어 있는 체계이기 때문에 이온성 결정보다는 이온이 더 중요하게 작용한다. 생물계에서 중요한 이온으로는 세포 신호전달에 관여하는 칼슘 이온(Ca^{2+}), 신경 충격의 전도에 관여하는 칼륨 이온(K^+)과 나트륨 이온(Na^+) 등을 들 수 있다.

공유결합에 의한 안정한 분자 형성

공유결합(covalent bond)은 하나 혹은 그 이상의 원자가 전자를 공유하면서 형성된다. 그 실례를 수소분자(H_2)를 통해 알아보면 다음과 같다. 기체인 수소분자(H_2)에서 각 수소원자는 짝을 이루지 못한 전자 하나로 채워져 있는 최외각 준위를 가진다. 따라서 수소원자가 불안정하기 때문에 2개의 수소원자가 근접하면 각 원자의 전자가 양쪽 핵에 이끌리게 되면서 두 핵은 그들의 전자를 공유하게 되고, 그 결과 두 원자로 이루어진 분자인 수소가스가 만들어진다. 이와 같이 만들어진 수소분자는 다음과 같은 세 가지 이유로 인해 안정하게 된다.

1. **순전하를 띠지 않는다**(It has no net charge): 전자의 공유로 형성된 분자는 2개의 양성자와 2개의 전자를 가지므로 전하를 띠지 않는다.
2. **8의 법칙을 만족한다**(The octet rule is satisfied): 두 수소원자는 각각 최외각 에너지 준위에 2개의 전자를 가지는 것과 같다. 공유된 전자는 두 핵의 궤도를 돌며 두 원자의 최외각 에너지 준위를 채우고 8의 법칙을 만족시킨다.
3. **단일 전자가 없다**(It has no unpaired electrons): 두 원자 간의 결합으로 2개의 자유로운 전자들이 짝을 이룬다.

공유결합의 세기

공유결합(covalent bond)의 세기는 공유된 전자의 수에 의해 좌우된다. 따라서 두 원자가 두 쌍의 전자를 공유하여 8의 법칙을 만족시키는 **이중결합**(double bonds)은 전자 한 쌍을 공유하는 **단일결합**(single bonds)보다 더 강하다. 실제로 단일결합보다 이중결합을 절단하는 데 더 많은 에너지가 요구되며, 가장 강한 공유결합은 **삼중결합**(triple bonds)으로 2개의 질소원자가 연결되어 질소분자(N_2)를 형성할 때 나타난다.

공유결합은 화학식에서 원자기호를 연결하는 선으로 나타내는데, 이 때 두 원자들 사이에 연결된 각 선은 한 쌍의 전자를 공유한다는 것을 의미한다. 수소가스와 산소가스의 구조식은 각각 H−H와 O=O로 나타내고, 분자식은 H_2와 O_2이다. 질소가스(N_2)는 삼중결합을 지녀 구조식은 N≡N로 나타낸다.

결합을 변화시키는 화학반응

화학반응(chemical reaction)은 화학결합의 형성과 절단을 의미한다. 화학반응이 일어나면 한 분자 혹은 이온화합물에서 다른 것으로 원자가 이동하는데 이 과정에서 원자의 수나 성질은 변하지 않는다. 이 때 아래 분자식에서 보는 것처럼 반응이 일어나기 전의 원래 분자를 **반응물**(reactant)이라 하고, 화학반응에서 생겨나는 분자를 **생성물**(product)이라고 한다.

$$C_6H_{12}O_6 + 6O_2 \longrightarrow 6H_2O + 6CO_2$$

반응물 ⟶ 생성물

위 식은 광합성 반응을 단순화시킨 것으로 물과 이산화탄소가 결합하여 포도당과 산소가 생성되는 반응을 보여준다. 대부분 동물의 생명 유지는 궁극적으로 식물에서 일어나는 이 반응에 의존한다.

화학반응은 세 가지 중요한 인자들인 온도, 반응물과 생성물의 농도 및 촉매의 영향을 받는다. (1) 온도; 반응물을 가열하면 반응물들 사이의 충돌이 증가하여 반응속도가 증가한다. 단, 온도가 분자를 파괴할 정도로 높지 않아야 한다. (2) 반응물과 생성물의 농도; 반응물이 많을수록 충돌이 잘 일어나므로 반응속도가 더 빨라진다. 일반적으로 생성물이 축적되면 반응속도가 느려지고 가역반응에서는 역반응이 빨라진다. (3) 촉매; 촉매는 반응속도를 증가시켜주는 물질이다. 촉매는 반응물과 생성물 간의 반응평형에는 영향을 주지 않고 평형에 도달하는 데 소요되는 시간을 단축시켜주며, 생물계에서는 **효소**(enzyme)라고 부르는 단백질이 거의 대부분의 생화학반응을 촉매한다.

자연계에서 일어나는 많은 반응들이 가역적으로 일어나는데, 이는 생성물 자체가 반응물이 되어 반응이 거꾸로 진행될 수 있음을 의미하며, 앞의 광합성 반응을 역으로 표시할 수 있다.

1.4 물: 생물체의 필수 화합물

흔한 분자들 가운데 물만이 지구 표면의 비교적 낮은 온도에서 액체로 존재하며, 지구의 4분의 3이 물로 덮여 있다. 물은 생명이 시작될 때 다른 분자들이 강한 공유결합이나 이온결합으로 한 장소에 머물러 있지 않고 자유롭게 이동하고 상호작용할 수 있는 매질의 역할을 제공하였다. 생명은 육지로 확산되기 전까지 20억년 동안 물속에서 진화하였으며, 현재도 물은 생명에 필수적 화합물이다. 생체의 3분의 2가 물로 이루어져 있고 모든 생물들은 생장과 증식을 위하여 생체 내부 혹은 외부에 물이 풍부한 환경을 필요로 한다. 따라서 열대우림에 생명이 풍성하고 메마른 사막에 생명이 거의 없는 것은 우연이 아니다.

수소결합을 용이하게 해주는 물 분자 구조

물은 1개의 산소원자와 2개의 수소원자가 단일 공유결합으로 연결된 단순한 분자 구조를 가진다. 물 분자는 8의 법칙을 충족시키고 단일 전자를 가지지 않고 순전하(net electrical charge)를 띠지 않기 때문에 매우 안정된 분자이다.

물의 가장 중요한 화학적 성질은 약한 결합인 **수소결합**(hydrogen bond)인데, 이 결합은 물 분자에서 부분적인 음전하를 띠는 산소원자(O)와 부분적인 양전하를 띠는 수소원자(H) 사이에 형성된다. 수소결합의 강도는 공유결합의 5~10%에 불과하지만 DNA와 단백질의 구조 형성에 매우 중요하게 작용하며, 생물계에서 대부분의 화학반응에 관여한다.

산소의 전기음성도는 수소보다 훨씬 더 크기 때문에 이들 두 원자들 간의 결합은 매우 높은 극성을 나타내며, 이러한 물 분자의 극성이 물의 화학과 생명화학의 근간을 이룬다.

물 분자의 응집력

물 분자들이 지닌 극성으로 인해 물 분자들은 서로 끌어당기는데, 이를 물 분자의 **응집력**(cohesion force)이라 한다. 이 때 각 물 분자의 산소 끝은 δ^-이기 때문에 다른 분자의 δ^+인 수소 끝으로 당겨지면서 인력에 의한 분자 간 수소결합이 생성된다(**그림 2.5**). 각 수소결합은 미약하고 일시적이므로 평균 10^{-11}초 동안만 유지된다. 그러나 다수의 결합이 함께 작용한다면 큰 힘을 발휘할 수 있기 때문에 물의 수소결합은 물의 중요한 물리적 특성들과 관련이 있다(**표 2.2**).

물의 응집력은 적절한 온도에서 기체가 아닌 액체 상태를 유지시킨다. 물의 응집력은 **표면장력**(surface tension)과도 관련이 있는데, 작은 곤충들이 물 위를 걸을 수 있는 것은 공기와 접하는 표면의 물 분자들이 아래쪽의 분자들과 수소결합을 형성하기 때문에 가능한 현상이다.

물 분자의 부착력

물 분자는 극성으로 인해 다른 극성 분자에 끌려가기도 한다. 이렇게 물 분자가 다른 극성 분자에 끌려가는 현상을 **부착력**(adhesive force)이라 부른다. 물은 수소결합을 형성할 수 있는 모든 물질에 부착할 수 있기 때문에 극성 분자를 포함하는 물질들은 물에 젖고 비극성 분자(예, 오일)로 이루어진 물질들은 물에 젖지 않게 된다.

물 분자가 표면에 전하를 띠는 물질에 끌려 모세관 현상

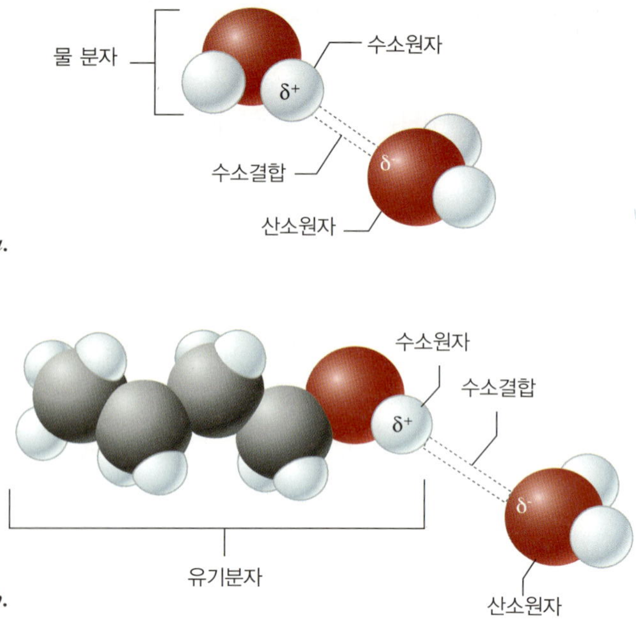

a.

b.

그림 2.5 수소결합의 구조.
a. 두 개의 물 분자들 사이의 수소결합. *b.* 유기분자(*n*-부탄올)와 물 분자 사이의 수소결합. *n*-부탄올의 수소원자는 물의 산소와 수소결합을 형성한다. 이러한 수소결합은 수소원자보다 전기음성도가 더 높은 원자와 결합하면 언제나 가능하다.

이 나타난다. 좁은 지름을 가지는 유리관을 비커 속의 물에 담그면 관속의 물은 비커의 물 높이보다 더 높이 올라가는데, 이는 물이 유리 표면에 부착하여 위로 끌어올려지는 힘이 물을 아래로 끌어내리려는 중력보다 강하기 때문에 나타나는 현상으로 관이 좁을수록 물과 유리 사이의 정전기적 힘이 커져서 물은 더 높이 올라간다.

1.5 물의 특성

물의 높은 **비열**(specific heat)과 **기화열**(heat of vapori-

표 2.2 물의 특성

특성	설명	생명에 이로운 예
응집력	수소결합이 물 분자들을 서로 결합해준다.	잎이 뿌리에서 물을 끌어 올린다; 종자가 부풀고 발아한다.
높은 비열	수소결합이 끊어질 때 열을 흡수하고, 형성될 때 열을 방출하여 온도변화를 최소로 한다.	물은 생물체와 환경의 온도를 안정화시킨다.
높은 기화열	많은 수소결합이 끊어져야 물이 증발한다.	물의 증발은 몸 표면의 온도를 낮춘다.
얼음의 낮은 밀도	얼음 결정에서 물 분자는 수소결합 때문에 비교적 멀리 떨어져 있다.	얼음은 물보다 밀도가 낮으므로 호수의 물이 다 얼지 않아 물고기와 다른 생명체들이 겨울에 생존할 수 있다.
용해도	극성인 물 분자는 이온이나 극성 화합물을 끌어당겨 이들을 녹여준다.	많은 분자들이 세포 내에서 자유롭게 이동하여 다양한 화학반응들이 일어날 수 있다.

zation)은 온도를 조정한다. 물은 액체 상태일 때보다 고체인 얼음에서 밀도가 더 낮은 특이한 성질을 지닌다. 물은 극성 분자들의 용매로 작용하고 비극성 분자들을 모으는 효과를 가진다. 이러한 물의 모든 특성들은 물의 극성 때문에 생겨난다.

물의 높은 비열에 따른 온도 유지

어떤 물질의 온도는 개개의 분자들이 얼마나 빨리 움직이는지를 나타내는 척도이다. 물 분자들은 서로 떨어지지 않으려고 수소결합을 형성하므로 이러한 수소결합을 끊으려면 많은 양의 열에너지가 필요하기 때문에 물은 높은 **비열**(specific heat)을 지닌다. 비열은 어떤 물질 1g의 온도를 1°C 변화시키는 데 필요한 열의 양을 의미하며, 어떤 물질이 열을 흡수하거나 방출할 때 온도의 변화에 저항하는 정도를 나타낸다. 극성 물질은 수소결합을 형성하는 경향이 있으므로 극성이 높을수록 비열이 높아진다. 물의 비열(1칼로리/g/°C)은 대부분의 탄소화합물의 2배이며 철보다는 9배나 높다. 유일하게 물보다 극성이 높아 매우 강한 수소결합을 형성하는 암모니아는 물보다 높은 비열(1.23칼로리/g/°C)을 가진다. 물을 0°C에서 100°C로 가열하면 20%의 수소결합만이 끊어진다. 높은 비열을 가지는 물은 어떠한 다른 화합물보다 더 느리게 가열되고 더 오랫동안 온도를 유지한다. 물의 높은 비열로 인해 물의 함량이 높은 생물은 내부 온도를 비교적 일정하게 유지할 수 있다. 또한 세포 내에서 일어나는 화학반응 과정에서 생겨나는 열을 물이 흡수하지 못한다면 세포는 쉽게 파괴될 수 있다.

물의 높은 기화열과 냉각

기화열(heat of vaporization)은 1g의 물질을 액체에서 기체로 바꾸는 데 필요한 에너지양을 나타낸다. 물을 액체에서 기체로 바꾸려면 많은 수소결합을 절단하는 데 필요한 에너지(열의 형태)가 요구되며, 그 에너지의 양은 대략 585 cal 정도이다. 표면에서 물이 증발하면 그 표면은 식게 되는데, 많은 생물들은 땀을 흘리는 것과 같은 증발을 통해 과다한 체열을 방출한다.

이온과 극성 분자들의 이동을 돕는 물의 용매 특성

물 분자는 이온이나 극성 분자와 같이 전하를 가지는 물질 주위로 가까이 몰려드는 성질이 있다. 예를 들면 설탕은 극성 수산기(OH)를 가지는 분자들로 이루어져 있는데, 설탕 결정이 물에 빨리 녹는 것은 물 분자들이 설탕 분자의 각 수산기들과 수소결합을 형성하기 때문이다. 이러한 특성을 **용해성**(solubility)이라 부르며, 이때 물은 **용매**(solvent) 그리고 설탕은 **용질**(solute)이 된다. 설탕 결정에서 자당(sucrose) 분자가 떨어져 나오면 물 분자들이 그 주위에 몰려들어 **수화껍질**(hydration shell)을 형성하여 다른 자당 분자와 다시 결합하는 것을 막아주게 된다. 수화껍질은 Na^+와 Cl^- 등의 이온 주위에도 형성된다.

물의 비극성 분자 결합

물 분자들은 항상 최대한의 수소결합을 형성하는 경향을 보이며, 수소결합을 형성하지 않는 기름과 같은 비극성 분자들이 물에 들어오면 물 분자들은 이를 배척하려는 특성을 보인다. 이때 기름의 비극성 분자들은 서로 응집하여 덩어리를 형성하면서 물 분자의 수소결합 파괴가 최소화되는데, 물과의 접촉을 피하는 이러한 비극성 분자의 성질을 **소수성**(hydrophobic)이라고 한다. 그에 비해 물과 쉽게 수소결합을 형성하는 극성 분자들의 특성을 **친수성**(hydrophilic)이라 부른다.

물에서 비극성 분자들이 응집하는 성질을 소수성 배제(hydrophobic exclusion)라고 하며, 물은 분자의 소수성 부위에 힘을 가하여 이 분자들이 특정 형태를 취하도록 해준다. 비극성 분자와 물의 상호작용은 생명계에서 매우 중요하며, 이러한 물의 특성은 단백질, DNA, 그리고 생체막의 구조에도 영향을 미친다.

1.6 산과 염기

용액에서 수소이온과 수산이온의 농도를 **산성**(acidity)과 **염기성**(basicity)으로 나타낸다. 10^{-7} mol/l의 $[H^+]$를 가지는 순수 물은 산성도 아니고 염기성도 아닌 중성이다. 모든 이온은 물이 해리될 때 생겨나며 이때 HO^-도 형성되므로 H^+와 HO^-는 동일한 양으로 생성된다.

수소이온 농도: pH

그림 2.6에서 보는 것처럼 용액의 수소이온 농도를 나타내는 pH 단위에서 pH는 "partial hydrogen"의 약자로 용액에서의 수소이온 농도의 음성 로그를 나타낸 값이다.

$$pH = -\log[H^+]$$

수소이온 농도의 로그는 바로 H^+의 몰농도의 지수이므로 pH는 지수 곱하기 −1과 같다. 따라서 물에서 10^{-7} mol/l의 $[H^+]$는 pH 7에 해당한다. 이것이 pH 단위에서 H^+와 OH^-간의 균형을 이루는 **중성점**(neutral point)이다. 이러한 균형은 물이 해리될 때 동일한 양의 H^+와 OH^-가 생성되기 때문에 나타난다.

pH 단위는 로그값이므로 1의 차이는 $[H^+]$의 10배 차이를 나타낸다. 따라서 pH 4를 가지는 용액은 pH 5의 용액보다 10배의 $[H^+]$를 가지고 pH 6의 용액보다 100배의 $[H^+]$를 가진다.

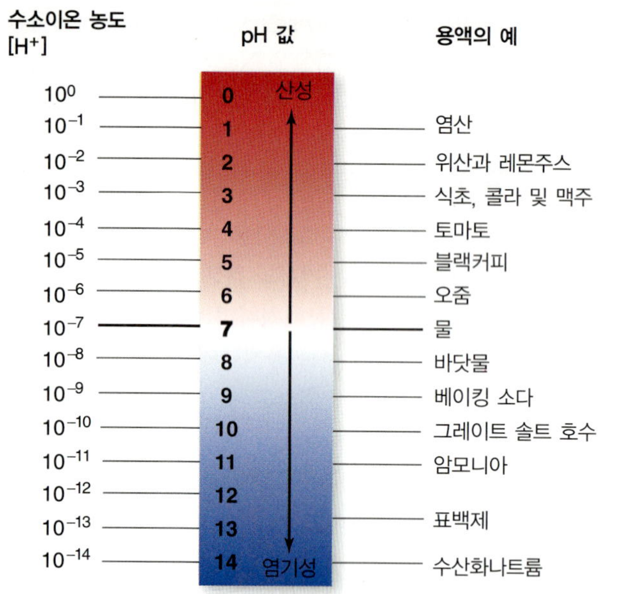

그림 2.6 pH 척도.
용액의 pH 값은 수소이온의 농도를 나타낸다. pH가 7 이하이면 산성이고 7 이상이면 염기성이다. 이 척도는 로그값이므로 pH 1의 차이는 수소이온 농도 10배의 차이를 나타낸다. 따라서 레몬주스는 토마토보다 100배 더 산성이고, 바닷물은 pH 7인 순수한 물보다 10배 더 알칼리성이다.

산

산(acid)은 물에 녹으면 $[H^+]$를 증가시켜 pH를 낮추어주는 물질이다. 산성이 강할수록 더 많은 수소이온을 생성하여 pH가 더 낮아진다. 예를 들면 사람의 위에 많은 염산(HCl)은 물에서 완전히 이온화된다. 10^{-1} mol/l의 HCl은 10^{-1} mol/l의 H^+를 생성하여 pH 1의 용액을 만든다. 탄산 때문에 거품이 나는 샴페인의 pH는 약 2이다.

염기

물에 녹으면 H^+와 결합하여 $[H^+]$를 낮추는 물질을 **염기**(base)라고 부른다. 따라서 염기성(알칼리) 용액의 pH는 7 이상이다. 수산화나트륨(NaOH)과 같은 매우 강한 염기의 pH는 12 이상이며, 암모니아와 표백제 등은 대부분 pH가 높아 세제로 사용된다.

pH를 안정화시켜주는 완충용액

살아있는 세포의 내부와 다세포 생물에서 세포 주위의 pH는 거의 중성 7에 가깝다. 대부분 효소들의 활성은 pH에 매우 민감하기 때문에 pH가 조금만 변해도 모양을 바꿔어 활성을 잃어버린다. 이러한 이유 때문에 살아있는 세포에는 pH가 일정하게 유지되어야 한다.

생명체에서 일어나는 화학반응에서는 끊임없이 산과 염기가 생성되며, 동물들은 먹이를 먹을 때 산성 혹은 염기성 물질들을 섭취한다. 예를 들어 음료들은 비교적 강산성 용액이다. H^+와 OH^- 농도의 변동성에도 불구하고 생물의 pH는 **완충액**(buffer)에 의해 비교적 일정한 수준으로 유지된다.

완충액은 생물체 내에서 pH를 안정시켜주는 용액으로 염기가 첨가되면 수소이온을 방출하고 산이 첨가되면 수소이온을 흡수하여 pH를 비교적 일정한 수준으로 유지시킨다.

2 생명체의 화학적 구성

2.1 분자골격을 이루는 탄소

생물 분자들의 골격을 이루는 탄소원자는 다른 탄소원자나 산소, 질소, 황, 인 혹은 수소원자들과 결합하고 있다. 탄소원자는 최대 4개의 공유결합을 형성할 수 있기 때문에 탄소를 포함하는 분자들은 곧은 사슬이나 분지된 모양 혹은 고리, 공, 관 및 코일 등의 모양을 형성할 수 있다.

탄소와 수소만으로 이루어진 분자들을 **탄화수소**(hydrocarbon)라고 부르며, 탄소와 수소 사이의 공유결합은 상당량의 에너지를 저장하므로 탄화수소는 좋은 연료가 된다. 그 실례로 휘발유는 탄화수소가 풍부하다.

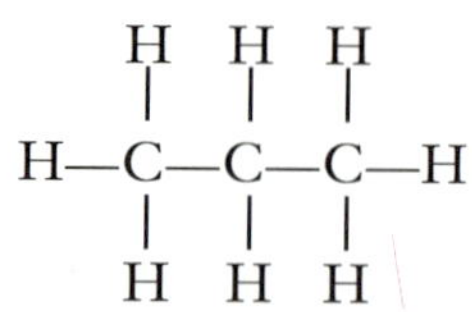
프로판의 구조식

이론적으로 탄소원자에 의해 형성되는 사슬 길이는 무제한적으로 늘어날 수 있으며, 앞으로 다룰 4가지의 주요 생체 분자들은 탄소를 함유하는 화합물로 매우 긴 사슬로 이루어져 있다.

생체 거대분자: 탄수화물, 핵산, 단백질 및 지질

생체의 거대분자들은 보통 탄수화물, 핵산, 단백질 그리고 지질로 구분된다(**표 2.3**). 이러한 거대분자들은 대부분 **중합체**(polymer)이다. 중합체란 **단량체**(monomer)라고 부르는 작고 유사한 화학적 소단위들이 많이 연결되어 만들어지는 긴 분자를 말한다. 이러한 중합체의 성질은 이를 구성하는 단량체에 의해 결정된다. 그 실례로 녹말과 같이 복잡한 탄수화물은 단순한 고리모양의 당으로 이루어진 중합체이다. **핵산**(DNA와 RNA)은 뉴클레오티드의 중합체이다. 이러한 긴 사슬은 **탈수반응**(dehydration reaction)에 의해 만들어지고 **가수분해반응**(hydrolysis reaction)에 의해 절단된다.

탈수반응

중합체를 이루는 단량체는 서로 다르지만 이들이 합성되는 방식은 유사하다. 두 단량체들 간에 공유결합이 형성되려면 한

표 2.3 거대분자

거대분자	소단위	기능	예
탄수화물			
전분, 글리코겐	포도당	에너지 저장	감자
셀룰로오스	포도당	식물세포벽에서 구조적 지지	종이; 셀러리 줄기
키틴	변형된 포도당	구조적 지지	게 껍질
핵산			
DNA	뉴클레오티드	유전자	염색체
RNA	뉴클레오티드	유전자 발현	mRNA
단백질			
기능적	아미노산	촉매; 수송	헤모글로빈
구조적	아미노산	지지	머리카락; 실크
지질			
지방	글리세롤과 3개의 지방산	에너지 저장	버터; 옥수수 기름; 비누
인지질	글리세롤, 2개의 지방산, 인산기 및 극성 R기	세포막	포스페티딜콜린
프로스타글란딘	2개의 비극성 꼬리를 가지는 5-탄소 고리	화학적 전달자	프로스타글란딘 E(PGE)
스테로이드	4가지 융합된 탄소고리	막; 호르몬	콜레스테롤; 에스트로겐
테르펜	긴 탄소사슬	색소; 구조적 지지	카로틴; 고무

단량체에서 −OH기가 제거되고 다른 단량체에서 수소원자(H)가 제거된다(**그림 2.7*a***). 이러한 방식으로 아미노산들이 연결되어 단백질이 만들어지고 포도당이 연결되어 녹말이 만들어진다. 이러한 반응은 지방산을 글리세롤에 연결하여 지질을 형성할 때에도 적용된다. 이러한 화학반응을 **축합**(condensation)이라고 부르며, 한 분자의 물(H_2O)이 제거되는 것과 같이 −OH와 −H가 제거되므로 **탈수반응**(dehydration reaction)이라고도 한다. 거대분자에 소단위가 하나씩 첨가될 때마다 하나의 물 분자가 제거된다. 이러한 화학반응을 위해서는 반응하는 물질들이 서로 가까이 있어야 하고 정확한 화학결합이 압력을 받아 절단되어야 한다. 이러한 위치 선정과 가압을 **촉매작용**(catalysis)이라고 하며, 세포 내에서는 효소에 의하여 일어난다.

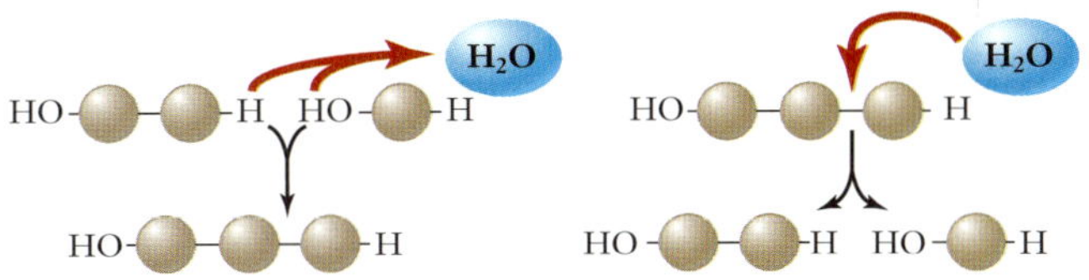

a. 탈수반응 ***b.*** 가수분해반응

그림 2.7 거대분자의 생성과 분해.
a. 생체 거대분자들은 단량체가 탈수반응을 통하여 서로 연결되어 형성되는 중합체이다. 이 과정에서 각 결합이 형성될 때마다 1개의 물 분자가 방출된다. ***b.*** 소단위들 사이의 결합이 절단되는 과정에서 1개의 물 분자가 첨가되는데, 이 과정을 가수분해라고 한다.

가수분해반응

세포는 탈수반응의 역반응을 통하여 거대분자를 소단위로 해체할 수 있으며, 이 과정에서 한 분자의 물이 첨가된다(**그림 2.7*b***). 이러한 과정을 **가수분해**(hydrolysis)라고 부르며, 수소원자가 한 소단위에 부착되고 수산기가 다른 소단위에 부착되어 거대분자의 특정 공유결합이 절단된다.

2.2 탄수화물: 에너지 저장과 구조 분자

단순 당인 단당류

탄수화물(carbohydrates)은 비교적 느슨하게 결합된 분자로 탄소, 수소 및 산소의 몰 비가 1:2:1로 이루어져 있다. 분자를 이루는 원자의 수를 아래첨자로 나타내는 탄수화물의 구조식은 $(CH_2O)n$이다(n은 탄소원자의 수를 나타냄). 이들이 지닌 탄소-수소(C−H) 결합은 산화될 때 많은 에너지를 방출하기 때문에 에너지 저장에 매우 적합한 구조이다. 따라서 당은 가장 중요한 에너지 저장 분자로 여러 가지 유형이 존재한다.

단당류(monosaccharides)는 가장 단순한 탄수화물인 **단**

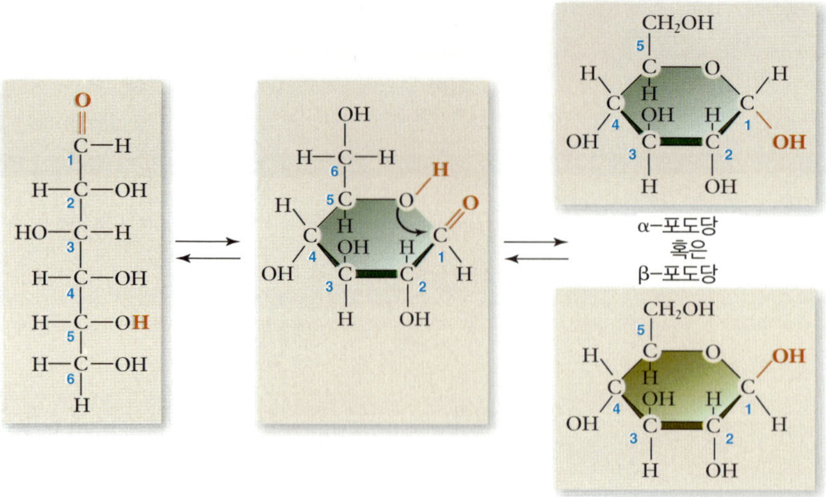

그림 2.8 포도당 분자의 구조.
포도당은 선형의 6-탄소분자로 용액 상태에서는 고리 모양을 형성한다. 고리의 형성으로 α-포도당과 β-포도당의 2가지 유형이 생겨날 수 있다. 이들은 1번 탄소에 결합한 −OH의 위치만 다르다. 고리 구조는 여러 가지 방식으로 나타낼 수 있다. 여기에서는 2가지 형을 쉽게 비교할 수 있도록 탄소의 번호를 표시한 가장 일반적인 것으로 나타냈다. 고리에서 두꺼운 선은 지면에서 앞으로 돌출한 부분을 나타낸다.

순당(simple sugars)이다. 단순당은 최소 3개의 탄소원자를 가지지만 에너지 저장에 중요한 당들은 대부분 6개의 탄소를 가진다. 6탄당의 구조식은 $C_6H_{12}O_6$ 혹은 $(CH_2O)_6$ 으로 나타내며, 이들은 사슬 모양으로 존재할 수 있지만 물에 녹으면 거의 대부분 고리를 형성한다.

에너지 저장에 가장 중요한 6탄당은 **포도당**(glucose)이다. 포도당은 **그림 2.8**에서 보는 것처럼 7개의 에너지 저장형 C−H결합을 가지는데, 고리가 닫혔을 때 카르보닐기(C=O)의 위치에 따라서 알파(α) 혹은 베타(β)의 두 가지 유형으로 존재할 수 있다.

이당류: 식물의 수송 분자, 동물에서 영양 제공

당은 생물체 내에서 수송되는데, 인간에서는 단당류인 포도당이 혈액을 통해 순환된다. 그러나 식물이나 다른 생물들의 몸 안에서 포도당이 이동할 때에는 수송형(transport form)으로 전환되어 수송되는데, 이들의 수송과정에서는 물질대사가 쉽게 일어나지 않는다.

수송형 당은 보통 2개의 단당류가 연결된 **이당류**(disaccharides)이다. 생물에서 포도당을 분해하는 효소들은 2개의 단당류 소단위들 간의 결합을 절단하지 못하므로 이당류는 포도당의 효과적인 저장형으로 볼 수 있다. 이를 분해하는 효소는 보통 포도당을 이용하는 조직에만 존재한다.

수송형은 어떤 단당류가 연결되어 이당류를 형성하느냐에 따라서 차이가 난다. 포도당은 자체적으로 이당류를 형성할 뿐만 아니라 과당과 갈락토오스와 같은 다른 여러 단당류와도 수송형을 형성한다. 포도당이 구조적 이성질체인 과당과 이성질체를 형성하면 **자당**(sucrose) 혹은 **설탕**(table sugar)이 된다. 자당은 대부분의 식물이 포도당을 수송하는 데 이용하는 유형이며, 인간과 대부분 동물들이 섭취하는 당이다. 사탕수수와 사탕무는 자당을 풍부하게 함유하고 있다.

다당류: 에너지 저장과 구조적 성분

다당류(polysaccharides)는 탈수반응을 통해 연결된 단당류의 긴 중합체이다. 저장형 다당류인 **녹말**(starch)은 α-포도당 분자가 긴 사슬로 연결되어 있다. 그에 비해 **셀룰로오스**(cellulose)는 구조적 성분으로 β-포도당 분자가 사슬로 연결되어 있다. α-포도당으로 이루어진 녹말의 연결을 α-결합이라고 하고 셀룰로오스는 β-결합이라고 한다.

녹말과 글리코겐

생물은 단당류에 포함된 대사 에너지를 **맥아당**(maltose)과 같은 이당류로 전환시켜 저장한다. 이들이 서로 연결되어 불용성 다당류인 **녹말**(starch)로 전환된다. 이러한 다당류들은 중합체의 분지 여부에 따라 차이를 보인다.

가장 단순한 구조를 가지는 녹말은 **아밀로오스**(amylose)로 수백 개의 α-포도당 분자가 연결되어 긴 비분지성 사슬을 이룬다. 이 때 한 포도당 분자의 1번 탄소(C-1)와 다른 포도당 분자의 C-4 사이에 결합이 일어나 α-(1→4)연결이 이루어진다. 아밀로오스의 긴 사슬은 물에서 꼬이는 경향이 있어 불용성이며, 감자녹말의 약 20%가 아밀로오스이다.

셀룰로오스

셀룰로오스(섬유소, cellulose)는 β-포도당의 중합체로 인접하는 포도당 분자들 사이의 결합은 첫 번째 포도당의 C-1과 다음 포도당의 C-4 사이에 일어나서 β-(1→4)연결에 의해 만들어진다. 모두 β-포도당으로 이루어진 사슬의 특성은 녹말과는 매우 다르다. 이러한 긴 비분지성 β-연결 사슬은 단단한 섬유(fiber)를 이룬다. 셀룰로오스는 식물 세포벽의 주요 성분이다. 셀룰로오스와 아밀로오스는 한 가지 중요한 차이를 제외하고는 화학적으로 유사하다. 대부분 생물들이 가지는 녹말-가수분해 효소들은 α결합만을 인식하기 때문에 두 β-포도당 사이의 결합을 자를 수 없다.

키틴

키틴(chitin)은 절지동물과 많은 균류에서 발견되는 구조 물질로 포도당의 변형체인 N-아세틸글루코사민(N-acetyl-glucosamine)의 중합체이다. 키틴은 단백질에 의하여 교차 연결되어 곤충과 갑각류의 단단한 외골격과 같은 딱딱한 보호성 표면물질을 형성한다. 키틴을 소화할 수 있는 생물은 거의 없지만 대부분의 생물은 키틴 분해효소(chitinase)를 가지고 있어 곰팡이로부터 자신을 보호한다.

2.3 핵산: 정보 분자

세포의 생화학적 활성은 특정 서열을 가지는 수많은 단백질에 의하여 나타난다. 단백질은 직접 다음 세대에 전달되지 않지만 단백질을 생성하는 데 필요한 정보는 세대를 거쳐 정확하게 전달된다.

디스크가 컴퓨터의 정보를 저장하고 도로 지도가 여행자에게 필요한 정보를 제시해주는 것과 마찬가지로 **핵산**(nucleic acid)은 세포 내에서 정보를 저장하고 있다. 핵산은 **DNA**(deoxyribonucleic acid)와 **RNA**(ribonucleic acid)로 구분된다. DNA는 단백질을 합성하는 데 이용되는 유전정보를 암호화(encoding)한다. 거대분자들 가운데 특이하게도 핵산은 자신의 복사본을 정확하게 만드는 주형이 될 수 있으며, 이러한 특징 때문에 유전정보는 세포분열과 개체증식 동안에 보존될 수 있다. 세포의 핵에 주로 존재하는 DNA는 특정 생물을 만드는 데 필요한 유전정보를 포함하고 있다.

세포는 **전령 RNA**(messenger RNA, mRNA)라고 부르는 일종의 RNA를 이용하여 단백질 합성을 지시한다. mRNA는 DNA의 일부가 전사된 단일가닥의 복사본으로 이루어져 있다. 이러한 **전사물**(transcripts)은 단백질의 아미노산 서열을 지정하는 청사진을 제공한다.

뉴클레오티드 중합체 핵산

핵산은 **뉴클레오티드**(nucleotide)라고 부르는 소단위의 긴 중합체이다. 각 뉴클레오티드는 **그림 2.9**에서 보는 바와 같은 5탄당(RNA의 ribose와 DNA의 deoxyribose), 인산기($-PO_4$) 그리고 질소를 함유하고 있는 염기의 3가지 성분들로 이루어져 있다. 핵산 중합체가 형성될 때 한 뉴클레오티드의 인산기는 다른 뉴클레오티드의 5탄당 수산기와 결합하면서 물이 방출되고 탈수반응에 의하여 **인산이에스테르 결합**(phosphodiester bond)이 형성된다. **핵산**(nucleic acid)은 5탄당이 인산이에스테르 결합으로 연결되고, 염기가 각 당에서 돌출된 단순한 사슬 구조이다. 이러한 뉴클레오티드 사슬인 **폴리뉴클레오티드**(polynucleotide)는 서로 다른 말단부를 가지는데, 이들을 편의상 당의 탄소번호에 따라 5′("five-prime", $-PO_4$) 말단과 3′("three-prime", $-OH$) 말단이라 부른다.

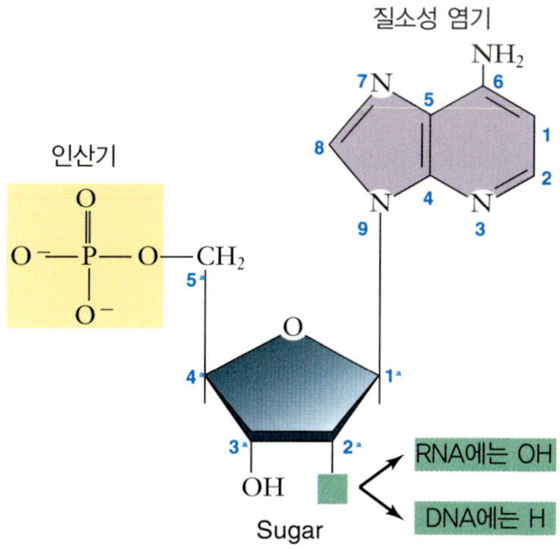

그림 2.9 뉴클레오티드의 구조.
DNA와 RNA의 뉴클레오티드 소단위는 세 가지 요소로 이루어져 있다: 5탄당(리보오스 혹은 데옥시리보오스), 질소를 함유한 염기(이 그림에서는 아데닌) 그리고 인산기. 당의 탄소번호를 염기 고리의 번호와 구분하기 위하여 모두 "프라임"(1′, 2′ 등)으로 표시하였다.

뉴클레오티드에는 두 종류의 염기가 존재한다. 하나는 크기가 크며 이중 고리를 가지는 분자인 **퓨린**(purines)으로 DNA와 RNA에서 볼 수 있으며, 아데닌(A, adenine)과 구아닌(G, guanine)이 있다. 다른 한 유형은 퓨린에 비해 작고 단일 고리를 가지는 분자인 **피리미딘**(pyrimidine)이다. 피리미딘은 DNA와 RNA 양쪽에 모두 존재하는 시토신(C, cytosine)과 DNA에만 존재하는 티민(T, thymine)과 RNA에만 존재하는 우라실(U, uracil)로 구분된다.

유전암호를 지닌 DNA

생물은 단백질의 아미노산 서열을 지정하는 정보를 암호화(encoding)하기 위하여 DNA의 뉴클레오티드 서열을 이용한다. 이러한 정보의 암호화 방법은 문장에서 정보를 암호화하는 문자의 배열방식과 매우 유사하다. 영어 문장은 26가지 알파벳 문자의 조합이 특정 순서로 나열된 것이다. DNA 분자의 암호는 CGCTTACG와 같이 4가지 뉴클레오티드의 조합이 특정 서열을 이루고 있다. DNA에 저장된 정보는 생물의 일상에 이용되고 자손에게 전달된다.

DNA 분자는 단백질처럼 단일 사슬이 접혀져 복잡한 모양을 이루지는 않고 2개의 사슬이 나선으로 서로 감아 진핵세포에서는 긴 선형 분자(linear molecule)를 이루고 대부분의 원핵세포에서는 환형 분자(circular molecule)를 이룬다. DNA 중합체의 두 가닥은 나선형 계단의 안쪽과 바깥쪽 난간들처럼 서로 감겨져 있다. 이러한 모양을 나선(helix)이라고 하며 2개의 사슬로 이루어진 나선을 **이중나선**(double helix)이라고 한다. DNA의 나선형 계단에서 각 계단은 염기쌍으로 이루어져 있다. 이 염기쌍에서 한 사슬의 염기가 다른 사슬의 염기와 수소결합을 하고 있다. 이러한 염기 짝짓기의 법칙은 매우 엄격하게 이루어지는데, 아데닌은 티민(DNA) 혹은 우라실(RNA)과 짝을 지을 수 있고, 시토신은 구아닌과 짝짓기를 한다. 이러한 염기들의 짝짓기를 **상보적**(complementary)이라 한다.

DNA 가닥의 전사물 RNA

RNA는 DNA와 비슷하지만 두 가지 점에서 중요한 화학적 차이를 보인다. 첫째, RNA 분자는 C-2에 수산기가 결합된 리보오스 당을 가진다(DNA에서는 이 수산기가 수소원자로 대체되어 있다). 두 번째, RNA 분자는 티민 대신 우라실을 이용한다. 우라실은 탄소 가운데 하나가 메틸기($-CH_3$)를 가지지 않는다는 점을 제외하고는 티민의 구조와 같다.

DNA의 정보를 RNA와 같이 화학적으로 다른 분자에 전사시킴으로써 세포는 원래의 정보 저장 분자와 복사본을 구분할 수 있다. **그림 2.10**에서 보는 것처럼 DNA 분자는 일부 단일가닥 DNA 바이러스를 제외하고는 항상 이중가닥(double stranded)이고, DNA에서 전사된 RNA 분자는 단일가닥(single stranded)이다. 이러한 차이 때문에 DNA는

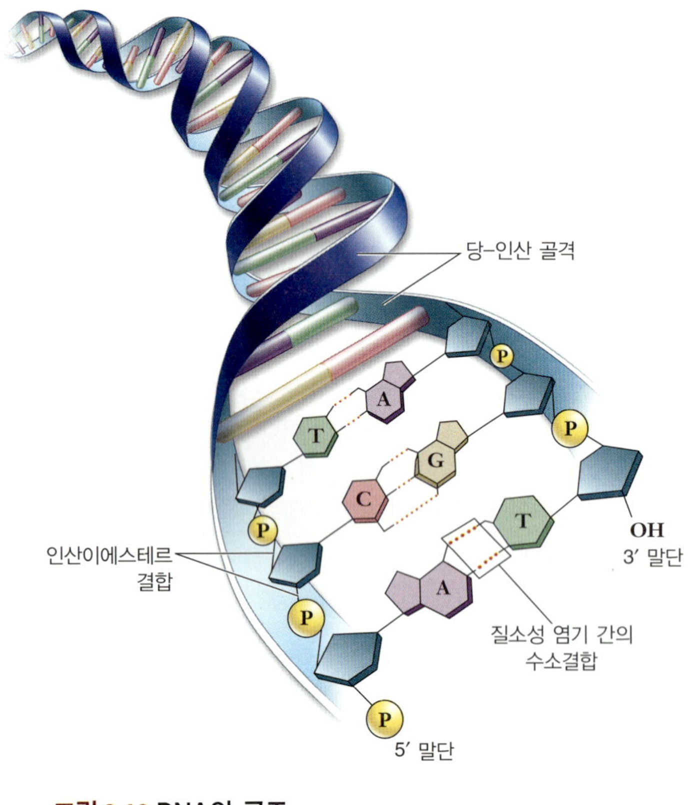

그림 2.10 DNA의 구조.
DNA는 하나의 나선 축을 따라 서로 반대 방향으로 감고 있는 2개의 폴리뉴클레오티드 사슬로 이루어져 있다. 염기들 사이의 수소결합(점선)이 DNA의 두 가닥을 서로 결합시키고 이중나선을 형성한다.

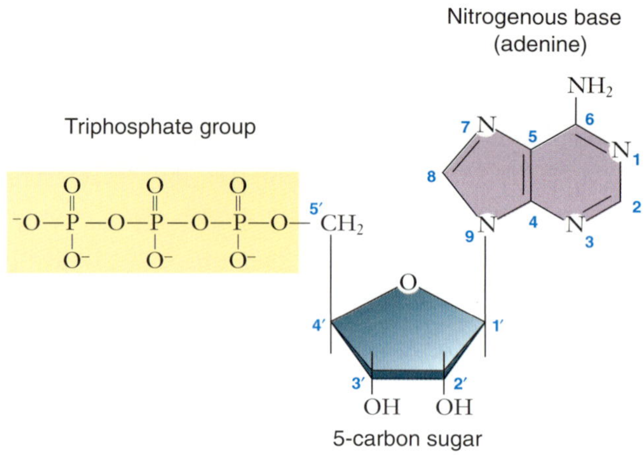

그림 2.11 ATP의 구조.
아데노신 3인산(ATP: adenosine triphosphate)은 아데닌, 5탄당 그리고 3개의 인산기를 포함한다.

정보를 저장하고, RNA는 이 정보를 단백질의 아미노산 서열을 지정하는 데 적합하다.

에너지 반응에 필수 성분이 되는 핵산

뉴클레오티드는 DNA와 RNA의 소단위로 이용될 뿐만 아니라 세포가 살아가는 데 필수적인 다른 역할도 한다. 그 실례로 **ATP**(adenosoine triphosphate; **그림 2.11**)는 세포의 에너지 화폐로 이용된다. 우리가 사회에서 돈을 이용하듯이 세포는 ATP를 생물체 내에서 일어나는 다양한 상호작용(transaction)에서 에너지로 이용한다. ATP는 막을 가로지르는 수송이나 세포의 이동과 같이 에너지가 필요한 화학반응들에 이용된다.

또 다른 뉴클레오티드 함유 분자로는 $\mathbf{NAD^+}$(nicotinamide adenine dinucleotide)와 $\mathbf{FAD^+}$(flavin adenine dinucleotide) 등을 들 수 있는데, 이 분자들은 다양한 세포내 과정에서 전자전달자로 이용된다.

2.4 단백질: 다양한 구조의 기능 분자

단백질(proteins)은 생물체에서 화학적으로 그리고 기능적으로 가장 다양한 거대분자이다. 단백질은 세포에서 매우 다양한 기능을 나타내는데, 그 기능들은 다음과 같이 7개 범주로 구분해볼 수 있다. **표 2.4**에 단백질의 종류와 체내에서의 기능을 요약하였다.

1. **효소 촉매작용**(Enzyme catalysis): 효소는 특정 화학반응을 용이하게 하는 생물학적 촉매이다. 따라서 효소의 출현은 생명의 탄생과정에서 가장 중요한 사건들 가운데 하나로 작용하였다. 효소는 이들이 작용하는 분자와 특이적으로 결합하는 구형(globular) 단백질로 효소의 결합은 특정 화학결합에 관여하여 화학반응을 용이하게 한다.

표 2.4 단백질의 기능

기능	단백질의 종류	예	용례
효소 촉매	효소	글리코시다아제	다당류 절단
		프로테아제	단백질 분해
		폴리머라제	핵산 합성
		키나아제	당과 단백질의 인산화
방어	면역글로불린	항체	제거될 외래물질 표시
	독소	뱀독	신경기능 차단
	세포-표면 항원	MHC 단백질	자기 인식
수송	순환형 수송체	헤모글로빈	혈액에서 O_2와 CO_2의 수송
		미오글로빈	근육에서 O_2와 CO_2의 수송
		시토크롬	전자전달
	막 수송체	나트륨-칼륨 펌프	흥분성 막
		양성자 펌프	화학삼투
		포도당 수송체	세포내 포도당 수송
지지	섬유	콜라겐	연골형성
		케라틴	머리카락과 손톱
		피브린	혈액응고
운동	근육	액틴	근섬유 수축
		미오신	근섬유 수축
조절	삼투 단백질	혈청 알부민	혈액 삼투압 유지
	유전자 조절자	*lac* 억제인자	전사조절
	호르몬	인슐린	혈당조절
		바소프레신	신장의 물 재흡수
		옥시토신	자궁수축과 모유생성의 조절
저장	이온결합	페리틴	비장에 철 저장
		카제인	우유에 이온 저장
		칼모듈린	칼슘이온 결합

2. **방어**(Defense)**:** 일부 구형 단백질들은 외래 미생물과 암세포를 인식한다. 이러한 세포 표면 수용체들은 내분비 및 면역계에서 핵심적인 역할을 한다.
3. **수송**(Transport)**:** 다양한 구형 단백질들은 작은 분자들과 이온을 수송한다. 그 실례로 수송 단백질인 헤모글로빈은 혈액에서 산소를 수송하며, 막 수송 단백질은 막을 기로질러 이온과 분자들을 이동시킨다.
4. **지지**(Support)**:** 단백질 섬유(protein fibers)는 구조적 역할을 수행한다. 이러한 섬유에는 머리카락의 케라틴(keratin), 혈액응고 과정에서 작용하는 피브린(fibrin), 콜라겐 등이 있다. 콜라겐(collagen)은 피부, 인대, 힘줄, 그리고 뼈의 기질을 이루며, 척추동물 체내에서 가장 풍부한 단백질이다.
5. **운동**(Motion)**:** 근육은 두 종류의 단백질 필라멘트인 액틴(actin)과 미오신(myosin)의 활주운동을 통하여 수축한다. 수축성 단백질은 세포골격과 세포내 물질의 이동과정에서 핵심적인 역할을 수행한다.
6. **조절**(Regulation)**:** 호르몬은 작은 단백질로 동물에서 세포들 간에 전달자(messengers)로 작용한다. 단백질은 세포 내에서 여러 가지 조절기능들도 수행한다. 그 실례로 발생과정

에서의 유전자 발현의 촉진이나 억제를 들 수 있다. 또한 단백질은 세포 표면 수용체(cell-surface receptors)로 작용하여 외부로부터 정보를 받기도 한다.

7. **저장**(Storage): 칼슘과 철은 이온 상태로 저장단백질에 결합한 상태로 체내에 저장된다.

단백질: 아미노산의 중합체

단백질은 20가지의 아미노산으로 이루어진 선형 중합체이다. **아미노산**(amino acid)은 명칭이 암시하듯이 하나의 아미노기($-NH_2$)와 하나의 산성 카르복실기($-COOH$)를 가진다. 아미노산의 배열순서는 단백질의 구조와 기능을 결정한다. 많은 과학자들은 아미노산들이 초기 지구에서 처음 형성된 분자들 가운데 하나일 것으로 믿고 있다. 지구 역사의 초기에 존재하였던 바다에는 다양한 아미노산들이 풍부하게 존재하였던 것으로 여겨지고 있다.

아미노산의 구조

아미노산의 일반적인 구조는 다음 그림에서 보는 것처럼 중앙 탄소원자에 아미노기와 카르복실기 그리고 수소원자 하나와 R로 표시된 기능성 곁사슬 하나가 결합되어 있다. 이러한 성분들은 중앙탄소의 결합을 완전히 채우고 있다.

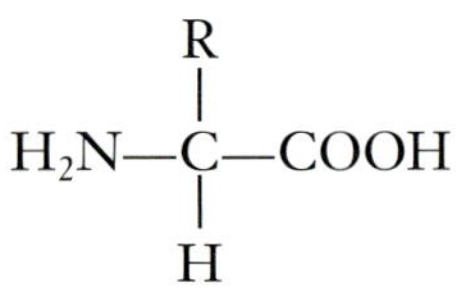

아미노산의 특징은 R기에 의하여 결정되는데, 글리신(glycine)에서와 같이 R기가 수소원자만 아니라면 아미노산은 키랄(chiral) 분자로 두 가지 입체 이성질체(D 혹은 L)로 존재할 수 있다. 생물계에서 L-아미노산만이 단백질에서 발견되며 D-아미노산은 극히 드물게 발견된다.

R기는 아미노산의 화학적 성질을 결정해주는데, R기가 $-CH_2OH$인 세린(serine)은 극성 분자이며, $-CH_3$인 알라닌(alanine)은 비극성이다. 20가지 아미노산들은 R기에 따라 구분된다.

펩티드 결합

각 아미노산은 이온화되면 한 쪽 끝에 양전하를 띠는 아미노기(NH_3^+)와 다른 쪽 끝에 음전하를 띠는 카르복실기(COO^-)를 가진다. 2개의 아미노산에 있는 아미노기와 카르복실기가 탈수반응을 거쳐 공유결합을 형성한다. 이러한 두 아미노산을 연결하는 공유결합을 **펩티드 결합**(peptide bond)이라고 한다(**그림 2.12**). 펩티드 결합은 부분적인 이중결합의 성격을 띠기 때문에 이 결합으로 연결된 두 아미노산들은 N−C 연결에서 자유롭게 회전할 수 없다. 이는 아미노산의 중심 탄소에 연결

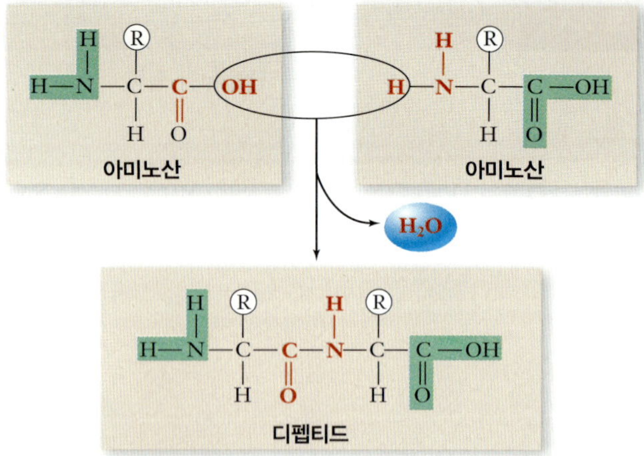

그림 2.12 펩티드 결합.
한 아미노산의 아미노 말단과 다른 아미노산의 카르복실 말단이 연결되어 펩티드 결합을 형성한다. 반응성 아미노 및 카르복실기들을 적색으로, 비반응성 기들을 녹색으로 나타냈다. 그 결과로 만들어진 디펩티드는 아미노 말단과 카르복실 말단을 가진다. 펩티드 결합의 부분적인 이중결합 특성 때문에 펩티드 사슬은 이 결합에서 자유롭게 회전할 수 없다.

된 N−C와 C−C결합과는 다르기 때문이다. 이와 같이 펩티드 결합에서 회전이 불가능하다는 점은 아미노산 사슬이 형성하는 코일 및 다른 규칙적인 모양의 구조적인 특성을 결정하는 중요한 요인이 된다.

단백질은 하나 이상의 비분지성 사슬로 이루어져 있다. 각 사슬을 **폴리펩티드**(polypeptide)라고 부르며, 펩티드 결합으로 연결된 아미노산으로 이루어져 있다. 단백질과 폴리펩티드라는 용어는 엄격하게 구분하지 않고 혼용되어 사용되는 경향이 있다. 실제로 하나의 폴리펩티드만으로 이루어진 단백질의 경우에는 두 용어가 동의어이다.

1950년대 초기에 생거(Sanger)의 선구적 업적으로 각 단백질은 특정 아미노산 서열을 가진다는 것이 처음으로 밝혀졌다. 생거는 연속적으로 아미노산을 제거하고 이를 확인하는 화학적 방법을 이용하여 인슐린의 아미노산 서열을 결정하는 데 성공하였다. 자연계에는 수많은 단백질들이 존재하지만 단백질에는 20가지 아미노산들만이 나타난다.

단백질의 구조적 단계

단백질의 모양은 기능을 결정한다. 단백질과 같이 작은 물질의 모양을 연구하는 한 가지 방법은 매우 짧은 파장의 에너지인 X-선으로 관찰하는 것이다. X-선은 단백질 결정을 통과하면서 회절 패턴을 만드는데, 이러한 패턴을 이용하여 각 원자의 위치에 대한 3차원적인 상을 만들 수 있다. 이러한 방식으로 분석된 최초의 단백질이 **미오글로빈**(myoglobin)이며, 뒤이어 이와 유사한 **헤모글로빈**(hemoglobin)의 구조도 밝혀졌다.

단백질의 구조는 1차, 2차, 3차 및 4차 구조로 구분한다.

1차 구조: 아미노산 서열

단백질의 **1차 구조**(primary structure)는 아미노산 서열이다. 아미노산들을 구분짓는 R기는 단백질의 펩티드 골격에서 아무런 역할도 하지 않기 때문에 단백질은 어떠한 아미노산 서열로도 만들어질 수 있다. 따라서 20가지 아미노산들은 모든 위치에 나타날 수 있으므로 100개의 아미노산으로 이루어진 단백질은 20^{100}가지의 아미노산 서열을 만들 수 있다. 이러한 특성은 단백질에 엄청난 다양성을 부여한다.

2차 구조: 수소결합 패턴

단백질에서 아미노산의 R기만이 수소결합을 형성하는 것은 아니고 펩티드 기들도 수소결합을 형성할 수 있다. 이러한 수소결합은 물이나 다른 펩티드 기(group)들과 이루어질 수 있다. 만약 펩티드 기들이 물과 너무 많은 수소결합을 형성하면 단백질은 무작위적인 코일처럼 풀어지는 경향이 있어 단백질에 흔하게 나타나는 구형 구조를 형성할 수 없을 것이다. 폴링(Linus Pauling)은 펩티드가 **α 나선**(α helix)이라고 부르는 나선 모양으로 꼬인다면 펩티드 기들이 서로 상호작용할 수 있을 것이라고 제안하였다. 이러한 펩티드 골격을 이루는 기들의 규칙적인 상호작용을 **2차 구조**(secondary structure)라고 한다. 이와는 다른 2차 구조가 편평한 판구조를 형성하기 위하여 서로 나란히 배열된 펩티드 영역들 사이에 일어날 수 있으며, 이를 **β판구조**(β sheet)라고 한다. 이는 서로 인접하는 펩티드 사슬의 방향이 동일 방향이나 반대 방향으로 배열되어 평형 혹은 역평형으로 나타날 수 있다.

3차 구조: 접힘과 연결

구형 단백질이 접혀진 모양을 **3차 구조**(tertiary structure)라고 부른다. 3차 구조는 2차 구조를 가지는 영역들을 포함하며, 이들이 공간에 어떻게 배열되어 전체 구조를 만드는가를 결정한다. 단백질은 먼저 소수성 상호작용에 의하여 3차 구조가 유도된다. 정반대의 전하를 띠는 R기들 사이의 이온결합으로 두 영역이 근접하게 되고, 이황화 결합(disulfide bonds; 두 시스테인 R기 사이의 공유결합)은 특정 영역들을 고정시킨다. 단백질의 최종 접힘은 1차 구조의 R기의 화학적 성질에 의하여 결정된다. 크기가 작은 단백질들은 완전히 펼쳐지더라도 자생적으로 원래의 모양으로 다시 접힐 수 있는 데 비해 크기가 큰 단백질들이 변성되면 핫 초코를 만들기 위해 우유를 가열할 때 생기는 막과 같이 서로 응집되어 불용성 덩어리를 형성하는 경향이 있다.

3차 구조는 서로 다른 아미노산의 R기들 간의 수소결합, 반대 전하를 띠는 R기들 간의 정전기적 인력, 비극성 R기들 간의 소수성 상호작용 그리고 이황화 공유결합을 포함하는 여러 가지 힘으로 안정화된다. 단백질이 일단 3차 구조로 접혀지면 그 안정성은 단백질의 내부가 얼마나 잘 들어맞는지에 의해 많은 영향을 받는다. 내부의 비극성 사슬들이 근접하게 되면 이들에게는 반데르 발스(van der Waals) 힘이라고 하는 분자적 인력을 받게 된다. 이 힘은 개별적으로는 매우 약하지만 많이 작용하게 되면 강한 인력을 나타낸다. 이 힘은 짧은 거리에서만 효과적이므로 단백질 내부에는 구멍이나 빈 곳이 존재하지 않는다. 서로 다른 크기와 모양의 R기를 가지는 다양한 비극성 아미노산들이 존재하므로 단백질 내부에서 비극성 사슬들은 꼭 들어맞을 수 있다.

4차 구조: 소단위 배열

2개 혹은 그 이상의 폴리펩티드 사슬이 하나의 기능성 단백질을 형성할 때, 이러한 각 사슬을 단백질의 **소단위**(subunit)라고 한다. 이러한 소단위들의 배열이 단백질의 **4차 구조**(quaternary structure)를 이룬다. 단백질에서 소단위들이 서로 접촉하는 경계면은 흔히 비극성이며, 이는 소단위들 사이의 정보 전달에 핵심적인 역할을 수행한다.

헤모글로빈은 2개의 α-사슬 소단위와 2개의 β-사슬 소단위로 이루어져 있다. 각 α- 및 β-글로빈 사슬은 특정 아미노산 서열로 이루어진 1차 구조를 가진다. 이는 α나선과 β판으로 이루어진 독특한 2차 구조를 이루고 이들은 다시 각 α- 및 β-글로빈 소단위에 독특한 3차 구조로 배열한다. 마지막으로 소단위들이 적절하게 배열하여 최종 4차 구조를 이룬다. 반면에 리소자임(lysozyme)과 같이 하나의 펩티드 사슬로 이루어진 단백질에서는 3차 구조가 단백질의 최종 구조가 된다.

변성과 단백질의 불활성화

단백질의 환경이 바뀌면 모양이 바뀌거나 접힘이 완전히 풀려지기도 한다. 이러한 과정을 **변성**(denaturation)이라고 한다. 단백질은 pH, 온도 혹은 이온 농도가 바뀌면 변성될 수 있다.

변성된 단백질은 보통 생물학적으로 불활성을 보인다. 이는 효소의 경우에 특히 중요하다. 생물에서 거의 모든 화학반응들이 효소에 의하여 촉매되므로 효소는 반드시 적절하게 작용하여야 하기 때문이다.

전통적인 식품저장 방법인 염절임(salt curing)이나 초절임(pickling)은 단백질의 변성과 관련이 있다. 냉장고가 보편화되기 전에는 식품에 미생물이 자라는 것을 방지할 수 있는 유일한 방법이 식품을 고농도의 소금이나 식초 용액에 담가두어 대부분의 미생물 효소들이 변성되어 식품에 자라지 못하도록 하는 것이었다.

대부분의 효소들은 매우 좁은 범위의 환경조건에서만 작용한다. 약 pH 7.4의 인체에서 작용하는 혈액 유래의 효소들은 위의 강산성 환경에서 빠르게 변성된다. 반대로 위의 pH 2 혹은 그 이하의 pH에서 작용하는 단백질 분해효소들은 혈액의 pH에서 변성된다. 마찬가지로 심해의 열수 분출공 근처에 사는 생물들은 극한온도(100°C 이상)에서도 잘 작용하는 효소를 가진다. 차가운 물에서는 이들의 효소가 제대로 작용하지 못하므로 살 수 없다. 대부분의 생물은 pH, 온도 그리고 염 농도의 내성 범위를 가진다. 이 범위 안에서 효소는 기능을 수행하는 데 적합한 모양을 유지한다.

2.5 지질: 소수성 분자

지질(lipid)은 물에 잘 녹지 않는 특징을 공통적으로 지니고 있으며, 다소 느슨하게 모여진 분자집단이다. 동물지방과 같은 저장지방도 지질의 한 종류이다. 올리브, 옥수수 그리고 코코넛의 기름도 지질이고 밀랍(beeswax)과 귀지(earwax) 등과 같은 왁스도 지질이며, 일부 비타민들도 지질이다.

지질은 대부분이 비극성 탄소-수소(C−H) 결합을 가지며, 긴 사슬의 지질은 단백질처럼 비극성 부위를 주위의 수용성 환경과 접하지 않도록 내부로 제한할 수 없다. 이들을 물에 두면 이들의 극성(친수성)기들은 주위의 물과 접하고 비극성(소수성)부위는 지질 분자들의 내부로 향하게 되어 많은 지질 분자들이 자발적으로 뭉쳐진다. 이러한 효과는 물 위에 기름을 떨어뜨려 보면 쉽게 관찰할 수 있다. 이러한 지질의 자발적 조립은 세포에 매우 중요하며 세포막 구조의 기본이 된다.

지방산이 글리세롤에 부착된 중합체 지방

많은 지질들은 지방산(fatty acids)과 글리세롤(glycerol) 분자들로 이루어진 단순한 골격으로부터 만들어진다. 지방산은 한쪽 끝에 카르복실산(COOH)을 가지는 긴 탄화수소 사슬이다. 글리세롤은 3개의 탄소와 3개의 −OH기를 가지는 폴리알코올(polyalcohol)이다. 많은 지질 분자들은 한 분자의 글리세롤과 세 분자의 지방산으로 이루어져 있으며, 글리세롤 골격의 각 탄소에 지방산이 하나씩 부착되어 있다. 이와 같이 지방 분자는 3개의 지방산을 가지므로 흔히 **트리글리세리드**(triglyceride)라고 부르며(보다 정확한 화학명은 triacylglycerol), 기본 구조는 **그림 2.13**에서 보는 바와 같다. 트리글리세리드의 세 지방산은 서로 다를 수 있고, 지방산의 탄화수소 사슬의 길이는 다양하며, 14에서 20에 이르는 짝수의 탄소로 이루어진 사슬이 가장 흔하다. 지방이 가지고 있는 많은 C−H 결합은 장기간의 에너지 저장에 유용하게 이용될 수 있다.

지방산 사슬의 내부 탄소원자들이 모두 2개의 수소원자와 결합하고 있다면 이 지방산은 **포화**(saturated)되었다고 하며, 이는 지방 분자가 가능한 모든 수소원자들을 가진다는 것을 의미한다(**그림 2.13** 참조). 그에 비해 탄소원자들 사이에 하나 혹은 그 이상의 이중결합을 가지는 지방산은 **불포화**(unsaturated)되었다고 한다. 하나의 이중결합을 가지는 지방산은 **단불포화**(monounsaturated) 지방산, 둘 이상의 이중결합을 가지는 것들은 **다불포화**(polyunsaturated) 지방산이라 부른다. 자연계에서 발견되는 대부분의 불포화 지방산은 탄소 사슬이 이중결합 전후에 같은 쪽에 위치한 cis 구조의 이중결합을 가진다(**그림 2.13*b***에서 지방산의 이중결합은 모두 cis 구조). 공업적으로 지방에 수소를 일부 첨가하면 탄소 사슬이 이중결합 전후에 반대쪽에 위치하는 트랜스(trans) 구조를 가지는 이중결합을 만들 수 있다. 이들을 트랜스 지방(trans fats)이라 부르는데 트랜스 지방은 나쁜 콜레스테롤(low-density lipoprotein, LDL)의 수치를 높이고, 좋은 콜레스테롤(high-density lipoprotein, HDL)의 수치를 낮추어 관상동맥 심장질환(coronary heart disease)의 위험성을 증가시킨다.

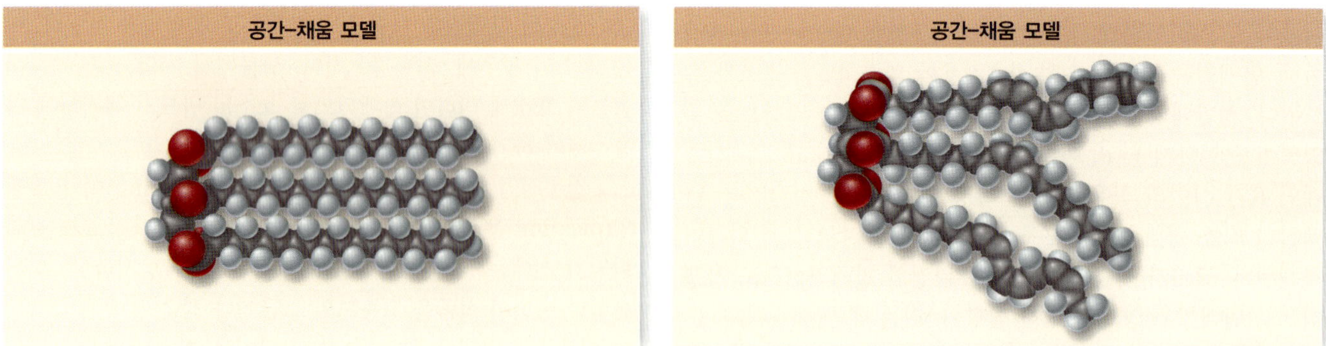

a. *b.*

그림 2.13 포화지방과 불포화지방.
a. 포화지방은 3개의 포화지방산(이중결합을 가지지 않은 것)을 가지는 트리글리세리드로 이루어져 있다. 따라서 포화지방은 최대한의 수소원자가 탄소사슬에 결합하고 있다. 대부분의 동물성 지방은 포화되어 있다. ***b.*** 불포화지방은 3개의 불포화지방산(하나 혹은 그 이상의 이중결합을 가지는 것)을 가지는 트리글리세리드로 이루어져 있다. 이는 탄소사슬에 결합할 수 있는 최대 수보다 적은 수의 수소원자를 가진다. 식물성 지방은 보통 불포화되어 있다. 이중결합의 꺾임은 트리글리세리드가 밀착되어 배열하지 못하도록 하므로 실온에서 액체 상태를 유지한다.

지방: 에너지 저장 분자

대부분의 지방은 40개 이상의 탄소원자들을 포함한다. 지방에서 에너지 저장형인 C−H 결합의 비율이 탄수화물의 두 배 이상이므로 지방은 화학적 에너지 저장에 가장 효율적인 분자이다. 지방은 g당 평균 약 9 kcal의 화학에너지를 생성하지만 탄수화물의 경우에는 4 kcal/g의 에너지를 생성할 수 있다. 동물이 생성하는 지방은 대부분 포화되어 있는 반면(일부 생선 기름은 제외), 대부분의 식물 지방은 불포화되어 있다(**그림 2.13** 참조). 예외적으로 열대식물 기름(야자 기름과 코코넛 기름)은 상온에서 액체이지만 포화되어 있다. 화학적으로 수소를 첨가하면 기름은 고체지방으로 전환된다. 대부분의 땅콩버터는 땅콩기름에 인위적으로 수소를 첨가하여 고체화시킨 것이다. 이와 같이 불포화 지방에 인위적으로 수소를 첨가하면 **트랜스 지방산**(trans-fatty acids)이 생성된다.

생물이 탄수화물을 과다하게 섭취하면 탄수화물을 녹말, 글리코겐 혹은 지방으로 변환시켜 저장한다. 선진국 사람들에게서 흔히 나타나는 과체중은 나이가 들어감에 따라 필요한 에너지양이 감소하지만 섭취하는 음식물의 양을 줄이지 않기 때문에 이들이 섭취하는 탄수화물이 점점 더 많이 지방으로 전환되어 나타나는 현상이다.

지방이 많은 음식의 섭취는 동맥경화(atherosclerosis)와 같은 심장병을 유발하는 주요 요인이다. 동맥경화는 혈전(플라그, plaque)이라고 부르는 지방성 물질이 혈관 내면에 붙어 혈액의 흐름을 막는 질병이다. 또한 혈전 조각이 떨어져 뇌로 가는 동맥을 막으면 뇌졸중(stroke)이 유발된다.

막을 형성하는 인지질

복잡한 지질 분자인 **인지질**(phospholipid)은 모든 생체막의 핵심 성분을 이루는 매우 중요한 분자이다. 개개의 인지질은 트리글리세리드의 한 지방산이 인산기로 치환된 트리글리세리드(triglyceride)이다. 인지질의 기본 구조는 세 종류의 소단위로 이루어져 있다:

1. **글리세롤**(Glycerol): 3개의 탄소를 가지는 알코올로 각 탄소는 수산기를 가진다. 글리세롤은 인지질 분자의 골격을 형성한다.
2. **지방산**(Fatty acids): $-CH_2$기로 이루어진 긴 사슬(탄화수소 사슬)로 끝에 카르복실기(−COOH)를 가진다. 인지질 분자에는 2개의 지방산이 글리세롤 골격에 부착되어 있다.
3. **인산기**(phosphate group, $-PO_4^{2-}$): 글리세롤의 한쪽 끝에 부착되어 있다. 전하를 띠는 인산기에 콜린, 에탄올아민 혹은 세린과 같은 전하를 띠는 유기 분자가 연결되어 있다.

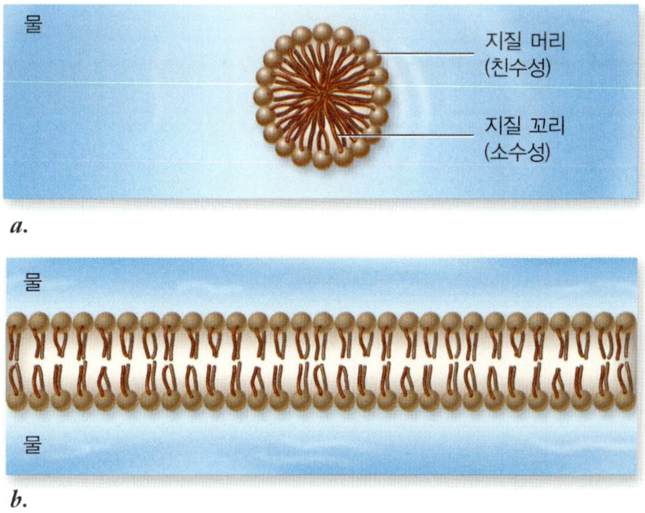

그림 2.14 물에서 자발적으로 미셀이나 지질 이중층을 형성하는 지질.
수용액 환경에서 지질 분자는 극성(친수성)인 머리는 극성인 물 쪽으로 향하고 비극성(소수성)인 꼬리는 물에서 떨어져 안쪽으로 모인다. 이들은 물방울 모양의 미셀을 형성하거나(***a***) 인지질 분자들이 두 층으로 배열하여 인지질 이중층을 형성할 수 있다(***b***). 이때 친수성 머리는 바깥쪽으로 향하고 소수성 꼬리는 안으로 향하게 된다.

인지질 분자는 한쪽 끝에 인산기를 가지고 다른 끝에는 2개의 긴 비극성 꼬리를 가진다. 이러한 구조는 이들 분자가 작용하는 데 필수적이다. 특히, 막의 형성과정에서 이러한 구조는 독특한 특성이 나타난다.

물에 인접하는 지질 분자들의 비극성 꼬리는 물에서 떨어져 서로 응집하여 꼬리가 안쪽으로 향하는 구형의 **미셀**(micelle)을 형성한다(**그림 2.14*a***). 이는 세제 분자들이 기름기 있는 물질을 물에 녹게 만드는 방식이다. 기름기는 미셀의 비극성 내부에서 녹고 미셀의 극성 표면은 물에 녹는다. 인지질은 두 층의 분자들이 배열하여 각 층의 소수성 꼬리가 내부로 향하고 친수성 꼬리가 바깥으로 향하는 이중층의 다소 복잡한 구조를 형성한다(**그림 2.14*b***). 이와 같은 지질 이중층은 제3장에서 자세하게 설명될 세포막의 기본 골격이다.

연 습 문 제

1. 한 원소의 원자(예, 탄소)와 다른 원소의 원자(예, 산소)를 구분하는 특성은?
   a. 전자의 수
   b. 양성자의 수
   c. 중성자의 수
   d. 양성자와 중성자 수의 합
2. 탄소-12와 탄소-14를 가지는 동위원소의 차이점은?
   a. 중성자의 수
   b. 양성자의 수
   c. 전자의 수
   d. b와 c
3. 다음 중 물이 수소결합을 형성하는 능력으로 인해 생겨나는 특성이 아닌 것은?
   a. 응집력 b. 높은 비열
   c. 용매 효능 d. 중성 pH
4. 식물세포는 _____형태로 에너지를 저장하고, 동물세포는 _____ 형태로 에너지를 저장한다.
   a. 과당; 포도당 b. 이당류; 단당류
   c. 셀룰로오스; 키틴 d. 전분; 글리코겐
5. 단백질을 구성하는 단량체는?
   a. 단당류 b. 뉴클레오티드
   c. 아미노산 d. 지방산
6. 다음 중 DNA와 RNA의 차이가 아닌 것은?
   a. 데옥시리보오스 당과 리보오스 당
   b. 티민과 우라실
   c. 이중가닥과 단일가닥
   d. 인산이에스테르 결합과 수소결합
7. 공상과학의 인기 주제 가운데 하나는 탄소-기반의 생명 대신에 실리콘-기반의 생명을 만드는 것이다. 실리콘 원자의 화학적 구조와 화학결합 능력을 감안하여 실리콘-기반의 생명체가 만들어질 가능성에 대해 설명하시오.
8. 4가지 생체 거대분자들의 차이점은 무엇이며, 이들의 구조와 기능과 어떻게 관련지을 수 있는가?

제 3 장

세포의 구조와 에너지 대사

Cell Structure and Energy Metabolism

1 세포의 구조

1.1 세포설

세포들은 현미경으로만 볼 수 있는 정도의 크기를 가진다. 대부분의 진핵생물 세포의 크기는 지름이 10~100 μm(1 μm: 1백만분의 1 m) 정도이며, 대부분의 원핵세포는 1~10 μm 정도이다.

세포의 크기가 이처럼 작기 때문에 세포의 존재는 17세기에 현미경이 발명되고 나서야 알려지기 시작했다. 후크(Hooke)는 1665년에 처음으로 코르크 조직으로부터 세포를 관찰하였고, 그 모양을 *cellulae*(라틴어로 '작은 방'을 뜻함)라고 불러서 오늘날 세포(cell)의 어원이 되었다. 레벤후크(Leeuwenhoek)에 의해 살아있는 세포가 처음으로 관찰되었으며, 그는 이를 "극미동물(animalcules)"이라고 불렀다. 이러한 발견 이후 1세기 반이 흘러서야 비로소 생물학자들은 세포의 중요성을 이해하게 되었다. 1838년에 식물학자인 실라이덴(Schleiden)은 모든 식물이 세포라고 불리는 독립적이고 서로 분리되어 있는 개별적 단위의 집합이라고 하였고, 1839년에는 시반(Schwann)이 모든 동물 조직 역시 개별적인 세포로 이루어졌다고 하면서 세포설이 탄생되었다.

세포생물학의 통합적 기반이 되는 세포설

세포설(Cell theory)은 모든 생물들이 세포로 구성되었다는 것을 설명하기 위해 이론으로 제안되었다. 이 이론은 간단한 것 같지만 생명의 구조에 대한 중요한 내용으로 다음과 같은 세 가지 원칙을 포함한다.

1. 모든 생물은 하나 또는 그 이상의 세포로 구성되며, 대사와 유전의 생명현상은 세포 내에서 일어난다.
2. 세포는 모든 생물을 구성하는 생명의 가장 작은 기본 단위이다.
3. 세포는 원래 존재하던 세포의 분열에 의해서만 만들어진다.

생명은 초기 지구에서 자생적으로 나타났다고 생각되지만, 현재 어떤 세포도 모세포 없이 자생적으로 생겨나지 못한다. 현존하는 생명체들은 초기의 세포들로부터 유래되어 연속적으로 이어지고 있는 후손들인 것이다.

세포의 크기가 작은 이유

대부분의 세포는 세포 내외로의 물질의 확산(diffusion)을 용이하게 하기 위하여 상대적으로 작은 크기로 유지된다. 확산 속도는 (1) 확산이 일어날 수 있는 표면적, (2) 온도, (3) 확산되는 기질의 농도구배, (4) 확산이 일어나게 되는 거리 등의 요인에 의해 영향을 받는다. 세포의 크기가 커질수록 세포막 외부에서 내부로의 확산에 소요되는 시간은 길어질 것이다. 큰 세포일수록 보다 많은 거대분자들의 합성이 필요하며, 노폐물의 양도 증가하게 된다. 또 대사 결과 생기는 노폐물은 막을 통해서 제거되어야 하는데, 확산 속도는 막까지의 거리와 막의 넓이에 따라 달라지게 된다. 따라서 상대적으로 작고 많은 세포들로 구성된 생물이 크고 수가 적은 세포들로 구성된 생물보다 유리하게 된다.

크기가 작은 세포는 **체적 대비 표면적의 비율**(surface area-to-volume ratio)의 측면에서 유리하다. 세포의 크기가 증가할수록 체적이 증가하는 비율은 표면적이 증가하는 비율을 훨씬 능가한다. 구형의 세포에서는 표면적이 반지름의 제곱에

세포 반지름 (r)	1단위	10단위
표면적 ($4\pi r^2$)	12.57단위^2	1257단위^2
체적 ($\frac{4}{3}\pi r^3$)	4.189단위^3	4189단위^3
표면적/부피	3	0.3

표 3.1 체적에 대한 표면적의 비율.
세포가 커지면서 체적은 표면적에 비해 크게 증가한다. 세포의 반지름이 10배 증가하면 표면적은 100배 증가하지만, 체적은 1,000배 증가한다. 세포의 표면적은 체적의 대사 욕구를 만족시킬 수 있을 만큼 충분히 커져야 한다.

비례하지만 체적은 세제곱에 비례한다. 따라서 **표 3.1**에서 보는 것처럼 반지름에서 10배의 차이가 난다면 표면적은 100배, 체적은 1,000배의 차이가 나게 된다.

세포 표면은 모든 물질들이 출입하는 곳으로 환경과 상호작용하는 유일한 장소가 된다. 세포를 둘러싸고 있는 막은 세포 기능의 조절에 핵심적인 역할을 담당한다. 작은 세포가 체적 대비 큰 표면적의 비율을 가지므로, 세포 크기가 작을수록 세포내부의 상황 조절이 보다 효율적이게 된다.

현미경을 이용한 세포와 구성분의 관찰

난세포(egg cells)를 제외한 거의 대부분의 세포는 육안으로 볼 수 없다(**그림 3.1**). 세포는 50 μm 정도의 크기로, 이 문장의 마침표보다도 그 크기가 훨씬 작다. 따라서 세포 관찰에는 현미경이 필요하며, 수세기 동안 이루어진 현미경의 발달은 세포를 보다 더 자세하게 관찰할 수 있도록 해주고 있다.

세포들이 너무 작아 눈에 보이지 않으면 어떻게 연구할 수 있을까? 우리가 맨눈으로 세포를 관찰하지 못하는 이유는 눈의 해상력의 한계 때문이다. 해상력은 떨어진 두 점이 서로 구별되어 계속 두 점으로 보이는 최소의 거리를 의미한다. 두 물체가 약 100 μm 정도 떨어져 있으면, 각 물체로부터 반사된 빛이 눈의 광수용체(photoreceptor) 세포를 자극한다. 두 물체가 100 μm 이상의 거리를 두고 떨어져 있어야 우리의 눈으로 두 물체를 구별할 수 있게 된다.

현미경의 종류

우리 눈의 한계를 극복하는 방법 중 하나는 배율을 확대해서 작은 크기의 물체를 크게 보이게 하는 것이다. 최초의 현미경 연구자들은 유리 렌즈를 이용해 작은 세포들을 관찰함으로써 물체를 인간의 눈의 한계인 100 μm보다 높은 해상력을 가질 수 있었다. 유리 렌즈는 초점력(focusing power)을 증가시켜 물체를 더 가깝게 보이도록 만들어주기 때문에 눈의 뒤에 맺힌 상은 물체를 더 크게 보이도록 해준다.

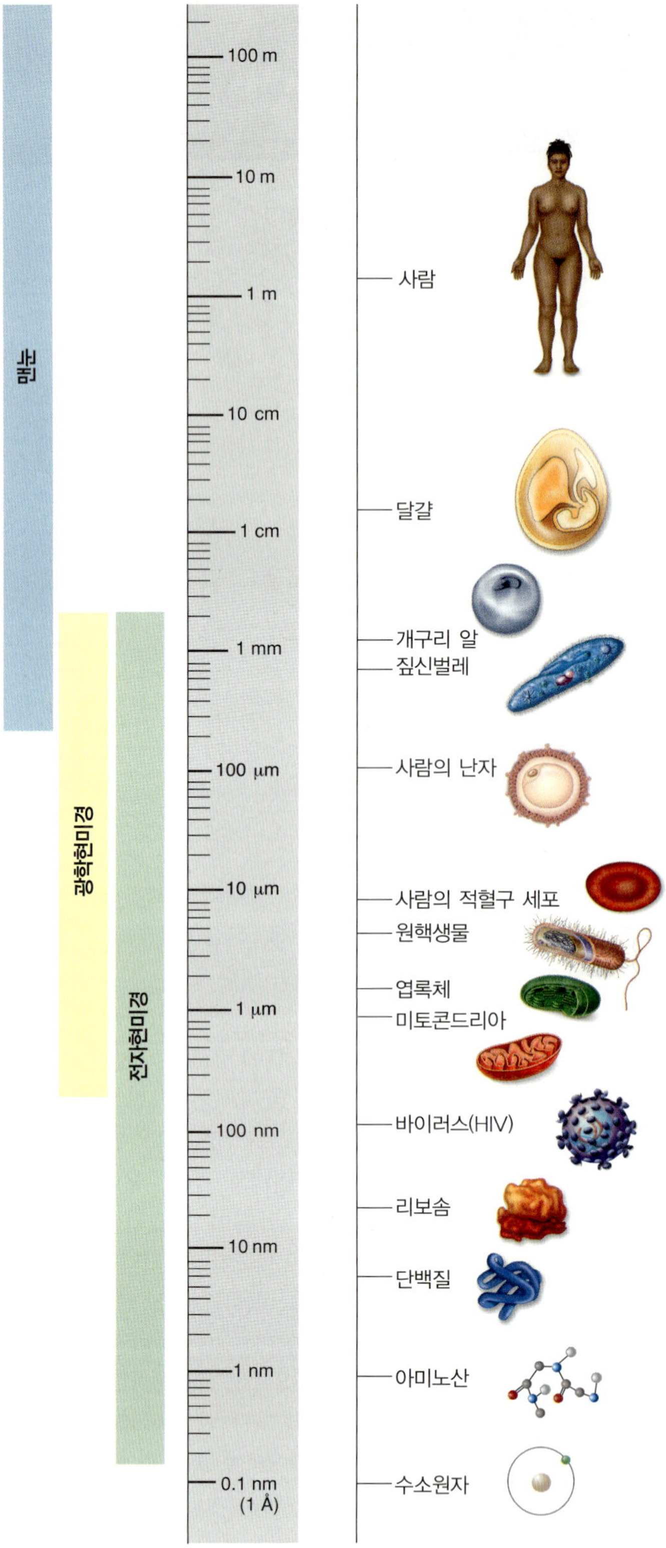

그림 3.1 세포와 세포 구성원의 크기 비교.
맨눈으로 볼 수 있는 척추동물의 알을 제외하고는, 대부분의 세포는 현미경적 크기이다. 원핵세포의 크기는 일반적으로 1~10 μm 사이이다.
1 m = 10^2 cm = 10^3 mm = 10^6 μm = 10^9 nm

광학현미경은 가시광선을 이용하여 2개의 확대 렌즈 및 다양한 보정 렌즈를 통해 고배율의 선명한 상을 얻을 수 있게 해준다. 재물대 상에서 여러 개의 렌즈를 사용할 수 있게 구성된 현미경을 **복합현미경**이라고 한다. 광학현미경을 이용하면 200 nm 정도 떨어져 있는 물체도 구별할 수 있다.

광학현미경은 복합현미경이라 할지라도 세포내 구성분을 충분히 관찰할 수 있을 정도로 해상력이 좋지는 않다. 예를 들어 세포막은 단 5 nm의 두께를 가지고 있다. 그렇다면 확대 렌즈를 하나 더 추가하면 해상력을 더 높일 수 있을까? 이는 불가능하다. 그 이유는 두 물체가 서로 수백 nm의 거리 이내로 가까워지면 두 상으로부터 반사된 빛이 서로 겹쳐지기 때문이다. 가까워지면서도 서로 구별되려면 빛의 파장이 짧아져야 한다. 이를 위해서 빛 대신 전자빔을 이용할 수 있다. 전자빔은 더 짧은 파장을 가지며, 이를 이용한 전자현미경은 광학현미경보다 1,000배 이상의 해상력을 가진다. **투과전자현미경**은 전자빔이 물체를 투과하여 상을 맺기 때문에 그렇게 명명되었으며, 0.2 nm 떨어져 있는 물체를 구별할 수 있는데 이는 수소원자 지름의 두 배에 불과한 크기이다.

두 번째 종류의 전자현미경으로 **주사전자현미경**이 있으며, 물체 표면에 전자빔을 쏘아서 반사되는 것과 물체 스스로 전자빔에 대한 충격의 결과 방출하는 전자빔 신호를 증폭한 다음 스크린으로 전달해서 상을 볼 수 있다. 주사전자현미경의 상은 경이로운 3차 구조를 보여준다. 이러한 기술은 생물학 및 물리학 분야발전에 큰 역할을 해 왔다.

세포 구조 관찰

해상력이 물리적인 한계로 남아 있긴 하지만 상을 변화시키면 더 뚜렷한 관찰이 가능하다. 특정 화학염료를 이용하면 각 세포 구성분 간의 대비를 더 뚜렷하게 구분할 수 있다. 이는 세포 내 구조마다 염색물질의 흡수 및 배제 특성이 달라 대비를 증진시키고, 해상력에 도움을 줄 수 있기 때문이다.

특정 물질에 결합하는 염색물질들, 예를 들어 특정한 단백질에만 결합하는 항체 등은 이런 기법들에 보다 효율적으로 활용할 수 있다. **면역조직화학**이라고 부르는 이러한 기법은 토끼나 생쥐에서 얻은 항체를 이용한다. 이 동물들에 특정 단백질을 주사하면 이들의 체내에서 이에 대한 항체가 생기는데, 이 항체들을 정제하고 효소, 염색물질 또는 형광물질에 결합시킨 후 세포를 이들 항체가 있는 용액에서 배양하면 항체가 표적 단백질을 지니고 있는 세포 구조에 결합하게 되고, 이를 현미경으로 관찰할 수 있다. 이러한 접근법은 세포의 구조 및 기능을 분석하기 위해 활발히게 이용되어 왔다.

세포의 구조

세포 구조는 생물마다 다를 수 있으나 모든 세포들이 공유하는 근본적인 특징들이 있다. 세포들이 가지는 공통점은 (1) 유전물질이 있는 핵양체(nucleoid) 또는 핵(nuclus), (2) 세포질(cytoplasm), (3) 단백질을 합성하는 리보솜(ribosome), (4) 세포막(cell membrane)을 지니고 있다는 것이다.

세포 중심에 위치하는 유전물질

모든 세포는 유전물질인 DNA를 지니고 있다. 가장 단순한 형태인 **원핵생물**(prokaryotes)에서 대부분의 유전물질은 하나의 환형 DNA 분자에 모두 들어 있는데, 이는 세포의 중앙에 위치하며 **핵양체**(nucleoid)라 부른다. 핵양체는 세포내의 다른 공간과 막으로 격리되어 있는 것은 아니다.

그에 비해 보다 복잡한 구조를 가진 진핵생물의 DNA는 핵 안에 존재하며, 핵은 **핵막**(nuclear membrane)이라고 부르는 두 겹의 막으로 둘러싸여 있다.

세포질

반유동성인 **세포질**(cytoplasm)은 세포의 내부를 채우는 기질이다. 세포질에는 세포의 일상적인 활성에 요구되는 모든 종류의 당, 아미노산, 단백질들이 들어 있다. 액상의 매질이긴 하지만 세포질은 고농도의 단백질과 다른 거대분자들로 인해 액체보다는 젤리 상태에 더 가깝다. 세포질 내에 존재하며 특화된 기능을 가지는 구조물들을 **세포소기관**(organelle)이라고 부른다. 세포질 중에서 유기물과 이온을 함유하고 있는 용액은 **세포질**(cytosol)이라 부르며 세포질 내에 부유하는 세포소기관들과 구별된다.

원형질막

원형질막(plasma membrane)은 세포를 둘러싸서 주변과의 경계를 만들어준다. 원형질막은 다음 그림에서처럼 인지질 이중막(phospholipid bilayer)인 5~10 nm 두께의 막으로 다양한 단백질들이 박혀 있는 구조이다. 전자현미경으로 단면을 관찰하면 이 막은 밝은 층을 사이에 둔 두 검은 선으로 나타난다. 이 특징적인 형태는 꼬리끼리 맞붙은 인지질 분자로 구성된 막의 구조에 기인하는 것이다.

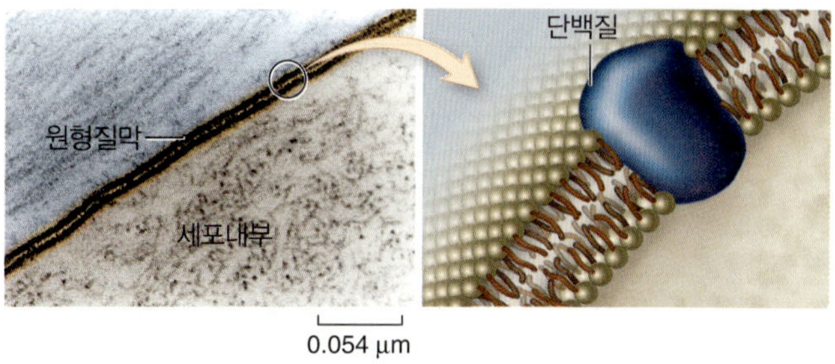

원형질막에 존재하는 단백질은 세포가 주변 환경과 작용하는데 중요한 역할을 담당한다. **수송 단백질**(transport proteins)은 분자와 이온을 막을 통해 세포 내외로 수송하는 역할을 한다. **수용 단백질**(receptor proteins)은 외부 환경으로부터 호르몬 등의 특정 물질이나 이웃 세포의 표면에 있는 분자와 접촉하는 경우 세포의 변화를 유도한다. 이런 분자들은 세포를 특정한 유형으로 구분할 수 있게 해주는 **표지**(markers)로 기능할 수 있다. 이러한 세포 표면 간의 상호작용은 조직을 형성하는 과정에서 서로를 인식해야 하는 다세포 생물에서 특히 중요하다.

1.2 원핵세포

세포가 현미경으로 관찰되기 시작한 이후 세포의 구조는 진핵세포와 원핵세포의 두 유형으로 구분된다는 것이 밝혀졌다. 이들은 유전물질을 지닌 막으로 싸인 핵의 유무에 따라 구분된다. 원핵세포는 막으로 싸인 핵이 없으며, 세포내막이나 다른 막으로 싸인 세포소기관도 지니지 않는다.

간단한 구조를 지닌 원핵세포

원핵생물은 가장 단순한 형태의 생명체이다. **원핵세포**(prokaryotic cells)는 크기가 작고 세포질은 원형질막에 둘러싸여 있으며, 이는 다시 단단한 **세포벽**(cell wall)으로 싸여 있다. 원핵세포의 내부는 **그림 3.2**에서 보는 것처럼 구획화되어 있지 않으며, 원핵세포는 먹고, 자고, TV를 보는 등의 일상생활을 모두 한 곳에서 하는 원룸과도 같다.

원핵생물은 생태계에서 매우 중요한 역할을 하며, 광합성을 하는 종류, 사체를 분해하여 재활용하는 종류, 질병을 일으키는 종류 및 산업적으로 유용한 종류 등 다양한 종류로 구분된다. 원핵생물에는 세균(bacteria) 및 고세균(archaea)이 모두 포함된다.

원핵세포는 단백질 합성에 관여하는 **리보솜**(ribosome) 등의 세포소기관을 지니고 있기는 하지만 대부분의 진핵세포에서 볼 수 있는 막을 가진 소기관은 지니지 않고 있다. 또한 원핵생물은 진핵생물에서 보이는 정교한 세포골격(cytoskeletal) 역시 없다고 여겨져 왔으나, 현재는 세포골격을 이루는 두 핵심 분자인 액틴이나 튜불린(이 장의 후반부 참조)과 유사한 분자들의 존재가 알려지고 있다. 액틴과 유사한 단백질이 세포 표면 근처에서 지지기능을 해주는 피브릴 역할을 하고 있으나, 원핵생물의 세포질은 광범위한 내부 지지구조를 가지고 있지는 못하다. 따라서 세포의 견고성은 세포벽으로부터 오는 것이다.

원핵세포는 막을 가진 세포소기관이 없으므로 DNA, 효소 및 기타 세포질 구성분이 세포 어디에든 접근할 수 있다. 따라서 진핵생물에서처럼 반응이 구획화되지 않으며, 전체가 하나의 단위로 작동된다.

그림 3.2 원핵세포의 구조.
원핵세포의 일반적인 구조. 핵양체(nucleoid)는 세포질에서 분리되는 진한 중심지역으로 보인다. 일부 원핵생물은 세포의 외부에 선모(pilus)라는 머리카락처럼 자라는 구조가 있다.

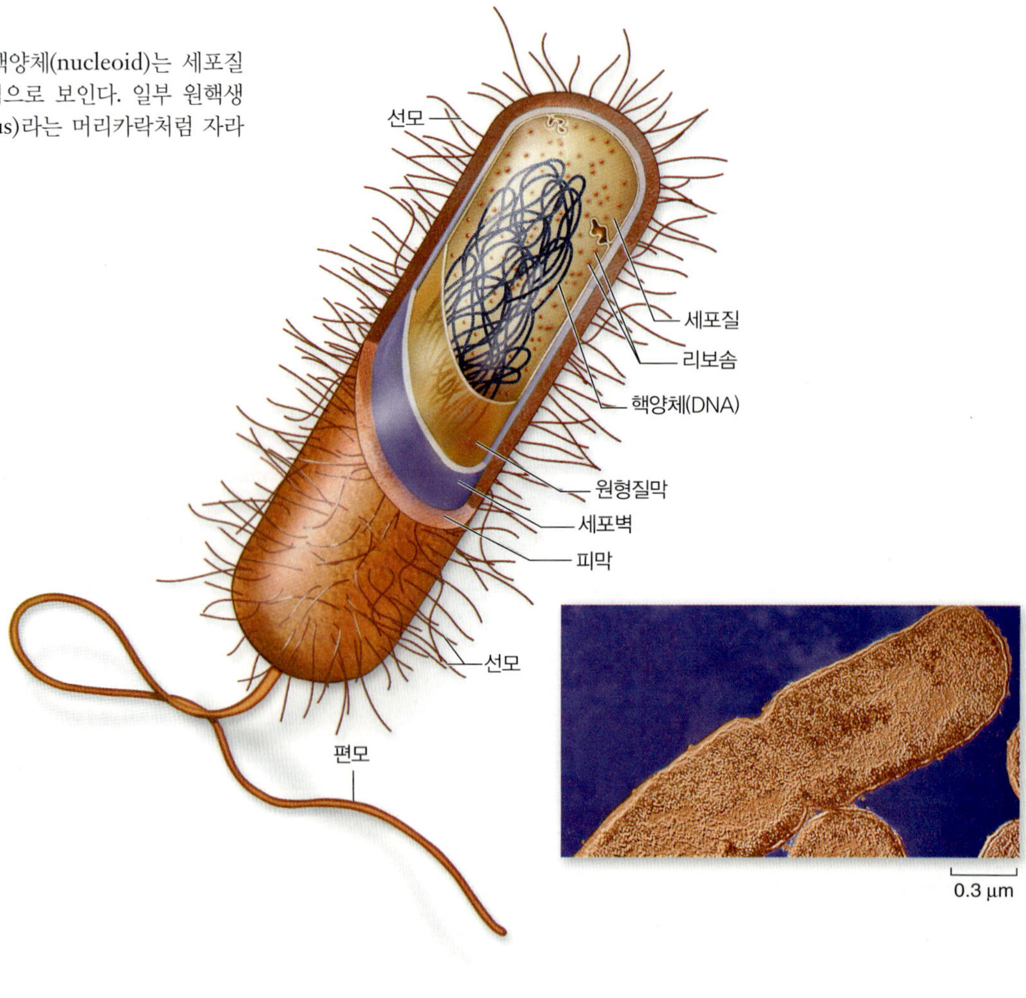

세균의 세포벽

대부분의 세균 세포는 견고한 세포벽으로 둘러싸여 있다. 세포벽의 성분인 **펩티도글리칸**(peptidoglycan)은 일종의 탄수화물 중합체의 기질(matrix)로 짧은 폴리펩티드가 교차결합된 구조이다. 세포벽은 세포를 보호하고 형태를 유지시켜주며, 수분의 과다흡수와 손실을 방지해준다. 예외적인 경우로 *Mycoplasma*속이 속해 있는 몰리큐트강(class Mollicutes)에는 세포벽이 없다. 식물과 균류, 그리고 대부분의 원생생물이 세포벽을 가지고 있으나 펩티도글리칸과는 다른 화학적 구조이다.

일부 세균은 세포 주위에 젤리 같은 다당류의 캡슐 성분을 분비하여 보호막을 만들기도 한다. 많은 병원균들이 이런 캡슐을 만들 수 있으며 이를 통해 치아, 피부, 음식 등, 이들의 생장을 지지할 수 있는 어떤 표면에도 붙을 수 있다.

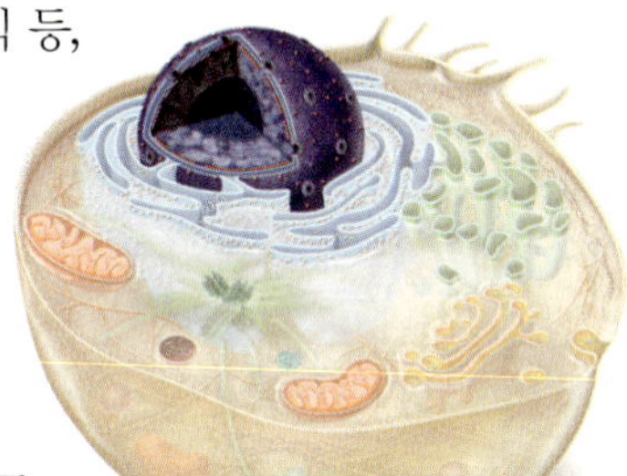

고세균

고세균(archaea)의 구조나 생리적 특징은 아직 완전하게 밝혀지지 못하고 있다. 많은 고세균들은 실험실에서 배양되기 어렵기 때문에 이들에 대한 자세한 연구가 이루어지지 못하고 있으며, 다른 특징들에 비해 유전적 구성이 비교적 더 많이 알려져 있다.

고세균의 DNA 복제 및 단백질 합성에 필요한 세포 기구는 세균보다는 진핵생물에 더 가깝다. 고세균은 세포 구조의 측면에 있어서는 세균과 닮았지만, 분자생물학적 측면에서는 진핵생물과 더 가까운 것으로 여겨지고 있다.

1.3 진핵세포

진핵세포는 원핵세포보다 훨씬 더 복잡한 구조를 가진다. 진핵세포의 전형적인 특징은 세포 내의 광범위한 **내막 체계**와 수많은 세포소기관의 조합에 의해 형성되는 구획화이다. **세포소기관**(organelles)들은 막으로 둘러싸여 있어 그 안에서 다양한 생화학적 반응이 동시에 그리고 독립적으로 일어날 수 있다.

식물세포는 **중심 액포**(central vacuole)라고 부르는 막으로 둘러싸인 큰 낭(sac)을 가지는데 여기에는 단백질, 색소 및 노폐물 등이 들어 있다. 식물과 동물 세포에는 다양한 물질을 저장하고 운반하는 기능을 지닌 소낭이 들어 있다. 핵 내에는 DNA가 단백질과 결합하여 치밀한 단위로 포장되어 있는 **염색체**(chromosome)가 들어 있다.

모든 진핵세포들은 내부의 단백질 골격인 **세포골격**(cytoskeleton)에 의해 그 구조가 유지된다. 동물과 일부 원생생물의 세포에는 세포벽이 없지만 균류, 식물 및 많은 원생생물은 셀룰로오스(cellulose)와 키틴(chitin) 섬유가 다당류와 단백질로 구성된 기질 안에 들어가 있는 견고한 세포벽을 가진다.

정보 중심 역할을 하는 핵

진핵세포에서 가장 크고 쉽게 관찰되는 소기관은 **핵**(nucleus)이며, 1831년 브라운(Brown)에 의해 처음으로 관찰되었다. 핵은 구형에 가까우며, 동물세포에서는 세포의 가운데에 위치한다(**그림 3.3*a***). 일부 세포에서는 미세한 세포질 필라멘트의 네트워크가 핵을 중심 위치에 고정시켜주는 것으로 보인다.

핵은 진핵세포에 필요한 모든 단백질의 합성을 위한 유전정보의 저장소이다. 대부분의 진핵세포는 한 개의 핵을 가지나, 균류를 비롯한 일부 진핵생물에서는 다수의 핵을 가지는 경우도

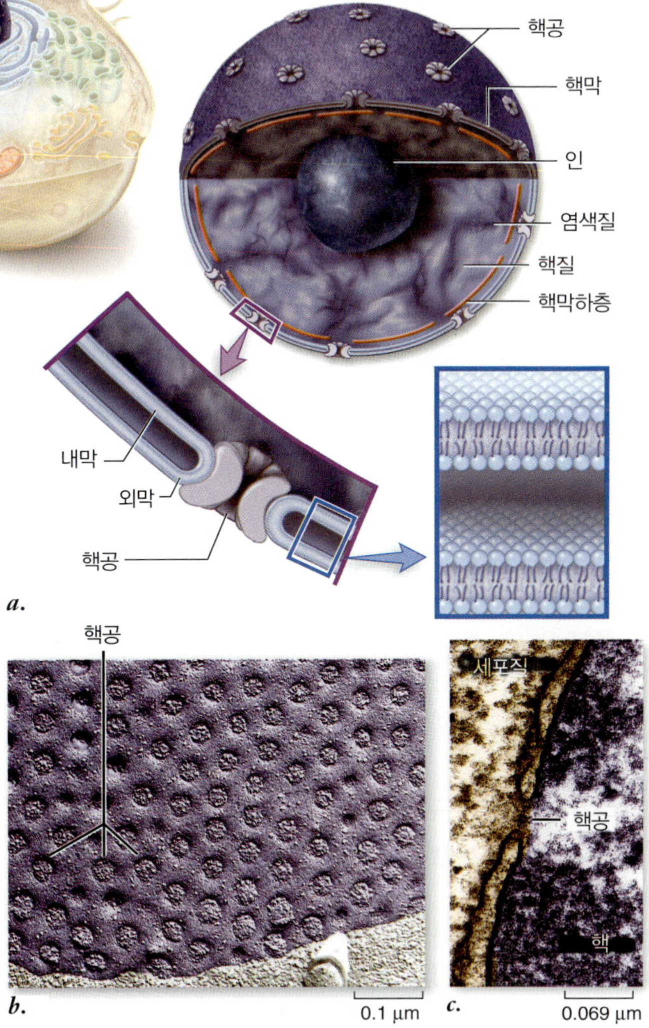

그림 3.3 핵.
a. 핵은 염색질을 포함한 유동물질로 가득 찬 내부를 감싸고 있는 핵막이라는 두 겹의 막으로 싸여 있다. 핵공은 막의 두 층을 연결하여 뻗어 있다. ***b.*** 핵의 동결 균열(freeze-fracture) 전자현미경 사진에서 많은 핵공이 관찰된다. ***c.*** 핵공을 보여주는 핵막의 투과전자현미경 사진. 핵공 내의 어두운 부분은 단백질이며, 핵공의 통과를 조절해준다.

있다. 포유류의 적혈구는 성숙하면서 핵이 소실된다. 핵에는 짙게 염색되는 인이 존재하며, 이는 리보솜 RNA의 합성이 집중적으로 일어나는 부위이다.

핵막

핵의 표면은 두 겹의 인지질 이중 막으로 구성된 **핵막**(nuclear envelope)으로 싸여 있다(**그림 3.3** 참조). 핵막의 외막은 세포질의 내막 구조인 **소포체**(endoplasmic reticulum)와 연결되어 있다.

핵막의 표면에는 전자현미경 상에서 얕게 함몰된 것처럼 보이는 **핵공**(nuclear pores)이 산재해 있다(**그림 3.3*b*, *c*** 참조). 이 핵공들은 핵막의 내외막이 같이 연결되어 있는 부분으로 50~80 nm 간격으로 분포하고 있다.

염색질: DNA의 포장

원핵생물과 진핵생물에서 세포 구조 및 기능을 지정하는 유전정보는 DNA에 들어 있다. 대부분의 원핵생물에서는 DNA가 환형의 단일 염색체로 구성되어 있는 데 비해 진핵생물에서는 다수의 선형 염색체로 구성되어 있다. 이러한 염색체의 DNA는 단백질과 복합체를 이루면서 **염색질**(chromatin)이라고 부르는 구조를 형성한다.

염색질은 일반적으로 조절 단백질들이 DNA 상의 특정 염기서열에 부착하여 유전자 발현을 조절할 수 있도록 느슨한 형태를 가진다. 그렇지 않으면 DNA는 세포의 일상적인 활동을 유지하지 못하게 될 것이다. 세포분열 시 염색질은 보다 조밀하게 뭉쳐진 구조를 형성하게 된다.

인: 리보솜 단위체의 합성

리보솜 RNA 유전자의 집단, 합성되는 리보솜 및 리보솜 단백질은 리보솜이 합성되는 동안 모두 핵 내에 존재한다. 이들이 존재하는 부위, 즉 핵 내에서 하나 또는 다수의 짙게 염색되어 나타나는 구조는 **인**(nucleolus)이라고 부른다. 인은 염색체가 풀리는 시기에도 광학현미경 하에서 관찰 가능하다.

리보솜: 세포내 단백질 생산 공장

리보솜은 세포에서 발견되는 가장 복잡한 분자 조립체(assembly)의 하나이다. 각 리보솜은 **그림 3.4**에서 보는 것처럼 두 단위체(subunit)로 구성되며, 각 단위체는 **리보솜 RNA**(ribosomal RNA, rRNA)와 단백질로 구성된다. 이 단위체들은 서로 합쳐져야만 단백질을 합성할 수 있는 기능을 지니게 된다. 이 복잡한 과정은 다른 종류의 RNA를 필요로 하는데, 그 하나는 DNA로부터 정보를 운반하는 **전령 RNA**(messenger RNA, mRNA)이고, 다른 하나는 아미노산을 운반하는 **운반 RNA**(transfer RNA, tRNA)이다. 리보솜은 mRNA에 지정되어 있는 정보를 이용해서 단백질을 합성한다.

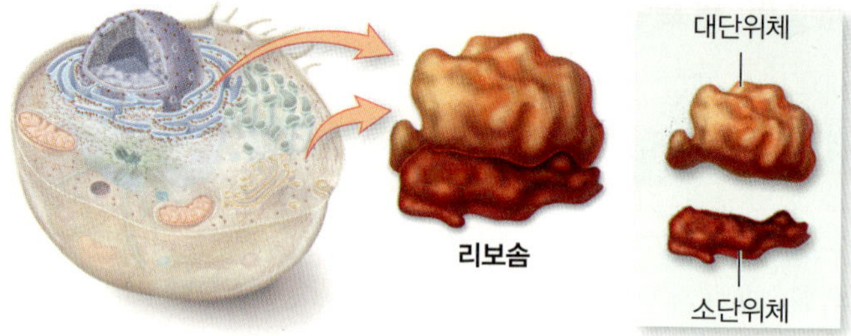

그림 3.4 리보솜.
리보솜은 rRNA와 단백질로 구성된 크고 작은 단위체로 구성된다. 개별 단위체는 핵에서 합성되어 핵공을 통해 세포질로 이동하고, 세포질에서 mRNA로 전사된다. 리보솜은 단백질 합성의 장소로 이용된다.

1.4 내막 체계

진핵세포의 내부는 낮은 해상력의 현미경 하에서는 관찰되지 않는 얇은 막들로 이루어져 있다. 이러한 내막 체계는 세포를 채우면서 구획을 형성하고, 물질이 세포내부를 통과할 수 있는 길을 만들며, 지질 및 단백질의 합성에 필요한 표면을 제공한다. 진핵세포가 지니고 있는 이런 막의 존재는 진핵세포와 원핵세포를 구분해주는 뚜렷한 특징이 된다.

가장 큰 규모의 내막 구조인 **소포체**(endoplasmic reticulum, ER)는 세포질에 있는 망상의 막으로 구성된 구조이다. 원형질막처럼 소포체 역시 단백질을 함유하는 이중막으로 이루어져 있다. 소포체는 여러 겹으로 되어 있으며 세포내부의 공간을 차지하면서 겹 사이로 통로를 만든다(**그림 3.5**).

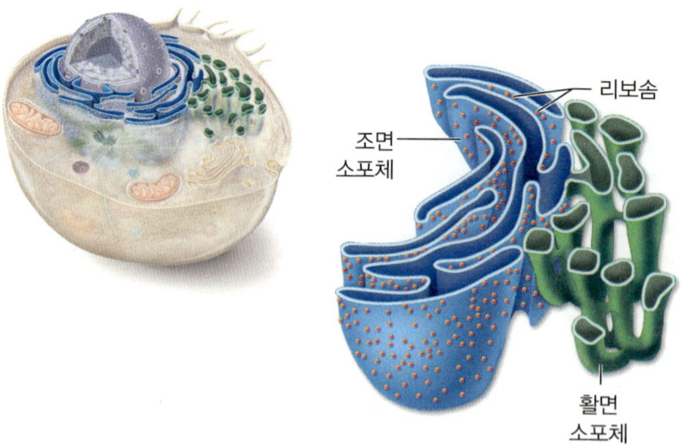

그림 3.5 소포체.
그림에서 파랗게 보이는 조면소포체(RER)는 납작한 소낭으로 구성되어 세포질을 통해 구획을 형성한다. 조면소포체에 붙어 있는 리보솜은 새로 만들어진 단백질을 내강(lumen) 속으로 방출한다. 초록색으로 표시된 활면소포체(SER)는 조면소포체에 연결된 관 모양의 구조이다.

진핵세포의 많은 구획 중 가장 큰 두 구획은 소포체의 내부인 **세포내강**(cisternal space)과 단백질 등의 유기물과 이온 등이 용해되어 있는 세포질(cytosol)이다.

조면소포체: 단백질의 합성 장소

조면소포체(rough ER, RER)는 리보솜이 표면에 자갈처럼 붙어 있는 형태에 따라 붙여진 이름이다. 조면소포체는 광학현미경으로는 잘 보이지 않고 전자현미경으로 관찰이 가능하며, 겉보기로는 편평하게 눌려진 주머니의 형태를 하고 있으며, 그 표면에 리보솜들이 부착되어 울퉁불퉁한 모양으로 보인다.

조면소포체의 표면에서 합성되는 단백질은 세포외, 리소좀, 액포 또는 원형질막으로 운반된다. 이 단백질들은 우선 세포내강으로 들어가며 이후 분류되어 각자의 목적지로 수송된다. 이 과정에 소낭(vesicle)과 **골지체**(Golgi apparatus)가 관여한다. 합성되는 단백질의 아미노산 서열에 따라 리보솜이 소포체에 부착할 것인지 또는 세포질 내에 독립적으로 있을 것인지가 결정된다.

활면소포체의 다양한 기능

소포체 부분 중 리보솜이 비교적 적게 부착되어 있는 부위를 **활면소포체**(smooth ER, SER)라 한다. 활면소포체는 조면소포체의 납작한 주머니 모양과는 달리 관 모양의 네트워크로 구성된다. 활면소포체의 막에는 다양한 효소들이 들어 있고, 이 중에는 다양한 탄수화물 및 지질을 합성하는 효소들도 있다. 스테로이드 호르몬도 활면소포체에서 생산된다. 막 지질의 대부분이 활면소포체에서 만들어지며, 세포 내의 막 성분이 필요한 곳으로 공급된다.

활면소포체와 조면소포체의 비율은 세포의 기능에 따라 달라지는데, 특히 인간 같은 다세포 생물에서 이 비율의 차이가 심하다. 정소, 소장, 뇌 등과 같이 지질 합성이 광범위하게 일어나는 곳의 세포에는 활면소포체의 비율이 높은 데 비해 항체 등을 분비하는 단백질을 생산하는 세포에서는 조면소포체의 비율이 높다.

골지체: 단백질의 분류와 포장

골지체(Golgi body)는 납작한 모양의 막이 여러 층으로 겹쳐 이루어져 있으며, 서로 연결되어 있기도 한 복잡한 구조이다. 골지체란 이름은 19세기에 이 구조를 발견한 내과의사 골지(Golgi)의 업적을 기려 붙여진 이름이다. 골지체에서 겹으로 쌓인 막의 수는 원생생물의 경우 하나에서 여러 개, 동물에서는 20개 이상, 그리고 식물에서는 수백 개에 달한다. 골지체는 특히 호르몬 등의 물질을 생산하고 분비하는 선세포(grandular cells)에 풍부하게 분포한다. 골지체는 **골지 장치**(Golgi apparatus)라고 부르기도 한다.

리소좀: 분해효소 보유

막을 가진 소화낭(digestive vesicle)인 **리소좀**(lysosome)도 세포내막 체계의 구성원으로 골지체로부터 나온다. 리소좀에는 단백질, 핵산, 지질 및 탄수화물을 분해할 수 있는 고농도의 분해효소들이 들어 있다. 리소좀은 진핵세포가 살아 있는 동안 그 구성원을 분해하고 재활용하는 역할을 담당한다. 이로부터 새로 만들어지는 세포소기관을 위한 공간이 만들어지기도 하는데, 그 실례로 일부 세포에서는 미토콘드리아가 10일 간격으로 교체된다.

리소좀 내의 분해효소들은 산성 pH에서 최적의 활성을 보인다. 리소좀은 **식균작용**(phagocytosis)에 의해 만들어진 먹이 소낭(food vesicle)이나 오래되거나 기능을 다한 세포소기관과의 융합을 통해 활성화된다. 이러한 융합에 의해 리소좀 막의 수소이온 펌프가 활성화되어 내부의 pH가 낮아진다. 내부 pH가 낮아지면 분해효소가 활성화되어 먹이 소낭 내의 거대분자나 세포소기관들이 분해된다.

미소체: 다양한 세포소기관

동 · 식물, 균류 및 원생생물 등의 진핵세포에는 막으로 둘러싸여 효소를 간직하고 있는 다양한 소낭들이 있는데, 이들을 **미소체**(micro-body)라 부른다. 미소체가 간직하고 있는 효소들은 진핵세포의 대사에서 중요한 역할을 한다.

퍼옥시좀: 과산화물의 이용

퍼옥시좀(peroxisome)은 세포의 중요 미소체로, 지방산의 산화에 필요한 효소들을 가지고 있다.

퍼옥시좀은 그 안의 산화효소의 작용에 의해서 과산화수소가 부산물로 생성되는 것 때문에 붙여진 이름이다. 과산화수소는 강렬한 반응성 때문에 세포에 해를 끼칠 수 있으나 퍼옥시좀은 과산화수소를 물과 산소로 분해하는 카탈라아제도 가지고 있다.

액포에 의한 식물의 저장과 수분 평형

식물세포에는 막으로 둘러싸인 특화된 구조인 **액포**(vacuole)가 있다. 가장 확실한 예는 대부분의 식물세포에서 발견되는 커다란 **중앙 액포**(central vacuole)이다. 액포는 광학현미경으로 관찰하면 내부가 비어 있는 공간으로 보인다. 액포를 둘러싸고 있는 막을 **액포막**(tonoplast)이라고 하며, 액포막에는 세포의 삼투 균형의 유지에 필요한 물의 통로가 있다.

중앙 액포는 식물세포에서 중요한 기능을 한다. 중앙 액포와 액포막의 물 통로는 세포의 긴장성을 유지시켜 세포가 조건에 따라 팽창하거나 수축할 수 있게 한다. 중앙 액포는 세포의 대부분의 부피를 차지함으로써 세포 생장에도 관여한다. 식물세포는 세포질의 양보다는 액포를 확장시켜 생장한다.

다양한 기능을 가진 액포가 균류나 원생생물에서도 발견된다. 그중 한 형태는 일부 원생생물이 가지는 **수축포**(contractile vacuole)로 물을 배출시켜 세포의 물 균형을 유지하는 데 이용된다. 다른 액포는 저장 또는 유해물질의 세포질과의 격리 등의 역할을 하기도 한다. 액포의 수와 종류는 세포의 유형에 따라 다르게 나타난다.

1.5 미토콘드리아와 엽록체

미토콘드리아(mitochondria)와 **엽록체**(chloroplast)는 구조 및 기능 면에서 많은 공통점을 지니고 있다. 이들 두 기관은 모두 구조적으로는 두 겹의 막으로 둘러싸여 있으며, 자체의 DNA 및 단백질 합성 기구를 가지며, 기능적으로는 두 기관 모두 에너지 대사에 관여한다. 에너지 대사와 광합성은 뒤에서 자세하게 다루게 된다.

미토콘드리아: 당의 대사를 통해 ATP 생성

미토콘드리아(mitochondria)는 튜브 또는 소시지 모양의 세포 소기관으로 크기는 세균과 유사하며, 모든 진핵생물에서 발견된다(**그림 3.6**). 미토콘드리아는 매끄러운 외막과 **크리스테**(cristae)라고 부르는 이중막으로 이루어진 내막을 지닌다.

크리스테는 미토콘드리아를 두 구획으로 구분해주는데, 하나는 내막의 내부인 기질(substrate)이고, 다른 하나는 두 층의 막 사이의 공간인 **막내 공간**(intermembrane space)이다. 내막의 표면과 막 내부에는 산화적 대사를 수행하는 단백질들이 있어 산소를 소비하면서 거대분자로부터 ATP를 생산한다(제4절 참조).

미토콘드리아는 자체의 DNA를 가지며, 이 DNA에는 산화적 대사에 필요한 단백질들을 지정하는 유전자들이 들어 있다. 따라서 미토콘드리아는 스스로 필요한 단백질을 만들 수 있는 유전정보를 가진, 세포 내의 세포라고 할 수 있다. 하지만 산화적 대사에 필요한 대부분의 단백질들은 여전히 핵의 유전자들로부터 만들어지기 때문에 미토콘드리아는 완전히 독립적이라고 볼 수는 없다.

엽록체: 빛을 이용한 ATP와 당의 생산

식물세포 및 광합성을 수행할 수 있는 진핵생물의 세포에는 한 개에서 수백 개에 이르는 **엽록체**(chloroplast)가 존재한다. 엽록체를 가진 생물들은 스스로 양분을 합성할 수 있으며, 엽록체는 광합성 색소인 **엽록소**(chlorophyll)를 지니고 있기 때문에 대부분의 식물이 녹색을 띠도록 한다.

엽록체도 미토콘드리아처럼 두 겹의 막으로 둘러싸여 있지만(**그림 3.7**), 엽록체는 미토콘드리아에 비해 크기가 더 크고 복잡한 구조를 가진다. 엽록체에는 서로 인접해 있는 외막과 내막 외에도 내막의 내부에 있으며 여러 층의 막으로 된 격리된 공간인 **그라나**(grana)가 있다.

엽록체 하나에는 백 개 이상의 그라나가 있으며, 각 그라나는 **틸라코이드**(thylakoid)라고 부르는 원반 형태의 구조가 몇 개에서 수십 개가 모여 형성된 구조를 가진다. 틸라코이드의 표면에는 빛을 수확하는 색소가 있다. 틸라코이드를 둘러싸고 있는 공간은 **스트로마**(stroma)라고 부르는 유동성 기질이다. 광합성 과정에서 포도당을 합성하는 효소들은 스트로마에 들어 있다.

미토콘드리아처럼 엽록체도 DNA를 지니고 있으나, 엽록체의 구성에 필요한 유전자들 중 많은 수가 핵에도 있다. 광합

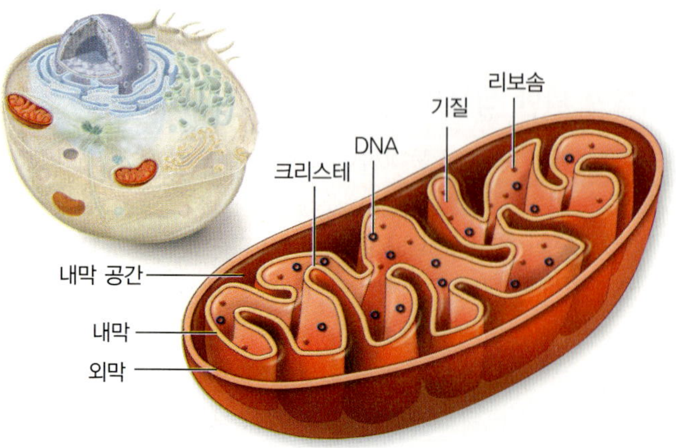

그림 3.6 미토콘드리아.
미토콘드리아 내막은 산화적 물질대사를 위해 표면적을 크게 증가시키는 크리스테라는 접힌 구조로 되어 있다.

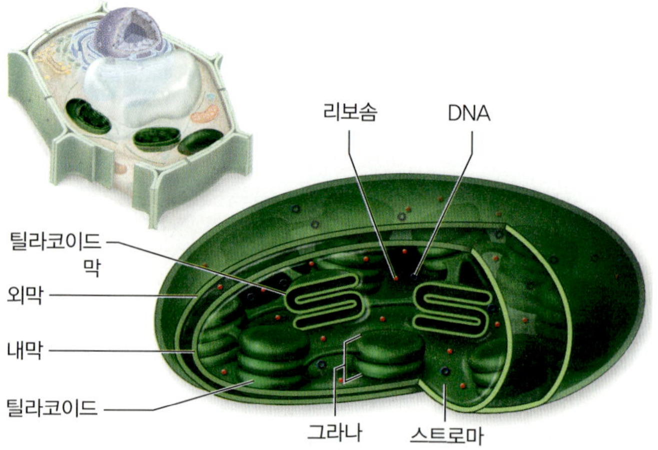

그림 3.7 엽록체 구조.
엽록체의 내막은 틸라코이드라는 엽록소를 포함하는 소낭으로 층으로 이룬 막구조를 둘러싸고 있으며, 광합성은 틸라코이드 내에서 일어난다. 틸라코이드는 한 층 위에 다른 층을 쌓아서 그라나라는 관을 형성한다.

성 반응을 완성하기 위한 단백질 구성체 중 특정 종류들은 엽록체에서만 생산된다.

내부공생으로부터 유래된 미토콘드리아와 엽록체

공생(symbiosis)은 서로 다른 생물이 같이 살면서 형성되는 관계이다. **내부공생**(endosymbiosis) 이론은 서로 자유생활을 하던 두 세포 간의 공생관계로부터 현대 진핵생물의 세포소기관이 진화했다고 설명하고 있다. 원핵생물이 진핵생물의 조상 세포 내로 들어가서 그 세포의 일부가 되었다는 것이다.

내부공생 이론에 따르면 진핵세포가 세포내부로 들어온 원핵세포의 대사 능력으로 인해 숙주가 이득을 얻게 되면서 진핵생물의 두 핵심적인 세포소기관은 이러한 내부공생 세균으로부터 유래되었다고 추정하고 있다. 미토콘드리아는 산화적인 대사를 수행하는 세균에서 유래되었을 것이며, 엽록체는 광합성 세균에서 유래된 것으로 여겨지고 있다.

1.6 세포골격

모든 진핵생물의 세포는 단백질 섬유의 네트워크로 채워져 있으며, 이는 세포의 형태를 유지하고 세포소기관을 제자리에 위치하게 하는 역할을 한다. **세포골격**(cytoskeleton)이라고 부르는 이러한 네트워크는 역동적인 체계로 지속적으로 조립되고 해체된다. 각 섬유(fiber)들은 서로 쉽게 결합하여 긴 섬유를 만들 수 있는 동일한 단백질의 중합체(polymer)로 섬유는 말단에서부터 단위체 단백질이 떨어져 나가면서 해체된다.

세포골격을 이루는 세 가지 유형의 섬유

진핵세포에는 (1) 미세섬유라고도 부르는 액틴섬유, (2) 미세소관, (3) 중간섬유 등 세 가지 유형의 세포골격이 분포하고 있다.

액틴섬유

액틴섬유(actin filament)는 지름이 7 nm 정도 되는 긴 섬유이다. 각 섬유는 진주를 꿴 두 가닥이 서로 꼬여 있는 형태처럼 단백질로 이루어진 두 가닥이 서로 느슨하게 꼬여 있다. 각 단위체는 액틴이라는 단백질이다. 액틴섬유는 (+) 말단과 (−) 말단을 지니고 있어 극성을 보이는데, 이는 섬유가 자라는 방향에 따라 정해진다. 액틴은 실험실 조건에서도 자생적으로 섬유를 형성한다.

미세소관

미세소관은 가장 큰 세포골격 구성 요소이며, 지름이 약 25 nm 이고 각각 13개의 단백질 **원섬유**로 구성된 관의 형태이다. 구형 단백질인 α-튜불린과 β-튜불린의 이합체(dimer)가 각 원섬유를 만들고, 이 원섬유들은 중심을 기준으로 나란히 정렬하여 특징적인 관의 형태를 이루게 된다.

그림 3.8 중심립.
각 중심립은 9개의 삼중 미세소관으로 구성된다. 중심립은 식물세포에서는 발견되지 않는다. 동물세포에서 중심립은 미세소관을 조직화하는 데 도움을 준다.

많은 세포에서 미세소관은 세포 중심 부근의 핵형성 부위(nucleation center)에서 만들어져 주변으로 뻗어나간다. 이들은 지속적으로 중합체 형성 및 해체를 반복한다. 미세소관의 평균 반감기는 분열하지 않는 동물세포에서 나타나는 10분에서부터 분열하는 동물세포의 20초까지 다양하다.

미세소관은 세포의 운동을 보조하면서 세포질의 구성이나 세포 내의 물질 이동에도 관여한다.

중심소체와 미세소관 형성

중심립(centriole)은 동물 및 대부분의 원생생물 세포에서 발견되는 통(barrel) 모양의 세포소기관이다. 중심립은 쌍으로 존재하며, 핵막 근처에서 서로 직각으로 위치한다(**그림 3.8**). 거의 대부분의 동물세포에서는 이들을 둘러싸는 지역이 있는데, 이를 **중심소체**(centrosome)라고 부른다. 중심립을 감싸는 물질을 중심립 주변물질(pericentriolar material)이라 부르며, 여기에는 튜불린으로 구성된 고리 모양의 구조가 들어 있다. 동물세포에서는 중심립 주변물질에서 미세소관이 형성되며, 이 기능을 하는 구조를 미세소관 조립부위(microtubule-organizing center)라고 한다. 중심소체는 세포분열 시 일어나는 미세소관의 재구성에도 관여한다. 식물과 균류의 중심소체에는 중심립이 없으나, 미세소관 조립부위는 가지고 있다.

1.7 세포 이동

편모와 섬모 운동

이 장의 초반부에서 원핵생물의 편모에 대해 살펴보았다. 진핵세포는 이와는 선혀 다른, 9개의 **미세소관**(microtubule)들이 2개의 중심 미세소관을 원형으로 둘러싸는 구조의 **편모**를 가지는데, 이러한 배열을 9 + 2 **구조**라고 한다.

각 쌍의 미세소관이 운동단백질인 디네인(dynein)으로 구성된 팔을 이용하여 서로에 대해 움직이면서 진핵세포의 편모는 회전이 아닌 파도 형태의 운동을 한다. 자세히 살펴보면 각 편모는 세포내부가 뻗어나온 상태로, 세포질을 포함하고 있으면서 막으로 둘러싸인 것을 알 수 있다. 편모의 미세소관은 편모가 세포 표면으로부터 돌출된 부분의 바로 아래쪽에 위치한 **기저체**로부터 뻗어나온다.

섬모는 보통 짧으며 열을 지어 배열되어 있다. 섬모는 편모보다는 매우 많으나, 내부 구조는 동일하다. 많은 다세포 생물에서 섬모는 세포를 전진시키는 기능이 아닌 전혀 다른 기능을 가진다. 일부 척추동물의 조직에서는 섬모의 운동에 의해 물이 조직 표면을 따라 이동할 수 있게 된다. 하나의 특이한 예이지만 척추동물의 귀에 있는 감각세포에는 섬모가 액틴으로 구성된 부동섬모(stereocilia)로 둘러싸여 있으며, 음파가 이 구조를 휘게 하면서 청력의 감지를 유발시킨다. 편모와 섬모의 9 + 2 구조는 진핵세포의 기본적인 요소이다.

2 막

2.1 막의 구조

모든 살아 있는 세포를 둘러싸고 있는 막은 5~10 nm 정도로 얇은 두 층의 인지질로 이루어진 판 구조로 이루어져 있다. 이러한 막은 10,000개 정도 합쳐야 이 책의 한 장 정도의 두께가 된다. 생화학적 분석을 통해 지질, 단백질 및 기타 막의 구성분이 밝혀졌지만 아직도 막의 성분들이 어떻게 조직되어 있는지에 대해서는 미흡한 부분이 많다.

유동 모자이크 모델

세포막의 근간이 되는 지질 이중막은 **인지질**(phospholipid)로 이루어져 있다. 과거에 연구자들은 막의 구조에 대해 단백질들이 인지질 이중막의 양쪽 표면을 코팅하고 있는 형태로 생각하였다. 즉, 샌드위치와 같이 두 층의 구형 단백질 사이에 인지질의 이중막이 존재하는 구조가 막에 대한 초기 모델이었다.

1972년 싱어(Singer)와 니콜슨(Nicolson)은 이러한 막의 모델에 대해 수정 모델을 제시하였다. 이들은 구형 단백질이 지질 이중막 안으로 삽입되어 있으며 비극성인 부분이 이중막의 내부에, 그리고 극성인 부분이 막 표면에서 돌출되어 나와 있다고 생각했다. **유동 모자이크 모델**(Fluid mosaic model)로 부르는 이 모델에서 단백질들은 마치 물 위의 보트처럼 유동성의 막 표면 또는 내부에 모자이크처럼 흩어져 떠 있는 것으로 제안되었다(**그림 3.9**).

막 단백질은 두 가지로 구분되는데, **내재 단백질**은 막에 끼어들어가 있는 단백질이며, **표면 막단백질**은 막의 표면에 부착되어 있는 단백질이다.

세포막의 네 가지의 구성요소

진핵세포의 막은 다양하다. 이들이 모두 동일한 것은 아니지만 다음과 같은 네 가지의 구성요소를 가진다.

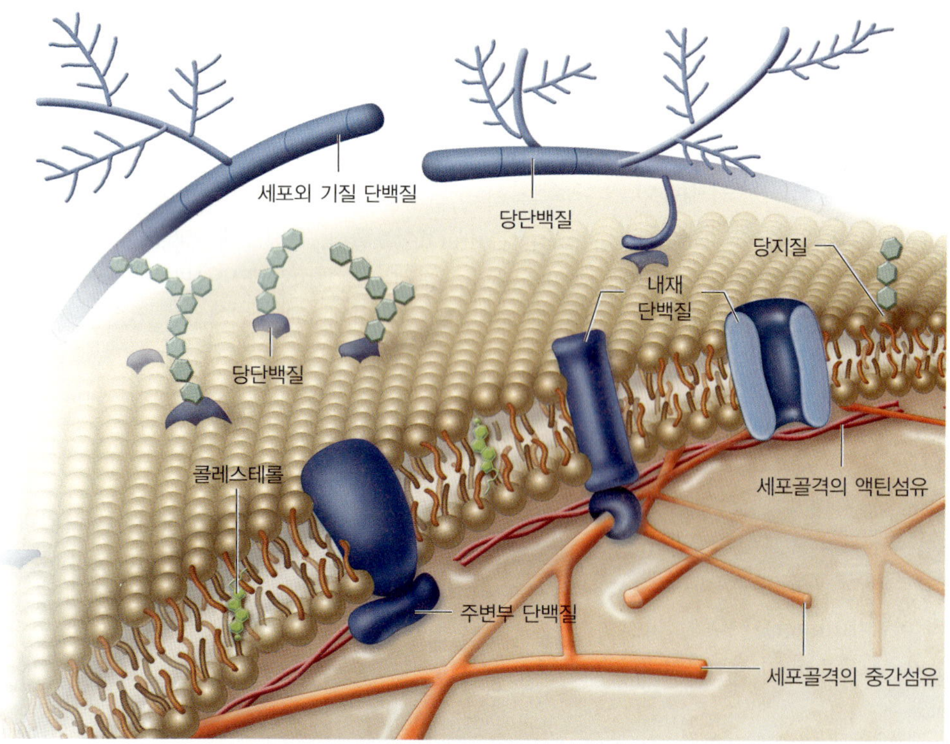

그림 3.9 세포막의 유동 모자이크 모델. 내재 단백질은 원형질막을 관통하여 돌출되어 있다. 이 단백질의 비극성 부위는 막의 소수성 내부와 접하고 있다. 탄수화물 사슬은 종종 이 단백질의 세포 밖 부분에 결합되어 당단백질을 형성한다. 주변부 단백질은 막 표면과 결합되어 있다. 막 인지질은 탄수화물의 부착을 통한 변형에 의해 당지질을 형성한다. 세포내에서 액틴섬유와 중간섬유는 막 단백질과 상호작용한다. 많은 동물 단백질은 세포 밖에 주로 당단백질로 구성된 정교한 세포외 기질 구조를 가진다.

1. **인지질 이중막:** 모든 세포막은 인지질의 이중막으로 구성된다. 막의 다른 구성요소는 이 이중막의 내외에 위치한다. 이 중막은 유연한 기질을 제공하는 동시에 물질의 투과를 제한한다. 동물 세포막에는 극성인 수산화기(–OH)를 가지는 스테로이드인 콜레스테롤이 함유되어 있다. 식물세포는 동물세포에 비해 매우 낮은 콜레스테롤을 함유한다.
2. **막관통 단백질:** 모든 세포의 지질 이중막에는 많은 종류의 단백질들이 부유하고 있다. 이 단백질들은 물질의 수송 및 소통 등의 다양한 기능을 가진다. 막관통 단백질은 많은 경우 위치가 고정되어 있지 않고, 인지질 분자처럼 막 내에서 이동할 수 있다. 막 중에는 단백질이 매우 풍부한 경우도 있고, 그 반대인 경우도 있다.
3. **내부 단백질 네트워크:** 막 단백질은 막의 형태를 지지하는 막 내부 단백질을 가지고 있다. 예를 들어 적혈구는 양쪽이 오목한 특유의 형태를 가지는데, 이는 스펙트린(spectrin)이라고 부르는 단백질이 막 단백질과 세포골격의 액틴 섬유를 연결시켜주는 구조를 형성하기 때문이다. 단백질의 네트워크는 몇몇 중요한 핵심 단백질들의 수평 이동을 제한하여 이들을 특정한 위치에 고정시키는 역할을 한다.
4. **세포 표면 표지:** 막의 구성분은 소포체에서 형성되어 골지체를 통해 원형질막으로 운반된다. 소포체는 막 단백질과 지질에 당 분자의 사슬을 첨가하여 이들을 **당단백질** 및 **당지질**로 전환시킨다. 세포 유형에 따라 다른 종류의 당단백질과 당지질들을 막 표면에 가지게 되므로 이를 통한 세포 간의 구분이 가능하게 된다.

예전에는 막의 유동성으로 인해 원형질막은 지질과 단백질이 막을 따라 자유롭게 이동 가능한 균일한 구성을 가진다고 생각했었다. 그러나 원형질막은 균질적이지 않으며 주변과 다른 지질이나 단백질로 구성된 미세 영역들이 존재한다는 증거들이 계속 제시되고 있다.

세포막의 전자현미경적 구조

세포막의 얇고 섬세한 구조는 전자현미경을 통해 관찰이 가능하다. 전자현미경 중 투과전자현미경(TEM)과 주사전자현미경(SEM)은 세포막의 구조를 밝히는 데 유용하게 이용될 수 있다.

세포막을 전자현미경으로 관찰하려면 세포를 이에 맞게 준비해야 한다. 한 가지 방법은 관찰하려는 조직을 단단한 에폭시 기질(epoxy matrix)에 넣은 후, 이를 매우 날카로운 날을 가지는 마이크로톰(microtome)을 이용하여 1 μm 이하의 두께로 투명한 박편을 만드는 것이다.

이 박편을 그리드(grid) 위에 놓고 TEM을 이용하여 전자빔을 조사한 후 관찰하면 고배율에서 막의 두 층이 **그림 3.10**에서처럼 선명하게 보이게 되며, 이를 보다 자세히 관찰

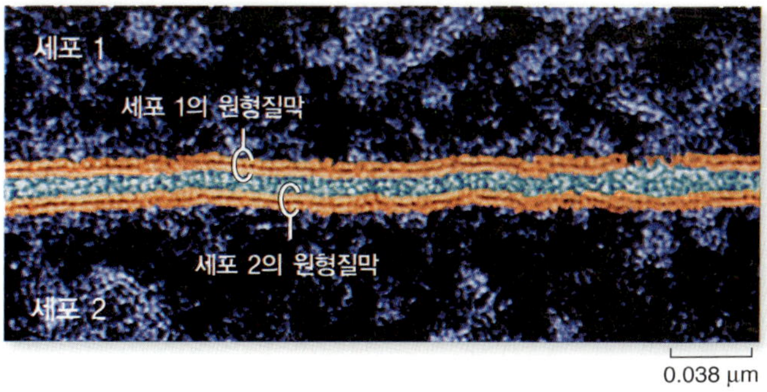

그림 3.10 세포막의 전자현미경적 구조.

하기 위해서는 인공적으로 채색을 할 수 있다.

2.2 인지질: 막의 기반물질

앞장에서 살펴본 지방 분자(트리글리세리드)처럼 인지질 역시 3개의 탄소를 가진 다중알코올인 글리세롤 골격을 가진다. 이 골격의 긴 탄소 사슬 말단에 카르복실기(–COOH)를 가지는 지방산이 하나에서 세 개까지 결합되어 있다. 하나의 트리글리세리드 분자는 이런 사슬이 골격의 탄소에 각각 하나씩 결합되어 있어, 모두 세 개의 지방산을 가진다. 이 사슬들은 비극성이어서 물과 수소결합을 하지 않기 때문에 지방은 비수용성이다.

트리글리세리드와 달리 인지질은 두 개의 지방산 사슬만 골격에 결합되어 있고, 글리세롤 골격의 세 번째 탄소에는 인산기가 결합하므로 인지질이라고 부른다. 인산기(phosphate group)에 극성의 유기물이 첨가되기도 한다.

이와 같은 간단한 분자의 뼈대로부터 인산기에 결합하는 극성 유기물이나 탄소에 결합하는 지방산의 다양화를 통해 광범위한 종류의 지질이 생성될 수 있다. 예를 들어 포유류의 막은 화학적으로 다른 수백 종류의 지질을 가진다.

인산은 전하를 띠며 이에 결합된 다른 분자들은 극성이나 전하를 띠기 때문에 트리글리세리드와 매우 다른 물리적 성질을 가진 분자가 된다. 강한 극성의 인산기 말단은 **친수성**(hydrophilic)이며, 지방산 말단은 강한 **소수성**(hydrophobic)이다. 두 비극성의 지방산은 서로 평행을 유지하며 한쪽 방향으로 뻗어 있고, 극성의 인산기는 이와는 다른 방향을 향한다. 이런 구조를 나타내기 위해 인지질은 **그림 3.11**에서 보는 것처럼 극성의 머리와 비극성의 두 꼬리를 가진 형태로 나타낸다.

인지질 분자가 물속에 들어가게 되면 어떤 일이 일어날까? 극성의 물 분자는 수소결합을 할 상대를 찾는 동안 긴 비극성의 인지질 꼬리를 밀어낼 것이다. 물 분자의 극성으로 인해 인지질의 꼬리는 서로 뭉쳐져 물 분자로부터 가능한 한 멀어지려 할 것이다. 모든 인지질 분자는 극성의 머리를 물 분자

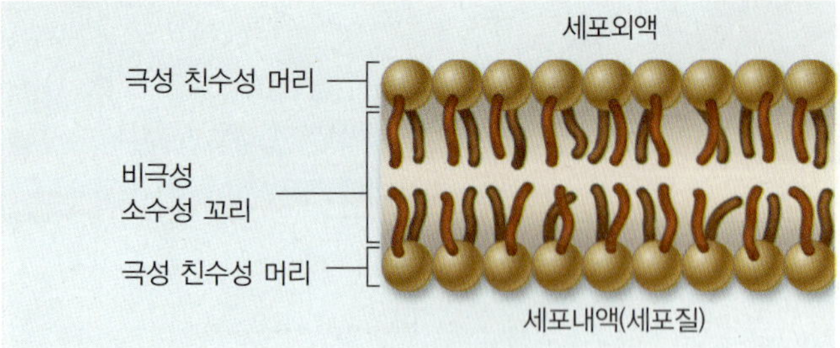

그림 3.11 세포막의 인지질 배열.

쪽으로, 그리고 비극성의 꼬리를 그 반대쪽으로 향하게 된다. 만일 두 층이 꼬리가 서로를 향하게 정렬하면 꼬리는 물 분자와 접촉할 필요가 없어진다. 이 구조가 바로 인지질의 이중막 구조이다. 물 분자가 최대한 수소결합을 하려는 특성 때문에 인지질 이중막은 물속에서 자생적으로 형성된다.

인지질 이중막의 비극성 내부는 이중막을 통해 수용성의 분자가 통과하는 것을 방해하며, 이는 기름층이 물방울의 통과를 막는 것과 마찬가지이다. 수용성 물질에 대한 이러한 장벽은 지질 이중막의 핵심적인 생물학적 특성이 된다. 지질 이중막은 물이 끊임없이 수소결합을 하고자 하는 성향 때문에 안정하게 된다. **표면장력**이 비누방울을 유지시켜주는 것처럼 물의 수소결합도 막을 계속 지지해준다. 물은 인지질 분자를 계속 이중막 형태를 유지하게 하면서도 인지질 내에서의 지질 및 비지질 물질의 이동은 제한하지 않는다. 인지질은 서로 약한 상호작용을 하기 때문에 개별적인 인지질 및 고착되지 않은 단백질들은 막 내에서 자유롭게 이동할 수 있다. 이는 세포를 융합하여 단백질 구성원들이 시간이 지남에 따라 서로 섞이는 것을 관찰하여 확인할 수 있다.

막의 유동성 변화

막의 유동성은 인지질 조성에 따라 변한다. 트리글리세리드가 그 성분에 따라 상온에서 고체나 액체 상태로 있을 수 있는 것처럼 막의 유동성 역시 막 지방산 성분의 변화에 따라 변한다.

포화된 지방은 구조적으로 잘 짜여 있기 때문에 덜 유동적이며, 불포화지방은 이중결합으로 인해 느슨하게 짜여 있는 구조를 가져 상대적으로 더 유동적이다. 이는 제2장에서 다룬 바 있다. 대부분의 막은 콜레스테롤 등의 스테롤을 가지며, 이들은 온도에 따라 막의 유동성을 증가 또는 감소시킨다.

환경의 변화는 세균 등 단세포 생물의 세포막에 큰 영향을 미친다. 온도의 증가는 막을 보다 유동적으로 만들고, 온도가 감소하면 유동성도 감소한다. 세균은 온도가 변화해도 막의 유동성을 계속 유지할 수 있는 기작을 진화시켜 왔다.

2.3 단백질: 다기능 구성분

세포막에는 다양한 종류의 단백질이 유동성의 인지질 내에서 떠다닌다. 이 유동적인 구조는 환경과의 다양한 상호작용에 적합하고, 이러한 상호작용에는 막 단백질이 직접 관여하는 경우가 많다.

단백질과 단백질 복합체의 핵심적 기능

세포는 원형질막을 통해 다양한 방법으로 환경과 상호작용을 하는데, 여기에서 소개된 여섯 종류의 핵심적인 막 단백질군이 그 역할을 수행한다(**그림 3.12**).

1. **수송 단백질**(Transporter)**:** 선택적인 막을 통해 정해진 용질만 단백질의 통로나 수송 단백질을 통해 막을 통과할 수 있다.
2. **효소**(Enzymes)**:** 세포막의 내부에서는 막에 부착된 효소를 이용한 다양한 화학반응이 일어난다.
3. **세포 표면 수용체**(Cell-surface receptors)**:** 막은 화학신호에 매우 민감하며, 이는 표면에 있는 수용체 단백질을 통해 감지된다.
4. **세포 표면 동정 표지**(Cell-surface identity markers)**:** 막은 세포 표면에 자신과 다른 세포를 구별할 수 있는 표지를 가진다. 대부분의 세포 유형은 고유한 표지를 가지며, 이는 당단백질 등 세포 유형에 특이적인 표면 단백질 또는 단백질 복합체에 의해 나타난다.
5. **세포 부착 단백질**(Cell-to-cell adhesion proteins)**:** 세포들은 특정한 단백질을 이용하여 서로 부착한다. 일부는 일시적으로 결합하며, 지속적인 결합을 하는 경우도 있다.
6. **세포골격에의 부착**(Attachment to the cytoskeleton)**:** 다른 세포들과 상호작용하는 표면 단백질은 연결 단백질에 의해 세포골격에 부착해 있기도 한다.

막 단백질의 구조적인 특징과 기능

위에서 살펴본 바와 같이 막 단백질은 다양한 기능을 수행한다. 이러한 다양성은 단백질의 구조적 다양성에 기인하지만, 막 단백질은 그 역할과 관련되어 공통적인 구조적 특징을 가지기도 한다.

일부 막 단백질은 인지질과 강하게 결합된 특정한 분자에 의해 막 표면에 부착한다. 부두에 묶인 선박처럼 이 단백질들은 인지질에 묶인 채 세포막 표면을 떠다니게 된다. 부착분자는 변형된 지질로 (1) 지질 이중막의 내부로 삽입되는 비극성 부위, 그리고 (2) 단백질과 연결되는 화학결합 영역을 가진다.

그에 비해 다른 단백질들은 지질 이중막을 관통하는 막관

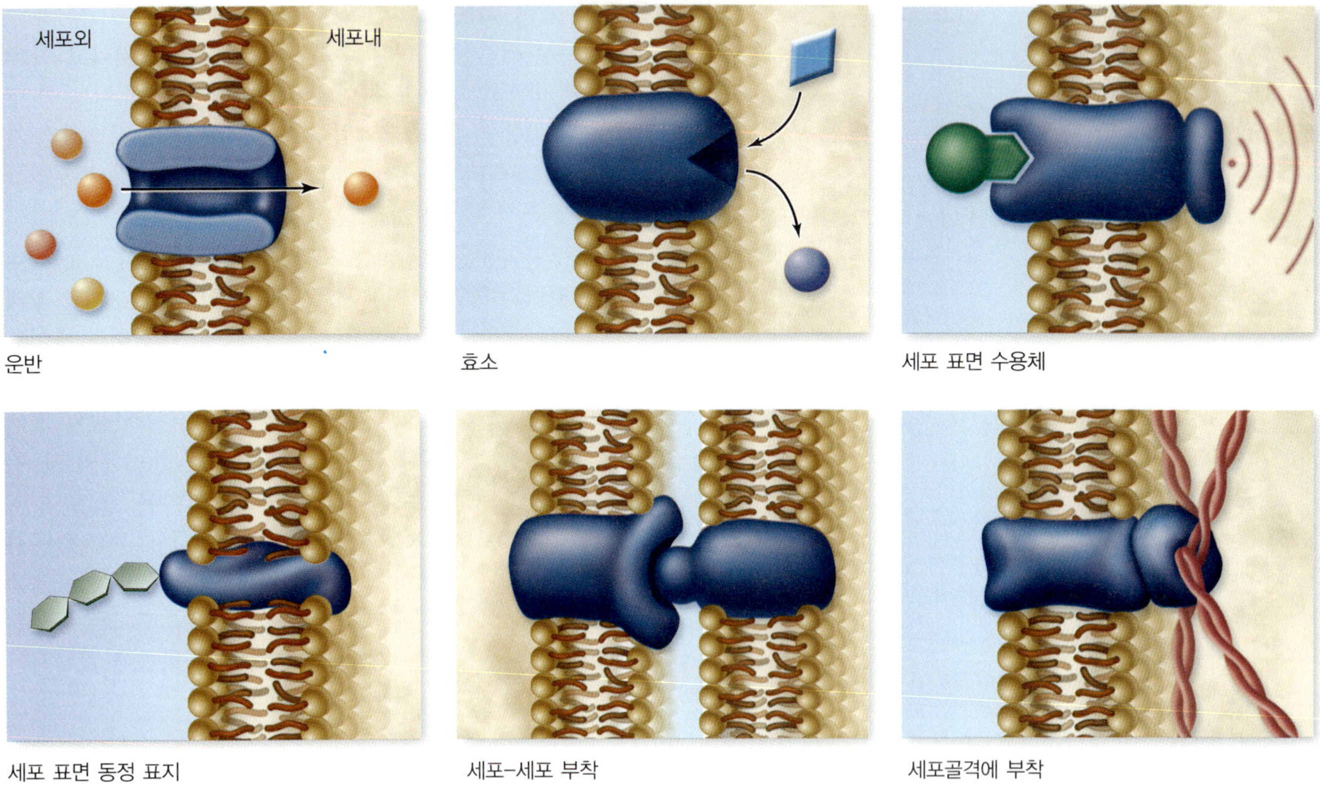

그림 3.12 세포막 단백질의 기능.
막 단백질은 운반체, 효소, 세포 표면 수용체, 세포 표면 표지로 작용하고 세포-세포 부착이나 세포골격을 지탱하는 데에도 도움을 준다.

통 단백질이다. 지질 이중막의 비극성 내부로 뻗어 있는 부분은 비극성 아미노산으로 구성된 α-나선이나 β-병풍구조로 이루어져 있다. 물은 비극성의 아미노산을 배척하므로 단백질의 비극성 부분은 지질 이중막 안에 들어가 있고, 극성 부분은 막의 양쪽 표면 밖으로 돌출되어 있다. 단백질이 막 외부로 돌출되는 경우 비극성 부분으로 인해 다시 막으로 밀려들어가게 된다. 이 때문에 막 단백질은 막에서 빠져나오지 않고 제자리에 있을 수 있다.

2.4 막을 통한 수동수송

많은 분자들은 에너지를 소비하지 않고도 세포의 내외부로 드나들 수 있다. 이런 유형의 이동을 **수동수송**(passive transport)이라 부른다. 일부 이온과 분자들은 쉽게 막을 통과할 수 있고, 이런 이동이 일어나기 위해서는 세포 내부와 외부에 물질의 농도 차이, 즉 **농도구배**가 필요하다. 일부 물질들은 농도구배를 따라 막을 통과하는데, 막 단백질에 의해 형성된 통로를 필요로 하기도 한다.

단순확산에 의한 물질 수송

물에 용해된 분자와 이온은 항상 임의적으로 이동하는데, 이 임의적 이동은 고농도에서 저농도의 방향으로 물질들을 이동시키게 되며 이를 **확산**(diffusion)이라고 한다(**그림 3.13**).

확산에 의해 일어나는 이동은 두 지역의 물질 농도가 같아질 때까지 지속적으로 일어난다. 물이 있는 용기에 잉크 한 방울을 떨어뜨려 보면 잉크는 시간이 지남에 따라 용액 전체로 확산되어 나갈 것이다. 이는 잉크 분자의 확산에 의한 것이다. 확산에 영향을 미치는 요인은 세포내외의 농도 차이, 그리고 세포막을 얼마나 쉽게 통과할 수 있는가에 달려 있다.

생체막을 통과하는 데 있어 가장 큰 장애요인은 극성 분자를 밀어내는 세포막의 비극성 내부이다. 비극성 분자의 경우에 농도차가 존재할 경우 세포막을 사이에 두고 농도차가 없어질 때까지 물질의 이동이 지속될 것이다. 산소분자나 스테로이드 호르몬 같은 비극성 유기분자가 이에 해당된다.

작은 극성 분자가 세포막을 통과하는 것은 약간의 어려움만 있지만, 큰 극성 분자가 세포막을 통과하는 것은 극히 어려운 일이다. 가장 중요한 극성 분자인 물의 이동은 뒤에서 다룬다.

단백질과 선택적 막 확산

세포에 필요한 주요 물질 중 원형질막을 쉽게 통과하지 못하

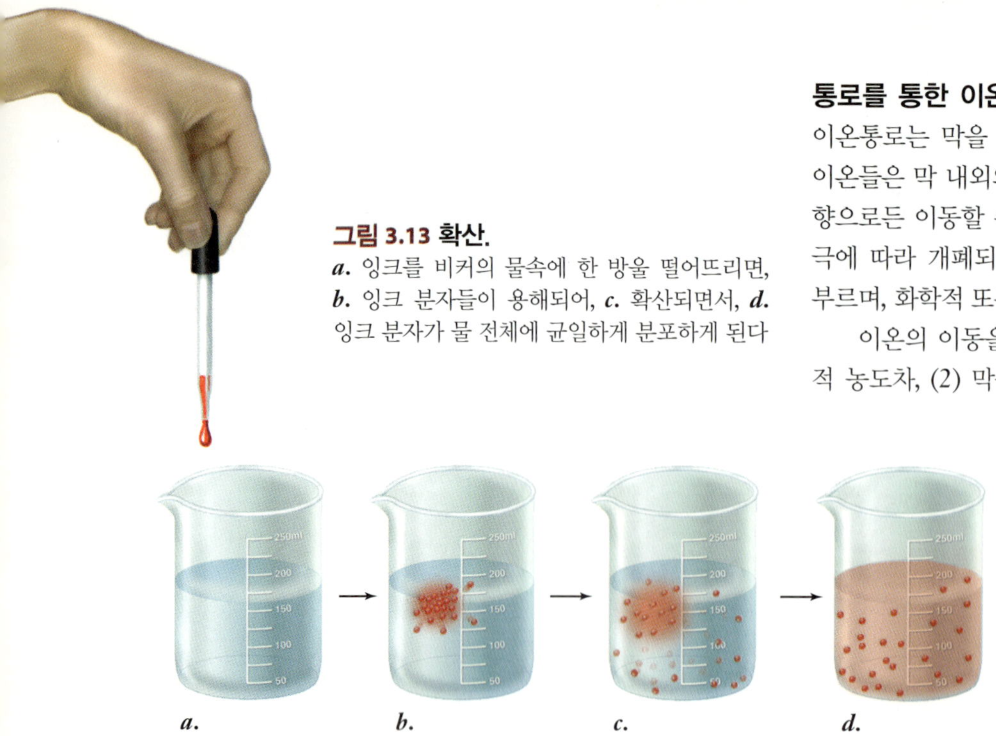

그림 3.13 확산.
a. 잉크를 비커의 물속에 한 방울 떨어뜨리면, *b.* 잉크 분자들이 용해되어, *c.* 확산되면서, *d.* 잉크 분자가 물 전체에 균일하게 분포하게 된다

는 종류도 많다. 이들은 막을 사이에 두고 농도차가 존재하는 한 단백질의 통로 또는 수송 단백질을 통해 세포로 수송될 수 있다. 막 단백질에 의한 이런 확산을 **촉진확산**(facilitated diffusion)이라고 한다. **통로 단백질**은 친수성 내부를 가지고 있어 통로가 열렸을 때 극성 분자가 통과할 수 있게 한다. 그에 비해 **담체 단백질**(carrier protein)은 효소가 기질에 결합하는 것과 같이 통과시키고자 하는 분자에 결합한다. 이 통로와 수송체들은 일반적으로 특정 종류의 분자에 대해서만 특이적이어서 세포막에 **선택적 투과성**을 부여한다.

통로를 통한 이온의 촉진확산

이온통로는 막을 통과하는 수화된 내부 구조를 지니고 있다. 이온들은 막 내외의 농도 차이에 따라 채널을 통해 어느 쪽 방향으로든 이동할 수 있다(**그림 3.14**). 일부 통로 단백질은 자극에 따라 개폐되기도 한다. 이러한 통로를 **개폐형 통로**라고 부르며, 화학적 또는 전기적 신호에 의해 개폐된다.

이온의 이동을 결정하는 조건은 (1) 막을 사이에 둔 상대적 농도차, (2) 막을 사이에 둔 전위차, (3) 막이 개폐된 상태 등이다. 막을 사이에 둔 전위의 차이를 **막 전위**(membrane potential)라 한다. 막 전위의 변화는 신경체계 등의 일부 조직에서 신호를 전달하는 기반이 된다. 각 통로는 특정 이온, 예를 들어 Ca^{2+}, Na^{+}, K^{+}, Cl^{-} 등에 각각 특이적이며, 하나 이상의 양이온 또는 음이온에 특이적인 경우도 있다. 이온 통로는 신경계에서 신호전달 과정에 필수적인 기능을 한다.

담체 단백질에 의한 촉진확산

담체 단백질은 당류, 아미노산 등의 이온과 용질의 막 통과를 촉진한다. 담체 단백질을 통한 수송 역시 확산의 한 형태이므로 막 사이의 농도구배가 필요하다.

담체 단백질은 수송 대상 분자에 결합하여야 하기 때문에 단순확산과는 농도구배 및 확산 속도의 관계에 있어 차이를 보인다. 즉, 단순확산에서는 농도차의 증가에 따라 확산 속도가 선형으로 증가한다. 그러나 담체 단백질이 관여하면 농도의

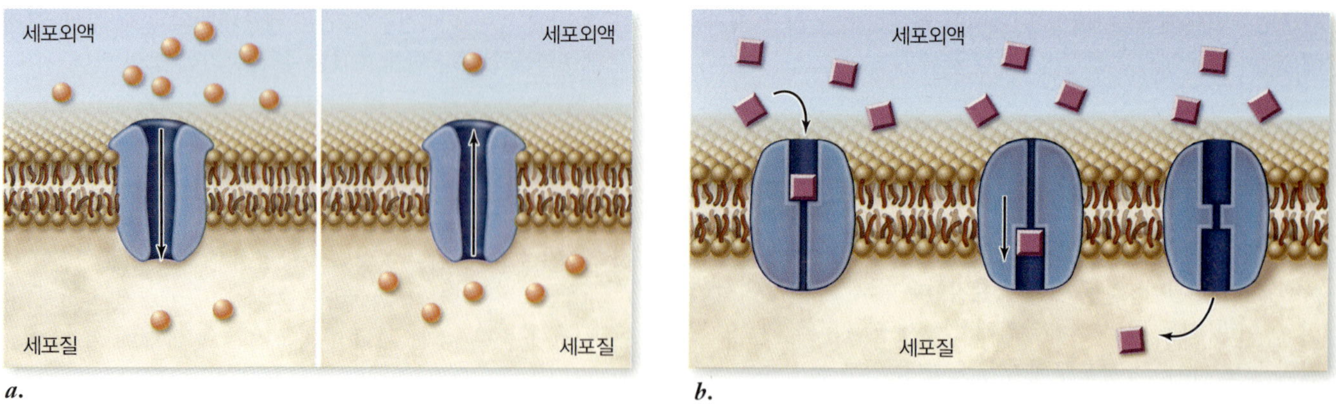

그림 3.14 촉진확산.
막 단백질에 의해 확산이 촉진된다. *a.* 채널을 통한 이온의 이동. 왼쪽 그림에서는 세포외부의 이온농도가 높아서 이온은 세포 안쪽으로 이동한다. 오른쪽 그림에서는 그와 반대이다. 두 경우 모두, 막의 양쪽의 농도가 같아질 때까지 이온이 이동된다. 이온의 농도가 같을 때에도, 계속하여 양방향으로 이온이 수송되지만, 전체적으로는 움직임이 없는 것처럼 보인다. *b.* 수송 단백질은 수송하는 분자에 특별하게 결합한다. 이 경우, 농도는 세포 밖이 더 높아서 분자는 외부에서 수송체에 결합한다. 운반체의 모양이 변화하면서 분자가 막 안으로 들어오게 된다. 수송 단백질의 기능도 가역적이므로, 막 양쪽의 농도가 같아질 때까지 수송은 계속된다.

증가는 더 많은 단백질이 수송 분자에 결합하는 것을 의미하고, 담체 단백질의 결합이 **포화**상태가 되면 수송 속도는 더 이상 증가하지 않고 일정하게 유지될 것이다.

이 상황은 관중으로 꽉 찬 운동경기장에서 사람들이 빠져나갈 때 회전문을 통과해야 하는 것과 같다. 비어 있는 회전문이 있으면 그곳을 통해 쉽게 빠져나갈 수 있으나 모든 회전문이 차 있을 경우에는 기다려야 한다. 포화 상태에서는 아무리 많은 수가 기다려도 일정한 속도로 지나갈 수밖에 없다.

삼투: 막을 통한 물의 이동

세포질은 당과 아미노산 등 이온과 분자의 수용액을 함유하고 있다. 물은 **용매**(solvent)라고 부르며, 물에 녹아 있는 물질은 **용질**(solute)이라고 한다. 물과 용질은 모두 고농도에서 저농도로 농도구배를 따라 확산한다.

막에 의해 두 부분으로 나누어지면 용질이 막을 통과할 수 있는가에 따라 일어날 수 있는 일이 달라진다. 대부분의 이온과 당 등 용질은 지용성이 아니기 때문에 지질 이중막을 통과할 수 없다. 이렇게 해서 생기는 용질의 농도차는 물의 이동을 유발한다.

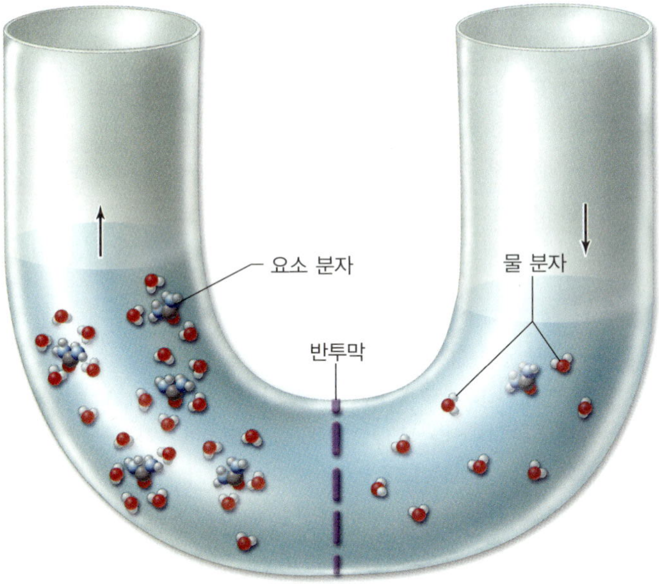

그림 3.15 삼투.
반투막을 통과할 수 없는 극성 분자나 이온의 농도에 차이가 있을 때 막을 통해 물이 이동한다. 물 분자는 극성 분자나 이온과 수소결합을 하여 용액에서 수화물을 형성한다. 그림에서 막 왼쪽이 극성 분자(요소)의 농도가 더 높기 때문에 요소 분자 주위로 물 분자가 모이게 된다. 이 물 분자는 막을 통해 확산이 가능하지 않게 된다. 극성 용질이 자유로운 물 분자의 농도를 감소시켜 농도구배를 만들게 된다. 따라서 U자 관에서 오른쪽에서 왼쪽으로 물 분자의 확산이 일어나게 되며, 결과적으로 왼쪽은 상승하고 오른쪽은 하강하게 된다.

삼투

물 분자는 용해된 용질의 주변을 둘러싸는 **수화**된 껍질을 형성한다. 막이 농도차가 나는 두 용액을 갈라놓으면 각 용액에서 자유 물 분자의 농도도 달라지며, 용질의 농도가 높은 용액에서의 **자유** 물 분자의 농도는 낮아지게 된다.

이런 차이의 결과 자유 물 분자는 농도차를 따라 용질의 농도가 높은 쪽으로 이동하게 되는데, 이런 현상을 **삼투**(osmosis)라고 한다(**그림 3.15**).

한 용액 내에 있는 모든 용질의 농도에 의해 **삼투 농도**가 결정된다. 두 용액이 다른 삼투 농도를 가지면 삼투 농도가 높은 쪽을 **고장성**(hypertonic) 용액, 낮은 쪽을 **저장성**(hypotonic) 용액이라 한다. 두 용액의 삼투 농도가 같으면 두 용액은 **등장성**(isotonic) 용액이라고 부른다.

어떤 환경에 있는 세포이든 원형질막에 의해 세포질과 외부 환경이 나누어진다. 물 분자의 이동 방향 및 이동 성향은 두 용액의 삼투압에 따라 달라질 것이다. 고장성 환경에서는 물이 세포 밖으로 빠져 나오게 되므로 세포가 수축되며, 삼투 농도가 같아질 때까지 물이 빠져나오게 된다.

삼투압

저장성 용액에서 세포는 어떤 변화를 보일까? 이런 상황에서는 물이 외부에서 내부로 확산되어 들어와서 세포가 팽창하게 되어 세포막에 대해 세포질이 가하는 압력은 증가하게 될 것이다. 세포에 들어가는 물의 양은 세포와 세포외 수용성 환경 간 용질의 농도차에 따라 달라질 것이다. 이는 **삼투압**(osmotic pressure)으로 표시되며, 삼투 이동을 막는 데 필요한 힘을 의미한다.

막이 충분히 강하면 세포는 삼투압이 물을 세포 밖으로 밀어내려 하는 수압과 평형에 도달한다. 그러나 원형질막 자체는 강한 내부 압력을 견디지 못하므로 단일세포만 저장액 속에 놓이게 되면 팽창해서 결국 공기를 너무 많이 넣은 풍선처럼 파열한다(**그림 3.16**).

따라서 세포막만을 가지는 동물세포의 경우 삼투 평형의 조절이 중요하다. 대조적으로 원핵생물, 균류, 식물 및 많은 원생생물 세포는 세포벽으로 둘러싸여 있어 파열하지 않고 내부 압력을 견딜 수 있다.

생물들은 저장성 환경에서 살아가면서 생기는 문제를 해결하기 위해 삼투에 의한 물의 일정한 출입을 유지할 수 있는 다양한 전략을 개발해 왔다.

2.5 막을 통한 능동수송

확산, 촉진확산과 삼투는 물질이 농도구배를 따라 이동하는 수동적인 운반과정이지만, 세포는 농도구배를 거스르면서 물질

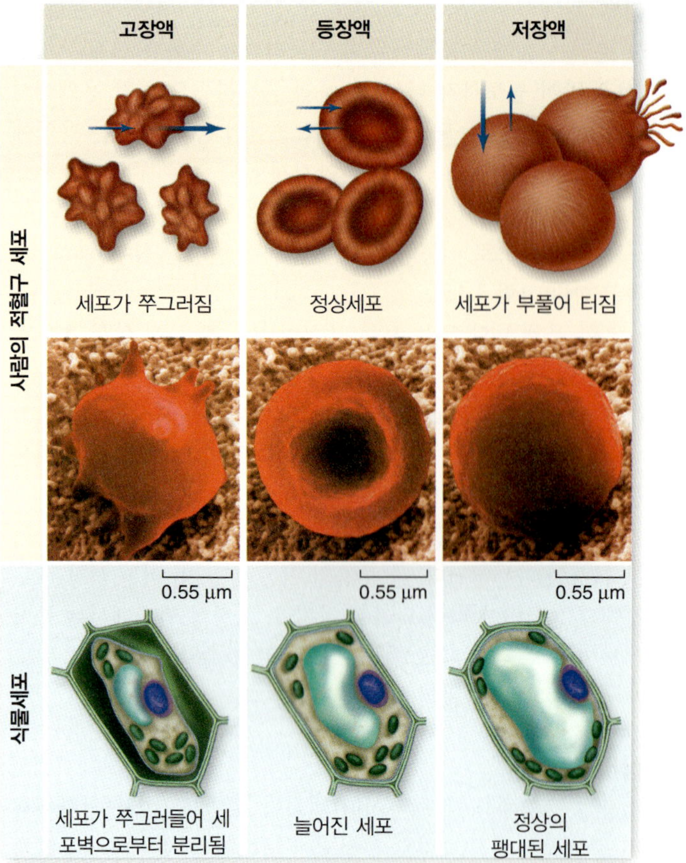

그림 3.16 용질의 삼투압 형성.
고장액에서 물은 세포외로 이동하여 세포가 쭈그러진다. 등장액에서 물은 같은 속도로 세포내외로 확산되어 세포 크기에 변화가 없다. 저장액에서 물은 세포 안쪽으로 이동한다. 물 이동의 방향과 양은 파란색 화살표(위쪽)로 나타냈다. 물이 저장액에서 세포 안으로 들어올 때, 세포가 터질 때까지 세포막에 압력이 가해진다. 물은 세포 내의 용질 농도가 높아서 삼투압을 형성하므로 세포로 들어오게 된다. 삼투압은 삼투를 정지시키는 데 필요한 압력으로 측정된다. 저장액에서 식물세포는 견고한 세포벽 때문에 세포가 정수압을 견뎌내 세포가 터지지 않지만, 동물세포는 부풀어 터지게 된다.

을 수송할 수도 있다. 이 과정은 주로 ATP의 형태의 에너지를 요구하며, **능동수송**(active transport)이라 부른다.

농도구배를 역행하는 능동수송

촉진확산에서처럼 능동수송에서도 이온이나 아미노산, 당류, 핵산 등 단순한 물질과 선택적으로 결합하는 막 단백질이 관여한다. 담체 단백질이 한 물질만을 수송하면 **단일수송체**라고 하며, 서로 다른 두 가지 물질을 동시에 수송하면 **공수송체** 또는 **역수송체**라고 한다. 공수송체는 두 분자를 동시에 같은 방향으로 수송하며, 역수송체는 두 분자를 서로 반대 방향으로 수송한다. 이 용어들은 촉진확산에 작용하는 수송체에도 사용될 수 있다.

능동수송은 세포의 가장 중요한 기능 중 하나이다. 세포는 이미 세포 내에 주변 환경보다 더 높은 농도의 분자가 있더라도 능동수송을 이용해 계속 분자를 세포 내로 흡수할 수 있다. 반대로 능동수송을 통해 세포 내의 분자가 외부로 배출될 수도 있다.

능동수송에서는 ATP의 에너지가 직접 또는 간접적으로 사용된다. ATP가 어떻게 농도에 역행한 물질 수송에 이용되는지 알아본다.

ATP를 이용하여 작동되는 Na^+/K^+ 펌프

활발하게 분열하는 세포가 아닌 경우 동물세포에서는 에너지의 1/3 이상이 Na^+와 K^+를 능동수송하는 데 소비된다. 대부분의 동물세포는 환경보다 낮은 Na^+ 농도와 높은 세포내 K^+ 농도를 가진다. 이러한 농도의 유지는 Na^+를 배출하고, K^+를 흡수하기 때문에 나타나는 현상이다.

두 이온을 수송하는 이렇게 특이한 막 단백질을 **Na^+/K^+ 펌프**(sodium-potassium pump)라고 한다. 이 수송 단백질은 ATP의 에너지를 이용하여 두 이온을 수송한다. 이 경우 에너지는 수송 단백질의 형태를 변화시켜 Na^+나 K^+에 대한 친화력을 변화시키는 데 이용된다. 이는 어떻게 단백질 구조의 미묘한 Na^+ 변화가 그 기능을 변화시킬 수 있는지를 보여주는 훌륭한 예이다.

Na^+/K^+ 펌프의 가장 중요한 특징은 농도가 낮은 쪽에서 높은 쪽으로 능동수송을 통해 Na^+와 K^+를 수송한다는 점이다. 이는 수동적 확산에 대해 반대의 방향으로 수송이 되는 것으로 에너지를 소비해야 일어날 수 있다. Na^+/K^+ 펌프는 막 단백질이 다음과 같은 일련의 형태 변화를 거치면서 작동된다.

단계 1: 세 개의 Na^+ 이온이 단백질의 세포질 부분에 결합하여 단백질의 형태를 변화시킨다.

단계 2: 변화된 형태의 단백질은 ATP와 결합하여 ADP와 인산으로 분해된다. ADP는 방출되고, 인산기는 단백질에 공유결합으로 부착되어 인산화된 상태가 된다.

단계 3: 단백질의 인산화는 단백질의 이차적인 형태 변화를 유발한다. 이 변화로 세 개의 Na^+ 이온이 막을 통과하여 세포 밖으로 향하게 된다. 이 새로운 형태로 단백질은 Na^+에 대한 친화력이 낮아지고 결합되어 있던 Na^+가 떨어져 나가면서 세포 밖의 환경으로 흩어진다.

단계 4: 새로운 구조는 K^+ 이온에 높은 친화력을 가지게 되어 Na^+를 방출하는 즉시 세포외로 돌출된 단백질 부분에 두 K^+ 이온이 결합된다.

단계 5: K^+와의 결합은 단백질의 형태를 다시 변화시키며, 이에 의해 인산기가 떨어져 나가게 된다.

표 3.2 세포막을 통한 수송 기작			
과정		**작용 방법**	**예**
수동적 과정			
확산			
직접	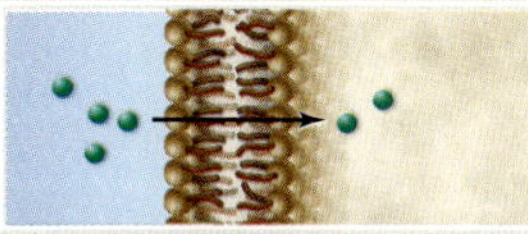	분자가 직접 이동하여, 농도가 낮은 지역으로 비극성 분자를 이동시킴	세포 내로의 산소 이동
촉진확산			
단백질 통로	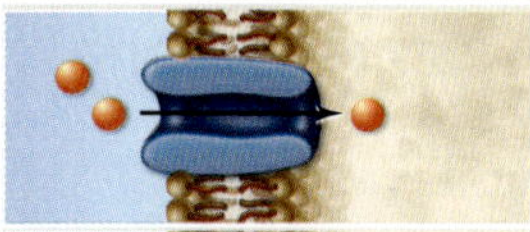	극성 분자나 이온이 단백질 통로를 통해 이동; 농도가 낮은 지역으로 이동	세포 안팎으로 이온 이동
단백질 운반체	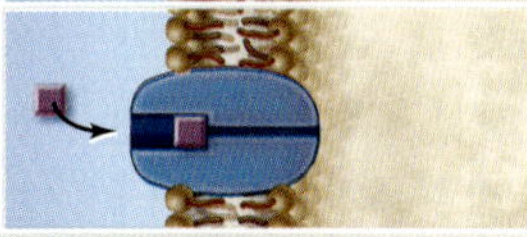	분자들이 막에 있는 수송 단백질과 결합하여 수송됨; 농도가 낮은 지역으로 이동	세포 안으로 당의 이동
삼투			
아쿠아포린	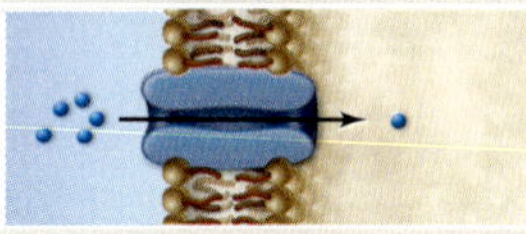	삼투에 의해 막을 통해 물이 이동; 삼투 차이가 필요	저장액에서 세포 안으로 물이 이동
능동적 과정			
능동수송			
Na^+/K^+ 펌프	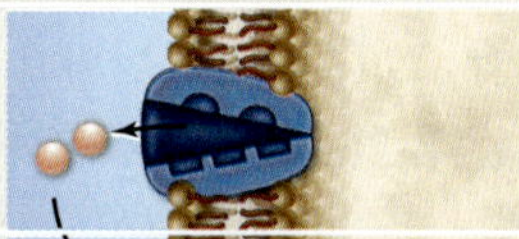	운반체가 농도구배에 역행하여 에너지를 이용하여 물질을 수송	농도 기울기에 역행하여 Na^+와 K^+ 이동
공수송	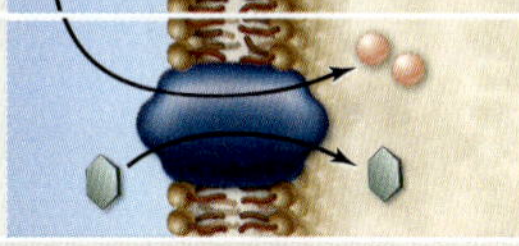	Na^+ 이온이나 양성자가 수송될 때 분자가 농도구배에 역행하여 함께 수송됨	Na^+의 농도구배를 이용하므로 포도당은 농도구배에 역행하여 세포 안으로 수송됨
세포내 섭취			
막 소낭			
식세포작용	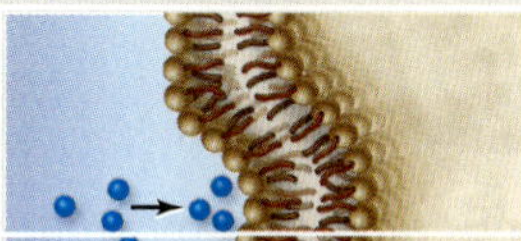	입자는 막으로 둘러싸여 소낭을 형성	백혈구에 의한 식균작용
음세포작용	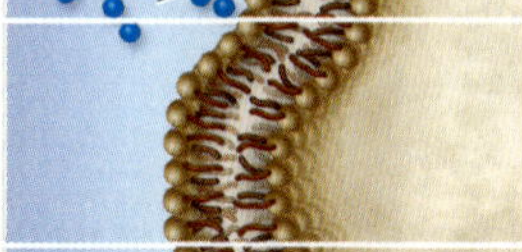	유동물질이 막으로 둘러싸여 소낭을 형성	인간 난세포의 영양 섭취
수용체 중개 세포내 섭취	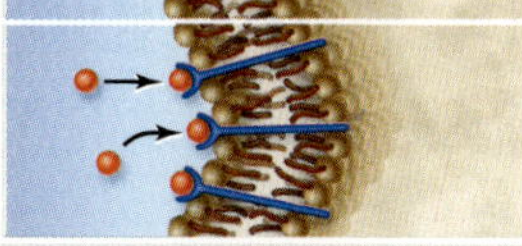	특별한 수용체에 의해 개시되는 식세포 작용으로 클라스린으로 감싸인 소낭 형성	콜레스테롤 흡수
세포외 배출			
막소낭	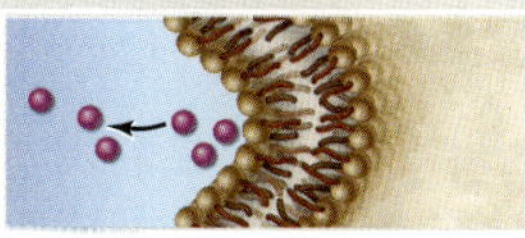	소낭이 세포막과 융합되어 내용물을 방출	점액질 분비; 신경전달물질 방출

단계 6: 인산기가 떨어져 나간 후 단백질은 원래의 형태로 돌아와 두 개의 K^+를 세포질로 방출한다. 이러한 원래의 형태는 K^+에 대한 친화력이 낮으며, 다시 Na^+에 대한 높은 친화력을 회복한다. 이온이 결합되면 새로운 회로가 시작된다.

세포막을 통한 수송 기작은 **표 3.2**에서 보는 바와 같다.

3 에너지 대사

3.1 생물계 내의 에너지 흐름

열역학(thermodynamics)은 에너지 변화에 관해 연구하는 화학의 한 분야이다. 세포의 구조와 기능은 물리와 화학의 법칙들에 따르기 때문에 세포의 기능을 알기 위해서는 이들 법칙을 이해해야 한다.

에너지의 형태

일을 할 수 있는 능력으로 정의되는 에너지는 **운동에너지**(kinetic energy)와 **위치에너지**(potential energy)로 구분된다. 운동에너지는 움직임의 에너지를 지칭하며 움직이는 물체는 다른 물체를 움직이게 함으로써 일을 하게 된다. 활발하게 움직이지는 않지만 움직이게 할 수 있는 능력을 가진 물체는 일종의 저장에너지인 위치에너지를 포함하고 있다고 말할 수 있다. 언덕 위에 있는 바위는 중력 위치에너지를 지니고 있으며, 이 바위가 아래로 굴러 내려오기 시작하면 위치에너지의 일부는 운동에너지로 바뀐다. 생명체가 하는 많은 일은 위치에너지를 운동에너지로 전환하는 일과 연관되어 있다.

에너지는 기계적 에너지, 열, 소리, 전류, 빛, 방사능 등의 유형으로 구분된다. 에너지가 이렇게 여러 형태로 존재할 수 있기 때문에 에너지를 측정하는 방법도 다양하다. 열은 에너지를 측정하는 가장 간단한 방법인데, 이는 다른 모든 형태의 에너지가 열로 전환될 수 있기 때문이다. 실제로 **열역학**이라는 용어는 '열의 변화(heat changes)'를 의미한다.

생물학에서 가장 널리 사용되는 열량의 단위는 킬로칼로리(kcal, kilocalorie)이며, 1 kcal는 1,000 cal를 의미한다. 1cal는 1g의 물을 1°C 올리는 데 필요한 열량을 나타낸다. 식품의 열량 표시에서 **Calorie**라는 용어의 첫 자를 대문자 C로 쓰는 경우가 있는데 Cal는 실제로 kcal와 같은 의미이다. 물리학에서 사용되는 또 다른 에너지 단위는 **줄**(Joule)인데 1줄은 0.239 cal에 해당된다.

태양: 생물계의 에너지 공급원

지구상의 에너지는 태양으로부터 유입된다. 태양은 1년에 13×10^{23} cal 이상 또는 1초에 4×10^{16} cal의 에너지를 지구에 공급하며, 식물과 조류 그리고 일부 특정 세균은 광합성을 통해 이 에너지의 일부를 포획한다.

태양광 에너지는 광합성 과정에서 작은 분자인 물과 이산화탄소들로부터 더 복잡한 분자인 당이 만들어지는 데 이용된다. 광합성 과정에서 탄소는 무기물에서 유기물 형태로 바뀌며, 태양으로부터 온 에너지는 당 분자 내 원자 사이의 공유결합에 들어 있는 위치에너지로 저장된다.

원자 사이의 결합을 끊는 데는 에너지가 필요하며 실제로 공유결합의 강도는 그 결합을 끊는 데 드는 힘으로 측정된다. 예를 들어 유기분자 내의 1몰(6.023×10^{23})의 C−H 결합을 끊는 데는 98.8 kcal가 필요하다. 지방 분자에는 C−H 결합이 많고 이 결합이 끊어질 때에는 많은 에너지가 방출된다. 이는 동물이 지방을 저장하는 이유 중 하나가 된다. 실제로 수소로 완전히 포화된 탄소 16개짜리 지방산 1몰이 완전히 산화되면 2340 kcal가 방출된다.

산화-환원 반응과 전자의 이동

화학반응(chemical reaction)이 일어날 때 화학결합에 저장되어 있던 에너지는 새로운 결합을 만드는 데에 쓰일 수 있다. 이런 반응 중 일부에서는 전자가 한 원자나 분자로부터 다른 데로 이동할 수 있다. 전자를 잃은 원자나 분자는 산화되었다고 표현하며 이런 과정을 **산화**(oxidation)라고 하는데, 산화란 명칭은 생물계에서 산소가 가장 일반적인 전자수용체로 쓰이는 데서 온 것이다. 역으로 원자나 분자가 전자를 얻으면 환원되었다고 하며 이 과정을 **환원**(reduction)이라고 한다. 한 분자의 환원된 형태는 산화된 형태일 때보다 에너지 준위가 높다.

한 원자가 산화과정에서 전자를 잃으면 그 전자는 다른 원자에 전달되면서 그 원자가 환원되기 때문에 산화와 환원은 항상 함께 일어난다. 이런 화학반응을 **산화-환원** 반응이라 하며, 산화-환원 반응은 생물계의 에너지 흐름에서 중요한 역할을 한다.

3.2 열역학 법칙과 자유에너지

생물이 생장하고, 달리고, 생각하고, 노래하고, 글을 읽는 등의 모든 활동에는 에너지 변화가 관련되어 있다. 원자의 핵반응으로부터 공중에 비행하는 새에 이르기까지 모든 에너지 변화는 **열역학 법칙**(Laws of thermodynamics)이라 불리는 두 가지 법칙의 지배를 받는다.

열역학 제1법칙: 에너지양 불변의 법칙

열역학 제1법칙(First law of thermodynamics)은 우주의 에너지양에 대한 것으로 에너지는 만들어지거나 파괴되지 않으며, 한 형태에서 다른 형태로(예를 들어 위치에너지가 운동에너지로) 바뀔 뿐 우주의 에너지 총량은 일정하다는 것이다.

기린을 잡아먹는 사자는 에너지를 얻고 있는 것이다. 사자는 새로운 에너지를 만들거나 태양에너지를 포획하는 것이 아니라 기린이 살아 있을 때 먹은 식물에 저장된 위치에너지를 기린이 획득했던 것과 마찬가지로 기린의 조직 내에 있는 위치에너지의 일부를 자기 몸으로 이동시키는 것이다.

어떤 생물체에서든지 분자에 저장된 화학적 위치에너지

는 다른 분자로 이동될 수 있고 다른 화학결합 형태로 저장될 수 있다. 또한 위치에너지는 운동에너지, 빛, 전기 등과 같이 다른 형태로 바뀔 수 있으며, 변환이 일어날 때마다 에너지의 일부는 열(heat)의 형태로 주변으로 분산되는데, 이 열이 분자의 무작위적 움직임의 분량에 해당되기 때문에 운동에너지의 측정에 사용될 수 있다. 에너지는 생물계에서 한 방향으로 흐르게 되는데, 태양에서 지속적으로 새로운 에너지가 생물계로 들어오고 열로 소실되는 에너지를 대체하게 된다.

우주의 에너지 총량은 일정하게 유지되지만 일을 할 수 있는 에너지는 점차 열로 소실되면서 감소한다.

열역학 제2법칙: 우주의 엔트로피 증가

열역학 제2법칙(Second law of thermodynamics)은 위치에너지가 열이나 불규칙한 분자운동으로 변환되는 것과 관련되어 있으며, 이 법칙에 따르면 우주 내에서 **엔트로피**(entropy)라고 불리는 무질서 정도가 계속 증가한다. 간단히 말해 질서보다는 무질서가 더 쉽게 일어난다는 것으로, 그 실례로 벽돌이 저절로 배열하여 쌓일 가능성보다는 쌓아 둔 벽돌이 무너질 가능성이 크다는 것이다.

열역학 제2법칙은 간단히 "엔트로피 증가(entropy increases)"로 표현되기도 한다. 이는 우주가 형성될 때 그 안에 최대의 위치에너지를 지니고 있었으며, 그 후 에너지가 전환될 때마다 엔트로피의 양이 증가하면서 우주가 점차 무질서해지고 있다는 것을 의미한다.

활성화 에너지가 요구되는 자발적 화학반응

자유에너지를 방출하는 모든 화학반응이 자발적으로 일어날 수 있다면 그런 반응들이 이미 다 일어났어야 하지 않을까? 자동차 연료를 생각해보자. 연료의 탄화수소가 산화되는 것은 자유에너지 감소반응이지만 연료통이 저절로 폭발하지는 않는다. 그 한 가지 이유는 대부분의 반응의 시작을 위해서는 에너지 유입이 필요하기 때문이다. 자동차 경우는 엔진 실린더에 전기적인 스파크의 형태로 에너지가 유입되어 통제된 폭발이 일어나는 것이다.

활성화 에너지

새롭게 생성될 화학결합의 에너지가 이전 결합의 것보다 낮은 경우라도 새로운 결합이 생기려면 이미 존재하던 결합은 끊어져야 하는데 이를 위해 에너지가 유입되어야 한다. 원래의 화학결합을 불안정하게 만들어 화학반응을 개시하는 데 필요한 추가 에너지를 **활성화 에너지**(activation energy)라고 한다(**그림 3.17**).

자유에너지 감소반응의 속도는 반응 시작을 위해 필요한 활성화 에너지에 따라 다르다. 활성화 에너지가 크면 아주 적은 양의 분자만 초기 에너지 장벽을 넘을 수 있기 때문에 반응은 느리게 진행된다. 반응속도를 빠르게 할 수 있는 방법에는 (1) 반응물 분자의 에너지를 높이거나, (2) 활성화 에너지를 낮추는 두 가지 방법이 있다. 화학자들은 반응물에 열을 가하는 간단한 방법으로 반응 분자의 에너지를 높임으로써 중요한 산업적 반응이 일어나도록 한다. 다른 방법은 촉매를 이용해서 활성화 에너지를 낮추는 것이다.

촉매작용

활성화 에너지는 일정하지 않으며, 특정한 화학결합에 힘을 가하면 끊어지기 쉽게 된다. 반응 개시에 필요한 활성화 에너지를 낮추어 화학결합에 영향을 주는 과정을 **촉매작용**(catalysis)이라고 하며, 이 역할을 하는 물질을 **촉매**(catalyst)라고 부른다(**그림 3.17**).

촉매는 열역학 법칙을 위배하지 못한다. 예를 들어 촉매가 있다고 해서 자유에너지 증가반응이 저절로 일어나게 되는 것이 아니다. 촉매가 활성화 에너지를 낮추면 정반응과 역반응이 동일하게 가속화된다. 즉 촉매가 반응물이 생성물로 전환되는 비율을 바꾸어주는 것은 아니다.

이를 이해하기 위해 언덕 위쪽에 움푹한 곳에 있는 볼링공을 상상해보자. 공 주변에 흙이 있어서 공은 언덕 아래로 굴러 내려가지 못한다. 그러나 공 아래쪽에 있는 흙을 치우면 공이 언덕 아래로 굴러 내려가게 될 것이다. 그러나 흙을 치웠다고 해서 공이 언덕 아래에서 위로 올라갈 수는 없다. 흙을 치운 결과 공이 자유로이 움직이게 된 것이고 공이 이동하는 방향은 중력에 따라 결정된 것이다.

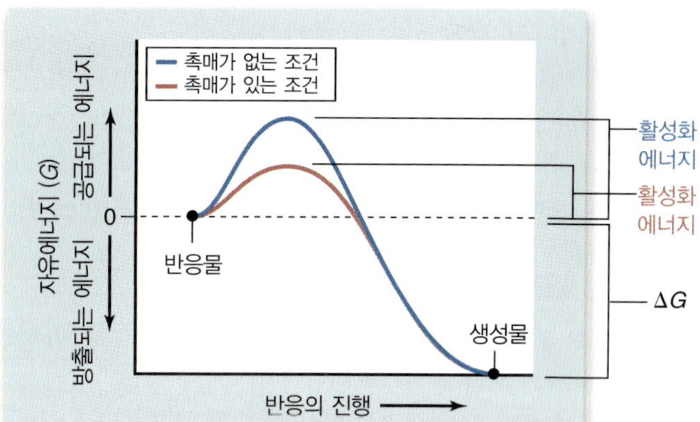

그림 3.17 활성화 에너지와 촉매.
화학결합을 불안정하게 해주는 활성화 에너지가 공급되어야 하기 때문에 자유에너지 감소반응이 반드시 빠르게 진행될 필요가 없다. 촉매는 반응을 시작하는 데 필요한 활성화 에너지의 양을 낮추어 줌으로써 특정 반응을 가속화시켜주지만 촉매가 반응에서 자유에너지 변화에 영향을 주는 것은 아니다.

이와 마찬가지로 화학반응이 진행되는 방향은 반응물과 생성물 간의 자유에너지 차이에 의해서만 결정된다.

3.3 ATP: 세포의 에너지 화폐

모든 세포가 에너지 거래에 사용하는 주요 '화폐(currency)'는 뉴클레오티드의 일종인 **아데노신 3인산**(adenosine triphosphate, ATP)이다. 당을 생성, 화학반응에 활성화 에너지 공급, 막을 통한 능동적 물질이동, 환경 내에서 움직이고 성장하는 것 등과 같이 에너지를 필요로 하는 거의 모든 반응에 ATP가 에너지를 제공한다.

ATP를 통한 세포의 에너지 저장과 방출

제2장에서 뉴클레오티드가 핵산의 구성단위라는 것을 알아보았는데, 세포에서 다른 기능을 수행하는 뉴클레오티드도 있다. 그 실례가 ATP이다. ATP는 RNA 분자의 구성단위로 이용되지만 세포내 자유에너지 증가반응에 필요한 에너지원으로서도 중요한 기능을 한다.

ATP의 구조

ATP도 다른 뉴클레오티드들과 마찬가지로 당-염기-인산의 세 부분으로 이루어져 있다. 당은 5탄당 리보오스이며 여기에 염기인 아데닌과 인산이 연결되어 있다. 아데닌은 탄소-질소로 이루어진 두 개의 고리로 구성된 유기분자로, 고리에 있는 각각의 질소원자에는 비공유(unshared) 전자쌍이 하나씩 있어서 수소이온을 약하게 끌어당겨주기 때문에 아데닌은 화학적으로 약한 염기이다. 그리고 ATP에는 세 개의 인산이 연결되어 있다.

ATP의 에너지 저장

ATP에 에너지가 저장되는 부분은 3인산기이다. 인산기(phosphate group)는 강한 음전하를 띠고 있어서 서로 강하게 반발하며, 이 정전기적 반발로 인해 인산기를 연결하고 있는 공유결합은 불안정하게 된다. ATP 분자는 인산기들 사이에 반발력이 작용하고 있어 '감겨 있는 스프링(coiled spring)'으로 비유되기도 한다.

ATP 분자의 인산기는 불안정한 결합으로 인해 활성화 에너지가 낮기 때문에 가수분해되어 쉽게 끊어진다. 이 결합이 끊어지면서 많은 양의 에너지가 방출되는데, ATP 가수분해의 ΔG 값이 음수이기 때문에 방출되는 에너지는 일을 수행하는 데에 쓰일 수 있다.

ATP가 관련된 대부분의 반응은 가장 바깥쪽에 있는 고에너지 인산기가 가수분해되면서 일어나는데, ATP가 **ADP** (adenosine diphosphate)와 **무기인산**(inorganic phosphate, P_i)으로 분해되면서 표준 조건에서는 7.4 kcal/mol에

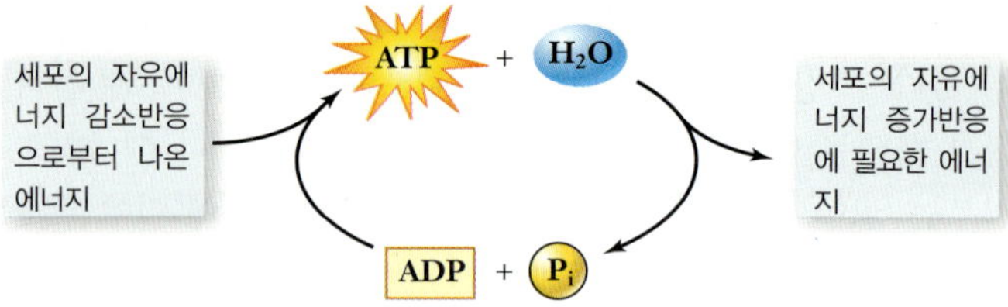

그림 3.18 ATP의 순환.
ATP는 순환적으로 합성되고 가수분해된다. ADP+P_i로부터 ATP가 합성되는 것은 자유에너지 증가반응이며, 세포 내의 자유에너지 감소반응으로부터 에너지를 얻는다. ATP가 ADP+P_i로 가수분해되는 것은 자유에너지 감소반응이며, 방출된 에너지는 근육수축 등의 세포 활동에 쓰인다. ADP; 아데노신 2인산, ATP; 아데노신 3인산, P_i; 무기인산

해당하는 에너지가 방출된다. 이 과정에서 떨어져 나온 인산기는 일시적으로 다른 분자에 붙게 되고 그 분자에서 탈인산화(dephosphorylated)가 일어나면서 인산기는 무기인산으로 방출된다.

두 번째 인산기도 가수분해되면서 에너지를 방출하고 **AMP** (adenosine monophosphate)만 남을 수 있지만 세 번째 인산기의 결합에너지는 높지 않다. 이는 인산기가 하나인 AMP의 경우 마지막 부분의 두 인산기를 붙잡는 고에너지 결합이 없어 전기적 반발력이 작용하지 않기 때문이다.

불안정한 인산 결합 때문에 ATP가 에너지 공급원으로 효율적이지만 ATP는 장기간 에너지 저장 분자로는 적합하지 못하며, 지방이나 탄수화물이 에너지의 저장에 더 적합하다.

ATP의 유용성은 순환에 있다. 세포는 자유에너지 감소반응을 이용해서 ADP와 P_i의 결합에 의해 ATP를 만드는 데 필요한 에너지를 공급하며, ATP가수분해를 통해 자유에너지 증가반응을 일으킨다(**그림 3.18**).

3.4 효소: 생체촉매

생물체 내의 화학반응은 촉매작용이 일어나는 부위의 조절에 의해 통제된다. 따라서 생명 자체가 촉매에 의해 조절된다고 할 수 있다. 생물체 내에서 일어나는 대부분의 촉매작용은 효소에 의해 이루어진다. 일부 효소는 RNA 분자라는 증거들이 제시되고 있기는 하지만 대부분의 효소는 단백질이다.

효소와 활성화 에너지 변화

효소는 효소가 지닌 고유한 3차원적 형태에 의해 **기질**(substrate)과 일시적으로 결합될 수 있어 분자들은 반응을 하게 된다. 두 가지 기질을 정확한 방향으로 모아주거나 기질의 특정한 화학결합에 스트레스를 주거나 함으로써 효소는 새로운 결합을 만드는 데 필요한 활성화 에너지를 줄여준다. 따라서 효소가 없을 때보다 반응이 훨씬 신속하게 진행된다.

효소 자체는 변화되거나 소비되는 것이 아니고 반복적으로 사용되기 때문에 아주 적은 양으로도 효과적으로 작용할 수 있다.

효소 작용기작의 예로 이산화탄소와 물이 탄산을 생성하는 반응을 들 수 있는데, 이 효소 촉매반응은 척추동물의 적혈구에서 일어난다.

$$\underset{\text{이산화탄소}}{CO_2} + \underset{\text{물}}{H_2O} \rightleftharpoons \underset{\text{탄산}}{H_2CO_3}$$

이 반응은 양방향으로 진행될 수 있지만 활성화 에너지가 크기 때문에 효소가 없으면 반응이 매우 느리게 진행된다. 효소가 전혀 없는 세포에서는 시간당 200분자의 탄산이 생성되는데, 이렇게 느린 반응은 세포에서 의미가 없다. 척추동물 적혈구 세포질에는 **탄산무수화효소**(carbonic anhydrase; 효소 이름에는 대개 "-ase"가 붙음)가 있어서 초당 약 600,000개의 탄산분자가 생성된다. 즉, 이 효소는 반응속도를 백만 배 이상으로 증가시켜주는 것이다.

효소의 종류에는 수천 가지가 있는데, 각각의 효소는 하나 또는 몇 가지 특정한 화학반응을 촉매한다. 특정한 화학반응을 촉진함으로써 효소는 세포 내의 대사과정을 결정한다.

서로 다른 종류의 세포에는 그 안에 서로 다른 효소들이 들어 있는데, 이런 차이에 의해 세포 유형에 따른 구조와 기능적 변이가 생기게 된다. 그 실례로 적혈구 안에서 일어나는 화학반응은 신경세포의 것과는 다르게 나타나는데, 그 이유 중 하나는 세포 유형에 따라 상이한 효소들이 들어 있기 때문이다.

효소의 활성부위와 기질

효소는 대개 구형 단백질로 **그림 3.19**에서 보는 것처럼 표면에 **활성부위**(active site)라고 부르는 주머니 또는 홈 같은 자리가 한 개 또는 그 이상 존재한다. 기질이 효소의 활성부위에 붙으면 **효소-기질 복합체**를 이루게 되는데, 이 복합체에서 촉매 작용이 일어나려면 기질분자가 활성부위에 정확히 들어맞아야 한다. 이렇게 되면 효소의 아미노산의 측기(side group)들이 기질의 특정한 부분과 결합되면서 기질과 화학적으로 상호작용을 통해 스트레스를 주거나 비틀어서 결합을 끊는 데 필요한 활성화 에너지를 줄여준다. 기질의 결합이 끊어지거나 새로운 결합이 생기면 기질은 생성물로 변하게 되며, 이 생성물은 효소에서 분리되고 효소는 다시 다른 기질과 붙어서 이전과 같은 반응을 반복하게 된다.

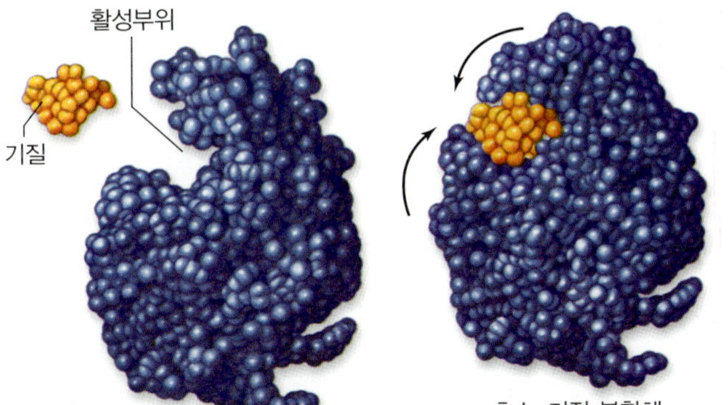

그림 3.19 효소에 붙는 기질.
a. 효소 라이소자임의 활성부위에 기질인 세균 세포벽의 펩티도글리칸이 들어온다. ***b.*** 노란색으로 표시된 기질이 활성부위의 옴폭한 데에 들어가면 단백질의 모양이 약간 변해서 기질과 더 잘 들어맞게 된다. 효소가 기질에 모양이 맞게 변하는 것을 유도적합(induced fit)이라고 부른다.

효소의 기능에 영향을 미치는 요인들

효소의 촉매 반응속도는 기질과 효소 농도의 영향을 받는다. 또한 효소의 3차원적 모양을 변화시키는 화학적 또는 물리적 인자인 온도, pH 및 조절 분자의 결합 등이 효소의 반응인 촉매 능력에 영향을 미친다.

효소와 온도

촉매가 없는 반응에서 온도를 높여주면 열로 인해 무작위적인 분자 운동이 활발해지면서 반응속도가 증가한다. 이런 분자 운동으로 인해 분자결합에 스트레스가 가해지고 반응의 활성화에너지에 영향이 미치게 된다.

효소의 촉매 반응률은 **적정온도**에 이를 때까지 온도에 따라 증가한다. 적정온도 이하에서는 효소의 구조를 결정하는 수소결합과 소수성결합이 최적의 촉매를 가능케 할 만큼 유연성이 있는 상태가 되지 못한다. 그리고 적정온도 이상에서는 효소를 구성하는 원자들의 움직임이 증가하기 때문에 효소의 구조가 제대로 유지되지 못하게 된다. 이는 제2장에서 설명한 것과 같이 효소가 단백질이기 때문에 고온에서 변성됨으로써 일어나는 현상이다.

인체의 대부분 효소들의 최적온도는 체온 범위를 포함하는 35와 40°C 사이이다. 온천에 사는 원핵생물은 열에 안정한 효소를 갖고 있는데 효소가 더 강한 결합에 의해 안정화되어 있어 최적온도는 70°C나 그 이상이 될 수 있다. 이와 같이 생물의 유형이나 서식 환경의 온도에 따라 효소의 최적온도는 다르게 나타날 수 있다.

효소와 pH

글루탐산이나 리신처럼 아미노산의 전하를 띤 부분 사이에 이온결합도 효소의 작용에 영향을 미친다. 수소이온 농도에 따라 전하를 띤 아미노산의 전하 상태가 영향을 받으므로 이들의 상호작용은 효소가 있는 용액 내의 수소이온 농도에 민감하다. 이런 이유로 대부분 효소의 적정 pH는 보통 6~8 사이이다.

산성 환경에서 기능하는 효소는 수소이온 농도가 높아도 효소를 구성하는 단백질의 3차원적 구조가 유지되는 것들이다. 그 실례로 펩신은 pH 2 정도 되는 강한 산성 조건의 위장에서도 단백질을 분해한다.

효소 억제제 및 활성제

효소에 붙어 그 구조를 변화시키는 특정 물질에 대해서 효소 활성은 민감하게 반응한다. 이런 물질들에 의해 세포내 효소가 특정한 시기에 활성화 또는 비활성화될 수 있다. 따라서 효소의 이러한 능력을 이용하여 효소 반응과정에서의 특성의 변화를 조절하고 효율화할 수 있다. 효소에 붙어 효소의 활성을 낮추는 물질을 **억제제**(inhibitor)라고 한다. 억제제는 흔히 생화학적 경로의 마지막 산물이 앞쪽의 반응에 억제제로 작용하는데 이를 **피드백 억제**(feedback inhibition)라 한다.

효소 억제제는 경쟁적 억제제와 비경쟁적 억제제의 두 가지로 구분된다. 경쟁적 억제제는 효소의 활성부위를 차지하여 기질이 효소에 붙지 못하게 함으로써 기질과 경쟁하며, 비경쟁적 억제제는 효소의 활성부위가 아닌 다른 곳에 붙어서 효소의 모양을 변화시켜 효소에 기질이 붙지 못하게 한다.

많은 효소들이 활성 구조나 비활성 구조로 존재할 수 있는데 이런 효소들을 **다른자리입체성 효소**(allosteric enzyme)라 부른다. 대부분의 비경쟁적 억제제는 다른자리입체성 부위라는 특정한 위치에 붙어서 효소의 활성 상태를 조절하는 스위치 역할을 한다. 이와 같은 억제제를 **다른자리입체성 억제제**라고 한다.

이러한 조절은 효소의 활성화에도 쓰인다. **다른자리입체성 활성제**는 다른자리입체성 부위에 붙어서 효소를 활성화된 구조로 유지시킴으로써 효소 활성을 높여준다.

4 세포의 에너지 획득

4.1 생물계 내의 에너지 흐름

식물, 조류 그리고 일부의 광합성 세균들은 **광합성**(photosynthesis) 과정을 통해 태양에너지를 화학에너지로 전환시킨다. 광합성 생물들은 대기 중의 이산화탄소를 유일한 탄소원으로 이용할 수 있기 때문에 **독립영양생물**이라 부르는데, 독립영양생물들 중에는 빛에너지를 이용하지 않고 무기화합물을 산화시켜 에너지를 얻는 생물들도 있다. 독립영양생물이 생산한 유기화합물을 먹이로 이용하며 사는 생물들은 **종속영양생물**이라 부른다. 모든 동물과 균류, 대부분의 원생생물과 원핵생물을 포함하는 지구상의 생물 종의 95% 이상이 종속영양생물이다. 세포 내에서 유기화합물을 산화시켜 화학결합에 저장되어 있는 에너지를 얻는 과정을 **세포호흡**이라 한다.

유기화합물의 산화를 통한 세포의 대사

대부분의 음식물에는 에너지를 저장하고 있는 화학결합이 풍부한 탄수화물, 단백질, 지질을 함유하고 있다. 탄수화물과 지질은 많은 탄소–수소(C–H) 결합과 탄소–산소(C–O) 결합으로 이루어져 있다.

세포 내에서 음식물이 함유하고 있는 유기화합물로부터 에너지가 방출되는 과정은 여러 단계를 거쳐 일어난다. 먼저 소화과정에서 소화효소들이 큰 분자들을 작은 분자들로 분해하며, 이어서 다른 효소들이 소화과정 중에 만들어진 작은 분자들을 분해하여 C–H와 같은 화학결합에 저장되어 있는 화학에너지를 방출하도록 한다.

세포호흡: 포도당의 산화과정

탄수화물의 연소

세포 내에서의 탄수화물의 이화작용과 벽난로에서의 장작의 연소는 화학적으로 볼 때 거의 차이가 없다. 두 경우 모두 반응물은 탄수화물과 산소이고 생성물은 이산화탄소, 물 그리고 에너지이다:

$$\underset{\text{포도당}}{C_6H_{12}O_6} + \underset{\text{산소}}{6\ O_2} \longrightarrow \underset{\text{이산화 탄소}}{6\ CO_2} + \underset{\text{물}}{6\ H_2O} + \text{에너지(열과 ATP)}$$

이 반응에서 자유에너지 변화량은 표준조건(25°C, 1기압)에서 –686 kcal/mol(–2870 kJ/mol)이다. 세포 내의 조건에서 이 반응이 일어나면 1몰의 포도당에서 –720 kcal/mol(–3012 kJ/mol) 정도의 에너지가 나올 수 있다. 이것은 실제 세포내 환경에서는 표준조건보다 더 많은 에너지가 이 반응에서 나온다는 것을 의미한다.

포도당이 이화작용에 의해 분해되는 경우와 연소되는 경우 동일한 양의 에너지가 나오지만 포도당이 연소되면 대부분의 에너지는 열로 방출된다. 세포는 포도당의 이화작용으로부터 나온 에너지의 일부를 이용하여 ATP를 생산함으로써 세포가 이용할 수 있는 에너지를 얻는다.

에너지 대사와 전자 운반체

세포호흡 과정에서 포도당은 CO_2로 산화된다. 만약 포도당의 전자들이 한 번에 직접 산소로 전달되는 연소반응이 일어나면 나오는 열에 의해 세포는 타버릴 것이다. 따라서 세포는 여러 단계에 걸쳐 여러 중간 **전자 운반체**(electron carrier)들을 통해 최종적으로 전자를 O_2에 전달한다.

전자운반체 중 가장 중요한 것 중의 하나가 NAD^+이다. NAD^+ 분자는 서로 결합되어 있는 2개의 뉴클레오티드로 구성되어 있다. 이 2개의 뉴클레오티드는 **NMP**(nicotinamide monophosphate)와 **AMP**(adenosine monophosphate)로 인산기에 의해 연결되어 있다. NAD^+ 분자 안에서 이 두 뉴클레오티드는 서로 다른 기능을 하는데, AMP는 핵심부위로 작용하며 효소가 인식할 수 있는 부위이고, NMP는 이 분자의 활성부위(active site)로서 산화/환원이 일어나는 부위이다.

NAD^+가 2개의 전자와 1개의 양성자를 효소의 활성부위로부터 받으면 NADH로 환원이 되고, NADH 분자는 2개의 에너지가 풍부한 전자를 갖게 되며, 그 전자를 다른 분자에 전달하여 환원시킬 수 있다.

고에너지 전자를 공급하는 NADH의 능력은 에너지 대사와 지방과 당을 포함한 많은 유기분자의 합성에서 중요하게 작용한다. 동물에서 ATP가 풍부할 때 축적된 NADH의 환원력은 지방산 **전구물질**에 고에너지 전자를 공급하여 환원시키는 데 사용된다. 그 결과 전구물질은 환원되어 지방을 형성하게 되고 지방 분자에 전자의 에너지가 저장되게 된다.

대사과정과 에너지 수확

일반적으로 한 단계에서 에너지의 방출이 크면 클수록 더 많은 에너지가 열로서 소실되고, 더 적은 에너지가 일에 사용될 수 있는 에너지 형태로 이용될 수 있다. 휘발유의 연소에서 차의 연료통에 있는 모든 휘발유가 한 번에 폭발하거나 실린더 안에서 일련의 매우 작은 폭발을 통한 연소에서는 같은 양의 에너지가 방출된다. 휘발유에 저장되어 있는 에너지를 한 번에 조금씩 방출함으로써 에너지 효율을 증가시킬 수 있고, 더 많은 에너지를 엔진의 피스톤을 밀어내어 차를 움직이게 하는 데 사용할 수 있다.

포도당의 C–H 결합 내의 전자는 **해당과정**(glycolysis)과 **크렙스 회로**(Krebs cycle)라 부르는 일련의 효소에 의해 촉매되는 반응들에서 여러 단계에 걸쳐 NAD^+ 또는 다른 전자 운반체에 전달된다.

이러한 산화반응들에서 나오는 에너지는 한 번에 모두 방출되지 않는다. 전자는 미토콘드리아 내막에 위치하는 **전자전달계**라 부르는 일련의 전자 운반체에 전달된다. 전자전달계를 통한 전자의 이동은 전기화학적 구배(electro-chemical gradient)의 형태로 위치에너지를 형성한다.

대사에서 중심 역할을 하는 ATP

세포는 ATP를 이용하여 운동과 같은 에너지가 필요한 대부분의 활동을 수행한다. 근육세포내의 작은 근섬유는 ATP 에너지를 이용하여 상호간에 당겨져 근육을 수축시킨다. 척수로부터 발까지 뻗어있는 가는 신경세포를 따라 미토콘드리아는 1 미터 이상 이동할 수 있다. 세포분열 과정에서 염색체는 미세소관에 의해 양극으로 끌려간다. 이러한 모든 운동에는 ATP 가수분해에 의해 나오는 에너지가 사용된다. 또한 세포는 ATP를 이용하여 자발적으로 일어날 수 없는 자유에너지 증가반응(endergonic reaction)을 일어나게 한다.

ATP가 어떻게 자유에너지 증가반응을 일어나게 하는 것일까? 특정 반응을 촉매하는 효소는 표면에 2개의 결합부위(반응물 결합부위와 ATP 결합부위)를 가진다. ATP 결합부위는 ATP 분자를 분해하여 7 kcal($\Delta G = -7.3$ kcal/mol) 이상의 화학에너지를 방출한다. 이 때 나온 에너지는 두 번째 부위에 있는 반응물의 에너지 상태를 높이는 데 사용되어 자유에너지 증가반응이 일어나게 한다. 따라서 ATP 가수분해와 짝지은 자유에너지 증가반응은 열역학적으로 일어날 수 있게 된다.

세포호흡(cellular respiration)의 최종 목표는 ATP를 생산하는 것이다. ATP 합성은 그 자체가 자유에너지 증가반응이다. 따라서 ATP 합성이 일어나려면 세포내에서 자유에너지 감소반응(exergonic reaction)이 일어나야 한다.

4.2 해당과정: 포도당의 분해

포도당 분자는 여러 방식으로 분해될 수 있다. 원시생물은 효소연계반응(enzyme-coupled reaction)에서 ATP의 합성에 충분한 자유에너지를 방출시키는 포도당 이화과정을 진화시켰다. 해당과정은 세포질에서 일어나며 이 과정을 통해 포도당은 3-탄소로 이루어진 피루브산(pyruvic acid) 2개로 전환된다. 포도당 1분자가 해당과정을 거칠 때 세포는 2분자의 ATP를 생산한다.

해당과정의 준비단계에서 포도당의 변화

해당과정의 첫 단계는 5개의 연쇄반응으로 이루어져 있는데, 이 단계에서 포도당 1분자가 3-탄소 화합물인 글리세르알데히드 3-인산(glyceraldehyde 3-phosphate, G3P) 2분자로 전환된다. 이 반응은 ATP가 소비되는 에너지요구 과정이다

단계 A: 포도당의 준비(glucose priming). 3개의 반응으로 이루어지는 준비단계로 포도당이 2개의 3-탄소 인산화 분자로 쉽게 쪼개질 수 있는 화합물로 변화된다. 이 반응들 중 2개의 반응은 ATP로부터 인산기를 전달하는 반응이므로 세포는 이 단계에서 2분자의 ATP를 필요로 한다.

단계 B: 분해와 재배열(cleavage and rearrangement). 단계 A에서 생성된 6-탄소 생성물은 나머지 두 단계의 첫 번째 반응에서 2개의 3-탄소 분자로 분해된다. 하나는 G3P이고 나머지는 두 번째 반응에서 G3P로 전환된다.

기질수준 인산화에 의한 ATP 합성

해당과정의 나머지 5개의 반응에서 G3P는 피루브산으로 전환되며, 이 과정에서 ATP가 형성된다.

단계 C: 산화(oxidation). 2개의 전자와 1개의 양성자가 G3P로부터 NAD^+로 전달되어 NADH가 형성된다. 이 과정에서 1분자의 P_i가 G3P에 첨가되어 1,3-이인산글리세르산(1,3-bisphosphoglycerate, BPG)이 생산된다. 이 때 첨가된 인산기는 나중에 기질수준 인산화 기작에 의해 ADP에 전달되어 ATP를 생산하는 데 사용된다.

단계 D: ATP 생산(ATP generation). 4개의 연속된 반응에서 BPG는 피루르산(pyruvate)으로 전환된다. 이 과정에서 단계 B에서 생산된 G3P 1분자로부터 2분자의 ATP가 생성된다.

1분자의 포도당이 2분자의 G3P로 분해되기 때문에, 해당과정의 전체 반응에서 2분자의 ATP, 2분자의 NADH 그리고 2분자의 피루브산이 생산된다:

4 ATP(단계 D에서 2개의 G3P로부터 생산된 ATP 개수)
− 2 ATP(단계 A의 두 반응에서 사용된 ATP 개수)

2 ATP(전체 해당과정에서의 ATP의 순생산량)

1분자의 ATP가 가수분해될 때 표준조건에서의 자유에너지 변화량(ΔG)은 −7.3 kcal/mol이다. 따라서 세포는 해당과정에서 포도당 1몰로부터 최대 14.6 kcal의 에너지를 수확한다.

4.3 피루브산의 산화

산소가 존재하는 조건 하에서 해당과정에서 시작된 포도당의 산화는 해당과정의 생성물인 피루브산(pyruvic acid)과 더불어도 계속된다. 진핵생물에서 피루브산으로부터의 추가적인 에너지 추출은 미토콘드리아 내에서만 일어난다. 원핵생물에서는 유사한 반응들이 세포질과 세포막에서 일어난다.

세포는 피루브산에 있는 상당량의 에너지를 두 단계에 걸쳐 수확한다. 첫 단계에서는 피루브산이 산화되어 2-탄소 화합물과 CO_2를 생산한다. 이 과정에서 나온 전자들은 NAD^+에 전달되어 NADH가 생산된다. 다음 단계에서 2-탄소 화합물은 크렙스 회로의 반응들에 의해 CO_2로 산화된다.

피루브산은 탈카르복실화(decarboxylation) 반응에 의해 3개의 탄소 중 1개가 CO_2의 형태로 떨어져나간다. 남은 2-탄소로 이루어진 아세틸기는 조효소A와 결합하여 아세틸-조효소A가 형성된다. 이 과정에서 1쌍의 전자와 이와 결합되어 있는 양성자 1개는 전자운반체인 NAD^+에 전달되어 NADH로 환원시키고, 두 번째 양성자는 용액에 유리된다.

이 반응은 3개의 중간단계로 이루어져 있으며 미토콘드리아 내에서 **다효소 복합체**(multienzyme complex)에 의하여 촉매된다. 다효소 복합체는 다단계 반응의 중간물질들이 확산되어 나가거나 다른 반응에 사용되지 않도록 일련의 효소반응 단계를 배열시켜 조직한다. 복합체의 폴리펩티드들은 기질을 복합체 밖으로 방출하지 않고 한 효소에서 다른 효소로 전달한다. **피루브산 탈수소효소**(pyruvate dehydrogenase)는 피루브산으로부터 CO_2를 제거하는 다효소 복합체로서 알려진 가장 큰 효소 중 하나이다. 이 복합체는 60개의 소단위로 이루어져 있으며, 이 효소에 의해 촉매되는 반응은 다음과 같다.

$$\text{피루브산} + NAD^+ + \text{조효소A} \longrightarrow \text{아세틸-조효소A} + NADH + CO_2 + H^+$$

이 반응에서 생산되는 1분자의 NADH는 나중에 ATP를 만드는 데 사용된다. 아세틸기는 크렙스 회로에 들어가서 사용되고 조효소A는 다른 피루브산의 산화를 위하여 재활용된다. 크렙스 회로에서 포도당 유래의 탄소의 산화가 완료된다.

4.4 크렙스 회로

세번째 단계에서는 피루브산으로부터 만들어진 아세틸기가 크렙스 회로(Krebs cycle)라고 불리는 9개의 반응을 통해 산화된다. 이 반응들은 미토콘드리아의 기질에서 일어난다.

이 회로의 첫 반응에서 아세틸-조효소A(acetyl-CoA)의 2-탄소 아세틸기가 옥살로아세트산(oxloacetate)이라는 4-탄소 분자와 결합한다. 그 결과로 생긴 6-탄소 분자인 시트르산은 전자를 생산하는 일련의 산화반응을 거치는데, 그 과정에서 2개의 CO_2가 떨어져 나오면서 다시 옥살로아세트산이 된다. 재생된 옥살로아세트산은 다음 번의 크렙스 회로를 위해서 또 다른 아세틸기와 결합하는 데 사용된다. 회로가 한 번 돌 때마다 하나의 새로운 아세틸기가 2개의 CO_2로 산화되는 데 사용되며, 이때 나온 전자들은 전자운반체에 전달된다. 이 전자들은 전자전달계에서 사용되어 ATP를 만드는 양성자 펌프를 가동시킨다.

크렙스 회로 3개의 구획의 개요

크렙스 회로를 구성하는 9개의 반응들은 다음과 같이 3개의 구획(segment)으로 구분할 수 있다.

구획 A: 아세틸-조효소A와 옥살로아세트산의 결합. 이 반응에서는 6-탄소로 구성된 시트르산 분자가 생산된다.

구획 B: 시트르산의 재배열과 탈카르복실화. 단순화된 5개의 반응 단계에서 시트르산은 5-탄소 중간물질을 거쳐 4-탄소로 이루어진 숙신산(succinate)으로 전환된다. 이 반응들에서 2개의 NADH와 1개의 ATP가 생성된다.

구획 C: 옥살로아세트산의 재생산. 숙신산은 3개의 추가적인 반응들을 거쳐 옥살로아세트산이 된다. 이 반응들에서 1개의 NADH가 생성된다. 추가적으로 한 분자의 FAD(flavine adenine dinucleotide)가 $FADH_2$로 환원된다.

4.5 유기호흡의 에너지 수율

포도당이 유기호흡에 의하여 분해될 때 세포는 ATP의 형태로 어느 정도의 에너지를 얻게 될까? 이 과정에 관련된 반응 단계들을 이해하면 ATP의 이론적 산출량을 계산할 수 있고 실제 산출량과 비교할 수 있다.

진핵세포의 이론적 에너지 수율: 포도당 1분자에서 36분자의 ATP 생성

화학삼투 모델에 따르면 전자전달계에 의해 활성화된 각 양성자 펌프에서 1개의 ATP가 생성된다. NADH에서 유래한 전자들이 3개의 양성자펌프를 활성화하고, $FADH_2$에서 나온 전자들은 2개의 양성자펌프를 활성화시키므로 각각 3개와 2개의 ATP 생산을 예상할 수 있다.

포도당 1분자로부터 2분자의 피루브산이 생산되기 때문에 ATP의 계산에는 해당과정 이후의 모든 과정에 2를 곱해 주어야 한다. 세포호흡 과정에서 다음과 같이 총 10분자의 NADH가 형성된다. 해당과정에서 2개, 피루브산 산화과정에서 2개(1×2), 그리고 크렙스 회로에서 6개(3×2). 또한 2개의 $FADH_2$도 생산(1×2)되며, 마지막으로 해당과정에서 2개의 ATP와 크렙스 회로에서 2개의 ATP가 기질수준 인산화 과정을 통해 합성된다. NADH로부터 총 30 ATP(10×3), $FADH_2$로부터 4 ATP(2×2) 그리고 기질수준 인산화 과정에서 합성된 4 ATP를 합산하면 총 38 ATP가 세포호흡 과정에서 형성된다(**그림 3.20**).

이 산출량은 세균에서는 정확하지만 진핵세포에서는 세포질에서 해당과정을 통해 생산된 NADH는 미토콘드리아 내로 NADH 1분자당 1개의 ATP를 소모하는 능동수송 과정에 의해 수송되어야 하기 때문에 진핵세포에서는 포도당 1분자로부터 36 ATP가 생성된다.

진핵세포의 실제 에너지수율: 포도당 1분자에서 30분자의 ATP 생성

진핵세포의 유기호흡으로 생기는 ATP의 양은 실제적으로는 36분자가 되지 못하는데 그 이유는 두 가지이다. 첫째, 미토콘드리아 내막은 다소 양성자에 투과성을 지닌 막으로 내막 밖으로 퍼낸 일부 양성자가 ATP 합성효소를 통과하지 않고 직접 기질로 들어갈 수 있다. 둘째, 미토콘드리아는 화학삼투에 의해 생긴 양성자 농도구배를 ATP 합성이 아닌 다른 용도로 이용한다(예, 피루브산의 기질 내로 수송). 따라서 실제의 ATP 수율은 NADH 1분자당 2.5 ATP, $FADH_2$ 1분자당 1.5 ATP이다. 이렇게 볼 때 포도당 1분자에서 수확되는 ATP를 다시 계산해 보면 다음과 같이 30 ATP가 된다.

4 ATP(기질수준 인산화로부터 생성) + 25 ATP(2.5×10; NADH로부터 생성) + 3 ATP(1.5×2; $FADH_2$로부터 생성) − 2 ATP(해당과정에서 생긴 NADH의 수송에서 소비) = 30 ATP.

해당과정만으로 포도당이 이화작용될 때에 비교하여 포도당이 전체 세포호흡 과정에 의해 완전히 산화가 되면 에너지수율이 매우 크다. 진핵생물의 유기호흡은 포도당이 간직하고 있는 에너지의 32% = $(7.3 \times 30)/686$를 수확하는데, 이는 자동차가 가솔린이 간직하는 에너지의 약 25%를 유용에너지로 전환시키는 것과 비교가 된다.

유기호흡의 높은 에너지 수율은 종속영양생물의 진화를 촉진한 중요한 요인 중 하나이다. ATP를 생산하는 이 기작이 진화되어 나옴에 따라 비광합성 생물들이 보다 성공적으로 그

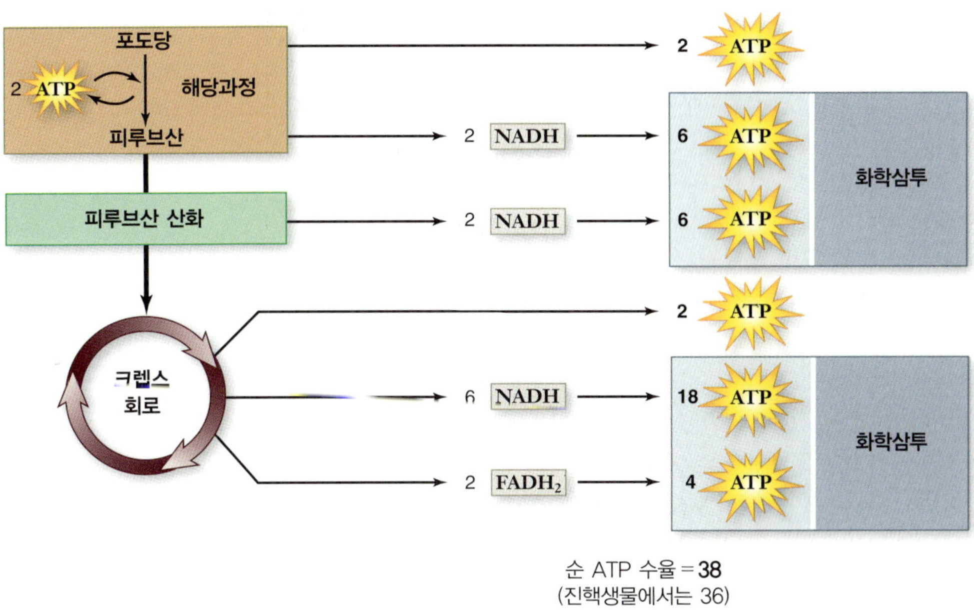

그림 3.20 이론적인 에너지 수율. 이론적으로 유기호흡에 의해서 포도당 1분자로부터 총 38분자의 ATP가 수확된다. 진핵세포에서의 ATP 에너지수율은 36 ATP/포도당으로 감소한다. 그 이유는 세포질에서 일어나는 해당과정에서 만들어진 2 NADH가 미토콘드리아로 들어갈 때 2 ATP가 소모되기 때문이다.

들의 대사를 다른 생물로부터 유래한 유기분자들만을 사용하도록 발전시킬 수 있었다. 일부의 생물들이 광합성을 이용하여 에너지를 얻는 반면, 다른 생물(종속영양생물)들은 그들을 잡아먹음으로 생존할 수 있었다.

4.6 단백질과 지방의 이화작용

지금까지 생물들이 탄수화물의 소화나 광합성으로부터 얻는 포도당의 유기호흡에 대하여 알아보았다. 그러나 단백질과 지방 같은 포도당이 아닌 다른 유기분자들도 중요한 에너지원으로 이용된다.

이화작용을 통한 단백질의 아미노기 제거

단백질은 먼저 아미노산으로 분해된 다음 **탈아미노화**(deamination)를 통하여 각 아미노산으로부터 질소를 함유하는 아미노기가 제거된다. 그리고 일련의 반응을 거쳐 남아 있는 탄소골격이 해당과정이나 크렙스 회로에 들어갈 수 있는 분자로 전환된다. 예를 들어 알라닌은 피루브산으로, 글루탐산은 α-케토글루타르산으로, 그리고 아스파르트산은 옥살로아세트산으로 전환된다. 해당과정과 크렙스 회로의 반응들은 이 분자들로부터 고에너지 전자를 뽑아내어 ATP를 만드는 데 이용한다.

지방산의 이화작용을 통한 아세틸기 생산

지방은 **지방산**(fatty acids)과 **글리세롤**(glycerol)로 분해된다. 긴 사슬 모양의 지방산은 일반적으로 짝수의 탄소 수를 가지며 많은 C–H 결합은 풍부한 에너지를 제공한다. 지방산은 미토콘드리아의 기질에서 산화되며, 효소들은 각 지방산의 말단으로부터 2-탄소인 아세틸기를 순차적으로 제거하여 전체 지방산을 아세틸기로 전환시킨다. 각 아세틸기는 조효소A와 결합하여 아세틸-조효소A를 만든다. 이 과정을 **β-산화**(β-oxidation)라고 한다. 이 과정은 산소를 필요로 하기 때문에 유산소 운동은 지방을 분해하지만 무산소 운동은 그렇지 못하다.

아세틸-조효소A의 역할

여러 대사과정에서 아세틸-조효소A(acetyl-CoA)가 만들어진다. 피루브산의 산화뿐만 아니라 단백질, 지방, 그리고 다른 지질의 이화과정 중에 아세틸-조효소A가 생산된다. 실제로 에너지의 생산을 위해 이화되는 거의 모든 분자들이 아세틸-조효소A로 전환된다.

아세틸-조효소A는 동화작용에서도 역할을 한다. 아세틸-조효소A로부터 유래한 2-탄소 단위는 지방산의 탄화수소 골격을 만드는 데 사용된다. 따라서 여러 경로로 생산된 아세틸-조효소A는 세포내의 ATP 농도에 따라 지방산의 합성이나 산화경로를 통한 ATP 생산을 위해 이용된다.

ATP 농도가 높으면 산화경로는 억제되고 아세틸-조효소A는 지방산 합성을 위한 경로로 들어간다. 이것은 사람을 포함한 동물들이 활동에 필요로 하는 것보다 많은 음식을 먹었을 때 지방을 축적하게 되는 이유에 대한 설명이 된다. 반대로 ATP의 농도가 낮으면 산화경로는 촉진되고 아세틸-조효소A는 에너지를 생산하는 산화적 대사과정에서 사용된다.

5 광합성의 이해

5.1 생물계 내의 에너지 흐름

생명체는 햇빛으로부터 동력에너지를 얻어 살아가고 있다. 대부분의 생명체가 이용하는 에너지는 궁극적으로 태양에서 유래한 것으로서 식물, 조류, 박테리아의 광합성 과정을 통해 포획된다.

지구상에 생명체의 다양성이 가능한 것은 지구가 태양으로부터 끊임없이 유입되는 에너지 세례를 받기 때문이다. 지구 표면에 매일 도달하는 복사에너지는 히로시마에 투하된 원자탄 약 백만 개 분량의 에너지에 해당한다. 이 중에서 광합성으로 포획되는 에너지는 약 1%(히로시마에 투하된 원자탄 일만 개 분량)에 불과하며 이로부터 지구의 모든 생명체가 에너지를 공급받는다.

CO_2와 H_2O를 결합시켜 포도당과 O_2를 생산하는 광합성 과정

지구상의 생물체에서 일어나고 있는 **광합성**(photosynthesis)은 산소를 생산하지 않는 무산소(anoxygenic) 광합성과 산소를 생산하는 유산소(oxygenic) 광합성으로 구분된다. 무산소 광합성은 홍색세균(purple bacteria), 녹색황세균(green sulfur bacteria), 녹색 비황세균(green nonsulfur bacteria), 헬리오박테리아(heliobacteria) 등 4종류의 세균에서 볼 수 있다. 유산소 광합성은 남세균(cyanobacteria), 몇몇 조류군 및 모든 육상식물에서 일어난다. 이들 두 가지 유형의 광합성은 빛에너지를 포획하기 위해 이용하는 색소 종류는 유사하지만 이들 색소의 배열이나 작용은 서로 다르다.

식물의 경우 광합성은 주로 잎에서 일어난다. **그림 3.21**은 식물 잎의 구조적 특징을 여러 수준에서 보여주고 있다. 앞에서 살펴본 바와 같이 식물의 잎 세포는 광합성을 수행하는 세포소기관인 **엽록체**(chloroplast)를 간직하고 있다. 식물세포에서 엽록체 이외의 어떤 다른 구조도 광합성을 할 수 없다. 광합성은 다음과 같은 3가지 단계를 거쳐 진행된다.

1. 햇빛으로부터 에너지의 포획
2. 포획된 에너지를 이용한 ATP의 생성과 전자전달체인 $NADP^+$의 NADPH로의 환원
3. ATP와 NADPH를 이용하여 대기 CO_2로부터 유기물 분자의 합성

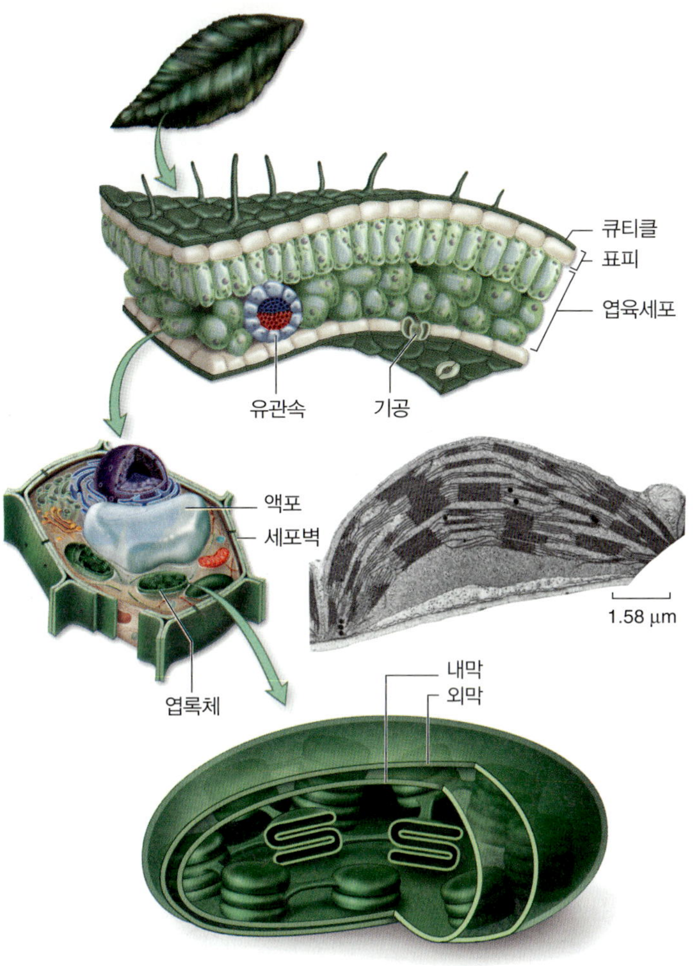

그림 3.21 잎으로의 여행.
식물의 잎에는 엽록체가 풍부한 엽육세포들이 두꺼운 층을 이루고 있다. 엽록체의 내막은 틸라코이드 원반이라고 부르는 편평한 구조로 조직화되어 있으며, 틸라코이드 원반들은 그라나라고 하는 기둥 형태로 층을 이루고 있다. 내부의 나머지 부분은 스트로마라고 하는 반유동성 물질로 채워져 있다.

처음의 두 단계는 빛을 필요로 하기 때문에 **광의존성 반응**(light-dependent reactions)이라고 한다.

세 번째 단계인 CO_2로부터 유기물 분자를 형성하는 과정은 **탄소 고정**(carbon fixation)이라고 한다. 이 과정들은 일련의 순환반응을 통해 진행된다. ATP와 NADPH가 공급되는 탄소 고정 반응은 빛의 유무와 상관없이 일어날 수 있으므로, 이들 반응은 **광비의존성 반응**(light-independent reactions)이라고 한다.

광합성이 전체 과정은 다음의 간단한 식으로 요약할 수 있다.

$$6CO_2 + 12H_2O + \text{빛} \longrightarrow C_6H_{12}O_6 + 6H_2O + 6O_2$$

이산화탄소 물 포도당 물 산소

6 세포의 소통

6.1 세포 소통의 개요

세포들 사이에서 이루어지는 상호작용은 자연적인 현상이다. 세포의 신호전달은 모든 다세포 생물이 지니고 있는 현상으로서, 세포들 간에 서로에게 영향을 주고받는 매우 중요한 기작이다. 효과적인 신호전달을 위해서는 **리간드**(ligand)라고 부르는 신호전달 분자와 이러한 신호전달 물질이 붙을 수 있는 **수용체 단백질**이 필요하다. 이와 같은 두 가지 요소들의 상호작용은 신호전달(signal transduction) 과정을 개시하며, 신호전달 과정으로 인해 전달된 신호를 세포 반응으로 바꾸어 준다.

다세포 생물의 세포는 펩티드, 대형 단백질, 개별적인 아미노산, 핵산, 스테로이드나 그 외에 지질과 같은 다양한 분자들을 신호로 이용한다. 또한 일산화질소(NO)와 같은 용해된 가스도 신호로 사용될 수 있다.

다세포 생물의 세포 주위에는 매 시간마다 수백 가지의 다양한 화학신호가 존재하기 때문에 끊임없는 신호에 노출되어 있다고 할 수 있다. 그러나 각각의 세포는 특정신호에만 반응하고, 나머지 신호는 무시해 버린다. 이것은 마치 시끄럽고 사람이 북적이는 공간에서 가까이에 있는 두세 사람이 모여서 대화하는 것과 같은 이치이다.

그렇다면 세포는 어떻게 특정 신호만을 선택하여 반응할 수 있는 것일까? 이는 다양한 종류의 수용체들에 의해 결정된다. 수용체 단백질에 접근한 리간드가 수용체 단백질과 상보적인 모양을 가지고 있을 때(마치 자물쇠에 딱 맞는 열쇠를 끼웠을 때처럼), 이 둘은 결합하여 복합체를 이룰 수 있다. 이러한 결합은 수용체 단백질의 모양을 변화시키며, 궁극적으로 신호전달 경로를 통한 세포의 반응을 야기한다. 이러한 방법으로 세포는 특정한 수용체 단백질에 알맞은 신호분자에 반응하고 그렇지 않은 것은 무시할 수 있게 되는 것이다.

신호 발신체와 수용체 사이의 거리에 의해 정해지는 신호전달

세포는 1차적으로 신호 발생세포와 반응세포 사이의 거리에 따라 구분되는 다음과 같은 네 가지의 기본적인 기작을 통해 소통할 수 있다. **그림 3.22**는 (1) 직접 접촉, (2) 측분비 신호전달, (3) 내분비 신호전달, (4)시냅스 신호전달에 의한 신호전달 기작을 보여준다.

위와 같은 네 가지 기본적인 기작 이외에도 어떤 세포들은 자신들의 세포막에 존재하는 특별한 수용체에 붙을 수 있는 신호물질을 분비하여 그들 자신에게 신호를 보내기도 한다. 이러한 과정을 **자가신호전달**(autocrine signaling)이라고 하는데, 이는 발생과정에서의 변화 강화와 면역체계에서 중요한 신호의 요소로 여겨지고 있다.

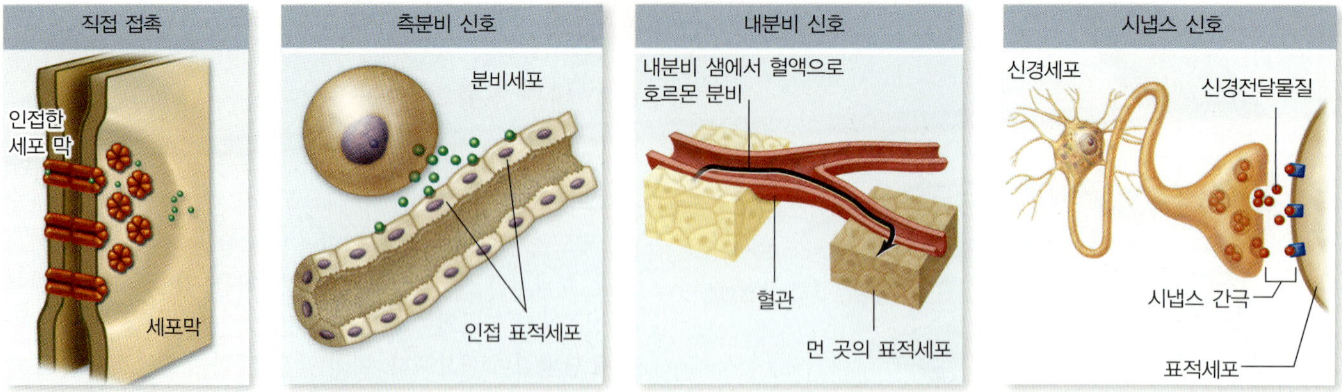

a. *b.* *c.* *d.*

그림 3.22 세포 신호의 네 가지 종류.
세포의 소통 방법. ***a.*** 직접 접촉: 서로 직접적으로 접촉한 두 세포는 간극 연결(gap junction)을 통하여 신호를 보낸다. ***b.*** 측분비 신호: 한 세포로부터 분비된 물질은 아주 가까이에 있는 세포에만 영향을 준다. ***c.*** 내분비 신호: 호르몬은 유기체의 순환계로 분비되어 표적세포로 운반된다. ***d.*** 화학적 시냅스 신호전달: 신경전달물질이라 부르는 신호분자가 신경세포에서 작은 시냅스 간극을 건너 표적세포까지 도달하는 기작이다.

직접 접촉에 의한 신호전달

진핵세포의 표면에는 많은 단백질, 탄수화물 그리고 지질이 세포막에 붙어 있으며, 이들은 세포막으로부터 바깥쪽을 향해 뻗어 있다. 세포가 서로 가까이 위치하고 있을 때, 한 세포의 세포막에 존재하는 위와 같은 분자들을 인접한 세포의 세포막에 있는 수용체가 인식할 수 있다. 발생 초기 과정에서 세포와 세포 사이의 중요한 상호작용이 세포 표면의 직접 접촉을 통해서 이루어진다. 또한 세포는 간극 연결(**그림 3.22*a***)을 통해 신호를 전달한다.

측분비에 의한 신호전달

세포가 방출한 **신호분자**는 세포외액을 통해서 다른 세포로 확산될 수 있다. 만약 이 분자들이 인접한 세포들에 의해 받아들여지고, 세포 밖에 존재하는 효소에 의해 분해되거나, 다른 방식으로 세포외액에서 신속히 제거된다면, 이 분자를 분비한 세포의 주변 세포만이 영향을 받을 것이다. 이처럼 짧은 시간 동안 국부적인 영향을 나타내는 신호를 **측분비 신호**(paracrine signal)라고 한다(**그림 3.22*b***).

측분비 신호는 직접 접촉과 마찬가지로 발생 초기 단계에서 중요한 역할을 하며, 인접세포군의 활동을 조절한다. 척추동물에서의 면역반응은 면역세포 사이의 측분비 신호와 관련이 있다.

내분비에 의한 신호전달

분비세포에서 분비된 신호분자가 세포외액에 오랫동안 잔류할 수 있으면 이 신호분자는 생물체의 순환계로 들어가서 몸 전체로 이동할 수 있다. 이처럼 오래 잔존하여 분비세포로부터 멀리 떨어진 세포에 영향을 줄 수 있는 신호물질을 **호르몬**(hormone)이라고 부르며, 이러한 유형의 세포 간 소통을 **내분비 신호전달**이라고 한다(**그림 3.22*c***). 식물과 동물에서 이러한 신호 기작을 광범위하게 사용하고 있다.

시냅스 신호전달

동물에서 신경계 세포들은 먼 거리에 있는 세포들과 신속한 소통을 할 수 있게 해준다. 시냅스 신호전달에서는 **신경전달물질**이 신호분자로서 작용한다. 이것은 호르몬처럼 순환계를 통해 멀리 떨어져 있는 세포에 신호를 전달하는 것이 아니라, 표적세포 가까이에 있는 신경세포의 긴 섬유 모양의 연장부 끝에서 신경전달물질을 방출한다(**그림 3.22*d***). 한 뉴런과 이의 표적세포의 연합을 화학적 시냅스라고 하며, 이런 유형의 세포 간 소통을 시냅스 신호전달이라고 한다. 측분비 신호가 세포들 사이의 액체를 통하여 전달되는 것과는 다르게, 신경전달물질은 시냅스 간극을 가로질러 신호가 전달된다.

세포반응을 유발하는 신호전달 경로

신호의 종류들에 대해서는 앞에서 간략하게 알아보았지만, 세포가 신호에 어떻게 반응하는지에 대해서는 살펴보지 않았다. 신호를 받은 세포내부에서 일어나는 현상을 **신호전달**이라고 한다. 이러한 현상은 수용체를 통하여 신호를 받아들인 뒤, 각기 다른 신호전달 경로를 형성하기 때문에 세포반응이 일어난다. 최근 몇 년 동안 폭발적으로 증가한 신호전달 경로에 대한 지식은 세포의 종류가 다름에도 불구하고 어떻게 다른 신호에 동일한 반응을 보이는지, 또는 다른 종류의 세포가 동일한 신호에 다른 반응을 보이는지에 대해서도 설명할 수 있을 정도로 발전하였다.

그 실례로 여러 종류의 세포에서 글루카곤이라는 호르몬이 포도당을 이동시켜 신체 혈당을 조절하는 것을 들 수 있다.

이때 글루카곤은 저장된 글리코겐을 포도당으로 분해하고, 포도당 합성에 필요한 효소를 발현하는 유전자를 작동시킨다. 반면 호르몬 에피네프린은 세포 종류에 따라 다른 영향을 나타낸다. 갑작스러운 일에 깜짝 놀라는 경우 심장박동이 빨라지는데, 이보다 더한 위험을 느끼게 될 때에는 머리카락이 서는 느낌을 받을 것이다. 이와 같은 반응은 신체에서 아드레날린이라고도 부르는 에피네프린이 혈관으로의 분비되어 나타나는 현상이다. 이렇게 되면 심장박동 속도 상승과 에너지 증가로 인해 우리가 극한상황에도 기민하게 반응할 수 있게 되는 것이다.

연 습 문 제

Exercise

1. 세포론에 해당하지 않는 서술은?
   a. 모든 생물은 하나 또는 그 이상의 세포로 구성된다.
   b. 세포가 분열하여 다른 세포를 만든다.
   c. 세포는 가장 작은 생명체이다.
   d. 진핵세포는 원핵세포로부터 진화하였다.
2. 세포의 크기를 제한하는 가장 중요한 요인은?
   a. 세포가 만드는 단백질과 세포소기관의 양
   b. 작은 분자의 확산 속도
   c. 세포의 표면적 대 부피의 비율
   d. 세포내 DNA의 양
3. 막관통 단백질의 막관통 영역은
   a. 소수성 아미노산으로 구성된다.
   b. 종종 α-나선구조를 형성한다.
   c. 막을 여러 번 통과할 수 있다.
   d. a, b, c 모두 맞다.
4. 세포의 촉진확산 과정은 언제 일어나는가?
   a. 세포내부의 포도당 같은 분자를 농축할 때
   b. 한 세포로부터 독성 분자를 모두 제거할 때
   c. 농도에 관계없이 막을 통과하는 이온이나 극성이 큰 물질을 이동시킬 때
   d. 고농도에서 저농도로 이온이나 극성이 큰 물질을 이동시킬 때
5. 활성화 에너지란?
   a. 분자들의 무작위적인 움직임과 연관된 열에너지
   b. 화학결합이 끊어지면서 나오는 에너지
   c. 반응물과 생성물의 자유에너지의 차이
   d. 화학반응을 시작하는 데에 필요한 에너지
6. 다음 중 촉매의 성질이 아닌 것은?
   a. 반응의 활성화 에너지를 낮추어 준다.
   b. 반응물의 자유에너지를 낮추어 준다.
   c. 반응이 끝나도 촉매는 변화되지 않는다.
   d. 촉매는 정반응과 역반응 모두에 영향을 준다.
7. 피드백 억제란?
   a. 경로의 첫째 효소가 그 반응의 생성물에 의해 억제되는 것이다.
   b. 경로의 마지막 효소가 그 반응의 생성물에 의해 억제되는 것이다.
   c. 경로의 첫째 효소가 마지막 생성물에 의해 억제된다.
   d. 경로의 마지막 효소가 마지막 생성물에 의해 억제된다.
8. 독립영양생물은?
   a. 유기화합물로부터 에너지를 얻는다.
   b. 이산화탄소를 탄소원으로 이용할 수 있는 생물이다.
   c. 에너지원으로 다른 생물들이 생산한 에너지를 의존한다.
   d. a와 b 모두 해당한다.
9. 해당과정에서 어떻게 ATP가 생성되는가?
   a. 준비 반응에서 유기분자들을 인산화시킴에 의해
   b. 글리세르알데히드 3-인산을 생성함에 의해
   c. 기질수준 인산화에 의해
   d. NAD^+의 NADH로의 환원에 의해
10. 다음 중 세포호흡에 대하여 옳지 않은 것은?
    a. 효소들은 전자를 전달하는 반응들을 촉매한다.
    b. 전자는 세포호흡 과정의 끝에서는 더 큰 퍼텐셜에너지를 갖는다.
    c. 이산화탄소는 세포호흡의 부산물이다.
    d. 세포호흡 과정은 다수의 산화-환원반응들을 포함한다.
11. 광합성에 가장 효과적인 색깔의 빛은?
    a. 적색, 청색, 자주색
    b. 녹색, 황색, 오렌지색
    c. 적외선과 자외선
    d. 빛의 모든 색깔은 같은 효과를 나타낸다.
12. 광합성의 전체 과정에 대해 옳게 설명한 것은?
    a. 결과적으로 CO_2가 환원되고 H_2O가 산화된다.
    b. H_2O가 환원되고 CO_2가 산화된다.
    c. O_2가 소비되고 CO_2가 생산된다.
    d. CO_2로부터 O_2가 생성된다.
13. 신호전달 경로는
    a. 막을 가로지르는 신호에 필요하다.
    b. 세포외 신호에 의해 활성화 되는 세포내 활동을 포함한다.
    c. 세포내 신호에 의해 활성화 되는 세포외 활동을 포함한다.
    d. 막을 가로지를 수 있는 신호에서만 발견된다.

제 4 장 세포분열

Cell Division

1 세포분열

1.1 박테리아의 세포분열

원핵세포인 박테리아는 자신의 복제를 통해 분열한다. 박테리아는 DNA를 교환하기도 하지만, 진핵생물에서처럼 유성생식주기를 가지고 있지는 않다. 따라서 박테리아 집단의 증가는 전적으로 분열에 의해 새로운 세포가 만들어지는 것에 의존한다. 박테리아의 번식에 의해 하나의 클론(clone)이 만들어지는데, 이는 세포분열에 의해 만들어지는 세포들이 원래의 세포와 동일한 복제 세포임을 의미한다.

이분법

원핵세포나 진핵세포는 모두 세포분열을 통해 어버이 세포와 동일한 유전정보를 지닌 두 개의 딸세포를 만들어낸다. 원핵세포와 진핵세포는 많이 다르지만, 복제과정은 근본적으로 동일하여 유전정보의 복제와 분리, 그리고 세포 내용물의 분리가 일어난다. 먼저 원핵세포에서 일어나는 **이분법**(binary fission)이라고 부르는 간단한 과정을 살펴보자.

대부분의 원핵세포는 하나의 환상 DNA 분자로 이루어진 게놈(genome)을 가진다. 원핵세포의 DNA는 비교적 단순하다고는 하지만, 실제로 대장균의 DNA 분자는 세포 자체의 길이보다 500배나 길다. 따라서 DNA는 세포내에 매우 조밀하게 들어가 있어야 한다. 원핵세포에는 핵은 없지만, DNA는 주변 세포질과는 구별되는 **핵양체**에 존재한다.

단백질에 의한 염색체 분리와 격벽 형성

원핵세포의 이분법은 특별한 위치인 **복제 기점**에서 DNA가 복제되면서 시작되는데, 이때 DNA의 양쪽 방향으로 복제가 진행되며, 특정 부위에서 종결된다(**그림 4.1**). 세포는 길이가 길어지면서 생장하게 되고, 세포의 가운데 부분에서 분열이 일어난다. 그 동안 대장균(*E. coli*)에서는 DNA가 막에 부착해 있기 때문에 세포가 길어지고 막도 생장하면서 DNA가 수동적으로 분리된다고 여겨져 왔다. 그러나 복제 기점의 움직임을 조사한 실험 결과에 따르면 복제 기점은 복제가 시작되기 전에 세포의 가운데 부분에 위치하고, 그 후 새로 생긴 복제 기점들이 각각 세포의 양쪽 끝 방향을 향하여 움직이는 것으로 밝혀졌다. 이 움직임은 세포의 길이가 늘어나는 속도보다 더 빠르기 때문에 세포 생장 자체만으로는 DNA의 분리가 충분하게 설명되지 않는다는 것을 의미한다. 복제 기점은 전체 세포 길이의 1/4과 3/4 부분에 위치하는데, 이것은 두 딸세포의 가운데 부분에 해당한다.

원핵세포에서 염색체 분리 기작은 아직 명확하게 밝혀지지 못하고 있지만, 분리가 일어나는 순서는 분명하게 밝혀져 있다. 복제 과정에서 처음에는 복제 기점이, 그 다음에는 새로 복제된 염색체가 세포의 양쪽 끝부분으로 이동하면서 두 개의 새로운 핵양체가 만들어진다. 복제의 마지막 과정은 복제된 두 개의 염색체를 풀어주는 디카테네이션(decatenation) 과정이다. 염색체 복제와 분리가 끝난 후, 딸 핵양체는 양쪽으로 이동하고 세포의 가운데 부분에서 분열이 일어난다. 염색체를 분할시키는 원동력은 DNA 복제 자체와 전사, 그리고 액틴과 유사한 분자들인 것으로 여겨지고 있다. 현재 특정한 한 가지 모델로 염색체 분리의 과정을 설명할 수는 없으며, 한 가지 이상의 과정이 관여하는 것으로 보인다.

1.2 진핵세포의 염색체

염색체는 1879년 독일의 발생학자 플레밍(Flemming; 1843~1905)이 빠르게 분열하는 도롱뇽 유생의 세포를 관찰하다가 발견하였다. 플레밍은 다소 원시적 수준의 광학현미경을 이용하여 세포를 관찰하던 중 분열하는 것처럼 보이는 핵 안의 미세한 실 모양의 구조를 보고, 이 분열을 **유사분열**(mitosis)이라고 불렀다. 그리스어로 mitos는 "실(thread)"을 의미한다.

종에 따라 다르게 나타나는 염색체 수

염색체(chromosome)는 모든 진핵세포에서 발견되는데, 그 수는 종에 따라 큰 차이를 보인다. **표 4.1**에서 보는 것처럼 어떤 생물은 단 한 쌍의 염색체를 가지는가 하면 일부 양치식물은 500쌍이 넘는 염색체를 가지기도 한다. 대부분의 진핵생물의 염색체 수는 10개에서 50개 사이이다.

사람의 세포에는 염색체 23쌍으로 이루어진 46개의 염색체가 존재한다(**그림 4.2**). 각 염색체에는 수백 개에서 수천 개의 유전자가 들어 있어 사람의 신체가 발달하고 기능하는 데 중요한 역할을 수행한다. 단 하나의 염색체만 결실되어도 대개의 경우 발생 과정 중에 사망하게 된다. 또한 가장 작은 염색체를

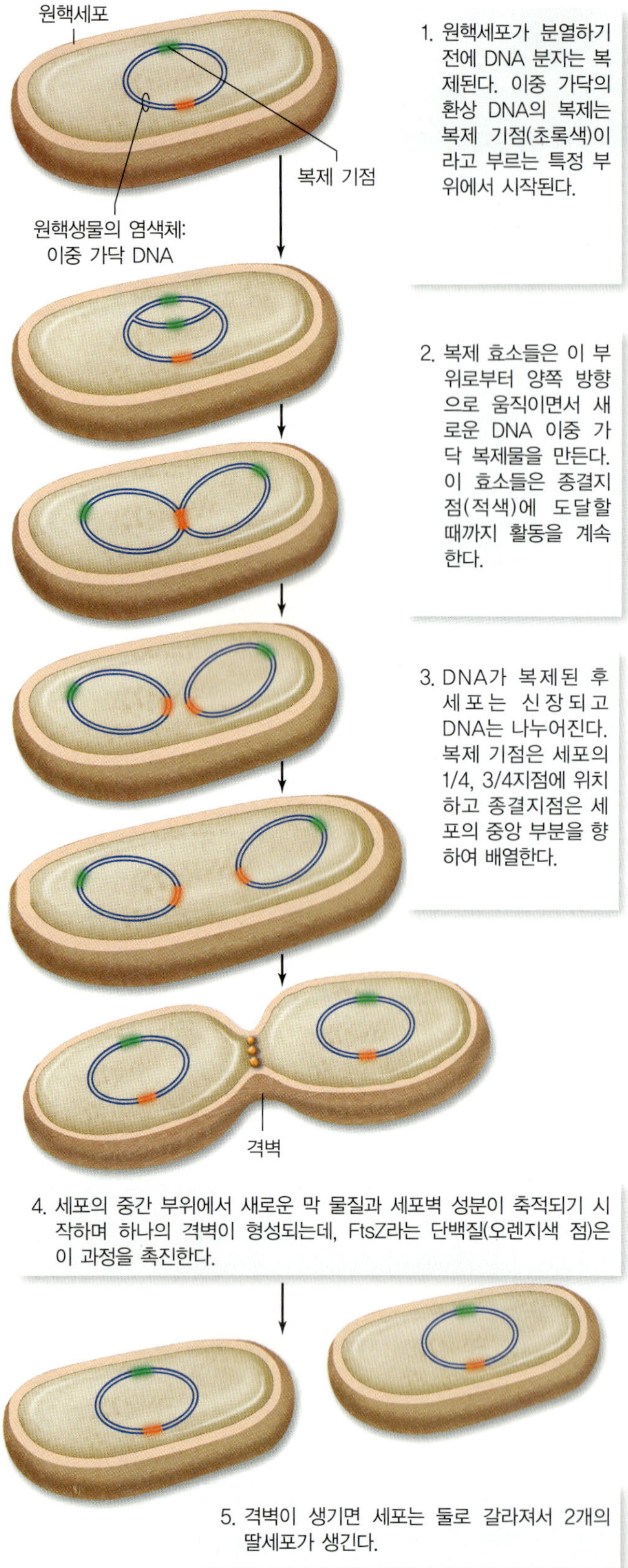

그림 4.1 이분법.

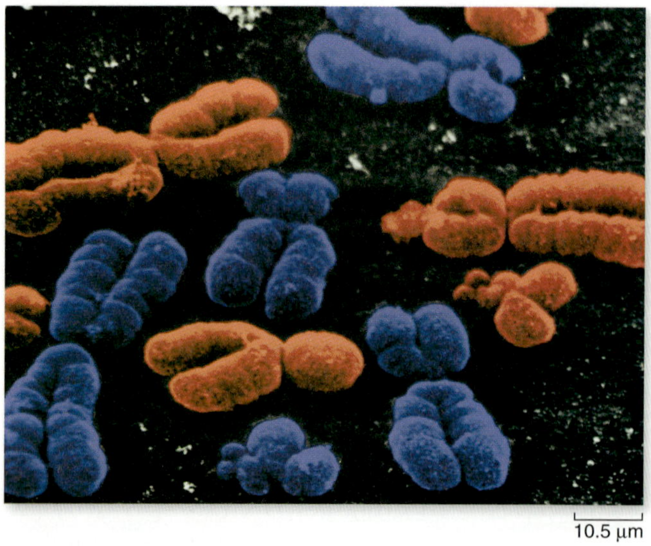

그림 4.2 사람의 염색체.
이 사진은 핵분열 직전의 인간 염색체를 주사전자현미경을 이용하여 촬영한 것이다. 각 DNA 분자는 복제되어 염색분체가 동원체로 연결되어 있다. 염색체를 구별할 수 있게 색을 첨가하였다

표 4.1	진핵생물의 염색체 수
생물군	**염색체 수**
균류	
붉은빵곰팡이(반수체)	7
Saccharomyces(효모)	16
곤충	
모기	6
초파리	8
꿀벌	이배체 암컷 32, 반수체 수컷 16
누에	56
식물	
Haplopappus gracilis	2
완두콩	14
옥수수	20
빵밀	42
사탕수수	80
속새류	216
나도고사리	1,262
척추동물	
주머니쥐	22
개구리	26
집쥐	40
사람	46
침팬지	48
말	64
닭	78
개	78

제외하고는 염색체가 추가되는 경우도 대부분 치명적인 결과를 가져온다. 사람의 염색체 이상은 제5장에 자세하게 다루고 있다.

진핵세포 염색체의 복잡한 구조

염색체가 처음 발견된 이후 125년이 지나는 동안 과학자들은 염색체의 구조와 구성에 대해 많은 사실들을 밝혀냈다. 그러나 아직도 세포주기 동안의 진핵세포 염색체의 정확한 구조는 분명하지 못한 부분이 많다. 이 장에서는 최근에 제시되고 있는 염색체에 관한 모델들에 대해 알아본다.

염색질의 조성

염색체는 DNA와 단백질의 혼합물인 염색질(chromatin)로 이루어져 있다. 대부분의 염색체는 약 40%의 DNA와 60%의 단백질로 이루어져 있으며, 염색체가 RNA 합성 장소이기 때문에 염색체에는 상당한 양의 RNA도 결합되어 있다.

염색체 안의 DNA는 긴 이중나선의 섬유로 중간에서 끊어지지 않은 하나의 가닥으로 이루어져 있다. 사람의 염색체는 평균 약 1억 4000만(1.4×10^8) 개의 뉴클레오티드로 이루어져 있다. 하나의 뉴클레오티드를 하나의 단어라고 보고 한 페이지에 500단어가 수록되어 있다고 할 때, 하나의 염색체가 가지는 유전정보의 양은 1000페이지 책 280권 분량이다.

46개의 염색체 중 1개의 염색체에 들어 있는 DNA 가닥을 곧게 편다면, 약 5 cm 정도가 된다. 이처럼 긴 DNA를 세포핵 속에 넣는 일은 축구장 길이 만한 끈을 야구공 속에 밀어 넣는 것과 같다. 그러나 세포내에서 DNA는 꼬여서 뭉쳐 있기 때문에 훨씬 작은 공간에 간직될 수 있다.

분열하지 않는 핵에서의 염색질 구조는 잘 알려져 있지 않으나, 유전학자들은 수년간 연구를 통하여 **이질염색질**(heterochromatin)이라는 유전자가 발현되지 않는 염색질과 **진정염색질**(euchromatin)이라고 부르는 유전자가 발현되는 염색질이 있다는 것을 알아냈다. 이러한 염색질의 유전적 상태는 염색질의 생리적 상태와도 관련 있는 것으로 보이지만, 이에 대한 자세한 연구는 아직 초기 단계에 있다.

염색체의 구조

진핵세포의 DNA를 전자현미경으로 관찰하면, 가느다란 실로 연결된 염주알(string of beads)처럼 보이는데(**그림 4.3**), 8개의 **히스톤 단백질**(histone proteins) 복합체 주변을 200 뉴클레오티드의 이중나선 DNA가 한 번씩 감고 있다. 음전하를 띠는 대부분의 단백질들과는 달리, 히스톤은 염기성 아미노산인 아르기닌(arginine)과 리신(lysine) 함량이 높기 때문에 양전하를 띠고 있다. 따라서 히스톤은 DNA에서 음전하를 띠는 인산기와 강하게 결합하며, 히스톤 복합체는 DNA의 꼬임을 유발하는 "자성체(magnetic form)" 역할을 한다. 이러한 DNA와 히스톤 단백질의 결합 구조를 **뉴클레오솜**(nucleosome)이라고 부른다.

뉴클레오솜은 더욱 꼬여 솔레노이드(solenoids)라 불리는 코일을 형성하게 되는데, 코일을 형성하는 과정은 아직 불분명하지만, 이 과정을 통하여 30 nm의 섬유가 만들어지기 때문에 30 nm 섬유(30-nm fiber)라 부르기도 한다. 이 30 nm 섬유가 긴기 염색질의 기본구조를 이룬다.

핵형

염색체들은 크기, 염색 특성, 모든 염색체에 나타나는 **협착**(constriction) 구조인 **동원체**(centromere)의 위치, 동원체를 중심

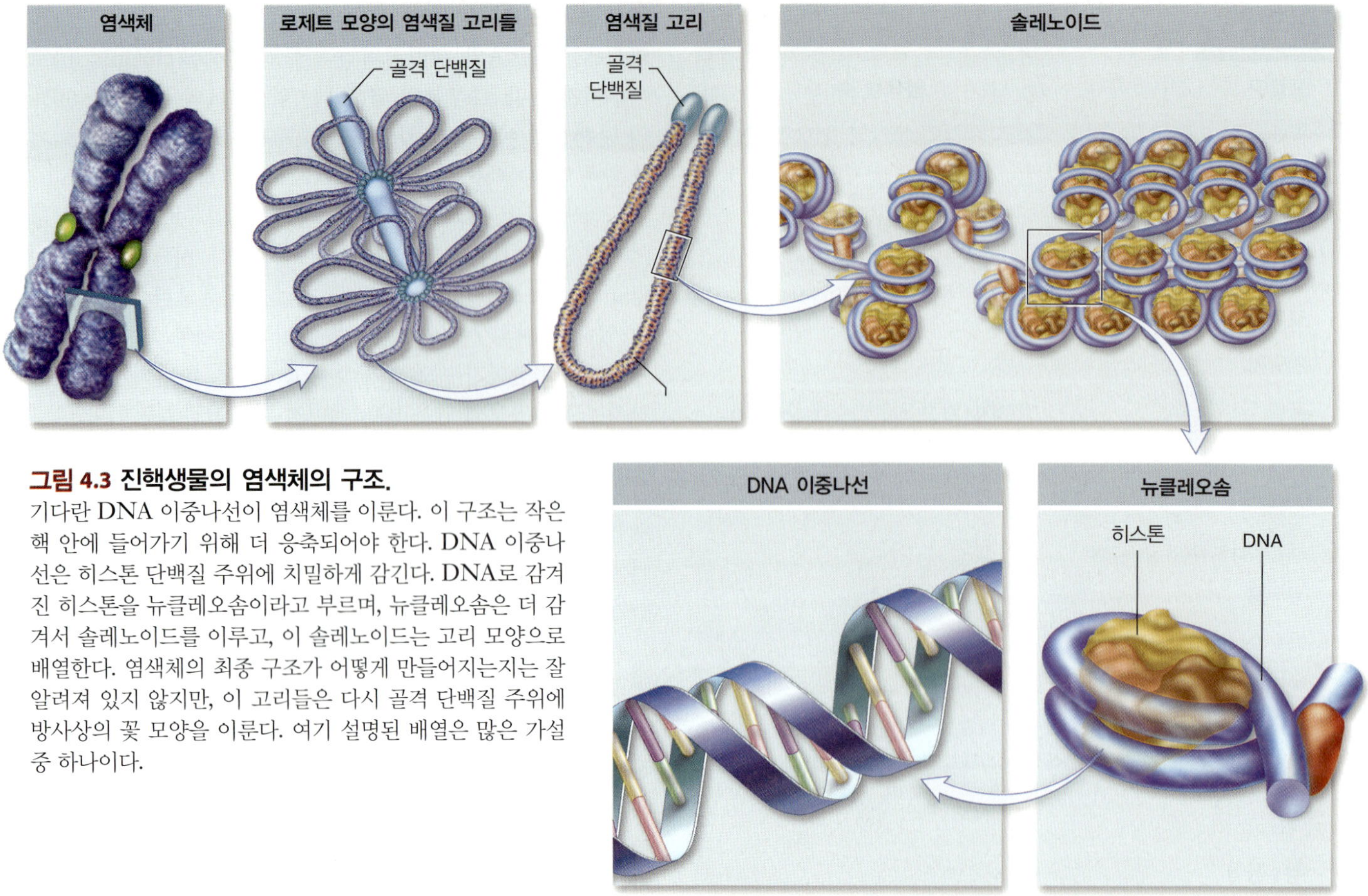

그림 4.3 진핵생물의 염색체의 구조.
기다란 DNA 이중나선이 염색체를 이룬다. 이 구조는 작은 핵 안에 들어가기 위해 더 응축되어야 한다. DNA 이중나선은 히스톤 단백질 주위에 치밀하게 감긴다. DNA로 감겨진 히스톤을 뉴클레오솜이라고 부르며, 뉴클레오솜은 더 감겨서 솔레노이드를 이루고, 이 솔레노이드는 고리 모양으로 배열한다. 염색체의 최종 구조가 어떻게 만들어지는지는 잘 알려져 있지 않지만, 이 고리들은 다시 골격 단백질 주위에 방사상의 꽃 모양을 이룬다. 여기 설명된 배열은 많은 가설 중 하나이다.

으로 한 양쪽 염색체 팔의 상대적 길이, 협착 부위에서 차이를 보이는데, 한 생물 개체의 염색체들을 배열해 놓은 것을 **핵형**(karyotype)이라고 한다. **그림 4.4**는 정상적인 사람 세포에서의 핵형을 보여준다.

한 생물 종의 서로 다른 염색체의 수를 **반수체**(n)라 한다. 사람이나 다른 생물체의 세포내 전체 염색체의 수는 주로 **이배체**(2n)라고 부르는데, 이는 반수체를 쌍으로 가지고 있기 때문이다. 사람의 반수체는 23개, 이배체는 46개이다. 이배체 염색체는 각각 부계와 모계로부터 동일하게 물려받은 유전정보를 반영하는데, 부계와 모계의 염색체는 **상동성**을 지니며, 이를 **상동염색체**(homologous chromosome)라고 부른다.

염색체의 복제

핵형에서 보는 것과 같은 염색체 모양은 세포분열 도중 매우 짧은 시기에만 나타난다. 복제가 시작되기 전에 한 가닥의 DNA로 이루어진 염색체는 앞서 언급한 30 nm 섬유 형태이다. 복제 직후 두 개의 동일한 DNA 분자는 **코헤신**이라는 단백질에 의해 서로 연결되어 하나의 염색체를 이루게 되며, 염색체는 좀 더 응축되고 골격단백질을 둘러싸서 같이 묶여 있는 두 가닥으로 보인다. 이 상태의 가닥을 **자매 염색분체**라 부른다.

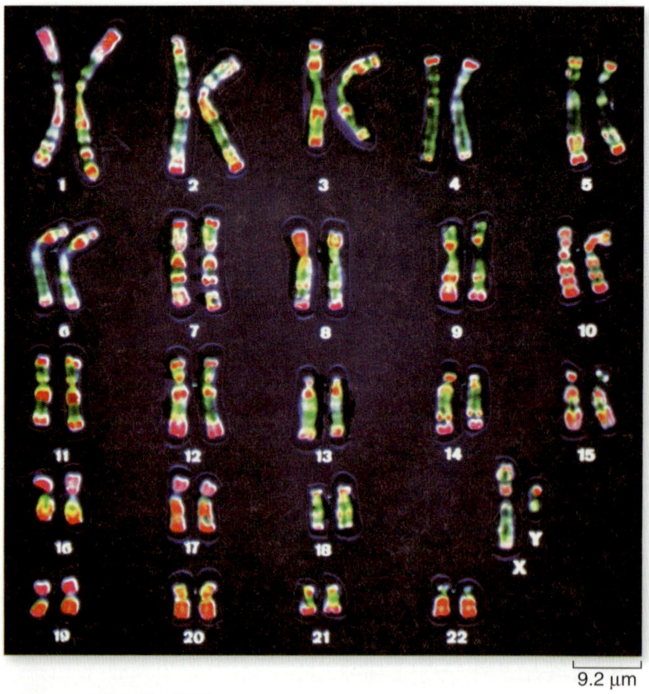

그림 4.4 사람의 핵형.
23쌍의 염색체는 각각 크기나 동원체의 위치가 다르다. 이 그림에서 염색체는 특수하게 염색되었는데, 이 염색 특성을 바탕으로 각 염색체를 명백히 구별할 수 있다. 각각의 염색체 쌍은 거의 비슷하게 생겼지만 동일하지는 않다.

두 개의 복제물이 같이 묶여 있다는 사실은 분열 과정에서 매우 중요하다. 세포가 해결해야 하는 하나의 중요한 문제점은 어떻게 한 벌의 염색체가 완전하게 하나의 세포에 들어가게 하는가이다. 우리가 이 방법을 생각해본다면 컴퓨터에서 파일을 복제한 후 하는 것처럼 각각의 염색체에 다른 종류의 라벨을 붙일 수 있다. 그러나 세포는 이렇게 라벨을 붙이는 방법을 이용할 수 없기 때문에 염색체가 분리될 때까지 둘을 같이 모아 놓는 방법을 이용하며, 이러한 자매 염색분체의 분리는 유사분열 과정에서 중요한 과정이다.

1.3 세포주기와 세포분열

진핵세포의 게놈은 원핵세포의 게놈보다 크고 복잡한 구조를 가진다. 따라서 세포가 분열하는 동안 복제된 게놈이 딸세포로 나누어지는 과정도 크게 변하게 되었다. **세포주기**(cell cycle)는 게놈의 복제, 분리 그리고 세포질의 분열로 구성된다.

5단계로 구분되는 세포주기

세포주기는 게놈이 복제되고 분리되는 주요 과정에 따라 5개의 단계로 구분된다. **그림 4.5**에서 보는 것처럼 세포주기는 시계판과 유사한 그림을 이용하여 나타낸다.

- **G_1기**(Gap phase 1)**:** 세포의 1차 생장기로 세포질분열(cytokinesis)과 DNA 합성의 사이의 간격이 되는 단계를 의미한다. 대부분의 세포에서 G_1기가 가장 길게 나타난다.
- **S기**(Synthetic phase)**:** 게놈의 복제가 일어나는 시기이다.
- **G_2기**(Gap phase 2)**:** 세포의 2차 생장기로 새로 복제된 게놈의 분리를 준비하는 시기이다. G_2기는 DNA 합성과 유사분열 시작 사이의 시기를 나타낸다. 이 시기 동안 미토콘드리아와 다른 세포소기관이 복제되고, 방추사에서 미세소관(microtubules)이 조립된다.

  G_1기, S기 그리고 G_2기를 합쳐 **간기**(interphase)라고 부르는데, 간기는 세포주기 중 세포분열 사이의 시기를 일컫는다.
- **유사분열**(Mitosis, M**기**)**:** 유사분열 과정에서는 방추체(spindle apparatus)가 생겨 염색체에 부착하며, 자매 염색체가 분리되는 시기이다. 유사분열은 두 개의 딸 게놈이 분리되는 과정의 핵심 단계로 **전기**(prophase), **전중기**(prometaphase), **중기**(metaphase), **후기**(anaphase), **말기**(telophase)의 다섯 단계로 구분된다.
- **세포질분열**(Cytokinesis)**:** 이 단계는 세포질이 분열하여 두 개의 딸세포가 생기는 시기이다. 동물세포에서는 세포가 나누어질 때 잘록해지는 부위에 액틴 고리가 위치하도록 미세소관 방추체가 돕는다. 식물세포에서처럼 세포벽을 가지는 세포에서는 분열하는 세포 중간에 **세포판**(cell plate)이 생성된다.

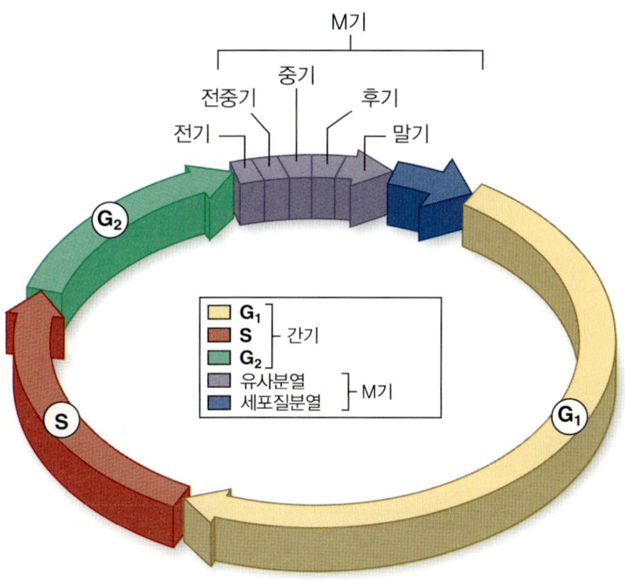

그림 4.5 세포주기.
이 그림은 세포주기를 원형으로 나타낸 그림이다. G_1기는 세포의 1차 생장기로 DNA 합성을 준비하는 시기이다. S기는 게놈의 복제가 일어나는 시기이며, G_2기는 유사분열을 준비하는 시기이다. 유사분열 시 복제된 염색체는 양쪽으로 분리되고, 세포질 분열에 의해 생성된 두 개의 딸세포는 동일한 게놈을 갖게 된다.

유사분열과 세포질분열의 두 과정을 합쳐 분열기인 M기(M Phase)라 부르며 간기와 구별된다.

세포주기가 한 번 도는 데 걸리는 시간은 생물마다 크게 다르다. 생장 중인 동물의 배아세포의 주기는 20분 정도이며, 가장 짧은 주기를 가진 것으로 알려진 초파리 배아세포의 핵은 8분마다 한 번씩 분열하는 것으로 알려져 있는데, 이러한 세포들은 세포의 성장 없이 DNA가 복제되자마자 핵이 분열한다. 이때 세포주기의 절반은 S기가, 나머지 절반은 M기가 차지하며 G_1기나 G_2기가 차지하는 시간은 거의 없다.

성숙한 세포들은 성장시간이 필요하기 때문에 배아 조직의 세포주기보다 훨씬 길다. 분열하는 포유류 세포는 일반적으로 약 24시간 만에 세포주기가 완결되지만, 사람의 간(liver) 세포와 같은 일부 세포는 1년 이상 소요되기도 한다. 세포주기 동안 세포의 성장은 S기뿐만 아니라 G_1기와 G_2기 전반에 걸쳐서 일어난다. M기는 전체 주기에서 약 1시간 정도로 매우 작은 부분을 차지한다.

1.4 간기: 유사분열의 준비

간기(G_1, S 및 G_2기)에 일어나는 일들은 유사분열의 성공적인 진행에 매우 중요하다. G_1기 동안 세포의 주요 성장이 일어나며, S기에는 각 염색체가 복제되어 동원체 부위가 연결된 2개의 자매 염색분체를 형성하고, G_2기에서는 염색체는 더욱 치밀하게 꼬이게 된다.

동원체는 염색체가 협착된 부분으로 반복되는 DNA 서열을 가지고 있으며, 특정한 단백질들이 결합되어 있다. 이 단백질들이 원판 모양의 구조를 형성하여 **방추사 부착점**을 형성하는데, 이 부위는 세포분열 시 염색체를 분리시키는 데 필요한 미세소관이 부착되는 부위이다. **그림 4.4**에서 보는 것처럼 염색체마다 동원체는 염색체의 특정 부위에 위치해 있다.

S기 이후에 자매 염색분체는 하나의 동원체를 갖는 것처럼 보이지만, 분자 수준에서 볼 때 동원체 부분의 DNA는 이미 복제되어 있기 때문에 2개의 완전한 DNA가 존재하는 것이다. 그러나 두 개의 염색분체가 동원체 부위에서 코헤신 단백질에 의해 부착되어 있기 때문에 기능적으로는 한 개의 동원체를 갖는 셈이다. **후생동물**(metazoan animal)에서 복제 이후 자매 염색분체를 묶어주는 역할을 하는 코헤신 단백질은 염색체 응축 과정 동안 콘덴신 단백질로 대체된다. 이 과정에 의해 염색체는 동원체 부위에서는 강하게 결합하고, 다른 부분에서는 느슨하게 결합하게 된다.

세포는 간기 중에 계속 성장하는데, 간기 중 G_1기와 G_2기는 활발히 성장하는 시기로, 이 시기에 단백질이 합성되고 세포소기관이 형성된다. 세포에서 DNA 복제는 S기에만 일어난다.

S기에 염색체 복제가 일어난 후, 염색체는 풀어져 꼬이지 않은 상태로 코헤신 단백질에 의해 결합되어 있다. G_2기에 염색체는 응축되면서 치밀하게 꼬이게 된다.

1.5 M기: 염색체 분리와 세포질분열

유사분열은 쉽게 관찰할 수 있는 극적이면서 아름다운 생물학적 과정 중 하나이다. 이 과정을 이해하기 위해, 유사분열을 몇 개의 단계로 구분하고 있으나, 유사분열 과정은 각각 개별적 단계로 이루어지는 것이 아니라 역동적이고 지속적인 진행 과정으로 이루어져 있다. **그림 4.6**은 유사분열 과정의 도식과 현미경 사진을 보여준다.

전기의 유사분열 장치 형성

G_2기에서 염색체 응축이 시작되어 광학현미경으로 염색체 관찰이 가능해지는데, 이 단계가 유사분열의 첫 단계인 **전기**(prophase)이다. 염색체의 응축은 전기 내내 진행되며, 전기 초

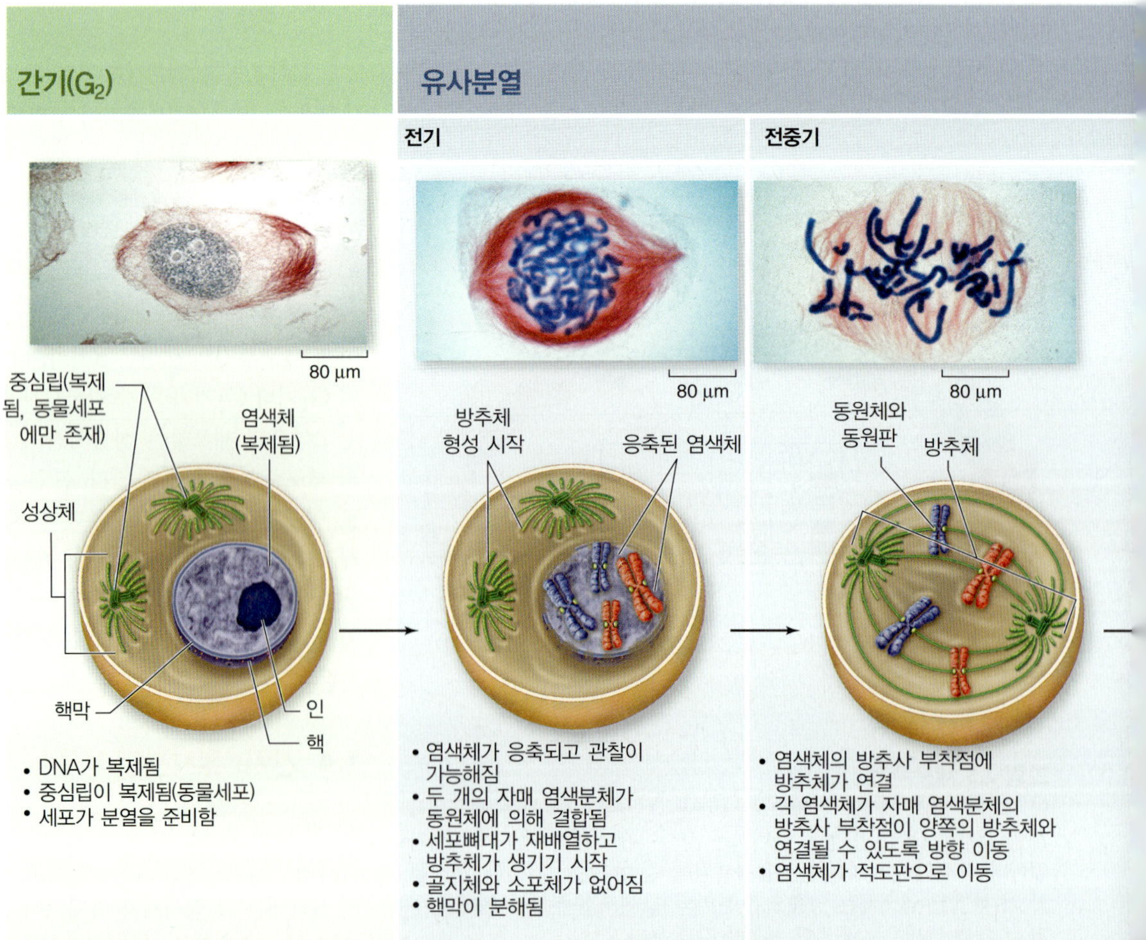

그림 4.6 유사분열과 세포질분열. 유사분열은 일반적으로 전기, 전중기, 중기, 후기, 말기의 5단계로 나누어지며, 이 과정을 통해 복제된 염색체가 분리된다. 그 후 세포질분열이 일어나 세포는 두 개의 딸세포가 된다. 사진에서 청색은 아프리카나리꽃(*Haemanthus katharinae*)의 염색체를 보여주며, 적색은 미세소관을 나타낸 것이다. 그림은 동물세포의 유사분열과 세포질분열을 나타낸다.

기에 가느다란 실 모양으로 존재했던 염색체는 전기가 끝날 무렵에는 꽤 큰 덩어리 형태로 보이게 된다. 염색체 중 rRNA 유전자가 존재하는 부위가 응축되면서 rRNA 합성도 정지된다.

방추체와 중심립

전기 동안 후에 자매 염색분체를 분리시키는 역할을 하는 **방추체**의 조립이 일어난다. G_2기에서 미세소관 구조가 해체되어 방추사로 바뀌게 되며, 동물세포에서는 G_2기에 형성된 두 쌍의 중심립은 전기 초기에 분리되기 시작하면서 각 쌍의 사이에 방추사라는 미세소관이 형성된다. 중심립이 세포의 양극에 도달할 즈음 이들 사이에 방추체라는 미세소관의 다리가 형성된다. 식물세포에서는 중심립은 없지만, 양극 사이에 이와 유사한 미세소관 섬유의 다리가 형성된다.

동물세포의 유사분열에서 중심립은 양극에 도달한 후 원형질막을 향하여 미세소관 줄기들을 방사상으로 뻗게 되는데, 이와 같은 미세소관 배열을 **성상체**(aster)라고 부른다. 성상체의 기능은 아직 완전히 알려지지는 않았지만, 막에 의지해 중심립을 떠받치고 방추사가 수축할 때 미세소관 부착점을 단단히 고정시키는 역할을 하는 것으로 여겨지고 있다. 단단한 세포벽을 가지는 식물세포는 성상체를 가지지 않는다.

염색체와 방추사의 연결이 이루어지는 전중기

전기에서 **전중기**로의 전환은 핵막이 분해된 후 일어난다. 전중기 동안에 응축된 염색체의 방추사 **부착점**(kinetochore)에 방추사가 연결된다. 각각의 염색체는 두 개의 방추사 부착점을 가지고 있는데, 방추사 부착점은 각 자매 염색분체의 동원체 부위에 결합되어 있다.

미세소관 연결

전중기가 진행되면서 미세소관(microtubules) 구조가 세포의 양극으로부터 동원체 쪽으로 신장한다. 이 미세소관은 각 자매 염색분체의 방추사 부착점과 방추체 양극 사이에 연결된다.

이 연결은 유사분열 과정에서 매우 중요하며, 미세소관 부착에 어떠한 착오가 있을 경우 심각한 문제가 초래된다. 예를 들어 방추사 부착점의 양쪽이 모두 한쪽 극과 연결되면 자매 염색분체는 분리되지 못하고, 이 둘이 동일한 딸세포로 들어가게 되어 한쪽 딸세포에는 염색체가 없게 된다.

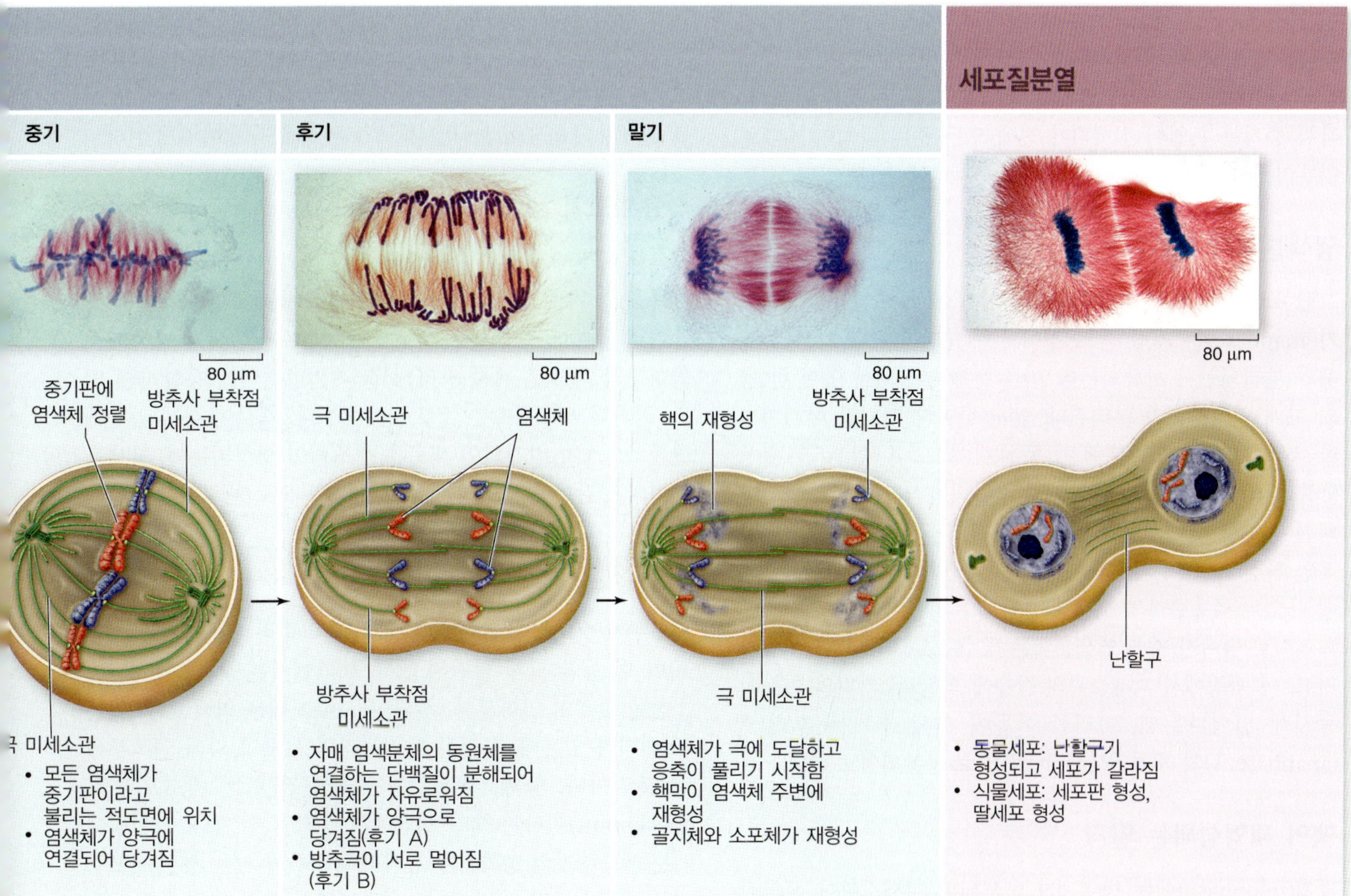

세포중심으로 이동하는 염색체

염색체는 미세소관에 의해 만들어진 방추체에 의해 양쪽 극에서부터 자매 염색분체의 방추사 부착점까지 연결되는데, 이를 통해 염색체가 세포의 중심으로 이동하기 시작한다. 이러한 염색체의 이동은 마치 한 개의 염색체를 동시에 양극 방향에서 끌어당기는 것과 같은 모습으로 보여진다. 이 과정을 통하여 모든 염색체가 세포의 적도면에 놓이게 되고, 각 염색체의 자매 염색분체는 방추사 부착점의 미세소관에 의하여 반대 방향을 향하여 놓여지게 된다.

염색체가 적도면에 배열하는 중기

염색체가 세포의 중앙에 배열하면서 유사분열의 세 번째 단계인 **중기**(metaphase)가 시작된다. 광학현미경으로 보면 염색체들은 마치 지구를 둘러싼 적도처럼 세포의 안쪽 둘레를 따라 고리 모양으로 배열되어 있다. 방추체 방향과 직각이 되는 이 가상적인 면을 **중기판**이라고 부르며, 중기판은 실제로 존재하는 구조는 아니지만 세포분열이 진행되면서 이 면을 따라 세포가 나누어진다.

모든 염색체는 방추사 부착점에 부착되어 있는 미세소관에 의하여 중기판에 배열된다. 이 시점에서 동원체들은 원형으로 배열되면서 세포의 양극으로부터 같은 거리에 있게 되는데, 이때 미세소관은 세포의 반대쪽 극까지 늘어난다. 세포는 자매 염색분체가 제대로 분리될 수 있도록 준비하는데, 이를 통해 각각의 딸세포는 완전한 염색체 한 벌을 받을 수 있게 된다. 따라서 중기는 분열이 진행되기 전에 모든 준비 과정이 제대로 이루어졌는지를 점검하는 과도기적 단계라고 볼 수 있다.

염색분체가 분리되는 후기

그림 4.6에서 보는 것처럼 유사분열의 모든 단계 중에서 **후기**(anaphase)는 가장 짧고 경이로운 단계이다. 후기는 동원체가 분리되면서 시작되는데, 이를 통해 부착되어 있던 한 쌍의 자매 염색분체가 분리된다. 앞서 살펴본 것처럼 이때까지 한 쌍의 자매 염색분체는 동원체에 모여 있는 코헤신(cohesin)이라는 단백질에 의해 부착되어 있었다. 코헤신 단백질이 모든 염색체에서 동시에 제거되는 것은 후기의 핵심적인 사건으로, 이 과정의 조절과 자세한 기작에 대해서는 뒤에 나오는 세포주기의 조절 과정에서 논의할 것이다.

서로 떨어진 자매 염색분체는 극 쪽으로 빠르게 끌어당겨지고, 이 과정에서 미세소관의 작용에 의한 두 가지의 이동이 동시에 일어나는데, 이러한 이동에 의해 후기는 후기 A(anaphase A)와 후기 B(anaphase B)로 구분되기도 한다.

핵이 재형성되는 말기

말기(telophase)에는 방추체가 해체되며 미세소관이 튜불린 단량체로 분해되면서 딸세포의 세포골격을 만드는 데 쓰이게 된다. 각 자매 염색분체 세트 주위에 핵막이 형성되는데, 자매 염색분체는 더 이상 동원체에 결합되어 있지 않기 때문에 염색체라 불릴 수 있게 된다. 염색체는 곧바로 더 길게 늘어난 형태로 풀어져 유전자 발현이 일어날 수 있게 된다. 유사분열이 완료된 이후 가장 먼저 발현되는 유전자 집단은 rRNA 유전자들로 이로 인해 **인**(nucleolus)이 다시 나타나게 된다.

말기 동안 세포는 간기의 상태로 돌아가기 때문에 말기는 전기가 진행되는 과정의 반대라고 볼 수 있다. 말기의 끝에서 유사분열 단계는 완료된다. 진핵세포에서 복제된 게놈은 세포의 양쪽에 있는 두 핵 안에 나누어 담겨지며, 미토콘드리아와 엽록체 등의 세포소기관도 두 개의 딸세포로 나뉘어 들어가게 된다.

이 시기에 세포 자체의 분열은 아직 시작되지 않았기 때문에 유사분열이 끝났어도 세포분열이 모두 완료된 것은 아니다. 세포주기에서 세포가 실제로 나누어지는 단계는 **세포질분열**(cytokinesis)이라고 부른다. 세포질분열에서 세포는 대략 동일하게 반으로 분열된다.

동물세포의 딸세포 형성

동물세포나 세포벽이 없는 모든 진핵세포의 세포질분열은 액틴 필라멘트로 이루어진 띠가 수축되면서 일어난다. 이 필라멘트가 서로 스쳐 지나가며 띠의 지름이 줄어들게 되고, 세포는 중간부가 잘록해지면서 세포의 표면에 **난할구**가 생기게 된다.

이 수축 과정은 난할구가 점점 깊어져 세포의 중심에 이를 때까지 계속되어 결국은 세포가 두 개로 나누어지게 된다.

식물세포의 세포판 형성

식물세포의 세포벽은 단단해서 액틴 필라멘트에 의해 세포가 잘록해질 수가 없다. 그 대신 세포내부에 **세포판**이라는 구조물이 방추체에 직각으로 생성된다. 세포판은 세포 안쪽에서 원형질막 쪽으로 계속 자라서 결국 원형질막과 융합하게 되고, 결과적으로 세포는 둘로 나누어진다. 새로이 형성된 막에 셀룰로오스가 첨가되어 새로운 세포벽이 생성되는데, 딸세포 사이의 공간은 **중엽**이라고 부르며, 펙틴으로 채워진다.

1.6 세포주기의 조절

세포주기의 조절에 관한 지식은 아직 완벽하지 못하지만 지난 30여 년 동안 크게 발전해 왔다. 여기에서는 두 가지 개념에 초점을 맞추어 알아본다. 첫째, 세포주기에는 역행할 수 없는 두 시기가 있는데, 그것은 유전물질의 복제와 자매 염색분체의 분리이다. 둘째, 세포주기는 확인점(또는 체크포인트, checkpoint)이라는 특수 시점에서 정지될 수 있다. 확인점에서는 세포주기의 정확도를 검사하여 오류가 있을 경우 세포주기를 정지시킨다. 이를 통해 세포분열의 모든 과정에서 매우 높은 정확도를 유지한다. 또한 확인점은 세포주기가 영양 상태와 유전물질의 완전성과 같은 세포내적 상태에 반응을 할 수 있게 할 뿐만 아니라, 외부 환경으로부터의 신호에도 반응할 수 있게 해준다.

세포주기 조절인자의 규명

세포주기 조절에 대한 연구가 어떤 방식으로 진행되어 왔는지 그 역사를 알아보는 것은 두 가지 점에서 유익하다. 첫째로 세포주기 조절 연구를 통해 현대 생물학의 연구 과정의 전후 관계를 알 수 있다. 둘째로 매우 다른 접근 방법을 사용하는 생물학자들의 연구가 결국에는 같은 결과를 얻어낸다는 사실을 알 수 있다. 여기에서는 세포주기 조절 연구 역사에 있었던 중요한 세 가지 관찰을 소개하고, 어떻게 그것들이 하나의 결과로 통합되었는지에 대해 알아본다.

개구리 **난모세포**(oocyte)의 활성화를 연구하는 과정에서 **성숙 촉진인자**(maturation-promoting factor, MPF)라고 이름 붙여진 물질이 발견되었다. 개구리 난모세포는 배우자(gamete)를 만드는 분열 과정인 제 I 감수분열 G_2기의 거의 마지막 단계에서 발생이 멈춰져 있다가, 호르몬 신호가 오면 분열 과정이 완료되면서 난세포(egg cell)가 된다.

활발하게 분열하고 있는 여러 종류의 세포로부터 얻은 세포질을 난모세포에 주입했을 때 시기적으로 이른 세포분열을 유도할 수 있었다. 이 실험은 분열하는 세포의 세포질에는 세포주기 진행을 촉진시키는 조절인자인 MPF가 존재한다는 것을 보여주는 것이었다. 또한 이 실험은 유사분열 세포와 간기 세포를 서로 세포융합하면 유사분열이 일어난다는 실험과도 잘 들어맞는데, 이는 유사분열을 일으킬 수 있는 촉진인자가 세포질에 존재한다는 사실을 입증해주는 것이다.

사이클린의 발견

다른 연구자들은 성게 배아에서 초기 분열 동안 만들어지는 단백질들에 대해 연구하였다. 이를 통해 세포주기와 일치하게 생성되는 단백질들을 찾아냈고, 그 단백질은 **사이클린**(cyclin)이라 명명되었다. 이러한 관찰은 다른 해양 무척추동물인 대합(surf clam)에서도 이루어졌다. 약간의 시간차를 두고 변화하는 두 가지 종류의 사이클린이 발견되었는데, 이들은 각각 G_1/S기와 G_2/M기의 경계에서 최고점에 이른다. 여러 노력에도 불구하고 이 단백질들과 연관된 효소적 활성은 발견되지 않았는데, 이 단백질들은 효소적 활성과는 관계없이 언제 생성되는가가 그 역할에 중요하다.

세포주기 조절 실패에 의한 암의 발생

사람세포의 성장이 제대로 억제되지 않고, 조절되지 않는다면 **암**(cancer)이 생기게 되는데, 암은 본질적으로 세포분열 조절이 실패하여 나타나는 세포분열의 질환이다.

p53 유전자

최근 연구에서 암을 일으키는 주요인 중 하나가 발견되었는데, **p53**이라고 명명된 이 유전자는 세포분열의 G_1 확인점에서 핵심적인 역할을 한다.

이 유전자에서 만들어진 p53 단백질은 DNA에 손상이 없는지, DNA가 온전한지를 감시한다. p53 단백질이 손상된 DNA를 감지하면 세포분열을 정지시키고, 손상을 수선하는데 필요한 특정한 효소들을 활성화시킨다. 일단 DNA가 수선되고 나면 p53는 세포분열이 재개되도록 해준다. DNA의 손상이 복구할 수 없는 상태일 경우 p53은 세포가 스스로 사멸하도록 지시한다.

손상된 세포의 분열을 정지시킴으로써 p53 유전자는 돌연변이 세포의 발생을 방지해준다. p53 유전자의 역할이 암억제에만 국한되어 있는 것은 아니지만, p53 유전자는 **암억제 유전자**로 여겨지고 있다.

원암유전자

일반적으로 **암**이라고 통칭하는 질환은 실제로는 발생 조직에 따라 매우 다른 종류의 질병인데, 모든 암의 공통점은 세포주기 조절 기작이 손상되었다는 점이다. 많은 연구를 통하여 많은 **암유전자**(oncogene)라고 부르는 유전자들이 발견되었는데, 암유전자가 세포내로 들어올 경우 세포는 암세포로 변하게 된다. 이러한 발견을 통하여 **원암유전자**(proto-oncogenes)를 찾아낼 수 있었는데, 원암유전자는 정상적인 세포 유전자이지만 돌연변이가 되었을 때 암유전자로 변하게 된다.

원암유전자의 작용은 종종 성장인자에 의한 신호전달 과정과 관련이 있으며, 원암유전자에 돌연변이가 일어났을 경우 여러 가지 방식으로 세포의 성장과 조절에 문제가 생긴다. 어떤 원암유전자들은 성장인자에 대한 수용체를 암호화하고, 다른 원암유전자들은 성장인자 수용체의 하위 단계에서 신호전달에 작용하는 단백질들을 암호화한다. 성장인자 수용체에 돌연변이가 생겨서 영구적으로 활성화된 상태라면, 세포는 더 이상 성장인자의 존재 여부에 관계없이 세포분열을 하게 되는데, 이는 계속 스위치가 켜져 있는 전등불 같이 불이 항상 들어와 있는 상태가 된다. PDGF와 EGF 수용체는 모두 원암유전자에 속한다. 한 쌍의 염색체에서 한쪽의 원암유전자만 돌연변이를 일으켜도 세포분열이 통제되지 않는다. 따라서 이러한 변화는 우성 돌연변이처럼 작용한다.

수년 동안 50개 이상의 원암유전자들이 발견되었는데, 원암유전자에 대한 연구는 암과 세포주기 조절에 관한 분자적 기작의 이해에 커다란 도움을 주고 있다.

암억제 유전자

원암유전자가 발견된 후, 암과 관련된 두 번째 범주의 유전자들이 알려지게 되었는데, 바로 **암억제 유전자**(tumor-suppressor gene)가 그것이다. 앞에서 p53 유전자가 암억제 유전자로 작용하고, 이런 역할을 하는 수많은 다른 유전자가 존재한다는 것을 언급한 바 있다.

원암유전자에서의 돌연변이 형성과는 달리, 암억제 유전자는 두 상동염색체 모두가 기능을 잃어야만 암이 발생한다. 다시 말해 원암유전자는 우성으로 작용하고, 암억제 유전자는 열성으로 작용한다는 것이다.

2 유성생식과 감수분열

2.1 유성생식과 감수분열

유성생식의 핵심은 두 개의 세포가 유전적으로 기여하는 것이다. 초기에 생물학자들에게 유성생식을 하는 생물들의 생식 방법에는 이해하기 어려운 부분이 많았다. 최근에 와서 감수분열 과정에서 나타나는 염색체의 정교한 움직임에 대한 근본적인 기작이 이해되기 시작했다. 여기에서는 감수분열의 발달사와 유성생식과의 관계에 대해 알아본다.

염색체 수가 감소하는 감수분열

1879년 플레밍(Flemming)이 염색체를 발견한 지 몇 년 후, 벨기에의 세포학자 베네든(van Beneden)은 회충에서 세포의 종류에 따라 염색체의 수가 다르게 나타나는 것을 발견하고는 매우 놀랐다. 그는 특히 **배우자**(gamete)는 2개의 염색체를 가지는 반면 배아와 성숙한 개체의 **체세포**(somatic cells)는 4개의 염색체를 가지고 있다는 사실을 발견했던 것이다.

이러한 발견을 토대로 1883년에 베네든은 체세포 염색체의 절반을 가지고 있는 난자와 정자가 융합하여 하나의 세포인 **접합자**(zygote)가 만들어진다고 제안하였다. 접합자는 결국 거기에서 파생되는 다른 모든 세포들과 마찬가지로 2벌의 염색체를 가진다. 두 배우자가 융합하여 하나의 새로운 세포를 만드는 것을 **수정** 또는 **배우자합체**라고 한다.

배우자 형성을 위해서는 염색체 수가 절반으로 줄어드는 기작이 있어야 한다는 것을 초기의 과학자들도 알고 있었다. 그렇지 않으면 염색체 수는 수정할 때마다 두 배로 증가하여 몇 세대가 지나게 되면 세포 안에 들어 있는 염색체의 수가 극단적으로 증가하게 된다. 예를 들어 사람의 경우 46개의 염색체가 세포에 존재하는데, 10세대가 지나면 이 염색체의 수가 47,000(46×2^{10})개가 넘게 될 것이다.

염색체의 수는 실제로 이와 같은 방식으로 폭발적으로 증가하지 않는데, 이는 **감수분열**이라고 하는 염색체의 수가 줄어드는 특별한 분열이 있기 때문이다. 감수분열은 배우자를 형성할 때 일어나며, 그 과정을 통해 염색체 수는 정상일 때의 반으로 줄어든다. 염색체가 절반으로 줄어든 두 세포의 융합은 염색체 수가 한 세대에서 다음 세대로 변함없이 유지되도록 만든다.

반수체 시기와 이배체 시기로 구분되는 유성생식 주기

감수분열과 수정은 함께 하나의 생식주기를 이룬다. 성체의 **체세포**에는 두 벌의 염색체가 존재하여, **이배체** 세포를 형성하는 데 비해, **배우자**에는 한 벌의 염색체만이 존재하기 때문에 반수체(haploid)라고 불린다. 감수분열과 수정이 교대로 이루어지는 생식을 **유성생식**(sexual reproduction)이라고 하며, 유성생식의 가장 큰 특징은 자손이 양쪽 어버이로부터 염색체를 물려받는다는 점이다. 그 실례로 사람은 어머니로부터 23개의 염색체(모계 상동염색체)를, 아버지로부터 23개의 염색체(부계 상동염색체)를 물려받는다.

유성생식을 하는 모든 생물의 생활주기는 이배체와 반수체의 염색체 수를 번갈아 가지는 양상을 따르지만, 여기에는 약간의 변이도 있다. 예를 들면 많은 종류의 조류(algae)들은 생활주기의 대부분을 반수체 상태로 보내는데, 접합자는 감수분열을 통해 반수체를 만들고 반수체는 유사분열을 한다. 일부

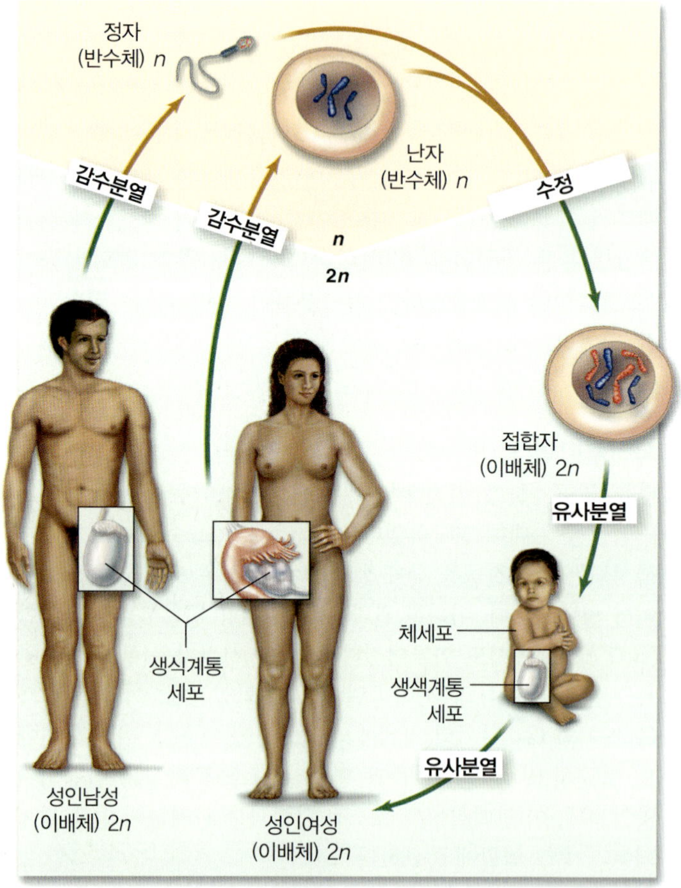

그림 4.7 동물의 유성 생활주기.
동물에서 접합자가 유사분열을 통해 성체의 모든 세포를 형성한다. 생식계통 세포는 발생 초기에 한쪽으로 모이며, 감수분열을 통해 반수체 배우자(정자나 난자)가 된다. 나머지 세포들은 체세포라고 부른다.

식물과 조류는 다세포성 반수체 시기와 다세포성 이배체 시기를 교대로 가지는데, 8장에서 그 자세한 예들을 볼 수 있다. 대부분의 동물은 주로 이배체 상태로 존재하며, 접합자는 처음에 유사분열을 하여 이배체 세포를 만들고, 생활주기의 후반에 이배체 세포의 일부가 감수분열을 통해 반수체의 배우자를 만든다(**그림 4.7**).

발생 초기에 격리되는 생식계통 세포

동물에서는 하나의 이배체 접합자가 유사분열을 통해 성체를 이루는 모든 세포를 만든다. 감수분열을 통해 배우자를 만들 세포들은 발생 초기에 체세포와는 격리되어 한쪽에 모아지는데, 이 세포들을 **생식계통 세포**(germ-line cells)라고 부른다.

체세포와 생식계통 세포는 모두 이배체이지만, 체세포는 유사분열을 하여 유전적으로 동일한 이배체 딸세포를 만드는데 비해 생식계통 세포는 감수분열을 통해 반수체 배우자를 만든다(**그림 4.7**).

2.2 감수분열의 특징

감수분열(meiosis) 기작은 생물마다 세부 과정에서 차이를 보인다. 이 차이는 염색체 분리 방식에서 뚜렷하게 나타나며, 원생생물과 균류는 식물이나 동물의 경우와 차이를 보인다.

이배체 생물의 감수분열은 **제 I 감수분열**(meiosis I)과 **제 II 감수분열**(meiosis II)이라고 부르는 두 번의 분열로 구성되는데, 이 두 분열은 전기(prophase), 중기(metaphase), 후기(anaphase), 말기(telophase)로 구분된다. 이 과정에 대해 자세히 알아보기에 앞서 감수분열과 유사분열과 구별하는 특징들에 대하여 살펴본다.

감수분열 중 짝을 이루는 상동염색체

제 I 감수분열 전기의 초기 단계에 상동염색체(homologous chromosomes)가 짝을 찾아 밀착하여 결합하는 과정이 나타나는데, 이를 짝짓기(paring) 또는 **접합**(또는 연접, synapsis)이라고 부른다. 이 과정에 대하여 오랫동안 연구가 이루어져 왔으나, 분자적 수준의 자세한 기작은 아직 불분명하다. 생물학자들은 전자현미경, 유전적 교배 자료, 생화학적 분석 등을 통해 접합에 대해 더 많은 사실을 밝혀내고 있으나 지금까지의 연구 결과로는 접합을 하나의 완벽한 그림으로 만들어내는 데는 일부 부족하다.

접합 복합체

전기 I 동안 상동염색체가 그들의 알맞은 짝을 찾아 밀착하여 결합하는 과정에서 **접합 복합체**라는 정교한 구조가 나타나는데, 이 구조에서 두 상동염색체는 단백질로 이루어진 격자 구조에 의해 가깝게 배열되어 짝을 이루게 된다. 연접 복합체의 구성 요소 중에는 감수분열에 특이성을 갖는 코헤신(cohesin) 단백질이 있는데, 코헤신은 앞장에서 설명한 것처럼 유사분열 동안 자매 **염색분체**(sister chromatids)를 결합시켜준다. 코헤신 단백질은 자매 염색분체뿐만 아니라 상동염색체가 결합하는 것도 도와주는데, 그 결과로 감수분열의 시기 동안 두 상동염색체의 4개의 염색분체가 밀착하여 결합된다. 이 구조는 **사분체** 혹은 **이가염색체**라고 부른다.

상동염색체 사이의 유전물질 교환

전기 I에서 상동염색체가 짝을 이루는 동안 감수분열에서는 특징적으로 나타나는 또 다른 과정인 **유전자 재조합** 또는 **교차**(clossing-over)가 일어난다. 이 과정은 문자 그대로 상동염색체 간에 염색물질을 교환하는 과정이다. 이 현상을 세포학적으로 관찰한 것이 교차이고, 유전학적으로는 유전자 재조합이라 부르는데, 이로 인해 원래는 다른 상동염색체에 존재하던 대립유전자들이 같은 상동염색체에 있을 수 있게 된다.

상동염색체의 결합과 분리

상동염색체 간의 결합은 제 I 감수분열 전 과정에 걸쳐 지속되며, 염색체의 이동에 영향을 준다. 중기 I에서 짝을 이룬 상동염색체는 중기판(metaphase plate) 쪽으로 이동하여 짝을 이룬 상태로 양극의 방추사에 연결된다. 이와는 달리 유사분열에서는 상동염색체가 각각 독립적으로 움직인다.

후기 I 동안 짝을 이룬 상동염색체는 각각 분리되어 양극으로 끌려간다. 유사분열에서는 상동염색체가 아닌 자매 염색분체가 양극으로 끌려가게 되는 것에 차이가 있다.

감수분열과 유사분열의 가장 뚜렷한 차이는 감수분열에서는 유전물질의 복제 없이 연이어 2번의 분열이 일어난다는 점이다. 이러한 현상은 두 번의 감수분열 사이에 DNA 복제가 억제되어야지만 가능하다. 제 I 감수분열에서의 염색체의 행동으로 인해 각 세포는 자매 염색분체가 결합된 형태의 상동염색체 중 하나씩만을 가지게 된다. 그 후 DNA 복제 없이 유사분열처럼 분열이 일어나 세포들은 각 염색체의 자매 염색분체를 나누어 가지게 된다. 이것이 감수분열의 이해에 핵심이 되는데, 제 II 감수분열은 유사분열과 유사하지만 염색체 복제 없이 일어난다는 것이다.

2.3 감수분열의 과정

감수분열을 이해하기 위해서는 각 분열 동안 염색체가 어떻게 행동하는지 주의 깊게 살펴보는 것이 필요하다. 감수분열의 과정에서 교차에 의해 상동염색체가 염색물질을 교환한다. 이 과정에 의해 염색물질 교환이 일어나는 위치에서 두 상동염색체의 자매 염색분체의 접착이 상동염색체를 서로 붙이게 된다. 자매 염색분체 사이의 접착이 떨어지는 시기는 염색체의 위치에 따라 다르게 나타나는데, 염색체의 팔(arm) 부위의 경우 후기 I에서 두 자매 염색분체가 분리되는 데 비해 동원체 부위는 후기 II까지 결합된 상태로 남아 있게 된다.

전기 I: 감수분열 준비 단계

감수분열하는 세포는 체세포의 G_1, S, G_2기와 비슷한 간기를 가진다. 간기가 지난 후 생식계통 세포는 제 I 감수분열로 진입하게 된다. 감수분열의 전기 I에서 DNA는 조밀하게 꼬여 각 염색체를 광학현미경으로 관찰하면 가는 실처럼 보인다. 감수분열 전에 DNA는 이미 복제된 상태이므로 각각의 실들은 실제로는 동원체를 통하여 부착되어 있는 2개의 자매 염색분체이다. 전기 I에서 상동염색체들은 서로 밀착하여 접합을 이루고 교차를 통해 절편을 교환한 다음 각각 분리된다.

접합

생식계통 세포의 전기 과정 동안 염색분체의 말단은 핵막의 특정 부위에 부착한다. 이때 상동염색체 짝은 서로 인접한 곳에 부착되기 때문에 각각의 상동염색체는 서로 가까이 위치하게 된다. 그 후 **이질염색질**이 작용하여 서로 나란히 줄지어 서게 되면서 **접합**이 일어난다.

이러한 결합이 상동염색체 전체에서 일어나고 각각의 상동염색체의 자매 염색분체는 코헤신 복합체에 의해 연결되어 자매 염색분체 부착이 일어난다. 결과적으로 4개의 자매 염색분체가 밀착하여 나란히 배열하게 된다.

교차

전기 I 동안 형성된 접합 복합체와 함께 다른 종류의 구조물이 재조합 과정의 시기에 맞추어 나타난다. 이는 **재조합 결절**이라고 부르는데, 상동염색분체의 분리와 재부착에 필요한 효소 장치를 지니고 있는 것으로 보인다.

교차는 매우 복잡한 과정으로, 이 과정에서 비자매 염색분체 사이에 DNA 절편의 교환이 일어난다. 감수분열 동안 자매 염색분체끼리의 교차는 억제된다. 염색체의 크기에 상관없이 각 염색체 팔은 감수분열 때마다 비자매 염색분체끼리 1개 내지 수개의 교차가 일어나도록 조절되는데, 사람의 염색체 팔에서는 특징적으로 2 또는 3개의 교차가 일어난다.

교차가 완료되면 접합 복합체가 분해되고, 상동염색체 간의 결합이 느슨해지긴 하지만 아직 키아스마타에 의해 결합이 되어 있다. 이 시기에 각 염색체 한 쌍은 각각 2개의 염색분체를 가지는 2개의 상동염색체로 이루어진 4개의 염색분체로 구성된다.

중기 I: 쌍을 이룬 상동염색체의 적도판 배열

전기 I에서 키아스마타가 염색체의 말단 쪽으로 이동하여, 중기 I에 말단 **키아스마타** 상태를 이룬다. 말단 키아스마타는 중기 I에 두 상동염색체를 붙잡아 세포의 적도면에 배열하게 한다.

미세소관이 방추사 부착점(또는 동원판)에 연결되는데, 하나의 상동염색체에 있는 자매 염색분체의 방추사 부착점은 마치 하나처럼 작용한다. 결과적으로 양극에서 나온 방추체 미세소관이 각각의 자매 염색분체가 아니라 상동염색체의 바깥쪽 방추사 부착점에만 연결된다.

이렇게 두 개의 자매 염색분체에 존재하는 두 개의 방추사 부착점이 마치 하나처럼 작동하는 원리는 아직 잘 이해가 되지 않고 있는데, 전자현미경 관찰에 바탕을 둔 하나의 가설은 중기 I 동안 자매 염색분체의 동원체와 방추사 부착점이 매우 단단하게 결합되어 하나처럼 작용한다고 설명하고 있다.

유사분열에서는 자매 염색분체의 한쪽 동원체에만 방추체가 이어지면 큰 해가 되지만 감수분열에서는 이러한 과정이 필수과정이다. 이 과정을 통하여 키아스마타와 자매 염색분체 부착으로 이어진 상동염색체는 양쪽으로 끌리면서 세포의 적도판에 위치하게 된다. 결과적으로 쌍을 이룬 상동염색체는 중기판에 배열하게 된다.

방추축(spindle axis)을 중심으로 상동염색체 중에서 모계의 상동체와 부계의 상동체가 무작위적으로 극 쪽으로 향하게 된다(**그림 4.8**).

후기 I: 자매 염색분체의 분리

후기 I(ananphase I)에서는 방추사의 미세소관이 짧아지기 시작하여 키아스마타가 끊어지면서 동원체가 양극으로 잡아당겨진다.

후기 I은 염색체 팔을 따라 자매 염색분체 부착이 끊어지며 시작되는데, 이때 동원체 결합은 분리되지 않는다. 이러한 과정은 유사분열 후기와 비슷하게 감수분열 특이적인 코헤신이 분해되면서 일어나는데, 차이점은 동원체에서는 분해가 일어나지 않는다는 것이다.

결과적으로 상동염색체는 서로 분리되고 자매 염색분체는 결합된 상태를 유지하고 있게 된다. 각 상동염색체는 양극으로 이동하는데, 동원체를 통해 묶인 자매 염색분체들은 함께 이동한다. 방추사가 완전히 짧아지면 양극에는 완전한 한 벌의 반수체가 집결하게 된다.

중기판(metaphase plate)에 모여 있던 상동염색체가 향하는 극 방향은 무작위적이므로 양극에 모이는 염색체의 기원(모계 또는 부계)도 무작위적으로 일어난다. 그 결과 서로 다른 염색체에 위치한 유전자들은 독립적으로 분리되는데, 배우자 세포에 염색체가 들어가는 것은 모계 또는 부계에서 유래된 염색체의 독립 배열(independent assortment)에 의해 결정된다.

말기 I: 제 I 감수분열 완성

염색체들이 2개 집단으로 완전히 나누어지면서 말기 I이 시작되고, **딸핵**(daughter nucleus) 주위에 다시 핵막이 생긴다.

제 I 감수분열

전기 I	중기 I	후기 I	말기 I

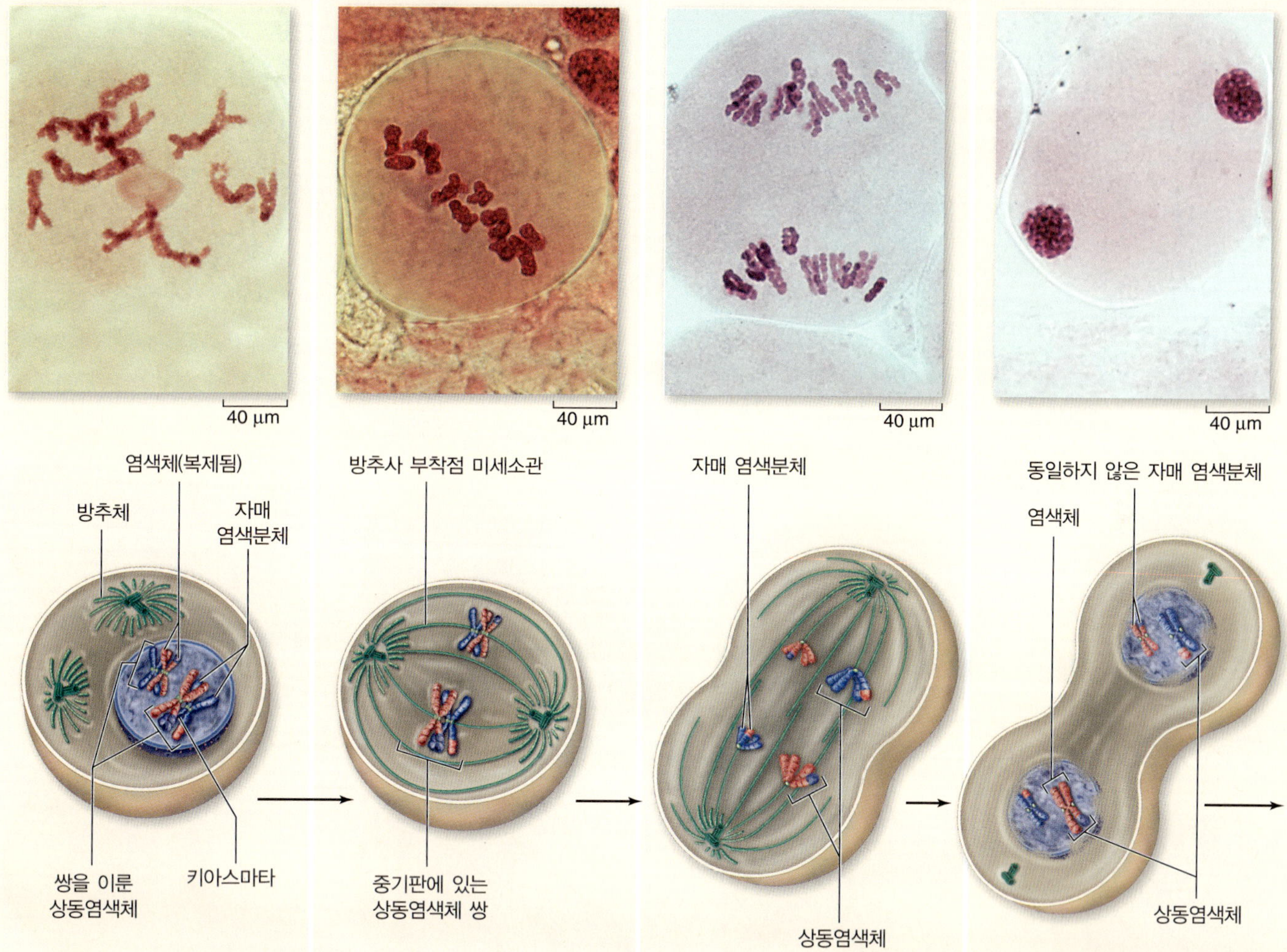

전기 I: 제 I 감수분열 전기 I에 염색체들은 응축하기 시작하고, 미세소관으로 이루어진 방추사가 형성되기 시작한다. DNA는 복제된 상태이고, 각 염색체는 2개의 자매 염색분체로 구성되어 있으며, 이들은 동원체에 의해 서로 부착되어 있다. 위 그림에는 4개의 염색체, 즉 2쌍의 상동염색체가 나타나 있다 상동염색체는 쌍을 이루어 접합하여 밀착된다. 교차가 일어나 키아스마타를 형성하며, 키아스마타는 상동염색체를 부착시킨다.

중기 I: 중기 I에 상동염색체 쌍은 중기판을 따라 정렬한다. 키아스마타가 염색체 쌍이 함께 붙어 정렬하도록 돕고, 양극에서 나온 미세소관이 각 상동염색체의 한쪽 자매 염색분체의 방추사 부착점에만 결합하여 장력을 만든다. 한쪽 극에서 나온 방추사 부착점 미세소관은 한쪽 상동염색체에만 연결되어, 다른 극에서 나온 방추사 부착점 미세소관은 다른 상동염색체에만 연결된다.

후기 I: 미세소관은 짧아지고 상동염색체 쌍은 서로 벌어지면서 양극 쪽으로 움직인다. 상동체는 서로 반대 쪽으로 움직인다. 자매 염색분체는 아직 부착된 상태이다. 이와는 달리 유사분열에서는 상동염색체의 각 상동체는 개별적으로 중기판에 정렬하고 세포의 양극에서 나온 방추사 부착점 미세소관이 양쪽의 방추사 부착점에 연결되므로 자매 염색분체는 후기에 서로 떨어진다.

말기 I: 말기 I에서 서로 분리된 상동체는 양극에 모이고 딸핵 주위에 핵막이 재형성되며 세포질분열이 일어난다. 새로 생긴 두 세포는 원래 세포의 염색체 수의 절반을 가진다. 위 그림의 경우 각 핵은 2개의 염색체를 가진다(원래 세포는 4개를 가졌었다). 각 염색체는 아직 복제된 상태로 있으며 2개의 자매 염색분체로 구성되지만, 교차가 일어난 뒤이므로 자매 염색분체는 서로 동일하지 않다.

그림 4.8 감수분열의 단계. 식물(위 사진)과 동물(아래 그림)의 감수분열을 보여준다.

제 II 감수분열

전기 II | 중기 II | 후기 II | 말기 II

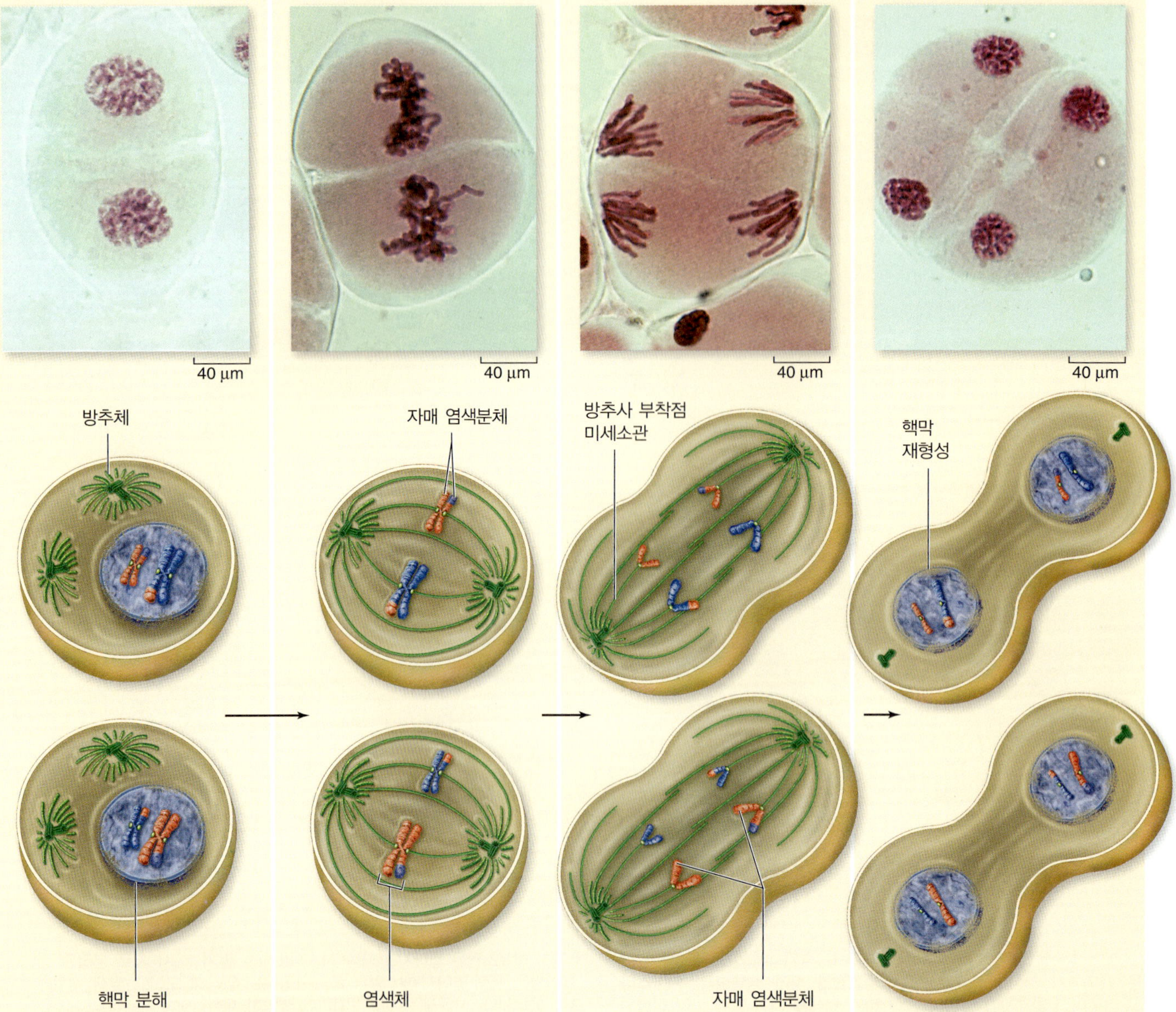

전기 II: S기가 없는 짧은 간기에 이어서 제 II 감수분열이 시작된다. 전기 II에 새로운 방추장치가 각 세포에서 생기고 핵막이 소실된다. 일부 종에서는 말기 I에서 핵막이 생기지 않아서 이 시기에 다시 소실될 필요가 없다.

중기 II: 중기 II에서 완전한 방추장치가 자리잡는다. 동원체로 부착된 자매 염색분체로 구성된 염색체는 중기판에 정렬한다. 양극으로부터 나온 방추사 부착점 미세소관이 자매 염색분체의 방추사 부착점 양쪽에 연결된다.

후기 II: 후기 II에서는 미세소관이 짧아지고 동원체가 분리되며, 자매 염색분체는 양극으로 끌려간다.

말기 II: 말기 II에서는 핵막이 재형성된다. 세포질분열이 일어나서 4개의 반수체 세포가 생긴다. 전기 I에서 일어난 염색체의 무작위 배열과 교차로 인하여 각 세포들은 서로 다르다.

딸핵 안의 염색체는 제 I 감수분열이 시작되기 전에 이미 복제되었기 때문에 각 염색체는 동원체로 묶인 2개의 자매 염색분체를 가진다. 중요한 것은 이 자매 염색분체들이 전기 I에서 일어난 교차 때문에 더 이상 서로 동일하지 않다는 점이다(**그림 4.8**). 이러한 변화는 유전적 다양성을 일으키는 매우 중요한 요인이 된다.

세포질과 내용물이 나누어지는 세포질분열은 말기 I 후에 일어나기도 하고, 일어나지 않기도 한다. 제 II 감수분열이 다시 일어나기 전의 간기의 길이는 생물에 따라 다양하게 나타난다.

제 II 감수분열

제 I 감수분열과 제 II 감수분열 사이의 간기에는 DNA 합성이 일어나지 않는다. 제 II 감수분열은 정상적인 유사분열과 비슷하게 전기 II, 중기 II, 후기 II, 말기 II로 이루어지며, 신속히 진행된다(**그림 4.8**).

전기 II(Prophase II)**:** 전기 II에 들어가면 핵막이 소실되면서 새로운 방추체가 형성된다.

중기 II(Metaphase II)**:** 방추사가 각각의 자매 염색분체의 방추사 부착점의 양쪽 면에 연결되어 양쪽으로 당기는 힘에 의해 염색체를 중기판에 배열하게 된다. 이러한 과정은 유사분열의 중기와 비슷하다.

후기 II(Anaphase II)**:** 방추사가 수축하고 자매 염색분체를 연결하던 코헤신 복합체가 분해되어 동원체가 나뉘어 자매 염색분체들은 양극으로 움직인다. 이 과정은 또한 유사분열의 후기와 비슷하다.

말기 II(Telophase II)**:** 마지막으로 4벌의 딸 염색체 주변에 핵막이 재형성되고 세포질분열이 일어난다.

제 I 감수분열 결과 반수의 염색체를 가진 4개의 세포가 생기며, 이 반수체 핵을 가진 세포들은 대부분의 동물에서처럼 바로 배우자로 발달할 수 있다. 식물, 균류, 여러 원생생물에서는 유사분열 방법으로 분열하여 더 많은 수의 배우자가 만들어지기도 하며, 일부 식물이나 곤충에서처럼 서로 다른 수의 염색체 세트를 갖는 개체들이 만들어지기도 한다.

감수분열 오류에 의한 이수체 배우자 형성

감수분열 과정에 문제가 생긴다면 정확하지 못한 수의 염색체를 갖는 배우자가 생겨나기 때문에 감수분열 과정은 매우 정확하게 진행되어야 한다. 감수분열 과정 중 정확한 반수의 염색체가 양극으로 이동하지 못하는 **비분리**가 일어나면 특정 염색체가 결실되거나 중복된 배우자가 생성된다. 이렇게 잘못된 수의 염색체를 가진 배우자를 **이수체 배우자**라고 부르며, 사람의 경우 대부분의 자연 유산이 된다.

2.4 감수분열과 유사분열의 비교

감수분열의 이해에서 가장 중요한 것은 감수분열과 유사분열의 차이점을 이해하는 것이다. 두 분열의 기본적인 과정은 비슷하지만 감수분열은 처음 단계에서 염색체의 이동 양상이 유사분열과 다르다.

감수분열은 다음에서 보는 바와 같이 유사분열과 다른 4가지의 특성을 가지고 있다.

1. 제 I 감수분열에서 모계와 부계 염색체가 서로 결합하여 교차가 일어난다.
2. 자매 염색분체는 동원체에 의해 결합되어 있고, 후기 I에서 함께 이동한다.
3. 제 I 감수분열에서는 자매 염색분체의 방추사 부착점이 같은 극 쪽으로 이동하지만, 유사분열에서는 반대쪽 극으로 이동한다.
4. 두 감수분열 사이에 DNA 복제가 일어나지 않는다.

모든 과정이 아직 완전히 밝혀지지는 않았지만 여기에서는 지금까지 알려진 감수분열과 유사분열의 차이점에 대해 알아본다.

감수분열에만 나타나는 상동염색체의 짝짓기

감수분열 전기 I에서 상동염색체가 짝을 이루는 현상은 유사분열과 차이를 보이는 현상으로 그 이후에 생기는 모든 차이점을 만드는 원인이 된다. 염색체가 어떻게 자신의 상동염색체를 찾아서 나란히 배열되는가 하는 것은 불가사의한 일이다. 이러한 과정에는 염색체상의 텔로미어와 다른 특별한 위치가 관여한다고 생각되고 있지만 아직 확실한 증거는 없다.

감수분열 특이적 코헤신이 발견된 후 그 의문이 일부 풀리고 있다. 효모에서는 Rec8 단백질이 유사분열 코헤신 복합체의 Scc1 단백질을 대신하고 있는데, 앞에서 살펴본 것처럼 Scc1 단백질이 유사분열의 후기에서 분해되어 자매 염색분체가 양극으로 이동하게 된다. 코헤신 복합체에 필수적인 단백질이 감수분열에서 다른 단백질로 대체되는 것은 지금까지 연구된 모든 종에서 공통적으로 나타난다.

다양한 종에서 접합 복합체가 분리되었지만 이 단백질들은 서열상의 유사성이 별로 없었다. 비록 서열상의 유사성은 없지만 구조적으로는 유사성을 나타내는데, 측면 부분이 나선-나선구조 도메인을 가져 단백질끼리의 결합을 촉진시킨다.

유전자 재조합에 의해 교차를 일으키는 기작은 매우 복잡하지만 그에 관여하는 많은 단백질들이 규명되었다. 이 과정은 하나의 상동염색체에 두 가닥의 DNA가 절단되면서 시작된다. 이는 감수분열의 재조합 과정과 DNA의 이중나선 절단 수리 과정의 유사성을 시사해준다. 재조합은 아마도 진화적으로 DNA 수리 과정에서부터 파생되어 염색체의 분리에 맞게 최적화된 것으로 여겨진다. 재조합 단백질의 기능에 문제가 생긴 개체에서는 비분리 현상이 현저하게 증가한다는 사실이 이를 뒷받침해준다.

제 I 감수분열에서는 유지되고, 제 II 감수분열에서 제거되는 자매 염색분체 부착

제 I 감수분열의 후기 단계에서 상동염색체는 서로 분리되지만 자매 염색분체는 결합한 상태를 유지한다. 이러한 분리가 이루어지기 위해서는 후기 I에서 자매 염색분체의 동원체가 같은 극 쪽으로 움직여야 한다. 이러한 사실은 감수분열 특이적인 코헤신이 염색체 팔에서 먼저 제거되고, 후에 자매 염색분체의 동원체에서 제거되어야 한다는 것을 의미한다.

상동염색체는 키아스마타에 의해 연결되고, 교차가 일어나는 부위의 자매 염색분체 부착이 상동염색체를 붙잡아 두게 된다. 염색체 팔의 Rec8 단백질의 분해가 후기 I에서 양쪽으로 상동염색체를 끌어당기게 해주는 신호인 것으로 보인다.

자매 염색분체 부착은 모든 제 I 감수분열 과정 중 동원체 부분에서는 유지되지만 팔 부분에서는 후기 I에서 제거된다는 사실이 감수분열과 유사분열의 차이를 만들어준다. 최근 종간에 잘 보존된 단백질인 슈고신(Shugoshin, 일본말로 "정신의 수호자"라는 의미)이 제 I 감수분열에서 코헤신이 세파라아제에 의해 분해되는 것을 막아준다는 보고가 있었다. 생쥐는 Sgo-1과 Sgo-2 두 개의 슈고신을 갖는다. Sgo-2가 없어지면 자매 염색분체가 이른 시간에 분리된다. 이러한 사실은 왜 Sgo-2가 후기 I에서만 작동하고 후기 II에서는 작용하지 않느냐는 문제를 남기는데, 이는 후기 II에서 생성되는 힘이 Sgo-2를 동원체에서 방추사 부착점으로 이동시킨다는 가설로 설명된다.

동일한 세포를 생성하지 않는 감수분열

유사분열에 의해 만들어지는 딸세포는 최소한 염색체 조성에서는 모세포와 동일하다. 이렇게 정확하게 동일한 세포를 만들어내는 것은 성장, 분화, 그리고 상처 치유를 위한 새로운 세포의 생성에 필수적이다. 그러나 감수분열에서는 제 I 분열 단계에서 일어나는 염색체의 무작위적 배열과 교차에 의해 동일하지 않은 세포가 만들어진다. 감수분열에 의해 만들어진 배우자는 부계와 모계에서부터 유래한 염색체가 섞여서 한 벌의 반수체 염색체를 갖게 되는데, 이 염색체들은 교차에 의해 유전물질들이 서로 섞여 있기도 하다. 이러한 다양성은 진화의 핵심이며, 유성생식을 하는 집단이 어떻게 무성생식을 하는 집단보다 더 다양한지를 설명해주는 근거를 제시해준다.

감수분열은 단순히 유성생식의 과정으로만 중요한 것이 아니라, 유전적 현상을 이해하는 데도 기초가 된다. 감수분열에 의해 다른 세포가 만들어진다는 사실은 **유전적 교배**에 의해 표현 형질이 나타나는 현상의 기본을 이해하는 기초가 된다. 다음 장에서는 유전적 교배에 의한 형질 발현과 이것이 감수분열에서의 염색체의 행동과 어떠한 관계가 있는지 알아 본다.

연 습 문 제

Exercise

1. 염색질은 무엇으로 이루어져 있는가?
   a. RNA, 단백질 b. DNA, 단백질
   c. 자매 염색분체 d. 염색체
2. 자매 염색분체의 분리가 일어나는 시기는 언제인가?
   a. 전기 b. 전중기 c. 후기 d. 말기
3. 일반적으로 원암유전자는 우성으로 작용한다. 이유는 무엇인가?
   a. 게놈에는 오직 한 카피(copy)의 원암유전자만이 존재한다.
   b. 기능획득(gain-of-function) 돌연변이로 작동하여 세포주기를 켠다.
   c. 기능소실(loss-of-functinon) 돌연변이로 작동하여 세포주기를 끈다.
   d. 기능을 나타내기 위해서는 2개의 게놈 카피가 모두 변형되어야 한다.
4. 상동염색체란 무엇인가?
   a. 복제된 염색체의 두 반쪽
   b. 부모 중 한 명에게서 유래된 동일한 두 염색체
   c. 각각의 부모에게서부터 유래된 유전적으로 동일한 염색체
   d. 각각의 부모에게서부터 유래된 유전적으로 비슷한 염색체
5. 감수분열 특이적인 현상이 아닌 것은 어느 것인가?
   a. 상동염색체 간의 결합과 유전물질 교환이 일어난다.
   b. 자매 염색분체의 방추사 부착점이 방추사의 미세소관과 결합한다.
   c. 자매 염색분체가 같은 쪽 극으로 이동한다.
   d. DNA 복제가 억제된다.
6. 원암유전자와 암억제 유전자의 돌연변이가 어떻게 암을 유발하는지 비교 설명하라.
7. 다음 중 어느 것이 유전적 다양성에 기여하지 않는가?
   a. 독립 배열
   b. 유전자 조합
   c. 감수분열 II의 중기
   d. 감수분열 I의 중기

Part 2

BIOLOGY

유전과 진화

제 5 장 유전의 이해

Understanding Genetics

1 유전법칙의 이해

1.1 유전의 신비

유사 이래 한 가족의 구성원들이 서로 닮는다는 것이 알려졌지만(**그림 5.1**), 이러한 유전 양상을 설명할 수 있는 일관된 모델이 없었다. 20세기 이전에는 유전의 두 가지 기초적인 개념이 있었는데, 첫째로 유전은 같은 종 내에서 일어나며, 두 번째로 형질이 부모로부터 자식으로 직접 전달된다는 것이다. 이 두 가지가 종합되어 유전이 정해진 생물 종 내에서 형질들이 서로 섞여 있다는 생각을 하게 되었다.

그림 5.1 유전과 가족 사이의 닮음.
가족은 서로 많이 닮을 수 있다. 이것은 유전의 기작을 시각적으로 보여주는 것이다.

유전 그 자체는 부모의 형질이 체액(일반적으로 혈액이라고 생각하여 왔음)을 통해 서로 섞여서 자손에 나타나는 것으로 여겨져 왔다. 이러한 오랜 개념이 말과 같은 가축의 육종을 지금도 **혈통**(bloodline)이라고 부르는 것처럼 오늘날까지 유지되고 있다. 이러한 점들을 고려해볼 때 이 두 가지의 고전적인 가정은 역설적인 문제점을 낳게 된다. 만약 외부로부터 한 종 내로 어떤 **변이**(variation)도 들어오지 않고 한 종에서의 변이들이 그들 내에서 섞이게 된다면 머지않아 그 종의 구성원들은 모두 같은 모습을 갖게 될 것이다. 그러나 이러한 일은 절대 일어나지 않는데, 이는 한 종의 구성원들은 서로 다르고 세대 간에 전달되는 특징들도 서로 다르기 때문이다.

초기 식물학자들에 의한 잡종 생성

1760년에 쾰로이터(Kolreuter)는 두 가지 서로 다른 담배 종을 교배하여 번식 가능한 자손을 만듦으로써 실험적으로 **잡종화**를 성공적으로 수행하였으며, 그 기록을 남긴 첫 번째 연구자였다. 그 잡종은 부모종과는 외형이 다르게 나타났으며, 그 잡종들끼리 교배하였을 때 자손들은 다양한 모습을 보였다. 어떤 것들은 잡종 부모와 비슷하였고, 어떤 것들은 원래의 종(조부모)과 비슷하게 나타났다. 제 2세대에서 관찰된 이러한 변화는 유전이 부모로부터 자손으로 직접 전달된다는 이론과 상반되는 것으로 이를 현대 유전학의 시작점으로 볼 수 있다.

그 후 수백 년에 걸쳐서 다른 연구자들이 쾰로이터와 같은 연구에 몰두하였다. 1823년에 영국의 나이트(Knight)는 완두콩의 씨앗이 하나는 초록색이고 다른 하나는 노란색인 두

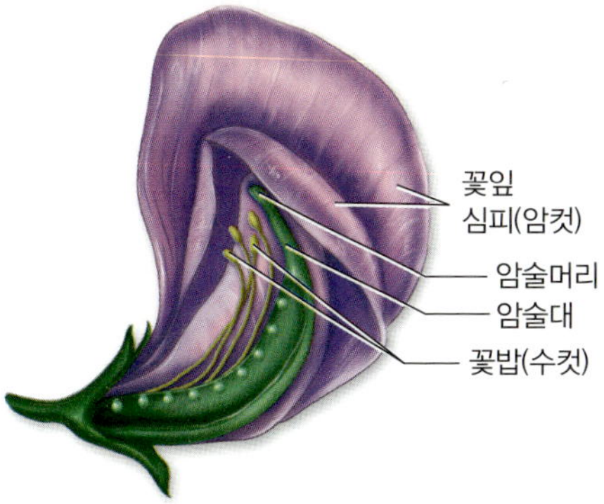

그림 5.2 멘델의 실험 방법.
완두콩 꽃의 꽃잎은 수술(반수체 정자를 지닌 꽃가루 포함)과 암술(반수체 난자를 만드는 밑씨 포함)을 싸고 있다. 따라서 꽃을 그대로 두면 자가수정이 진행된다. 멘델은 흰색 꽃의 수술에서 꽃가루를 모아서 수술이 제거된 보라색 꽃의 암술에 묻혔다. 이러한 타가수정의 결과 생산된 잡종 씨앗은 모두 보라색 꽃의 완두콩이 되었다. 보라색 꽃의 꽃가루를 흰색 꽃의 암술에 묻혔을 때도 결과는 같게 나타났다.

가지 변종을 교배하였다. 두 변종 모두 **자가수정**에 의해 생산되어 자손이 세대 간에 동일한 형질을 유지하는 **순계**였다. 두 변종을 교배해서 생산된 모든 자손들은 씨앗이 노란색이었지만 이 잡종(노란색 씨앗)의 자손들은 씨앗이 노란색인 것이 있었고, 적은 수이긴 하지만 초록색인 것도 나타났다.

다른 연구자들도 서로 다른 형질들이 자손들에게 나타난다는 나이트의 관찰과 유사한 관찰을 하였다. 현대 유전학자들은 이를 초록색이나 노란색과 같이 다른 유형의 **형질**(trait)들이 교배로 생산된 자손들 사이에서 **분리**되었다고 하며, 이는 어떤 자손은 형질의 한 가지 유형(노란색 씨앗)을 나타내고, 다른 자손은 형질의 또 다른 유형(초록색 씨앗)을 나타낼 수 있다는 것을 의미한다.

이와 같이 한 형질이 서로 다른 유형(노랑과 초록)으로 분리된다는 것은 멘델에게 유전의 원리를 이해하는 중요한 실마리가 되었다. 이와 같이 단순하면서도 매혹적인 실험 결과들이 과학적 혁명을 이루게 하였으나, 형질의 분리 과정은 1세기가 더 지나서야 완전하게 밝혀졌다.

멘델의 실험

멘델(Gregor Mendel, **그림 5.2**)은 1822년에 농부의 아들로 태어나 수도원에서 교육을 받고 과학과 수학을 공부하기 위해 비엔나 대학으로 갔다. 그러나 교사 자격시험에 불합격하여 수도원으로 다시 돌아와서 여생을 보내면서 수도원 원장이 되었다. 멘델은 수도원 정원에서 식물 잡종 교배 실험을 시작하였는데, 그 실험 결과는 궁극적으로 유전에 대한 우리들의 관점을 확고하게 바꾸어 놓았다.

완두콩을 사용하게 된 배경

멘델은 그의 실험에서 나이트와 다른 사람들이 사용했던 완두콩을 실험 재료로 선택하였다. 그가 완두콩을 선택한 것은 몇 가지 이유에서 훌륭한 선택이었다.

첫째, 이전의 연구자들이 여러 가지 변종들을 교배하여 잡종들을 만들었기 때문에 멘델은 교배의 결과 생산되는 자손에서 형질들이 분리될 것이라는 것을 알고 있었다.

둘째, 완두콩의 경우 많은 수의 순수 변종들을 사용할 수 있다는 것이다. 멘델은 처음에 34개의 변종들을 조사하였다. 그리고 더 연구를 진행하기 위해 일곱 가지 구별하기 쉬운 형질(예를 들면 씨앗이 둥근 것에 대하여 주름진 것, 노란색에 대하여 초록인 것; 나이트가 연구한 형질)을 갖는 완두콩을 선택하였다.

셋째, 완두콩은 식물의 크기가 작으며 재배가 용이하고, 세대가 짧은 편이다. 따라서 연구자들이 많은 개체를 재배할 수 있고, 한 해에 몇 세대를 재배할 수 있어서 비교적 빨리 결과를 얻을 수 있다.

네 번째 장점은 암수 생식기관이 같은 완두콩의 꽃 속에 포함되어 있어 동일한 꽃의 암수 생식기관에서 생산된 배우자가 융합하여 자손을 만들게 되는데, 이 과정을 **자가수정**이라고 한다. 자가수정은 각각의 꽃 속에서 자동적으로 수행된다. 또한 자가수정이 일어나기 이전에 수술부분을 제거함으로써 자가수정을 막을 수도 있으며, 그런 후에 다른 계통의 꽃가루를 처리함으로써 **타가수정**을 수행할 수도 있다.

멘델의 실험 디자인

멘델은 자신이 사용하는 완두콩 사이의 몇 가지 특이한 차이점에만 초점을 두고 관찰하였으며, 다른 수많은 차이점들은 무시함으로써 실험을 용의주도하게 디자인하였다. 그는 또한 서로 비교 가능한 차이점들을 선택하는 통찰력을 갖고 있었다. 예를 들면 씨앗의 모양(둥근 것 혹은 주름진 것)과 완두콩 키의 크기와 같이 서로 다른 형질의 유전을 비교하는 것은 소용이 없을 것이라는 것을 알고 있었다.

멘델은 그의 실험을 다음과 같이 3단계로 실행하였다.

1. 멘델은 어떤 특정 형질을 갖고 있는 완두콩을 여러 세대에 걸쳐 자가수정을 반복하여 그 형질이 **순계**(pureline)로 세대를 거듭하여 변하지 않는지를 확인하였다.
2. 그런 다음 멘델은 서로 다른 형태의 형질(예를 들면 노란색 씨앗과 초록색 씨앗)을 갖는 완두콩 사이의 교배를 수행하였다. 그는 또한 흰색 꽃 완두콩의 꽃가루를 보라색 꽃 완두콩의 암술에 수정하고, 보라색 꽃 완두콩의 꽃가루를 흰색 완두콩의 암술에 수정하는 것과 같은 **상호교배**도 수행하였다.
3. 마지막으로, 멘델은 2번에서 수행한 교배의 결과 생산된 자손(잡종)을 몇 세대에 걸쳐 자가수정하여 서로 다른 유형의 형질들이 어떻게 유전되는지 관찰하였다. 그중에서도 가장 중요한 것은 멘델이 각 세대의 완두콩에서 각각의 형질을 갖고 있는 자손들의 수를 세었다는 것이다.

이는 단지 질적인 방법으로만 결과를 관찰한 그 이전의 연구자들의 결과와 달리 멘델은 결과를 양적으로 처리하였다는 점에서 그의 연구 결과가 차별화되는 것이다.

1.2 단성잡종 교배: 분리의 법칙

단성잡종 교배(monohybrid cross)는 흰색 꽃과 보라색 꽃같이 단일 형질의 두 가지 서로 다른 변이만을 관찰하기 위한 교배이다. 아주 간단한 이 교배로 유전의 특성에 대한 중요한 결론을 내릴 수 있다.

멘델이 그의 실험에서 연구한 일곱 가지 특징들 각각은 쉽게 식별이 가능한 두 가지 변이를 갖고 있었다. 여기에서는 꽃 색깔을 이용한 멘델의 교배 실험에 대해 상세하게 알아보는데, 멘델은 다른 형질들의 실험에서도 이와 유사한 결과를 얻었다.

두 형질이 섞이지 않고 한 가지 형질만 표현되는 F_1 세대

멘델이 흰색 꽃과 보라색 꽃 완두콩을 교배하여 얻은 자손들의 꽃 색깔은 융합유전의 가정에 의하면 중간색으로 나타나야 하지만 실제는 그렇지 않았다. 자손의 색깔은 항상 부모의 색깔 중 하나를 닮아 나타났는데, 이 자손들은 관례적으로 **F_1 세대**라고 부른다. 흰색 꽃과 보라색 꽃을 교배하였을 때 자손은 모두 보라색 꽃으로 나타났으며, 이러한 결과는 멘델 이전의 과학자들에 의해서도 보고된 바 있다.

멘델은 F_1 세대에서 표현되는 형질을 **우성**(dominant)이라고 하였고, 표현되지 않는 형질을 **열성**(recessive)으로 구분하였다. 멘델이 조사한 일곱 쌍의 서로 대조되는 형질들은 모두 한 쌍 중 하나는 우성이고 다른 하나는 열성이었다.

두 형질이 3:1로 분리되는 F_2 세대

F_1 세대의 완두콩을 키워서 자가수정시킨 후, 멘델은 각 완두콩으로부터 씨앗을 모아 다시 심고 **F_2 세대**의 자손들에서의 분리를 조사하였다. 그는 대부분의 F_2 완두콩은 보라색 꽃을 피웠지만 일부는 열성 형질인 흰색 꽃을 피운 것을 관찰하였다. 열성 형질이 F_1 세대에서 감추어져 나타나지 않았지만 일부 F_2 세대에서 다시 나타난 것이다.

멘델은 F_2 세대의 형질들의 비율이 유전 기작을 푸는 실마리가 될 수 있다고 믿었고, 각 형질의 완두콩 개체 수를 세었다. F_1 세대의 보라색 꽃 완두콩들 사이의 교배에서 929개체의 F_2 세대 완두콩을 얻었으며, 그 중 705개체(75.9%)는 보라색 꽃, 224개체(24.1%)는 흰색 꽃을 피웠다.

F_2 세대의 개체 약 1/4은 열성 형질로 나타났으며, 멘델은 그가 조사한 다른 여섯 가지의 형질에 대하여서도 같은 결과를 얻었다. F_2 개체 중 3/4은 우성 형질을 나타내었고, 1/4은 열성 형질을 나타내었다, 결국 F_2 세대의 개체들에서 우성과 열성의 비가 3:1로 나타난 것이다.

멘델은 형질들이 F_2 개체들에 어떻게 전해지는지 조사하였는데, 그는 열성을 나타내는 개체는 항상 순계임을 발견하였다. 예를 들어 흰색 꽃의 F_2 개체는 자가수정을 하면 항상 흰색 꽃 자손을 생산하였다. 그에 비해 우성인 보라색 꽃 형질을 나타내는 개체는 1/3만이 순계였으며, 2/3는 순계가 아닌 것으로 나타났다. 순계가 아닌 개체들은 제3대(F_3)에서 우성과 열성이 3:1이 되는 자손을 생산하였다.

이러한 결과는 멘델이 F_2 세대에서 관찰하였던 3:1의 비율이 1/4은 우성 순계, 1/2은 순계가 아닌 우성, 그리고 1/4은 열성의 순계로 나타나 실제로는 1:2:1의 비율이었던 것이다.

멘델의 다섯 가지 요소 모델

이러한 결과를 설명하기 위해 멘델은 역사적으로 가장 유명한 간단한 모델을 제시하였는데, 그것은 간단한 가정들을 포함하고 있고 확실한 예측을 할 수 있는 모델이다. 그 모델은 다음과 같이 다섯 가지 요소로 이루어져 있다.

1. 식물은 생리적인 형질을 직접 자손에게 전해주는 것이 아니라, 형질을 결정할 수 있는 섞이지 않는 정보를 자손에게 전해준다. 멘델은 이것을 "**인자**(factor)"라고 하였으며, 이것은 현재 **유전자**(gene)라고 부른다.
2. 각 개체는 부모 중 하나로부터는 어떤 유전자의 하나만을 받게 된다. 유전자들이 염색체 위에 있고, 성체는 각각의 부모로부터 쌍으로 되어 있는 염색체의 하나씩을 받게 되어 이배체가 된다.
3. 유전자의 모든 복제(copy)들이 동일한 것은 아니다. 유전자의 서로 다른 형태를 **대립인자**(allele)라고 부른다. 동일한 대립인자를 갖고 있는 두 개의 반수체 배우자가 융합하면 **동형접합성** 자손이 나타나고, 서로 다른 대립인자를 갖고 있는 두 반수체 배우자가 융합하면 **이형접합성** 자손이 만들어지게 된다.
4. 두 개의 대립인자들은 별개로 존재하며, 그들은 서로 섞이지 않고 서로를 변화시키지도 않는다. 따라서 한 개체가 자라서 자신의 배우자를 만들 때, 그 대립인자들은 배우자에게로 무작위로 분리되어 들어간다.
5. 어떤 특정한 대립인자가 있다고 해도 그 대립인자가 반드시 발현된다는 것은 아니다. 이형접합성 개체에서는 그중에서 우성인 대립인자만 발현되고, 열성인 다른 대립인자는 발현되지 않는다.

유전학자들은 개체가 갖고 있는 대립인자 전체를 **유전자형**(genotype)이라고 부르며, 한 대립인자로 인하여 표현된 외형적 모습 혹은 관찰 가능한 특징을 **표현형**(phenotype)이라고 부른다. 다시 말해 유전자형은 청사진이며, 표현형은 개체에서 보여지는 결과물인 것이다.

이러한 사실들로부터 멘델의 분리비를 좀더 현대적인 말로 표현할 수 있다. 우성과 열성의 3:1의 비율은 단성잡종의 표현형의 비이다. 우성 동형접합 대 이형접합 대 열성 동형접합의 비율이 1:2:1인 것은 단성잡종의 유전자형의 비율이다. 우성 대립인자의 활동에 의해 이형접합체의 표현형이 우성 동형접합체와 같이 보이게 함으로써 유전자형의 비율이 합쳐져 표현형의 비율로 나타난 것이다.

분리의 법칙

멘델의 모델은 그가 관찰한 비율을 깔끔하게 나타내 주고 있다. 그의 주요 결론은 한 형질을 결정하는 대립인자들은 배우자 형성 동안에 서로 분리되어 그대로 남아 있다는 것이며, 이러한 결론은 다른 생물에서도 확인되었다. 이것을 흔히 멘델의 제 1법칙 또는 **분리의 법칙**이라고 부른다. 이 법칙은 간단히 다음과 같이 표현할 수 있다: 한 유전자의 서로 다른 대립인자들은 배우자 형성 동안에 분리되고, 수정할 때에 각 양친으로부터 나온 하나씩의 대립인자들이 무작위로 결합한다.

대립인자의 분리를 설명할 수 있는 구체적인 증거는 감수분열 동안에 염색체의 이동에서 찾을 수 있다. 각 상동염색체는 제 I 감수분열 후기에 분리된다. 그리고 제 II 감수분열의 결과 각 상동염색체를 하나만 지닌 배우자가 만들어진다. 멘델은 유전이 어떻게 일어나는지에 대한 세포학적 기작에 대해 모르고 있었고, 그 시대에는 염색체나 감수분열과 같은 것은 밝혀져 있지 않았지만, 그의 분석이 올바르게 된 것은 그의 지적 능력의 덕분이라고 볼 수 있다.

사람 형질의 우성/열성 유전

많은 사람 형질들이 우성 혹은 열성 유전을 나타내는 것으로 알려져 있다(**표 5.1** 참조). 그러나 사람의 경우 멘델이 완두콩에서 시행한 것처럼 교배를 마음대로 할 수 없기 때문에, 이미 이루어져 있는 가족의 역사를 이용하여 연구를 수행해 왔다. 이와 같이 사람의 유전을 체계적으로 연구하는 방법은 바로 **가계도**(pedigree)를 분석하는 것이며, 이것은 어떤 형질에 대하여 수 세대에 걸쳐 부부 관계 및 자손들을 그림으로 일관성 있게 표시

표 5.1 사람의 우성 형질과 열성 형질

열성 형질	표현형	우성 형질	표현형
백색증	멜라닌 색소 결핍	손가락 중간 마디 털	손가락 중간 마디에 털이 있음
알캅톤뇨증	호모젠티신산 대사 불능	단지증	짧은 손가락
적록 색맹	붉은색 파장과 초록색 파장 빛의 식별 불능	헌팅턴병	중년기부터 신경계의 퇴화
낭포성 섬유증	분비선 이상으로 간 퇴화 및 폐 기능 정지	페닐티오카바마이드(PTC) 민감성	PTC를 쓴맛으로 느낄 수 있음
뒤쉬엔느 근위축증	유년기 근육 소실	굴지증	새끼손가락을 펼 수 없음
혈우병	혈액응고 불능, 응고 지연	고콜레스테롤혈증(가장 흔한 사람의 멘델 유전 질환)	높은 혈중 콜레스테롤 수준과 심장마비 위험
낫세포 빈혈증	헤모글로빈 결함으로 적혈구 굴곡 및 응집 초래	다지증	여분의 손발가락

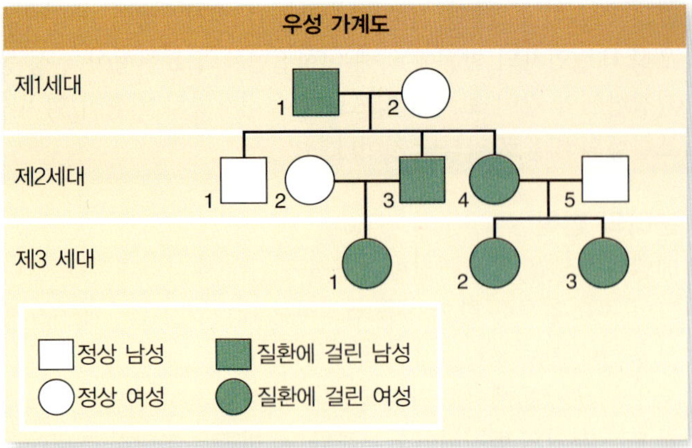

그림 5.3 유전성 어린이 녹내장의 우성 가계도.
남성은 사각형, 여성은 원으로 표시하였으며, 질환이 있는 사람은 진하게 표시하였다. 각 세대에서 이 형질이 나타난다는 것은 우성 형질의 특징이며, 그러한 특징이 이 형질에서도 나타난다.

하는 것이다. 이러한 가계도에 관한 정보를 이용하여 유전학자들은 사람이 지닌 형질의 유전 양상을 추론해낼 수 있다. 이러한 가계도의 분석에서 일반 집단에서는 질병의 원인이 되는 대립인자가 꽤 드물다는 것을 인식해야 한다.

우성 유전의 가계도: 어린이 녹내장

지금까지 만들었던 가장 큰 가계도 중의 하나는 우성 대립인자에 의해 발생되는 장님의 유전을 추적하기 위한 가계도였다. 이 질병 대립인자는 유전성 **어린이 녹내장**(juvenile glaucoma)을 일으키는데, 이 질병은 시신경의 퇴화를 초래하여 장님에 이르게 한다.

이 가계도는 3세기에 걸쳐 그 유전 현상이 추적되었으며, 결국 1495년에 사망한 프랑스 북서부의 한 부부에 그 원인이 있음이 밝혀졌다. **그림 5.3**에 이 가계도의 일부가 나타나 있다. 이 가계도에 의하면 각 세대마다 질병이 나타나는 것으로 보아 이 형질이 우성으로 유전된다는 것이 명백하다. 각 세대에 질병이 나타나는 이러한 현상은 열성 형질의 경우에는 거의 있을 수 없는 일이다. 왜냐하면 열성 형질의 경우 질병이 발생하기 위해서는 그 질병 대립인자를 갖고 있을 수 있는 사람들이 일반 집단에 많아야 하고, 그들이 이 가계와 가족 관계를 맺어야 가능하기 때문이다.

1.3 양성잡종 교배: 독립분리의 법칙

분리의 법칙은 단성잡종 교배에서 한 형질을 결정하는 서로 다른 유형의 대립인자들이 어떻게 행동하는지를 설명해주고 있다. 다음 단계는 이러한 법칙을 적용하여 한 교배에서 두 가지 서로 다른 형질이 어떻게 행동하는지를 설명하는 **양성잡종 교배**이다.

멘델은 단일 형질의 행동을 이해하고 나서 서로 다른 형질들이 잡종에서 서로 독립적으로 행동하는지 의문을 갖게 되었다. 우선 그는 연구를 위해 선택한 일곱 가지 형질 중에서 서로 다른 두 가지 형질의 순계를 만들어 상반되는 두 가지 서로 다른 순계를 교배하여 이형접합체를 만들었다. 이렇게 만들어진 이형접합체는 2중 이형접합체였다. 멘델은 최종적으로 F_1 세대의 양성잡종을 자가수정하여 F_2 세대를 만들어 그들의 수를 모두 세었다.

양성잡종 교배에서 독립적으로 행동하는 형질

종자의 모양을 결정하는 대립인자(둥근 것 *R*, 주름진 것 *r*)와 종자의 색깔을 결정하는 대립인자(노란색 *Y*, 초록색 *y*)들이 관여된 교배를 살펴보자. 둥글고 노란색 종자를 만드는 완두콩(*RR YY*)과 주름지고 초록색 종자를 만드는 완두콩(*rr yy*)을 서로 교배하면 F_1 세대는 모두 잡종으로서 동일한 표현형(둥글고 노란색)과 동일한 유전자형(*Rr Yy*)을 지닌 종자가 만들어진다. 이 F_1 잡종들을 자가수정하여 F_2 세대를 만들었다(**그림 5.4**).

F_2 세대의 분리비 9:3:3:1

이 결과를 분석하기에 앞서 교배에서 나타날 수 있는 표현형의 수를 생각해보면 두 가지 부모의 표현형이 있을 것이라고 예상할 수 있다. 둥글고 노란 형질과 주름진 초록색 형질들이 독립적으로 행동한다면, 양친으로부터 나온 형질은 둥글고 초록색인 종자와 주름지면서 노란색 종자가 나타날 것이라고 기대할 수 있다.

그 다음으로 F_1 개체들이 어떤 배우자를 생산할 수 있을 것인지 생각해보자. 우선 부모 세대에서 만들어졌던 것과 같은 *RY*와 *ry*의 두 가지 형태의 배우자가 만들어질 것이라고 기대할 수 있지만, 그 형질들이 독립적으로 행동한다면 *Ry*와 *rY*의 배우자도 만들어질 것이라고 기대된다.

양성잡종 교배의 푸네트 정방형

이러한 배우자로부터 생산 가능한 모든 형태의 자손들을 푸네트 정방형을 이용해 알아낼 수 있다. 이 경우는 4 × 4의 정사각형으로 총 16가지의 결과가 나올 수 있다. 푸네트 정방형를 채워보면 16가지 모두를 만들 수 있는데(**그림 5.4**), 푸네트 정방형으로부터 9개의 둥글고 노란색, 3개의 주름지고 노란색, 3개의 둥글고 초록색, 1개의 주름지고 초록색 종자가 생산될 것이라는 것을 알 수 있다. 이러한 결과로부터 서로 독립적으로 행동하는 형질의 표현형 비는 9:3:3:1일 것이라고 예측할 수 있다

양성잡종 교배의 결과를 설명해주는 독립의 법칙

양성잡종 교배로부터 멘델은 어떤 결과를 관찰하였을까? 멘델은 자가수정시킨 양성잡종 완두콩으로부터 총 556개체의 자손을 얻었으며, 그 결과는 다음과 같다.

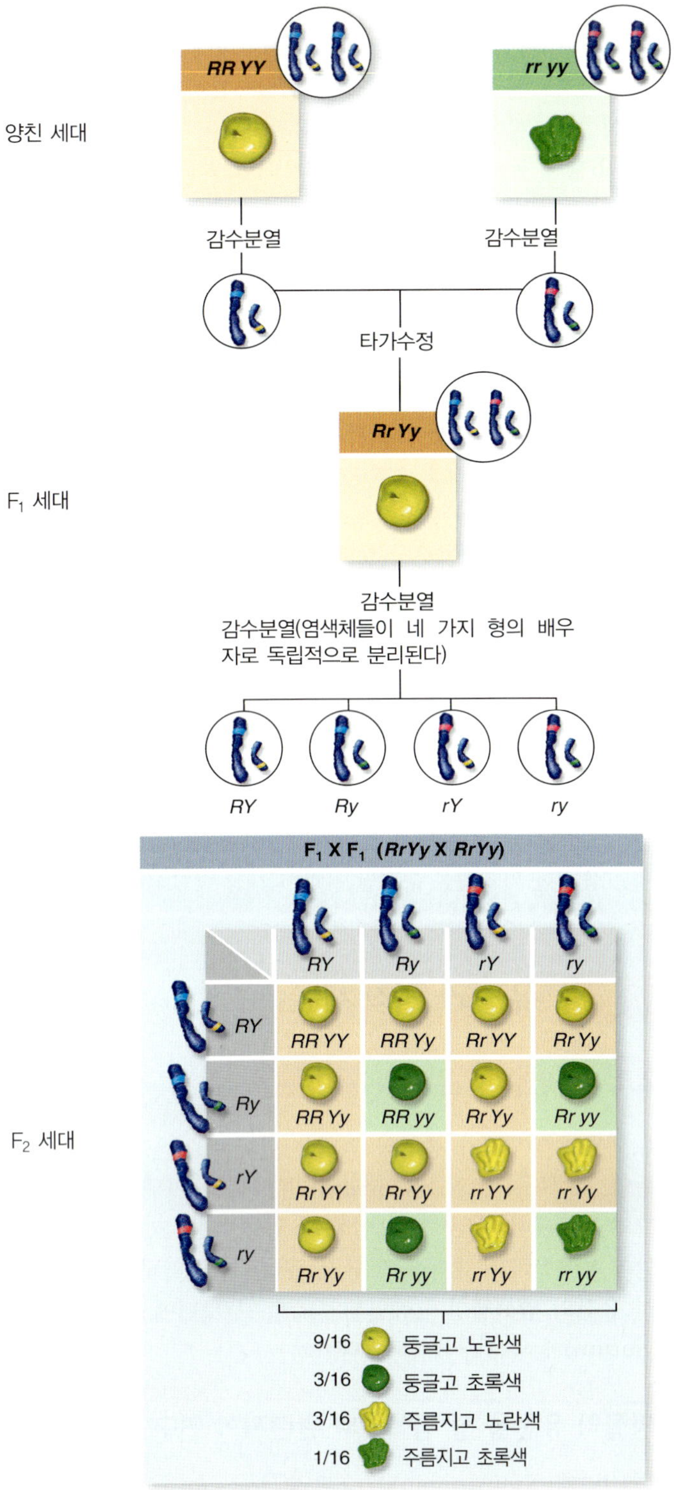

그림 5.4 양성잡종 교배의 분석.
푸네트 정방형은 둥글고 노란색 종자를 맺는 식물과 주름지고 초록색 종자를 맺는 식물 사이에 멘델의 양성잡종 교배 결과를 보여준다. 네 가지 가능한 표현형의 비율은 멘델이 발견한 비율인 9:3:3:1로 예측된다.

- 둥글고 노란색 완두콩 315개(*R__ Y__*로 표시함. 밑줄 부분에는 어떤 대립인자든지 올 수 있음)
- 둥글고 초록색 완두콩 108개(*R__ yy*)
- 주름지고 노란색 완두콩 101개(*rr Y__*)
- 주름지고 초록색 완두콩 32개(*rr yy*)

이 결과는 9:3:3:1에 매우 가까운 것으로 556개체의 자손의 경우 9:3:3:1의 비는 313:104:104:35가 된다.

두 유전자의 대립인자들이 서로 독립적으로 행동한 것처럼 보인다. 멘델은 이 현상을 두고 형질이 독립적으로 분리되었다고 하였는데, 서로 다른 유전자의 독립적 분리는 각 유전자의 대립인자 쌍들의 분리에는 영향을 미치지 않음에 주목할 필요가 있다. 즉 둥근 것에 대하여 주름진 것의 비는 약 3:1(423:133)이며, 노란색과 초록색의 비도 3:1(416:140)이다.

멘델의 제 2 유전의 법칙은 **독립의 법칙**(Principle of independent assortment)이라고 부르며, 이 법칙은 다음과 같이 간단히 설명할 수 있다. 양성잡종 교배에서 각 유전자의 대립인자들은 독립적으로 분리된다. 더 정확히 말해 서로 다른 대립인자 쌍의 분리는 독립적으로 일어난다. 이 말은 독립적 분리와 감수분열 시의 염색체의 행동과의 밀접한 관계를 나타내는데, 제 1 감수분열 동안에 서로 다른 상동염색체들의 독립적 배열이 서로 다른 대립인자 쌍들의 독립적 분리를 초래하는 것이다.

1.4 검정교배: 유전자형 탐색

멘델은 그의 유전 모델을 검증하기 위해 **검정교배**(testcross)라고 하는 간단하면서도 훌륭한 방법을 고안하였다. 검정교배에서는 유전자형을 모르는 개체와 열성 동형접합체를 교배한다.

보라색 꽃이 피는 완두콩의 경우 그 개체의 유전자형이 동형접합체인지 이형접합체인지 알 수 없다. 그 유전자형을 알아내기 위해 흰색 꽃이 피는 완두콩과 교배를 하면 동형접합체와 이형접합체는 서로 다른 결과를 나타내게 된다.

경우 1: 미지의 개체가 우성 동형접합체(*PP*)인 경우
PP × *pp* 교배에서 모든 자손이 보라색 꽃을 피움
경우 2: 미지의 개체가 이형접합체(*Pp*)인 경우
Pp × *pp* 교배에서 자손의 1/2은 흰색 꽃(*pp*), 1/2은 보라색 꽃(*pp*)을 피움

검정교배에서 열성 형질의 자손이 나타난다는 것은 바로 그 시험 개체(미지의 개체)가 이형접합체라는 것을 나타낸다.

검정교배는 두 가지 유전자에 대한 유전자형을 알아내기 위해 사용될 수 있다. 양성잡종 교배에서 F_2 세대의 자손이 두 가지 형질 모두 우성을 나타내는 경우(*A__ B__*), 그 유전자형은 *AABB AaBB AABb*, *AaBb*가 될 수 있다. 이러한 개체와 열성 동형접합체(*aabb*)를 교배함으로써(즉 *A__ B__* × *aabb*)

표 5.2 양성잡종 검정교배		
실제의 유전자형	검정교배의 결과	
	A형질	B형질
AABB	A형질이 순계	B형질이 순계
AaBB	———	B형질이 순계
AABb	A형질이 순계	———
AaBb	———	———

멘델은 그 형질들이 순계인지 아닌지 그 유전자형을 결정하는 데 사용하였다(**표 5.2**).

1.5 사람의 ABO식 혈액형

ABO식 혈액형을 결정하는 유전자는 적혈구 표면의 어떤 특정한 종류의 단백질에 당을 첨가하는 효소이다. 이 당은 면역계가 인식할 수 있는 표지가 된다. 이 효소 유전자를 *I*로 표시하며, 세 가지 대립인자가 있는데, 그들은 단백질에 갈락토사민(galactosamine)을 첨가하는 I^A, 갈락토스(galactose)를 첨가하는 I^B, 아무런 당도 첨가하지 않는 *i*이다.

이 세 가지 대립인자는 여섯 가지의 서로 다른 유전자형을 만들 수 있다. I^A와 I^B의 대립인자를 갖는 사람은 두 가지 형태의 효소를 모두 갖게 되어 적혈구에 갈락토스와 갈락토사민 모두를 갖게 된다. 이형접합체에서는 두 가지 대립인자 모두 발현되기 때문에 I^A와 I^B 대립인자는 공동우성이다. I^A와 I^B는 모두 *i*에 대하여 우성인데 그 이유는 I^A와 I^B는 모두 당을 첨가하지만, *i*는 당을 첨가하지 않기 때문이다. 이 세 가지 대립인자의 조합에 의해 다음과 같은 4가지 표현형이 만들어진다(**그림 5.5**).

대립인자	혈액형	표현된 당	공여자와 수여자
I^AI^A, I^Ai (I^A는 *i*에 대하여 우성)	A	갈락토사민	A와 O를 수여 A와 AB에게 공여
I^BI^B, I^Bi (I^B는 *i*에 대하여 우성)	B	갈락토스	B와 O를 수여 B와 AB에게 공여
I^AI^B (공동우성)	AB	갈락토스와 갈락토사민 모두	모든 혈액형을 수여 AB에게 공여
ii (*i*는 열성)	O	아무 당도 없음	O를 수여 모든 혈액형에게 공여 가능

그림 5.5 공동우성과 복대립인자 모두를 나타내는 ABO 혈액형.
ABO 혈액형을 결정하는 *I* 유전자에는 세 가지의 대립인자가 I^A, I^B, *i*가 있고, I^A와 I^B는 둘 다 *i*에 대하여 우성이지만(A형과 B형 참조), 서로 간에는 공동우성이다(AB형 참조). 각 혈액형을 결정하는 유전자형들은 적혈구 표면 단백질에 첨가된 당의 형태와 수혈 후 몸의 반응으로 보여주고 있다.

1. 갈락토사민만 첨가해주는 A형은 I^AI^A 동형접합체이거나, I^Ai인 이형접합체이다(두 가지 유전자형이 있을 수 있음).
2. 갈락토스만 첨가해주는 B형은 I^BI^B 동형접합체이거나 I^Bi 이형접합체이다(역시 두 가지 유전자형이 될 수 있음).
3. AB형은 두 가지 당이 모두 첨가되며, I^AI^B의 한 가지 유전자형을 갖는 이형접합체이다.
4. O형은 아무런 당을 첨가하지 않는 개체로서 *ii* 동형접합체로서 한 가지 유전자형만이 해당된다.

세포 표면에 나타나는 이 네 가지 서로 다른 표현형을 **ABO식 혈액형**(ABO blood groups)이라고 부른다.

사람의 면역계는 이 네 가지 표현형을 구별할 수 있다. A형인 사람이 B형 혈액을 수혈받으면 수혈자의 면역계가 외부 **항원**(antigen; 여기서는 갈락토스가 첨가된 적혈구의 단백질)을 인식하게 되며, 공여자의 혈액을 공격하여 **응집**을 일으킨다. AB형의 혈액을 수혈하여도 마찬가지이다. 그러나 O형의 혈액을 수혈받으면 적혈구 단백질에 아무런 당이 없기 때문에 면역계의 공격이 없게 된다.

일반적으로 누구든 O형 혈액은 수혈받을 수 있으며, O형은 만능 공급자라고 부른다. AB형인 사람에게는 갈락토스와 갈락토사민이 모두 항원이 아니므로 어떤 혈액이든지 수혈받을 수 있어, AB형은 만능 수혈자라고 부른다. 그러나 수혈 시에는 동일한 혈액형을 수혈받는 것이 가장 바람직하다.

2 유전과 염색체

2.1 성 연관과 유전의 염색체설

유전에서 염색체가 중심적 역할을 한다는 것은 1900년도에 독일 유전학자 코렌스(Correns)가 멘델의 연구를 재발견한 그의 논문에서 처음으로 제안한 바 있다. 그 후로 감수분열 동안에 유사한 염색체끼리 짝을 짓는다는 관찰 결과가 밝혀지면서 **유전의 염색체설**이 제안되었으며, 1902년에 미국인 서턴(Sutton)에 의해 구체화되었다.

형질의 유전을 성 염색체와 관련지어 연구한 모건

1910년에 모건(Morgan)은 초파리(*Drosophila melanogaster*)를 대상으로 유전 현상을 연구하면서 붉은색 눈이 아닌 흰색 눈을 가진 수컷 돌연변이체를 발견하였다(**그림 5.6**).

모건은 이 새로운 형질이 멘델 유전에 따르는지 알아보았다. 그는 이 돌연변이 수컷을 정상의 붉은색 눈의 암컷과 교배하여 붉은색 눈과 흰색 눈 중 어느 것이 우성인지를 알아보려고 하였다. 교배 결과 모든 F_1 세대가 붉은색 눈으로 나타나 모건은 붉은색 눈이 흰색 눈에 대하여 우성이라고 결론지었다.

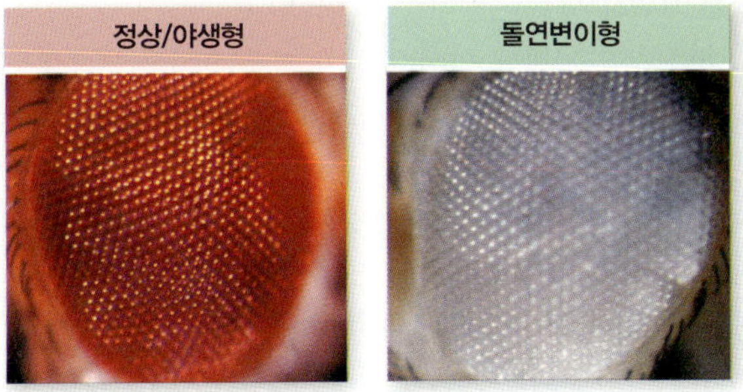

그림 5.6 초파리의 붉은색 눈(야생형)과 흰색 눈(돌연변이). 돌연변이는 유전물질에 생긴 유전적 변이이다. 초파리의 X 염색체 상에 있는 흰색과 붉은색 눈 대립인자들을 연구하여 모건은 처음으로 유전자가 염색체에 있다는 것을 증명하였다.

F_1 교배

멘델이 오래전에 확립해 놓은 실험 방법에 따라서 모건은 F_1 세대의 붉은색 눈을 가진 초파리들을 서로 교배하였다. 4,252 마리의 F_2 개체 중에서 782개체(18%)에서 흰색 눈이 나타났다. 이때 붉은색 눈과 흰색 눈의 비율이 3:1보다 높게 나타나기는 했지만, 이 결과는 눈 색깔이 분리되는 것을 보여주는 것이었다. 그러나 이 결과에서 F_2 세대의 흰색 눈 초파리가 모두 수컷들이었다는 점에서 멘델의 이론으로는 예측이 되지 않는 결과였다.

검정교배

모건은 이 결과에 대한 설명을 찾아냈다. 한 가지 가능성은 흰색 눈의 초파리 암컷은 아예 존재하지 않는다는 것으로, 그러한 개체는 어떤 알려지지 않은 원인으로 존재할 수 없을지도 모른다. 이러한 생각이 맞는지 검정하기 위해 모건은 F_1 암컷과 원래의 흰색 눈의 수컷을 교배하였다. 그는 흰색 눈과 붉은색 눈을 수컷 암컷에서 각각 1:1:1:1의 비율로 얻었으며, 이것은 멘델의 이론에 의한 예측과 일치하는 것이었다. 결론적으로 흰색 눈을 지닌 암컷은 살 수 있어 흰색 눈 암컷이 존재하기 때문에 모건은 이 결과를 설명하기 위해 암컷과 수컷 염색체의 성질에 관심을 갖고 연구를 계속하였다.

X 염색체상에 있는 눈 색깔 유전자

초파리에서 각 개체의 성은 특정 염색체에 의해 결정되는데, 초파리 염색체를 관찰해보면 암컷은 두 개의 **X 염색체**를, 수컷은 한 개의 X 염색체를 갖고 있음을 알 수 있다. 수컷의 경우는 하나의 X 염색체가 다른 모양의 **Y 염색체**와 감수분열 동안에 짝짓기한다. X와 Y 염색체는 성의 결정과 관련되어 있기 때문에 **성염색체**(sex chromosome)라고 부른다.

감수분열에서 암컷은 X 염색체를 갖고 있는 배우자만을 만드는 데 비해 수컷은 X 염색체를 갖는 배우자와 Y 염색체를 갖는 배우자를 만든다. 수정할 때 X 정자가 수정을 하면 XX인 수정란이 만들어져 암컷이 되고, Y 정자가 수정을 하면 XY인 수정란이 만들어져 수컷이 된다.

모건의 수수께기에 대한 해답은 다음과 같다. 초파리의 흰색 눈을 만드는 유전자는 X 염색체에만 존재하고 Y 염색체에는 존재하지 않는다(현재 Y 염색체에는 유전자가 거의 없는 것으로 알려져 있음). X 염색체에 있는 유전자에 의해 결정되는 형질을 **성-연관** 혹은 X-연관이라 부른다. 흰색 눈 형질은 열성이므로 모건이 수행한 실험의 결과는 멘델의 분리의 법칙에 따른 정상적인 결과였던 것이다.

모건의 실험은 유전학의 역사에서 가장 중요한 실험 중의 하나이다. 왜냐하면 그것은 형질을 결정하는 유전자가 서턴이 제안한 것처럼 염색체에 있다는 것을 명백히 보여주었기 때문이다. 배우자 형성 동안 상동염색체가 분리되기 때문에 교배에서 형질이 분리되는 것이다.

2.2 성염색체와 성의 결정

성염색체의 구조와 수는 종에 따라 다르게 나타난다(**표 5.3**). 초파리에서는 사람을 비롯한 다른 포유동물에서와 마찬가지로 암컷이 XX이고 수컷이 XY이다. 그러나 조류의 경우는 수컷은 두 개의 Z 염색체를 갖고 있으며, 암컷은 하나의 Z와 하나의 W 염색체를 갖고 있다. 메뚜기와 같은 곤충들은 Y 염색체를 가지지 않아 암컷은 XX이고 수컷은 XO이다(여기에서 O는 염색체가 없음을 의미함).

사람에서는 Y 염색체가 남성을 결정한다

사람의 염색체는 46개(23쌍)로 이루어져 있으며, 그중 남성과 여성 모두에 존재하는 22쌍의 염색체는 **상염색체**라고 부르고, 나머지 1쌍의 염색체는 **성염색체**로 여자는 XX 남자 XY이다.

남성에 있는 Y 염색체는 매우 응축되어 있으며, Y 염색체에서는 소수의 유전자만이 발현되기 때문에 남성의 X 염색체에

표 5.3 생물의 성 결정.

	암컷	수컷
사람, 초파리	XX	XY
조류	ZW	ZZ
베뚜기	XX	XO
꿀벌	2배체	반수체

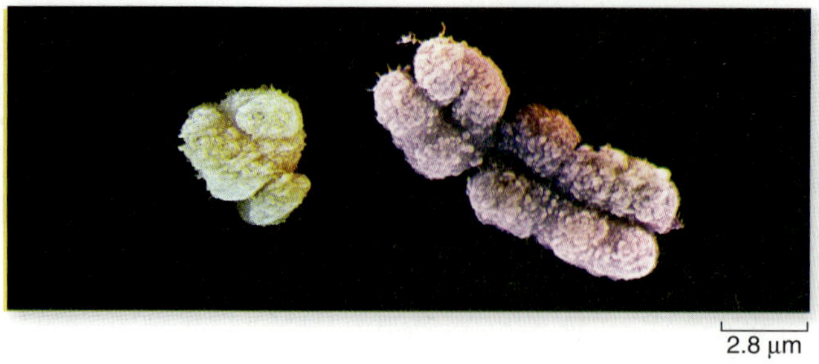

있는 열성 대립인자는 Y 염색체에는 없는 경우가 대부분이다.

사람의 배아 발생에서 "결함(default)"이 생기면 여성으로 발생할 수 있다. Y 염색체에 있는 *SRY* 유전자로 인하여 생식기와 2차 성 기관들의 웅성화가 일어나 남성과 관련된 특징들이 만들어진다. 결과적으로 하나의 Y 염색체를 갖고 있는 사람은 남성이 된다. 이 법칙에 예외가 되는 경우를 통하여 성 결정의 기작을 알 수 있다. 예를 들어 Y 염색체의 일부가 X 염색체로 이동한 경우에 XX인 사람이 남성이 될 수 있으며, XY임에도 불구하고 남성호르몬인 안드로겐에 반응하지 않고 여성으로 되는 유전질환도 있다. 마지막으로 *SRY* 유전자의 돌연변이는 XY 개체를 여성으로 만들 수 있다.

이와 같은 사람에 있어서의 성 결정 유형은 포유동물에서 공통적이지만 모든 척추동물에 적용되는 것은 아니다. 어류와 파충류 중 몇 종류는 환경적인 요인이 성 결정 유전자의 발현에 영향을 미쳐 성체의 성을 결정한다.

성 연관성을 보이는 사람의 유전질환

고대로부터 사람들은 여성보다 남성에게 더 많이 발생하는 질환이 있음을 알았다. 적록색맹은 그 유전자가 X 염색체에 있기 때문에 남성에게 더 많이 발생하는 잘 알려진 질환이다.

다른 예로는 혈액응고의 연속반응에 관여하는 단백질 중의 하나가 잘못되어 발생하는 질환인 **혈우병**이다. 혈우병 환자는 작은 상처에도 지혈이 되지 않는데, 혈우병은 X-연관 열성 대립인자에 의해 발생한다. 혈우병 대립인자에 대하여 이형접합인 여성은 증상을 보이지 않는 **보인자**(carrier)로 나타나며, 혈우병 대립인자가 있는 X 염색체를 받는 남성은 혈우병이 된다.

혈우병 대립인자는 영국의 빅토리아 여왕(Queen Vic-

그림 5.7 왕가의 혈우병 가계도.
사진의 아래 중앙에 보이는 빅토리아 여왕은 혈우병의 보인자였다. 여왕의 딸 네 명 중 두 명의 딸, Alice와 Beatrice가 혈우병 대립인자를 유전받았다. Alice의 두 딸은 빅토리아 여왕의 뒤에 서 있다. 프러시아의 Irene 왕자(오른쪽)와 Alexandra(왼쪽)는 곧 러시아의 여자 황제가 될 처지였다. 두 명 모두 혈우병의 보인자였다. 이 가계도에서 Alice가 혈우병 대립인자를 러시아와 프러시아의 왕가에 들여온 것이 확실하며, Beatrice는 스페인 왕가에 그 인자를 들여온 것이 확실하다. 빅토리아의 아들인 Leopold는 혈우병이었으며, 혈우병을 제3대에서 전파시켰다. 가계도 구성원 기호 중에서 반쪽이 채워진 것은 보인자로서 정상 대립인자 하나와 혈우병 대립인자 하나를 갖고 있으며, 완전히 채워진 기호는 혈우병을 나타낸다.

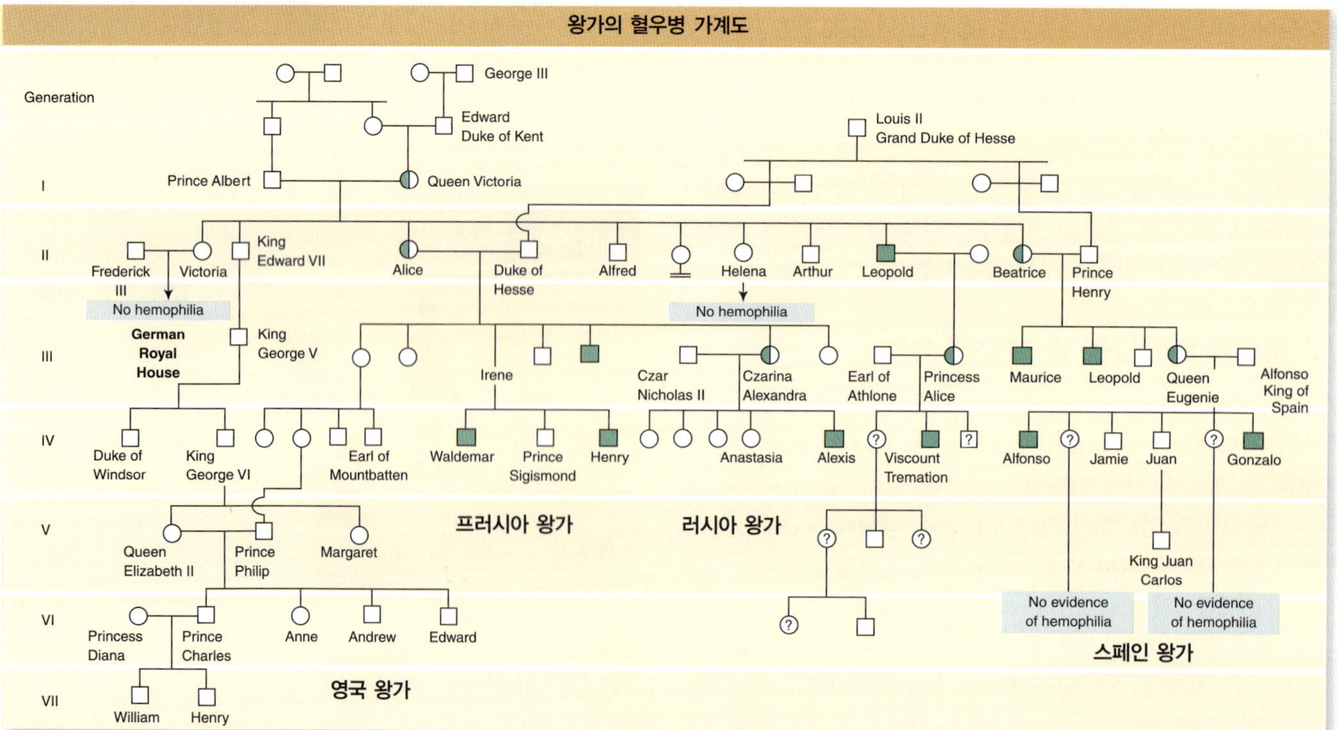

toria)에 의해 유럽의 여러 왕족들에게 옮겨졌다. 이 가족들은 산부인과적인 기록을 잘 보존하였기 때문에 이 질환에 대한 광대한 가계도를 갖고 있다. **그림 5.7**에서 보는 것처럼 빅토리아 여왕 이후 5세대에 걸쳐서 10명의 남성 자손들이 혈우병을 앓았다

러시아의 로마노프 가족에게는 빅토리아 여왕의 손녀인 알렉산드라(Alexandra)를 통하여 혈우병 유전자가 전해졌다. 그녀는 니콜라스 II세(Nicholas II)와 결혼하였고 그들의 독자인 알렉시스(Alexis)가 혈우병을 앓았다. 그 가족 전체가 러시아 혁명기간 동안에 몰살당하였다. 최근 살아남은 딸이라고 주장하던 여자가 있었으나, 그녀가 죽은 후 유전자 검사를 한 결과 사실이 아님이 밝혀졌다.

아이러니컬하게도 혈우병이 현재 영국 왕실에서는 존재하지 않는데, 그 이유는 빅토리아 여왕의 아들 에드워드(Edward)가 혈우병 인자를 유전받지 않았으며, 그의 후손들이 영국의 통치자가 되었기 때문이다.

2.3 사람의 유전질환

가족성 질환들은 오래전부터 알려져 왔는데, 이러한 질환들에는 백색증과 같이 직접 생명에 지장이 없는 것도 있고, 앞에서 사람의 우성 열성 형질의 예로 설명한 바 있는 헌팅턴병처럼 유년기에 사망을 초래하는 질환도 있다. **표 5.4**는 이러한 유전질환들 중에서 단일 유전자의 이상으로 발생하는 유전질환들의 일부를 보여준다. 여기에서는 사람 집단에서 발견된 몇몇 유전질환에 대해 알아본다.

변형된 헤모글로빈에 의해 나타나는 낫세포 빈혈증

단백질 유전자의 돌연변이로 인해 나타나는 질환 중 첫 번째로 알려진 사람의 유전질환은 **낫세포 빈혈증**이다. 이 질환은 산소 운반 분자인 헤모글로빈에 결함이 생겨서 초래되며, 조직에 산소 공급이 부족하게 된다. 이 결함이 있는 헤모글로빈은 서로 응집되어 딱딱한 막대기 모양을 형성하여 그들이 들어 있는 적혈구의 모양을 낫 모양으로 변형시키게 되기 때문에 낫세포라고 명명하게 되었다(**그림 5.8**).

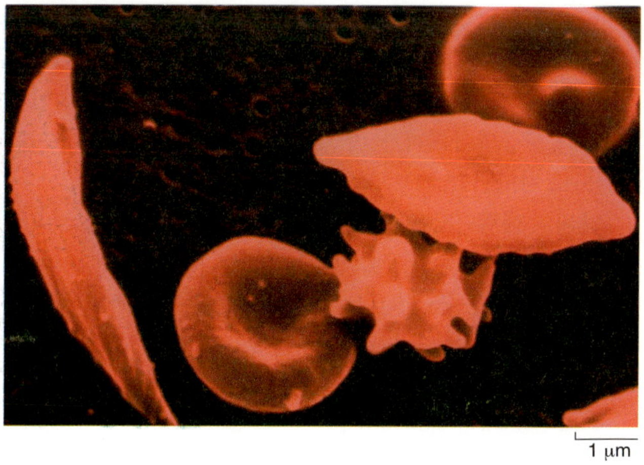

그림 5.8 낫세포 빈혈증.
낫세포 형질에 대하여 동형접합인 사람에서 많은 적혈구들이 낫 모양 혹은 불규칙한 모양으로 존재한다.

낫세포 대립인자가 동형접합체인 사람은 자주 병치레를 하여 수명이 줄어들게 된다. 낫세포 대립인자에 대하여 이형접합체인 사람은 비록 산소 운반능력은 감소되어 있으나, 정상적인 산소 환경에서는 정상인과 차이를 보이지 않는다.

낫세포 대립인자는 아프리카인의 후손들에게 특히 많다. 아프리카의 어떤 지역에서는 인구의 45% 정도가 이 형질에 대하여 이형접합체이며, 6%가 동형접합체로 나타난다. 이러

표 5.4 사람의 중요한 유전질환

질환	증상	결함	우성/열성	출생자 발생 빈도
낭포성 섬유증	폐, 간, 췌장의 점액성 폐쇄	염소이온의 수송 불능	열성	1/2,500(북유럽인)
낫세포 빈혈증	혈액순환 불량	비정상 헤모글로빈 분자	열성	1/1,600(미국 이주 흑인)
타이-삭스병	소아기 신경중추 퇴화	효소 결핍(헥소스아미다아제)	열성	1/3,500(아시케나지계 유태인)
페닐케톤뇨증	소아기 두뇌 발달 장애, 제한 급식으로 치료 가능	효소 결핍(페닐알라닌 하이드록실라아제)	열성	1/12,000
혈우병	혈액응고 불능	혈액응고인자 VIII 결핍	X-연관 열성	1/10,000(북유럽인 남성)
헌팅턴병	중년에 뇌 소직의 점진직 퇴화	뇌세포 대사 방해물질 생산	우성	1/24,000
근위축증(뒤쉬엔느)	근육이 없어짐	근육을 자극하는 신경의 마이엘린 회복이 분해됨	X-연관 열성	1/3,700(남성)
고콜레스테롤혈증	혈중 콜레스테롤 수준이 과다하여 심장마비 초래	콜레스테롤 세포 표면 수용체의 비정상	열성	1/500

한 이형접합체의 비율은 우연히 생길 수 있는 비율보다 높은 것인데, 이형접합체인 사람들은 혈액에 기생하여 말라리아를 일으키는 말라리아 원충에 대하여 내성을 지닌다. 말라리아가 대유행하는 중앙아프리카 지역에서는 낫세포 대립인자가 높은 빈도로 나타난다.

낫세포 대립인자 외에도 빈혈을 일으키는 베타 글로빈(β-globin) 유전자의 변형들이 많이 나타난다. 헤모글로빈은 알파 글로빈과 베타 글로빈으로 구성되어 있고, 700가지 이상의 구조적 변형이 기록되어 있다. 세계 인구의 7% 정도가 서로 다른 헤모글로빈 질환들을 갖고 있는 것으로 추정되고 있다.

사람 유전자의 돌연변이 자료는 낫세포 빈혈증을 포함하여 많은 유전질환들의 특성을 포함하고 있다. 대부분의 대립인자들은 단순한 변화인 것처럼 보인다. 사람 유전자 돌연변이 자료에서 기록된 28,000가지 대립인자 중에서 60% 가까이가 단일 염기 치환이다. 그리고 23%는 20염기 이하의 삽입이나 결손에 의한 것으로 이러한 변화는 단순해 보이지만 그 결과는 심각할 수 있다.

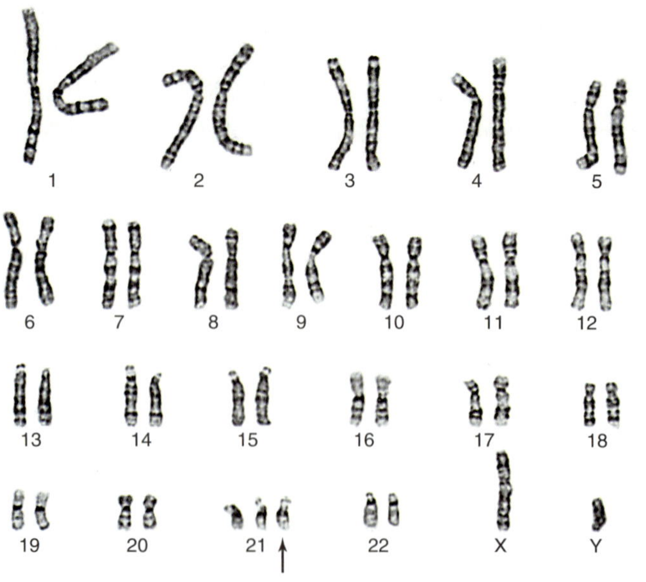

그림 5.9 다운증후군의 핵형.
이 남성의 핵형에서 보는 바와 같이 다운증후군은 21번 염색체의 삼염색체성과 관련되어 있다(화살표는 3번째 21번 염색체를 나타냄).

염색체의 비분리에 의한 염색체 수 변화

감수분열에서 상동염색체 혹은 염색분체의 분리 실패를 염색체 **비분리**라고 하는데, 그 결과로 염색체의 수가 하나 늘어나거나 줄어들게 되는데 이러한 상태를 **이수성**이라고 한다. 사람의 경우 이수체의 빈도는 예상외로 높은 편이며, 임신의 5% 정도에서 발생하는 것으로 추정되고 있다.

상염색체의 비분리

상염색체 하나를 잃어버린 사람은 **일염색체성**(monoploidy)이라고 하며, 일반적으로 배아 발생 단계에서 살아남지 못한다. 적은 경우이지만 하나의 염색체가 늘어난 사람도 생존하지 못한다. 임상적으로 자연유산으로 판단된 경우 이수성이 35% 정도로 높게 나타난다.

사람의 염색체 중에서 5개의 작은 상염색체인 13, 15, 18, 21, 22번 염색체는 3개가 존재하는 경우에도 한동안 생존할 수 있다. 13, 15, 18번이 하나씩 더 있으면 발생에 심각한 문제를 초래하여 생후 수개월 만에 죽게 된다. 그에 비해 21번 혹은 드물긴 하지만 22번이 하나 더 많은 사람은 일반적으로 성인이 될 때까지 살아남는다. 이러한 사람들은 골격의 성장이 지연되어 키가 작고 근육이 약하며, 그들의 지적 발달 역시 영향을 받게 되어 21번이 3개인 어린이는 지적 장애를 지니고 있게 된다.

21번 삼염색체(trisomy 21, **그림 5.9**)에 의해 초래된 발생 결함은 1866년 다운에 의해 처음 알려져 **다운증후군**이라고 한다. 750명의 어린이 중 1명이 다운증후군을 보이며, 모든 종족에서 발생 빈도는 비슷하게 나타난다. 다운증후군과 비슷한 증상은 침팬지를 비롯한 다른 영장류에서도 발생한다.

사람에서 이러한 결함은 21번 염색체의 어떤 부분이 2개가 아닌 3개의 사본으로 존재하면 발생한다. 다운증후군의 97%에서는 21번 염색체가 3개로 존재하고 나머지 3%에서는 21번 염색체 중에서 어떤 중요한 부분을 포함하는 일부분이 **전좌**(translocation)라고 하는 과정에 의해 다른 염색체 좌위로 이동해 나타난다. 이 염색체 부분은 정상적인 21번 염색체의 두 사본에 추가해 나타나기 때문에 전좌 다운증후군이라고 부른다.

다운증후군의 출생 빈도는 20세 이하의 산모에게서는 1/1,700, 20세에서 30세까지의 산모에게서는 1/1,400로 나타나지만 30에서 35세 사이의 산모에게서는 그 빈도가 1/750로 그리고 45세까지는 1/16로 증가한다(**그림 5.10**)

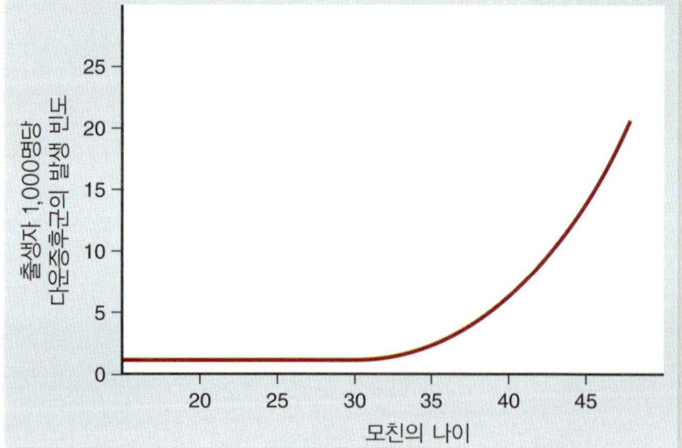

그림 5.10 여성의 나이와 다운증후군 발생의 상관관계.
여성의 나이가 증가함에 따라 다운증후군의 아이를 가질 확률이 증가한다. 여성이 35세가 되면 다운증후군의 빈도는 급격히 증가한다.

여성의 경우는 태어날 당시에 모든 난세포가 제 I 감수분열의 전기까지 진행되어 멈추고 있다가 배란이 되면서 제 I 감수분열 단계에서 염색체 비분리가 남성보다 더 흔하게 나타난다. 여성이 아기를 가질 때, 난자는 그녀의 나이만큼 오래된 것이다. 따라서 일차적 염색체 비분리를 포함하여 여러 가지 세포분열상의 문제가 시간이 지남에 따라서 축적된다. 그에 비해 남성은 매일 정자를 생산한다. 따라서 아이를 갖기를 원하는 부부의 경우 엄마의 나이가 아빠의 나이보다 중요하다.

성염색체의 비분리

성염색체가 하나 더 늘어나거나 줄어든 사람은 상염색체성의 이수성에서보다 발생적인 이상을 덜 겪게 된다. 그런 사람들은 어느 정도 비정상적 특징을 나타내지만 성인으로 자라는 경우가 많으며, 드물게는 아이를 가지는 경우도 있다.

X 염색체 비분리: 감수분열 동안에 X 염색체가 분리되지 않으면, 어떤 배우자는 두 개의 X 염색체를 갖게 되어 XX 배우자가 되고, 어떤 배우자는 성염색체가 없는 배우자가 된다(O 배우자로 표기함)(**그림 5.11**). XX 배우자가 X 배우자의 정자와 수정하면 XXX 수정란이 되어 하나의 X가 더 많아서 두 개의 바소체(Barr body)를 갖는 여성이 출생하게 되는데, 그녀는 키가 큰 편으로 나타나며 그 외는 정상으로 보인다.

만약 XX 배우자가 Y 배우자의 정자와 만나 수정하면 결함이 더 심각해진다. 이로 인해 생겨나는 XXY 수정란은 여성의 몸의 특징을 갖는 남자로 발생하게 되며, 지적 장애가 나타날 수 있다. 이 증상은 **클라인펠터 증후군**이라고 하며, 남자 아이에서 1/500의 빈도로 발생한다.

X 염색체가 없는 O 배우자가 Y 배우자의 정자와 수정하여 OY 수정란이 되면 생존하지 못한다. 이는 X 염색체에 있는 유전자가 없는 사람은 살 수 없기 때문이다. 그러나 O 배우자가 X 배우자 정자와 수정하여 XO 수정란이 되어 출생하면 키가 작고, 등이 굽고, 사춘기에 생식기관이 성숙되지 않는 불임 여성이 된다. 이 증상은 **터너 증후군**이라고 부르며, 여자 아이에게서 1/5,000의 빈도로 발생한다.

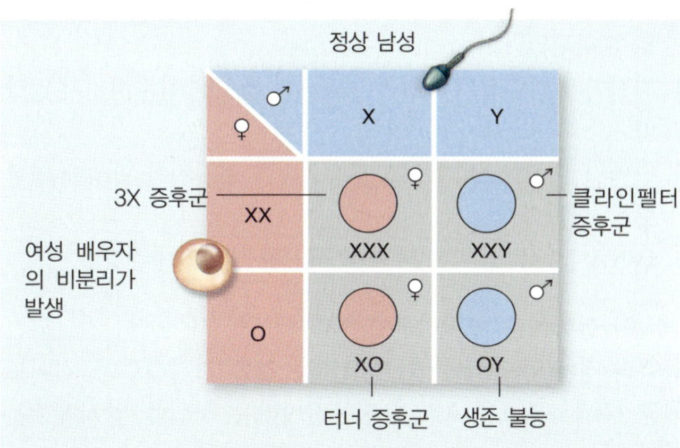

그림 5.11 염색체 비분리에 의한 성염색체 수의 이상.
암배우자를 만들 때 염색체 비분리가 발생하면, 두 개의 X 염색체(XX)를 갖는 배우자는 클라인펠트 증후군의 남성(XXY) 혹은 3X 여성(XXX)을 만들게 된다. X 염색체가 없는 배우자(O)는 터너 증후군 여성(XO) 혹은 X 염색체가 없는 생존 불능의 OY 남성을 만든다.

Y 염색체의 비분리: Y 염색체도 감수분열 시에 비분리되어 YY 배우자를 만들 수 있다. 이 배우자가 X 배우자와 수정하면 XYY 수정란이 되어 정상으로 보이는 임신 가능한 남성으로 출생한다. XYY 유전자형(페이콥 증후군)의 빈도는 남자 아이에서 1/1,000 정도로 나타난다.

3 DNA: 유전물질

3.1 유전물질의 본체

생물학자들은 유전정보의 화학적 본질에 대해 궁금증을 가져왔는데, 염색체가 단백질과 DNA로 구성되어 있다는 것은 이미 알고 있는 사실이다. 그렇다면 이러한 유기체 분자들의 무엇이 실제로 유전자들을 만드는 것일까?

1920년대 후반에서 시작하여 약 30년 넘게 이 질문에 대한 답을 얻기 위해 일련의 연구들이 진행되어 왔다. DNA는 화학적으로 유사한 네 가지 **뉴클레오티드**들로 구성되어 있다. 그에 비해 단백질은 20개의 다른 아미노산으로 구성되어 있으며, 이들은 핵산에 비해 화학적으로 더 높은 다양성을 지니고 있다. 이런 특징들이 DNA보다 단백질에서의 유전정보 능력을 크게 부각시켰던 것으로 여겨진다. 그러나 실험들을 통해 DNA가 유전정보를 지닌 분자라는 증거들이 밝혀지기 시작했는데, 여기에서 그 주요 발견들에 대해 살펴본다.

그리피스의 실험: 세균의 형질전환

첫 번째 단서는 1928년에 영국의 미생물학자인 그리피스(Griffith)의 실험에 의해 밝혀졌다. 그리피스는 폐렴균에 의한 것으로 여겨지던 독감(influenza)에 대한 백신을 만들고 있었다. 이 세균에는 폐렴을 유발하는 독성균과 유발하지 못하는 비독성의 돌연변이형인 2가지가 있다. 독성균은 세균 배양접시에서 매끄러운(smooth) 콜로니를 형성하기 때문에 **S형**(S form)이라고 부르며, 비독성의 돌연변이형은 다당류 외피를 만드는 데 필요한 효소의 결핍으로 거친(rough) 콜로니를 만들기 때문에 **R형**(R form)이라고 부른다.

그리피스는 세균으로 생쥐들을 감염시키고, 질환의 증상을 관찰하는 단순한 실험들을 수행했는데(**그림 5.12**), S형으로 감염된 생쥐들은 폐렴으로 죽었으나, R형을 감염시킨 생쥐

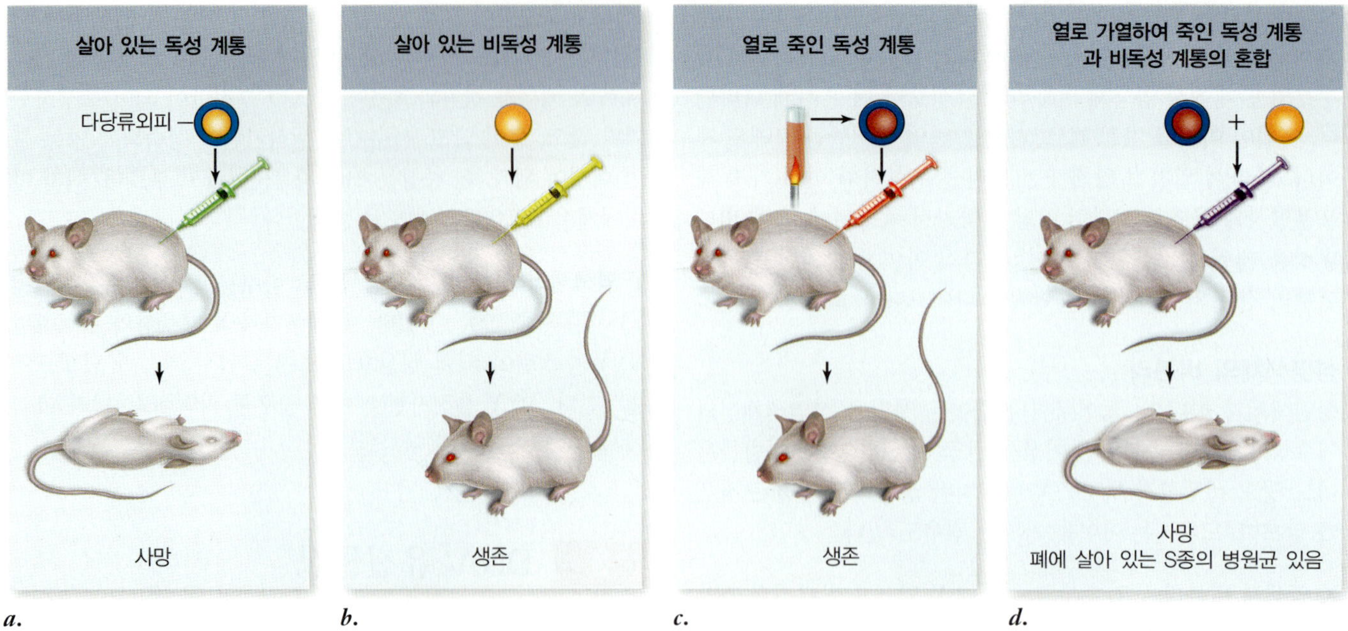

그림 5.12 그리피스의 실험.
그리피스는 폐렴 백신을 만드는 과정에서 형질전환을 발견했다. ***a.*** 살아 있는 독성 세균을 생쥐에 삽입하여 생쥐가 폐렴에 걸리게 했다. 비독성 세균의 삽입 ***b***, 또는 열 가열로 죽인 독성 세균(***c***)의 삽입은 생쥐에게 어떤 영향도 끼치지 않았다. ***d.*** 그러나 열을 가해 죽인 독성 세균과 비독성 세균의 혼합은 생쥐에게 폐렴을 일으켰다. 이것은 죽은 세균의 독성에 관계된 유전자가 살아 있는 비독성 세균으로 전달되어, 비독성 세균을 독성 세균으로 형질전환 했음을 나타낸다.

들은 어떤 증상도 나타내지 않았다. 이 결과는 다당류 외피가 독성에 필수적이라는 것을 보여주는 것으로 S형 균을 열로 가열하여 죽인 다음 감염시키면 생쥐들에게 어떤 위험을 주지 못했다. 이것은 외피 그 자체만으로는 질환을 유발하기에 충분하지 못한 것을 의미한다. 마지막으로 그리피스는 열로 가열하여 죽인 S형을 살아 있는 R형과 혼합하여 생쥐들에게 감염시켰더니, 이 생쥐에서는 질환이 유발되었다. 더욱이 죽은 생쥐들의 폐에서 다량의 살아 있는 S형의 세균이 발견되었다.

이는 다당류 외피를 명시화하는 정보가 죽은 S형에서, 살아 있고 외피가 없는 R형으로 전달되어 R형을 독성의 S형으로 변형시킨 것이다. 그리피스는 한 세포에서 다른 세포로의 독성이 전달되는 현상을 **형질전환**(transformation)이라고 명명하였으며, 현재 형질전환은 세포 사이 유전정보의 이동을 일컫는 말이다.

형질전환의 원리 규명

*Streptococcus*를 형질전환하는 물질은 1944년이 되어서야 밝혀졌다. 고전적 실험과정을 통해 에이버리(Avery)와 그의 동료인 맥레오드(MacLeod)와 매카티(McCarty)는 그리피스 실험에서 형질전환을 일으킨 물질을 밝혀냈다.

그들은 먼저 그리피스가 사용했던 S형과 R형의 혼합물을 준비한 다음, 가능한 한 최대로 단백질을 제거하여 남은 순도가 99.98%가 되게 하였다. 이 실험에서 거의 모든 단백질을 제거했음에도 불구하고, 형질전환 활성이 그대로 남아 있음을 발견하였다.

이때 형질전환을 일으키는 물질들의 성질들이 다음과 같이 여러 면에서 DNA와 유사한 것으로 나타났다

1. 원소의 배열이 DNA의 원소 배열과 상당히 동일하게 나타났다.
2. 초원심분리에서 분리된 형질전환 물질은 DNA와 같은 위치로 분리되었다.
3. 지질이나 단백질의 제거가 형질전환 활성을 감소시키지 않았다.
4. 단백질 분해효소나 RNA 분해효소가 형질전환 활성에 영향을 주지 않았다.
5. DNA 분해효소는 모든 형질전환 활성을 없애주었다.

이 실험들은 형질전환에 의해 세포들 사이에서 전달되는 물질의 정체(identity)가 DNA라는 것을 지지해주며, 적어도 세균 종에서는 DNA가 유전물질이라는 사실을 암시해주는 것이다.

바이러스의 유전물질이 DNA임을 밝힌 허쉬와 체이스의 실험

많은 생물학자들은 단백질을 유전정보의 저장고로 생각하고 있어 에이버리의 연구 결과는 받아들여지지 않았다. 그러나 1952

년에 허쉬(Hershey)와 체이스(Chase)의 실험에 의해 에이버리의 결론이 받아들여지게 되었는데, 그들은 세균을 감염시키는 **박테리오파지**(bacteriophage) 또는 간단히 **파지**(phage)라고 불리는 바이러스로 세균을 감염시키는 실험을 수행하였다.

바이러스(virus)는 세포보다 훨씬 작고 DNA 또는 RNA 같은 유전물질과 이를 둘러싸고 있는 단백질 외피로 이루어져 있다. 이들의 실험에 사용된 파지는 **용균파지**(lytic phage)라고 불리는 것으로, 이는 세포의 터짐 또는 용해를 일으키기 때문에 붙여진 이름이다. 이런 파지가 세균세포를 감염시킬 때 먼저 세포의 바깥쪽 표면에 결합하고 난 다음, 유전물질을 세포 안으로 들여보낸다. 그 후 숙주인 세균의 장치들을 이용해 자신들의 유전물질들을 복제하여 수천 개의 새로운 바이러스를 만들어내게 되는데, 이 수천 개의 바이러스들은 결국 세포를 용해시키고 바이러스 자손들이 방출하게 된다.

허쉬와 체이스에 의해 사용된 파지는 DNA와 단백질로만 구성되어 있어, DNA와 단백질의 역할을 구분하기 위한 단순한 시스템을 제공할 수 있었다. 허쉬와 체이스는 파지가 세균의 세포 안으로 집어넣는 물질을 밝히고자 했다. 이를 위해 DNA와 단백질을 구분할 수 있는 독특한 방법으로 DNA와 단백질을 표지하였다. 핵산의 구성요소인 뉴클레오티드(nucleotides)는 인(phosphorous)을 가지고 있지만 단백질은 인을 가지고 있지 않다. 어떤 아미노산은 황(sulfur)을 가지고 있지만 핵산은 황을 포함하지 않는다. 이러한 특징을 이용해 허쉬와 체이스는 방사선 동위원소인 ^{32}P는 DNA를, ^{35}S는 단백질을 특이적으로 표지하는 데 각각 사용하였다.

3.2 DNA의 구조

멘델의 연구가 알려진 지 4년 후인 1869년에 스위스 화학자인 미셔(Miescher)에 의해 DNA가 발견되었는데, 그는 멘델의 실험들에 대해 알지 못하고 있었다. 미셔는 사람의 세포와 물고기 정자의 핵에서 하얀색의 물질을 분리하였는데, 그 물질에서의 질소와 인은 세포에서 알려진 다른 구성성분에서 발견되는 것들과 다른 특징을 보였다. 그래서 미셔는 새로운 생물학적 물질을 발견했다고 생각하고, 이 물질이 핵과 특별히 연관되어 있다고 생각하여 **핵질**(nuclein)이라고 명명하였다. 미셔가 발견한 핵질은 약산성을 띠고 있어 후에 이 핵질은 **핵산**(nucleic acid)으로 불리게 되었다.

수수께끼였던 DNA의 3차 구조

DNA의 3차 구조가 왓슨과 크릭에 의해 알려질 때까지 DNA는 다음과 같은 3개의 구성물로 이루어진 것으로 알려졌다(**그림 5.13**).

1. 오탄당
2. 인산기(PO_4)
3. 질소 염기: 염기에는 2개의 고리를 가진 **퓨린**(purine)계의 아데닌(A)과 구아닌(G), 그리고 1개의 고리 구조로 이루어진 **피리미딘**(pyrimidine)계인 티민(T)과 시토신(C)이 있다. RNA는 피리미딘인 티민 대신에 우라실(uracil, U)을 갖는다.

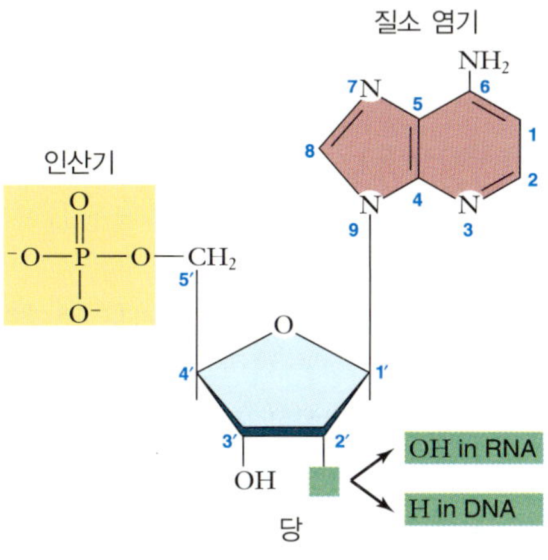

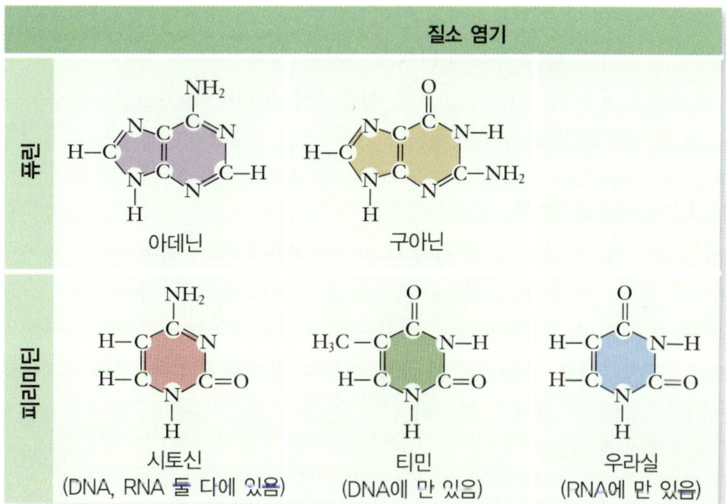

그림 5.13 DNA와 RNA의 뉴클레오티드 소단위.
DNA와 RNA의 뉴클레오티드 소단위는 3개의 구성원으로 이루어져 있다. 오탄당(DNA에서는 데옥시리보스, RNA는 리보스), 인산기, 그리고 피리미딘 또는 퓨린의 질소 염기.

유기화학에서는 한 분자에서의 탄소(carbon)원자의 수를 세고, 이 숫자들은 탄소원자에 붙은 기능기를 언급하기 위해 사용한다. 핵산에 있는 리보오스(ribose) 당에는 4개의 탄소와 1개의 산소원자가 다섯 개의 구성원으로 만들어진 고리를 형성한다. **그림 5.13**에서 보는 것처럼 탄소원자들은 산소원자에서 시계 방향을 따라 1번에서 5번으로 번호를 붙여 부른다. 프라임(′) 기호는 당에 붙은 염기의 원자가 아닌, 당의 탄소를 언급하는 숫자들을 의미한다. 이런 번호에 따라 인산기는 당의 5′ 탄소에 붙어 있고, 염기는 1′ 탄소원자에 연결되어 있다. 그에 부가하여 자유 수산기(–OH)는 3′ 탄소에 부착되어 있다.

5′ 인산기와 3′ 수산기는 DNA와 RNA가 탈수 합성(dehydration synthesis)과정에서 뉴클레오티드의 긴 사슬이 형성될 수 있도록 해준다. 이 연결은 한 쌍의 에스테르(ester) 결합에 의해 2개의 당에 인산이 연결되기 때문에 **인산디에스테르 결합**이라고 부른다. 많은 뉴클레오티드가 긴 핵산 중합체를 만들기 위해 인산디에스테르 결합을 통해 서로 연결된다.

한 가닥의 DNA 또는 RNA는 길이가 얼마나 길든, 거의 항상 한 끝에는 5′ 자유 인산기를, 다른 한쪽 말단에는 3′ 자유 수산기를 갖는다. 그래서 모든 DNA와 RNA는 고유의 방향성을 가지게 되어 각 분자의 말단을 확인할 수 있다. 염기들의 서열은 관례적으로 5′에서 3′ 방향으로 표시한다.

그림 5.14 DNA 이중나선.
1953년 왓슨(James Waton, 왼쪽)과 크릭(Francis Crick, 오른쪽)은 염기의 적절한 호변 구조를 아는 샤가프의 법칙과 프랭클린의 회절 연구를 이용하여 DNA 구조를 추론하였다.

왓슨과 크릭의 모델

프랭클린의 연구 결과를 비공식적으로 알게 된 왓슨(James Watson)과 크릭(Francis Crick)은 1953년에 영국 케임브리지 대학에서 현재 정확한 것으로 알려져 있는 DNA의 분자 구조를 추론해냈다(**그림 5.14**). 왓슨과 크릭은 DNA 구조와 관련된 실험을 한 번도 수행하지 않았지만, 그들은 유용한 정보에 기초를 두고 세밀한 분자모델을 만들었다.

이 모델의 핵심은 각각의 DNA 분자가 실제로는 두 가닥의 뉴클레오티드 사슬이 서로 꼬여 **이중나선**(double helix)의 체인으로 구성되어 있다는 것이다.

인산디에스테르 골격

이중나선의 두 가닥은 긴 중합체인 뉴클레오티드로 구성되어 있다. 각각의 가닥은 인산디에스테르 골격이라고 부르며, 당과 인산이 반복해 인산디에스테르 결합으로 연결되어 있다. 골격의 두 가닥은 서로 꼬여 이중나선을 이루는데(**그림 5.15**), 이중나선 구조의 두 가닥은 계단의 난간 같은 것으로 종종 나선형 계단에 비유된다.

상보적 염기

왓슨과 크릭은 각 가닥의 염기 사이에 수소결합에 의해 2개의 가닥이 서로 결합되어 있다고 제안하였다. 이 결합은 아데닌과 티민 사이에 두 개의 수소결합에 의한 A–T **염기쌍**(base-pairs)을, 시토신과 구아닌 사이에 세 개의 수소결합에 의한 C–G 염기쌍을 형성하는 특수한 염기쌍을 이룬다. 이런 배열 형태는 고리 두 개를 지닌 퓨린(purine)과 고리를 하나 지닌 피리미딘(pyrimidine) 사이에 쌍을 형성하게 되기 때문에 각각 염기쌍 사이의 직경이 일정해지며, 이렇게 일정한 직경은 X선 회절 연구에서 이미 시사된 바 있다.

이런 염기쌍의 배열 양식을 **상보적**(complementary)이라고 하는데, 상보적이란 DNA 가닥이 같지는 않지만 한 가닥의 염기쌍에 의해 다른 한 가닥을 명시한다는 것을 의미한다. 예를 들어 한 가닥의 염기서열이 ATGC라면, 이에 대응하는 다른 한쪽의 염기 서열은 TGCG가 되는데, 이런 특징은 DNA 복제 및 발현에 매우 중요하다.

왓슨과 크릭의 모델은 샤가프의 연구 결과도 설명할 수 있었다. 이중나선 구조에서 아데닌은 티민과 두 개의 수소결합을 형성하지만 시토신과는 수소결합을 형성하지 않는다. 그와 마찬가지로 구아닌은 시토신과는 수소결합을 형성하지만, 티민과는 수소결합을 만들지 않는다. 이런 염기쌍으로 인해 모든 DNA 분자에서 구아닌과 시토신처럼 아데닌과 티민은 항상 같은 비율로 존재한다.

역평행 배열

앞에서 단일의 인산디에스테르 가닥은 본래의 방향성을 갖는

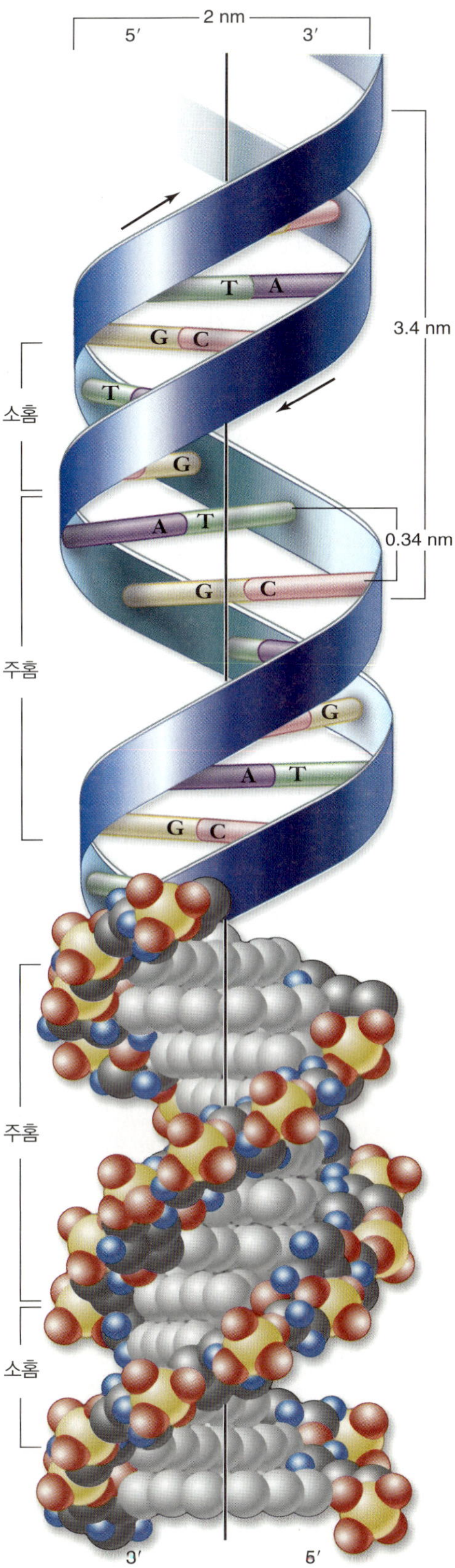

그림 5.15 이중나선.
인산디에스테르 골격이 위쪽에는 리본 모형으로, 아래쪽에는 공간 충전 모형으로 표시되어 있다. 염기는 나선의 안쪽으로 돌출되어 있고, 거기서 염기들은 염기쌍에 의해 나선을 붙잡고 있다. 골격은 큰 주홈과 작은 소홈의 2개 홈을 형성한다.

다고 설명한 바 있는데, 이는 한쪽 끝은 3′OH로 끝나고, 다른 한쪽 끝은 $5'PO_4$로 끝난다는 것을 의미한다. 그래서 DNA 가닥의 방향성은 5′에서 3′ 또는 3′에서 5′이라고 부르며, 두 가닥은 같은 방향성을 갖는 **평행**(parallel) 또는 반대의 방향성을 갖는 **역평행**(antiparallel)의 두 가지 방식 중에서 이중가닥의 DNA는 한 가닥은 5′에서 3′으로, 다른 한 가닥은 3′에서 5′으로 역평행 배열(antiparallel configuration)을 갖는다. DNA의 상보성에 추가적으로 이런 역평행은 또한 DNA 복제에 중요한 영향을 미친다.

왓슨과 크릭의 DNA 분자

왓슨과 크릭의 모델에서 각각의 DNA 분자는 일정 축을 중심으로 나선을 형성하는 두 개의 상보적인 인산디에스테르 가닥으로 되어 있다. 이런 가닥들은 역평행하며, 염기들은 나선의 안쪽으로 뻗어 있다. 이들은 상대쪽 가닥의 염기들이 서로에 대해 상보적인 염기쌍을 형성하여 두 개의 상보적 가닥으로 연결된다.

각 염기결합 사이의 수소결합은 낮은 수준의 에너지 결합이지만, 중합체의 많은 염기쌍 사이의 수소결합의 합은 전체 DNA 분자를 안정화시키기에 충분하다. DNA 골격은 나선 계단의 난간에, 염기쌍은 계단에 비유될 수 있다.

왓슨과 크릭의 모델이 DNA에 대한 합리적인 구조를 제안했지만, 연구자들은 세포분열에서 가장 중요한 단계인 DNA가 어떻게 복제될 수 있는지, 그리고 세포가 손상된 DNA를 어떻게 복구할 수 있는지(수선되지 않으면 변형되어 버림)에 대한 대답을 찾아야만 했는데, 이 장의 나머지 부분에서 이런 질문들에 대해 살펴보게 된다. 그리고 유전암호와 단백질 합성 사이의 연관성과 유전암호에 대해서도 알아본다.

3.3 DNA 복제

세포분열 전의 정확한 DNA 복제는 기본적이면서 중요한 기능으로 많은 연구들에서 이 복잡한 과정에 세포 내의 많은 단백질들이 관여함이 밝혀졌다. 그러나 유전학자들은 이런 것들의 세부 사항들을 밝히기에 앞서 일반적 기작에 대한 기본 연구가 필요하다는 사실을 인식하였다.

메셀슨과 스탈의 반보존적 기작

왓슨과 크릭의 모델은 유전정보 복제가 상보적으로 DNA 분자의 한쪽 가닥의 염기서열을 알면 다른 쪽 가닥의 염기서열도 알 수 있다는 것을 제시해주었다.

복제에서 양친의 DNA 가닥의 염기서열은 딸 가닥에서도 복제되어야 한다. 즉 양친의 이중나선 DNA는 전체적으로 네 가닥인 두 개의 딸 나선 DNA을 생산할 수 있어야 한다. 이 두 개의 딸 DNA 분자는 세포분열과정 동안 분리된다.

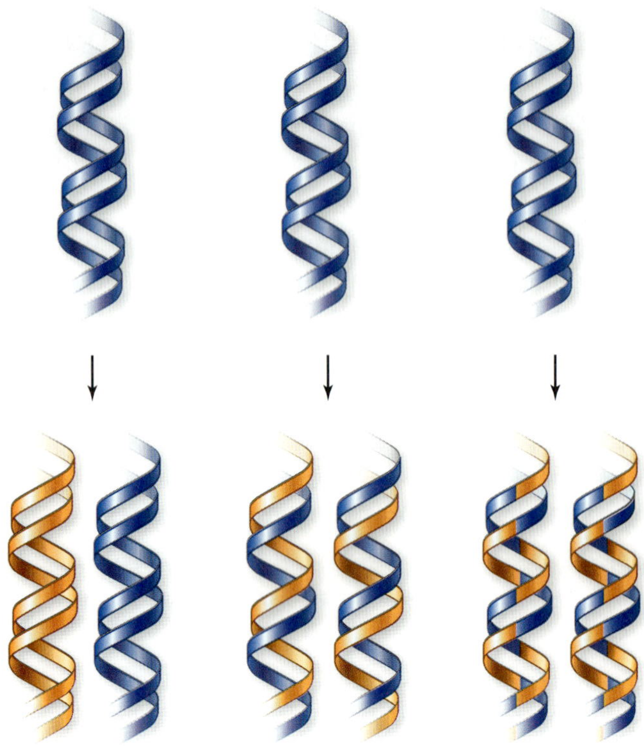

그림 5.16 DNA 복제에 대한 3가지 모델.
보존적 모델은 하나의 전체 새로운 분자를 만들고 오래된 것은 보존한다. 반보존적 모델은 오래된 가닥과 새 가닥의 2개의 혼성 분자를 만든다. 분산적 모델은 각각의 가닥이 새것과 오래된 것이 혼합된 혼성 분자을 만든다.

DNA 복제에 대해 다음과 같은 3개의 모델이 제안되었다(**그림 5.16**).

1. 보존적 모델: 양친 DNA 이중나선 가닥이 보전되고, 완전히 새로운 DNA 분자의 복제품이 만들어진다. 딸 DNA 이중나선 가닥은 새로운 DNA 가닥으로 구성된다.
2. **반보존적 모델**: 양친의 이중나선 가닥 중 하나는 딸 DNA에서 보존되고(반보존), 각각의 양친 DNA 가닥에 대한 새로운 DNA 가닥이 만들어진다. 딸 DNA 가닥은 하나의 양친 DNA 가닥과 새로 합성된 다른 하나의 DNA 가닥으로 구성된다.
3. 분산 모델: DNA 복제물들이 양친 가닥과 새로 합성되는 가닥과의 혼합 형태로 구성된다. 즉 새로운 DNA는 복제 후 새로운 DNA 가닥이 두 개의 딸 DNA 이중나선 분자의 각 가닥에 산재되어 분포하게 된다.

이 세 가지 모델은 복제과정의 세부 사항에 대한 규명 없이 복제에 대한 일반적 기작을 제안하고 있다는 사실에 유념할 필요가 있다.

메셀슨과 스탈의 실험

DNA 복제에 대한 세 개의 모델은 1958년 메셀슨(Meselson)과 스탈(Stahl)에 의해 평가되었다. 이 모델들을 구분하기 위해 그들은 두 번의 복제과정 동안 DNA를 표지하였다.

메셀슨과 스탈은 실험에서 질소 동위원소 중 무거운 ^{15}N(방사선 원소가 아님)을 이용하였다. ^{15}N을 가진 분자는 ^{14}N을 가진 분자보다 훨씬 큰 밀도를 지니기 때문에 초원심분리(ultracentrifugation)에 의해 다른 밀도를 갖는 분자들을 분리할 수 있다. 세균을 ^{15}N을 가진 배양액에서 배양하여 ^{15}N이 세균의 DNA로 삽입되도록 하면 몇 세대 후에 이 세균들의 DNA는 ^{14}N을 가진 배지에서 배양한 세균의 DNA보다 큰 밀도를 갖게 된다. 메셀슨과 스탈은 ^{15}N 배지에서 배양한 세균을 ^{14}N 배지로 옮긴 후 시간차를 두고 세균의 DNA를 분리하였다.

이렇게 수집된 DNA를 무거운 염인 염화세슘(cesium chloride) 용액에서 녹여 초원심분리기에서 다양한 속도로 분리하였다. 높은 원심분리력에 의해 세슘이온이 원심분리 튜브의 바닥으로 이동되면서 세슘의 농도에 따른 **밀도 기울기**(density gradient)가 형성된다. 각각의 DNA는 이 세슘의 밀도 기울기에 의해 분리되는데, ^{15}N은 ^{14}N보다 무겁기 때문에 튜브의 아래쪽에 위치하게 된다. ^{14}N이 있는 배지로 옮긴 다음, 바로 채취한 세균의 DNA는 ^{15}N DNA만의 밀도를 나타내지만 완전한 한 번의 DNA 복제 후 채취한 세균의 DNA 밀도는 ^{14}N과 ^{15}N의 중간값으로 감소하였다. 두 번의 복제를 끝낸 후 채취한 세균의 DNA에서는 2종류의 DNA 밀도인 ^{14}N과 ^{15}N의 밀도와 ^{14}N의 중간 밀도가 관찰되었다.

DNA 복제의 기본 기작은 **반보존적**(semiconservative)이다. 이를 간단하게 설명하면, 하나의 기존 가닥과 다른 하나의 새 가닥으로 이루어진, 두 개의 딸 나선구조를 만들기 위해, DNA 나선을 열어서 2개의 양친 가닥을 복제하는 것이다.

3.4 원핵생물의 복제

복제과정의 세부적 그림을 작성하기 위해, 먼저 대장균(*E. coli*)을 모델로 한 원핵생물의 복제과정에 대해 알아본 다음, 진핵생물과 원핵생물의 DNA 복제가 어떻게 다른지 알아본다.

하나의 시작점에서 시작하는 원핵생물의 복제

대장균에서 DNA 복제는 *oriC*라는 특수 지점에서 시작되고, 종결점이라는 다른 특수 지점에서 끝난다. *oriC*의 염기서열은 복제 개시와 관련된 단백질이 결합하는 부위이며, 반복된 뉴클레오티드로 구성되는데, 이 지점은 A-T가 많아(A-T rich) 복제 개시 때 DNA 가닥이 쉽게 벌어질 수 있는 부위이다(C-G에서의 3개의 수소결합에 비해, A-T는 2개의 수소결합을 가지고 있음).

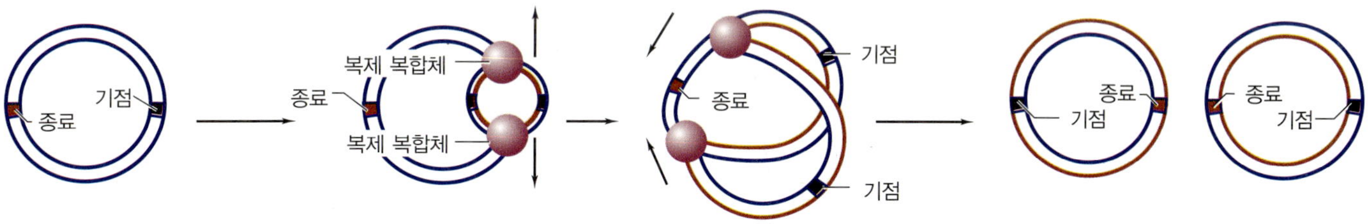

그림 5.17 복제는 하나의 고유 복제 기점에서 양방향으로 복제된다.
복제는 하나의 특별한 복제 기점에서 시작된다. 두 개의 분리된 복제 복합체(replisome)가 복제 기점에 실리고, 염색체상의 반대 방향으로 복제를 시작한다. 이런 두 개의 복제 복합체는 특별한 종결점에 도달할 때까지 반대 방향으로 복제를 계속한다.

복제 개시 후 복제는 **그림 5.17**에서 보는 것처럼 시작점에서 특정 종결점을 향해 양방향으로 진행된다. DNA 복제에서 하나의 기점에 의해 조절을 받는 DNA 부분을 **복제단위**(replicon)라고 부르며, 원핵세포에서는 염색체와 기점의 합이 하나의 복제단위를 형성한다.

적어도 3개의 다른 DNA 중합효소를 가지는 대장균

DNA 중합효소(DNA polymerase)는 주형가닥을 바탕으로 새로운 DNA 가닥을 만드는 효소이다. 대장균에서 처음으로 분리된 DNA 중합효소는 DNA 중합효소 **I** (DNA polymerase I, Pol I)이었다. 처음에 연구자들은 이 중합효소가 복제과정에서 DNA 합성을 하는 것으로 추측하였으나, 활성이 없는 Pol I 돌연변이형이 발견되었는데, 이 돌연변이체는 여전히 염색체를 복제할 수 있는 것으로 나타났다. 그 후 두 가지 중합효소가 더 분리되어, 그 각각을 **Pol II**와 **Pol III**라고 명명하였다. 다른 중합효소처럼 대장균의 세 중합효소도 5′에서 3′으로 폴리뉴클레오티드 가닥을 합성하며, 시발체를 필요로 한다.

많은 DNA 중합효소에는 DNA 가닥을 합성하는 기능을 돕는 추가적 효소 활성의 기능이 있다. 즉 뉴클레오티드들 사이의 인산디에스테르 결합을 분해하는 능력인 핵산분해의 활성이 있고, 이 핵산분해 효소(nucleases)는 DNA 내부를 자르는 **핵산내부 가수분해효소**(endonucleases)와 DNA의 말단을 잘라주는 **핵산말단 가수분해효소**(exonucleases)로 구분된다. DNA Pol I, Pol II, Pol III는 3′에서 5′으로의 핵산말단 가수분해효소의 기능을 가지며, 이 기능으로 잘못 짝지어진 염기를 제거할 수 있기 때문에, 교정의 기능을 할 수 있다. DNA Pol I은 5′에서 3′으로의 핵산말단 가수분해효소의 기능을 가지고 있고, 이 기능의 중요성은 점점 더 분명해지고 있다.

세 개의 중합효소는 각각 DNA 복제과정에서 다른 역할을 가지고 있는데, DNA Pol III는 주된 복제효소로서 방대한 양의 DNA 합성에 관여한다. DNA Pol I은 지체가닥의 시발체를 없애고 그 자리에 DNA를 합성하여 채운다. Pol II는 복제과정에 관여하지 않는 듯하나 DNA 수선에 관여한다.

오랫동안 이 세 개의 중합효소들만이 대장균에서 관찰되는 것으로 여겨졌으나, 최근에 새로운 다섯 개의 새 중합효소가 발견되었고 이들은 DNA 복제에 관여하지 않는 것으로 여겨지고 있다.

3.5 진핵세포에서의 복제

진핵세포에서의 복제는 두 가지의 주요 요인에 의해 복잡해지는데, 하나는 많은 양의 DNA가 다수의 염색체 내에 구조화되어 있다는 것이며, 다른 하나는 염색체의 선상 구조이다. 이 과정에 염색체의 말단에만 작용하는 새로운 효소의 작용을 필요로 한다는 것을 제외하면 기본적인 효소 작용들은 동일하다.

여러 개의 시작점을 갖는 진핵세포의 복제

엄청난 양의 DNA와 이들이 어떻게 짜임새 있게 구성되어 있는가 하는 것이 진핵세포의 복제에서 문제가 된다(**그림 5.18**). 진핵세포는 대장균(*E. coli*)의 염색체보다 훨씬 큰 다수의 염색체를 가지고 있다. 따라서 각 염색체들이 하나의 특정한 시작점을 갖는다면, 복제에 걸리는 시간은 매우 많이 필요하게 되는데, 이 문제는 개개 염색체가 다수의 시작점, 즉 여러 개의 복제단위를 갖는 것으로 해결된다.

시작점들은 대장균의 *oriC*에서와 같이 특이적 염기서열을 가지고 있지 않으나, 복제 시작점에 대한 인식은 염색체의 구조와 염기서열로 인식되는 것으로 알려져 있다. 진핵세포에서 사용되는 시작점의 수는 발생과정에서 조정될 수 있는데, 발생 초기에 세포분열이 빠르게 일어날 필요가 있을 때 많은 시작점들이 활성화된다. 각 시작점은 한 번의 세포주기당 한 번만 사용되어야 한다.

복잡한 진핵세포 복제과정에서의 효소학

진핵세포의 복제 기구들은 세균에서 발견되는 것과 거의 유사하지만 크기가 크고 복잡한 것이 다른 점이다. 복제의 개시 단계에는 주형가닥에 헬리카아제와 프리마아제 복합체가 모이

9.09 μm

그림 5.18 사람의 단일 염색체의 DNA.
이 염색체에서는 대부분의 포장 단백질(packaging protein)이 제거된 DNA 본래의 모습을 보여주고 있다. 남아 있는 단백질 비계(protein scaffolding)는 현미경 사진의 아래 부분에 검은 직물처럼 나타나 있다.

고, 활주 집게들과 함께 중합효소를 싣는 데 많은 성분들이 요구된다.

진핵세포에서의 프리마아제(primase)는 RNA와 DNA 중합효소의 복합체라는 점이 흥미롭다. 이것은 먼저 짧은 RNA 시발체를 만들고, 이들이 DNA와 함께 확장되면서 마지막 시발체를 만들게 되는데, 그 이유는 밝혀지지 않았다.

주된 복제 중합효소 자체도 두 개의 다른 효소가 함께 작용하는 복합체로 하나는 DNA 중합효소 입실론(ε)이고, 다른 하나는 DNA 중합효소 델타(δ)이다. 이 중합효소 복합체가 주형에 붙어 있게 해주는 활주 집게 소단위를 PCNA(proliferating cell nuclear antigen)라고 부른다. 이 특이적 이름은 PCNA가 증식(분열)하고 있는 세포에서 항체유도 단백질(antibody-inducing protein)로 처음 알려졌기 때문에 붙여진 것이다. PCNA 활주 집게는 삼합체(trimer)를 형성하는데, 이 구조는 β 소단위 활주 집게와 유사하다. 올리개도 세균의 것과 유사한데, 부가적인 복합성에도 불구하고, 복제 복합체의 역할은 앞에서 설명한 대장균에서와 유사하고 복제 분기점도 동일한 구성요소를 갖는다.

특수화된 말단을 갖는 선상 염색체

진핵세포의 염색체 말단에서 발견되는 특이적 구조는 **말단소체**(telomere)라고 부른다. 이 구조는 핵산 가수분해효소(nuclease)로부터 염색체의 말단을 보호하고, 선상의 염색체 본래의 모습을 유지하도록 해준다. 말단소립의 효소인 텔로머라아제(telomerase)는 특이 염기서열로 구성되어 있으나, 복제 복합체에 의해 만들어지지 않는다.

복제 말단

선상의 염색체(linear chromosome) 구조는 말단을 복제하는 데 있어 세포에게 문제가 되며, 중합효소의 방향성과 시발체(primer)에 대한 필요성이 이 문제를 유발한다.

단순한 직선 모양의 분자를 고려해볼 때, 각각 주형가닥 말단의 복제는 단순히 선도가닥의 5′ 끝이며, 중합효소가 5′에서 3′ 방향으로 DNA를 합성하면서 이 말단에 도달하면 결국 주형가닥이 끝나게 되고 복제는 끝나게 된다.

그러나 다른 쪽의 가닥인 지체가닥의 3′ 끝에서의 시발체 제거는 간극(gap)을 남기게 되는데, 이 간극에는 시발체가 붙을 수 없어 중합효소 복합체가 말단을 정확하게 복제할 수 없게 된다. 그 결과 매 세포분열마다 염색체가 점차적으로 짧아지게 된다.

텔로머라아제의 작용

말단소체는 DNA 가닥의 짧은 반복된 염기서열로, 이 반복염기서열의 특징은 텔로머라아제에 의한 합성에 의해 쉽게 설명될 수 있다. 그들은 **텔로머라아제**(telomerase)라고 부르는 효소에 의해 만들어지는데, 이 효소는 DNA가 아닌 내부의 RNA를 주형으로 만들어진다.

내부 RNA를 주형으로 이에 상보적 뉴클레오티드 서열의 반복된 DNA 절편이 주형 지체가닥 말단에 연결, 합성되면, 이 반복된 가닥을 주형으로 복제기구들이 새로운 가닥을 만들게 된다.

텔로머라아제, 노화 그리고 암

염색체 말단의 점진적인 감소는 텔로머라아제 활성의 부재 시에 일어난다. 사람의 배아와 유년기 발달 시기 동안 텔로머라아제의 활성은 높으나, 림프구처럼 기능상 분열을 해야 하는 세포를 제외하고는 성인 대부분의 체세포에서 이 효소의 활성은 낮다. 체세포에서의 텔로머라아제의 활성은 이 효소를 만드는 유전자의 발현이 억제되어 낮게 조절된다.

텔로머라아제의 부재 시 염색체의 감소에 대한 증거는 텔로머라아제 활성이 없는 생쥐에서 얻어졌다. 이 생쥐는 6세대까지는 정상처럼 보이나, 점차로 감소되는 말단소체를 보이면서 더 이상 살아 있는 자손을 만들지 못하게 된다. 이런 발견은 세포의 **노화**와 말단소체의 길이 사이에 관련성이 있음을 시사해준다. 배양하는 정상 세포는 일정 횟수만큼만 분열하게 되는

데, 이 한계성은 부분적으로는 말단소체 길이 때문이다.

세포의 노화와 말단소체의 길이 사이의 관계성은 텔로머라아제를 섬유아세포로 이식시킨 실험에 의해 지지되었는데, 이 세포들은 텔로머라아제를 이식받지 못한 세포들에 비해 증가된 수명을 가지는 것으로 나타났다. 흥미로운 사실은 이 세포들이 악성 세포(malignant cell)의 특징을 보이지 않았는데, 이는 텔로머라아제 단독으로 세포를 악성으로 만들 수 없음을 의미한다.

텔로머라아제와 암 사이의 관련성이 발견되었다. 암세포는 무한정 분열을 하지만 이들 염색체가 계속적으로 짧아지면 이런 무한정 분열은 불가능해진다. 암세포들은 일반적으로 텔로머라아제의 활성을 보이며, 이 텔로머라아제가 말단소체의 길이를 유지하게 해준다. 그러나 이 특징은 정상적 성장 조절에서 벗어나게 하는 조건들 중 하나일 뿐이다.

4 유전자의 작용

4.1 유전자의 특성

DNA가 단백질을 암호화한다는 것을 알고 있지만, 이 지식만으로는 어떻게 DNA 상의 유전정보가 세포의 기능을 조절할 수 있는지에 대해서는 설명하기 어렵다. 연구자들은 DNA 구조와 암호가 알려지기 오래 전부터 유전자상의 돌연변이가 특정 효소와 같은 단백질에 영향을 준다는 것을 입증해 왔다. 이 절에서는 유전자와 효소 사이의 관련성에 대한 증거들에 대해 알아본다.

1902년에 영국의 내과의사인 가로드(Garrod)는 부모들의 어떤 질환이 특정 가족 구성원들에게서 좀 더 흔하게 나타나는 것을 목격했다. 이런 가족의 여러 세대를 검사한 가로드는 어떤 질환은 단순히 열성 대립유전자의 결과로 나타난다는 사실을 발견하였다. 가로드는 이런 질환이 멘델의 유전형질에 의해 질환을 가졌던 조상의 유전정보에서의 변화 때문에 나타나는 것으로 결론지었다.

가로드의 발견에 기초하여 발전한 직관은 DNA 상의 암호화된 정보가 특정 효소를 지정하는 작용을 한다는 것이었다. 이 의견은 스탠퍼드대학의 비들(Beadle)과 타튬(Tatum)의 실험에서 밝혀진 분명한 증거에 의해 1941년 실제로 확인되었다. 비들과 타튬은 염색체 돌연변이를 만들어 그들이 교차 시에 멘델 방식으로 행동함을 규명하였으며, 이런 단일 유전자 변이가 개체에서 어떻게 그 변이 효과를 나타내는지 분석하였다.

비들과 타튬이 그들의 실험에서 분명한 결과들을 얻을 수 있었던 이유 중 하나는 그들이 실험 재료로 사용한 붉은빵 곰팡이를 선택한 덕분이었다. 이 곰팡이는 탄소의 공급원인 포도당과 비타민인 바이오틴, 그리고 무기염으로만 구성된 배지에서 쉽게 배양할 수 있다. 성장에 최소한의 조건들만 필요로 하는 이런 유형의 배지를 **"최소배지"**라고 부른다. 최소배지에서 자랄 수 있는 세포들은 모든 필수적인 생물학적 분자들을 합성할 수 있어야 한다.

비들과 타튬은 붉은빵 곰팡이 포자들에게 X선을 쪼이면, 포자 일부의 DNA가 정상 성장에 필요한 혼합물을 만드는 능력을 암호화하는 영역에 손상을 받을 것이라 생각했다. 그 결과 이 돌연변이는 세포가 최소배지에서 자랄 수 없게 했다. 이 경우 추가적 영양분이 공급된 배지에서는 세포가 자랄 수 있기 때문에 이런 돌연변이를 **영양 돌연변이**(nutritional mutations)라고 한다.

일 유전자/일 폴리펩티드 가설

비들과 타튬은 다음 단계에서 각각의 돌연변이가 아르기닌 생합성 경로가 막혀서 생긴 것인지를 조사하였다. 이를 위해 비들과 타튬은 아르기닌 생합성 경로에서의 각각의 중간산물을 배지에 첨가하여 어떤 중간산물이 돌연변이종들의 성장을 가능하게 할 수 있는지 알아보고자 했다. 생합성 경로에서 보충하여 추가된 중간산물 전 단계에 작용을 하는 효소에 문제가 있는 돌연변이라면, 최소배지에도 보충된 중간산물로 인해 성장은 일어날 것이며, 돌연변이가 사용된 중간산물 이후의 단계에 영향을 받은 것이면, 돌연변이의 성장은 없을 것이라는 것이다. 비들과 타튬은 아르기닌 생합성 경로에서 각각의 효소에 대해 결함 있는 효소를 가진 각각의 돌연변이종을 분리해낼 수 있었다. 돌연변이는 항상 몇몇의 특정 염색체 좌위 중 하나에 위치해 있어 각각의 돌연변이는 특정 위치를 갖는다. 그래서 그들이 연구한 각각의 돌연변이종들은 염색체 상의 한 자리에서 돌연변이에 의해 유도된 한 효소에서의 결함에 의해 나타난 것이었다.

비들과 타튬은 유전자가 효소의 구조를 지정하며, 각각의 유전자가 각각의 효소의 구조를 암호화한다고 결론지었고, 이를 **일 유전자/일 효소**(one-gene/one enzyme) 가설이라고 불렀다. 지금은 많은 효소들이 다수의 별개의 유전자에 의해 만들어진 각각의 폴리펩티드 소단위를 가지고 있는 것이 밝혀져, **일 유전자/일 폴리펩티드**(one-gene/one-polypeptide) 가설이라고 부르고 있는데, 이 가설은 유전자형과 표현형 사이의 분자적 관계를 분명하게 명시하고 있다.

세포에서 정보의 흐름을 DNA에서 RNA로, 그리고 단백질로 설명하는 중심원리

유전자형의 표현형으로의 전환은 DNA에 저장된 정보가 단백질로 전환되어야 가능해진다. 세포에서 정보 흐름의 본질은 크릭(Francis Crick)에 의한 분자생물학의 **중심원리**(central dogma)에 의해 처음 제안되었다. 정보는 유전자(DNA)에서 유전자의 복제물인 RNA로 흘러가고, RNA 복제물은 아미노

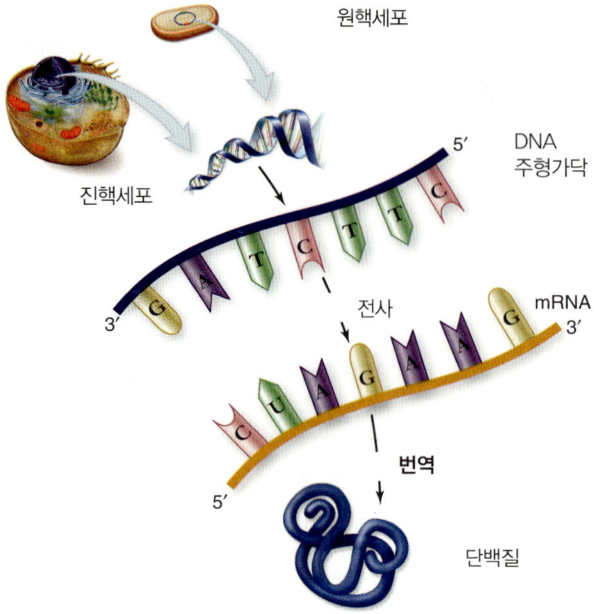

그림 5.19 분자생물학의 중심원리.
DNA는 mRNA로 전사되고, 이것은 단백질로 번역된다.

산 사슬인 단백질로의 순차적인 결합을 지시한다(**그림 5.19**). 이를 간단하게 표현하면 DNA → RNA → protein으로 나타낼 수 있다. 이 중심원리는 생물계에서의 정보의 흐름을 설명하는 지적인 틀을 마련했다. 법정에서 전사가 법원 공식기록의 정확한 말들을 기록하고 있는 것처럼, DNA에서 RNA 복제물을 만드는 과정도 DNA의 정확한 복제이기 때문에 이 과정을 **전사**(transcription)라고 부른다. RNA에서 단백질을 만드는 과정은 **번역**(translation)이라고 하는데, 이는 핵산의 언어(염기)에서 단백질의 "언어(아미노산)"로의 번역이기 때문이다.

중심원리의 독창적인 체계화 이후 바이러스의 효소인 **역전사효소**를 이용하여 RNA 게놈을 DNA로 복제하는 바이러스 그룹 중 하나인 **리트로바이러스**가 발견되었다. 이런 전환은 중심원리의 정보 흐름의 방향에 어긋난다. 그래서 이 발견에 의해 아래 그림에서 보는 것처럼 RNA에서 DNA로의 "역방향(reverse)"을 포함하는 정보의 흐름이 새로 첨가되었다.

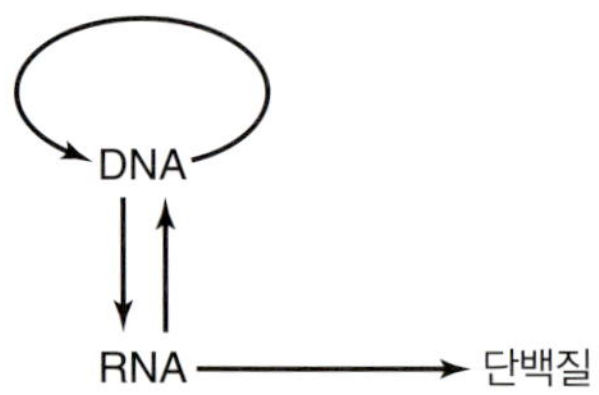

4.2 유전암호

DNA 상의 핵산의 서열이 어떻게 폴리펩티드(polypeptide) 상의 아미노산 순서를 명시화하는 정보를 암호화하는가? 이 중요한 질문에 대한 답은 1961년에 크릭(Crick)과 브레너(Brenner)의 실험에 의해 밝혀졌다. 이 실험 결과는 다음에 자세히 다룰 유전정보를 이해하는 데 매우 중요하다.

3개의 그룹 단위로 읽히는 코드

크릭과 브레너는 유전암호가 **코돈**(codon, 하나의 코돈이 단백질에서의 하나의 아미노산에 해당함)이라고 부르는 정보의 한 구획(block)으로 구성되어 있을 가능성이 높은 것으로 추정하였다. 더 나아가 그들은 하나의 코돈 내의 정보는 3개의 뉴클레오티드 서열로 되어 있을 것이라는 가설을 세웠다. G, C, T, A의 4개의 뉴클레오티드로 각 코돈에서 2개를 이용하면 4^2으로 16개의 다른 종류의 코돈을 만들 수 있지만, 20개의 아미노산에 대한 암호로는 부족하다. 그러나 3개의 뉴클레오티드를 이용하면 4^3로 64개의 조합으로 충분하게 된다.

코돈 사이의 여백 여부

문장에서 단어를 분리하는 빈칸처럼 이론적으로 유전자 코돈의 서열은 코돈 사이에 사용되지 않은 뉴클레오티드에 의해 중단될 수 있기 때문에 코돈들에서 뉴클레오티드들은 연속된 서열을 이루게 된다.

유전 메시지에서의 정보가 빈칸에 의해 분리되면, 변이된 어떤 한 단어가 전체 문장에 영향을 주지 않게 된다. 그에 비해 모든 단어가 연결되어 단지 3개씩의 그룹으로 읽혀진다면, 그 그룹에서 일어나지 않은 변이에도 불구하고 전체 문장을 변형시킬 수 있다. DNA에서 유전정보를 이용하는 이 두 가지 방법은 단백질로 유전정보를 번역하는 다른 방법들이 있음을 암시해준다.

여백을 가지지 않는 코돈

위의 두 가지 방법에서 하나를 고르기 위해, 크릭과 그의 동료들은 화학물질을 이용하여 바이러스 DNA에 1개의 염기 **삽입**(insertion) 또는 **결실**(deletion)을 유발하는 돌연변이를 만들었다. 결실과 삽입의 조합은 기능이 재생되지만, 각각의 돌연변이는 기능의 손실을 나타냈다. 이 경우 삽입 또는 결실 영역이 달라야 한다. 기능에 핵심적이지 않은 단백질의 한 부분을 암호화하는 유전자의 영역을 선택하면 이 작은 변화는 표현형에서의 변화를 초래하지 않는다.

한 염기의 결실 또는 연결된 두 염기의 결실을 조합하게 되면, 유전 메시지는 바뀌게 되고 삭제된 부분 이후의 아미노산의 모두가 변이되지만 3개의 염기를 삭제하면 삭제 부위 이후의 부분부터는 정상으로 나타난다. 뉴클레오티드를 1개, 2개, 3개를 첨가했을 때에도 같은 결과를 얻었다.

이러한 결과를 통해 크릭과 브레너는 유전자 암호는 3개의 뉴클레오티드 단위인 3자 암호(triple code)로 읽히며, 이

읽힘은 여백 없이 계속된다고 결론지었다.

이런 실험들은 유전 메시지에 대한 **번역틀**(reading frame)의 중요성을 보여주는데, 암호 사이에 틈이 없기 때문에 염기서열에서 첫 번째 코돈에 의한 번역틀의 개설이 어떻게 나머지 코돈이 읽힐지를 결정한다. 크릭과 브레너에 의한 돌연변이 종류를 **틀이동 돌연변이**(frameshift mutation)라고 하는데, 그 이유는 그 돌연변이들이 유전 메시지의 번역틀을 변이시켰기 때문이다

4.3 진핵세포에서의 전사

RNA 중합효소에 의한 전사의 기본 기작은 원핵세포와 진핵세포에서 동일하지만, 두 과정의 세부 사항들은 원핵세포와 진핵세포에서의 전사과정을 분리시켜 설명할 수 있을 정도로 다르다. 이 절에서는 진핵세포에서의 전사 시스템이 원핵세포와 어떻게 다른지 알아본다.

진핵세포의 3종류 RNA 중합효소

한 종류의 RNA 중합효소를 가지고 있는 원핵세포와 달리 진핵세포는 3종류의 RNA 중합효소를 가지고 있고, 이 중합효소는 서로 다른 구조와 기능을 가지고 있다. **RNA 중합효소 I**은 rRNA를 전사하고, **RNA 중합효소 II**는 mRNA와 몇몇 소형 핵 RNA를 전사하며, **RNA 중합효소 III**는 tRNA와 다른 몇 종류의 소형 RNA들을 전사한다. 이 세 종류의 중합효소가 함께 진핵세포 핵에서의 전사과정을 수행한다.

각 중합효소의 프로모터

3종류의 다른 RNA 중합효소의 존재는 각각의 중합효소들이 전사를 시작하는 곳을 인지할 수 있도록 DNA 상의 다른 신호를 필요로 하기 때문에 각 중합효소는 다른 프로모터 구조를 갖는다.

RNA 중합효소 I의 프로모터

생물들 간에 유사성을 보이지 않는 rRNA 유전자들 때문에 RNA 중합효소 I 프로모터는 생물학자들을 혼란스럽게 했다. 오늘날 이런 프로모터들은 종마다 특유하며, 이런 이유로 종들 간의 비교에서 유사성을 보이지 않았던 것으로 보고 있다.

RNA 중합효소 II의 프로모터

RNA 중합효소 II 프로모터는 3가지 유형 중 가장 복잡한데, 이는 이 중합효소에 의해 전사되는 유전자들의 높은 다양성 때문인 것으로 여겨진다. 진핵세포의 유전자가 처음 분리되었을 때 많은 것들이 개시 부위(start site)의 상부에 **TATA box**라고 부르는 염기서열을 가지고 있었다. 이 서열은 원핵세포에서의 −10서열과 유사해 TATA box는 초기의 프로모터 요소인 것으로 추정되고 있다. 전체 게놈서열이 밝혀지고, 좀 더 많은 유전자들이 분석됨에 따라 이 추정은 간단하게 증명되었으며, TATA box를 포함한 많은 다른 요소로 구성되었다는 핵심 프로모터의 개념으로 대치되었다. 부가적 조절 요소들의 존재는 조직 특이적, 발생학적 시간에 특이적 발현이 가능하게 해준다.

RNA 중합효소 III의 프로모터

RNA 중합효소 III에 대한 프로모터는 진핵생물의 유전자 발현을 연구하는 초기의 분자생물학자들을 놀라게 한 바 있다. 조절 부위를 조사하는 데 흔히 사용된 기술은 5′ 말단에서부터 순차적으로 뉴클레오티드를 제거하면서 언제 이 결실이 특정 전사를 멈추게 하는지 알아보는 것이었다. 이 논리는 원핵세포에서 유전자의 5′ 말단에서 조절 부위를 발견한 경험에 근거한 것이었다. 그러나 tRNA 유전자의 경우 5′ 말단의 결실은 유전자 발현에 아무런 영향도 주지 않았다. RNA 중합효소 III의 프로모터는 실제로 유전자 그 자체 안에 있는 것으로 밝혀졌는데, 이는 모든 RNA 중합효소 III에 해당되지는 않지만, 대부분의 것에 해당되는 것으로 여겨지고 있다.

원핵세포와 다른 진핵세포에서의 개시와 종결

RNA 중합효소 II 프로모터에서의 전사 개시는 원핵세포에서의 개시와 유사하지만, 그 과정은 더 복잡하다. 원핵세포에서는 한 가지 요소가 프로모터를 인지하는 데 비해, 진핵세포는 다수의 **전사인자**들을 이용한다. 이런 단백질들은 RNA 중합효소 II가 프로모터에 결합하고 유전자 발현을 개시할 수 있게 하는 데 필요하다. 많은 전사인자들이 RNA 중합효소 II와 상호작용하여 **개시 복합체**를 형성하는데, 이에 대해서는 유전자 발현의 조절을 설명하는 이 장의 뒷부분에서 더 자세하게 다룬다.

진핵세포에서의 RNA 중합효소 II를 위한 전사 종결은 원핵세포에서와 다르게 나타난다. 종결 부위가 있지만, 원핵세포에서처럼 잘 밝혀져 있지 않으며, 1차 전사체는 전사 후 변형되기 때문에 mRNA의 말단은 RNA 중합효소 II에 의해 형성되지 않는다.

진핵세포에서 전사체의 변형

원핵세포와 진핵세포의 주된 차이는 전사체 자체의 운명이다. 핵에서의 전사와 세포질로의 성숙한 mRNA의 수송 사이에서 RNA 중합효소 II에 의해 만들어진 1차 전사체에 많은 변형이 일어나는데, RNA 중합효소 II에 의해 만들어진 전사체를 **1차 전사체**라고 부르며, 변형 후 성숙된 **mRNA**가 만들어진다.

5′ 캡

진핵세포의 전사체는 mRNA의 5′ 말단에 첨가된 특이한 구조를 가지고 있다. 전사체의 첫 염기는 일반적으로 A(아데닌)

또는 G(구아닌)인데, 여기에 GTP가 5′ 인산기(PO_4)에 결합되어 변형이 일어나, **5′ 캡**(5′ cap)이라고 알려진 구조를 형성한다. 캡에서의 G 뉴클레오티드가 전사체의 5′ 말단에 결합하여, 핵산에서만 발견되는 5′-5′ 결합을 만들게 된다. 또한 GTP에서의 G는 메틸기(methyl group)의 결합에 의해 변형되어 **메틸 G 캡**이라고 부른다. 캡은 전사 진행 중에 첨가된다. 캡은 mRNA의 5′ 말단이 분해되지 않도록 보호하고, 번역 개시에도 관여한다.

3′ 폴리-A 꼬리

원핵세포와 진핵세포의 전사에서의 주요 차이는 진핵세포의 전사체의 말단이 mRNA의 말단이 아니라는 것이다. 진핵세포의 전사체는 전사의 종결 부위 앞쪽에 있는 특수 부위(AAUAAA)의 아래쪽이 절단되는데, 이 부위는 **폴리-A 중합효소**(poly-A polymerase)라고 부르는 효소에 의해 절단된 후, 3′ **폴리-A 꼬리**(3′ poly-A tail)라고 부르는 일련의 아데닌(A)의 잔기로 연결된다. 이와 같이 진핵세포의 mRNA 말단은 RNA 중합효소 II에 의해 만들어진 것도 아니고, 전사체의 말단도 아니다.

4.4 번역 과정

번역(translation) 과정은 세포가 수행하는 가장 복잡하고 에너지 소모적인 과정 중 하나이다. 앞에서 살펴본 것처럼 유전자 발현 과정의 전반적 개요는 매우 간단해 보인다. mRNA는 리보솜을 통과하고 있는 실과 같은 구조이며, 아미노산을 운반하는 tRNA는 mRNA의 코돈과 염기쌍을 형성함으로써 리보솜에서 mRNA와 상호작용을 한다. 리보솜과 tRNA는 아미노산을 위치시켜 각각의 새로운 아미노산에서 펩티드 결합들이 형성되어 폴리펩티드가 신장되게 해준다.

보조인자들을 필요로 하는 개시 과정

앞에서 살펴본 것처럼 개시 코돈(start codon)은 AUG로 메티오닌을 암호화한다. 리보솜은 mRNA 가닥에서 만나는 첫 AUG를 번역 개시의 신호로 사용한다.

원핵세포에서의 개시

원핵세포에서 **개시 복합체**는 화학적으로 변형된 메티오닌인 **N-포밀메티오닌**(N)을 가진 특이한 개시 tRNA를 가지고 있다. 개시 tRNA는 $tRNA^{fMet}$로 나타낸다. **개시 복합체**는 작은 리보솜 소단위와 mRNA 가닥도 포함하고 있다. mRNA 5′ 말단의 보존된 염기서열인 **리보솜 결합 서열**(RBS)은 상보적인 서열을 가진 작은 소단위에 있는 rRNA 3′ 말단에 결합함으로써 작은 소단위는 mRNA에 정확하게 위치할 수 있다.

개시 복합체를 만들기 위해 많은 개시인자들이 리보솜, mRNA 그리고 $tRNA^{fMet}$의 상호작용을 매개한다. 이런 인자들은 개시 과정에만 관련되어 있을 뿐 리보솜의 부분은 아니다.

mRNA, 개시 tRNA 그리고 작은 리보솜 소단위의 복합체가 형성되면, 큰 리보솜 소단위가 첨가되면서 번역이 시작된다. 완전한 리보솜의 형성과 함께 개시 tRNA는 P 부위에 결합한다(A 부위는 비어 있음).

진핵세포에서의 번역 개시

진핵세포에서의 번역 개시는 두 가지 면에서 원핵세포와 다르다. 첫째, 개시 아미노산이 N-포밀메티오닌이 아닌 메티오닌이며, 두 번째로 개시 복합체가 9개 이상의 단백질 인자들과 여러 개의 소단위로 구성된 훨씬 복잡한 복합체라는 것이다. 진핵세포의 mRNA에는 RBS가 없으며, 작은 소단위는 mRNA의 5′ 캡에 결합함으로써 초기에 mRNA에 결합하게 된다.

연속적인 아미노산 첨가 과정인 신장

개시 tRNA와 mRNA 근처에 전체 리보솜이 조립되면 두 번째 충전된 tRNA가 리보솜에 와서 비어 있는 A 부위에 결합한다. 이때 충전된 tRNA와 GTP를 결합시키는 **EF-Tu**라고 부르는 **신장인자**(elongation factor)가 요구된다.

개시 tRNA의 아미노산과 A 부위에 새로 도착한 충전된 tRNA의 아미노산에서 펩티드 결합이 형성된다. 두 충전된 tRNA에 대한 결합의 기하학적 구조는 이 과정을 이해하는 데 핵심이 되는데, 아미노산은 tRNA에 카르복실 말단을 통해 연결되어 있다는 점을 기억해두라. A 부위에서 들어오는 아미노산의 아미노 말단은 P 부위에서 신장하고 있는 사슬의 카르복실기 말단과 펩티드 결합을 형성한다.

연속적인 아미노산의 부가는 순환 방식으로 일어나는 일련의 과정들로 신장 과정 주기의 세부 내역을 보여준다.

1. **mRNA 코돈에 일치하는 tRNA 안티코돈:** 새로 충전된 각각의 tRNA가 리보솜으로 들어와 EF-Tu와 GTP에 결합된다. 안티코돈이 A 부위의 mRNA 코돈에 상보적이면 충전된 tRNA는 A 부위와 결합한다.
   결합 후 GTP는 가수분해되고, EF-Tu-GDP가 리보솜에서 분리되어 다른 인자에 의해 재활용된다. 두 단계로 구성된 결합과 GTP 가수분해는 번역의 정확성을 증가시키는 것으로 여겨진다.
2. **펩티드 결합 형성:** 큰 소단위에 있는 펩티드기 전달효소(peptidyl transferase)는 A 부위의 아미노산의 아미노기와 신장하고 있는 사슬의 카르복실기 사이의 펩티드 결합의 형성을 촉매한다. 또한 신장하고 있는 사슬과 P 부위의 tRNA 사이의 펩티드 결합을 깨서 P 부위가 비게 만든다(P 부위에 있는 tRNA는 더 이상 충전되지 않음. 즉, 아미노산을 가지고 있지 않음). 이의 전반적 결과는 신장하고 있는 사슬을 A 부위의 tRNA로 전달하는 것이다.

그림 5.20 조면소포체에서의 단백질 합성. 조면소포체에서 합성되는 단백질은 펩티드 자체의 신호에 의해 소포체로 오게 된다. 폴리펩티드의 아미노 말단에 있는 이 신호는 SRP(신호인식 입자, signal recognition particles)에 의해 인식된다. 이 복합체는 소포체 막의 채널과 연계되어 있는 수용체에 도킹한다. 펩티드가 합성되면서 이 채널을 통해 소포체 내강으로 들어간다.

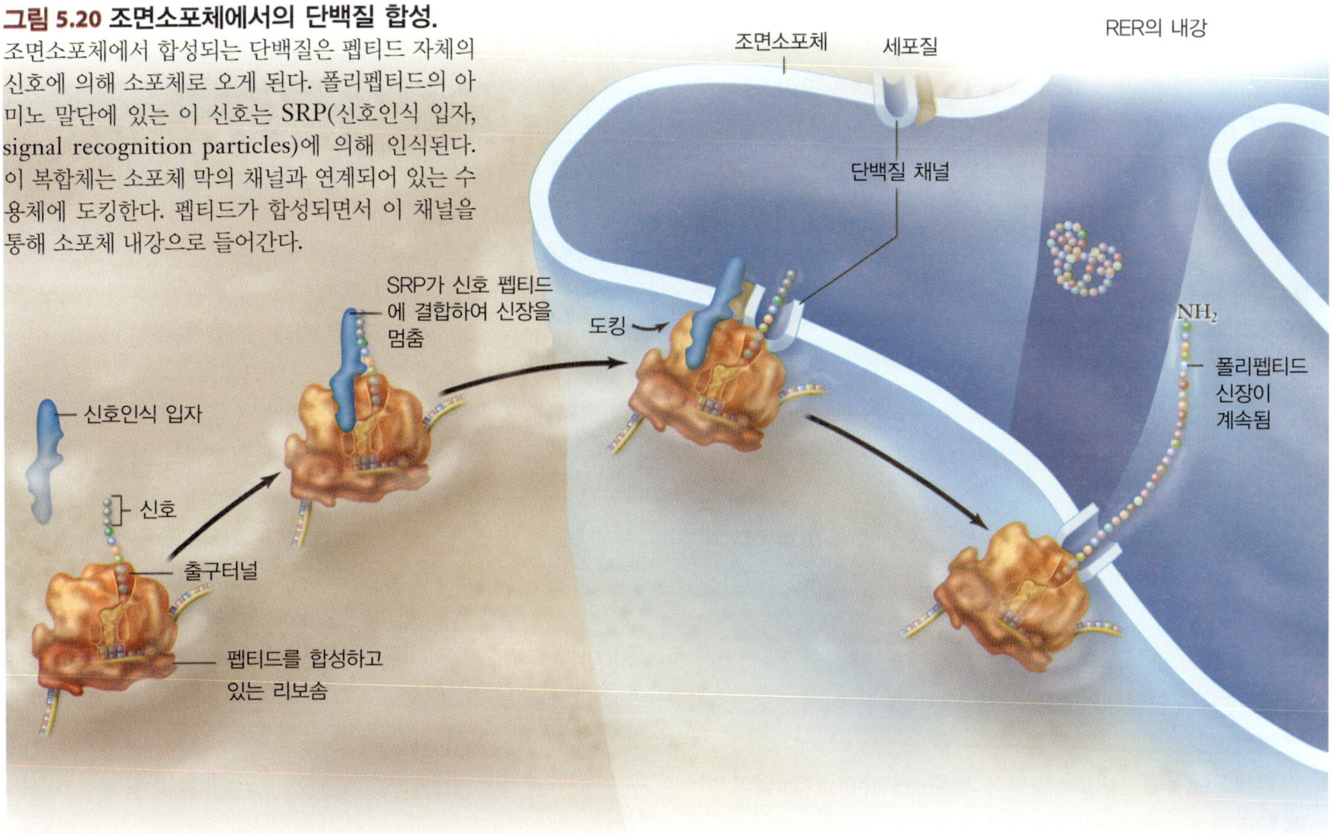

3. **리보솜의 자리 옮김:** 펩티드 결합이 형성된 후 리보솜은 mRNA와 tRNA에 관련되어 움직인다. mRNA의 다음 코돈이 A 부위가 되고, 신장하고 있는 사슬을 가진 tRNA는 P 부위가 된다. P 부위에서 형성된 비충전 tRNA는 E 부위에 위치하고, 다음 단계에서 방출된다. 자리 옮김(translocation) 단계는 보조인자인 EF-Tu와 또 다른 GTP의 가수분해를 필요로 한다.

   이 신장 주기는 새로운 아미노산의 첨가와 함께 계속된다. 리보솜은 mRNA의 5′에서 3′ 방향으로 이어진 코돈을 읽으면서 움직인다. tRNA는 반대 방향으로 리보솜을 따라 움직이는데, A 부위에서 P 부위 그리고 빈 tRNA는 방출되기 전에 마지막 E 부위로 옮겨간다. 방출된 빈 tRNA는 또 다른 아미노산으로 충전되어 재사용된다.

보조인자들을 필요로 하는 종결과정

신장은 사슬의 종결 정지코돈에 도착할 때까지 계속된다. 이런 정지코돈들은 tRNA에 결합하지 않고, 리보솜에서 새로이 만들어진 폴리펩티드를 내보내는 단백질인 방출인자에 의해 인지된다.

소포체로 가도록 표적된 단백질

진핵세포에서 번역(translation)은 세포질 또는 조면소포체(RER)에서 일어난다. RER에서 번역될 단백질은 단백질 자체의 초기 아미노산 서열에 의해 RER로 가도록 정해진다. RER에서 발견되는 리보솜은 활발하게 번역을 하고 있지만, ER에 영원히 결합된 채로 남아 있을 수 없다.

신호서열이라고 부르는 짧은 아미노산으로 시작되는 폴리펩티드는 세포질에 존재하는 신호인식 입자라고 부르는 단백질 복합체에 의해 인지되어 결합된 다음 신호서열과 SRP 복합체는 ER 막의 수용체 단백질에 의해 인지된다. ER 수용체와 신호서열/SRP 복합체(signal sequence/SRP)와의 결합은 리보솜을 ER 막에서 단백질 번역을 하도록 고정시켜 주는데, 이런 과정을 **도킹**(docking)이라고 한다(**그림 5.20**).

단백질이 합성되면 도킹 복합체에 의해 형성된 채널을 통해 ER 안쪽의 시스터네 공간(cisternal space)으로 들어가게 되는데, 이는 도킹 은유의 기초가 된다. 이때 리보솜은 실제로 ER 자체에 결합된 것이 아니라, 새로 합성되어 ER 내로 들어가는 단백질로 인해 ER에 결합된 것처럼 보이는 것으로 리보솜은 밧줄로 항구에 묶여진 배와 같은 모습을 보인다.

SRP와 수용체 그리고 채널 복합체를 통해 막을 가로지르는 단백질 전위의 기본 기작은 모든 세 가지 유형의 생물(진핵생물, 원핵생물, 고세균)에서 보존되어 있다. 진핵세포만 세포내막계를 가지고 있다고 한다면, 이 보편성은 매우 신기한 것처럼 보일 수 있으나, 세균과 고세균도 원형질막을 통해 단백질을 배출하고, 이들이 이용하는 기작도 진핵세포에서 단백질이 ER의 시스터네 공간으로 움직이는 것과 유사한 방식이다.

ER 시스터네 공간 내로 새로 만들어진 단백질이 들어가면, 당의 첨가에 의해 변형되고, 소낭(vesicle)에 의해 골지체로 수송된다. 이는 원형질막으로의 결합 또는 세포 밖으로의 방출과 같은 단백질-트래피킹 경로의 시작이 된다.

4.5 유전자 발현 요약

유전자 발현 과정의 복잡성 때문에, 다음에서와 같이 몇 가지 주요 포인트를 요약해볼 필요가 있다.

- 유전자 발현 과정은 유전형의 정보를 표현형으로 전환하는 것이다.
- mRNA 형태로의 유전자 복사는 전사 과정에 의해 이루어지며, mRNA는 번역 과정에 의해 단백질 합성을 지시하는 데 사용된다.
- 전사와 번역의 과정은 개시, 신장, 종결의 단계로 구분되며, 각 단계에서 중합체가 만들어진다(DNA 복제 과정도 마찬가지임).
- 진핵세포에서의 유전자 발현은 원핵세포에서보다 훨씬 더 복잡하다.

인트론(intron)과 **엑손**(exon)을 가진 진핵세포의 유전자 특성은 전사와 번역 사이에 부가적 단계가 요구되어 유전자 발현의 단계가 원핵세포에서보다 훨씬 복잡하다. 진핵세포에서의 mRNA의 생성과 가공은 핵에서 일어나며, 번역은 세포질에서 일어난다. 이를 위해 번역이 일어나기 전에 핵공을 통해 mRNA를 핵으로부터 세포질로 내보내야 한다.

원핵세포과 진핵세포에서의 유전자 발현에는 많은 차이가 있다.

5 유전자 발현의 조절

5.1 유전자 발현의 조절

유전자 발현의 조절은 모든 생물체에서 매우 중요하다. 유전자 발현의 조절은 원핵생물에서 세포가 변하는 환경조건에서 살 수 있도록 해주며, 다세포 진핵생물에서는 발생의 방향과 항상성 유지에 절대적으로 필요하다.

전사의 개시 단계에서 일어나는 조절

유전자 발현(gene expression)이란 유전자형이 표현형으로 전환되는 과정이다. DNA로부터 정보의 흐름이 기능적인 단백질을 생산해내고 세포의 활성을 조절한다. 이 과정의 어느 시점에서도 조절될 수 있고, 그러한 조절은 대부분의 단계에서 일어나고 있지만 이 조절에 가장 적합한 장소는 DNA가 mRNA로 전사되는 시작 단계이다. 전사과정은 어느 단계에서 조절될 수 있지만, 시작이 가장 합리적인 장소가 된다. 세포들이 언제나 인간의 논리에 따르는 방식으로 행동을 하는 것은 아니지만, 전사 개시에서의 조절은 공통적인 현상이다.

RNA 중합효소(RNA polymerase)는 전사과정의 핵심으로 전사를 시작하기 위해 DNA 나선에 접근해 유전자의 **프로모터**(promotor)와 결합해야만 한다. **조절 단백질**(regulatory protein)이 RNA 중합효소가 프로모터에 붙을 수 있는 능력을 조절해주는 역할을 한다. RNA 중합효소가 프로모터로 접근하는 것을 조절한다는 것은 진핵세포와 원핵세포 모두에 공통적이지만, 세부 내역은 상당히 다르다.

이런 조절 단백질들은 일반적으로 10~15 nt 길이(커다란 조절 단백질이라도 20 nt 정도에만 결합한다)의 특정 뉴클레오티드 서열에 결합한다. 수백 개에 달하는 조절 단백질들의 특성이 밝혀졌으며, 각 단백질들은 자신에 맞는 서열을 인식하여 결합하게 된다. 이런 단백질의 결합은 RNA 중합효소의 진행 경로를 차단하여 전사를 막거나, 프로모터와 RNA 중합효소의 결합을 용이하게 하기도 하여 전사과정을 활성화하기도 한다.

환경 변화에 적응하도록 설계되어 있는 원핵세포의 조절 전략

원핵생물에서의 유전자 발현 조절은 진핵세포에 비해 매우 다르게 이루어진다. 원핵세포들은 진화에 의해 가능한 한 빨리 자라고 분열하도록 진화되어 왔기 때문에 일시적 자원을 최대한 잘 활용할 수 있다. 원핵세포의 단백질은 급속히 전환되어 유전자 발현의 양상을 전환시켜 세포소기관들이 외부 환경 변화에 빨리 반응할 수 있도록 해준다.

원핵세포에서 유전자 조절의 첫 번째 기능은 세포가 환경에 대해 즉각적으로 활동하는 것이다. 유전자 발현의 조절은 이용 가능한 영양분의 양과 종류, 그리고 산소의 양에 대한 반응에서 존재하는 효소들을 변화시킨다. 이러한 변화의 대부분은 완전히 가역적이어서 세포는 환경 변화에 따라 효소의 수준을 증가 또는 감소하도록 조절할 수 있다.

항상성 유지를 목표로 하는 진핵세포에서의 조절 전략

원핵생물과는 달리 다세포 생물들은 즉각적인 환경에 의한 일시적인 변화에 대해 보호되는 형태로 진화되어 대부분이 일정한 내부 환경을 유지한다. 환경으로부터 내부의 상태를 유지하려는 항상성(homeostasis)이 다세포 생물들의 특징이 된다. 진핵생물의 세포들은 유전자 발현 변화를 통해 성장인자 또는 호르몬 같은 직접적 환경 신호에 반응을 함으로써 세포들이 전체로서의 신체 조절에 관여하게 된다.

유전자 발현의 변화 중 어떤 것들은 신체의 생리학적 상태의 변화를 보완해주며, 어떤 것들은 몸을 실제로 만드는 결정들을 중개함으로써, 적합한 유전자들이 발생과정 동안 정확한 시기에 정확한 세포에서 발현되도록 보장한다. 이 내용들에 대해 다음 절들에서 자세히 다루고, 여기에서는 특이적 효소에 의해 촉매되는 일련의 긴 생화학 반응을 수반하는 다세포 생물의 성장과 발생에 대해 살펴본다. 특정한 발생 변화가 일어나면 그에 수반되는 과정들이 방해받지 않도록 효소들의 활성이 중단된다.

효소들을 정해진 순서에 따라 만들기 위해 유전자들은 각각의 특정 시간에 정해진 순서에 따라 전사되고, 다음에 이어지는 고정된 유전 프로그램은 프로그램된 **세포자살**(apoptosis)을 유도하기도 한다. 발생 프로그램을 인도하는 유전자들의 한 번 발현은 환경에 반응하기 위해 원핵세포들이 하는 가역적인 물질대사 조절과는 근본적으로 다르다. 모든 다세포 생물에서 하나의 특정 세포내의 유전자 발현의 변화는 개개 세포의 생존보다는 전체 생물체를 위해 필요한 것이다.

단세포 진핵생물에서의 조절 메커니즘은 원핵생물과 다르다. 모든 진핵생물은 핵막을 가지고 있어 DNA를 염색체로 응축하는 데 같은 메커니즘을 이용하고, 같은 유전자 발현 기구들을 가지고 있으며, 이런 모든 것들이 원핵세포와 다르다.

5.2 조절 단백질

특정 DNA 조절 서열에 결합하는 단백질의 능력은 유전자 조절의 기본 도구로 전사 조절을 가능하게 해주는 주요 능력이다. 세포가 유전자 발현을 어떻게 조절하는지를 이해하기 위해서는 먼저 단백질의 분자 인식 과정의 명확한 밑그림을 얻을 필요가 있다.

주요 홈을 통해 DNA와 상호작용하는 단백질

과거에 분자생물학자들은 단백질이 하나의 DNA 서열을 다른 서열과 구분하기 전에 DNA 나선이 풀어져야만 한다고 생각했었다. 그들은 이 방법만이 조절 단백질들이 염기쌍 사이의 수소결합에 접근할 수 있다고 판단했다. 그 후 나선이 풀릴 필요가 없다고 밝혀졌는데, 이는 단백질들이 염기쌍의 가장자리가 노출되어 있는 바깥 표면에 결합할 수 있기 때문이다.

DNA 분자를 주의 깊게 살펴보면, DNA를 둘러싸고 있는 두 개의 홈이 있고, 하나는 다른 것에 비해 더 깊은 것을 알 수 있다. **주요 홈**(major groove)이라고 부르는 깊은 홈에서 단백질은 뉴클레오티드의 수소결합 제공자와 수용자에 접근할 수 있다. 이런 화학기에 의해 만들어진 양상은 네 개의 가능한 염기쌍 배열 각각에 특이적이기 때문에 단백질이 염기서열을 읽기 위해 홈에 자리를 잡을 수 있도록 해준다.

특정 DNA 서열과 상호작용하는 DNA-결합 도메인

단백질-DNA 인식에 대한 연구가 활발하게 이루어지고 있고 지금까지 30개가 넘는 조절 단백질 구조가 분석되었다. 각 단백질은 미세한 부분에서 특이적이지만, DNA에 실제로 결합하는 단백질 부분은 훨씬 덜 다양하다. 이런 단백질들의 거의 대부분이 **DNA-결합 모티프**들의 작은 세트 중 하나를 이용한다. 모티프는 많은 단백질에서 발견되는 3차원적 소구조의 한 형태이다. 이런 DNA 결합 모티프는 일반적으로 DNA 나선의 주요 홈을 통해 염기의 특정 서열과 상호작용하는 속성을 공유하고 있다.

DNA-결합 모티프들은 조절 단백질들의 DNA-결합 도메인 내의 주요 구조이다. 도메인은 서열-특이적 방식으로 DNA에 결합하는 데 필요한 기능적으로 구별되는 단백질의 부분을 일컫는다. 조절 단백질은 조절 장치들과 상호작용을 할 필요도 있는데, 이것은 다른 조절 도메인에 의해 이루어진다.

같은 DNA-결합 도메인을 공유하는 두 단백질이 반드시 같은 DNA 서열에 결합을 할 필요는 없다. DNA-결합 모티프들에서의 유사성은 DNA와 결합하는 특정 접촉에서가 아니라, 그들의 3차원적 구조에서 나타난다.

5.3 원핵세포에서의 조절

유전자 발현의 조절에 대한 세부 사항은 원핵생물이 전사 개시를 조절하는 데 이용하는 메커니즘을 연구함으로써 밝혀졌다. 원핵생물과 진핵생물은 어떤 공통 주제들을 공유하지만, 크게 다른 점들도 지니고 있다. 진핵생물의 체계가 단순한 원핵생물에서의 체계와 어떻게 다른지에 대해서는 뒤에서 논의한다.

양성 또는 음성으로 조절되는 전사 조절

전사 개시 단계에서의 조절은 양성적일 수도 있고 음성적일 수도 있다. **양성조절**(positive control)은 개시의 빈도를 높여주고, **음성조절**(negative control)은 개시의 빈도를 낮추어준다. 각각의 조절 형태는 상반적인 효과를 지닌 조절 단백질에 의해 중재된다.

억제자에 의한 음성조절

음성조절은 **억제자**라고 부르는 단백질에 의해 조절되는데, 억제자는 **작동자**라고 부르는 DNA 조절부위에 결합해 전사의 개시를 막거나 줄여주는 단백질이다. 억제자들은 중합효소가 효과적으로 전사를 개시하는 것을 막는 방어벽처럼 작용한다.

억제자들은 혼자 작용하지 않고 각각 특이적인 작동인자(또는 실행기) 분자에 반응한다. 작동인자의 결합은 억제자의

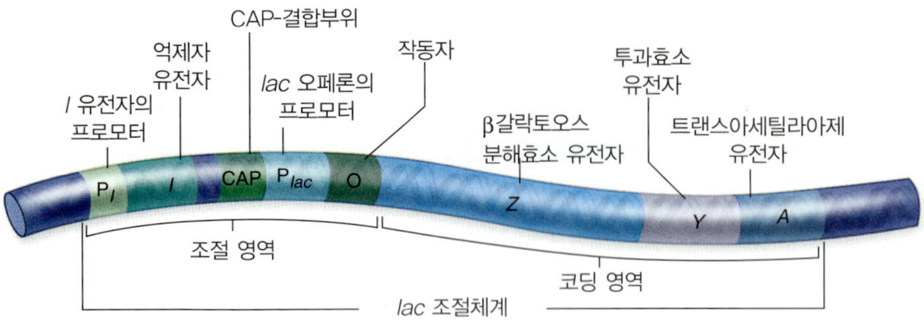

그림 5.21 대장균 염색체의 *lac* 오페론 부위.
lac 오페론은 프로모터, 작동인자, 그리고 젖당대사에 필요한 단백질을 암호화하는 3개의 유전자(*lac Z*, *Y*, *A*)로 구성되어 있다. 그에 부가해 이화과정 물질 활성화 단백질(catabolite activator protein, CAP)에 대한 결합 부위도 있는데, CAP은 RNA 중합효소의 프로모터에 대한 결합에 영향을 준다. *I* 유전자는 억제 단백질을 암호화하는데, 이 억제 단백질은 작동인자에 결합하여, *lac* 오페론의 전사를 막아준다.

입체 구조를 바꾸어 DNA에 결합하는 것을 더 잘하거나 못하도록 한다. 이 억제 단백질들은 DNA에 결합하는 활성 부위와 작동인자에 결합하는 조절 부위를 가지고 있는 다른자리입체성 단백질이다. 작동인자의 조절 부위 결합은 DNA에 결합하는 억제자의 능력을 바꿀 수 있다.

활성화인자에 의한 양성조절

양성조절은 또 다른 조절 단위에 의해 중재되는데, **활성화인자**라고 부르는 다른자리입체성 단백질은 DNA에 결합하고, 전사의 개시를 활성화시킨다. 이런 활성화인자들은 프로모터에 대한 RNA 중합효소의 결합을 증가시켜 전사개시 수준을 증가시켜준다.

활성화인자는 물리적으로 억제자와 반대이며, 작동인자는 활성화인자의 결합을 높이거나 낮출 수 있다.

lac 억제자에 의해 음성적으로 조절되는 *lac* 오페론

lac 오페론에서의 유전자 발현의 통제는 모노드(Monod)와 제이콥(Jacob)의 선구적인 연구로 설명되었다.

lac 오페론은 젖당을 이용하기 위해 필요한 기능을 코드화하는 β-갈락토시다아제(*lacZ*), 젖당 투과효소(*lacY*), 젖당 아세틸전달효소(*lacA*) 유전자들과 이 유전자들의 발현을 조절하기 위해 필요한 조절 영역으로 구성된다(**그림 5.21**). 그에 부가하여 *lac* 억제자(*lacI*)를 위한 유전자는 *lac* 오페론의 나머지 영역에 연결되어 있어 자신의 프로모터를 가지고 있음에도 불구하고, *lac* 오페론의 부분으로 간주된다. 비록 관련된 억제자가 없더라도, 코딩 영역 상부의 조절 부위가 있는것은 대부분의 원핵생물 오페론의 전형적인 모습이다.

억제자의 작용

lac 오페론의 전사 개시는 *lac* 억제자에 의해 통제된다. 억제자는 프로모터에 인접한 작동인자에 결합한다. 이 결합은 RNA 중합효소가 프로모터에 결합하는 것을 막아준다. 이 DNA와의 결합은 젖당의 존재에 민감하여 억제자는 젖당이 없을 때 DNA에 결합하지만, 젖당이 있을 때에는 결합하지 않는다.

억제자와 유도자의 상호작용

젖당이 없을 때, *lac* 억제자는 작동인자에 결합하고, 오페론은 억제된다. 억제자의 DNA 결합을 조절하는 작동인자인 유사젖당(allolactose)은 젖당의 대사산물로 젖당이 있을 때 생성된다. 유사 젖당은 억제자에 결합해 억제자의 입체 구조를 바꾸어 더 이상 작동인자에 결합을 할 수 없도록 한다. 유사 젖당이 오페론을 유도했기 때문에 유사 젖당을 유도자(inducer)라고 부른다.

젖당의 양이 감소함에 따라 억제자에 결합할 수 있는 유사젖당이 더 이상 존재하지 않게 됨으로써 억제자는 다시 DNA에 결합을 할 수 있게 된다. 이와 같이 *lac* 억제자와 그의 유도자, 유사 젖당에 의한 음성조절 시스템은 세포가 환경에서의 젖당의 변화에 반응하도록 한다.

젖당이 전혀 없는 상황에서도 *lac* 오페론은 아주 낮은 단계로 발현되는데, 젖당이 이용 가능해지기 시작할 때 젖당이 세포내로 전달되고, 오페론의 유도가 일어날 수 있도록 충분한 유사젖당이 만들어진다.

5.4 진핵세포에서의 조절

진핵세포의 전사 조절은 원핵세포의 조절보다 훨씬 복잡하다. 단백질-DNA 상호작용의 기본 개념은 서로 유효하지만, 상호작용하는 단백질의 유형과 수는 어떤 분명한 차이 때문에 훨씬 많다.

첫째, 진핵생물은 염색질로 구조화된 DNA를 가지고 있고, 이것이 단백질-DNA 상호작용을 상당히 복잡하게 한다.

둘째, 진핵세포의 전사는 핵에서 일어나고 번역은 세포질에서 일어나는데, 원핵생물에서는 이 과정이 공간적으로 시간적으로 연결되어 있다. 이것은 원핵세포보다 진핵세포에게 더 많은 조절 기회를 제공해준다.

이런 차이들로 인해 진핵생물의 조절 유전자에 관계된 DNA 양은 매우 많다. 유연성 있는 조절의 미세 정도의 필요성은 복잡한 발생 프로그램과 다수의 조직 유형을 가진 다세포 진핵생물에게 특히 중요하다. 하지만 보편적인 주제는 이러한 복잡성으로부터 나타난다.

보편적 전사인자와 특이적 전사인자

앞 장에서 전사인자의 요인들을 살펴보았다. 진핵세포의 전사는 다양한 전사인자를 요구하는데, 그들은 크게 **보편적 전사인자**(general transcription factors)와 **특이적 전사인자**(specific transcription factors) 두 부류로 구분된다. 보편적 전사인자는 전사 장치의 조립과 RNA 중합효소 II를 프로모터로 불러들이는 데 필요하다. 특이적 전사인자는 특정 세포 유형에서 또는 신호에 대한 반응에서 전사 수준을 증가시킨다.

보편적 전사인자

RNA 중합효소 II 주형(단백질을 암호화하는 대다수의 유전자들)의 전사는 전사를 개시하기 위해 RNA 중합효소 II 외에 요구되는 것들이 많다. 많은 **보편적 전사인자**들이 생산적인 시작을 하는 데 요구되며, 이러한 인자들은 전사를 일으키기 위해 요구되지만, 기본 속도 이상으로 전사 속도를 증가시키지는 않는다.

보편적 전사인자들은 "전사인자 RNA 중합효소 II(TFII)"의 축약형인 TFII로 명명되었다. 이러한 전사인자들 중 가장 중요한 TFIID는 많은 진핵세포의 프로모터에서 발견되는 TATA 박스 서열을 인지하는 TATA-결합 단백질을 가지고 있다.

TFIID 결합에 뒤이어 TFIIE, TFIIF, TFIIA, TFIIB 그리고 TFIIH 결합 그리고 전사-연관 인자(TAF)라고 부르는 많은 부속 요소들의 결합이 이어진다. 그 결과 초기 복합체는 프로모터에 결합하는 세균의 RNA 중합효소의 완전효소보다 훨씬 더 복잡하다. 그리고 또 다른 수준의 복잡성이 있는데, 개시 복합체가 기본 수준에서의 합성을 시작할 수는 있지만, 특이적 전사인자의 참여 없이는 높은 수준의 전사를 달성할 수 없다는 것이다.

특이적 전사인자

특이적 전사인자(specific transcription factor)들은 기본 수준보다 높은 전사를 촉진하기 위해 조직 혹은 시간 의존 방식으로 작용한다. 특이적 전사인자들의 수는 많으며, 다양성이 높다. 이 인자들이 많은 이유는 DNA 결합 모티프에 초점을 맞추어 설명할 수 있다.

이런 인자들에 대한 연구에서 나온 중요한 공통적인 주제는 활성화인자(activators)라고 부르는 특성 전사 요소가 도메인 조직을 지니고 있다는 것이다. 각 인자는 DNA-결합 도메인과 전사 기구와 상호작용하는 분리된 활성 도메인으로 구성되어 있고, 이러한 도메인들은 단백질 내에서 기본적으로 독립성을 지닌다. DNA-결합 도메인이 인자들 사이에서 바뀌면, 전사를 활성화하는 능력에 영향을 주지 않고, DNA 결합 특이성이 바뀌어진다.

5.5 진핵세포 염색질의 구조

진핵세포의 DNA는 **염색질**(chromatin)로 포장되어 추가적인 유전자 발현의 장애가 생긴다. DNA는 처음에 **뉴클레오좀**(nucleosomes)으로 포장된 다음 현재 유전자 발현 조절에 직접 연관이 있는 것으로 여겨지고 있는 더 상위의 염색질 구조로 포장된다.

하위 단계의 염색질 구조는 DNA와 히스톤 단백질이 뉴클레오좀으로 조직화되는 것이다. 이런 뉴클레오좀들이 전사인자와 RNA 중합효소 II의 결합을 방해하는 것으로 생각되고 있다.

아직 완전히 밝혀지지는 않았지만, 염색질의 상위 구조로의 조직화는 뉴클레오좀 내에 있는 히스톤 단계에 달려 있는 것으로 여겨진다. 히스톤은 염색질 응축이 많이 되도록 변형시킬 수 있어 프로모터도 DNA-단백질 상호작용에 거의 접근할 수 없게 한다. 그러나 염색질 재구성 복합체(chromatin remodeling complex)가 존재하여 DNA가 이용이 가능해질 수 있다.

DNA와 히스톤 단백질의 변형

DNA의 화학적 **메틸화**(methylation)는 한때 척추동물의 세포에서만 유전자 조절에 중요한 역할을 하는 것으로 여겨졌었다. 시토신에 메틸 그룹의 첨가는 5-메틸시토신을 만들지만, 이 변화는 구아닌과의 염기쌍 형성에 어떤 영향도 주지 않는다. 그와 유사하게 우라실의 메틸기 첨가는 티민을 만들고, 이 티민은 아데닌과 염기쌍 형성에 영향을 받지 않는다.

불활성화된 많은 포유동물의 유전자는 메틸화되어 있기 때문에 메틸화가 불활성을 일으킨 것이라 결론을 짓도록 만들었다. 그러나 현재 메틸화는 유전자 발현이 정지된 유전자가 우연하게 전사되는 것을 막아주는 덜 직접적인 역할을 하는 것으로 여겨지고 있다. 척추동물 세포는 5-메틸시토신 클러스터(cluster)에 결합할 수 있는 단백질을 가지고 있어 전사활성인자들이 DNA에 접근하는 것을 막는다. 척추동물 세포에서의 DNA 메틸화는 한 번 꺼진 유전자들이 분명하게 꺼진 상태로 있도록 해준다.

뉴클레오좀의 중심을 형성하는 히스톤 단백질도 변형될 수 있는데, 이 변형은 DNA의 메틸화와 비슷하게 염색질의 활성화 내 불활성화와 연관되어 있다. 히스톤도 메틸화될 수 있는데, 이런 변화는 일반적으로 염색질의 불활성 지역에서 발견된다. 마지막으로 히스톤은 아세틸 그룹의 추가에 의해 변형될 수 있으며, 아세틸 그룹의 추가는 염색질의 활성화 부분과 연관되어 있다.

염색질의 구조를 변화시키는 전사활성인자

진핵세포의 전사 조절은 전사를 활성화하기 위한 많은 다른 인자들의 존재를 요구한다. 일부 활성인자는 개시 복합체 또는 보조 활성인자와 직접 상호작용을 해서 스스로 개시 복합체와 상호작용을 하는 것 같으며, 다른 경우는 분명하지 않다. 최근에 알려진 사실은 일부 보조 활성인자가 히스톤 아세틸기 전달효소(acetylases)의 역할을 보인다는 것이다. 이 경우 전사를 막는 상위의 염색질 구조가 제거됨으로써 전사가 증가된 것으로 보인다. 몇몇 보조억제자들도 히스톤 아세틸 제거효소의 역할을 하는 것으로 보고되고 있다.

이런 관찰들은 유전암호에 유사한 히스톤 코드가 존재할지도 모른다는 제안을 이끌어냈다. 히스톤 코드는 염색질 구조 조절의 기저를 이루어 전사 기구들의 DNA 접근을 조절하는 기본 조절 기작으로 제안되고 있다.

염색질의 구조를 변화시켜주는 염색질 재구성 복합체

염색질의 구조 변경이 어떻게 유전자 발현을 조절하는가에 대한 개요가 알려지기 시작했다. 그중 중요한 발견은 **염색질 재구성 복합체**의 존재이다. 단백질로 이루어진 이 복합체는 히스톤과 DNA를 변형시키고, 염색질 구조 그 자체도 변형시키는 효소들을 포함하고 있다.

이런 설계 인자들의 한 부류는 ATP 의존성 염색질 재구성 인자로 DNA와 히스톤에 영향을 미치는 분자 모터로 기능한다. 이 ATP 의존성 재구성 인자들은 히스톤과 DNA의 관계를 바꾸기 위해 ATP 에너지를 사용하며, 히스톤/DNA 결합에서 다음과 같은 네 가지 다른 변화를 촉매한다. 1) 뉴클레오좀이 DNA 가닥을 따라 미끄러져 움직이는데, 히스톤/DNA 결합이 DNA 상의 뉴클레오좀 위치를 변화시킨다. 2) 어느 부분의 DNA가 더 접근 가능한가 하는 재구성 상태를 만들고, 3) DNA에서의 뉴클레오좀의 제거, 4) 히스톤의 이형 히스톤으로의 대체 등이다. 이런 모든 기능이 DNA가 조절 단백질에 더 접근 가능하게 만들어 유전자 발현에 영향을 줄 수 있게 한다.

5.6 진핵생물의 전사 후 조절

진핵세포 핵에서의 전사와 세포질에서의 번역이 분리된 것은 원핵생물에는 없는 조절 시점들을 제공한다. 오랫동안 이것이 조절의 "대안(alternative)"으로 생각되었는데, 현재는 이전에 예측했던 것보다 훨씬 중요한 역할을 하는 것으로 여겨지고 있다. 여기에서는 작은 RNA에 의한 조절의 흥미로운 새 분야와 함께 유전자 발현의 개시를 조절해주는 여러 기작들에 대해 알아본다.

전사 후 유전자 발현 조절에 작용하는 작은 RNA들

발생에 대한 연구는 유전자 발현의 조절에 중요한 많은 관점들을 제시해 왔다. 두드러진 예가 유전자 발현에 영향을 미치는 작은 RNA의 발견이다. 꼬마선충(*C. elegans*)으로부터 분리해낸 *lin-4*라고 불리는 돌연변이체는 발생 시간을 변경시켜 비동시성 돌연변이체라고 부른다. 유전 연구들은 이 유전자가 또 다른 유전자인 *lin-14*를 조절한다고 여기고 있다. 1992년에 암브로스(Ambros)등에 의해 분리된 *lin-4*가 단백질 산물을 암호화하지 않는 대신에 *lin-4* 유전자는 22 nt와 61 nt의 두 개의 작은 RNA 분자를 암호화한다는 것이 밝혀졌다. 더욱이 22 nt RNA는 61 nt보다 긴 RNA로부터 유도되었으며, 더 나아가 이 작은 RNA가 또 다른 비동시성 유전자인 *lin-14*의 한 부분에 상보적이라는 것이 밝혀졌다. 이런 사실들로부터 *lin-4* RNA가 *lin-14* mRNA의 전사 억제자의 역할을 한다는 모델을 만들었는데, 당시에 이 모델이 관심 있게 받아들여지지 않았지만, 이를 통해 **마이크로 RNA**(micro RNA, miRNA)가 처음으로 확인되었다.

완전히 다른 연구 분야로 유전자 발현을 중단시키기 위해 이중 가닥의 RNA을 사용하는 것인데, 이것은 **작은 간섭 RNA**(small interfering RNA, **siRNA**)라고 부르는 다른 부류의 작은 RNA를 통해 일어난다. 이것은 실험적으로 도입되거나 침입한 바이러스에서 유도되거나, 또는 게놈에서 암호화될 수 있다. 유전자 발현을 조절하기 위한 siRNA의 사용은 작은 RNA를 통한 유전자 발현 조절에 대한 세포 수준에서의 메커니즘이 존재함을 보여준다.

이러한 발견 이후 작은 RNA에 의한 유전자 침묵은 이들의 실험적 사용과 유전자 발현의 번역 후 조절에 대한 설명 둘 다에서의 커다란 흥미를 유발하였다. 작은 RNA가 다양한 시스템에서 연구됨에 따라 그들에 대해 설명하는 단어가 크게 증가하고 있다. 최근 연구는 많은 새로운 유형의 작은 RNA들이 밝혀지고 있지만, miRNA와 siRNA가 RNA 침묵기구로 잘 확립되어 실증되고 있기 때문에, 여기에서는 miRNA와 siRNA 두 가지 종류에 대해서만 알아본다.

miRNA 유전자

선충(nematodes)에서 발견된 *lin-4* 유전자가 다른 시스템에서 전혀 상동성을 보이지 않았기 때문에 처음에는 유전자 발현에 대한 miRNA의 역할의 발견이 선충에 한정된 것으로 여겨졌었다. 7년 후 두 번째 *let-7* 유전자가 꼬마선충(*C. elegans*)의 동일 경로에서 발견되었다. *let-7* 유전자는 번역에 영향을 주는 22 nt RNA를 암호화하는데, 이 경우 *let-7*의 동종유전자가 초파리와 인간에서 바로 발견되었다.

다른 생물체에서 발견되는 miRNA의 수가 증가함에 따라 miRNA 유전자 발견은 마이크로어레이(microarray)와 새로운 대량처리 유전자 분석과 같은 컴퓨터 검색을 통해 분석되었다. miRNA에 집중한 데이터 베이스에 의해 최근 695개의 사람 miRNA 서열이 작성되었다.

miRNA 유전자는 발현된 유전자의 인트론을 포함해 다양한 위치에서 발견되고, 이들은 단일 전사 단위 내에서 다수의 miRNA와 종종 클러스터를 이룬다. miRNA 유전자들은 이전에 전사되지 않는 부분이라고 간주된 부분에서 발견되기도 하는데, 동물 게놈 전반에 걸친 전사를 조사한 다른 연구들에서 전사적으로 불활성화한 것으로 여겨졌던 것들이 실제로는 그렇지 않게 나타났기 때문에, 이런 발견은 특히 흥미로운 결과로 받아들여지고 있다.

miRNA와 siRNA의 구별

miRNA와 siRNA의 작용기작은 Dicer에 의해 잘리는 것과 RISC 복합체와 결합하는 것을 포함한다. 두 유형의 분자를 구별하는 주요점은 그들의 표적이 되는데, miRNA는 그들의 근원과 다른 유전자를 억제하는 경향이 있는 반면, 내생의 siRNA는 자신들을 만든 유전자를 억제하는 경향이 있다. 그에 부가하여 siRNA는 유전자의 발현을 억제하는 실험에 사용되는데, 이는 관심 있는 유전자와 상응하는 염기쌍을 갖는 이중가닥 RNA와 유전자를 억제하는 세포 기구의 이점을 이용하는 것이다.

작은 RNA의 두 유형은 서로 다른 차이점들도 지니고 있다. 다양한 종에서 miRNA는 진화적으로 보존되는 경향이 있지만 siRNA는 그렇지 않은 것으로 나타났다. 이들의 발생과정은 핵산 분해효소를 이용한다는 점에서 유사하나, 이중가닥 RNA의 구조는 실제로는 같지 않다. miRNA 유전자의 전사는 miRNA를 포함하는 줄기-고리(stem-loop) 구조를 형성하지만, siRNA를 만드는 이중가닥 RNA는 아마도 2분자이거나 매우 긴 줄기-고리일 것이다. 이렇게 더 긴 두 가닥의 부분이 다양한 siRNA를 유도하는 반면에, pre-miRNA는 오직 한 개의 miRNA를 만든다.

연 습 문 제 Exercise

1. 멘델의 연구와 그 이전 연구의 차이점은 무엇인가?
   a. 멘델은 순계 완두콩을 사용하였다.
   b. 멘델은 결과를 양적으로 분석하였다.
   c. 멘델은 여러 가지 형질을 조사하였다.
   d. 멘델은 형질의 분리를 조사하였다.
2. 보라색 꽃 완두콩(*PP*)와 흰색 꽃 완두콩(*pp*)의 단성잡종 교배에서 F_1 세대는?
   a. 모두 흰색 꽃일 것이다
   b. 모두 옅은 보라색 혹은 섞인 색깔일 것이다.
   c. 모두 보라색 꽃일 것이다
   d. 3/4은 보라색 꽃이며, 1/4은 흰색 꽃일 것이다.
3. 사람의 키와 같은 표현형은 연속적인 형질을 보이는데 그 이유는?
   a. 단일 유전자의 복대립인자에 의한 우성의 변화
   b. 단일 유전자에 대한 복대립인자의 존재
   c. 하나의 유전자가 여러 가지 형질에 영향을 미침
   d. 여러 가지 유전자가 하나의 형질에 영향을 미침
4. 생명체의 게놈에서 상염색체는?
   a. 남성과 여성 간에 다른 염색체이다.
   b. 성 결정에 연관된 염색체이다.
   c. 모계로부터만 유전된다.
   d. 성염색체 이외의 모든 염색체를 지칭한다.
5. 다운 증후군은 21번 염색체의 삼염색체성에 원인이 있다. 왜 이 삼염색체성은 생존할 수 있고 다른 염색체의 삼염색체성은 생존할 수 없는가?
   a. 21번 염색체는 큰 염색체이고 많은 유전물질이 덜 해롭기 때문
   b. 21번 염색체는 제I 감수분열에서 다른 염색체와 다르게 행동하기 때문
   c. 21번 염색체는 유전자 수가 적은 작은 염색체로 게놈에 미치는 영향이 적기 때문
   d. 21번 염색체는 다른 염색체보다 염색체 비분리가 잘 일어나지 않기 때문
6. 다음 중 DNA의 구성성분이 아닌 것은?
   a. 피리미딘 우라실　　b. 퓨린 아데닌
   c. 5탄당　　d. 인산 그룹
7. 분자생물학에서 중심원리는 무엇인가?
   a. DNA가 유전물질이다.
   b. 유전정보는 DNA에서 단백질로 직접 전달된다.
   c. 유전정보는 DNA에서 RAN로 그리고 단백질로 전달된다.
   d. 한 유전자는 오직 한 단백질만을 암호화한다.
8. 돌연변이와 진화 사이의 관계는 무엇인가?
   a. 돌연변이에 의해 보다 나은 유전자를 만든다.
   b. 돌연변이는 새로운 대립유전자를 만든다.
   c. 돌연변이는 진화에 초기에 일어났고, 지금은 일어나지 않는다.
   d. 진화와 유전자 돌연변이 사이에 어떤 관계도 없다.
9. 감수분열이 분리의 법칙과 독립의 법칙을 어떻게 설명할 수 있는가?.
10. 색맹은 성연관 열성 유전자에 의해 발생한다. 만약 부친이 색맹인 여성이 정상적인 남성과 결혼하여 자식을 낳으면, 그 자식들

의 몇 퍼센트가 색맹이 되는가? 그리고 아들 중 몇 퍼센트, 딸 중 몇 퍼센트가 색맹이 되는가?

11. DNA의 주형 가닥의 염기서열이 다음과 같다:

    3′-CGTTACCCGAGCCGTACGATTAGG-5′

    위의 염기서열 정보를 이용하여 다음 질문에 답하라

    a. 이 유전자의 mRNA 염기서열을 나타내라.

    b. 단백질의 아미노산서열을 나타내라.

제 6 장
생명공학과 유전체학

Biotechnology and Genomics

1 생명공학의 이해

1.1 DNA 조작

유전물질을 직접 분리하고 조작하는 기술은 지난 20세기 후반에 생물학 분야에서 이루어낸 가장 핵심적인 변화 중 하나였다. 서로 다른 재료에서 얻은 두 DNA를 단일 DNA 분자로 만드는 **재조합 DNA**의 구축은 1970년대 중반에 시작되었다. 생물공학의 전반적인 분야에 응용되는 이러한 기술의 발전은 DNA를 조작하는 데 사용되는 효소에 그 기반을 두고 있다.

DNA의 특정 부위를 절단하는 제한효소

분자생물학적 혁명을 촉진시킨 효소는 DNA의 특정 부위를 자를 수 있는 **제한효소**(restiction enzymes)였다. 핵산 분해효소는 DNA를 분해하는 효소로, 많은 것들이 1970년에 최초의 제한효소(*HindIII*)가 분리되기 전에 이미 알려져 있었다. 만약에 어떤 DNA 서열을 특정한 로프에 비유한다면, 제한효소는 칼이 되어 항상 그 로프를 특정한 조각으로 절단하는 것이다.

제한효소의 발견

효소에 의해 특정 부위를 절단하는 작용은 분자생물학자들이 오랫동안 관찰해온 것으로, 왜 박테리오파지가 일부 세포에는 감염되고 다른 세포에는 감염되지 못하는지를 밝히는 연구로부터 알게 되었다. 이러한 현상은 **숙주 제한**이라고 부른다. 박테리아는 침입한 바이러스 DNA의 특정 부위를 절단할 수 있는 효소를 만들어낸다. 숙주 세포는 그들의 DNA가 절단되지 않도록 보호하기 위해 절단 부위를 변화시키며, 제한효소는 변화된 DNA를 절단하지 못한다. 이렇게 최초로 제한효소가 발견된 이래 각각 다른 **제한 부위**를 인지하여 절단하는 제한효소가 수백 가지 이상이 분리되었다.

제한효소의 작용 원리

제한효소(restriction enzymes)에는 세 가지 유형이 있는데, 이중 오직 유형 II(type II)만 특정 부위를 절단한다. 유형 I(type I)과 유형 III(type III)은 DNA 이중나선을 특이성 없이 절단하여, DNA 클로닝과 조작에는 별로 이용되지 않는다.

재조합 분자를 만드는 데 이용되는 유형 II 효소들은 4~12개 염기 범위의 특정 DNA 서열을 인식하고, 이 서열 안에서 특정한 염기의 DNA를 절단한다.

대부분의 유형 II 효소의 작용 부위는 **회문구조**이다. 회문(palindromes)이란 용어는 "Madam I' m Adam."의 문장처럼 앞에서부터 읽으나 뒤에서부터 읽으나 똑같이 읽어지는 단어 또는 구절을 뜻한다. 회문구조의 DNA는 한쪽 사슬에서 5′→3′ 방향으로 보거나 상보적 사슬에서 반대쪽 방향의 5′→3′ 방향으로 보더라도 동일하게 읽어진다(**그림 6.1**).

이러한 서열이 있을 때 양쪽 사슬의 동일 염기에서 DNA를 자르게 되면 점착성 말단(sticky ends)이 만들어진다. 이러한 짧고, 결합을 이루지 않는 서열(점착성 말단)은 같은 효소에 의해 절단된 어떠한 DNA 상에서도 동일하게 나타난다. 따라서 이 점착성 말단은 원천이 다른 DNA들을 쉽게 연결할 수 있도록 해준다(**그림 6.1**).

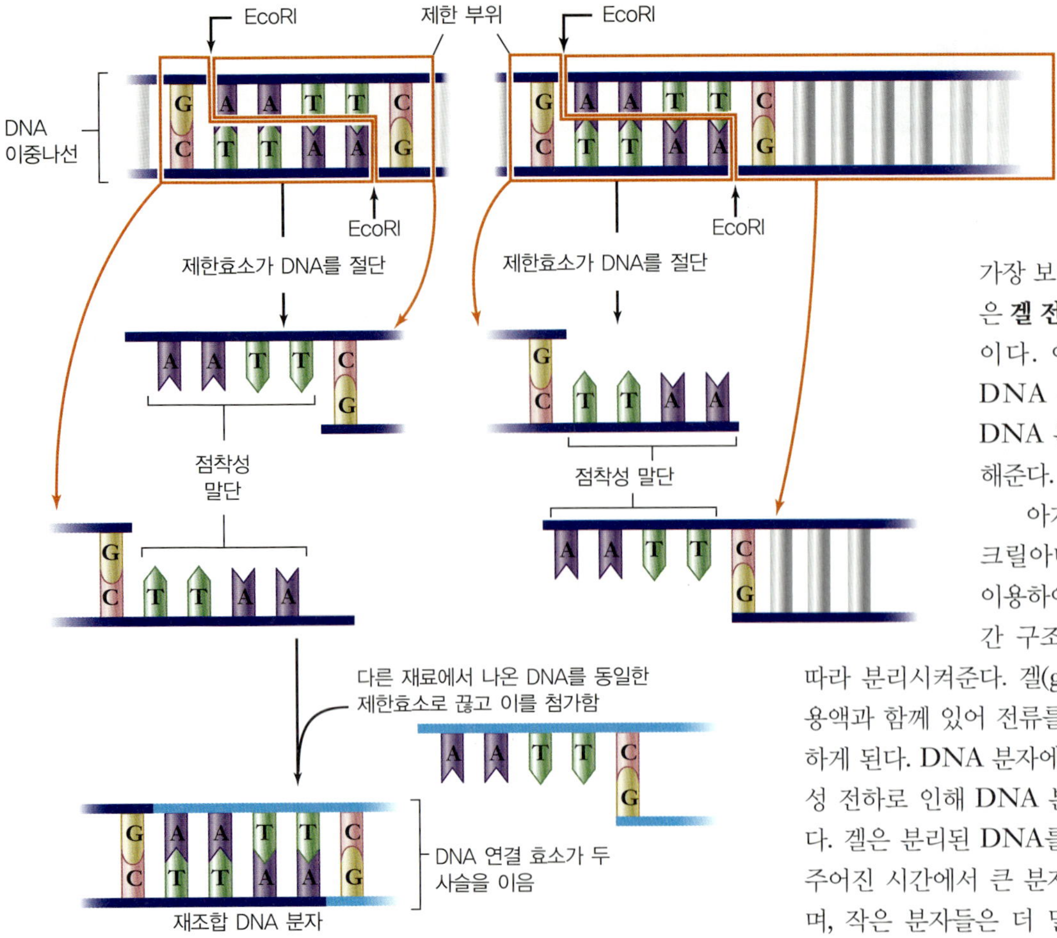

그림 6.1 점착성 말단을 가진 DNA 절편을 만드는 제한효소들. 제한효소 EcoRI는 항상 5′GAATTC3′ 서열의 G와 A 사이를 절단한다. 2개의 사슬에서 동일한 서열이 나타나므로 두 사슬이 함께 절단된다. 그러나 2개의 서열은 서로 반대 방향으로 되어 있기 때문에 단일사슬 말단들은 서로 상보적이므로 "점착성" 말단을 이룬다. 이러한 상보적 말단은 그 후에 동일한 제한효소에 의해 절단된 다른 DNA의 절편과 결합할 수 있게 된다. 이 두 분자들은 DNA 연결효소에 의해 결합하여 재조합 분자를 형성하게 된다.

DNA 연결효소를 이용한 재조합 분자 제작

유형 II 제한효소로 절단된 DNA의 양쪽 말단은 상보적 서열을 가지므로 이중나선을 형성할 수 있다. 그러나 2개의 절편이 하나의 안정된 DNA가 되려면 두 분자를 연결시키는 효소가 있어야 한다. DNA 연결효소(DNA ligase)는 DNA 뉴클레오티드의 인산기와 인접 수산기 사이의 인산 2에스테르(phosphodiester) 결합을 촉매한다. 연결효소의 작용은 하나 또는 두 사슬의 끊어진 부분(nick)들을 봉합하는 일이다. 이는 DNA 복제 도중의 지체 사슬(lagging strand)에서 나타나는 오카자키 절편(Okazaki fragment)을 연결시키는 것과 같은 효소이다.

겔 전기영동과 DNA 절편 분리

제한효소에 의해 생성된 절편을 쉽게 분리할 수 없다면 분석이 어려워질 수 있다. 절편의 분석에 가장 보편적으로 사용되는 분리 방법은 **겔 전기영동**(gel electrophoresis)이다. 이 방법은 음 전하를 갖는 DNA 분자를 전기장을 이용하여 DNA 분자가 크기별로 분리되도록 해준다.

아가로스(agsrose) 또는 폴리아크릴아마이드(polyacrylamide)를 이용하여 만드는 겔은 3차원적인 공간 구조를 제공하여 분자를 크기에 따라 분리시켜준다. 겔(gel)은 이온들이 포함된 완충용액과 함께 있어 전류를 흐르게 하고 전기장을 형성하게 된다. DNA 분자에 있는 인산기의 매우 강한 음성 전하로 인해 DNA 분자는 양극으로 이동하게 된다. 겔은 분리된 DNA를 크기별로 머물게 해주는데, 주어진 시간에서 큰 분자일수록 느리게 이동하게 되며, 작은 분자들은 더 멀리 이동하게 된다. 겔 상의 DNA는 DNA와 결합을 하는 형광염료를 이용하여 관찰할 수 있다.

전기영동은 나중에 설명하게 될 DNA 지문(DNA fingerprinting)에서부터 **DNA 서열분석**에 이르기까지 널리 사용된다는 점에서 현대의 분자생물학의 기술에서 가장 중요한 방법 중 하나이다.

대장균에 외부 DNA를 삽입시키는 형질전환

유전공학의 첫 단계는 재조합 분자를 제작하여 이러한 분자를 세포에 재삽입하는 것이다. 그리피스(Griffith)는 유전물질이 박테리아 세포들 사이에서 이동될 수 있다고 제안하였는데, **형질전환**(transformation)이라고 부르는 이 과정은 그리피스가 연구하던 세포들 사이에 자연적으로 발생하던 과정이었다.

분자생물학 연구실에서 보편적으로 많이 쓰이는 박테리아인 대장균(*E. coli*)에서 자연적인 형질전환은 일어나지 않기 때문에 대장균에 외부 DNA를 삽입시키는 인위적인 형질전환기법이 개발되었다. 이 방법에서 온도 변화 또는 전기적 전하를 통해 외부 DNA가 일시적으로 *E. coli*의 막을 통과할 수 있도록 해주면 재조합 분자가 세포 안으로 삽입이 될 수 있고, 이 분자의 많은 복제가 만들어지게 된다.

일반적으로 외부 DNA가 세포로 삽입되는 과정을 형질

전환이라고 하며, 이 과정은 *E. coli*에서의 분자적 클로닝과 클로닝된 DNA의 증식를 위해 매우 중요하다. 연구자들은 재조합 DNA를 DNA를 분리했던 원래의 세포 안으로 다시 삽입하고 싶어 한다. 형질전환된 세포가 한 생물체의 전체 또는 일부분을 형성하고 있을 때 이 생물을 **형질전환 생물체**라고 부른다. 본 장의 후반부에서 형질전환 식물체와 동물체의 제작 및 이용에 대해 알아본다.

1.2 분자적 클로닝 기법

클론(clone)이란 용어는 유전적으로 동일한 복제물을 의미한다. 공여식물(donor plant)을 절단하여 새로운 식물체로 기르는 식물체의 번식에 관한 기술은 농업과 원예업에서 광범위하게 이용되어온 클로닝의 초기 방법이다. 여기에서는 분자적 클로닝의 개념에 대해 알아본다.

분자적 클로닝(molecular cloning)은 보통 하나의 특정 단백질을 암호화하는 DNA의 특정 서열을 분리하는 것을 포함하고 있다. 이는 유전자 클로닝이라고도 부르지만, 분자적 클로닝이란 용어가 더 정확한 표현이다.

외부 DNA의 증식을 위한 박테리아의 숙주-운반체 체제

시험관 내(*in vitro*)에서 짧은 DNA 서열을 합성할 수는 있으나 커다란 서열을 복제하기 위해서는 세포내에서 재조합 DNA를 증식할 수 있어야 한다. 생물학자들은 앞서 설명한 효소들과 기법들을 이용하여 외부 DNA를 생성하여 분리한 다음 세포내로 삽입하게 된다.

숙주세포(host cell)에서 DNA를 증식하기 위해서는 숙주 안으로 들어가서 복제할 수 있는 **운반체**(vector)가 필요하며, 이러한 숙주-운반체 체제는 분자생물학에서 중요하다.

일반적인 클로닝에 가장 다루기 쉽고 흔히 쓰이는 숙주는 *E. coli*지만, 다른 많은 숙주들도 이용되고 있다. 포유류의 조직 배양 세포, 효모, 곤충 세포 등도 진핵세포 DNA 클로닝에 흔히 쓰이고 있다. 각 종류의 숙주-운반체 체제는 DNA 클로닝의 용도에 따라 선택적으로 이용할 수 있다.

가장 흔히 쓰이는 운반체는 **플라스미드**와 **인공염색체**이다. 플라스미드는 작은 환상 구조를 하며, 세포에 없어도 괜찮은 염색체 외 DNA이다. 박테리아 또는 진핵세포의 인공염색체는 크기가 큰 DNA를 클로닝하기 위해 이용된다.

인공염색체

플라스미드 운반체에 클로닝할 수 있는 DNA 분자는 큰 단위의 유전체의 분석에는 제한점이 있다. 이를 보완하기 위해 유전학자들은 세포의 체계에 잘 부합하는 새로운 염색체의 제작을 시도하여 **효모 인공염색체**(yeast artificial chromosomes, **YACs**)와 **박테리아 인공 염색체**(bacterial artificial chromosomes, **BACs**)를 개발하였다.

1.3 DNA 지문

DNA 지문

RFLP(제한 절편 다형성; restriction fragment length polymorphism) 분석은 **DNA 지문**(DNA fingerprinting)에 이용된다. 반복성 DNA에 대한 탐침을 만들면, 이들을 이용해 많은 절편(fragment)들을 확인할 수 있다. 이러한 절편들은 서로 다른 개체에 대해서는 일치하지 않으며, 분자적 지표에 대해 **다형성**(polymorphic)을 나타낸다. 이러한 지표는 범죄 수사 및 다른 동정 분석에 DNA "지문"으로 이용될 수 있다.

그림 6.2는 1987년 성폭행 사건에서 검찰이 제시한 DNA 지문이다. 이 DNA 지문은 방사선 자동사진의 X선 필름 위에 평행의 띠로 나타난다. 이러한 띠는 상점에서 특정 상품의 식별을 가능하게 해주는 상품 가격 코드와 비슷하다고 생각하면 된다. 각 띠는 DNA 제한효소 절편의 위치를 나타낸다. **그림 6.2**에서 여러 개의 띠를 가지는 길고 검은 줄은 표준화된 대조군을 나타낸다.

제한 절편을 동정하는 데는 두 가지 탐침이 이용된다. 희생자의 질 내용물에서 정액을 채취하여 DNA를 분석하여 나타나는 제한효소의 양상을 성폭행 혐의자의 혈액에서 나타나는 제한효소의 양상과 비교해본 결과 혐의자의 두 가지 양상이 범인의 것과 일치하고 있다. 혐의자 앤드류는 1987년 11월 6일 배심원들에 의해 유죄 평결을 받았으며, 그는 미국에서 DNA 증거에 의해 유죄가 입증된 최초의 사람이 되었다.

앤드류의 평결 이후 DNA 지문 증거는 현재 미국에서 40퍼센트 이상의 범죄 사례에서 결정적인 자료로 이용되고 있다.

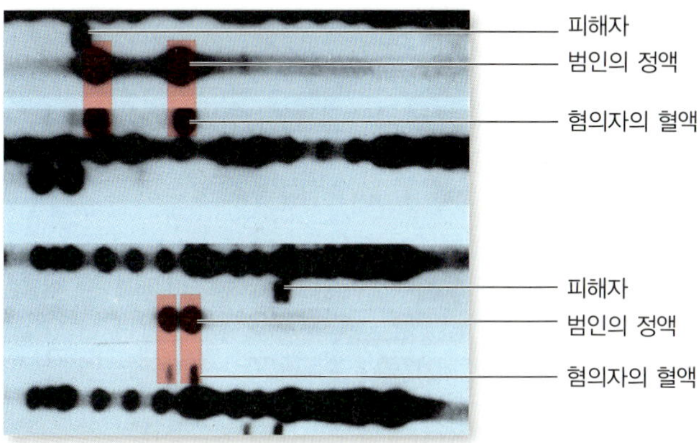

그림 6.2 1987년에 미국에서 성폭행 시건의 범인 검거의 증거가 된 2개의 DNA 지문.
희생자에게서 채취된 성폭행자의 정액과 혐의자의 DNA를 분리하여 2개의 DNA 탐침을 이용해 조사되었다. 어두운 선은 많은 띠를 가지고 있는 대조군이다. 두 경우에서 혐의자 DNA와 성폭행자의 정액 내 DNA 사이에 명백한 일치가 보인다.

몇몇 탐침은 많은 사람에 의해 공유되는 것으로 나타나지만, 다른 탐침들은 드물게 나타나기 때문에 여러 가지의 탐침을 사용하면 본인 여부를 판정할 수 있다. DNA 샘플을 실험실 내에서 분석할 경우에는 반드시 정상적인 방법으로 분석해야 하는데, 이는 체계적이지 못한 분석 결과에 의해 입증이 달라질 수 있기 때문이다. 제대로 검증되지 않은 결과들이 공표되는 사례들이 많아짐에 따라 국제적 표준이 개발되고 있다.

DNA 지문은 변사체의 신원 확인에도 이용된다. 2001년 9월 11일 뉴욕에 있는 세계무역센터가 공격 받았을 때, 희생자 신원을 밝히기 위해서는 DNA 지문이 유일한 방법이었다. 2005년까지 미확인 희생자 2,792명 중 1,585명이 DNA 지문을 이용하여 신원이 밝혀졌다. 소량의 조직에서 DNA를 얻어낼 수 있는 분리법을 포함한 **법의학 기술**의 발전으로 추가적인 희생자의 신원을 밝힐 수 있게 된 것이다.

1.4 유전공학

분석을 위한 개개 유전자를 클로닝하는 기술은 연구에 있어서 전례 없는 진보의 시대를 열어주었다. 한때 이러한 발전은 의학적 연구나 다른 응용 연구에서 그 중요성이 부각되지 못하였었다. 당시 세포나 생명체를 유전적으로 조작한다는 것은 먼 이야기였으나 지금은 그런 가능성에 바로 근접하고 있다.

특정 유전자 산물을 생산하는 발현 운반체

클로닝 기술의 발전과 더불어 다양하고 특수화된 운반체들이 제작되어 왔다. 발현 운반체는 매우 중요한 운반체의 한 종류로, 이들은 특정한 세포 유형에 삽입된 DNA의 발현인 전사와 번역에 필요한 올바른 서열을 가지고 있다. 예를 들어 박테리아 내에서 재조합 단백질을 생산하기 위해서는 박테리아의 프로모터와 다른 조절 부위를 갖는 발현 운반체를 이용해야 한다. 이러한 운반체로 형질전환된 박테리아는 삽입된 DNA에 의해 암호화되는 단백질을 많이 합성하게 된다. 다수의 약물들은 이러한 방법을 통해 생산되며, 그중 당뇨병을 치료하기 위해 사용되는 인슐린이 최초로 생산되었다. 이러한 유형의 적용은 다음에 더 자세하게 다룬다.

유전자적중 생쥐 제작에 이용되는 클로닝된 유전자

유전공학에서 이용되고 있는 가장 중요한 기술 중 하나가 유전자의 기능을 알아내기 위해 클로닝된 유전자의 특정 부위에 돌연변이를 생성하는 **시험관내 돌연변이 유도**이다. 온전한 생물체에 화학요법이나 방사선을 이용하여 돌연변이를 유도하는 것에 비해, 이 방법은 DNA 자체를 직접 조작하는 것이다. 이러한 방법을 이용하여 돌연변이 유전자의 기능을 확인하기 위해 야생형 유전자를 돌연변이 복제 유전자로 대체하는 것이 가능하게 되었다. 이 방법은 효모에서 개발되어 지금 생쥐까지 확장되었다.

생쥐에서 이 기술을 이용하여 알려진 유전자가 불활성화된 **유전자적중 생쥐**(knockout mice)를 만들었다. 이러한 기능 상실의 효과는 다 자란 생쥐에서 확인할 수 있거나, 생쥐가 죽게 되는 경우 어떤 발생 단계에서 기능이 손상되었는지 확인할 수 있다. 이런 유형의 실험을 단계별로 설명하면 다음과 같다.

1. 재조합 DNA 기술을 이용하여 표지 유전자를 클로닝된 유전자 서열 내부에 삽입함으로써 클로닝된 유전자가 방해 받도록 한다. 박테리아에서 항생제인 네오마이신 저항성을 위한 표지 유전자를 암호화하여, G418 약물을 포함하는 배지에 키웠을 때 생쥐 세포가 생장할 수 있도록 한다. 이러한 표지 유전자가 염색체상에서 관심 유전자 옆에 정상적으로 끼어들어가는 것으로 제작은 완료된다.
2. 이렇게 저해시킨 관심 유전자를 **배아줄기세포**(ES cells)에 삽입한다. 이 세포들은 초기 배아로부터 유래하며, 다른 성체 조직으로 분화할 수 있다. 이 세포들에서 유전자는 끼어들어간 DNA를 기초로 염색체 내부의 복제 유전자와 함께 재조합된다. 이것은 유전자 지도를 만들기 위해 사용된 재조합과 동일한 것이다. 항생제 내성 유전자를 갖는 적중 유전자는 복제 개시점을 갖지 않기 때문에 재조합이 일어나지 않으면 사라지게 된다. 재조합 발생을 선별하기 위해 G418을 포함하는 배지에 세포를 키우면 표지 유전자가 포함된 세포들만 G418 배지에서 생존할 수 있다.
3. 적중된 유전자를 포함하는 배아줄기세포는 배반포 단계의 배아에 주입한 다음 가임신한 암컷에 이식한다. 이 암컷이 낳은 새끼들은 관심 유전자가 불활성화된 하나의 복제품을 갖게 된다. 형질전환 동물은 동형접합형을 만들 수 있으며, 이러한 동형접합형을 통해 표현형을 분석할 수 있다.

전통 유전학에서는 특이한 표현형을 보이는 돌연변이체에 기반하여 유전자들을 동정한다. 그 유전자를 동정하고 분자적 클론을 분리하기 위해 분자 유전학적 기술들이 이용된다. 유전자적중 생쥐의 이용은 **역유전학**의 한 예이다. 기능이 알려져 있지 않은 클로닝된 유전자를 이용하며 그 유전자가 결핍된 돌연변이체를 만드는데, 유전학자들은 그 단일 유전자가 제거된 전체의 생물체 상에서 나타나는 효과를 확인하는 것이다.

1.5 생명공학의 의학적 응용

초기 **유전공학**(genetic engineering)은 많은 신생기업의 탄생을 이끌었으며, 주요 제약회사들이 이 분야의 연구를 시작하거나 유용한 기술들을 보유한 소규모 기업들을 병합하였다. 이런 기술들의 적용 사례는 여기에 언급하기엔 너무도 방대하기 때문에 그중 일부분만 강조하여 다루고자 한다.

박테리아를 이용한 인간 단백질 생산

유전공학의 가장 중요한 상업적 응용은 의학적으로 중요한 단백질을 만드는 유전자를 박테리아에 주입하는 것이었다. 박테리아는 쉽게 대량 증식시킬 수 있으므로 재조합 유전자를 가지는 세균은 많은 양의 단백질을 합성할 수 있다. 이 방법은 **인슐린**, **인터페론**, **성장호르몬** 등을 생산하는 데 이용되어 왔다(**그림 6.3**).

그림 6.3 인간 성장호르몬을 지닌 유전적 가공 생쥐.
이들 두 생쥐는 근친교잡을 통해 만든 개체로, 둘 간의 차이점은 큰 생쥐가 유전자를 하나 더 가지고 있다는 것이다. 인간 성장호르몬을 암호화하는 이 유전자는 생쥐의 게놈에 도입되어 생쥐의 유전적 특성에서 안정적인 일부분이 되었다.

현재 이 방법으로 생산되고 있는 의학적으로 중요한 단백질은 고혈압과 신장질환 치료에 쓰이는 **심방 펩티드**(atrial peptides)와 혈병을 용해시키고 심장마비나 뇌졸중을 예방하고 치료하는 데 쓰이는 **TPA**(조직 플라스미노겐 활성인자, tissue plasminogen activator) 등이 있다.

이 방법의 문제점은 원하는 단백질을 박테리아 단백질로부터 분리하기가 어렵다는 점이다. 혼합된 단백질에서 한 가지 단백질을 정제하는 것은 많은 시간과 경비가 소요된다. 그러나 동물 조직에서 여러 단계에 걸쳐 분리하는 것보다는 쉽다. 예를 들면, 인슐린은 돼지 인슐린과 사람의 인슐린이 비슷하기 때문에 이전에는 돼지의 췌장(pancrease)에서 추출하였다.

재조합 DNA를 이용한 백신 생산

유전공학의 이용에 대한 다른 중요한 분야는 전염병에 대항하는 **백신**(vaccine)을 생산하는 것이다. 현재 소단위(subunit) 백신과 DNA 백신(DNA vaccines)이라는 두 가지 유형의 백신이 연구 개발되고 있다.

소단위 백신

헤르페스나 간염을 일으키는 바이러스에 대항하는 **소단위 백신**이 개발되고 있다. 이 방법에서는 **그림 6.4**에서 보는 것처럼

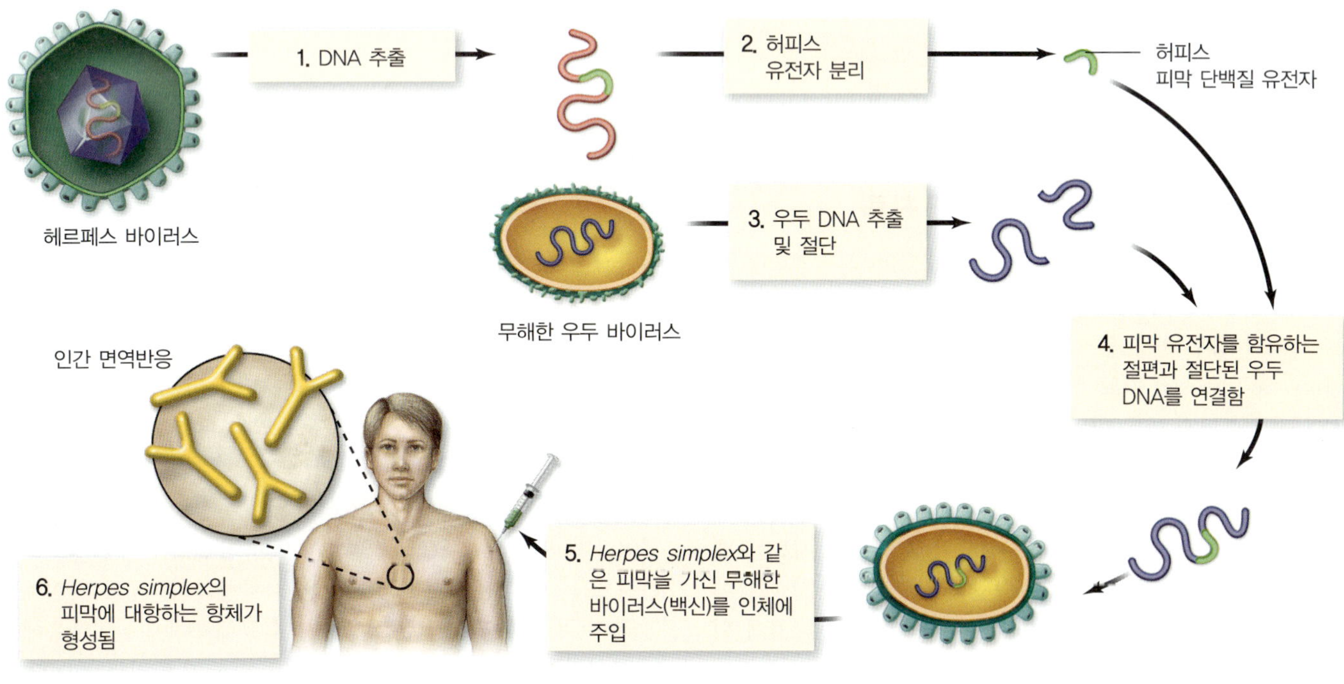

그림 6.4 *Herpes simplex*를 예방하기 위한 소단위 백신 제조 방법.
재조합 DNA 기술은 바이러스나 박테리아의 단일 단백질에 대한 백신을 제작하기 위해 이용될 수 있다. 이 예시에서 단백질은 *Herpes simplex* 바이러스의 외피 단백질이다.

Herpes simplex 바이러스나 B형 간염 바이러스의 단백질-다당류 피막 부위를 만드는 유전자를 우두 바이러스 게놈의 절편에 끼워 넣는다.

우두 바이러스는 200여 년 전에 영국 의사 제너(Jenner)가 우두 백신을 만들 때 이용한 바이러스로 오늘날에는 헤르페스나 간염 바이러스의 피막 유전자를 배양 포유류 세포에 옮겨 넣는 운반체로 이용되고 있다. 이 세포들은 여러 벌의 재조합 바이러스를 만들고, 이 재조합 바이러스는 헤르페스나 간염 바이러스의 피막을 가진다. 이 재조합 바이러스를 쥐나 토끼에 주입하면, 감염된 동물의 면역계는 재조합 바이러스의 피막에 해당하는 항체를 만들게 되며, 이 동물들은 후에 헤르페스나 간염 바이러스에 대해 면역이 된다.

우두 바이러스는 독성이 약하고, 이 방법으로 만든 백신은 해롭지 않으며, 병원성 바이러스의 작은 DNA 절편만이 재조합 바이러스를 통해 옮겨진다.

이 방법의 가장 큰 매력은 바이러스 질환의 성질에 영향을 받지 않는다는 점이다. 앞으로 이와 유사한 재조합 바이러스가 사람에게도 주입되어 여러 바이러스 질병을 다스릴 수 있게 될 것으로 전망된다.

DNA 백신

1995년에 처음으로 새로운 종류의 DNA 백신 실험이 시작되었다. 이는 항체에 의존하지 않고 제2의 면역 방어 수단인 세포성 면역반응을 이용하는 것인데, 이 면역반응에서 **킬러 T 세포**(killer T cell)라는 혈액세포가 감염된 세포를 공격한다. 첫 DNA 백신은 내부 핵단백질을 암호화하는 인플루엔자 바이러스 유전자를 플라스미드에 붙이고, 이를 생쥐에 주입하여 제작되었는데, 생쥐는 인플루엔자에 대해 강력한 세포성 면역반응을 나타냈다. 이 새로운 기술은 아직 논란의 여지가 있기는 하지만, 앞으로 발전 가능성이 높을 것으로 전망되고 있다.

직접 유전질환을 치료하는 유전자 치료

1990년에 처음으로 인간의 유전자를 이식하여 유전질환을 치료하는 시도가 이루어졌다. 유전질환이 하나의 유전자 결함으로 나타날 경우 정상 유전자를 주입하면 되는데, 낭포성 섬유증(cystic fibrosis) 치료에 이용되고 있는 이러한 유전자 치료는 근육위축병과 다른 다양한 질환들을 치료하는 데 유용하다(**표 6.1**).

RNAi 운반체를 이용한 유전적 안구 질환인 황반 변성(macular degeneration)을 치료하기 위한 의학적 시도는 매우 유망하다. 망막 아래에 있는 혈관의 무분별한 증식 때문에 특정한 유형의 시력 감퇴가 나타나는 사람은 시야를 잃게 되는데, 이런 환자들은 마치 비바람이 몰아치는 가운데 부러진 와이퍼로 제대로 닦아낼 수 없는 자동차 앞 유리창을 통해 밖을 바라보는 것과 비슷한 시야를 갖게 된다. RNAi 유전자 치료는 혈관 증식에 필요한 유전자를 암호화하는 이중사슬 RNA를 주입하는 것이다. RNAi 기작은 질병의 진행을 막을 수 있도록 혈관 발달에 필요한 단백질의 생산을 억제하는 효과를 가진다.

표 6.1 유전자 치료에서 임상실험이 진행중인 질병들

질병
암(cancers: 흑색종, 신장암, 난소암, 신경아 세포종, 뇌암, 두경부암, 폐암, 간암, 유방암, 대장암, 전립선암, 중피종, 백혈병, 림프종, 다발성 골수종)
SCID(중증 합병성 면역결핍증)
낭포성 섬유증(Cystic fibrosis)
고오시에씨 병(Gaucher disease)
가족성 고콜레스테롤혈증(Familial hypercholesterolemia)
혈우병(Hemophilia)
퓨린 뉴클레오시드 포스포릴라아제 결핍(Purine nucleoside phosphorylase deficiency)
α_1-항트립신 결핍증(α_1-Antitrypsin deficiency)
선천성 재생불량성 빈혈(Fanconi anemia)
헌터증후군(Hunter syndrome)
만성 육아종 질환(Chronic granulomatous disease)
류마티스 관절염(Rheumatoid arthritis)
말초동맥질환(Peripheral vascular disease)
AIDS(후천성면역결핍증)(Acquired immunodeficiency syndrome)
뒤센형근이영양증(Duchenne muscular dystrophy)
황반 변성(Macular degeneration) (wet variety)
바텐 병(신경계 질환)(Batten disease) (neurological disorder)

잠재적 가능성과 문제점을 동시에 지니고 있는 유전자 치료가 시도되고 있는 질병은 **중증 합병성 면역결핍증**(severe combined immunodeficiency disease, **SCID**)이다. 이 질병은 X-연관 유형(X-SCID)과 아데노신 탈아미노효소(adenosine deaminase, ADA)가 결핍된 유형(ADA-SCID)을 포함하는 다양한 유형을 갖는다.

유전자 치료 중에 한 유전자의 삽입은 항상 무작위적으로 일어나며, 이러한 삽입으로 인해 중요한 유전자가 불활성화되는지 또는 어떤 유전자가 부적절하게 활성화되는지를 확인해야 한다. 위의 결과는 많은 유전자를 혈구세포내에 삽입했음에도 불구하고 X-SCID 시도 이전에는 발견되지 않았던 것이다. 치료한 환자들 중 15%에게서 백혈병이 발생한다는 것은 X-SCID와 연관된 유전적 배경이 관련되어 있을 것이라고 생각

된다. ADA-SCID 환자의 치료에서는 별 영향이 발견되지 않은 것으로 보아 이러한 가능성이 더욱 확고해졌다.

긍정적인 측면에서 성공적으로 치료된 15명 어린이들은 아직 생존해 있으며, 이 중 14명은 4년 넘게 정상적인 면역 체계를 유지하였다. 부정적인 측면은 다른 3명의 어린이에게서 백혈병이 발병한 것이다.

1.6 생명공학의 농업적 응용

유전공학 기술은 농업에 획기적으로 응용되고 있다. 작물들을 유전적으로 변형시켜 병충해로부터 저항성을 갖도록 하고, 제초제 내성이 생기도록 하거나, 다양한 방법으로 영양적 변화를 주어 이용할 수 있게 되었다. 식물 체계가 "바이오파밍(biopharming)"을 통해 의약품 생산에 이용될 수 있으며, 가축들은 생물학적 활성물질들을 생산하기 위해 유전적으로 변형될 수 있다.

활엽식물을 감염시키는 Ti 플라스미드

식물세포는 박테리아와 달리 많은 플라스미드를 지니지 않고 있기 때문에 재조합 DNA를 운반할 적당한 운반체가 제한되어 있다.

가장 성공적인 결과는 식물 박테리아인 *Agrobacterium tumefaciens*의 **Ti** 플라스미드를 통해 이루어졌는데, 이 박테리아는 토마토, 담배, 콩 등의 활엽식물을 감염시킨다. Ti 플라스미드의 일부분은 식물 DNA에 끼어 들어가는데, 연구자는 다른 유전자를 플라스미드의 부위에 부착시키는 데 성공하였다(**그림 6.5**). 이 방법은 작물과 산림을 개량하는 데 크게 기여하고 있다.

과학자들이 원하는 형질 변화는 질병, 서리, 다른 스트레스에 대한 저항성, 영양적 균형과 단백질 함량, 제초제에 대한 내성 등이다. 이러한 형질들은 변형되거나 변형 중에 있다. 그러나 **아그로박테리움**(*Agrobacterium*)은 일반적으로 옥수수, 쌀, 밀 등의 곡류들에는 감염되지 않아 이 작물들에는 새로운 유전자 삽입 방법이 도입되어 이용되고 있다.

제초제 내성 작물

제초제인 **글리포세이트**는 강력한 생물 분해성 제초제로서 대부분의 식물을 사멸시킨다. 글리포세이트는 식물이 방향성 아미노산을 합성하는 데 필요한 EPSP 합성효소의 생성을 억제해 준다.

사람은 방향성 아미노산을 만들지 못하고 음식으로부터 섭취하기 때문에 이 제초제의 영향을 받지 않는다.

글리포세이트에 내성을 지닌 식물을 만들기 위해 농학자들은 Ti 플라스미드를 이용하여 EPSP 합성효소 유전자 복사본을 식물에 삽입하였다. 유전공학적으로 만든 이 식물은 정상 EPSP 합성효소 수준의 20배를 생산하여 단백질을 합성하고 글리포세이트가 있어도 생존할 수 있다. 최근의 실험에서 식물체의 것과는 하나의 뉴클레오티드 차이가 나는 박테리아형 EPSP 합성효소 유전자가 Ti 플라스미드를 통해 식물체 내로 삽입되었는데, 이 식물체에서 박테리아형 효소는 글리포세이트의 저해를 받지 않았다.

이러한 발전은 글리포세이트에 대한 내성이 생긴 작물들

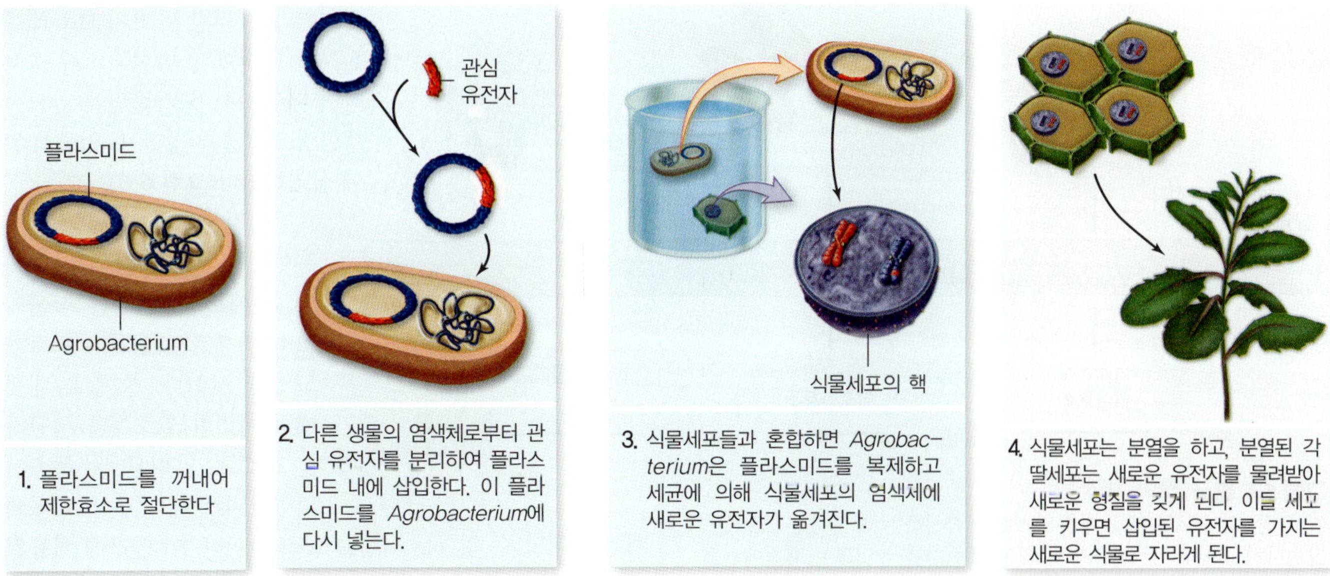

그림 6.5 Ti 플라스미드.
이 *Agrobacterium tumefaciens* 플라스미드는 식물 유전공학에 이용된다.

을 키우기 위해 따로 잡초를 제거할 필요 없이 토지에 단순히 제초제만 뿌려주면 되기 때문에 농부들에게 커다란 관심을 불러일으켰다. 글리포세이트는 다양한 식물에 적용되는 제초제이기 때문에 농부들은 여러 가지 제초제를 쓸 필요가 없으며, 더욱이 이 제초제는 다른 제초제들과는 달리 환경에서 쉽게 분해되는 특징을 지니고 있다. 글리포세이트 내성을 지니게 해주는 EPSP 합성효소 유전자가 포함되어 있는 플라스미드를 곡류 식물 내에 삽입이 가능하다.

지금까지 네 가지 중요한 작물(옥수수, 목화, 대두콩, 캐놀라)들이 글리포세이트 내성을 가지도록 변형되었다. 특히 글리포세이트 내성 대두콩이 인기가 있으며, 세계적으로 9개 국가에서 유전자 변형(genetically modified, GM) 작물이 자라는 전체 면적의 60%를 차지하고 있다. 최근 미국에서 재배한 대두콩의 90%가 GM 대두콩이다. GM 작물의 이용은 국가적으로 차이가 있으며, 현재 미국에서 가장 많이 채택하고 있다. GM 작물의 이용에서 가장 많이 성장을 보이는 지역은 아시아인 반면, 유럽에서는 이러한 GM 작물을 적게 재배하고 있다.

해충에 대한 내성을 갖는 Bt 작물

상업적으로 중요한 많은 식물들은 해충에 의해 손상을 받고, 이러한 해충에 의한 피해를 줄이기 위해 기존에는 살충제가 이용되었다. 오늘날까지 이용되고 있는 화학적 살충제들 중 40% 이상은 목화 바구미, 목화다래벌레, 그리고 목화식물을 먹는 다른 곤충들을 대상으로 살포되고 있다. 과학자들은 해충에 대한 내성을 지녀 살충제에 견딜 수 있는 식물을 만들고자 시도하였다.

이 시도는 식물을 먹는 곤충에게는 해롭지만 다른 생물에게는 해롭지 않은 단백질을 만드는 유전자를 작물에 삽입시키는 일이다. 이러한 살충성 단백질은 토양 박테리아인 *Bacillus thuringiensis*에서 발견된 Bt 독소(Bt toxin)이었다. 해충이 Bt 독소를 먹으면 유충의 위 속에 있는 특정 효소는 이 단백질을 곤충 특이적 독소로 전환시켜 유충을 죽게 한다. 이 효소는 다른 동물에서는 발견되지 않으므로 이 단백질이 다른 동물에게는 해를 주지 않는다.

제초제 내성을 갖도록 변형된 동일한 네 가지 중요한 작물들도 Bt 독소를 이용하여 해충 내성을 갖도록 변형되었다. Bt 옥수수는 9개의 국가에서 GM 작물이 차지하는 재배 면적 중 14%를 차지하게 되면서 세계적으로 두 번째로 보편적인 GM 작물이 되었다. 이러한 해충 내성 작물들이 세계적으로 분포하는 정도는 제초제 내성 작물 종들과 비슷하다.

GM 작물의 잠재성을 보여주는 황금 쌀

GM 작물의 성공 중 하나는 **황금 쌀**의 개발이다. 이 쌀은 β-카로틴(β-carotene)을 생산할 수 있도록 유전적으로 변형된 것이다. 세계보건기구(WHO)는 세계적으로 1억 4천만~2억 5천만 명의 어린이들이 비타민 A 결핍을 보인다고 추정하고 있으며, 특히 쌀이 주식인 개발도상국에서 이 결핍이 심각하다. 프로비타민 A를 섭취하게 되면 몸속에 있는 효소에 의해 비타민 A로 전환이 되어 결핍 증상이 완화된다.

황금 쌀은 배젖에 있는 β-카로틴으로 인해 나타나는 특징적인 색 때문에 붙여진 이름이다. 쌀은 배젖 조직에서는 기본적으로 β-카로틴을 만들지 못하지만, 세 가지 효소에 의해 β-카로틴으로 전환될 수 있는 전구물질인 geranyl geranyl diphosphate은 생성한다. 이러한 세 가지 효소의 유전자를 배젖에서 발현되도록 조작하여 배젖에서 β-카로틴을 만드는 생합성 경로를 완성할 수 있도록 쌀에 삽입하였다(**그림 6.6**).

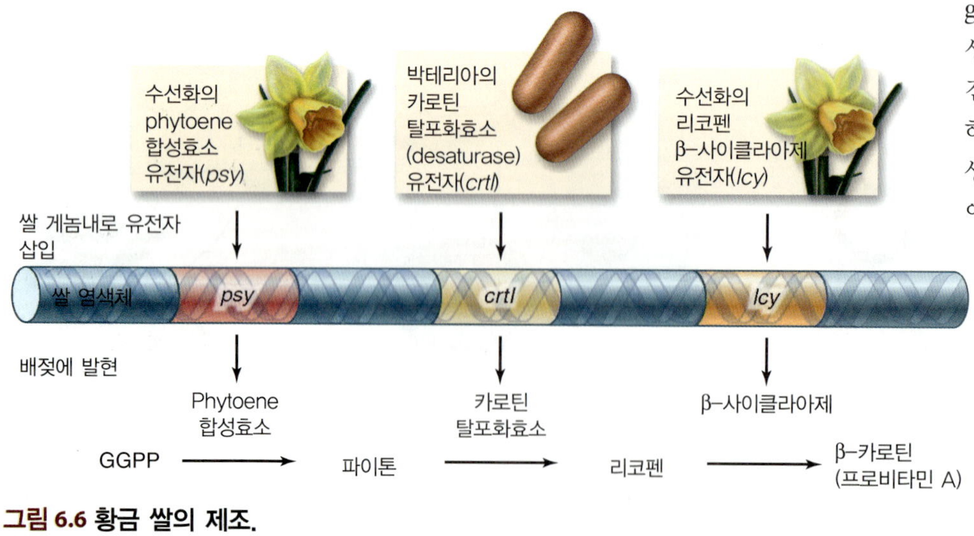

그림 6.6 황금 쌀의 제조.
쌀은 정상적으로는 배젖에 β-카로틴을 합성하는 데 필요한 효소들을 발현하지 못한다. 쌀 게놈에 세 가지 유전자를 삽입하여 배젖에서 β-카로틴을 생성할 수 있는 기작을 활성화할 수 있게 하였다. 그림은 유전자 정보와 β-카로틴 합성 경로를 보여준다. 이 결과로 배젖에 풍부한 β-카로틴이 들어 있는 황금 쌀이 만들어졌다.

이것은 두 가지 관점에서 흥미있는 유전공학의 사례이다. 첫째로, 형질전환 식물의 조직에 새로운 생화학 경로를 도입한 것이다. 둘째로, 배젖에서 이러한 효소들을 생산하는 것으로 알려진 쌀 품종이 없었기 때문에 기존의 교배에서는 일어날 수 없다는 사실을 밝힌 것이다. 이 연구에 이용된 유전자들은 2개는 수선화로부터 그리고 하나는 박테리아로부터 유래한 것이다(**그림 6.6**). 일상의 대사 과정을 방해하지 않는 생합성 경로를 삽입하는 것은 힘들 것이라고 예상하였으나,

황금 쌀은 많은 양의 β-카로틴을 만들었으며, 건강 기능 식물로 각광을 받게 되었다. 기존보다 훨씬 더 많은 β-카로틴을 만들 수 있는 차세대 유형은 기존의 수선화 유전자 대신 옥수수의 파이톤 합성효소 유전자를 이용하여 만들어졌다.

황금 쌀은 스위스의 공공기관에서 처음으로 제작되었으며, 상업적 이해관계 없이 무료로 이용할 수 있도록 개방하였다. 황금 쌀이 개발된 이후 공공 단체 및 기업에 영향을 미쳐 더 개선된 유형들도 무료로 이용할 수 있도록 하게 되었다.

GM 작물에 따른 사회적 문제

GM 작물들의 채택은 여러 가지 이유에 의해 몇몇 지역에서 반발을 불러일으키고 있다. 어떤 사람들은 이러한 작물들을 인간이 섭취하였을 때 안전성 보장의 문제에 대해, 삽입된 유전자가 야생형으로 이동할 수도 있을지에 대해, 그리고 이러한 작물들과 연관된 생물다양성이 줄어드는 가능성에 대해 의문을 제시하였다.

강력한 힘을 가진 단체들이 이 주제를 가지고 서로 논쟁을 하고 있다. GM 작물의 이용을 선호하는 단체는 다양한 GM 작물들의 씨앗을 생산하기 위해 이러한 기술들을 이용하는 다국적 기업들이다. 이와 대립하는 반대편 단체들은 유전적으로 변형된 식품들을 반대하는 정치 기구들이다. 과학자들은 이러한 논쟁을 하는 두 단체 모두 속해 있을 수 있다.

쟁점의 중심에는 이러한 GM 작물을 섭취하였을 때 삽입된 유전자의 안전성 문제가 포함되어 있다. 이 쟁점에 관해 미국에서는 이러한 작물들이 허용되고 있으며, 많은 양의 GM 대두콩과 옥수수가 소비되고 있다. 물론 일부 반대자들이 장기간 이용과 알러지 반응 등으로 논쟁거리를 만들지만, 지금까지 부정적인 효과에 대해서는 보고된 바가 없다. 현재 사용되는 작물들의 부적절한 효과에 대한 철저한 감시가 이루어져야 하며, 새로운 변형을 가할 경우 그의 섭취를 위해서는 적절한 규제 및 승인 조치가 요구되고 있다.

또 다른 논쟁으로는 유전자 침투 과정에 의해 GM 작물의 유전자가 야생형으로 퍼져나가게 될 수도 있다는 것이다. 그러나 지금까지 이러한 현상을 나타내는 조짐은 보이지 않고 있다. 한 연구에 따르면 기존에 삽입된 유전자의 이동을 나타내는 연구가 있었음에도 불구하고 멕시코에서 GM 작물의 유진자가 토착종들로 이동하는 증거는 없었다고 보고된 바 있다.

이러한 결과들이 유전자 이동이 불가능하다는 것을 의미하는 것은 아니지만, 현재까지는 발생하지 않았다는 것을 나타낸다. 따라서 이 부분에 관해서는 더 많은 연구가 필요하다. 이 쟁점은 야생형의 수와 잡종화의 용이성이 작물들 사이에 다양하게 나타나기 때문에 사례별로 연구하는 것이 바람직할 것이다.

2 유전체학의 이해

2.1 게놈 지도 작성

우리는 위치를 알기 위해 지도를 이용하며, 얼마나 정확하게 알고 싶은지에 따라서 다양한 해상도의 지도를 이용한다. 유전체학(genomics)에서는 유전자가 위치한 염색체, 염색체의 소구역, 그리고 최종적으로는 정확한 위치의 염색체 DNA 서열을 알 수 있다. DNA 서열 수준에서 게놈의 전체 서열을 아는 것이 필요한데, 일부는 아직 현재의 기술력으로는 알 수 없다. 전체 서열을 다른 종류의 지도와 연관 짓는 것이 유용하다. 인간 게놈 서열에서 단일 유전자를 찾는 것은 세계 지도에서 하나의 집을 찾는 것과 비슷하다.

이런 어려움을 극복하기 위해서, 게놈 지도는 다양한 수준의 해상도로 구축되었고 다른 종류의 정보도 이용되어 왔다. **유전자 지도**와 **물리적 지도**는 구별되는데, 유전자 지도는 유전자 재조합 비율에 따라 결정된 염색체상에 유전자의 위치를 나타낸 추상적 지도이다. 물리적 지도는 제한효소 부위(restriction sites, 앞 절에 설명되어 있음)로부터 실제 DNA 서열을 포함하는 DNA 서열 내의 지표(landmarks)를 이용한다.

다양한 물리적 지도

게놈 지도가 타당성을 갖기 위해서는, 게놈에 물리적 지표를 부여하는 것이 중요하다. 실제로 **인간 게놈 프로젝트**(Human Genome Project, HGP)가 시도되기 전에 DNA 클론의 지표와 같은 DNA의 물리적 지도가 필요했다. 두 종류의 물리적 지도가 있는데 (1) **제한효소 지도**는 제한효소를 이용하여 만들어지며, (2) **염색체 분염 패턴**은 세포학적 염색 방법에 의해 제작된다.

제한효소 지도

물리적 지도에 있는 **"지표"** 사이의 거리는 bp(base-pairs, 1000 base-pairs = 1 kilobase[kb])로 나타낸다. 물리적 지도 작성을 위해 DNA 단편의 염기서열이나 DNA가 특정 유전자의 정보를 포함하고 있는지를 알 필요는 없다.

첫 번째 물리적 지도는 게놈 DNA를 여러 종류의 제한효소로 각각 또는 조합으로 절단하여 이루어졌는데, 생성된 단편의 패턴 분석을 통하여 지도를 작성하였다.

큰 조각의 DNA에 대해서는 이 방법을 반복한 후, 크기와 겹침에 근거하여 조각들을 다시 연속된 게놈의 조각으로 모으는데, 이러한 연속된 조각을 콘티그(contig)라고 부른다. 첫 번째 제한효소는 *Haemophilus*에서 분리되었는데, *Haemophilus*는 처음으로 게놈 염기서열이 완전히 밝혀진 독립생활 유기체이다.

염색체-분염 패턴

세포학자들은 광학현미경을 이용한 염색체의 연구를 통해 여러 생물 변종의 염색체에서 재현성 있는 분염(banding) 패턴을 관찰하였다. 이 방법을 통한 분염 패턴에 따라 모든 염색체와 각 염색체의 소구역을 확인하였다.

여러 변종을 사용하여 전체 게놈의 세포학적 지도를 구축할 수 있는데, 이러한 범위의 물리적 지도는 어떤 국가의 지도와 같으며 전체 게놈을 포함하지만 그 해상도는 낮다.

세포학적 지도는 만성 골수 백혈병과 같은 사람의 질병과 관계된 염색체 이상을 찾는 데 이용될 수 있다. 이 질병에서는 9번과 22번 염색체에서 **상호전좌**가 나타나며, 그로 인해 생성된 변성 티로신 키나아제가 항상 활성화되어 백혈구 증식을 일으키게 된다.

염색체-분염 분석에 클론 DNA와의 혼성화(hybridization)가 함께 이용되어 왔다. 이 경우 혼성화가 전체 게놈을 사용하기 때문에 제자리 혼성화(*in situ* hybridization, ISH)라고 부른다. 이 과정에는 형광 표지된 탐침을 사용하기 때문에 이 방법은 **FISH**(fluorescence *in situ* hybridization) 기법이라 부른다(**그림 6.7*b***).

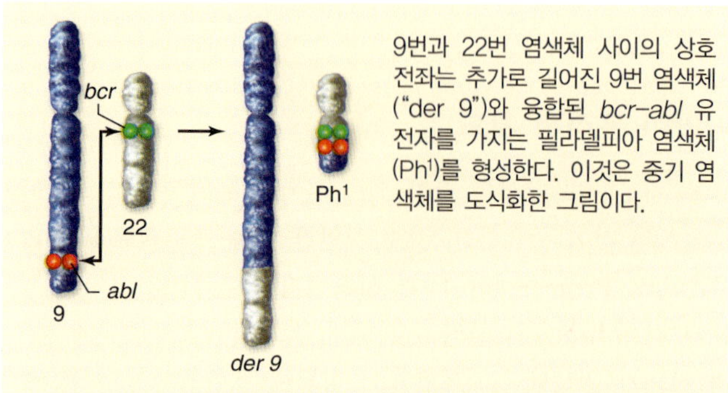

a.

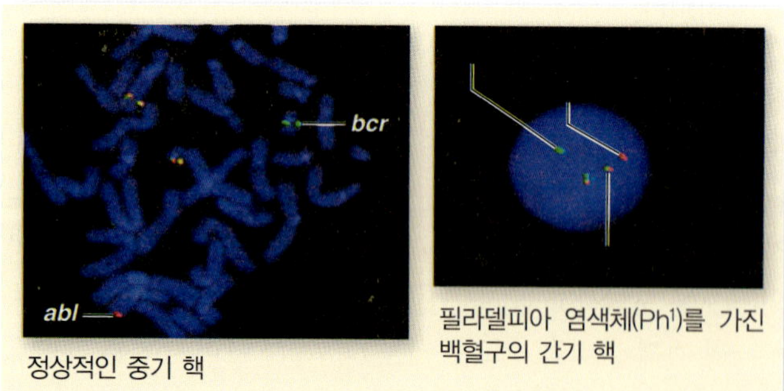

b.

그림 6.7 클론 DNA와 세포학적 지도의 연관을 위한 FISH (fluorescence *in situ* hybridization)의 이용.
a. 인간 염색체의 핵형에서 보이는 9번과 22번 염색체 사이의 전좌. ***b.*** *bcr*(녹색)과 *abl*(붉은색) 탐침을 이용한 FISH. 노란색은 혼성화된 유전자(붉은색과 녹색 형광이 결합됨)를 나타낸다. *abl* 유전자와 융합된 *bcr-abl* 유전자는 모두 티로신 키나아제를 암호화하지만 융합된 유전자는 항상 발현된다.

표현형과 연관된 유전자 지도

첫 번째 유전자(linkage, 연관) 지도는 1911년에 스터트반트(Sturtevant)가 초파리에서 5개의 유전자를 이용하여 만들었다. 유전자 지도에서의 거리는 유전자 간의 교차율로 나타내며 **cM**으로 표시하는데, 이 단위는 유전학자인 모건(Morgan)의 이름에서 따온 것이다. 1 cM은 두 지점 사이에서 1%의 교차율을 의미한다. 초파리 게놈에서는 14,000개 이상의 유전자에 대한 지도가 만들어져 있다.

연관지도(linkage map) 작성은 유전자의 DNA 서열을 알지 못해도 가능하다. 컴퓨터 프로그램을 이용하면 동시에 수천 개의 연관지도 작성이 가능하지만 유전적 지도에 약간의 한계는 존재한다. 첫 번째로 유전자 간의 교차율에 의한 거리가 염색체 내의 물리적 거리와 직접 일치하지 않으며, 유전자 사이의 DNA 구조는 다양해서 이런 구조가 교차율에 영향을 미칠 수 있다는 것이다. 다른 한계는 모든 유전자가 확인할 수 있는 분명한 표현형을 보이는 것은 아니라는 것이다.

인간의 유전적 지도는 1 cM마다 마커를 가져 매우 조밀하게 제작되었는데, 이렇게 세밀한 유전자 지도는 20년 전에는 불가능했으며, 분자적 마커의 개발에 의해 가능하게 되었다.

가장 일반적인 마커는 짧은 반복 서열인 **짧은 직렬반복**을 의미하는 STR(sequence-tagged site) 좌위인데, 이들은 각각 다른 반복 길이를 가진다. 이런 반복 부위는 PCR로 증폭하고 전기영동을 통해 분석할 수 있다. 마커들을 이용하여 일단 지도가 제작되면, 질병을 일으키는 대립유전자를 가지는 유전자들은 분자 지표와 비교하여 그 위치를 지도화할 수 있다. 현대 DNA 지문법(DNA fingerprinting)의 기본이 되는 13개의 STR 좌위는 FBI에 의해 개발되었다. 이 13개의 유전자 좌위의 대립유전자는 범인 확인에 이용하기 위해 **CODIS**(Combined DNA Index System)의 데이터베이스에 목록화되어 있다.

2.2 전체 게놈 염기서열 결정

최종적인 물리적 지도는 전체 게놈의 염기서열을 결정하는 것이다. 초기 분자생물학에서는 전체 염기서열 결정이 수작업으로 진행되었고, 시간과 노력이 많이 요구되었으나, 분석기의 개발과 자동화가 이루어지면서 염기서열 결정의 속도가 빨라졌다.

대규모 게놈의 염기서열 결정은 높은 자동 염기서열 결정 처리량과 컴퓨터 분석을 필요로 한다. 게놈 염기서열 결정은 과학이 기술을 이끄는 것보다는 기술이 과학을 이끌어나간 한 예를 보여준다. 자동화된 생거 염기서열 결정기로 수작업으로는 1년 동안 해야 하는 5만bp 이상의 염기서열 결정을 몇 시간 내에 할 수 있게 되었다. 최근 개발된 염기서열 결정 기술은 인간 게놈분석에서 자동화된 생거 기술에 의한 속도보다 5배가 더 빠르다. 염기서열 결정의 자동화 없이는 인간 같은 큰 진핵생물의 게놈 분석은 불가능했을 것이다.

많은 분자 클론이 요구되는 게놈 염기서열 결정

개체에서 DNA를 분리하는 것은 어렵지 않지만, 그것을 염기서열 결정기에 넣은 다음 1~2주 뒤에 게놈 서열의 컴퓨터 출력 결과를 얻고, 또 그것을 처리하는 과정들은 간단하지 않다. 염기서열 결정기는 800 bp 이상의 DNA 단편에 대해 정확한 염기서열을 제공해주지만, 거기에 오류가 있을 수 있고 그 오류를 줄이기 위해 각 클론에 대해 5~10번 염기서열 결정을 수행해야 한다.

믿을 수 있는 염기서열 결과를 얻으면 각각의 염기서열 결정을 통해 상대적으로 적은 양의 염기서열 결정 결과를 만들어낸다. 따라서 게놈을 절편으로 만들어 염기서열 결정을 위해 각각의 분자 클론을 제작해야 한다.

인공 염색체

과학자들은 **인공 염색체**를 이용하여 큰 조각의 DNA를 클로닝 할 수 있게 되었다. 새로운 벡터 중 가장 처음 만들어진 것이 **효모 인공 염색체**(YACs)이다. 이 벡터는 효모의 복제기점과 동원체 서열을 가지며, 여기에 외래 DNA가 추가된다. 복제기점은 인공 염색체를 게놈과 상관없이 독립적으로 복제가 가능하게 하며, 동원체 서열은 염색체를 유사분열적으로 안정되게 만들어준다.

YAC은 큰 크기의 DNA 조각의 클로닝에 유용하지만, 재배열되는 경향 또는 결실에 의한 DNA 부분 소실 등의 많은 문제점도 지니고 있다. 이러한 문제점들에도 불구하고 YAC은 YAC DNA의 제한효소 처리를 통하여 초기의 물리적지도 작성에 유용하게 사용되었다.

최근에 대규모 염기서열 결정에서 가장 일반적으로 사용되는 인공 염색체는 대장균(*E. coli*)에서 만들어졌다. **박테리아 인공 염색체**(BACs)는 박테리아 플라스미드의 이용을 확장시킨 것으로 BAC 벡터에는 100~200 kb의 DNA 삽입이 가능하다. 플라스미드가 대량으로 존재할 수 있는 데 반해 BAC 벡터의 단점은 박테리아 염색체와 같이 단일 카피로만 유지되는 것이다.

인간 인공염색체

인간 인공염색체를 이용하여 큰 조각의 인간 DNA를 배양세포에 도입할 수 있다. 이 인공염색체는 동원체 서열을 가진 염색체의 단편화에 의해 만들어진다. 이 염색체는 환형이지만, 일부는 유사분열에서 98% 이상 정확하게 분리된다. 선형 인간 인공염색체는 아직은 만들어지지 못하고 있다.

염기서열 결정 방법을 이용해 이루어진 인간 게놈 프로젝트

거대한 크기의 게놈은 많은 연구팀이 생물학 연구의 새로운 길로 들어서도록 하였다. 각각의 개별 팀이 단일 유전자의 분자 클론 분리와 수작업을 통해 염기서열 결정을 할 수 있음에도 불구하고, 인간 게놈과 같은 거대한 게놈은 수백 연구팀의 협력에 의한 분석을 필요로 한다.

인간 게놈 프로젝트(HGP)는 1990년에 미국 과학자 그룹이 국제인간게놈염기서열결정협회를 구성하면서 시작되었다. 이 공적자금 운동의 목표는 인간 게놈 염기서열 결정에 클론별(clone-by-clone) 염기서열 결정 방법을 사용하는 것으로 유전자 지도와 물리적 지도가 각 염색체 염기서열 결정의 골격으로 사용되었다.

1998년 5월, *Haemophilus influenzae*의 염기서열을 밝힌 벤터(Venter)가 그의 회사인 셀레라 지노믹스가 인간 게놈의 염기서열을 결정할 것이라고 밝히면서, 3.2-gigabase 게놈의 서열을 샷건(shotgun) 염기서열 결정법을 이용하여 2년 내에 분석을 끝낼 것이라고 했다. 다른 한 컨소시엄이 여기에 도전을 하였고, 인간 게놈 염기서열 결정의 경쟁이 시작되었다. 그 결과 2000년 6월에 두 그룹이 공동으로 염기서열 결정 결과를 발표했고, 2001년에 그들의 발견을 동시에 출판했다. 컨소시엄 원고에만 248명의 저자들이 포함되어 있다.

인간 게놈의 초안 염기서열 결정이 시작되었으며, 염기서열의 공백을 계속 채워가면서 지도도 그에 맞추어 개선되고 있다. 가장 최근에 완성된 인간 염기서열 결정에 의해 공백이 400배 감소하여 260개까지 줄어들었으며, 현재 95%보다 상승한 99%의 진정염색질 염기서열이 결정되었다. 참고 염기서열의 오류 확률은 10만분의 1 정도이며, 새로운 염기서열 결정 기술이 남은 공백을 없애기 위해 이용되고 있다. DNA 구조를 밝힌 왓슨(Watson) 같은 일부 사람들이 그들 개인의 게놈 염기서열 결정을 진행하고 있다. 개인 게놈 염기서열 결정의 비용은 향후 몇 년 내에 1000달러까지 떨어질 것으로 기대되고 있으며, 개인의 게놈 프라이버시에 대한 문제점도 제기되고 있다.

전체 게놈에 대한 연구는 크게 진전될 수 있다. 현재 최종 물리적 지도가 만들어지고, 유전자 지도와 통합되면서 당뇨병 같은 둘 이상의 유전자 변화와 관련된 질병들의 치료도 가능해질 것으로 여겨지고 있다. 그리고 다른 게놈과의 비교를 통해 인간의 게놈 진화에 대한 이해가 바뀌고 있다.

2.3 유전체학과 단백질체학

유전자가 어떻게 작용하는지 완전히 이해하려면, 유전자가 생산하는 단백질들의 특성을 알아낼 필요가 있다. 이런 정보는 세포생물학, 생리학, 발생과 진화를 이해하는 데 필수적이다. 여기에서는 멘델이 했던 것과 같은 질문들이 여러 수준에서 다양한 방법으로 다루어 알아본다.

게놈에서 보존된 부분을 밝히는 비교유전체학

현재 서열이 완전히 알려진 많은 게놈들을 이용해 유전자와 게놈 수준에서 비교가 가능하다. 여러 게놈들로부터 얻어지고 있는 많은 정보들에 의해 **비교유전체학**(comparative genomics) 분야가 대두되었다. 인간의 게놈 서열로부터 습득한 놀랄 만한 경험들 중 하나는 '인간의 게놈이 다른 생물들과 얼마나 비슷한가' 하는 것이다. 초파리의 유전자들 중 절반 이상이 인간의 유전자에 상응하며, 포유동물들 사이의 유사성은 훨씬 더 크다. 인간유전자에서 쥐의 게놈과 상응하지 않는 유전자는 300여 개 정도이다.

진화적 질문에 대해 비교유전체학의 역할은 클 것으로 기대된다. 이미 많은 원핵생물 게놈들 사이의 비교에서 이전에 짐작했던 것보다 더 많은 수평적 유전자 전달이 일어난다는 것이 밝혀졌으며, 최근의 동물 전체 염기서열 결정에서 침팬지가 유전적으로 인간의 가장 가까운 유연종임이 밝혀졌다. 챔팬지의 염기서열 결정은 이제 막 완성되었고, 침팬지와 인간 게놈 사이의 비교는 무엇이 우리를 인간으로 특별하게 진화되도록 하였는가를 밝혀낼 수 있는 단서를 제공해줄 수 있을 것으로 여겨진다.

염기서열 분석 결과에 따라 인간이 지닌 게놈들이 핵산 치환의 관점에서 보면 1.23%만 차이가 난다는 것이 확인되었다. 얼핏 보기에 인간 게놈들 사이의 가장 큰 차이는 전이성인자에 있는 것으로 여겨진다. 인간에서 SINE들은 침팬지에서 보다 세배 더 활성화되어 있지만, 침팬지는 인간 게놈에서는 발견되지 않은 두 개의 요소를 더 가지고 있다. 염기의 삽입이나 결실에 의한 차이는 치환과 비교해볼 때 적지만, 각 게놈에서 진정염색질(euchromatin) 서열의 약 1.5%만 차지하고 있고, 이는 각 게놈에서 독특한 위치를 형성한다.

서열이 알려지지 않은 게놈의 비교를 가능하게 해주는 게놈 연관

고도로 보존된 유전자들 사이의 유사성과 차이점은 종간의 유전자 대 유전자(gene-by-gene)로 조사될 수 있다. 게놈 과학은 **게놈 연관**(synteny)의 장점을 이용함으로써 커다란 게놈 사이의 비교를 가능하게 해준다.

게놈 연관은 관련된 게놈에서 보존된 DNA 단편의 배열을 일컫는다. 물리적 지도 기술은 아직 서열이 알려지지 않은 게놈에서 게놈 연관을 찾는 데 이용되며, 다른 종에서 서열이 결정된 연관 게놈 단편과의 비교는 큰 도움이 될 수 있다.

그 실례로 염기서열이 밝혀진 벼와 아직 서열이 완전히 알려지지 않은 가까운 곡물인 옥수수, 보리 그리고 밀에 대해 살펴본다. 비록 이런 식물들이 5000만년 이전에 분기되었지만, 벼, 옥수수, 밀 그리고 다른 화본과 작물들의 염색체들은 폭넓은 게놈 연관을 보여준다. 게놈의 의미에서 "벼는 밀이다."

벼의 게놈을 DNA 서열 수준에서 이해함으로써 더 큰 게놈을 가진 작물의 유전자를 동정하고 분리하는 것이 훨씬 쉬워질 수 있다. 곡물의 DNA 서열 분석은 병충해 저항성, 작물 생산성, 영양소의 질 향상 그리고 생장 능력과 관련된 유전자를 찾는 데 유용하다.

벼의 게놈은 인간의 것보다 더 많은 유전자를 가지고 있다. 그러나 벼는 인간에게 중요한 식량자원이 되는 다른 유연 곡물보다 훨씬 작은 게놈을 가지고 있다.

세포소기관 게놈과 핵 게놈의 유전자 교환

미토콘드리아와 엽록체들은 **내부공생**의 결과물로 진핵생물 내부에 살던 조상 박테리아 세포의 후손으로 여겨진다. 몇 가지 종에서 서열이 분석된 미토콘드리아와 엽록체의 게놈은 원핵생물 게놈과 매우 비슷하다. 100여개의 유전자를 가진 엽록체의 게놈은 32,000개에서 55,000개의 유전자로 이루어진 벼의 게놈과 비교하면 미미한 수준이다.

엽록체 게놈

광합성에 있어서 중요한 역할을 하는 식물의 세포소기관인 엽록체(chloroplast)는 자신의 게놈를 가지고 있기 때문에 식물 세포내에서 독립적으로 복제될 수 있다. 모든 육상식물의 엽록체에 있는 DNA는 거의 동일한 수의 유전자를 가지고 있다. 식물세포의 핵 DNA의 진화와는 대조적으로 엽록체의 DNA는 보다 보존적으로 진화해 왔기 때문에 DNA 서열의 유사성을 연구할 때 쉽게 해석할 수 있는 진화적인 형태를 보여준다. 또한 엽록체 DNA는 전이성인자에 의한 변형이나 재조합 때문에 생기는 돌연변이를 가지지 않는다.

미토콘드리아 게놈

미토콘드리아 역시 핵 게놈과 미토콘드리아 게놈에서 암호화된 요소들로 구성된다. 그 실례로 전자전달계는 핵과 미토콘드리아 게놈 모두에서 암호화된 단백질들로 구성된다. 그리고 서로 다른 종에서 이들의 패턴은 다양하게 나타나는데, 이는 미토콘드리아로부터 핵 게놈으로 어떤 계보-특이적인 변이를 가지고 이동한 것을 암시한다.

이런 유전자들이 존재하는 위치와 관련된 진화적인 역사

는 아직 수수께끼이다. 비교유전체학과 그것의 진화적인 관련성은 진화 이론의 기초들에 대해 살펴본 다음에서 자세히 다루어질 것이다.

게놈 수준에서 유전자의 기능을 밝히는 기능유전체학

생물정보학(Bioinformatics)은 최신의 컴퓨터 기술의 장점을 이용하여 증가하는 유전자 D/B를 분석하고 유전체 간의 관계를 찾고 서열정보에 기초한 유전자 간의 기능을 추정할 수 있도록 해준다. 유전체학에서 이제 가설이 이끄는 과학, 유전자들과 그들의 생산물들의 기능을 연구하는 **기능유전체학**이 발전하고 있다.

전체 염기서열 분석에서와 마찬가지로 게놈들이 어떻게 작용하는지를 알아내기 위해서는 많은 협력된 노력이 필요하다. 예를 들어 20,000~25,000개에 이르는 애기장대(*Arabidopsis*)의 모든 유전자들의 기능을 2010년까지 밝히려는 계획인 Project 2010이 국제적인 연구자 모임을 통해 이루어져 왔다. 첫 번째 단계는 유전자가 언제 그리고 어디서 발현이 되는지 결정하는 것이며, 그것을 넘어서는 각 단계를 밝히는 데는 추가적 기술 향상이 요구된다.

DNA 마이크로어레이

EST를 통해 DNA 지도에서 전사가 일어나는 서열들의 위치를 알 수 있다. 그러나 이것은 유전자들이 언제, 어디서 발현이 되는지에 대해서는 아무것도 알려주지 못한다. 전체 유전체 수준에서 유전자 발현의 분석을 위해 **DNA 마이크로어레이**와 **유전자 칩**(gene chip)이 탄생되었다.

마이크로어레이 준비: 특정한 마이크로어레이를 준비하기 위해 현미경 슬라이드의 특정 위치(an array, 하나의 정렬)로 로봇에 의해 DNA 절편을 집적한다. 실리콘 칩(silicon chip)이 슬라이드 대신 사용될 수 있다. 그런 다음 이러한 칩들은 서로 다른 부위로부터 얻어진 표지된 mRNA와 함께 혼성화 실험에 사용될 수 있다. 이것은 특정한 조직들에서 활성화되고 비활성화되는 유전자들의 고차원적 분석을 가능하게 해준다.

현재 연구자들은 발생 시기에 따라 특정한 조직에서 발현되거나 환경적인 요소에 대해 반응하는 유전자를 찾기 위해서 24,000개의 애기장대 유전자가 포함된 칩을 사용하고 있다. 조직으로부터 RNA를 분리하여 마이크로어레이를 위한 탐침으로 사용하면 특정 조직에서만 발현되는 서열만 마이크로어레이에 혼성화될 것이다.

암과 마이크로어레이 분석: 가장 흥미로운 마이크로어레이 이용 중 하나는 인간의 암에서 유전자 발현 패턴들을 프로파일링하는 것이었다. 마이크로어레이 분석 결과, 서로 다른 암들이 다른 유전자 발현 패턴을 가진다는 것이 밝혀졌고, 이러한 발견은 특정 암에 대한 진단과 특이적 치료를 고안하는 데 사용되고 있다.

많은 자료들로부터 다음과 같은 여러 가지의 패턴들이 나타난다.

1. 마이크로어레이 결과에 기초하여 특정 암의 형태는 다른 암의 형태나 정상 조직과 구별될 수 있다.
2. 특정 암의 하위 형태들은 종종 마이크로어레이 결과에서 서로 다른 유전자 발현 패턴을 보인다.
3. 마이크로어레이 결과로부터 얻은 유전자 발현 패턴들은 질병의 재발, 전이될 경향성 그리고 치료 반응을 예상하는 데 사용될 수 있다.

이러한 사항들은 인간의 암의 진단과 치료 모두에 대해 한 걸음 전진하는 데 중요한 내용을 담고 있다.

마이크로어레이 분석과 전체 유전체 연관지도 작성

전체 **유전체 연관**(GWA)은 특별한 형질을 가지고 있거나 가지고 있지 않은 집단의 구성원들 사이에 전체 게놈의 SNP를 비교하는 접근방법이다. 이 방법의 목표는 형질을 측정하는 방법으로서 특정 형질과 관련된 SNP를 찾는 것이다. 예를 들어 개의 유전체는 GWA 지도화 가치를 나타내고 있다. 15,000 SNP 변이를 구별해주는 마이크로어레이를 이용하여 질병을 가진 20마리 순종견과 20마리 건강한 개의 비교를 통해 열성 형질을 나타내는 질병 대립유전자를 찾을 수 있다.

형질전환 생물

서로 다른 종으로부터 유사한 서열을 가진 두 유전자가 같은 기능을 가지는지 아닌지 어떻게 판단할 수 있을까? 그리고 **주석 프로그램**을 이용해 찾은 유전자가 실제로 생물 내에서 유전자로서 기능하는지 어떻게 확인할 수 있을까? 이러한 질문들에 대응할 수 있는 한 가지 방법은 다른 종의 유전자를 포함한 형질전환 생물을 제작하여 분석하는 것이다.

그림 6.8은 식물을 예로 한 형질전환 과정을 보여준다. 형질전환체에서 다른 마커 유전자를 어떤 유전자에 연결시켜 도입하면 그 유전자의 단백질 산물을 시각화할 수 있고, 그 유전자가 전사됨을 증명할 수 있다. 삽입된 외래 유전자가 표현형에 영향을 미치는 경우도 있는데, 이는 형질전환체가 유전자의 기능을 밝힐 수 있는 방법 중의 하나라는 것을 보여주는 것이다.

단백질체학: 유전자로부터 단백질로의 이동

단백질은 번역 후 변형과 단백질 복합체들의 형성 때문에 DNA보다 연구하기가 훨씬 어렵다. 그리고 앞에서 이미 언급한 것처럼 단일 유전자는 선택적 스프라이싱 또는 선택적 **이어**

그림 6.8 형질전환 식물의 성장. 제초제 저항성 유전자를 포함한 DNA가 밀(*Triticum aestivum*)로 전달되었다. DNA는 표지로 사용되는 *GUS* 유전자를 포함하며, *GUS* 유전자는 투명한 염색 용액을 푸른색으로 전환하는 촉매작용을 하는 효소를 생산할 수 있다. ***a.*** 외래 DNA를 삽입하기 직전의 배아기의 조직. ***b.*** DNA가 전달된 후 외래 DNA를 포함하고 있는 캘러스 세포(callus cell)가 *GUS* 유전자로부터 색깔로 표시된다(푸른색 점들). ***c.*** 선별 배지에서 자라고 있는 형질전환 유식물의 형성. 여기서 형질전환 식물 내에 있는 제초제 저항성 유전자는 제초제를 포함하고 있는 선별 배지 상에서 성장하도록 해준다. ***d.*** 제초제 저항성 유전자를 가지고 있는 형질전환 식물(왼쪽)과 형질전환되지 않은 식물(오른쪽)의 선별 배지 위에서 성장 비교.

맞추기(alternative splicing)를 이용하여 다수의 단백질들을 암호화할 수 있다. 비록 단일 세포로부터 유전체의 모든 DNA를 분리할 수 있어도, 단일 세포나 조직에서 단백질체의 일부만이 발현된다.

단백질체학(proteomics)은 유전체에 의해 암호화되어 있는 모든 단백질체(proteomes)에 대해 연구하는 분야를 일컫는다. 하나의 세포에 존재하는 단백질체를 이해하는 것은 전체 염기서열을 결정하는 것보다도 훨씬 어려운 작업이다. 단일 유전자는 선택적 스프라이싱에 의해 하나 이상의 단백질을 만들 수 있기 때문에, 첫 번째 단계는 세포나 조직에 존재하는 모든 RNA인 **전사체**의 특성을 결정하는 것이다. 선택적 스프라이싱로 인해 전사체와 단백질체는 유전체에 있는 단순한 유전자의 숫자보다 더 많고 더 복잡하다.

상황을 더 어렵게 하는 것은 하나의 단백질이 번역 후에 기능적으로 다른 형태로 변형될 수 있다는 것이다. 또한 하나의 단백질의 기능은 다른 단백질과의 결합에 의존적이다. 그럼에도 불구하고 단백질이 세포의 주요 기능의 대부분을 수행하기 때문에 이들의 다양성을 이해하는 것은 필수적이다.

단백질 기능의 예측

수많은 단백질을 빠르게 식별하고 특성을 분석할 수 있는 새로운 방법의 사용은 전통적인 단백질 생화학과 단백질체학 사이를 구분짓는 특징이다. 유전체학에서와 같이 규모의 문제이다.

이상적으로 연구자는 하나의 핵산 서열을 분석하고 그 서열이 어떤 종류의 기능을 하는 단백질을 암호화하는지 알고자 한다. 서로 다른 생물에서 단백질 구조들을 모아 놓은 D/B는 게놈 프로젝트에서 확인된 알려진 서열 정보를 가지고 유전자들의 구조와 기능을 예측하기 위해 검색될 수 있으며, 이러한 분석 결과를 통해 유전자의 서열이 어떻게 단백질의 구조와 기능과 관련되어 있는지 분명히 알 수 있다. 많은 수의 이용 가능한 DNA 서열들을 얻음으로써 단백질 그룹이 계속 나타나고, 이들에서 공통된 구조적 패턴들을 찾아내고 더 광범위한 비교가 가능해지고 있다.

단백질 마이크로어레이

DNA 마이크로어레이와 비교될 수 있는 **단백질 마이크로어레이**는 수많은 단백질을 동시에 분석하기 위해 이용되고 있다. 단백질 마이크로어레이를 만드는 것은 하나의 세포나 조직으로부터 전사체를 분리하는 것으로부터 시작된다. 그 후 cDNA들을 제작하고 세균이나 바이러스 안으로 클로닝하여 복제하는데, 전사와 번역은 원핵세포 숙주 내에서 일어나고 마이크로 몰에 해당하는 단백질을 분리, 정제한 다음 이 단백질을 유리 슬라이드 위에 심는다.

단백질 마이크로어레이들은 최소 세 가지 서로 다른 방법으로 탐색할 수 있다. 첫째, 특정 단백질에 대한 항체에 의해 선별될 수 있는데, 항체는 표지되어 있어 탐지될 수 있고, 단백질 어레이의 패턴은 컴퓨터 분석에 의해 분석될 수 있다.

2.4 유전체학의 응용

유전체학과 감염성 질병의 동정

유전체학(genomics)의 혁명으로 수백만 개의 새로운 유전자가 밝혀졌으며, 유전체학은 인간의 건강을 향상시키기 위한 매우 커다란 잠재력을 지니고 있다. 단일 유전자에 생긴 돌연변이는 일부 유전성 질환에 대해 설명할 수 있지만 대부분을 설명하지는 못한다. 전체 유전체를 대상으로 연구할 경우 지금까지 밝혀지지 못하고 있는 인간, 동물 그리고 식물의 질병 가능성 조사에 크게 기여할 수 있다.

단백질체학(proteomics)에 의해 신약 개발이 이루어질 수 있지만, 당면하고 있는 질병의 진단에 대한 유전체학의 이용 효과가 있다. 유전체학의 향상된 기술과 유전자 발견이 유전 이상의 진단 가능성을 높여주고 있다.

진단법이 개인의 판별에 이용되고 있는데, 그 실례로 유전체학 연구를 통해 발견된 STR(짧은 직렬반복) 분석은 2001년 9월 11일 뉴욕 시의 세계무역센터를 겨냥한 테러리스트의 공격에서 희생된 사람들의 시신 확인에서 법의학적 진단 도구로 사용된 바 있다.

9.11 공격은 생물학적 무기에 대한 인식과 관심을 증가시켰다. 미국에서 우편을 통해 탄저균(anthrax spores)을 포함한 봉투가 배달된 뒤 5명이 사망하고, 17명 이상이 탄저병에 감염되었다. 초기의 연방수사국(FBI)의 강력한 조사는 오인으로 인해 정부 과학자인 하트필(Hatfill)에게 집중되었다. 유전체 염기서열 결정은 치명적인 세균의 가능성 있는 출처를 탐색하도록 해주었다. 균주 간의 10 bp 차이는 FBI가 미 육군 감염질환 연구센터의 백신 연구 프로그램에서 사용된 세균병 하나로 그 근원의 추적이 가능하도록 해주었으며, 하트필은 2008년에 석방되었다. 또 다른 연구자인 어빈스(Ivins)는 2001년 탄저병 공격의 범죄 행위에 대해 FBI로부터 공식적으로 고소되기 직전에 자살했다. 어빈스는 백신 개발과 관련한 연구를 해오면서 유전체학 도구의 사용을 통해 자연적으로 발생한 감염과 고의적인 질병의 발생을 구분할 수 있도록 해주었다. 미국의 CDC(질병통제예방센터)는 생물학 무기를 이용한 테러 행위의 목표가 될 만한 세균과 바이러스를 분류해왔다.

유전체학과 농작물 개량

지구 전체로 볼 때, 빈약한 영양이 인간 건강에 가장 큰 장애물이 되고 있다. **벼 게놈 프로젝트**에 관련하여 크게 기대하는 부분은 전 세계적으로 벼와 다른 곡물의 생산량과 영양의 질을 향상시키는 것이다. 황금쌀(Golden Rice)의 개발은 유전학적 접근을 통해 영양소가 향상된 예를 보여준다. 지구 인구의 삼분의 일이 벼로부터 절반의 열량을 얻고 있으며, 어떤 지역에서는 개인이 매일 쌀 1.5 kg을 소비하고 있다. 매년 5억 톤의 쌀이 생산되고 있지만, 미래의 세계에서 요구되는 쌀을 충분히 공급하기에는 부족할지 모른다.

작물육종과 농작기술의 과학적 진보 덕분에 지난 50년 동안 경작지가 단 1% 증가했음에도 불구하고 곡물 생산은 두 배 이상으로 증가하였다. 현재 세계에서는 남아메리카 크기의 지역이 경작되고 있다. 만일 지난 50년간 과학적인 진보가 없었다면, 세계에서 필요한 충분한 식량을 생산하기 위해 서반구 전체에 해당하는 지역이 필요했을 것이다.

불행하게도 그 기간 동안 작물을 위한 물의 사용이 3배가 되었고, 양질의 농경지는 토양 부식으로 잃어가고 있다. 또한 과학자들은 지구적인 기후 변화가 농업에 미치는 영향에 관해 걱정하고 있다. 한계에 달하고 있는 경작지에서 작물의 생산량과 품질의 향상은 많은 요인에 의존하지만 유전체학 프로젝트의 발견에 근거한 유전공학은 이러한 문제 해결에 상당히 공헌할 수 있다.

유전체학과 게놈 정보의 소유권에 대한 윤리적 논쟁

유전체학은 윤리적인 문제와 딜레마의 제공자가 되기도 한다. 그 한 가지 예가 **유전자 특허**의 문제이다. 실제로 유전자 자체가 아니라 유전자의 사용을 특허로 낼 수 있으며, 유전자의 사용을 위한 특허가 나오기 위해서는 그에 의한 생산물과 기능이 반드시 알려져야 한다.

연방 기금으로 지원받는 공적인 유전체협회들은 유전체 서열이 모두에게 무료로 접근 가능하고 특허가 허용되지 않아야 할 것이라는 믿음을 기반으로 발족되었다. 개인 기업체는 유전자 기능 특허를 내는데, 서열 정보를 특정한 제한과 함께 이용 가능하게 한다. 물리학에서는 수십 년 동안 공적이면서 영리적인 연구의 전망을 타협해 왔지만, 생물학자들에게 이것은 상대적으로 새로운 영역이다.

또 다른 윤리적인 문제는 사생활이 관여되어 있는데, 염기서열 정보가 어떻게 쓰이는가에 대한 논의가 신중하게 이루어지고 있다. **'인간 게놈과 인권에 관한 보편 선언'** 은 "인간 게놈은 모든 인류 구성원의 타고난 존엄성과 다양성을 인정해야 하며, 상징적인 의미에서 그것은 인류의 유산이다."라고 제시하고 있다.

비록 인간 게놈에 관해 이야기하지만, 인간 각자는 각자를 확인할 수 있는 서로 다른 게놈을 가진다. 낭포성 섬유증과 헌팅턴 병(Huntington disease)과 같은 유전적 질병은 이미 선별을 통해 확인될 수 있지만, 유전체학은 확인할 수 있는 형질의 숫자를 더욱 크게 증가시켜줄 수 있다. **GINA**(유전자 정보

차별 금지법)가 유전자형에 따른 차별을 예방하기 위해 2008년에 법안에 서명이 되어 발효되었다. 고용자나 건강보험 회사는 유전적인 시험을 요구하거나 누군가의 유전암호에 근거하여 차별할 수 없다. 생명, 장애 그리고 장기 요양보험은 GINA에 포함되지 않는다. 군인은 GINA의 사생활 보호로부터 제외되는데, 미군은 장래에 발생할 사상자의 신원 확인을 위해 군인들로부터 DNA 시료를 요구하고 있다. 현재에도 게놈 비공개 논쟁(genome privacy debate)은 계속 진행되고 있다.

연습문제 Exercise

1. 재조합 DNA 분자는
   a. 감수분열에 일어나는 교차 과정을 통해 생성된다.
   b. 다른 원천으로부터 얻은 DNA로 만들어진다.
   c. 동일한 원천으로부터 얻은 DNA의 새로운 조합으로 만들어진다.
   d. 유사분열을 통해 생성된다.
2. 헤르페스와 같은 의학적으로 중요한 바이러스로부터 무해한 바이러스로 표면 단백질에 대한 유전자의 삽입은 어떠한 예인가?
   a. DNA 백신
   b. 역유전학
   c. 유전자 치료
   d. 소단위 백신
3. Ti 플라스미드는 무엇인가?
   a. 재조합 유전자를 식물 게놈내로 옮길 수 있는 운반체
   b. 효모에서 재조합 단백질을 생산하도록 이용될 수 있는 운반체
   c. 쌀이나 옥수수 같은 곡류 식물에 특화된 운반체
   d. 배아 줄기세포에 특화된 운반체
4. 인슐린을 생산하기 위해 인간 인슐린 유전자가 포함된 형질전환된 박테리아를 생산하기 위해서는 어떠한 잠재적인 문제점이 고려되어야 하는가?
   a. 인간 유전자 내에 있던 인트론(intron)은 전사 후에 제거 되지 않을 것이다.
   b. 박테리아 세포는 인슐린 펩티드 서열의 번역후 과정을 거치지 않을 것이다.
   c. 인간 유전자의 고단계 전사를 하기 위한 박테리아를 얻을 수 없을 것이다.
   d. a와 b
5. 게놈지도는 무엇에 기초하고 있는가?
   a. DNA 서열
   b. 염색체상에서 유전자의 상대적인 위치
   c. 제한효소 절단 자리의 위치
   d. 염색체의 분염 패턴
6. 인간 게놈에 있는 유전자의 총 수는?
   a. 2,500 b. 10,000
   c. 25,000 d. 100,000
7. 단백질체란 무엇인가?
   a. 단백질을 암호화하는 모든 유전자의 집합
   b. 게놈에 의해 암호화되는 모든 단백질의 집합
   c. 하나의 세포에 존재하는 모든 단백질의 집합
   d. 단백질의 아미노산 서열
8. 인공 염색체는 왜 유용한가?
   a. 자연적인 염색체보다 더 일관적인 결과를 만들기 때문이다.
   b. 더 큰 DNA 서열을 분리할 수 있게 하기 때문이다.
   c. DNA 서열의 높은 복제 수를 제공하기 때문이다.
   d. 선형이기 때문이다.
9. 게놈 연구는 전염병이 자연적으로 발생한 것인지 혹은 "고의적으로" 발생시킨 것인지 결정하는데 사용될 수 있다. 탄저균 같은 질병을 고의적으로 발생시켰다는 의심을 해결하기 위해 게놈 연구자들이 무엇을 찾고 있는지에 대해 설명하라.

제 7 장
진화와 계통발생

Evolution and Phylogeny

1 유전자와 개체군

1.1 유전적 변이와 진화

집단 내 개체들 사이에서 발견되는 유전자의 **대립형질**의 차이를 나타내는 유전적 다양성은 자연선택의 기초가 된다. 그리고 자연 집단 내에는 이러한 변이를 보이는 유전자가 많이 존재한다. 이 장에서는 자연 집단에서의 유전적인 변이 및 집단 내 대립형질의 빈도를 변화시키는 진화의 힘에 대해 알아본다.

현재 자연과학과 사회과학에서 널리 사용되고 있는 **진화**(evolution)란 용어는 한 대상체(사회, 기체, 행성 등)가 시간이 지남에 따라 변화하는 방식을 의미한다. 생물학에서 현대적 진화의 개념은 다윈(Charles Darwin)의 저서인 '**종의 기원**(On the Origin of Species)' 에서 발전되어 나왔지만, 실제로 그의 저서에서 5판까지는 진화라는 용어가 사용되지 않았다. 오히려 다윈은 "변이의 유전"이란 문구를 사용했다.

더 많은 복잡한 용어가 제안되어왔지만 다윈의 용어가 생물학적 진화의 본질을 가장 잘 표현하는 실체일 것이다. 시간이 지나면서 종이 변이를 축적하면서 그 결과 자손은 조상과는 다르게 되며, 이러한 방식으로 현존하는 종으로부터 새 종이 탄생하게 된다.

진화적 변화 과정

다윈은 진화이론의 첫 번째 창시자가 아니었으며, 우리 주변의 많은 종류의 생물체들이 일련의 진화과정에 의해 생성된다는 것을 알아낸 선대의 철학자와 자연주의자들의 맥을 따른 것이다. 그러나 이전 학자들과는 달리 다윈은 **자연선택**(natural selection)을 진화의 메커니즘으로 제안했다. 자연선택은 집단 내에서 몇몇 개체가 조상으로부터 물려받은 특정 형질을 소유하고 이 형질이 없는 개체보다 생식적으로 더 살아남기 쉬울 때 진화적 변화를 만들어낸다. 그 결과 집단에는 점진적으로 유리한 형질을 가진 개체가 더 많이 분포하게 된다. 이런 방식으로 집단은 진화하고 주어진 환경에 더 잘 적응하게 된다.

자연선택과는 대조적인 진화의 메커니즘으로 저명한 생물학자인 라마르크(Lamarck)가 제안한 **획득형질의 유전**에 의한 진화이론이 있다. 획득형질의 유전이란 한 개체가 일생 동안 얻은 형질이 다음 대의 자손에게 유전된다는 의미이다. 라마르크에 따르면 기린의 조상은 짧은 목을 가졌으나 나뭇잎을 먹기 위해 목을 길게 뻗는 반복적 행동으로 한 개체의 목이 길어지고, 길어진 목이 유전형질로 다음 대에 전달되는 과정을 통하여 기린의 목은 오늘날처럼 길어졌다는 것이다(**그림 7.1*a***). 이와는 달리 다윈은 변이는 경험적으로 얻어지는 것이 아니라, 개체들 사이에 이미 존재하고 있는 유전적 차이 때문에 나타난다고 하였다(**그림 7.1*b***).

한 세대에서 다음 세대로 대립형질의 빈도변화를 살펴봄으로써 한 집단이 시간이 지남에 따라 어떻게 변하는가를 알 수 있다. 자연선택은 특정한 대립형질을 가진 개체를 선호함으로써 대립형질 빈도 변화를 유도하지만, 이런 변화는 다른 요인에 의해 일어날 수도 있다. 돌연변이가 반복적으로 일어나거나, 이주 집난에 의해 새로운 대립형질이 도입되는 경우에도 변화가 일어날 수 있다. 또한 집단이 아주 작을 때 대립형질의 빈도는 우연적인 효과에 의해 무작위로 변화할 수도 있다. 자연선택이 이런 다른 요인들을 압도하는 경우가 많기는 하지만 그렇지 않은 경우도 흔하게 나타난다.

그림 7.1 기린의 목이 길게 진화된 방식에 대한 두 가지 견해.

진화는 한 집단의 유전적 조성에 변화를 일으키는 어떤 과정에 의해서도 일어날 수 있다. 따라서 집단 내 유전자의 특성을 연구하는 **집단유전학**(population genetics)의 이해 없이는 진화를 깊게 이해하기 어렵다.

집단 내의 유전적 변이

한 종 내의 개체 간에 존재하는 유전적 변이는 선택에 필요한 기반이 된다. 제5장에서 살펴본 것처럼 자연 집단 내에서는 많은 유전적 변이가 발견된다. 변이는 보통 어느 정도 되는 것일까? 다음에서 보는 것처럼 인간은 상당히 큰 유전적 변이를 가지는 대표적인 종들 중의 하나이다.

1. **혈액형 유전자:** 화학적 분석에 의하면 사람은 ABO식 혈액형 유전자 이외에도 30가지 이상의 혈액형 유전자를 지닌 것으로 알려져 있다. 인류 집단에서 이 유전자들 중 적어도 1/3에서 다수의 대립형질이 나타난다. 혈액형은 아니지만 혈구와 혈장 단백질들을 형성에는 45가지의 변이 유전자들이 기능하는 것으로 알려져 있다. 이와 같이 혈액에서만도 매우 많은 변이 유전자들이 발견된다.
2. **효소와 관련된 유전자:** 특정 효소를 만드는 유전자 내의 대립형질들은 이 유전자로부터 만들어지는 단백질들이 전기장에서 얼마나 빨리 이동하는지는 전기영동을 통해 알아볼 수 있다. 효소를 만드는 **유전자 자리**(gene loci)에는 많은 변이가 존재하여 사람의 효소 유전자 자리의 약 5%가 이형접합적으로 나타나는데, 이는 한 사람을 무작위로 선택하여 특정 효소 유전자를 살펴볼 때 이 유전자의 이형접합자 확률이 5%라는 의미이다.

전체 **유전체**(genome)를 비교해볼 때 모든 인간은 일란성 쌍둥이를 제외하고는 서로 다르다고 할 수 있다. 무성생식을 하는 경우를 제외하면 다른 생물들도 모두 마찬가지이다. 자연계에서는 유전적 차이가 바로 법칙이 된다.

1.2 하디-바인베르그 평형

자연집단 내의 **유전적 변이**(genetic variation)는 1800년대 중반 다윈 및 동시대의 사람들에게는 수수께끼였다. 당시까지 감수분열이 잡종 자손의 유전적 분리를 만들어낸다는 사실이 밝혀지지 않았었다. 동시대에 멘델이 유전 실험을 하긴 했지만 그의 연구는 당시에는 잘 알려져 있지 않았다. 학자들은 당시에 **선택**(selection)은 항상 최적의 형태를 선호하고 변이를 제거하려는 경향으로 이루어진다고 생각했으며, 자손은 양 부모의 표현형의 중간일 것이라고 생각하는 혼합유전(blending inheritance) 이론이 널리 받아들여졌다. 그러나 혼합유전이 옳다면 새로운 유전적 변이의 효과는 세대를 거듭할수록 빠르게 사라지게 될 것이다.

유전형의 빈도를 예측할 수 있게 한 하디-바인베르그 법칙

멘델의 유전법칙의 재발견에 이어 집단 내에 유전적 변이가 어떻게 유지되는지는 1908년 영국 수학자인 하디(Hardy)와 독일 물리학자인 바인베르그(Weinberg)의 연구에 의해 밝혀졌다. 이들은 처음에는 왜 많은 세대를 거듭한 후에도 집단이 지배적인 **표현형**(phenotype)을 가진 개체들만으로 구성되지 않는지에 대해 의문을 가졌다. 이들이 내린 결론은 한 집단에서 다음과 같은 전제조건이 충족된다면 원래의 대립형질 빈도는 세대가 거듭되어도 일정하게 유지된다는 것이다.

1. 돌연변이가 일어나지 않는다.
2. 다른 집단과의 유전적 교류가 없다.

3. 교배가 무작위로 이루어진다.
4. 집단의 규모가 충분히 크다.
5. 선택이 일어나지 않는다.

1.3 진화적 변화의 다섯 가지 요인

하디-바인베르그의 평형을 유지시키는 다섯 가지 요인인 **돌연변이**(mutation), **유전자 이동**(gene flow), **비임의적 교배**(nonrandom mating), **유전적 부동**(genetic drift) 및 **자연선택**(natural selection)은 각각 진화의 요인이 될 수 있고, 이들에 의해 대립형질이나 유전형의 비율에 변화가 일어날 수도 있다.

대립형질을 변화시키는 돌연변이

대립형질에 변화를 주는 **돌연변이**는 집단의 특정 대립형질의 비율을 변화시킬 수 있다. 일반적으로 돌연변이 비율은 매우 낮아서 대립형질의 하디-바인베르그 비율에 큰 영향을 주지는 않으며, 평균적으로 볼 때 일반 유전자에는 100,000번의 세포분열당 1번의 빈도로 돌연변이가 일어난다.

그럼에도 불구하고 돌연변이는 유전적 변이의 절대적 원인으로서 진화가 일어날 수 있게 하는 요인이다(**그림 7.2*a***). 한 가지 염두에 두어야 할 것은 특정 돌연변이가 자연선택에 의해 일어나지 않는다는 점이다. 즉, 특정 돌연변이가 자연선택에 의해 선택되기 때문에 더 흔하게 일어나는 것은 아니다.

대립형질의 집단 간 이동 시에 발생하는 유전자 이동

유전자 이동(gene flow)이란 한 집단에서 다른 집단으로 대립형질이 이동하는 것을 의미하며, 집단 변화의 강력한 요인이 될 수 있다(**그림 7.2*b***). 동물이 한 장소에서 다른 장소로 이동할 때 유전자가 따라서 이동하게 된다. 그리고 새로 들어온 개체가 기존의 개체들과 다른 유전자를 가지며, 전입한 개체들이 새로운 곳에 적응하여 살아남고 교배까지 성공적으로 한다면 원래 집단의 유전적 구성이 변화될 수 있다.

유전자 이동이 명확하지 않은 경우도 있다. 정자나 꽃가루 등 생식세포의 전파 또는 성숙하지 않은 식물, 해양생물 등이 한 장소에서 다른 장소로 이동할 경우 등이다. 식물의 수컷 생식세포에 해당하는 꽃가루는 곤충 등 꽃을 찾아다니는 동물에 의해 먼 장소를 이동하기도 한다. 종자는 바람이나 동물에 의하여 새로운 집단으로 이동할 수 있다. 유전자 이동은 인접한 집단에 속하는 개체 간의 교배를 통해서도 일어날 수 있다.

유전형의 빈도를 변화시키는 비임의적 교배

어떤 **유전자형**을 가지는 개체들은 흔히 다른 개체보다는 자신과 유사한 유전자형을 가지는 개체와의 교배를 선호하는데 이런 현상을 **비임의적 교배**라 한다(**그림 7.2*c***). 표현형이 유사한 개체 간 교배인 **동류교배**가 일어나면 특정한 유전형의 빈도가 하디-바인베르그 원리에 따른 예측과는 상당히 다른 결과를 보일 수 있다.

동류교배는 각 대립형질의 빈도를 변화시키지는 않으나 동형접합체의 비율은 증가시키는데, 이는 표현형이 유사한 개체가 유전적으로 유사하여 동일한 대립형질 두 개를 가진 자손을 생산하기 쉽기 때문이다. 이런 이유로 자가수분을 하는 식물 집단에서는 동형접합체의 비율이 높게 나타난다. 그와 대조적으로, 표현형이 다른 개체 간 교배인 **이류교배**에서는 이형접합체의 비율이 높게 나타난다.

a. 변이의 궁극적 원인. 일반적으로 돌연변이율은 매우 낮아서 대립형질의 비율에 영향을 주는 일은 별로 없다.

b. 변화의 중요한 잠재적 요인. 집단 간에 개체나 생식세포가 이동한다.

c. 근친교배가 가장 일반적 형태. 대립형질의 빈도를 변경하지 않지만 이형접합자의 비율을 감소시킨다.

d. 통계적 사고. 집단의 크기가 작아질수록 대립형질 빈도의 무작위적 변동이 증가한다.

e. 적응을 위한 진화적 변화를 유발하는 유일한 요인

그림 7.2 진화적 변화의 5가지 요인.

소규모 집단에서 대립형질의 변화를 일으키는 유전적 부동

소집단에서 대립형질의 빈도는 우연에 의해 크게 변할 수 있다. 이와 같은 무작위적인 대립형질 빈도의 변화는 마치 빈도가 표류하는 것과 같이 보이기 때문에 **유전적 부동**이라고 부른다(**그림 7.2*d***). 이러한 이유로 하디-바인베르그 평형에 이르려면 집단이 커야 한다.

원래 집단에서 떨어져 나와 고립된 소수 집단은 두 집단에서 똑같이 자연선택이 일어나더라도 유전적 부동의 결과 완전히 다른 모습이 될 수 있다. 유전적 부동 때문에 때로는 소수 집단에서 자연선택에서 불리한 대립형질의 빈도가 증가하기도 하고 자연선택에서 유리한 대립형질이 사라지기도 한다. 인간이 진화의 역사에서 많은 경우 소집단을 이루어 살았었다는 것은 흥미로운 사실이며, 결과적으로 유전적 부동이 인간의 진화에서 특히 중요한 요인이 될 수 있다.

창시자 효과

하나 또는 소수의 개체들이 모집단으로부터 공간적으로 떨어진 곳으로 이주하여 고립된 새로운 집단을 시작할 수 있다. **창시자**는 모집단에서 나타나는 모든 대립형질을 갖지 않을 수도 있는데, 어떤 대립형질은 새 집단에서 소실될 수도 있고 다른 인자는 빈도가 극적으로 변화할 수도 있다. 이런 현상을 **창시자 효과**(founder effect)라고 한다.

창시자 효과는 자연계에서 드물지 않게 나타난다. 많은 **자가수분** 식물은 한 종자로부터 새로운 집단을 창출한다. 창시자 효과는 하와이나 갈라파고스 군도와 같이 격리된 지역에서 생물의 진화에 특히 중요한 역할을 해왔다. 그런 지역의 대다수의 생물들은 소수의 창시자로부터 생겨났을 것이다. 드물기는 하지만 그런 일들이 종종 관찰되기도 하는데, 1996년 카리브해의 앙귈라 섬 해안에 소수의 이구아나(iguana)가 운반되어 새 집단을 형성, 정착하여 오늘에 이르고 있다.

상대적으로 소수로부터 시작된 고립된 인간 집단은 창시자들의 유전적 특징을 잘 나타내는 경우가 있다. 미국의 아미쉬(Amish) 집단에서는 **다지증**(polydactylism) 등의 특정 현상이 매우 높은 빈도로 나타나고 있는 것이 그 실례이다.

병목 효과

생물이 한 장소에서 다른 장소로 이주하지 않더라도 홍수, 가뭄, 지진 등의 자연 재앙으로 인해 집단의 크기가 갑자기 감소될 수 있다. 이 때 생존한 개체들은 유전적 요인에 의해 특정한 유전형이 선택적으로 살아남은 경우가 아니라면 원래의 모집단보다 무작위적으로 유전적 다양성이 크게 감소된 소규모의 집단을 구성하게 된다. 이와 같은 개체 수 감소로 인해 나타나는 유전적 다양성 감소를 **병목효과**(bottleneck effect)라고 한다.

일부 생물 종의 유전적 변이는 과거 병목효과의 결과로 심하게 고갈되어 있는 상태이다. 예를 들어 북아메리카의 서쪽 해안과 인근 섬에서 거주하는 바다코끼리(elephant seal)는 19세기에 사냥으로 인해 거의 멸종되다시피 했고 캘리포니아 바자(Baja) 앞바다의 과달루페 섬에 20마리 가량만 살아남았다. 지금은 바다코끼리 집단이 다시 커져 수만 마리가 되었고 샌프란시스코 근처에서까지 번식하고 있지만 병목효과의 결과 바다코끼리 집단 내에서의 유전적인 변이는 대부분 상실되었다.

특정 유전자형을 선호하는 자연선택

다윈이 지적한 바와 같이 어떤 개체들은 다른 개체들보다 더 많은 자손을 남기는데, 그 정도는 표현형과 행동에 의해 영향을 받는다. 이러한 과정의 결과를 **선택**(selection)이라고 한다(**그림 7.2*e***). **인위선택**에서는 양육자가 원하는 특징이 선택되지만, **자연선택**에서는 환경적인 조건에 의해 어느 개체가 선택되어 더 많은 자손을 낳을 수 있을지가 결정된다.

자연선택이 일어나고 진화적 변화가 생기기 위해서는 다음과 같은 세 가지 조건이 부합되어야 한다.

1. **집단 내 개체 사이에는 변이가 존재해야 한다:** 자연선택은 어떤 특정한 형질을 가지는 개체들을 다른 형질을 가지는 개체들보다 더 선호함으로써 작용한다. 만약 변이가 존재하지 않는다면 자연선택은 작동하지 않는다.
2. **개체 사이의 변이의 결과로 다음 세대의 자손의 수에 차이가 나타나야 한다:** 이는 자연선택의 본질이다. 표현형과 행동 때문에 일부 개체는 다른 개체들보다 더 성공적으로 자손을 생산한다. 한편 여러 형질에서 변이를 보인다고 해서 개체 간에 생존이나 성공적인 생식에서 반드시 차이를 보이는 것은 아니다.
3. **변이가 유전되어야 한다:** 자연선택이 진화적 변화를 일으키기 위해서는 선택된 차이가 유전적 근거를 지녀야 하지만 모든 변이가 유전적 근거를 가지는 것은 아니다. 유전적으로 동일한 개체들도 환경이 다를 경우 표현형적으로 차이를 보이기도 한다. 이와 같은 환경적 영향은 자연계에서 흔하게 일어나는 일이다. 그 실례로 습기가 많은 토양에서 부화한 새끼 거북은 건조한 곳에서 부화한 것들보다 무겁고 크며 넓은 폐각을 가진다.

표현형적으로 차이를 보이는 개체들이 유전적으로는 다르지 않다면 자손의 수적 차이는 다음 세대 집단의 유전적 조성을 변화시키지 못할 것이며, 진화적 변화도 일어나지 않을 것이다.

자연선택과 진화의 두 개념은 종종 같은 것으로 오인되지만 실제는 그렇지 않다. 자연선택은 **과정**이며, 진화는 시간에 따른 변화의 **역사적 산물**이다. 자연선택(과정)은 진화(결과)를 이끌 수 있지만 진화적 변화를 이끌 수 있는 한 가지 과정일 뿐이다. 더구나 자연선택은 진화적 변화를 만들지 못할 수도 있다. 유전적 변이가 있을 때에만 자연선택은 진화를 이끌어낼 수 있기 때문이다.

적응도는 생존율, 교배의 성공률 그리고 자손 수의 조합이다. 가장 큰 적응도를 가지는 표현형이 선택될 가능성이 높지만 적응도를 한 가지 요소만으로 측정하는 것은 맞지 않을 수도 있는데, 그 이유는 적응도의 한 요인으로 유리할 수 있는 형질이 다른 요인에 대해서는 오히려 불리한 경우도 있기 때문이다. 그 실례로 소금쟁이(water strider)에서 몸이 큰 암컷일수록 매일 더 많은 알을 낳는다. 따라서 이 단계에서의 자연선택은 몸이 큰 암컷을 선호하지만 몸이 큰 암컷은 일찍 죽기 때문에 생식기회가 줄어든다. 결과적으로 두 가지 상반되는 선택 방향이 함께 작용하여 중간 크기의 암컷이 가장 많은 자손을 남기게 된다.

1.4 진화력의 상호작용

한 집단에서 유전적 변화의 정도는 여러 진화과정들의 상대적 강도에 의해 결정되는데, 이 과정들은 함께 작용하기도 하지만, 서로 반대로 작용하기도 한다.

돌연변이와 유전적 부동의 상반된 선택

이론적으로 **자연선택**(natural selection)에 의해 대립형질 *B*가 선호되더라도 *B*에서 *b*로 **돌연변이**(mutation)가 일어나는 속도가 충분히 높을 경우 대립형질 *b*는 집단에서 유지될 수 있다. 그러나 자연계에서는 돌연변이가 자연선택의 효과를 상쇄할 만큼 높은 속도로 일어나는 일이 거의 없다.

자연선택의 효과는 **유전적 부동**에 의해서 상쇄될 수 있으며, 이 두 과정이 함께 집단 내의 변화를 제거하도록 작용할 수도 있다. 그러나 선택은 생존과 생식의 성공을 향상시키는 대립형질이 많이 나타나도록 작용하는 무작위적인 과정이 아닌데 비해 유전적 부동은 어떤 대립형질을 증가시키는 무작위 과정이다. 따라서 어떤 경우는 부동이 선택에 의해 선호되는 대립형질의 빈도를 감소시킬 수 있다. 극단적인 경우 유전적 부동이 집단으로부터 선호되는 대립형질을 사라지게 할 수도 있다. 그러나 부동의 크기는 집단의 크기에 반비례하기 때문에 집단이 아주 작을 때를 제외하고는 자연선택이 부동을 압도할 수 있다는 것을 예상할 수 있다.

진화적 변화의 촉진과 제약을 유도하는 유전자 이동

유전자 이동은 건설적이거나 제약적인 힘으로 작용할 수 있다. 유전자 이동에 의해 한 집단이 다른 집단으로 이로운 돌연변이를 퍼뜨릴 수도 있지만, 반대로 열성 대립형질을 지속적으로 퍼뜨려서 적응을 지연시킬 수도 있다.

그 실례로 서로 다른 환경에 사는 같은 종의 두 집단이 있을 때, 집단은 대립형질 *B*를 다른 집단은 대립형질 *b*를 선호하는 경우를 들 수 있다. 유전자 이동과 같은 다른 진화요인이 없다면 *B*의 빈도가 한 집단에서는 100%가 될 것이고, 다른 집단에서는 0%가 될 것이다. 그러나 두 집단 간에 유전자 이동이 이루어지면, 덜 선호되는 대립형질이 각 집단으로 지속적으로 들어오게 된다. 그 결과 집단에 있는 대립형질의 빈도는 유전자 이동에 의해 한 집단으로 유입되는 열성인자의 비율과 자연선택에 의해 제거되는 열성인자의 비율 사이에 균형을 이루게 된다.

일반적으로 유전자 이동이 자연선택의 효과를 저해하는 정도는 두 과정의 상대적인 강도에 따라 다르다. **조매화**(bird-pollinated flowers)나 **풍매화**(wind-pollinated flowers) 같은 유전자 이동이 강한 종에서는 자연선택에 의해 덜 선호되는 대립형질의 빈도는 상대적으로 높고, 그에 비해 도롱뇽(salamander)처럼 잘 이동하지 않아서 유전자 이동이 낮은 종은 선호하는 대립형질이 거의 100%의 빈도로 나타난다.

2 진화의 증거

2.1 다윈이 연구한 핀치새의 부리: 자연선택의 증거

진화적 변화는 여러 과정에 의해 발생할 수 있다. 그러나 대부분의 진화생물학자는 다윈의 **자연선택**이 진화를 설명할 수 있는 주된 과정이라는 것에 의견을 같이한다. 우리가 과거로 돌아가볼 수는 없지만 오늘날의 근거로 볼 때 자연선택은 진화적 변화의 한 요인임이 분명하며, 그에 대한 근거들은 야외 및 실험실에서 발견되고 있다.

다윈의 핀치새(Darwin' s finches)는 자연선택에 의한 진화의 고전적인 예의 하나이다. 다윈이 1835년에 갈라파고스 군도(Galapagos Islands)를 방문했을 때, 그는 3개 섬에서 31마리의 핀치새를 채집했다. 그는 새에 대한 전문가는 아니었기 때문에 표본을 동정하는 데 어려움을 느꼈다.

다윈이 영국으로 돌아온 후 조류학자 굴드(Gould)는 다윈이 채집한 핀치새들이 부리를 제외하고는 모두 서로 유사하고, 또 서로 유연관계가 깊지만 동일종이 아님을 알아냈다. 현재 핀치새는 모두 14종이 알려져 있다.

먹이와 관련된 변이를 보이는 갈라파고스 핀치새

핀치새의 부리의 다양성은 **그림 7.3**에서 보는 바와 같다. 큰 부리를 가진 땅핀치새(ground finches)는 종자를 부리로 부수어 먹고 살며 가느다란 부리를 가진 핀치새는 곤충을 먹고 산다. 꽃이나 새순을 먹는 새도 있고, 선인장 열매 및 거기에 모여드는 곤충을 먹는 종류도 있으며, 날카로운 부리를 가지는 것 중에는 바닷새에 달라붙어 "vampires(흡혈)"을 하는 종류도 있다. 가장 주목되는 것은 도구를 사용하는 핀치새인 딱

딱따구리핀치새(*Cactospiza pallida*)

대형땅핀치새(*Geospiza magnirostris*)

선인장핀치새(*Geospiza scandens*)

휘파람핀치새(*Certhidea olivacea*)

초식성나무핀치새(*Playspiza crassirostris*)

그림 7.3 다윈의 핀치새.
이 종들은 부리와 섭식 습성에서 차이를 보인다. 이러한 다양성은 섬에 도입된 후 다른 작은 새들이 없는 다양한 서식처에서 적응하면서 생겨났다. 일부 종의 부리는 육지에 사는 다른 여러 종류의 새들과 유사성을 보인다. 그 실례로 휘파람핀치새는 유연관계가 가깝지 않은 휘파람새와 부리가 유사하다.

따구리핀치새(woodpecker finches)는 부리로 작은 나뭇가지나 선인장 가시를 잘 다듬은 다음 썩은 나무에 가서 이것을 이용하여 곤충의 애벌레를 파먹는다.

핀치새 14종의 부리와 이들의 먹이 사이의 밀접한 연관성은 다윈으로 하여금 자연선택이 그와 같이 만들었다고 생각하게 만들었다. 비글호(Beagle)의 항해에서 다윈은 "밀접하게 연관된 새들의 작은 집단에서 나타나는 구조의 변화와 다양성을 보면, 이 군도에 원래 새의 종류가 부족한 것을 볼 때 한 종이 다른 종으로 변화하여 다양성이 만들어졌다고 생각할 수밖에 없다."고 말하고 있다.

다윈의 자연선택의 가설을 뒷받침해주는 연구

다윈의 관찰은 부리의 크기와 형태의 차이는 종들이 서로 다른 먹이원(food resources)에 적응하면서 진화했음을 알려준다. 그렇다면 이 가설을 검증할 수는 없을까? 앞절에서 자연선택은 다음과 같은 세 가지 조건을 충족해야 한다고 제시된 바 있다.

1. 변이가 집단 내에 존재해야 한다.
2. 변이가 개체 간 생식 능력의 차이를 생기게 할 수 있어야 한다.
3. 개체 간 변이는 다음 세대에 유전될 수 있어야 한다.

다윈의 제안을 제대로 시험하기 위해서는 인내가 필요하다. 프린스턴 대학의 그란트 부부(Peter and Rosemary Grant)는 1973년부터 갈라파고스 군도의 중앙부에 위치한 작은 Daphne Major 섬에서 중형땅핀치새(*Geospiza fortis*)를 대상으로 30년 이상 학생들과 함께 연구하였다. 이 새는 주로 비가 많이 오는 해에 식물들이 다량으로 생산하는 작은 종자를 먹고 사는데, 크고 마른 종자는 쉽게 부수지 못하므로 비가 적게 와서 작은 종자가 드문 계절에만 큰 종자를 먹는다.

그란트 부부는 매년 Daphne Major에 서식하는 중형땅핀치새들의 부리 깊이(부리 기저부의 위-아래 폭)를 측정하였다. 그 결과 그랜트 부부는 이 핀치새 집단에서 부리 깊이의 변이가 클 뿐만 아니라 그 평균치가 해마다 예측 가능하게 변하는 것을 알게 되었다. 즉, 가물었을 때는 식물이 만들어내는 종자가 적고, 작은 종자는 금방 소비되어 나중에는 큰 종자만 남았다.

그 결과 부리가 큰 핀치새가 큰 종자를 잘 부수므로 살아남기 쉬워진다. 결국 이듬해에 평균적 부리 깊이는 커졌고, 반면 습기가 많은 계절에는 다시 작아졌다(**그림 7.4*a***). 기후가 습할 때 식물은 번성하고 작은 씨가 풍부해져서 작은 부리를 가진 새가 선호되고, 부리 깊이는 크게 감소한다.

이와 같은 부리 측정치의 변화는 자연선택을 반영하는 것일까? 부리 깊이의 변화가 유전자빈도의 변화를 반영하는 것은 아닐 가능성도 있다. 즉 큰 종자를 다루면서 일시적으로 부리가 커질 수도 있는 것이다.

이러한 개연성을 배제하기 위하여 그랜트 부부는 여러 해 동안 어미 새의 부리 크기와 그 자손의 부리 크기 사이의 관계를 조사하였다. 그 결과 **그림 7.4*b***에서 보는 것처럼 부리의 깊이는 환경조건과 관계없이 한 세대에서 다음 세대로 충실하게 대물림되는 것을 알게 되었다. 이는 개체 간의 부리 크기의 차이는 유전적 차이 때문임을 말해주며, 따라서 부리 깊이가 해

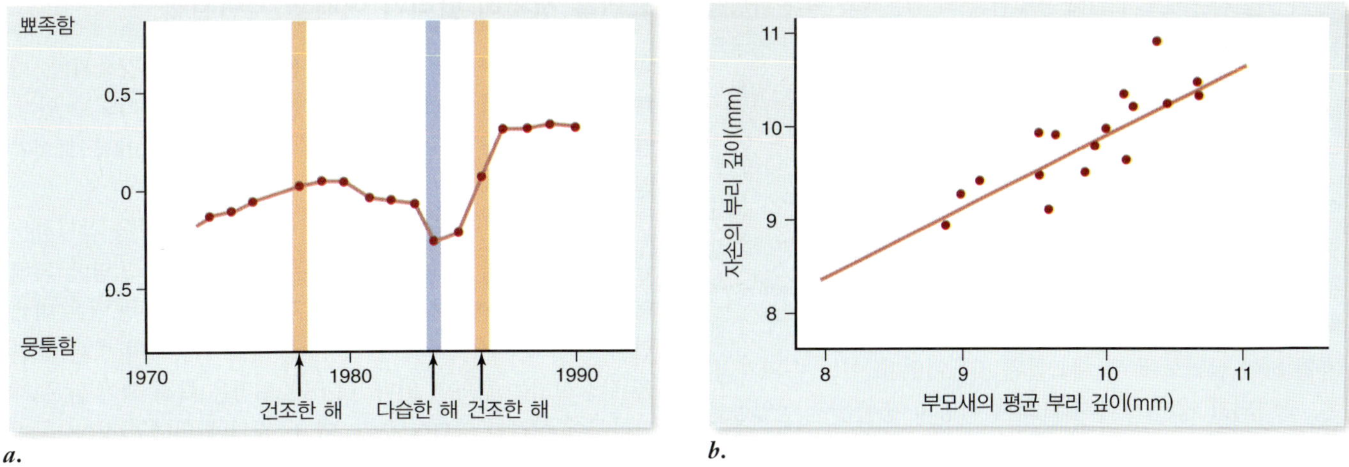

그림 7.4 중형땅핀치새(*Geospizs fortis*)의 부리 크기가 자연선택에 의해 변한다는 증거.
a. 크고 단단한 종자만 먹어야 하는 건조한 해에는 부리 크기가 평균적으로 커진다. 작은 종자 생산량이 많은 다습한 해에는 부리 크기가 평균적으로 줄어든다. ***b.*** 부리 깊이는 어미로부터 자손으로 유전된다.

마다 변하는 것은 자연선택에 의한 진화적 변화가 일어남을 나타낸다.

2.2 자연선택의 다른 증거: 회색가지나방과 공업암화

환경이 변하면 자연선택은 대개 새로운 형질을 선택한다. 그 한 가지 예가 회색가지나방(*Biston betuilaria*)이다. 이 나방의 체색은 연한 회색에서부터 완전히 검은색까지 여러 가지로 나타난다.

이 나방의 체색은 한 유전자의 대립형질의 차이 때문에 나타나며, 검은색이 우성이지만 1850년 이전까지는 검은색 나방이 매우 드물었다. 그 뒤 공업지역에서 검은색 나방의 빈도가 높아져서 거의 100%에 이르렀다.

생물학자들은 이러한 현상을 주목하였고, 이와 함께 **매연**(pollution)에 의해 나무의 수피도 검은색으로 된 것을 알게 되었으며, 매연이 나무줄기 표면에 붙어사는 밝은 색의 지의류도 죽이는 것을 알게 되었다.

오염지역에서 감소하는 흰색 나방

왜 1850년경에 검은색 나방이 생존에 이점이 있었을까? 1896년에 아마추어 나방 채집가인 터트(Tutt)는 **그림 7.5**에서 보는 것처럼 지의류가 없어서 검은색을 띠는 나무줄기에 앉아 있는 연한 회색 나방은 포식자인 새의 눈에 띄어 잘 잡혀 먹히고, 반면 검은색 나방은 보호색으로 새의 눈에 띄지 않기 때문이라고 제안하였다.

1950년대에 영국의 생태학자 케틀웰(Kettlewell)은 터트

그림 7.5 공업암화를 설명하는 터트의 가설.
사진은 나무위에 놓인 회색가지나방의 표본이다. 오염되지 않은 나무에 앉은 검은색의 나방은 포식자의 눈에 잘 띄게 되고(왼쪽), 공업화로 오염되어 수피가 검게 변한 나무에서는 밝은 색 나방이 더 눈에 잘 띄게 된다(오른쪽).

의 가설을 검증해보기 위해 동일한 수의 검은색과 회색 나방을 날개 아래쪽에 페인트로 표지를 한 다음, 심하게 오염된 영국의 버밍햄 근처의 숲과 오염되지 않은 지역의 숲에 각각 날려 보냈다. 며칠 뒤 그는 두 숲에서 회색가지나방을 채집하였다.

오염된 숲에서 채집한 나방을 조사한 결과 회색 나방 중에서 19%, 검은색 나방 중에서 40%가 표지하여 날려 보낸 것이었다. 이는 수피가 검은, 오염된 숲에서 검은색 나방의 생존율이 훨씬 높았음을 알려준다. 오염되지 않은 Dorset 숲에서는 회색 나방 중에서 12.5%, 검은색 나방 중에서 6%가 표지를 하여 날려보낸 뒤 재포획된 것들이었다. 이는 수피가 밝은, 오염되지 않은 곳에서는 회색 나방의 생존율이 높았음을 나타낸다.

케틀웰은 실제로 나무 줄기에 두 가지 색깔의 나방을 가까이 붙여 놓고 새가 어떤 나방을 잡아먹는지도 관찰하였다. 결과적으로 주위 배경색과 동일한 것은 살아남고 배경색과 다른 나방은 쉽게 새에 의해 잡혀 먹히는 것을 관찰하고 촬영하였다. 그 후 그의 연구 결과는 다른 연구자들의 여러 확인 실험을 통해 증명되었다.

환경에 따라 바뀌는 선택압

유라시아와 북아메리카 같은 산업화된 지역에서 회색가지나방에서와 같은 방법으로 수십 종의 다른 나방들이 진화했다. **공업암화**는 더 진한색의 개체가 밝은 색의 개체보다 우위를 차지하는 현상이다. 20세기 후반에 오염이 조절되면서 북반구 대륙에 서식하는 많은 종의 나방에서 암화가 감소되는 경향을 보이기 시작했다.

영국에서는 공업암화를 촉진시킨 대기오염이 1956년 "**공기정화법**(Clean Air Act)"의 시행으로 감소하기 시작했다. 영국의 리버풀 근교에서 1959년부터 1995년까지 검은색 회색가지나방의 빈도를 조사한 바에 의하면 1959년에 93%이던 빈도가 1995년에는 15%로 크게 떨어졌다.

이러한 빈도의 감소는 대기오염의 급격한 감소와 잘 일치하는데, 특히 이산화황과 부유먼지들의 배출에 대한 규제가 심해지면서 어두운 색의 나무가 감소했으며, 이는 우세한 암화 대립형질을 가진 나방이 받게 되는 15%의 선택적 불이익(selective disadvantage)과도 일치한다.

이와 같은 현상은 미국에서도 나타났는데, 디트로이트 부근에서 1959~1961년 사이에 검은색 회색가지나방의 빈도는 89%였으나 1963년에 채택된 "**미국 공기정화법**(American Clean Air Act)" 시행 이후 대기 오염이 급속히 줄었기 때문에 1994년에는 15%로 나타났다. 이는 영국의 리버풀과 거의 동일한 현상으로서 자연선택을 지지해주는 강력한 증거가 되고 있다.

요인을 정확히 밝히기 어려운 자연선택

회색가지나방에서 나타나는 자연선택의 증거가 강하지만, 터트의 자연선택의 원인에 대한 가설은 현재 재평가되고 있다. **암화**에 대한 최근의 선택은 지의류의 변화와 관계를 보이지 않는 것으로 나타나고 있다.

새의 포식설을 지지하는 학자들은 새가 나방을 감지하는 능력은 지의류의 존재에 덜 의존적이고, 환경이 오염에 의해 어두워지는 경우에 더 민감하다고 제안하고 있다. 오염은 미세먼지 층으로 환경에 노출된 모든 물체를 뒤덮으며 밝은 표면을 감소시키는 경향이 있다. 더구나 오염은 특히 색이 밝은 자작나무에 심각한 영향을 준다. 이 두 효과에 의해 환경이 더 어두워지고 새에 의한 포식으로부터 보호하기 위해 어두운 나방이 선호된다는 것이다.

자연선택(natural selection)의 주요 원인에 대한 불확실성에도 불구하고, 전체 경향은 명백하다. 케틀웰의 실험은 오염된 지역에서는 색이 어두운 나방이, 오염되지 않은 지역에서는 색이 밝은 나방이 자연에 의해 선택된다는 명백한 사실을 보여준다. 두 대륙에서 검은 나방의 빈도의 증가와 잇따른 감소는 각각 오염의 정도와 관련이 있고 이러한 선택이 진화적 변화를 이끌어낸다는 것을 명백히 입증해주는 것이다.

자연선택의 원인에 대한 재고려는 과학적 진보가 이루어지는 과정을 보여준다. 이는 가설이 설정되고 검증되며 부정되는 경우, 새 가설이 설정되고 새로운 과정이 시작되는 것이기 때문이다.

2.3 인간에 의한 인위적 선택

문명의 여명기로부터 인간들은 여러 가지 동식물에 대해 선택을 가해왔다. **자연선택**(natural selection)에서와 마찬가지로 **인위선택**(artificial selection)은 특정 표현형을 가진 개체를 선호하고, 그 유전자를 재생산하여 다음 세대에게 물려준다. 이런 표현형의 차이가 유전적으로 결정된다고 할 때, 인간에 의한 이러한 직접적인 선택은 진화적 변화를 가져온다.

인위선택은 실험실에서, 농업적으로 그리고 가축화 과정에서 적용되었으며, 적용된 모든 경우 뚜렷한 변화를 가져다주고 있다. 인위선택이 성공적으로 이루어지고 있다는 사실은 선택이 효과적인 진화적 과정임을 알려준다.

집단의 변화를 유발하는 실험적 선택

1920년대와 1930년대에 과학의 한 분야인 유전학의 발달과 함께 과학자들은 선택이 진화적 변화를 가져올 수 있다는 가설을 검증하는 실험을 하기 시작했으며, 가장 흔한 주제는 초파리였다. 유전학자들은 노랑초파리(*Drosophila melanogaster*)

과학적 사고

문제제기 인위선택이 실질적인 진화적 변화를 가져올 수 있을까?

가설: 강한 방향성 선택이 집단의 중간값을 빠르게 이동시킬 수 있다.

실험: 매 세대마다 한 집단에서 강모가 많은 개체들 20%를 선택해서 생식시킨다. 다른 집단에서는 강모가 적은 개체들 20%를 선택해서 생식시킨다.

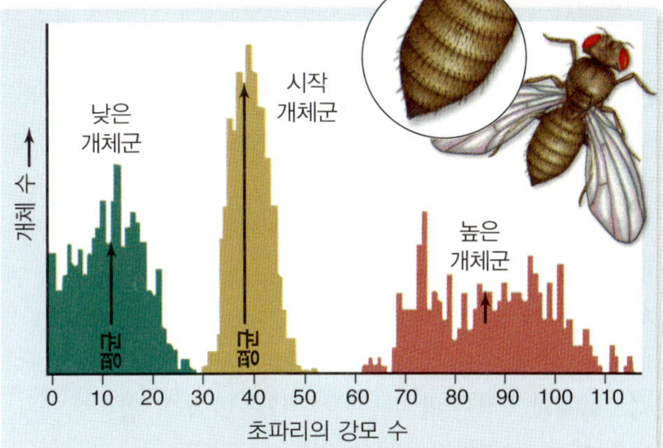

결과: 35세대 후 평균 강모 수는 두 집단에서 크게 변화하였다.

해석: 실험 결과 두 실험집단의 개체들은 원래 집단의 범위 밖에 위치하게 되었다. 선택은 돌연변이와 재조합에 의해 집단 내에 끊임없이 새로운 변이가 도입되므로 선택은 집단을 원래의 범위 밖으로 이동시킬 수 있다.

그림 7.6 인위선택에 의한 빠르고 지속적인 진화적 변화.

를 이용하여 몸의 크기, 눈의 색, 성장률, 행동 등에 대한 선택 실험을 해왔는데, 그 결과는 항상 강하고 예측 가능한 진화적 반응으로 나타났다.

초파리의 강모 수에 대한 선택 실험이 시도된 바 있다. 실험을 시작할 때 초파리 복부의 강모는 평균 9.5개였다. 매 세대마다 강모 수가 가장 많은 20%만 선발하여 교배한 결과 86세대가 지난 후에는 평균 강모 수가 40개로 네 배가 많아졌다. 또 다른 실험에서 강모 수가 가장 적은 개체나 가장 많은 개체를 선택한 실험에서 35세대가 지났을 때 강모 수는 뚜렷이 줄거나 늘어 원래 집단의 강모 수 범위와 겹치지 않게 되었다(**그림 7.6**).

다른 실험 생물들을 대상으로 유사한 실험이 행해졌다. 예를 들어 충치에 저항성이 있는 쥐를 선택한 실험에서 20세대가 지나지 않아서 충치가 시작되는 평균 시간이 100일에서 500일로 크게 증가하는 것이 밝혀지기도 했다.

농작물과 가축에 커다란 변화를 일으킨 농업적 선택

그림 7.7에서 보는 것처럼 소, 돼지 등의 가축이나 옥수수, 딸기 등의 각종 작물과 이들의 야생형 조상을 비교하면 큰 차이를 보인다. 이런 차이는 더 많은 우유 생산이나 더 큰 옥수수같이 원하는 특성에 대한 인위선택의 결과이다.

옥수수를 이용한 실험은 인위선택이 농작물에서 빠르게 큰 변화를 일으킬 수 있음을 보여준다. 1896년에 농학자들은

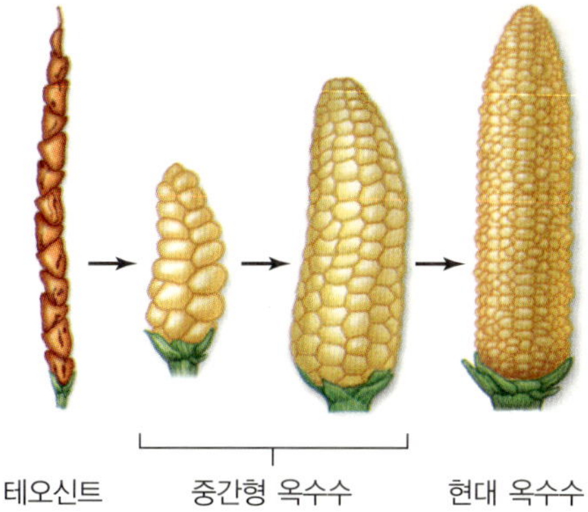

그림 7.7 조상과 매우 다르게 진화한 옥수수.
현재 멕시코의 외딴 지역에서 발견되는 테오신트(Teosinte)는 현대 옥수수의 조상과 매우 유사하다. 인위선택에 의해 현대 옥수수로 변형되었다.

옥수수 낟알의 기름 함유량이 4.5%인 것을 선택하여 초파리 실험에서와 같이 모든 개체의 상위 20%만 선택하여 증식시킨 결과 1986년까지 90세대를 거치는 동안 옥수수 낟알의 기름 함유량은 약 450%가 증가하였다.

인위선택에 의한 가축의 번식

현존하는 다양한 품종의 개(**그림 7.8**), 고양이, 비둘기 및 기타 애완동물들은 인위선택으로 만들어진 것들이다. 어떤 경우에는 특별한 용도로 품종이 개량되었다. 개의 품종인 그레이하운드(Greyhound)는 잘 달리도록 다리가 길고 뒷부분이 유선형으로 개량되었다. 반면 닥스훈트(Duchshund)는 다리가 짧아서 굴속으로 들어가 오소리를 잡도록 개량된 것이다. 다른 예로 색이 여러 가지인 비둘기나 고양이처럼 선택에 의해 외모가 다양하게 만들어진 경우도 있다.

그림 7.8 개의 품종.
개의 품종 간 차이가 개과의 야생 종 간의 차이보다도 더 크다.

2.4 진화의 화석기록

진화가 일어났다는 가장 직접적인 근거는 화석 기록에서 발견된다. 화석 기록은 다윈 시대보다 오늘날 훨씬 많이 알려져 있다.

화석은 살아있던 생물체의 일부가 보존된 증거로 암석 속에 남아 있는 화석뿐 아니라 호박, 시베리아 영구 동토층과 건조 동굴 속에 묻힌 종들도 있다.

암석 속에 화석이 형성되려면 몇 가지 조건이 갖추어져야 한다. 생물이 퇴적층에 매몰되어야 하고, 골격이나 단단한 부위가 무기질화되어야 하며, 주변 퇴적층이 단단하게 암석화되어야 한다.

화석화(fossilization) 과정은 매우 드물게 일어난다. 대개 동식물은 화석화되기 전에 부식되거나 먹히고 만다. 더구나 많은 화석은 과학자가 접근할 수 없는 암석 속에 있다. 접근 가능한 경우에도 부식이나 다른 자연과정에 의해 수집되기 전에 사라질 수 있다. 따라서 과거에 살았던 생물 종(약 500만종으로 추정)의 극히 일부만 화석으로 남아 발견된다. 그럼에도 불구하고 진화의 근거가 될 만한 화석은 충분하다.

방사성 동위원소의 붕괴속도에 의한 화석 연대 측정

화석이 나타난 암석의 연대를 측정하여 그 속의 화석이 형성된 연대를 추정할 수 있다. 다윈 시대에는 지층의 상대적인 위치로 화석의 연대를 측정하였다. 더 깊은 층에 있는 암석이 일반적으로 오래된 것이라는 원리이다. 19세기의 지질학자들은 퇴적암의 상대적 위치와 퇴적암이 환경에 따라 부식 속도가 달라지는 것에 대한 지식을 이용하여 암석의 상대적 연대를 꽤 정확히 추정했다.

오늘날에는 방사성 원소의 **반감기**(half-life)로 암석의 **절대적 연대**(absolute dating)를 측정한다. 용암이 식을 때 만들어지는 화성암 등의 암석은 우라늄-238과 같은 방사능 원소를 함유한다. 이 방사성 원소는 정확하게 일정한 속도로 소멸되는데, 그 실례로 U238의 반감기는 45억년이다. 암석이 만들어지고 나면 더 이상 방사성 동위원소(radioactive isotope)가 추가되지 않기 때문에 방사성 동위원소가 "딸(daughter)" 동위원소로의 전환된 비율을 측정함으로써 암석의 연대를 결정할 수 있다. 화석이 암석의 두 층 사이에서 발견되고 두 층의 연대가 모두 추정 가능하다면, 생성된 화석의 나이를 추정할 수 있다.

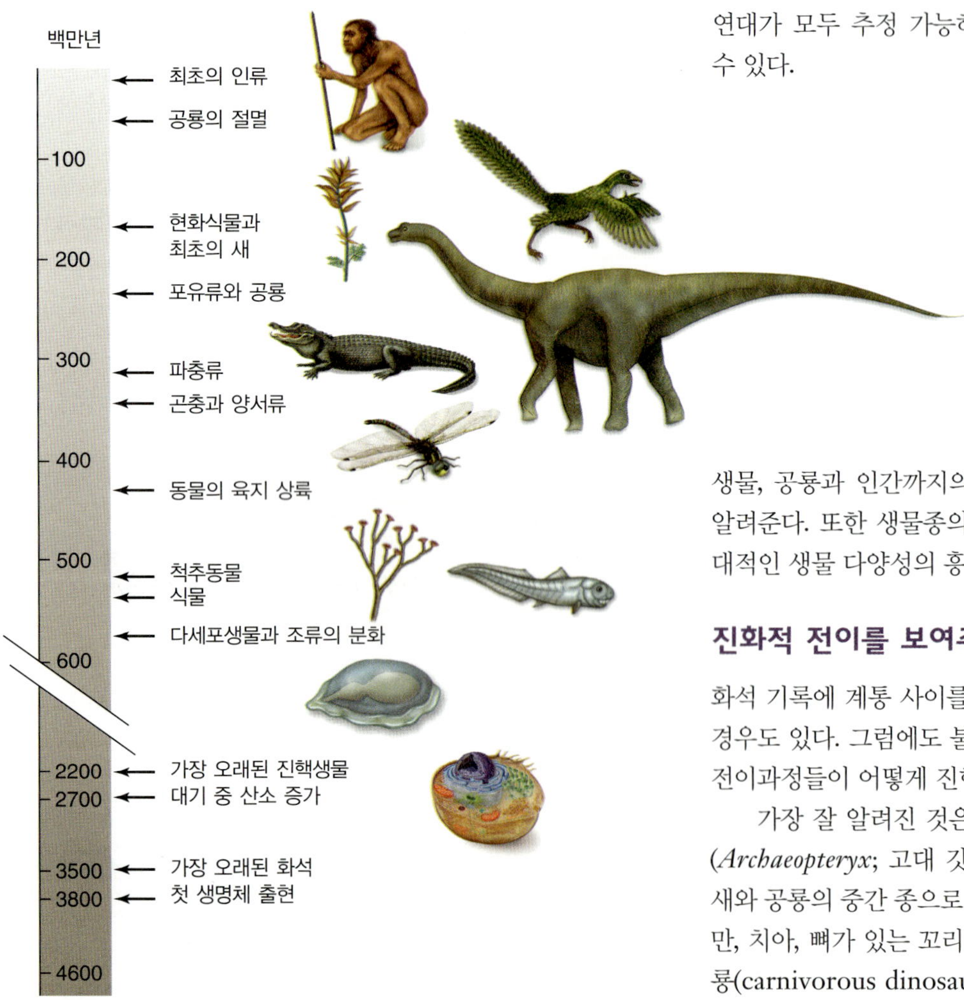

그림 7.9 화석 기록에 의한 진화적 변화의 역사.

진화적 변화의 역사를 보여주는 화석

화석을 연대에 따라 배열하면 **그림 7.9**에서 보는 바와 같이 그 배열이 연속적인 진화적 변화의 근거가 되기도 한다. 화석 기록은 넓게는 첫 번째 원핵생물의 기원과 진핵생물, 어류의 진화, 육상생물, 공룡과 인간까지의 시대를 거쳐 일어난 생물의 변화를 알려준다. 또한 생물종의 급격한 감소로 인한 멸종과 같은 시대적인 생물 다양성의 흥망성쇠를 보여준다.

진화적 전이를 보여주는 화석

화석 기록에 계통 사이를 이어주는 연결고리가 발견되지 않는 경우도 있다. 그럼에도 불구하고 중간 형태가 발견되어 중요한 전이과정들이 어떻게 진행되었음을 알 수 있다.

가장 잘 알려진 것은 1억 6,500만년 전에 살았던 **시조새**(*Archaeopteryx*; 고대 깃털을 의미)이다(**그림 7.10**). 이 종은 새와 공룡의 중간 종으로 오늘날 새와 유사한 많은 특징이 있지만, 치아, 뼈가 있는 꼬리 및 다른 해부학적인 특징에서 육식공룡(carnivorous dinosaurs)과 유사하다. 실제로 날개가 발견되지 않은 일부 표본들은 공룡으로 오인되어 자연사 박물관의

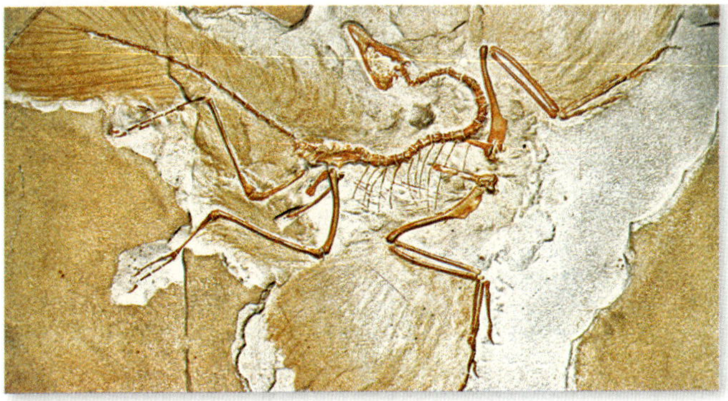

그림 7.10 시조새(Archaoepteryx)의 화석.
이 표본에는 화석에서 대개 보존되지 않는 부드러운 부분도 나타났는데, 깃털이 있다는 점은 시조새가 공룡의 특징을 많이 가지고 있지만 새였다는 것을 명백하게 보여주는 것이다.

잘못된 장소에 수십 년 동안 보관되어 있기도 했다.

시조새는 중간 단계의 화석으로서의 여러 가지 특징을 가지고 있지만 모든 특징이 진화의 중간 단계에 있는 것은 아니며, 경우에 따라 일부는 조상의 특징을, 일부는 후손의 특징을 보여준다. 이는 형질들이 각기 다른 속도로 진화하기 때문에 중간 단계의 생물이 모든 측면에서 중간 단계의 특징을 보이지 않을 수 있다는 것을 알려준다.

시조새 화석은 다윈이 **종의 기원**(On the Origin of Species)을 발표한 1859년에 처음으로 발견되었다. 이후 고생물학자들은 결실된 화석의 연결고리를 메우려고 노력해 왔고, 그 결과 오늘날에는 훨씬 완성도가 높아졌으며, 특히 척추동물에서는 그 기록이 거의 완벽해졌다.

말의 진화를 보여주는 화석 증거

가장 잘 알려진 화석 기록은 말의 진화에 대한 것이다. 오늘날의 말과(Equidae)에는 말, 얼룩말, 당나귀 등이 포함되는데, 이들은 모두 몸집이 크고 다리가 길며 잘 달려서 넓은 초원에서 살기에 알맞게 적응되어 있다. 이들은 모두 하나의 *Equus* 속에 속하지만, 약 5,500만년 전 에오세(Eocene period)에 출현한 후 모두 34개 속이 등장했었던 진화적 계통의 마지막 후손 계통이다. 이들의 화석은 이들이 환경의 변화에 따라 어떻게 진화하고 적응해왔는지 아주 잘 보여주고 있다.

최초의 말

말과의 최초의 동물은 *Hyracotherium*속 종으로 오늘날의 말과는 전혀 다른 모습이있다. 작은 몸, 짧은 다리, 넓적한 발바닥을 가진 이 동물은 숲속에 살면서 나뭇잎 등을 먹으며 포식자를 피했을 것이다. 이 작은 생물이 오늘날 커다란 말로 변화하는 과정에는 크기와 발가락 수의 감소, 이빨의 크기와 모양의 변화 등이 포함된다(**그림 7.11**).

몸 크기의 변화

최초의 말은 고양이나 중간 크기의 개 정도로 500kg이 넘는 현대의 말과 대조된다. 화석의 조사로부터 처음 3,000만년 동안 몸의 크기는 거의 변하지 않았으나 그 후 여러 가지 계통이 신속히 분화되면서 몸도 커졌다. 그러나 몸이 더 작아진 계통도 있었다.

발가락 수의 감소

오늘날 말의 발가락은 한 개뿐이다. 반면 *Hyracotherium*은 앞다리에 4개, 뒷다리에 3개의 발가락을 가지고 있었으며, 발바닥의 모양은 오늘날의 개나 고양의 것과 거의 유사했다.

화석을 보면 **그림 7.11**에서 보는 것처럼 시간이 지나면서 발이 변화하는데, 가운데 발가락이 길어지고 발굽이 생기며, 주위의 다른 발가락이 퇴화되는 모습을 보인다. 몸 크기의 증가와 발가락 수의 변화는 말의 여러 계통에서 나타났다. 이와 동시에 다리의 길이와 골격 구조도 변화하여 장거리를 고속으로 달릴 수 있게 되었다.

이의 크기와 형태

*Hyracotherium*의 이는 작고 단순한 형태였다. 시간이 지나면서 이는 길어지고 어금니와 앞어금니가 복잡한 융기를 갖게 되어 거친 풀을 씹기에 알맞은 이를 가지게 되었다.

두개골(skull)도 계속되는 저작행위를 지탱할 수 있도록 두개골을 강화시키는 형태로 변화하였다. 하지만 몸의 크기와 마찬가지로 진화적 변화는 시대를 지나면서 꾸준히 일어난 것이 아니다. 오히려 대부분의 변화는 최근 2,000만년 동안 일어났으며, 모든 말의 계통에서 꾸준하게 변해온 것도 아니다.

이와 같은 변화는 모두 지구 전반의 기후 변화에 대한 적응으로 볼 수 있다. 마이오세(Miocene) 후기와 약 2,000~2,500만년 전인 올리고세(Oligocene) 전기에 북아메리카에 초원이 넓게 발달하였는데, 말이 초원에 살기 시작하면서 포식자를 피하기 위해 고속의 운동능력이 필요하게 되었을 것이다. 반면 복잡한 숲 환경에서 도망치는 데 유리했던 많은 발가락과 짧은 갈기가 가지는 유연성은 더 이상 필요 없게 되었다. 동시에 말은 모래와 딱딱한 물질을 포함하는 초목이나 풀을 먹었기 때문에 그런 물질을 섭취하기에 알맞은 치아와 골격으로 진화하게 되었다.

진화의 경향

오랫동안 말의 진화는 일정한 방향으로 일어났다고 간주되었다. 일부 학자들은 이러한 말의 진화가 한 방향과 일정한 속도로 점진적인 진화가 일어난 예라고 보았다. 그러나 오늘날 진화적 변화는 이렇게 단순하지 않다는 것이 일반적 견해다.

진화의 속도는 일정하지 않아서 어떤 때에는 오랜 기간 변화가 거의 없다가 어떤 때에는 빠른 변화를 보이기도 한다.

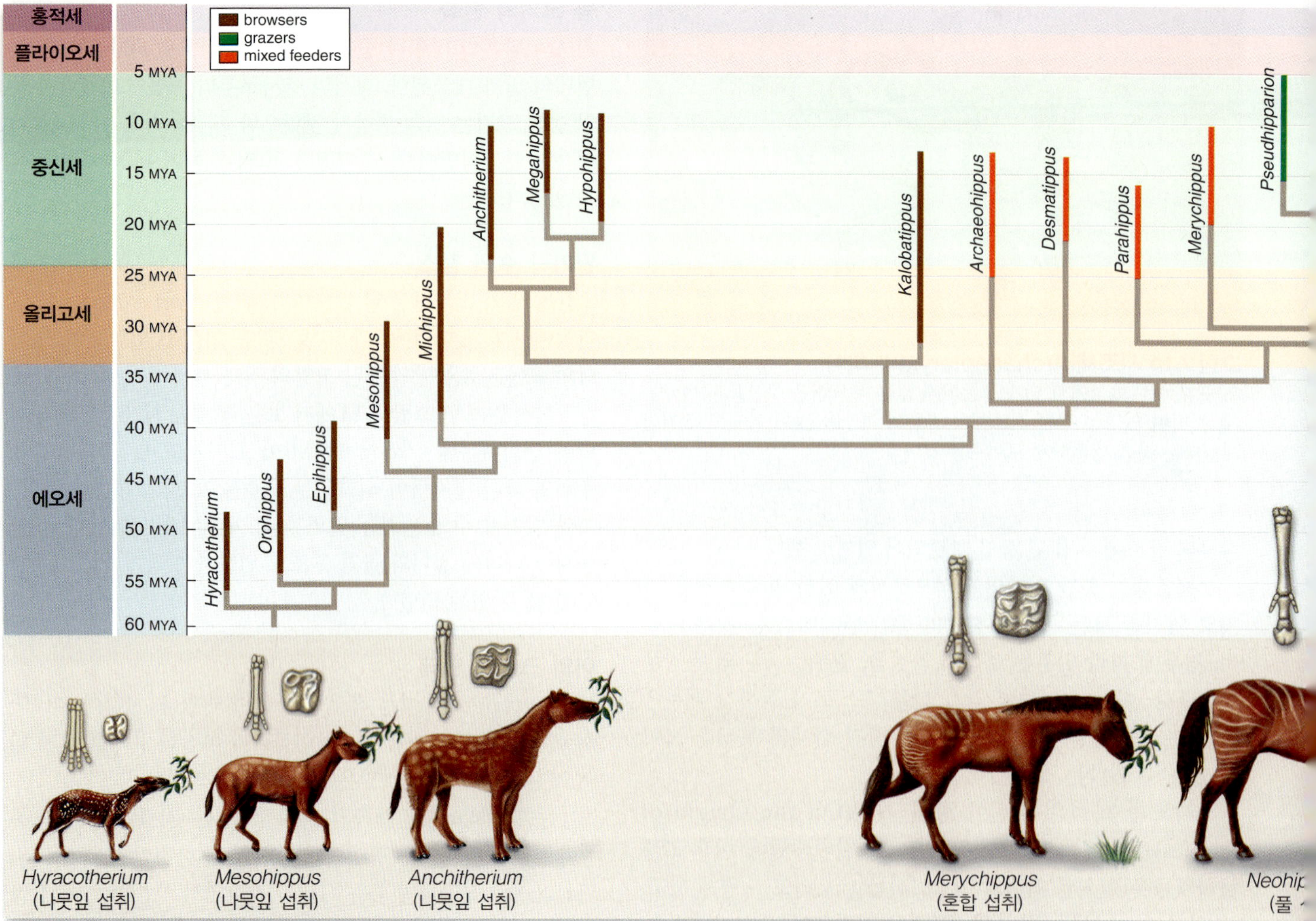

그림 7.11 말의 몸 크기의 진화적 경향.
선들은 말의 진화적 관계를 나타낸다. 시간이 지남에 따라 몸 크기가 증가하고 발가락 수도 감소하여 현대 말은 단일 발굽을 갖게 되며, 어금니의 크기도 증가하고 모양이 복잡해지지만, 이 경향을 따르지 않는 것도 있다. 그 실례로 상대적으로 최근 종인 *Nannippus*는 크기가 감소하였다.

또한 변화가 일어날 때에는 흔히 여러 진화적 계통에서 동시에 변화가 일어나기도 한다.

진화가 전반적으로 일정 방향으로 일어날 때조차 일부 계통에서는 몸의 크기 축소 같은 예외적 변화가 일어난다. 이런 경향은 화석 자료가 충분히 있는 동물과 식물의 경우에 흔하게 발견되고 있다.

2.5 진화의 해부학적 증거

진화 이론은 생명의 다양성을 이해하기 위한 틀을 제공하기 때문에 중요하다. 생물학적 연구의 결과로 밝혀진 여러 사실들은 진화의 결과로 보지 않으면 이해되지 않는 경우가 많다.

공통 기원을 보여주는 상동구조

척추동물이 진화하면서 원래 동일했던 뼈가 각기 다른 용도로 쓰이게 된 경우가 있다. 척추동물의 앞다리는 서로 모양과 기능은 다르지만 모두 공동조상의 동일 신체 부위에서 기원한 **상동구조**(homologous structure)이다.

그림 7.12는 앞다리의 골격이 여러 포유류에서 다른 방법으로 변화되어 왔음을 보여준다. 이렇게 모양이 크게 다른 구조들이 동일한 골격인 윗쪽 앞다리뼈 하나, 아래쪽 앞다리뼈 2개, 여러 개의 작은 손목뼈 및 하나 이상의 손가락으로 이루어져야 하는 까닭은 진화 말고는 달리 설명할 길이 없다. 이들이 모두 공통조상의 후손이라는 것을 생각한다면 자연선택에 의해서 각각 다른 목적으로 다르게 변형되었다는 것을 쉽게 이해할 수 있다.

일부 집단에서 유사성을 보이는 초기 배발생

여러 생물들의 발생을 비교하면 진화의 강력한 해부학적 증거를 얻을 수 있다. 여러 척추동물의 배는 발생 초기에는 서로 유

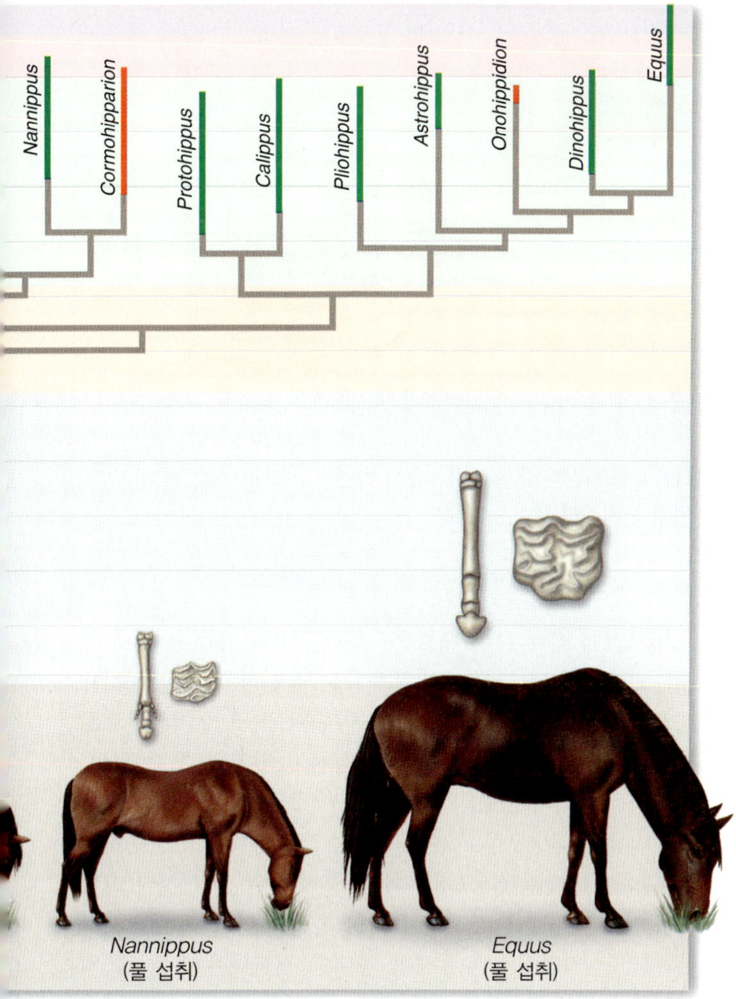

사하지만 발생이 진행되면서 점점 달라진다. 발생 초기에 사람과 어류의 배(embryo)는 인두낭(pharyngeal pouch)을 가지는데, 이는 나중에 사람에서는 여러 가지 샘과 관으로 발생하고 어류에서는 아가미로 변화한다. 발생이 진행되면서 사람의 태아는 긴 꼬리를 가지지만, 나중에 퇴화하여 흔적으로만 남는다. 또한 사람의 태아는 발생 5개월째에 솜털(lanugo)을 가진다.

개구리의 경우 대부분이 올챙이 시절을 거치지만, 어떤 종은 완전한 성체 형태의 작은 개구리로 부화하기도 한다. 그러나 이들 개구리의 배아에도 부화하기 전에 없어지긴 하지만 꼬리 등 올챙이의 특징이 나타난다.

이러한 사실은 생물의 발생과정이 조상의 발생 형태에서 새로운 유전정보에 의해 변형되어 수정, 진화해왔음을 보여준다.

용도에 완벽하게 맞지 않는 구조물

불완전한 설계의 좋은 예는 척추동물의 눈에서 발견되는데, 광수용체(photoreceptor)가 뒤쪽을 바라보고 있는 예가 그것이다(**그림 7.13*a***). 그 결과 신경섬유가 뇌를 향하여 뒤쪽으로 뻗지 못하고 앞쪽으로 뻗어서 빛의 통과를 다소 방해한다. 더욱이 이 신경섬유 다발은 시신경을 형성하여 눈 뒤쪽의 구멍을 통해 밖으로 나가므로 이곳에 맹점이 생긴다.

그에 비해 연체동물의 눈은 이보다 훨씬 훌륭하게 설계되어 있다. 광수용체가 앞쪽을 향하고 시신경이 뒤쪽으로 나가므로 빛의 진입을 방해하지도 않고 맹점이 생기지도 않는다(**그림 7.13*b***). 이러한 예들을 보면 자연선택은 땜장이처럼 작용하는 것을 알 수 있다. 즉, 완전히 새로운 것을 만들지는 못하고 기존의 것을 계속 수선하고 개조하는 것이다.

흔적구조

많은 생물들이 뚜렷한 기능이 없으나 조상이 가졌을 것으로 추정되는 구조물과 유사한 **흔적구조**(vestigial structure)를 가지고 있다. 사람의 귀는 다른 포유동물과 같이 귀를 움직이는 근육들을 가지고 있다. 다른 포유류들은 이 근육으로 귀를 움직여 포식자의 움직임이나 소리를 포착할 수 있지만 사람에게는 거의 쓸모가 없어 보인다.

비단뱀(boa)은 엉치뼈와 발달이 안 된 뒷다리를 가지고 있고, 해우(manatee)는 다리가 변하여 진화한 지느러미에 발톱을, 눈먼 동굴어(blind cave fish)는 작동하지 않는 작은 눈을 가지고 있다. 수염고래(baleen whale)는 기능은 없지만 다

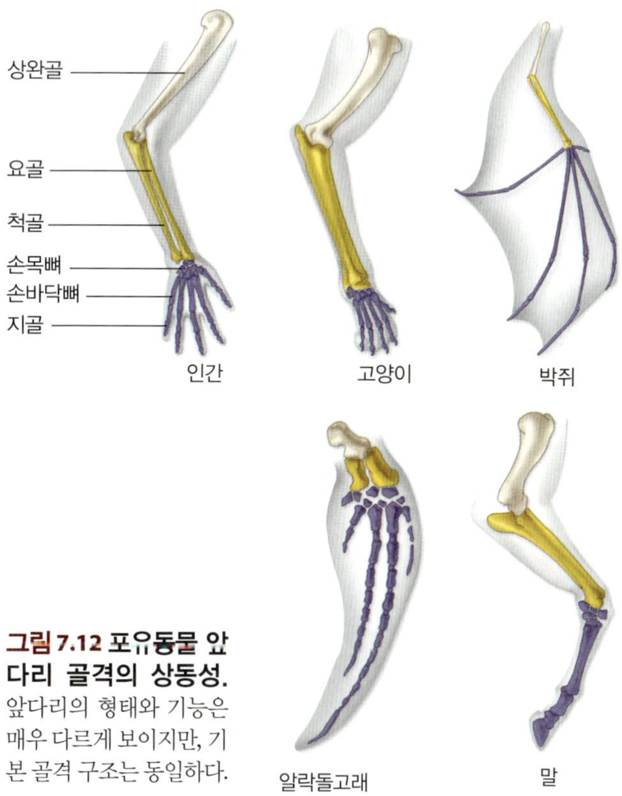

그림 7.12 포유동물 앞다리 골격의 상동성. 앞다리의 형태와 기능은 매우 다르게 보이지만, 기본 골격 구조는 동일하다.

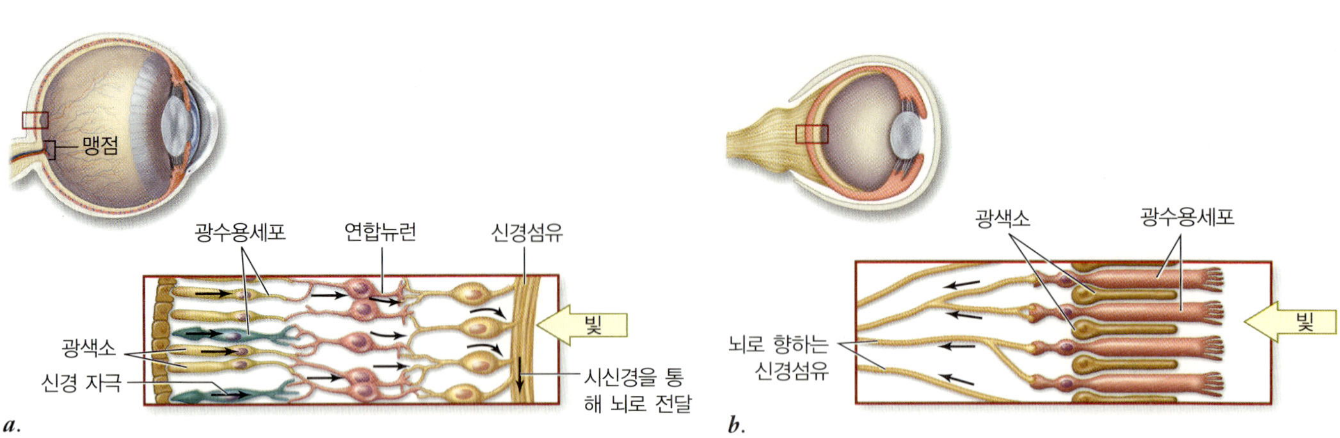

그림 7.13 척추동물과 연체동물의 눈.
a. 척추동물의 광수용체는 뒤쪽을 향하고 있어 신경섬유가 광수용체 앞을 지나가게 된다. 또 이 심경섬유들이 다발을 이루어 눈을 빠져나가는 곳에 맹점이 생기게 된다. *b.* 연체동물의 광수용체는 앞쪽을 향하고 있으므로 이런 문제들이 생기지 않는다.

른 포유동물처럼 골반뼈를 가지고 있다.

사람의 **충수돌기**(맹장)는 흔적만 있고 기능이 없지만 쥐와 같은 다른 포유류에게는 맹장이 대장의 일부이고 저장 기능을 갖는다. 사람의 충수돌기는 일정한 기능이 있을 것으로 제안되기도 했지만 그 기능을 정의하기는 어려우며, 맹장이 감염될 경우 치명적이라는 점에서 위험한 기관일 수도 있다.

흔적구조의 존재를 진화적 잔존물로 보지 않고는 달리 이해하기는 어렵지만 흔적기관의 존재는 해당 생물들이 공통조상을 갖는다는 것을 보여주는 증거가 된다.

2.6 수렴진화와 생물지리학적 기록

생물 종들의 지리적 분포를 연구하는 **생물지리학**(biogeography)에 따르면 지리적으로 멀리 떨어진 곳에 사는 생물들이 서로 매우 유사한 모습을 보이는 경우가 있다. 이러한 차이가 우연적으로 생긴 것이라고 보기 어려우며. 자연선택이 유사한 환경에 사는 생물들로 하여금 동일한 진화적 적응을 일으켰다고 보아야 할 경우가 많다. 이 경우 자연선택이 서로 다른 생물을 유사한 표현형이 생기도록 작용하였으므로 이러한 진화를 **수렴진화**(convergent evolution)라고 한다.

유대류와 포유류의 수렴진화

가장 잘 알려진 수렴진화의 예는 유대류(marsupials)와 태반포유류(placentals) 사이에서 찾아볼 수 있다. 유대류는 미성숙하게 태어나 바깥세상에 나올 준비가 될 때까지 주머니에서 사는 집단이며, 태반포유류는 자손이 바깥 세상에 적응이 가능할 때 태어난다.

이 두 계통은 격리된 대륙에서 독립적으로 살아왔다. 호주는 7,000만년 전에 다른 대륙으로부터 분리되었는데, 당시 유대류는 출현했으나 다른 태반포유류는 출현하지 않은 시기였다. 그 결과 호주의 태반포유류는 박쥐와 몇몇 설치류뿐으로 다른 모든 대륙에서는 포유류가 우점하고 있지만 호주에서는 유대류가 우점하고 있다.

유대류는 태반포유류와는 근본적으로 다름에도 불구하고 다른 대륙에 사는 태반포유류와 외양이 매우 유사하다(**그림 7.14**). 이는 유사한 환경에서 유사한 선택적 압력 때문에 서로 다른 격리된 지역이지만 유사한 형태로 진화해온 수렴진화의 결과이다.

수렴진화의 확산

종들이 유사한 방법으로 환경과 상호작용할 때 유사한 선택적 압력에 노출되고 같은 진화의 방법을 선택한다. 빨리 움직이는 해양 포식자는 마찰력을 최소화하기 위해 유선형의 몸체를 필요로 하며, 가장 빠른 해양포식자인 돌고래(dolphin), 상어(shark), 참치(tuna)가 같은 모양을 가지는 것은 우연이 아니며, 어룡(ichthyosaur)도 유사한 생활사를 가진다고 쉽게 추론할 수 있다.

섬에 서식하고 있는 나무들도 유사한 현상을 보인다. 대부분의 섬들이 나무로 덮여 있지만 자세히 살펴보면 우리 주변의 나무들과 다른 것을 볼 수 있다. 크고 우거진 나무의 특징은 비슷하지만 많은 경우 육지에서는 꽃, 관목과 작은 덤불에 해당하는 분류군이다. 그 실례로 많은 섬에 사는 고유 목본류는 해바라기과(sunflower family)에 속하는 식물이다.

왜 이 식물들이 섬에서 나무로 진화한 것일까? 아마 목본류의 종자들은 고립된 섬까지 도달하지 못하고, 먼 거리를 이동할 수 있는 종자들만 식생이 없는 고립된 불모의 섬에 도착하게 되

그림 7.14 수렴진화.
호주의 유대류는 생태적으로 유사한 다른 지역에 살고 있는 태반포유류와 유사한 점이 있다. 유대류들은 호주가 다른 대륙으로부터 분리된 후 격리되어 진화해 왔다.

었을 것으로 여겨지고 있다.

수렴진화는 사람에게서도 찾아볼 수 있다. 대부분의 집단에서는 어린 시절에 젖당 분해효소(lactase)의 생성이 중단된다. 그러나 소를 기르는 아프리카와 유럽에 사는 사람들에게서는 일생동안 젖당 분해효소가 생성된다. DNA 분석 결과 아프리카와 유럽의 돌연변이는 서로 다르며, 따라서 이러한 적응은 서로 독립적인 과정에 의해 얻어졌다고 할 수 있다.

생물지리학적 진화의 증거

다윈은 세계를 항해하면서 몇 가지 중요한 사실을 관찰했다. 즉, 개구리나 육지 포유류 같은 동식물은 대륙에는 흔하지만, 섬에서는 찾아보기 힘들다는 점에 주목했다. 우연히 사람이 섬에 이런 종들을 퍼뜨리면 살아남기도 하는데, 이러한 사실은 이들 생물들이 해당 환경에 없었던 것은 거주 환경이 부적합해서가 아니었음을 보여주는 것이다. 나아가 섬에 도입된 종은 다윈의 핀치새처럼 대륙의 근연종과 달라져 새로운 계통이 되기도 하고, 원래 섬에 있던 고유종들의 서식처나 생태적 기능을 빼앗기도 한다. 한편 섬에 사는 생물들은 비록 환경이 별로 유사하지 않더라도 인접한 대륙의 종들과 보다 더 가까운 유연관계를 가진다.

다윈은 이런 현상에 대한 설명을 제시했다. 많은 섬은 육지와 연결된 적이 없었고 생물은 물을 통해 퍼지기 때문에 원거리로의 집락 형성이 이루어질 때도 있지만 먼 지역보다는 가까운 지역에서 퍼질 확률이 훨씬 높다. 그리고 날거나, 뜨거나 수영할 수 있는 종들은 섬에 쉽게 도착할 수 있는 데 비해 개구리 같은 종은 소금물에서 탈수되기 쉬워 섬에 도착할 수 있는 가능성은 거의 없다.

이렇게 도착한 종들에게는 섬에 어느 특정한 동식물이 없는 경우 형태적, 생태학적으로 다양한 종으로 번성하고 진화하는 기회가 될 수 있다.

지리적 인접성이 반드시 진화적 관계를 잘 예측해주지는 않는다. 이전의 대륙은 지금과 같은 형태가 아니었고 **대륙이동**(continental drift)으로 끊임없이 이동한다. 연간 몇 cm 정도로 천천히 이동하지만, 현재의 대륙 배치는 지질시대와 상당히 다르다. 그 결과 한때 가까웠던 종들이 수천 마일 떨어져 있을 수도 있다. 칠레의 너도밤나무가 호주와 뉴질랜드에서 발견되고 있는 것도 그 예이다. 이런 경우 지구의 역사와 진화적 역사가 같이 고려되어야 지리적 분포를 바르게 이해할 수 있다.

3 종의 기원

3.1 종의 본질과 생물학적 종개념

종(species)의 개념은 두 현상, 즉 같은 지역에 함께 사는 종들 간의 차별성과 다른 지역에 사는 같은 종에 속한 집단들 간의 연계에 대해 설명할 수 있어야 한다.

동소성 종

주의 깊게 오래 동안 관찰한다면 많은 다른 종들을 쉽게 구분할 수 있을 것이다. 한 지역에 여러 종의 새가 살지만(동소성, sympatric), 이들은 형태적으로 차이가 나고 서식처가 다르며 행동도 다르다. 이는 새뿐만이 아니라 다른 동물에서도 마찬가지이다. 때로는 두 종이 우리가 구별할 수 없을 정도로 유사하지만 짝을 부르는 울음소리나 발산하는 화학물질을 분석해보면 분명히 서로 다른 종임이 드러나기도 한다. 우리에게는 이러한 구별이 어려울 수 있어도 동물들에게는 서로 구별하는 데 문제가 없을 것이다.

지역적 변이를 보여주는 종

서로 다른 지역에 사는 한 종의 집단들은 서로 차이를 보일 수 있다. 이러한 집단은 **아종**(subspecies)으로 분류된다. 두 집단이 서로 인접해 있으면 집단의 접촉 지역의 개체들은 두 집단의 특성이 조합되어 나타나기도 한다. 지리적으로 멀리 떨어진 같은 종의 집단들은 서로 다르게 보이더라도 대부분 중간형질을 나타내는 집단에 의해 서로 연결되고 있다.

생물학적 종개념과 유전자의 교환 능력

동소성 종(sympatric species)들이 서로 큰 차이를 보이는 반면 지리적으로 격리된 집단이 동일종으로 묶이기도 하는 이유는 무엇일까? 그에 대한 가능성 중의 하나는 각 종들이 같은 종의 개체들하고만 유전물질을 교환하기 때문이라는 것이다. 만약 동소성 종들이 유전자를 교환한다면 이들은 서로 차이가 점점 없어져서 공통의 **유전자 풀**(gene pool)을 공유하게 될 것이다. 반대로 격리되어 있지만 유전자 이동을 통해 유전자를 공유하는 두 집단은 계속 동일종에 속하게 될 것이다.

이를 근거로 1942년에 생물학자 메이어(Mayer)가 만든 **생물학적 종개념**(biological species concept)에 의하면 종은 그 구성원들이 자연 상태에서 상호 교배하며 다른 그룹과 생식적으로 독립된 집단이다. 다시 말해 종은 개체들이 서로 교배하여 생식력 있는 자손을 만드는 잠재력을 가지고 있는 집단이며, 하나의 종은 다른 종과 **생식적 격리**(reproductive isolation)의 상태에 있다는 것이다.

생식적 격리는 어떻게 일어나는 것일까? 상호 교배하지 못하거나 생식력 있는 자손을 만들지 못하는 개체들이나 집단들은 서로 다른 종에 속한다. 어떤 집단은 종 간 생식으로 인해 후손을 생산하기도 하지만 자연 상태에서는 불가능할 수도 있다. 이런 집단도 한 종의 유전자가 다른 집단으로 유입될 수 없기 때문에 생식적으로 격리되었다고 한다.

표 7.1은 성공적인 생식을 막는 장애가 형성되는 단계를 요약한 것이다. 이러한 장애를 **생식적 격리 기작**이라고 한다.

표 7.1 생식적 격리 기작

기작		특징
접합 전 격리 기작		
지리적 격리		종들이 서로 다른 지역에서 서식하며, 보통 강이나 산맥과 같은 물리적 장벽에 의해 격리되어 있다.
생태적 격리		종들이 같은 지역에 분포하지만 서식처가 다르고 서로 만나는 경우가 드물다.
행동적 격리		종들의 짝짓기 행동이 서로 다르다.
일시적 격리		종들의 생식 시기가 다르거나, 하루 중 생식 시간이 다르다.
기계적 격리		구조적 차이로 교미하지 못한다.
생식세포 융합 차단	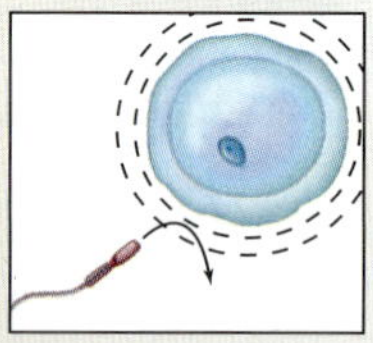	한 종의 생식세포가 다른 종의 생식세포와 수정하지 못한다.
접합 후 격리 기작		
잡종의 생존불능 또는 불임		잡종의 배가 발생하지 못하기도 하고, 잡종 성체가 생존하지 못하거나 불임, 또는 감소된 생식력을 갖는다.

생식적 격리 기작은 **접합 전** 격리 기작과 **접합 후** 격리 기작으로 구분된다.

접합체 형성을 막는 접합 전 격리 기작

접합체(zygote) 형성을 막는 기작은 생태 또는 환경적 격리, 행동적 격리, 일시적 격리, 기계적 격리, 생식세포 융합의 방해 등이 있다.

생태적 격리

두 종이 동일한 지역에 분포해도 서로 다른 환경에 서식하여 개체들이 서로 만나지 못하여 잡종을 형성하지 못하는 경우가 많다. 인도에서 사자와 호랑이의 분포 범위는 150년 전까지는 중복되어 있었다. 그러나 자연계에서 이들의 잡종이 발견되었다는 기록은 없다. 사자는 노출된 초원에서 집단을 이루어 사냥하면서 살고, 호랑이는 숲에서 단독으로 사냥한다. 두 종의 이러한 생태적, 행동적 차이 때문에 두 종의 서식처가 매우 넓은 범위에 걸쳐 중첩되었어도 두 종의 개체들 간의 접촉은 거의 일어나지 않았다.

식물에서도 유사한 상황이 발생한다. 캘리포니아에 널리 분포하는 계곡 오크나무와 덤불 오크나무가 그 실례이다. 계곡 오크나무는 35m나 되는 우아한 낙엽수이고 완만한 경사에 넓은 초원의 비옥한 땅에서 자란다. 반대로 덤불오크나무는 상록수이며 1~3m 정도의 크기로 덜 비옥하고 경사진 지역에서 빽빽한 덤불을 형성한다. 이 오크나무들 간에는 실제 교배가 일어나고, 잡종은 생식능력도 가진다. 하지만 이런 경우는 드물다. 두 종의 서식지가 서로 완전히 다르고, 이들 간의 잡종이 번성할 만한 중간적인 서식처가 없기 때문이다.

행동적 격리

조류의 경우 근연종들 간에도 서로 짝짓기 의식이 매우 달라, 같은 서식처에 살더라도 종간의 구별이 뚜렷한 경우가 흔하다. 그 실례로 청둥오리와 고방오리는 북미에서 가장 흔한 민물오리로 폐쇄된 공간에서는 이들이 완전히 생식 가능한 잡종을 낳지만, 자연 상태에서는 서로 바로 옆에 살더라도 잡종을 낳지는 않는다.

동소성 종들은 여러 가지 이유로 다른 종과 교배하지 않는다. 동물들은 여러 가지 방법으로 의사소통을 하며, 새의 경우 종마다 시각적 신호의 차이가 뚜렷하다. 서로 다른 동물들은 다른 종류의 신호를 이용하여 의사소통을 한다. 개구리, 곤충 등은 소리를 이용하여 이성을 유인한다. 동소성 종에서 이러한 신호의 차이는 뚜렷하다. 물잠자리의 경우 앉아있는 표면에 자신의 복부를 진동시켜 '노래(songs)'를 하는데, 이들의 동소성 종들이 내는 소리는 서로 매우 다른 진동 형태를 가진다.

어떤 동물은 **페로몬**(pheromone)이라는 화학적 신호를 이용하여 소통한다. 나방의 페로몬 이용이 잘 연구되어 있다. 교배시기에 나방 암컷은 페로몬을 분비하고 수컷은 먼 거리에서도 이를 감지할 수 있다. 동소성 종들 사이에서 이 페로몬은 서로 다르다. 이때 다른 화합물의 페로몬을 사용하거나 같은 화합물의 다른 부분을 이용하는데, 수컷은 동종의 암컷이 내는 페로몬에만 반응한다.

시간적 격리

미국 남동부 지역에는 길가에 두 종의 야생 상추가 함께 자란다. 실험적으로 이 두 종의 잡종을 만들 수 있고, 이 잡종은 높은 생식력을 가진다. 그러나 자연계에서는 잡종이 생기는 일이 드문데, 그 이유는 한 종은 이른 봄에 개화하고 다른 한 종은 여름에 개화하기 때문이다. 그러나 어쩌다가 개화 시기가 겹치는 경우 잡종이 생기기도 한다.

기계적 격리

서로 유연관계가 깊은 종들 사이에도 구조적 차이 때문에 교배하지 못하는 예가 많다. 곤충과 갑각류에서 수컷의 생식기 구조는 종마다 큰 차이를 나타내기 때문에 분류의 중요한 기준이 된다.

식물에서도 꽃의 구조는 종마다 달라 수분이 이루어지지 않는 예가 많다. 꽃의 구조 때문에 일부 곤충은 특정 종의 식물만 찾는다. 예를 들어 벌은 신체의 특정 부위에 어느 한 종의 꽃가루를 묻히는데, 다른 식물 종의 꽃에 있는 수용부위와 접촉하지 않으면 꽃가루는 그 종에 전달되지 않는다.

생물학적 종개념의 한계

생물학적 종개념(biological species concept)이 자연계에서 종을 이해하는 효과적 방법으로 증명되었지만, 이를 이용하여 설명할 수 없는 현상도 많기 때문에 다른 종의 개념이 제안되어 왔다.

생물학적 종개념 하에서는 종들은 서로 생식 가능하고 이로부터 생식 가능한 자손을 만들어야 한다. 하지만 최근에 생물학자들은 종간 잡종이 생각보다 더 많다는 것을 알아냈다.

식물학자들은 꽤 많은 식물잡종이 있다는 사실을 알고 있었다. 캘리포니아 식물의 50%이상이 유전적 격리에 의해 정의되지 않는다는 연구가 있다. 유전적 격리 없는 공존이 오래 지속될 수 있다. 화석으로부터 발삼 포플러와 목화는 1,200만 년 동안 표현형으로는 구분되지만 잡종도 계속 만들어졌음이 밝혀졌다. 결과적으로 많은 식물학자들은 생물학적 종개념이 동물에만 국한되는 개념이라고 생각하게 되었다.

동물에서도 잡종이 드문 일이 아니라는 증거가 계속 나타나고 있다. 최근 동물 종 사이의 실제 잡종에 대한 많은 경우가 보고되었는데, 한 조사에서 전 세계 9,500 조류 종의 10%가 자연계에서 잡종을 생산하는 것으로 밝혀졌다.

그러나 잡종이 동물계 전체에서 만연하는 것은 아니다. 대부분의 새들은 잡종을 만들지 않지만 생식적 격리가 종의 완전성을 유지하는 유일한 방법인지 의구심을 제기할 정도로 잡종이 흔히 발견된다.

자연선택과 생태적 종개념

종 사이의 구분은 **자연선택**(natural selection)에 의해 유지된다는 가설은 각 종이 특정 환경에 적응해왔다고 가정한다. 그럴 경우가 되면 안정화 선택에 의해 이러한 적응이 유지된다는 것이다. 다른 종에서 도입되는 **대립형질**(alleles)은 유전자 풀 내에서 자연선택에 의해 쉽게 제거되기 때문에 잡종의 효과는 거의 없다.

생물학적 종개념의 다른 약점

생물학적 종개념은 다른 이유로도 비판의 대상이 되었다. 예를 들어 지리학적으로 격리된 집단에 적용이 어렵다는 점이다. 이런 집단들의 개체는 서로 자연스럽게 만나는 경우가 없기 때문에 자연적으로 생식이 가능한지를 관찰하기 불가능하기 때문이다.

실험을 통해 생식력 있는 잡종이 만들어지는 것만으로는 불충분하다. 자연계에서 교배하지 않고 공존하는 많은 종이 실험실이나 동물원 같은 인공적인 환경에서는 쉽게 잡종을 만든다. 결과적으로 그런 집단이 다른 종을 구성하는지를 판단하는 것은 전적으로 판단하는 사람에게 달렸다. 더구나 많은 생물들은 **무성생식**(asexual reproduction)을 하기 때문에 그런 생물들에게 생식적 격리란 의미가 없다.

이런 이유로 많은 다른 개념이 도입되었지만 그러한 개념들은 특정 생물군에만 한정되어 적용되며, 모든 생물군에 보편적이지 못하다. 사실상 종의 독자성이 어떻게 유지되는지에 대해서는 한 가지만의 개념으로는 설명이 불가능할 것이다. 지구상의 방대한 생물다양성을 생각해볼 때 각 생물군마다 서로 다른 과정이 진행되고 있다는 것은 어쩌면 당연한 일이다.

3.2 자연선택과 생식적 격리

진화(evolution)에서 가장 오래된 질문의 하나는, '조상 종이 어떻게 여러 후손 종으로 갈라질까(분기 진화)?' 라는 것이다. 종이 생식적 격리에 의해 정의된다면 종분화 과정은 생식적 격리 기작의 진화와 같은 의미가 될 것이다.

선택에 의한 격리 기작 강화

종의 형성은 연속적 과정으로 두 집단이 부분적으로만 생식적으로 격리되어 있을 수도 있다. 예를 들어, 행동이나 생태적 차이 때문에 두 집단의 개체는 자신의 집단과 교배할 가능성이 높지만, 집단 간 교배는 계속 일어날 수도 있다. 그러한 교배를 통해 접합자가 생겼을 때 **접합 후 장벽격리**(postzygotic barriers)가 불완전할 수 있어 발생과정에서 배아의 생존율이 저하되거나 생식력이 약해지더라도 일부 개체는 살아남아서 생식할 수도 있다.

두 집단이 만났을 때 어떤 결과가 나타날지는 어떤 격리 기작이 얼마나 진화해 왔었는지에 따라 달라진다. 만일 격리 기작이 전혀 진화하지 않은 경우 두 집단은 자유롭게 교배하게 되어 시간이 지나면서 유전적인 혼합이 일어나 두 집단이 가지고 있었던 차이는 결국 사라지게 될 것이다. 반대로 두 집단이 생식적으로 완전히 격리되어 있다면 유전적 교류가 이루어지지 않으므로 두 집단은 서로 다른 종으로 남게 될 것이다.

종분화와 강화

두 집단의 **생식적 격리**(reproductive isolation)가 불완전하게 진화한 어중간한 상태는 매우 흥미로운 경우이다. 만약 잡종 개체가 부분적으로 불임이거나 어버이보다 환경에 대한 적응력이 떨어지면 자연선택은 이 잡종 개체들의 도태를 일으키고 교잡을 막는 방향으로 작용할 것이다. 자연선택은 계속해서 두 집단의 접합 전 격리 기작을 발전시켜서 완전한 생식적 격리가 일어나게 할 것이다. 이렇게 불완전한 격리 기작이 자연선택에 의해 보강되어 완전히 효율적으로 되는 과정을 **강화**(reinforcement)라고 한다.

유전자 이동 종분화

강화는 필연적인 요인은 아니다. 불완전하게 격리된 집단이 만나게 되면 **유전자 이동**(gene flow)이 일어나게 된다. 잡종이 열등하더라도 생존 및 생식이 불가능하지는 않으며, 생식이 불가능할 경우 종 간에는 이미 완전한 생식적 격리가 일어났음을 의미한다. 살아남은 잡종이 어느 한 집단의 개체와 생식을 하면 집단 간 유전자 교환의 전달자가 될 것이고, 결국 두 집단 사이의 유전적 특성은 사라지게 될 것이다. 그렇다면 완전한 생식적 격리가 유전자 이동에 의해 집단 간의 차이가 없어지기 전에 진화할 수 있는 것일까? 이에 대한 전문가들의 의견이 일치하지는 않지만 많은 사람들은 강화가 훨씬 더 일어나기 힘들다고 여기고 있다.

3.3 분화의 지리학

종분화는 두 과정을 통해 일어난다. 첫째는 하나의 집단이 갈라지는 것이고, 둘째는 갈라진 집단 사이에 생식적 격리가 일어나는 과정이다. 그러나 유전자 부동이나 자연선택에 의해 발생한 집단 간의 차이가 집단 간의 유전자 이동으로 상쇄되는 **동질화**(homogenizing) 효과가 끊임없이 작용하므로 이런 종분화 과정이 일어나기는 쉽지 않다. 유전자 이동은 집단들이 서로 접촉할 때만 일어나는데, 집단들은 여러 가지 이유로 격리되어 있는 경우가 많다. 결과적으로 학자들은 지리적으로 격리된 집단에서는 종분화가 일어날 가능성이 큰 것으로 생각해 왔다.

이소성 분화와 지리적 격리

메이어(Mayer)는 집단이 지리적으로 격리되는 **이소성**에 따라 집단 간에 큰 차이를 가지게 되어 종분화가 일어날 가능성이 크다고 했다. 그는 여러 가지 동물의 분포 상황을 보고 이와 같은 결론을 내렸는데, 그 한 가지 예가 뉴기니아에 서식하는 낙원물총새의 경우이다. 이 종은 지형과 기후가 다양함에도 불구하고 뉴기니아 본토에서는 집단 간에 형태적 차이를 거의 보이지 않는다. 그러나 인접 도서에 격리된 집단들은 서로 크게 다른 모습을 보인다.

지리적 격리 없이 발생하는 동소성 종분화

생물학자들은 한 종이 지리적 격리 없이 두 종으로 갈라질 수 있는지에 대해 오랫동안 논쟁을 거듭해 왔다. **동소성**(sympatric) 종분화는 즉각적으로 그리고 여러 세대에 걸쳐 일어날 수 있는 것이다. 이에 대한 대부분의 가설들은 논란의 여지가 많으나, 즉각적인 동소성 종분화의 한 유형인 **배수성**(polyploidy)에 의한 종분화는 흔하게 일어나는 유형으로 알려져 있다.

배수성에 의한 종분화

동종 내의 다른 개체들과 생식적으로 격리된 개체가 태어나는 경우 동소성 종분화가 일어날 수 있다. 이는 많은 경우 **돌연변이**(mutation)에 의해 일어나게 되는데, 대개의 경우 돌연변이에 의해 다면적으로 해로운 형질을 가지게 되어 거의 생존이 어렵다. 그의 예외가 식물에서 흔히 볼 수 있는 **배수성**(polyploidy)으로, 배수성 개체는 두 벌 이상의 염색체를 가진다.

배수체는 두 가지 방식으로 생긴다. **동질배수성**에서는 모든 염색체들이 동일종으로부터 나오는데, 이 경우 감수분열(meiosis)에서의 착오로 해당 개체가 4배체로 되는 것이다. 4배체(tetraploids)는 자가수분을 하거나 다른 4배체와 교잡하여 건강한 자손을 만들 수 있으나, 정상적인 **이배체**(diploids)와는 교잡할 수 없다. 그 이유는 이배체와 교잡해서 나온 자손은 3배체가 되므로 감수분열시 염색체 간 정상적인 짝짓기가 불가능하여 생식력이 없어지기 때문이다.

배수체로 인한 종분화는 **이질배수성**에 의해서 더 흔하게 일어나는데, 이질배수성은 서로 다른 두 종이 교잡할 때 생긴다. 그 결과로 생긴 자손은 각 종의 염색체를 한 개씩만을 지니기 때문에 감수분열시 염색체 간 짝짓기가 이루어지지 않아 대개 불임성이 되지만, 생식 능력 외에는 건강하고 무성적으로 번식할 수도 있어 여러 과정을 거쳐 나중에 **유성생식**(sexual reproduction) 능력을 갖게 되는 경우도 있다. 예를 들어 이러한 개체의 염색체들이 우연히 두 배로 증가하면 그 결과로 생기는 4배체는 염색체 간 짝짓기의 문제가 사라지기 때문에 생식 능력을 가지게 되어 새로운 종이 된다.

약 26만 종의 식물 중 절반 가량이 배수체의 과정을 겪은 것으로 추정되고 있으며, 밀, 면화, 담배, 사탕수수, 바나나, 감자 등 여러 가지 작물들이 이에 해당된다. 배수성으로 인한 종분화는 곤충, 어류, 도롱뇽 등의 동물에서도 찾아볼 수 있다.

3.4 적응방산과 생물학적 다양성

서로 다른 서식환경에 적응하여 하나의 조상종에서 서로 밀접히 연관된 여러 종들이 진화하는 현상을 **적응방산**(adaptive radiation)이라 한다. 적응방산은 원양의 섬에서 흔히 일어나는데, 이런 곳에 처음 도착한 이주 생물은 많은 자원을 지닌 비어 있는 생태적 환경을 만나게 된다. 하와이와 갈라파고스 군도처럼 화산활동으로 생겨난 섬들이나 대부분의 다른 종이 소멸되는 대변동이 일어날 때 그런 예를 찾아볼 수 있다.

적응방산은 한 종 내에서 **핵심 변혁**(key innovation)라고 하는 새로운 형질이 진화할 때에도 일어나는데, 이는 이전에 이용할 수 없었던 자원이나 환경의 다른 측면을 이용할 수 있게 해준다. 적응방산을 일으키는 핵심 변혁의 고전적 예는 어류의 폐와 새와 곤충의 날개로 이들 모두 새로운 환경에 적응하여 다양한 자손이 생기게 해준 것이다.

적응방산이 일어나기 위해서는 종분화와 함께 다른 서식환경에의 적응이 필요하다. 고전적 모델은 한 종이 군도의 여러 섬에 정착하는 경우를 상정한다. 각각의 섬에서 집단들의 이소성 종분화가 일어나고 새로 분화된 종이 인접 섬으로 이주하여 다시 정착하기를 반복하면서 각 섬에 여러 종이 서식하게 된다.

3.5 진화의 속도

지금까지 종분화가 일어나는 방법을 논의하여 왔지만 아직 종분화와 한 종에서 일어나는 진화적 변화 사이의 관계는 고려되지 못하였다. **점진주의**(gradualism)와 **단속평형**(punctuated equilibrium)이라는 두 가설이 이 관계를 설명하기 위해 발전되어 왔다.

점진주의: 작은 변화의 축적

종의 기원이 출간된 후 한 세기 이상 동안, 진화는 매우 느리게 일어난다는 것이 일반적인 관점이었다. 그러한 변화는 세대 간에 거의 감지될 수 없지만 그것이 축적되어 수백만 년이 지나면 많은 변화가 일어나게 된다. 이러한 관점을 **점진주의**라고 한다 **(그림 7.15*a*)**.

단속평형설: 오랜 정체 기간 후 나타나는 급속한 변화

점진주의는 1972년에 고생물학자인 뉴욕 미국 자연사박물관의 엘드리지(Eldredge)와 하버드대의 굴드(Gould)에 의해 도전을 받게 되었다. 이들은 종은 오랜 시간 동안 거의 진화되지 않고 있다가(정체, stasis) 짧은 시간에 갑작스런 진화적 변화를 겪는다고 주장했다. 이러한 현상을 **단속평형**(**그림 7.15*b***)이라고 하며, 급속한 변화는 종분화 과정 동안만 일어

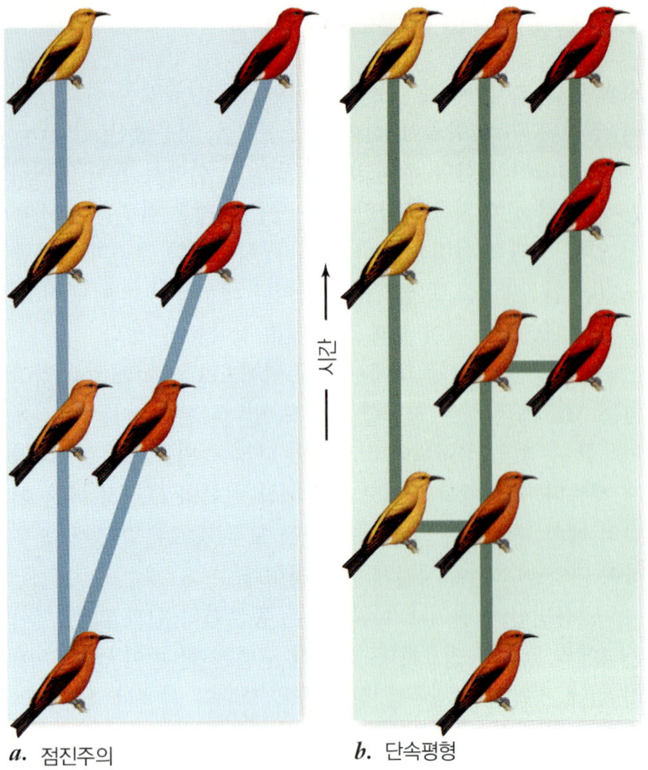

그림 7.15 대진화의 속도에 대한 두 견해.
a. 점진주의에서는 진화적 변화가 시간이 흐르면서 느리게 일어나고, 종분화와는 관계가 없다고 말한다. *b.* 단속평형설에서는 표현형이 오랜 기간 거의 변화가 없다가, 종분화와 관련하여 갑자기 변화한다고 추정한다.

난다고 주장했다.

단속평형설에 대한 첫 비판은 급속한 변화가 짧은 시간에 일어나는지의 여부에 초점을 두었다. 그러나 앞에서 서술했듯이, 자연선택이 강력할 때 빠르고 실질적인 진화적 변화가 일어난다. 정체에 대한 더 어려운 질문은 왜 종이 변화 없이 수천 년, 수백만 년을 존재할까라는 것이다.

이에 대해 많은 설명이 제안되어 왔지만, 많은 학자들은 **안정화**(stabilizing) 선택과 **진동**(oscillating) 선택이 결합하여 정체를 가져온다고 생각하고 있다. 환경이 오랫동안 변화되지 않거나 환경적 변화가 진동하면서 일어난다면 정체는 오랜 기간 계속될 수 있다. 이 정체를 강화하는 한 요인은 종들이 지역을 이동할 수 있는 능력이다. 예를 들어 빙하기에 지구 기후는 냉각되어 많은 종이 남쪽 지역으로 이동하였고, 이에 따라 종은 계속 유사한 환경에서 살 수 있었다.

두 가지 형태의 변화를 포함하는 진화

엘드리지(Eldredge)와 굴드(Gould)의 가설은 많은 연구를 촉진시켰다. 아프리카 포유류처럼 잘 알려진 집단은 확실히 점진적으로 진화했다. 그에 비해 해양 이끼벌레류(bryozoa) 같은 다른 집단은 단속평형설로 예측 가능한 불규칙적 진화적 변화 양상을 보여준다. 점진주의와 단속평형은 연장선상의 양 끝으로 어떤 집단은 점진적 방법만으로 진화하는 것으로 보이기도 하지만, 많은 다른 집단은 진화의 역사에서 다른 시대에 점진주의와 단속평형을 모두 보여준다.

종분화가 표현형의 변화와 반드시 관련되어 있다고는 여겨지지 않으며, 종분화는 실질적 표현형의 변화 없이 일어날 수도 있다. 예를 들어, 많은 유사종의 도롱뇽은 거의 구별이 불가능하다. 반대로 표현형의 변화가 종분화 없이 종 안에서 일어날 수도 있다.

3.6 시간에 따른 종분화와 멸종

생물학적 다양성은 캄브리아기 이후에 크게 증대되었으나 그 경향이 꾸준하게 이어진 것은 아니다. 다양성은 급속한 증가 후 2백만년 동안 유지되었고 그 이후 꾸준하게 천천히 증가해 왔다. 생물종 수의 변화는 현존하는 종의 멸종 속도에 대해 새로운 종이 생기는 속도를 반영하기 때문에 분화는 일반적으로 멸종을 능가하는 경향을 보인다고 할 수 있다.

종분화는 항상 멸종을 앞지르지는 않았으며, 특히 종의 다양성 증가 중 몇 차례의 급격한 대량 감소가 나타나는데 이를 **대량멸종**(surpassed extinction)이라고 한다.

다섯 차례 나타난 대량멸종

현재까지 다섯 차례의 주요 대량멸종이 발견되었으며, 그중 거의 2억 5천만년 전인 페름기(Permian period) 말기에 일어난 것이 가장 심각하다(**그림 7.16**). 그 시기에 동식물의 절반 이상과 종의 96%가 멸종되었다.

이보다 덜 극단적이지만 가장 유명한 멸종은 백악기(cretaceous period, 6천 5백만년 전) 후기에 일어난 공룡을 비롯한 많은 생물들의 멸종이다. 최근 연구들은 커다란 운석(asteroid)이 지구에 충돌하여 지구 숲에 화재를 일으키고, 공기 중에 퍼진 먼지들이 몇 달 동안 태양 빛을 차단함으로써 이 멸종 사건이 시작되었다는 가설을 지지하고 있다. 운석이 다른 대량멸종 사건에도 기여했을 것이라는 추측도 있고, 기후변화 등 다른 원인을 연관시키는 다른 가설들도 있다.

대량멸종의 중요한 특징은 생물의 모든 집단에 똑같이 영향을 미치는 것은 아니라는 것이다. 그 실례로 백악기 후기의 멸종기에 공룡(dinosaurs)뿐 아니라 어룡(marine reptiles) 및 익룡(flying reptiles)과 암모나이트(ammonites)도 멸종했다. 그리고 유대류(marsupials), 현화식물(flowering plants), 조류(birds)와 다른 플랑크톤(planktons)도 다양성이 크게 감소하였다. 그에 비해 거북이, 악어, 양서류 등은 영향을 받지 않은 것으로 보인다. 어떤 집단이 왜 다른 집단보다 더 심하게 영향을 받았는지는 명확하지 않지만, 생존자들은 물 밑이나 물

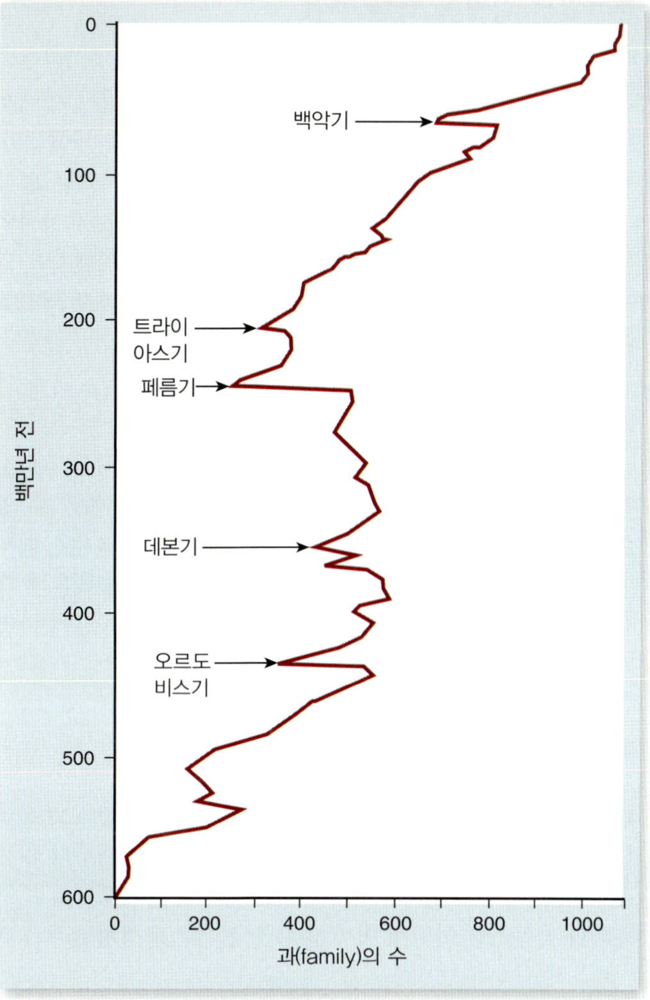

그림 7.16 시대에 따른 생물다양성.
해양동물의 분류학적 다양성은 가끔 감소하기도 했지만, 캄브리아기 이후 증가해 왔다. 해양동물은 육상생물보다 쉽게 화석화되므로 해양생물의 화석은 거의 완전하다. 종보다는 과를 단위로 한 이유는 많은 종이 주로 한 표본으로부터만 알려졌기 때문에 멸종의 시기를 추정하는 데 오류가 있을 수 있기 때문이다. 화살표는 5대 대량멸종 사건을 나타낸다.

속에서 살 수 있고 빛이 차단되어 생긴 추운 기후에서도 죽은 고기를 먹거나 거의 음식을 먹지 않고 살 수 있는 동물들일 것이라는 가설이 있다.

대량멸종의 결과 중 하나는 이전의 지배집단이 소멸됨으로써 진화의 과정이 변화된다는 것이다. 백악기 동안에 태반 포유류는 집쥐 만한 크기의 종으로 이루어진 소수집단이었지만 1억년 동안 세상을 지배하던 공룡이 백악기 후기에 사라졌을 때, 태반 포유류는 크게 적응방산을 하였다. 6천 5백만년 전에 운석이 충돌하지 않았다면 인간은 결코 생겨나지 않았을지도 모른다.

오늘날의 종 다양성은 대량멸종 이후 다시 풍부해졌지만, 회복이 빠른 것은 아니다. 화석 기록은 분화의 속도가 멸종 후에 급격히 증가한 것이 아니라 약 천만년이 지나서야 최고의 속도를 보였다는 것을 알려준다. 이러한 지연의 원인이 분명하지는 않지만 종분화와 적응의 다양화가 시작될 수 있도록 생태계가 회복되는 데 시간이 걸렸기 때문인 것으로 보인다. 결과적으로, 종의 다양성이 이전의 수준으로 회복되는 데는 천만 년 이상이 필요할 수도 있다.

진행 중에 있는 여섯 번째 멸종

최근 들어 지구상의 생물종의 수는 과거 어느 때보다도 많아졌으나, 불행히도 인간의 활동 때문에 위협적인 속도로 감소하고 있다.

일부 학자들은 모든 종의 1/4이 가까운 미래에 백악기 대량멸종 이후 지구상에서 볼 수 없었던 속도로 멸종하게 될 것이라고 전망하고 있다. 그와 더불어 멸종 이후의 회복 속도는 이전의 어느 대량멸종 때보다도 훨씬 느리게 진행될 것으로 보고 있다. 그 이유는 대량멸종이 진행된 후 이용할 에너지는 풍부하지만 빈약한 생태계만 남는 게 아니라, 자원의 많은 부분이 인간에 의해 사용될 것이기 때문에 생태계의 적응방산에 필요한 자원이 별로 남지 않을 것이기 때문이다.

4 계통분류학과 계통발생

4.1 계통분류학

현대 과학에서의 커다란 도전 중 하나는 초기 단세포 생명체에서 현재의 복잡한 생명체에 이르는 지구상의 모든 생명체들 사이의 조상-후손 관계 역사를 이해하는 것이다. 화석의 기록이 완전하다면 종의 진화적 역사를 추적하고, 종의 생성과 확산의 조사가 가능할 수 있지만 실제로는 화석의 기록은 완전하지 못하다. 따라서 생물의 다양성에 대한 질문에 답이 일부 가능하지만 완전한 답을 얻기는 어렵다.

결과적으로 과학자들이 생물의 진화적 관계에 대한 최선의 가설을 세우기 위해서는 다른 유형의 증거에 의존할 수밖에 없다. 그러한 생물학의 연구 결과들이 가설이라는 점을 생각하면 이에 대한 검정이 요구된다. 모든 가설은 새로운 자료에 의해 반증되며, 이에 따라 정확한 과학적 사고에 이를 수 있다.

생물의 진화적 관계를 연구하는 분야가 **계통분류학**(systematics)이며, 종 사이의 유사성과 차이를 바탕으로 계통의 진화적 관계를 나타낸 것이 **계통수**(phylogenetic tree)이다. 계통수는 서로 다른 종들의 유연관계와 진화 계열을 보여준다.

진화학적 관계를 나타내는 계통수

다윈은 **그림 7.17**에서 보여주는 것처럼 모든 생물 종이 단일

조상으로부터 생겨난 생명의 역사는 계통도로 묘사될 수 있다고 생각하였다. 다윈의 관점에서 볼 때 계통수의 잔가지는 현존하는 종을 나타낸다. 계통수의 아래에 잔가지들이 접합해 있는 지점은 과거의 공통조상을 의미하며, 최종적으로는 모든 생명체의 단일 공통조상에 이르게 된다. 공통조상으로부터 진행되는 변이의 유전과정은 모든 종을 체계적으로 연결지을 수 있어 이들의 진화의 역사를 계통수에 나타낼 수 있는 것이다. **그림 7.17*b***는 진화적 관계의 계통도를 보여주는데, 인간과 침팬지는 공통조상의 후손으로 가장 가깝게 서로 현존하는 유연관계를 보여준다. 그리고 인간과 침팬지와 고릴라는 더 오래된 공통조상을 가지며, 모든 유인원은 더 먼 공통조상을 갖는다는 것을 알 수 있다.

계통수를 해석하는 한 가지 열쇠는 계통수의 윗부분에 종들이 어떻게 배열되었는지를 보는 것보다는 현존하는 종이 얼마나 가까운 공통조상을 가지는가를 알아보는 것이다. **그림 7.17*b***에서 보여주는 계통수의 세 유형을 비교해보면 이들은 공통점을 지니고 있음을 볼 수 있는데, 어느 유형에서건 침팬지와 인간은 다른 종들보다 더 밀접한 관계를 가지고 있음을 볼 수 있다.

그림 7.17*b*의 유형 1을 보면 인간이 긴팔원숭이의 옆에 있지만 계통도의 연결에서 긴팔원숭이보다는 고릴라와 오랑우탄과 더 연관이 있음을 볼 수 있다. 계통도는 유형 3에서 보는 것처럼 위로 뻗지 않고 옆으로 뻗게 작성하기도 하는데, 이러한 정렬의 형태는 해석에 영향을 주지 않는다.

유사성과 진화적 관계 예측

두 종이 한 공통조상으로부터 분화한다면 시간이 경과할수록 더 다르게 될 것이라고 예측할 수 있다. 초기 계통분류학에서는 이런 이유로 전체적 유사성에 기초한 계통수를 만들었다. 종들이 일정한 속도로 진화한다면 두 종 사이의 차이는 얼마나 오랫동안 분화되어 만들어졌는가를 알 수 있고, 유사성의 정도에 기초한 계통수는 정확할 수 있다. 그 결과 침팬지와 고릴라 간의 유연관계가 인간과의 관계보다 더 가깝다고 생각할 수 있다.

그러나 진화는 급격히 일어날 때도 있고, 아주 느리게 일어날 때도 있다. 그리고 진화는 한 방향으로 일어나는 것이 아니라, 반대 방향으로도 일어날 수도 있다. 새로운 서식지에 침입한 종은 새로운 선택적 압력을 경험하여 크게 변화할 수 있으며, 그에 비해 조상 때부터 본래 서식지에 머무는 종들에서는 그 변화가 작게 나타날 수도 있다. 이러한 이유들 때문에 유사성만으로 두 종이 공통조상으로부터 얼마 전에 갈라져 나왔는가를 예측하기 어렵다.

4.2 분지론

표현형적 유사성은 부정확할 수 있기 때문에 대부분의 분류학자들은 표현형에만 의존하는 계통진화적 가설을 세우지 않는다. 그들은 공통 조상으로부터 내려온 유사성을 **파생형질**로 구분하여 공통조상 이전에 이미 생겨난 형질인 **조상형질**과 구분

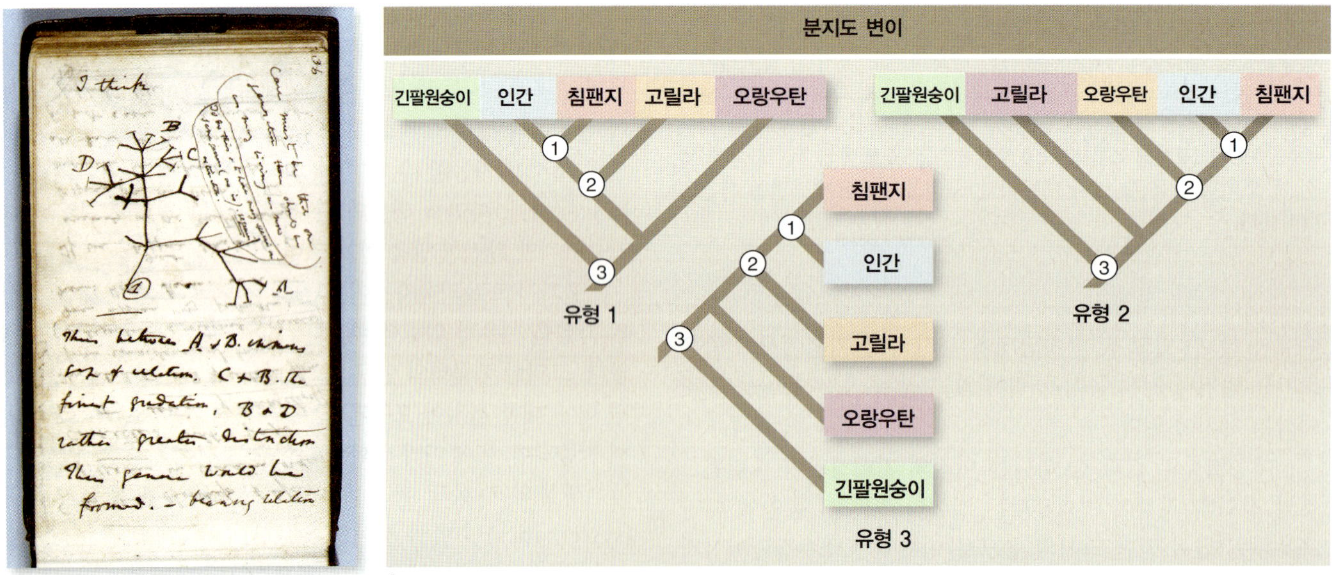

a. *b.*

그림 7.17 진화적 관계를 보여주는 계통발생.
a. 다윈의 노트에 수록된 그림(1837년)으로 '종의 기원'의 바탕이 된 개념. 다윈은 생명계를 나무와 유사한 분지과정으로 보고 종을 잔가지로 표현하였으며, 진화적 변화를 나무가 자라면서 가지를 만드는 패턴에 비유하였다. ***b.*** 계통진화의 예. 인간은 침팬지와 가장 유연관계가 깊은데, 이는 다른 종과는 공통이 아닌 공통조상(유형 1)을 가지기 때문이다. 유사하게 인간과 침팬지와 고릴라는 오랑우탄과는 다른 공통조상(유형 2)을 가지므로 오랑우탄과도 유연관계가 깊다. 유형 3은 모든 유인원의 공통조상을 나타낸다. 세 유형은 종의 배열과 방향이 다르지만 모두 동일한 정보를 보여준다.

하고 있으며, **분지론**(cladistics)에서는 진화적 관계의 설정에 공통 파생형질만을 이용한다.

분지론적 방법에서 형질 변이의 구분

분지론적 방법의 적용을 위해 분류학자들은 먼저 연구하고자 하는 종들로부터 형태, 생리, 행동, DNA 등의 여러 형질에 대한 자료를 수집한다. 앞에서 살펴본 것처럼 **유전체학**(genomics)의 연구는 방대한 양의 정보를 제공해줄 것이고, 이는 형질 변이의 연구에 커다란 변화를 가져다줄 것이다.

다행히 형질들은 인지할 수 있는 형질의 상태로 존재하는데, 그 실례로 양막 척추동물(조류, 파충류, 포유류 등)의 "치아"를 살펴보면 포유류와 파충류에는 치아가 있고, 새와 거북 등에는 치아가 존재하지 않아 구별이 된다.

조상형질과 파생형질의 실례

포유류에 있어 털의 존재는 공통 파생형질이다. 그에 비해 폐는 양서류와 파충류도 가지고 있기 때문에 포유류의 공통조상에 앞서 진화된 것으로 볼 수 있으므로 조상형질로 간주된다. 따라서 폐를 가지고 있다고 해서 포유류 사이의 유연관계가 포유류와 양서류 또는 파충류와의 사이의 유연관계보다 더 깊다고 할 수는 없다. 반면에 공통 파생형질인 털의 존재는 모든 포유류의 공통조상이 포유류, 양서류, 파충류의 공통조상보다 더 나중에 생겼다는 것을 보여준다.

인간과 침팬지 및 고릴라 사이의 관계를 살펴보면, 인간과 침팬지는 고릴라나 다른 유인원에서는 볼 수 없는 형태 및 DNA상의 파생형질을 특징을 공유하고 있다. 이는 침팬지와 인간의 공통조상(**그림 7.17**, 유형 1)이 고릴라, 침팬지와 인간의 공통조상보다 후에 생겼다는 것을 의미한다(**그림 7.17**, 유형 2).

조상형질과 파생형질의 결정

자료가 수집된 다음 단계는 형질을 **극성화**(polarization)하여 한 형질의 상태를 조상형과 파생형으로 구분하는 일이다. 그 실례로 치아라는 형질을 극성화하려면, 이 집단의 가장 최근에 나타난 공통조상에 치아가 있었는지의 여부를 알아내야 한다.

일반적으로 화석이 가장 최근의 공통조상을 대표하는 것은 아니기 때문에 형질의 극성의 파악을 위해 **외군**(outgroup)을 이용하는 비교방법이 사용된다. 외군으로 이용되는 분류군은 연구 대상 분류군에는 속하지 않으나 유연관계가 깊은 인접 분류군이다. 연구 대상 분류군이 다중 형질상태를 보일 때 외군이 그중 하나의 형질을 나타낸다면 그 특성은 조상형질이 될 것이고, 다른 형질은 파생형질이 될 수 있다.

극성(polarity)의 판정은 동일한 형질 상태가 여러 다른 외군에서 나타날 때 가장 신뢰할 수 있다. 앞 예에서 치아는 많은 양막류뿐만 아니라 이와 가까운 어류와 양서류 등 외군에도 흔히 나타난다. 결과적으로 포유류와 파충류에서 치아의 존재는 조상형질이 되고, 조류와 거북류에서의 부재는 파생형질이 될 것이다.

분지도 작성

모든 형질의 극성이 결정되면 이를 이용하여 진화적 관계의 가설을 묘사하는 **분지도**(cladogram)를 작성한다. 분지도는 공통 파생형질을 토대로 작성하며, 파생형질을 공유하는 생물들은 하나의 **분지**(clade)를 구성한다. 분지는 공통조상과 후손 모두를 묶는 진화적 단위가 되며, 하나의 분지에 연결된 모든 생물이 공유하는 파생형질을 **접합형**(synapomorphy)이라고 한다. **그림 7.18**의 분지도에서 각 분지는 각각 특정 접합형을 지닌다. 이 분지도에서 양막류는 양막의 진화를 공유 파생형질로 가지는 분지가 되고, 그중 포유류의 분지는 털이라는 공유 파생형질을 가진다.

조상형질의 상태를 **원시형질**(plesiomorphy)이라고 하고, 공통된 조상형질 상태를 **공유 원시형질**(symplesiomorphy)이라고 한다. 공유원시형질은 공유파생형질과 달리 계통진화 관계에 대한 정보를 제공하지 못한다.

형질상태로 꼬리의 존재를 생각해 볼 때 꼬리는 칠성장어, 상어, 도롱뇽, 도마뱀은 물론 호랑이에서도 볼 수 있다. 그렇다면 꼬리를 가진 호랑이가 유인원이나 사람 등 다른 포유류보다 도마뱀이나 상어와 더 가까운 유연관계를 가진다는 것일까? 물론, 대답은 아니다. 이는 공유 원시형질은 먼 조상으로부터 물려받은 것이기 때문에 이를 공유한다고 해서 서로 가까운 유연관계를 보여주는 것을 의미하지는 않기 때문이다.

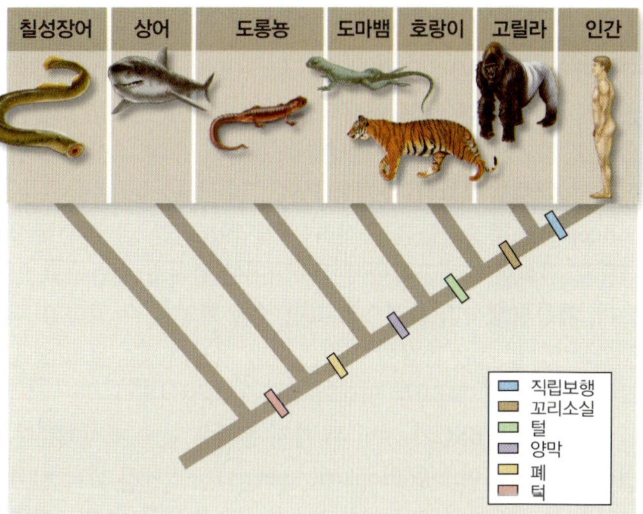

그림 7.18 분지도.
생물체 간의 관계를 도식화한 분지도. 분지점 사이의 파생형질은 분지점 위의 모든 생물체가 공유하지만 분지점 아래의 생물체에게는 나타나지 않는다. 외군(칠성장어)은 모든 파생형질을 가지고 있지 않다.

4.3 계통분류학과 분류

계통분류학(systematics)이 진화적 관계를 추정하는 연구라면 **분류**(classification)는 종과 상위 분류단위인 속(genus), 과(family), 목(class) 등을 어떻게 정하는지에 대한 연구 분야이다.

진화적 관계를 반영하지 않을 수도 있는 분류

계통분류학과 전통적 분류는 항상 일치하는지는 않는다. **단계통군**(monophyletic group)은 대상 분류군의 가장 최근 공통조상과 그 후손 모두를 포함한다. 정의에 따르면 한 분지는 한 단계통군을 나타내며, 그에 비해 **측계통군**(paraphyletic group)은 대상 분류군의 가장 최근 공통조상은 포함하지만 그 후손 모두를 포함하지는 않으며, **다계통군**(polyphyletic group)은 대상 분류군의 가장 최근 공통조상을 포함하지 않는다.

분류 체계는 공통된 형질에 기초하며, 이상적으로는 진화적 관계를 반영해야 한다. 그러나 전통적인 분류군은 계통진화적 관계를 이해하는 데 적합하지 않을 때도 있다. 그 실례로 새는 조류로, 공룡은 파충류로 분류되어 왔다. 하지만 최근의 계통진화적 연구로부터 새는 공룡에서 진화했으며, 모든 새와 일부 공룡의 조상은 육식 공룡이었다는 것이 확실해지고 있다.

따라서 조류와 파충류를 서로 다른 두 분류군으로 나누는 것은 계통진화에서는 맞지 않다. 조류와 파충류라는 용어가 너무 익숙해서 당장 새를 공룡의 한 형태, 즉 파충류의 한 형태라고 하기는 어렵다. 그럼에도 불구하고, 새를 공룡의 무리인 파충류에 속하는 것으로 분류하는 생물학자들이 증가하고 있다.

공통 파생형질에 중심을 둔 계통발생학적 종의 개념

생물학적 종개념(BSC, biological species concept)은 다른 군으로부터 생식적으로 격리되어 자손을 낳을 수 있는 집단으로 정의된다. 최근 계통발생학적 관점이 종의 개념에 도입되면서 **계통발생학적 종개념**(**PSC**, phylogenetic species concept)의 주창자들은 종이라는 개념이 집단 내에서 독립적으로 진화한 개체군들에게 적용되어야 한다고 제안하고 있으며, 계통발생학적 분석으로 그런 종을 확인할 수 있다고 주장하고 있다. 이런 관점에서 종은 하나 이상의 공통된 파생형질에 의해 특징지어지는 일련의 집단으로 정의된다.

이 견해는 BSC가 지닌 두 가지 문제에 답을 제시해준다. 첫째 BSC로는 **이소종**(allopatric species) 군집에서 함께 서식하고 있는 개체들의 경우 생식 가능한 자손을 만들 수 있는지의 여부를 판단하기 어렵다. PSC는 이소종 집단이 접촉할 때 미래에 어떤 일이 일어날까를 예측하는 대신에 어떤 집단이 각각 고유한 파생형질을 발달시키기 위해 충분히 긴 시간 동안 독립적으로 진화해 왔는지를 판단할 수 있는 근거를 제시해준다.

둘째, BSC는 유성생식을 하는 종만을 다루는 반면, PSC는 유성생식과 무성생식에 관계없이 동일하게 적용될 수 있다.

4.4 계통발생학과 질병의 진화

진화가 생물군 사이의 유전적 교환이 거의 없이 **진화적 분기**(evolutionary divergence)에 의해 일어난다면, 이러한 분석은 어떤 생물군에 대해서도 적용할 수 있다. 그 실례로는 **후천성면역결핍증**(acquired immune deficiency syndrome, **AIDS**)을 일으키는 바이러스의 진화를 들 수 있다.

유인원 바이러스로부터 진화한 HIV

AIDS는 1980년대 초에 처음 발견된 후 인간 집단에 급속도로 확산되고 있다. 현재 3천 3백만 명이 **사람 면역결핍 바이러스**(human immunodeficiency virus, **HIV**)에 감염되어 있고, 매년 2백만 명 이상이 사망하고 있다.

초기에 과학자들은 HIV가 어디서 기원했고, 어떻게 인간에게 감염되는지 당혹스러워하다가 1980년대 중반에 실험실 원숭이에서 유사한 바이러스를 발견하였고, 이를 **유인원 면역결핍 바이러스**(simian immunodeficiency virus, **SIV**)라고 명명했다. 바이러스들은 유전적 차이는 있지만 생화학적으로는 매우 유사하다. SIV는 36종의 영장류에서 발견되었으며, 이들은 모두 아프리카 사하라 이남 지역에서 발견되는 종들이다. 흥미롭게도 성적으로 전달되는 SIV는 영장류들에게 어떤 질병도 일으키지 않는 것으로 보인다.

학자들은 SIV의 균주 간 유전적 분화의 정도에 기초하여 SIV는 영장류에 백만 년 이상 존재해 와서 영장류가 이 바이러스에 적응할 충분히 많은 시간이 있었기 때문에 그에 대한 피해를 막을 수 있게 진화한 것으로 추정하고 있다.

계통발생학적 분석을 통한 HIV의 전달경로 구명

HIV와 SIV의 계통발생학적 분석은 세 가지 분명한 사실을 알려준다. 첫째, HIV는 명백하게 SIV의 후손이라는 것이다. HIV의 모든 균주들은 SIV 균주들의 분지(clade) 안에 자리잡고 있는데, 이는 HIV가 SIV로부터 유래되었다는 것을 보여준다(**그림 7.19**).

둘째로, HIV에는 많은 균주들이 존재하고, 그들은 서로 다른 유인원 종들로부터 독립적으로 파생되어 나온 것으로 보인다. 인간에 존재하는 균주들은 서로 다른 HIV 균주들보다는 각각의 SIV 균주에 더 가까운 유연관계를 보이는데, 이는 HIV 균주의 기원이 하나가 아니라는 것을 보여준다.

마지막으로, 인간의 HIV는 여러 종의 숙주로부터 유래되어 나왔다. HIV-1은 세계적으로 문제가 되는 바이러스로 3가지 아형(subtype)이 있다. 각각의 아형이 침팬지의 특정 SIV 균주들과 유연관계를 보이는 것은 침팬지로부터 인간으로 바

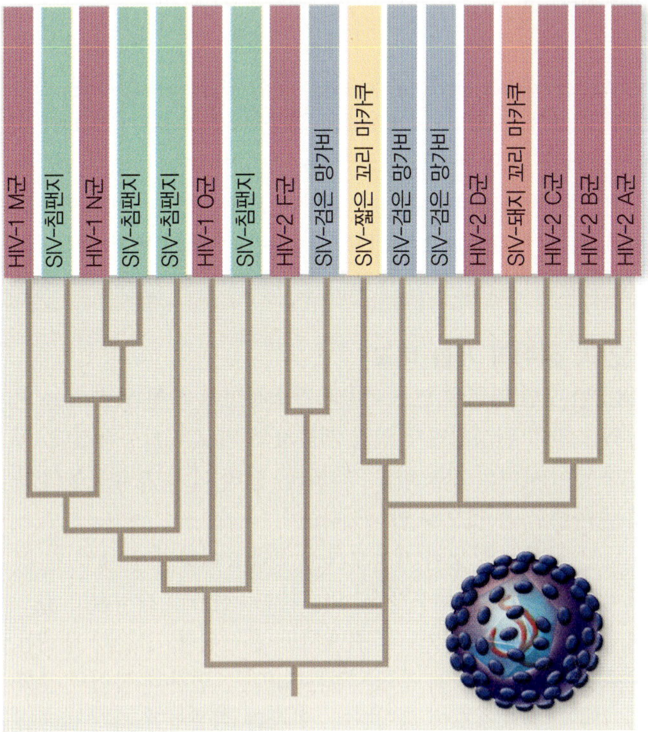

그림 7.19 HIV와 SIV의 진화.
HIV는 여러 영장류(다른 색으로 표시)의 SIV 균주로부터 여러 차례의 진화를 거쳐 생겨났다. 자료가 3개의 분지 사이의 관계를 명확하게 보여주지 않기 때문에, 계통수의 오른쪽에 보이는 3분지가 나타난다.

이러스가 전달되었음을 의미한다. 그에 비해 HIV-2 균주들은 훨씬 덜 퍼져 있는데, 서아프리카의 원숭이류, 주로 흰목도리 맹거베이 원숭이에서 발견된 SIV와 관련이 있다. 그리고 HIV-2의 아형 또한 서로 독립적인 종 사이의 전달 과정을 통해 인간에게 넘어온 것으로 보인다.

다른 영장류로부터 인간으로 전달

SIV가 어떻게 침팬지나 원숭이로부터 인간에게 전달되었을지에 대해 여러 가설이 있다. 가장 가능성이 높아 보이는 가설은 인간이 원숭이나 유인원을 죽일 때 피와 피가 접촉해서 전달되었다는 것이다. 최근 중부와 서부 아프리카에서 "야생 동물고기" 시장에 팔리기 위해 사냥되는 영장류의 수가 크게 증가했다. 이는 인구의 증가로 더 많은 양의 단백질원이 요구되고 있고, 도로 건설과 경제 발달로 인간이 영장류의 서식지에 접근하기가 쉬워졌기 때문이기도 하다. 그 결과 인간과 가장 가까운 종들을 포함하는 많은 영장류의 집단의 크기가 멸종의 위기에 처할 만큼 감소했다. 또 다른 결과는 인간과 이 동물들의 체액이 접촉할 기회가 늘어나고 있다는 것으로 사냥에서 잡은 동물의 피가 사냥할 때 생긴 피부의 상처를 통해 인간의 혈관으로 들어올 가능성이 높다는 것이다.

교차 시기와 장소의 확인

이와 같은 종 간의 전달이 언제 어디에서 일어난 것일까? HIV 균주들은 대부분 아프리카의 균주들이고, HIV의 발생도 아프리카에서 가장 높다. 아프리카 영장류에서 HIV가 SIV와 연관되어 있다는 증거로 보아 AIDS는 아프리카에서 처음 시작된 것이 확실하다.

다른 영장류에서 인간에게로 이동한 시기에 관해서는, 1980년대까지 AIDS가 인식되지 않은 점으로 보아 HIV는 최근에 발생한 것으로 보인다. 19세기 서아프리카로부터 북아메리카로 건너온 노예의 후손은 이 질병이 없었는데, 이는 이 질병이 노예 시기에는 없었음을 말해준다.

1980년대에 질병이 인식된 후 과학자들은 혈액의 샘플 저장소를 샅샅이 뒤져서 과거에 혈액 샘플에서 HIV가 존재하는가를 추적하였다. 가장 초기의 HIV 양성반응은 1959년 샘플에서 발견되었는데, 이는 HIV 출현을 20년 앞당기는 결과이다. 학자들은 분자시계가 작동한다는 가정 하에 1959년 샘플의 균주를 포함한 HIV-1 균주 사이의 유전적 차이에 기초하여 AIDS 균주가 1940년 이전에 인간에게 전달된 것으로 추정하고 있다.

개체 사이의 AIDS의 진화 추적과 계통발생

AIDS 바이러스는 매우 빠르게 진화하기 때문에 한 집단 내에도 다양한 균주들이 존재할 수 있다. 그 결과 계통발생학적

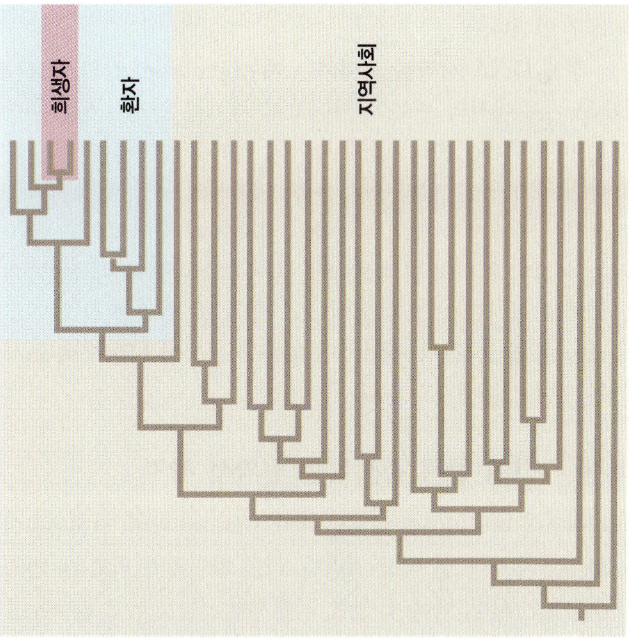

그림 7.20 감염의 경로를 보여주는 HIV 균주의 진화.
HIV는 빠르게 돌연변이를 일으킬 수 있어 단일 HIV에 감염된 사람이라도 몸속에 여러 유전형이 나타난다. 그 결과 HIV 균주의 계통수를 만들어 특정한 개인의 감염경로를 추적하는 것이 가능하다. 이 경우 희생자의 HIV 균주는 환자 몸의 균주로부터 생겨난다. 다른 HIV 균주는 지역사회 HIV 감염자들의 것이다.

분석은 매우 구체적인 질문에 답해줄 수 있다. 즉 계통발생이 HIV의 기원을 찾는 데 유용했던 것처럼 개인 간의 전달 과정에 대해서도 정확한 답을 줄 수 있다.

1998년 루이지애나의 법정에서 한 치과의사의 전 여자친구가 치과의사가 HIV 감염환자의 혈액을 그녀에게 수혈했다고 고소했다. 치과의사의 기록을 살펴보니 의심스러운 방법으로 환자로부터 혈액을 받아 수혈했음을 알 수 있었다. 과학자들은 피해자, 해당 환자 및 그 지역사회의 HIV 감염자들로부터 얻은 바이러스 균주들의 염기서열을 결정했다. 계통발생학적 분석에서 피해자의 바이러스 균주는 **그림 7.20**에서 보는 것처럼 환자의 것과 가장 유사한 것으로 밝혀졌다. 이 계통발생학적 분석은 미국 법정에서 최초로 법적인 증거로 인정받은 경우였으며, 치과의사는 유죄 판결을 받아 현재 살인미수로 50년형을 복역 중이다.

5 게놈의 진화

5.1 비교유전체학

현대 진화생물학의 핵심과제 중의 하나는 DNA 서열의 변화를 전통적으로 계통발생학을 이용해 밝혀진 복잡한 형태학적 형질의 진화와 어떻게 연결시키는가에 대한 것이다. 서로 다른 많은 유전자가 복합 형질에 기여하기 때문에 한 유전자에서의 특정 변화를 형태학적 형질의 변화와 연결시키는 것은 매우 어려운 일이다.

전체 DNA 서열을 의미하는 **게놈**(genome) 간의 비교는 DNA 수준에서의 변화와 형태학적 차이를 연결시키는 수단으로 이용될 수 있어 생물체 사이의 진화적 차이를 밝히는 강력한 도구가 될 수 있다. 게놈은 한 생물체의 구성 및 유지만을 지정하는 안내서 이상으로 생명의 역사도 함께 간직하고 있다. 게놈 서열이 완전히 밝혀진 생물 종이 늘어나면서 비교진화생물학에도 커다란 변혁이 일어나고 있다. 종 간의 진화적 경로 추적을 통해 종 간의 유전적 차이를 직접적인 방법으로 조사하는 것이 가능해지고 있다.

오랜 기간에 걸쳐 축적되는 진화적 차이

바이러스와 박테리아의 게놈은 매일 진화하는 반면, 진핵생물의 진화에는 수백만 년 이상 걸린다. 이를 확인하기 위해 네 가지 척추동물인 사람, 범복어, 생쥐, 침팬지의 게놈을 비교해본다.

인간과 복어의 게놈 비교

범복어의 게놈 서열 초안은 2002년에 완성되었는데, 이는 두 번째로 게놈 서열이 분석된 척추동물이다. 인간과 복어의 게놈 비교에서 4억 5천만 년 전의 최후 공통조상을 가지는 것으로 밝혀졌다.

두 종이 진화를 거치면서 계속 유지된 유전자도 있지만, 각 종에만 나타나는 유전자들도 있다. 인간 유전자의 25%는 복어에서 찾아볼 수 없다. 그리고 포유동물과 경골어류가 분화된 후 4억 5천만 년 동안 대규모의 게놈 재배열이 일어나면서 두 종 사이의 유전자의 배열순서가 상당히 달라져 있다. 마지막으로 인간 게놈은 97%가 반복 DNA이지만, 복어의 반복 DNA는 1/6 이하로 나타난다.

인간과 생쥐의 게놈 비교

2002년 후반 다국적 연구자들의 컨소시엄에 의해 생쥐 게놈 서열의 초안이 완성되면서 인간 게놈과의 비교가 가능해졌다. 인간과 복어 사이의 게놈 비교 결과와는 달리 이 두 포유동물의 차이는 아주 작은 것으로 밝혀졌다.

인간 게놈은 생쥐 게놈보다 뉴클레오티드가 약 4억 개 정도 많지만 두 종 모두 2만 5천여 개의 유전자를 간직하고 있으며, 인간 유전자의 99%가 쥐에서도 발견된다. 인간과 생쥐는 약 7천 5백만 년 전에 분화되었는데, 이는 인간과 복어의 분화 시기의 약 1/6 정도에 해당한다. 인간과 쥐에서만 각각 발견되는 유전자는 게놈의 약 1%에 해당하는 300여 개 정도이다. 참고로 최후 공통조상 이후 4억 5천만 년이 지난 현재에도 인간 유전자의 75%가 복어에서도 발견되고 있다.

인간과 침팬지의 게놈 비교

인간과 침팬지는 4,100만 년 전에 분화하였다. 2005년에 인간과 가장 가까운 유연관계를 지닌 침팬지 게놈이 분석된 후 유전체 비교가 가능해졌다. 침팬지와 인간 게놈 사이의 DNA의 **삽입과 결실**(indels; insertions & deletions)은 약 1.5%의 차이를 보인다. 침팬지와 인간 사이의 indels을 외군(outgroups)과 비교함으로써 indels가 조상에게도 있었는지를 알아내고, 이로부터 어떤 종이 파생형질을 보유하는지를 결정할 수 있다. 인간에게만 특이적이라고 여겨지는 indels 중 53개가 두개골이 크다거나 신체의 털이 없다거나 하는 등의 침팬지와 인간을 구분하는 특징들의 형성과 연계되는 것으로 추정되는 기능적 상실을 유래한 indels로 밝혀지고 있다. 본 장의 후반부에서 다루게 될 유전자 발현 양상의 차이를 유발하는 돌연변이는 왜 침팬지는 침팬지이고, 인간은 인간인가를 이해하는 데 특히 중요하다.

다양한 속도로 진화하는 게놈

생쥐와 쥐의 게놈은 인간과 침팬지 게놈 간에서보다 동의적 변이에 대한 비동의적 변이의 비율이 더 낮게 나타난다. 영장류에서 나타나는 높은 비동의적 변이율은 생쥐와 쥐보다 비동의적 변이가 자연선택에 의해 거의 제거되지 않았음을 보여준다. 진화과정 동안 일어나는 비동의적 코돈의 제거를 안정화

선택이라고 한다. 안정화 선택은 변화를 막고 종 간에도 같은 단백질 구조를 유지하게 한다. 인간과 침팬지의 387개의 유전자들에서 비동의적 변이의 속도가 예상보다 더 높게 나타났다. 선택은 이 유전자들이 인간과 침팬지 사이의 단백질 구조 변화를 막는 쪽으로 작용하지 않았고, 오히려 분기적 선택으로 작용했다. 외군인 마카크원숭이(macaque)와의 서열 비교를 통해 침팬지가 인간과 최후 공통조상으로부터 갈라져 나온 후 더 높은 분기적 선택을 겪어왔다는 것이 밝혀졌다.

5.2 게놈의 복제에 의해 생겨난 밀

3조 이상의 염색체를 지닌 **배수화**(polyploidy)로부터 새로운 종이 만들어질 수 있다. 배수체는 한 종에서 게놈 복제가 일어나거나, 다른 두 종의 교배로부터 생겨난다. **동질배수체**(autopolyploids)에서 한 종의 게놈은 감수분열에서 이상이 생겨 각 염색체가 4번 복제된다. **이질배수체**(allopolyploids)는 이종의 교잡과 그에 이어지는 게놈의 복제 때문에 생긴다. **그림 7.21**에서 보

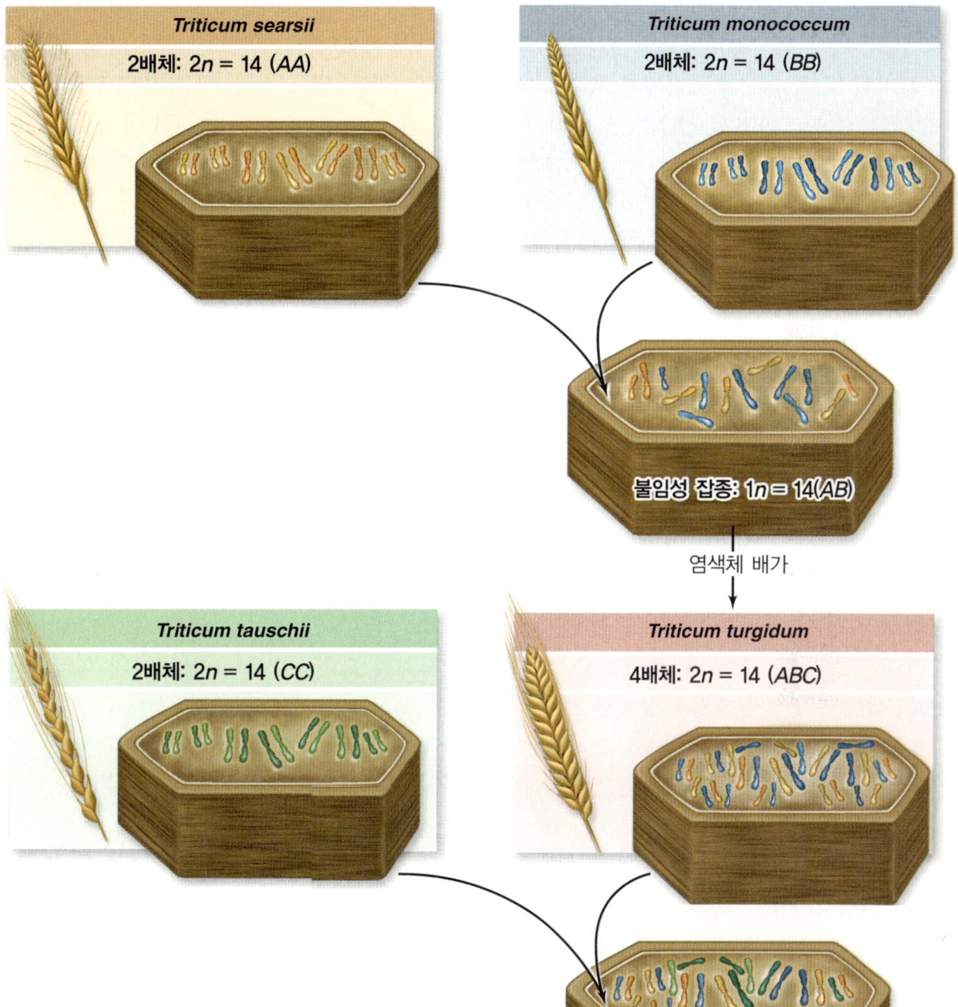

그림 7.21 밀의 진화.
밀은 현재 이라크의 고지대 지역인 서남아시아에서 기원했다. 이 지역에는 *Triticum*에 속한 식물들이 풍부하다. 밀은 이질배수화가 2회 일어난 *Triticum*의 배수체이다. (1) 두 개의 다른 이배체 게놈(*AA*, *BB*)이 교잡하여 잡종 *AB*가 만들어졌다. 종이 서로 달라 *A*와 *B*염색체가 감수분열에서 쌍을 이룰 수 없으므로 *AB* 잡종은 불임이다. 그러나 일부 식물에서는 감수분열에서 염색체가 분리되지 않아서 자생적으로 염색체 수가 2배가 되어, 수정 가능한 4배체 종인 *AABB*가 만들어진다. 이 밀(drum semolina)은 파스타의 재료로 이용된다. (2) 만 년 전쯤 이와 유사하게 4배체인 *AABB*는 게놈 *CC*를 가진 다른 2배체 종과 교잡하여 *AABBCC* 게놈을 가진 6배체 빵밀(*T. aestivum*)을 만들어졌다. 이 빵밀은 세계에서 가장 중요한 식료 작물의 하나이다. 어느 세포에서건 한 단면에서는 모든 염색체를 볼 수 없다.

는 것처럼 밀의 기원은 두 번의 연이은 이질배수화에 의해 생겨난 것으로 알려져 있다.

5.3 유전자의 기능과 발현 양상

유전자의 기능은 여러 종의 유전자를 비교함으로써 추론할 수 있다. 생쥐의 게놈 분석 후 천여 개의 인간 유전자의 기능을 알 수 있음이 밝혀졌다. 비교유전체학에서 나타나는 수수께끼 중 하나는 왜 서로 다른 형태를 가진 생명체가 게놈 도구 상자에서 많은 유전자를 공유할 수 있는가 하는 것이다.

왜 생쥐가 인간이 아닌 생쥐로 발달하는가에 대한 가장 좋은 답변은 생쥐와 인간에서 동일하거나 유사한 유전자가 발현하는 시기와 조직, 수량과 조합에서 차이를 보이기 때문이라는 것이다. 그 실례로 **낭포성 섬유증 유전자**(cystic fibrosis transmembrane conductance regulator, *CFTR*)는 두 종에서 동일하며, 염소 이온 채널에 영향을 미친다. 사람의 경우 *CFTR* 유전자가 결여되면 폐에 큰 문제를 일으키지만, 쥐의 돌연변이 *CFTR*은 폐 증후군을 동반하지 않는다. 이러한 차이는 생쥐와 인간의 *CFTR*의 발현 양상에서의 차이에 의해 설명될 수 있을 것이다.

전사 형태가 다른 침팬지와 인간의 유전자

인간과 침팬지는 약 4,100만 년 전에 공통조상으로부터 분화되었다. 이는 많은 유전적 분화가 진화되기에는 시간적으로 부족하기는 하지만, 형태적, 행동적 차이가 발달되기에는 충분한 기간이다. 침팬지와 인간의 DNA 서열은 98.7%가 동일하다. 단백질 지정 유전자 서열만을 고려하면 유사성은 99.2%까지 증가한다. 두 종이 신체와 행동에서 그렇게 많은 차이를 보이는데, 어떻게 유전자는 거의 동일한 것일까?

이 문제에 대한 가능한 답변 중 하나는 침팬지와 인간 게놈은 적어도 두뇌에서 유전자 전사 활성에서 매우 큰 차이를 보인다는 것에 착안한 것이다. 학자들은 살아 있는 침팬지와 인간의 두뇌 여러 부분에서 추출한 체액에 존재하는 세포로부터 분리한 RNA를 분석하기 위해 18,000개의 인간 유전자를 포함하는 마이크로 어레이(microarray)를 사용했다. 서열이 상보적이라면 DNA-RNA 혼합체가 만들어진다는 조건 하에 형광 표지된 RNA를 마이크로 어레이에 혼성화하였다. 특정한 유전자의 전사체가 그 세포들 안에 있다면, 그 유전자에 대응하는 마이크로 어레이 지점은 UV를 조사하면 형광을 발하며, RNA 분자가 많아질수록 신호가 더 강해진다.

침팬지 게놈이 인간과 너무 유사하기 때문에, 마이크로 어레이로 침팬지 유전자의 활동도 비교적 잘 검출할 수 있었다. 동일한 유전자가 인간과 침팬지 두뇌에서 전사되었더라도 전사의 형태나 정도는 다른 것으로 나타났다. 따라서 인간과 침팬지의 두뇌 사이의 차이는 대부분 어떤 유전자가 어느 때 어느 곳에서 전사되는지의 차이에 의한 것이다.

전사 후의 차이가 유사한 게놈으로부터 여러 종류의 생물을 탄생시키는 역할을 할 수도 있다. **단백질체학**(proteomics)과 **기능유전체학**(functional genomics)의 선도적인 연구들이 계속 이어지게 되면, 유연관계가 깊은 종들의 발생 및 생리학적 과정에서의 미묘한 차이에 대한 상세한 밑그림이 드러나게 될 것이다.

5.4 게놈 크기와 유전자 수

게놈 크기는 어떤 생물의 게놈을 먼저 분석할까를 선택하는데 주요 요인이 되며, 실질적으로 작은 게놈을 지닌 생물들이 우선 분석의 대상이 되었다. 게놈의 크기를 고려해볼 때 인간 게놈에 간직된 주요 유전자는 십만 개로 추정되었다.

그러나 게놈 서열 자료가 계속 집적되면서 이러한 예측은 빗나갔고, 예상되는 인간의 유전자의 수는 감소하기 시작했다. 현재 인간 유전자 수는 처음 예상되었던 십만 개의 25% 정도로 작은 식물인 애기장대의 유전자 수와 비슷한 것으로 보고되고 있다. 인간은 3.65×10^8 염기쌍을 지닌 복어 게놈보다 9배의 DNA를 가지지만 유전자수는 거의 같다. 유전자의 수가 단백질의 수와 대응되는 것은 아니며, 그 실례로 선택적 스플라이싱(alternative splicing)은 단일 유전자로부터 다양한 전사체를 만들 수 있다.

게놈 크기를 증가시켜주는 단백질 비지정 DNA

왜 인간에게는 훨씬 많은 잉여 DNA가 있는 것일까? 그중 많은 부분이 유전자 내에서 실제로는 발현되지 않는 부위인 인트론(intron)의 형태로 나타나며, 복어의 경우보다 실제적으로 훨씬 큰 비중을 차지한다. 복어 게놈에서 긴 인트론을 포함하는 '거대' 유전자는 얼마 되지 않는데, 이를 연구하면 척추동물이 진화하는 동안 게놈 크기의 변화를 이끄는 진화적 힘에 대해 이해할 수 있을 것이다.

앞에서 살펴본 바와 같이 역전사 이동유전자 DNA가 차지하는 많은 부분은 종 간의 게놈 크기의 차이에 기여한다. ncDNA는 게놈의 일부지만 일반적 의미의 유전자를 포함하지 않는다. 그 실례로 초파리는 어떤 진화적 힘에 의해서인지는 확실하지 않으나 학질모기보다 적은 ncDNA를 가진다. 유전자의 수는 게놈 크기와 관계가 없는 것이다.

다양한 식물의 게놈 크기

식물의 게놈 크기는 종에 따라 매우 다양하다. 튤립은 애기장대보다 170배나 더 많은 DNA를 지니며, 200배에 달하는 식물도 있지만, 모든 식물이 가지는 유전자의 수는 30,000에서 59,000개 사이이다.

벼와 애기장대의 게놈은 동물이나 균류에서 보이는 것보다 훨씬 더 많은 **유전자군**을 가지는데, 이는 이 식물들이 공통조상으로부터 분화되어 1억 5천만 년에서 2억 년 사이의 기간 동안 수많은 배수화나 부분 복제, 혹은 두 과정 모두를 무수히 겪었다는 것을 나타내준다.

전체 게놈의 복제는 일부 게놈의 크기를 설명하는 데 불충분하다. 밀과 벼는 매우 깊은 유연관계에 있고, 유사한 유전자들을 지니고 있지만 밀의 게놈이 벼의 게놈보다 40배나 크다. 이 차이는 밀이 6배체($6n$)이고 벼가 이배체($2n$)라는 사실만으로는 설명이 불충분하다.

벼 게놈은 염기서열 분석이 완료되어 이제는 관심이 옥수수나 밀 같은 다른 곡물의 분석으로 옮겨졌다. 특히 옥수수와 밀은 다량의 반복 DNA를 가지고 있고, 이에 따라 DNA 양이 증가했지만 유전자 함유량은 그렇지 않다. 쌀, 옥수수와 밀 게놈의 비교는 공통조상의 게놈에 대한 정보와 더불어 게놈의 크기를 증가시키는 요인(배수성, 이동유전자의 확산, 유전자 복제)과 감소요인(돌연변이에 의한 소실) 간의 역동적인 진화적 균형에 대한 실마리를 제공한다.

5.5 게놈 분석과 질병의 예방 및 치료

개별적 인간 게놈의 비교로부터 유전적 질병의 발견 및 치료에 대한 정보 제공이 가능할 수 있으며, 그 범위를 확대하여 종간의 비교를 통해 더 넓은 가능성이 열릴 수 있다. 인간과 가깝거나 먼 유연관계에 있는 종들과의 게놈 비교나, 숙주인 인간과 병원체와의 게놈 비교는 여러 가지 이점을 제공해준다.

병인에 대한 단서를 제공해주는 먼 유연관계 게놈

인간과 복어 사이에 보존된 염기서열은 많은 인간 질병의 유전적 기초 이해에 가치 있는 단서를 제공해준다. 단백질 기능에 중요한 아미노산은 진화의 과정에서 보존되는 경향이 있으며, 유전자 내의 그런 아미노산을 지정하는 부분에서의 변화는 질병을 일으키는 것으로 보인다.

인간 단백질을 다른 포유동물의 단백질과 비교했을 때 기능적으로 보존 지역을 구분해내기 어려운데, 그 이유는 변화가 보존되지 않는 지역에 충분히 축적될 만큼의 시간이 지나지 않았기 때문이다. 한 희망적인 예외가 1억 6,600만 년 전에 다른 포유동물로부터 분화된 오리너구리인데, 그 게놈은 면역체계의 진화에 대한 단서를 제공하고 있다. 복어 게놈은 인간과 유연관계가 멀기 때문에, 보존된 서열을 오리너구리에서보다 훨씬 쉽게 구별할 수 있다.

의학적 연구에 도움을 주는 유연관계가 가까운 생물

인간보다는 생쥐를 대상으로 유전자 기능을 밝히는 실험을 고안하는 것이 훨씬 쉽다. 생쥐와 인간 게놈의 비교로 이전에 기능이 밝혀지지 않았던 1,000여 개의 인간 유전자의 기능을 바로 파악할 수 있었다. 이 유전자의 효과를 생쥐에서 연구하여 그 결과를 인간 질병에 대한 치료에 이용할 수 있을 것이다.

쥐의 게놈 초안이 완성된 후, 포유동물 유전자의 진화에 대한 더 가치있는 보고들이 이 종들의 비교로부터 나올 수 있다. 쥐와 생쥐 게놈의 비교에서 가장 흥미로운 사실 중의 하나는 쥐의 생리학, 특히 심장 질환 분야에 대한 광범위한 연구와 오랜 역사를 가진 생쥐의 유전학적 연구로부터 얻은 정보를 활용할 수 있다는 것이다. 이로부터 유전자와 질병의 연결이 더욱 쉬워졌다.

인간에게 침팬지에 없는 부분 복제가 있다는 것이 발견됐다. 이 복제 부위 중 일부는 인간 질병에 대응한다. 이런 차이들이 유전적 질병 치료법의 발전에 활용될 수 있다. 그 실례로 인간에게만 있는 어떤 복제 부위는 인간 게놈에서 Prader-Willi 증후군과 척추성 근위축증(spinal muscular atrophy)에 관련이 있다. Prader-Willi 증후군을 가진 소아는 근육의 긴장이 부족하여 만족할 수 없는 식욕 때문에 비만이 되고, 이는 생명을 위협할 정도가 된다. 척추성 근위축증은 신체의 근육에 영향을 미치는데, 이 증후군을 가진 사람은 다리가 약할 뿐 아니라, 음식물을 삼키거나 숨을 쉬기 곤란하다. 하지만 이와 관련된 침팬지를 이용한 연구와 이의 보호를 둘러싼 윤리적 문제도 중요 현안이 되고 있다.

의약의 표적이 되는 병원체와 숙주의 게놈

게놈 서열로부터 약학 연구자들이 숙주에게 해를 끼치지 않고 병원체를 제거하는 데 적합한 의약을 발견할 수 있는 가능성이 높아지고 있다. 많은 개발도상국에서 나타나는 말라리아나 샤가스병(Chagas disease) 등의 질병은 인간과 곤충 모두를 숙주로 하며, 질병의 감염은 원생생물에 의해 생긴다. 여기에서는 비교유전체학이 의약품의 개발에 미치는 영향에 대해 알아본다.

말라리아

말라리아를 옮기는 원생생물 기생충인 말라리아원충과 더불어 말라리아를 옮기는 모기인 학질모기는 인간 건강에 커다란 문제를 일으키는데, 말라리아로 매년 1,700만 명에서 2,500 만 명이 사망하고 있다. 이 말라리아원충과 학질모기의 게놈은 2002년에 분석이 완료되었다.

말라리아원충은 2.46×10^7개의 염기쌍으로 크기가 작지만 서열 분석이 매우 어려운 게놈이다. 아데닌과 티민이 비정상적으로 높은 비율을 차지하여 게놈의 각 부분 사이의 구분이 어려워 이 프로젝트의 완성에 5년이 걸렸다. 말라리아원충은 약 5,300개의 유전자를 가지는데, 연관된 기능을 하는 유전자들이 모여 있어 이들은 같은 조절 DNA에 의해 조절되는 것으로 보인다.

말라리아원충은 적혈구 세포에 들어가 우리의 면역체계로부터 교묘하게 숨을 수 있는 원생생물이며, 적혈구 세포 표면에 위치하는 단백질을 변화시킨다. 이러한 "은폐(clocking)"가 말라리아의 백신 개발과 치료를 어렵게 한다.

5.6 게놈 분석을 통한 작물 개량

농부와 학자들은 농작물 개량(crop development)을 위해 오랫동안 유전학에 의존해 왔다. 전체 게놈 서열은 농작물 개량을 위한 인공선택에 대해 더 많은 정보도 제공해준다. 보존이 잘 된 유전자는 모델 계에서 특성화되고, 농작물 종에서 오쏠로그(orthologues)를 찾는 데 이용된다.

농작물의 유전학과 모델 식물 게놈

주로 실험 목적으로 사용되는 현화식물인 애기장대(*Arabidopsis*)는 상업적으로는 중요성을 지니지 않고 있다. 그러나 두 번째로 게놈 초안이 밝혀진 벼는 경제적 중요성이 매우 높다. 앞에서 언급했듯이 벼는 다수의 주요 작물을 포함하는 화본과 식물에 속한다. 이 작물들은 세계의 식량과 동물 먹이의 대부분을 제공한다.

다른 화본과 식물과 달리 벼는 4.3×10^8개의 염기쌍으로 상대적으로 작은 게놈을 가진다. 반면 옥수수 게놈은 벼의 2.5배, 보리는 4.9배의 염기쌍을 가진다. 벼의 두 아종에 대해 게놈 분석이 이루어졌는데, 서로 유사한 결과를 보였다. 반복 DNA를 보이는 벼의 핵 내 게놈 비율은 한 아종에서는 42%, 다른 품종에서는 45%였다.

옥수수와 다른 식물모델인 메디카고의 게놈 분석이 진행 중인데, 메디카고는 가까운 유연관계에 있는 대두보다 훨씬 작은 게놈을 가지므로 게놈 분석이 훨씬 용이하다. 메디카고 DNA의 많은 부분이 대두 DNA와 신터니를 가지기 때문에 메디카고의 게놈을 이용해 대두에서 농업적으로 유용한 유전자를 찾아낼 수 있는 가능성이 높아지고 있다.

유익한 세균 유전자의 이용

유익한 미생물의 게놈 서열도 농작물의 수확량을 증가시키는 데 이용할 수 있다. 형광 슈도모나스는 보호 물질을 분비하여 질병으로부터 식물뿌리를 보호해준다. 2005년에 형광 슈도모나스는 생물학적 재료로는 처음으로 게놈이 분석되었다. 세균의 작은 게놈 크기로 볼 때, 보호 물질을 생성하는 화학경로를 찾아내는 작업이 빠르게 진행될 수 있을 것이다. 이 경로의 이해를 기반으로 질병으로부터 농작물을 보호하는 보다 효과적인 모델을 만들 수 있다. 보호 유전자를 분리하여 유익한 유전자를 농작물로 삽입하여, 식물이 직접 스스로를 보호하게 할 수 있으며, Bt 농작물이 그 실례이다.

Exercise

연 습 문 제

1. 매년 환경이 변하고, 다른 표현형이 다른 환경에서 다른 적응을 가질 때
   a. 자연선택은 빈도-의존적 방식으로 작용할 것이다.
   b. 자연선택의 효과는 다른 해에 다른 표현형을 선호하면서 매년 진동할 수 있다.
   c. 자연선택에 의해 진화적 변화를 얻기 위해서 유전적 변이를 필요로 하지 않는다.
   d. 위의 것 모두 아님
2. 인위선택이 자연선택과 다른 이유는
   a. 인위선택에서는 커다란 변화를 생성할 수 없다.
   b. 인위선택은 유전적 변이를 필요로 하지 않는다.
   c. 자연선택에서는 새로운 종이 생성될 수 없다.
   d. 사육자(사람)가 원하는 형질을 기반으로 개체를 선택한다.
3. 현대 말의 진화를 가장 잘 설명한 것은
   a. 시간에 의한 한 종의 끊임없는 변화를 보여준다.
   b. 시간이 흐름에 따라 많은 종들이 멸종하는 복잡한 계통의 변화를 보여준다.
   c. 항상 현존하는 말과 닮은 단순한 계통의 역사이다.
   d. 위에 답이 없다.
4. 상동구조는
   a. 둘 또는 그 이상의 종에서 나타나는 공통 조상의 같은 구조에서 유래된 구조이다.
   b. 서로 다른 종에서 똑같이 보이는 구조이다.
   c. 서로 다른 종에서 다른 기능을 수행할 수 없다.
   d. 서로 다른 종에서 다른 기능을 수행해야만 한다.
5. 다윈의 핀치새 연구가 자연선택에 의한 진화의 연구에서 주목하고 있는 그 이유는
   a. 갈라파고스 군도에서 많은 다른 종들의 후손이기 때문이다.
   b. 갈라파고스 군도에서 한 종에서 갈라져 나왔기 때문이다.
   c. 다른 종들보다 본토종과 더 유연관계가 가깝기 때문이다.
   d. 위에 답이 없다.
6. 지구상의 생명의 역사에서
   a. 중대한 멸종 사건들이 있었다.
   b. 종 다양성은 계속하여 증가하였다.
   c. 종 다양성은 상대적으로 변함없이 유지되었다.
   d. 멸종율이 종 분화 비율에 의해 완전히 상쇄되었다.

7. 자연선택은
   a. 종 분화의 확률을 높여준다.
   b. 생식적 격리를 증가시켜준다.
   c. 잡종의 생존과 생식을 불리하게 만든다.
   d. 위 모두에 작용한다.
8. 분지론은
   a. 표현형의 종합적인 유사성에 기반을 둔다.
   b. 유사성이 다른 공통 조상으로부터 유전되었기 때문에 구분되는 유사성이 요구된다.
   c. 상동성에 영향을 받지 않는다.
   d. 위에 답이 없다.
9. 침팬지와 사람의 DNA 전체 게놈 서열은 2.7% 정도가 다르다. 다음 중에서 두 종 사이에서 나타나는 형태와 행동에서의 차이점을 가장 잘 설명하는 것은?
   a. 주로 유전자 발현의 차이에 기인한다.
   b. 환경적 차이에 의해서만 나타난다.
   c. 현재의 유전 학설들로 설명할 수 없다.
   d. 차이점은 발생과정에서 무작위한 영향에 의해 생겨난다.
10. SARS 발발은?
   a. 한 종에서 다른 종으로 넘어가 발생하는 실례이다.
   b. 사람에게만 감염되는 돌연변이 바이러스의 실례가 된다.
   c. 바이러스가 사람의 면역 체계를 무력하게 만드는 실례이다.
   d. 두 바이러스가 합쳐져 하나의 바이러스가 만들어지는 실례이다.
11. 말의 조상은 작고 많은 발굽을 가지고 있으면서 숲에서 사는 동물이었던 반면에 오늘날의 말은 크고 하나의 발굽이 있으며 평원에서 살아간다. 일련의 중간화석들은 이 변화가 일어나 이유를 보여주며, 지속적인 몸 크기 증가와 함께 지속적인 발굽 수의 감소를 보여준다. 이런 해석은 왜 바르지 못한 것인가?
12. 분지론은 계통분류학에서 널리 활용되는 방법이며, 분류 체계(분류학)에서 점점 진화 관계에 대한 지식을 반영되고 있다. 새를 예로 하여 새들을 파충류와 동등하게 보거나 다르게 보는 것의 장점과 단점을 논의해 보라.

Part 3

BIOLOGY

생명의 다양성

제 8 장

생명의 기원과 분류

Origin of Life and Classification

1 생명의 기원과 분류

1.1 생명의 기원

세포(cell)는 생명의 기본단위로 현존하는 모든 세포는 기존의 세포들로부터 기인한다. 그렇다면 오늘날 지구상에 존재하는 거대한 생물의 다양성의 기원에 대해서는 어떻게 설명할 수 있을까? 지구는 약 45억 년 전에 용해된 뜨거운 암석덩어리에서 형성되었다. 이 암석덩어리가 서서히 식으며 지구의 대기 중에 있는 많은 양의 수증기가 응결하여 액체가 되어 바다의 표면에 축적되었다. 생물의 기원에 관한 시나리오는 이러한 바다에서 뜨겁고 강한 악취를 풍기는 암모니아, 포름알데히드, 포름산, 시안화물, 메탄, 수소, 황화물, 그리고 유기탄화수소가 희석된 혼합액에서 생물이 생겨났다는 것이다. 생물이 대양의 가장자리, 심해열수 분출구, 혹은 다른 장소에서 생겨났다는 의견이 있지만 대부분 학자들은 생물이 초창기 바다에서 우연하게 생겨났다는 의견에 동의하고 있다. 생물이 어떻게 이 세상에 생겨났는지 여전히 의문이 남지만, 인류를 포함한 지구상의 모든 생물들의 기원에 대한 호기심을 떨쳐낼 수 없다. 생물은 어떻게 초기 바다에서 소용돌이치던 복잡한 분자들로부터 진화한 것일까?

생물의 기본적 특성

생물의 기원에 대해 언급하기 전에 우리는 "**생명**(living)"을 충족시키는 조건을 살펴보아야 한다. 생물학자들은 다음에 제시하는 일련의 특성이 지구상의 모든 생물에게 공통으로 적용되며, 여기에는 생명에 특히 중요한 역할을 하는 유전이 포함되어 있다.

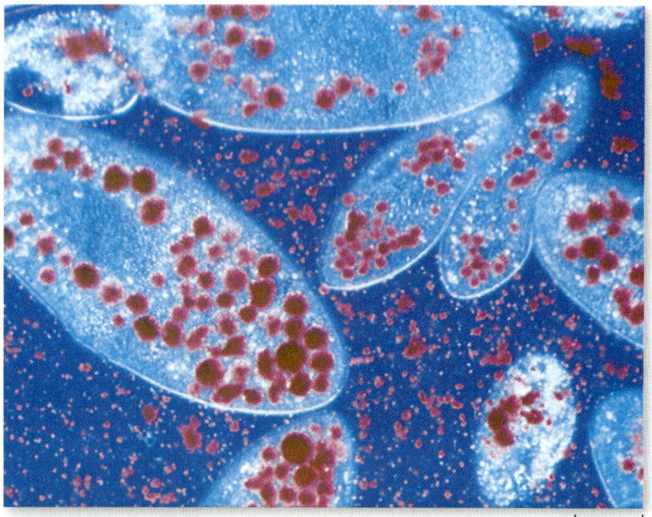
66.7 μm

그림 8.1 세포의 구획화.
짚신벌레라고 불리는 복잡한 단세포 생물은 원생생물로 분류한다. 사진에서 빨갛게 염색된 효모들은 먹힌 후에 소화 액포(digestive vacuole)라고 부르는 막으로 둘러싸여 주머니 속에 있게 된다.

세포의 구성(cellular organization): 모든 생물은 한 개 혹은 두 개 이상의 세포로 구성되며, 막으로 둘러싸인 복잡하고 조직적인 분자들의 집합체이다(**그림 8.1**).

감수성(sensitivity): 모든 생물은 자극에 반응하지만 매번 같은 자극에 같은 방식으로 반응하지는 않는다.

생장(growth): 모든 생물은 에너지를 동화하고, 세포내 기능을 유지하고, 성장하는 대사(metabolism)에 이용한다. 식물, 조류, 그리고 일부 박테리아는 태양을 이용한 광합성을 통하여 CO_2와 H_2O로부터 탄소복합 공유결합(covalent bond)을 형성한다. 공유결합 에너지 전이는 지구상에 존재하는 생물에게 반드시 필요하다.

발생(development): 단세포와 다세포 생물은 생장하고 성숙해지면서 체계화되며 유전자가 지배하는 변화를 거친다.

생식(reproduction): 생물은 한 세대에서 다음 세대로 유전자를 전달하며 생식한다.

조절(regulation): 모든 생물은 내부 작용과 조화를 이루려는 조절 기작을 가진다.

항상성(homeostasis): 모든 생물들은 주변 환경과 달리 상대적으로 일정한 내부 상태를 유지한다.

유전(heredity): 지구상의 모든 생물은 길고 복잡한 분자인 DNA의 복제를 바탕으로 한 **유전 체제**를 지니고 있다. 이 기작은 적응과 시간에 따라 진화가 일어나게 해주며, 이는 살아있는 생물의 중요한 특징이다.

생물의 특성을 지닌 세포가 존재하기 오래전부터 탄소를 기반으로 한 유기분자는 무기분자로부터 만들어졌다. 단백질, 핵산, 탄수화물, 지질의 형성은 필수적이었지만, 생명에 충분하지는 않았다. 세포들이 진화하는 데는 초기 유기분자들이 필요하였으며, 이로부터 기능적이고 상호의존적인 단위로 응축되었다.

지구 밖에서 기원될 수 있는 생명

생물은 지구에서 생겨나지 않았을지도 모르며, 다른 행성으로부터 지구가 감염된 결과일 수 있다. 이러한 가정은 **외계생명체 유입설**(panspermia)로 운석이나 우주의 먼지가 복잡한 유기분자의 상당량을 지구로 들여와 생물의 진화를 유도하였다는 것이다. 무수히 많은 운석들과 혜성들이 과거 지구에 떨어졌다고 알려지고 있으며, 최근 발견에서도 그중 일부를 통해 유기물질들이 운반되었을 것이라고 제안하고 있다. 다른 행성에 생물이 부재한다는 것을 배제할 수는 없다. 이를테면 얼음으로 둘러싸인 목성의 위성 유로파(Europa)와 토성의 위성인 엔셀라두스(Enceladus)의 표면 아래에서 물이 발견된 것과 함께 화성의 암석에서 화석이 발견된 것은 타행성의 생물 존재 가능성에 무게를 싣는다. 엔셀라두스는 바닷물이 존재하였을 가능성을 통해 생물체가 존재하기에 적합한지에 대한 흥미로운 의문이 제기되었다. 얼음과 수증기로 이루어진 구름기둥은 중력장에서 벗어나 토성의 가장자리에 위치한 고리에 영향을 미친다.

초기 지구로부터 기원한 생물

초기 지구의 상태

초기 지구역사에 대해 알아갈수록 최초의 생물이 고온에서 출현해 살았을 가능성이 큰 것으로 여겨지고 있다. 약 46억 년 전에 태양계로부터 나온 암석이 지구 표면과 충돌하였는데 이로 인하여 지구의 표면은 뜨겁게 용해된 상태로 유지되었다. 충돌이 잦아들면서 지표면의 온도도 떨어졌으며, 약 38억 년 전 해수면의 온도가 49°C~88°C(화씨 120°F~190°F)로 떨어졌을 것으로 예측되고 있다. 38억에서 35억 년 전 사이 최초의 생물체가 출현하였으며, 지구는 그 후에 바로 생물들이 살아갈 수 있는 서식처가 되었다. 초기 지구의 내부 온도는 현재의 우리가 견디기에는 불가능하였지만, 그것이 바로 생물이 탄생한 기원이 되었다.

초기 대기의 명확한 구성요소에 대한 주장에 동의하는 지화학자(geochemist)들은 거의 없다. 널리 알려진 주장은 지구의 대기가 초기에는 주로 이산화탄소(CO_2)와 질소가스(N_2)로 구성되어 있었으며, 상당량의 수증기(H_2O)도 포함되어 있었다는 것이다. 또한 수소가스(H_2), 수소원자, 그 밖에 가벼운 원소들(황, 질소, 탄소)의 혼합물도 함유되어, 황화수소(H_2S), 암모니아(NH_3), 메탄(CH_4) 등이 생성되었을 가능성이 있다.

초기 지구의 그러한 대기를 **환원대기**라고 부르며, 이는 수소원자들과 이들의 전자들이 무한히 많았다는 것이다. 환원대기는 현재 대기만큼 많은 에너지를 필요로 하지 않지만 탄소가 풍부한 분자들을 쉽게 형성하였고 이로부터 생물이 진화될 수 있었을 것으로 여겨지고 있다.

정확히 지구의 어떠한 장소에서 최초의 생명이 시작되었는지는 아직 의문이며, 가능성이 있는 장소로 해저의 끝, 얼어있는 심해, 진흙 속의 깊숙한 지각, 심해의 열수구 등이 제안되고 있다.

초기 지구의 유기분자들

초기 지구에 어떠한 유기분자들이 존재하였는지 알아보려는 연구는 1953년에 밀러(Miller)와 유리(Urey)에 의해 시도되었다. 이제는 고전이 된 이 실험에서 그들은 환원대기의 조건에서 지구의 원시바다의 조건들을 재현하는 시도를 하였다. 아직도 결론에 이르지는 못하고 있지만 설사 이 가정에 오류가 있더라도 그들의 실험은 생물이 발생하기 이전에 일어난 화학반응에 대한 새로운 장을 열었다는 데 큰 의미가 있다.

실험을 수행하기 위해 밀러와 유리는 (1) 수소가 풍부한 환원대기를 모으고 산소가스를 제거하였으며, (2) 이 환원대기를 액상의 물과 혼합시켰고, (3) 이 혼합물을 100°C 이하의 온도에서 유지하면서 (4) 번개 시뮬레이션을 이용하여 방전의 형태로 에너지를 충돌시켰다(**그림 8.2**).

그들은 일주일 안에 메탄가스(CH_4)에 있는 탄소의 15%가 다른 단순 탄소혼합물로 변환된 것을 발견하였다. 이 혼합물에는 포름알데히드(CH_2O)와 시안화수소(HCN)가 있음을 확인하였다. 이 혼합물은 다시 결합하여 포름산(HCOOH)이나 요소(NH_2CONH_2)와 같은 단순 분자형태로 되었으며, 이후 글리신과 알라닌과 같은 아미노산들을 포함하는 복합탄소결합(carbon-carbon bond)으로 되었다.

이후에 다른 과학자들이 수행한 유사한 실험에서는 30가지 이상의 다른 탄소화합물이 발견되었으며, 여기에는 글리신, 알라닌, 글루타민산, 발린, 프롤린, 아스파르트산 등이다. 앞에서 살펴본 것처럼 아미노산은 단백질 구성의 기본요소이며, 단백질은 생물체를 구성하는 주요한 분자 중 하나이다. 생물학적으로 중요한 다른 분자들 역시 이러한 실험을 통해 형성되었다. 이를테면 시안화수소(hydrogen cyanide)는 복잡한 고리 구조의 분자인 아데닌 생성에 기여하는데, 아데닌은 DNA와 RNA를 구성하는 염기 중 하나이다. 따라서 생물체의 주요 분자들은 초기 지구의 환원대기에서 형성되었을 것으로 보고있다.

유기분자들의 기능적 집합으로부터 진화된 세포

유기분자(organic molecules)는 대사를 통하여 정보를 전달하거나 생명을 유지하기 위한 에너지를 공급한다. DNA가 유전 정보 분자이지만 RNA는 자가 복제에 쓰이는 효소(리보자임)로 작용하는 최초의 유전인자였을 것이다.

대사경로의 출현에 대해서는 여러 가설들이 있다. 하나의 시나리오는 원시생물이 독립영양 생물이며, 단순 무기화합물에서 모든 복잡한 유기분자가 생성되었다는 것이다. 이를테면, 포도당은 원시 지구에 있던 알칼리성 상태에 있는 포름알데히드(CH_2O)로부터 합성되었다는 것이다. **해당과정**과 크레브스 회로(Krebs cycle)의 한 유형이 효소가 없는 상태에서 일어났는데, 이는 다른 대사경로의 중심이 된다. 초기 독립영양 생물들은 포도당을 만들고 저장하여 에너지원으로 이용하였을 것이다.

세포들은 **정보**와 **대사** 그리고 **막**을 필요로 한다. 유기분자들이 지질과 단백질 거품 내의 물리적인 공간으로 국한시키려면 특정 분자의 농도가 높아지게 되며, 대사반응이 일어날 가능성도 커진다. 어느 시점에 지질과 단백질 거품은 세포막과 생물의 특성을 지니는 살아있는 세포가 된다. 지구상에 존재하는 대부분의 생물의 역사에서 이와 같은 단세포 생물들은 당시에 존재하는 유일한 생명들이었다. 몇몇 주요한 진화적으로 혁신적인 사건들, 즉 진핵세포, 유성생식, 다세포성 등은 지구상에 현존하는 다양한 생물에 이바지하였다. 지구에 존재하는 놀라운 생물의 다양성에 대한 전반적인 개요와 생물의 진화 관계에 대하여 살펴본다.

1.2 생물의 분류

사람들은 일찍이 생물 간의 차이점을 인지하였다. 초기 인류는 일부 식물들은 식용이 가능하지만 다른 식물은 독성이 있다는 것을 알았다. 어떤 동물들은 사냥과 사육을 하였지만 다른 동물들은 인간들에게 위협이 되었다. 이 단원에서는 체계적이고

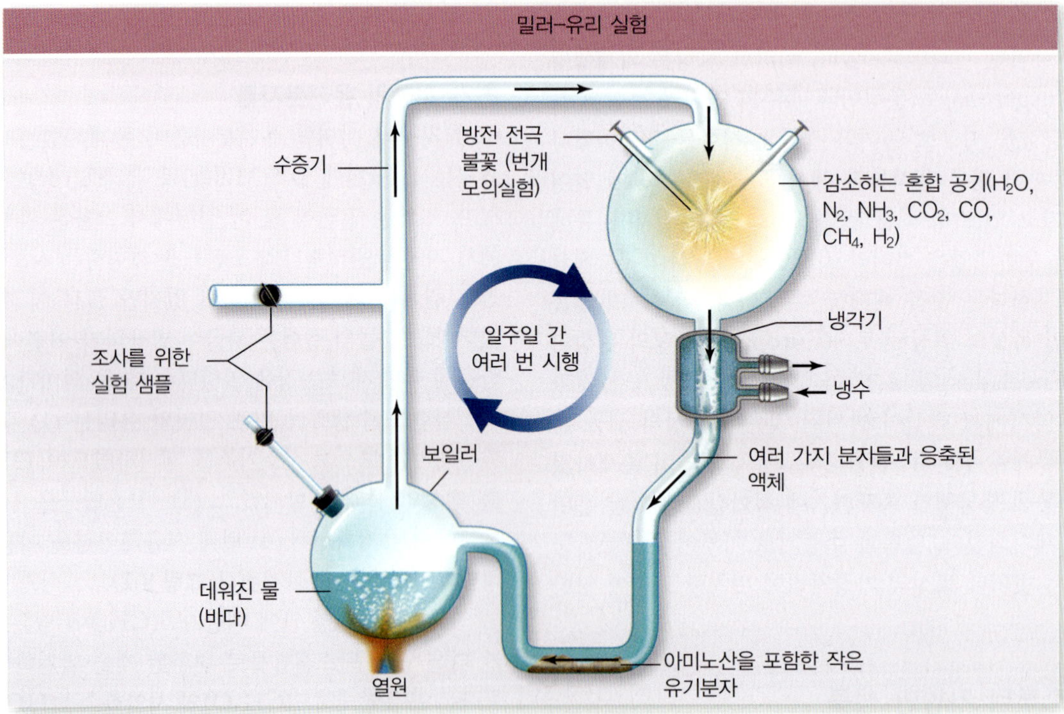

그림 8.2 밀러-유리 실험.
이 장치는 막힌 관으로 두 개의 공간을 연결한다. 위쪽에 있는 공간은 혼합가스들로 채워져 있는데, 이는 초창기 지구의 대기 상태와 흡사하다. 전극은 이 가스 혼합물을 통해 전기 스파크를 방출하는데, 이는 번개의 역할을 대신한다. 냉각기는 가스를 식혀 물방울이 형성되는 결과를 낳으며 데워진 두 번째 공간인 "바다(ocean)"로 이동한다. 대기의 공간에서 형성된 어떠한 복잡한 분자도 이 물방울 사이에 용해되어 바다 공간으로 이동하며, 이 과정에서 분석을 위한 표본이 추출되었다.

과학적인 분류법에 대하여 알아본다.

동정과 관계를 탐구하는 분류학

2000년 훨씬 전에 그리스 철학자 아리스토텔레스(Aristotle)는 살아 있는 생물들을 식물과 동물로 구분하여 체계적으로 분류했다. 그리스인들과 로마인들은 이 단순한 체계를 확장시켜 동물과 식물을 기본적인 단위인 고양이, 말, 참나무 등으로 나누었다. 이 단위들은 궁극적으로 속(genera, 단수로는 genus)이라고 부르기 시작하였고, 이 말은 "집단(group)"이라는 의미의 라틴어에서 유래하였다. 이러한 명칭들은 중세시대부터 체계적으로 당대 학자들의 언어였던 라틴어로, 고양이류는 고양이속(*Felis*), 말무리는 말속(*Equus*), 참나뮤류는 참나무속(*Quercus*) 등과 같이 쓰여졌다.

린네의 이명법

생물학자들은 18세기 중반까지 종이라고 부르던 특정 생물의 명칭에 주목하였다. 그들은 속의 명칭에 함께 기재적인 용어를 추가하였고, 이는 여러 이름 체계인 **"다명법"**이다.

생물의 단순한 명명법은 스웨덴 생물학자 린네(Linnaeus; 1707~1778)의 연구에서 유래하였다. **린네**는 1750년대에 유럽산 벌꿀을 *Apis pubescens, thorace subgriseo, abdomine fusco, pedibus posticis glabris utrinque margine ciliates*라는 다명(polynomial name)으로 명명하였다. 그러나 그는 이를 줄여서 두 단어로 된 이름인 *Apis mellifera*를 부여하였다. 이 두 개의 이름으로 나타내는 **이명법**(binomial naming)이 종을 지칭하는 기본적인 방법이 되었으며, 이미 앞의 내용에서 많은 이명들을 제시된 바 있다.

분류학(taxonomy)은 살아 있는 생물을 분류하는 과학 분야이다. 분류체계에서 특정 수준에 있는 하나의 생물 집단을 분류군(taxon, 복수로는 taxa)이라고 한다. 전 세계의 분류학자들은 두 종류의 생물을 동일한 학명으로 부를 수 없다는 데 동의하였다. 생물의 **학명**(scientific name)은 세계 어디에서든 동일하게 쓰여 일반 명칭으로 인한 혼란을 피할 수 있다.

이명의 첫 단어는 생물이 속해 있는 속(genus)을 나타내며 항상 대문자로 쓴다. 두 번째 단어는 특정 종을 가리키며 소문자로 쓴다. 두 단어들을 합쳐서 종 이름(혹은 학명)으로 불리며 표기할 때에는 이탤릭체로 쓴다. 그 실례로 사람의 학명은 **호모 사피엔스**(*Homo sapiens*)가 된다.

분류학적 계급구조의 한계

명명된 종들은 공유하는 특징들을 바탕으로 더 큰 무리로 체계화된다. 앞장에서 살펴본 것처럼 완벽한 진화설은 생물들이 조상형질이 아닌 파생형질에 기반을 두고 분류될 때 구축된다. 초기 분류학자들은 파생형질과 원시형질 간의 구분이 다를 수 있음을 알지 못하였다. 그 결과 많은 분류계급들이 재검토되고 있다. 계통적 혹은 분류학적 혁신이 지속되면서 린네의 분류학이라 불리는 분류체계의 기본 단위들에 대한 한계가 나타나고 있다.

린네의 계급구조

린네에 이어 수세기 동안 분류학자들은 더 크고 포괄적인 범주로 생물을 분류하기 시작하였다. 비슷한 특징을 가진 **속**(genus)들은 **과**(family)라는 무리로 분류되며, 유사한 과들은 같은 **목**(order)으로 분류한다. 공통된 특성을 갖는 목들은 동일한 **강**(class)에 속하며, 비슷한 특성을 지닌 강들은 동일한 **문**(phylum, 복수로는 phyla)에 속하게 된다. 마지막으로 문들은 더 큰 무리들인 **계**(kingdom)들 중 하나에 포함된다. 이러한 계들에는 두 종류의 **원핵생물**(prokaryotes)인 **고세균**(Archaea)과 **세균**(Bacteria), 진핵생물 중 주로 단세포 무리인 **원생생물**(Protisa) 그리고 세 개의 다세포 생물군인 **균류계**(Fungi), **식물계**(Plantae) 및 **동물계**(Animmalia) 등이 포함된다. 원생생물은 단계통 분류군이 아니며 계라는 용어는 원생생물을 일컫는 데 부적절한 명칭이다.

분류의 여덟 번째 계급으로 **영역**(domain)이라는 명칭이 종종 쓰이고 있으며, 생물학자들은 세 가지 영역을 인정하였다. 속 또는 이보다 상위 수준의 분류 단위의 명칭들은 대문자로 쓴다.

서로 다른 수준의 범위에는 단일의 분류군 혹은 소수 및 다수의 분류군들을 포함한다. 이를테면, 사람과(family Hominidae)에는 단 하나의 속인 사람속(*Homo*)만 있으나, 참나무과(family Fagaceae)에는 여러 개의 속들이 있다. 분류에 익숙하거나 적절한 참고문헌을 접할 수 있는 사람들에게 각 분류군은 일련의 특성을 가지며 그 분류군에 속하는 생물들의 무리로 인식된다.

그 실례로 유럽산 꿀벌의 분류는 다음과 같이 분석할 수 있다.

1. **종 수준**(species level)**:** *Apis mellifera*, 꿀을 운반하는 벌.
2. **속 수준**(tenus level)**:** *Apis*, 꿀벌속
3. **과 수준**(family level)**:** Apidae, 꿀벌과. 이 과의 모든 구성원들은 벌이다—일부는 혼자 지내고 다른 일부는 *A. mellifera*와 같이 무리로 산다.
4. **목 수준**(order level)**:** 벌목, 이는 꿀벌, 말벌, 개미, 잎벌을 포함하는 무리이며, 모두 막으로 둘러싸인 날개가 있다.
5. **강 수준**(class level)**:** 곤충강, 매우 큰 강으로 크게 세 개의 체절로 구성되며, 중간 체절에 붙어 있는 세 쌍의 다리와 날개를 지닌다.
6. **문 수준**(phylum level)**:** 절지동물문. 이 문에 속하는 동물은 키틴과 관절지로 이루어진 단단한 외골격을 지닌다.

7. **계 수준**(kingdom level): 동물계. 이 동물은 다세포 종속영양 생물로 세포벽이 없는 세포들로 구성된다.

계급구조의 한계

앞에서 현대 계통적 접근법에 대해 살펴본 바 있다. 이 방법에서는 진화론의 역사에 근거해 서로 다른 종 사이의 관계를 구분한다. 주로 분자 데이터(data)를 바탕으로 한 신 계통학은 린네의 계급구조는 공통조상과 후손의 역사에서 자연적으로 도출되는 계급구조 간의 관계를 파악하기에 부적합하다는 것을 밝혔으며, 새로운 진화 가설들이 밝혀지고 있다.

린네 체계에서의 문제점은 여러 개의 높은 분류 계급이 단계통이 아니어서(예를 들면 파충류), **자연군**(natural group)을 대표할 수 없다는 것이다. 공통된 조상과 그의 모든 후손들은 자연군으로 공통 조상에서 유래한 후손들이다. 그러나 **측계통**(paraphyletic) 혹은 **다계통**(polyphyletic)과 같은 무리들은 분류학자들에 의해 만들어진 인위적인 분류군들이다.

최근에 발견된 사실은 린네의 계급들은 어떤 의미에서는 동등하지 않다는 점이다. 이를테면 두 과들은 동시에 기원한 계통들을 대표하지 않는다. 한 과는 다른 과보다 7천만 년 전에 분기되었을 수도 있으며, 따라서 이러한 과들은 아주 다른 시기에 분기되고 진화적 적응을 거쳤을 것이다. 같은 시기에 공통조상으로부터 나누어진 두 군은 서로 다른 계급을 가질 수도 있다. 따라서 린네의 범주들을 이용한 비교는 오류의 소지가 있다. 이러한 경우에는 계통학적 관계에 대한 가설을 적용하는 편이 훨씬 낫다.

이 모든 차이들에서 얻은 하나의 결과는 과(family)들이 생물의 다양성에 대해 다른 정도를 보여준다는 것이다. 한 가지 예로 16,000종으로 이루어진 콩과(legume family)가 36종이 있는 고양이과(cat family)와 동일한 분류 체제의 수준에 있다고 단정하기는 어렵다. 각 계급의 차이로 인해 그것이 강(class)이든 목(order), 혹은 과(family)에 상관없이 진화를 예측하는 분류학적 계급으로 사용하는 데 한계가 있다.

6계 분류체계

생물의 가장 큰 무리인 계(kingdom)와 영역(domain)에 대해 알아본다. 초기의 분류 체제에서 생물들은 두 개의 계인 동물계와 식물계로만 인정하였다. 그러나 생물학자들이 미생물을 발견하고 다른 다세포생물을 인식하기 시작하면서 기본적인 특징에 차이를 보이는 계들을 추가하였다. 6계 분류체계는 미국 일리노이 대학교의 우스(Woese)가 제안하였다(**그림 8.3**).

단계통이 아닐 수 있는 6계

6계 분류체계(Six Kingdom System)에서, 4계는 진핵생물로 구성된다. 두 개의 가장 잘 알려진 동물계(Animalia)와 식물계(Plantae)는 대부분의 생활사에서 다세포로 이루어진 생물들을 포함한다. 균계(Fungi)는 다세포 형태와 단세포 효모를 포함한다.

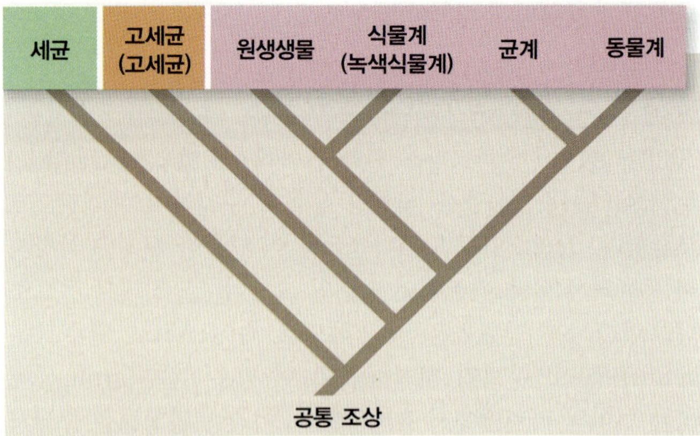

그림 8.3 생물 분류의 여러 접근법.
진핵생물은 4계로 분류되며, 이 중에서도 특히 원생생물은 반드시 단계통은 아니다.

이들 3계들은 기본적인 차이를 보이는데, 식물들은 주로 비운동성이나, 일부는 운동성이 있는 정자를 갖는다. 대부분의 균류는 운동성 세포들이 없으며, 동물은 주로 운동성이 있거나 이동이 가능하다. 동물은 먹이를 섭취하고, 식물은 먹이를 만들고, 균류는 세포 밖으로 효소를 분비하여 먹이를 소화시킨 다음 흡수한다.

이들 3계에 많은 진핵생물들은 인위적으로 **원생생물**(Protista)이라 부르는 하나의 계로 분류한다. 대부분의 원생생물들은 단세포이며 일부 조류의 경우에는 단세포 형태를 갖는다. 이 계는 현재 분류학적 및 계통적 접근에서 많은 논란이 있다. 원생생물은 측계통군으로 뚜렷한 진화적 기원을 가진 몇 개의 단계통 적응군으로 구성된다.

나머지 두 계인 **고세균계**(Archaea)와 **세균계**(Bacteria)는 원핵생물로 구성되며 다른 생물과는 큰 차이가 있다. 고세균계는 다양한 무리로 메탄 생성균과 호열성 세균을 포함하며, 그 구성원은 세균과 같은 원핵생물의 구성원들과 다르다.

진핵생물의 세포내 구획화

원핵생물은 적어도 10억 년 동안 지구를 지배하였다. 어떤 다른 생물도 원핵생물을 먹거나 원핵생물과 경쟁하지 않았다. 게다가 작은 원핵세포는 세계에서 가장 오래된 화석을 형성하였다. 생물의 세 번째 영역인 진핵생물 영역의 화석은 25억년경에 발견되었다. 그러나 진핵세포들은 원핵세포들과 유사한 대사 작용을 함에도 불구하고, 진핵세포들의 구조와 기능은 그들이 더 큰 세포가 되어 다세포 생물로 진화하는 원동력이 되었다.

세포내 공생과 진핵생물의 기원

진핵생물(eukaryotes)의 특징은 복잡한 세포 구조를 지니고 있다는 것이며, 광범위한 **내막계**(endomembrane system)는

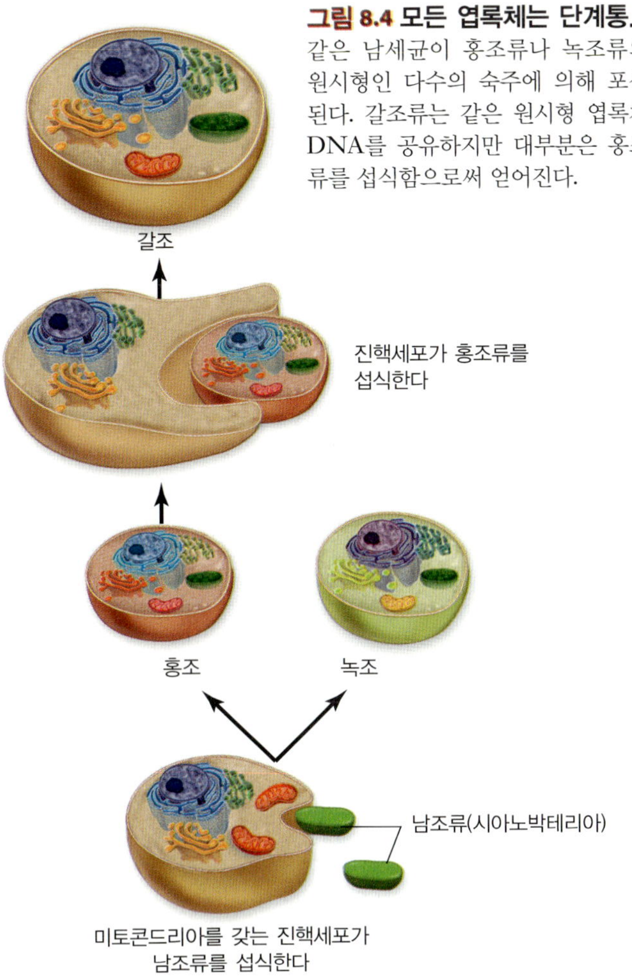

그림 8.4 모든 엽록체는 단계통. 같은 남세균이 홍조류나 녹조류의 원시형인 다수의 숙주에 의해 포식된다. 갈조류는 같은 원시형 엽록체 DNA를 공유하지만 대부분은 홍조류를 섭식함으로써 얻어진다.

진핵세포를 기능적으로 구획화한다. 그러나 내막계로부터 모든 세포가 **구획화**되는 것은 아니다.

현대 진핵세포는 일부 경우를 제외하고 에너지를 생산하는 소기관인 **미토콘드리아**를 갖고 광합성 진핵세포는 에너지를 수확하는 소기관인 **엽록체**를 갖는다. 미토콘드리아와 엽록체는 **세포내 공생**(endosymbiosis)을 통해 초기 진핵세포에 유입된 것으로 보인다(**그림 8.4**).

미토콘드리아는 자색황세균(purple sulfur bacteria) 혹은 초기 진핵세포들에 유입된 리케차들의 후손이다. 엽록체는 남세균에서 유래하였다. 홍조류(red algae)와 녹조류는 직접 남조균을 섭식하여서 엽록체를 얻었다.

바이러스의 특이성

바이러스(virus)는 생물의 특징 중 일부 특성만을 지니며, 기생성 거대분자로 단백질 외피 안에 있는 DNA나 RNA를 일컫는다. 그들은 스스로 생식할 수 없으며, 이러한 이유에서 생물학자들은 바이러스를 생물로 간주하지 않는다. 그러나 바이러스는 세포내에서 생식하며 숙주에게 치명적인 영향을 미치기도 한다.

일부 바이러스가 진핵생물 유전자의 유사한 점으로 미루어보아 바이러스는 생물에서 떨어져나간 게놈 조각으로 인식되고 있다. 따라서 바이러스는 분류학적으로 특별한 문제점을 나타내며, 생물이 아니기 때문에 그 어떤 계에도 포함될 수 없다.

바이러스는 외양과 크기가 천차만별이다. 가장 작은 바이러스는 지름이 약 17나노미터(nm)이고 가장 큰 것은 크기가 1,000 nm(1 마이크로미터 = μm) 정도이며, 광학현미경으로는 관찰하기 어려우며, 전자현미경으로 관찰이 가능하다(**그림 8.5**).

생물학자들은 19세기 말경에 바이러스의 존재에 대해 의구심을 품기 시작하였다. 유럽의 과학자들은 가축의 구제역(hoof-mouth disease)으로 의심되는 감염물질을 분리하기 위해 노력하였고, 그 결과 감염물질이 세균보다 더 작은 크기라는 것을 알게 되었다. 바이러스의 특성은 생물학자 스탠리(Stanley)가 1933년에 **담배 모자이크 바이러스**(tobacco mosaic virus, **TMV**)의 추출물을 정제하던 과정에서 발견되

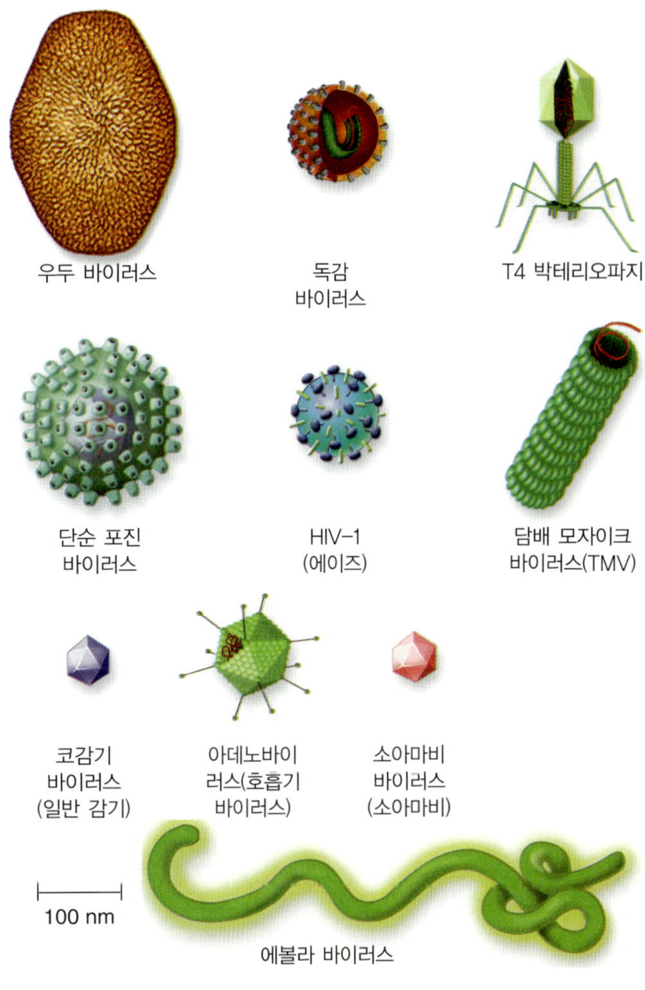

그림 8.5 바이러스의 다양성. 바이러스의 모양과 크기는 매우 다양하다. 그림에 제시된 바이러스들의 크기를 기준으로 본다면, 사람의 머리카락은 8 m 두께가 된다.

었다. 놀랍게도 정제된 TMV는 결정 형태로 침전되었고, 바이러스는 생물이라기보다는 껍질에서 분리된 화학물질처럼 행동하였다. 스탠리는 TMV가 살아있는 생물이라기보다는 화학물질에 불과하다고 결론지었다.

그 후 과학자들은 TMV의 분해를 통해 스탠리가 옳다는 것을 입증하였다. TMV는 세포가 아닌 화학물질이었다. TMV를 이루는 각각의 분자는 사실상 RNA와 단백질의 화학적 혼합물이었다. TMV는 RNA가 중심에 있는 단백질로 이루어진 관으로 구성된다. 두 구성요소가 분리된 후 다시 결합한다면, 재구성된 TMV 입자들은 건강한 담배 식물들을 감염시킬 수 있다.

1.3 식물의 기원

녹조류를 조상으로 하는 육상식물의 기원은 가장 주요한 진화적 사건으로 간주되어 왔다. 분자계통학에서 육상식물이 원시 녹조류에서 유래하였음이 밝혀졌으며, 육상식물의 진화는 한 번에 일어났는데 이는 생물이 육지로 이동하는 놀라운 도전의 조짐이었다.

분자계통학에 의한 육상식물 근접 생물들의 발견

조류와 최초의 육상식물 사이의 계통적 관계는 애매하여 오랫동안 논쟁이 되어왔다. 세포생물학, 생화학, 분자계통분류학은 각각 놀랍고 새로운 진화설을 제시하였다.

녹조류(green algae)는 녹조식물과 스트렙토식물(Streptophyta)의 2개의 단계통군으로 구성된다. 육상식물은 사실상 스트렙토식물의 일원이며, 별개의 계는 아니다. 새로운 계통적 정보는 육상식물을 계가 아닌 스트렙토식물 조류군으로 구분하였다. 스트렙토식물은 자매 녹조류 계통군인 녹조식물과 함께 녹색식물계를 구성한다고 대부분 생각하고 있다.

최초의 스트렙토식물은 무엇이었을까? 서로 다른 계통발생학적 분석(phylogenetic analysis)에 의해 다른 결과들이 얻어졌으나, 여러 가지 단서들은 비늘 모양의 단세포 편모류인 메소스티그마(메소스티그마목-order Mesostigmatales)가 최초의 스트렙토식물의 갈래라는 주장을 지지한다.

어떤 스트렙토식물 계통군이 육상식물과 가장 근접한가? 여기에는 두 개의 후보자가 있는데, 약 300종이 속하는 윤조목(Charales)과 약 30여종이 속한 콜리오키트목(Coleochaetales)이다. 두 계통 모두 담수 조류지만 윤조목은 미세한 콜리오키트목에 비하면 훨씬 크다. 현재는 윤조목이 육상식물의 자매군(sister clade)으로 보이며, 콜리오키트목은 그 다음에 근접한 자매군으로 여겨지고 있다. 4억 2천만 년 전의 윤조목 화석은 육상식물의 공통된 조상이 상대적으로 담수 조류였다는 것을 제시하고 있다.

1.4 동물의 분류

분자계통학은 동물을 포함한 모든 계(kingdom)에 대한 진화의 역사를 이해하는 새로운 관점을 제시해주고 있다. 일부 계통수들은 변화하고 있으며, 포유동물의 계통수들을 포함한 다른 계통수들이 구축되고 있다. 여기에서는 환형동물과 절지동물의 관계, 절지동물 내의 관계, 포유동물의 계통적 관계의 발견에 대해 알아본다.

체절의 기원

절지동물문은 백만 종 이상을 포함하는 무척추동물의 무리로 곤충류와 갑각류로 구성되며, 다른 무척추류는 지렁이와 같은 체절을 이루는 동물을 포함한다. 체절과 같은 형태적 특징들은 과거에 절지동물과 환형동물을 분류하는 데 이용되었지만, rRNA 서열 비교는 이들의 관계에 의문을 제시하고 있다. rRNA 서열이 확보되면서 분류학자들은 환형동물과 절지동물은 기존에 믿었던 것보다 훨씬 먼 관계라는 것을 명확하게 알게 되었다.

체절의 진화적 출현

진핵동물들 간의 차이는 입과 항문의 배발생 시기를 바탕으로 분명하게 된다. 환형동물과 절지동물은 **선구동물**(원구동물, protostome)군에 속하며, 입이 항문보다 먼저 발생한다. 사람을 포함하는 척색동물은 **후구동물**(deuterostome)군에 속하며, 항문이 입보다 먼저 형성된다.

새로운 분자적인 특징들이 추가되면서, 환형동물과 절지동물이 2개의 다른 선구동물의 갈래인 **촉수담륜동물**(lophotrochozoans)과 **엑디소조안**(ecdysozoans)으로 뚜렷이 구분된다. 이 두 갈래는 원시시대부터 독립적으로 진화했다. 촉수담륜동물은 편형동물, 연체동물, 환형동물을 포함한다. 두 개의 엑디소조안문들은 성공적으로 선형동물(nema-todes)과 절지동물로 진화되었다.

새로운 선구동물 계통에서 환형동물과 절지동물은 과거와 같이 단계통을 구성하지는 않는다. 이것이 암시하는 바는 기존에 알려진 것처럼 선구동물에서 체절은 한 번이 아닌 두 번에 걸쳐 나타났으며, 후구동물 중 척색동물에서만 다시 한 번 독립적으로 나타났다는 것이다.

체절의 분자적 특징

체절의 독립적인 출현에 대한 가장 타당한 설명은 동일한 과에 속하는 유전자들은 최소한 세 번에 걸쳐서 상호작용을 한다는 점이다. 체절은 homeodomain 영역을 포함하는 *Hox* 유전자들에 의해 조절된다. *Hox* 원시 유전자들은 엑디소조안과 촉수담륜동물보다 앞서 나타났다. 촉수담륜동물, 엑디소조안, 후구동물의 원시 조상들은 이미 7개의 *Hox* 유전자를 지니고 있었을 가능성이 크다. 이러한 유전자들 중 일부는 체절에서 기능을 갖도록 진화한 것으로 보인다.

자매군인 곤충과 갑각류

절지동물(arthropods)은 동물의 전체 문들 중 가장 다양하며, 전체 기재된 동물종의 80%를 차지한다. 절지동물 중에서 곤충류는 전통적으로 갑각류(새우, 게, 바닷가재)와 구분되었으며, 대신에 다족류(지네, 노래기)로 분류하였다.

아직도 널리 통용되는 이 계통수는 스노그라스(Snodgrass)가 1930년대에 수행한 표준 연구로 거슬러 올라간다. 그는 곤충류, 지네류, 노래기류가 **단지형**(uniramous) 부속지를 포함하는 몇 개의 강력한 특징으로 인해 통합된다고 지적하였다. 이와 대조적으로 모든 갑각류 부속지(appendages)는 기본적으로 두 가닥인 **이지형**(biramous)이다. 그러나 일부 부속지는 진화의 과정에서 퇴화하여 하나의 부속지로 되어 있다.

분류학자들은 전통적으로 이분지형 부속지와 같은 형질은 진화의 과정에서 남아 있는 기본적형이며, 따라서 분류학적 차이를 구명하는 데 적절하다고 가정하고 있다. 그러나 분자적 방법이 발달하면서 이 가정에 문제점이 나타나고 있다.

Hox 유전자와 부속지

절지동물의 부속지의 양상은 *Hox* 유전자 등에 의하여 조절된다. *Hox* 유전자 중에 디스탈-리스(*Distal-less*)라 부르는 유전자는 아직 갈라지지 않은 곤충의 부속지와 갑각류의 갈라진 부속지의 발달을 유도한다고 밝혀졌다. 동일한 디스탈-리스 유전자는 척추동물을 포함하는 여러 동물문에서 발견된다.

디스탈-리스 유전자는 부속지의 발달을 유도하는 데 필요하며, 또한 부속지 그 자체의 발달에 직접적으로 참여하는 유전자들을 작동시킨다. 디스탈-리스 유전자가 작동하는 유전자들의 진화적 변화는 부속지 형태의 차이를 설명할 수 있다.

분류학적 관계에서 변화는?

최근 형태와 분자 정보가 누적되면서 많은 분류학자들은 새로운 절지동물 계통수들을 제안하고 있다. 6개의 다리를 갖고 뭍에서 서식하는 육각류는 갑각류와 근접하지만 다족류는 아니다. 육각류와 갑각류는 범갑각류라 부르는 계통군을 형성한다. 그러나 육각류가 단계통이 아닌 것으로 보아, 갑각류 조상이 여러 차례 육지로 옮겨간 것으로 여겨지고 있다. 범갑각류 간의 관계는 육각류가 "날아다니는 갑각류"임을 알려준다.

이러한 결론은 150년 된 형태를 바탕으로 한 계통적 추론과 충돌하여 논쟁을 활성화시키고 있다.

포유동물의 계통수

앞서 언급된 절지동물의 예에서, 진화의 역사에 대한 우리의 이해가 다시 작성되고 있다. 포유류에서도 분자 자료에 근거한 계통수가 부분적으로 나타나고 있다.

태반을 가진 4군의 포유동물

척추동물강(vertebrate classes) 중에서 포유류는 새끼를 먹이는 데 필요한 유선을 가지고 있다는 점에서 독특하다. 90% 이상 되는 대부분의 포유류는 **진수류**(eutherians) 혹은 태반이 있는 포유동물들이다. 진수류에는 최소 18개의 현생 목(extant order)들이 있으며, 이들은 현재 4개의 주요 군으로 분류된다.

포유류의 최초의 분기는 약 1억 년 전에 남미와 아프리카가 분리되었을 때, 아프리카 계통군과 다른 태반을 가진 포유류 사이에서 나타났다. 땅돼지와 코끼리는 아프리카 계통의 일부인 아프로테리아이며, 이들은 10년 전만 해도 알려지지 않았던 계통군이다. 남미에서 개미핥기와 아르마딜로가 이어 나타났다. 그 후에 두 개의 계통이 나타났는데, 한 계통군은 짝수 발가락을 가지는 유제류(낙타, 라마, 다른 유제류), 홀수 발가락이 있는 유제류에 속하는 기제류(말이나 코뿔소)와 육식동물을 포함하는 부류이고, 다른 계통군은 영장류와 설치류를 포함하는 부류이다. 이들 계통군 내에서 관계를 정립하기 위한 연구는 계속되고 있다.

고래와 하마

고래의 기원에 대해서는 200년 이상 논쟁이 계속되어 오고 있다. 고래는 화석과 현존하는 동물의 두개골의 뼈와 이빨 모양 등의 형태학적 정보에 근거해 돼지류와 가깝다고 간주되었다.

그러나 DNA 서열 자료는 고래와 하마 사이에 매우 밀접한 관계를 보여주어, 고래는 우제류에서 파생하였다는 것을 시사하고 있다. 고래와 하마는 하마와 소의 관계보다도 훨씬 더 밀접한 관계에 있다. 이러한 새로운 계통 정보로 인해 수중 환경에 적응한 두 종이 공통 기원일 가능성이 높아졌다. 최근 발견된 뒷다리가 있는 고래 화석은 고래의 기원이 우제류였다는 사실을 증명해주고 있다. 이 발견 전에는 그 어떤 고래 화석에서도 뒷다리를 발견하지 못하였으므로, 고래와 우제류를 통합하는 주요 특징인 발목뼈는 알려지지 않았다. 고래와 하마의 화석에서 80가지 형질을 자세히 분석한 결과는 5천만 년에서 6천만 년 전에 안스라코세레스에 속하며 물을 좋아하는 조상이 존재하였음을 시사한다. 안스라코세레스는 두 개의 무리로 구분되는데, 한 무리는 수생환경으로 돌아갔다. 다른 무리는 최소한 37개의 속을 낳았으며, 이들의 후손은 하마만을 남겼다. 이 경우 분자 정보는 고래 기원에 대한 새로운 해석을 제공하였고, 이는 후에 화석 증거로 확인되었다.

생물 간의 진화적 관계에 대한 이해는 생물학자들에게 생물을 명명하는 질서와 논리를 제공한다. 계통에 근거한 분류는 연구자로 하여금 연관된 종에서 알려진 정보를 이용하여 생리, 행동, 발생 등에 관계된 중요한 질문을 제공한다. 이러한 정보들은 생물의 복잡성이 어떻게 진화하였는지에 대한 이해를 도와주며, 생물의 중요한 특성과 기능의 역사와 기원 연구에 새로운 관점을 제시한다.

연 습 문 제

Exercise

1. 밀러-유리 실험이 증명하는 것은?
   a. 지구상의 생물의 기원
   b. 유기분자들이 원시대기에서 생성되었다.
   c. 지구의 초기 유전물질은 DNA이다.
   d. 원시대기는 상당량의 산소를 포함하였다.
2. 진핵생물의 진화에서 제일 먼저 일어난 사건은?
   a. 세포내 공생과 미토콘드리아 진화
   b. 세포내 공생과 엽록체 진화
   c. 세포내 구획화와 핵의 형성
   d. 다세포 생물의 형성
3. 고래는 하마와 가장 가까운 무리라는 주장을 지지하는 가장 설득력있는 단서는?
   a. 화석의 형태적 정보
   b. 하마의 형태적 정보
   c. 육식동물의 형태적 증거
   d. DNA 서열 정보
4. 최근에 화성에서 단세포 원핵생물의 단서를 발견한 연구팀에 속해 그 생물에 대한 연구를 시작하면서 지구의 생물 종을 비교한다면, 어떤 생물 영역에서 대조 종을 선택하여 그에 대한 설명을 할 것인지 서술하라.

제 9 장 바이러스와 원핵생물

Virus and Prokaryotes

1 바이러스

1.1 바이러스의 특성

모든 **바이러스**(virus)는 단백질로 둘러싸인 핵산으로 이루어진 공통된 기본 구조를 지니고 있다. 이 구조에는 세포질이 없기 때문에 세포라고 부르지 않는다. 바이러스는 DNA나 RNA 중 한 가지 핵산을 가지며, 이 DNA나 RNA 게놈은 선상(linear)이거나 환상(circular)이며, 단일가닥이거나 이중가닥이다.

RNA 바이러스들은 RNA 게놈이 여러 분자로 나누어져 있는 종류도 있고, 단일가닥으로 되어 있는 종류도 있다. 바이러스는 게놈의 성질에 따라 RNA 바이러스, DNA 바이러스, 레트로바이러스(retroviruses)로 구분된다.

바이러스: 단백질 껍질에 둘러싸인 핵산 구조

거의 모든 바이러스의 핵산은 **그림 9.1**에서 보는 것처럼 단백질 껍질인 **캡시드**(capsid)로 둘러싸여 있다. 캡시드는 반복적

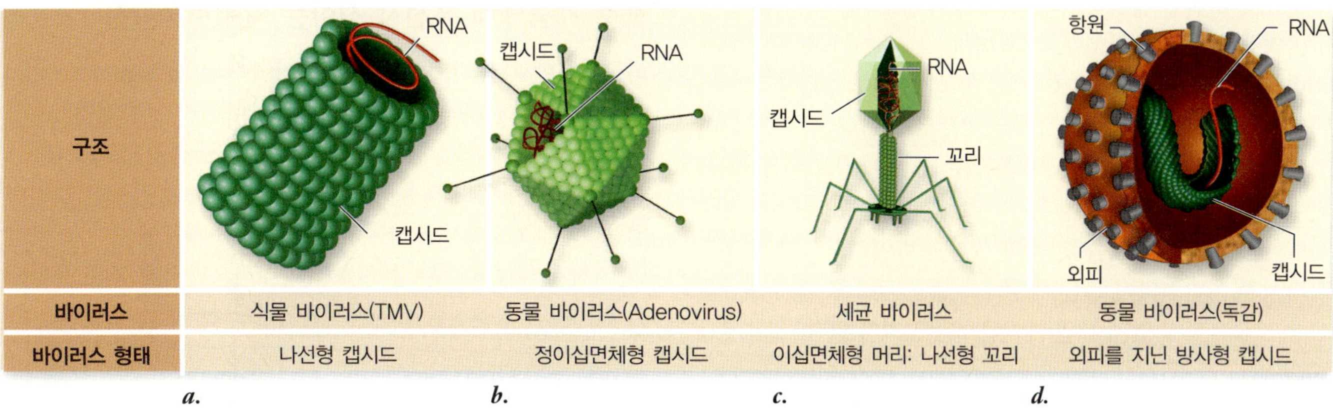

그림 9.1 바이러스의 구조.
바이러스는 대칭성에 따라 나선형, 정이십면체형, 이중 대칭, 다형성 등으로 구분된다. ***a.*** 담배 모자이크 바이러스(TMV)의 캡시드는 나선형이다. TMV는 식물에 감염하며, 2,130개의 동일한 단백질 분자들(녹색)이 단일가닥 RNA(적색) 주위를 원통형으로 감싸고 있다. ***b.*** 정이십면체형은 동일한 20면의 삼각형으로 이루어져 있는데, 기본형은 같으나 크기가 다른 여러 종류의 바이러스들이 존재한다. ***c.*** 박테리오파지는 여러 형태인데, 이중 대칭형은 대장균의 T4 파지 같은 파지에서만 보인다. 이십면체형인 머리 부위에 게놈이 들어 있으며, 나선형의 꼬리를 지닌다. ***d.*** 이 바이러스들은 독감 바이러스처럼 캡시드를 둘러싼 외피를 가지며, 다형적 외양을 가진다. 독감 바이러스의 게놈은 8개의 RNA 단편이 각각 나선형 캡시드 내에 들어 있다.

으로 배열되는 한 가지 또는 여러 가지의 단백질로 구성되는데, 반복 단위를 **캡소머**(capsomer)라고 부른다.

일부 바이러스에서는 캡시드 안에 핵산과 함께 특수화된 효소가 들어 있다. 그 한 실례가 레트로바이러스가 그들의 주기를 완성하는 데 필요한 역전사효소(reverse transcriptase)인데, 이 효소는 숙주에서는 발견되지 않는다. 이 효소는 감염 초기에 필요하며 각 바이러스에 들어 있다.

많은 동물 바이러스는 캡시드 주위에 단백질, 지질, 당단백질 분자가 풍부한 외피를 가지는데, 외피의 지질은 숙주 세포막으로부터 온 것이지만, 단백질은 바이러스 유전자에 의해 만들어진 것이다.

거의 모든 생물체를 숙주로 하는 바이러스

바이러스는 현재 조사된 모든 생물체의 세포 내에서 발견되며, 균류, 세균류, 동식물뿐 아니라 원생생물도 감염시킨다. 그러나 바이러스는 각 종류마다 제한된 범위의 숙주세포에서만 복제할 수 있다. 박테리아를 감염시키는 바이러스는 인간이나 식물세포를 감염시키기 어렵다.

특정 바이러스에 적합한 세포들을 통틀어 그 바이러스의 **숙주 범위**라고 부르며, 많은 바이러스는 다세포 숙주 내의 특정 세포만을 표적으로 하는 **조직 지향성**을 보인다. 그 실례로 광견병 바이러스는 신경세포에서 자라고, 간염 바이러스는 간세포내에서 복제된다. 일단 숙주 내로 침입하면 에볼라 바이러스(Ebola virus) 같은 치명적인 바이러스는 감염된 세포를 파괴하지만, 어떤 바이러스들은 숙주에 거의 또는 전혀 해를 입히지 않는다. 어떤 바이러스는 수년 동안 잠복하면서 감염 흔적을 나타내기도 한다.

사람의 경우 아동기에 수두에 걸렸다가 회복되고 몇십 년 후에 대상포진이 발발하는데, 수두와 대상포진은 동일한 수두 바이러스에 의해 발생한다. 이 바이러스는 수년간 잠복이 가능하며, 면역체계에 대한 스트레스로 인해 과거에 수두를 앓았던 사람에게 대상포진을 발생시키는 것으로 보인다. 같은 바이러스에 의해 생기지만 병명이 대상포진이므로 대상포진(herpes) 바이러스라고 한다.

한 가지 생물체에는 한 가지 이상의 바이러스가 존재한다. 따라서 바이러스의 종류는 엄청나게 많은 것으로 여겨지는데, 그중 지금까지 수천 종류의 바이러스만 알려져 있다.

숙주 세포장치를 이용하여 복제하는 바이러스

컴퓨터 프로그램이 컴퓨터 안에 입력되어야 복제될 수 있는 것처럼 바이러스는 숙주세포 안으로 들어가서 숙주세포의 장치를 이용해야만 복제할 수 있다. 바이러스는 그 게놈 자체가 일련의 지시 체계로 세포의 복제와 대사 효소로 자신을 복제할 수 있다. 컴퓨터 바이러스는 컴퓨터를 장악하여 통제 및 명령을 하는 유사한 행동 때문에 그런 이름이 붙었다. 바이러스를 가진 컴퓨터처럼 바이러스를 가진 세포는 그 감염으로 인해 손상된다.

바이러스는 세포에 들어가야만 재생될 수 있다. 세포 밖의 바이러스 입자는 **비리온**(virion)이라고 부르는데, 이 입자는 불활성이다. 바이러스는 단백질 합성에 필요한 리보솜이나 대부분의 효소를 가지지 않으므로 숙주세포의 전사와 암호해독 체계를 이용하여 단백질을 합성하는데, 바이러스 게놈에서는 **초기 유전자**, **중기 유전자**와 **후기 유전자**가 차례로 발현한다. 이 유전자 발현으로 바이러스의 핵산 복제와 바이러스 캡시드 단백질 형성이 가능해지며, 후기 유전자는 작업 라인에서 중요한 단백질을 지정하고 숙주세포로부터 바이러스 입자들을 방출시켜 준다.

1.2 박테리오파지

박테리오파지(bacteriophage)는 세균에 감염하는 바이러스로 이들은 구조적, 기능적으로 다양하지만 공통적으로 세균을 숙주로 삼으며, 줄여서 파지(phage)라고도 한다. 박테리오파지는 크기가 크고 복잡하며 비교적 다량의 DNA와 단백질을 지닌다.

대장균(*E. coli*) 감염 바이러스는 최초로 발견된 박테리오파지 중 하나이며, 아직도 가장 많이 연구되고 있다. 대장균에 감염되는 파지에는 여러 종류가 있는데, 그중 일부를 T계열(T1, T2 등)로 명명하였다. 형태적인 면에서 T3, T7 파지는 정이십면체의 본체에 짧은 꼬리를 가지는 데 비해 T 짝수 계열(T2, T4, T6) 파지들은 정이십면체의 머리와 주로 세 가지 단백질로 된 캡시드, 칼라와 긴 섬유들이 달린 목, 긴 꼬리 그리고 복잡한 기판 등으로 이루어져 있다.

숙주 게놈에게 유전자 전하는 박테리오파지

숙주세포에 바이러스가 융합되는 용원회로(lysogenic cycle)에서 바이러스 게놈의 융합시기 동안 바이러스 유전자 중 일부가 숙주 유전자와 함께 발현될 수 있다. 숙주세포의 RNA 중합효소는 바이러스 유전자를 마치 숙주의 유전자인 것처럼 읽는다. 때로는 이 유전자들의 발현이 숙주세포에 중요한 영향을 끼치게 되는데, 외래 DNA가 박테리오파지에 의해 유입되어 일어나는 형질전환을 **파지전환**이라고 한다.

콜레라균의 파지전환

박테리아인 비브리오균(*Vibrio cholerae*)은 보통 무해한 상태로 존재하지만 콜레라를 일으키는 독성을 띠기도 한다. 후자의 경우 세균은 치명적인 질병인 콜레라의 원인이 되지만 어떻게 비병원성 균주가 병원성 균주로 변화하는지는 밝혀지지 못하고 있었다.

최근에 용원 박테리오파지가 콜레라 독소를 만드는 유전

자를 숙주세균에 끼워 넣는다는 사실이 알려졌는데, 이 독소 유전자는 숙주 염색체에 끼어 들어가 다른 숙주 유전자와 함께 발현함으로써 비독성 세균을 질병의 원인균으로 전환시켜 준다.

독소를 만드는 파지가 이용하는 숙주에 침입하기 위해 이용하는 수용체는 비브리오균(*V. cholerae*)의 바깥 표면에 있는 선모이다. 선모(pili)가 없는 돌연변이 세균은 박테리오파지 감염에 내성을 가지는데, 이 발견은 콜레라 백신 개발에 중요하지만 아직까지 제대로 작용하는 백신이 개발되지는 못하고 있다. 파지전환은 선모를 발현하는 비독성 비브리오균을 모두 치명적 형태로 바꿀 수 있다.

인간 질병과 관련된 또 다른 예는 디프테리아균에서 발견되는 독소이며, 이 독소 역시 파지전환의 산물이다. 일부 감염성 살모넬라(*Salmonella*) 종의 표면에서의 변화도 이와 마찬가지이다.

1.3 사람의 면역결핍 바이러스(HIV)

동물에는 여러 가지 다양한 바이러스가 나타내며, 바이러스의 일반적 특성을 찾는 좋은 방법은 한 가지 동물 바이러스를 자세히 관찰하는 것이다. 비교적 최근에 발견된 치명적인 바이러스 질병인 **AIDS**(acquired immune deficiency syndrome)의 원인 바이러스에 대해 알아보자.

HIV에 의해 발생하는 AIDS

AIDS는 이전에도 미국에서 정확히 진단되지 않은 상태로 이 질병으로 사망한 경우가 수십 건에 이를 것으로 보이지만, 1981년 미국에서 처음 공식적으로 보고되었다. 냉동 보관된 혈장 시료와 더불어 현재 HIV의 진화 속도와 다양성을 고려하면, 사람의 HIV는 1950년대에 아프리카에서 시작된 것으로 추정되고 있다. AIDS의 공식 보고 후 얼마 되지 않아 레트로바이러스의 일종이 그 원인이라는 것이 프랑스의 과학자들에 의해 처음 밝혀졌다. 이 바이러스는 침팬지의 바이러스와 매우 유사하기 때문에 AIDS는 중앙아프리카에서 침팬지로부터 사람으로 숙주 확산이 이루어졌다고 보고 있다.

AIDS에 감염된 사람들의 HIV에 대한 저항력이 다양하게 나타난다. 어떤 사람은 병원균들의 감염에 대한 저항력이 거의 없어서 바로 양성을 보여 AIDS가 발달하여 사망하게 된다. 반복된 노출에도 HIV 양성이 되지 않거나 AIDS로 발달되지 않는 양성 반응을 보이는 사람들도 있다.

민감성에 차이를 보이는 것은 수세기 동안 천연두 바이러스에 의해 인간 집단에 부과된 선택적 압력 때문이라는 설명이 최근 가설이다. 백신과 면역체계의 성공으로 천연두는 사람에서 사라졌지만, 천연두가 소멸되기 전까지는 전 세계적으로 수십 억의 인구가 사망하였다.

HIV 감염에 의한 숙주 면역체계 파괴

AIDS 환자에서 HIV는 주로 **CD4⁺ 세포**, 특히 **T 보조세포**(T-helper cells)를 표적으로 한다. T 보조세포는 침입자에 대해 면역을 증가시키는 역할을 한다.

HIV에 감염되면 CD4⁺ 세포가 거의 다 사멸되는데, 이로 인해 방어체제 세포들이 행동을 개시하는 데 필요한 이 면역계 세포가 없기 때문에 환자는 세균이나 바이러스의 침입을 막아내지 못하고, 건강한 사람들이 쉽게 물리칠 수 있는 병원균들의 감염으로 죽음에 이르게 된다. 기회 감염(oppotunistic infection)으로 불리는 이 질병들은 보통은 질병을 일으키지 못하지만, HIV 감염으로부터 AIDS가 발달하는 과정의 중요 요인이 된다.

AIDS는 잠복기가 길어서 HIV가 침입한 뒤 8~10년 동안은 아무런 증상을 나타내지 않는다. 하지만 어떤 사람들은 몇 년 안에 증상이 나타난다. 잠복기 동안 HIV 입자는 순환하지 않지만, 바이러스는 프로바이러스(세균에서의 프로파지와 같은 개념)로 대식세포와 CD4⁺ 세포의 게놈 안에 융합된다.

HIV 검사

HIV가 순환하는 바이러스가 아니기 때문에 HIV 검사는 HIV에 대한 항체의 검사를 통해 이루어진다. 이는 혈액이 HIV에 노출된 사람들만 항 HIV 항체를 가질 것이므로, 이 검사로 HIV 양성 상태를 확인할 수 있는 추가적인 검사가 필요할지 결정하는 데 효과적이다.

AIDS의 확산

HIV 보균자가 긴 잠복기 동안 어떤 임상 증후군을 가지지 않더라도 전염력을 가지는데, 이 때문에 HIV 확산을 억제하기가 어려워진다. HIV의 잠복기가 긴 이유는 효과적인 면역반응으로 인해 감염회로가 감염된 사람에게 심각한 피해를 주지 않고 8~10년 동안 감염회로가 계속되기 때문인 것으로 보인다. 하지만 결국 바이러스에서 무작위적 돌연변이 사건이나 면역반응의 실패로 바이러스가 면역에 의한 방어 작용을 빠르게 극복하고, AIDS 발현 과정이 시작된다.

HIV에 의한 핵심 면역세포들의 감염

HIV가 사람에 감염하는 방식을 보면 동물 바이러스가 어떻게 복제하는지를 알 수 있는데, 비록 상세한 침투와 복제 과정에서 차이가 있을 수는 있지만 다른 대부분의 바이러스 감염이 유사한 과정을 거친다.

부착

HIV가 사람의 혈류로 들어오면 바이러스 입자가 몸 전체를 순환하면서 CD4⁺ 세포만 감염시킨다. 마찬가지로 다른 대부분의 바이러스도 특정 조직, 예를 들어 간염 바이러스는 사이에만, 광견병 바이러스는 뇌에만 감염된다. 이런 조직 지향성은 세포 표면과 바이러스 표면에 있는 단백질에 의해 결정된다.

그 실례로 일반 감기 바이러스는 세포에 침투하기 위해 ICAM-1 막 단백질을 수용체로 이용한다. ICAM-1은 면역 활성화와 스트레스의 경우 증가하는 단백질이다. 따라서 그 지역에 염증과 스트레스가 많아지면, 더 많은 수용체가 생겨 바이러스가 세포내로 침입하여 질병이 계속 진행된다.

HIV와 같은 바이러스는 어떻게 표적세포를 인식하는 것일까? 사람 신체의 모든 세포는 다른 유사한 세포와 구분 가능한 특정한 세포 표면 당단백질 표지가 있는데, 침입한 바이러스는 특정 유형의 세포에 결합할 수 있다. 각 HIV 입자도 표면에 gp120이라는 면역계 대식세포(macrophage)와 T 세포(T-cell) 표면의 표지 단백질 CD4에 정확히 들어맞는 당단백질을 가지고 있다. 이 두 가지 세포 중 대식세포가 먼저 감염되는데, 대식세포는 흔히 $CD4^+$ T 세포와 상호작용하며, 이는 T 세포가 감염되는 경로의 하나라고 여겨지고 있다. CCR5를 포함한 다른 수용체들도 바이러스의 침투에 중요한 역할을 하고 있으며, CCR5에 돌연변이가 생기면 HIV에 면역을 가지게 된다.

바이러스의 침입

대식세포의 CD4 수용체에 부착한 HIV는 CCR5 등 보조 수용체가 있어야 숙주세포의 원형질막 안으로 들어갈 수 있다. gp120이 CD4에 결합하면 모양이 변화하여 다시 CCR5와 결합할 수 있게 되는데, 이 결합으로부터 바이러스와 숙주세포의 원형질막 간 융합이 일어나 바이러스가 융합된 구멍 사이로 들어가게 된다.

복제

대식세포 안으로 들어간 HIV는 캡시드 껍질을 벗어버리고, HIV의 RNA와 효소는 세포질 내에 부유하게 된다. 이때 효소는 역전사효소로 바이러스 RNA에 상보적인 이중가닥 DNA를 합성하는데, 자주 일어나는 잘못으로 새로운 돌연변이를 일으킨다. 이 이중가닥 DNA는 숙주세포의 DNA로 끼어 들어가서 숙주세포로 하여금 많은 바이러스 입자들을 만들게 한다.

대부분의 외막이 있는 바이러스들처럼 HIV는 감염시키는 세포를 터뜨리거나 죽이지 않는 대신 새로 만들어진 바이러스들은 세포외 배출과 유사한 출아를 통하여 대식세포를 빠져나온다. 이와 같은 방식으로 HIV는 많은 바이러스를 만들면서 수년 동안 면역계를 파괴한다. 반면에 외피가 없는 바이러스들은 숙주세포를 터뜨리면서 빠져나오게 되는데, 외투가 있는 바이러스 중에도 이런 과정을 거치는 경우가 있다.

감염시기 동안의 HIV의 진화

감염시기 동안 HIV는 계속 복제하고 돌연변이를 일으킨다. 역전사효소는 DNA 중합효소에 비해 정확도가 떨어져 결과적으로 돌연변이가 만들어질 확률이 높아진다. 결국 우연히 gp120을 만드는 유전자가 변화되고, 이 새로운 gp120 단백질은 CCR5가 아닌 다른 수용체인 CXCR4와 결합하게 된다. 이렇게 해서 바이러스는 감염 초기에는 CCR5 수용체만을 표적으로 했다가 다른 유형의 세포들도 감염하기 시작한다. 궁극적으로는 중요한 기능을 하는 T 보조세포의 파괴 및 손실을 초래한다.

T세포가 급격히 감소하면 면역능력이 없어지고 AIDS가 발병하게 되기 때문에 암이나 기회 감염이 아무 제약 없이 환자에게 일어나게 되는 것이다. AIDS 때문에 사망한다는 것은 HIV 때문이 아니라 정상적인 면역계를 가진 숙주에게 보통은 해를 입히지 않는 다른 질병 때문이다.

HIV 생활사의 여러 단계를 표적으로 하는 AIDS 치료

미국 식품의약국(FDA)은 AIDS 치료에 이용되는 32가지의 항바이러스제를 지정하고 있다. 이 약들은 HIV 생활사에서 바이러스 침입, 게놈 복제, 바이러스 DNA의 융합, HIV 단백질의 성숙 등 4단계를 표적으로 하고 있다. 이들 중 대다수가 복제 효소 억제제, 역전사효소와 단백질의 성숙에 포함된 단백질 분해효소의 억제제이다. 바이러스의 침입을 막는 약은 두 가지뿐인데, 하나는 바이러스와 원형질막의 융합을 막아주고, 다른 하나는 키모카인(chemokine)의 보조 수용체 기능을 가진 CCR5를 막아준다. 염색체 내의 바이러스 게놈을 융합하는 **인터그라제**(intergrase) 효소를 표적으로 하는 치료제도 있다.

역전사효소 억제제

임상허가를 받은 첫 번째 약은 역전사효소(RT) 억제제인 AZT였다. 이 계통의 치료제는 AZT 같은 뉴클레오티드 또는 뉴클레오시드 역전사효소 억제제(NRTI) 및 비뉴클레오시드 역전사효소 억제제(NNRTI)의 두 종류로 나뉜다. 역전사효소는 숙주세포의 효소가 아니기 때문에 이 치료제들은 HIV, 또는 다른 역전사 바이러스에 선택적으로 작용한다. 비록 NRTI 치료제가 세포 효소에 영향을 주긴 하지만, 이들은 적은 양으로도 역전사효소를 막는다. 17종 이상의 RT 억제제가 현재 FDA의 승인을 받았다.

단백질 분해효소 억제제

AIDS 치료에 효과적인 두 번째 부류의 치료제는 단백질 분해효소 억제제이다. 이 약들은 당단백질을 분해하여 바이러스 복제와 조립에 필요한 더 작은 단백질로 만드는 단백질 분해효소를 표적으로 한다. 약 개발자들은 단백질 분해효소로 시작하여, 이 효소의 전이 상태 유사체(analogues)를 표적으로 했다. 현재 FDA 승인을 받은 10여 종 이상의 치료제가 있다.

바이러스 침입 억제

숙주세포로 HIV의 침입을 막는 두 가지 치료제가 FDA의 승인을 받았다. 하나는 2003년에 승인받은 융합 억제제인데, 이 약은 표적세포의 원형질막과 바이러스 외피의 융합을 막는다. 이 역시 CD4 수용체와 CCR5 같은 보조 수용체의 인지가 필요한데, 보조 수용체 차단제는 2007년도 중반에 승인된 신약이다.

인터그라제 억제제

많은 제약회사가 바이러스 인터그라제 단백질(intergrase protein)을 표적으로 하는 약을 개발하고 있다. 이 단백질은 바이러스 게놈의 숙주세포로의 융합을 촉매한다. 2007년 후반에 승인받은 물질이 있고 현재 승인을 위해 검토 중인 것도 있다.

복합치료

지금까지 연구된 약을 복합적으로 사용하는 것이 가장 성공적인 치료 형태이다. 두 가지 다른 NRTI와 NNRTI나 단백질 분해효소 억제제를 이용하여 적어도 세 가지 약을 함께 투여하는 것이 표준 치료 방법이다. 이 **복합치료**는 많은 환자의 혈류에서 HIV를 완전히 제거해 주었는데, 이 환자들 모두 한 가지 약에 대해 내성을 갖기 전에 복합 치료제를 사용하여 3달 안에 바이러스가 감소하였다. **고활성 항레트로바이러스 치료**(*HAART*)로도 알려진 이 복합치료의 이용으로 미국 AIDS 사망률이 1990년 중반에 도입된 이래 3/4으로 감소되었다.

복합치료는 신체로부터 HIV를 실제로 완전히 제거해주는 것은 아니다. 바이러스가 혈류에서 사라지더라도 미량의 바이러스가 환자의 림프 조직에서 발견되는데, 복합치료가 중단되면 혈류의 바이러스 양이 다시 증가하기 시작한다.

HAART 외에도 더 단순한 치료제의 개발을 위한 많은 노력이 이루어져 오고 있는데, 이는 복잡한 약일수록 환자들이 사용을 꺼려하기 때문이다. 그 실례가 2개의 NRTI를 한 번에 투약하는 방법이다.

아직 성공하지 못하고 있는 HIV에 대한 백신 개발

항 HIV 백신 개발을 위해 많은 노력이 기울여져 왔지만, 아직 완전히 성공적이지 못하고 있다. 최근 대규모의 국제 HIV 백신 연구는 초기 자료의 검토로부터 백신이 감염을 막거나 바이러스를 낮추는 데 본질적으로 소용없다는 것이 입증됨에 따라 중단되었다. 이에 따라 임상실험이 종점까지 기다리는 쪽에서 자료의 주기적 검토를 하는 방향으로 바꾸게 되었다. 이 백신은 특정 HIV 단백질을 **아데노바이러스 벡터**(adenovirus vector)로 삽입한 소단위체 백신이었다.

HIV의 높은 돌연변이율이 항상 백신 개발의 문제점으로 거론되었지만, 백신 실패의 이유는 더 근본적이고 극복하기 어려울 수 있다. 백신은 강한 세포 면역반응을 형성할 필요가 있지만, 투입된 어떤 HIV 소단위체 백신도 성공하지 못했다. 동물의 감염을 막을 수 있는 백신의 유일한 유형은 약화된 SIV로부터 만들어진 백신이었다. 하지만 시간이 지나면서 약화된 바이러스가 돌연변이를 통해 감염 바이러스로 변해서 실험에 이용된 동물들은 결국 유인원 AIDS에 걸렸다.

1.4 바이러스 질병들

인류는 수천 년 동안 독감, 천연두, 간염, 황열병, 소아마비, AIDS, SARS 등의 다양한 바이러스성 질병들에 대해 두려움을 겪어 왔다. 바이러스는 백혈병을 포함해서 여러 종류의 암도 일으키며, 농업과 임업 그리고 자연 생태계에도 커다란 손실을 일으키기도 한다.

독감과 독감 바이러스

인류 역사상 가장 치명적인 바이러스는 독감 바이러스였을 것이다. 1918~1919년 사이의 18개월 내에 미국과 유럽에서 2천만~5천만 명이 독감으로 사망하였다.

독감 바이러스 유형

독감 바이러스(influenza virus)는 동물성 RNA 바이러스로 그 모양은 두 가지 단백질로 이루어진 스파이크가 많은 간균 모양이다. 독감 바이러스는 캡시드 단백질을 토대로 세 가지 유형으로 구분되는데, **A형 독감 바이러스**(type A flu virus)는 사람에게 심한 독감 증세를 일으키며, 포유류와 조류에서도 나타난다. B형과 C형 바이러스는 사람만 감염시키고, 심각한 건강상의 문제를 일으키지는 않는다.

독감 바이러스는 스파이크 단백질의 차이에 따라 아형으로 구분되는데, 이 단백질 중에서 적혈구 응집소(H)는 바이러스가 세포 안으로 들어가는 데 필요하며, 다른 단백질인 뉴라미니다아제(N)는 바이러스가 복제된 후 숙주로부터 빠져나오는 데 필요한 단백질이다.

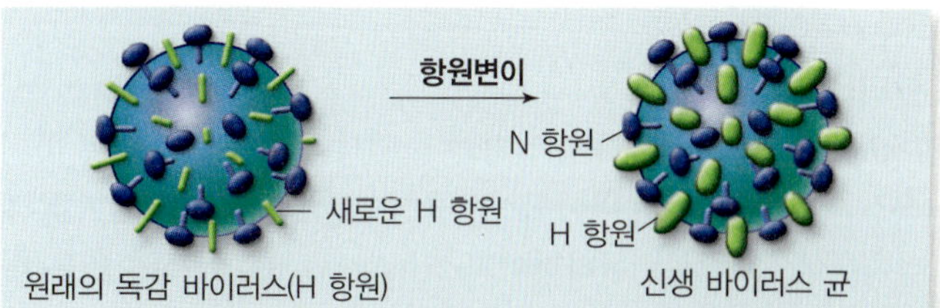

H 분자에는 바이러스 RNA가 부정확하게 복제되는 동안 돌연변이가 잘 일어나는 과열점(hotspot)이 있다. 바이러스 세대당 10만 개 바이러스 중 하나에서 이 스파이크 단백질에 점돌연변이가 일어난다. 이처럼 고도로 변화가 심한 H 분자의

부위는 숙주의 항체가 대응하는 주요 표적이며, 이 표적 부위의 가변성은 바이러스의 증식 능력을 증진시켜주어 백신 제조를 어렵게 한다.

H와 N 분자에서의 계속되는 변화 때문에 바이러스의 아형(sub-types)마다 다른 백신이 요구된다. A형 독감 바이러스는 현재 13가지의 *H* 아형과 9가지의 *N* 아형으로 분류되며, 각각에 대하여 특정 백신이 요구된다. 1918년에 세계적으로 유행한 독감을 일으킨 A형 바이러스는 1H형 분자와 1N형 분자를 가졌기 때문에 A (H1N1)라고 부른다.

재조합의 중요성

독감 바이러스에 대한 대응에서 가장 큰 문제는 바이러스의 돌연변이가 아니라 바이러스의 재조합이다. 바이러스 유전자는 유전자 재조합으로 쉽게 새로운 H와 N 스파이크 단백질 조합을 만들어내기 때문에 사람의 항체가 이를 인식하지를 못한다.

20세기에 세계적으로 확산되었던 3대 유행성 독감은 이러한 H와 N의 재조합으로 생긴 바이러스 때문이었다. 1918년에 발생했던 **스페인독감 A**(H1N1)는 세계의 2천~5천만 명의 목숨을 앗아갔다. 1957년의 **아시아독감 A**(H2N2)로 미국인 10만 명 이상이 목숨을 잃었다. 1968년의 **홍콩독감 A** (H3N2)로 미국에서만 5천만 명이 감염되어 7만 명이 사망하였다.

새로운 숙주를 감염시키면서 출현하는 신생 바이러스

한 생물에서 기원한 바이러스가 다른 생물로 옮겨가서 숙주 범위를 확장하는 경우가 있는데, 이러한 숙주 확장은 흔히 새로운 숙주에게 치명적인 결과를 낳는다. HIV는 침팬지에서 기원하였으며, 비교적 최근에 인간에게 옮겨왔다. 독감 바이러스는 본래 조류 바이러스이다. 이와 같이 한 생물에서 다른 생물로 옮겨가서 질병을 일으키는 바이러스를 **신생 바이러스**라고 부른다. 오늘날 항공 교통의 발달로 인해 신생 바이러스는 신속하게 확산되고 있다.

한타바이러스

1993년 미국 남서부에서 갑자기 출혈성 질병을 일으키는 바이러스가 나타났다. 이 바이러스는 RNA 단일가닥을 가지며 본래 설치류에 기생하는 **한타바이러스**(hantavirus, 이름이 없는 바이러스라는 의미)의 일종인 것으로 밝혀졌다. 이 바이러스는 흰발생쥐(deer mice)의 배설물을 통하여 사람에게 옮겨진 것으로 밝혀져 흰발생쥐 집단을 조절하여 이 질병을 제어할 수 있었다.

출혈열: 에볼라

신생 바이러스 중 기원이 알려지지 않아 퇴치에 어려움을 겪는 경우도 있다. 이런 신생 바이러스 중에 가장 치명적인 것은 중앙아프리카에서 발생한 출혈열(hemorrhagic fever)의 원인인 **필로바이러스**(filovirus)로 50% 이상의 치사율을 나타낸다. 그중 하나가 **에볼라 바이러스**(Ebola virus)인데, 중앙아프리카의 고립된 지역에서 감염자 중 90% 이상의 사망률을 나타냈다. 1995년 여름 자이레에서 발생한 에볼라의 발생으로 감염자 316명 중 78%가 치사율을 보여 245명이 사망했다. 2004년 남수단의 얌비오에서 발발한 에볼라로 17명이 감염되어 7명이 사망하기도 하였다. 이 경우에 증상이 나타나자마자 가족으로부터 환자를 신속하게 격리시켜야 한다. 자연계에서의 에볼라 바이러스의 숙주는 아직 밝혀내지 못하고 있다.

사스(SARS)

2003년에 전 세계를 놀라게 하였던 **급성호흡기증후군(SARS)**은 코로나바이러스(corona-virus)의 신생 종이 원인으로 폐렴과 유사한 호흡기 증상을 일으키고, 8% 이상의 사망률을 나타냈다. SARS 코로나바이러스의 RNA 게놈 29,751개의 뉴클레오티드 서열이 규명되어, SARS 바이러스는 이전의 3개의 코로나바이러스와 관계없는 완전한 신종 유형으로 입증되었다.

SARS 바이러스는 중국에 서식하는 사향고양이(civets)나 다른 야생동물로부터 기원한 것으로 보고 있다. SARS 바이러스가 자연 집단에 분포한다면 효과적인 백신 없이는 앞으로 그 발생을 막기 어려울 것 같다. 최근의 자료에서 박쥐가 SARS 바이러스에 대한 자연계의 저장고라는 것이 알려지고 있는데, 이 발견이 바이러스 제어에 기여할지는 아직 불확실하다.

SARS의 게놈을 조사한 결과 돌연변이율이 낮아 백신을 만들면 효과가 있을 것으로 보고 있다. HIV나 독감 같은 다른 RNA 바이러스에 대한 항바이러스 물질들이 SARS 치료제 개발에도 도움이 되고 있다. 현재 여러 가지 항 SARS 물질과 백신이 전 세계 연구실에서 검증되고 있다.

암의 원인이 되는 바이러스

과학자들은 바이러스 감염과 암 발생의 관계를 연구해 왔다. 만성 B형 간염과 간암의 관계나 일부 **사람 파필로마바이러스**(human papillomavirus, HPV) 감염과 자궁경부암의 관계가 그 실례이다.

사람의 암 가운데 15%는 바이러스에 의해 발생하는 것으로 알려져 있다. 바이러스는 암을 일으키는 유전자의 발현을 자극하여 사람 세포의 생장 특성을 변화시킬 수 있다. 이 유전자의 정상 기능의 변화가 암을 유발한다.

이 변화는 바이러스 단백질이 **발암유전자**(oncogene) 발현의 조절을 간섭하기 때문에 생긴다. 바이러스 게놈과 숙주 염색체의 융합으로 세포주기 조절에 요구되는 유전자가 파괴될 수도 있으며, 바이러스 자체가 이 발암유전자를 지니고 있는 경우도 있다. 바이러스로 인해 생기는 암은 단순히 감염의 문제가 아니라, 세포내 유전자들과의 복잡한 상호작용과 여러 가지 과정이 관련되어 있다. 암을 형성하는 바이러스와 특정 암의 연관성은 암에 대한 백신 개발을 위한 연구의 초석이 되고 있다. 2006년 6월에 FDA는 자궁경부암을 막기 위해 11세 이상의 여성에게 새로운 HPV 백신의 사용을 승인하였다.

2 원핵생물

2.1 초기 세포

사람은 생명이 탄생할 당시에 존재하지 않았기 때문에, 간접적 증거만으로 초기 생명체를 추정할 수밖에 없다. 가장 직접적인 증거는 화석이지만 해석이 어렵고, 특히 생명체의 현미경적 증거를 찾아야 하기 때문에 더욱 쉽지 않다. 따라서 과학자들은 유기물질에 작용하는 생명체의 흔적을 찾기 위해 암석의 동위원소 비율의 변화로 탄소 성분을 분석하며, 마지막으로 생물의 기원이 되는 유기화합물의 존재를 조사한다.

초기 세포가 원핵생물이었음을 보여주는 미화석

현미경적 **미화석**으로부터 생물에 대한 증거를 찾거나 해석하는 것은 어렵다. 30억 년 이상 된 암석의 대부분은 오랜 세월이 흘렀기 때문에 지질학적 작용에 의해 변화를 받지 않을 수 없다. 가장 손상되지 않고 발견된 두 가지 주요 암석은 35~38억 년 된 남아프리카의 카발 지괴(Kaapvaal craton)와 호주 서부의 필바라 지괴(Pilbara craton)이다(지괴는 교란되지 않은 대륙 지각의 바위층을 일컫는 말이다). 이들 지층과 함께 다른 곳에서도 생명체로부터 유래된 것으로 보이는 구조가 발견되었다. 이 해석은 아직 논쟁 중에 있지만, 이 구조가 진정한 화석 세포일 것이라는 것이 점점 축적되는 증거들에 의해 지지되고 있다.

미화석은 현미경적 크기의 생물이 화석화된 형태이다. 많은 미화석은 크기가 작고(직경 1~2 μm) 단세포로서 외부나 내부 구조가 거의 없다(**그림 9.2**). 그래서 미화석은 현대의 원핵생물과 유사하게 보인다.

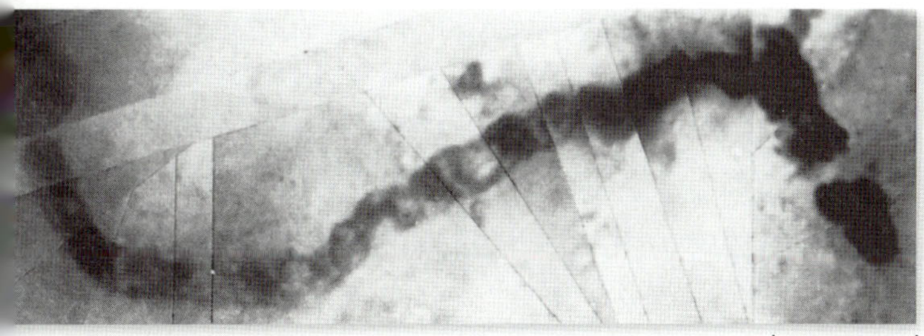

그림 9.2 세균 화석의 증거.
대략 10~35억 년 전의 암석에 세균 세포와 유사한 작은 화석이 포함되어 있다.

가장 오래된 미화석은 35억 년 전의 것이다. 이 미화석이 살아 있던 생명체의 일부라는 주장은 동위원소 자료와 더불어 화석이 복잡한 탄소 분자를 포함한다는 것을 나타내는 스펙트럼 분석(spectroscopic analysis) 결과로부터 지지받고 있다. 그러나 이 현미경적 구조가 진짜 화석 세포인지는 아직 논쟁 중이고, 여러 미화석에서 나타나는 원핵생물군의 정체 또한 아직 불분명하다. 의문의 미화석이 남세균이라는 주장(뒷부분에서 다룸)을 포함한 다양한 세균에 대한 논쟁은 계속되어 왔지만, 아직 정확한 해석은 어렵다.

탄소고정이 고대에 형성된 과정이라는 것을 보여주는 동위원소 자료

생명의 기원을 찾는 다른 방법은 지질학적 기록에서 생명체의 흔적을 찾는 것이다. 생명체는 환경을 변화시키는데, 때로는 이 변화의 추적이 가능하다. 가장 분명한 변화는 생명체가 이용하는 화합물의 탄소 동위원소에 대해 선택적이라는 것이다. 생명체는 탄소-12(carbon-12)를 자신의 세포에 흡수하여 대기 중 동위원소의 비율을 변화시킨다. 그리고 주위의 암석에 있는 것보다 화석 안에 더 많은 탄소-12를 함유한다.

오래된 화석에 있는 탄소 화합물의 연대를 측정하고 분석하여 생명의 흔적을 찾기 위한 노력이 이어져 왔다. 아직 논쟁 중이지만, 탄소의 흔적들은 탄소고정, 즉 무기 탄소로부터 유기물을 만드는 과정이 38억 년 전에도 있었음을 알려준다는 보고가 있다.

고대의 탄소고정은 네 가지 가능한 경로로 진행되었다. 가장 흔한 경로는 **캘빈 회로**이다. 이는 두 광계를 이용하여 산소 발생 광합성을 하는 남세균, 조류(algae) 및 현대 육상식물에 의해 이용되는 방법이다. 캘빈 회로는 단일 광계를 이용하여 산소 비발생 광합성을 하는 녹색과 자색의 황세균에서도 작용한다. 이 산소 비발생 광합성으로 고대의 탄소고정이 설명될 수 있다.

지금까지 캘빈 회로의 핵심 효소가 몇몇 고세균에서 확인되었지만, 아직 고세균에서는 전체 경로의 존재가 입증되지 못하고 있다. 대신에 환원형 **크렙스 회로**를 이용하는 고세균도 있다. 이 탄소고정 경로는 무기화합물의 산화로부터 에너지를 얻는 몇몇 화학합성세균과 녹색황세균에 의해서도 이용되며, 두 다른 경로는 화학합성세균, 고세균과 녹색비황세균에서 볼 수 있다. 그리고 탄소고정 능력이 진화 과정 동안 여러 번에 걸쳐 일어났다는 증거가 제시되고 있다.

2.2 원핵생물이 다양성

현재 수천 종류의 **원핵생물**(prokaryote)이 알려져 있지만, 실제로는 이보다 훨씬 많은 종이 존재한다. 최근 새로운 분자기술을 이용하여 배양하지 않고도 미생물을 확인하는 연구가 가능해지고 있다. 그 결과 배양을 할 수 없었기 때문에 발견된 적이 없거나 특성을 몰랐던 수천 종의 신종 미생물이 발견되었다.

원핵생물 종의 1~10% 정도에서만 특성이 알려져 있고, 나머지 90~99%는 아직 알려지지 않은 것으로 추정된다. 미생물학자가 연구하는 장소마다 신종이 발견되어, 종종 우리가 원핵생물에 대해 생각해 온 방식을 바꾸어 놓는다. 1970년대와 1980년대에는 새로운 유형의 원핵생물이 발견되어 원핵생물들을 **고세균**과 **세균**의 두 가지 집단으로 나누게 되었다.

고세균과 세균은 지구상에서 가장 오래되고 구조적으로 가장 단순하며 가장 많은 생물군들로 원핵세포로 구성되어 있는 유일한 생물들이다. 원핵생물은 진핵생물이 세상에 나타나기 전에 10억 년 이상의 기간 동안 풍부하게 분포했다. 초기 광합성세균(남세균)은 산소를 생산하여 지구의 대기를 변화시켰으며, 오늘날과 같은 매우 다양한 세균과 진핵생물의 다양성을 촉진시켰다.

원핵생물은 진핵생물처럼 흔하며 어디서나 산다. 또한 진핵생물이 살지 못하는 곳에서도 잘 자란다. 세균과 고세균은 심해저 동굴, 화산 주위와 빙하 깊은 곳에서도 발견된다. 다른 생명체에게 치명적인 곳이 될 수도 있는 극한 환경에서도 원핵생물은 살 수 있다.

많은 고세균은 **극한성 생물**(extremophile)들이다. 다른 생물이 익어버릴 만한 온천이나 다른 생물이 탈수될 수 있는 고염성 환경, 메탄가스나 황화수소 같은 독가스가 많은 공기 중에도 살고 있다. 남극 얼음의 435 m 깊이에서 사는 것도 발견되었다.

이런 혹독한 환경은 생명이 처음 시작되던 지구의 초기 환경과 유사할 것으로 생각된다. 원핵생물은 일찍이 이런 혹독한 조건에서 살도록 진화되었으며, 환경이 변화되었을 때에도 이 지역을 계속 이용할 수 있는 능력을 보유해온 것으로 보인다.

진핵생물과 근복적으로 다른 원핵생물

원핵생물은 진핵생물과 여러 가지 점에서 차이를 보인다. 이 차이에는 다음과 같은 생물을 분류하는 가장 근본적 특징들이 포함된다.

단세포성(unicellularity): 모든 원핵생물은 기본적으로 단세포이다. 일부 세포들은 서로 부착하여 섬유 형태를 이루기도 하지만, 각각 독립성을 유지한다. 남세균에서 특히 세포 간에 이와 같은 연결이 잘 나타나지만 다세포 진핵생물처럼 세포질이 서로 연결되지는 않는다. 하지만 이 섬유는 공통 세포벽을 지녀 단일 세포를 분리하기 어렵다.
자연환경에서 많은 종류의 세균은 **생체막**이라는 여러 종의 복잡한 군체를 형성할 수 있다. 다세포생물은 아니지만, 생체막은 실험실에서 배양되는 한 가지 종류만의 미생물의 순수 배양체보다 항생제, 건조 및 다른 환경적 스트레스에 더 잘 견딘다.

세포의 크기(cell size): 연구자들은 새로운 종류의 원핵생물이 발견될 때마다 원핵세포의 크기가 매우 다양하다는 것을 알게 되었다. 현재 가장 큰 세균 세포는 *Thiomargarita namibia*의 세포이다. 이 종의 단일 세포는 길이가 750 μm로 맨눈으로도 보이며 대략 땅벌의 눈 크기 정도 된다. 하지만 대부분의 원핵세포는 직경이 1 μm 이내이며, 그에 비해 대부분의 진핵세포는 크기가 그의 10배를 넘는다. 그러나 세포의 크기가 매우 큰 진핵생물뿐만 아니라 매우 작은 원핵생물도 있기 때문에 이를 일반화하기는 어렵다.

염색체(chromosomes): 진핵세포는 핵막이 있고, 그 안에 핵산과 히스톤 단백질로 조성된 염색체를 포함하는 핵이 있다. 그러나 원핵세포에는 핵막도 없고 핵도 없다. 그 대신 원핵세포는 세포내에 **핵양체** 부위에 DNA와 히스톤과 유사한 단백질로 이루어진 단일 환상 염색체가 있다.

세포분열 및 유전자 재조합(cell division and genetic recombination): 진핵생물의 세포분열은 **유사분열**에 의해 일어나며, 이때 미세소관으로 이루어진 방추체가 나타난다. 원핵생물의 세포분열은 주로 무성생식인 **이분법**에 의해 일어난다. 진정한 유성생식은 진핵생물에서만 일어나는데, 이를 통해 생식세포 생성, 수정과 성체로의 성장 및 생식세포의 생성을 반복하게 된다.

세포내 구획화(internal compartmentalization): 진핵세포에서 세포 호흡에 관여하는 효소들은 미토콘드리아 안에 있다. 원핵세포에서는 이 효소들이 세포막에 부착해 있거나 세포질에 있다. 원핵세포의 세포질에는 내부 구획이나 막이 있는 세포소기관이 없다. 리보솜은 있지만 진핵세포와는 구조적으로 매우 다르다.

편모(flagella): 원핵생물의 편모 구조는 단순하여 플라젤린이라는 단일 단백질 섬유로 되어 있다. 진핵생물의 편모와 섬모는 미세소관들이 9 + 2 구조로 된 복잡한 구조로 되어 있다. 세균의 편모는 단단하며 프로펠러처럼 회전하는 데 반하여, 진핵생물의 편모는 채찍처럼 움직인다.

대사의 다양성: 진핵생물은 단 한 유형의 광합성만 하며, 그 결과 산소를 방출한다. 광합성 세균은 두 가지 유형의 광합성, 즉 산소발생 광합성 및 산소 비발생 광합성을 한다. 산소 비발생 광합성을 하는 생물들은 산소 대신 황이나 황산염을 만든다.
원핵세포는 화학합성 생물인 경우도 많은데, 이는 무기물질의 화학결합에 저장된 에너지를 이용하여 탄수화물을 만들 수 있는 생물을 의미한다. 진핵세포는 이와 같은 대사를 하지 못한다.

2.3 원핵생물의 세포 구조

원핵세포(prokaryotic cells)는 상대적으로 단순하지만 세포 모양에 기초하여 분류될 수 있다. 또한 구조적인 다양성으로 인해 특정한 염색제에 의해 다르게 염색된다. 일부 유형의 세포에서는 발견되지만, 다른 유형에서는 발견되지 않는 특징들도 있다.

원핵생물의 3가지 기본 형태: 간균, 구균, 나선균

너무 단순화시키기는 했지만 형태에 기초하여 세균을 구분하는 것은 유용한 방법이다. 대부분의 원핵생물은 다음 그림에서 보는 바와 같이 세 가지로 구분할 수 있는데, 곧고 막대 모양인 **간균**(bacillus), 구형이나 타원형인 **구균**(coccus), 길고 나선형인 **나선균**(spirillum)이 그것이다.

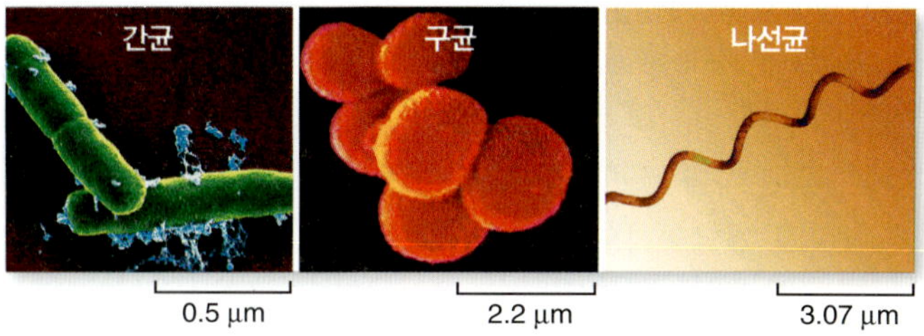

© Dr. Richard Kessel & Dr. Gene Shih/Visuals Unlimited

세균의 세포벽은 세포 형태에 가장 중요한 역할을 한다. 마이코플라스마(mycoplasma) 같이 세포벽이 없는 세균은 일정한 모양이 없다.

원핵세포는 모양이 다양한 만큼 환경에 따라 움직이는 방법도 매우 다른 경우가 많다. 많은 원핵생물은 세포의 바깥 표면에 **편모**를 가진다. 이 구조는 유동성 환경에서 세포를 전진시키는 데 이용된다. 일부 간균과 구균은 균체를 형성하는데, 분열한 뒤 끝과 끝이 서로 부착하여 사슬을 형성한다. 어떤 세균 세포는 부착된 구조로 변하거나, 길고 가지달린 섬유 형태로 자란다. 일부 섬유상 세균은 흔히 종축을 중심으로 회전하면서 미끄러지며 운동할 수 있다.

원핵생물의 세포벽과 외부 구조

원핵생물 **세포벽**(cell wall)은 복잡하며 여러 층으로 구성되는데 어떤 경우든 세균에게서만 발견되는 중합체인 펩티도글리칸으로 구성된다. 이 중합체는 펩티드 결합에 의해 교차 연결된 다당류 분자의 단단한 망을 형성한다. 이는 세포 모양의 유지와 더불어 환경에서 흔히 접하는 저장성 환경에서의 세포의 팽창과 파열을 방지하는 중요한 구조이다.

그램 양성균과 그램 음성균

그램 염색(Gram stain)이라는 염색 과정에 의해 분류되는 두 유형의 세균들이 있다. **그램 양성균**은 두꺼운 펩티도글리칸 벽을 가지며 자주색으로 염색되고, 그보다 흔한 **그램 음성균**은 얇은 펩티도글리칸 층을 가지고 적색으로 염색된다.

그램 양성균에서 펩티도글리칸은 세포의 외막 주위에 두껍고 복잡한 망을 형성한다. 이 그물망은 세포벽으로부터 돌출된 리포테이코산(lipoteichoic acid)과 테이코산(teichoic acid)을 함유하고 있다. 그램 음성균에서는 얇은 펩티도글리칸 막이 두 원형질막 사이에 샌드위치처럼 분포한다. 외막층에는 다당류 사슬이 부착된 지질인 당지질 분자들이 분포하고 있다. 외막층은 그램 음성균으로 하여금 그램 양성균의 세포벽 합성을 저해하는 여러 항생물질에 대해 내성을 가지도록 한다. 그 실례로 **페니실린**은 그램 양성균 세포벽의 펩티도글리칸에 있는 교차 사슬을 저해하여 생장하는 세균들을 죽인다.

S층

일부 그램 양성균의 펩티도글리칸이나 그램 음성균의 세포 외막층 밖에는 S층(S-layer)이라는 단단한 준결정 상태의 단백질, 또는 당단백질 층이 추가적으로 존재한다. 고세균에는 S층이 거의 보편적으로 존재하며, 유사 펩티도글리칸 층의 외부에서 발견되거나 또는 세포벽 자체를 대신한다. S층의 기능은 다양하지만 대체로 표면에 부착하거나 세포를 보호하는 기능을 한다.

피막

일부 세균에서는 부가적인 젤라틴질의 **피막**이 세포벽을 감싼다. 피막의 가장 중요한 기능은 원핵세포가 표면이나 다른 세포에 달라붙을 수 있게 하며, **식세포**(phagocytic cell)에 의한 인식을 방해하여 면역반응을 피할 수 있게 하는 것이다. 그래서 피막은 종종 질병을 일으키는 균의 병원성에 관여한다.

세균의 편모와 선모

많은 종류의 원핵생물은 가늘고 단단한 나선형의 단백질인 **플라젤린**으로 구성된 편모를 가진다. 이 편모는 길이가 3~12 µm이고 두께가 10~20 nm로 매우 가늘다. 원핵생물의 편모는 세포벽에 고착되어 있고 프로펠러처럼 돌면서 액체 환경에서 세포를 움직이게 한다. 편모에 대한 유전자가 없는 세균 세포는 유영할 수 없다.

선모는 일부 원핵세포에 나타나는 머리털 모양의 구조물이다. 선모는 편모보다 짧고 두께는 7.5~10 nm이다. 선모는 운동성보다 원핵세포가 적당한 기질에 부착하거나, 또는 세포 간 유전정보를 교환하는 데 중요한 기능을 한다.

내생포자 형성

일부 원핵생물은 영양 조건이 불리해지면 유전체와 약간의 세포질을 두꺼운 벽으로 둘러싼 **내생포자**(endospore)를 형성한다. 이 내생포자는 열악한 환경에 대한 내성이 강하며, 특히 열에 매우 강하여 수십 년 또는 수백 년이 지난 뒤에도 발아하여 새로운 개체로 될 수 있다.

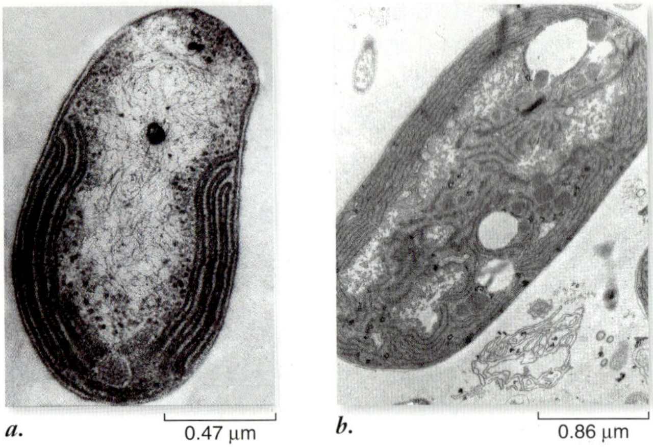

그림 9.3 복잡한 내막 구조를 지닌 원핵세포.
a. 이 호기성 세균은 세포질 내에 미토콘드리아에서 볼 수 있는 것과 유사한 확장된 호흡막을 가진다. ***b.*** 이 남세균은 광합성이 일어나는 장소인 틸라코이드 모양의 막을 가진다.

파상풍, 보툴리누스 식중독 및 탄저병의 원인이 되는 세균은 모두 포자 형성이 가능하다. 상처가 났을 때 파상풍균의 내생포자가 피부 깊숙이 침투하여 병을 일으키고, 사망에 이를 수도 있다.

원핵세포 내부의 구조화

원핵세포의 가장 기본적인 특징은 내부 조직이 단순하다는 것이다. 원핵세포는 진핵세포에서 볼 수 있는 기능적인 구획은 없지만 다음과 같은 구조물을 가진다.

내막: 여러 원핵생물은 호흡이나 광합성 기능에 필요한 원형질막 함입 부위를 가진다(**그림 9.3**).

핵양체 부위: 원핵생물은 핵이나 선형의 염색체를 가지지 않는다. 그 대신 유전자를 지정하는 이중가닥으로 된 하나의 DNA 고리가 고도로 응축되어 **핵양체**(nucleoid)라는 관찰 가능한 부위를 형성한다. 또한 여러 원핵세포는 작고 독립적으로 복제하는 플라스미드(plasmid)라는 환형 DNA를 가진다. 플라스미드에는 소수의 유전자만 들어 있으며, 이 유전자들은 세포에 선택적인 이득을 줄 수 있지만 대개 생존에 필수적인 것은 아니다.

리보솜: 원핵생물의 리보솜은 진핵생물의 것보다 작고, 단백질과 RNA에도 차이를 보인다. 테트라사이클린이나 클로람페니콜(chloramphenicol)과 같은 항생물질은 원핵생물의 리보솜에 결합하여 단백질 합성을 차단하지만 진핵생물의 리보솜에는 결합하지 못한다.

2.4 원핵생물의 유전학

유성생식 집단에서는 부모로부터 자식에게 유전형질이 수직적으로 전달된다. 원핵생물은 유성생식을 하지 않지만, 다른 세포끼리 DNA를 교환할 수 있다. 원핵생물에서는 세포 간 직접 접촉을 통한 **접합**이나 바이러스에 의해 매개되는 과정인 **형질도입**을 통해 유전자가 한 세포로부터 다른 세포로 수평 전달된다. 일부 세균 종은 환경으로부터 직접 유전물질을 받아들이는 형질전환을 하는 경우도 있다.

이 모든 과정은 고세균에서도 관찰되었지만, 아직 대부분의 고세균이 배양 불가능하기 때문에 이에 대한 유전학의 연구는 아직 초기에 불과하다. 여기서는 세균계 특히 연구가 가장 많이 진행된 대장균(*E. coli*)에 대해 다룬다.

접합 플라스미드에 의존하는 접합

플라스미드(plasmid)는 자연선택적인 면에서 세포에게 이익을 줄 수 있는 항생제 내성 같은 유전자들을 가지고 있는 경우가 있지만 플라스미드가 세포의 정상기능에 필요한 것은 아니다. 경우에 따라 플라스미드는 접합에 의해 한 세포로부터 다른 세포로 전달되기도 한다. 이런 플라스미드 중 가장 잘 알려진 것은 **F 플라스미드**(F plasmid)이다. F 플라스미드는 생식인자를 의미하며, F 플라스미드를 포함하는 세포를 F^+ 세포, F 플라스미드가 없는 세포를 F^-세포라고 한다. F 플라스미드는 대장균에서 발견되며, 마치 독립적인 유전체처럼 행동하지만 다른 모든 플라스미드처럼 복제되려면 세포를 필요로 한다. F 플라스미드를 포함한 연구는 세균유전학과 대장균 염색체 구성을 이해하는 데에 대단히 중요하다.

F 플라스미드 전달

F 플라스미드에는 DNA 복제기점 및 다른 세포로의 DNA 전달을 촉진시키는 여러 유전자가 들어 있다. 이 유전자들은 세균 세포 표면에서 조립되는 단백질 단위체들을 지정하여, 전달과정에 필요한 선모를 만든다.

먼저 F 플라스미드는 F^+ 세포 내부 선모 바로 아래에 결합하여 **접합다리**를 형성한다. 그리고 **회전환 복제**라는 과정에 의해 F 플라스미드가 결합 지점에서 자신의 DNA를 복제하기 시작한다. 복제되면서 플라스미드의 한 가닥이 다른 세포로 들어가며, DNA를 받아들인 세포에서 상보적인 가닥이 첨가되어 새로운 F 플라스미드가 만들어진다.

형질도입에 의한 바이러스의 DNA 전달

DNA의 수평적 전달은 박테리오파지(bacteriophage)에 의해 중재될 수 있다. **일반 형질도입**에서는 실제로 어떤 유전자라도 세포 간에 전달되나, **특수 형질도입**에서는 소수의 유전자만이 전달된다.

일반 형질도입

일반 형질도입은 용균 파지(lytic phage)의 생물학적 작용 중 오류에 기인하는 것으로 생각할 수 있다. 바이러스 게놈이 복제되고 파지 머리가 생긴 후에 파지 포장 기구는 DNA를 파지 속으로 더 이상 안 들어 갈 때까지 채워 넣는다. 파지가 파지 DNA 대신에 세균의 DNA를 파지 머리 속으로 넣는 경우도 있다. 이 바이러스 입자가 다른 세포에 감염되면 바이러스 DNA 대신에 세균 DNA를 감염된 세포로 주입하게 된다. 그런 후에 이 DNA는 상동 재조합에 의해 숙주 염색체 속으로 들어간다. 고빈도 재조합 세포에 의한 전달과 유사하게 환형 염색체 속으로 선형의 DNA 조각을 넣으려면 두 번의 재조합 과정이 필요하다.

특수 형질도입

특수 형질도입은 **용원회로**(lysogenic life cycle)를 나타내는 파지에 제한되어 나타난다. 대장균의 λ파지에서 그 전형을 볼 수 있다. λ가 세포에 감염되고, 그 게놈이 숙주 염색체 속으로 융합하면 세포를 파괴하지 않고 세포분열 시 계속 전달된다. 이 융합 사건은 λ의 경우에 재조합이 파지의 단백질에 의해 매개되는 부위특이적 재조합이라는 점을 제외하면 F 플라스미드의 융합과 유사하다.

이 용원 상태에서 파지는 프로파지라고 부르며 휴면상태이다. 그러나 프로파지는 숙주 염색체에서 스스로를 절단하여 빠져나온 후 용균 성장을 통해 세포를 파괴하는 기능을 가진 유전자들을 가지고 있다. 이 절단이 부정확하면 숙주의 DNA 일부를 함께 가지고 빠져나오게 되어, 특수 형질도입 파지가 만들어진다. 이 파지는 염색체 DNA만을 운반하는 일반 형질도입 파지와 달리 파지 유전자와 염색체 유전자를 같이 운반한다.

파지 머리가 원래 파지 게놈에 해당되는 양의 DNA만을 운반할 수 있으므로, 부정확한 절단은 파지 유전자의 소실을 의미한다. 그래서 특수 형질도입 파지는 파지 성장에 필요한 유전자가 그 과정에서 없어지는 결함이 생길 수 있다.

형질전환: 환경으로부터 직접 DNA를 흡수하는 과정

그리피스(Griffith)에 의해 연구된 세균의 경우처럼 일부 종에서 **형질전환**(transformation)은 자연적으로 일어나는 과정이다. 그리피스는 어떤 화학적 요소가 전달되었는지를 알지 못했음에도 불구하고 그 과정을 발견했다. 한 세균 세포가 죽고 파열될 때 주변 환경으로 DNA 절편들을 쏟아내면서, 형질전환이 일어난다. 이 DNA가 다른 세포에 의해 흡수되면 그 세포의 게놈 속으로 들어가서 형질전환이 일어나게 된다(**그림 9.4**). 흡수가 자연적 조건 하에서 일어나면 자연 형질전환이 된다. 일부 그램 양성균과 그램 음성균에서 자연 형질전환이 관찰되고 있으며, 그 기작은 분류군마다 다른 것으로 보인다.

자연 형질전환 과정에 관여하는 단백질은 모두 세균 염색체의 유전자로부터 나온다. 이는 자연 형질전환이 정상적인 과정에 의해 일어나는 DNA 교환을 위해 진화한 기작임을 시사한다. 반면 접합이나 형질도입에 의한 염색체 DNA의 전달은 플라스미드나 파지의 생물학적 과정 중에 일어나는 오류로 볼 수 있다.

형질전환은 클로닝에도 중요하게 이용되지만, 대장균은 자연적 형질전환을 보이지 않는다. 형질전환이 실험실에서 수행될 때, 인공 형질전환이라 부른다. 인공 형질전환은 클로닝과 DNA 조작에 유용하게 이용되고 있다.

내성 플라스미드의 전이로 인한 항생제 내성

일부 접합성 플라스미드는 항생제 내성 유전자를 취해 내성 플라스미드인 **R 플라스미드**가 된다. 플라스미드에 의해 새로 얻어진 항생제 내성 유전자의 신속한 전달은 *Staphyl-ococcus aureus* 병원체의 내성 균주들이 출현하는 데 중요한 요소였다.

내성 플라스미드가 항생제 저항 유전자를 얻는 방법은 종종 전위가능 유전 요소를 통해 이루어진다. 이 유전 요소들은

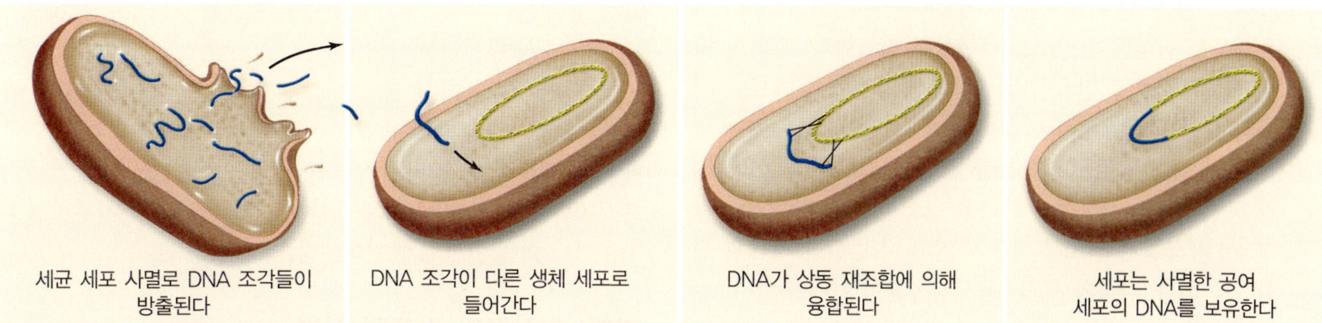

그림 9.4 자연 형질전환.
한 세포가 사멸하여 외부로 내용물을 방출할 때 자연 형질전환(natural transformation)이 일어난다. DNA는 대개 분절되고, 작은 절편은 다른 생물체로 들어갈 수 있다. 이 DNA는 접합과 형질도입의 경우처럼 상동 재조합에 의해 기존 염색체 DNA를 대치할 수 있다. 새 DNA가 염색체 DNA와 다르면, 세포의 표현형이 달라지고 선택에서 이점을 가질 수도 있다.

염색체에서 염색체로 또는 플라스미드에서 염색체로 움직이고 다시 반대로 가기도 하며, 그 과정에서 항생제 저항 유전자를 전달할 수 있다. 접합성 플라스미드가 이 유전자를 보유하면, 그것을 운반하는 세균은 환경에 항생제가 존재할 때 선택적 이점을 가지게 된다.

사람의 입장에서 보다 중요한 것은 장내 세균군이다. 장내 세균군에는 이질, 장티푸스 등의 여러 병원성 세균이 포함된다. 가끔 병원성인 세균 종의 유전물질이 플라스미드나 파지에 의하여 대장균에 전달되기도 한다. 대장균은 사람의 소화관 내에 매우 많으므로 이 세균이 유해한 형질을 획득하게 되면 O157:H7 대장균 발생의 경우처럼 사람에 큰 위협이 될 수 있다. 이 새로운 대장균 균주의 출현은 병원성 형질을 획득하여 진화한 경우이다. 이는 형질도입과 더불어 커다란 병원성 플라스미드를 접합에 의해 획득함으로써 발생했다는 증거가 있다.

2.5 원핵생물의 대사

원핵생물에서 나타나는 다양성은 형태적인 측면보다 생화학적인 측면이 훨씬 주목할 만하다. 원핵생물의 대사, 특히 에너지와 탄소를 얻는 과정에서 발견되는 변이의 정도는 매우 크게 나타난다.

원핵생물이 탄소와 에너지를 얻는 네 가지 방식

원핵생물은 생장과 생식에 필요한 에너지와 탄소를 얻는 많은 기작을 진화시켜 왔다. 원핵생물 중 독립영양생물(autotrophs)은 필요한 탄소를 CO_2로부터 얻는다. 종속영양생물(heterotrophs)은 필요한 탄소 또는 그 일부를 포도당 같은 유기물로부터 얻는다. 에너지를 얻는 방식에 따라 독립영양생물과 종속영양생물은 다음과 같이 분류된다.

광합성 독립영양생물(Photoautotrophs): 많은 세균은 빛 에너지를 이용하여 CO_2로부터 유기물을 생성하는 광합성을 한다. 남세균은 엽록소 *a*를 빛을 모으는 주요 색소로 그리고 물을 전자 공여체로 이용하여 이산화탄소로부터 유기물을 합성하며 산소를 부산물로 방출한다. 따라서 이 세균들은 산소를 만들어내는 광합성 방법에서 조류나 식물과 유사하다.

다른 세균들은 세균 엽록소를 광합성 색소로, H_2S를 전자 공여체로 이용하여 부산물로 원소 상태의 황을 방출한다. 이 세균들은 산소를 만들지 않고 더 간단한 형태의 광합성을 한다. 자색황세균과 녹색황세균이 이에 속한다.

고세균 종도 광합성을 하는데, 그 과정은 단순하다. 이 광합성은 박테리오로돕신이라는 단일 단백질을 이용한 수소이온의 막 이동을 통해 수행된다. 이렇게 형성된 양성자 구동력을 이용해 ATP가 합성된다. DNA 서열을 이용한 해양 생태계에 존재하는 미생물의 DNA 연구 결과 프로티오로돕신이라는 새로운 로돕신이 세균에서 처음으로 발견되었다. 이 로돕신은 세균, 고세균과 미세조류 종에서도 발견된다. 이 때문에 해양계에서 광합성은 생각보다 훨씬 더 광범위하고 복잡할 것이라는 사실을 알 수 있다.

화학합성 독립영양생물(Chemolithoautotrophs): 일부 원핵생물은 무기물을 산화하여 에너지를 얻는다. 그 실례로 질화세균은 암모니아나 아질산염을 산화하여 에너지를 얻고 질산염을 배출한다. 이 과정을 **질화작용**이라고 하는데, 식물은 질산염 형태로만 질소를 흡수할 수 있으므로 이 과정은 육상 생태계에서 매우 중요하다.

다른 원핵생물은 황, 수소기체, 또는 다른 무기물질을 산화할 수 있다. 수심 2,500 m의 캄캄한 심해저에서는 전체 생태계가 H_2S를 산화하는 세균에 의존하여 유지된다.

광합성 종속영양생물(Photoheterotrophs): 자색비황세균과 녹색비황세균은 빛을 에너지원으로 이용하지만 탄소는 다른 생물이 생산한 탄수화물이나 알코올과 같은 유기물로부터 얻는다.

화학 종속영양생물(Chemoheterotrophs): 대부분의 원핵생물은 유기물로부터 탄소와 에너지를 얻는다. **분해자**(decomposer)와 대부분의 **병원균**(pathogen)들이 이에 속한다. 인간을 포함한 광합성을 하지 못하는 다른 모든 진핵생물들도 화학 종속영양생물이다.

2.6 사람의 세균성 질병들

항생제가 발견되어 보급되기 전인 20세기 초기에는 미국 어린이의 거의 20%가 5세에 도달하기 전에 **감염성 질병**(infectious disease)으로 사망했다. 그 상황은 위생에 대한 관심과 항생제에 의해 크게 달라졌다. 그러나 최근 콜레라, 나병, 파상풍, 세균성 폐렴, 백일해, 디프테리아와 라임병 같은 많은 세균성 질병이 등장하거나 재등장하고 있다(**표 9.1**). 구균속(*Streptococcus*)에 속하는 균들은 성홍열, 류마티스성 열, 폐렴, 살썩음병 등의 감염과 관련이 있다. 다른 세균성 질병인 폐결핵은 아직도 세계적으로 주요 사망 원인의 하나이다.

세균은 여러 가지 경로로 감수성 집단에 퍼지게 된다. 폐결핵은 점액이나 타액 방울로 공기를 통해 전염되는 기도의 세균성 질병이다. 장티푸스, 파라티푸스와 이질 같은 질병은 음식이나 물의 오염에 의해 퍼진다. 라임병과 로키산홍반열은 진드기에 의해 인간에게 전염된다.

결핵: 역사적인 기록적 질병

결핵(tubercurosis, TB)은 수천 년 동안 인류의 주요 사망 원인이었다. 고대 이집트와 콜롬비아 시대 이전의 남아메리카 사람들도 결핵으로 사망했다는 기록이 있다. 결핵균은 선사시대

표 9.1	사람의 주요 세균성 질병		
질병의 종류	**병원균**	**매개체 및 전염원**	**증상**
탄저병	*Bacillus anthracis*	동물, 가공된 가죽	접촉이나 음식물 섭취로 전염되는 세균성 질병. 간헐적 발생의 경우를 제외하면 드물지만 치명적일 수 있다.
보툴리누스중독	*Clostridium botulinum*	부적절하게 조리된 음식	음식물 섭취나 상처를 통해 감염. 급성 독성중독을 일으키며, 치명적일 수 있다.
클라미디아증	*Chlamydia trachomatis*	사람(성매개)	요생식기에 감염되며 눈과 호흡기로 전파. 전 세계적으로 발생하며 지난 20년간 보편화된 질병이 되고 있다.
콜레라	*Vibrio cholerae*	사람 배설물, 플랑크톤	탈수로 사망에까지 이를 수 있는 심한 설사를 일으킴. 치료하지 않으면 치사율이 50%까지 이를 수 있음. 인구가 조밀하고 위생 상태가 나쁜 시기에는 주요 사망 원인이었고, 1994년 르완다에서 10만 명 이상 사망하였다.
충치	*Streptococcus mutans*, *Streptococcus sobrinus*	사람	치아 표면에 세균이 밀집하면 산을 분비하여 치아 에나멜층에 있는 무기질을 파괴. 당분만으로 충치를 일으키는 것은 아니다.
디프테리아	*Corynebacterium diphtheriae*	사람	점막의 급성 염증과 손상, 감염된 사람과의 접촉으로 전염된다.
임질	*Neisseria gonorrhoeae*	사람만 발병	성병. 세계적으로 증가 추세. 보통 치명적이지 않다.
한센병(나병)	*Mycobacterium leprae*	사람, 야생 아르마딜로	피부의 만성적 감염. 세계적으로 1,000~1,200만 명이 감염. 동남아시아에 특히 많음. 감염된 사람들과의 접촉을 통해 전염된다.
라임 관절병	*Borrelia burgdorferi*	진드기, 사슴, 작은 설치류	감염된 진드기에 물려 전염. 상처가 생기고 이어 불쾌감, 발열, 피로, 통증, 목 경직, 두통 등이 뒤따른다.
소화성 궤양	*Helicobacter pylori*	사람	이전에는 스트레스나 음식에 의해 발생하는 것으로 여겨졌음. 대부분 이 세균에 의한 것으로 보이며 항생제로 치료될 수 있다.
페스트	*Yersinia pestis*	쥐와 다람쥐 등 야생 설치류 기생 벼룩	14세기 유럽 인구의 1/4이 페스트로 사망. 오늘날 미국 서부 야생 설치류들의 풍토병이다.
폐렴	*Streptococcus*, *Mycoplasma*, *Chlamydia*, *Haemophilus*	사람	폐의 급성감염. 치료하지 않으면 흔히 치명적이다.
결핵	*Mycobacterium tuberculosis*	사람	폐, 림프, 뇌척수막의 급성세균 감염. 발병률이 증가 추세. 항생제에 내성을 갖는 새로운 균주 발생이 문제이다.
장티푸스	*Salmonella typhi*	사람	전 세계적으로 발병하는 전신성 세균성 질병. 미국에선 1년에 500건 이하의 발병 건수가 보고. 오염된 물과 음식을 통해 전염. 여행객들을 위해 백신이 개발되어 있다.
발진티푸스	*Rickettsia typhi*	이, 쥐벼룩, 사람	역사적으로 인구가 조밀하고 위생상태가 나빴던 시기의 주요 사망 원인. 감염된 이나 벼룩에 물려 사람에서 사람으로 전염. 치료하지 않으면 사망률이 70%에 이르기도 한다.

의 미라에서도 발견되었다. 결핵은 호흡계에 피해를 주며 면역계를 무너뜨리고 공기를 통해 잘 전염된다.

결핵의 확산

오늘날 전 세계 인구의 약 1/3이 결핵균인 *Mycobacterium tuberculosis*에 감염되어 있다. 매년 927만 명이 새로 감염되며, 2007년에는 약 180만 명이 이 병으로 사망했다. 2006년에 **국제보건기구**(WHO)는 6개의 WHO 지역 중 5개 지역에서 결핵이 감소하고 있다고 보고했지만, HIV의 확산에 의해 아프리카에서 그 수는 증가하고 있다.

1980년대 중반부터 미국에서 결핵이 증가하면서 1990년대 중반에 정점을 이룬 후 작은 폭이지만 다시 감소하기 시작했다. 미국 질병관리센터(CDC)의 최근 통계는 결핵 감염자가 2006년에 13,754명에서 2007년 13,300명으로 감소했음을 보여준다.

결핵의 치료

대부분의 결핵 환자에게는 6~12개월 동안 복합적이고 비싼 항생제가 투여된다. 그러나 걱정스럽게도 전 세계적으로 결핵균 중에 **다중약제 내성균**(**MDR**)이 등장하였다. 이 내성균은 가장 효과적으로 이용되는 항결핵 투약에 대해서도 내성을 갖는다. 치료에 더 많은 시간과 경비가 요구되므로 이 결핵 내성균은 특별한 주의의 대상이 되었고, 또한 치명적인 것으로 나타나고 있다.

결핵은 치료를 위해 매우 오랜 기간 항생제를 복용해야 하기 때문에 환자가 도중에 복용을 중단하게 되면 남아 있는 병원균 중에서 항생제 내성을 가지게 되는 경우가 생긴다.

결핵 치료와 조절의 기본 원리는 환자가 투약 과정이 끝날 때까지 항생제를 복용하여, 감염을 일으키는 모든 세균을 사멸시켜 약에 내성을 가지는 균이 생겨나지 않게 하는 것이다. 감염되었지만 아직 발병이 안된 고위험군 환자들이 관찰하에 예방치료를 받도록 많은 노력이 기울여지고 있다. 이런 프로그램은 결핵의 활성화와 타인으로의 확산을 막는 데 90% 정도의 효과가 있다. 이 노력으로 2006년에서 2007년 사이에 미국에서 3.3%의 감소율을 보이는 효과가 있었다.

충치에 관여하는 세균의 생체막

세균과 다른 미생물들은 치료하기 어려운 부위의 표면에 혼합하여 서식할 수 있다. 치아에서의 **생체막**(biofilm)인 **플라그**(plaque)는 다당류 기질로 둘러싸인 세균으로 이루어져 있다. 플라그 속의 세균은 간균 형태의 세균이 섬유상으로 배열되어 있는데, 이들은 여러 종의 방선균으로 치아 표면에서 수직 방향으로 자란다. 플라그에는 그 외의 다른 종의 세균들도 존재한다.

충치는 이 플라그 속의 세균에 의해 생기며, 특히 칫솔이 닿기 어려운 곳에 잘 생긴다. 당분이 많은 음식이 특히 치아에 해로운데, 그 이유는 특히 *Streptococcus sobrinus*와 *S. mutans* 같은 일부 세균들이 당을 발효시켜 젖산을 만들기 때문이다. 젖산은 입안의 pH를 낮추고 치아의 에나멜질을 단단하게 하는 칼슘의 구조를 깨뜨린다. 치아에서 칼슘이 녹아 나오면 치아의 나머지 연한 기질은 세균의 공격을 받기가 더 쉬워진다.

궤양을 일으키는 세균

세균은 겉으로는 감염성 증세가 안 나타나는 질병의 원인일 수도 있다. 위궤양은 위산에 노출된 위장관에서 보이는 분화구 같은 병변에 기인한다. 궤양은 비스테로이드성 항염증 치료제 등의 약에 의해 생길 수도 있으며, 위산의 과다분비를 일으키는 췌장의 종양에 의해서도 생길 수 있다. 1982년에 *Campylobacter pylori*(현재는 *Helicobacter pylori*라고 부름)라는 세균이 소화액에서 추출되었다. 이후 다년간 이 세균이 소화기 궤양의 실제 주요 원인균이라는 증거가 축적되었다.

이제는 항생제 치료로 **헬리코박터균**(*H. pylori*)을 제거함으로써 단지 증상의 치료만이 아니라 질병의 원인을 제거할 수 있다. 이 세균 종 및 그 작용의 발견은 전염병과 관련이 없어 보이는 질병도 알려지지 않은 감염에 의해 일어날 수 있다는 것을 보여준다.

세균성 성병

성적 접촉으로 전파되는 세균(**STD**)은 여러 가지가 있지만 그 중에서 임질, 매독 및 클라미디아증의 세 가지가 특히 중요하다.

임질

임질은 북미에서 가장 만연하는 전염병 중 하나로 임질균인 *Neisseria gonorrhoeae*에 의해 발병하며, 성행위나 구강 및 항문 성교처럼 체액 교환이 이루어지는 다른 성행위에 의해 전염된다. 출생 시에 산도를 통하여 엄마로부터 아기에게 전달될 수도 있다.

임질은 미국에서 감소 추세지만, 세계적으로는 여전히 심각한 질병으로 특히 항생제 내성 임질균이 주목의 대상이 되고 있다.

매독

매독은 매우 파괴적인 성병으로 한때 만연하고 치명적이었지만, 현재는 혈액검사 방법과 항생제의 출현으로 줄어들고 있다. 매독은 스피로헤타 세균인 *Typonema pallidum*에 의해 발생하는데, 이 균은 성행위나 매독에 의한 상처 부위에 직접 접촉함으로써 전파된다. 이 균은 모체로부터 태아로 전파되어 심장, 눈, 신경계에 손상을 주기도 한다.

매독균이 체내에 들어오면 뚜렷이 구별되는 네 단계를 거치면서 진행된다. 1기에는 하감이라고 하는 통증이 없는 작은 수포가 생긴다. 이 하감은 물집과 유사하고 매독균이 감염된

지 약 3주일 후에 나타나는데, 이때 가장 전염력이 강하다. 감염된 사람은 자기도 모르게 다른 사람에게 전염시킬 수 있다. 이 상처는 세균이 체내에 있음에도 겉으로는 질병이 아무런 치료 없이 4주 안에 치유된 것처럼 보인다.

2기에는 발진이 나타나고 입과 목 안에 수포가 나타난다. 이 단계에서 키스나 상처의 접촉을 통해 균이 전염될 수 있다. 이 시점에서 잠복기인 3기로 들어가게 된다. 이 시기에는 전염력은 없으나, 균이 체내 기관으로 침투한다.

4기에는 3기에 가해졌던 체내 손상이 증세로 나타나서 심장질환, 정신박약, 신경 손상, 운동기능 상실, 실명 등으로 이어진다.

클라미디아

클라미디아는 특이한 세균이다. *Chlamydia trachomatis*는 유전적으로는 세균이지만 바이러스처럼 세포내에서만 살아갈 수 있는 기생성 세균이다. 세균처럼 항생제에 반응을 하지만 바이러스처럼 숙주에 의지하여 유전물질을 복제한다. 이 세균은 감염된 사람과의 성행위를 통해 감염된다.

클라미디아는 "조용한 성병"이라고도 부르는데, 이에 감염된 여성은 아무런 증세를 나타내지 않는다. 증상이 없기 때문에, 1988년 10만 명당 142명에서 2007년 10만 명당 544명으로 증가하였다. 이 감염의 효과는 여성에게 특히 심각하여 골반염(pelvic inflammatory disease)을 일으키고 불임이나 사망에 이를 수 있다.

최근에는 생식관에 감염한 클라미디아가 심장병을 일으키기도 하는 것이 알려졌다. 클라미디아는 심근이 만드는 것과 유사한 펩티드를 생산하는데, 면역계가 감염균을 퇴치하려 할 때 이 펩티드를 인식하게 된다. 세균의 펩티드와 심장의 펩티드가 유사하므로 면역계는 혼란에 빠지고 T세포는 심근 섬유를 공격하여 심장의 염증을 일으킨다.

지난 몇 년간 클라미디아를 위한 두 가지 검사가 개발되었다. 이 질병의 치료에는 테트라사이클린 등의 항생제가 사용되며, 이 항생제는 진핵세포의 원형질막을 투과하여 세균을 공격한다. 골반염과 관련된 증후군을 보이거나 골반염의 발달 위험이 있는 여성은 클라미디아 존재 여부를 검사해야 한다. 치료하지 않으면 불임의 위험도 있다.

2.7 이로운 원핵생물

원핵생물은 수십억 년 동안 현재의 대기와 토양의 특성을 만들어내는 데 크게 공헌하였다. 오늘날에도 원핵생물은 지구와 인간생활에 여러 중요한 면에서 영향을 끼치고 있다.

주요 원소의 순환에 관여하는 원핵생물

지구상의 생물들은 생물과 물리적 환경 사이, 즉 생명체와 생태계 간의 화학원소의 순환에 절대적으로 의지하며 살아간다. 원핵생물, 조류와 균류는 이 화학적 순환에서 여러 가지 핵심적 역할을 담당하고 있다.

분해

우리 몸을 이루고 있는 탄소, 질소, 인, 황, 그리고 기타 원자들은 물리적 환경에서 온 것들이며, 생물체가 죽어서 부패하면 이 모든 원소들은 환경으로 다시 돌아가게 된다. 원핵생물과 균류는 이 순환에서 분해를 담당하여 생물의 사체를 구성하고 있는 이러한 원소들을 환경으로 되돌려보내는 **분해자**의 역할을 한다.

고정

어떤 원핵생물은 환경으로부터 생물체로 원소들을 되돌리는 고정작용을 수행한다. 고정을 통해 무기물로부터 종속영양생물이 이용할 수 있는 유기화합물이 만들어진다. 광합성 원핵생물은 탄소 순환에 중요한 역할을 한다. 식물, 조류와 광합성 원핵생물이 CO_2로부터 만들어내는 유기화합물은 먹이사슬을 통해 모든 생태계의 종속영양생물의 몸을 구성하게 된다. 고대 남세균은 광합성의 부산물로 지구 대기의 산소를 만들었다. 현재의 광합성 원핵생물도 계속해서 산소 공급에 기여하고 있다. 원핵생물의 질소고정도 생태계에 매우 중요하다. 대기 중의 질소는 질소기체(N_2)의 형태로 존재하며, 이 기체의 두 질소원자 사이의 3중 공유결합은 깨지기 어렵다. 지구상의 생물 중에서 일부 원핵생물만이 N_2를 환원하여 암모니아를 만들 수 있으며, 이 암모니아는 아미노산이나 다른 질소 함유 생물분자를 만드는 데 이용된다. 생물이 죽으면 분해자가 이 질소를 토양으로 되돌린다. 이것은 **질화세균**에 의해 질산염(NO^{3-})으로 전환되어 식물에게 이용된다. 질산염은 **탈질화세균**에 의해 질소 분자로 전환되어 대기 중으로 들어가게 되고, 이로써 질소 순환이 완성된다.

대기 중 질소를 고정하기 위해 원핵생물은 질소고정 유전자에 의해 만들어지는 질소고정 효소를 이용한다. 질소고정 효소 복합체는 산소에 극도로 민감하고, 자유생활을 하는 원핵생물에서도 널리 발견된다.

원핵생물과 진핵생물의 공생

많은 원핵생물은 진핵생물과 공생한다. **공생**(symbiosis)은 서로 다른 종들이 직접 접촉하여 살아가는 종 사이의 생태적 관계를 말한다. 질소고정 세균이 식물의 뿌리에 공생하는 것은 **상리공생**으로 두 가지 생물이 모두 이익을 얻게 되는데, 세균은 식물에게 질소를 공급하고, 식물은 세균에게 당분과 기타 유기 영양물을 공급해준다.

많은 세균들이 동물의 소화관 속에서 공생 관계를 유지하며 산다. 소나 기타 초식동물은 섬유소 분해효소를 만들지 못하지만 소의 혹위에 사는 세균은 이 효소를 만들어 섬유소를 분해하여 소가 분해산물을 이용할 수 있게 한다. 사람에게도 대장에 많은 세균이 살면서 여러 가지 비타민, 특히 사람이 합성하지 못하는 비타민 B_{12}와 K를 합성하여 사람이 이를 흡수하여 이용할 수 있게 한다.

어떤 세균들은 식물과 동물 표면에 살며 세균에는 이익이 되나 식물과 동물은 이익도 해도 입지 않는 **편리공생**을 하거나, 병원성 세균처럼 세균에는 이익이 되나 다른 생물에는 해를 끼치는 **기생**을 하기도 한다. 감염도 기생의 일종이다.

유전공학에 이용되는 세균

유전자 코드(code)는 모든 생물에 동일하기 때문에 인간의 유전자가 세균 내로 삽입되었을 때 세균은 사람 단백질을 만들 수 있다. 세균의 유전공학적 이용은 현대 분자생물학에서 매우 큰 비중을 차지하고 있다.

인슐린 등 의약품의 생산 외에도 상업적 이용을 위해 유전공학적으로 향상된 세균의 개발은 미래를 위한 기술이다. 세균은 다양한 종류의 효소, 비타민, 항생물질 등의 상업적 생산을 위한 '**생물공장**(biofactory)'으로 널리 이용되고 있다. 대규모의 세균 배양, 특히 수율을 높이기 위하여 유전적으로 변형된 세균의 대량 배양을 통해 아세톤을 비롯한 산업적으로 중요한 화합물이 생산되고 있다.

생물정화에 이용되는 세균

생물을 이용한 물, 공기, 토양 등에서의 오염물질을 제거하는 과정을 **생물정화**(bioremediation)라고 한다. 폐수처리시설이 정상적으로 가동되기 위해서는 미생물의 작용이 절대적이다. 폐수처리시설에서는 고체 성분을 포함한 오물이 그 안에 존재하는 세균과 고세균에 의해 분해되고, 그 최종산물의 하나인 메탄가스는 시설의 가열을 위한 연료로 쓰이기도 한다.

생물자극은 질소나 인 등의 영양성분을 첨가하는 것을 말하며, 원유 오염 환경에서 이들 오염원을 분해할 수 있는 미생물의 생장을 촉진하기 위해 사용되어 왔다. 이 접근법은 1998년 Exxon Valez호에 의한 알래스카에서의 원유 유출사고에서 해안가의 방제에 효율적으로 적용된 바 있다. 유사한 방법으로, 생물자극은 오염된 지하수의 정화에도 해당 환경에 자연적으로 존재하는 미생물의 활성을 촉진시키기 위해 이용되어 왔다. 현재에도 *Geobacter*와 같은 내인성 미생물들이 냉전 시기 동안 오염된 지하수 내 방사성 우라늄의 제거 등에 이용되고 있다.

연 습 문 제

Exercise

1. 바이러스의 부분이 아닌 것은?
   a. 캡시드　　b. 리보솜
   c. 유전물질　　d. 위 세 가지 모두
2. AIDS 치료를 위한 HAART에서 다약제(multiple drugs)의 사용은
   a. 감염된 사람으로부터 바이러스를 완전히 제거해 준다.
   b. 혈류에서 바이러스 수준을 탐지할 수 없는 수준으로 감소시켜 준다.
   c. 완전한 실패이다.
   d. 새로운 백신에 의해 대치된다.
3. AIDS 치료에서 HIV에 대한 약이 독감(flu)에 대해 효과가 없는 이유는?
   a. HIV는 RNA 바이러스이고, 독감바이러스는 DNA 바이러스이기 때문이다.
   b. HIV는 DNA 바이러스이고, 독감바이러스는 RNA 바이러스이기 때문이다.
   c. 두 바이러스의 게놈 크기가 다르기 때문이다.
   d. HIV 치료약의 표적 단백질이 독감바이러스에는 없기 때문이다.
4. SARS 발발은?
   a. 한 종에서 다른 종으로 넘어가 발생하는 실례이다.
   b. 사람에게만 감염되는 돌연변이 바이러스의 실례가 된다.
   c. 바이러스가 사람의 면역 체계를 무력하게 만드는 실례이다.
   d. 두 바이러스가 합쳐져 하나의 바이러스가 만들어지는 실례이다.
5. 생물지표의 예로 적절한 것은?
   a. 운석에서 발견된 미화석
   b. 고대 암석층에서 발견된 탄화수소
   c. 암석층에 있는 높은 ^{12}C가 함유된 지역
   d. 새롭게 발견된 스트로마톨라이트 형성
6. 결핵은?
   a. 세균성 병원균이다.
   b. 현재 세계적으로 퍼지는 신종 질병이다.
   c. 바이러스성 병원균에 의해 감염된다.
   d. 항생제로 치료가 불가하다.
7. 원핵생물과 관련이 없는 것은?
   a. 수평적 유전정보 전이
   b. 세포내 구획화의 부재

c. 다수의 선형 염색체

d. 세포의 크기가 1 μm 정도

8. HIV 백신을 만들어 내는 데 많은 노력을 기울여 왔는데, 지금까지 성공하지 못하고 있다. 이것은 왜 어려운 과제가 되는가? 다른 바이러스들도 백신에 저항력을 지니며, 이들도 마찬가지일까? 천연두 바이러스를 완전히 근절할 수 있는 백신은 어떻게 만들어진 것일까?

9. 1960년 세균성 감염의 치료를 위해 흔히 다량의 항생제를 처방하였다. 환자들이 복용해야 할 항생제를 중간에 중단하는 일들이 종종 있었다. 항생제 내성 유전자는 접합 플라스미드에서 발견된다. 이러한 요인이 항생제 내성물질과 많은 항생제에 대한 내성의 진화에 어떤 영향을 미쳤는가?

제 10 장 원생생물

Protists

1 원생생물

1.1 진핵생물의 기원과 내부공생설

진핵세포(eukaryotic cells)는 세포골격의 존재 여부와 핵막과 세포소기관을 포함하는 세포내 구획화로 원핵생물과 구별된다. 크고 복잡한 진핵세포가 생겨난 정확한 과정은 잘 알려져 있지 않지만, 몇몇 핵심이 되는 사안들은 밝혀졌다. 단단한 세포벽이 없어짐에 따라 막이 안으로 접혀서 표면적이 넓어지고, 막의 유동성 때문에 한 세포가 다른 세포에게 먹힐 수 있게 되었다.

진핵생물의 기원을 보여주는 화석 증거

진핵생물의 역사는 27억 년 전으로 거슬러 올라간다는 간접적인 화학적 흔적은 있지만, 그 시대의 진핵세포를 보여주는 화석은 없다. 15억 년 전의 암석에서 초기의 단순한 세포 형태와는 다른 최초의 **미화석**(microfossil)이 발견되었는데, 그 직경은 6 μm 이하였다. 이 세포들은 원핵생물보다 훨씬 크며, 내막과 두꺼운 세포벽을 지니고 있다.

이 초기 화석들은 생명의 진화에서 새로운 종류의 생물의 출현이라는 중요한 사건을 말해주고 있다. 핵을 의미하는 내부구조가 있기 때문에 이 새로운 세포를 "진정한 핵(true nucleus)"이라는 의미의 그리스 단어로 **진핵생물**(eukaryote)이라고 부른다. 원핵생물이 아닌 모든 생물은 진핵생물이다.

진핵생물의 내부 구조의 기원은 다음 절에서 다룬다. 진핵세포가 진화되는 동안 유전자의 수평적 이동이 빈번히 일어났다는 사실을 기억할 필요가 있다. 진핵세포는 수평적 유전자 이동뿐 아니라, 막이 함입되거나 다른 세포를 둘러싸는 과정을 통해서도 진화가 일어났는데, 오늘날 진핵세포는 DNA를 자르고 붙이는 과정 및 다른 종으로부터의 세포소기관 획득의 결과물이다.

막의 싸임으로 생겨난 핵과 소포체

많은 **원핵생물**(prokaryote)들에서 외부 막을 세포질 내로 함입시켜 표면으로의 통로로 작용하는 구조가 만들어졌다. 진핵생물에서 내막의 망상조직은 **소포체**(ER)라고 부르며, 핵을 보호하는 핵막도 소포체 연장으로 이런 접힘으로부터 진화되어 나온 것으로 여겨지고 있다(**그림 10.1**).

섭식한 호기성 박테리아에서 진화된 미토콘드리아

다른 세포내에 살면서 숙주를 위해 특별한 기능을 수행하는 세균을 **세포 공생세균**이라고 부른다. 이런 예가 자연계에 널리 존재하고 있기 때문에 1905년에 메레츠코프스키(Mereschkowsky)가 처음 제안했던 **세포내 공생설**(theory of endosymbiosis)은 1970년대 초에 생물학자 마귤리스(Margulis)에 의해 지지를 받게 되었는데, 내부공생은 밀접한 관계를 맺으며 같이 사는 형태를 의미한다.

현재 널리 받아들여지고 있는 개념인 세포내 공생설은 진핵생물의 진화에 원핵생물과의 내부공생 관계 형성이 결정적인 역할을 한 요인 중 하나라는 사실을 말해주고 있다. 이 이론에 의하면 에너지를 생산하는 세균이 더 큰 세균 속으로 들어가서 **미토콘드리아**(mitochondria)라고 불리는 소기관으로 진화되었다는 것이다(**그림 10.2**). 원래의 숙주세포는 수소에 의존해 혐기성

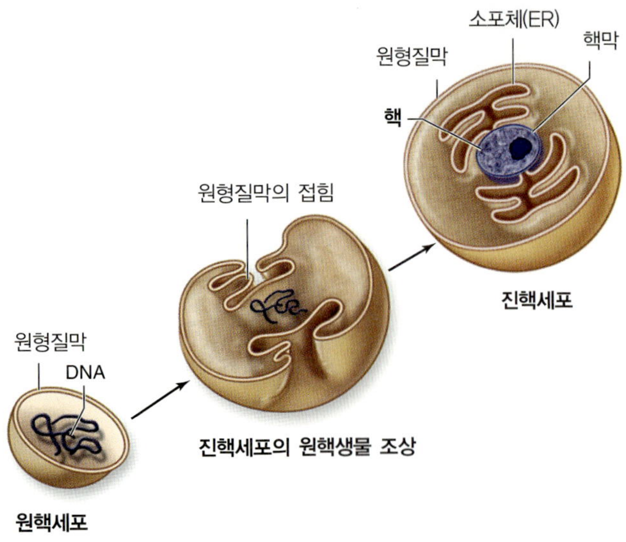

그림 10.1 핵과 소포체의 기원.
오늘날 많은 원핵생물은 원형질막이 안으로 접혀 있는 구조를 가진다. 진핵생물의 내막 구조를 소포체라고 부르며, 핵막은 원핵생물 조상의 이런 내막 구조가 DNA를 감싸도록 진화해 진핵세포로 진화된 것으로 보인다.

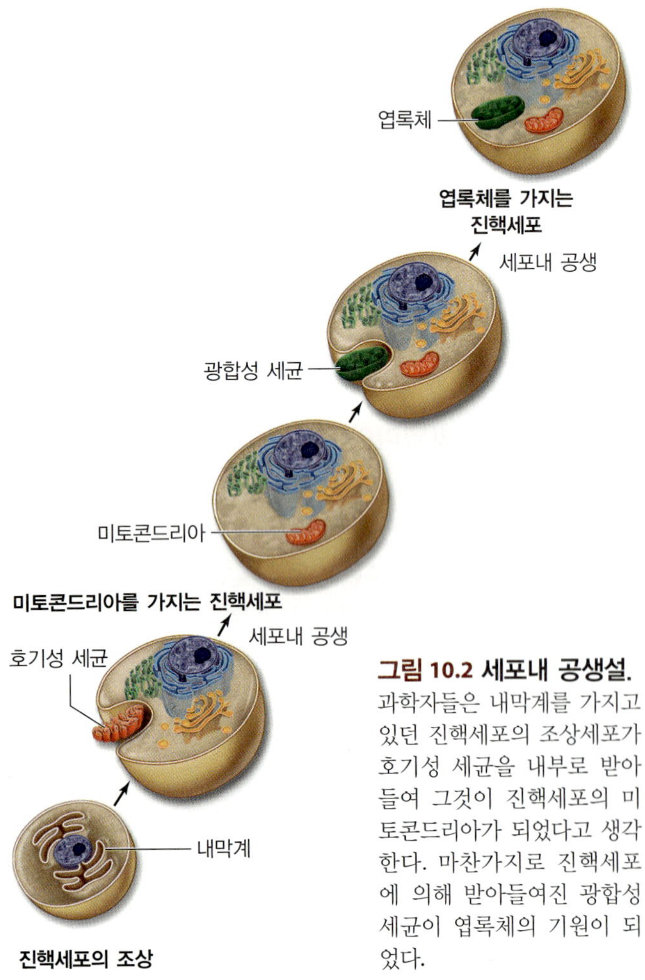

그림 10.2 세포내 공생설.
과학자들은 내막계를 가지고 있던 진핵세포의 조상세포가 호기성 세균을 내부로 받아들여 그것이 진핵세포의 미토콘드리아가 되었다고 생각한다. 마찬가지로 진핵세포에 의해 받아들여진 광합성 세균이 엽록체의 기원이 되었다.

대사를 하였을 것이고, 공생체는 수소 분자를 생성하는 호흡 유형을 가졌을 것이다. 숙주는 혐기성 조건 하에서 수소 분자를 공생체에 의존하며, 나중에 공생체의 호흡 경로를 이용하여 산소가 풍부한 대기에 적응할 수 있게 된 것으로 여겨지고 있다.

많은 증거들에 의해 지지되는 내부공생설

세포내 공생설을 지지하는 많은 증거들이 있다. 자신만의 DNA를 가지는 미토콘드리아와 엽록체 같은 현대적인 세포 소기관이 크기와 특징에 있어서 세균과 유사하다는 점은 주목할 만하다. 미토콘드리아가 진핵세포 안에서 공생하였던 약 15억 년 동안 이들의 유전자 대부분은 숙주세포의 염색체 안으로 들어갔다. 미토콘드리아는 현재도 세균의 것과 유사한 환형의 독자적 게놈을 가진다. 이 게놈 속에는 산화적 대사에 필수적인 단백질을 만드는 유전자가 들어 있다. 이 유전자들은 미토콘드리아 안에서 전사되는데, 이때 크기와 구조가 세균의 것과 매우 유사한 미토콘드리아 안의 리보솜이 이용된다. 세균에서 단백질 합성을 억제하는 많은 항생제들은 미토콘드리아와 엽록체에 있는 단백질 합성은 억제하지만, 세포질에서는 작용하지 않는다. 미토콘드리아와 엽록체는 유사분열이 아닌 세균과 같은 이분법에 의하여 분열하여 증식한다.

1.2 원생생물의 정의

원생생물(protists)은 진핵생물 영역의 네 계(kingdom) 중에서 가장 다양한 생물군이다. 이들은 균류도 식물도 동물도 아닌 진핵생물이다. 모든 면에서 이들은 매우 다양하며, 통일성 있는 특징이 없다. 주로 단세포로 이루어진 생물이지만, 군체성인 것도 많고 다세포성 생물도 있다. 원생생물들은 대부분 현미경적 크기이지만, 어떤 것은 나무처럼 큰 것도 있다. 모든 종류가 대칭성을 보이며, 모든 유형의 영양 유형을 보여준다. 조상 원생생물에서 시작되는 진핵생물의 기원은 생물의 진화에서 가장 중요한 사건 중 하나이다.

단계통이 아닌 원생생물

원생생물계 생물들은 측계통성으로 계통이 서로 다른 생물이지만, 편의상 단세포성인 진핵생물은 모두 원생생물로 분류한다. 이렇게 해서 20만 종의 서로 먼 유연관계에 있는 생물군들이 함께 묶이게 된다. 원생생물계라는 "단일 분류군"은 인위적이며, 진화적 관계를 나타내지는 않는다. 아직도 생물학자들이 원생생물을 단일계로 분류하고, 이 책에서도 원생생물에 대한 독립된 장을 다루는 이유를 궁금해할 수도 있다. 원생생물의 진화적 관계가 정리되기를 기다리는 동안, 원생생물을 함께 묶는 것으로 다른 분류군에서는 다룰 수 없는 많은 경이로운 진핵생물의 생물학을 탐색해볼 수 있다.

원생생물의 무성생식과 유성생식

일부 원생생물은 반드시 **유성생식** 시기를 가지거나 먹이 부족 등의 환경 압박이 클 때 유성생식을 하는 것도 있지만, 원생생물의 전형적인 생식 방법은 **무성생식**이다.

무성생식

무성생식 중에도 유사분열을 하지만, 이 유사분열은 다세포 생물의 유사분열과는 차이가 있다. 그 실례로 유사분열 중에도 핵막이 유지되며, 방추체가 핵 안에서 생긴다.

일부 종류는 세포가 거의 똑같은 크기로 갈라지는데, 갈라질 때 딸세포가 모세포보다 상당히 작고 분열 후 성체 크기로 자라는 경우를 **출아**라고 한다. 일부 원생생물의 보편적인 **분열생식**에서는 세포분열은 여러 번의 핵분열이 일어난 뒤에 분열이 일어나 동시에 동일한 여러 개체가 생산된다.

유성생식

대부분의 진핵세포는 원핵세포에서는 불가능한 유성생식의 특징을 가진다. 감수분열은 원생생물 조상에서 생긴 주요 진화적 혁신으로 이배체 세포로부터 반수체 세포의 형성이 가능하다. 유성생식은 두 반수체 세포가 결합하는 방법에 의해 자손을 형성하는 과정이다. 유성생식의 이점은 빈번한 유전자 재조합으로 진화의 시작이 되는 **변이**(variation)를 만든다는 점이다. 모든 진핵생물이 유성생식을 하는 것은 아니지만, 대부분이 유성생식 능력을 지니고 있다. 감수분열과 유성생식의 진화가 진핵생물 사이의 다양성을 크게 확장시켰다.

1.3 주요 원생 생물들

디플로모나드류와 파라베이살리드류: 미토콘드리아가 없는 편모성 원생생물

초기 진핵생물은 어떤 모양이었을까? 확실하지는 않지만 디플로모나드류와 파라베이살리드류는 초기 진핵생물을 조상의 모습을 가지는 것으로 보인다. 이 군들은 서로 유사한 특징을 가졌지만, 이들이 지닌 많은 차이 때문에 다른 분지(clade)로 구분한다.

디플로모나드류는 단세포이며 편모로 이동한다. 이 군은 미토콘드리아가 없지만 핵을 두 개 지니고 있다. *Giardia intestinalis*는 디플로모나드류의 한 종류로, 수중환경을 통해 사람 사이에 전파되어 설사를 일으키는 기생충이다. 미토콘드리아 유전자가 핵 안에서 발견되기 때문에 *Giardia*는 호기성 세균으로부터 진화되었다는 결론을 내릴 수 있다.

파라베이살리드류(parabasalids)에는 아주 흥미로운 분류군들이 포함되어 있다. 어떤 종은 흰개미 내장에서 살며, 흰개미가 먹은 나무의 주요 구성분인 셀룰로오스를 소화시킨다. 이 공생관계는 이 파라베이살리드류가 셀룰로오스의 소화에 도움이 되는 세균과 공생관계를 가지기 때문에 한층 더 복잡하다. 서로 다른 세 계(kingdom)에 속하는 세 공생 생물들의 지속적 활동은 숲에서 쓰러진 나무의 분해를 통한 재활용이나, 목재로 된 집의 붕괴를 가져올 수 있다. 다른 파라베이살리드인 *Trichomonas vaginalis*는 인간 성병의 원인균이다.

파라베이살리드류는 이동을 돕는 파동막을 지니고 있다. 디플로모나드류처럼 파라베이살리드류도 편모로 움직이며 미토콘드리아가 없다. 이 두 분류군에서의 미토콘드리아의 소실은 조상 형질(ancestral trait)이라기보다는 파생 형질(derived trait)로 여겨지고 있다.

유글레나류

많은 유글레나류(*Euglenozoa*)는 내부공생을 통해 엽록체를 얻었다. 조류 중 어떤 것도 유글레나 계통과 밀접한 유연관계가 없는 것으로 보아 내부공생이 만연했음을 알 수 있다.

유글레나류는 초기에 분지되어 미토콘드리아를 갖는 초기 자유생활(free-living) 진핵생물 중 하나이다. 유글레나류는 원생생물은 "식물"과 "동물"의 구분이 가능하지 않음을 명백하게 보여주는 실례이다. 유글레나류에 속하는 약 40개 속 중 1/3은 엽록체를 가지는 독립영양생물이고, 그 외의 유글레나류는 엽록체가 없이 먹이를 외부에서 섭취하는 종속영양생물이다.

일부 엽록체를 갖는 유글레나류는 어두운 곳에서 종속영양으로 바뀌는데, 이때 엽록체는 작아지고 비기능적이 되지만 다시 햇빛 속으로 나오면 몇 시간 안에 녹색이 된다. 광합성 유글레나류도 때때로 용해된 또는 입자성의 먹이를 섭취하기도 한다.

유글레나류의 길이는 10~500 μm로 형태는 매우 다양하다. 원형질막 안에는 서로 연결된 단백질성 띠가 나선상으로 배열되어 있으며, 이를 외피(pellicle)라고 부른다. 외피는 신축성을 지녀 유글레나류는 모양을 변화시킬 수 있다.

유글레나류는 유사분열에 의해 생식하며, 유사분열 동안 핵막은 그대로 존속된다. 유성생식은 알려지지 않고 있다.

유글레나류의 대표적인 속인 유글레나(*Euglena*, **그림 10.3**)에는 두 개의 편모가 몸의 앞쪽 끝에 있는 플라스크 모양의 저장소가 기저부에 부착되어 있다. 두 개 편모의 길이는 서로 다른데, 긴 것의 한쪽 면에는 매우 미세한 짧은 털 모양의 돌기가 줄지어 나 있으며, 짧은 편모는 저장소 안에 있다. 수축포는 여분의 물을 몸의 각 부분에서 모아 저장소를 통해 방출하여 체내 삼투압을 조절한다. 녹조류에서도 발견되는 안점은 빛에 민감하여 이들 광합성생물들이 빛을 향해 움직이도록 돕는다.

유글레나 안에는 많은 엽록체가 들어 있다. 이 엽록체에는 식물이나 녹조류처럼 엽록소 *a*, *b* 및 카로티노이드가 들어 있다. 유글레나류의 엽록체는 녹조류의 엽록체와는 구조가 약간 다르지만, 서로 공통조상을 갖고 있는 것으로 보인다.

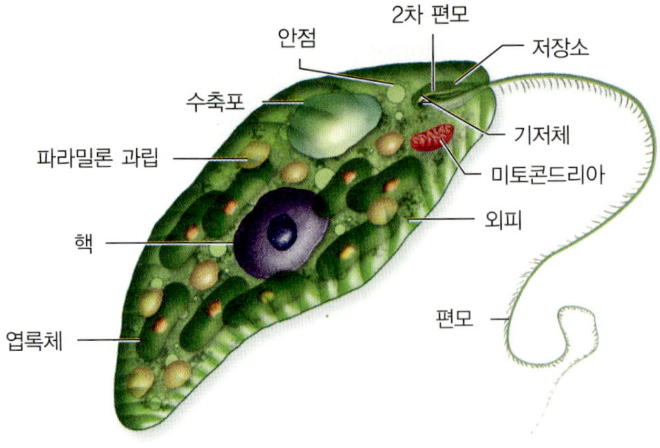

그림 10.3 유글레나류.
유글레나의 모식도. 파라밀론 과립은 먹이 저장체이다.

유포생물: 막으로 둘러싼 소포가 있는 원생생물

유포생물(Alveolata)에는 와편모조류, 정복합체포자충류 및 섬모충류가 포함되는데, 이들은 모두 동일한 계통이지만 다양한 운동성을 보인다. 한 가지 일반적 특징은 원형질막 아래의 연속적인 층 안에 쌓인 **포낭**(alveoli)이라는 공간을 가진다는 것이다. 포낭은 골지체와 유사하게 막 수송의 기능을 하는 것으로 보인다.

대부분의 **와편모조류**는 단세포로 되어 있으며, 광합성을 하고 두 개의 편모를 가진다. 이들은 해수와 담수 모두에 살며, 일부는 발광하여 특히 열대지방의 밤바다에서 반짝이기도 한다.

와편모조류는 편모와 보호막을 가지고 생화학적 특징도 독특하여 원생생물의 다른 문과 직접적인 유연관계가 없는 것으로 보인다. 일반적으로 실리카로 뒤덮인 섬유소 유사물질로 이루어진 판이 외각을 이루어 세포를 감싸고 있다(**그림 10.4**). 이 외각 판들의 접합부에 대개 홈이 있고 편모가 이 홈을 따라 나 있는데, 편모 중 하나는 옆으로 허리띠처럼 감기고, 다른 하나는 이와 수직으로 나 있다. 움직일 때 이 홈 속의 편모 운동으로 와편모조류가 회전하게 된다.

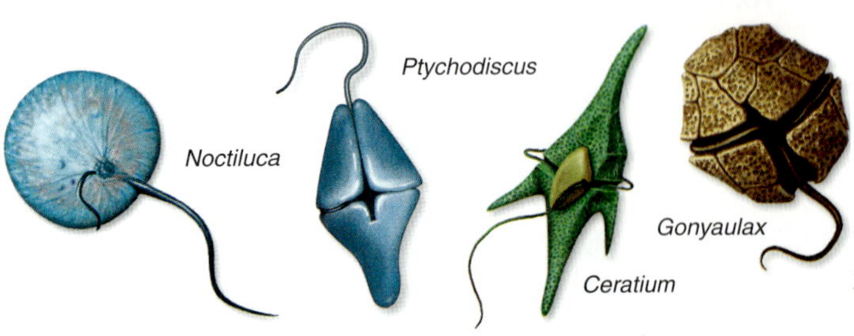

그림 10.4 와편모조류.
대부분의 와편모조류의 특징인 두꺼운 섬유소 껍질이 없는 *Noctiluca*는 발광 생물체로 열대바다 발광의 원인이다. 다른 세 속의 와편모조류는 몸속의 짧은 편모가 몸을 감고 있고, 긴 편모는 몸에서부터 돌출해 뻗어 있다.

대부분의 와편모조류는 엽록소 *a*와 *c* 그리고 카로티노이드를 가지는데, 이 점은 규조류나 갈조류와 비슷하다. 와편모조류가 이 그룹의 개체들과 내부공생 관계를 형성함으로써 엽록체를 얻었을 가능성이 있다.

해안에서 흔히 일어나는 "**적조**(red tides)"는 대개 와편모조류가 폭발적으로 증식하여 일어나는 현상으로 수산업에 막대한 피해를 준다. 와편모조류 중 약 20종은 강한 독소를 생성하여 많은 척추동물의 횡격막 저해를 통해 호흡곤란을 일으킨다. 따라서 독성 와편모조류가 번성하면 많은 물고기, 새, 해양생물들이 사망하게 된다.

정단복합체포자충류(apicomplexans)는 포자를 형성하며, 동물에 기생한다. 이들은 독특하게 세포의 한쪽 끝에 섬유, 미세소관, 액포 및 다른 세포소기관이 배열되어 정단복합체라 불린다. 정단복합체는 숙주에 침투할 수 있게 해주는 세포골격과 분비구조의 복합체이다. 가장 잘 알려진 것은 말라리아원충인 **플라스모디움**이다.

플라스모디움은 아메바 운동으로 숙주의 적혈구 안으로 기어들어간다. 다른 정복합체포자충류와 마찬가지로 플라스모디움도 복잡한 생활주기를 가지는데, 숙주인 모기와 척추동물 사이에서 유성생식과 무성생식 시기를 가진다. 플라스모디움은 미토콘드리아를 가지고 있지만, 저농도 O_2와 고농도 CO_2의 환경에서 잘 자란다.

말라리아를 퇴치하려는 노력은 (1) 운반체인 모기를 제거하는 일, (2) 인체에 들어온 기생충에 대한 치료약 개발, 그리고 (3) 백신의 개발에 초점이 맞추어지고 있다. 1940년에서 1960년대 사이에 미국, 이탈리아, 그리스 및 라틴아메리카의 여러 지역에서 DDT를 이용해 성공적으로 모기를 퇴치하면서 한동안 말라리아의 퇴치가 가능한 듯 보였다. 그러나 곧 DDT에 내성을 갖는 모기가 생겨났고, 그에 부가하여 DDT의 사용은 환경에 심각한 영향을 끼쳤다. 또한 키니네를 포함해 전통적으로 이용되던 약에 내성을 가지는 말라리아원충 균주들도 나타나, DDT에 내성을 나타내는 모기와 함께 말라리아 퇴치에 어려움을 주고 있다.

많은 수의 섬모를 가지고 있는 **섬모충류**(ciliates)는 길이가 10~3,000 μm인 단세포 종속영양생물이다. 이들의 섬모는 세포 주위에 종으로 배열하거나 나선상으로 배열한다. 섬모는 원형질막 안쪽에 있는 미세소관에 고착되어 있으며, 서로 협동적으로 움직인다. 일부 종류에서는 섬모들이 융합하여 시트, 가시, 막대 모양을 이루어 입, 노(paddles), 이빨, 발과 같은 특수한 기능을 하기도 한다.

섬모충류는 신축성 있고 질긴 외피를 가졌기 때문에 몸을 압착하여 장애물 사이를 통과할 수 있다.

모든 섬모충류는 **소핵**(micronucleus)과 **대핵**(macronucleus)의 두 가지 핵을 가진다(**그림 10.5**). 대핵은 유사분열로 분열하고 섬모충류 중 가장 잘 알려진 짚신벌레의 생리적

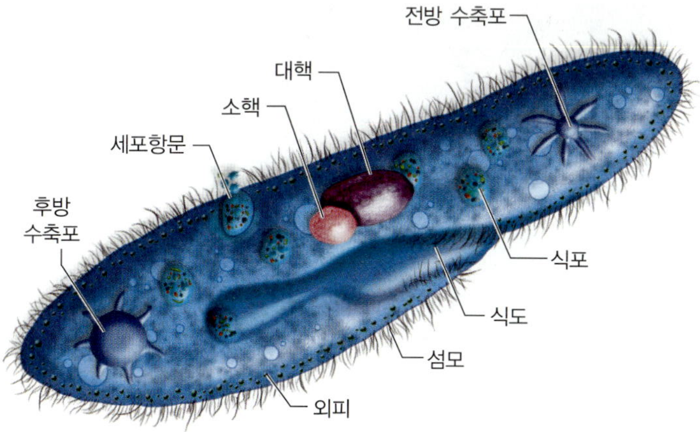

그림 10.5 짚신벌레.
이 섬모충류의 주요 특징은 섬모, 두 개의 핵 및 여러 특수한 세포소기관을 가지고 있는 것이다.

기능에 필수적이다. 1930년대에 일반적 실험 생물의 하나인 *Tetrahymena pyriformis*의 소핵을 실험적으로 제거했는데, 그 후손들은 오늘날까지도 무성생식을 계속하고 있다. 그러나 짚신벌레는 소핵을 제거하면 결국은 사멸하게 된다. 짚신벌레의 소핵을 제거하면 약 700세대까지는 무성적으로 분열하지만, 유성생식을 하지 못하면 죽는다. 따라서 섬모충류의 소핵은 유성생식에만 필요한 것을 알 수 있다.

섬모충류는 음식을 섭취, 소화하고 수분의 균형을 유지하는 액포(vacuoles)를 가지고 있다. 음식은 처음에 짚신벌레의 식도로 들어오는데, 식도는 섬모로 덮여 있고 막과 연결되어 있다(**그림 10.5**). 식도로 들어온 음식은 액포로 전달되고, 이곳에서 효소와 염산의 도움으로 소화가 일어난다. 소화 후 노폐물은 외피에 있는 특수한 구멍인 **세포항문**을 통해 배출된다. 세포항문은 세포외 배출을 위한 소낭인데, 단단한 과립을 배출하기 위해 주기적으로 나타난다.

수분의 균형을 조절하는 **수축포**(contractile vacuole)는 주기적으로 팽창과 수축을 반복하여 내용물을 외부로 내보낸다.

대롱편모생물: 미소한 털이 있는 원생생물

대롱편모생물은 갈조류, 규조류 및 난균류(물곰팡이류)를 포함한다. 소수 종은 진화 과정에서 털이 소실되기도 하였지만, 부등편모조류는 편모에 독특한 모양의 가는 세모(fine hairs)를 가진다.

갈조류(brown algae)는 북구 해역에서 가장 많이 분포하는 해조류이다. 갈조류의 생활주기는 포자체(이배체)와 배우체(반수체)의 세대교번이 이루어지는 것이 특징이다. 일부 포자체 세포는 감수분열로 포자를 만들며, 이 포자들은 발아하여 유사분열을 통해 켈프 등 커다란 개체를 만든다. 배우체는 대개 작고 섬유상인 개체로, 폭이 수 cm밖에 되지 않는다.

수중 환경에 살지만 갈조류 종에게 수송은 큰 도전이 될 수 있다. 어떤 종은 세포층을 쌓아 운송하는 독특한 방법을 이용한다. 켈프는 식물처럼 보이지만 식물에서 발견되는 목부와 같은 복잡한 조직은 없다.

규조류는 광합성 단세포생물로 유백색의 실리카로 이루어진 독특한 이중 패각을 가지는데, 뚜껑이 있는 작은 상자처럼 하나가 다른 패각 안으로 꼭 맞추어진 형태이다. 규조류의 엽록체에는 엽록소 *a*, *c* 및 카로티노이드가 포함되는데, 이 점은 갈조류나 와편모조류와 같다. 규조류는 크리소라미나린(chrysolaminarin)이라는 특징적인 탄수화물을 생산한다.

일부 규조류는 **등줄**(또는 배선)이라는 두 개의 긴 홈을 이용하여 움직이는데, 등줄에는 진동 원섬유가 줄지어 있다.

난균류는 기생성이거나 부생성(생물의 사체에서 나오는 유기물을 먹는 생물) 생물로, 물곰팡이라는 이름에서 보는 것처럼 전에는 **균류**로 분류되었었다.

이들은 다른 원생생물과는 달리 운동성 포자인 **유주자**를 만든다. 이 포자는 크기가 다른 두 개의 편모를 가지는데, 하나는 앞쪽을 향하고 다른 하나는 뒤쪽을 향한다. 유주자는 포자낭에서 무성적으로 만들어진다. 유성생식은 배우자를 만드는 암수 생식기관을 만든다. 대부분의 난균류는 물속에서 발견되지만, 일부는 육상에 살면서 식물의 병원체가 되는 경우도 있다.

1845년과 1847년에 아일랜드에서 감자 마름병을 일으킨 것도 난균류였다. 이 감자 마름병으로 인해 40만 명이 굶어 죽었으며, 2백만 명이 미국이나 다른 나라로 이주해 갔다.

난균류는 어류 부화장에서 심각한 손실을 가져오는 병원체도 있다. 감염된 물고기들이 호수로 방출되면, 병원균이 양서류를 감염시키고, 경우에 따라 한 지역에서 수백만 개의 양서류 알을 한꺼번에 죽일 수도 있다. 이 병원체는 양서류 감소의 한 원인으로 여겨지고 있다.

홍조식물문: 홍조류

홍조식물(red algae)은 현미경적 크기에서부터 2 m 크기까지 다양하다. 식용 김도 홍조류이며, 홍조류가 생산하는 다당류는 상업적으로 아이스크림이나 화장품의 점도를 높이는 데 이용된다.

홍조류는 편모나 중심립이 없고, 광합성 보조색소인 **홍조소**, **남조소**, **이질남조소**를 가지는데, 이 색소들은 피코빌리솜이라고 부르는 구조에 배열되어 있다. 홍조류는 세대교번을 통해 생식한다.

홍조식물은 약 7,000종으로 구성되어 있는데, 이들의 기원은 아직 논란거리이다. 홍조류가 초기 진핵생물에서 기원하였고, 녹조류와 공통조상을 가진다는 설이 제시되고 있다. 엽록체의 분자생물학적 비교 결과는 홍조류와 녹조류가 동일한 내부

공생의 기원에서 나온 엽록체를 가지고 있음을 지지하고 있다.

홍조류, 녹조류 및 다른 원생생물에서 RNA 중합효소 II의 큰 아단위체를 합성하는 유전자를 비교하면 홍조류는 식물, 동물, 균류의 계통이 생기기 전에 나타났음을 알 수 있다.

깃편모충문: 동물의 선조

깃편모충류는 해면과 다른 모든 동물의 공통조상인 것으로 보인다. 깃편모충류는 한 개의 편모를 가지며, 이 편모는 깔때기 모양의 수축성 깃으로 둘러싸여 있다. 깃(또는 동정)은 필라멘트들이 인접해 이어져 생성되는데, 이런 구조는 해면의 구조와 정확히 일치한다. 이들은 깃을 이용해 세균을 포식하고 살며, 군체 형태는 담수 해면을 닮아 있다.

깃편모충류와 해면에서 발견되는 표면 수용체(티로신 인산화효소 수용체, tyrosine kinase receptor) 사이의 높은 상동관계는 동정편모충류와 동물의 가까운 유연관계를 강하게 시사해 준다. 이 표면 수용체는 인산화를 포함하는 신호 전달 경로를 담당한다.

주요 계통으로 구분되지 않는 원생생물

많은 원생생물들은 아직 생물 계통수 상에서 위치가 불분명하다. 다음 예들은 사람의 건강과 환경에 특히 중요한 원생생물들이다.

앞에서 유연관계에 기초하여 원생생물을 구분하였는데, 어떤 계통은 한 가지 특징만으로 구분하기에 너무 다양하다. 그 실례로 대롱편모생물은 독립영양생물로 해양 조류와 육지 식물의 병원체를 포함하는 분류군이다. 아메바류의 경우도 유사한 세포 형태를 가지긴 하지만 단일 계통은 아니다.

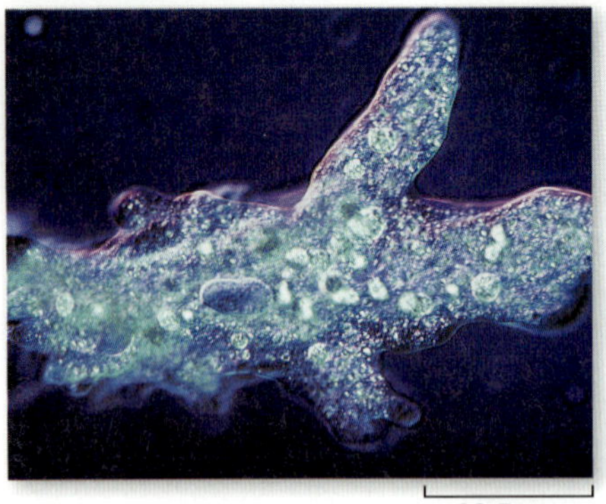

그림 10.6 아메바.
돌출부는 위족(pseudopods)으로 아메바(*Amoeba proteus*)는 세포질이 위족 속으로 흐르며 이동한다.

근족충류는 위족을 이용하여 움직일 수 있다. 위족은 유동성 세포질 돌기로 아메바를 움직이게 하거나 먹이가 되는 과립을 삼킨다. 아메바는 위족을 돌출시키고, 그 속으로 세포질이 흘러 들어간다(**그림 10.6**). 이 운동에 관여하는 위족 안의 액틴과 미오신으로 된 미세섬유는 근육에서 발견되는 것과 유사하다. 위족은 세포내의 어느 곳에서도 생길 수 있기 때문에 아메바는 어느 방향으로도 움직일 수 있다.

아메바류는 위족 때문에 완전한 무정형의 몸을 가지지만 한 그룹은 좀 더 정형화된 구조를 갖는다. **방산충류**라고도 부르는 방사판족류의 아메바류는 실리카의 유리 같은 외골격을 분비하여 좌우대칭이나 방사대칭의 일정 형태를 이룬다. 여러 종류가 외골격에서 바늘 모양으로 위족을 내어 아름다운 형태를 이루는데, 이 세포질 돌기는 미세소관에 의해 지지된다.

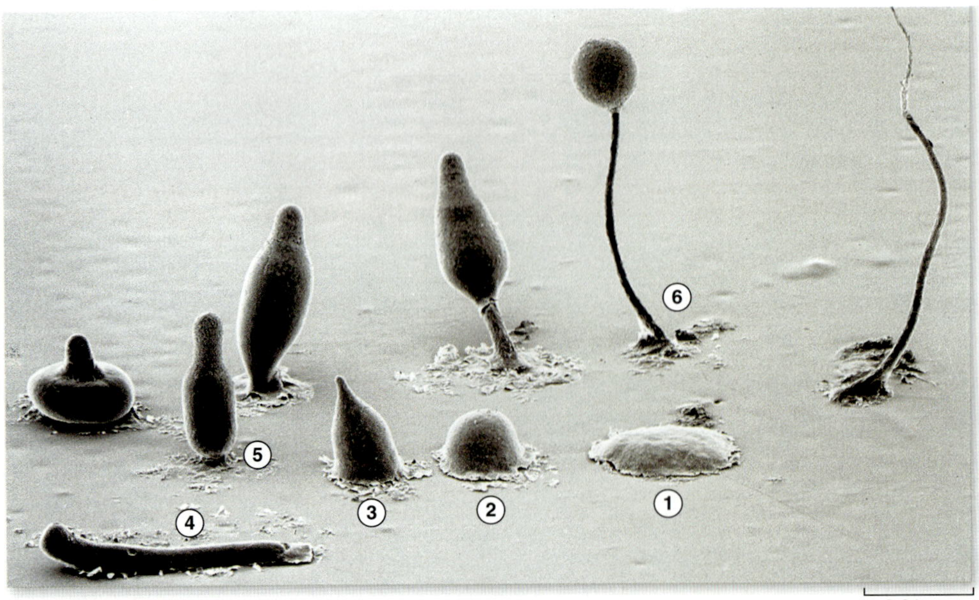

그림 10.7 세포성 점균류인 *Dic-tyostelium discoideum*의 발생.
1. 포자가 발아하여 아메바를 형성한다. 먹이가 모두 소진될 때까지 아메바는 섭식과 생식을 한다. 이 시점에서 아메바는 응집하여 고정된 중심을 향해 움직인다. 2. 응집된 아메바들은 언덕을 형성하기 시작한다. 3. 언덕이 뾰족하게 되어 옆으로 넘어진다. 4. 응집된 아메바들이 2~3 mm 길이의 다핵성 "이동체"를 형성하여 빛을 향해 이동한다. 5. 이동체는 움직임을 멈추고 정중돌기(culmination process)가 형성되고, 세포는 돌기와 포자로 분화된다. 6. 성숙한 자실체에서 아메바는 주머니 안의 포자가 된다.

세포성 점균류는 발생 양상이 비교적 단순하기 때문에 세포분화 연구의 주요 대상이 되어 왔다(**그림 10.7**). 각 개체는 하나의 아메바처럼 행동하며, 토양 속에서 이동하면서 세균을 잡아먹는다. 먹이가 부족해지면 개체들은 집합하여 민달팽이와 흡사한 운동성 있는 "이동체(또는 태괄충, slug)"를 형성한다. 일부 세포는 규칙적으로 **cAMP**를 발산하고 다른 세포들은 cAMP가 나오는 방향으로 이동하여 이동체를 형성한다. 에서 이 이동체는 형태 형성 과정을 진행하여 자루와 포자세포를 만들며, 이 포자들은 습기 많은 서식처에 떨어지면 다시 새로운 아메바를 이룬다.

연 습 문 제 Exercise

1. DNA를 가지지 않는 세포소기관은 어떤 것인가?
   a. 소포체　　b. 핵
   c. 엽록체　　d. 중심립
   e. 미토콘드리아
2. 세포가 피막(pellicles)을 가지고 있다면, 그것은
   a. 형태를 빠르게 변할 수 있다.
   b. 구형을 이룬다.
   c. 어뢰 모양이 된다.
   d. 수축 액포를 지녀야만 한다.
3. 다음 중 세포내 공생설을 가장 정확하게 지지하는 것은?
   a. 미토콘드리아는 유사분열에 의해 복제된다.
   b. 엽록체는 DNA를 가지지만, 번역과정이 엽록체 안에서 이루어지지 않는다.
   c. 액포는 두 개의 막으로 싸여 있다.
   d. 세균에서 항생물질에 의한 단백질 합성 방해 기작이 미토콘드리아에서도 같게 나타난다.
4. 현대의 분류학에서 생물을 분류할 때 계통학적인 자료에 많이 의존한다. 과거의 분류학자들은 종의 형태학적 개념에서 성장 모습의 유사성으로 종을 정의했다. 형태학적으로 원생동물을 분류하는 것과 계통학적으로 분류하는 것의 차이점을 예를 들어 설명하라.

제 11 장 녹색식물

Green Plants

1 녹색식물

1.1 식물의 정의

계통발생학의 혁명은 식물에 대한 정의를 완전히 바꾸어 놓았다. 우리는 모든 녹조류와 육상식물이 10억 년 전후에 공통조상을 가지고 있고, 이 두 그룹이 **녹색식물계**나 단순히 녹색식물로 불리는 **계**(kingdom) 또는 가장 위의 그룹으로 인식되고 있다는 사실을 알고 있다. DNA 서열 자료는 하나의 개체로부터 모든 식물이 나왔다는 주장과 일치한다. 이렇게 식물은 녹조류를 포함하여 과거의 식물에 대한 정의를 확대하여 녹색식물계의 모든 구성원을 일컫는 말이다.

식물은 **광합성 자가영양생물**(또는 광합성 독립영양생물, photo-autotrophic)이지만 모든 광합성 자가영양생물이 녹색식물계에 속하는 것은 아니다. 식물은 광범위하게 정의되지만 홍조류와 갈조류는 제외된다. 모든 조류(홍조, 갈조 및 녹조류)는 15억 년 전에 1차 내부공생을 거쳤지만 단계통에서 볼 수 있는 과거의 엽록체 계통과 일치하지 않는다. 홍조류와 녹조류는 약 14억 년 전에 공통조상을 마지막으로 공유한 것으로 여겨지고 있다. 갈조류는 앞에서 설명한 바와 같이 광합성 남세균을 이미 획득한 진핵 홍조류와의 내부공생에 의해 광합성을 하게 되었다.

식물에는 후생동물과 아주 밀접하게 가까운 균류(fungi)가 포함되지 않는다. 그러나 균류는 토양으로부터 식물의 영양분 흡수를 증진시키므로 식물의 육상생활로의 적응에 필수적이다.

담수조류로부터 진화된 육상식물

일부 염생조류가 담수 환경에 살 수 있도록 진화했다. 하나의 담수 녹조류가 **이끼**로부터 **피자식물**(속씨식물)에 이르는 모든 육상식물계통으로 발생되었다. 상상할 수 없을 정도로 가혹한 육상환경을 고려할 때, 모든 육상식물이 하나의 공통조상을 갖는다는 것은 놀랄 만한 일이다. 원시 조류가 무엇인지는 아직 확실하지 않으나, 이와 밀접한 유연관계를 가진 차축목은 오늘날에도 담수 호수에 서식하고 있다.

녹조류는 두 개의 주요 **단계통군**(clade)으로 구분되는데, 그들은 육상에 존재한 적이 없는 **녹조식물**과 모든 육상식물과 자매종(또는 동종)인 **차축조류**(charophytes)이다(**그림 11.1**). 육상식물은 다양하지만 공통적인 특징을 가지고 있다. 차축조류와 달리 모든 육상식물은 다세포 반수체와 2배체 시기를 가진다. 2배체 배는 육상식물의 혁신의 하나로 시간이 경과하면서 배를 좀더 보호하는 방향으로 그리고 생활사에서 반수체 시기를 축소하는 방향으로 진화되었다.

지상생활에 적응한 육상식물

담수산 조상과는 달리 대부분의 육상식물은 이용할 수 있는 수분의 양이 제한되어 있다. 육상생활에 적응하기 위하여 대부분 식물은 노출된 표면에 밀납성 큐티클을 분비함으로써 생물이 대기로 수분을 잃는 경향인 건조를 막는다. 큐티클은 불투과성이어서 수분 소실을 막아주지만 큐티클은 호흡과 광합성에 필수적인 기체 교환도 막는다. 식물의 내외부로 기체의 확산은 **기공**이라고 부르는 작은 입모양의 구멍을 통하여 일어나며, 이 기공은 수분의 확산도 동시에 가능하게 한다.

식물 내에서 물의 이동은 식물 크기에 대한 또 하나의 도전이다. 육상식물은 물과 염류의 수송을 촉진하는 분화된 세포인 **가도관**(헛물관)의 존재에 따라 구분된다. **관속식물문**은 헛

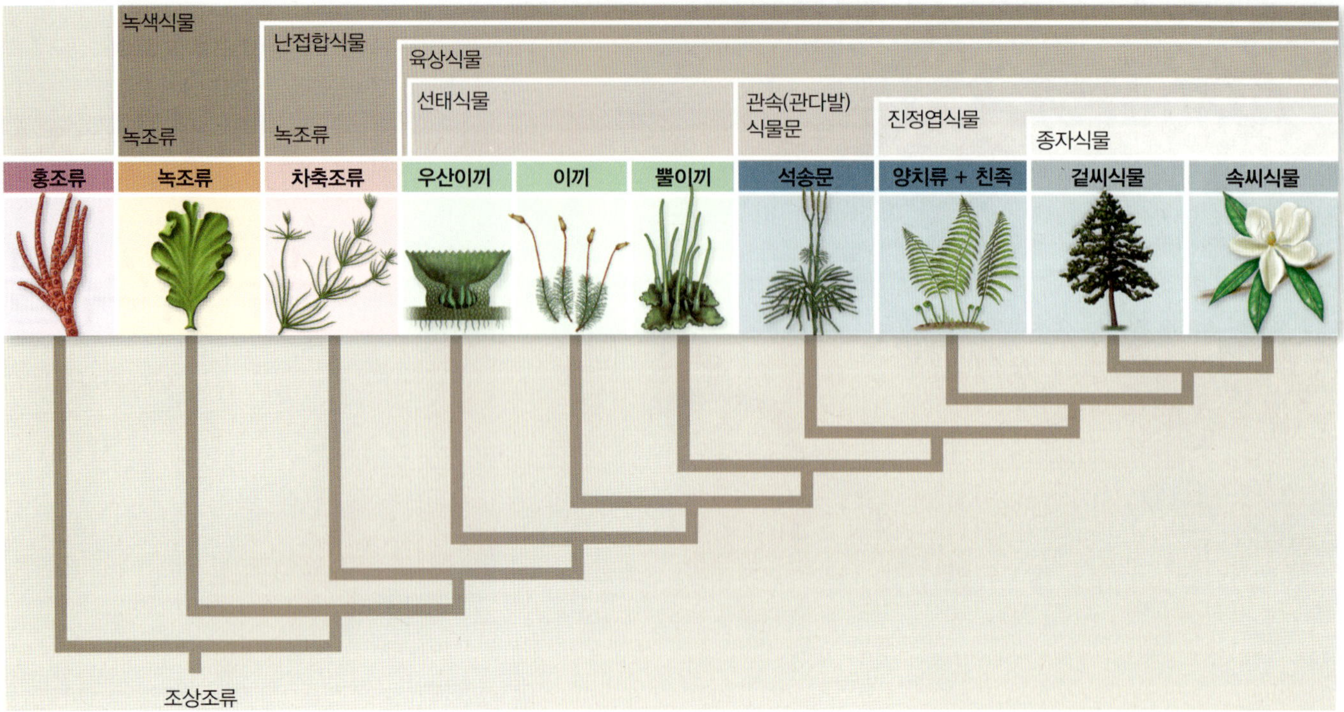

그림 11.1 녹색식물 계통.

물관이라는 분화된 수송세포를 가지고 있고, 줄기, 뿌리 및 잎에 물을 수송하는 **물관**(목부)과 양분을 수송하는 **체관**(사부)과 같은 고도의 효과적인 수송 시스템을 진화시켜 왔다. 수련과 같이 수생환경에서 자라는 일부 식물은 헛물관을 가지고 있는데, 수생 관속식물은 육상조상으로부터 수생환경으로 재진화한 것이다.

육상식물은 수생식물에 비해 강한 자외선에 노출되어 돌연변이가 일어날 가능성이 높은데, 2배체 게놈은 유해 대립유전자의 영향을 차단할 수 있다. 모든 육상식물은 반수체와 2배체 세대를 가지고 있고, 2배체 세대를 우점하도록 한 진화적 전환은 육상생활을 유지할 수 있는 유전적 변이를 증가시켰다.

단복상 생활주기에 따른 세대교번

기본적인 단복상 생활주기는 **그림 11.2**에 요약되어 있다. 많은 갈조류, 홍조류 및 녹조류도 단복상이다. 사람은 감수분열을 거쳐 배우체를 만드나, 육상식물은 다세포성인 반수체 내에서 유사분열에 의해 배우체를 만들면서 2배체 세대 또는 **포자체**(sporophyte)와 반수체 세대 또는 **배우체**(gametphyte)가 교대한다. 포자체는 포자식물을 뜻하고, 배우체는 배우자 식물을 뜻한다. 이러한 용어는 생식세포의 종류에 의해 개별적인 세대가 만들어진다는 것을 의미한다.

2배체인 포자체는 감수분열을 통해 반수체 포자(배우자가 아님)를 만든다. 감수분열은 포자낭 속에서 일어나는데, 여기에서 2배체 **포자 모세포**가 감수분열을 통해 각각 4개의 반수체 **포자**를 만든다. 포자는 배우체 세대의 첫 번째 세포들로 유사분열을 통해 다세포성인 반수체 배우체를 만든다.

반수체 배우체는 배우자의 기원이 된다. **배우자**가 융합하여 2배체인 **접합자**를 만드는데, 이 접합자는 포자체 세대의 첫 번째 세포이다. 접합자는 자라서 2배체 포자체로 되고, 포자체는 포자낭을 만들고 그 속에서 감수분열이 일어난다.

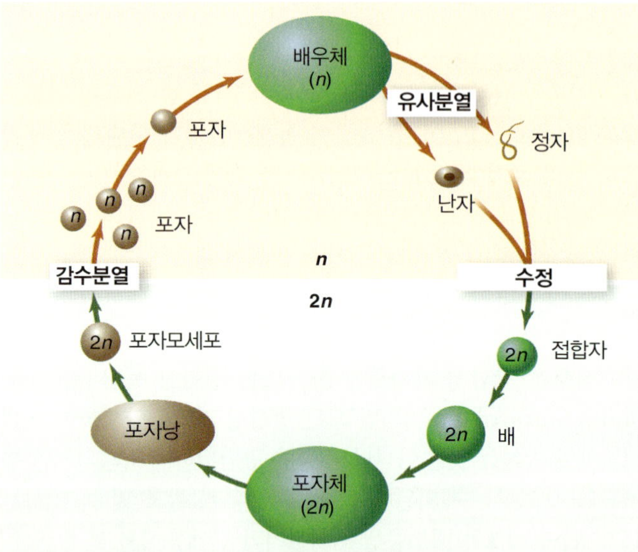

그림 11.2 일반적인 다세포 식물 생활주기.
반수체와 2배체 모두가 다세포임을 주목하라. 포자는 감수분열에 의해 만들어지고, 배우자는 유사분열에 의해 만들어진다.

1.2 주요 녹색식물들

녹조식물문과 차축조식물문: 녹조류

녹색조류는 두 개의 분명한 계통를 갖는데, 그들은 녹조식물문과 육상식물로 진화된 **난접합식물문**이다(**그림 11.1** 참조). 녹조식물문은 다양성과 특별한 분화 계열 때문에 특히 흥미롭다. 녹조식물문은 9억 년 전의 많은 화석기록을 가지고 있다. 현대 녹조식물문은 육상식물과 매우 비슷한데, 특히 생화학적으로 엽록체가 아주 비슷하다. 이들 엽록체는 엽록소 *a*와 *b* 그리고 카로테노이드를 가지고 있다.

초기 녹조류는 10억 년 전에 육상식물로 분지한 클라미도모나스 레인하티와 비슷하였을 것으로 여겨지고 있다. 개체들은 길이가 25 μm 이하인 작은 현미경적 구조이고, 녹색의 둥근 모양으로 앞쪽에 두 개의 편모를 가지고 있다. 그들은 토양에 살면서 반대 방향으로 편모를 쳐서 물속으로 빠르게 이동한다. 대부분의 클라미도모나스는 반수체로 유성적 및 무성적으로 번식하지만 항상 단세포이기 때문에 반복상은 아니다.

진화적 분화의 몇 계통이 비운동성이고 단세포 녹조류를 포함하여 클라미도모나스와 같은 생물로부터 유래되었다. 클라미도모나스는 편모를 수축시킬 수 있어 그들이 살고 있는 연못이 말랐을 때 바닥에 가라앉아 비운동성 단세포 생물이 될 수 있다. 클로렐라와 같이 토양이나 나무 수피에서 발견되는 일부 조류는 이러한 성질에서 클라미도모나스와 같다. 그러나 그들은 편모를 만들 능력은 가지고 있지 않다.

다세포화는 진핵생물에서 여러 번에 걸쳐 일어났다. 군집형 녹조식물문은 다세포화의 한 양상인 세포의 특수화의 한 예가 된다. 클라미도모나스와 같은 세포로부터 분화된 한 계열은 운동성을 가진 군체 생물을 형성한다. 녹조류의 이러한 **속**에서 클라미도모나스 유사 세포들은 각 세포의 개체성을 유지한다.

이러한 생물의 가장 좋은 예는 볼복스인데, 이들은 한 세포에 두 개의 편모를 지닌 500~60,000 세포가 한 층으로 구성되어 속이 빈 구형체를 형성한다.

단복상 생활주기는 일부 녹조식물문과 차축조류 및 육상식물을 포함하고 있는 난접합식물에서 발견된다. 다세포 녹조식물인 파래속 식물은 두 세포 두께의 편편한 엽상구조인 동일한 배우체와 포자체 세대를 가진다. 차축조류 이외에 어떤 녹조식물도 육상식물로 진화하지 않았다.

난접합식물의 한 단계통군인 **차축조류**는 녹조류지만 육상식물과 가까운 계통학적인 관계를 지닌다는 점이 녹조류와 구별된다. 차축조류는 **단상 생활주기**를 가지는데, 이는 복상배와 단복상 생활주기의 진화가 육상으로의 이주 후 일어났다는 것을 의미한다.

차축조류의 단계통군 중에서 어느 단계통군이 육상식물에 가장 가까운 종인가를 확인하는 것은 생물학자에게 오래된 과제였다. 차축조류의 화석기록은 불충분하다. 현재 rRNA와 DNA 염기서열로부터 얻은 분자생물학적 증거는 차축조류가 난접합식물의 녹조류 단계통군에 속하게 해준다.

선태류: 배우체 세대 우점 식물

선태류(Bryophytes)는 첫 육상식물과 가장 가까운 살아있는 후손이다. 이 그룹에 속하는 식물은 **가도관**(tracheid)(헛물관)이라는 수송세포가 없기 때문에 **비관속식물문**이라고 부른다.

화석 증거와 분자계통학이 초기 육상식물의 생활을 재구성하는 데 이용될 수 있는데, 물과 기체의 유용도가 제한 요소로 작용한다. 선태류는 체내 물의 양을 조절할 수 있는 능력이 미약하였고, 일부는 수생일지라도 대부분 이끼류에서 발견되는 형질인 건조내성을 지니고 있었을 것으로 여겨지고 있다.

선태식물문에는 약 24,700종이 있으며, 구조가 단순하지만 사막을 포함한 다양한 육상환경에 잘 적응하였다. 대부분 선태류는 작아 아주 일부만 키가 7 cm를 넘는다. 선태류는 물과 양분의 수송을 위하여 헛물관이 아닌 다른 수송세포를 가지고 있다. 헛물관은 선태류를 제외한 모든 육상식물인 관속식물의 특징이다. 선태류는 종종 **무관속식물**로 부르기도 하지만 다른 형태의 수송세포를 가지고 있기 때문에 비관속식물문으로 부르는 것이 더 정확하다.

오늘날 과학자들은 선태류가 비교적 분화가 덜된 세 단계통군인 우산이끼, 이끼 및 뿔이끼로 구성된다는 것에 동의하고 있다.

일부 **우산이끼**는 간엽과 같이 넓적한 배우체를 가지고 있어 '태류(liverwort)'라 부른다. 간엽이 이 식물문을 묘사하는 가장 잘 알려진 구조이지만 20% 종만이 이 구조를 하고 있으며(**그림 11.3**), 나머지 80%는 잎과 같은 구조로 마치 이끼와 같다. 배우체는 직립이기보다는 포복성이며, 가근은 단세포이다.

일부 우산이끼는 광합성을 하는 세포로 구성된 직립의 가지에 공기주머니를 가지고 있으며 각각의 공기주머니 출구가 위에 있어 기체교환을 원활하게 한다.

그림 11.3 우산이끼.
현미경적 구조의 포자체는 평평하고 녹색이며, 포복성 배우체로부터 만들어진 우산 모양의 구조를 하고 있는 조직 내에서 수정에 의해 형성된다.

뿔이끼(뿔이끼문)의 기원은 수수께끼이다. 뿔이끼가 최초의 육상식물일 것으로 추측하고 있으나, 최초의 뿔이끼 화석 포자는 속씨식물이 출현한 백악기(6,500만~1억 4,500만 년 전)로 기록된다.

작은 뿔이끼 포자체는 직경이 2 cm 내외인 얇은 배우체로부터 발생하며 작은 녹색인 빗자루의 자루나 뿔과 같은 모양을 하고 있다. 포자체 기저 부분은 배우체 조직에 박혀 있고 배우체로부터 영양분을 공급받는다. 그러나 포자체는 기체교환을 조절할 수 있는 기공을 가지고 있어 광합성을 수행하며 생장과 발생에 필요한 에너지의 대부분을 제공한다. 뿔이끼 세포들은 보통 하나의 커다란 엽록체를 가지고 있다.

1.3 관속식물: 뿌리, 줄기 그리고 잎

최초의 관속식물은 리니오식물문(Rhyniophyta)에 속할 것이라는 비교적 완전한 기록이 있다. 최초의 관속식물의 형태가 확실하지는 않지만 쿡소니아 화석은 최초 관속식물의 특징에 대한 예시를 제공한다(**그림 11.4**).

최초의 관속 육상식물인 쿡소니아는 약 4억 2,000만 년 전인 실루리아(Silurian) 후기에 번성하였으나 지금은 멸종되었다. 이 식물이 번성하였던 이유는 육상의 광대한 영역으로 퍼져 나가는 데 경쟁자가 없었기 때문이다. 이 식물은 높이가 수 cm에 불과했고 뿌리나 잎이 없었으며, 하나의 축에서 가지들이 고르게 갈라져 있고 끝이 약간 팽창되어 있다. 이들은 **동형포자**(한 가지 유형의 포자를 생성)를 만들었고, 포자낭은 가지의 꼭대기에 형성되었다. 그 뒤 나타난 원시 관속식물들은 좀 더 복잡한 포자낭을 가지고 있었다.

그림 11.4 최초의 관속 육상식물인 쿡소니아(*Cooksonia*). 이 화석은 4억 2천만 년 전에 생존했던 식물을 보여준다. 쿡소니아는 완전히 멸종한 리니오식물문에 속한다. 직립의 분지된 가지는 불과 몇 cm 크기이며 끝에 포자낭을 가지고 있다. 진흙과 같은 습지환경에 서식하였을 것으로 추측되며, 저항성 큐티클을 가지고 있고 관다발식물의 특징적인 포자를 만든다.

양분의 공급을 가능하게 해준 관속조직

쿡소니아(Cooksonia)와 다른 초기 식물들은 **유관속조직**이라는 물과 양분의 통도 조직을 발달시켜 성공적으로 육상에 정착할 수 있었다. 유관속조직은 분화된 원통형 또는 신장된 가닥으로 구성되었으며 식물전체에 망상 구조를 하고 있으며, 뿌리의 끝부분에서 줄기를 거쳐 **엽신**(blade)에 유관속조직이 존재하여 진정엽(true leaf)이라 불리는 조직에까지 퍼져 있다. 관속의 한 형태는 **물관**(vessel)이라 부르며 물과 물에 녹은 무기염류를 뿌리로부터 위로 수송을 하고, 다른 형태는 **체관**(phloem)이라 부르며 당과 호르몬을 몸 전체로 수송한다. 유관속조직은 관속식물의 높이와 크기를 증가시키는 요인이 되었다. 그러나 포자체에는 유관속조직이 발달되었지만 일부를 제외하고는 배우체에는 존재하지 않는다. 큐티클(cuticle)과 기공(stomata)도 관속식물의 특징이다.

세 개의 단계통군으로 묶이는 관속식물문의 7개 현존 식물문

현존 관속식물은 세 가지 단계통군(clade)으로 (1) 석송류, (2) 양치식물류, (3) 종자식물로 이루어져 있다. 분자계통학의 발전은 관속식물의 진화 역사에 대한 우리의 관점을 바꾸어주고 있다. 털고사리와 속새를 선태류와 관속식물 사이를 이어주는 멸종 문으로 간주해 왔다. 그러나 계통발생학적 증거는 이들이 양치류에 가장 가까운 근연식물로 판명되어 양치식물류로 분류한다.

뿌리보다 먼저 발달한 줄기

초기 관속식물의 화석은 줄기는 보여주나 뿌리나 잎은 없다. 쿡소니아를 포함한 최초의 관속식물은 줄기에 수송세포를 가지고 있었으나, 뿌리의 부재는 이 식물의 크기를 제한하는 요인이 되었다.

뿌리: 구조적 지지와 수송능력 제공

진정한 뿌리는 관속식물문에서만 볼 수 있다. 비관속식물에서는 뿌리와 비슷한 구조가 수송 또는 지지 역할 중 하나를 담당하나, 뿌리만이 두 가지 기능(수송과 지지)을 수행한다. 화석기록에 의하면 석송류는 뿌리의 출현 전에 다른 관속식물문으로부터 분지되었다. 뿌리는 적어도 두 번에 걸쳐 진화된 것으로 여겨진다.

1회 이상 진화한 잎

잎은 포자체의 표면적을 증가시켜 광합성 능력을 향상시켜준다. 석송류는 **리코필**이라 불리는 비교적 작은 잎을 지지하는 하나의 유관속을 가지고 있다. **진정엽**(euphyll)이라고 부르는 진정한 잎은 양치류와 종자식물에서만 볼 수 있으며, 리코필로부터 기원되었다. 리코필은 줄기 위의 작은 잎 모양 돌출 부분을 관통하는 유관속조직으로부터 발달한 것으로 여겨지고 있다. 진정엽은 분지된 줄기로부터 유래하였을 것으로 추측되며, 잎 조직을 지닌 망상구조가 되었을 것이다.

약 4억 년 전에 유관속과 광엽의 진정엽이 출현하였다. 현재 가설은 3억 6천만 년 전에 대기 중의 이산화탄소의 90%가 줄어들어 기공의 숫자를 증가시키기 위해 잎의 크기가 증가하였다는 것이다. 거대한 평면의 잎은 얇고 축 모양의 잎보다 빛을 200% 더 흡수할 수 있다. 큰 잎이 광합성에 장점이 있으나 동시에 잎의 온도를 증가시켜 치명적이 될 수 있다. 잎에 존재하는 기공은 물을 잎으로부터 내보내 잎을 냉각시키는 역할을 한다.

1.4 석송류와 양치식물

원시적인 관속식물은 종자를 만들지 못했다. 현존하는 4개의 관속식물문에 속하는 관속식물 중의 일부도 화석 기록으로 남은 3개의 식물문과 마찬가지로 종자를 만들지 못한다. 관속식물의 적응을 탐구할 때는 생식전략과 함께 점진적인 복잡한 수송계의 발달에 초점을 맞추어야 한다.

석송류는 관속식물이 처음 진화하였을 때 존재했던 고대 식물종으로 그들은 모든 관속식물의 자매군이다. 나무 모습을 보이는 일부 석송속 식물은 약 2억 7천만 년 전에 멸종하였으며, 오늘날의 석송은 전 세계적으로 분포하지만 열대지방과 습한 온대지역에 많다.

12~13속, 1,150종에 이르는 현존 석송 종들의 겉모습은 진정이끼와 비슷하나 내부 유관속조직과 생식과정은 이끼와 다르다. 포자체 단계가 우점하며, 포자체는 약 30 cm 정도 크기의 잎 모양의 줄기를 갖는다.

양치식물

양치류와 근연종의 계통발생학적 유연관계는 아직도 규명 중이다. 공통조상으로부터 두 개의 단계통군이 분지되어 나왔는데, 하나는 양치류와 속새류로 분지되었고, 다른 하나는 조상 종으로 보이는 양치류와 솔송류로 분지한 것으로 여겨지고 있다.

솔송류와 속새류는 양치류의 가까운 근연종들이다. 석송류나 선태류와 마찬가지로 그들은 모두 장정기와 장란기를 만든다. 수정을 위해 물이 필요하며, 이때 편모를 가지는 정자는 난자로 헤엄쳐가서 융합한다. 그와 대조적으로 대부분 종자식물은 편모가 없는 정자를 가지고 있다.

양치류 형태

속새류와 마찬가지로 양치류도 **뿌리줄기**(근경)를 가지고 있다. **엽상체**라고 부르는 잎은 뿌리줄기 끝에 단단히 말린 코일 모양으로 발생하여 펴지면서 팽창한다. 피들헤드는 요리에서 진미로 쓰이나 일부 종은 위암과 관련된 2차 대사산물을 가지고 있다.

많은 엽상체는 크게 갈라지고 모양이 깃털 같아 장식용 정원식물로 이용되고 있다. 네가래와 같은 일부 양치류는 네잎 클로버와 비슷한 엽상체를 가지나 꼬인 피들헤드 모양의 엽상체로부터 시작된다. 다른 양치류에는 광합성을 하는 엽상체와 갈색의 비광합성 생식 엽상체가 혼재해 있다.

1.5 종자식물의 진화

육상식물의 역사는 수생 조류의 조상이 거칠고 변화무쌍한 육상환경에 이주가 가능하도록 한 진화적 혁신의 역사이다. 초기 혁신은 육상에 생존하는 것이었고, 그 후에는 식물들의 수가 폭발적으로 증가하여 육지와 대기를 변화시키고, 육상동물들이 생존할 수 있게 해준 것이다. 종자를 생산하는 식물이 지난 수억 년에 걸쳐 육상환경을 지배하게 되었으며, **나자식물**(gymnosperms)이나 **피자식물**(angiosperms)과 같은 종자식물의 진화적 성공에는 정교한 배를 보호하고 영양분을 공급하는 종자의 진화가 중요한 역할을 했다. 종자는 **배**(embryo)로 하여금 시계를 멈추게 하여, 극한 겨울 또는 극도의 건조한 환경을 견딘 후 발아가 가능하도록 해준다. **과실**(fruit)은 후기 혁신이라 할 수 있는데 배가 광범위하게 분산하는 것을 도와준 것이다.

부가적인 배 보호기능을 가진 종자식물은 약 3억 500만 년에서 4억 6,500만 년 사이에 처음으로 출현하였으며, 그들이 나자식물과 피자식물의 조상이었다. 종자식물은 **전나자식물**이라는 포자를 만드는 식물로부터 진화된 것으로 여겨진다. 전나자식물은 현대의 나자식물과 여러 가지 공통적인 특성을 가지고 있는데, 그중 하나는 굵기를 증가시키는 2차 유관속조직이다. 일부 전나자식물은 잎을 가지고 있다. 그들의 생식과정은 단순하며 어떤 특정 그룹의 전나자식물이 종자식물로 진화했는지는 확실치 않다.

종자와 배의 보호

식물에서 종자의 형성은 진화적, 생태적 관점에서 볼 때 매우 중요한 발전이다. 배는 **주피**(integument)라고 부르는 포자체 조직에 의해 보호받으면서 **배주**(ovule)를 만든다(**그림 11.5**).

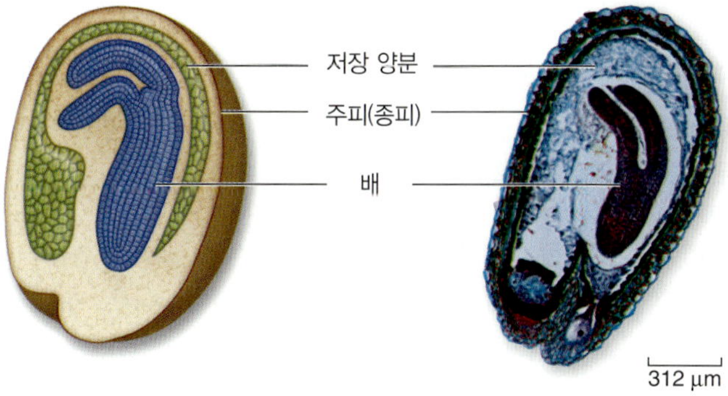

그림 11.5 배주의 횡단면.

배주 내에서 **대포자낭**(megasporangium)은 감수분열을 통해 반수체의 **대포자**(megaspore)를 만든다. 대포자는 정자와 만나 접합자가 되는 **난자**(egg)를 만든다. 또한 종자는 발달하는 배에게 공급할 영양분을 지니고 있다.

발생 과정에서 주피는 단단해지면서 종피가 되며, 건조로부터 배를 보호하는 기능 이외에 종자들이 쉽게 분산될 수 있도록 해준다. 더 중요한 것은 종자의 출현으로 생활주기 중 **휴면기**(dormant phase)를 가질 수 있게 되어 생장에 좋은 환경조건이 될 때까지 배가 생존하며 기다릴 수 있게 된 것이다.

웅성배우체 화분립

종자식물은 두 종류의 배우체인 자성배우체와 웅성배우체를 만드는데 이들은 몇 개의 세포로만 이루어져 있다. 다세포 웅성배우체인 화분립은 바람이나 수분 매개자에 의해 자성배우체 내의 난자로 운반된다. 일부 종자식물에서 정자는 **화분관**을 통해 난자로 운반되기 때문에 물이 필요 없게 된다. 종자식물에서는 무종자식물과 대조적으로 **웅성배우체** 전체가 아닌 정자만이 **자성배우체**로 이동하게 된다.

자성배우체는 주피에 의해 보호를 받으며 배주를 만든다. 피자식물에서 배주는 2배체 포자체 조직에 완전히 감싸여 있다. 배주와 그를 둘러싼 조직을 **씨방**이라 부르며, 씨방은 과실로 발달한다.

1.6 나자식물(겉씨식물)

나자식물과 양치식물은 종자 생성 여부에 따라 구분된다. 현존하는 **나자식물**은 구과식물문, 소철문, 마황식물문과 은행나무문의 4군으로 분류되고 있으며, 나자식물에는 피자식물이 가지고 있는 꽃과 과실이 없다. 나자식물에서는 종자가 되는 배주가 인편 위에 노출되어 있으며, 수분 시 포자체의 조직으로 완전히 감싸여 있지 않다. 나자식물이란 용어는 "노출된 종자(naked seed)"란 의미를 지닌다. 수정할 때 배는 노출된 상태로 있지만, 나자식물의 종자는 성숙 시에 종종 다른 포자체 조직에 의해 감싸여 있다.

나자식물들의 생식방법은 식물에 따라 조금씩 다르다. 그 실례로 소철류와 은행나무는 운동성 정자를 가지고 있는 데 비해 침엽수류와 마황식물류는 편모가 없는 정자를 가지고 있다. 모든 정자는 화분관 내에서 이동한다. 자성구과는 무게가 25 g도 안 되고 직경이 몇 cm에 불과한 작은 목질의 것에서 무게가 45 kg이 넘고 크기가 1 m나 되는 것도 있다.

침엽수: 가장 큰 나자식물문

가장 흔한 **침엽수**(conifer)에는 소나무, 전나무, 삼나무, 가문비나무, 주목, 낙엽송, 시프러스 등이 있다. 미국 북서 캘리포니아와 남서 오리건 주에 자생하는 침엽수인 미국삼나무는 키가 100 m나 되어 현존하는 관속식물 중 가장 크다. 캘리포니아 주 White Mountains에 있는 또 다른 침엽수인 강모구과소나무는 가장 오래된 수종으로, 어떤 표본은 4,900년 된 것도 있다.

침엽수는 기온이 낮은 온대지방에 살고 있으나 때로는 건조한 지역에서도 발견된다. 침엽수의 많은 종들이 목재, 종이, 수지, 택솔(암 치료에 이용) 및 경제적으로 중요한 산물의 원료가 된다.

소나무의 생식구조

모든 종자식물은 두 가지 배우체를 생산하는 두 가지 포자를 만든다(**그림 11.6**). 소나무의 **웅성배우체**(화분립)는 소포자에서 발생하는데, 소포자는 보통 아래쪽에 위치한 가지 끝에 30~70개의 무리를 지어 발생하는 **웅성구과**에서 만들어지며, 하나의 나무에 수백 개의 웅성구과가 있다.

소나무의 웅성구과 길이는 보통 1~4 cm이며, 종이 같이 얇은 인편이 나선형이나 윤생으로 배열해 있다. 각 인편 내에는 한 쌍의 소포자낭이 주머니 형태를 이루고 있고, 소포자낭 내에 있는 많은 소포자 모세포는 감수분열을 하여 각각 4개의 소포자를 생성한다. 소포자는 4개의 세포로 된 화분립으로 발달하고, 화분립은 한 쌍의 기낭(air sac)을 가지고 있어 방출 시 공기 중을 떠다닐 수 있다. 하나의 웅성구과에서 수백만 개의 화분립이 만들어진다.

자성구과는 위쪽 가지 위에 위치하며, 웅성구과보다 크고 인편은 목화되어 있다.

야자와 비슷하지만 현화식물이 아닌 소철류

소철류는 열대와 아열대 지방에 서식하는 느리게 자라는 나자식물류이다. 소철류는 100 종류가 알려져 있으며 대부분 야자나무를 닮았고, 15 m 이상 자랄 수 있지만 현화식물인 야자수와 다르게 소철류는 구과를 만들며 소나무와 비슷한 생활주기를 갖는다.

자성구과는 잎의 기부에 직립으로 발생하며 일부 종에서는 크기가 커서 45 kg이나 된다. 소철류 정자는 화분관 내에서 형성되기는 하지만, 배주 내에 방출되면 장란기까지 헤엄쳐 간다. 이들 정자는 현존 생물체 중 가장 큰 정자세포들이다. 소철류의 일부 종은 멸종하고 있어 오직 식물원에서만 볼 수 있다.

한 종만 생존하고 있는 은행나무문

화석 기록에서 북반구에 널리 분포했던 것으로 알려진 **은행나무문**에는 현재 은행나무 한 종만이 남아 있다. 가을에 낙엽이 지는 이 교목은 유럽인에 의해 일본과 중국에서 재배되는 것이 발견되었는데, 다른 지역에서는 발견되지 않고 있다.

소철류의 정자와 같이, 은행의 정자도 편모를 가지고 있다. 은행은 **자웅이주**(dioecious) 식물로 암수 생식기관이 서로 다른 나무에서 만들어진다. 은행나무는 모습이 아름답고 공해에 내성이 강해 도시 거리에 많이 심는데, 암나무의 종자를 둘

그림 11.6 전형적인 나자식물 소나무의 생활사.
소나무에서 웅성배우체와 자성배우체가 크게 작아졌다. 바람이 정자를 만드는 웅성배우체(화분)를 분산시킨다. 화분관이 자라 정자를 자성배우체에 있는 난자에 운반한다. 부가적으로 배를 보호하는 것은 종피로 발달하는 주피에 의해 이루어진다.

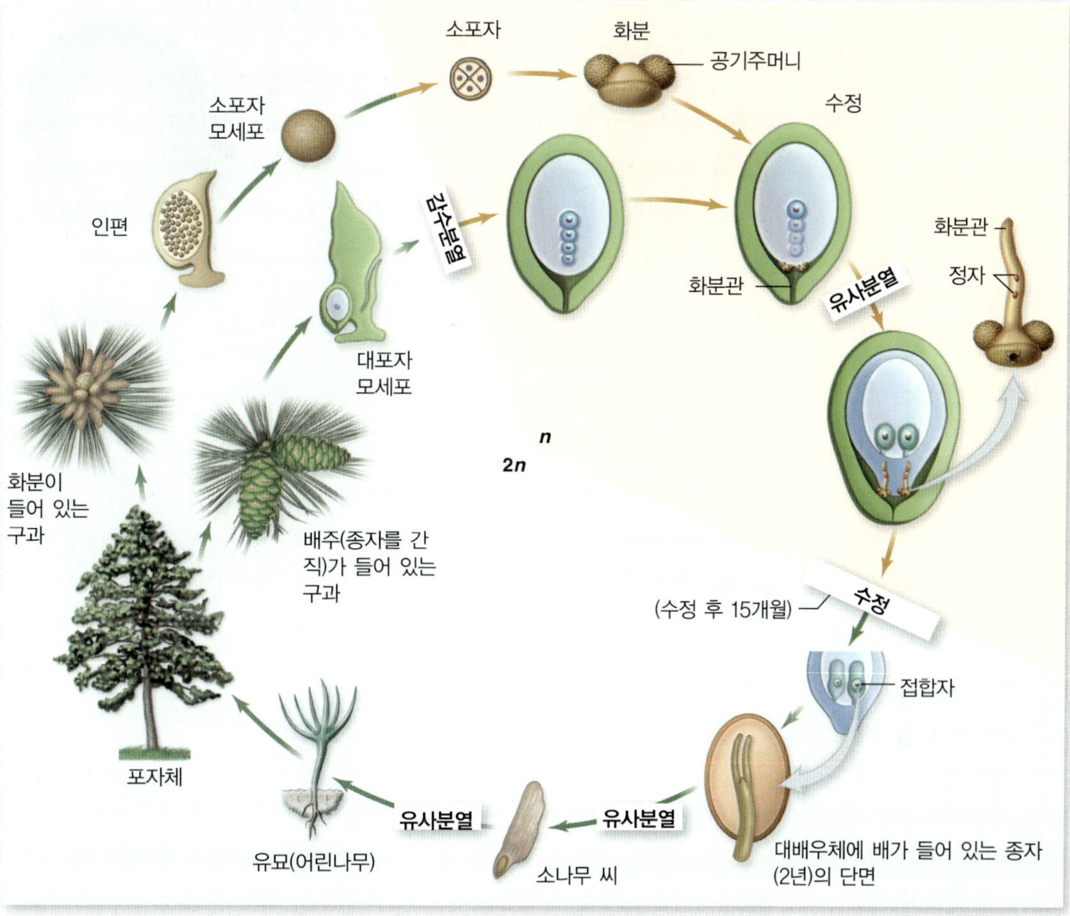

러싸는 육질의 바깥층은 부티르산과 이소브부티르산이 들어 있어 고약한 냄새가 나기 때문에 식재에는 주로 영양번식을 통해 얻은 수나무가 이용된다.

1.7 현화식물

현화식물로 밝혀진 약 270, 000종의 식물들은 **피자식물**(또는 속씨식물)이라고 부르는데, 그 이유는 속씨식물의 배주가 나자식물과 달리 수정 시기에 2배체 조직으로 감싸여 있기 때문이다. 종자는 **심피**에 싸여 있으며 심피는 나중에 과실로 발달하는데, 이것이 피자식물의 특징이다. **주목**을 포함한 일부 나자식물이 종자 주위에 과육과 같은 조직을 가지고 있지만, 그들은 기원이 다르며 진정한 과실이 아니다.

피자식물의 기원

피자식물의 기원은 "대단한 신비(abominable mystery)"로 그 기원을 묘사한 다윈에게도 수수께끼였다. 분자서열 자료와 함께 최근의 화석 화분과 화석 식물은 피자식물에 대한 흥미로운 실마리를 제공해주었는데, 피자식물이 1억 4,500만 년에서 2억 800만 년 전에 출현한 것으로 시사되고 있다.

중국의 리아오닝성 외곽에서 1억 2,500만년 전 것으로 여겨지는 완전한 형태의 피자식물 화석이 발견되었다. 이 화석은 멸종한 피자식물과로 2개의 속을 가진 아케프룩타케과 식물의 것으로 밝혀졌다.

*Archaefructus*속 화석은 웅성 생식기와 자성 생식기를 모두 가지고 있었으나 대부분의 피자식물이 화분 분산 동물을 유인하기 위해 발달시킨 꽃받침과 꽃잎이 없었다. 화석은 너무 잘 보존되어 있어 투사현미경으로 화분을 관찰할 수 있었다. *Archaefructus*속이 조상에 해당되나, 최초의 피자식물은 아닌 것 같지만 놀랄 만큼 잘 보전된 이 화석 식물은 지구상에 공룡이 번성했던 주라기(Jurassic) 후기에서 백악기(Cretaceous) 전기에 존재했던 피자식물에 대한 자세한 구조를 제공해주고 있다.

가장 기본적인 현존 피자식물이 암보렐라 트리코포다(*Amborella trichopoda*)라는 데 대해 교감이 이루어지고 있다. 작고 크림색 꽃을 지닌 암보렐라속 식물은 수련보다도 더 원시적이다. 이 작은 초본은 남태평양 뉴칼레도니아 섬에서만 발견되며, 1억 3,500만 년 전 출현한 가장 초기 피자식물 계통의 마지막 남은 종으로 여겨지고 있다.

암보렐라속 식물이 피자식물의 기원은 아니지만, 그들에 대한 생식학적 연구는 피자식물의 초기 분산을 이해하는 데

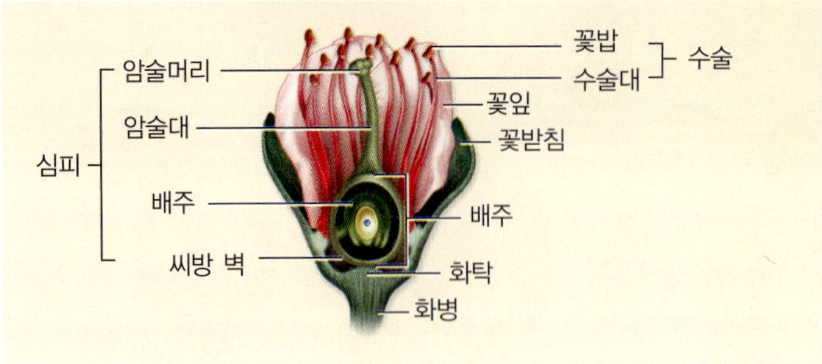

a.

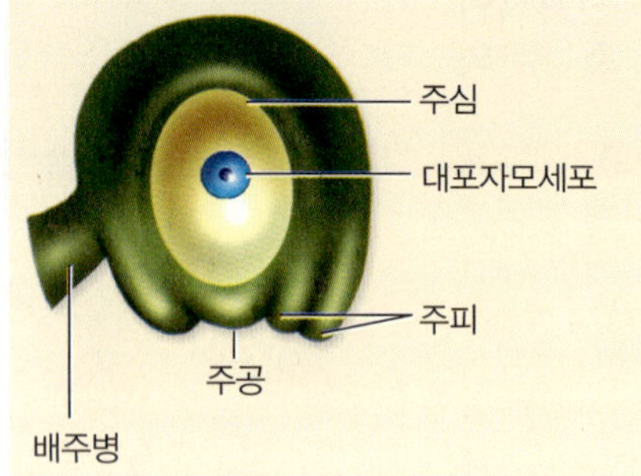

b.

그림 11.7 피자식물 꽃의 도해.
a. 꽃의 주요한 구조를 표시하였다. *b*. 배주의 자세한 구조. 씨방이 성숙하면 과실이 된다. 배주의 가장 바깥 층(주피)이 성숙하면 종피가 된다.

필요한 많은 자료를 제공해준다. 피자식물 계통은 피자식물의 기원에 대한 새로운 연구를 유도하는 진화적 가설을 반영해주고 있다.

꽃: 피자식물의 배우체 세대 부위

꽃은 변형된 잎을 가진 변형된 줄기로 여겨지며, 크기와 모양에 관계없이 모든 꽃은 일정한 특징을 공유하고 있다(**그림 11.7**). 각각의 꽃은 **원기**로부터 발생하여 **화병**이라고 부르는 꽃대(또는 화경)의 끝에 꽃눈으로 발달한다. 화병은 끝이 조금 팽창하여 **꽃받침**(또는 화탁, receptacle)을 만들고 이곳에 꽃의 다른 부분이 부착해 있다.

꽃을 이루는 요소들은 원형으로 붙어 있는데 이를 **윤생**이라 한다. 이 윤생체의 가장 바깥 구조물은 **꽃받침**이며, 대부분의 꽃은 녹색이고 잎 모양을 한 3~5개의 꽃받침을 가지고 있다. 꽃받침의 안쪽 구조물은 **꽃잎**이라 부르며, 곤충, 조류 및 일부 작은 포유류와 같은 화분매개자를 유인하도록 색을 띠고 있다. 꽃잎도 보통 3~5장이며, 분리되어 있거나 융합되어 있고 풍매화에서와 같이 없는 경우도 있다.

세 번째 윤생은 **수술**(stamen)이며, 수술들을 합쳐 **수술군**이라 부른다. 수술에서는 웅성배우체인 화분(pollen)이 만들어진다. 각각의 수술은 화분을 지닌 **꽃밥**과 **수술대**로 구성되는데, 수술대가 없는 식물들도 있다.

꽃의 중앙에 위치하는 네 번째 윤생은 **암술군**이라 부르며, 작은 자성배우체를 지닌다. 암술은 하나 또는 그 이상의 **심피**로 구성되어 있다. 첫 번째 심피는 배주를 지닌 잎과 같은 구조로부터 형성되었을 것으로 여겨지고 있다. 원시적인 꽃은 많은 분리된 심피를 가지고 있으나, 대부분 꽃은 두 개 또는 그 이상이 융합된 형태를 하고 있다. 그러한 융합은 오렌지를 반으로 절단하였을 때 볼 수 있는데, 각각의 단편이 하나의 심피이다.

피자식물의 생활사와 중복수정

꽃눈(화아) 발달 동안에 배주 내에 있는 하나의 대포자 모세포는 감수분열을 거쳐 4개의 대포자를 만든다(**그림 11.8**). 대부분 현화식물에서 대포자의 3개는 바로 퇴화되고, 나머지 대포자의 핵은 유사분열을 하여 원래 크기의 몇 배가 될 때까지 천천히 팽대한다.

자성배우체

대포자가 팽대하는 동안 딸핵은 두 번 분열하여 8개의 반수체 핵을 만들어 4개씩 두 그룹으로 배열한다. 동시에 배주의 2층의 주피가 분화하여 **종피**로 된다. 이 주피는 발달하여 한쪽 끝에 작은 구멍인 **주공**이 만들어진다.

각 그룹의 4개의 핵 중 하나의 핵이 중앙으로 이동하여 **극핵**이 되는데, 이들은 융합하여 2배체 핵을 이루거나 2개의 반수체 핵을 가진 세포를 형성한다. 나머지 핵들 주위에도 세포벽이 형성된다. 주공에 가까운 그룹의 한 세포가 난자가 되며, 다른 2개의 세포는 **조세포**가 된다. 다른 쪽에서는 세 개의 세포가 **반족세포**로 되는데 이는 특별한 기능을 하지 않고 파괴되어 사라진다.

이렇게 7개 세포내에 8개의 핵을 가지고 있는 큰 주머니를 **배낭**이라고 하며 자성배우체를 이룬다. 자성배우체는 포자체에서 양분을 얻는 다세포 반수체 개체의 역할을 한다.

화분 생성

자성배우체가 발생하는 동안 유사한 과정이 **꽃밥**(anther)에서 일어난다(**그림 11.8** 참조). 대부분의 꽃밥은 대개 4개의 방이 영양세포로 둘러싸여 있다. 각 방에 있는 조직은 많은 2배체 **소포자모세포**로 이루어져 있으며 각 모세포들은 감수분열을 하여 4개의 소포자를 만든다.

4개의 소포자는 **4분체**(tetrad)로 존재하다가, 각 소포자의 핵이 한 번 분열한 후 각 4분자의 소포자들은 분리된다. 동시에 2층의 세포벽이 소포자 주위에 발달한다. 소포자를 함유한 꽃밥이 성숙하면 이웃한 세포 사이의 세포벽이 분해되어 두 개의 비교적 큰 낭이 남게 되며, 이 단계에서 2개의 핵을 가지고 있

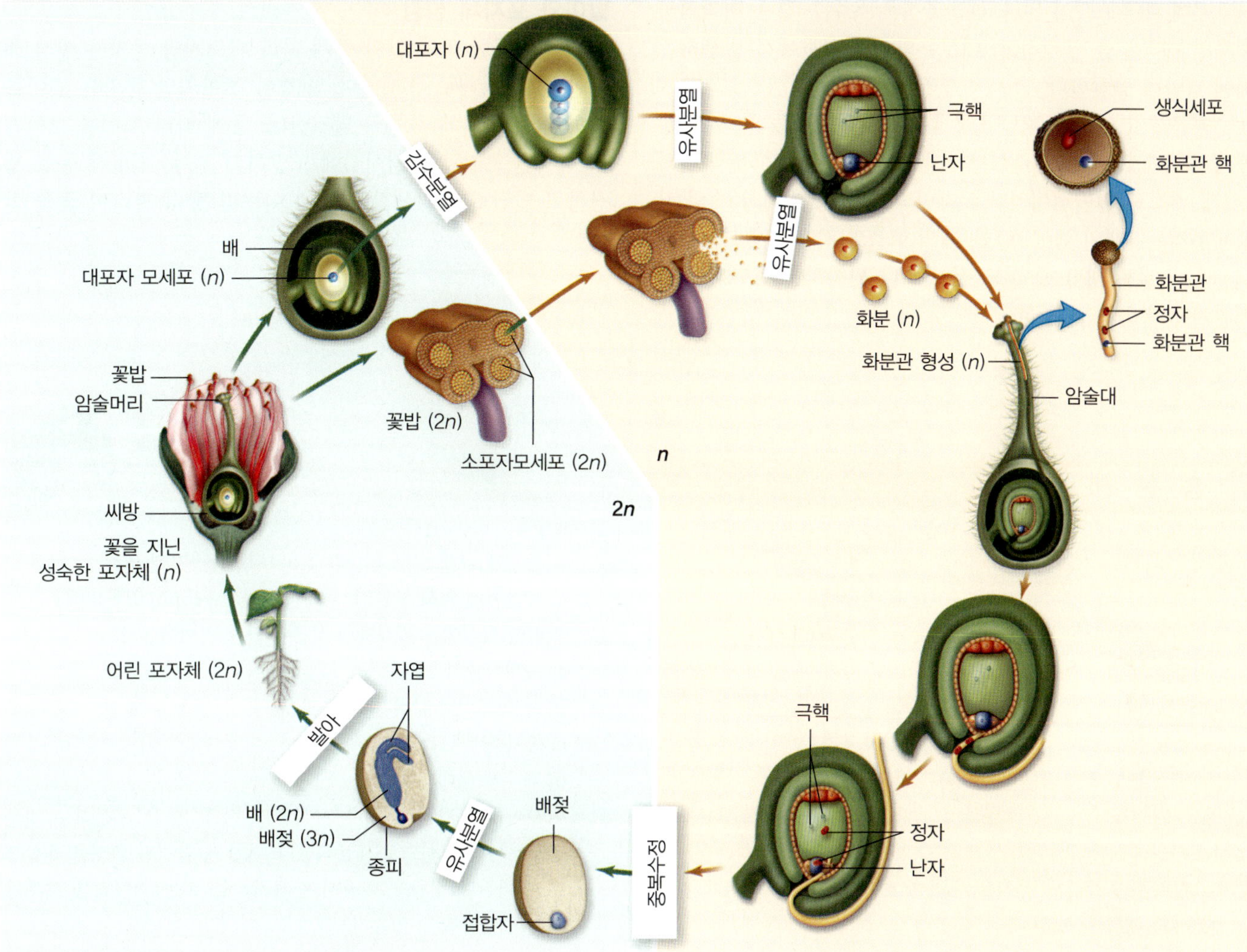

그림 11.8 전형적인 피자식물의 생활사.
소나무와 마찬가지로 수정을 위해 외부의 물이 요구되지 않는다. 대부분 속씨식물에서 동물이 화분을 심피로 운반한다. 심피의 바깥 벽은 과실을 만들어 동물이 종자의 분산을 돕도록 한다.

는 소포자들은 **화분립**이 된다.

수분과 웅성배우체

수분(Pollination)은 화분이 꽃밥에서 암술머리로 물리적으로 이동하는 것이다. 대부분 수분은 다른 꽃들 사이에서 일어나며, 곤충, 바람, 물, 중력, 박쥐, 그리고 다른 동물들에 의해 매개된다. 그러나 속씨식물의 1/4 가량은 화분이 같은 꽃의 암술머리에 직접 부착하는 **자가수정**을 한다. 수분 후 수정 여부는 화분립과 화분이 떨어진 암술머리를 지닌 꽃과의 유전적 호환성에 의해 결정된다.

암술머리가 화분을 받아들이면, 화분립의 세포질은 암술머리로부터 물질을 흡수하여 발아구가 부풀어 오르면서 화학적, 물리적 자극에 반응하여 화분관을 발달시켜 **배낭**에 도달한다. 화분립이 암술머리에 부착하면 화분립의 세포질이 암술머리로부터 기질을 흡수하여 부풀며 발아구를 통해 **화분관**이 생장한다. 이 화분관은 화학적, 물리적 자극에 의해 배낭으로 자라며, 화학물질의 확산 구배를 따라 암술대를 따라 내려간 화분관은 주공에 도달한다. 이 과정에는 보통 몇 시간에서 이틀 정도의 시간이 걸리고, 어떤 경우에는 1년이 걸리기도 한다. 화분관 생장은 나자식물에서보다 피자식물에서 빠르게 진행되는데, 빠른 화분관 생장속도는 과실 발달에 중요하고 이는 피자식물의 기원에 필수적 요인이 된다.

중복수정과 종자형성

화분관이 배낭 속으로 들어갈 때 조세포는 파괴되어 없어진다. 2개의 정자는 **중복수정**(double fertilization)을 하는데, 하나의 정자는 난자와 결합하여 접합자(zygote)가 되고, 접합자는 배 포자체 식물로 발달하며, 다른 정자는 2개의 극핵과 결합하여 3배체의 1차 배젖 핵을 형성한다.

1차 배젖 핵은 빠르게 분열하여 몇천 개의 세포로 이루어진 3배체 배젖조직이 된다. 배젖조직은 옥수수 같은 벼과식물 종자의 대부분을 구성하고, 대부분의 현화식물에서 발생하는 배에 영양을 공급한다.

최근까지 양분을 지닌 3배체 배젖이 속씨식물의 시조 상태로 여겨지고 있다. 현존하는 기본적인 피자식물의 분석 결과 2배체 배젖도 일반적이었다고 제안되고 있다. 이러한 종의 자성배우체는 8개의 핵이 아닌 4개의 핵을 가지고 있었으나 2배체 또는 3배체 배젖 중 어느 것이 보다 원시적인 것인지는 현재까지 분명하지 않다.

발아와 포자체 생장

앞에서 언급한 바와 같이 종에 따라 다르지만 종자는 여러 해 동안 휴면 상태로 존재한다. 환경이 좋아지면 종자는 발아를 하여 어린 포자체 식물로 발달한다. 종에 따라 차이를 보이기는 하지만 포자체는 생식기에 도달하기 전에 여러 해 동안 생장하고 발달하다가 생장 시기에 이르면 빨리 자라서 꽃을 만든다.

연 습 문 제 Exercise

1. 육상식물로 진화한 것은?
   a. 볼복스 b. 클라미도모나스
   c. 파래속(Ulva) d. 차축조(Chara)
2. 식물의 웅성 부분을 표현하는 것이 아닌 것은?
   a. 대포자 b. 장정기
   c. 화분립 d. 소포자
3. 가장 오래된 피자식물을 대표하는 것은?
   a. 쿡소니아 b. 클라미도모나스
   c. 아라케프락투스 d. 암보렐라
4. 육상식물의 중요한 혁신은 배의 보호이다. 이끼는 어떻게 건조로부터 배를 보호하는가?
   a. 종자에 의해 b. 장정기에 의해
   c. 장란기에 의해 d. Lycophyll에 의해
5. 어떠한 혁신이 속씨식물의 성공에 크게 기여했는가?
   a. 속씨식물의 동형포자
   b. 동물에 의한 분산을 돕는 과실
   c. 종자를 만드는 구과
   d. 배우체 세대의 우점
6. 피자식물의 기원, 특히 나자식물과 피자식물을 구분하는 것을 연구하는 연구원으로 채용되었다. 새롭게 발견된 화석을 대상으로 어떠한 특징들을 이용하여 나자식물 또는 피자식물 여부를 정확히 판정할 수 있는가?

제 12 장
균류
Fungi

1 균류

1.1 균류의 정의

균류(fungi)와 균류와 유사한 원생생물을 연구하는 균학자들은 지구상에 150만 종의 균이 존재하는 것으로 믿고 있다. 균류는 단세포 효모 또는 여러 세포 유형으로 이루어진 다세포 형태로 존재한다. 균류의 생식은 유성적이거나 무성적이고, 독특한 형태의 유사분열을 한다. 균류는 효소를 외부로 분비함으로써 환경으로부터 영양분을 얻고 흡수하도록 분화가 되어 있다. 최근의 DNA 서열과 단백질 서열의 계통학적 분석은 균류가 식물보다 동물에 더 가깝다는 것을 시사해주고 있다. 화석과 분자생물학적 자료는 균류가 적어도 4억 6천만 년 전까지 공통조상을 가지고 있었을 것이라는 근거를 제시해주기도 하지만 일치하지 않는 점도 있다. 가장 오래된 화석은 내생균근문에서 나타난 현존하는 *Glomus*속의 멸종 균류와 유사하다. DNA 분석을 통해 동물과 균류가 15억 5천만 년 전에 분지한 것으로 추측되고 있으나 이러한 추정은 일반적으로 받아들이지는 않지만, 대부분 연구자는 여러 유전자의 분석을 통하여 마지막 공통조상은 6억 7천만 년 전까지 존재하였을 것으로 믿고 있다. 동물과 공통조상인 마지막 생물은 단세포이고, 다세포화는 동물과 균류 모두에서 일어났다.

균사로 연결된 균류의 몸통

일부 균사는 세포질과 다수의 핵으로 된 연속적이거나 또는 분지된 튜브 형태이다. 다른 균사는 세포들이 사슬처럼 연결되고 각 세포 사이가 **격벽**으로 구분되어 있다. 격벽은 생식세포들을 분리시키는 경우를 제외하고는 완전한 차단 구조가 아니기 때문에 하나의 긴 세포로 취급되기도 한다.

세포질은 격벽에 있는 구멍을 통하여 자유롭게 균사 전체로 유동할 수 있다. 이 세포질 유동 때문에 균사를 통하여 합성된 단백질은 활발하게 생장하는 정단 부위로 운반된다. 그 결과 균사는 영양분과 물이 풍부하고 온도가 적당하면 매우 빨리 자란다. 그 실례로는 여름에 비가 내린 후 밤사이에 잔디밭에 많은 버섯이 나오는 경우를 들 수 있다.

균사체

연결된 균사들의 덩어리를 **균사체**(mycelium)라고 한다. 균의 균사체는 집합체로 존재하며, 그 길이가 수 미터에 달하기도 한다. 균사체는 토양, 나무 또는 다른 물질에서 자라면서 물질들을 빨리 분해한다. 균의 4그룹 중 두 그룹에서 생활주기 중 어느 시기가 되면 균사가 서로 얽혀 이루어진 생식구조가 만들어지는데, 그 실례는 버섯, 말불버섯 및 까마종이버섯 등에서 볼 수 있다. 이러한 구조는 신속한 균사 확장으로 매우 빠르게 진행된다.

키틴 세포벽

균의 세포벽은 **키틴**(chitin)을 포함한 다당류로 구성되어 있다. 그에 비해 식물이나 많은 원생생물의 세포벽은 키틴이 아닌 **셀룰로오스**로 이루어져 있다. 키틴은 변형된 셀룰로오스로 연결된 포도당에 질소기가 붙어 있으며 이들은 다시 단백질과 교차결합을 하고 있다. 키틴은 곤충과 갑각류 같은 절지동물의 단단한 외피 또는 외골격의 대부분을 구성하고 있는 물질과 동일한 것이다. 키틴은 과학자들이 균과 식물보다는 균과 동물이 더 가깝다고 믿는 것을 뒷받침하는 증거 중 하나이다.

여러 개의 핵을 지닌 균 세포

균은 각 세포(또는 균사)가 하나, 둘 또는 그 이상의 핵을 가지고 있다는 점에서 동물이나 식물 세포와 다르다. 하나의 핵을 가지고 있는 균사를 **단핵성**이라 하고, 2개의 핵을 지닌 세포를 **이핵성**이라 한다. 이핵성 세포에서 두 개의 반수체핵은 독립적으로 존재한다. 이핵성 균사에서는 두 게놈이 전사되기 때문에 2배체의 유전적 성질을 지닌다.

한 균사체의 공통 세포질에 여러 개의 핵이 모여 있는 경우가 있는데, 이핵성 또는 다핵성 균사가 유전적으로 다른 두 개체로부터 유래한 핵을 가지고 있는 경우 그 균사를 **이형핵성**이라 부른다. 2개의 핵이 유전적으로 동일한 경우 **동형핵성**이라 한다.

종속영양생물 균류

모든 균류는 주위에 소화효소를 분비하여 체외소화에 의해 만들어진 유기분자를 흡수한다. 이를 반영하여 단세포 균류는 흡수 표면을 극대화하기 위하여 표면/부피의 비가 가장 크다. 많이 뻗어 있는 균사의 망상 체제도 이러한 흡수 면적을 극대화하여 균사체의 영양분 흡수를 돕는다.

어떤 균류는 목재 성분인 셀룰로오스의 포도당을 분해하여 그 결과로 나오는 포도당을 흡수한다. 대부분 균류는 식물 세포벽을 강화시키는 불용성 유기화합물인 **리그닌**도 분해한다. 균류의 분화된 물질대사 회로는 죽은 나무로부터 영양분을 얻도록 할 뿐만 아니라, 선충류로 분류되는 작은 회충을 포함한 다양한 유기물을 분해하여 양분을 흡수하도록 해준다.

1.2 균류의 세계

미포자충문: 단세포 기생생물

미포자충문(microsporidia)은 동물세포 내에 기생하는 생물로 오랫동안 원생생물로 간주되어 왔다. 미토콘드리아가 없기 때문에 생물학자들은 미포자충을 세포내 공생에 의해 미토콘드리아가 존재하기 이전에 분리된 원생생물의 한 분지로 보고 있다. 미포자충인 원충의 게놈 염기서열 분석은 크기가 작은 2.9 Mb 게놈 안에 미토콘드리아 기능과 관련된 유전자가 있음을 보여주었다. 미토콘드리아 유전자의 발견은 미포자충의 조상이 미토콘드리아를 가지고 있었으며, 크게 축소된 미토콘드리아 기원 소기관이 미포자충 내에 있다는 가설을 이끌어냈다. 새로운 염기서열 자료의 분석으로부터 얻은 계통발생을 고려하여 미포자충은 원생생물로부터 균류로 분류되었다.

병꼴균문과 유연 균류

병꼴균문에 속하는 **병꼴균** 또는 **항아리균**은 수생이며, 편모를 가진 균류로 선조 균류와 가장 가깝다.

후벽낭균문은 단편모 유주자를 가지고 있다. 후벽낭균문, 네오칼리마스티고균문 및 병꼴균문은 원래 하나의 분류문이었다. 왜냐하면 미포자충을 제외한 모든 그룹에서 소실된 편모를 가지고 있기 때문이다. 여러 유전자를 이용한 계통발생학적 분석 결과 이들 세 그룹은 세 개의 다른 단계통군으로 분류되었다.

포유류 초식동물의 혹위 내에서 네오칼리마스티고균은 효소를 이용하여 초식동물이 섭취한 식물체의 셀룰로오스와 리그닌을 분해한다. 양, 소, 캥거루 및 코끼리는 이 균류에 의존하여 에너지를 얻게 된다. 이 혐기성 균류는 크리스테(cristae)가 없는 축소된 미토콘드리아를 가지고 있다. 유주자는 많은 수의 편모를 가지고 있다.

접합균문: 접합자를 만드는 균류

접합균류(Zygomycota, 접합균문)는 1,050종 정도의 기록 종을 포함하는 그룹으로 다양성이 매우 높다. 접합균문은 단계통이 아니지만 이 장에서는 하나의 그룹으로 다루며, 진화 역사에 대한 연구는 계속되고 있다. 접합균류 중 가장 일반적인 빵곰팡이의 일부는 단계통인 Mucoromycotina아문(**그림 12.1**)으로 분류되며, 이 아문에는 딸기나 다른 과실과 같은 유기물을 분해하는 다양한 균류도 포함된다. 사람의 병원균 중 일부가 접합균류에 속한다.

접합균류는 포자낭 또는 배우자낭(포자 또는 배우자를 만드는 구조)을 형성할 때를 제외하고는 격벽이 없다. 이 그룹은 생활사 중 유성생식의 특징인 2배체 접합핵(zygotic nucleus)의 형성에 따라 이름이 지어졌다.

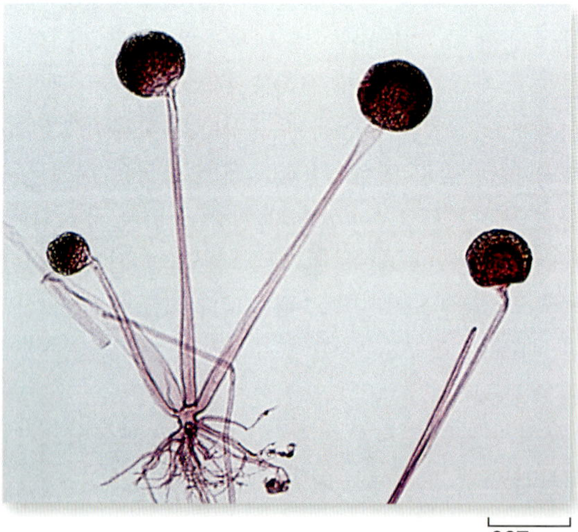

그림 12.1 단순당에서 자라는 접합균류인 거미줄곰팡이속 (*Rhizopus*). 이 균류는 젖은 빵이나 과실에서 발견된다. 검고 둥근 포자를 지닌 포자낭은 균사로부터 1 cm 정도 위에 있다. 뿌리 같은 균사(가근)가 포자낭을 지지한다.

유성생식은 많은 핵을 가진 배우자낭의 융합으로 시작된다. 배우자낭은 완전한 격벽에 의해 균사로부터 분리되며, 이 배우자낭은 다른 교배형 균사 위나 하나의 균사 위에 형성된다.

내생근균문: 무성적 식물 공생자

내생근균문(Glomeromycete)은 150여 기록 종을 포함하는 아주 작은 균류 그룹으로 육상식물의 진화가 가능하도록 하는 데 역할을 하였다. 균사의 끝은 대부분 나무와 초본의 뿌리 내로 자라서, 영양분 교환이 가능한 분지 구조를 만든다. 이러한 식물 뿌리와의 세포내 상호관계를 **균근균**이라 한다.

내생근균은 숙주식물 없이는 생존할 수 없다. 식물과의 공생관계는 **상리공생**으로 내생근균은 식물에게 필수 미량원소, 특히 인을 공급해주고 식물로부터 탄수화물을 공급받는다.

내생근균은 유성생식을 한다는 증거가 없기 때문에 연구의 대상이 되며, 균류 계통발생의 이해를 위해 가장 많이 대두되는 예가 된다. 접합균류와 마찬가지로, 이 균류는 균사에 격벽이 없어 한때 접합균류로 분류되었었다. 그러나 rRNA의 소단위(small-subunit)의 DNA 서열의 비교 결과, 내생근균은 접합균류와 계통발생학적으로 분명히 다른 단계통문이라는 것을 시사하고 있다.

담자균문: 곤봉형(담자기) 균류

담자균류(basidiomycetes; Basidiomycota, 담자균문)는 사람에게 가장 친숙한 균류의 일부를 포함한다. 담자균류에는 버섯, 독버섯, 말불버섯, 젤리 곰팡이, 선반버섯 및 녹병균과 깜부기병균 등이 있다. 식물이 녹병균에 감염되면 금속에 녹이 생긴 모양과 비슷해지며, 깜부기병은 포자 때문에 검은 가루같이 보인다. 많은 버섯이 식용이 가능하나 일부는 환각 증세를 유발하거나 독성이 매우 강하다.

담자균류는 유성생식 구조의 특징인 곤봉 모양의 **담자기**에서 이름이 유래한다. 두 핵의 융합이 담자기 내에서 일어나 생활사에서 유일한 2배체를 만든다. 핵융합 후 즉시 감수분열이 일어나며, 감수분열 결과 만들어진 4개의 반수체는 **담자포자**가 된다. 이 균문의 대부분에서는 담자포자가 담자기의 끝에 있는 가느다란 돌기(담자뿔 또는 경자)에서 만들어진다.

담자균의 생활사에서 포자는 발아하여 **단핵성**(monokaryotic) 균사를 만들며, 이 균사의 발달단계 초기에는 격벽이 없다. 격벽은 단핵성 균사의 핵들 사이에 형성되며, 담자균 균사체는 **1차 균사체**라고 부르는 단핵성 균사로 이루어져 있다.

단핵성 균사의 다른 교배형이 융합하여 이핵성 균사체 또는 **2차 균사체**를 만든다. 이 균사체는 격벽으로 구분되는 각 쌍 사이에 서로 다른 교배형을 갖는 두 개의 핵을 지닌 이핵체이다. 이 단계가 이 균류의 특징이며 앞에서 기술한 이핵체 단계이다.

자낭균문: 자낭균

자낭균문(Ascomycota)은 알려진 균류의 약 75%를 차지하며, 자낭균류 중에서 효모, 곰팡이, 곰보버섯, 찻종버섯 및 송이버섯 등은 경제적으로 중요한 균류들이다. 이 균문은 밤나무 줄기마름병균과 독일 느릅나무 마름병균과 같이 식물에 치명적인 많은 병원균들도 포함하고 있다. 페니실린을 만드는 자낭균은 *Penicillium*속 균류이다.

자낭균은 현미경적으로 작은 주머니 모양의 **자낭**이라는 특징적인 생식구조 때문에 이름이 붙여졌다. 자낭균의 생활사 중에서 오직 2배체핵을 가지는 핵융합은 자낭 내에서 일어난다. 자낭의 구조는 담자기와 다르나 기능적으로 동일하다.

자낭은 **자낭과**라고 부르는 곰보버섯 또는 찻종버섯의 보이는 부분에 해당되는 밀집된 균사로 구성된 구조 내에서 만들어진다. 핵융합에 이어 즉시 감수분열이 일어나 4개의 반수체 딸핵을 형성한다. 이들은 다시 유사분열을 하여 8개의 반수체 핵을 만들어 벽에 둘러싸인 **자낭포자**가 된다. 자낭균의 자낭포자는 담자포자가 외부에 만들어지는 것과는 달리 자낭 내에 안쪽으로 만들어진다.

효모(yeast)는 오랫동안 유전학 연구의 모델로 유전공학 기술에 의해 조작된 첫 번째 진핵생물이었고, 지금도 진핵세포의 연구 모델로 중요한 역할을 하고 있다. 1996년 효모의 게놈 서열이 진핵세포로는 처음으로 완전히 해독되었다. 효모 단백질 잡종은 단백질의 상호작용 연구에 중요하게 사용되고 있다.

균류 게놈 공동연구팀들은 다른 균의 염기서열을 분석하고 있으며, 현재 25개 이상의 균의 염기서열이 분석 중이다. 이들 균은 우리의 식품을 위협하는 식물병원균을 포함한 사람 건강에 대한 영향력을 근거로 선택되었다.

1.3 균의 생태학

박테리아와 함께 균류는 생물권의 주요 분해자의 역할을 한다. 균은 유기물을 분해하여 생태계에서 순환하도록 해준다. 균류는 목재의 주성분이며 불용성 유기물인 셀룰로오스와 리그닌을 분해할 수 있는데, 그 물질들을 분해해서 탄소, 질소 및 인산을 다른 생물이 이용할 수 있도록 방출한다. 분해자의 역할 이외에 균류는 여러 생물과 흥미로운 관계를 갖는다.

균류의 다양한 공생관계

균류와 다른 생물과의 상호관계 또는 **공생**에는 다양한 범주가 있다. 어떤 경우는 공생관계가 생존을 위해 필수적인 **의무적 공생**이고, 다른 경우에는 균이 숙주 없이 생존할 수 있기 때문에 **조건적 공생**도 한다. 아주 가까운 균류의 그룹 내에서도 여러 가지 형태의 공생관계가 존재한다.

a.

b.

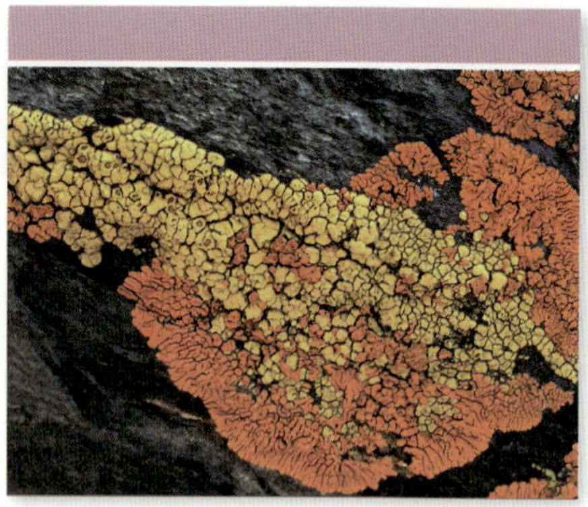

c.

그림 12.2 다양한 서식지에서 발견되는 지의류.
a. 토양에서 자라는 수지상 지의류. ***b.*** 나무 껍질에서 자라고 있는 엽상(leafy, 잎 모양) 지의류. ***c.*** 바위를 토양으로 분해하면서 자라고 있는 고착 지의류.

병원균(pathogen)과 **기생충**(parasite)은 그들 숙주로부터 물질을 얻으면서 숙주에 부정적인 효과를 주며, 심할 경우 죽음에 이르게 하기도 한다. 병원균과 기생충의 차이는 병원균은 병을 일으키나 기생충은 특별한 경우를 제외하고는 병을 일으키지 않는다는 것이다.

한쪽은 이익을 얻으나 다른 한쪽은 해가 없을 때 **편리공생**이라 부르며, 균류와 숙주가 모두 이익을 얻는 경우는 **상리적 공생**이라 부른다.

식물내생 균류와 기생생물

식물내생 균류는 식물세포내의 세포간극에 산다. 식물계에서 이러한 관계는 대부분 **기생** 또는 **편리공생**이다.

일부 균류는 화학적 독소를 만들거나 방해물을 만들어 초식동물로부터 숙주식물을 보호해준다. 종종 균은 식물을 보호하는 알칼로이드를 합성한다.

식물내생 균류가 숙주식물의 건강에 도움을 주는지의 여부는 식물을 내생생물과 함께 또는 내생생물 없이 생장시켜 보는 것이다.

지의류: 다른 생물계 사이 공생 실례

지의류(lichen, **그림 12.2**)는 균과 광합성 동반자 사이의 공생 관계이다. 많은 지의류가 상리공생적 관계의 예가 되지만 일부는 광합성 숙주에 기생을 하는 경우도 있다.

지의류의 구성

15,000종의 지의류 중에서 20종을 제외한 모든 종의 균류 공생체가 자낭균류이다. 지의류에서 눈으로 보이는 대부분의 부위가 균류이고, 균사 사이에 녹조류나 남세균 또는 두 가지 모두가 끼어 있다.

분화된 균사가 광합성 생물의 세포벽을 감싸거나 침투하여 균류가 필요로 하는 양분을 직접 운반한다. 균류는 세포벽을 뚫지만, 원형질막은 통과하지 못한다. 균류는 생화학적 신호를 보내 남세균이나 녹조류가 독립적으로 살 경우에는 만들지 않는 대사산물을 생산하도록 한다.

지의류 안의 균류는 그들의 광합성 동반자 없이는 정상적으로 자랄 수 없고, 균류는 그들의 동반자를 강한 햇빛과 건조로부터 보호한다. 지의류의 균류 부분을 광합성 동반자로부터 실험적으로 분리하면 생존은 가능하나 매우 느리게 성장한다.

지의류 생태학

균류와 광합성 동반자 사이의 내구성을 지닌 구조는 지의류가 산 정상, 지구의 최북단과 최남단, 사막에 있는 건조하고 황폐한 바위 표면과 같은 극한적인 환경에서 자랄 수 있게 해준다. 이러한 환경에서 지의류는 흔히 최초의 이주생물이 되어 암석을 부수어 다른 생물이 정착할 수 있는 기반을 만들어준다.

지의류는 태양광선의 파괴력으로부터 광합성 공생 동반자를 보호하기 위해 아주 강한 색의 색소를 지니고 있다. 이 색소는 추출되어 천연염료로 쓰이기도 한다.

지의류는 대기오염에 대한 민감도가 다양하여 일부 종은 공기의 질에 대한 **생물지표**(bioindicators)로 이용된다. 그들의 민감도는 비나 이슬에 녹아 있는 성분을 흡수할 수 있는 능력의 결과이다. 지의류는 일반적으로 교통량이 많거나 산업 활동이 활발한 도시나 도시 주변에서는 잘 자라지 못하나, 이러한 환경에 적응된 종류들도 있다. 오염이 줄어들면 지의류 집단은 증가하게 된다.

균근: 식물의 뿌리와 연관된 균류

모든 식물 종들 중 약 90%는 뿌리에 상리공생하는 균류를 가지고 있다. 이들 균류는 전 세계 식물 뿌리 무게의 약 15%에 해당된다. 이와 같은 종류의 공생 관계를 **균근**(mycorrhizae)이라고 하며, 희랍어로 균과 뿌리를 뜻하는 단어에서 유래한 용어이다.

균근 안에서 균류는 뿌리계의 확장 부위처럼 역할을 한다. 균사는 토양과의 접촉면을 늘려서 흡수 표면적을 획기적으로 증가시켜주며, 균류는 인산, 아연, 구리 및 다른 광물질이 토양에서 식물의 뿌리로 이동할 수 있도록 도와준다. 반면에 식물은 균류에게 유기 탄소화합물을 공급하여 상리공생의 한 예가 된다.

균근은 두 종류로 구분된다. **내균근**에서 균사는 식물 뿌리의 바깥층 세포를 뚫고 들어가 코일, 혹 또는 미세한 가지 형태를 이루고 있으며 주위 토양으로 뻗어 있다. **외균근**에서 균사는 뿌리를 둘러싸기는 하지만 세포벽을 뚫고 들어가지는 않는다. 두 경우 모두 균사체가 토양 속으로 뻗어 있으며, 하나의 뿌리가 여러 종류의 균류와 공생할 수도 있어 뿌리를 아주 작게 나누어준다.

동물과 상호공생하는 균류

여러 가지 균류-동물 상리공생이 알려져 있다. 반추동물은 소화관 속에 네오카리마스티고균를 가진다. 반추동물은 먹이 속의 셀룰로오스나 리그닌을 분해하지 못하지만, 소화관 속의 균류는 이들을 분해하여 숙주의 영양이 되는 물질로 만든다. 균류는 고농도의 셀룰로오스와 리그닌을 함유한 목초와 같이 양분이 풍부한 서식 환경을 제공받는다.

삼자 공생관계의 하나는 개미, 식물 및 균류로 이루어져 있다. 잎을 자르는 개미는 신대륙 열대지방의 우점 초식동물이다. 이 개미는 특정 균류와 공생관계를 형성하여, 그들의 땅속 정원에 이 균류를 기르고 있다. 개미는 균류에게 먹을 수 있는 식물 잎을 제공하고 다른 병원균이나 포식자로부터 보호한다 (**그림 12.3**). 균류는 개미의 먹이가 된다.

개미의 종에 따라 개미집은 골프공처럼 작을 수도 있고, 직경 50 cm에 깊이가 여러 자(피트)가 될 정도로 클 수도 있다. 일부 개미집은 균류 정원에는 가꾸는 수백만 마리의 잎 절단 개미가 살고 있다. 이러한 사회적 곤충은 카스트 제도를 가지고 있어 각기 다른 개미가 특정 역할을 하는데, 200 m 정도를 돌아다니며 균에게 줄 잎을 찾기도 한다. 개미 군체는 하루에 한 나무의 잎을 완전히 먹을 수 있다. 이 개미농부와 균의 공생관계는 여러 번에 걸쳐 진화되었고, 5천만 년 전에 시작된 것으로 여겨지고 있다.

그림 12.3 개미-균류 공생관계.
개미가 균류 정원을 가꾸고 있다.

1.4 기생성 균류와 병원균

균류(fungi)는 농작물을 파괴하고 사람의 건강에 심각한 문제를 야기할 수 있다. 치료와 방제에 큰 문제점은 동식물과 마찬가지로 균류도 진핵생물이라는 것이다. 균류가 동식물과 어떻게 다른가를 이해하는 것은 기생성 및 병원성 균류에 의해 발생하는 병을 치료하는 효과적인 수단을 찾을 수 있도록 해줄 것이다.

식물과 식물을 먹는 생물에 해가 될 수 있는 균의 침투

균류 종은 식물에 많은 질병을 유발하는데, 농업 손실은 매년 수십억 달러가 된다. 균류는 살아 있는 식물에 해를 줄 뿐만 아니라 수확하여 저장한 식품도 부패시킨다. 그 외에 균류는 식품에 특징 물질을 분비하여 식품의 맛을 떨어뜨리거나 발암성 및 독성 식품으로 만들기도 한다.

병원성 균류-식물의 공생에는 많은 종류가 있으며, 식물의 병원균은 식물을 먹는 동물에게도 해를 줄 수 있다. 상한 음식에 자라는 *Fusarium*속은 구토독소를 비롯한 매우 유독한 독소를 만들어낸다. 이 독소는 미국 남서부에서 사람과 동물의 뇌에 피해를 주고 있다.

가장 강력한 발암물질 중 하나인 **아플라톡신**(aflatoxin)은 옥수수, 땅콩 및 목화씨에 자라는 아스페르질루스 플라부스 (*Aspergillus flavus*)에 의해 만들어진다. 아플라톡신은 사람을 포함한 동물의 신장과 신경도 손상한다. 대부분의 개발국은 식품 내에 허용되는 아플라톡신의 양을 법적으로 제한하고 있으며, 최근에는 아플라톡신을 잠재적인 생물학적 테러 무기로 간주하고 있다.

사람과 다른 동물에서 치료가 어려운 균의 감염

균류는 사람과 동물의 질병의 원인이 되기도 한다. **백선증, 무좀** 및 **손톱진균**과 같은 일반적인 질병은 국소성 항균 연고로 치료될 수 있고 일부의 경우는 구강 투약으로 치료될 수 있다.

균류는 종종 난치성 질병을 일으키는데, 그 병은 균류와 동물이 계통발생학적으로 매우 가깝기 때문에 치료가 어렵다. 효모 자낭균은 구강에 감염되는 아구창과 같은 병을 일으키는 중요한 병원균이다.

곰팡이 알레르기는 일반적인 질환이며, 곰팡이가 많은 건물은 거주자에게 주의를 요한다. 면역이 결핍된 사람이나 염증으로 스테로이드 치료를 받는 사람은 균에 의한 질병의 감염 위험이 크다.

연 습 문 제

Exercise

1. 균의 특징이 아닌 것은?
   a. 키틴으로 된 세포벽
   b. 식물과 동물과는 다른 유사분열의 형태
   c. 광합성을 할 수 있는 능력
   d. 필라멘트 구조
2. 공생관계는 균류와 다음 중 어느 것과의 사이에서 일어나는가?
   a. 식물　　b. 동물
   c. 박테리아　　d. 위 모두
3. 효모(*Saccharomyces serevisiae*)에 대한 설명 중 올바른 것은?
   a. 출아법에 의해 무성적으로 생식한다.
   b. 생식 동안에 자낭을 만든다.
   c. 접합균문에 속한다.
   d. 위 모두가 맞다.
4. 동물과 균 사이의 공생관계를 가장 잘 나타낸 것은?
   a. 박테리아로부터 보호　　b. 육상으로의 진출
   c. 건조로부터 보호　　d. 영양분의 상호교환
5. 역사적으로 균은 광합성 능력은 없으나 식물로 분류해 왔으나, 지금은 식물보다는 동물에 더 가깝다는 것으로 이해되고 있다. 초기에 균류를 식물로 분류하게 된 특징들은 무엇인가?

제 13 장 동물의 다양성

Overview of Animal Diversity

1 동물의 다양성 개관

1.1 동물의 일반적 특징과 체제의 진화

동물이 **소비자**(consumer)라는 것은 공통적인 특징이지만 이 동성에는 일부 예외가 있다. 동물의 일반적인 특징들과 다른 중요한 특징들은 동물이 공통조상으로부터 유래된 **단계통**(monophyletic)이란 증거를 보여준다. 동물의 일반적인 특징은 종속영양이고, 다세포이며 세포에 세포벽이 없고, 능동적으로 이동한다는 것이다. 그리고 형태적으로 다양하고, 서식지가 다양하며, 유성생식을 통해 배발생을 하고, 조직으로 구성되어 있는 것도 동물의 일반적인 특징이다.

동물 체제의 진화

동물의 특징들은 수백만 년에 걸쳐 진화된 것으로 이는 화석에 존재하거나 현존하는 동물 몸의 형태와 체제를 조사하여 생명의 역사로 기술되어 온 것들이다. 동물 진화에서는 다음과 같은 5개의 주요 혁신이 주목할 만하다.

1. 대칭 진화
2. 분화된 구조와 기능을 담당하는 조직의 진화
3. 체강의 진화
4. 배 발생 패턴의 진화
5. 체절 또는 반복된 몸 단위의 진화

이들 혁신 중 일부는 한 번 진화된 것 같고, 일부는 두 번 이상 진화해온 것으로 여겨지고 있다. 과학자들은 한 번 진화된 혁신의 특징을 지니고 있는 모든 동물은 그를 지니지 않은 동물보다 가까운 증거로 이용한다. 혁신을 가진 동물과 혁신을 일으킨 조상을 진화적으로 균일한 그룹인 하나의 **단계통군**(clade)이라 부른다. 반면에 일부 혁신은 다른 단계통군에서 한 번 이상 진화되었는데, 이는 **수렴진화**(convergent evolution)라고 한다. 밀접한 진화적 유연관계를 지적하지는 않더라도 수렴적으로 진화된 혁신은 종이 어떻게 그들이 서식하는 환경에 적응해 왔는가를 설명하는 중요한 요소가 된다.

동물의 방사대칭과 좌우대칭

전형적인 해면은 일정한 대칭성이 없으며, 불규칙한 모양으로 성장한다. 그 외의 대부분의 동물들은 일정한 형태를 지니며, 몸을 따라 상상의 축을 그리면 대칭성을 지니고 있다. 2개의 중요한 대칭은 **방사대칭**과 **좌우대칭**이다.

방사대칭

해파리, 말미잘과 산호를 포함하는 자포동물문(Cnidaria)은 **방사대칭**(radial symmetry)이다. 그들은 몸의 중심축을 통과하는 어느 축을 그어도 마치 거울의 상과 같이 그 생물을 반으로 나눌 수 있는 배열을 하고 있다(**그림 13.1*a***). 둥근 파이도 방사대칭이다. 산호와 말미잘과 같은 자포동물에서 입은 환형이 아니고 타원형이다. 왜냐하면 편평한 소매(sleeve)와 같은 인후로 입구가 열려 있기 때문이다. 이렇게 몸을 거울 상을 통해 반으로 나누면 하나는 입을 따라 그리고 다른 하나는 그의 수직으로 두 개의 평면이 존재하며, 이런 동물은 실질적으로는 좌우대칭이다(**그림 13.1*b***).

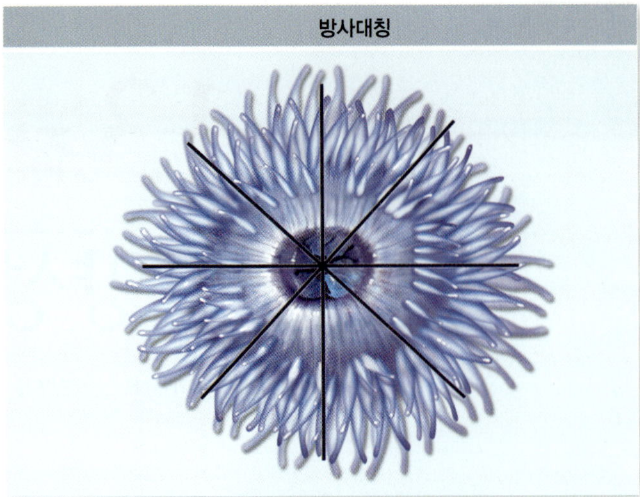

a.

b.

그림 13.1 방사대칭과 좌우대칭의 비교.
a. 말미잘(자포동물문)과 같은 방사대칭인 동물은 중심축을 통과하는 어떤 면에 의해서도 정확히 반으로 나뉠 수 있다. ***b.*** 거북(척색동물문)과 같이 좌우로 대칭을 이룬 동물은 시상면(sagittal plane)에 의해서만 동일하게 반으로 나뉠 수 있다.

좌우대칭

해면과 자포동물문 외의 모든 동물의 몸은 **좌우대칭**(bilateral symmetry)으로 이들의 몸은 왼쪽 절반과 오른쪽 절반이 거울을 사이에 두고 서로 마주보는 것과 같은 모양이다. 이러한 체제를 지닌 동물을 통합적으로 좌우대칭 동물(bilateria)이라고 부른다. 시상면은 이들을 반으로 나누어주는데, 왼쪽과 오른쪽 절반 이외에 좌우대칭의 몸은 **전두면**에 의해 **등** 쪽과 **배** 쪽으로 나뉘고, 횡단면에 의해 앞쪽과 뒤쪽으로 나뉜다(4발로 걷는 동물의 경우 등쪽은 위쪽을 지칭한다). 불가사리 및 그의 유연 종들이 포함되는 극피동물에서 성체는 방사대칭(몸이 5개의 분명한 부분으로 되어 있어 실질적으로 5대칭임)이나 유충은 좌우대칭이다.

좌우대칭은 동물 체제에서 진화적으로 매우 유리한 구조이다. 좌우대칭 동물은 방사대칭 동물에게 어려운 일정한 방향으로 이동할 수 있다(일반적으로 앞쪽으로). 방향성 운동과 관련해서 신경세포는 뇌로 구성되고 눈과 귀와 같은 감각기관은 몸의 앞쪽에 존재한다. 이러한 신경조직의 전방 앞쪽에 집중되는 현상을 **두부집중화**라 부르며, 진화의 초기에 나타났다. 좌우상칭 동물에서 신경계의 배치는 앞의 감각기관과 뇌로부터 몸의 나머지 부분으로 정보를 전달하는 하나 또는 그 이상의 중요한 세로의 신경 코드로 이루어져 있다. 두부집중화는 종종 좌우상칭의 발달 결과로 여겨지고 있다.

분화된 구조와 기능을 부여한 조직의 진화

접합자(또는 수정란)는 동물 몸에 있는 모든 종류의 세포로 분화될 수 있는 **전분화전능**(totipotency)을 지니고 있어 배발생 동안 세포는 특정한 기능을 할 수 있는 세포로 분화된다. 해면을 제외한 모든 동물은 그 과정이 비가역적으로 세포가 한 가지 기능을 하는 세포로 분화된 후에는 다시 다른 세포로 분화되지 않는다.

섭식이 일어나는 강(cavity)을 피복하는 세포로 분화된 해면의 세포는 본래의 기능을 상실하고, 다른 기능(배우자가 되는 세포)을 하는 세포로 변할 수 있다. 이와 같이 해면세포에서는 **가역분화**와 **재분화**가 가능하다. 다른 모든 동물세포는 조직을 구성하며, 조직은 특정 형태와 기능을 담당하는 세포들의 모임을 일컫는다. 그러나 가역분화 능력을 가진 해면세포는 분명한 조직으로 명명하기 어렵다. 따라서 조직으로 구성된 기관도 없다.

해면을 제외한 모든 동물세포가 비가역적으로 분화하기 때문에 과학자들은 특정 기능을 하는 세포를 가진 몸이 다양한 기능을 할 수 있는 세포를 가진 것보다 장점이 있을 것으로 여기고 있다. 분화된 조직을 지닌 동물의 다양성과 분화되지 않은 동물의 다양성을 비교해보면 조직은 유리한 적응이라는 것을 알 수 있다. 동물의 장점은 속담 "많은 걸 잘하면 특별히 잘하는 것이 없다"는 것에 그 뜻이 들어 있는 것 같다.

체강에 의한 기관계의 발달

배발생 과정에서 대부분 동물 그룹의 세포는 3개의 층(배엽)을 형성하는데, 밖의 **외배엽**(ectoderm), 내부의 **내배엽**(endoderm)과 중간의 **중배엽**(mesoderm)이 그것이다. 3개의 배 세포층을 지닌 동물을 삼배엽성 동물이라고 부른다. 배의 성숙 과정에서 각각의 배엽은 특정 기관과 기관계로 발달한다. 외배엽은 동물의 외피와 신경계를 만들고, 내배엽은 소화관을 포함하는 소화계를 만들며, 골격과 근육은 중배엽으로부터 발달한다. 자포동물은 내배엽과 외배엽만 가지고 있어 이배엽성 동물이라고 부르며, 기관이 결여되어 있고, 해면은 모든 배엽이 없어 조직도 없고 기관도 없다. 모든 삼배엽성 동물은 좌우대칭 동물이다.

일부 좌우대칭 동물의 체제에 있어서 핵심적인 혁신은 외부와 분리된 체강을 가지고 있는 것이다. 이 체강은 입을 통해 밖으로 열려 있고, 반대쪽에서는 항문을 거쳐 밖으로 열려 있는 소화관과는 다르다. 동물 몸안에 효과적인 기관계의 진화는 체강이 진화된 후 가능했다. 왜냐하면 체강은 심장과 폐와 같은 기관을 유지하는 공간을 제공하고 지지해주며, 물질을 분배하고, 복잡한 발달의 상호작용을 가능하도록 해줄 수 있기 때문이다. 체강은 유동액(fluid)으로 차 있는데, 대부분 동물에서 유동액이 액체(liquid)이나, 척추동물에서는 기체이다. 그래서 사람의 체강이 유동액으로 차게 되면 생명을 위협한다. 아주 적은 수의 좌우대칭 동물은 중배엽으로부터 발달한 조직과 세포와 결체조직으로 가득 찬 내배엽으로부터 발달한 조직 사이의 공간인 체강을 가지고 있지 않은데, 이러한 동물을 무체강동물(acoelomate)이라고 부른다.

순환계

많은 작은 동물들에서 체강 내의 유동액에 의해 영양분과 산소가 공급되고, 노폐물은 제거된다. 그에 비해 비교적 큰 동물들은 혈관의 네트워크인 **순환계**를 가지고 있다. 이 순환계는 소화가 일어나는 소화관과 기체교환이 일어나는 아가미 또는 폐로부터 멀리 떨어져 있는 곳으로 유동액을 운반해준다. 순환하는 체액은 그들과 몸의 다른 세포 사이의 확산에 의해 영양분과 산소를 조직에 제공하고, 이산화탄소와 같은 노폐물을 받아들인다.

개방 순환계(open circulatory system)에서는 혈액이 혈관(vessels)에서 혈동(sinuses)으로 들어가 체액과 혼합된 다음 다른 곳에서 다시 혈관 안으로 들어간다. **폐쇄 순환계**(closed circulatory system)에서는 혈액이 혈관에 국한되어 체액과 물리적으로 격리되어 있다. 폐쇄 순환계를 통한 혈액의 이동은 개방 혈관계에서보다 빠르고 효과적이다. 개방 혈관계는 비교적 비활동적이어서 에너지 요구가 많지 않은 동물의 전형이 된다. 작은 동물에서 혈액은 동물의 이동에 의해 폐쇄 순환계를 통하여 이동된다. 큰 동물에서는 몸체 근육계가 충분한 힘을 내지 못하기 때문에 혈액은 혈관이 분화된 근육질로 구성된 하나 또는 그 이상의 심장의 수축에 의해 이동한다.

좌우상칭동물 발생의 두 가지 유형

동물의 **배발생**(embryonic development) 과정은 제23장에 자세히 다루어져 있다. 좌우상칭동물의 발달은 **난할**(cleavage)이라고 부르는 난의 **유사분열**(mitosis)로 시작하여 속이 빈 공 모양을 형성하고 결국 함입되어 2층의 공 모양의 구조로 발달한다. 함입에 의해 만들어진 내부 공간을 **원장**(원시적 소화관)이라 부르며, 원장은 **원구**에 의해 외부와 연결되어 있다.

원구동물(또는 선구동물, 첫 번째 입을 의미, 첫 번째 개구가 입으로 발달)에서 성체 동물의 입은 원구나 원구 근처 개구로부터 발달한다. 원구동물은 편형동물, 선충류, 연체동물, 환형동물 및 절지동물과 같은 대부분의 좌우대칭동물을 포함한다. 일부 선구동물에서는 입과 항문 모두가 배의 원구로부터 형성되며, 다른 선구동물에서는 항문이 배의 또 다른 부위로부터 입보다 나중에 형성된다. 극피동물과 척색동물같이 외관상으로 다른 두 그룹과 다른 극소수 동물문은 **후구동물**(deuterostomes; 두 번째 입을 의미)이다. 후구동물에서는 성체의 입은 원구로부터 발달되지 않으며, 원구는 항문으로 발달하고, 입은 발생 후기에 나타나는 두 번째 개구로부터 발달한다. 선구동물과 후구동물은 발생학적으로 몇 가지 다른 특징을 가지고 있다.

체강의 형성

체강은 중배엽 안에서 형성된다. 선구동물에서는 중배엽 세포 덩어리 내에 있는 세포들이 서로 떨어져 이동하여 확장된 체강을 만든다. 후구동물에서는 무리를 이루는 세포들이 원장의 끝부분에 주머니 모양을 만드는데, 이는 내배엽으로 둘러싸인 발생하는 배의 중앙에 위치하는 원시적 소화관이다.

후구동물 발생의 일관성과 선구동물의 발생의 특수성은 이들이 후구동물의 조상에서 한 번 진화되었음을 시사해준다. 선구동물에서 발생의 형태는 보다 다양하나, 나선 발생의 특수성 때문에 과학자들은 선구동물이 모든 나선형 동물문의 공통 조상에서 단 한 번 진화했을 것으로 추론하고 있다.

1.2 동물의 분류

다세포동물 또는 **후생동물**(Metazoa)은 전통적으로 35~40 동물문으로 구분된다. 동물학자들 사이에 일부 동물과 최근에 발견한 동물에 대하여 의견의 일치가 이루어지지 못하고 있지만 각 동물문에 있는 대부분 동물의 위치에 대해서는 큰 이견이 없다.

전통적으로 동물의 계통은 앞에서 언급한 바와 같이 해부학적 특징과 발생학적 발달 양상을 이용하여 구분되었으며, 동물 생명계통수의 주 분지에 관한 한 과거 1세기 동안 일치를 보여왔다. 과거 30년 동안 분자생물학적 자료가 첨가되면서 분류에 대해 다시 생각하는 계기가 만들어졌다. 진화가 실질적으로 일어났다는 것과 계통발생의 목적이 발생의 역사를 탐색하는 것이지만 생물학자들은 이용하는 특징에 따라 아주 다른 가계도를 작성하기도 한다.

형태적 특성이나 분자적 특성 또는 모두가 이용되더라도 원리의 기본은 같다: 계통학자들은 오직 한 번 진화되었을 것으로 가정되는 특징들을 이용한다. 그래서 같은 특징을 공유하는 동물을 공유하지 않는 동물보다 보다 가깝게 구분하게 되는데, 한 그룹과 그의 조상에 유일한 공통 특징이 있으면 하나의 단계통군(clade)으로 분류한다.

조직과 대칭에 의한 원생동물과 진정후생동물의 구분

계통생물학자(systematist)들은 전통적으로 동물계를 두 개의 분지로 구분한다. **원생동물**(protozoa)은 분명한 대칭이 없고 조직도 가지지 않는 동물로 구성되어 있다. 이들은 해면동물로 해면동물문에 속한다. 해면동물은 여러 가지로 다른 동물과 너무 다르기 때문에 일부 과학자들은 해면동물은 다른 동물과 가깝지 않다고 주장하는데, 이는 동물이 두 개의 분리된 기원을 가지고 있다고 생각하는 것이다. **진정후생동물**은 분명한 모양과 대칭을 이루고 있다. 그리고 모두 조직을 가지고 있으며, 대부분은 기관과 기관계를 가지고 있다. 현재 대부분 계통생물학자들은 원생동물과 진정후생동물이 공통조상으로부터 유래하는 하나의 기원을 갖는다는 것에 의견이 일치되고 있다. 분자생물학적 자료를 포함하여 작성한 대부분 계보가 원생동물을 동물 생명계통도의 기저에 놓지만 일부는 그렇지 않은 경우도 있다.

동물은 전형적으로 35~40문(phylum)으로 분류된다. 각 문들 사이의 진화적 관계는 어떤 기본적인 형태적 특징과 분자생물학적 특징을 공유하는 문이 공유하는 특징이 없는 문보다 가깝다는 추론에 기본을 둔다. 계통발생학적으로 이용 가능한 특징은 오직 한 번 일어난 것으로 추론되고 있다.

진화적 관계와 분자적 자료

유전자 서열 자료는 모든 동물 그룹에서 가속도로 축적되고 있다. 다양한 분자들로부터 작성된 계통발생은 종종 같은 그룹의 동물들 사이에 아주 다른 진화적 유연관계를 제시해주기도 하지만 여러 유전자로부터 얻은 자료의 조합은 대부분 동물문의 유연관계를 재조명해준다. 현재의 연구에서는 동물 생명계보를 완전히 조명하기 위하여 수백 개의 유전자로부터 얻는 서열을 이용한다.

분자적 자료(molecular data)는 일반적으로 수용되지 않았던 계통발생론과 같은 전형적인 계통발생의 일부 문제를 재조명하는 데 도움을 준다. 분자 자료는 기생충과 같은 동물에서 종래의 자료로는 풀 수 없는 유연관계를 분명하게 해준다. 기생충의 숙주 의존도, 해부, 생리와 행동은 크게 변하는 경향이 있다. 그래서 자유유형 동물의 계통발생학적 유사성을 보이는 특징은 크게 변형되었거나 소실되었다.

나선난할동물과 탈피동물로 구성된 선구동물

선구동물의 두 주요 단계통군은 원시시대 이후 나선동물과 탈피동물로 독립적으로 진화한 것으로 여겨지고 있다.

나선난할동물

나선난할동물(spiralian)들은 몸체에 세포 덩어리를 첨가하면서 성장하는데, 대부분이 수생이며, 섬모를 이용하거나 몸의 근육을 수축하여 앞으로 전진한다. 나선동물은 나선형 난할(spiral cleavage)을 한다.

나선난할동물에는 촉수담륜동물문과 편충동물문의 두 가지 주요 그룹이 있다. 촉수담륜동물은 대부분 진체강 전구동물문을 포함하는데, 근육의 수축에 의해 움직인다. 대부분 편충동물은 무체강동물로 작거나 편편한 모양을 하며, 섬모운동에 의해 움직인다.

촉수담륜동물은 두 개의 주요 문과 몇 개의 작은 분류군으로 구성되어 있다. 이 동물의 대부분은 **담륜자**라는 자유유형 유충의 형태를 가지고 있고, 일부는 **촉수관**이라고 부르는 섭식 구조를 가지고 있다. 촉수관은 여과섭식에 이용되는 입 주위에 섬모로 된 촉수로 이루어진 말발굽 모양의 관부를 지칭한다. 촉수관을 갖는 촉수담륜동물의 문에는 태형동물문과 완족동물문이 있다. 촉수관동물은 고착생활을 한다.

탈피동물

선구동물의 다른 주요 단계통군은 **탈피동물**이다. 탈피동물은 동물계에서 오직 한 번 진화되었을 것으로 알려진 탈피(molting)를 하는 동물이다. 동물이 단단한 외골격을 완전히 채울 정도로 충분히 자라면 그 동물은 탈피라는 과정을 통해 외골격을 제거해야 한다. 동물이 성장하는 동안에 새로운 외골격이 기존의 외골격 아래에 형성된다. 탈피의 첫 단계는 몸이 기존의 외골격을 깨고 벗어버리도록 팽창하는 것이다. 외골격을 탈피할 때 동물은 체액을 이용하여(많은 곤충과 거미는 공기를 이용하여) 연하고 새로운 몸을 부풀린다. 새로운 몸이 단단해질 때, 동물은 탈피 때보다 커지고 성장을 위한 공간도 갖게 되면서 지속적으로성장하는 동물과 달리 탈피동물의 성장은 단계적으로 이루어지게 된다.

척색동물과 극피동물을 포함하는 후구동물

후구동물은 선구동물에 비해 극소수의 동물문과 종을 포함하며, 외관은 다르지만 여러 가지 측면에서 유사하다. 불가사리와 같은 극피동물과 사람과 같은 척색동물은 발생의 양식을 공유하는 공통조상으로부터 진화되었으며, 다른 동물과 다르다는 증거를 제공한다.

1.3 동물의 계통수

분자계통학(molecular systematics)의 가장 큰 기여는 동물 계통수에서 동물의 주요 단계통군들의 기원을 이해하는 데 도움을 준 것이다.

군체를 이루는 원생생물로부터 진화된 후생동물

모든 동물의 조상은 **원생생물**(protist)인 것 같으나, 어떤 원생생물로부터 동물이 진화되었는지는 확실하지 않다. 두 가지 중요한 가설을 지지하는 증거가 있다.

- **다핵가설**(Multinucleate hypothesis): 후생동물은 현재의 섬모충류와 비슷한 다핵성(multinuclear) 원생생물로부터 유래하였다는 것으로 각각의 핵이 하나의 세포로 구획되어 다세포 조건을 초래하였다는 것이다.

- **군체 편모충 가설**(Colonial flagellate hypothesis): 군체 편모충 가설은 1874년 핵켈(Haeckel)에 의해 처음 제안된 것으로 후생동물은 군체를 이루는 원생생물로부터 기원되었다는 것이다. 각각의 군체는 편모가 있는 세포로 구성된 속이 빈 구형이다. 해면세포의 일부는 동정편모충인 원생생물(Colonial flagellate protist)과 아주 비슷하다.

리보솜 RNA 서열에 기반을 둔 분자생물학 자료는 군체 편모충 가설을 지지하고, 후생동물이 섬모충류(ciliate)보다는 진핵조류와 보다 가깝다는 증거에 기반을 둔 다핵성 섬모충 가설을 거부한다.

2 무체강 무척추동물

2.1 측생동물: 특수화된 조직이 없는 동물

측생동물(parazoans)은 조직과 기관이 없으며 대칭성이 없는 동물로, 주요 군으로는 해면이 속한 **해면동물문**이 있다. 이들은 모양은 단순하지만 다른 동물과 마찬가지로 다세포동물이다.

느슨한 체제를 지닌 해면동물

해면동물은 약 7,000종이 바다에, 그리고 약 150종이 담수에 서식하고 있다. 해양 해면동물은 모든 수심에서 서식하며, 가장 깊은 곳에도 가장 많이 서식하고 있는 동물군의 하나이다. 어떤 종은 직경이 수 mm로 작지만, 직경이 2 m를 넘는 종도 있다.

몇몇 작은 종들은 **방사대칭**(radial symmetry)을 이루지만 대부분은 대칭을 이루지 않는다. 일부 해면은 낮게 **피각화**(encrusting)되어 다양한 표면을 덮으며 자란다. 다른 해면은 엽상으로 곧게 서 있으며, 복잡한 형태를 갖는 것도 있다.

많은 해양 무척추동물처럼 해면동물의 유생(larval)은 자유유영을 하지만 유생이 적당한 표면에 부착하여 성체로 변화한 후에는 일생 고착된 상태로 지낸다. 성체는 고착성으로 바위나 다른 수중 물체에 고착하여 운동성이 없다. 해면은 잠재적 포식자와 해면을 뒤덮고 자라는 생물을 쫓아내기 위해 화학물질을 만들어 방어한다.

그래서 제약회사들은 이 화학물질들이 인간에게도 적용이 가능할지의 여부에 관심을 갖고 있다.

여러 유형의 세포로 구성된 해면의 몸체

해면에는 머리나 부속지, 입이나 항문 그리고 조직화된 내부구조가 없어, 언뜻 보기에 해면은 젤라틴 기질(gelatinous matrix)에 묻혀 있는 세포 집단이라고 볼 수도 있다. 그러나 이 세포들은 기능적으로 여러 유형들로 분화되어 있다. 해면을 미세한 체나 거친 천으로 걸러 세포들을 분리해도, 세포가 서로를 찾아다니며 결국 전체 해면이 재구성되는데, 이는 다른 동물에서는 볼 수 없는 현상이다.

세포가 한 유형에서 다른 유형으로 분화할 수 있는 능력과 분화된 상태의 세포가 이전 상태로 재분화하는 능력은 해면동물의 고유한 특성이다. 세포의 활동은 생식의 동시화와 복잡한 골격을 만드는 기능을 수행할 수 있도록 느슨하게 조직되어 있다. 이러한 특성은 군체를 이루는 원생생물 세포들이 집단을 형성하지만 생식세포를 제외하고는 기능적으로 모두 같은 것과는 대조적으로 해면동물이 진정한 다세포생물임을 말해주고 있다.

크기가 작고 해부학적으로 단순한 해면은 꽃병 모양을 하고 있다. 해면의 "몸체" 벽은 3개의 층으로 되어 있는데, 안쪽 벽은 **동정세포**(choanocytes)라는 편모를 가진 독특한 세포들이 덮고 있다. 더 크고 복잡한 해면은 관에 의해 연결된 많은 작은 방을 가진다. 물은 편모가 있는 방으로 들어온 후 **대공**(osculum)이라는 커다란 구멍을 통해 다시 밖으로 빠져나간다.

해면에서 물을 순환시켜주는 동정세포

동정세포는 단일 **편모**(flagellum)를 가진 원생생물과 유사하며, 이 유사성은 진화적 분화를 반영하는 것일 수 있다. 체강 내 편모의 움직임으로부터 생긴 압력에 의해 물이 순환하면서 양분과 산소를 공급하고 노폐물을 배출한다. 몸체가 큰 해면에서는 몸 내부의 안쪽 벽이 구불구불해져 표면적과 편모의 수를 증가시키게 된다. 그러한 해면에서는 1 cm^3 크기의 해면이 하루에 20 *l*의 물을 배출한다. 동정세포는 흐르는 물에서 양분 입자를 감싸서 소화시킨다. 이러한 배열은 해면이 세균처럼 동정세포보다 훨씬 더 작은 입자만 섭취할 수 있게 제한한다.

해면의 무성생식과 유성생식

일부 해면은 단순히 여러 개의 절편으로 분리되는 **무성생식**(asexual reproduction)을 한다. 분리된 절편들은 새로운 개체로 자랄 수 있다. 해면을 **군체**(colony)라고 불러야 할지의 여부에 대한 질문은 인간의 언어적 표현의 한계를 나타내는 예가 된다. 무척추동물의 군체는 산호(corals)와 같이 유성생식에 의해 생긴 단일 조상으로부터 생겨나서 무성생식에 의해 번식하였고, 물리적으로 연결된 개체의 집단이라고 정의한다. 거의 모든 해면은 단일 대공에 연결된 편모가 있는 방의 수가 늘어남으로써 생장하는데, 각각의 단위를 "**개체**(individuals)"라고 해야 할지는 논란거리이다.

2.2 진정후생동물: 진정한 조직을 가진 동물

진정후생동물(eumetazoa)은 동물 체제에서의 첫 핵심적인 전이인 뚜렷한 조직을 진화시킨 동물이다. 배아 세포층은 성체의 조직으로 분화하여 각 군의 동물에서 볼 수 있는 특성인 체제를 만든다.

상피와 신경조직은 **외배엽**에서 발달하고, **위층**이라고 불리는 소화조직은 **내배엽**(endoderm)에서 발생한다. 좌우대칭동물에서 **중배엽**은 근육을 형성한다.

진정후생동물은 진화하여 몸의 대칭성을 갖게 되었다. 해양 바닥에 고착하여 사는 후생동물이나 물에서 자유유영하는 동물은 방사대칭일 것이다.

육식 자포동물

1만여 종의 **자포동물**(cnidarians)은 대부분 해수에 살며 일부만 담수에 산다. 이 단순한 이배엽성 동물은 비록 진정한 의미의 기관들은 가지고 있지 않지만 뚜렷한 조직들로 이루어져 있다. 생식, 순환, 소화, 배설계는 없지만 자포동물은 생식, 기체교환, 먹이 포획 및 소화, 그리고 그 결과로 생긴 유기분자를 모든 세포에 공급하는 과정들을 수행한다. 자포동물은 뇌나 신경절로 간주되는 신경조직이 전혀 없으며, 신경계는 좌우대칭동물처럼 접합부를 가진 세포의 격자구조(latticework)이다. 모든 자포동물은 촉각에 민감한 신경수용체를 지니고 있고, 일부는 중력이나 빛 수용체도 지니고 있으며, 소수 종은 상(image)을 형성할 수 있는 눈을 가진 것도 있다.

4개 또는 5개 강으로 분류되는 자포동물

전통적으로 자포동물은 말미잘, 산호충, 부채꼴 산호충 등이 속하는 산호충류, 히드라와 고깔해파리가 속하는 히드라류, 해파리가 속하는 해파리류의 세 강으로 구분되었었다. 지금은 대부분의 연구자들이 생활사와 형태에 있어 뚜렷이 구분되며, 일부는 사람을 죽일 정도로 독성이 강한 종류를 포함하는 해파리류를 상자해파리강으로 구분하는 것에 동의하고 있다. 그러나 다른 해파리류 중 일부를 별해파리강으로 나누는 것은 널리 받아들여지고 있지는 않다.

산호충류: 말미잘과 산호충

산호충강은 자포동물 중에서 가장 많은 종을 포함하는 강(class)으로 약 6,200종이 속해 있고, 단독생활을 하거나 군체생활을 하는 해양동물이다. 석산호, 부드러운 몸통의 말미잘, 바다조름, 바다맨드라미, 부채꼴산호, 회초리산호 등의 화려한 이름을 가진 동물들이 이에 속한다. 이 이름들은 대부분 폴립이나 군체를 이룰 때 식물과 같은 모양을 가진 것에 따라 붙여졌다.

산호충류의 폴립은 위수강이 **격막**이라고 하는 세로 방향으로 여러 겹을 가진 조직의 방사형 배열에 의해 구획화된다는 점에서 다른 군의 폴립과 구별된다.

말미잘은 근육이 발달하였으며 상대적으로 복잡하고 부드러운 몸을 가진 산호충류로서 1,000종이 넘게 분포하고 있다. 전 세계에서 모든 깊이의 물속에 살며, 지름은 수 mm에서부터 1 m를 넘는 것도 많다.

상자해파리강: 상자해파리류

상자해파리강은 이름 그대로 상자 모양의 메두사이며, 상자의 모퉁이에 하나 또는 여러 개의 촉수가 있다(**그림 13.2**). 크기가 25 cm나 되는 것도 있지만, 40여 종의 대부분이 수 cm 길이로 작은 크기이다. 상자해파리(box jellies)는 열대 및 아열대에서 활발하게 헤엄치며 어류를 포식한다. 이 사실은 일부 종이 상을 형성하는 눈을 가지고 있다는 것과 관련이 있다. 일부 종에 쏘이면 인간에게 치명적일 수 있다. 폴립 단계는 불분명하며, 많은 경우 알려져 있지 않다.

히드라강: 히드라

히드라강에는 2,700종이 있으며, 생활사 중 폴립 시기와 메두사 시기를 모두 가지고 있다. 대부분 폴립 시기는 군체성이며, 한 군체 내의 폴립들은 기능과 구조가 동일하지 않은 경우가 많다. 일부는 먹이 섭취를 위해 분화되어 생식할 수 없는 반면, 다른 것들은 먹이 섭취 폴립으로부터 군체로 연결된 위수강을 통해 양분을 전달받을 수 있다.

해파리강: 해파리

해파리강에는 약 200종이 있으며 메두사는 폴립보다 훨씬 눈에 더 잘 띄지 않고 복잡하다. 많은 메두사 형태가 무색이지만

그림 13.2 상자해파리강. 상자해파리(box jelly, *Chironex fleckeri*)

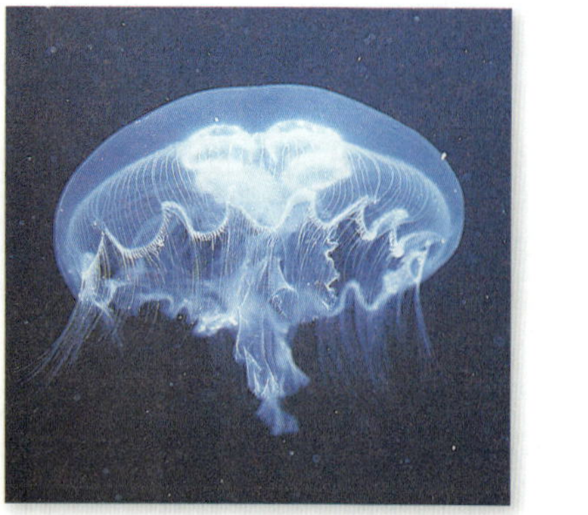

그림 13.3 해파리강. 해파리(jelly fish, *Aurelia aurita*)

(**그림 13.3**) 일부는 주황색, 분홍색, 파란색 등의 강렬한 색을 띤다. 폴립은 작고, 눈에 띄지 않고, 구조적으로 단순하며 보통 흰색이지만, 먼 바다에 사는 해파리류에서는 폴립이 전혀 발견되지 않는다.

해파리 말단부의 상피는 규칙적으로 수축하여 위수강이나 그 아래 공간으로부터 물을 분사하여 해파리가 앞으로 나아가게 한다. 위수강의 한쪽만 수축하면 회전할 수도 있다.

별해파리강: 별해파리

이 분류군은 50여 종으로 이루어져 있으며, 해파리강에서 분리된 이유는 메두사를 닮았지만 입 반대쪽에서 생긴 자루에 의해 기질에 고착되기 때문이다. 또한 별해파리강에서 플라눌라 유생은 부유나 유영보다는 기어서 움직인다.

섬모로 움직이는 빗해파리

유즐동물문은 수층을 유영하는 구형이나 리본 모양의 빗해파리류, 즐동물, 바다구스베리 등을 포함한다. 대양에 풍부하게 분포하며, 대부분 투명하고 대개 수 cm 길이로 작지만 드물게 색소를 가지고 1 m에 달하는 종류도 있다. 이들은 섬모가 융합된 8개의 즐판대를 움직여 물속에서 스스로 헤엄칠 수 있으며, 빛을 분산하여 무지개 빛을 낸다. 유즐동물은 섬모로 이동하는 가장 큰 동물이다. 많은 유즐동물이 생물 발광을 하여 심해에서나 야간의 바다 표면에서 밝게 반짝거린다. 많은 유즐동물은 먹이를 포획하는 데 두 개의 긴 **촉수**(tentacles)를 사용한다.

2.3 좌우대칭 무체강동물

좌우대칭은 동물 체제 전이의 핵심적 특징이다. 좌우대칭은 동물로 하여금 고도로 분화된 몸을 갖추게 해준다. 그 실례로 앞쪽에 감각기관이 집중되어 있는 것을 들 수 있다. 유즐동물은 좌우대칭이라고 해도 이런 분화가 이루어지지는 않았다.

좌우대칭형은 무체강, 의체강 및 진체강동물로 구분된다. 무체강과 의체강 상태는 여러 차례 진화된 것으로 나타난다. 따라서 이 조건은 수렴적이고 상동적이지 않으며 해부학적으로 공통점을 가질 필요가 없다. 그럼에도 불구하고 동물 체내 각 부분의 구성은 동물이 어떻게 형성되는지, 그리고 어떻게 살아가는지에 대한 정보를 제공한다.

구조적으로 가장 간단한 좌우대칭동물은 무체강동물로 그들은 소화관 외에 다른 내부 공간을 가지고 있지 않다. 편형동물문이 무체강동물 중 가장 큰 분류군이다.

불완전한 장을 가진 편형동물문

편형동물문은 약 2만종으로 구성된다. 섬모가 있으며 부드러운 몸을 지닌 편형동물들은 납작하기 때문에 편형동물(flatworms)이라고 부른다. 편형동물의 몸은 불완전 소화강을 제외하고는 단단하다(**그림 13.4**). 좌우대칭동물 중에서 가장 단순하지만 생식기와 같은 복잡한 구조가 있으며, 동물 중에서 가장 복잡한 생활사를 가진다.

자유유영하는 편형동물은 해양, 담수 및 축축한 육상 서식지까지 널리 분포되어 있다. 이들은 작은 동물 및 유기물질의 잔해를 먹는 게걸스러운 청소부이다. 주로 몸의 복부쪽 표면에 집중되어 있는 섬모를 가진 상피세포를 이용하여 이리저리 이동하는데, 이들은 잘 발달된 근육계도 가지고 있다. 한편 편형동물의 많은 종은 기생충으로 다른 동물의 체내에 산다. 편형동물은 1 mm부터 수 m(일부 촌충)에 달하는 것도 있다.

편형동물의 소화

대부분의 편형동물은 소화강의 한쪽만 열려 있는데, 몸의 중앙에서 아래쪽으로 위치한 입이 있다. 편형동물은 장의 위쪽 끝 근육이 수축하면서 강한 흡입력으로 먹이를 섭취하고 잘게 부순다.

자포동물 및 유즐동물처럼 편형동물도 산소와 음식물 분자를 수송하는 순환계가 없다. 편형동물의 납작한 몸은 기체를 세포와 공기 사이로 확산시킨다(산소는 들어오고 이산화탄소는 배출된다). 장은 몸 전체에 가지를 뻗고 있으며 먹이의 소화와 운반을 한다. 장의 내벽을 이루는 세포들은 식세포작용으로

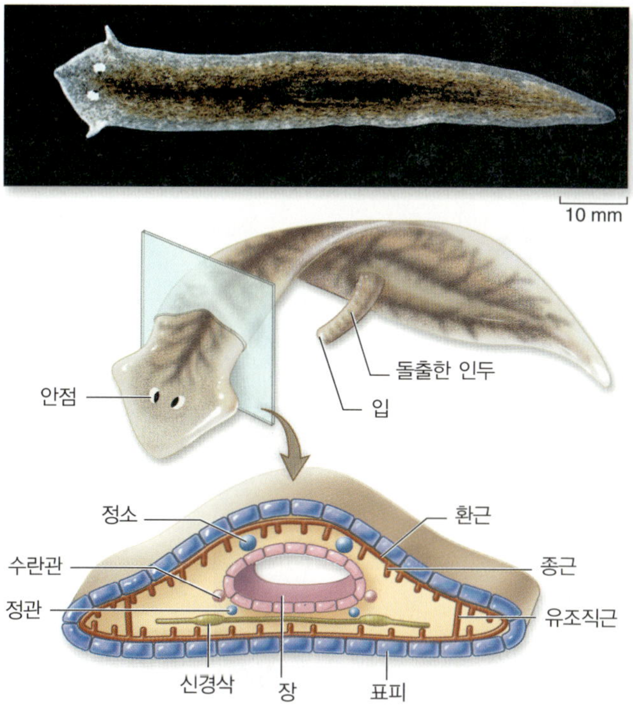

그림 13.4 편형동물의 체제.
연못이나 강 등 담수에 사는 플라나리아(planarian, *Dugesia* 속)의 사진 및 모식도. 위쪽은 전체 동물과 몸의 앞쪽을 통과하는 횡단면을 보여주며, 아래쪽은 소화계, 중추신경계와 생식계를 보여준다.

대부분의 먹이 과립을 삼키고 소화한다. 그러나 자포동물과 많은 좌우대칭동물에서처럼 일부 먹이 과립은 부분적으로 세포외에서 소화한다. 기생충인 촌충(tapeworms)은 입은 있지만 소화계가 없어 체벽을 통해 먹이를 직접 흡수한다.

편형동물의 생식

편형동물의 생식계 구조는 복잡하다. 대부분의 편형동물은 **자웅동체**로 각 개체는 암컷과 수컷의 생식기 구조를 모두 가진다. 많은 편형동물은 교미하기 위해 두 개체가 필요하며, 수정은 내부에서 일어난다. 교미를 할 때 상대편 교접낭에 정자를 넣으며, 이 정자는 특수화된 관을 따라 난자에 도달하게 된다.

대부분의 담수 편형동물에서 수정란은 고치 상태로 리본에 달려 있다가 크기가 작은 성체로 부화하게 된다. 그에 비해 일부 해양 서식 종은 나선형 난할을 하고 배아는 유영할 수 있는 유생으로 직접 발달하여 적당한 장소에 안착되면 **변태**(metamorphosis)를 한다.

편형동물은 재생능력을 지니고 있어 일부 종에서는 한 개체가 둘 이상으로 분리되면, 각 부분으로부터 없어진 부분이 생겨나서 완전한 개체들이 생겨난다.

인간 질병의 원인인 흡충

간흡충(liver flukes)은 인간 기생충 중 하나로 간의 담관에 기생하며(**그림 13.5**), 개, 고양이, 돼지 등에서 기생하고 특히 아시아에서 흔하게 나타난다. 흡충은 1~2 cm 정도의 길이이며, 복잡한 생활주기를 가진다. 첫 단계의 섬모상 유생인 **유자충**이 들어 있는 알은 변으로 배출된다. 이들이 수환경으로 들어가면 달팽이에 의해 먹히고 달팽이 내부에서 이 알은 배아 생식세포를 가진 주머니 모양의 **포자포낭**으로 변형된다. 하지만 대부분은 수환경으로 들어가지 못하거나, 물에 들어가서도 달팽이 내로 들어가지 못한다. 기생성 편형동물이 엄청난 수의 알을 낳는 이유는 이런 상황에 대한 적응을 위해서이다. 포자포낭 안에서 길쭉하고 섬모가 없는 유충인 **레디아**가 만들어지고, 이들 유충은 달팽이 안에서 계속 자라서 올챙이 모양의 다음 단계 유충인 **유미유충**이 된다.

유미유충은 물속으로 나와서 헤엄치다가 잉어과 어류의 근육 속으로 들어가서 꼬리를 잃고 피낭으로 싸인 피낭유충으로 변태한다. 만약 사람이나 포유동물이 이 물고기를 날로 먹으면 장 속에서 이 피낭유충이 피낭을 뚫고 나와 담관으로 이동하여 성숙한다. 감염된 물고기를 익혀 먹더라도, 날고기를 다루는 사람의 손이나 도마에 붙은 피낭유충이 들어가면 감염될 수 있다. 간흡충은 숙주의 몸에서 15~30년을 살며, 간흡충에 심하게 감염되면 **간경변**(cirrhosis)을 일으켜 사망에 이르게 하기도 한다.

촌충강: 촌충류 및 근연종

성체 촌충은 특수한 말단 부착기관으로 숙주의 장벽에 부착한다. 촌충은 소화효소뿐 아니라 소화강이 없어 외부 표면을 통하여 숙주의 장에 있는 양분을 흡수한다. 대부분의 종이 척추동물의 장에 기생하며 그중 12종 가량이 인간에 기생한다.

몸은 길고 납작하며 세 부분으로 나뉜다. 부착기관이 있는 부위는 **두절**이고, 그 뒤로 체절로 나뉘어 있지 않은 **경부**(neck)가 있으며 경부에 이어서 반복된 체절인 **편절**(proglottids)이 이어진다(**그림 13.6**). 두절에는 보통 네 개의 **흡반**

그림 13.5 간흡충(liver fluke, *Clonorchis sinensis*)의 생활사.

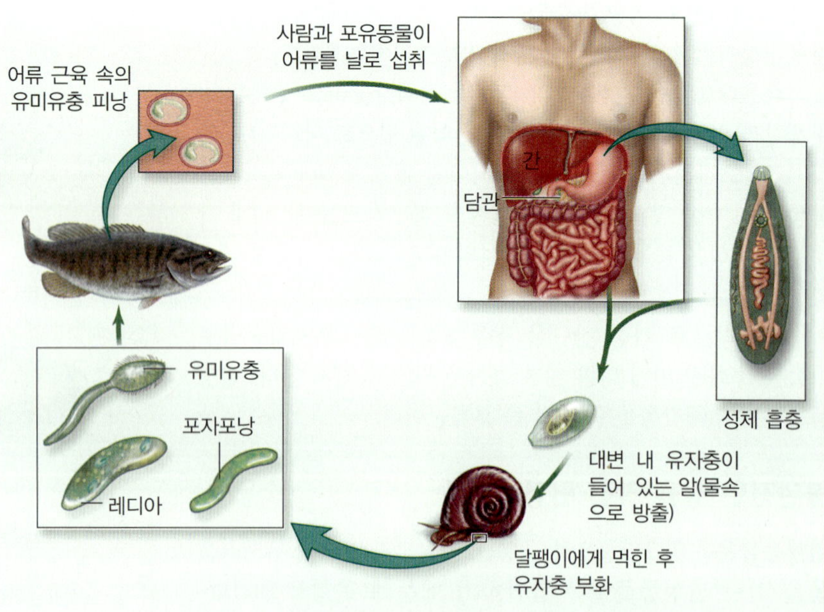

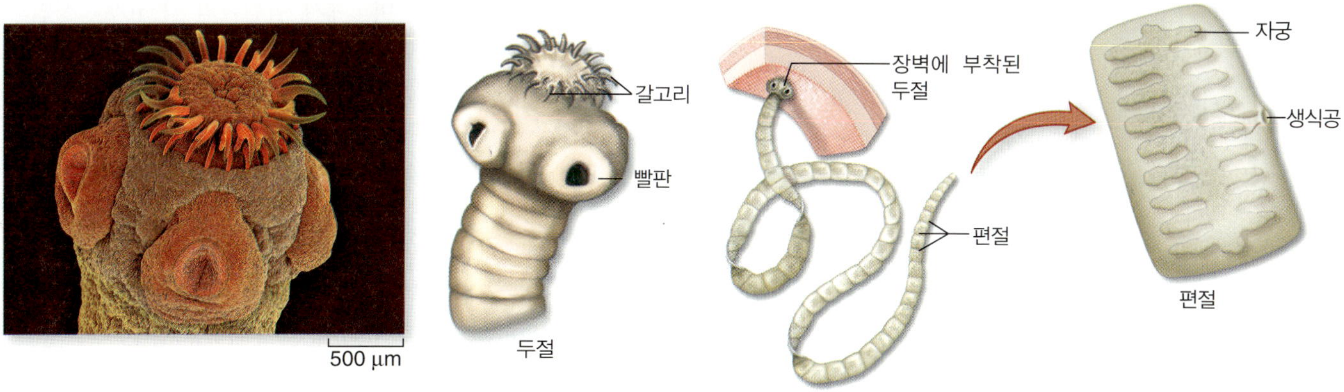

그림 13.6 촌충류.
이 민촌충(beef tapeworm, *Taenia saginata*)과 같은 편형동물은 포유동물의 장에서 기생한다.

(suckers)이 있고 추가적으로 갈고리가 있는 종도 있다. 편절은 머리도 신경조직도 입도 아니다. 각 편절은 하나의 완전한 자웅동체로서 암 · 수 생식기관을 모두 지니고 있다. 편절은 경부 기저부에서 계속 형성되고 새 편절이 생기면서 성숙한 편절은 계속 뒤쪽으로 밀려난다. 편절의 생식선은 경부로부터 멀어지면서 성숙하여 수정이 일어나 배아가 형성되며, 따라서 몸의 말단 부위에 가까운 편절이 더 성숙한 것이 된다. 가장 말단부의 편절은 배아로 가득 차게 되어 분리된다. 편절이 파열되어 껍질에 싸인 배아가 숙주의 배설물과 함께 배출되거나, 또는 전체 편절이 배출되어, 구멍이나 파열된 벽을 통해 배아가 나오게 된다. 이러한 배아들은 잎이나 물속 등에 있다가 다른 동물에 먹힌다.

민촌충(beef tapeworm)은 소의 근육 속에서 유생 시기를 보내다가 사람의 몸속으로 들어오면 성체가 된다. 민촌충은 길이가 10 m 이상이 되기도 한다. 이들은 4개의 흡반이 있는 두절로 숙주 장벽에 매달려 있다. 편절이 배설물과 함께 사람의 몸에서 나와 채소에 뿌려지면 5개월 가량은 생존이 가능하다. 이것을 소들이 먹으면 유충이 장벽을 뚫고 혈관이나 림프관을 통해 근육조직으로 간다. 미국 소의 약 1%가 민촌충에 감염되어 있고, 소비되는 소고기의 20%가 검사되지 않기 때문에 이 소고기를 날로 먹으면 감염이 된다. 그 결과 민촌충은 인간에게 흔한 기생충이다.

2.4 의체강동물

무체강동물을 제외한 모든 좌우대칭동물은 몸속에 체강을 가진다. 체강의 형태 중 하나는 중배엽과 내배엽에서 유도된 조직들 사이에 있는 **의체강**(pseudocoelom)이다. 의체강의 액체는 대부분의 체강동물에서 순환계가 하는 기능을 수행한다. 의체강은 유체정역학적 골격(hydrostatic skeleton)의 역할을 한다. 의체강동물과 체강동물의 이러한 골격은 자포동물의 폴립과 메두사를 지탱하는 구조보다 향상된 구조라 할 수 있는데, 이는 소화강으로서의 기능이 아니라 환경으로부터 완전히 격리된 구조이기 때문이다. 유체정역학적 골격을 가진 동물의 운동은 무체강동물보다 훨씬 효율적이다.

선형동물문

초선충(vinegar eels), 선충(eelworms) 및 다른 회충(roundworms)은 2만여 종을 포함하고 있는 큰 분류군인 **선형동물문**에 속한다. 연구자들은 아직도 현재 알려진 종보다 100배 정도 더 많은 종이 존재할 것으로 추산하고 있다. 선형동물은 바다와 담수에 흔하게 서식하고 있으며, 동물과 식물에 기생하는 종들도 많다(**그림 13.7**). 현미경적 크기의 많은 종들이 토양에 서식한다. 비옥한 토양 한 삽 속에 평균 백만 마리 가량의 선형동물들이 들어 있다.

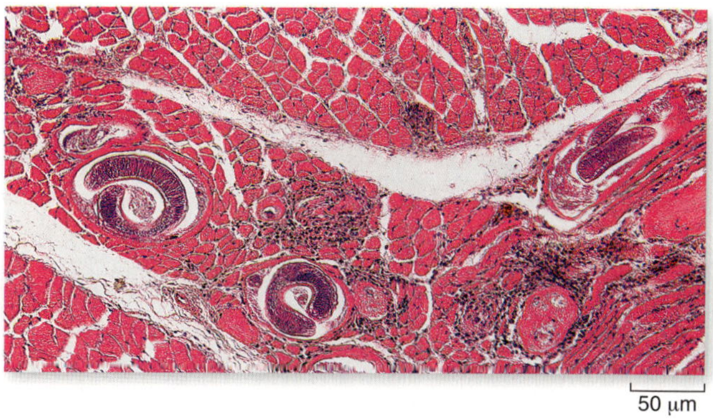

그림 13.7 돼지고기 내 피낭에 싸여 있는 선형동물인 *Trichinella*.
심각한 질병인 선모충병은 피낭이 들어 있는 익히지 않은 돼지고기를 먹을 때 감염된다.

선형동물의 구조

선형동물은 좌우대칭이고 체절이 없으며, 신축성 있는 두꺼운 큐티클로 덮여 있으며, 성장하면서 탈피한다(기생성 선형동물은 4번 탈피). 특별한 호흡기가 없고, 큐티클을 통하여 산소와 이산화탄소를 교환한다. 근육은 큐티클 아래 있는 표피 안쪽에서 층을 이루며, 전단에서 후단으로 종적으로 늘어날 수 있다. 선형동물들의 특이한 점 중 하나는 환상의 근육구조가 없어 길이는 줄어들 수 있지만 직경은 변하지 않는다는 것이다. 세로 방향의 근육들을 큐티클과 의체강에 대해 잡아당기면 선형동물의 특징인 꿈틀거리는 운동이 일어난다.

선형동물은 잘 발달된 소화계도 있으며 다양한 먹이를 섭취한다. 선형동물의 전단에 있는 입 부근에는 털 모양의 감각기관이 있다. 입은 대개 찌르는 기관인 **탐침**을 가진다. 먹이는 근육성 인두의 리듬 있는 수축으로 생긴 흡입작용에 의해 입안으로 들어가서 장을 통과한다. 노폐물은 항문을 통해 배출된다.

선형동물에 의한 인간질병

약 50종의 선형동물이 인간에게 기생하며, 몇 종은 미국에서 흔한 인간 기생충으로 대부분이 십이지장충이며, 장벽을 통해 피를 빨아들임으로써 빈혈을 일으킨다.

온대 지역에서 가장 심각하고 흔한 질병은 선모충병(trichinosis)으로 *Trichinella*속의 종들에 의해 발생한다(**그림 13.7**). 이 종은 포유동물, 특히 돼지나 곰의 소장에 살며, 수정된 암컷은 장벽을 파고 들어간 다음 한 마리당 1,500여 마리의 새끼를 직접 낳는다. 어린 개체는 림프관으로 들어간 다음 몸 전체의 근육조직으로 들어가 성숙하고 내성이 강한 칼슘질의 피낭을 형성한다. 피낭이 있는 덜 익은 돼지고기를 먹으면 감염되는데, 감염 개체가 많으면 치명적인 결과가 초래될 수 있지만 그런 경우는 매우 드물게 나타난다. 미국에서 지난 10여 년 동안 이 질병 때문에 사망한 것으로 알려진 사람은 약 20명뿐이다.

요충(pinworms)은 미국에서 어린이의 약 30%, 성인의 16%가 감염된 것으로 추정된다. 성체 요충은 인간의 직장에서 살며 항문의 가려움증을 유발하지만 요충의 수가 많아지면 직장의 탈장을 일으킬 수도 있다. 요충은 약에 의해 쉽게 죽는다.

장에 기생하는 회충(roundworms)은 대략 전 세계인구의 6명 중 한 명이 감염되었지만 현대적인 상수도 배관을 가진 지역에서는 드물게 나타난다. 암컷 성체는 30 cm 길이로 매일 숙주의 장 속에 2만 개의 수정란을 방출한다. 수정란은 숙주의 배설물을 통해 몸 밖으로 나가며, 토양에서 수년 간 생존할 수 있다. 먼지가 음식 및 식기류, 심지어 입술에도 묻어 회충이 전달될 수 있다. 몸에서 배출되기 전에 배아가 이미 알속에서 발생하여 있으므로 숙주 내로 들어가면 부화한다. 유충은 몸의 순환로를 따라가며 변태하여 성체가 되고 인간의 소장에서 살게 된다.

3 진체강 무척추동물

3.1 연체동물문

연체동물문(Phylum Mollusca)은 형태가 다양하며 여러 환경에서 서식한다. 연체동물은 **절지동물문** 다음으로 큰 동물문으로 1만 종 이상을 포함하고 있다. 연체동물에는 달팽이, 민달팽이, 조개, 가리비, 굴, 오징어, 문어 등 사람에게 친숙한 동물들이 있다(**그림 13.8**). 많은 연체동물의 껍질은 아름답고 우아하여 많은 연구자 및 일반인에 의해 수집, 보존 또는 연구되어 왔다. 하지만 일부 연체동물은 껍질을 지니지 않는다.

사람에게 중요한 연체동물의 다양성

연체동물의 크기는 현미경적 크기에서 거대한 것까지 다양하

a. *b.* *c.* *d.*

그림 13.8 연체동물의 다양성.
연체동물은 광범위한 다양성을 보인다. ***a.*** 불꽃가리비는 여과 섭식자이다. ***b.*** 표범문어는 사람에게 해를 가할 수 있는 연체동물이다. 외양은 화려하지만 독이 있는 부리가 있다. ***c.*** 앵무조개는 공룡시대 이래 계속 존재해 왔다. ***d.*** 노랑민달팽이는 북서태평양이 원산지이며, 세계에서 두 번째로 큰 민달팽이로 길이가 25 cm나 된다.

다. 대부분이 직경이 수 mm에서 수 cm에 불과하지만, 대왕오징어는 길이가 15 m, 무게는 250 kg으로 무척추동물 중 가장 무거운 종류의 하나이다. 다른 큰 연체동물로 *Tridacna*속에 속하는 대왕조개 종류는 길이가 1.5 m에 무게는 270 kg에 달한다.

모든 주요한 동물군처럼 연체동물도 바다에서 진화했으며, 아직도 대부분은 바다에 널리 퍼져 살고 있다. 달팽이와 민달팽이는 담수와 육상으로 퍼져 나갔고, 민물 담치는 호수나 개울에 산다. 달팽이나 민달팽이는 편평한 발로 기어갈 수 있지만 조개, 홍합 및 다른 이매패 연체동물은 바닥을 파는 것에만 적응되어 있어 육지로 이동할 수 없었다. 육상 연체동물이 사는 환경 중 사막 바위의 틈 같은 장소는 건조해 보이지만, 연체동물이 거기에 산다면 그 서식지에는 일시적으로라도 물이 공급되고 있을 것이다.

굴, 조개, 가리비, 홍합, 문어, 오징어 등의 연체동물들은 사람의 중요한 식량자원이 된다. 연체동물은 다른 측면에서 경제적으로도 중요하게 이용되는데, 그 실례로 전복류에서 얻을 수 있는 진주는 보석이나 장식에 사용되고, 과거에는 단추를 만드는 데 쓰이기도 했다. 연체동물 중 해로운 종류로 간주되는 것도 있다. 바다에 노출된 나무에 구멍을 뚫는 좀조개라는 이매패류는 선박, 부두, 말뚝 등에 손상을 입힌다.

연체동물의 복잡하고 다양한 체제

일부 연체동물의 체제는 두꺼운 표피인 **외투막**(mantle)이 몸의 등쪽을 덮으며, **외투강**(mantle cavity)을 둘러싸고 있다. 패각을 가진 연체동물에서는 외투막에서 패각을 이루는 탄산칼슘을 분비한다. 근육질의 발은 문어, 오징어, 앵무조개 등의 **두족류**를 제외한 연체동물의 주요 운동기관이다. 머리는 잘 발달되어 있는 경우도 있고 그렇지 않은 경우도 있다. 다른 진체강동물처럼 연체동물은 좌우대칭이지만 이 대칭성은 꼬여진 구조를 가지는 달팽이와 연관된 많은 복족류에서는 변형되어 있다.

근육질의 발은 이동, 부착, 먹이 포획, 파내기 및 복합 기능을 위해 다양하게 적응되어 있다. 달팽이와 민달팽이의 발에서는 점액이 분비되어 이동하는 경로가 표시된다. 두족류에서는 발이 촉수로 분화되었으며, 일부 두족류에서는 팔이 되었다. 조개는 도끼 모양의 발을 이용하여 진흙과 모래로 파고들어 간다. 어떤 원양 종들에서는 발이 날개 모양 돌출부로 변형되어 있어 넓은 면적을 이용해 가라앉는 속도를 감소시킬 수 있으며, 이들 연체동물의 발은 날개처럼 움직일 수 있다.

생식

일부 이매패류와 여러 복족류는 자웅동체이지만 대부분의 연체동물은 암수가 구분되어 있다. 자웅동체에서도 타가수정이 일어나며, 일부 굴 종류에서는 성전환이 가능하다.

대부분의 수생 연체동물은 체외수정을 하는데, 수컷과 암컷이 방출한 생식세포가 물속에서 수정을 하게 된다. 대부분의 복족류는 수컷이 정자를 직접 암컷의 몸속에 넣는 체내수정을 한다. 체내수정, 발 및 건조를 막아주는 효율적인 배설계 등은 복족류가 지상에서 살 수 있게 된 중요한 적응들이다.

연체동물 접합자는 나선형 난할을 한다. 배아는 발생하여 자유유영하는 **담륜자**라는 유생 시기를 보내는데, 환형동물 및 다른 촉수담륜동물의 유생단계와 유사하다. 담륜자 유생은 몸 중앙을 둘러싸고 있는 섬모를 이용하여 헤엄친다.

3.2 유형동물문: 끈벌레류

유형동물(Phylum Nemertea, 유형동물문)에는 900종이 있으며 원통형이나 납작한 모양을 하는 매우 긴 벌레이다. 대부분이 해양 종이며, 소수 종은 담수와 축축한 육상에 산다. 이들은 몸을 길게 늘일 수 있기 때문에 길이의 측정이 쉽지는 않지만 한 개체의 길이는 10~20 cm 정도이다. 많은 종은 만지면 조각으로 끊어진다. *Lineus longissimus*라는 종은 길이가 60 m나 되는 것으로 기록된 적이 있어 가장 긴 동물이라고 할 수 있다.

유형동물 체제는 편형동물과 유사하고, 배설계를 구성하는 미세소관의 망이 있으며, 체강 안에 내부기관이 없다. 편형동물과는 대조적으로 유형동물에는 입과 항문이 있는 완전한 소화관이 있으며, 액체로 채워진 문강이라고 부르는 공간이 있다. 이 공간은 먹이 동물을 잡기 위해 긴 근육질의 관인 구문을 덮개에서 빠르게 밀어낼 수 있도록 하는 수압을 제공한다.

유형동물은 **자웅이체**이며 유성생식을 한다. 일부는 분절에 의한 무성생식을 할 수 있지만 대부분의 종에서는 힘을 가해 생겨난 분절들은 대부분 죽게 되기 때문에 유형동물의 재생력은 그렇게 크지 않은 것으로 여겨진다.

3.3 환형동물문

동물의 체제에서 한 가지 중요한 혁신은 몸이 여러 개의 유사한 마디로 이루어지는 **체절화**(segmentation)이며, 이는 여러 번에 걸쳐서 진화하였다. 환형동물은 체절화되어 있다. 체절화가 주는 장점은 개별 분절 및 분절 군들의 발달과 기능이 다를 수 있다는 것이다. 그 실례로 일부 체절은 생식을 담당하고, 어떤 체절은 운동이나 배설을 담당한다.

환형동물은 모두 체절을 지니고 있기 때문에 본래적인 분류군을 형성한다고 생각되었지만, 일부 체절이 없는 동물군도 이 계통에 속할 가능성이 있어 환형동물의 단계통은 재고되고 있다.

환형동물의 환형 체절

잘 발달된 뇌를 포함하는 머리와 감각기관은 동전을 쌓은 것

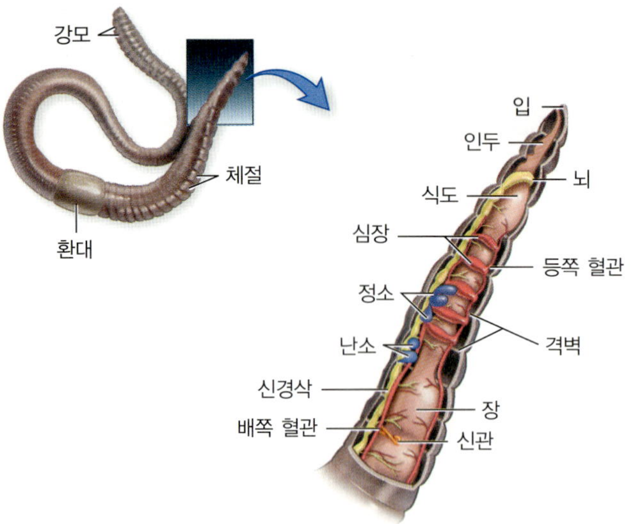

그림 13.9 환형동물문: 빈모강.
지렁이의 체제는 반복되는 체절에 기초한다. 체절은 안쪽에서 격벽에 의해 서로 분리되어 있다.

같은 고리 모양의 전면 끝에 위치한다(**그림 13.9**). 눈을 가진 종이 많으며, 일부 종에서는 수정체와 망막도 가지고 있다. 머리 부분과 뒤쪽 끝에 있는 항문마디는 체절화되어 있지 않다. 배 발생에서 머리와 꼬리가 처음에 형성되고, 그 사이에 체절이 형성된다. 이 동물이 조각으로 나누어지면 일반적으로 머리나 꼬리를 포함하는 부분만 나머지를 재생할 수 있고, 가운데 부분은 죽게 된다.

각 체절은 내부적으로 격막에 의해 앞 · 뒤의 체절과 격리되어 있다. 원통형의 각 체절은 배설기관, 신경절, 운동기관들을 가지며, 대부분의 해양 환형동물에서는 각 체절에 생식기관이 있다.

체절 수축을 통해 이동하는 환형동물

환형동물의 기본적 체제는 관 속에 관이 들어 있는 구조로 체강 속에 내부 소화관이 입에서 항문까지 격막을 통과하여 뻗어 있고, 체벽에 둘러싸여 있는 체강에 부유해 있는 구조이다. 소화관은 여러 부분으로 이루어져 있으며, 인두, 식도, 소낭, 모래주머니, 장 등은 서로 다른 기능을 하도록 특수화되어 있다.

각 체절의 체강 속의 체액은 **유체정역학적 골격**(hydrostatic skeleton)을 형성하여 각 체절을 부푼 풍선처럼 단단하게 유지시켜준다. 환형동물은 유체정역학적 골격을 이용해 운동하는데, 먼저 각 체절을 둘러싸고 있는 **환형근**이 수축하면서 직경이 감소하여 체액이 체절을 늘어나게 한다. **종주근**이 수축될 때 체절은 더 짧아지며, 체절의 직경은 증가한다. 이 수축이 교대로 일어나게 되어 이 동물은 여러 방향으로 움직일 수 있게 된다.

많은 환형동물에서 각 체절에는 키틴질의 **강모**(chaetae)가 있다. 몇 개의 체절에 있는 강모를 뻗어 기질에 몸을 고정시키고, 다른 체절들의 강모는 수축해 오므리는 방식으로 한 부분씩 앞으로 나아가게 된다.

3.4 태형동물문과 완족동물문: 촉수동물

해양동물의 두 문인 태형동물문(phylum Bryozoa)과 완족동물문(Phylum Brachiopoda)은 **촉수동물**(Lophophorates)에 속한다. 이들은 입 주변에 고리 모양 또는 **U**자형의 융기인 촉수관을 가지며 여기에 속이 빈 한 줄 또는 두 줄의 섬모가 나 있는 촉수를 가진다. 촉수동물의 체강은 촉수관이나 촉수까지 확장되어 있다. 촉수관은 가스 교환과 먹이 수집을 하는 기관이다. 촉수관의 섬모는 입 주위로 동물 먹이인 유기 부유물질이나 플랑크톤을 유도한다. 촉수관 때문에 태형동물과 완족동물은 서로 관련이 있다고 간주되었지만, 최근 일부 연구에 의하면 두 동물의 촉수관은 수렴 진화된 것으로 여겨지고 있다.

완족동물은 선구동물 및 다른 후구동물과 일부 특징을 공유하고 있다. 완족동물 및 태형동물의 난할은 후구동물과 같이 대개 방사형이고, 체강의 형성은 다양하다. 추형동물문에서는 입이 원구에서 발생되나, 태형동물문과 완족동물문에서는 원구 반대쪽 끝에서 발생된다. 분자생물학적 증거에 의하면 촉수동물은 선구동물이지만 해부학, 발생학 및 분자생물학적 특성이 서로 일치하지 않기 때문에 이 동물의 진화적 계통은 아직도 의문으로 남아 있다.

3.5 절지동물문: 절지동물

동물 중에서 생물학적으로 가장 성공한 **절지동물**(arthropods)은 지구상 모든 종의 2/3에 해당하는 100만 종 이상의 동물을 포함하고 있다(**그림 13.10**). 곤충만도 3천만 종에 달할 것이라고 추정한 최근 연구도 있다. 인구 한 사람 당 약 2억 마리의 비율로 곤충이 살고 있다. 곤충과 다른 절지동물은 지구상 어느 곳에서나 많은 수가 살고 있으나 특히 육상에 많이 분포해 있다. 대다수가 몸길이 수 mm 정도 되는 작은 동물들이지만 성체의 크기는 기생성 진드기의 80 μm부터 일본 거미게의 3 m에 이르기까지 다양하다.

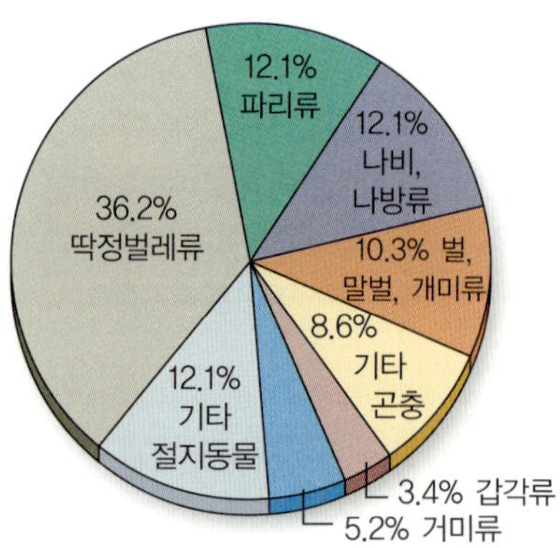

그림 13.10 절지동물은 성공적인 동물군이다.
현재까지 알려진 동물 종 중 약 2/3가 절지동물에 속한다. 절지동물의 약 80%가 곤충이고, 기록된 곤충 종들 중 약 반수가 딱정벌레류이다.

절지동물은 경제적으로도 매우 중요하며, 인간 생활의 모든 면에 영향을 미친다. 곤충은 사람과 다른 동물을 위한 식량 생산에서 중요한 농작물의 수분 과정에 중요한 역할을 하기도 하지만, 먹이를 위해 사람과 경쟁하고 농작물에 큰 피해를 입히기도 한다. 곤충과 진드기에 의한 질병은 식물과 동물 및 사람에게 피해를 준다. 지금까지 곤충은 육상 생태계에서 가장 중요한 초식동물이며, 실제로 모든 종류의 식물이 한 종 이상의 곤충에게 먹이로 이용된다.

핵심적 특징 및 기관계를 지닌 절지동물

절지동물의 성공은 체절화된 몸의 모듈 방식인 **외골격**과 관절을 가지는 **부속지**로 설명될 수 있다. 단단한 외골격은 포식자로부터 보호 기능이 있지만, 움직임이 제한된다. 마디를 가진 부속지는 보호 및 유연성을 제공한다. 이런 체계를 이용하여 절지동물은 해양 및 육상에서 움직임이 더 효율적으로 발달했으며, 데본기(Devonian period)에 육상에 정착했다.

체절화

절지동물 중 일부에서는 많은 체절이 유사하게 보이지만 다른 군에서는 체절이 두부, 흉부, 복부 같은 **합체절**이라고 부르는 기능적 군으로 분화되어 있다(**그림 13.11**). 이 융합과정을 **합체절화**라 하는데, 절지동물 진화에 큰 중요성을 가지고 있다. 대부분의 절지동물에서는 유충 시기에 본래의 체절로 나뉘지만 발생 과정 중 융합되어 흔적이 없어진다. 모든 절지동물은 뚜렷이 구분되는 두부를 가지고 있으며, 많은 갑각류와 협각류에서는 두부와 흉부가 융합되어 **두흉부**라는 합체절을 형성한다.

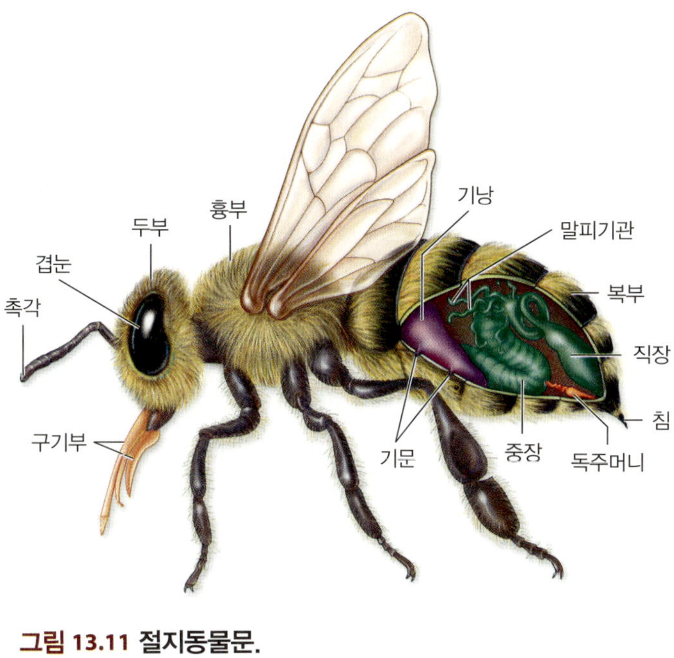

그림 13.11 절지동물문.
곤충과 다른 절지동물처럼 이 벌은 체절화된 몸과 마디가 있는 부속지가 있다. 곤충의 몸은 두부, 흉부, 복부의 세 합체절로 구성된다. 모든 절지동물이 키틴질의 외골격을 가진다. 일부 곤충은 날 수 있도록 날개가 진화되었다.

외골격

절지동물의 **외골격**(exoskeleton)은 키틴질과 단백질로 구성되어 있다. 어떤 동물이건 골격의 주요 기능은 근육의 부착점을 제공하고 몸을 지지하며 외부 충격으로부터 보호해주는 것이다. 절지동물의 외골격은 수분의 손실을 막아주는 구실을 하는데, 이는 곤충류가 육상 생활을 하는 데 있어 중요한 장점이 된다. 키틴질은 식물의 지지 구조인 셀룰로오스와 화학적으로 유사하고, 강도와 유연성을 함께 가진다. 외골격의 키틴질과 단백질은 부착된 근육의 수축에 반응하여 유연하면서도 강한 덮개가 된다.

관절이 있는 부속지

절지동물은 "관절이 있는 발(jointed legs)"을 가진 동물을 의미한다. 모든 절지동물은 마디가 있는 부속지를 가지는데, 부속지들은 촉각이나 구기부, 다리로 변형되는 경우도 있다.

관절이 있는 부속지는 접음으로써 확장과 수축을 할 수 있는 이점을 가진다. 팔, 다리가 접히지 않는다면 얼마나 불편할지 상상할 수 있을 것이다. 또한 마디는 부속지의 움직임을 위한 받침점으로 작용한다. 지렛대 위에 작은 근육을 누르면 크게 움직일 수 있는데 이는 팔꿈치를 이용해서 아래 팔을 뻗는 것과 같은 이치이다. 근육을 조금 수축시키더라도 손은 큰 원을 그릴 수 있다.

곤충을 포함하는 육각류

곤충(insects)은 육각류에 속하며, 종수나 개체수로 볼 때 가장 큰 동물군이다. 이들은 육상과 담수의 모든 서식지에 살고 있으며, 해양에 사는 종들도 있다. 사람에게 알려져 있는 동물 종들 중 반수 이상은 곤충이며, 아직 알려지지 않은 종들이 수백만에 달하기 때문에 실제로는 더 많을 것으로 추정되고 있다.

곤충은 미국과 캐나다에서만 9만 종이 알려져 있는데, 실제는 125,000종에 이를 것으로 추정되고 있다. 1헥타르당 열대 숲의 낮은 지대에는 약 41,000종의 곤충이 살고 있으며, 도시 근교의 정원에는 1,500종 정도가 살고 있다. 지구상에서 동시에 대략 10^{18} 개체의 곤충이 생존하고 있을 것으로 추정된다.

외형적 특징

곤충은 주로 육상동물이며, 수중 곤충도 육상의 조상을 가졌을 것으로 여겨지고 있다. 대부분의 곤충은 크기가 비교적 작아서 길이나 날개폭이 0.1 mm에서 약 30 cm의 범위이다. 구기(mouthpart)는 기본 구조는 같으나 섭식습관에 따라 여러 가지로 변형되어 있다(**그림 13.12**). 대부분의 곤충은 겹눈이며, 많은 경우 홑눈도 있다.

a. b. c.

그림 13.12 세 종류 곤충의 변형된 구기부.
a. 모기(*Culex*속)에서는 찌르는 구조로, ***b.*** 알팔파나비(*Colias*속)에서는 꽃의 꿀을 흡입하는 구조로, ***c.*** 집파리(*Musca domestica*)에서는 액체를 핥아 먹는 구조로 구기부가 변형되었다.

곤충의 몸은 **두부**(head), **흉부**(thorax), **복부**(abdomen)의 세 부위로 구성되어 있으며, 세 쌍의 다리가 흉부에 부착되어 있다. 모기나 파리의 유충에는 다리가 없다. 날개는 한 쌍 또는 두 쌍이며, 다른 부속지와 상동기관이 아니다. 날개는 흉부의 가운데와 뒤쪽 마디에 부착되어 있다. 날개는 키틴질과 단백질로 구성되며, 체벽이 주머니 모양으로 밖으로 자라면서 생겨난다. 나방과 나비의 날개는 비늘로 덮여 있어 밝은 색을 띠며, 시맥은 날개를 강하게 해준다.

감각 수용기

눈과 더불어 곤충은 여러 특수한 감각 **수용기**를 가지고 있다. 곤충의 몸 전체에는 털 같은 구조인 **감각모**가 분포되어 있으며, 감각모는 신경세포와 연결되어 있어 기계적, 화학적 자극을 감지한다. 이 감각모는 다른 물체와 접촉하게 되는 촉각과 다리에 특히 많이 분포한다.

메뚜기, 귀뚜라미, 매미, 나방 등의 곤충은 **고막기관**을 이용하여 소리를 듣는데, 이 기관들은 얇은 막으로 이루어진 쌍을 이룬 구조로 기관의 기낭과 연결되어 있다. 다른 곤충들은 감각모를 이용하여 소리를 감지하는데, 모기 수컷은 촉각에 난 감각모를 이용하여 암컷 날개가 진동하는 소리를 듣는다.

대부분의 곤충은 소리 외에도 화학물질이나 **페로몬**(pheromone)을 이용하여 교신을 한다. 페로몬은 그 종류가 매우 다양하고, 이 화학적 교신은 교미를 위해 동종 개체의 유인이나 인식뿐만 아니라 다른 개체에게 이동로를 알려주는 데도 이용된다.

3.6 극피동물문

해양에만 서식하는 **극피동물문**(Phylum Echinodermata)은 후구동물형 발생 및 내골격으로 특징지어진다. 내골격은 섬세한 피부 바로 밑에 위치한 단단한 탄산칼슘판으로 이루어져 있다. 극피동물의 **극피**라는 용어는 "가시가 난 피부(spiny skin)"라는 의미로, 이는 이 판들 위에 가시가 있는 것을 일컫는 말이다. 불가사리류(**그림 13.13**), 거미불가사리류, 성게류, 연잎성게류, 해삼류 등은 해변에서 가장 친숙한 극피동물이다. 이들은 모두 다섯 개의 대칭축을 지니고 있어 **5방사대칭**이라고 부른다.

고대 생물군의 특징을 지닌 극피동물

극피동물(echinoderms)은 거의 6억 년 전에 나타난 고대의 해양 동물군으로 약 6,000여 현생 종이 있다. 다른 후구동물처럼 입은 배의 원구에서 형성되지 않는다.

극피동물의 골격은 살아 있는 조직에 의해 덮여 있기 때문에 내골격을 형성한다. 극피동물의 독특한 특징은 **수관계**의 발달이다. 이는 체액으로 채워져 있고, 체강이 변형된 형태로서 중앙에 있는 환상수관에서 **방사수관**이 몸과 팔로 뻗어 있다.

캄브리아기에 이르기까지 훌륭한 화석 자료들이 있지만 극피동물의 기원은 분명하지 않으며, 유생이 좌우대칭형이기 때문에 좌우대칭 조상 종에서 진화되었을 것으로 여겨지고 있다.

재생과 생식

많은 극피동물은 손실된 몸통 부위를 재생할 수 있으며, 불가사리나 거미불가사리류는 공격을 받으면 팔을 스스로 절단할 수 있다. 해삼 같은 종은 위협을 받으면 소화계 전체를 뿜어낼 수 있다. 일부 극피동물은 분할에 의해 무성생식을 할 수 있다.

그러나 대부분의 극피동물은 유성생식을 한다. 대부분의 극피동물은 자웅이체로 배우자는 물속으로 방출되며, 그 속에서 수정이 일어나 수정란은 자유유영하는 좌우대칭 **유생**(larva)으로 발생한다. 이 유생은 여러 단계의 변태 과정을 거쳐 운동성이 적은 성체가 될 때까지 플랑크톤의 일부를 구성하며 널리 분산되어 분포한다.

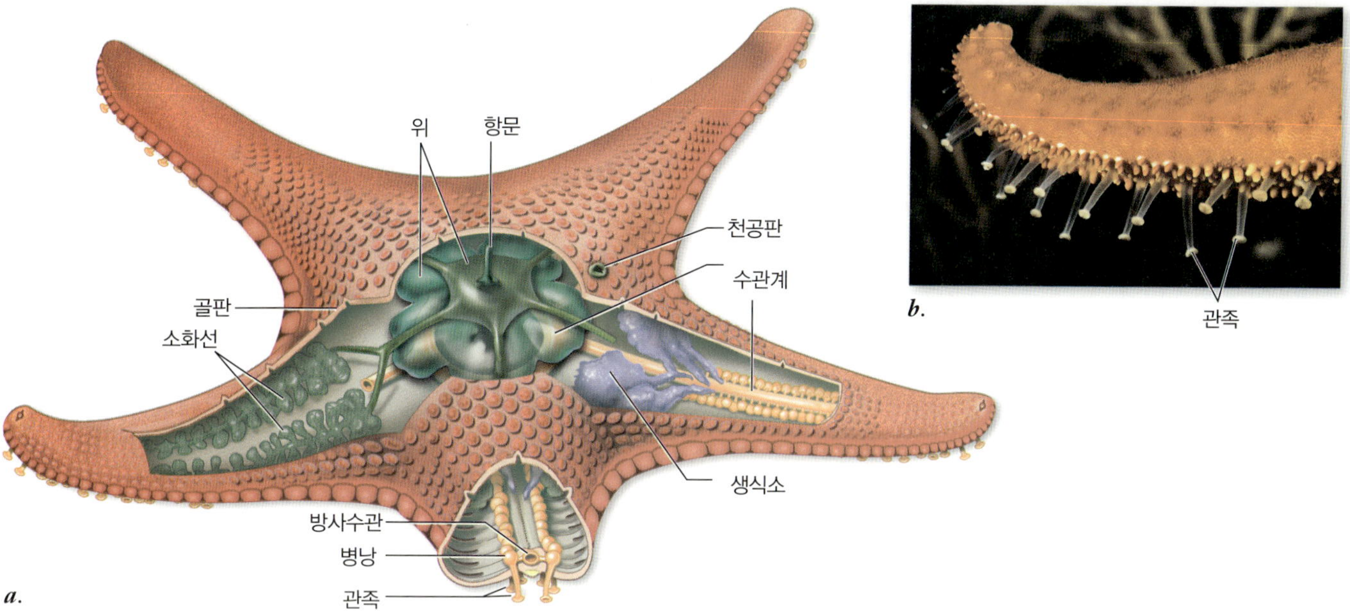

그림 13.13 극피동물문.
a. 불가사리 같은 극피동물은 후구동물의 발생 형태를 가진 체강동물이며, 칼슘 판으로 이루어진 내골격이 있다. 그림에 수관계가 자세히 나타나 있다. 방사수관은 관족으로 액체를 수송한다. 관족에 있는 병낭이 수축할 때, 관족은 늘어나서 기질에 부착할 수 있다. 관족의 근육이 수축하면 구부러져 몸을 앞쪽으로 끌어당기게 된다. *b. Luidia magnifica* 불가사리의 흡반이 없는 늘어난 관족.

4 척추동물

4.1 척삭동물

척삭동물(Phylum Chordata)은 후구 진체강동물이며, 이와 유연관계가 가장 깊은 동물은 유일한 다른 후구동물인 극피동물이다. 지구상에 약 56,000종의 척삭동물이 분포하고 있으며, 어류, 양서류, 파충류, 조류, 포유류 등이 이에 속한다.

척삭동물이 갖는 다음과 같은 네 가지 형태적 특성은 이 동물문의 진화에 중요한 역할을 해왔다(**그림 13.14**).

1. 속이 빈 단일 **신경삭**(nerve cord)이 등 표면 바로 아래에 위치한다. 척추동물에서는 등쪽 신경삭은 뇌와 척수로 분화된다.
2. 신축성 있는 막대 모양의 **척삭**(notochord)은 초기 배아 원장의 등쪽에 형성되어 신경삭 바로 아래 위치한다. 이는 발생의 어느 시기에 모든 척삭동물에서 나타나게 되며, 어떤 척삭동물에서는 생활사 내내 존재하지만 대부분의 척추동물에서처럼 신경삭 주위에 형성되는 척추에 의해 대체되기도 한다.
3. **인두열**은 구강과 식도를 연결하는 근육성 관인 **인두**(pharynx)와 외부를 연결하고 있는데, 육상 척추동물에서는 실제 외부와 연결되어 있지 않기 때문에 **인두낭**이라고 부르며, 모든 척추동물의 배아는 인두낭을 가지고 있다. 아가미를 가진 동물의 인두낭은 외부로 열린 인두열이 되고, 아가미가 없는 동물에서는 사라진다. 모든 척추동물의 배아가 이 구조를 가지고 있다는 것은 그들의 조상이 수중생활을 했다는 증거가 된다.
4. 척삭동물은 **후항문 꼬리**를 가지는데, 이 꼬리는 적어도 배아 발생 시기 동안에는 항문 뒤쪽으로 연장되어 있다. 거의 모든 척삭동물이 몸의 끝에 항문을 가진다.

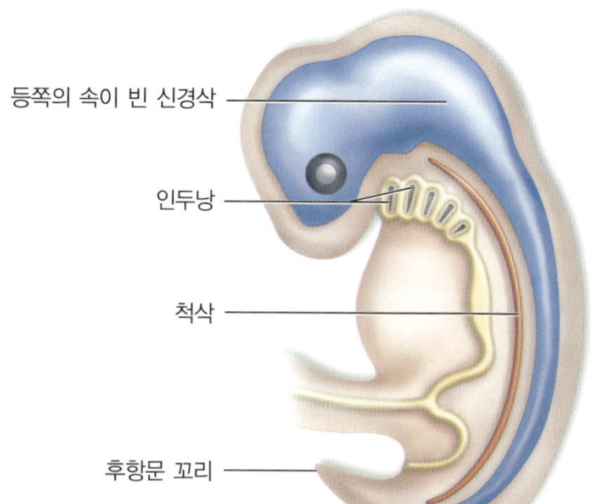

그림 13.14 척삭동물의 배아를 통해 볼 수 있는 네 가지 특징.

모든 척삭동물은 생활사 시기 중 위의 네 가지 특징들을 나타낸다. 예를 들어 사람은 배아 시기에 인두낭, 신경삭, 척삭, 후항문 꼬리를 가진다. 그러나 사람 모습을 갖추게 되면 신경삭은 그대로 있으나 척삭은 척추로 대체되고, 한 쌍을 제외한 모든 인두낭은 소실되는데, 이 남은 한 쌍의 인두낭은 목과 중이를 연결하는 **유스타키오관**이 된다. 후항문 꼬리는 퇴화하여 꼬리뼈를 형성한다.

4.2 척추동물

척추동물아문(Vertebrates)은 척추를 가진 척삭동물로 척추동물이라는 이름은 등뼈(척추)라고 부르는 개개의 뼈나 연골의 분절로부터 유래한 것이다.

척추동물의 특징들

척추동물은 다음과 같은 중요한 두 가지 면에서 척삭동물인 피낭류나 창고기와는 다르다.

척추: 가장 초기 어류를 제외한 모든 척추동물에서 척삭은 배아 발생 과정 동안 척추(vertebral column)로 대체된다. 경골성 또는 연골성 척추가 연결된 척추는 등쪽의 신경삭을 둘러싸고 보호해준다.

두부: 척추동물은 뚜렷이 구분되는 잘 분화된 두부(head)가 있으며, 세 쌍의 잘 발달된 감각기관을 가진다. 뇌는 경골이나 연골로 만들어진 두개골에 싸여 보호되고 있다.

5억 년 전에 진화된 척추동물

최초의 척추동물은 캄브리아기인 5억 4,500만 년 전 바다에서 진화되었다. 이들은 한쪽 끝에 입이 있고, 다른 쪽에 한 개의 지느러미를 가진 납작한 핫도그 모양이었다. 그 후 턱을 가진 동물이 나타나 먹이를 자유로이 먹을 수 있게 되었고, 바다를 우점하게 되었다. 이들의 후손인 양서류는 육지로 올라왔으며, 약 3억 년 전에 일부 **양서류**는 다시 파충류로 진화하였다. 그 후 5천만 년이 지나기 전에 육상에서 살기에 더 알맞은 파충류가 육상을 우점하게 되었다.

파충류까지 성공하면서 척추동물이 실제로 지구의 표면을 우점하게 되었다. 많은 파충류들은 크기가 닭보다 작은 종류부터 트럭보다 큰 종류까지 다양하게 나타났다. 어떤 것은 날아다녔고, 어떤 것은 헤엄을 쳤는데, 이 파충류 중 어떤 계통은 새와 포유류로 진화하였다.

공룡과 **포유류**의 화석은 2억 2천만 년 전의 지층에서 동시에 발견된다. 공룡은 1억 5천만 년 이상 지구상을 우점하고 있었으며, 이 기간 동안 포유류는 가장 큰 것이 중간 크기의 개 정도였다. 6,500만 년 전에 **백악기**(Cretaceous) 대절멸 시기에 공룡은 갑자기 사라지고, 포유류와 조류가 그 자리를 차지하게 되면서 그 수가 늘고 다양해졌다.

척추동물의 역사는 처음에는 바다에서 시작하여 육지로 진입해가는 진화적 진전이었다. 이 장에서는 척추동물의 성공적인 육상진출을 가능하게 한 진화적인 진전에 대해 살펴볼 것이다. 이 과정은 놀라운 진화적 성취였으며, 체제에 있어서의 근본적인 변화를 포함하고 있다.

현생 척추동물의 두 군인 어류와 파충류는 **그림 13.15**에서 보는 것처럼 각각 **측계통군**이다. 그리고 일부 어류는 오히려 어류가 아닌 다른 척추동물과 더 가깝다. 이와 마찬가지로 일부 파충류는 다른 파충류보다 조류에 더 가깝다.

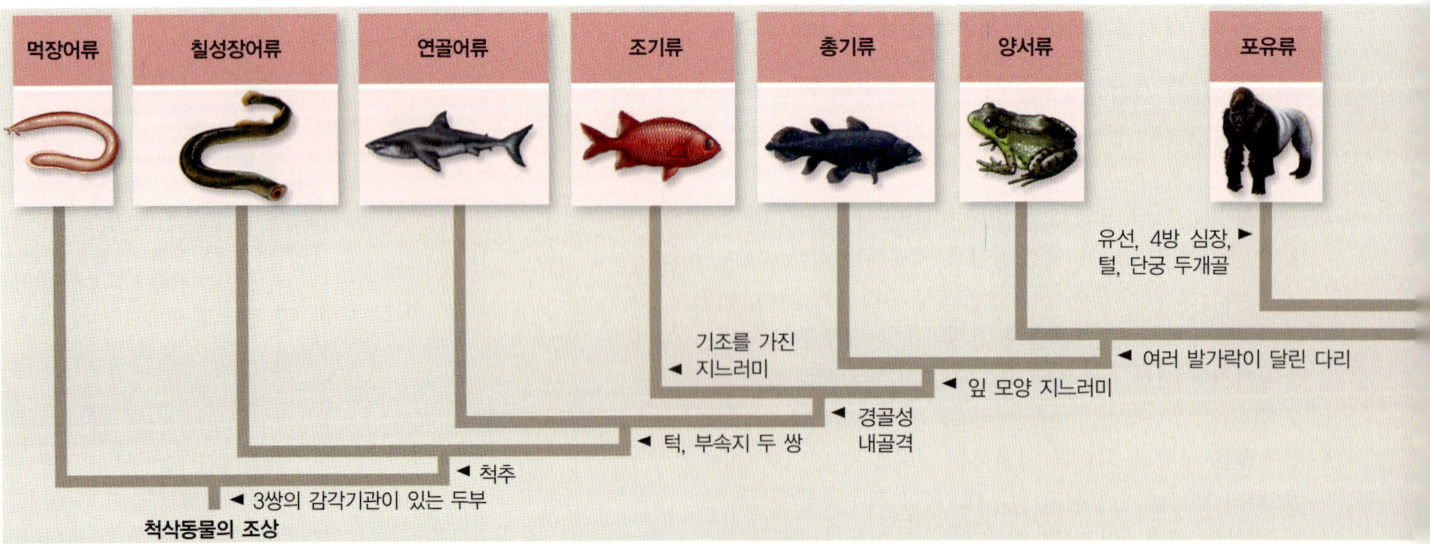

그림 13.15 척추동물의 계통수. 척추동물에서 주요 특징들의 진화 과정을 보여준다.

4.3 어류

척추동물의 절반 이상이 어류이다. 어류는 가장 다양한 척추동물군으로 양서류에 의한 육상진출의 기초를 제공하였다.

척추동물의 진화는 **캄브리아기**(5억 4천5백만~4억 9천만 년 전)의 원시 바다에서 시작되었다. 그림 9.15는 진화되는 척추동물의 특징을 보여준다. 최초의 어류는 물속에서 몸을 꿈틀거리며 전진하고, 턱도 없고 이도 없었으며, 작은 진공청소기처럼 해저의 작은 먹이 과립을 흡입하였다. 대부분은 크기가 30 cm 이하였으며, 아가미로 호흡하였으나 쌍을 이룬 지느러미나 척추가 없었고(일부는 원시추가 있었지만), 머리를 지니고 있었으며 원시 꼬리로 수중을 유영하였다.

오르도비스기의 약 5천만 년 동안(4억 9천만~4억 3천8백만 년 전)에는 이 최초의 어류가 유일한 척추동물이었다. 이 시기가 끝날 무렵 이 동물이 헤엄치는 것을 도와줄 원시 지느러미와 몸을 보호할 경골갑주가 발달하였다. 턱을 가진 어류가 처음으로 **실루리아기**(4억 3천8백만~4억 8백만 년 전)에 나타났다. 이들의 출현으로 먹이섭식 방법이 새롭게 바뀌게 되었다.

어류의 다섯 가지 주요 특징들

길이가 18 m인 고래상어로부터 손톱 만한 크기의 민물돔에 이르기까지 어류의 크기, 모양, 색채는 매우 다양하다. 어떤 종은 얼음이 있는 북극해에 살고 어떤 종은 따뜻한 담수에 살며, 어떤 종은 물 밖에서 많은 시간을 보낸다. 그러나 어류는 공통적으로 다음과 같은 다섯 가지의 중요한 특징을 가진다.

1. **척추:** 어류는 내골격을 가진다. 등쪽 신경삭은 경골이나 연골로 이루어진 **척추**(vertebral column)에 의해 둘러싸여 있고 뇌는 경골 또는 연골로 이루어진 두개골 안에 갇혀 있다. 예외적으로 무악어류인 먹장어는 연골로 이루어진 두개골을 가지지만 척추 대신 척삭을 가지며, 척삭이 지지 작용을 한다. 칠성장어는 연골 두개골과 척삭이 있으나 원시적인 연골 척추가 척삭을 둘러싸고 있다.
2. **턱과 쌍으로 된 부속지:** 무악류를 제외한 다른 어류는 모두 턱과 쌍으로 된 **부속지**를 가지는데, 이는 다른 모든 사지동물에서도 나타나는 특징이다. 턱의 존재는 크고 활동적인 피식자의 포식을 가능하게 만들었다. 대부분의 어류는 두 쌍의 지느러미, 즉 한 쌍의 가슴지느러미와 한 쌍의 배지느러미를 가진다.
3. **내부 아가미:** 어류는 물속에 살면서 물로부터 산소를 흡수하는 아가미를 가진다. 입으로 들어간 물이 아가미를 통과할 때 산소 기체는 어류의 혈액으로 확산되어 들어간다. 아가미는 풍부한 혈관을 가진 섬세한 섬유상 조직으로 구성되어 있다.
4. **단일 고리 순환:** 혈액은 심장에서 분출되어 아가미로 간다. 산소가 공급된 혈액은 아가미에서 몸의 나머지 부분으로 간 다음 다시 심장으로 되돌아온다. 심장은 2개의 방으로 이루어진 근육질의 관상 펌프기관으로 순서에 따라 수축하게 된다.
5. **영양 결핍성:** 어류는 방향성 아미노산(페닐알라닌, 트립토판, 티로신)을 합성하지 못하기 때문에 이를 먹이로부터 섭취해야 한다. 이러한 합성능력 결여는 이들의 모든 척추동물 후손으로 유전되어 내려왔다.

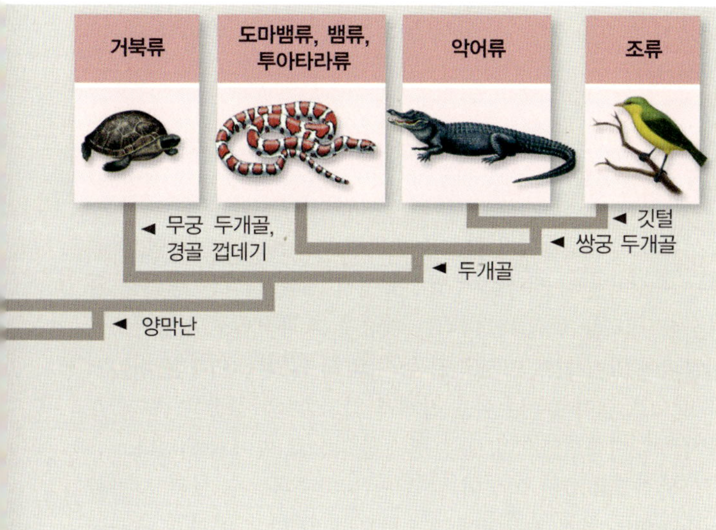

최상위 포식자가 된 연골을 가진 상어

데본기 말 지구의 지질학적, 생물학적 역사에서 일어난 몇 차례의 대량 멸종에서 초기의 척추동물들이 멸종하면서 상어류와 경골어류로 대체되었다. 상어류와 경골어류들은 4억 년 전 초기 데본기에 처음 출현하였다. 이들의 턱은 더욱 발달하여 턱 바로 뒤에 있는 새궁이 지지대로 변하여 아래턱의 뒷부분과 두개골의 뒷부분을 연결하게 되면서 이들은 입을 더 크게 벌릴 수 있게 되었다.

석탄기(3억 6천만~2억 8천만 년 전) 동안 상어류가 바다를 지배하는 포식자가 되었다. 연골어강에 속하는 상어류는 원시 어류처럼 연골로 이루어져 있으나, 연골 바깥층에 탄산칼슘 입자가 침전되어 칼슘화된 골격을 가지고 있다. 그 결과 가볍고 강하면서도 탄력성 있는 골격을 가지게 되었다.

이와 같이 유선형 몸체와 몇 쌍의 지느러미 그리고 가볍고 탄력성 있는 골격은 상어를 우세한 유영사로 만들었다. 특히 가슴지느러미가 커서 비행기 날개처럼 딱딱하게 돌출되었고 꼬리 지느러미가 아래쪽으로 갈 때 들어올려지도록 발달하였다. 상어류는 매우 공격성이 강한 포식자로 초기 상어 중 일부는 거대한 크기였다.

수중을 지배하는 경골어류

경골어류(bony fishes)는 상어와 동시대인 약 4억 년 전에 진화하였지만, 진화 양상은 매우 다르다. 상어류처럼 체중의 감소를 통하여 속력을 얻는 대신, 경골어류는 경골로 이루어진 무거운 내부골격을 갖게 되었다.

이러한 내부골격은 매우 강하므로 매우 강한 근육이 끌어당길 수 있는 바탕이 된다. 내골격만 **경골화**된 것이 아니라 외부판과 비늘도 경골화되었다. 대부분의 경골어류는 빠르게 움직일 수 있는 지느러미, 아주 얇은 비늘 및 완전히 대칭적인 꼬리가 있어서 수중에서 직진할 수 있다. 어류 중 가장 성공한 종류인 경골어류에는 3만 종 이상이 속해 있다.

4.4 양서류

개구리, 도롱뇽, 무족영원류 등은 축축한 피부를 가진 척추동물로 어류의 직접적인 후손이다. 이들은 육상에서 걸었던 최초의 척추동물로 매우 성공적이었던 양서류의 일부 생존자들이다. 현존하는 양서류는 크기가 작고 인간에 의해 잘 인식되지 않고 있지만 육상 척추동물 중 가장 수가 많은 생물 중 하나이다. 양서류는 육상 먹이사슬에서 중요한 역할을 담당하고 있다.

현생 양서류의 5가지 특징들

현생 **양서류**(Amphibans)는 3개 목으로 구분된다. 그들은 개구리류와 두꺼비류로 구성된 무미목(꼬리가 없음) 22과 5,000종, 도롱뇽과 영원으로 구성된 유미목(꼬리를 가짐) 9과 500종, 지렁이 모양의 무족목(다리가 없음)은 6과 170종을 포함한다. 양서류는 다음과 같은 주요 특징들을 지니고 있다.

1. **다리:** 개구리와 도롱뇽은 4개의 다리를 가지며, 육상에서 비교적 능숙하게 걸어다닐 수 있다. 다리는 육상에서의 생활에 중요한 적응 중 하나이다. 무족류는 혈거생활에 적응하는 동안 다리가 소실되었다.
2. **폐:** 양서류 폐 내부 표면적은 파충류나 포유류의 폐보다 넓지 않지만, 대부분 한 쌍의 허파를 가진다. 양서류는 입의 밑바닥을 낮게 만들면서 공기를 빨아들이고 다시 들어올림으로써 폐 속으로 공기를 내려보낸다.
3. **피부호흡:** 개구리, 도롱뇽 및 무족류는 모두 피부를 통하여 직접 호흡함으로써 허파의 기능을 보충한다. 피부는 축축한 상태로 유지되고 넓은 표면적을 제공한다.
4. **폐정맥:** 혈액이 폐를 통과한 뒤, 폐정맥이라는 2개의 커다란 정맥을 통하여 산소가 공급된 혈액이 심장으로 되돌아온 다음 다시 분출된다. 그 결과 산소가 공급된 혈액은 허파에서 나올 때보다 높은 혈압으로 조직으로 가게 된다.
5. **불완전하게 구분된 심장:** 심장은 벽으로 구분되어 산소가 공급된 폐에서 오는 혈액과, 몸의 다른 부분에서 심장으로 돌아오는 산소가 공급되지 않은 혈액이 섞이지 않도록 한다. 이를 통해 혈액순환은 폐순환과 체순환의 두 가지 경로로 구분된다. 그러나 이 구분은 불완전한데, 그 이유는 심실이 벽으로 나누어져 있지 않기 때문이다.

모든 현생 양서류에서 여러 다른 특징들이 나타나는데, 세 개의 목 모두에서 치아의 기저와 치관 사이에 약한 부위가 있으며, 녹색 막대라고 부르는 눈의 망막에 있는 간상세포도 있는데, 이 간상세포의 기능은 아직 밝혀지지 않고 있다.

양서류의 육상생활 문제점 극복

양서류라는 말은 "이중생활(double life)"을 의미하며, 어류의 조상이 살던 수중 세계와 그들이 처음 진입한 육상에서 모두 살아갈 수 있다는 것을 의미한다. 여기에서 양서류의 변화가 심한 역사를 살펴본다. 이들 중 거의 대부분이 지난 2억 년 동안 절멸했는데, 거의 남지 않은 생존한 양서류의 모습에 대해 더 자세하게 알아본다.

척추동물이 성공적으로 육상생활로 옮겨가면서 다음과 같은 몇 가지 중요한 적응 과정이 있었다.

- 양서류는 상대적으로 몸집이 컸기 때문에, 장소 이동뿐만 아니라 몸무게를 지탱할 다리가 필요하게 되었다.
- 공기 중의 산소를 얻기 위해 폐가 필요하게 되었다. 비록 아가미에 닿는 산소의 양은 물속보다 공기 중에 더욱 많겠지만, 아가미를 지탱하기 위해서는 물의 부력이 필요하기 때문에 아가미는 공기 중에서 기능을 하지 못한다.
- 심장은 새 호흡계를 최대로 이용하여 보행 근육에 필요한 상당한 양의 산소를 공급할 수 있도록 새로운 구조로 개편되어야 했다.
- 생식은 알의 건조를 막는 방법이 진화되기까지 물속에서 행해져야 했다.
- 가장 중요한 것으로, 몸의 건조를 막는 체계가 발달해야만 했다.

4.5 파충류

양서류가 육상생활에 알맞도록 진화된 최초의 동물이라면, 파충류는 육상생활에 적응하여 양서류에서 처음 나타난 변화를 완성시켰다고 할 수 있다. 다리는 체중을 효과적으로 지탱하도록 배열되어 있어 몸이 커지고 달릴 수 있게 되었다. 피부는 비늘이나 판으로 덮여 수분손실을 막게 되었고, 폐와 심장은 좀 더 효율적으로 변화되었으며, 알은 방수성 막으로 싸이게 되었다.

현재 7,000종 이상이 살고 있는 파충류는 고도로 성공한 동물군으로 현재 지구상에 포유류보다 더 많은 뱀과 도마뱀의 종들이 살고 있다.

파충류의 세 가지 주요 특징

모든 현생 파충류는 일정한 기본적 특징을 공유하고 있는데, 이 특징들은 과거에 양서류를 몰아내고 육상의 지배자가 될 때부터 가지고 있던 것들이다. 이 특징들 중에서 중요한 것들은 다음과 같다.

1. **양막란:** 양서류는 알이 건조되는 것을 방지하기 위해 물속에 산란해야 한다. 대부분의 파충류는 방수성인 알을 산란하며, 이 알은 영양물질인 난황과 장막, 양막, 난황낭 그리고 요막 등 4개의 막을 가진다. 각 막의 역할은 서로 다르다. 조류나 포유류와 모든 현대 파충류는 알 내부에 같은 막의 형태를 보여주는데, 이들 세 군을 **양막류**라고 부른다.

   맨 바깥쪽 막인 **장막**은 기공이 있는 난각 바로 아래 위치하고 있으며, 호흡에 필요한 기체는 통과시키지만 알 속의 수분은 빠져나가지 못하게 한다. **양막**은 액체로 채워진 양막강에서 발생하는 배를 감싼다. **난황낭**은 난황으로부터 영양을 배의 장과 연결된 혈관을 통하여 배에 공급한다. **요막**은 배에서 배설되는 노폐물을 가두어 두는 주머니 역할을 한다.
2. **건조한 피부:** 양서류는 축축한 피부를 유지하기 위해 습기 많은 장소에서 살아야 한다. 파충류는 건조하고 수분이 통과하지 못하는 피부를 가지고 있으며, 몸이 비늘로 둘러싸여 있어서 수분손실을 방지할 수 있다. 이 비늘들은 표피세포에 케라틴이 채워져서 발달되는데, 이 케라틴은 발톱, 손톱, 털 및 조류의 깃털을 형성하는 것과 같은 단백질이다.
3. **흉부호흡:** 양서류는 입안의 공기를 삼켜 허파로 들여보낸다. 따라서 입안의 부피에 따라 호흡 능력이 제한된다. 파충류는 폐호흡을 발전시켜서 흉곽을 확장시키고 수축시켜 공기를 폐 속으로 들여보내 배출시킬 수 있게 되었다. 이 능력은 폐의 부피에 의해서만 제한된다.

4.6 조류

조류가 진화에서 성공한 것은 특유한 구조인 깃털을 발달시켰기 때문이다. 파충류 비늘에서 발달된 깃털은 날기에 이상적인 적응 구조였는데, 손상되면 쉽게 대체되는 가벼운 비행기 날개 같았기 때문이다. 이는 박쥐나 멸종한 익룡의 손상되기 쉬운 피부와는 다르다. 오늘날 조류는 모든 육상 척추동물 중 가장 다양하고 성공한 동물군으로 28목 166과에 약 8,600종으로 구성되어 있다.

조류의 특징: 깃털과 가벼운 골격

현생 조류는 이빨이 없으며 흔적 꼬리만 있지만, 여러 가지 파충류의 특징을 가지고 있다. 그 실례로 조류는 산란을 하며, 파충류의 비늘이 새의 발과 다리 아래 부분에서 발견된다. 조류와 파충류를 구분하는 두 가지 주요 특징은 다음과 같다.

1. **깃털: 깃털**은 털과 비늘처럼 케라틴으로 만들어진 파충류의 비늘이 변형되어 생긴 것이다. 깃털은 비행과 체온 보호의 역할을 한다. 깃털의 구조는 유연하고 강하면서도 가볍다.

   깃털은 **모낭**이라는 피부의 작은 구멍에서 발달한다. 전형적인 모습의 깃털은 모낭에서 깃축이 자라 나오고 양편으로 쌍을 이루며 우판이 발달한다. 성숙하면서 각각의 우판은 많은 깃가지를 형성하고, 이 깃가지들은 작은 깃가지들을 형성하며, 미세한 작은 갈고리들로 서로 연결된다. 이렇게 해서 깃털은 연속적인 표면과 튼튼하지만 탄력성 있는 모습을 갖추게 된다.

   비늘처럼 깃털도 떨어지면 다시 생길 수 있다. 현생 동물들 중 조류만이 깃털을 가지고 있는데, 최근 화석으로부터 일부 공룡도 깃털을 지녔을 것이라고 추정되고 있다.
2. **비행골격:** 조류의 골격은 가늘고 속이 비어 있다. 여러 가지 골격은 서로 융합되어 있어 파충류의 골격보다 더 단단하다. 척추, 견갑골, 골반뼈의 융합된 부위는 비행할 때 근육을 고정시키는 뼈대를 형성한다. 활발하게 비행하는 힘은 조류 체중의 30%까지 이르는 커다란 흉근으로부터 나온다. 이 근육은 흉골과 날개를 연결한다. 흉골은 매우 크고 근육부착을 위한 뚜렷한 용골돌기를 가진다. 흉근은 또 소위 창사골을 이루는 융합된 쇄골에도 부착한다. 조류 외의 척추동물에서는 융합된 쇄골이나 용골돌기를 가진 흉골을 볼 수 없다.

1억 5천만 년 전에 나타난 조류

1억 5천만 년 전의 최초의 조류로 알려진 **시조새**(*Archaeopteryx*)의 화석이 1862년 바바리아의 석회암 채석장에서 발견되었는데, 깃털 자국이 바위에 선명히 찍혀 있었다(**그림 13.16** 참조). 이 새는 까마귀 만한 크기를 가졌고 골격이 두 다리로 걷는 소형의 육식성 공룡과 여러 가지 공통적인 특징을 가지고 있

그림 13.16 시조새.
까마귀 만한 크기의 초기 조류로 조상이 되는 두 다리로 걷는 공룡과 밀접하게 연관되어 있는 시조새는 1억 5천만 년 전 중유럽 산림에서 살았다. 깃털색은 알려져 있지 않다.

었다. 그 실례로 이 새는 이가 있는 두개골과 긴 꼬리를 가지고 있었고, 뼈들은 거의 서로 융합되어 있지 않았다. 오늘날의 조류가 속이 빈 뼈를 가지는 것과는 달리, 이 새의 뼈는 속이 차 있었으며, 긴 파충류의 꼬리도 있었다. 한편 오늘날의 새들이 날개 근육을 고정시키는 데 쓰는 커다란 흉골은 가지고 있지 않았으며, 공룡처럼 앞다리를 가지고 있었다.

4.7 포유류

척추동물의 5강 중 가장 적은 수의 종을 포함하고 있는 **포유류**(mammals)에는 약 4,500종이 있다. 포유류는 가장 몸집이 큰 육상 척추동물들로 아프리카 초원에 사는 사자, 얼룩말, 가젤, 영양 등의 큰 포유류들이 그 예가 된다. 그러나 전형적인 포유동물은 크지 않으며, 이 중에서 3,200종의 설치류, 박쥐, 두더지 등이 이에 속한다.

포유류의 특징들

포유류가 다른 척추동물과 구별되는 가장 중요한 특징은 털과 유선이 있다는 것인데, 그 외에도 몇 가지 중요한 특징들이 있다.

1. 털: 모든 포유류는 털을 가지고 있다. 고래나 돌고래들도 주둥이에 감각 강모를 가지고 있다. 털의 단열성으로 체온을 조절할 수 있는 능력은 변온동물인 파충류가 살 수 없는 추운 기후에서도 포유류가 생존할 수 있게 했다. 그로 인해 공룡이 멸망했을 때 포유류는 살아남을 수 있었다. 많은 포유동물의 치밀한 털 아래 구조는 신체의 열이 빠져나가는 것을 막아준다.

털의 또 다른 기능은 **위장** 기능이다. 털의 색깔과 무늬는 보통 그들을 둘러싼 환경과 비슷하다. 작은 갈색 쥐는 숲 바닥의 낙엽 사이에서는 눈에 띄지 않으며, 벵갈호랑이의 오렌지색과 검은색의 줄무늬는 그들이 사냥을 하는 키 큰 오렌지-갈색 풀숲에서 눈에 띄지 않게 한다. 털은 감각기관으로서의 기능도 지니고 있다. 개와 고양이는 접촉에 매우 민감한 뻣뻣한 수염을 가지고 있다. 밤에 활동하거나 땅 속에서 활동하는 포유류는 수염으로 먹이의 위치를 알고, 물체와 충돌하는 것을 피한다. 털은 또한 방어무기로 작용하는데, 고슴도치와 호저는 자신을 보호하기 위해 길고 뾰족하며 뻣뻣한 털을 갖고 있다.

파충류 비늘이 변형되어 생긴 깃털과 다르게 포유류의 털은 완전히 다른 피부 구조이다. 개개의 털은 피하 모낭에서 뻗어 나온 길고 단백질이 풍부한 섬유이다. 이 섬유는 주로 섬유 단백질인 케라틴으로 채워진 죽은 세포들로 구성되어 있다.

2 유선: 모든 포유류 암컷은 젖을 분비하는 **유선**을 가진다. 이가 없이 태어나는 새끼는 젖을 빨아 영양을 공급받는데, 새끼고래도 마찬가지이다. 젖은 칼로리가 매우 높은데(사람의 젖은 리터당 750 kcal), 빠르게 자라는 새끼는 많은 에너지가 필요하기 때문에 중요하다. 약 50%의 에너지는 젖 안의 지방에서 공급된다.

3. 내온성: 포유동물의 **내온성**은 밤낮 어느 때든지 또는 어떤 혹독한 환경에서도 활동할 수 있게 된 중요한 적응 기작이다. 단열작용을 하는 털 이외에도 4개의 방으로 이루어진 심장으로 인해 혈액순환이 효율적으로 일어나고, 횡격막이 발달하여 효율적인 호흡을 하게 됨으로써 대사율이 증가하고 내온성을 유지하게 되었다.

4. 태반: 대부분의 포유류 새끼는 어미의 **자궁** 속에서 자라면서 태반을 통해 영양을 공급받는다. **태반**은 임신한 모체의 자궁 속에 있는 특수 기관으로 태아의 혈류와 모체의 혈류가 밀접하게 맞닿아 있는 부위이다(**그림 13.17**). 영양분과 물, 산소가 모체에서 태아로 이동하고, 노폐물은 모체 혈류로 전해져 배출된다.

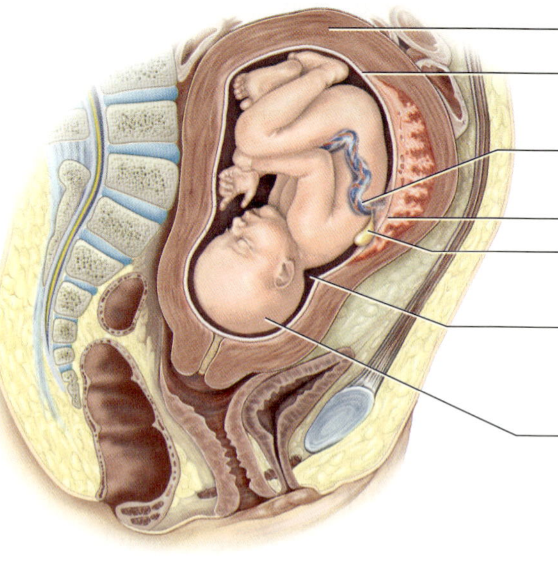

그림 13.17 태반.
태반은 포유류 중에서 가장 큰 동물군인 태반포유류의 특징이다. 태반은 양막란의 막으로부터 진화되었다. 탯줄은 요막으로부터 진화된 것이다. 양막란의 맨 바깥층인 장막이 태반의 대부분을 형성하고 있다. 태반은 모체와 태아의 혈액이 섞이지 않도록 하면서 임시적인 배아의 폐, 장, 신장의 역할을 한다.

주요 특성과 함께 일부 포유류에는 다른 적응 기작도 있는데, 이빨, 풀을 뜯고 소화시킬 수 있는 능력, 케라틴으로 만들어진 발굽과 뿔 그리고 박쥐의 날개가 이에 포함된다.

특수화된 이

포유류는 식습관에 맞도록 특수화된 여러 종류의 이를 갖는 다른 형태의 치열을 가진다. 이를 조사하면 포유동물의 식습관을 알 수 있다. 개의 긴 송곳니는 먹이를 무는 데 적합하고, 삼각형인 날카로운 앞, 뒤 어금니로 고기 덩어리를 찢는다.

그에 비해 사슴 같은 커다란 초식동물은 송곳니가 없는 대신 아래턱에 있는 편평하고 끌 같은 모양의 앞니로 풀들을 뜯어 커다란 어금니로 질긴 식물조직을 갈아 부순다.

식물체의 소화

대부분의 포유류는 초식성이지만 식물체의 주성분인 셀룰로오스의 분해효소를 가지고 있지 않다. 따라서 초식성 포유류는 소화관 내에 사는 공생세균을 이용하여 셀룰로오스를 분해한다.

소나 물소, 영양, 염소, 사슴, 기린 등은 식도와 위에서 분화된 4개의 방으로 된 **발효통**을 가지고 있다. 첫 번째 방이 가장 크고, 셀룰로오스 분해세균이 다량 들어 있다. 이로 씹은 식물체가 첫 번째 방으로 내려가면 세균이 셀룰로오스를 분해한다. 그다음 나머지 방을 거치며 음식물은 더욱 소화되고 분해된다.

그와 대조적으로 설치류, 말, 토끼 및 코끼리는 상대적으로 작은 위를 가지며, 대신에 흰개미처럼 대장에서 식물을 소화한다. 실제로 셀룰로오스를 소화하는 세균은 소장의 끝에 연결된 주머니인 **맹장**에 들어 있다.

이처럼 복잡한 셀룰로오스 소화 기작이 있어도, 채소는 같은 양의 고기보다 영양가가 낮기 때문에 초식동물은 충분한 영양을 얻기 위해 많은 식물을 소비해야 한다. 코끼리는 매일 135~150 kg의 식물을 먹는다.

발굽과 뿔의 발달

털을 이루는 단백질인 케라틴은 발톱, 손톱, 발굽 등의 구조를 이루는 물질이기도 하다. 발굽은 말이나 소, 양, 영양 등의 발가락을 보호하고, 충격을 흡수하는 케라틴 보호대로 딱딱한 각질을 이루고 있다.

소, 양, 영양 등의 뿔은 중심뼈를 케라틴 껍질이 싸고 있는데, 이 중심뼈는 두개골에 붙어 있어 떨어지지 않는다.

사슴의 뿔은 케라틴이 아니라 뼈로 만들어져 있으며, 수컷 사슴의 뿔은 매년 자라고 떨어져 나간다. 뿔이 자라는 여름 동안 사슴뿔은 벨벳이라는 얇은 층으로 덮인다.

비행 포유류: 박쥐

박쥐는 힘찬 비행을 할 수 있는 유일한 포유류이다. 날개는 새나 익룡처럼 앞다리가 변환된 것이다. 날개는 4개의 손가락뼈 위로 뻗어 있는 근육과 피부의 가죽 같은 막으로 되어 있고, 막의 가장자리는 몸의 측면과 뒷다리에 부착되어 있다. 쉬는 동안 대부분의 박쥐는 발톱으로 거꾸로 매달려 있다.

설치류 다음으로 가장 큰 포유류목인 박쥐류는 대부분의 새들이 이용할 수 없는 먹이인 야행성 곤충들을 먹을 수 있기 때문에 특히 성공한 동물군이 되었다.

약 2억 2천만 년 동안 분지되어 나온 포유류

포유류는 공룡시대 이후 약 2억 2천만 년 동안 존재했다. 당시의 포유류는 작은 쥐 모양으로 숲에서 곤충을 잡아먹으면서 살았으며, 공룡이 우점했던 시기였기 때문에 매우 보잘것없는 존재였다. 화석으로 나타난 바로는 초기의 포유류는 커다란 **안와**(eye sockets)를 가지고 있었는데, 이는 이들이 야행성이었음을 알려준다. 초기 포유류는 또한 낮은 턱뼈도 한 개가 있었다. 화석을 통해 포유동물의 조상인 수궁류에서 파충류의 낮은 턱으로부터 포유류의 형태에 가까운 여러 개의 뼈로 변화되었음을 알 수 있다. 수궁류 턱의 두 뼈는 파충류의 귀보다 소리를 확대할 수 있는 세 뼈와 연결되어 포유류의 **중이**로 발달된다.

포유류의 시대

6,500만 년 전 백악기 말에 공룡들과 많은 육상, 해상동물들이 멸종되었으나 포유류는 살아남았다. 이는 털의 내열성 때문인 것으로 여겨진다. 제3기(6천5백만~2백만 년 전)에 포유류는 빠르게 다양화되어 한때 공룡에 의해 점유되었던 많은 생태적 역할을 담당하게 되었다.

1,500만 년 전 제3기 후반기에 포유류의 다양성은 최고조에 달했는데, 당시 세계의 대부분은 열대성 기후 조건을 갖고 있었다. 지난 1,500만 년 동안 기후는 점점 변화되어 열대성 기후 지역은 감소하였고, 전체 포유류 종의 수도 줄어들게 되었다.

4.8 영장류의 진화

영장류(primates)는 인류로 발달한 포유류다. 영장류는 나무에서 사는 식충동물로 다음과 같은 두 가지 특징으로 성공적으로 진화했다.

1. **파지형 손가락과 발가락**(Grasping fingers and toes)**:** 나무타기쥐나 다람쥐의 뾰족한 발가락과는 달리 영장류의 손가락과 발가락은 파지형이기 때문에 나뭇가지를 움켜잡고, 매달리고, 먹이를 붙잡으며 일부 영장류는 도구를 이용할 수도 있다. 여러 영장류의 엄지손가락과 발가락은 다른 손가락과 발가락과 반대 방향으로 움직일 수 있고, 그들 중 일부는 손톱과 발톱을 가진다.
2. **쌍안 시야**(Binocular vision)**:** 머리의 좌우에 위치하여 두 개의 시야가 중복되지 않는 나무타기쥐나 다람쥐의 눈과는 달리 영장류의 두 눈은 안면의 앞쪽으로 나와 있다. 이 때문에 시야가 중복되는 쌍안 시야가 생기고 뇌가 거리를 정확하게 측정할 수 있게 되었는데 이는 나무를 타고 움직이며, 음식을 잡거나 집을 수 있는 중요한 특징이다.

다른 포유류도 쌍안 시야를 가지지만(육식 포식자) 영장류만이 쌍안 시야와 파지형 손을 동시에 가져 나무에서 잘 생활할 수 있도록 적응되었다.

초기 인간으로 진화한 진원류

약 4천만 년 전 초기 영장류는 **원원류**(prosimians, before monkeys)와 **진원류**(anthropoids)의 두 가지 부류로 갈라졌다. 원시 원숭이류인 원원류는 다람쥐와 고양이를 합성해 놓은 것과 같은 모습이었고, 북아메리카, 유럽, 아시아, 아프리카에 흔하게 분포했다. 일부의 원원류만이 오늘날까지 잔존하고 있는데, 여우원숭이, 로리스원숭이, 그리고 안경원숭이 등이다. 원원류는 파지형 손발가락과 쌍안 시야 외에 예민한 시각을 가지는 커다란 눈을 가지고 있다. 대부분의 원원류는 야행성이고, 열매, 잎, 꽃을 먹으며, 여러 여우원숭이는 균형을 잡는 데 이용하는 기다란 꼬리를 가지고 있다.

진원류

진원류에는 원숭이, 유인원, 사람이 포함된다. 진원류는 모두 주행성으로 주로 열매와 잎을 먹는다. 진화 결과 주간의 활동에 대한 적응인 색각을 갖게 되었으며, 뇌는 확대되어 감각이 발달하고 두개골도 커졌다.

진원류는 일부 주행성 원원류처럼 집단을 이루어 복잡한 사회생활을 한다. 진원류는 새끼를 오래 양육하는 경향이 있어 어린 새끼들이 오랫동안 학습하고 뇌의 발달을 이루도록 한다.

약 3천만 년 전 일부 진원류가 남아메리카로 이동하여 독립적으로 진화하였다. 그들의 후손이 신대륙원숭이류(New World monkeys, **그림 13.18*a***)로 이들은 모두 수상(나무 위) 생활을 하고, 납작하고 옆으로 퍼진 코를 가지며, 대개 긴 파지형 꼬리로 물체를 쥔다는 특징 등으로 쉽게 구별된다.

약 2,500만 년 전 아프리카에 남아 있던 진원류는 두 개의 계통으로 갈라져, 하나는 구대륙원숭이류(Old World monkeys, **그림 13.18*b***)가 되고 다른 하나는 인원류(hominoids, **그림 13.18*c***)로 되었다. 구대륙원숭이류는 적어도 3천만 년 동안 신대륙원숭이류와는 독립적으로 진화하였으며, 이에는 땅 위와 나무에서 생활하는 종들이 포함된다. 구대륙원숭이류 중에는 파지형 꼬리를 가지는 것은 없다. 이들의 콧구멍은 서로 가깝고, 코는 아래쪽을 향하고 있으며 일부는 오랫동안 앉아 있기에 알맞은 딱딱해진 피부 부위를 가지고 있다.

인원류

인원류에는 **유인원류**(apes)와 **인류**(hominids)가 포함된다. 현존하는 유인원류에는 긴팔원숭이, 오랑우탄, 고릴라, 침팬지 등이 있다. 이들은 원숭이보다 커다란 뇌를 가지고 있으며 꼬리가 없다. 긴팔원숭이를 제외하고는 모두 원숭이보다 몸체도 크다. 그들은 포유류 중 인간 다음으로 큰 적응력을 보여준다. 한때 아프리카와 아시아에 넓게 분포하던 유인원류는 현재 드물게 몇몇 지역에서만 살고 있으며, 아메리카 대륙에서는 발견된 적이 없다.

DNA 연구에 의하면 아시아 유인원류가 제일 먼저 진화하였고, 1,500만 년 전 긴팔원숭이류, 1,000만 년 전 오랑우탄이 갈라져 나왔는데(**그림 13.19**), 이 두 군 모두 인간과 밀접하지는 않다.

초기 인류의 화석은 인간이 고릴라보다 침팬지에 가깝다는 것을 보여주며, 8백만 년 전 인간과 침팬지의 계통군에서 고릴라가 갈라져 나갔다고 추정하고 있다.

고릴라 계통군이 분화하고 곧이어 침팬지와 인간이 다른 진화의 길을 걷기 시작했다. 이 분기가 최근에 일어났기 때문에 침팬지와 인간이 유전적으로 다르게 진화할 시간이 없었다. 그 실례로 사람의 헤모글로빈은 침팬지와 아미노산이 한 개만 다르다. 일반적으로 인간과 침팬지는 같은 속의 가장 유연관계가 깊은 종 사이에서 발견되는 유전적 유사성의 수준을 보인다.

유인원과 인류의 비교

유인원과 인류의 공통조상은 수상생활을 했던 것으로 보인다. 그 후의 인원류의 진화는 이동하는 방법의 차이에 따라 일어났다. 인류는 직립보행이 되어 직립하였고, 유인원은 손가락 **관절보행**을 하는 방향으로 진화되어 체중을 손등으로 지탱하게 되었다(이와 달리 원숭이류는 손바닥을 이용한다).

직립보행과 관련된 해부학적 관점에서 사람은 유인원과 여러 면에서 다르다. 사람은 두 다리로 걸으므로 척추가 유인원의 것보다 더 휘어 있으며, 사람의 척주는 두개골의 뒤쪽이 아니라 아래쪽으로부터 뻗어 나온다. 사람의 골반뼈는 넓은 대

그림 13.18 진원류. ***a.*** 신대륙원숭이, 다람쥐원숭이(*Saimiri oerstedii*), ***b.*** 구대륙원숭이, 개코원숭이(*Mandrilus sphinx*), ***c.*** 인원류, 고릴라(*Gorilla gorilla*, 왼쪽), 사람(*Homo sapiens*, 오른쪽)

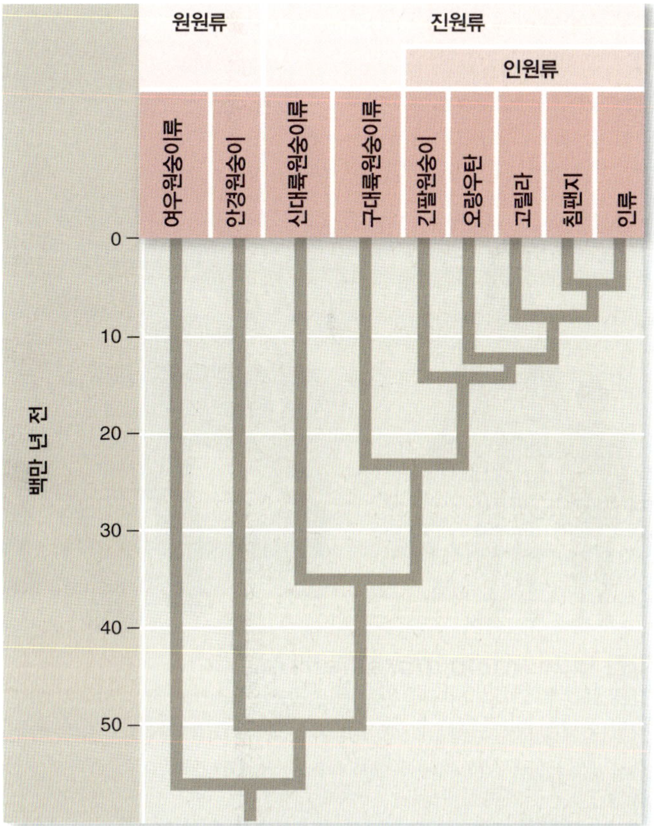

그림 13.19 영장류의 진화 계통수.
가장 원시 영장류는 원원류이며, 가장 최근에 진화된 영장류는 인류이다. 일부 유인원은 다른 유인원보다 유인원이 아닌 종(진원류)에 더 가까우므로 유인원은 측계통군이다.

야 모양이고 골격은 앞쪽으로 휘어 체중을 중심 쪽으로 이동시켜 다리 위에 얹게 하였다. 엉덩이, 무릎, 발은 모두 그 비율이 변화되었다(엄지발가락은 더 이상 옆으로 벌어지지 않게 되었다).

직립보행을 하게 되자 사람은 대부분의 체중을 다리가 받치게 되어 다리는 체중의 32~38%를 차지하게 되고, 팔보다 길어졌으며, 팔은 체중의 7~9%만을 차지하게 되었다. 아프리카 유인원들은 네 다리로 걸으며, 체중이 앞다리와 뒷다리로 분산된다. 고릴라의 긴 앞다리는 체중의 14~16%를 차지하고, 짧은 뒷다리는 체중의 약 18%를 차지한다.

초기 인류 오스트랄로피테쿠스

5백만~천만 년 전에 지구는 추워지기 시작했고, 아프리카의 삼림은 대부분 사바나와 관목 숲으로 변화되기 시작했다. 이와 같은 변화에 반응하여 새로운 종류의 직립보행 인원류가 진화되었는데, 이들이 인간 계통인 인류이다.

인류에는 *Homo*속의 3~7종 그리고 이보다 더 오래되고 뇌가 작은 **오스트랄로피테쿠스**(*Australopithecus*)속의 7종과 몇몇 더 오랜 계통이 포함된다. 화석을 근거로 한 모든 경우에 인류는 직립보행을 한다. 직립보행은 인류 진화의 증명서이다.

최근에 인류학자들은 6~7백만 년을 거슬러 올라가는 주목할 만한 일련의 초기 인류 화석을 발견했는데, 원시적 특징과 현대적 특징이 섞여 나타나 초기 인류에 대한 연구를 혼란스럽게 했다. 인류 사이에 이 화석이 포함되어야 할 것 같지만, 몇 개의 표본만이 발견되었고, 이들이 오스트랄로피테쿠스인과 인간의 확실한 관계에 대한 정보를 제공하지는 않는다. 초기 인류 화석에 대한 계속적인 연구는 진행 중이다.

약 2백만 년 전에 나타난 *Homo*속

최초의 사람은 약 200만 년 전 오스트랄로피테쿠스에서 진화해 나왔다. 그 정확한 조상은 아직 확실히 규정되어 있지는 않으나 일반적으로 *Australopithecus afarensis*인 것으로 여겨지고 있다. 지난 30년 동안 많은 초기 *Homo* 화석이 발견되었다. 최근에는 야외 탐사에 폭발적인 관심이 집중되었고, 매년 새로운 발견 내용이 보고되어 해가 갈수록 사람의 진화적 계통수 기저부의 그림이 점점 명확해지고 있다. 따라서 아래에 설명하는 내용은 해가 지나면 낡은 학설이 될 수 있으며, 현재까지 알려진 과학적 지식일 뿐이다.

최초의 인류: *Homo habilis*

1960년대 초, *A. boisei*가 발굴된 장소와 가까운 곳에서 인류 골격이 석기들과 함께 흩어진 채 발견되었다. 이 화석들은 여러 조각으로 부서져 있었지만, 면밀하게 짜 맞춘 결과 두개골의 뇌용적은 약 680 cm^3로 오스트랄로피테쿠스인의 400~550 cm^3보다는 컸으며, 화석이 도구와 함께 있었기 때문에 이 초기 사람은 재주꾼(handy man)이라는 뜻으로 ***Homo habilis***라고 명명되었다. 1986년에 발견된 골격 조각에 의하면 *H. habilis*는 키가 작고 팔이 다리보다 길었으며, 골격이 *Australopithecus*인과 유사했다. 이 종이 오스트랄로피테쿠스인과 전반적으로 유사하므로 학자들은 처음에 이 화석을 사람으로 보는데 의문을 표시했다.

아프리카 탈출: *Homo erectus*

초기 *Homo*의 화석 표본은 수가 적었기 때문에 이에 대한 정보는 아직 구체적이지 못하다. 그러나 이 종을 대체하여 나타난 ***Homo erectus***와 ***H. ergaster***에 대해서는 많은 정보가 있는데, 이 둘은 때로는 단일 종으로 간주된다.

이 종들은 *Homo habilis*보다 훨씬 커서 키가 약 1.5 m 정도 되며, 1,000 cm^3 정도의 커다란 뇌를 갖고 있고, 직립보행을 했다. 두개골은 이마 뼈가 돌출해 있으며, 현대인 같은 둥근 턱을 가지고 있었다. 가장 흥미로운 것은 두개골 내부 형태로 미루어 볼 때 *H. erectus*는 말을 할 수 있었던 것 같다.

*H. habilis*보다 훨씬 성공적이었던 *H. erectus*는 신속히 확산되어 아프리카에서 많은 수가 살게 되었으며 100만 년쯤 후

에 아시아와 유럽으로 확산해 나갔다. 사회적 종이었던 *H. erectus*는 20~50명 단위로 부족을 형성했으며, 흔히 동굴에서 거주했다. 그들은 큰 짐승을 잘 사냥했으며, 사냥한 것을 돌과 뼈로 만든 도구로 처리하고 고기를 불에 구어 먹었다. 중국에서 이 골격들이 발견된 장소에서 말, 곰, 코끼리, 코뿔소의 뼈가 나왔다.

*H. erectus*는 100만 년 이상 생존했는데, 이는 인류의 어느 종보다도 오래 생존한 셈이다. 매우 적응력이 강했던 이 종은 현대인이 등장하면서 약 50만 년 전 아프리카에서 사라졌다. 흥미롭게도 아시아에서는 이보다 더 오랜 시간인 약 25만 년 전까지 생존했다.

인간과에 최근 추가된 *Homo floresiensis*

작은 인도네시아의 플로레스(Flores) 섬에서 발견된 새로운 인간 종의 화석이 2004년 세계를 놀라게 했다(**그림 13.20**). *H. floresiensis*는 작은 조각상 정도의 크기였는데, 1 m 정도의 키에 380 cm^3의 뇌 크기를 가진 이 종은 호빗(Hobbit, 반지의 제왕에 나오는 난장이)이라는 별명이 붙었다. 화석의 시기는 놀랍게도, 15,000년 밖에 안 되었다.

최근의 인류임에도 불구하고 많은 골격의 특징은 *H. sapiens*보다 *H. erectus*에 훨씬 가까웠다. 이것이 맞는다면(모든 과학자가 동의하는 것은 아님), *H. erectrus* 계통군은 이전에 생각했던 것보다 훨씬 더 오래 남아 있었다는 것을 보여준다. 이는 *H. erectrus* 계통군이 거의 현재까지 남아 있었다는 것으로 아주 최근까지도 *H. sapiens*가 지구상의 유일한 인간 종은 아니었다는 것을 의미한다. *H. sapiens*와 *H. floresiensis*가 상호작용했던 방법과 이 상호작용이 신장의 큰 차이에 의해 어떻게 영향을 받았는지는 추측만 되고 있다.

현대 인류

현대인이 되기까지의 진화적 여행은 약 60만년 전 아프리카에서 처음으로 현대인이 나타났을 때 마지막 단계로 접어들었다. 인류의 다양성에 초점을 맞추는 학자들은 현대인은 ***H. heidelbergensis***, ***H. neanderthalensis***, 그리고 ***H. sapiens***의 3종이 있었다고 생각하고 있으며, 일부 학자들은 이 3종을 *H. sapiens*로 통합한다.

가장 오래된 현대인 *H. heidelbergensis*는 에티오피아에서 60만 년 된 화석을 통해 알려졌다. 비록 이 종이 아프리카에서 *H. erectus*와 공존했지만 더 발전된 해부학적 특징을 가진다. 두개골의 정중선을 따라 나 있는 용골, 안와 위쪽의 두툼한 융기, 그리고 큰 뇌를 가진다. 또한 이마와 비골은 *H. sapiens*의 것과 매우 유사하다.

약 13만 년 전에 *H. erectus*가 희귀해지면서 새로운 인류 종이 아프리카로부터 유럽에 도착했다. *H. neanderthalensis*는 50만 년 전 조상 종에서 현대인으로 가는 계통으로부터 갈라져 나온 것 같다. 오늘날의 사람과 비교해볼 때 네안데르탈인은 키가 작고 튼튼하게 생긴 모습이었다. 이들의 두개골은 육중하고 안면이 돌출했으며 눈썹 위쪽의 뼈가 돌출해 있고 뇌의 용적이 컸다.

그림 13.20 ***Homo floresiensis.***
작은 표본은 인도네시아에 있는 플로레스(*Flores*)의 작은 섬에서 발견되었다. *H. floresiensis*는 플로레스섬에 있었던 작은 코끼리 종인 *Stegodon sondaarim*를 잡아먹었다.

크로마뇽인과 네안데르탈인

네안데르탈인(일부 학자들은 *H. neanderthalensis*로 분류하기도 함)은 독일의 네안데르 계곡(Neander valley)에서 이름을 딴 것인데, 이곳에서 화석이 발견된 것은 1856년이다. 네안데르탈인은 아프리카 밖에서는 처음에는 드물게 살았으나 유럽과 아시아에서 점점 많아지다가 7만 년 전에는 흔히 볼 수 있게 되었다.

네안데르탈인은 긁개, 창촉, 손도끼 등의 다양한 도구를 만들었으며 굴이나 오두막에서 살았다. 그들은 부상자나 환자를 돌보았고, 시체를 매장했으며, 매장할 때 음식, 무기, 꽃도 함께 묻어주었다. 죽은 자에 대한 이러한 배려는 그들이 사후세계를 믿었다는 것을 암시한다. 이것은 현대인이 가지는 특징인 상징적 사고의 첫 사례이다.

*H. neanderthalensis*의 화석은 약 34,000년 전에 화석기록에서 갑자기 사라지고, **크로마뇽인**(Cro-Magnons, 프랑스의 크로마뇽 계곡에서 처음 발견되었음)이라고 부르는 *H. sapiens* 화석으로 대체된다. 왜 갑자기 대체되었는지는 확실하지 않지만 이러한 교체는 전 유럽을 통하여 짧은 기간 내에 확연하게 일어난 일이다.

그림 13.21 크로마뇽인의 그림.
1995년 프랑스의 발롱퐁다르크(Vallon-Pont d'Arc) 근처의 한 동굴에서 발견된 벽화에 코뿔소가 있다.

크로마뇽인이 아프리카로부터 유래했다는 여러 증거가 있는데, 현대인의 특색을 가진 10만 년 전의 화석이 아프리카에서 발견되었기 때문이다. 크로마뇽인은 4만 년 전 중동에서 네안데르탈인을 완전히 대체하고, 유럽으로 확산하는 동안 수천 년간 네안데르탈인과 공존했던 것 같다. 최근의 네안데르탈인 DNA 분석에서 크로마뇽인의 DNA와 상당히 다르다는 것이 드러났으며, 모든 학자들이 이 점에 동의하지는 않지만 이는 두 종이 상호교배하지 않았다는 것을 나타낸다. 네안데르탈인은 우리의 조상이 아닌 사촌이다. 네안데르탈인을 대체한 크로마뇽인은 복잡한 사회 조직을 구성하고 완전한 언어를 구사했던 것으로 추정된다. 크로마뇽인이 동굴 벽에 그린 정교한 그림은 유럽 전역에서 발견된다(**그림 13.21**).

현대인의 모습을 가진 인간은 시베리아로 확산하고, 빙하가 퇴조하고 시베리아와 알래스카 사이에 육상 가교가 아직 연결되어 있던 13,000년 전에는 북아메리카로 건너갔다. 1만 년 전 지구에는 약 500만 명의 사람이 살고 있었다. 현재 인구는 약 60억이 넘는다.

Homo sapiens: 현생 인류

H. sapiens는 *Homo*속 중 유일하게 살아남은 종이다. *H. sapiens*의 잘 보존된 20개의 화석이 이스라엘의 나사렛(Nazareth) 근처 동굴에서 발견되었다. 이 화석들은 9만~10만 년 전의 것으로 추정되며, 두개골은 현대인의 모습과 크기를 보이고 있는데, 높고 짧은 두개골, 편평한 앞이마, 약간 돌출한 눈썹뼈와 약 1,550 cm^3의 두개 용적을 가지고 있다. 사람의 뇌 크기는 점차 커지는 방향으로 진화하였고, 다른 동물과는 여러 가지 차이점을 가지고 있다. 첫째, 사람은 도구를 효율적으로 만들고 사용할 수 있다. 이 능력은 다른 어떤 요소보다도 인간을 동물계에서 우점적 위치에 서게 만든 요소이다. 둘째, 유일하지는 않지만 개념적 사고를 할 수 있는 동물로 이 능력이 인간의 특징이 될 때까지 개선하고 확장했다. 마지막으로, 사람은 상징적 언어를 사용하고, 단어를 이용하여 경험으로부터 얻은 개념을 형상화하고 다음 세대로 그 축적된 경험을 전달할 수 있다.

그래서 사람은 다른 동물이 전혀 가지지 못하는 문화적 진화를 일으킬 수 있다. 사람은 환경의 요구에 따라 진화적으로 변화하는 것이 아니라 문화를 통하여 주변 환경을 변화시키고 개조하는 방법을 발견했다. 사람은 전에는 가능하지 않던 방법으로 생물학적 미래를 조절할 수 있으며, 놀라운 잠재력과 커다란 책임감을 동시에 지니고 있다.

인종

인간(human beings)은 모든 다른 종처럼 세계 전역에 널리 퍼지며 특성을 분화시켰다. 한 지역의 집단은 종종 다른 지역에 사는 집단과 완전히 다르게 보인다. 그 실례로 북유럽인은 금발에 흰 피부와 파란 눈이지만 아프리카인은 검은 머리에 검은 피부와 갈색 눈이다. 이러한 특징들은 환경에 특정 집단을 적응시키는 역할을 할 수 있다. 혈액의 종류도 일정한 지역에서 더 흔히 나타나는 질병과 관계 있을 수 있으며, 검은 피부는 자외선의 손상으로부터 피부를 보호해주기 때문에 온대지방보다 열대지방 사람들이 훨씬 검다.

모든 인간은 서로 간의 생식을 통해 자손을 낳을 수 있다. 순수하게 철학적이며 행동적(문화적)인 이유에 따라 서로를 선택할 수도 하지 않을 수도 있다.

인간 종이 지역적으로 분리되는 군의 수는 오랫동안 논쟁이 되어 왔다. 어떤 고생물학자는 인간을 30인종으로 구분하지만, 백인, 흑인, 동양인의 3종으로 구분하는 학자도 있다. 아메리카 인디언, 부시맨과 호주 원주민들은 때에 따라 다른 군으로 간주되는 특별한 아종의 예이다.

인간이나 다른 생물을 이런 형태의 인종으로 분류하는 문제점은 인종을 정의하는 데 사용되는 특징이 대개 서로 잘 연관되지 않아 인종의 결정이 다소 임의적이라는 것이다. 인간은 시각적으로 구분이 가능하다. 결과적으로 인종을 결정하는 데 시각적인 사실(주로 피부색)에 의존했다. 하지만 혈액의 종류 같은 다른 특징을 검토했을 때, 이 변이의 형태는 시각적으로 결정된 인종의 군과 잘 맞지 않는다. 만약 전체 유전적 유사성에 따라서 종을 세분화한다면, 이 분류는 피부색이나 다른 시각적 특징에 기초한 분류와는 매우 다르게 나타날 것이다.

연 습 문 제

1. 동물의 유성생식에서 배우자는 어떤 과정에 의해 만들어지는가?
   a. 감수분열　　b. 융합
   c. 유사분열　　d. 이분법

2. 좌우대칭의 진화는 무엇의 진화를 위한 선결 조건인가?
   a. 조직　　b. 체강
   c. 체절화　　d. 두부집중화

3. 현대적 계통분류학적 분석에 있어서 선구동물은 어떤 특징에 의해 2개의 주요 집단으로 나눠는가?
   a. 대칭성　　b. 머리를 가짐
   c. 탈피 능력　　d. 척추의 유무

4. 다음 중 완전한 소화관을 갖고 있는 것은?
   a. 촌충　　b. 메두사
   c. 선형동물　　d. 답이 없음

5. 종의 수에서 지구상에서 가장 성공한 동물은 무엇인가?
   a. 연체동물　　b. 절지동물
   c. 극피동물　　d. 환형동물

6. 파리목, 나비목, 벌목을 나누는 특징은?
   a. 날개의 형태　　b. 구기의 형태
   c. 다리의 형태　　d. 생식 방법

7. 절지동물이 탈피한다는 사실은 절지동물이 다음 중 어디에 속한다는 것을 의미하는가?
   a. 나선동물　　b. 탈피동물
   c. 후구동물　　d. 측생동물

8. 폐정맥의 진화는 왜 양서류에게 중요한가?
   a. 폐의 산소운반을 위하여
   b. 대사율을 증가시키기 위하여
   c. 뇌로 보내는 혈액을 증가시키기 위하여
   d. 답이 없음

9. 다음 중 파충류의 특징이 아닌 것은?
   a. 피부호　　b. 양막란
   c. 가슴호흡　　d. 건조하고 방수성인 피부

10. 단공류가 알을 낳는다는 사실은
    a. 포유류보다 파충류와 더 가깝다는 것을 가리킨다.
    b. 원시형질이다.
    c. 양막란이 여러 차례 진화되었다는 것을 입증한다.
    d. 변온성의 결과이다.

11. 열대우림에서 다음과 같은 특징을 갖는 신종을 발견하였다. 육상생활을 하고, 결정적 발생을 하며, 생활사 중에서 탈피를 하고, 관절을 가진 부속지를 가지고 있다. 어떤 동물문으로 구분하겠는가?

12. 키틴은 많은 체강을 가진 무척추동물과 균류에 존재한다. 이 물질의 기원과 중요성에 대해 설명하라.

13. 어떤 사람들은 공룡이 "멸종되지" 않았고 우리와 함께하고 있다고 말한다. 이 말을 지지하는 데 사용되는 근거는 무엇인가?

Part 4

BIOLOGY

식물의 구조와 기능

제 14 장 식물체의 구조와 발달

Plant Structure and Development

1 식물의 형태

1.1 식물체의 구조

식물계에는 **문**(phyla) 사이에서뿐만 아니라 **종**(species) 내에서도 다양한 변이가 존재한다. 소멸되어 현존하지 않는 초기의 **유관속식물**들에서는 뿌리 및 잎 등의 뚜렷한 기관이 분화되지 않았다. 현재의 유관속식물들 중 특히 지상에 존재하는 식물들에서 이렇게 뚜렷한 기관이 존재한다는 것은 급격한 특수화가 진행되었음을 의미한다. 그 실례로 식물에게는 수분을 확보하는 것이 중요한 과제였으며, 뿌리는 토양에서 수분을 흡수하기 좋은 형태로 적응하였다. 잎, 뿌리, 줄기 그리고 꽃은 식물에 따라 크기와 수에서 큰 변이를 보인다. 이러한 기관들의 형태와 구조의 발달은 정확하게 조절되지만 잎, 줄기와 뿌리는 발달 단계에서는 상당 부분 유연성을 보여준다. 이 장에서는 개화식물을 모델로 식물체의 형태 발달 과정을 알아본다.

뿌리와 줄기를 가지고 있는 유관속식물

유관속식물은 **근계**(root system)와 **지상계**(shoot system)를 가지고 있다(**그림 14.1**). 뿌리와 줄기는 각각 그 끝 부분이 신장되는데 이 부위를 **정단부**라고 부른다. **근계**는 식물체를 고정시키고 토양으로 뿌리를 내려 수분과 무기물을 흡수한다. 신장하는 뿌리는 토양 내의 물질을 움직이면서 넓게 발달되어 있

그림 14.1 식물체의 모식도.
뿌리와 줄기 체계가 식물체의 구조를 결정한다. 뿌리와 줄기는 신장을 하는 정단을 가지고 있다. 잎은 줄기의 절에서 유도되는데, 절은 휴면하거나 곁가지 혹은 꽃을 만드는 측아를 가지고 있다. 잎은 단순히 엽신 그리고 그림에서와 같이 여러 부분으로 구성된다. 뿌리, 줄기 그리고 잎은 유관속에 의해 연결되어 있다.

다. 식물이 토양에 적응하기 위해 뿌리가 줄기보다 후에 발달한 것으로 보인다.

지상계는 줄기와 잎으로 이루어져 있다. 줄기는 광합성을 수행하는 주 기관인 잎이 부착하는 뼈대 역할을 한다. 잎의 배열, 크기 등의 특성은 식물체의 영양분 생산에 매우 중요한 역할을 한다. 꽃 그리고 다른 생식기관(과일, 종자 등)은 줄기의 정단부에 형성된다.

생식기관을 제외한 절간, 절, 잎, 액아 등은 신장하는 영양지를 구성하는 반복 단위다. **액아**는 줄기의 측면에 형성된 슈트 정아로 1차 줄기(primary shoot)가 피해를 입었을 경우 이를 대체하거나 식물체가 가지를 유도할 수 있도록 해주며, 1차 줄기와 동일한 능력을 지니고 있다. 식물체가 생식생장 단계로 넘어가면 액아는 꽃 혹은 화기 슈트를 형성한다.

뿌리와 줄기를 구성하는 세 가지 조직

뿌리, 줄기 그리고 잎은 세 가지 기본 조직인 표피조직, 기본조직 그리고 유관속조직으로 이루어져 있다. 모든 조직이 뿌리와 줄기를 통해 신장하기 때문에 이들을 합쳐 **조직계**(tissue system)라고 부른다.

식물 세포의 형태는 성숙기에 살아 있는 세포나 성숙되지 않은 세포에 관계없이 **액포**(vacuoles)의 크기와 셀룰로오스로 이루어진 세포벽 두께에 의해 결정된다. 일부 세포는 세포막에 인접해 있는 원형질체에서 합성된 셀룰로오스로 이루어진 1차 세포벽만을 가지고 있다. **미세소관**은 세포내에 배열되어 있으며, 셀룰로오스 섬유의 방향을 결정한다. 식물체를 지지해주는 세포는 보다 여러 겹의 셀룰로오스로 구성된 견고한 세포벽을 가지고 있다. 셀룰로오스 층은 합판과 같이 인접한 층으로 쌓여 있는데 이러한 구조가 세포벽을 견고하게 해준다.

식물 세포는 세 가지 조직계를 구성하는데, 1차적으로 **표피**(epidermis)를 이루는 **표피조직**은 대부분의 식물에서 하나의 두꺼운 층으로 되어 있고, 가장 바깥에서 식물체를 보호하는 역할을 한다. **기본조직** 세포는 식물체를 지탱하고 보호하는 섬유질을 형성하는 기능 외에 저장, 광합성 그리고 분비의 기능을 수행한다. **유관속조직**(vascular tissues) 세포는 물과 물에 녹은 물질을 식물체 각 부위로 전달하는 역할을 한다. 이들 조직의 구조와 기능은 뒤에서 자세하게 다룬다.

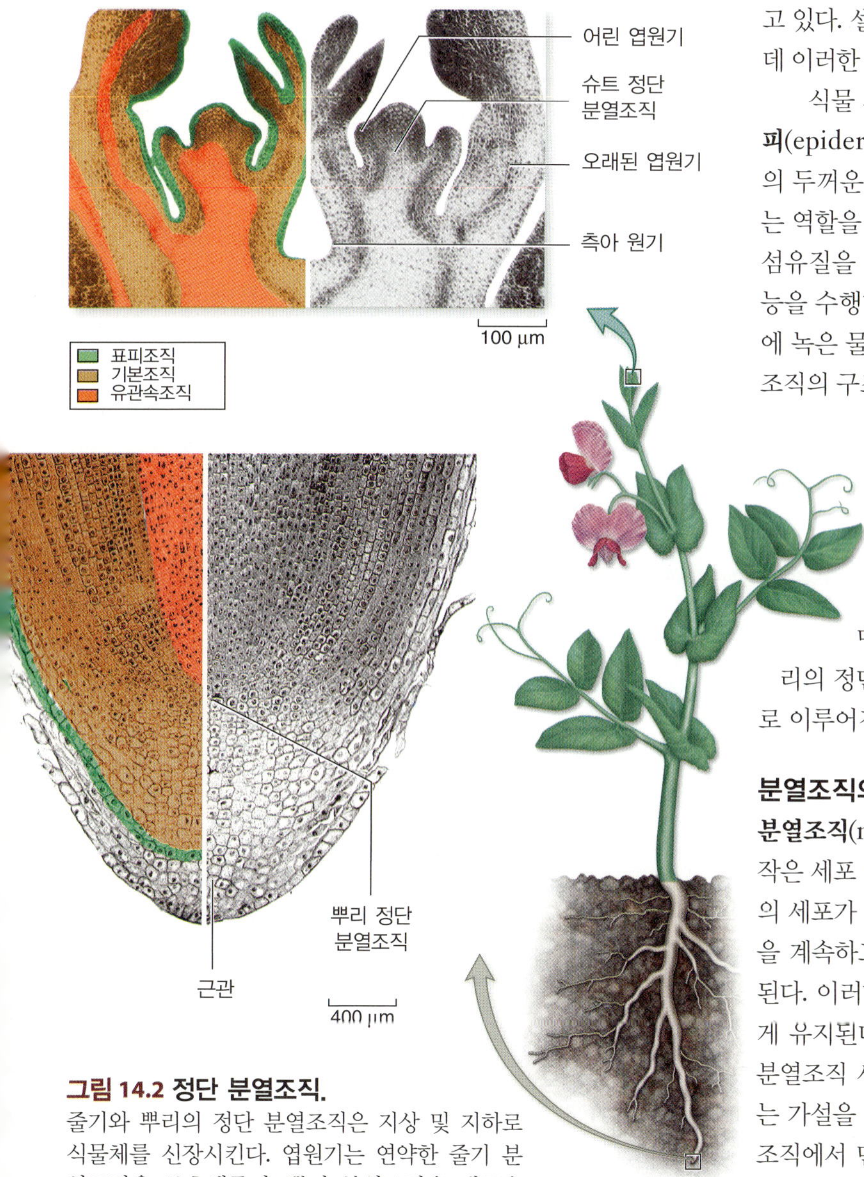

그림 14.2 정단 분열조직.
줄기와 뿌리의 정단 분열조직은 지상 및 지하로 식물체를 신장시킨다. 엽원기는 연약한 줄기 분열조직을 보호해주며, 뿌리 분열조직은 새로운 뿌리 조직을 보호해주는 근관을 형성한다.

식물의 분열조직

종자가 발아하면 작은 식물체로 존재한다. **배**(embryo)의 세포가 분열과 분화를 통해 여러 형태의 세포를 만들기는 하지만 대부분 세포들의 운명은 이미 정해져 있다. 식물체의 발달은 줄기와 뿌리의 정단조직 및 다른 조직에 분포해 있는 특수화된 세포들로 이루어진 분열조직의 활동에 달려있다.

분열조직의 개요

분열조직(meristem)은 조밀한 세포질과 비교적 큰 핵을 가진 작은 세포 덩어리인데, 이는 동물의 줄기세포와 유사하다. 하나의 세포가 분열하여 두 개의 세포가 되는데, 이 중 하나는 분열을 계속하고 다른 하나는 분화를 거듭하여 식물체를 구성하게 된다. 이러한 방식으로 분열조직 세포 집단은 지속적으로 새롭게 유지된다. 분자유전학적 연구는 동물의 줄기세포와 식물의 분열조직 세포는 유전자 발현 과정에서 유사한 경로를 밟는다는 가설을 지지해주고 있다. 반복적인 세포분열과 정단부 분열조직에서 만들어진 세포의 지속적 신장의 결과로 뿌리와 줄기의 신장이 이루어진다. 관목과 수목을 포함하는 유관속식물에서는 측아 분열조직에 의해 뿌리와 줄기의 직경이 증가한다.

정단 분열조직

정단 분열조직(apical meristem)은 줄기와 뿌리의 끝에 위치한다(**그림 14.2**). 생장 동안 정단 분열조직 세포는 분열하여 지속적으로 정단부에 세포를 만든다. 정단 분열조직에서 유래한 조직을 **1차 조직**이라 부르며, 뿌리와 줄기의 신장으로 **1차 식물체**가 형성된다. 1차 식물체는 나무에서는 어리고 연약한 줄기와 뿌리 그리고 일부 식물에서는 전 식물을 구성한다. 뿌리와 줄기의 분열조직은 보호가 필요한 미세한 세포로 구성되어 있는데, 뿌리는 **근관**(root cap)에 의해 보호된다. 근관 세포는 뿌리의 분열조직으로부터 만들어지며, 뿌리가 토양 속으로 움직이는 과정에서 벗겨지면서 새로 교체된다. 그에 비해 대기와 태양에 노출되어 건조에 민감한 신장하는 줄기 분열조직은 **엽원기**가 보호한다.

측부 분열조직

많은 초본식물은 1차 생장만 하지만, 다른 식물들은 직경의 증가가 수반되는 **2차 생장**을 한다. 2차 생장은 측부 분열조직 또는 주변 실린더가 관여한다. 측부 분열조직은 정단 분열조직에서 유래한 기본조직에서 만들어지는데 단자엽식물은 그 예외가 된다. 2차 생장이 많은 비목본식물의 직경을 증가시키는데, 이들의 영향력은 두 개의 측부 분열조직을 가진 목본식물에서 훨씬 크게 나타난다. 목본식물 줄기 껍질에는 **코르크 형성층**이 분포해 있는데, 여기에서 나무의 바깥쪽 껍질이 만들어진다. 껍질 바로 밑에는 **유관속 형성층**이 존재하는데, 이로부터 2차 유관속이 만들어진다. 유관속 형성층은 유관속의 **사부**(또는 체관부, phloem)와 **목부**(또는 물관부, xylem) 사이에 존재하며, 양쪽에 2차 유관속조직을 더해주게 된다.

1.2 식물의 조직

식물체를 이루는 조직들은 세 가지로 구별이 된다. 이들 조직은 (1) 식물체의 표면에 존재하면서 보호 기능을 하는 표피조직, (2) 여러 가지 내부 조직을 구성하고, 광합성, 양분 저장 및 식물체를 지지하는 역할을 하는 기본조직, (3) 물과 무기물의 이동 통로가 되는 유관속조직이다.

환경과 접하면서 식물체를 보호해주는 표피조직

배와 정단 분열조직에서 유래한 표피조직은 **표피**(epidermis)를 형성한다. 이 조직은 대부분의 식물에서 한 층 세포의 두께로 구성되며, 식물체를 외부에서 감싸는 역할을 한다. 어린 식물체의 표피는 각피를 형성하는 지방질의 큐틴 층으로 덮여 있다. 사막의 다육식물은 여러 겹의 왁스 층이 외피에 덮여 있는데, 이는 수분의 소실과 자외선으로부터 식물을 보호하는 기능을 한다. 표피조직은 나무의 **수피**를 형성하기도 한다. **전표피**에서 유래한 **표피세포**는 식물체의 모든 1차 조직을 감싸고 있다. 표피조직에는 **공변세포**, **모용**, **근모** 등과 같은 여러 가지 유형의 특수화된 세포들이 포함된다.

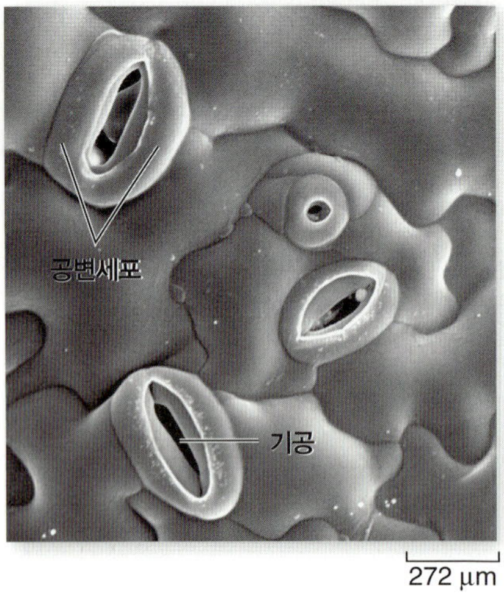

그림 14.3 기공이 많은 돌연변이체.
이 애기장대 식물은 기공을 균형 있게 배열하는 신호체계에 변이가 일어난 돌연변이체다. 일반적으로 분화되는 한 쌍의 공변세포가 인접한 세포가 공변세포로 분화되는 것을 방해한다.

공변세포

공변세포(guard cells)는 입 모양의 기공을 둘러싸고 있는 한 쌍의 소세지 모양의 세포로 다른 표피세포와 달리 엽록체를 지니고 있다. 기공은 잎의 표피세포에서 발생하는데(**그림 14.3**), 줄기나 과일 등의 다른 조직에서 발생하기도 한다. 산소와 이산화탄소의 이동 그리고 수분의 확산은 거의 다 기공을 통해 이루어진다. 잎 표면의 1 cm^2당 기공의 수는 1,000~1,000,000개의 분포를 보인다. 기공은 잎의 표면보다는 아랫면에 많이 분포하는데 이는 수분의 소실을 줄이기 위해서이다. 일부 식물은 기공이 잎의 아랫면에만 존재하며, 수련의 경우는 기공이 잎의 표면에만 존재하는데, 이는 가스 교환을 극대화하기 위한 것이다.

모용

모용(trichomes)은 표피세포가 외부로 돌출된 다세포의 털과 같은 모양의 구조를 일컫는다(**그림 14.4**). 이들은 줄기, 잎 그리고 생식기관에 발생한다. 솜털이나 양털 같은 잎은 저배율 현미경으로도 관찰이 가능한 모용들로 덮여 있다. 모용은 잎 표면의 온도를 낮추어주고, 기공의 입구를 덮어 수분의 증발량을 줄여주기도 한다. 그들은 높은 강도를 지닌 빛과 자외선으로부터 잎을 보호하고, 온도의 급격한 변화에 대해 완충작용을 해준다. 모용은 다양한 형태로 나타나는데, 단세포인 모용과 다세포로 이루어진 모용으로 구분된다. 일부는 선상 모용으로 초식동물로부터 보호를 위해 끈적끈적한 물질이나 독성 물질을 분비하기도 한다.

그림 14.4 모용.
이 그림은 토마토에서 황색의 구근 형태의 끝을 가진 선산 모용를 보여준다. 이 모용은 곤충이 들러붙은 끈적끈적한 물질을 분비한다.

뿌리털

뿌리털(근모; root hairs)은 하나의 표피세포가 관 모양으로 신장한 것으로 자라는 어린 뿌리의 정단 위쪽에 발생한다(**그림 14.5**). 뿌리털은 단순히 표피세포가 신장한 것으로 다른 세포와 격리된 상태는 아니다. 뿌리털은 뿌리를 주위의 토양 입자와 접촉하게 하며 뿌리의 표면적을 증가시켜 양분의 효율적 흡수를 도와준다. 뿌리가 자라면서 뿌리털이 차지하는 지역이 거의 일정한 수준으로 유지되는데, 이는 정단부에서는 새 뿌리털이 발생하고 오랜 뿌리털이 없어지기 때문이다. 초본식물의 경우 수분과 영양분의 흡수는 거의 뿌리털을 통해 이루어진다.

그림 14.5 뿌리털.
뿌리털 세포는 물과 영양분의 흡수를 증대시키기 위해 뿌리의 표면적을 증가시키는 표피세포의 일종이다.

다양한 기능을 수행하는 기본조직 세포들

기본조직은 1차적으로 저장, 광합성, 분비 등의 기능을 하는 얇은 세포벽을 가진 유조직 세포로 구성되어 있다. 다른 기본조직은 식물체 지지 및 보호 기능을 하는 후각조직 세포와 후벽조직 세포로 이루어져 있다.

유조직

유조직(parenchyma) **세포**는 식물에서 가장 흔한 세포로, 큰 액포와 얇은 세포벽을 가지고 있으며, 형태는 둥근 모양이다. 활성을 지닌 원형질을 가진 이 세포들은 만들어진 다음 서로를 밀고 있는 형태로 존재하며, 11~17면을 가진 다면체 모양을 갖는다. 유조직 세포는 여러 해 동안 생존하면서 양분과 수분의 저장, 광합성, 분비 등의 기능을 수행한다. 이들은 1차 조직에 많이 존재하며, 2차 조직에도 존재한다. 대부분의 유조직 세포들은 다른 세포가 성장하는 동안 그 기능이 정지된 1차 세포벽만을 가지고 있다. 유조직은 꿀의 분비, 라텍스와 단백질의 분비 등 특수한 기능을 가지는 등 변이가 있지만, 다른 세포보다 덜 특수화되어 있다.

후각조직

셀러리를 먹을 때 이빨 사이에 끼는 질기고 유연한 실 모양의 조직이 **후각조직**(collenchyma) **세포**다. 유조직처럼 후각조직은 엽록소를 가지고 있고, 여러 해 동안 살 수 있다. 이러한 세포들은 폭보다 길이가 약간 길며, 세포벽의 두께에서 변이를 보인다. 유연한 후각세포는 꺾이지 않고 휘게 하는 등 식물기관을 지지해주는데, 그들은 줄기 혹은 엽병의 표피 밑 그리고 엽맥을 따라 연속적인 원통형 조직을 형성하기도 한다. 후각조직은 1차 식물체에서 줄기를 지지하는 주된 역할을 한다.

후벽조직

후벽조직(sclerenchyma) **세포**는 질기고 두꺼운 벽을 가지고 있다. 후벽세포는 후각세포나 유조직과 달리 성숙기에 살아 있는 원형질이 없다. 이들의 2차 세포벽은 세포벽을 단단하게 하는 **리그닌**을 많이 함유하고 있다. 리그닌을 많이 포함하는 세포벽을 **목질화**되었다고 하는데, 리그닌은 구조 및 기계적인 기능을 하는 세포벽에 많이 존재한다. 후벽조직은 **섬유**와 **후벽세포**의 두 가지 형태로 구분된다. 섬유는 길고 얇은 세포로 함께 모여 띠를 이룬다. 그 실례로 린넨(linen)은 후벽세포 섬유들이 엮인 것인데 아마(flax)의 사부에서 발견된다. 후벽조직은 형태가 다양하며, 가지 친 형태도 있다. 후벽조직은 단독 혹은 그룹으로 존재하고 길지는 않으나 별처럼 여러 가지 모양을 가진다.

물과 양분을 운반하는 유관속조직

유관속조직은 목부와 사부의 두 가지 조직으로 구성되어 있다. 목부(또는 물관부, xylem)는 물과 용해된 무기물을 수송하고,

사부(또는 체관부, phloem)는 탄수화물, 호르몬, 아미노산 및 식물 생장에 필요한 물질의 수송에 이용된다. 목부와 사부는 구조와 기능에서 차이를 보인다.

목부

물의 주 통로인 **목부**는 구멍이 난 실린더 형태의 죽은 세포들의 끝이 서로 연결되어 구성된 연속적인 긴 관 형태의 **도관**과 끝이 가늘어지면서 서로 중복된 죽은 세포인 **가도관**으로 구성된다. 1기 목부는 정단 분열조직에서 만들어진 전형성층에서 유래하고, 2기 목부는 측부 분열조직인 유관속 형성층으로부터 형성된다. 목재는 2기 목부가 축적되어 형성된다.

현화식물이 아닌 일부 식물에서는 **가도관**(tracheid)이 유일한 물의 통로가 되는데, 물이 뿌리로부터 줄기를 통해 잎으로 끊기지 않고 전달된다. 물이 잎에 도달하면 대부분은 수증기의 형태로 세포 간극으로 확산되고 기공을 통해 대기로 방출되는데 이를 **증산**이라고 부른다. 가도관은 수분 외에도 용해된 무기물과 질산 등의 무기물의 이동과 식물체를 지탱하는 역할도 한다.

도관(vessel)은 가도관보다 짧은 데 비해 폭은 더 넓다. 현미경 하에서 도관은 양쪽 끝이 잘려나간 음료수 캔과 비슷한 모양을 한다. 도관과 가도관 조직은 두껍고 목질화된 2차 세포벽을 가지고 있으나 성숙기에 살아 있는 원형질은 없다. 리그닌은 세포에서 만들어지고 분비되어 원형질체가 죽기 전에 셀루로오스 세포벽을 강화해준다.

사부

사부는 뿌리와 줄기에서 외부 쪽에 위치하는데 유관속식물에서 양분의 주 이동 통로가 된다. 식물의 줄기 껍질을 완전히 한 바퀴 돌려 유관속 형성층까지 벗겨내면, 식물은 양분 부족으로 죽게 된다. 사부를 통한 양분의 공급은 두 종류의 긴 세포인 **사세포**와 **사관조**에 의해 이루어진다. 나자식물, 이끼류, 속새류는 사세포만을, 대부분의 피자식물은 사관조를 가지고 있다. 두 세포는 공극이 군집된 **사역**(sieve area)을 가지고 있는데 사역은 세포가 중복되는 끝 부분에서 가장 많이 존재하고 인접한 사세포와 사관조의 원형질을 연결한다. 이들 세포는 활동을 하지만 성숙기의 세포에는 핵이 없다. 사관조에서 사역은 상대적으로 큰 공극을 가지는데 이를 **사판**(또는 체판)이라고 부른다. 사관조는 서로 연결되어 긴 사관을 형성한다. 사세포는 사관조보다는 덜 세분화되어 있고 모든 사역에 위치하는 공극은 직경이 비슷하다. 사관조는 보다 특수화되어 있고, 사세포보다 기능이 효율적인 것으로 보인다.

사관조는 **반세포**(companion cell)라고 부르는 인접한 유조직 세포와 연결되어 있다. 반세포는 연결된 사관조의 유지에 필요한 대사 기능을 수행한다.

1.3 뿌리: 고착과 흡수 구조

뿌리는 줄기에 비해 구조와 발생이 단순하다. 뿌리는 줄기보다 나중에 진화되어 육상 생활에 적응하게 된 혁신이라는 사실을 알아둘 필요가 있다.

물과 양분을 흡수할 수 있도록 적응된 뿌리

발달하는 뿌리는 **근관**, **세포분열대**, **신장대** 및 **성숙대**의 네 부분으로 구분되는데, 근관을 제외한 나머지 세 부분은 그 경계가 명확하지 않다(**그림 14.6**). 정단 시원세포가 분열하면 뿌리의 말단 부분에 있는 딸세포가 근관세포가 된다. 근관과 반대 방향으로 분열하는 세포들은 분화를 마치기 전에 다른 세 지역을 통과한다.

근관

줄기에는 **근관**(root cap)과 유사한 조직이 없다. 근관은 안쪽의 **주축세포**와 항상 뿌리의 분열조직에 의해 새로 만들어지는 바깥쪽의 근관세포의 두 종류의 세포로 구성된다. 큰 뿌리를 가진 일부 식물에서 근관이 분명하게 관찰되는데, 근관의 주 기능은 바로 하부에 위치하는 연약한 조직을 보호하는 것이다.

바깥의 근관세포의 골지체는 세포벽을 통해 끈적끈적한 물질을 외부로 분비한다. 수명이 일주일 정도인 근관세포는 뿌

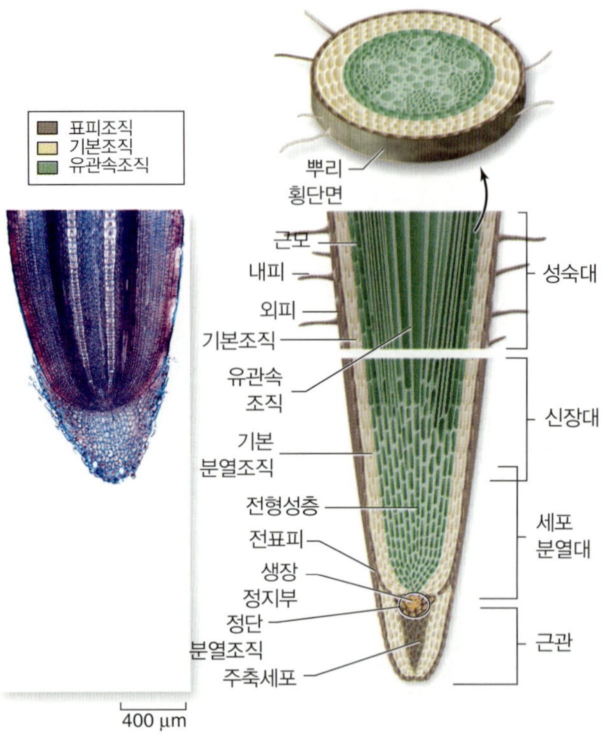

그림 14.6 뿌리의 구조.
옥수수(*Zea mays*)의 근단.

리가 땅 속으로 침투하기 쉽도록 점액질의 윤활유를 만든다. 이 끈적끈적한 물질이 콩과식물에 속한 식물의 뿌리 주변에 서식하는 질소고정 박테리아의 생육에 필요한 영양분이 된다. 기존의 근관이 뿌리로부터 떨어져 나가면 새 근관이 발생된다.

근관은 중력을 인지하는 기능을 가지는데 주축세포는 고도로 특수화되어 있으며, 소포체가 주위에 그리고 핵은 중심 혹은 세포의 위쪽에 위치한다. 근관의 액포는 크지 않고 주축세포는 아밀로플라스트(또는 전분체, amyloplast)를 가지는데 전분체는 중력이 작용하는 세포의 옆쪽으로 축적된다. 화분의 식물을 옆으로 눕혀 놓으면 아밀로프라스트는 중력의 근원지에 가장 근접한 쪽으로 쏠리게 되며, 뿌리는 그 방향으로 휘게 된다.

세포분열대

정단 분열조직은 근관에 의해 보호되는 뿌리 끝 부분의 중앙에 위치한다. **세포분열대**(zone of cell division)의 대부분의 활동은 분열조직의 가장자리에서 일어나는데, 이곳에서 세포는 12~36시간 만에 분열하고 때로는 하루에 1~2회 일어나는 경우도 있다. 주사위 모양을 하고 있는 대부분 세포는 액포가 작고 비교적 큰 핵이 중앙에 위치한다.

뿌리 정단세포 중앙에 위치한 **생장 정지부**로 불리는 세포군은 아주 드물게 분열을 한다. 이러한 현상은 중앙보다 바깥이 빠른 속도로 증가해야 하는 팽창하는 딱딱한 공을 연상하면 된다. 정단 분열조직의 딸세포는 분열하여 **전표피**, **전형성층** 그리고 **기본 분열조직**으로 분화된다. 이러한 조직의 분화를 조절하는 유전자들이 애기장대의 뿌리를 이용하여 발견되었는데, 세포의 분화는 이 분열대에서 시작한다. 그러나 이러한 분화의 형태적 현상에 대해서는 아직 많은 연구가 진행되지 않은 상황이다.

신장대

신장대(zone of elongation)에서 뿌리는 길어지는데, 이는 1차 분열조직에 의해 만들어진 세포가 폭과 두께보다는 길이가 더 증가하기 때문이다. 세포들은 작은 액포들이 합쳐지면서 세포의 90%를 차지할 때까지 길어진다. 신장대 위쪽으로 더 이상 세포는 커지지 않고, 뿌리의 성숙 부위는 둘레의 증가를 제외하고 식물의 일생 동안 변화하지 않는다.

성숙대

신장대에서 신장한 세포는 **성숙대**(zone of maturation)에서 특정한 세포 형태로 분화된다. 뿌리 표면 원통형의 세포는 성숙하여 표피조직 세포로 되는데 이 세포는 큐티클이 매우 얇으며, 뿌리털과 털이 없는 세포를 포함한다. 뿌리 표면에서 뿌리털의 표면적은 37,000/cm^2 정도나 되며, 그 수는 식물체당 몇십 억 개 존재하는데 표면적이 증가하면서 뿌리의 흡수 능력도 증가한다. 땅속의 질소를 고정하는 공생 박테리아는 뿌리털을 통해 식물체에 침입하고, 뿌리에 질소 고정 **뿌리혹**을 만든다.

내피의 안쪽 조직은 **중심주**라고 부르는데, 내피와 인접하고 있는 세포는 **내초**라고 부르는 원통형의 유조직 세포들로 이루어져 있다. 내초세포는 성숙된 후에도 분열하는데, **곁가지**(또는 **측지**)나 **곁뿌리**(또는 **측근**)를 만들거나 쌍자엽 식물에서는 줄기와 뿌리의 측부 분열조직, 유관속 형성층 및 코르크 형성층을 만든다. 1기 목부의 물 수송 세포는 어린 쌍자엽식물 뿌리의 중심의 단단한 핵심 부분으로 분화된다.

1.4 줄기: 지상부 기관들의 지지

유관속식물의 줄기 체계를 지지해주는 것은 지하부 뿌리에서 대기로 높게 뻗어나간 줄기 조직이다. 중력에 거슬러 위로 자라는 솟아나는 뻣뻣한 줄기는 식물이 오래 전에 지상 생태계에 적응한 결과물이다.

잎과 꽃이 달리고 식물체를 지탱하는 줄기

뿌리에서와 같이 줄기는 세 가지 유형의 조직을 가지고 있다. 줄기는 정단 및 측부 분열조직에서 세포분열을 통해 성장한다. 줄기는 다른 줄기와 조직이 자라는 축으로 생각할 수 있다. 줄기의 정단 분열조직은 새로운 줄기와 기관을 만들어낸다.

외부구조

줄기의 정단 분열조직은 줄기 조직을 유도하고 잎, 다른 줄기 또는 꽃으로 발달할 수 있는 **원기**를 생성한다. 잎은 줄기 둘레로 원추형으로 배열하거나, 서로 반대쪽에 쌍으로 존재하거나, 교차로 발달하거나, 또는 세 개 이상의 잎들이 **윤생**으로 발달하기도 한다. 나선형 배열이 가장 보편적 유형이며, 순차적으로 발달하는 잎은 약 137.5° 떨어져 위치한다. 이러한 각도는 자연계에서 발견되는 황금비율과 관계있다. 이 각도는 달팽이 껍질이 감기는 각도와 동일한데, 이러한 비율은 현대 미술에서도 이용되고 있다. 식물에서 잎의 이러한 배열은 태양에 대한 노출을 최적화하는데, 이러한 잎의 배열순서를 **엽서**라고 부른다.

잎이 줄기에 붙어 있는 부분을 **절**이라고 하며, 절과 절 사이의 부위는 **절간**이라고 부른다. 잎은 일반적으로 평평한 **엽신**과 **엽병**으로 구성되어 있고, 엽병과 줄기 사이의 각도를 **엽액**이라고 부른다. **측아**는 엽액마다 생기는데, 이는 1차 줄기 분열조직의 산물이다. 측아는 잎과 함께 가지로 발달하고 꽃을 형성하기도 한다.

내부구조

단자엽식물과 쌍자엽식물의 주요 차이점은 유관속계의 구조가 다르다는 것이다(**그림 14.7**). 대부분의 단자엽식물들의 유관

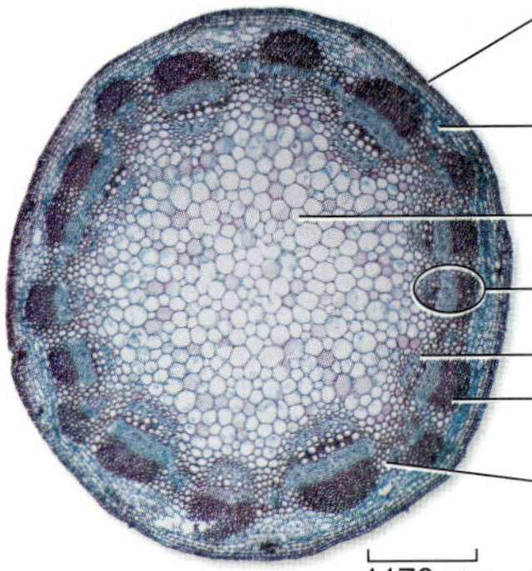

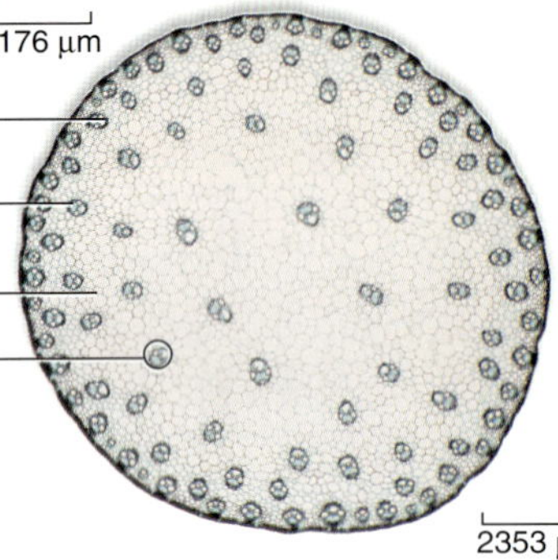

그림 14.7 줄기.
어린 줄기의 횡단면 ***a.*** 유관속이 줄기의 외부에 배열되어 있는 쌍자엽식물인 해바라기 ***b.*** 유관속이 무작위로 배열된 단자엽식물인 옥수수.

속은 기본조직계에 퍼져 분포하고, 쌍자엽식물의 유관속은 내부에 **수**(pith)와 외부에 **피층**(cortex)을 가진 반지 모양의 형태를 하고 있다. 유관속의 배열은 줄기가 2차 생장을 할 수 있는지의 여부와 직결된다. 쌍자엽식물에서 유관속 형성층은 1기 목부와 1기 사부 사이에 발달하는데, 여러 방법으로 유관속 형성층이 1기 유관속과 연결된다. 단자엽식물에서는 1기 유관속 조직의 두께가 증가하는 것이 매우 어렵다. 유관속 형성층이 없는 단자엽식물은 2기 생장을 하지 못한다.

나무 그루터기의 나이테는 생장 조건에 따른 세포 크기의 변화 등이 매년 다른 유관속 형성층의 발달 형태를 보여준다. 풍부한 강우량 등 좋은 환경 조건에서는 큰 세포가 형성되고, 작은 세포의 나이테는 그 해의 환경이 좋지 않았음을 나타낸다. 목본 쌍자엽식물과 나자식물에서 2기 형성층과 코르크 형성층은 바깥쪽 피증에서 생겨나고 이것은 바깥쪽으로 상자 형태의 세포를 만들고 또한 안쪽으로 유조직 같은 코르크 피층을 만든다.

1.5 잎: 광합성 기관

정단 분열조직에 의해 원기로 분화된 잎은 양분을 공급하기 위한 광합성을 수행하는 주요 기관으로 식물의 생존에 매우 중요하다. 잎은 세포 확장과 분열에 의해 커진다. 인간의 팔과 다리처럼 잎은 언젠가는 생장을 멈추는 유한 구조를 가진다. 잎이 식물에게 중요하기 때문에 잎의 배열, 형태, 크기 그리고 내부 구조 등의 특성은 큰 의미가 있고, 식물 간에 많은 차이를 보인다. 환경에 적응하기 위해 잎은 서로 다른 형태로 발달한다.

잎은 슈트의 정단 분열조직과 줄기가 신장한 것이다. 잎이 원기로 출현하였을 때, 이들이 잎이 될 것으로 예정된 것은 아니라는 실험 결과가 보고되었다. 양치류와 장미허브 식물체로부터 분리된 어린 잎 원기를 배양했을 때, 잎이 아닌 슈트를 형성하였다. 이는 이들 세포가 잎 발달 경로를 시작하기 전에 잎 원기의 배치와 초기 세포분열이 일어나기 때문에 나타나는 현상으로 여겨진다.

유관속의 형태를 반영하는 잎의 외부구조

잎은 형태적으로 서로 다른 두 가지로 구분되는데, 이는 진화적인 기원의 차이를 반영하는 것이다. **소엽**은 줄기 유관속 실린더에서 갈라진 작은 엽맥을 가진 잎인데 잎맥은 잎에 부분적으로 존재한다. 소엽은 대부분 작고, 주로 석송문(Lycophyta) 식물들과 관련이 있다. 대부분의 식물은 엽맥이 여러 개인 **대엽**을 가지고 있다.

대부분 쌍떡잎식물의 잎은 납작한 엽신(blade)과 가느다란 엽병을 가진다. 엽신이 납작한 것은 **방사대칭**에서 **배복대칭**으로의 전환을 반영한 것이다. 잎이 평평해짐으로써 광합성 면적이 증가한다. 식물학자들은 뚜렷하게 이면과 배면이 없는 돌연변이체를 이용하여 어떻게 이러한 전환이 일어났는지에 대해 이해를 하기 시작했다.

잎은 한 쌍의 **탁엽**(stipule)을 갖고 있는데, 이는 엽병의 기부가 신장한 것이다. 탁엽은 크기에서 매우 큰 차이를 보이고 그 형태도 다양하게 나타난다.

목부와 사부로 구성되는 탁엽은 엽신 전체에 분포한다. 주탁엽은 대부분의 단자엽식물에서는 평행으로 존재하지만 쌍자엽식물의 탁엽은 복잡하게 얽혀 있다.

엽신은 형태가 매우 다양하게 나타나는데, 타원형으로부터 잎 끝이 찢어져 서로 다른 잎 여러 개가 합쳐진 것처럼 보이는 것도 있다. 라일락, 자작나무 등의 **단엽**은 엽신이 나누어져 있지 않지만, 은행나무와 떡갈나무의 단엽은 끝이 갈라져 톱니나 둥근 돌출부를 가지고 있다.

가스 교환과 증산을 조절하는 잎의 내부구조

잎의 전체 표면은 투명한 표피로 덮여 있는데, 이들 표피세포들에는 엽록체가 없다. 표피에는 밀납질의 **큐티클층**이 있고, 서로 다른 형태의 **선**과 **모용**들이 분포해 있다. 대부분 잎의 하부의 표피에는 입 모양의 많은 기공이 분포하며, 기공들은 공변세포로 둘러싸여 있다. 상부 표피와 하부 표피 사이의 조직을 **엽육**이라고 부른다. 엽육에는 다양한 크기의 엽맥이 퍼져 있다. 대부분 쌍자엽식물의 잎에는 두 가지 서로 다른 형태의 엽육이 있다. 상부 표피에 근접한 엽육은 막대기 혹은 실린더

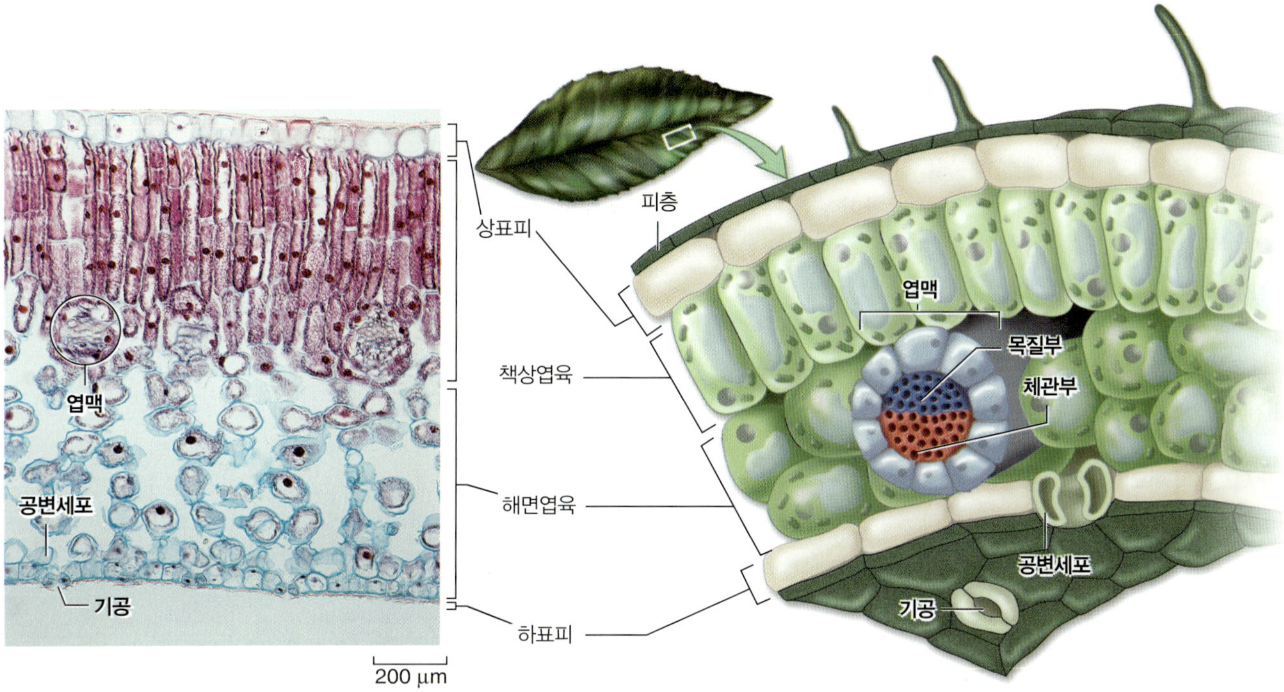

그림 14.8 잎의 횡단면.
책상엽육과 해면엽육, 유관속 또는 엽맥 그리고 기공을 감싸는 한 쌍의 공변세포를 가진 기공의 배열을 보여주는 잎의 횡단면.

형태의 후각세포들이 촘촘히 하나 또는 여러 열로 배열되어 있는 엽록조직 세포들로 구성되어 있다(**그림 14.8**).

대부분의 쌍자엽식물 잎은 하부 표피와 **책상엽육** 사이에 전 조직에 공극이 퍼져 있는 **해면엽육**을 가지고 있다. 기공과 세포들을 연결하는 간극은 가스의 교환과 잎에서 수증기의 이동 등의 기능을 한다. 단자엽식물의 잎은 간혹 책상과 해면조직 층으로 분화가 일어나지 않은 경우도 있고, 상부 표피와 하부 표피의 구분도 거의 없다. 대신 형태가 뚜렷하며 유관속을 감싸고 있는 세포에서 이산화탄소의 고정이 일어난다.

2 식물의 생장과 발달

2.1 배 발생

난세포(또는 알세포; egg cell)가 수정되면 배의 발달이 시작된다. 피자식물의 꽃가루에서 발달한 꽃가루관이 조세포의 하나를 통해 배낭에 들어가면 두 개의 **정세포**(sperm cell)가 방출된다(**그림 14.9**). 하나의 정세포는 난자와 수정하여 **접합자**(zygote)를 형성하고, 이 접합자는 세포분열을 통해 **배**(embryo)로 발달된다. 다른 하나의 정세포는 중심부에 있는 세포의 두 개의 극핵과 수정하여 세포분열이 진행되면서 배의 영양 공급원이 되는 **배유**(endosperm)가 형성된다.

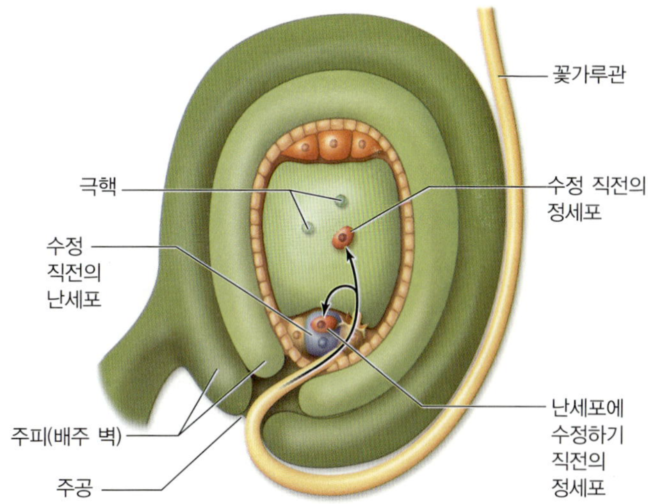

그림 14.9 수정과 배 발생.
배낭 안에서 난세포는 꽃가루관으로부터 방출되는 하나의 정세포에 의해 수정된다. 두 번째 정세포는 중심부 세포와 수정하여 배유로 발달한다. 이 모식도는 수정 직전의 정핵을 보여준다.

하나의 세포의 분열에 의해 생거나는 3사원적인 성체 설계

현화식물에서 접합자의 첫 분열은 비대칭적으로 이루어져 서로 다른 운명을 가진 두 세포가 생긴다. 작고 치밀한 세포질을 가진 하나의 딸세포는, 배가 될 운명을 가지며 서로 다른 면으로 계속 분열하여 공 모양의 세포 덩어리를 이룬다. 크기가 더 큰 다른 하나의 세포는 계속 분열하여 배를 종자의 영양 조직에 연결하는 **배병**(petiole)이라고 부르는 길쭉한 구조를 형성한다. 배병은 발달 중인 배에 영양분을 전달하는 통로가 된다. 뿌리-줄기 축도 이때 형성되는데, 배병 가까이에 위치한 세포들은 뿌리를 형성하고 축의 반대쪽 세포들은 최종적으로 줄기를 형성한다.

포자식물체 조직(배주와 심피 조직)으로 둘러싸여 있는 자성배우체 내부에 접합자가 묻혀 있기 때문에 식물 배 발육 시 비대칭을 이루는 기작을 연구하는 것은 어려운 일이다.

세 가지 조직계의 형성

1차 분열조직(primary meristem)이라고 부르는 세 가지 기본 조직은 식물의 배가 공 모양을 이루는 **구형기**에 분화되는데, 식물의 배 발생 동안 세포 이동은 없다. 배의 가장 바깥 세포들로 구성된 **원표피**는 표피조직으로 분화된다. 이 세포들은 항상 체표면에 수직인 세포판을 형성하며, 분열하여 단일 외피 세포층을 유지시켜준다. 표피조직은 식물이 건조되지 않도록 하면서 식물을 보호해준다. 가스 교환을 위해 열리고 닫히며 수분 손실을 최소화하는 기공은 표피조직에서 유래한다.

기본 분열조직은 배의 내부를 채우며, 영양과 수분을 저장하는 기능을 가지는 기본조직을 구성한다.

마지막으로 배아의 중심부에 있는 전형성층은 물과 영양분 수송을 담당할 유관속조직을 형성하게 된다.

형태형성

구형기(globular stage)에 피자식물의 한 분류군인 애기장대와 같은 진정 쌍자엽식물은 두 개의 불거진 부위를 가진 심장 모양의 배아를 형성하며, 다른 분류군인 **단자엽식물**은 한쪽만 불거져 나온 공 모양의 배아를 형성한다. 이들 불거진 부분이 **자엽**(첫번째 잎을 의미)이며, 구형기에 형성되기 시작하는 정단 분열조직이 아니라 배아세포에 의해 만들어진다. 이 과정을 **형태형성**(morphogenesis)이라고 부르며, 세포분열의 면과 속도가 변화함으로써 이루어진다.

식물 세포는 이동할 수 없기 때문에 식물체의 형태는 세포가 분열하는 면에 의해 결정되며, 세포가 형성된 후에 삼투적으로 팽창하게 되면서 세포 모양이 변화함으로써 형태가 조절되기도 한다. 세포판의 위치는 분열의 방향을 결정해주며, 미세소관과 액틴이 세포판의 위치를 결정하는 역할을 한다. 식물 호르몬과 기타 요소들이 원형질막 내부에서 미세소관 다발의 방향을 잡는 데 영향을 미치는데, 이들 미세소관은 새로 형성된 세포의 바깥 주위에 세포벽이 형성될 때 섬유소가 축적되는 것을 돕기도 한다. 이때 여섯 면 중 네 면은 섬유소가 더욱 많이 축적되어 강화되기 때문에 세포는 덜 강화된 두 면의 방향으로 팽창하고 성장하게 된다.

2.2 종자

피자식물 배아의 발육 초기에 배가 발생을 멈추는 매우 중요한 일이 일어난다. 많은 식물에서 배아 발육은 분열조직과 자엽이 분화한 직후에 멈추며, 배주의 맨 바깥 세포층인 외피는 휴면 배가 들어 있는 종자를 둘러싸고 있는 비교적 불투과적인 **종피**로 발달한다(**그림 14.10**).

배를 보호해주는 종자

종자는 배를 먼 곳까지 분산시키기 위한 운반체이다. 종자는 보호층으로 둘러싸여 있어 성숙한 식물이 죽을 수도 있는 환경에서 배를 생존시킨다.

종자는 다음과 같이 적어도 네 가지 면에서 중요한 적응을 하고 있다.

1. 종자는 불리한 환경에서는 휴면을 유지하여 더 나은 상황이 될 때까지 발생을 연기한다. 환경이 크게 나쁘지 않으면 발아하는 일부 종자는 살아남을 수도 있고, 일부는 휴면을 유

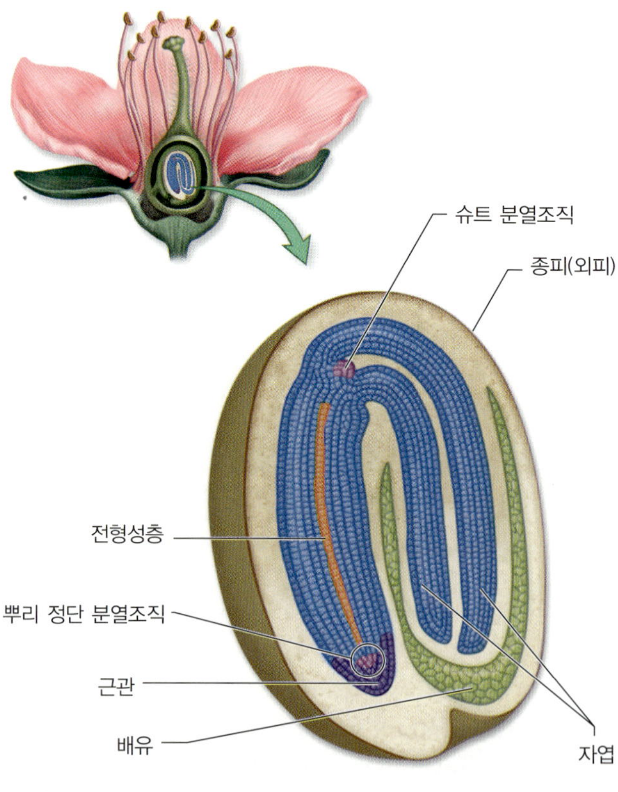

그림 14.10 종자의 발달.
이 성숙한 피자식물 배주의 외피는 종피를 형성하고 있다. 두 자엽이 자라 종자의 치밀한 공간에 맞게 구부러진 모양을 하고 있음에 주목하라. 일부 배들은 경정 분열조직이 이미 몇몇의 잎 원기를 만들기 시작한다.

지하기 때문에 식물은 일부 종자를 발아시킬 여유를 가지게 된다.
2. 종자는 발달이 가장 취약한 단계의 어린 식물을 최대로 보호할 수 있다.
3. 종자는 어린 식물이 광합성 능력을 얻기 전에 생장하고 발달할 수 있는 영양을 저장하고 있다.
4. 가장 중요한 것은 종자가 산포에 적응되어 있어 식물 유전자형이 새로운 서식처로 이동할 수 있게 한다는 것이다.

성숙한 종자는 5~20%의 수분을 함유하고 있으며, 그러한 상황에서 종자와 그 안에 있는 어린 식물은 매우 안정하게 존재하는데, 이와 같이 생장이 정지되어 있는 것은 일차적으로 배가 점진적이고 심하게 건조되어 있고, 관련된 대사 활동이 감소되어 있기 때문에 나타나는 현상이다. 물과 산소가 배아에 도달할 때까지는 종자는 발아가 되지 않으며, 일부 식물의 종자는 수백 년 혹은 수천 년 동안 살아 있는 것으로 알려져 있다.

2.3 열매

피자식물 배아의 생존은 종자 발달뿐만 아니라 열매의 발달에도 의존한다. 열매는 가장 단순하게 성숙한 **자방**(ovary)으로 정의된다. 종자 형성 동안 꽃의 자방이 열매로 발달하기 시작하는데, 어떤 경우에는 주두에 꽃가루가 내려앉으면 열매가 발달하기 시작하지만 일반적으로 수정 후에 열매, 종피, 배, 배유의 발달이 합동으로 이루어진다.

종자의 발달 없이도 열매가 발달할 수 있는데, 그 실례로 바나나는 종자의 발달이 없이 자방이 성숙되어 우리가 먹을 수 있는 열매가 된 것이다. 바나나는 배아 발달이 없어진 이후 무성생식으로 번식한다.

산포의 수단이 되는 열매

열매는 여러 가지 방식으로 형성되며, 산포를 위한 다양한 적응 양상을 보인다. **과피**라고 부르는 세 층의 자방 벽은 서로 다른 운명을 가지게 되며, 과육이 있거나 건조하고 딱딱해지거나 하는 다양한 형태의 열매가 되게 한다.

발생학적으로 열매는 세 가지 유전자형이 한 덩어리에 존재하는 매력적인 기관이다. 열매와 종피는 이전 포자식물체 세대에서 생겨난다. 난세포를 만드는 배우체 세대의 일부가 발달 중인 종자에서 발견되며, 배는 다음 포자식물체 세대가 된다.

피자식물을 넓은 지역에 서식하게 해준 열매

열매는 형성되는 방법도 다양하지만 다양하고 특수한 산포 방식을 지니고 있다. 과육을 가진 열매는 흔히 윤기 있는 검은색이거나 밝은 청색 혹은 붉은색을 띠며, 새나 다른 척추동물에 의해 산포된다. 붉은 꽃과 같이 붉은 열매는 먹이가 많이 있음을 보여주기 때문에 이들 열매를 먹음으로써 새나 다른 동물들은 종자를 한 장소에서 다른 장소로 옮겨주게 되면서 식물이 한 서식처에서 다른 서식처로 옮겨지게 된다. 이러한 종자들에게는 동물의 위산이나 소화효소로부터 보호받기 위해 단단한 종피가 필요하다.

잡초인 인동덩굴에서 볼 수 있는 갈고리 모양의 가시를 가진 열매는 북반구 낙엽수림에 나타나는 여러 속 식물의 전형적인 특징이다. 이러한 열매들은 흔히 사람을 포함한 포유동물의 털이나 옷에 달라붙어 퍼트려진다. 다람쥐류의 포유동물은 도토리와 같은 열매들을 산포시키고 땅에 묻기도 하는데, 이들의 일부는 봄에 얼음이 녹고 환경이 좋아지면 싹을 틔운다.

단풍나무, 느릅나무, 서양물푸레나무의 열매들은 바람에 의한 산포를 돕는 날개를 가지고 있다. 난과 식물은 바람에 날려가는 아주 작고 먼지 같은 종자를 가지고 있다. 민들레는 바람에 의해 산포되는 친숙한 열매형의 한 실례를 보여주며, 버드나무나 미류나무와 같은 식물들의 종자 산포도 비슷하다. 물에 의해 산포되도록 적응된 것들은 물이 들어오는 것을 막는 불투과성 막으로 둘러싸인 공기 주머니를 가진다.

해변 근처에 사는 야자류 식물들은 종자가 물에 떠내려가 다른 지역으로 산포되는데, 이러한 종류의 산포는 하와이와 같은 먼 섬에 식물군집이 이루어지는 데 중요한 역할을 한다.

2.4 발아

조건이 좋아지면 배아는 건조된 상태에서 벗어나 저장 영양을 이용하여 생장을 재개한다. **발아**(germination)는 여러 단계로 구분되는 과정이지만 일반적으로 종피를 뚫고 **유근**(어린 뿌리; radicle)이 출현하는 것으로 정의된다.

외부 신호와 조건에 의한 발아

발아는 종자가 수분을 흡수하여 대사가 재개될 때 시작되는데, 이때 종자가 흡수하는 수분의 양은 놀라울 정도이다. 삼투압은 종피를 깨기에 충분한 힘을 만들어낸다. 이 시점에서 식물은 동물과 마찬가지로 세포호흡을 위해 산소를 필요로 하기 때문에 발생 중인 배가 이용할 수 있는 산소가 있는지가 매우 중요하다. 벼와 같이 혐기적 상태에서도 견뎌낼 수 있는 식물도 일부 있지만 물속에서 성공적으로 발아하는 종자식물은 많지 않다.

휴면 종자가 충분히 물을 흡수하고, 호흡을 하고, 단백질과 RNA를 합성하고, 정상적인 대사를 할지라도 환경으로부터의 추가적인 신호가 없이는 발아에 실패할 수도 있다. 이러한 신호에는 적당한 파장과 강도의 빛, 연이은 추운 날 수, 또는 발아에 적당한 온도에서의 시간 등을 들 수 있다. 많은 식물의 종자는 저온에서 일정 기간 동안 두지 않으면 발아하지 않는데, 이 현상은 계절적으로 추운 지역에서 자라는 식물의 종자가 겨울이 지날 때까지 발아하는 것을 막아주어 연한 **유묘**

(seedling)를 혹독하고 추운 상태로부터 보호해주게 된다.

일부 식물은 비교적 좁은 온도 범위에서 발아하지만 발아는 대체로 넓은 범위의 온도(5~30°C)에서 일어난다. 어떤 종자는 최적의 환경에서도 발아하지 않는다. 일부 종에서는 한 계절의 종자의 상당한 부분이 무한정 시간 동안 휴면 상태로 남아 장래 식물 집단에 큰 진화적 의미를 부여하는 유전자 풀이 되기도 한다.

3 식물의 수송

3.1 식물의 수송기작

인류의 출현 이래 호기심이 많은 사람들이 '식물에서 물이 어떻게 뿌리에서 10층 높이의 나무 꼭대기까지 도달할 수 있는 것일까?' 하는 데 관심을 가져왔다. 식물은 동물과 같이 근육

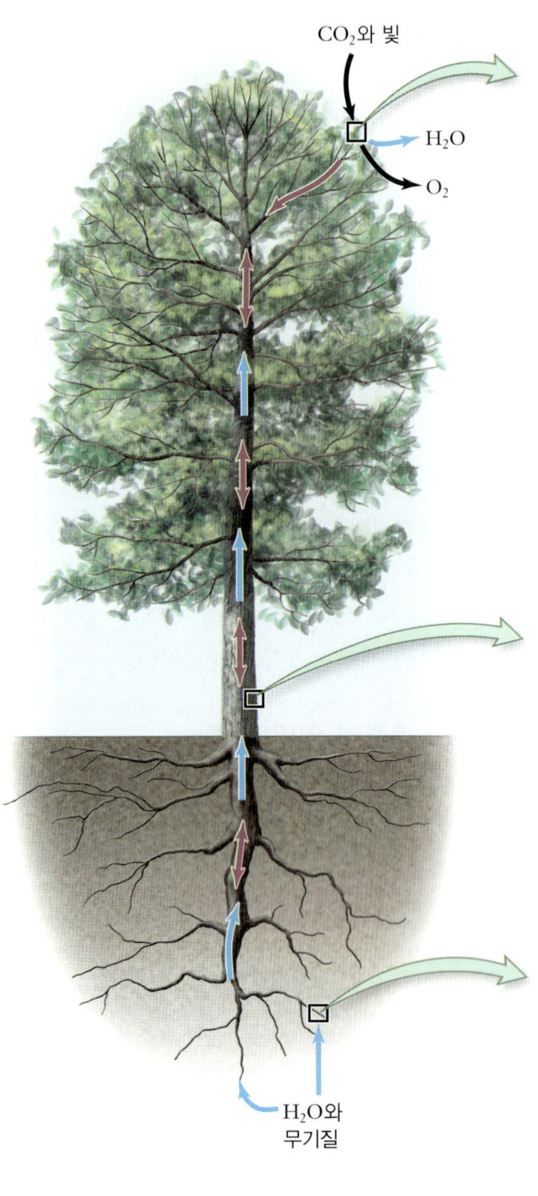

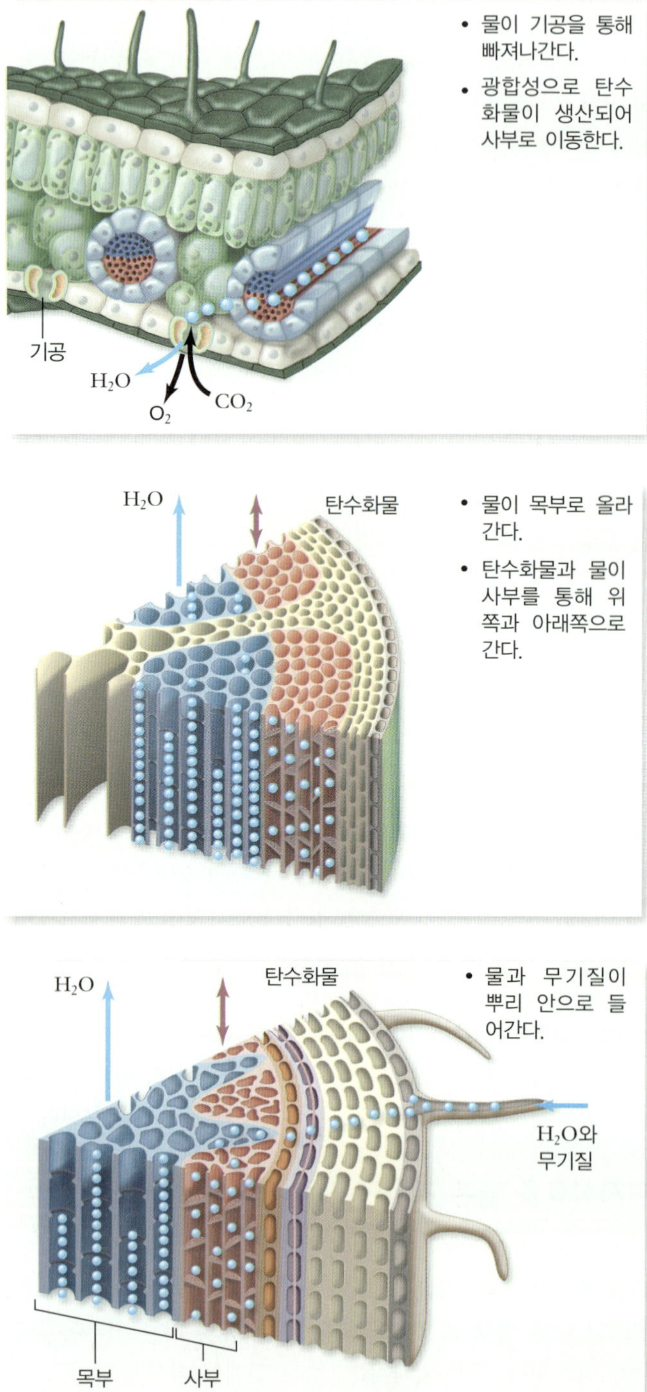

그림 14.11 식물체에서 물과 무기질의 이동.
이 모식도는 물과 무기물이 식물체 안으로, 내부에서 바깥으로 이동하는 경로를 보여준다.

조직이나 순환계가 없기 때문에 식물체를 통해 유체가 끌어올려져야 한다. 식물에서 물은 세포의 원형질막 사이의 연결 통로인 **원형질연락사**(plasmodesmata), 식물체를 통해 뻗어 연결된 통도세포들을 통해 그리고 세포의 원형질체 사이의 세포벽 사이의 공간을 따라 이동한다. 물은 처음에 뿌리로 들어가 식물의 유관속조직 가장 안쪽의 목부로 이동한다. 물은 여러 요인들의 조합에 의해 목부를 따라 위로 올라가며 올라간 물의 대부분은 잎의 기공을 통해 배출된다(**그림 14.11**).

국지적 변화에 의한 물질의 먼 거리 이동

식물에서 물 분자는 아주 먼 거리까지 이동이 가능하며, 무기질은 물에 용해되어 목부로 들어간다. 미국삼나무의 경우 목부에 들어간 물은 100 m까지 위로 올라갈 수 있다. 물을 끌어올리는 힘은 주로 기공에서 물이 증발되는 **증산작용**(transpiration)에 의해 이루어진다. 이러한 끌어올림은 물 분자의 서로 끌어당기는 성질인 **응집**(cohesion)과 가도관이나 목부 도관에 부착하는 성질인 **부착**(adhesion)에 의해 이루어지는데, 그 결과 높은 곳까지 도달하는 매우 안정된 액체 기둥이 만들어지게 된다.

세포 수준에서의 물의 이동은 짧은 거리에서 이루어지는 것이지만 식물에서 많은 양의 물이 이동하는 데 핵심적인 역할을 한다. 물은 원형질막을 통해 확산되지만 하전된 이온이나 서당과 같은 유기화합물은 단백질 운반체를 통한 **촉진확산**이나 **능동수송**에 의해 이루어진다. 능동수송은 ATP-의존성 수소이온 펌프에 의해 이루어지는데, 이를 통해 막을 횡단하여 수소이온 기울기(gradient)가 생기게 된다. 이 수소이온 기울기는 서당의 수송을 포함하여 다양하게 이용된다. 이온이나 유기분자와 같은 **용질**의 불균형 분포는 **삼투현상**을 야기하는데, 삼투현상에 대한 양적 접근을 통해 어느 방향으로 물이 이동할 것인지에 대해 예측할 수 있다.

삼투현상에 의한 물의 이동

하나의 세포가 물에 들어 있으면 세포내 용질의 농도가 바깥 용액의 농도보다 더 높기 때문에 **삼투현상**에 의해 물이 세포 안으로 들어온다. 그 결과 세포는 팽창되어 세포벽을 압박하고 세포의 **팽압**(tugor pressure)이 증가하기 때문에 세포는 부풀게 된다. 반대로, 세포를 매우 높은 농도의 설탕 용액에 넣어둔다면 세포로부터 물이 빠져나와 팽압은 떨어진다. 세포가 쭈그러지면 세포막이 세포벽으로부터 떨어지게 되는데, 이런 현상은 **원형질분리**(plasmolysis)라 부르며, 세포가 너무 많은 물을 잃어버리게 되면 세포는 죽게 된다. 세포의 부피가 조금만 변해도 팽압에는 큰 변화가 생기며, 팽압이 영으로 떨어지면 식물은 시들게 된다.

3.2 물과 무기질의 흡수

식물에 의해 흡수되는 물의 대부분은 뿌리의 근모를 통해 들어온다. 앞에서 살펴본 것처럼 근모는 생장하고 있는 뿌리 끝 바로 위쪽에 위치하는 뿌리의 표피세포가 신장하여 만들어진다.

많은 식물 종에서 물과 무기질의 흡수를 위한 표면적은 균근의 곰팡이류와 상호작용함으로써 더욱 증가된다. 이들 곰팡이류는 근모보다 흡수 망을 훨씬 더 확장시키며, 특히 토양에서 인산을 흡수하는 데 도움이 된다.

근모를 통해 흡수된 물과 무기질은 유관속조직에 도달할 때까지 세포층을 횡단하여 이동하며, 물과 용해되어 있는 이온은 목부로 들어가 식물 전체로 이동한다.

물의 세 가지 수송 경로

물과 무기질은 뿌리의 유관속조직에 도달하는 데 다음과 같은 세 가지 경로를 이용한다(**그림 14.12**). 첫째, **아포플라스트**(apoplast) **경로**는 세포벽과 세포 사이의 공간을 통해 이동하

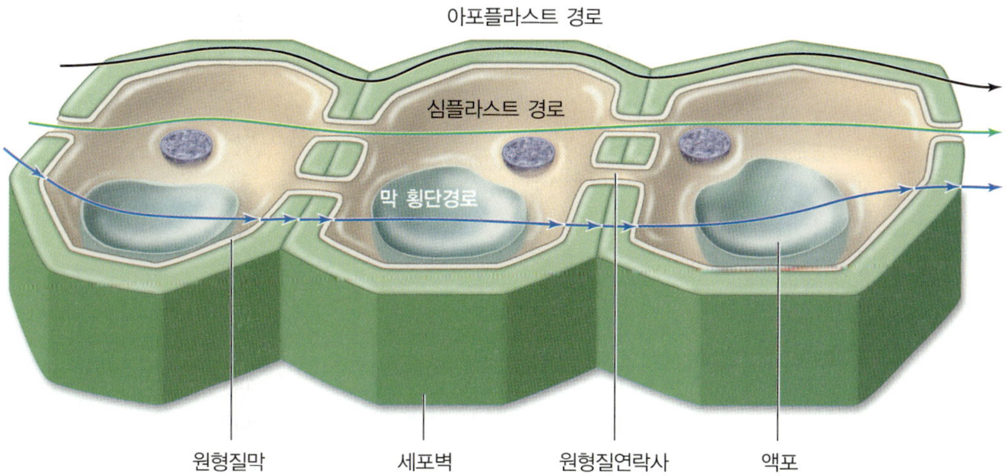

그림 14.12 세포 사이의 수송 경로.

는 수단으로 막을 통한 수송은 이루어지지 않는다. 둘째는 **심플라스트**(symplast) **경로**로 물이 원형질연락사로 연결되는 세포 사이에 세포질로 이동되는 것인데, 일단 분자가 세포 안에 있으면 이들은 막을 횡단할 필요가 없이 원형질연락사를 통해 세포 사이를 이동할 수 있다. 세 번째 경로는 **막횡단 경로**로 세포 사이 혹은 세포내에서는 액포 막을 횡단하는 막 수송으로 이 경로에서는 세포들이 어떤 물질이 들어가고 나가는지를 가장 잘 조절할 수 있게 된다. 이들 세 가지 경로는 서로 배타적이지 않으며, 분자들은 뿌리의 내피에 도달할 때까지 어느 때라도 경로를 바꿀 수 있다.

내피를 통한 선택적 수송

분자들이 내부로 들어가 내피에 도달하게 되면 **카스파리안 띠**(Casparian stripe)에 의해 세포벽을 통하는 수송은 차단된다. 내피의 원통을 이루고 있는 모든 세포는 방수성 물질인 슈베린으로 덮여 연결되는 벽을 가진다. 분자들은 목부에 도달하기 위해 내피 세포의 원형질막과 원형질을 통과해야만 한다. 내피는 독특한 구조를 가지고 수분 퍼텐셜을 조절하여 뿌리 밖으로 물이 새어 나가지 않도록 하기 위해 피층과 표피와 함께 목부로 물과 영양분이 이동해가는 것을 조절한다.

3.3 목부 수송

내피 세포막을 횡단한 수용액은 식물의 유관속조직에 들어가 목부의 가도관과 도관으로 이동한다. 이온이 활발하게 펌프질되거나 촉진확산을 통해 뿌리로 들어옴에 따라 삼투현상으로 뿌리의 수분 퍼텐셜이 증가하면서 팽압이 증가하게 된다.

증산이 저조하거나 일어나지 않을 때에도 존재하는 근압

근압은 흔히 밤에 나타나는데, 이는 잎의 증산작용이 매우 저조하거나 없을 때 뿌리에 계속적으로 이온이 축적됨으로써 생긴다. 이러한 축적은 세포 내에 이온 농도를 점점 더 높여 삼투현상에 의해 근모세포로 더 많은 물이 들어가게 된다.

특정 환경에서는 근압이 너무 강해 자른 식물 줄기면으로부터 물이 수시간 혹은 수일간 흘러나오기도 한다. 근압이 매우 높을 때 근압은 물이 잎으로까지 올라가도록 해주는데, 여기에서 **일액현상**(guttation)이라고 부르는 과정을 통해 물이 액체 상태로 빠져나온다. 일액현상은 물을 아주 높이 또는 빠른 속도로 이동시키지는 못하며, 기공을 통하지 않고 이 과정에서만 쓰이는 작은 잎맥의 말단 가까이 있는 특정 그룹의 세포들을 통해 일어난다. 일액현상에 의해 잎의 이슬(dew)이 만들어진다.

근압만으로는 목부 수송을 설명하기에 불충분하며, 증산작용이 뿌리에서 잎으로 물과 이온을 수송하는 주된 동력이 된다.

도관과 가도관을 통한 대량 수송

물은 분자 간의 수소결합을 형성하려는 경향인 **응집력**으로부터 생기는 고유의 **신장 강도**를 가진다. 이들 두 요소는 목부에서 다량의 물의 흐름을 설명하는 **응집력-장력 이론**(cohesion-tension theory)의 기본이 된다. 물기둥의 장력은 기둥 직경과 반비례하는데, 물기둥의 직경이 작을수록 장력은 더 커진다. 식물 가도관과 도관은 직경이 매우 작기 때문에 물의 응집력은 중력에 의한 끌어당김보다 더 크게 된다. 또한 물 분자는 가도관이나 도관벽에 부착하여 긴 물기둥을 더욱 안정시킨다.

더 좁은 물기둥이 더 큰 장력을 가진다면 많은 식물에서 가도관보다 더 큰 직경을 가진 도관이 발견되는 것은 흥미로운 일이다. 직경에서의 차이는 물기둥의 장력보다는 물기둥의 물의 양에 더 큰 영향을 미친다. 초당 물기둥 안에서 움직이는 액체의 양은 일정한 압력에서 r^4에 비례한다. 여기서 r은 물기둥의 반경이다. 반경이 2배 증가하면 물기둥을 통해 이동하는 물의 양은 16배로 증가하기 때문에 목부의 횡단면이 같으면 직경이 더 큰 도관을 가진 식물이 좁은 가도관을 가진 식물에 비해 더 많은 물을 줄기로 끌어올릴 수 있게 된다.

공동현상의 효과

장력은 물기둥의 연속성에 의존하는데, 도관이 파괴되거나 잘려서 물기둥에 기포가 유입되면 연속성과 응집력이 깨지게 된다. 이때 공기가 들어 있는 방울은 팽창하여 가도관이나 도관을 막게 되는데, 이러한 현상을 **공동현상**(cavitation)이라고 부른다. 공동현상은 물의 이동을 정지시켜 수분 부족으로 인해 식물의 일부 혹은 전체가 죽게 된다.

한 통로가 막히면 또 다른 경로를 이용할 수 있는 것과 같은 해부학적 적응으로 공동현상의 문제점을 보완할 수 있다. 각각의 가도관과 도관 세포들은 세포벽에 의해 다른 가도관 혹은 도관과 연결되어 있으며 일반적으로 기포는 여기에 있는 구멍들보다 크기가 더 크기 때문에 기포는 **막공**을 통과하지 못하고 결국 수송을 더 이상 하지 못하게 된다. 세포의 동결이나 변형, 특히 계절적 온도 변화도 목부 세포에 작은 기포를 만들 수 있다. 공동현상은 오래된 목부가 물의 흐름을 멈추는 원인 중의 하나이기도 하다.

3.4 증산

식물의 뿌리에서 흡수되는 물의 90% 이상은 최종적으로 대기로 소실된다. 물은 엽맥의 끝부분에서 엽육세포로 이동하여 결국 이들 세포의 표면에서 잎의 공기주머니로 들어가 증발한다.

이 **세포간극**(intercellular space)들은 기공을 통해 잎의 바깥 대기와 접하고 있다.

H_2O와 CO_2의 균형 유지를 위한 기공의 개폐

물은 식물의 대사에서 필수적이지만 식물체에서 계속해서 대기로 소실된다. 동시에 광합성을 위해서는 대기로부터 엽록체가 있는 유세포로 CO_2가 들어와야 한다. 따라서 식물은 두 가지 다소 상충되는 요구, 즉 대기로 물의 소실을 최소화하는 요구와 이산화탄소를 받아들여야 하는 요구에 직면하게 되는데, 이러한 요구를 충족시키기 위해 기공이나 표피와 같은 특수한 구조가 발달되었다.

증산속도는 습도나 당시의 시간을 포함하는 일기 조건에 따라 달라진다. 앞에서 언급한 것처럼 잎에서의 증산은 밤에 감소하는데, 이때 기공은 닫히고 잎과 대기 사이의 증기압 기울기는 작아진다. 낮 동안 태양은 잎의 온도를 올리는 반면, 증산은 증발 효과로 잎을 서늘하게 해준다.

단기적으로 기공을 닫으면 물의 손실을 막을 수 있는데, 많은 식물에서 수분 스트레스를 받을 때 이러한 현상이 나타난다. 그러나 CO_2가 들어오도록 기공은 최소한의 시간은 열려야 한다. CO_2가 세포간극에 들어오면 광합성을 하는 식물 세포에 들어가기 전에 물에 녹는다. 기체는 주로 기공 아래의 세포간극 벽에서 물에 녹게 되는데, 뿌리로부터 잎에 도달하는 연속적인 물의 흐름으로 이 벽은 습한 상태를 유지한다.

공변세포의 팽압에 의한 기공의 개폐

기공의 양쪽에 있는 두 개의 소시지 모양의 **공변세포**는 모양에서뿐 아니라 엽록체를 가진 표피세포라는 점에서 다른 표피세포와는 다른 특징을 지니고 있다. 공변세포는 안쪽이 더 두텁고 그 외의 부분은 더 얇은 독특한 세포벽 구성으로 인해 팽창할 때 불룩해져 휘어진다.

한쪽 끝이 함께 묶여 있는 약간 부풀려져 있는 두 개의 길쭉한 풍선으로 이러한 모델을 만들어보자. 두 개의 열린 끝을 함께 잡으면 두 풍선 사이에는 공간이 거의 생기지 않는다. **그림 14.13**에서 보는 것처럼 공기가 빠지지 않은 상태로 접착테이프로 두 풍선 주위를 감은 채 각각을 약간 더 부풀린 다음, 열린 끝 부분을 다시 잡으면 가운데에 공간이 있는 도넛 모양의 공변세포 쌍을 잡고 있는 것이 된다. 실제로 공변세포는 공기가 아닌 물의 유입과 유출에 의하여 열리고 닫힌다.

3.5 수분 스트레스 반응

식물은 이동할 수 없기 때문에 이용할 수 있는 물이나 염의 농도가 변할 때를 대비하여 가뭄, 홍수, 염분의 변화와 같은 환경의 변화에 대처할 수 있도록 적응되어 왔다.

수분 소실의 제한을 통한 가뭄에 대한 식물의 적응

식물은 수분 손실 속도를 제어하는 많은 기작을 개발해 왔다. 기공의 개폐를 조절하는 것은 즉각적인 반응이며, 형태적 적응은 가뭄에 대한 장기적인 해법이 된다. 그 실례로 일부 식물에서는 휴면이 그해의 건기 때에 진행된다. 또 다른 기작은 잎을 탈락시킴으로써 증산을 줄이게 되는데, 낙엽성 식물은 주기적으로 심한 가뭄이 있는 지역에 흔하게 존재한다. 넓은 의미에서 일년생 식물은 상황이 좋지 않을 때 종자 상태로 휴면에 들어감으로써 물을 보존한다.

비교적 기공의 수가 적고, 흔히 잎의 아래 면에만 기공이 존재하는 두텁고 딱딱한 잎에서는 기공이 많은 크고 유연한 잎에서보다 수분 손실이 훨씬 늦게 일어난다. 양털과 같은 **모용**으로 가득 덮힌 잎은 태양빛을 더 많이 반사하여 잎이 받을 열 부담과 증산에 의한 열을 식힐 필요를 줄인다.

그림 14.13 공변세포의 불균등한 세포벽 비후로 인해 공변세포가 팽창할 때 기공이 열린다.

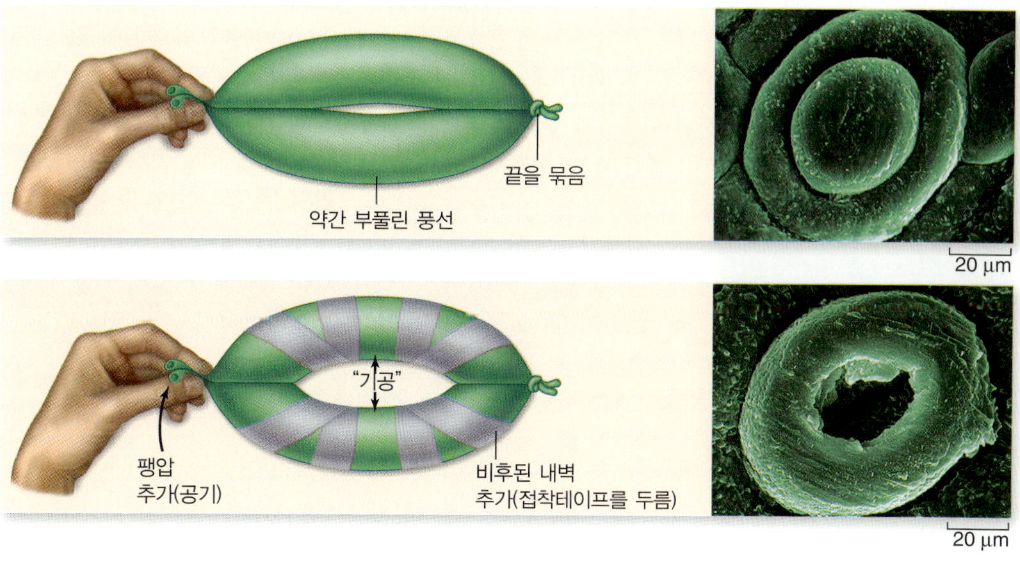

홍수에 대한 식물의 반응: 단기적 호르몬 변화와 장기적 적응

식물이 너무 많은 물을 받아들일 수도 있는데, 이 경우 결국은 "익사"하게 된다. 홍수는 토양의 유용 산소를 빠르게 고갈시켜 뿌리로 무기질과 탄수화물이 수송되는 것을 저해하여 비정상적인 생장을 초래한다. 홍수를 만난 식물에서는 호르몬 수준이 변하는데, 뿌리의 신장 억제에 관여하는 호르몬인 **에틸렌**은 증가하는 반면, 새로운 뿌리 생장을 촉진시키는 **지베렐린**과 **시토키닌**은 감소하게 된다. 이러한 호르몬의 변화로 비정상적인 생장 양상이 나타난다.

산소 고갈은 세포호흡을 감소시키기 때문에 가장 심각한 문제이다. 정지되어 있는 물은 흐르는 물보다 훨씬 적은 양의 산소를 포함하고 있는데, 일반적으로 홍수 때 정지되어 있는 물은 식물에 더 해롭다(역조는 제외). 식물이 휴면일 때 일어나는 홍수는 활발히 생장할 때의 홍수보다 훨씬 덜 해롭다.

산소 고갈로 나타나는 뿌리의 물리적 변화는 식물에서 물의 흐름을 정지시키는 것으로, 식물의 뿌리가 물속에 있을지라도 그 잎은 마르게 되는 현상이 나타난다. 식물은 가스 교환을 촉진하는 더 큰 **피목**(lenticel)을 형성하거나, 가스 교환을 위해 물 위로 **부정근**을 뻗어 홍수에 반응하기도 한다.

고농도의 염에 대한 식물 적응

식물에서 조류의 조상은 육지로 이동하기 전의 해수 환경으로부터 담수 환경으로 적응했다. 이러한 적응은 염분 균형 조절에 큰 변화가 생긴 것이다.

염분 토양에서의 생장

흔히 관개에 의해 염분이 축적되면 토양 염도가 증가한다. 현재 전 세계 경작면적의 23%는 높은 수준의 염도를 나타내고 있으며, 작물의 수확을 감소시킨다. 염분 토양의 낮은 수분 퍼텐셜로 인해 작물은 수분 스트레스를 받게 되는데, **염생식물**(halophyte)이라고 부르는 일부 식물들은 고농도의 염분을 가진 토양을 잘 견뎌낸다. 염분 내성이 더 큰 식물의 육종을 목표로 염분 내성의 기작이 연구되고 있다. 일부 염생식물은 뿌리 내에 유기분자를 고농도로 생산하여 토양과 뿌리 사이의 수분 퍼텐셜 기울기를 변화시킴으로써 물이 뿌리 내로 유입되도록 한다.

3.6 사부 수송

식물의 잎이나 다른 녹색 부분에서 만들어진 탄수화물의 대부분은 사부를 통해 식물의 다른 부분으로 이동된다. 양분 수송으로 알려져 있는 이러한 과정은 뿌리와 왕성하게 생장하고 있는 식물의 다른 부위에서 필요로 하고 있는 탄수화물의 단위체를 공급한다. 탄수화물은 **괴경**과 같은 저장기관에는 전분의 형태로 농축되고, 서당과 같은 수송 가능한 분자로 전환되어 사부를 통해 수송된다. 여기에서는 탄수화물과 영양이 풍부한 **수액**이 식물체를 통해 이동하는 경로에 대해 알아본다.

식물의 위 · 아래쪽으로 수송되는 유기분자

방사성 표지를 이용하여 사부에서 당과 여타 물질들의 이동을 추적할 수 있다. 광합성에 의해 방사성 이산화탄소($^{14}CO_2$)가 포도당 안으로 끼어들어가면 합성된 포도당 분자들은 이당류인 서당을 만들고 서당은 사부를 통해 수송된다. 이러한 연구는 서당이 사부에서 위 · 아래 모두로 이동됨을 보여주고 있다.

먹이로 식물액을 빨아먹는 곤충의 한 종류인 진드기는 양분 수송을 이해하는 데 유용한 도구로 이용되어 왔다. 진드기는 **흡형구기**(piercing mouthpart)를 잎과 줄기의 사부세포 안으로 찔러 넣어 거기 있는 풍부한 당을 얻는다. 먹이를 섭취하고 있는 진드기의 침을 자르고 진드기를 제거하면 잘려진 입 부위를 통해 사부로부터 액이 계속 흘러 나와 분석을 위한 순수한 액을 얻을 수 있게 된다. 사부의 액은 증발시키면 10~20%의 건조물을 얻을 수 있는데, 이는 거의 대부분이 서당이다. 식물학자들은 진드기를 이용하여 연구 샘플을 얻고, 방사성 추적자로 이를 표지하여 사부의 물질이 50~100 cm/h 속도로 빠르게 이동함을 알게 되었다.

팽압 차이에 의한 사부 수송

용액의 탄수화물이 사부를 통해 어떻게 이동하는지에 대해 가장 널리 받아들여지고 있는 이론은 **압류설**(pressure-flow theory)이다. 용해되어 있는 탄수화물은 공급기관으로부터 흘러나와 소비되는 장소인 수용기관으로 이동된다. 탄수화물의 공급기관은 잎의 엽육조직과 같은 광합성 조직이다. 뿌리의 피층과 같은 영양 저장 조직은 공급기관이 되기도 하고, 수용기관이 되기도 한다. 뿌리와 줄기의 생장점과 발생 중인 열매도 수용기관이 된다. 시간에 따른 필요에 의해 공급기관과 수용기관은 달라질 수 있기 때문에 사부의 흐름도 변화될 수 있다.

Exercise

연 습 문 제

1. 뿌리털은 다음의 어느 지역에서 생성되는가?
   a. 세포 분열대　　b. 신장대
   c. 성숙대　　d. 위의 한 지역 이상
2. 줄기에는 있지만 뿌리에는 없는 것은?
   a. 도관조　　b. 절
   c. 표피　　d. 기본조직
3. 유관속식물에서 뿌리와 줄기 체계의 차이점은?
   a. 근계는 2차 생장을 할 수 없다.
   b. 근계는 2차 생장을 하나 껍질을 만들지 못한다.
   c. 근계는 뚜렷한 세포 신장대를 갖고 있으나, 줄기 체계는 갖고 있지 않다.
   d. 근계는 양분을 저장하나 줄기는 그렇지 못하다.
4. 최근 많은 채소작물이 수용액에서 자라기 때문에 뿌리가 용액 상태에 존재한다. 다음의 뿌리 구조 중에서 수용액 상태에서 유용하지 않은 부분은?
   a. 표피　　b. 목부
   c. 근관　　d. 수피
5. 접합자가 첫 세포분열을 한 후 두 세포 중 더 큰 세포가 되는 것은 무엇인가?
   a. 배아　　b. 배유
   c. 배병　　d. 주공
6. 열매는 종자의 산포를 위해 특수화된 복잡한 기관이다. 다음 식물조직 중 성숙한 열매에 들어 있지 않는 것은?
   a. 이전 세대의 포자체 조직
   b. 이전 세대의 배우체 조직
   c. 다음 세대의 포자체 조직
   d. 다음 세대의 배우체 조직
7. 다음 중 능동수송의 기작은 어느 것인가?
   a. 양성자 펌프　　b. 이온 통로
   c. 공동수송　　d. 삼투현상
8. 다음 중 공변세포가 어떠할 때 기공이 열리겠는가?
   a. 칼륨을 얻을 때　　b. 칼륨을 잃을 때
   c. 당을 얻을 때　　d. 당을 잃을 때
9. 다음에서 잘못된 내용은?
   a. 물은 수분 퍼텐셜이 낮은 부위로 이동한다.
   b. 목부는 물질을 식물 위쪽으로 수송하는 데 비해 사부는 식물 아래쪽으로 수송한다.
   c. 목부에서 물의 이동은 대부분 물의 응집력과 부착력에 의한다.
   d. 막을 횡단하는 물의 이동은 흔히 용질의 농도 차이에 의한다.
10. 식물기관은 많은 변화를 통해 환경의 변화에 적응한다. 상상력을 동원하여 변형된 뿌리, 줄기 또는 잎을 만들어보고, 이 변형된 기관이 왜 최적의 선택이었는지 예를 들어 설명하라.
11. 사과를 먹으며 씨를 모아 두었다가 심었더니 발아하지 않았다. 그 씨가 발아하지 않은 이유에 대해 모든 가능한 상황과 발아를 성공시킬 수 있는 방법들에 대해 설명하라.

제 15 장

식물의 방어와 감각

Defense Response and Sensory System of Plants

1 식물의 방어반응

1.1 물리적 방어

식물에게는 태풍에 대한 대피소가 없으며, 폭풍우와 같은 환경은 식물의 생명을 위협할 수 있다. 나무는 구조적으로 강한 바람, 얼음과 눈의 무게를 버틸 수 있지만 강한 바람은 나무의 뿌리를 뽑거나 작은 식물의 주요 줄기를 절단할 수 있다. 그러나 식물의 곁눈은 잘려나간 줄기를 대체함으로써 많은 식물들이 죽지 않고 다시 자랄 수 있게 해준다.

날씨와 같은 비생물적 요인들이 식물에 대한 실제적인 위험 요인으로 작용하지만 식물에게는 바이러스, 박테리아, 곰팡이, 동물, 다른 식물들과 같은 더 많은 일상의 위협이 가해진다. 이들은 식물의 영양자원으로 들어오거나 자기복제를 위해 식물의 DNA 복제기작을 이용한다. 어떤 침입자들은 식물세포를 즉시 죽여서 **괴사**를 유발하기도 하며, 어떤 곤충은 식물로부터 탄수화물을 섭취하기 위해 식물의 체관에 구멍을 뚫으면서 바이러스나 박테리아를 남기기도 한다.

식물체의 제1방어선 표피조직

모든 식물이 가지고 있는 제1방어선은 표피조직계이다. 표피세포는 소수성 지방의 혼합인 왁스를 분비하며, 지방층은 물의 증발이나 공격으로부터 노출된 식물 표면을 보호한다. 또한 식물의 지상부는 긴 지방산이 서로 얽혀 있는 고분자인 큐틴으로 덮여 있다. 긴 지방산 사슬이 얽혀 형성되는 **슈베린**은 식물 지하부의 세포벽에서 발견되는데, 수베린은 물을 통과시키지 않는 뿌리의 **카스파리안 띠**(Casparian stripe)를 형성한다. 실리카, 분비모, 나무껍질, 가시 등은 영양분이 풍부하게 간직하고 있는 식물 내부를 보호할 수 있다.

침입자들은 표피방어를 통과할 수 있다

식물의 외부 방어선은 여러 가지 방법으로 뚫릴 수 있는데 그 실례로 물리적 상처는 미생물이 들어갈 수 있는 열린 통로로 이용될 수 있다. 기생선충은 식물의 세포벽으로 들어가기 위해 뾰족한 입을 사용하며, 이러한 행위를 통해 식물의 세포분열을 유발하여 혹을 형성하게 하거나 한 식물세포에 달라붙어 세포가 커지게 하여 식물로부터 탄수화물을 얻는다. 간혹 상처는 곰팡이와 같은 다른 병원균이 식물을 감염시키는 것을 용이하게 해준다. 어떤 경우에는 잎 표면에 박테리아가 존재하는 것만으로 서리피해의 위험이 커질 수 있으며, 박테리아가 얼음을 얼리는 핵으로 작용하여 얼음결정이 잎을 손상시킬 수도 있다.

곰팡이는 식물 내부로 들어가기 위해 표피조직의 약한 부분(특히 기공)을 전략적으로 공략하는데, 일부 곰팡이는 기공이 일정 간격으로 배열되어 있는 외떡잎식물과 **공진화**한 것으로 알려져 있다. **그림 15.1**는 곰팡이 침입의 단계를 보여주는데, 이들 곰팡이는 일정 간격으로 배열된 기공의 위치를 파악하여 그 거리를 측정하여 식물로 침투하는 것으로 보인다.

1. 바람에 날려온 포자가 잎 표면에 내려앉는다. 포자로부터 발아관이 나온다. 포자의 발아에는 숙주 인식과정이 필수적이다.
2. 포자가 발아하여 잎에 달라붙을 수 있는 부착 받침을 형성한다.
3. 균사가 세포벽을 통과하여 자라면서 세포막을 압박한다.

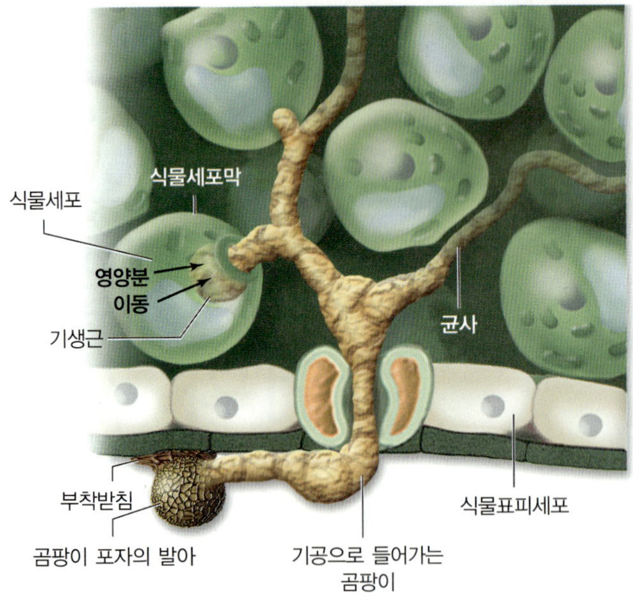

그림 15.1 기공을 통해 침입하는 곰팡이.
곰팡이 균사는 세포벽을 뚫지만 세포막은 통과할 수 없다. 균사와 식물의 세포막 사이의 접촉에 의해 식물영양분의 이동이 시작된다.

4. 균사는 기생근이라는 특별한 구조로 분화한다. 기생근이 세포막을 에워싸며 확장하여 양분 이동이 시작된다.

식물에게 이로운 박테리아와 곰팡이

생물 사이의 상조적 관계나 기생적 관계는 진화과정에서 동전의 양면과 같아 기생관계가 상조관계로 진화할 수 있고, 상조관계는 기생관계로 바뀔 수 있다. 콩과식물과 질소고정 박테리아 사이의 관계에서는 리조비움(*Rhizobium*)이 뿌리털을 찾아 감염시킨 후 뿌리혹을 형성한다. 다른 토양 박테리아는 식물성장을 증진시킬 수 있어 식물 성장촉진 뿌리박테리아(plant growth-promoting rhizobacteria, PGPR)라 부른다. 뿌리박테리아는 뿌리 주변에 살면서 뿌리 삼출액을 이용하는 박테리아라는 의미로 사용된다. 그 대가로 뿌리박테리아는 식물성장을 지원하는 물질을 제공한다. 그 실례로 나선균(*Azospirillum* spp.)은 뿌리의 가까운 곳에 서식하면서 식물호르몬인 지베렐린을 벼에게 제공한다. PGPR은 병원성 토양 박테리아의 성장을 제한할 수도 있다.

1.2 화학적 방어

많은 식물들이 초식동물을 죽게 하거나 아프게 만들 수 있는 독성물질을 간직하고 있다. **시안화물**(HCN)의 생산이 대표적인 예이다. 3,000종 이상의 식물이 시아노글리코시드라는 시안화물의 복합체를 생성하는데, 시아노글리코시드는 세포가 상처를 입을 경우 시안화물로 분해되면서 전자전달을 멈추게 하여 세포호흡을 차단해준다.

아프리카인들의 주식인 카사바(Cassava)는 식용뿌리의 바깥층에 시아노글리코시드를 포함하고 있으며, 이 바깥 껍질을 벗겨내지 않고 카사바를 먹는 사람들에게는 치명적이 될 수 있다.

일부 독성물질은 식물에서만 발견되지만, 식물, 척추동물 또는 무척추동물에서 발견되는 독소는 **디펜신**이라 부르며, 디펜신은 항미생물 효과를 지닌 시스테인을 많이 함유한 작은 펩티드이다. 동물과 식물에서 발견되는 디펜신의 존재는 **선천성 면역**의 기원을 말해준다.

식물의 화학 무기고

식물이 지니고 있는 독성물질의 생합성 경로는 어떻게 진화해 나온 것일까? 이는 식물의 생명을 유지하기 위해 필요한 대사경로가 진화 과정에서 부가적인 경로로 발전하여 **이차 대사산물**로 알려진 화학물질들을 생산하게 되어 발달한 것으로 여겨진다. 식물의 많은 이차대사산물은 동물뿐만 아니라 사람에게도 영향을 준다.

카페인, 니코틴, 코카인, 몰핀 등의 포함하는 알칼로이드는 다양한 세포내 경로에 영향을 줄 수 있다. 식물이 공격자를 죽일 수 없을 경우에는 카페인으로 과도하게 자극하거나 몰핀으로 진정시킬 수 있다. 예를 들어 박각시나방의 유충은 담배 식물을 공격할 수 있지만 야생담배는 박각시나방 유충에 치명적인 수준의 니코틴 함량을 지닌 것으로 알려져 있다.

탄닌은 단백질에 결합하여 단백질을 불활성화시킨다. 예를 들면 어떤 것들은 단백질을 소화하는 효소를 차단하여 식물조직의 영양 가치를 감소시킨다. 많은 양의 탄닌을 섭취한 다음 고통을 받는 벌레는 탄닌의 향과 아픔을 연결시켜 다음에는 동일한 식물을 섭취하는 것을 피하는 것으로 여겨진다. 적은 양은 탄닌과 대부분의 이차대사산물은 사람을 포함한 대형동물에게는 소화문제를 일으키지 않으며, 사람을 포함한 동물들은 다양한 음식을 먹음으로써 이차대사산물이 축적되어 나타나는 독성효과를 피할 수 있다.

페퍼민트, 샐비어, 페니로얄을 포함한 박하류의 식물에서 발견되는 식물성 오일은 강한 냄새로 벌레들을 물리친다. 이들 오일의 일부는 높은 농도로 섭취하였을 때 독성을 나타낼 수 있다.

다른 식물에 피해를 주는 식물독소

일부 화학 독소는 다른 식물로부터 식물을 보호해주며, 한 식물의 뿌리에서 분비된 화학물질이 주변에 있는 씨앗의 발아를 차단하거나 주변 식물의 성장을 저해하는 것을 **타감작용**(allelopathy)이라 한다. 이러한 전략은 그 식물에게 그늘이 지는 것과 영양분에 대한 경쟁을 최소화시켜주면서 광합성을 위한 태양광을 최대로 사용할 수 있게 해준다. 타감작용은 같은 종 혹은 다른 종의 식물에 모두 적용되는데, 그 실례로 흑호두나무의 타감 작용 때문에 흑호두나무 아래에서는 풀들이 거의 자라지 못하게 된다.

식물독소에 민감한 인간

인류 역사에서 사람들은 우연히 식물독소에 의해 죽기도 했지만 이를 의도적으로 이용하여 다른 사람을 독살하기도 하였다. 약 2,400년 전 그리스의 위대한 철학자 소크라테스는 운동신경 말단을 마비시키는 알칼로이드를 포함한 독미나리 추출물을 마시고 사형을 당했다.

피마자에서 발견되는 알칼로이드인 **리신**은 시안화물보다 6배, 코브라독보다 2배 더 치명적이다. 정원에서 자라는 피마자의 씨앗 하나로 어린 아이를 죽일 수 있다. 리신은 리보솜 결합단백질로서 rRNA의 구조를 변화시켜 **암호해독**을 저해하기 때문에 사람이 죽게 된다.

1978년 불가리아의 망명 반체제 인사인 마르코프(Markov)가 BBC로 출근하는 길에 런던에서 버스에 올라타려는 순간 그의 허벅지를 찌르는 날카로움을 느꼈다. 그의 주변에 있던 한 남성이 바닥에 떨어진 우산을 주워들고 황급히 떠났다. 그 남성은 0.2 mg의 리신이 들어 있는 핀 머리 크기의 금속구가 있는 우산 끝으로 마르코프에게 주사했는데 마르코프는 4일 뒤 사망했다. 그리고 소비에트연방이 붕괴된 후에 전 KGB 요원이 KGB가 불가리아 공산당의 요청으로 그 암살을 계획했다고 밝혔다.

약물 효능을 지닌 식물의 이차대사산물

인류의 건강에 대한 위험성과 함께 이로움을 줄 수 있는 가능성 때문에 식물의 이차대사산물에 대한 많은 연구가 이루어지고 있다.

콩과 식물성 에스트로젠

이로움과 위험에 대한 예로 사람의 에스트로겐과 매우 유사한 화합물인 대두의 **식물성 에스트로젠**(estrogen)을 들 수 있다.

콩의 소비가 많은 아시아인과 적은 아시아인들 사이의 비교 연구는 흥미로운 의문과 함께 상충되는 결과가 보고되었다. 아시아 남성들에서 전립선암의 비율이 낮은 것은 식물성 에스트로젠에 의해 안드로겐과 에스트로겐 수용체가 감소한 결과로 여겨진다. 콩은 중년 여성들의 에스트로겐 수치가 낮아지면서 발생하는 폐경 증상을 완화하는 수단으로 판매되고 있다.

임신부가 섭취한 식물성 에스트로젠은 태반을 통과해 임신 2기에 양수에서 발견된다. 발달하는 태아와 우유 알러지 때문에 콩 분유를 섭취하는 아기들에게 미치는 식물성 에스트로젠의 효과에 대한 의문점들이 생겨나고 있다. 호르몬의 신호전달은 매우 복잡하기 때문에 식물성 에스트로젠이 어떻게 사람의 생리와 발달에 영향을 주는지 완전히 이해하기 위해서는 많은 연구가 수행되어야 한다.

택솔과 유방암

주목나무에서 발견된 이차대사산물인 **택솔**(Taxol)은 항암제, 특히 유방암에 효과가 높은 것으로 밝혀져 있다. 택솔의 약학적 가치의 발견은 택솔을 추출하기 위해 주목나무가 생존의 위협을 받는 환경문제를 유발하기도 하였으나 다행스럽게도 현재 실험실에서 택솔의 합성이 가능해졌다.

택솔이 식물에서 약학적 가치가 발견된 유일한 예가 아니며, 많은 식물의 숨겨진 약학적 가치로 인해 인류의 건강에 기여할 수 있는 가능성을 지닌 식물의 보호를 위한 노력이 기울여지고 있다. 식물 제약산업이 팽창하고 있지만 새로운 분야는 아니며 최근까지 사람들이 사용해온 대부분의 약품은 식물로부터 유래된 것이다.

키닌과 말라리아

1600년대 페루의 잉카에서는 기나나무의 수피에서 추출한 음료로 말라리아를 치료하였다. 말라리아는 암컷 학질모기가 가지고 있는 말라리아 원충속에 속하는 4종류의 사람 말라리아 기생충에 의해 발병한다. 그중 *Plasmodium falciparum*이 가장 치명적인 종이다. 말라리아의 증상은 심한 열과 구토를 동반하며, 기생충이 적혈구를 먹기 때문에 빈혈이나 뇌로 전달되는 혈류가 막혀 죽게 된다.

1820년에 기나나무의 활성성분인 **키닌**(키니네, quinine)이 발견되었으며, 19세기에 인도의 영국군은 말라리아를 물리치기 위해 키닌을 함유한 탄산음료를 마셨다. 그들은 키닌의 쓴맛을 독주인 진(gin)으로 희석하였다. 1944년에 우드워드(Woodward)와 데링(Doering)은 키닌을 합성한 바 있으며, 현재는 몇몇 다른 합성약제로 말라리아를 치료하고 있다.

약초요법은 수세기 동안 사용되어 왔으나 식물기반 치료에 대한 관심이 다시 생겨나면서 성장 산업으로 대두되고 있다. 약초요법이 많은 가능성을 내재하고 있기는 하지만 식물이 많은 이차대사산물을 포함하고 있으며 이들 중 많은 것들은 사람을 포함한 초식동물을 해칠 수 있게 진화했다는 사실도 명심해야 한다.

1.3 식물을 보호해주는 동물

생물 종이 가진 특성뿐만 아니라 종간의 관계도 시간이 흐르면서 진화한다. 그 실례로 초식동물에게 영향을 주는 식물체가 지닌 화학물질의 변화에 따라 초식동물은 그러한 화학물질에 견딜 수 있는 적응력을 가지게 되는 것이다. 이러한 진화 방식을 공진화(coevolution)라 부르는데, 여기에서는 동물과 식물이 공진화한 **상리공생**의 두 가지 실례를 알아보기로 한다.

아카시아와 개미: 어떤 개미들은 아카시아의 커다란 가시에 서식하면서 다른 곤충, 작은 포유류와 기생식물을 공격하여 다른 초식동물로부터 아카시아를 보호해준다. 이때 아카시아는 개미들에게 꽃의 꿀샘에 있는 당을 제공하며, 잎 끝의 지방체를 제공하기도 한다.

다른 곤충을 쫓아내는 개미로 인해 발생하는 유일한 문제점은 벌이 아카시아의 수분을 돕는다는 점이다. 그렇다면 개미가 수분을 위해 필요한 벌을 공격하는 것을 어떻게 막을 수 있을까? 아카시아의 꽃이 피면 개미가 벌을 방해할 수 없도록 하는 화학물질이 분비되는 것으로 여겨지고 있지만 아직 그 화학물질의 정체는 밝혀지지 않고 있다.

포식 기생말벌, 애벌레 그리고 잎의 상호관계: 애벌레들은 나방이나 나비로 변태를 하기 전에 잎을 먹어치우지만 일부 식물의 경우 잎에서 단백질 분해효소 저해제를 분비하여 배고픈 애벌레를 퇴치하기도 한다. 그러나 일부 식물은 다음과 같이 다른 전략으로 진화해 나왔다. 애벌레가 잎을 씹어먹으면 식물의 상처반응으로 휘발성 화합물이 방출되며, 이 화합물은 공기 중으로 퍼져 주변에 있던 암컷 포식 기생말벌을 유인한다. 포식 기생말벌은 애벌레에 기생하기 때문에 붙여진 이름이다. 그리고 말벌이 식물의 잎을 먹던 애벌레의 몸안에 수정된 알을 낳으며, 알들은 부화하여 애벌레를 잡아먹는다(**그림 15.2**).

1.4 침입자에 대한 전신반응

지금까지는 해충의 공격에 대응하는 식물의 정적인 반응에 주로 초점을 맞추어 살펴보았다. 독소와 같은 공격 저지용 화학물질은 항상 일정한 수준으로 유지되며, 그에 부가하여 가시나 분비모와 같은 형태적 구조들도 정상적인 발달 과정을 통해 생겨난다. 이러한 방어기작은 초식동물이나 다른 침입자의 존재 여부에 관계없이 유지되어야 하기 때문에 에너지 측면에서 식물에게 불이익이 초래될 수 있다. 그에 비해 해충의 공격이 있을 때만 방어반응이 유도된다면 에너지를 보존할 수 있게 되는데, 여기에서는 식물의 유도 가능 방어기작에 대해 살펴보기로 한다.

초식동물로부터 식물을 보호해주는 상처반응

포식 기생말벌의 예에서처럼 **상처반응**(wound response)은 잎이 씹히거나 상처를 입었을 때 일어난다. 상처반응으로 단백질 분해효소의 저해제가 빠르게 만들어지며, 이러한 화학적 독성물질은 이미 만들어져 있는 것이 아니라 방어의 목적으로 상처의 반응으로 생성된다.

단백질 분해효소 저해제는 초식동물의 장에 있는 소화효소에 결합하게 되며, 단백질 분해효소 저해제는 상처를 입는 부분만이 아니라 식물 전체에서 만들어진다. 그렇다면 식물의 다른 부분에 있는 세포들은 어떻게 단백질 분해효소 저해제를 생산하는 신호를 받을 수 있을까? 다음과 같은 일련의 과정이 토마토에서 전신반응을 유발하는 것으로 알려져 있다.

1. 상처가 나 잎에서 전구단백질로부터 18개의 아미노산으로 이루어진 시스테민이 생성된다.
2. 시스테민이 상처를 입은 조직의 세포벽 사이의 공간을 통해 주변의 체관으로 이동한다. 시스테민은 체관을 따라 식물 전체로 이동한다.
3. 시스테민 수용체를 가진 세포에 시스테민이 결합하여 재스

그림 15.2 초식동물로부터 식물을 보호하는 포식 기생말벌.

몬산이 만들어진다.

4. 재스몬산은 단백질 분해효소 저해제를 비롯한 방어유전자의 전사를 촉진한다.

재스몬산이 관여하는 신호전달 과정이 많이 밝혀져 상처반응에는 다른 분자들도 관여하는 것으로 알려져 있다.

병원균에 특이적인 방어반응

상처반응은 식물에 상처를 일으키는 초식동물이나 물질의 종류에 상관이 없지만, 또 다른 상처반응은 **게놈**(genome) 내에 특정 **대립유전자**를 가지고 있는 특정 병원균에 의해 일어난다.

2 식물의 감각

2.1 빛에 대한 반응

빛을 포함한 여러 환경 요인들이 종자 발아, 개화 및 발생을 시작하게 한다. **광형태형성**(morphogenesis)은 빛에 의해 촉발되는 방향성이 없는 발생으로 꽃과 같이 복잡한 형태 변화를 초래한다. 그에 비해 **굴광성**(phototropism)은 빛에 대한 방향성이 있다. 이 두 가지 작용은 식물이 불리한 환경 조건에서 벗어나지 못하는 것에 대한 보상이다.

P_{fr}에 의한 광반응 유전자 발현

모든 식물과 일부 녹조류에 존재하는 **피토크롬**(phytochrome, **P**)은 원생생물, 세균, 균류에는 없다. 피토크롬은 녹조류에서 유래한 것으로 보이며, 식물의 공통 조상에도 존재한 것으로 보인다.

이 피토크롬 분자는 660 nm 파장에서 적색광을 흡수하는 $\mathbf{P_r}$과 730 nm 파장에서 적외선을 흡수하는 $\mathbf{P_{fr}}$의 상호호환이 가능한 2가지 형태로 존재한다. 햇빛은 적외선보다 적색광을 더 많이 지니고 있다. P_r은 생물학적으로 불활성이지만 적색 광자(red photon)가 존재할 때 활성인 P_{fr}로 전환된다. 반면 P_{fr}은 적외선 광자(far-red photon)가 존재할 때 P_r로 전환된다. 피토크롬의 영향을 받는 반응은 P_{fr}이 존재할 때 일어나며, P_{fr}이 P_r로 대체될 때는 반응이 일어나지 않는다.

색소를 함유하고 있는 단백질인 **피토크롬**은 크기가 작고 빛에 민감한 **색소포**와 이보다 더 큰 **아포단백질**로 구성되어 있다. 아포단백질이 빛에 반응하는 유전자를 발현하게 한다.

피토크롬의 활동과 연계된 식물의 생장 반응

피토크롬은 발아, 자엽 생장 및 식물 공간 탐지 등을 포함하는 식물 생장 반응에 관여한다.

종자 발아

종자 발아는 많은 식물에서 적외선에 의해 억제되고, 적색광에 의해 촉진된다. 엽록소가 적색광은 강하게 흡수하고, 적외선은 흡수하지 않기 때문에 **수관**(carnopy)의 녹색 잎을 통과하는 빛에는 소량의 적색광이 포함된다. 적외선은 P_{fr}을 불활성 P_r로 전환함으로써 종자 발아를 억제하게 된다.

결과적으로 낙엽식물 아래에 있는 종자들은 잎이 분해된 후 봄에 발아가 더 잘되게 되는데, 이때 종자가 다량의 적색광에 직접 노출되기 때문이다. 이런 적응이 더 큰 나무의 잎이 **유식물**(seedling)을 가리고 빛을 감소시키기 전에 유식물이 정착할 수 있는 기회를 증대시켜준다.

자엽의 신장

황백화 유식물(etiolated seeding)에서 자엽이 신장되는 것은 적색광의 부족 때문에 나타나는 현상이다. 이런 식물을 P_{fr}이 증대된 적색광에 노출시키면 형태가 다시 정상으로 된다.

황백화 현상(etiolation)은 식물이 암 상태에서도 생장할 수 있도록 하기 위한 에너지 보존 전략으로 빛을 받기 전까지는 잎이 녹색으로 변하지 않으며, 절간 신장에 에너지를 전용한다. 이 전략은 유식물이 땅속이나 나무 밑에서 싹이 나올 때 유리하다.

공간 탐지

적색광과 적외선은 식물의 생장 공간에 대한 신호도 보내는데, 잎의 그늘에 의해 상대적으로 적외선 양이 증가되면 식물은 이웃 식물로부터 반사되어 오는 적외선 양을 감지하게 된다. 가까이 있는 식물들은 적외선을 더 감지하며 따라서 더 키가 크게 되는데 이런 전략은 햇빛에 대한 경쟁에서 우위적이 되게 해준다. 그러나 줄기 둘레에 햇빛 차단 가리개를 두르면 줄기 신장이 더 이상 일어나지 않는다.

지향적 생장에 대한 빛의 영향

굴광성은 자엽이 빛을 향해 자라게 함으로써 다양한 식물 형태를 만들게 한다. 굴성은 환경 신호와 세포의 감지, 생화학적 경로 전달 및 식물생장과 관계를 연결하려는 시도이기 때문에 흥미롭다.

줄기의 양성 굴광성

굴광성 반응은 식물의 줄기가 청색광 파장(460 nm)을 향해 휘어지는 현상을 말한다. 줄기는 일반적으로 양성 굴광성으로 광원을 향해 자라며, 뿌리는 대부분 빛에 반응을 하지 않거나 약한 음성 굴광성 반응을 보인다. 줄기의 굴광성은 식물이 빛에 더 많이 노출되도록 해주는 유리한 적응으로 식물의 기관 발달에도 중요하다.

식물의 잎도 굴광성 반응을 보이는데 광합성 효율에 잎의 위치가 중요하다. 옥신이라는 식물 호르몬이 대부분의 굴광성

그림 15.3 중력에 대한 식물의 반응.
이 식물은 수평으로 놓아 7일 동안 자라도록 하였으며, 줄기는 음성 굴지성 반응을 보인다.

반응에 관여한다.

2.2 중력에 대한 반응

화분의 식물을 넘어진 채로 두면 자엽이 휘어져 똑바로 자라게 되는데, 이것을 **굴지성**(gravitropism, 중력에 대한 굴성)이라고 한다. 이는 지구 중력장에 대한 식물의 반응이다(**그림 15.3**). 식물은 빛에 반응하여 자라기 때문에 굴광성과 분리하여 굴지성을 연구하는 것이 중요하다.

중력장과 나란히 놓인 식물

굴지성 반응은 발아 시에 일어나며, 뿌리는 아래로 자엽은 위로 자란다. 왜 자엽은 음성 굴지성 반응을, 뿌리는 양성 반응을 보이는가? 여기에는 옥신이 일차적 역할을 하나 중력 정보가 식물을 통하여 전해지는데 이 물질이 유일한 방법은 아니다. 무중력 환경인 **우주선**(space shuttle)이 이 분야의 연구를 촉진하였다. 굴지성에 대하여 연구자들은 다음의 4가지 단계를 주장하였다.

1. 중력은 세포에 의해 감지된다.
2. 기계적 자극이 중력을 감지하는 세포에서 생리적 자극으로 전달된다.
3. 생리적 자극은 세포내로 그리고 다른 세포로 전달된다.
4. 상이한 세포 신장이 일어나며, 뿌리나 자엽의 "위(up)"와 "아래(down)" 방향에 영향을 준다.

현재 중력 감지와 관련한 단계에 대해서 연구자들 사이 이견이 있다. 중력이 자엽에서는 유관속조직을 싸고 있는 내피세포에서 줄기의 종단를 따라 감지되고, 외피세포로 신호가 전달된다. 뿌리에서는 **근관**(root cap)이 중력을 감지하며 이 신호가 **신장대**(zone of elongation)에서 상이한 세포 신장과 분열을 촉발한다.

자엽과 뿌리에서 전분을 함유한 전분체와 색소체가 중력장 중심으로 가라앉고 이것이 중력을 감지하는 것으로 보인다. 전분체는 세포 골격과도 상호작용한다. 옥신이 전분체를 함유한 중력감지 세포와 생장 부위로부터 신호를 전달하는 데 중요한 역할을 한다. 그러나 전분체와 옥신의 관계는 충분히 밝혀지지 않고 있다.

중력 중심의 반대로 향하는 줄기

줄기 하부에서 옥신 농도의 증가로 상부보다 더 많은 세포의 성장이 유발된다. 이 결과로 중력의 힘에 대항하여, 다시 말해 음성 굴지성 반응으로 줄기가 위로 휘어지게 된다. 호르몬 농도 차이가 뿌리에서는 알려져 있지 않다. 그러나 뿌리의 상부는 하부보다 수평으로 더 빨리 성장하여 뿌리가 아래로 향하도록 하는데 이를 양성 굴지성 반응이라 한다.

중력 중심으로 향하는 뿌리

뿌리의 중력감지 세포들은 근관에 있으며, 실제 비대칭 생장을 하는 세포들은 근관과 가까운 신장대에 있다. 정보가 어떻게 이 거리 사이에 전달되는지는 흥미롭다. 여기에는 옥신이 관여하는 것으로 보이나 옥신의 수송이 억제되어도 굴지성 반응이 신장대에서 여전히 일어난다는 것이다. 또 세포막의 극성에 관여하는 어떤 전기신호 감지에 대한 가설도 있는데, 이것은 우주선에서 실험한 바 있으나 아직 정확한 기작은 밝혀져 있지 않다.

옥신 돌연변이체에서 근관과 신장대 사이가 비록 먼 거리는 아니지만 옥신이 뿌리의 굴지성에 필수적인 역할을 한다는 사실이 확인되었다. 옥신의 유입과 유출에 영향을 주는 돌연변이는 지향적 호르몬 수송을 바꿈으로써 굴지성 반응을 없앨 수 있다.

열대우림에서 어떤 식물의 뿌리는 정상적인 굴지성 반응을 보이는 대신 이웃 식물 줄기 위로 자란다. 이는 빗물이 잎이 무성한 수관 상부를 통과하여 나무 줄기를 타고 흐르는 동안 영양분이 녹게 되는데, 이 물은 영양분이 부족한 열대우림 토양보다 더 영양분이 풍부하기 때문이다. 뿌리는 자엽보다 옥신에 더 민감하여 뿌리 하부의 생장을 억제하며, 결과적으로 양성 굴지성 반응을 초래한다. 열대식물에서는 뿌리의 옥신에 대한 민감도가 감소된 것으로 보인다.

2.3 기계적 자극에 대한 반응

식물이 접촉이나 기계적 자극에 반응하는 것은 식물 종과 자극에 따라 다르다. 식물은 어떤 경우에 기계적 스트레스에 반응하여 영구적으로 형태가 변화되는데, 이런 과정을 **접촉 형태 형성**이라고 부른다. 이런 변화는 항상 한 방향으로 바람이 부는 곳에서 자라는 나무에서 볼 수 있다. 또 반응이 가역적이면서 미모사 잎과 같이 단기간에 일어나는 것도 있다. 이 반응은 굴성이 아니며 세포의 물 압력 변화에 의한 팽압 때문에 일어나는 현상이다.

접촉에 의한 비가역적 생장 반응

접촉굴성은 식물이 물체, 동물, 다른 식물 또는 바람 등과 접촉하여 반응하는 지향적 생장을 말한다. 접촉 반응은 자극 방향과 관계없이 동일하다는 것을 제외하고는 접촉굴성과 매우 유사하다.

키가 크고 가는 식물은 짧고 넓은 절간을 가진 식물에 비하여 바람이나 폭풍 시에 부러지기 쉽다. 규칙적인 바람이나 식물 사이 마찰과 같은 환경 신호가 형태 변화를 유도하여 더 굵고 더 짧은 절간이 만들어지며, 손가락으로 반복적으로 접촉해도 식물의 생장을 변화시킬 수 있다.

덩굴손은 변형된 줄기로 식물이 스스로 지지하는 데 사용한다(**그림 15.4**). 덩굴손이 물체와 접촉하면 특수한 표피세포가 이를 감지하고 그 물체를 3~10분 사이에 돌돌 감게 된다. 옥신과 에틸렌 호르몬이 이 덩굴손 운동과 관련이 있는 것으로 보이며, 접촉 없이도 이를 유도할 수 있다. 어떤 종에서는 덩굴손이 자극의 위치를 향하여 감고(접촉굴성 생장) 또 어떤 종은 이와는 상관없이 항상 시계방향으로 감는다. 으아리, 메꽃, 실새삼과 같은 식물에서는 엽병이나 변형되지 않은 줄기가 다른 줄기나 물체를 휘감는다.

잎이 닫히는 속도는 그 모양 때문에 빨라지는데, 오목하고 볼록한 형태 사이를 툭 건드리게 되는 것이다. 이 반응에서 특히 놀라운 것은 바깥쪽 세포들이 자란다는 것이다. 세포벽은 전기적 신호에 반응하여 부드러워지며 **촉발 모용**(trigger hair)이 접촉될 때 잎을 통하여 신호가 이동하며 팽압이 세포를 확장시킨다. 이 기작은 물이 전기 신호에 반응하여 세포내로 이동한 것이 아닌, 이미 세포에 있어 다른 팽압 운동과 구별된다.

그림 15.4 접촉굴성.
덩굴식물은 접촉굴성 반응으로 줄기가 물체와 접촉할 때 이것을 감게 된다.

파리지옥에서 먹이가 잡히게 되면 24시간 후에 내부의 세포 성장을 통하여 다시 열리게 된다. 이 생장 반응은 잎이 죽기 전에 4배 가량 촉발되는데, 이것은 트랩을 만드는 데 많은 에너지가 필요하기 때문인 것으로 보인다.

애기장대가 식물의 접촉 반응을 연구하는 모델로 중요하게 이용되고 있다. 접촉 후 10~30분 사이 100배 이상이 발현되는 유전자가 동정되었는데, 이 유전자는 Ca^{2+}와 결합하는 칼모듈린 유사단백질(calmodulin-like protein)을 생성한다.

가역적 접촉 반응과 자극에 의한 팽압 유발

굴성과 달리 접촉에 의한 식물의 운동은 생장 반응이 아닌 특정 세포의 가역적 **팽압** 변화에 의해 일어난다. 팽압은 세포내의 압력으로 물이 세포로 확산되어 들어가는 현상이다. 물이 이 팽창된 세포를 빠져나가면 세포가 줄어들면서 운동이 일어나며, 반대로 물이 다시 유입되면 세포가 팽창되면서 운동이 일어나게 된다.

콩과식물을 포함한 많은 식물의 잎이 접촉이나 자극에 반응하는 운동성을 보인다. 자극 후 잎의 방향 변화는 잎의 기저부에 있는 양쪽으로 부풀어 오른 모양의 **엽침**에서 빠른 팽압 변화 때문에 일어난다. 미모사와 같이 엽침을 가진 잎이 바람, 열, 접촉 또는 강한 빛에 자극을 받으면 전기신호가 일어난다. 이 전기신호는 화학신호로 전환되는데, 이때 K^+가 엽침 한쪽의 세포들로부터 빠져나와 다른 쪽의 세포 사이 공간으로 이동하며 빠른 삼투압이 유발되게 된다.

한쪽 엽침에서는 팽압 상실로 잎이 접히게 된다. 민감한 식물의 경우 접촉 후 1~2초로 매우 빠르게 진행된다(**그림 15.5**). 잎이 접힌 지 15~30분이 지나서 물이 다시 확산되어 세포로 들어와 잎이 원래 상태로 돌아간다.

2.4 물과 온도에 대한 반응

때때로 식물이 생장의 방향을 변형시킨다고 해도 혹독한 환경으로부터 충분히 보호받지 못하는 경우가 있다. 온대기후에서 계절적 변화 같은 부적합한 환경 조건이 되면 식물은 생장을 멈추고 **휴면**(dormancy)에 들어가는데, 이것은 생존에 유리하기 때문이다. 가장 극단적 예가 종자의 휴면이지만, 이런 역경이 다시 한 번 지나가기를 기다려야 되는 중간 단계도 있다.

식물은 일시적 고온과 한파 기간 동안의 단기간의 온도 변화에 적응해 왔다. 이런 전략들에는 세포막 구성과 **열충격 단백질** 생성 변화가 수반된다.

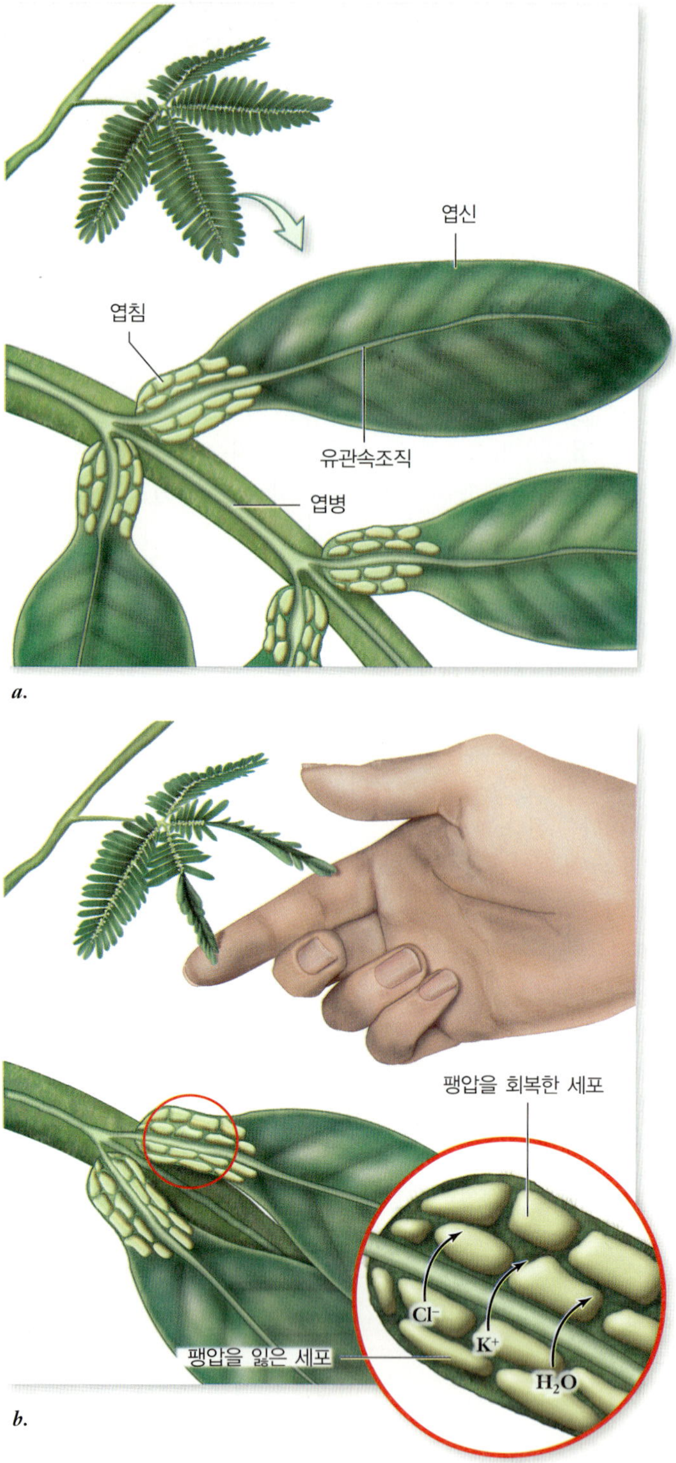

그림 15.5 민감한 식물 미모사(신경초, *Mimosa pudica*).
a. 미모사의 잎은 소엽으로 나뉘며, 각 소엽의 기저부는 엽침이라 부르는 부풀어 오른 구조를 이루고 있다. ***b.*** 팽압의 변화로 소엽이 자극에 반응하여 접히게 된다. 잎이 접촉되면(가운데 두 잎) 이온이 엽침 바깥쪽 부위로 이동하고 삼투압이 유발되며, 안쪽의 팽압 감소로 잎이 접히게 된다.

물, 온도, 빛에 의해 나타나는 휴면 반응

온대지역에서 휴면은 겨울과 관련이 있으며, 이 시기에는 결빙 온도로 인해 물을 이용할 수 없어 식물 생장이 불가능하게 된다. 겨울 동안 낙엽수와 관목식물의 눈은 휴면 상태를 유지하며, 정단분열 조직은 안쪽에서 접혀 비늘 형태로 잘 보호되어 있다. 다년생 초본은 영양분을 저장한 통통한 줄기나 뿌리를 가지고 땅속에서 겨울을 보낸다. 대부분의 일년생 식물들은 종자로 겨울을 난다. 휴면은 보통 가을에 낙엽을 떨어뜨리는 것으로부터 시작한다.

기관의 탈리

낙엽은 보통 식물이 휴면에 들어갈 때 탈락된다. 잎이나 꽃잎이 탈락되는 과정을 **탈리**라고 부른다.

탈리는 휴면 전에도 유용한데, 예를 들어 더 이상 광합성을 하지 않는 잎이 탈락되는 것이다. 잎이 변화된 꽃잎은 한번 수정이 일어나면 노화가 시작된다. 난꽃은 오랫동안 식물체에 붙어 있으나 수정이 일어나면 호르몬에 의해 꽃잎이 노화된다. 이러한 전략은 꽃잎이 수분 매개자를 더 이상 유혹할 필요가 없으므로 에너지 자원의 배분 측면에서 합리적이다. 기관 탈리의 한 가지 이점은 바로 에너지의 보존이다.

탈리는 엽병 기저부 **탈리대**에서 일어나는 변화이다(**그림 15.6**). 어린 잎은 탈리대의 특수 세포층 발달을 억제하는 호르몬인 시토키닌을 생산한다. 잎이 노화됨에 따라 호르몬 변화가 일어나고, 두 세포층이 분화하게 된다. **보호층**은 넓은 세포층을 가지며 엽병 기저부의 줄기 쪽에서 발달한다. 이 세포들은 방수제 역할을 하는 슈베린으로 차 있다. **분리층**의 세포들은 엽신 쪽에서 발달하여 분리되고 부풀어 올라 젤리처럼 된다.

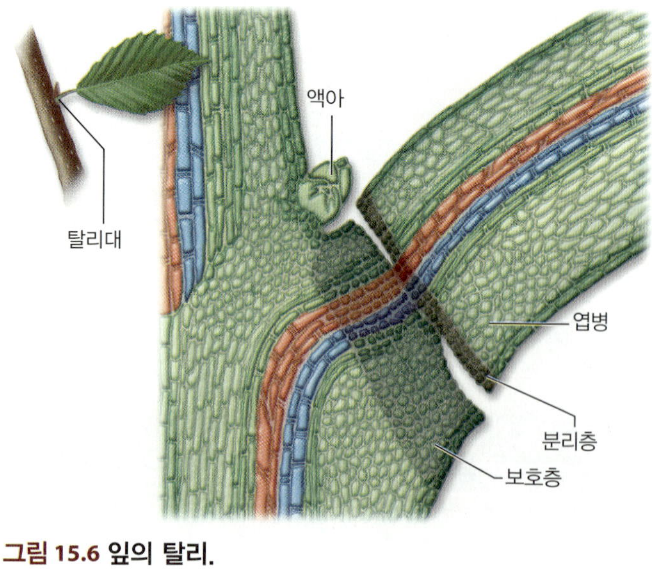

그림 15.6 잎의 탈리.
식물 잎의 탈리대에서 호르몬 변화가 탈리를 유발한다. 탈리대의 두 층의 세포가 보호층과 분리층으로 분화된다. 분리층의 펙틴이 분해되면 바람이나 비가 잎을 줄기에서 쉽게 분리시킬 수 있다.

온도가 내려가며, 일조량이 감소되고 다른 환경 변화가 일어나면 분리층 세포의 **중엽**의 펙틴이 파괴된다. 바람과 비도 잎을 쉽게 분리시킬 수 있게 되는데, 이때 줄기에는 세균 등으로부터 보호될 수 있는 밀봉된 **엽흔**만 남게 된다.

종자 휴면

종자식물(seed plant)의 혁신적인 진화는 발아 조건이 최적일 때까지 기다리도록 해주는 종자의 휴면이다. 종자는 때로는 수백 년간 기다릴 수도 있다. 계절적으로 건조한 기후 하에서 종자의 휴면은 보통 여름의 건조기에 일어난다. 생존 조건이 더 좋아질 경우 강우가 발아를 촉발한다.

계절적으로 건조한 지역에서 일년생 식물의 종자는 물이 충분하지 않을 경우 건조기를 지나는 이상적 방법이다. 비가 오게 되면 종자는 발아하여 빠른 속도로 자라는데, 이는 물이 있는 짧은 기간에 적응한 형태이다.

종자는 오랜 기간 휴면상태로 있을 수 있다. 콩과식물은 단단한 종자로 인해 물과 산소가 스며들지 못한다. 이들은 또한 수십 년간 특별한 처리 없이도 보관이 가능하고, 종피가 갈라져 물이 스며들면 바로 발아가 된다. 수천 년 된 종자도 성공적으로 발아가 된 경우가 있다.

적당한 온도, 건기, 수분이 식물의 싹, 지하경, 뿌리 및 종자를 휴면 상태에서 벗어나게 할 수 있으나 요구 조건은 종에 따라 다르다. 예를 들어 어떤 잡초 종자는 추운 시기에 발아하고 반대인 경우에는 억제된다. 낮의 길이도 휴면에 크게 영향을 주는데, 온대지역의 경우 나무는 낮의 길이가 짧을 때 휴면하는 것이 일반적이나, 낮의 길이가 일정한 열대지역 나무에서도 이런 현상이 나타나는 것은 매우 특이한 현상이다.

2.5 호르몬과 식물의 감각계

형태를 변화시키는 감각 반응은 복잡한 생리학적 구조에 의존한다. 여기에서는 많은 내부적 신호전달 경로들에 관여하는 식물 호르몬들에 대해 알아본다. 호르몬들은 환경에 대한 반응뿐만 아니라 내부적으로 조절되는 발생에도 관여한다.

환경에 대한 열쇠로 작용하는 생장 조절 호르몬

호르몬은 생물의 어느 한 부위에서 소량으로 생성되는 화학물질로 생리 및 발생 반응이 일어나는 다른 부위로 전달된다. 호르몬의 작용은 정보를 받는 조직과 호르몬 모두로부터 영향을 받는다.

동물에서는 호르몬이 선(gland)이라고 부르는 일정한 기관에서 생성된다. 식물의 경우에는 특정한 조직이 아닌 보다 더 명확한 기능을 수행하는 조직에서 생성된다. 식물에서는 **옥신**(auxin), **시토키닌**(cytokinin), **지베렐린**(gibberellin), **브라시노스테로이드**(brassinosteroid), **올리고사카린**(oligosaccharin), **에틸렌**(ethylene) 그리고 **아브시스산**(abscisic acid, ABA) 등 7가지 호르몬이 동정되었다.

현재 연구는 호르몬의 합성 및 신호전달 과정과 관련된 호르몬 수용체의 특성을 분석하는 데 집중되고 있는데, 식물 호르몬 기능에 대한 분자적 기초의 많은 부분이 여전히 수수께끼로 남아 있다.

옥신에 의한 줄기 신장과 체제 형성

옥신(auxin)은 백 년 전에 최초로 발견된 식물 호르몬이다. 옥신은 식물의 세포벽 유연성을 증가시키며, 줄기 신장에 관여한다. 세포가 팽압으로 커지게 되면 세포벽도 더 유동성이 있어야 하는데, 이때 옥신이 세포벽을 유연하게 해준다.

옥신의 효과

옥신은 식물의 생장 및 식물체를 신장시킴으로써 식물이 환경에 대한 적응에 매우 유리하게 해준다. 환경 신호는 식물체의 옥신 분포에 직접 영향을 미친다. 그렇다면 환경, 특히 빛이 어떻게 영향을 주게 되는 것일까? 이론적으로 빛은 옥신을 파괴하고 옥신에 대한 세포의 민감도를 감소시킬 수 있으며, 빛으로부터 멀리 자엽의 반대쪽으로 옥신 분자를 이동시킬 수도 있다.

옥신의 작용

오랜 연구에도 불구하고 옥신의 작용에 대한 분자적 기초는 아직 완전히 밝혀지지 못하고 있다. 가장 흔한 옥신은 **인돌아세트산**(IAA)으로 트립토판을 닮았으며, 식물에서 이 아미노산으로부터 인돌아세트산이 합성되는 것으로 보인다. 다른 종류의 옥신도 있으나 인돌아세트산이 가장 흔한 자연계 옥신이다.

옥신 결합 단백질(auxin-binding protein; ABP1)은 20년 전에 동정되었으며, 세포질에서 발견되나 그 역할은 여전히 명확하지 않다. ABP1이 결여된 돌연변이체는 배발생 과정을 거치지 못하는데, 이것은 세포의 신장이 억제되고 기본 체제가 만들어지지 못하기 때문이다. 그러나 ABP1 돌연변이체의 세포는 분열은 하기 때문에 옥신 경로가 부분적으로 여전히 기능을 하고 있다는 것을 의미한다.

합성 옥신

나프탈렌 아세트산(NAA), **인돌 부틸산**(IBA)과 같은 합성 옥신들은 농업 및 원예 작물에 많이 이용되고 있다. 이들을 사용하는 가장 중요한 목적 중 하나는 **탈리** 방지이다. 사과에서는 익기 전의 낙과를 방지하고, 호랑가시나무는 겨울철 운송 시 나무에 종자가 달려 있도록 하기 위하여 사용된다. 또한 파인애플의 개화 및 결과를 증진시키고 꺾꽂이용 식물의 발근을 유도하는 데도 이용된다.

합성 옥신은 잡초 방제에도 이용되는데, 제초제로 사용 시에는 식물의 천연 IAA보다 더 높은 농도로 사용한다. 가장 중요한 합성 옥신 제초제의 하나가 **2,4-디클로로페녹시아세트산**(2,4-dichlorophenoxy-acetic acid)이라고 부르는 **2,4-D**이다. 2,4-D를 이용하면 잔디밭에서 쌍자엽식물을 선택적으로 제거할 수 있는데, 쌍자엽 잡초의 줄기는 축성장을 못하게 된다.

2,4,5-T라고 부르는 2,4,5-트리클로로페녹시아세트산은 2,4-D와 가깝다. 이 제초제로는 잡초와 함께 목본식물의 유식물을 광범위하게 제거할 수 있다. 2,4,5-T는 베트남 전쟁 동안 'Agent Orange'로 알려진 고엽제로서 악명이 높았는데, 이의 사용 시 불가피하게 다이옥신이 소량 오염되었으며, 이는 10억 분의 몇으로도 간과 폐질환, 백혈병, 유산, 기형아 출산 등을 유발한다. 2,4,5-T는 미국에서는 1979년 생산이 전면 금지되었다.

세포분열과 분화를 자극하는 시토키닌

시토키닌은 자연계에서 생성되는 식물생장 호르몬이다. 1913년경 오스트리아의 하버란트(Haberlandt)가 유관속식물의 다양한 조직으로부터 감자의 절단한 괴경으로부터 유세포를 분열조직으로 만들며, 코르크 형성층의 분화를 유도하는 미지의 화학물질의 존재를 입증하였다. 다른 연구에서 조직배양에서 식물 조직의 기관 분화를 촉진하는 데 이용하는 코코넛 밀크에 시토키닌이 함유되어 있음이 밝혀졌다. 캘러스로부터 조직을 분화시키는 데 중요한 역할을 하는 시토키닌이 후속 연구의 초점이 되었다.

시토키닌은 옥신과의 조합을 통하여 세포분열과 분화를 촉진시켜준다. 대부분의 시토키닌은 근단 분열조직에서 만들어져 식물 전체로 수송된다. 과실 발달과정에서도 시토키닌 합성이 일어난다. 이끼에서는 이것이 배우체에서 영양아 형성을 유발한다.

모든 식물에서 다른 호르몬과 함께 작용하여 생장 양상을 조절해주는 시토키닌은 아데닌의 유도체인 퓨린이며, 다른 합성된 물질들도 시토키닌과 유사한 효과를 보인다. 시토키닌은 측아가 가지로 생장하는 것을 증진시켜준다. 반대로 시토키닌은 측근형성을 억제하고 옥신은 증진시킨다.

이런 관계로 시토키닌과 옥신의 균형은 다른 요인들과 함께 식물의 형태를 결정하게 된다. 식물 잎을 따서 시토키닌을 처리하면 잎이 황백화현상이 지연되는데, 이는 이 호르몬의 노화 방지 기능에 기인하는 것이다.

시토키닌은 병균이 식물에 대한 저항을 위해 사용되어 왔는데, 그 실례로 아그로박테리움(*Agrobacterium*)은 식물 게놈에 자신의 유전자를 삽입하여 옥신뿐만 아니라 시토키닌 생산량을 증가시킨다. 이로 인하여 대량의 세포분열을 유도하여 **뿌리혹병**이라는 종양을 형성하게 한다(**그림 15.7**). 이런 호르몬–생합성 유전자가 어떻게 세균 내에 있는지가 진화에 대한 매우 흥미로운 질문이며, 공동 진화가 식물에 항상 유리하게 작용하지는 않는다는 것이다.

그림 15.7 근두암종(crown gall tumor, 뿌리혹병).
시토키닌은 병균이 식물에 대항하는 데 이용될 수 있다. 이 경우 세균인 아그로박테리움(*Agrobacterium tumefaciens*)이 자신의 DNA 조각을 식물 게놈에 삽입하게 된다. 이 DNA는 시토키닌과 옥신 합성에 필요한 효소에 대한 유전자를 포함하고 있다. 식물에서 이 호르몬 양이 증가되면 엄청난 세포분열이 일어나 종양을 형성하게 된다.

지베렐린에 의한 식물 성장과 영양분 이용 증진

지베렐린이란 이름은 곰팡이 종류인 *Gibberella fujikuroi*에서 유래되었으며, 이 곰팡이는 벼를 비정상적으로 키가 크게 생장하도록 한다. 일본의 식물병리학자인 구로사와(Kurosawa)가 1920년대에 이 "바카네(foolish seedling)" 질병에 대해 연구하였다. 그는 *Gibberella*를 배양하여 얻은 물질을 벼에 처리하여 바카네 식물을 생산하였다. 일본화학자에 의해서 1939년에 이 물질의 화학구조식이 밝혀졌고, 1954년에 영국 화학자가 재확인하였다.

이런 물질이 처음에는 신기하게 생각되었으나 결국 100여 종 이상이나 되는 식물 호르몬 집단에 포함되었다. 이들은 모두 산성이며 약자인 GA로 쓰고, GA_1, GA_2 등으로 구분한다.

지베렐린은 줄기와 뿌리의 정단 부위에서 합성되며, 줄기의 신장에 중요한 역할을 한다. 신장 효과는 옥신이 있을 때 증진된다. 난장이 돌연변이 식물에 이 호르몬을 처리하면 정상적인 성장 및 발달로 회복되는 것으로 알려져 있다. 어떤 돌연변이체는 지베렐린 생산이 충분치 않아 GA 처리에 반응을 하지만 모든 돌연변이체가 똑같이 반응하지는 않는다.

많은 종류의 지베렐린이 복잡한 합성경로의 중간 산물이

라는 것이 이것이 결핍된 옥수수 돌연변이체를 통하여 밝혀졌다. 많은 지베렐린이 GA_1 생산과정에서 중간 형태로 존재하나 어떤 것은 특정한 생물학적 역할을 보여주기도 한다.

동물 호르몬과 구조적으로 유사한 브라시노스테로이드

식물학자들은 **브라시노스테로이드**(brssinosteriods) 호르몬에 대하여 30년 동안 알고 있었으나 최근에 와서 식물 호르몬으로 받아들여졌다. 이 물질은 배추속 식물에서 처음 발견되었는데, 옥신과 지베렐린 같은 다른 식물 호르몬들과 기능적으로 중복이 되어 중요하게 다루어지지 않았다.

분자유전학적 연구를 통해 이 호르몬이 어떻게 만들어지고 신호전달 과정에서 어떻게 기능하는가를 더 잘 이해할 수 있게 되었다. 이 호르몬이 특히 흥미로운 것은 동물의 스테로이드 호르몬과 유사하다는 것이다. 조류(algae)에서도 이 호르몬이 동정되었고 식물에서 흔하게 발견된다. 이 호르몬의 합성 경로에서 한 효소에 대한 유전자 중 하나가 테스토스테론 및 관련 스테로이드의 합성에 사용되는 효소와 매우 유사한 것으로 여기고 있는데, 따라서 이 호르몬의 기원이 진화 측면에서 식물과 동물이 분리되기 이전이라고 보는 것이 타당하게 받아들여질 수 있다.

브라시노스테로이드는 신장, 세포분열, 줄기의 휘어짐, 유관속조직 발달, 노화 지연, 막의 극성, 생식적 발육 같은 광범위한 생리적 효과를 보여준다. 환경신호가 이 호르몬의 작용을 촉발하는데, 돌연변이체에서는 이 호르몬에 반응하는 것이 다르게 나타나지만 신호전달 경로는 밝혀지지 않았다. 진화적 관점에서 볼 때 이 호르몬의 신호전달 경로를 동물의 스테로이드 경로와 비교하는 것은 매우 흥미로울 것으로 보인다.

과실의 성숙 유도와 식물의 방어 호르몬 에틸렌

오래전에 **에틸렌**(ethylene)이 식물 호르몬으로 역할하는 것으로 인식되었을 때는 단지 단순한 가스 상태인 에틸렌이 구식 가로등의 가스로부터 새어나와 식물 잎을 고사시키는 정도로만 알려졌었다. 에틸렌은 식물 물질대사의 자연적인 산물로 소량으로 다른 호르몬과 작용하며, 옥신이 줄기의 정단 분열조직에서 아래로 수송될 때 측아 주위 조직에서 에틸렌 생성을 자극하여 성장을 지연시킨다. 에틸렌은 같은 방법으로 줄기와 뿌리의 신장을 억제한다. 에틸렌의 수용체가 밝혀졌는데, 이것은 광합성 생물의 진화 초기에 유래한 것으로 보이며, 세균에서 동정된 **환경감지** 단백질과 같은 특징을 지닌다.

에틸렌은 과실 발달에 중요한 역할을 한다. 처음 수분된 꽃과 과실 생장 시에 많은 양이 생성되는 옥신은 에틸렌 생성을 자극하게 된다. 이렇게 생성된 에틸렌은 과실 성숙을 촉진시키게 되는데, 과실에서 복잡한 탄수화물이 당으로 분해되고 세포벽은 연해지고 성숙한 과실에서 나는 향과 같은 휘발성 물질이 생성된다. 에틸렌이 식물 호르몬으로 최초 인식하게 된 것은 오렌지로부터 나오는 가스를 이용하여 바나나를 조기 성숙시켰을 때이다. 이와 관련하여 에틸렌이 상업적으로 중요하게 사용되게 되었다. 토마토는 녹색일 때 수확하여 에틸렌을 사용하여 인공적으로 숙성시키며, 레몬과 오렌지도 같은 방법으로 빨리 숙성시킨다. 이산화탄소는 과실 성숙을 지연시키는데, 종종 이 가스를 주입하여 운송하기도 한다.

에틸렌은 생태적인 측면에서도 중요한 역할을 한다. 식물이 오존, 독성 화학물질, 극한 온도, 건조, 병균이나 초식동물의 공격 및 여타 스트레스에 노출될 때 에틸렌 생산이 급격히 증가된다. 식물은 에틸렌 생성을 증가시켜 상처를 받은 잎이나 과실을 떨어뜨린다. 초식동물이나 병균의 공격으로 식물이 에틸렌을 생성하는 것은 식물 방어 기작을 활성화시키기 위한 신호가 되기도 하며, 해충에 독이 되는 물질의 생성이 포함되기도 한다.

생장을 억제하고 휴면을 유도하는 아브시스산

아브시스산(abscisic acid, **ABA**)은 성숙한 잎, 과실 및 근관에서 주로 합성된다. 이 호르몬의 이름은 목화에 처리 시 과실 탈리를 자극하였기 때문에 이름이 붙여졌다. 그러나 이 과정에서 아브시스산이 중요한 역할을 했다는 증거는 거의 없다. 에틸렌이 실제로 노화와 탈리를 촉진한다.

이 호르몬은 겨울을 나는 휴면아인 겨울 눈 형성을 유도하는 것으로 여겨진다. 이때 엽원기가 아린으로의 전환이 일어나게 된다. 에틸렌과 같이 아브시스산도 휴면 측아 성장을 억제한다. 아브시스산은 눈의 성장과 신장을 억제하여 지베렐린 효과를 방해할 수 있으며, 옥신에 대응하여 노화를 촉진할 수도 있다.

아브시스산은 종자 휴면에 중요한 역할을 하며, 발아하는 동안은 지베렐린에 대하여 길항적으로 작용한다. 배 발생 동안 아브시스산의 양이 증가하는데, 옥수수자루 내에서 바로 종자의 배 발생이 일어나기 때문에 휴면을 유도하고 조기 발아를 막기 위해 아브시스산이 필요한 것이다. 아브시스산은 기공의 개폐 조절 작용에서도 중요하다.

모든 식물에서 발견되는 이 아브시스산은 식물계의 진화 초기부터 생장조절 물질로서 기능해 왔다. 아브시스산의 생리적, 생화학적 효과에 대해서는 거의 알려지지 않았으나, 그 효과는 매우 빨라서 불과 1~2분 안에 일어나기 때문에 유전자 발현과는 일부 독립적인 현상으로 보인다.

연 습 문 제

1. 다음 중 이차대사산물이 아닌 것은?
   a. 카페인 b. 몰핀
   c. 택솔 d. 포도당
2. 식물이 병원균에 공격을 받았을 때, 다음 공격에 좀 더 빨리 반응할 수 있는 이유는?
   a. 기본 방어 때문에 b. 유도된 과민반응 때문에
   c. 항미생물 병원균 저항성 때문에 d. 전신획득 저항성 때문에
3. 식물과 동물의 면역체계는?
   a. 접했던 병원균에 대한 기억으로 차후의 감염에 대해 더욱 효과적으로 반응한다.
   b. 감염과 싸워 이기기 위해 단백질의 발현을 시작한다.
   c. 감염의 전파를 막기 위해 자신의 세포를 죽인다.
   d. 모두 다.
4. 정원에 있는 모든 식물들이 어떤 곰팡이나 박테리아에 감염된 것 같다는 얘기는 들었지만 식물들은 모두 건강해 보일 때 가장 우선해야 할 일은?
   a. 죽을 것이기 때문에 모든 식물을 버린다.
   b. 모든 박테리아와 곰팡이를 제거할 수 있는 화학물질을 식물에 뿌린다.
   c. 식물을 모두 제거하고 토양을 교체한다.
   d. 많은 박테리아와 곰팡이는 이롭기 때문에 아무것도 하지 않는다.
5. 줄기에서 중력을 감지하는 세포는 어느 것인가?
   a. 표피세포 b. 주피세포
   c. 피층 d. 내피세포
6. 난장이 돌연변이는 다음 어떤 호르몬에 의해 때때로 정상적인 성장이 유도되는가?
   a. 옥신 b. 에틸렌
   c. 아브시스산 d. 지베렐린
7. 옥신은 식물이 어떻게 빛을 향해 자라도록 하는가?
   a. 줄기의 그늘진 쪽의 세포분열을 증가시킨다.
   b. 줄기의 빛이 조사되는 쪽의 세포를 짧게 한다.
   c. 줄기의 그늘진 쪽의 세포를 신장시킨다.
   d. 줄기의 빛이 조사되는 쪽의 세포분열을 감소시킨다.
8. 다음 중 우주공간의 우주선(space shuttle)에서 생장한 식물에서 관찰되지 않는 것은?
   a. 굴광성 b. 생체리듬
   c. 광형태형성 d. 굴지성
9. 작물을 재배하는 과정에서 인간은 고의적으로 또는 특별한 의도없이 독소가 적은 식물을 선택해 나왔다. 왜 이러한 두 종류의 선택이 일어났는지에 대해 설명하라.
10. 유식물(seedling)을 심어 작물을 키우는 농부가 밭에 이식하기 위해 온실에서 몇 주 동안 매일 유식물을 부드럽게 솔질을 한다고 했을 때, 이것의 이점은 무엇인가?

제 16 장

식물의 생식

Plant Reproduction

1 식물의 생식

1.1 생식과 발생

제8장에서 피자식물의 진화에서 매우 획기적인 사건이 꽃과 과실을 발달시킨 것이라는 것을 살펴보았고, 제2절에서는 형태형성 발달 과정으로 종자가 발아하여 식물체가 형성되는 과정에 대해 알아보았다. 이 절에서는 영양생장 식물에서 개화와 관련되어 나타나는 매우 정교한 구조의 생성에 대해 알아보고자 한다(**그림 16.1**).

식물들은 동물들과 마찬가지로 생식적으로 성숙하는 발생 과정에서의 변화를 가진다. 예를 들어 동물에서 생식적으로 성숙하지 못한 유년기에서 성숙한 개체로의 전환은 올챙이에서 개구리로 전환되거나 나비의 유충이 성숙하여 나비가 되는 것처럼 **변태**의 과정을 거치는데, 식물에서도 이와 유사한 과정을 거치면서 생식기관인 꽃을 생성한다. 그러나 올챙이가 꼬리를 잃고 어린 개구리가 되는 것과는 다르게 식물은 자기가 가지고 있는 분열조직에서 꽃이라는 새로운 기관을 만들게 된다.

식물에서는 매우 세밀하게 조절되는 과정들에 의해 언제 어느 곳에 꽃이 만들어지는가 하는 것이 결정된다. 더욱이 식물들은 종종 **개화**를 위하여 내부적 신호들과 외부적 신호들을 감지하는 능력을 가지고 있다. 식물이 개화할 수 있는 생식 생장으로 전환될 수 있는 능력을 갖추면 빛, 온도, 내부의 억제 신호 등의 복합적인 요인들이 꽃의 개화기를 결정해준다. 이러한 신호들은 꽃받침, 꽃잎, 수술 및 암술 등의 기관 형성을 지정하는 유전자들을 발현시킨다. 세포들은 일단 특정한 꽃의 기관으로 발달되도록 명령을 받으면, 또 다른 일련의 발달 과정들이 일어나 꽃의 삼차원적인 구조를 결정하게 된다.

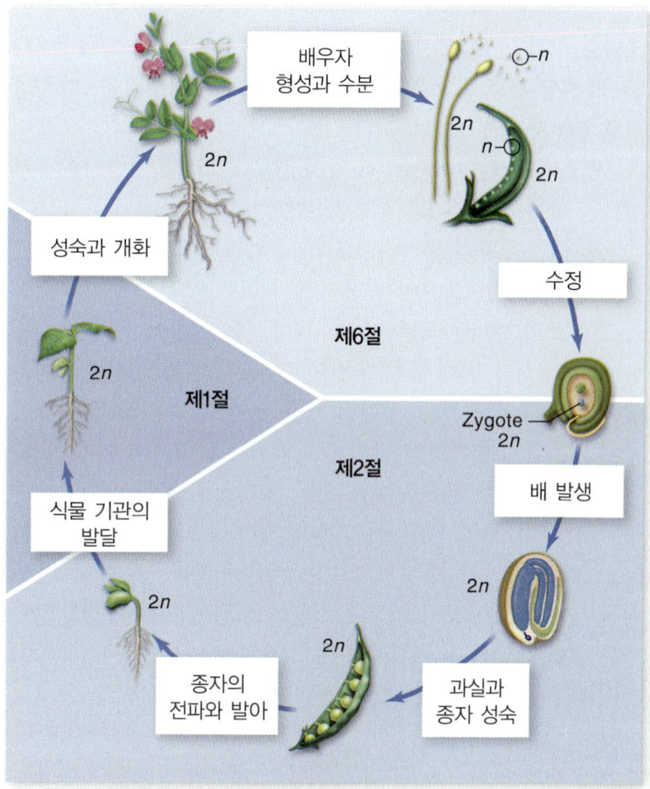

그림 16.1 현화식물(피자식물)의 생활사.

개화 능력으로 전이되는 생장상의 변화

발아 시에 대부분의 식물들은 모든 환경적 요건들이 개화에 적합한 조건을 갖추고 있어도 개화할 수 있는 능력을 가지지 못한다. 내부의 발생적 변화가 식물로 하여금 외부적 요인들과 내부적 요인들에 감응할 수 있는 능력을 갖도록 하여 꽃의 형성을 유도하는데, 이러한 전환을 **생장상 변화**(phase change)라고 한다.

생장상 변화는 형태적으로 다르게 나타날 수도 있고, 잘 나타나지 않을 수도 있다. 겨울철에 상수리나무를 보면, 낮은 가지에 있는 잎들은 새로운 잎이 나오는 봄까지 가지에 붙어 있다가 새로운 잎이 돋아 나오면 떨어지는 데 비해, 위 가지에 있는 잎들은 가을에 떨어진다. 그러한 하부에 있는 가지들은 유식물의 분열조직에 의해 개시된다. 이들은 환경적 신호에 감응하지 않으며, 나중에 낙엽으로 지는 것은 이들이 유식물 가지로서 생장상의 변화를 가지지 않는다는 것을 보여주는 것이다. 비록 하부의 줄기들이 오래된 것들이기는 하지만, 이들의 유조직 상태는 그들이 처음 개시될 때 이루어진 상태로 유지되며 변하지 않는다.

1.2 꽃의 생성

개화로 이르는 네 가지의 유전 경로가 밝혀졌는데, 그들은 (1) **빛-의존성** 경로, (2) **온도-의존성** 경로, (3) **지베렐린-의존성** 경로, (4) **자율적** 경로 등이다.

식물들은 일차적으로 한 가지 경로에 의존하지만, 네 가지 경로는 모두 존재한다.

환경은 개화를 촉진하기도 하고 억제하기도 하는데, 어떤 경우에는 이러한 조절이 중립적인 경우도 있다. 예를 들어 장일 조건으로 간다는 것은 온대지방에서는 여름이 온다는 신호로 이는 생식을 위해 좋은 조건이 된다. 다른 경우로는 식물은 생식을 위하여 필요한 양분인 당을 충분히 축적하기 위하여 빛에 의존하지만 개화는 낮의 길이와 무관하다는 것이다.

온도도 개화 신호로 이용된다. 개화를 위해 일정기간 동안 종자나 어린 싹이 저온을 거쳐야 개화가 되는 현상을 **춘화**(vernalization)라 하는데, 춘화는 온도-의존적 경로이다. 온도가 일정한 열대지방의 환경에서 생식 조절이 일차적으로 일어나는 것을 감안하면, 일장이나 온도 조절에 의해 많은 식물들이 온대지방에 더 잘 서식하도록 진화된 것으로 여겨진다. 온대지방에서 식물이 추운 겨울에 개화하기보다는 저온을 거치고 난 후에야 개화를 하도록 된 것은 식물의 생식적 성공률이 향상된 것이다.

광주기에 의해 조절되는 빛-의존성 경로

개화는 광합성을 통해 축적된 많은 에너지를 요구하기 때문에 모든 식물들은 개화를 위해 빛을 필요로 하지만 이것은 개화 경로에서 **광주기** 또는 빛-의존성과는 별개이다. 대부분의 식물들의 성장과 발달에서 나타나는 여러 가지 현상들은 24시간의 하루 중 밤과 낮의 길이의 차이에 의해 좌우된다.

광주기에 대한 민감성은 식물들이 밤과 낮의 길이의 상대적인 차이가 나는 계절적인 차이에 감응하도록 한다. 낮의 길이는 계절에 따라서 변하는데, 낮 길이의 계절적 변이가 가장 많은 곳은 적도로부터 멀리 떨어진 극지방이다.

단일식물과 장일식물

낮의 길이에 대한 식물의 개화 반응은 여러 가지의 기본적 범주로 나누어볼 수 있다. **단일식물**(short-day plants)에서는 개화가 어떤 한계 기간보다 짧아지면 개화하는 데 비해, **장일식물**(long-day plants)은 낮의 길이가 길어지면 개화한다. 금어초, 장미 이외의 많은 열대식물들은 일장과 관계없이 자신들이 정상적인 성장에 필요한 빛을 받으면 개화한다. 이러한 식물들은 일장 감응에 중립적인 **중일식물**(day-neutral plants)이라고 부른다. 담쟁이덩굴을 포함한 어떤 식물들은 두 가지의 한정적인 광주기를 갖는데, 이들은 낮의 길이가 너무 길거나 아니면 너무 짧아도 개화하지 않는다.

식물들을 크게 장일식물과 단일식물군으로 구분하지만, 실제로 식물의 개화를 결정하는 것은 밤의 길이이다. 절대적 장일성 또는 단일성 식물들에서 밤의 길이인 장암이나 단암 조건은 분명하게 구별이 되는데, 장일식물들은 자신들에게 요구되는 최대한의 어둠 기간보다 밤의 길이가 짧아지면 개화하는 데 비해 단일식물들의 개화를 위해서는 밤의 길이가 자신들에게 요구되는 밤의 길이보다 길어야 한다.

온도-의존성 개화경로

저온은 여러 식물에서 개화를 가속화하거나 개시시켜준다. 빛과 마찬가지로 저온은 식물이 최적의 환경조건에서 개화하도록 작용하는 것이다.

어떤 식물들은 개화하려면 일정기간의 저온 기간을 거쳐야만 하는데, 이러한 현상을 **춘화**라고 부른다. 춘화 현상은 1930년대에 우크라이나 과학자인 리센코(Lysenko)에 의해 겨울밀이 포장에서 썩는 문제를 해결하는 연구를 통해 발견되었다. 겨울밀은 일정기간 저온을 거치지 않으면 개화하지 않기 때문에 리센코는 종자를 저온에 처리한 후 봄에 파종을 하였는데, 이러한 종자들은 성공적으로 발아하고 성장 후 개화하여 종자를 맺었다.

리센코의 이러한 발견은 매우 중요한 발견이었지만, 그는 겨울밀이라는 한 종을 봄밀이라는 새로운 종으로 전환시켰다는 잘못된 결론을 내렸다. 리센코의 생각은 쉽게 자연을 조절하여 생산성을 높일 수 있다는 그 당시 공산주의의 철학에 의해 지지받았지만 이러한 공산주의 철학은 구소련 연방에서 많은 유전학자들이 박해를 받은 것을 포함해 여러 문제점을 야기하였다. 1960년대까지 당시 소련에서는 유전학자들과 다윈의 진화론 신봉자들은 수상한 사람들로 여겨졌던 시절이었다.

어떤 종자나 식물에게 발생을 거쳐 개화하는 단계에서 요구되는 춘화는 애기장대와 완두의 돌연변이체들의 연구에서 개화와 별개인 경로로 밝혀졌다.

환경적 요인에 비의존적인 자율적 개화경로

개화에 이르는 **자율적** 경로에서는 기본적인 영양 조건 이외에는 다른 환경적 요인을 필요로 하지 않는데, 이러한 경로는 개화에서 최초로 진화된 경로로 여겨지고 있다. 중일식물들은 일차적으로 이러한 자율적 경로에 의해 개화하는데, 이것은 식물들이 앞에서 언급한 '수 세기'와 '기억' 기능을 함께 지녀 나타나는 현상이다.

한 가지 예로 중일식물인 담배는 일정한 수의 마디가 형성된 후 개화하는데, 이러한 종류의 식물들의 줄기들을 여러 지점에서 자르면 자른 부위에서 **액아**(axillary bud)가 만들어지고 액아는 원래 줄기가 만들었던 만큼의 마디를 형설하는데(**그림 16.2**), 이는 액아의 상부가 그들이 뿌리를 내리거나 접목한 위치를 기억한다는 것을 보여주는 것이다. 줄기의 말단 끝은 자신이 꽃으로 분화되기 전의 네 마디 전에 운명을 스스로 결정한다. 다른 식물들에서는 이러한 결정이 약간 불안정적이거나 후에 일어나는 경우도 있다.

줄기가 자신들이 어디에 있는지를 어떻게 알고, 이러한 정보를 어느 정도 기억할까? 뿌리로부터 **억제신호**가 전달된다는 것이 분명해지고 있다. 담배가 자라는 화분의 바닥을 제거한 다음, 밑이 없는 여러 개의 화분에 흙을 채워 쌓아 놓고 담배를 자라도록 하면 개화가 **부정근**의 형성에 의해 지연된다. 잎을 제거한 대조 실험에서 뿌리의 첨가는 개화를 지연시키지만 잎을 제거한 것들은 개화가 지연되지 않는다. 개화 촉진물질과 억제물질들 간의 균형이 자율적 개화 경로와 다른 경로에서도 마찬가지로 언제 꽃을 피울지를 조절해주는 것이다.

꽃 분열조직 결정 유전자에 의한 꽃 기관 결정 유전자의 활성화

애기장대와 금어초는 개화 유전자들을 분리하고, 이들의 상호작용을 연구하는 데 아주 좋은 모델 식물들이다. 앞에서 살펴본 개화로 이르는 4가지 경로는 꽃 분열조직 결정 유전자들의 발현을 억제하거나 촉진하여 성숙한 줄기의 분열조직을 꽃 분열조직(floral meristem)으로 전환시켜준다. 꽃 분열조직 결정 유전자 중 중요한 두 가지 유전자들은 *LFY*와 *AP1* 유전자이다. 이들 두 유전자들은 줄기 분열조직을 꽃 분열조직으로 전환시켜준 다음, 꽃의 기관(floral organ) 결정 유전자들을 발현시켜준다. 꽃의 기관 결정 유전자들은 4개의 동심원적 윤생체(whorls)를 결정하기 위하여 윤생체의 중심으로 꽃 분열조직을 이동시켜 꽃받침, 꽃잎, 수술, 암술 등이 형성될 수 있도록 유도해준다.

ABC 모델

세 종류의 꽃 기관 결정 유전자들이 어떻게 4가지 별개 형태의 꽃의 기관을 결정하는지를 설명하기 위해 **ABC 모델**이 제안되었다. ABC 모델은 세 종류(*A*, *B* 및 *C*)의 유전자들이 꽃의 기관을 이루는 4개의 윤생체들을 결정한다는 것을 보여준다. 돌연변이체들의 분석을 통해 다음과 같은 사실이 밝혀졌다.

1. Class *A* 유전자들은 독자적으로 꽃받침(sepals)을 결정한다.
2. Class *A*와 *B* 유전자들은 함께 꽃잎(petals)을 결정한다.

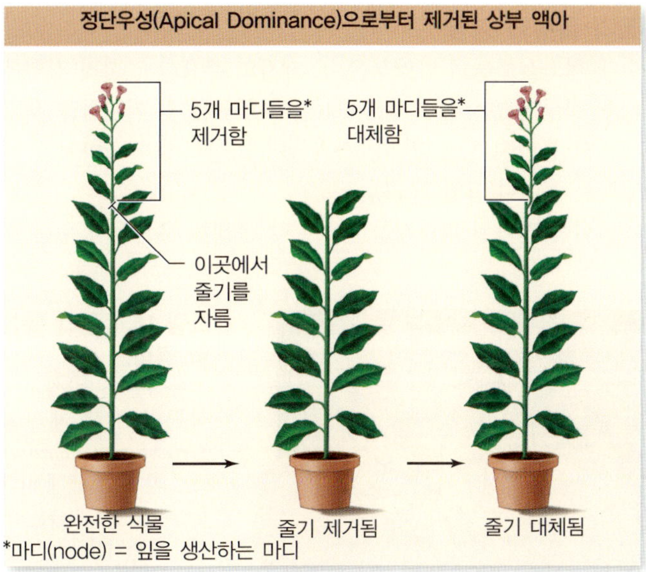

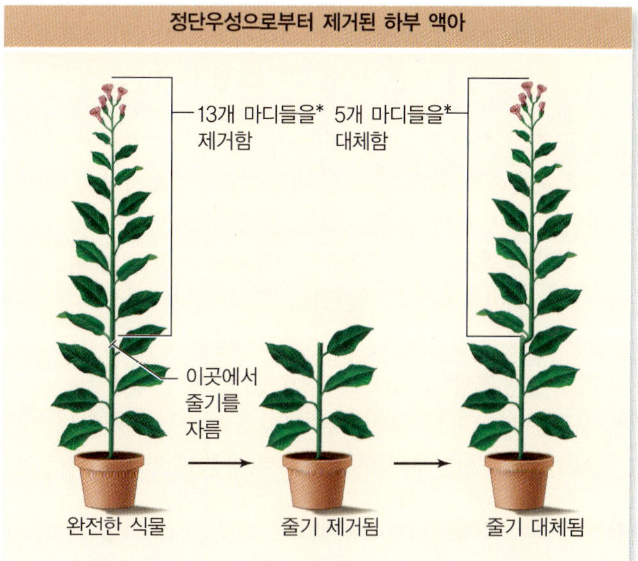

그림 16.2 식물의 '수 세기(count)'.
중일식물인 담배에서 원줄기(main stem)의 상부를 제거한 다음 측아에서 개화를 시킬 경우, 측아는 원줄기에 의해 꽃을 피우는 수만큼의 마디를 만든 후 개화한다.

3. Class *B*와 *C* 유전자들은 함께 수술(stamens)을 결정한다.
4. Class *C* 유전자들은 독자적으로 심피(carpels)를 결정한다.

ABC 모델은 꽃 기관 결정 유전자들의 돌연변이체들의 분석을 통해 각 유전자들이 어떤 기관을 결정하는가를 알려준다. 각 부류에 속한 유전자들은 두 개의 윤생체에서 발현하며, 이들 유전자들이 암호화하는 단백질들은 4가지 조합의 상호작용을 한다. 이들 세 가지 부류의 유전자들 중 어느 것이라도 결핍되면 예상되는 위치에 기형적인 꽃 기관이 형성된다.

1.3 꽃의 구조와 진화

피자식물에서 진화된 꽃

피자식물(또는 속씨식물)의 다양성은 부분적으로 수분의 효과를 증진시키는 꽃의 표현형적인 다양한 변이로 이르게 하는 진화에 의해 생성되었다. 꽃의 기관은 잎으로부터 진화되었다. 초기 피자식물들 중 일부는 지금도 잎에서와 같은 나선상의 발생 패턴을 보이는 꽃의 기관들을 유지하고 있다. 이러한 경향은 네 개의 특징적인 윤생체로 발달을 유도하였으며, 완전화(또는 갖춘꽃)는 네 개의 윤생체인 **꽃받침**(또는 악), **화관**, **수술군** 및 **암술군**으로 이루어져 있으며, 불완전화(또는 불완전꽃)는 네 개의 윤생체 중 하나 혹은 그 이상이 결핍된 꽃을 일컫는다.

꽃의 형태

완전화나 불완전화에서 모두 **꽃받침**(calyx)은 가장 바깥의 윤생체에 형성된다. 꽃받침잎은 꽃봉오리 내에 있는 꽃을 보호한다. **꽃잎**들은 통상 서로 붙어 있으며, 합쳐져 **화관**(corolla)을 이룬다. 많은 꽃에서 꽃잎들은 수분 매개자들을 유인하는 기능을 가진다. 비록 꽃 기관의 이들 두 개의 외부 윤생체들은 배우체 형성이나 수정에 직접적으로 관여하지는 않지만 이들은 성공적인 생식에서 중요한 역할을 한다(**그림 16.3**).

웅성 구조: **수술군**(androecium)은 꽃의 웅성기관인 수술들을 통칭하는 용어이다. 수술은 피자식물의 **소포자낭**을 만드는 특별한 기구이며, 나자식물(또는 겉씨식물)에서는 비슷한 기구가 화분 구과라는 구조 내에서 소포자낭을 만든다. 현존하는 대부분의 피자식물들은 가느다란 실 같이 생긴 화사를 가진 수술을 지니고 있는데, 네 개의 소포자낭이 수술의 정단에 위치하고 있는 **꽃밥**(anther)에 들어 있다. 원시 피자식물 중 어떤 것들은 납작하고 잎과 같은 모양의 수술을 가지는데 이들은 소포자낭이 상단부나 또는 측부 위에 달려 있다.

자성 구조: **암술군**(gynoecium)은 꽃의 모든 자성기관을 총칭하여 부르는 용어이다. 피자식물에 특이한 암술군은 대부분의 꽃들에서 하나의 **심피**를 가지거나 혹은 두 개 또는 세 개의 암술이 융합된 암술을 가지고 있다. 단일 암술이나 융합된 암술은 각각 홑암술이나 겹암술이라고 부른다. 토마토나 오렌지와 같이

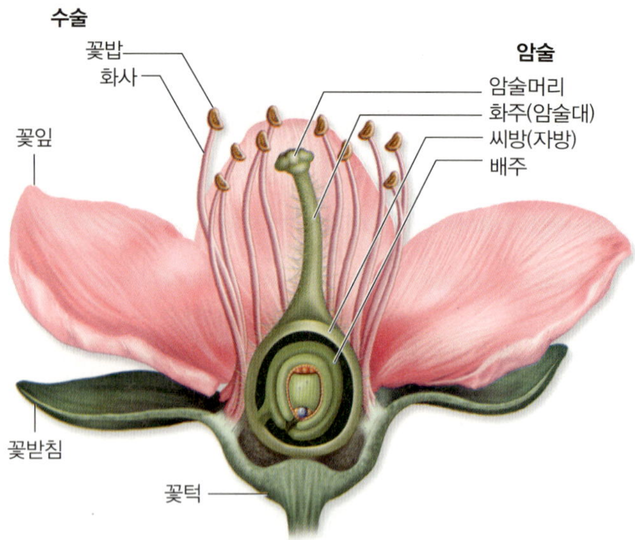

그림 16.3 피자식물의 완전화.

꽃들은 겹암술을 지니고 있으며, 미나리아재비나 스톤컵스와 같은 덜 특수화된 식물의 꽃들은 서너 개에서 많은 수의 홑암술로 구성된 심피를 갖는다.

종자 내에서 발달되는 **배주**(ovule)는 암술의 맨 하부 부위가 부풀려진 **씨방**(또는 자방)이라고 부르는 부위에서 생성되는데, 씨방은 정상의 꼭대기에서 꽃가루를 받아들이는 **암술머리**(stigma)로부터 가늘게 내려오는 목같이 생긴 **화주**(또는 암술대, style)를 가진다. 암술머리는 여러 개로 분리되는 경우도 있는데, 이는 몇 개의 심피가 특정 암술로 구성되는가를 보여준다.

꽃의 특수화 경향

현재 현화식물들의 다양성은 두 가지의 주요한 진화적 경향에 의해 이루어졌는데, 그것은 (1) 떨어져 있는 꽃 기관들을 서로 뭉쳐서 융합시키고, (2) 꽃 기관들이 소실되거나 작아지게 되었다는 것이다(**그림 16.4**).

더욱 진화된 피자식물들에서 각 윤생체 부분들의 수는 흔

그림 16.4 꽃의 특성화 경향.
전형적인 진정 쌍자엽 식물인 야생 제라늄 (*Geraniummaculatum*). 초기 피자식물들에 비해 꽃잎은 5개로 수술은 10개로 축소되었다.

히 여러 개에서 소수로 작아지게 되었다. 원시 피자식물들에서 모든 꽃 기관들이 붙어 있는 나선상의 패턴은 진화되는 동안 각 수준에서 하나의 윤생체로 되었다. 많은 꽃들에서 중앙 축이 짧아지고 윤생체들은 서로 가깝게 위치한다. 어떤 진화적인 계통들에서는 하나 또는 그 이상의 윤생체들이 융합되었으며, 때로는 융합된 것이 관으로 발전되었다. 현화식물의 어떤 종들에서는 다른 윤생체들이 서로 융합된 경우도 있다.

꽃의 대칭적 경향

꽃 진화의 다른 경향으로 **대칭**을 들 수가 있다. 미나리아재비와 같이 원시적인 식물의 꽃은 방사상 대칭으로 꽃의 중앙 한 점을 중심으로 모든 면이 같은 길이와 모습을 가진다. 그에 비해 진화된 꽃들 중 많은 것들은 좌우대칭인 꽃을 갖는다. 이러한 예로 금어초, 민트, 난 등의 꽃을 들 수가 있다(**그림 16.5**). 좌우대칭의 꽃들은 제비꽃과 완두 등에서도 볼 수가 있다. 이러한 부류의 식물들의 꽃은 종종 진보적이며, 고도로 정확한 수분 시스템과 관련이 있다.

그림 16.5 난꽃의 대칭적 구조. 꽃들은 기본적으로 방사상 대칭이지만, 여기에서 보는 난과 같은 식물들은 좌우대칭인 꽃을 가진다.

꽃의 배우체에서 형성되는 배우자

생식에서의 성공은 꽃의 배낭과 꽃가루에 있는 배우자인 난세포와 정세포의 성공적인 융합에 달려 있다. 식물의 **생식주기**는 2배체의 포자체 세대에서 반수체의 배우세대가 이어지는 **세대교번**에 의해 특징지어진다. 피자식물에서 배우체 세대는 모식물의 포자체 조직 내에서 아주 짧은 시간에 이루어진다. 웅성배우체 또는 소배우체들이 **화분립**(pollen grains)이며, 자성배우체 또는 대배우체들이 **배낭**(embryo sac)이다. 화분립과 배낭은 피자식물의 꽃에 있는 특이한 조직에서 따로 생성된다.

동물에서와 같이 피자식물들은 자성 배우체와 웅성 배우체를 생성하는 기관이 분리되어 있지만(**그림 16.6**) 피자식물의 생식기관은 다음과 같은 두 가지 점에서 동물과는 다르다. 첫째, 웅성과 자성 생식기관이 통상 같은 꽃 내에 존재하며, 둘째, 피자식물의 생식기관은 성숙한 개체의 영구적인 조직이 아니라는 것이다. 피자식물의 꽃과 생식기관은 계절적으로 **수분**이 가장 좋은 시기에 생성된다. 어떤 경우에는 생식기관이 한

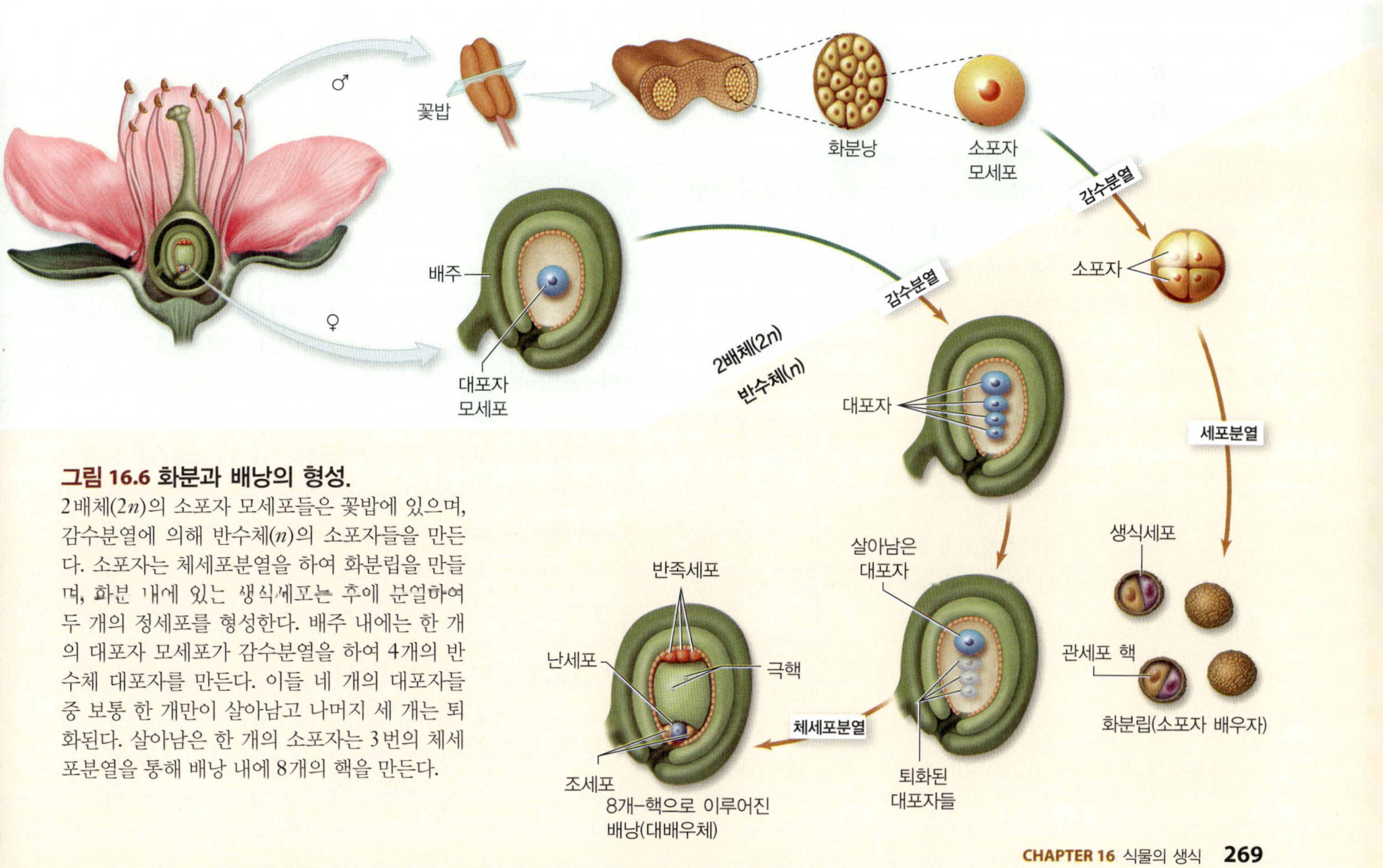

그림 16.6 화분과 배낭의 형성. 2배체($2n$)의 소포자 모세포들은 꽃밥에 있으며, 감수분열에 의해 반수체(n)의 소포자들을 만든다. 소포자는 체세포분열을 하여 화분립을 만들며, 화분 내에 있는 생식세포는 후에 분열하여 두 개의 정세포를 형성한다. 배주 내에는 한 개의 대포자 모세포가 감수분열을 하여 4개의 반수체 대포자를 만든다. 이들 네 개의 대포자들 중 보통 한 개만이 살아남고 나머지 세 개는 퇴화된다. 살아남은 한 개의 소포자는 3번의 체세포분열을 통해 배낭 내에 8개의 핵을 만든다.

번 생성되며, 그 후 모식물은 죽는다. 피자식물의 정세포는 발달 초기에 따로 만들어지지 않고 생육 후기에 생장상의 변화에 의해 생성된다.

화분 형성

꽃밥(또는 약, anther)에는 4개의 소포자낭을 가지고 있는데, 각 소포자낭에서 소포자 모세포(또는 화분 모세포, $2n$)가 만들어진다. 소포자 모세포들은 감수분열을 통하여 소포자(n)를 생성한다. 소포자는 체세포분열과 세포벽 분화를 통하여 화분이 된다. 각 화분립의 내부에는 생식세포가 있는데, 생식세포는 후에 분열하여 두 개의 정세포가 된다.

화분립(pollen)은 식물마다 특이한 형태를 가진다. 이 절의 후반부에서 더 자세하게 다루게 되지만, 수정을 위해서는 화분으로부터 **화분관**이 신장하여 화주를 통과해 **자방**(씨방)에 도달해야 한다. 대부분의 화분립은 하나의 주름과 구멍을 가지고 있는데 이곳을 통하여 화분관이 신장을 하는데, 어떤 화분립은 세 개의 주름을 가진 것도 있다.

배낭 형성

피자식물의 난자들은 배주에서 형성된다. 배주 내에는 대포자 모세포가 있으며, 화분 형성에서처럼 대포자 모세포도 감수분열을 통하여 반수체의 대포자들을 만든다. 그러나 대부분의 식물에서 대포자들 중 오직 한 개만 살아남고, 나머지들은 배주에 의해 흡수된다. 살아남은 한 개의 대포자는 부피가 늘어나고 3회의 체세포분열을 거쳐 8개의 반수체 핵을 가지게 되는데, 이들은 일곱 개의 세포로 된 배낭 내에 존재하게 된다.

배낭 내에서 8개의 핵들은 각각 매우 정확한 위치에 각기 존재한다. 한 개의 핵은 난세포에서 배낭의 열려 있는 구멍 근처에 위치한다. 두 개는 배낭의 중앙에서 융합되어 하나의 핵으로 존재하는데, 이는 **극핵**이라고 부른다. 두 개의 핵이 난핵의 양 옆에 존재하는데 이들을 **조세포**라 한다. 그리고 나머지 세 개의 핵들은 난핵이 존재하는 부위의 반대쪽에 위치하는데 이들은 **반족세포**라고 부른다.

1.4 수분과 수정

수분은 화분이 주두에 도달하는 것을 지칭하는 말인데, 화분은 바람이나 동물에 의해 꽃으로 이동되거나 꽃 자체 내에서 유래할 수도 있다. 자기 꽃의 꽃밥에서 유래한 화분이 같은 꽃의 주두에 도달할 때, 이를 **자가수정**이라 하며, 그에 비해 다른 꽃의 꽃밥으로부터 유래한 화분에 의해 수분이 일어나면 **타가수분** 또는 **외교배**라고 한다.

이와 같이 피자식물의 수분에서 화분립과 배주 간의 직접적인 접촉은 일어나지 않는다. 화분이 주두에 도달하면 발아하여 화분관이 아래쪽으로 신장하며, 정핵을 배낭으로 전달해준다. **중복수정**(double fertilization)이 일어난 후 **배**와 **배유**(또는 배젖)의 발생이 개시되며, 과실 내에서 성숙된 종자가 발아하여 또 다른 생활환이 시작된다.

피자식물에서 성공적인 수분은 곤충, 새 또는 동물과 같은 **수분매개자**들을 어떻게 잘 유인하여 이들이 같은 식물종 내로 자신의 화분을 전달해주는가에 달려 있다. 동물들이 화분을 퍼뜨릴 때, 동물들은 자신의 짝짓기 상대자를 활발하게 찾는 것과 같이 현화식물들에게 짝짓기를 시키는 것이다.

식물과 수분매개자들의 관계는 매우 복잡하다. 이들 둘 중 하나에 돌연변이가 생기면 생식에 문제가 되는데, 식물이 "잘못(wrong)" 된 시기에 개화하면 수분매개자들이 방문을 하지 않게 된다. 또한 꽃이나 수분매개자의 형태가 바뀌면, 그 결과 수분의 물리적 장벽을 생기게 될 수 있다. 꽃의 형태는 수분매개자들과 함께 공통으로 진화를 한 것이 확실한데, 그 결과 네 가지의 확실한 윤생체의 단순한 개시나 발생을 넘어 매우 복잡하고 다양한 표현형들이 만들어지게 된 것이다.

풍매화인 초기 피자식물

피자식물들은 수동적으로 바람에 의해 수분이 되는 풍매화였다. 현대의 소나무류(소나무는 나자식물임)처럼, 많은 양의 화분들이 바람에 날려 인접한 곳에 있는 같은 종의 배주에 화분이 도달하여 성공적인 수분이 일어난다.

풍매-수분(wind-pollinated)을 하는 식물들은 상대적으로 서로 인접하여 생장하면서 수분의 성공률을 상대적으로 높이는 시스템을 갖게 되는데, 그렇지 않으면 적절한 거리에 도달할 수 있는 화분의 비율이 매우 낮게 된다. 대부분의 풍매-수분 식물들의 화분은 대개 100미터 이내의 거리를 이동한다. 이러한 거리는 곤충이나 새 또는 다른 동물들에 의해 화분이 이동하는 거리보다는 상대적으로 짧은 거리이다.

꽃과 수분매개 동물들의 공통 진화

피자식물의 꽃을 방문하여 수분매개자들이 식물에서 식물로의 화분을 옮겨주는 것은 이들의 진화적인 성공에 중요한 역할을 하였다. 초기의 피자식물과 아마도 이들의 조상 종들이 **충매-수분**(insect-pollinated)을 하였다는 것이 분명하며, 이들 곤충들과 식물들의 공통-진화는 두 그룹들에게 1억 년 이상의 진화에서 매우 중요한 일이었다. 이러한 상호작용은 꽃의 특성화를 높이는 데 중요하게 작용하였으며, 꽃의 특성화가 높아짐에 따라 곤충이나 다른 동물들과 꽃과의 관계도 특징지어졌다.

꿀벌

충매-수분을 하는 피자식물들 중에서 가장 많은 그룹이 벌에 의해 수분된다. 대부분의 곤충들과 마찬가지로 벌은 냄새에 의해 음식을 찾고, 모양, 색깔, 질감 등에 의해 꽃을 향한다.

벌들이 특징적으로 찾는 꽃들은 흔히 청색이나 노란색이다. 이러한 꽃들은 꿀샘이 있는 곳을 향해 점이나 줄무늬 등이 있는데, 꿀샘은 흔히 꽃의 특수화된 부위에 존재한다. 어떤 벌들은 꿀을 수집하여 성숙한 벌이나 유충의 먹이로 이용한다. 대략 20,000여 종의 벌들이 꽃을 방문하여 화분을 얻는데, 화분은 발생 중인 유충의 세포에서 양분으로 이용된다.

벌 이외의 수분-매개 곤충

벌 이외에 꽃을 방문하는 곤충들 중에 일부 그룹들은 특별히 주목할 만하다. 나비에 의해 주기적인 방문을 받는 패랭이꽃은 나비가 편히 앉게 하기 위한 "착륙 플랫폼(landing platform)"을 만들기도 한다. 이들은 꿀로 채워진 가늘고 긴 튜브를 지니고 있는데, 이것은 나비와 나방류들이 속한 인시류 곤충들의 긴 나선상의 주둥이에 적합한 구조이다.

새

일부 식물 종들은 새들에 의해 수분이 되는데, 이러한 새들로는 북미와 남미의 벌새와 아프리카의 태양조 등이 있다. 이러한 식물들은 새들이 자신들이 충족할 만큼의 먹이를 찾지 못하면 방문을 중단하게 되기 때문에 많은 양의 화분을 만들어만 한다. 그러나 곤충에 의해 수분되는 꽃들은 많은 양의 꿀을 생산할 필요가 없는데, 그 이유는 한 마리의 곤충이 자신이 필요한 만큼의 에너지를 한 개의 꽃에서 충분히 얻을 수 있으면 다른 꽃을 방문하지 않으므로 효과적으로 **타가수분**을 할 수 없기 때문이다. 이러한 차별적 선택압들이 어떻게 벌새와 태양조에게 특수화된 꽃에서 균형을 이루게 되는 것일까?

이에 대한 대답은 꽃 색깔의 진화에 있다. 자외선은 곤충에게 고도의 가시광선이다. 노란 오렌지색의 카로티노이드는 해바라기와 겨자 등을 포함한 많은 꽃들의 색깔에 관여한다. 카로티노이드는 노란색과 자외선을 모두 반사하는데, 이러한 결합은 소위 '벌의 보라색(bee's purple)'이라는 특이한 색이 된다. 이러한 노란색 꽃들은 우리들에게 정상적으로는 잘 보이지 않지만 벌이나 다른 곤충들에게는 쉽게 보이게 되는데 **(그림 16.7)** 이러한 것들은 가운데가 황소의 눈(bull's eye)처럼 둥그렇게 보이거나 착륙선(landing stripe)의 형태로 나타난다.

a. *b.*

그림 16.7 벌에게 보이는 꽃의 모습.
a. 페루산 달맞이꽃(*Ludwigia peruvian*)은 정상의 빛에서는 꽃이 노랗게 보이지만 자외선만을 선택적으로 투과시켜서 보면 다르게 보인다. ***(b).*** 꽃잎의 바깥 부위는 노란색과 자외선을 모두 반사하여 소위 '벌의 보라색(bee's purple)'으로 보인다. 꽃의 중앙 부위는 노란색만을 반사하므로 어두운 색으로 나타난다. 벌에게 이 꽃은 뚜렷한 중앙의 황소의 눈(bull's eye) 모양을 가진 꽃으로 보인다.

풍매-수분 현화식물

피자식물들 중 여러 그룹들이 풍매-수분을 하는데, 이들은 대부분 초기 종자식물의 특징을 지니고 있다. 이러한 식물들로는 떡갈나무류, 미류나무류, 초본류, 사초과 식물들, 쐐기풀류 등이 있다. 이러한 식물들의 특징은 꽃은 작고 초록색을 가지며, 향기가 없고, **화판**이 작거나 없다는 것이다. 이러한 꽃들에서는 많은 꽃들이 뭉친 수꽃대(tassel)가 아래로 쳐져 있으면서 바람에 의해 흔들리며 화분을 날린다.

피자식물의 중복수정

피자식물의 수정은 **중복수정**이라고 부르는 특이한 과정에 의해 두 개의 정세포들이 수정에 참여하여 일어난다. 중복수정은 두 가지의 중요한 발생을 유발하는데, (1) 난자의 수정과 (2) 배에 영양분을 공급하는 영양물질로 구성되는 **배유**의 형성이 그것이다.

하나의 화분이 바람이나 동물 등에 의해 수분되거나 또는 자가수분되어 암술머리를 둘러싸고 있는 끈적끈적한 당분 물질에 닿으면, 화주를 통하여 **화분관**이 신장하게 된다. 화분관은 당분 물질에 의해 영양분을 공급받으면서 신장하여 씨방의 **배주**에 도달한다. 화분관이 신장하는 동안 화분립 내의 생식세포는 분열하여 두 개의 정세포를 만든다.

화분관이 신장하여 배주의 배낭에 들어가면서, 난세포 옆에 있는 핵 중 하나는 퇴화하고 화분관이 세포내로 들어간다. 신장하고 있는 화분관의 끝이 터지면서 두 개의 정세포가 방출되는데, 그중 하나는 난자와 수정을 하여 **접합자**를 생성하며, 다른 정세포는 배낭의 중앙에 존재하는 두 개의 극핵들과 결합하며 3배체($3n$)의 배유 핵을 형성하고 이러한 일차적 배유 핵은 배로 발전하여 양분 공급원이 된다.

수정이 끝나고 나면 여러 번의 세포분열을 거쳐서 배가 완성되면서 보호조직이 배를 둘러싸 종자가 형성된다. 종자는 또 다른 조직들에 쌓여서 과실이 만들어지는데, 이러한 피자식물의 전형적인 구조는 유전적 다양성의 유지를 위해 장거리로 종자를 퍼뜨리기 위한 수단으로 진화된 것이다.

1.5 무성생식

자가수분은 유전적 다양성을 낮추어주지만 **무성생식**(asexual reproduction) 과정 중에는 체세포분열만 일어나기 때문에 유전적으로 동일한 개체들만 생산할 수 있으며, 이들에게는 감수분열 과정이 없어 변하지 않는 환경에 적응된 개체들에서 자가수분이 유리한 이유와 마찬가지로 유지된다. 조건이 극적으로 변하지 않는 한 자연선택이 이루어져 이들은 집단 내에서 큰 변이를 가지지 않기 때문에 이러한 종들은 생존 가능성이 낮게 된다.

무성생식은 특정한 형질을 가진 개체들이 번식하는 데 이용되는데, 이러한 형질은 유성생식을 하거나 자가수분을 하는 동안에도 변형될 수 있기 때문이다. 그 실례로 장미와 감자 등은 대부분 무성생식에 의해 번식된다.

2배체 배의 발생을 포함하는 단위생식

감귤류, 캔터키 블루그라스와 같은 초본류, 민들레 등과 같은 식물들은 종자 내의 배가 양친 식물로부터 무성생식에 의해 생산된다. 이러한 종류의 무성생식을 **단위생식**(또는 무수정생식)이라고 부른다. 이러한 방법으로 생산된 종자들은 유전적으로 양친과 동일한 개체들을 만들어낸다.

이러한 식물들은 배주에 있는 2배체 세포들을 클로닝하여 생식할 수 있지만, 이들도 종자를 퍼뜨리는 데 있어서 유성생식에 관련된 적응과 같은 장점을 갖는다. 무성생식 식물들은 척박하거나 극한적인 환경에서 더욱 흔하게 나타난다. 그 실례로 온대지방보다 극지방에 무성생식에 의한 번식을 하는 식물들이 훨씬 많이 분포하고 있다.

비생식조직을 통한 영양생식

영양생식이라 불리는 무성생식의 일반적인 형태에서는 새로운 식물이 단순히 성숙한 식물의 조직으로부터 클론 식으로 생겨나온다. 식물의 무성생식에는 여러 가지 유형으로 나타난다.

포복경 또는 기는줄기: 어떤 식물들은 포복경 또는 기는줄기로 번식을 한다. 포복경은 가늘고 긴 줄기로서 토양의 표면을 따라 생장한다. 예를 들면 재배 딸기는 잎, 꽃, 뿌리 등이 포복경의 매 마디마다 생성된다. 각각의 두 번째 마디를 조금 지나면서 포복경의 위쪽이 도드라지고 두껍게 된다. 이렇게 두꺼워진 부분으로부터 부정근이 생성되고 새로운 줄기가 나타나며 포복경은 계속하여 신장한다.

근경: 지하의 수평적 줄기, 또는 지하경도 초본류나 사초류 식물들에서는 중요한 생식기구이다. 근경은 모식물의 근처 부위에서 자라는데 각 마디에서 새로운 줄기가 나타나서 개화할 수 있다.

흡반: 벚나무, 사과나무, 산딸기, 나무딸기 등과 같은 식물들은 **흡반** 또는 싹을 만들어서 번식을 한다. 상업적 바나나 품종들은 종자로부터 번식되는 것이 아니라 지하에 있는 줄기에서 나온 싹으로부터 발달된 어린 눈(buds)을 이용하여 번식을 한다. 민들레의 뿌리는 뽑을 때 끊어지면 각 뿌리는 다시 새로운 식물이 된다.

1.6 식물의 수명

식물들은 종에 따라 매우 다양한 수명을 가진다. 식물의 수명은 생식 전략과 관련이 있을 수도 있으며, 그렇지 않을 수도 있다. 목본식물들은 아주 오랜 기간 동안 2차 생장을 하는데, 이들은 제한적이거나 2차 생장을 전혀 하지 않는 초본류들보다는 수명이 길다. 그 실례로 브리슬콘 소나무는 4,000년 이상 살 수 있다.

초본류들 중에는 매년 새로운 줄기가 땅위로 나오는 것들도 있는데, 이들의 지하 부위는 목본 구조를 가지고 있다. 이외의 다른 초본류들은 매년 발아하여 자라서 개화한 다음 죽는다. 단명하는 식물들이 목본 식물이 되는 경우는 매우 드문데, 그 이유는 2차 생장에 의해 조직을 축적시킬 시간이 충분하지 못하기 때문이다. 초본류들은 생활사의 길이에 따라 **일년생**, **이년생**, 또는 **다년생**으로 나눌 수 있는 데 비해 일반적으로 목본류들은 모두 다년생이다.

다년생 식물

다년생 식물은 매년 성장을 하며, 이들 중에는 초본류(삼림지대, 습지대, 초원지대의 야생화들)도 있고, 목본류(나무나 관목들)들도 있다. 유관속식물의 대부분은 다년생이다. 다년생 식물들은 일반적으로 여러 해 동안 개화하면서 종자와 과실을 생산한다.

다년생 초본류들은 줄기들이 2차 생장을 하는 경우가 매우 드물며, 줄기는 매년 일정기간 동안 급속히 성장하여 영양분을 축적한 후 죽는다. 영양분은 식물의 뿌리나 지하경에 저장되는데, 이러한 **지하경**들은 **지상경**들에 비해 매우 비대해진다.

수목과 관목들은 일반적으로 반복하여 개화하지만 여기에도 예외는 있다. 대나무는 여러 해 동안 비생식적으로 살지만 개화하고 나면 죽는다. 열대식물 중에 *Tachigali versicolor*라는 나무가 있는데 이 식물은 개화 전까지는 매우 높게 자라지만 일단 개화하고 나면 죽게 된다. 이 나무가 생장하는 데 매우 막대한 에너지가 소모되는 것을 감안하면 이러한 생식 방법은 이상하다고 할 수 있다.

일 년 동안 생장하는 일년생 식물

일년생 식물들은 한 생육 기간 내에 자라서 꽃을 피우고, 과실과 종자를 맺으며, 이러한 과정이 완료되면 죽게 된다. 옥수수, 밀, 콩과 같이 작물들 중 많은 것들이 일년생이다. 일년생들은 호조건 하에서 그리고 물이나 양분의 유용성에 따라 빨리 성장한다. 해바라기나 거대 돼지풀과 같은 일년생 식물들의 **측생 분열조직**은 식물체 지지를 위한 2차 조직을 생산하며, 일년생들은 모두 전적으로 낙엽성이다.

전형적인 일년생 식물들은 일단 개화하고 나면 죽게 되는데, 이는 호르몬 신호에 의해 꽃이나 배가 발생하기 위해 양분을 재할당하기 때문에 나타나는 현상이다.

2년 생활주기를 갖는 이년생 식물

이년생 식물들은 일년생 식물들보다 빈도수가 훨씬 적으며, 이들은 수명을 완성하는 데 2년이 소요된다. 이년생 식물들은 첫 해에는 광합성에 의해 생산된 산물을 지하의 저장기관에 저장하며, 둘째 해에는 지하에 저장된 에너지를 이용하여 꽃대를 형성한다. 당근, 배추, 무 등의 작물들은 이년생들이지만, 식재료로 이용되기 위해 꽃을 피우기 전인 첫해에 수확하는데, 이는 이들이 과실이나 종자를 이용하기보다는 잎이나 뿌리를 이용하는 작물들이기 때문이다.

야생 이년생 식물들로는 달맞이꽃, 야생당근과 같은 식물들을 들 수 있는데, 이년생으로 여겨지는 많은 식물들은 경우에 따라서는 3년 또는 그 이상이 될 때까지 개화하지 않는 식물들도 있지만, 대부분의 이년생 식물들은 죽기 전에 한 번 꽃을 피운다.

연 습 문 제

Exercise

1. 형태발생은 다음 중 어떤 발생인가?
   a. 생장형　　b. 생식 구조
   c. 생장상　　d. 분열조직
2. 무성생식은 어떠한 생태계에서 선호되는 생식방법인가?
   a. 열대우림 지역
   b. 온대지방의 초원지역
   c. 극지방의 툰드라 지역
   d. 낙엽지는 숲
3. 식물과 동물의 배우자 형성의 가장 근본적인 차이점은 무엇인가?
   a. 식물은 배우자를 체세포 조직에서 만드는데 비해 동물은 생식조직에서만 배우자를 생성할 수 있다.
   b. 식물은 체세포분열에 의해 배우자를 만들지만 동물은 감수분열에 의해 배우자를 만든다.
   c. 식물은 오직 한 개의 배우자를 생성하지만 동물은 배우자를 많이 생성한다.
   d. 식물은 이배체의 배우자를 만들지만 동물은 반수체의 배우자를 생성한다.
4. 외떨어진 곳에 온실을 지어 포인세티아를 재배하고자 한다. 그러나 온실 근처에 고속도로가 생겨 포인세티아가 꽃을 피우지 못하였다. 그 이유에 대해 설명하라.

Part 5

BIOLOGY

동물의 구조와 기능

제 17 장 동물의 구조

Animal Body Structures

1 동물의 구조와 조절원리

1.1 척추동물의 몸통 구조

척추동물 몸의 조직화는 **세포**(cells), **조직**(tissues), **기관**(organs) 및 **기관계**(organ systems)의 네 단계로 구분된다. 모든 동물에서처럼 척추동물의 몸도 다양한 유형의 세포로 이루어져 있으며, 50에서 수백 가지 유형의 세포가 척추동물의 몸통을 구성한다. 사람은 210가지 다른 유형의 세포를 갖고 있다.

조직: 단일한 유형과 기능을 갖는 세포군

구조와 기능이 유사한 세포들이 모여서 조직(tissue)을 이룬다. 발생 초기에 배 세포들은 분열하여 **배엽층**이라고 부르는 세 가지 기본 배 조직을 형성하는데, 안쪽부터 바깥쪽으로 **내배엽**(endoderm), **중배엽**(mesoderm) 및 **외배엽**(ectoderm)을 이룬다. 이 배엽층은 다시 척추동물의 특징이 되는 여러 가지 조직으로 분화된다.

척추동물의 몸은 네 가지 **1차 조직**(primary tissues)인 **상피조직**, **결합조직**, **근육조직** 및 **신경조직**으로 이루어져 있다. 이들 유형은 이 장의 독립된 절에서 다루게 된다.

특수화된 기능을 수행하는 기관과 기관계

기관은 단일한 구조적 및 기능적 단위를 형성하는 여러 가지 다른 유형의 조직들로 만들어진다(**그림 17.1**). 예를 들어 심장은 심장근육, 결합조직 및 상피조직으로 이루어져 있다. 신경조직(nerve tissues)은 뇌와 척수를 심장과 연결하여 심장박동 수를 조절하는 데 관여한다.

기관계는 여러 가지 기관이 협력하여 몸의 주요 활동을 수행한다. 예를 들어 순환계(circulatory system)는 심장과 혈

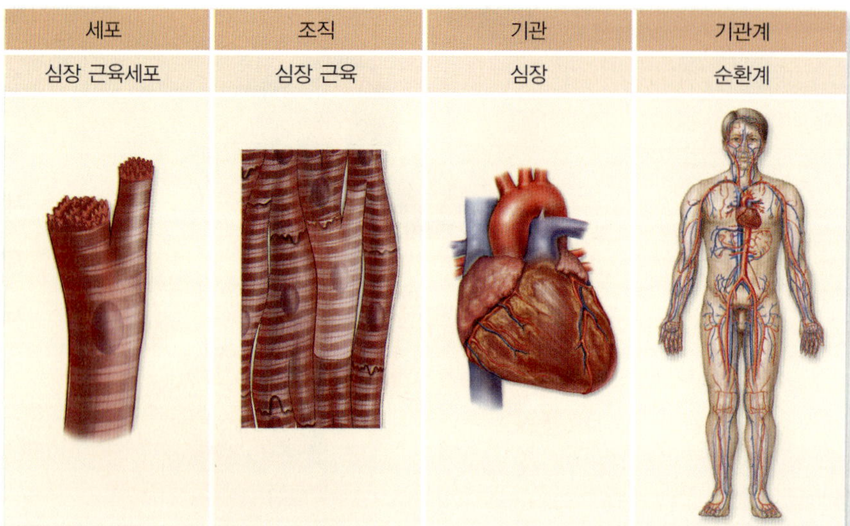

그림 17.1 신체 구성의 단위.
유사한 세포들이 모여 조직을 형성한다. 유기적으로 기능하는 조직들이 모여 심장과 같은 기관을 형성한다. 심장은 일차적으로 표피조직으로 둘러싸인 심장 근육으로 구성된다. 기관계는 유기적으로 기능하는 여러 개의 기관으로 구성되어 체제에 필요한 기능을 수행한다. 기관계의 한 예로 순환계는 심장, 혈관 그리고 혈액으로 구성된다.

관(동맥, 모세혈관 및 정맥)으로 구성된다. 이러한 기관들이 협력하여 혈액을 수송하고, 필요한 물질을 온몸으로 전달해준다. 척추동물은 11개의 기본적인 기관계를 갖는다.

외관 속의 내관으로 이루어진 척추동물의 기본 체제

모든 척추동물의 몸통은 관 속에 다른 관이 들어 있는 동일한 기본구조를 가진다. 몸의 안쪽에 긴 관 모양의 소화관이 입에서 항문까지 이어진다. 연결된 뼈 혹은 연골로 이루어진 내부 골격은 체제(body plan)의 성장과 함께 성장하여 척추동물의 주요 체제를 형성하는 바깥쪽 관을 지지해준다. 척추동물 체제의 최외각층은 외피나 피부 및 여러 가지 부수적인 조직과 부속물인 머리카락, 깃털, 비늘 및 땀샘을 구성한다.

척추동물의 배체강과 복체강

척추동물의 몸안에는 두 가지 내강이 존재한다. **배체강**은 두개골과 척추뼈의 내부에 형성된다. 두개골은 뇌를 둘러싸고, 척수를 담고 있는 관은 척추 안에 존재한다.

복체강은 흉곽과 척추로 둘러싸인 부위에서 머리 방향으로 확장되는 한편, 꼬리 방향으로는 복근과 골반 안에 담겨 있는 부위로 확장된다. 포유동물에서 근육 박판으로 이루어진 횡격막이 복체강을 머리 방향으로 가로질러 심장과 허파를 담고 있는 **흉강**에 이르는 한편, 위, 장, 간, 콩팥, 그리고 방광을 담고 있는 복강에까지 이어진다(**그림 17.2*a***).

척추동물을 포함한 일부 동물의 발생 배의 중배엽 안에 생성된 **진체강**은 체액으로 채워진 체강이다.
진체강은 척추동물에 존재하며, 무척추동물과 비교해서 더욱 접히고 구획화되어 있다. 체강을 형성하는 중배엽은 체벽에서 확장되어 나와 복체강 안에 몇 가지 기관을 감싸 부유시킨다(**그림 17.2*b***). 복부에 위치한 체강을 **복강**이라고 부른다.

흉강에서 심장과 폐는 체강 공간을 심하게 수축시킨다. 심장 주위의 중배엽층에 있는 얇은 공간은 **위심강**이라고 부르며, 폐 주변에 위치하는 두 개의 얇은 공간은 **흉강**이라고 부른다(**그림 17.2*b***).

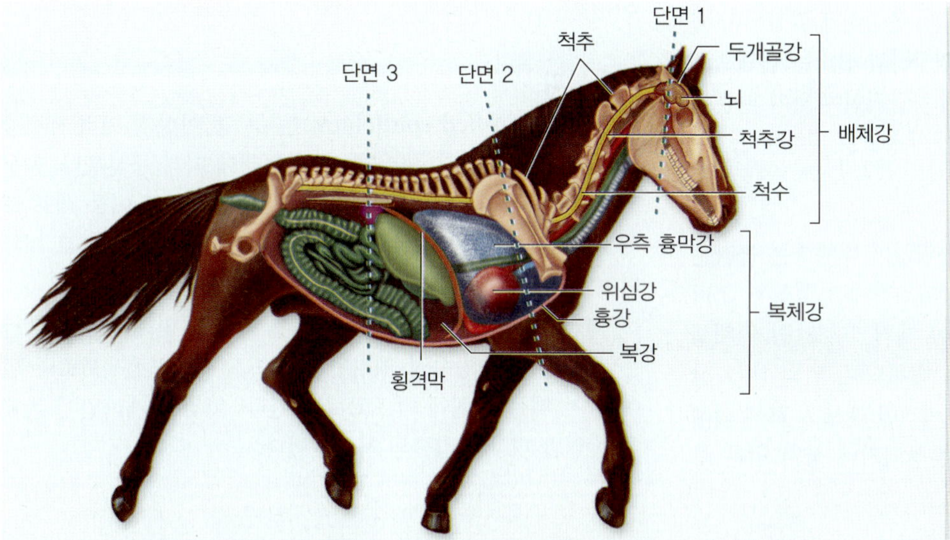

a.

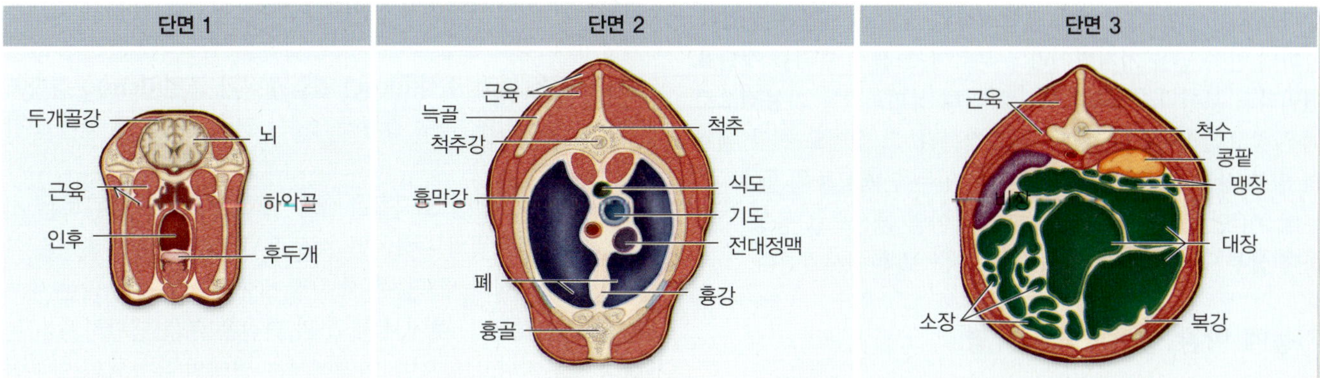

b.

그림 17.2 척추동물 몸의 구조. ***a.*** 모든 척추동물은 복강과 배강을 갖는다. 배강은 뇌를 포함하는 안면강과 척추를 포함하는 척추강으로 구분된다. 포유동물에서 횡격막에 의해 복강을 흉강과 복골반강으로 나누어진다. ***b.*** 몸의 세 부분의 절단면이 주요 기관과 체강(심막강, 늑막강, 복막강)의 관계를 보여준다.

1.2 상피조직

상피조직(epithelium)은 척추동물 몸통의 표면을 덮고 있는 조직을 일컫는다. 상피막은 세 종류의 배엽에서 유래할 수 있다. 그 실례로 **외배엽**에서 유래된 상피는 피부의 바깥 부위를 구성하며, **내배엽**에서 유래된 상피는 소화기관의 내부 표면이 되고, 혈관의 내부 표면은 **중배엽**에서 유래된다. 일부 상피는 발생 배의 발달 과정에서 분비 기능을 가지도록 특수화된 분비선(gland)으로 발달한다.

상피조직에 의한 경계막 형성

상피막은 모든 몸통 표면을 덮고 있기 때문에 어떤 물질이 몸통으로 들어가거나 나갈 때에는 상피를 통과해야 한다. 상피막은 어떤 물질의 통과는 방해하는 반면 어떤 물질의 통과는 촉진할 수 있는 경계막으로서의 기능을 갖는다. 육상동물의 표피는 물에 대한 상대적인 투과성이 매우 낮아 탈수현상이나 대기 중의 병원체에 대한 감염을 방지해준다. 그에 비해 소화기관의 상피는 소화 산물을 선택적으로 흡수하는 반면 독성 물질을 배제해야 한다. 허파의 상피막은 기체가 혈액으로 신속하게 확산되기에 적합해야 한다.

모든 상피의 공통적인 특징은 세포가 촘촘하게 결합되어 세포 사이에 틈이 거의 없다는 점이다. 영양분과 산소는 혈액으로부터 상피세포로 확산되어 결합조직에 공급되어야 하기 때문에 상피막의 두께는 대부분 단층에서 몇 개의 층으로 제한된다.

상피의 재생

상피는 동물의 생애를 통해 세포를 끊임없이 대체하는 놀라운 재생 능력을 갖고 있다. 그 실례로 상피조직에서 형성된 분비선의 일종인 간은 수술로 상당 부분이 제거되어도 쉽게 재생된다. 상피는 2주마다 새로운 것으로 대체되며, 위의 내부 상피는 2~3일마다 완전하게 재생된다. 이러한 재생 능력에 의해 표면 조직은 항상 표면을 재생해서 손상되거나 상처 입은 보호막을 신속하게 대체할 수 있다.

상피조직의 구조

상피조직은 섬유막에 의해 **결합조직**의 상단에 연결되어 있다. 상피의 안쪽 면을 **기저면**이라고 부르며, 노출된 부위를 **정단표면**이라고 부른다. 이러한 차이로 인해 상피조직은 기능적으로 매우 중요한 내부적 극성 구조를 갖는다. 그 실례로 신장 세관의 일부 상피조직의 기저면에 박혀 있는 단백질들을 들 수 있는데, 이 단백질들은 Na^+를 세포 사이의 공간으로 능동 수송하여 **삼투 구배**를 형성해 수분을 혈액으로 환원시켜준다.

기능에 따른 상피조직의 유형

상피조직은 크게 한 층의 세포들로 이루어진 **단층상피**와 여러 층의 세포들로 이루어진 **다층상피**로 구분된다. 이들은 세포의 형태에 따라 다시 **편평상피**, **입방상피**, **원주상피**로 구분되는데 편평상피세포는 납작하고, 입방상피세포는 높이가 너비만큼 크며, 원주상피세포는 높이가 너비보다 더 크다.

단층상피

단층상피(simple epithelium)는 한 층 두께의 세포들로 이루어져 있다. 단층편평상피는 횡단면으로 볼 때 납작한 모양의 편평상피세포로 구성된다. 이러한 상피는 폐나 모세혈관을 이루며, 얇고 민감한 성질 때문에 가스확산 같은 물질의 빠른 이동을 가능하게 해준다.

단층 입방상피는 신장 세관과 일부 분비샘의 작은 관 내부를 둘러싸며, 상피세포는 몇몇 분비샘에서 분비에 관련하는 특정한 역할을 한다.

단층 원주상피는 호흡 기관이나 대부분 위장 관에서 볼 수 있다. 점막의 원주상피세포들 사이에는 점액을 분비하는 **배상세포**가 군데군데 끼어 있는 것을 볼 수 있다. 호흡 기관에 있는 원주상피세포의 내강 쪽 표면에는 섬모들이 나 있어, 이를 이용해 점액과 먼지 입자를 목구멍 쪽으로 운반한다. 소장의 원주상피세포는 흡수 면적을 넓히도록 표면에 손가락 모양의 **미세융모**(microvilli)가 나 있다.

다층상피

다층상피(stratified epithelium)는 두 층 이상의 여러 세포층으로 되어 있으며, 가장 위쪽 층의 형태에 따라 구분된다. 육상 척추동물에서 상피의 바깥층은 죽은 편평세포와 이들 세포 내에 **케라틴**이라는 방수성 단백질로 덮여 **각질화**된 상피로 이루어져 있다.

피부에 케라틴의 축적은 계속된 마모로 인해 굳은살을 만든다. 입술에는 방수성 케라틴이 없고, 다층 편평세포로만 덮여 있기 때문에 쉽게 마르고 갈라진다. 이것이 케라틴이 존재하는 일반 피부와 입술의 차이점이다.

1.3 결합조직

결합조직(connective tissue)은 중배엽에서 생기고, 그 형태가 다양하며, 일반 결합조직과 특수 결합조직으로 구분된다. 일반 결합조직은 다시 소성(loose) 결합조직과 조밀(dense) 결합조직으로 구분되며, 특수 결합조직에는 연골, 뼈, 혈액 등이 포함된다.

이렇게 다양한 조직들을 모두 결합조직으로 분류하는 것이 일면 의아스럽기도 하지만, 이들은 공통된 구조적 특징을 가진다. 결합조직의 세포들은 서로 떨어져 있기 때문에 많은 세포 외 **기질**을 갖는다. 뼈에서 세포 외 기질은 뼈를 단단하게 하는 결정체를 지니고 있으며, 혈액에서는 혈액의 유동액의 일부인 혈장이 세포 외 기질이 된다. 세포 외 기질은 단백질 섬유와 기본 물질을 포함하고 있으며, 세포와 섬유 사이의 유동 물질에는 단백질, 다당류들이 포함된다.

일반 결합조직: 소성 결합조직과 조밀 결합조직

소성 결합조직과 조밀 결합조직이 발생하는 동안 세포 외 기질을 만들고 분비하는 세포가 **섬유아세포**(fibroblast)이다. 소성 결합조직에는 다른 세포들도 들어 있는데, 이들은 **비만세포**(mast cell)와 면역 활동을 하는 **대식세포**(macrophage) 등을 포함한다.

소성 결합조직

소성 결합조직은 다량의 기본 물질을 갖고 있는 세포 외 기질 내부에 흩어져 있는 세포들로 구성된다. 이러한 젤라틴질의 물질은 느슨하게 흩어져 있는 단백질 섬유에 의해 강화되는데, 이러한 단백질 섬유에는 망을 형성함으로써 조직들을 지탱해 주는 콜라겐, 조직에 탄력성을 주는 엘라스틴, 콜라겐 망을 형성하여 조직을 지지하는 레티큘린이 있다. 향미제로 쓰이는 젤라틴은 동물의 소성 결합조직에서 추출해낸 세포 외 물질이다.

양분 저장에 중요한 **지방세포**(adipose cell)도 소성 결합조직에서 볼 수 있다. 피부 안쪽, 골수, 신장 주변, 몸의 일부 부위에 지방세포가 모여 **지방조직**을 형성한다.

조밀 결합조직

조밀 결합조직에는 기본 물질이 적게 들어 있지만 콜라겐 섬유들이 치밀하게 얽혀 있어 소성 결합조직보다 강하다. 조밀 결합조직에는 규칙적 조밀 결합조직과 불규칙적 조밀 결합조직 두 가지가 있다. 조밀 결합조직은 콜라겐 섬유들이 밧줄 가닥처럼 평행하게 배열되어 있다. 이러한 구조는 근육과 뼈를 연결하는 **힘줄**(tendon)과 뼈와 뼈를 연결하는 **인대**(ligament)에서 볼 수 있다.

그에 비해 불규칙적 조밀 결합조직의 콜라겐 섬유들은 각각의 방향이 불규칙하게 나타나는데, 이러한 결합조직은 신장 피막, 부신 피막과 같은 기관의 단단한 외피를 만든다. 또한 이 조직은 근육과 신경과 뼈를 감싸기도 한다.

독특한 성질을 지닌 특수 결합조직

연골, 뼈, 혈액 등의 특수 결합조직은 각각 특징적인 세포와 특수 기능을 수행하게 해주는 세포 외 기질을 가진다.

연골

연골은 콘드로이틴이라는 당단백질을 기본 물질로 형성되고 압력을 받는 부위에 따라 긴 콜라겐 섬유가 평행으로 배열된 특수화된 결합조직이다. 그 결과 단단하고 탄력이 매우 크지만 늘어나지 않는 성질을 지니고 있어, 소성 결합조직이나 조밀 결합물질보다도 훨씬 질기다.

연골은 현대의 무악류와 연골어류의 골격구조를 구성한다. 대부분의 척추동물에서 연골은 뼈의 접촉 부위인 관절이나 다른 곳에도 분포하고 있다. 예를 들어 사람의 경우, 코의 끝, 외이(바깥 귀), 척추의 추간원판(intervertebral disk), 후두 등 여러 구조들에 연골이 포함되어 있다.

연골세포는 연골의 기본 물질 내의 **골소강**이라는 공간 속에 분포한다.

뼈

골세포(bone)는 세포 외 기질이 인산칼슘으로 결정화된 단단한 상태에서 살아 있다. 뼈 속의 중심 관을 따라 혈관이 분포하여 영양분을 공급하고, 노폐물을 제거해준다. 골세포의 세포질 돌기는 **골소관**이라고 부르는 작은 관을 통해 인접한 골세포와 연결된다. 골세포는 이 세포질 망을 통해 중심관 내의 혈관과 소통하게 된다. 그에 대한 자세한 내용은 제5절에 다루어져 있다.

혈액

혈액(blood)은 결합조직으로 분류되는데, 이는 세포 외 기질(혈장)이 풍부하게 있기 때문이다. 혈액의 세포는 **적혈구**와 **백혈구**로 구성되며, 골수세포의 한 종류인 **혈소판**이 들어 있다. 혈액에 대한 내용은 제8절에 상세하게 다루어져 있다.

1.4 근육조직

근육(muscles)은 척추동물의 운동원이다. 근육의 특성은 풍부한 **액틴 필라멘트**와 **미오신 필라멘트**로 이루어져 있는 것이다. 모든 진핵세포들이 세포들 사이에서 물질 이동을 위해 섬세한 필라멘트 망을 가지고 있지만, 근육세포 안에는 다른 세포보다 액틴 필라멘트와 미오신 필라멘트를 더 많이 지니고 있다.

척추동물은 **평활근**, **골격근** 그리고 **심근**의 세 가지의 근육을 가진다(**표 17.1**). 골격근과 심근은 종단면을 현미경으로 볼 때 횡으로 무늬가 보이기 때문에 **횡문근**이라고 부른다. 골격근은 의지에 따라 조절되는 **수의근**이며, 심근과 평활근은 **불수의근**이다.

대부분 기관에 존재하는 평활근

평활근(smooth muscle)은 진화적으로 처음 발달한 근육으로 거의 모든 동물계에 존재한다. 척추동물에서 평활근은 내장기관에서 볼 수 있기 때문에 **내장근**(visceral muscle)이라고도 부른다. 평활근 조직에서는 한 개의 핵을 가진 긴 방추형 세포들이 판을 이루고 있다. 일부 조직에서는 신경 자극에 의해 일부 세포가 수축하면 그 판에 있는 모든 세포들이 한 단위로 수축한다.

척추동물에서 혈관 내벽이나 눈의 홍채를 이루고 있는 조직들은 빛의 자극에 의해 수축하는 데 비해, 내장 벽을 이루는 평활근 조직에서는 세포 자체가 자발적으로 전기적 파동을 만

표 17.1 근육조직

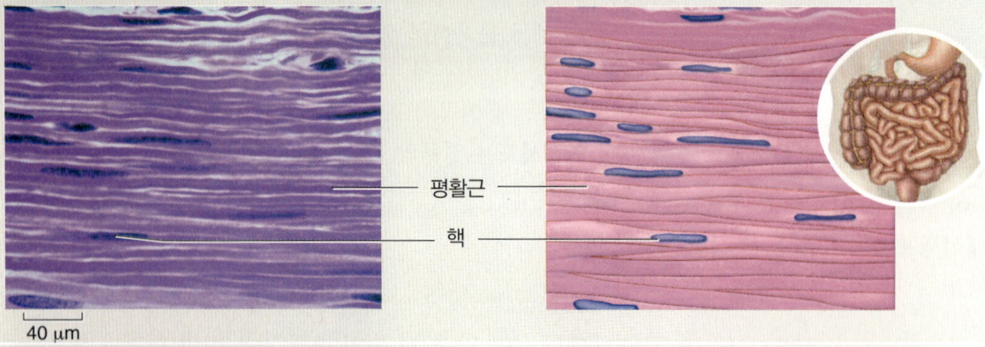

평활근

주요 위치: 혈관벽, 위벽, 장벽

기능: 중추신경계의 지시에 의해 주기적, 불수의적 수축을 일으킴

전형적 세포의 종류: 평활근 세포

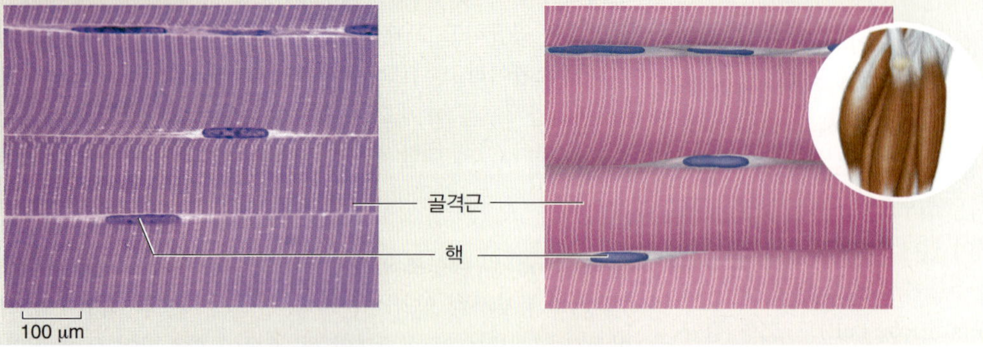

골격근

주요 위치: 수의근

기능: 걷기, 들어 올리기, 말하기 등 수의적 운동을 일으킴

전형적 세포의 종류: 골격근 세포

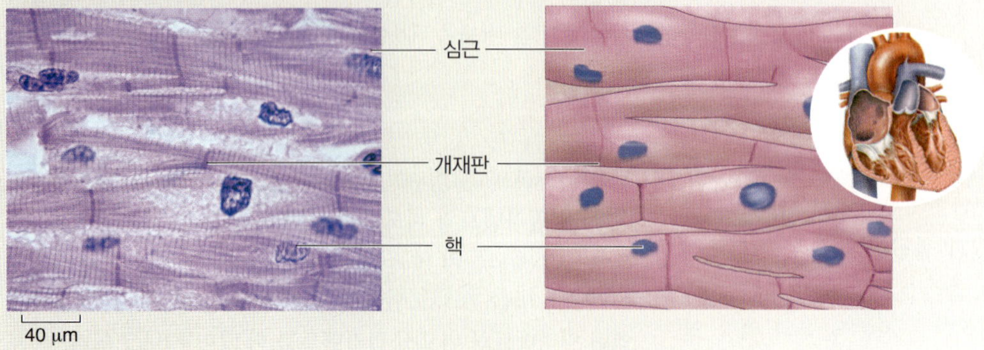

심근

주요 위치: 심장벽

기능: 고도로 상호 연관된 세포들로 수축을 일으키는 신호를 신속하게 전파시킴

전형적 세포의 종류: 심근세포

들어 수축하며, 일정하고 느린 수축 운동을 한다. 이때 신경세포는 그 활동을 개시하지 않고 조절만 해준다.

골격근에 의한 운동

골격근(skeletal muscle)은 보통 힘줄을 통해 골격에 부착하기 때문에 골격근이 수축할 때 관절에서 뼈의 움직임이 일어난다. 하나의 골격근은 매우 길고 다핵을 가지는 **근섬유**들로 이루어졌다. 근섬유들은 서로 평행으로 놓여 있고 근육 끝의 힘줄 속까지 달려 있다. 각 근섬유는 **운동뉴런**의 자극을 받아 수축한다.

신경계는 자극된 운동뉴런의 수를 조절함으로써 전체적인 골격근의 수축을 조절한다. 각 근섬유는 **근원섬유**에 의해 수축하는데, 근원섬유 안에는 액틴 필라멘트와 미오신 필라멘트가 매우 많이 배열되어 있다. 이는 근섬유가 횡으로 무늬가 보이는 이유이다.

각 근섬유는 발생 도중에 여러 세포의 끝과 끝이 서로 융합되어 만들어지기 때문에 성숙한 근섬유는 여러 개의 핵을 가진다. 제5절에 골격근의 구조와 기능에 대해 자세하게 다루어져 있다.

심근으로 이루어진 심장

척추동물의 심장은 골격근과는 다르게 배열된 **횡문근세포**로 이루어져 있다. 긴 모양의 다핵으로 구성된 근육세포와 다르게 **심근**은 짧고 단핵인 세포가 서로 연결되어 있다. 이렇게 연결된 모습이 현미경 상에서 어두운 선으로 나타나는데, 이 선을 **개재판**이라고 부른다. 실제로 이 선은 인접 세포들을 연결하는 간극연결(gap junction)이다. 간극연결체에 존재하는 구멍을 통해 작은 물질이나 이온들이 세포 사이로 이동한다. 이와 같은 세포 간 연결로 인해 심근세포들은 하나의 기능적 단위를 이룰 수 있다.

1.5 신경조직

신경조직은 척추동물의 네 번째 주요 조직 중 하나이다. 신경세포는 **뉴런**(neuron)과 이를 지지하는 세포들인 **신경교**(neuroglia)로 구성되어 있다. 뉴런은 전기화학적 충격을 만들고 전도하는 세포이다.

길게 신장된 뉴런

대부분의 **뉴런**은 **세포체**, **수상돌기**, **축삭**의 세 부위로 구성되어 있다. 세포체에는 핵이 있고, 수상돌기는 가늘고 여러 갈래로 갈라져 있으며 들어오는 자극을 받아 세포체로 전달한다. 축삭은 한 가닥의 세포질 연장부로서 세포체로부터 생산된 자극을 외부로 전달한다. 축삭과 수상돌기는 매우 긴 모양으로 나타나는데, 그 실례로 발의 근육을 통제하는 뉴런의 세포체는 척수에 있기 때문에 축삭의 길이는 발까지 약 1 m에 이른다.

뉴런을 지지해주는 신경교

신경교는 전기 자극을 전도하지는 않으나, 그 대신 뉴런을 지지하고 절연시켜주며, 뉴런 주변의 외부 물질을 차단해준다. 여러 뉴런에서 신경교 세포는 축삭을 감싸는 **미엘린 판막**(myelin sheath)을 형성한다. **란비에르 결절**(nodes of Ranvier)은 미엘린 판막에 존재하는 간격으로 신경 충격의 전달을 가속화시켜준다.

중추신경계와 말초신경계의 활성 조절

신경계는 뇌와 척추로 구성되는 **중추신경계**(central nervous system)와 신경 및 신경절로 구성되는 **말초신경계**(peripheral nervous system)로 이루어져 있다. 신경은 전선이 다발로 묶여 케이블이 되는 것과 같은 방식으로 신경은 말초신경에서 축삭들이 모여 다발을 이룬 것이다. 신경교는 뉴런의 세포체가 모인 부위를 일컫는다. 중추신경계는 감각으로부터 온 자극에 대한 통합과 분석을 하며, 말초신경계는 중추신경계에서 온 신호를 근육세포와 내분비선 같은 몸의 말단 부위로 전달해준다.

1.6 척추동물 기관계의 개요

척추동물의 기관계들의 기능은 다음과 같다.

- 소통과 통합(communication and integration)
- 지탱과 운동(supporting and movement)
- 조절과 유지(regulation and maintenance)
- 방어(defense)
- 생식과 발생(reproduction and development)

소통과 통합: 인지와 환경에 대한 반응

두 가지 기관계가 외부와 내부의 자극에 대한 탐지와 신체 반응의 조정에 관여한다. **신경계**는 뇌, 척수, 신경, 감각기관 등으로 구성되어 있으며, 내부 감각, 상호 작용을 감지하고, 빛과 소리, 감촉에 대한 외부 자극을 탐지한다. 그리고 이런 자극들을 수집하고 통합하여 적절한 반응을 한다.

감각계는 신경계의 한 부분으로 제3절에서 더 자세하게 다루게 된다. 감각계는 시각, 청각, 후각 등과 같이 외부 자극을 감지하는 조직과 기관을 포함한다.

신경계와 비슷한 기능을 하는 **내분비계**는 모든 기관계에서 일어나는 많은 화학적 과정을 조절하고, 미세 조정하는 화학적 신호를 보낸다.

모든 동물의 생명에 필수적인 골격의 지지와 운동

근골격계는 두 개의 기관계가 밀접하게 연계되어 이루어져 있다. 근육은 운동 기능을 지니고 있는데, 그를 끌어당기는 기관이 없으면 운동을 할 수 없다. 골격계는 근육의 끌어당기는 단단한 뼈대를 제공해준다. 척추동물은 내골격을 가지며, 곤충의 경우는 외골격, 지렁이의 경우는 **정수골격**을 볼 수 있다. 이 두 기관계로 인해 동물은 몸을 섬세하게 조절하면서 다양한 운동을 할 수 있다.

지속적 생명 활동에 필요한 신체 화학의 조절과 유지

조절과 **유지**에 관련된 기관계는 영양 획득, 노폐물 처리, 물질 분배 및 내부 환경의 유지에 관여한다. **소화계**를 다룬 제6절에서는 식생 방법, 영양분을 흡수하는 방법, 고체 노폐물을 제거하는 법 등이 다루어져 있다. **순환계**의 심장과 혈관은 피를 내보내고 분배하며, 신체 전체에 영양분을 공급한다. 신체는 **호흡계**를 통해 산소와 이산화탄소를 교환한다. 마지막으로 척추동물의 체액의 농도는 아주 정밀하게 조절되며, 이런 기능은 **비뇨계**에 의해 수행된다.

공격자와 침입자에 대한 몸통의 방어

모든 동물은 박테리아, 바이러스, 균, 원생생물 등에 의한 공격을 받는다. 첫 번째 방어기작은 **피부계**이다. 첫 번째 방어기작을 뚫고 들어온 병원체는 **면역계**의 반응과 직면하게 되는데, 면역계는 항체와 병원체를 공격할 수 있는 세포를 형성하면서 몸을 보호한다.

종족을 지속시켜주는 생식과 발생

척추동물의 생물학적인 지속은 **생식계**로 인해 가능하다. 웅성과 자성의 생식계는 암수 배우자의 생성에 관여하는 기관들뿐만 아니라, 배우체들이 성장하여 배우자들끼리 접합하는 데 관여하는 선과 관들로 이루어져 있다. 척추동물에서 암 개체의 생식계는 배아와 태아의 생장에도 관여한다.

두 **배우체**(gametes)가 융합되면 이배체인 **접합체**(zygote)가 형성되고, 세포분열과 생장이 지속되면서 다세포인 성체로 발달한다. 이 과정은 동물 발생을 다루는 절에서 더 자세하게 알아본다.

1.7 항상성

동물이 진화하면서 몸 구조의 분화도 증가하였으며, 각 세포들은 세밀한 기계처럼 몸안에서 중요한 역할을 수행할 수 있도록 고도로 조정되어 왔다. 그러한 세포 기능의 분화는 외부 상태가 아주 작은 변화에서 안정화될 때 일어나게 되는데, 온도, pH, 포도당과 산소의 농도 등 여러 요소들이 기능을 효율적으로 지속할 수 있도록 유지되어야 한다. 내부 상태에서의 동적인 불변성을 **항상성**(homeostasis)이라고 부른다. 동적이라는 의미는 항상 상태가 변함없는 것이 아니라, 좁은 범위 내에서 변동을 거듭한다는 것을 의미한다. 항상성은 생물에 필수적인 요소로 거의 모든 조절 기작은 항상성 유지와 연관되어 있다.

일정 범주 내에서 작용하는 음성 피드백 기작

척추동물은 내부 안정성을 유지하기 위해 **음성 피드백**(또는 음성 피드백, negative feedback)이라는 조절 기작을 사용한다. 세포 또는 수용체 같은 특수화된 감지기가 음성 피드백을 통해 몸 내부의 상태뿐만 아니라 외부의 환경을 감지하는데, 상태가 **설정점**(set point)에 멀어져 있게 되면 생화학적 반응을 시작하여 설정점에 이르도록 상태를 바꾼다.

이 설정점은 실내 난방기의 온도 설정과 비슷한 것으로, 방의 온도가 떨어졌을 때 이 변화를 온도 탐지 장치인 감지기(sensor)가 탐지한다. 설정점을 인지한 온도 조절장치는 **비교측정기**(comparator)를 포함한다. 이는 설정점 밑으로 온도가 떨어졌을 때 비교측정기가 전류를 통하게 하여 난방기가 전기를 사용하여 열을 생산하게 된다. 방의 온도가 올라갔을 때에는 회로가 차단되어 더 이상 열을 생산하지 못하게 한다.

이와 비슷하게 사람은 체온, 당의 농도, 이온 농도, 힘줄의 긴장도 등 많은 설정점을 가지고 있다. 통합 중추는 뇌의 특정 지역, 척수, 내분비선을 포함하며, 몸의 상태가 변할 때 목표 기관인 **효과기**의 활성을 증가 또는 감소시키는 신호를 보낸다. 효과기는 보통 근육이나 선(gland)으로 그들에 의해 상태가 설정점으로 돌아가게 된다.

포유류와 새는 항온동물(endothermic)로 외부 온도와 상

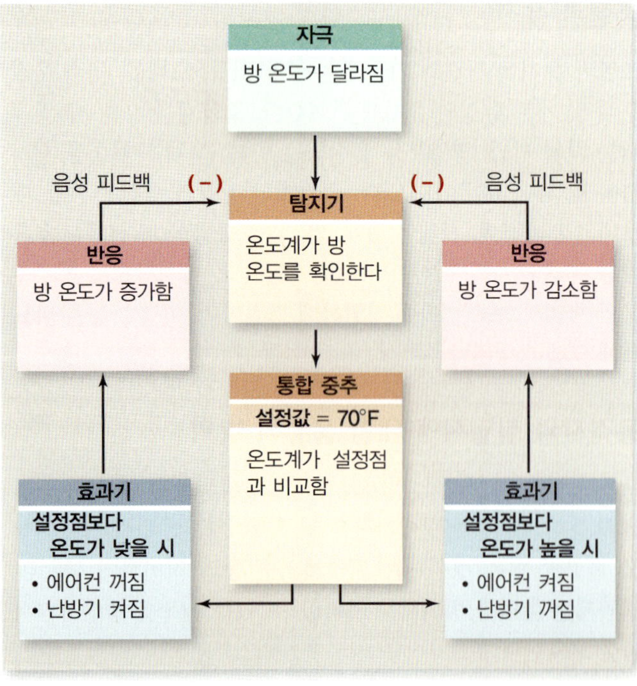

a.

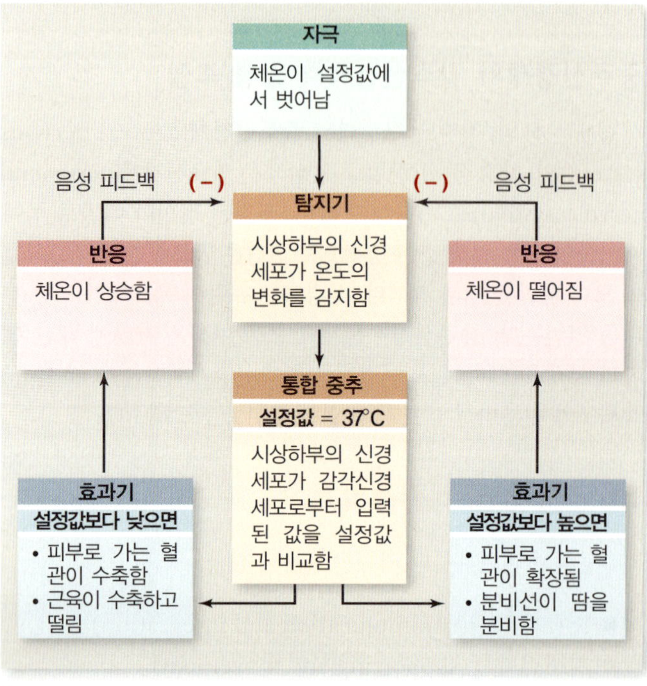

b.

그림 17.3 음성 피드백과 길항작용기에 의해 방의 온도와 체온이 유지된다.
a. 설정점과 비교하여 낮은 온도를 탐지했을 때, 난방기는 켜지고 에어컨은 꺼진다. 그 반대도 마찬가지이다. ***b.*** 뇌의 시상하부가 체온의 변화를 감지했을 때, 비교측정기(시상하부)가 땀샘, 골격근, 혈관 같은 효과기를 활성화시킨다. 음성 피드백에 의해 온도 변화가 줄어들었을 때, 효과기의 자극은 줄어든다.

관없이 체온을 일정하게 유지할 수 있다. 사람의 경우 체온이 37°C가 넘는 경우, 시상하부의 뉴런이 체온의 변화를 감지한다. 시상하부는 운동뉴런의 조절을 통해 열의 손실을 유발하며, 땀, 혈관의 확장 및 다른 기작을 통해 체온의 증가를 막아준다.

반대 방향으로 작용하는 길항작용기

일부 효과기는 내부 환경의 모든 요소들을 조절하고, 서로 **길항작용**(antagonistic action)을 한다. 이 길항작용은 밀고 당기는 방법으로 설명할 수 있다. 하나의 효과기의 활성이 증가될 때, 그에 반대인 효과기의 활성은 감소됨으로써 항상성이 가능해지게 된다. 이는 하나의 효과기의 활성과 불활성의 변화보다 더 효과적으로 조절될 수 있다.

난방의 예에서 방 온도는 난방기의 켜고 꺼짐에 의해 유지되었지만 난방기와 에어컨이 둘 다 작용한다면 더 안정적인 온도를 유지할 수 있다(**그림 17.3*a***).

체온을 조절해주는 길항작용기도 이와 마찬가지이다. 체온이 떨어졌을 때, 시상하부가 피부의 혈관 수축, 열 생산을 위해 근육 수축 등 여러 다른 반응들을 조절한다. 이런 반응은 체온을 높이고, 처음 상태로 항상성을 유지하게 해준다(**그림 17.3*b***).

양성 피드백에 의한 변화 촉진

일부 상황에서 동일한 방향으로 진행시키는 **양성 피드백**(positive feedback) 기작이 이용된다. 양성 피드백 순환은 효과기가 설정점과 다르게 다양한 현상을 보이기 때문에 그 결과 체계 자체가 고도로 불안정하여 항상성을 유지하기 어렵다.

그럼에도 불구하고 이 체계는 생리적인 기작에 중요한 요소로 작용하는데, 그 실례로 혈액 응고를 살펴보면, 하나의 응고 요소가 혈전 형성을 이끄는 다른 요소를 활성화시키는 것을 볼 수 있다. 양성 피드백은 분만 시에 자궁의 수축에도 중요한 역할을 한다. 태아에 의해서 유도된 자궁의 확장이 수축을 자극하여 더욱 수축이 일어나게 되는 것이다. 이런 현상이 태아가 자궁에서 나올 때까지 계속된다. 신체 내에서 양성 피드백 체계는 항상성을 유지하는 기작의 일부로 혈액 응고를 유도하여 출혈이 멈추게 함으로써 혈액 양을 유지시켜준다.

1.8 체온의 조절

온도는 모는 개체늘이 대저해야만 하는 환경의 가상 중요한 요소 중 하나이다. 이는 앞에서 다룬 항상성의 원칙이 적용되는 좋은 예이기도 하다. 어떤 생물들은 환경에 순응하는 체온을 갖고 있는 데 비해 다른 생물들은 자신의 체온을 조절한다. 먼저 온도의 중요성에 대해 알아본다.

온도 민감도와 Q_{10}

모든 화학반응의 속도는 온도에 영향을 받는다. 온도가 올라가면 반응속도가 빨라지고, 온도가 내려가면 느려진다. 효소가 촉매하는 반응도 같은 역학적 효과를 나타내지만, 효소 자체도 온도의 영향을 받는다.

두 가지 다른 온도에서 반응의 속도를 조사하여 이러한 온도 의존성을 수치화할 수 있는데, 온도가 10°C 차이나는 두 온도에서 측정한 반응속도의 비율을 효소의 $\mathbf{Q_{10}}$이라고 한다.

$$Q_{10} = R_{T+10}/R_T$$

대부분 효소의 Q_{10} 값은 2 정도로 나타나는데, 이는 온도가 10°C 증가할 때 마다 반응속도가 두 배가 된다는 것을 의미한다. 그러나 이러한 현상은 고온에서는 효소의 구조가 영향을 받기 때문에 영구적으로 계속될 수 없다.

Q_{10}의 개념은 일반적인 대사에도 적용될 수 있다. 이때 동일한 방정식을 사용하지만 단일 반응의 속도 대신에 전체적 대사반응속도가 사용된다. 이를 적용해보면 대부분의 개체들은 2~3에 해당하는 대사속도의 Q_{10} 값을 갖고 있다. 이는 온도의 영향이 주로 물질대사를 일으키는 효소에 관여한다는 것을 의미한다.

내부와 외부의 인자들에 의해 결정되는 온도

체온은 단순해 보이지만 많은 요인에 영향을 미친다. 이러한 요인들에는 내부 및 외부 인자와 행동 등이 포함된다. 열역학 제2법칙에서 에너지 교류가 없다는 것은 100% 효율성을 의미한다. 따라서 대사반응을 구성하는 반응들은 이러한 비효율성의 결과물로 지속적으로 열을 생산한다는 것이다. 이 열은 소멸되거나 체온을 올리는 데에 사용된다.

물질대사 반응속도와 체온은 서로 연관되어 있다. 낮은 체온은 효소의 온도 의존성 때문에 높은 대사 속도를 보일 수 없다. 반대로 높은 대사 속도는 냉각이 요구될 정도로 몸통을 가열할 수 있다.

따라서 생물들은 체온, 물질대사 그리고 환경과 연관되어 있는 외적 및 내적 요인들을 조절해야 한다. 체온의 가장 간단한 모델은 다음과 같다.

체온 = 생산된 열 + (얻은 열 − 잃은 열)

이를 보다 더 간소화하면 다음과 같다

체온 = 생산된 열 + 이동된 열

여기에서 주목할 점은 이동된 열은 양성일 수도 음성일 수도 있어 가열 또는 냉각에 사용될 수 있다는 것이다.

생물학적 시스템에 연관된 열 이동은 다음과 같이 방사, 전도, 대류 및 증발의 네 가지 기작으로 구분된다.

- **방사**(radiation): 태양에서 발생된 전자기 방사선에 의한 열의 이동은 직접적인 접촉을 필요로 하지 않는다. 열은 방사선에 의해 보다 뜨거운 몸통에서 차가운 몸통으로 이전된다.
- **전도**(conduction): 두 물체 간의 직접적인 열의 이동을 전도라고 한다. 그것은 문자 그대로 접촉해 있는 두 물체의 분자들 사이에 역학적 에너지가 직접 이전되는 것을 의미한다. 에너지는 뜨거운 물체에서 차가운 물체로 이동한다.
- **대류**(convection): 대류는 기체나 액체의 움직임에 의한 열의 이동이다. 이 움직임은 외부적으로(바람) 야기될 수도 있고, 가열이나 냉각과 연관되어 발생한 밀도의 차이 때문에 생길 수도 있다. 그 실례로 가열된 대기는 밀도가 낮아 상승하며, 물도 마찬가지다.
- **증발**(evaporation): 모든 물질들은 끓는점, 다시 말해 그들이 액체에서 기체로 상(phase)이 변화하는 데 필요한 에너지의 양을 갖고 있다. 물은 높은 끓는점을 갖고 있고, 많은 동물들은 이러한 물의 냉각의 이점을 이용하고 있다.

행동을 통해 체온을 조절하는 외온성동물

낮은 대사율에도 불구하고 변온동물들은 행동을 통해 체온을 조절한다. 대부분의 무척추동물들은 체온을 조절하기 위해 행동을 이용한다. 예를 들어 대부분의 나비들은 비행하기 전에 특정 체온에 도달해야만 하기 때문에 그들은 서늘한 아침에는 태양광의 흡수를 최대화하기 위해 몸통을 태양을 향해 놓는다.

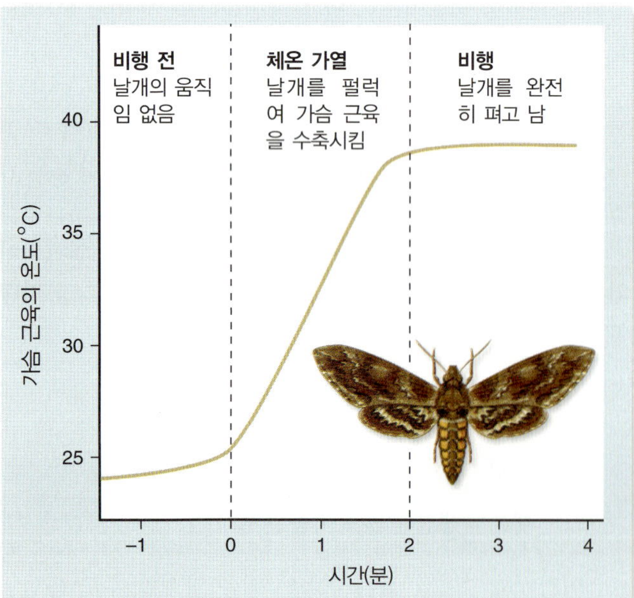

그림 17.4 곤충의 체온 조절.
스핑크스나방과 같은 곤충들은 비행을 위한 준비 운동으로 가슴 근육을 수축시킨다.

나방과 다른 곤충들은 반사적으로 몸을 떨어 가슴근육을 따뜻하게 하여서 비행을 준비한다(**그림 17.4**).

포유류와 조류를 제외한 다른 척추동물들은 외온성동물로 이들의 체온은 주위의 온도에 다소 의존적이다. 이는 이러한 동물들이 비교적 일정하고 높은 체온을 유지할 수 없다는 것을 의미하지는 않는다. 이를 위해 이들은 행동을 이용해야 한다. 대다수의 외온성 척추동물들은 체온의 항상성을 유지할 수 있는데, 이들은 **항온형 외온성동물**이다.

예를 들어 참치, 황새치, 일부 상어와 같은 큰 어류들은 그들의 몸통 중 일부를 수온보다 상당히 높은 온도로 유지할 수 있다. 이들은 역류에 의한 열 교환을 통해 이를 가능하게 한다. 이 순환적 적응은 정맥의 냉혈들이 근처에 위치해 있는 동맥의 온혈로부터 유래된 열의 방사선을 통해 따뜻해질 수 있도록 한다. 그 동맥들은 몸의 중심으로부터 온혈을 운반한다.

시상하부에 의해 조절되는 포유류의 체온

비교적 일정한 체온을 유지하는 포유류들에서는 전반적인 통제 체계가 필요하다. 이 체계는 열을 생산하는 난로와 열을 제거하는 냉방 장치에 연결된 온도조절 장치를 갖고 있는 가정식 냉난방 시스템과 비슷한 기능을 한다. 이 시스템은 필요에 따라 냉방과 난방을 교대로 사용하여 설정된 특정 온도로 체내 온도를 유지한다.

혈액의 온도가 37°C(98.6°F)를 초과하면, 시상하부의 뉴런들이 온도 변화를 감지한다(제2절 및 제3절 참조). 이러한 감지가 시상하부의 **열손실 센터**를 자극하게 되며, 이 지역의 신경들이 열의 소실을 위해 해당 지역의 표면으로 더 많은 혈액을 보내기 위해 말초 혈관의 팽창을 야기한다. 다른 신경들은 땀의 생성을 촉진하여 증발성 냉각을 유도한다.

체온이 37°C 이하로 떨어지면, 시상하부가 일련의 길항 효과를 야기한다. 이 길항 효과는 **열생성 센터**에 의해 통제되는데, 이 센터는 열 이전을 줄이기 위해 혈관을 수축하고, 증발성 냉각을 방지하기 위해 땀을 흘리는 것을 방지하는 신경들로 구성되어 있다. 자극을 받으면 부신수질은 에피네프린을 생성하고 뇌하수체 전엽은 TSH를 생성함으로써 그 둘이 물질대사를 촉진한다. TSH는 갑상선을 자극하여 물질대사를 촉진시키는 티록신을 생성시켜 간접적으로 이 일에 가담한다. 에피네프린과 자율신경이 지방 조직을 자극하여 열발생을 유발하여 내부 열을 생성한다. 다시 온도가 상승하면, 시상하부에 대한 음성 피드백 작용이 열 생성 반응을 감소시킨다.

휴면

내온성동물은 대사율과 체온을 동시에 낮추어 **휴면**(torpor)이라 불리는 수면 상태를 만든다. 휴면은 동물이 대사를 낮추어 음식물 섭취의 수요를 줄이게 해준다. 벌새와 같은 조류는 야간에 체온을 25°C까지 낮출 수가 있다. 이러한 방법은 작은 내온성동물에서도 찾아볼 수 있으나, 큰 포유류들은 질량이 너무 커서 급속한 냉각이 불가능하다.

동면(hybernation)은 깊은 휴면 상태가 몇 주, 심지어는 몇 달까지 지속되는 극단적인 경우를 일컫는 말이다. 이 경우 동물의 체온은 상당 기간 동안 정상적인 설정온도보다 20°C 이상 낮게 떨어질 수도 있다. 동면하는 동물들은 크기 면에서 중간 정도에 속한다. 작은 내온성동물은 대사율을 낮춤으로써 그들이 에너지를 저장할 수 있는 속도보다 빠르게 에너지를 소모한다.

매우 큰 포유류들은 동면을 하지 않는 것으로 여겨지고 있다. 오랜 기간 동안 곰이 동면을 한다고 생각해 왔지만, 실제로는 그들의 체온은 단지 몇 도 정도 내려갈 뿐이다. 대신에 곰들은 장기적인 겨울잠을 잔다. 곰은 막대한 열량을 갖고 있는 반면 열 손실률이 낮아 동면을 위해 추가적인 에너지의 축적은 불필요한 것으로 보인다.

연 습 문 제 Exercise

1. 상피조직의 기능이 아닌 것은?
   a. 장벽, 경계선을 형성한다.
   b. 소화관에서 영양분을 흡수한다.
   c. 중추신경계에서 정보를 전송한다.
   d. 폐에서 가스 교환을 한다.
2. 외배엽의 설명으로 옳은 것은?
   a. 체온을 조절하지 못한다.
   b. 물질대사 에너지를 이용하여 내부 온도를 조절한다.
   c. 행동을 통해 온도를 조절한다.
   d. 열을 생산하는 것이 아니라 소멸시킴으로써 온도를 조절한다.
3. 골격근세포의 설명으로 옳은 것은?
   a. 성장으로 인한 다핵성의 세포
   b. 작은 세포들의 융합에 의한 다핵성 세포
   c. 간극 연결에 의해 연결된 작은 세포
   d. 단핵으로 된 큰 세포
4. 항상성에 대한 설명으로 옳지 않은 것은?
   a. 동적인 과정이다.
   b. 내부 환경을 유지한다.
   c. 필수적인 존재이다.
   d. 위의 모두가 옳다.
5. 세 유형의 근육이 공통적으로 가지고 있는 것은?
   a. 가로무늬
   b. 전기적인 자극에 반응하는 막
   c. 수축하는 능력
   d. 자가 흥분
6. 공복통(hunger pange)을 느낄 때, 공복이 양성 피드백 자극인가 아니면 음성 피드백 자극인가? 이 자극에 대한 반응에 연관된 단계들을 설명하라.

제 18 장 신경계와 감각계

Nervous System and Sensory System

1 신경계

1.1 신경계의 구성

동물은 환경의 자극에 대해 반응할 수 있어야 한다. 파리는 파리채를 피하고, 가재는 촉각으로 먹이를 감지하고 그 먹이를 향해 움직인다. 이를 위해 동물들은 자극을 감지하는 **감각수용기**와 그 자극에 반응하는 **운동실행기**를 가져야 한다. 대부분의 무척추동물과 모든 척추동물에서 감각수용기와 운동실행기는 신경계에 의해 연결되어 있다.

명령 센터인 중추신경계

신경계는 **뉴런**(neurons)과 **지지세포**(supporting cells)로 이루어져 있다. **그림 18.1**은 세 가지 종류의 뉴런을 보여준다. 척추동물에서 **감각뉴런**은 자극을 감각수용기로부터 뇌와 척수로 이루어진 **중추신경계**(CNS)로 전달한다. **운동뉴런**은 자극을 중추신경계로부터 근육이나 분비선과 같은 반응기로 전달한다. 세 번째 종류의 뉴런은 대부분의 무척추동물과 모든 척추동물의 신경계에 존재하는 **개재뉴런**이다. 개재뉴런은 척추동물의 뇌와 척수에 있으며, 복잡한 반사나 교육 및 기억과 같은 고도의 연합적 기능을 수행하도록 돕는다.

정보를 수집하고 반응을 수행하는 말초신경계

척추동물의 감각뉴런과 운동뉴런은 함께 **말초신경계**(PNS)를 이룬다. 골격근이 수축하도록 자극하는 운동뉴런은 **체성신경계**이고, 평활근, 심근, 분비선의 활동을 조절하는 운동뉴런은 **자율신경계**이다.

자율신경계는 교감신경계와 부교감신경계로 구분된다. 이 두 신경계들이 많은 조직계의 조절에서 서로 균형을 잡아준다.

뉴런의 구조와 기능

뉴런은 모양이 여러 가지이지만 동일한 기능적 구조를 가진다(**그림 18.2**). **세포체**는 핵을 포함하고 있는 확장된 부분이다. 세포체에서 뻗어 나간 하나 또는 그 이상의 세포질 돌기가 **수상돌기**(dendrite)이다. 운동뉴런과 연합뉴런은 고도로 복잡하게 갈라진 수상돌기를 지니고 있어 뉴런이 여러 출처로부터 동시에 정보를 받을 수 있다. 어떤 뉴런은 수상돌기로부터 가시처럼 뻗은 수상돌기 가시를 지녀 자극을 받는 면적을 넓힌다.

세포체의 표면은 수상돌기에 도달하는 정보들을 통합한다. 막의 흥분이 충분하면 충격파가 일어나 세포체에서 **축삭**(axon)을 따라 자극이 전도된다. 각 뉴런은 세포체에서 뻗어나간 하나의 축삭만 가지지만 축삭의 말단은 갈라져 여러 개의 세포들을 자극하게 된다. 축삭은 매우 길 수도 있는데, 우리의 발 근육을 조절하는 축삭은 길이가 1 m가 넘고, 기린의 두개골부터 골반까지 연결된 축삭은 3 m 정도나 된다.

슈반세포와 희소돌기 아교세포를 포함하는 지지세포

뉴런은 **신경교**라고 부르는 **지지세포**들에 의해 구조적, 기능적으로 지지된다. 이 지지세포들은 뉴런보다 크기는 1/10 정도이고 수는 10배 이상 많으며, 뉴런에 영양 공급, 노폐물 제거, 축삭 내 자극 이동 유도, 면역 기능의 제공 등 여러 가지 기능을 한다.

수초를 가진 축삭은 미엘린화되었다고 한다. 중추신경계에서 미엘린화된 축삭은 **백질**을 이루고 미엘린화되지 않은 수

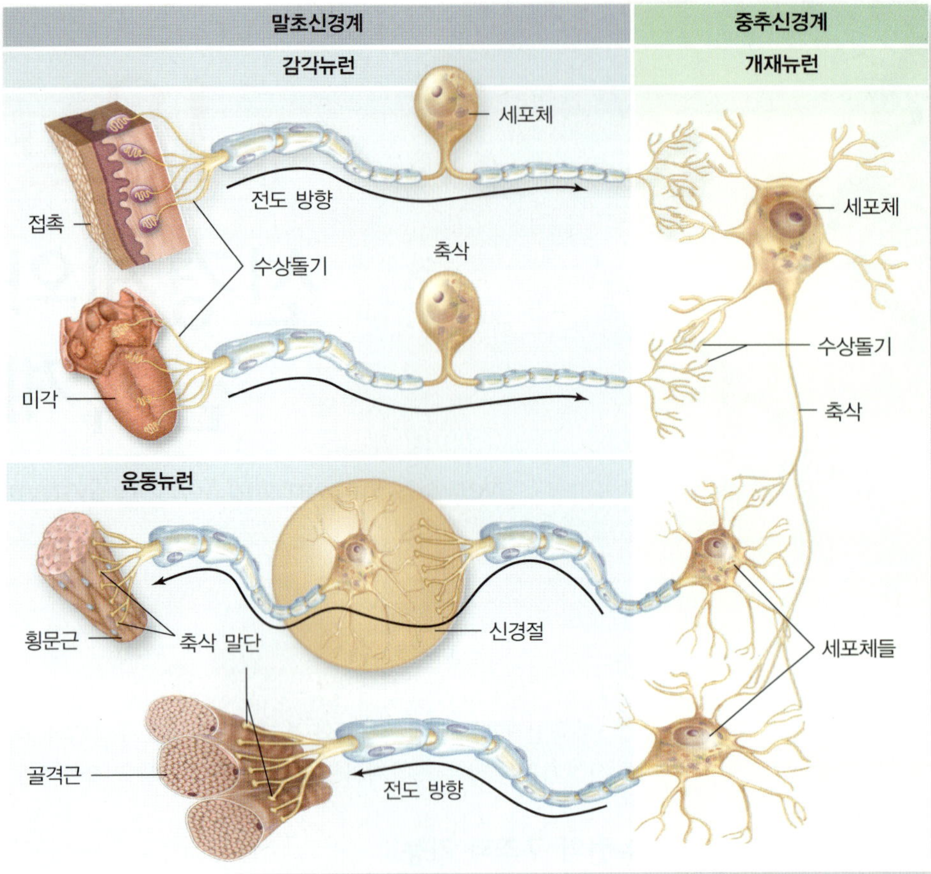

그림 18.1 뉴런의 세 가지 종류.
뇌와 척수는 척추동물의 중추신경계(CNS)를 형성하고, 감각뉴런과 운동뉴런은 말초신경계(PNS)를 형성한다. 말초신경계의 감각뉴런은 환경의 정보를 중추신경계로 전달한다. 중추신경계의 개재뉴런은 감각뉴런과 운동뉴런을 연결해준다. PNS는 운동뉴런 근육과 선으로 자극을 전달하거나 명령한다.

상돌기와 세포체는 **회백질**를 이룬다. 말초신경계에서 미엘린화되거나 미엘린화되지 않은 축삭들이 함께 다발로 묶여서 신경을 형성한다.

수초는 1~2 μm의 간격으로 떨어져 있는데, 이 부분을 **란비에르 결절**이라고 부른다(**그림 18.2**).

1.2 신경자극 전달

뉴런의 기능은 이온에 대한 유동적 투과성에 의해 결정된다. 자극을 받으면 원형질막에서의 전기적 변화가 한 세포로부터 다른 세포로 전파된다. 뉴런의 구조는 이러한 막 전위차의 발생과 확산을 위한 기작을 제공한다. 뉴런의 독특한 기작은 주로 특수한 막 수송단백질이 어디에 위치해 있는지, 어떻게 활성화되는지에 의해 결정된다. 뉴런에서 이런 특성이 어떻게 작동하는지 확인하기 전에 모든 동물세포 원형질막의 공통적인 몇 가지 전기적 특성에 대해 알아본다.

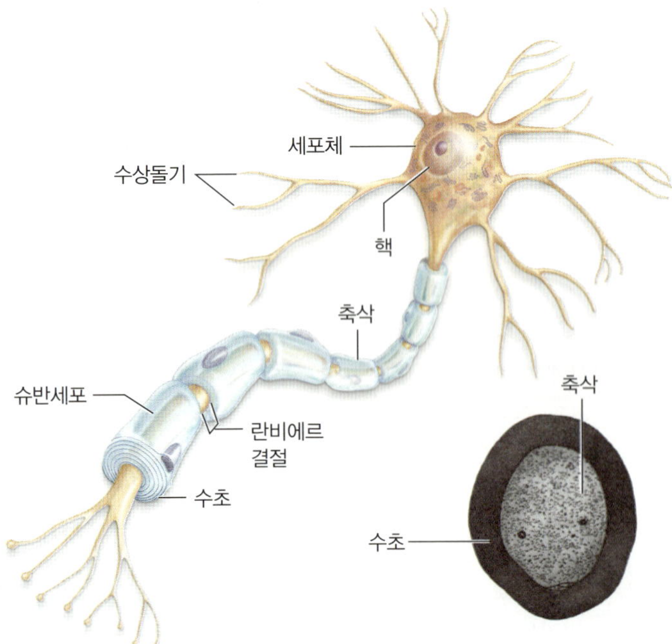

그림 18.2 전형적인 척추동물 뉴런의 구조.
세포체로부터 뻗어나온 것들이 수상돌기이며, 정보를 받고 세포체로 전달한다. 단일 축삭은 세포체로부터 자극을 전달한다. 많은 축삭들은 다수의 막 층을 지니고 있어서 축삭을 절연하는 수초로 감싸여 있다. 란비에르 결절이라고 하는 좁은 틈은 일정한 간격에서 피복을 중단시킨다. 시반세포는 말초신경계에서 미엘린초(수초)를 형성한다(이 운동뉴런에서와 같이). 희소돌기 아교세포의 신장으로 중추신경계에서 수초를 형성한다.

원형질막을 가로질러 발생하는 전기적 차이

세포막을 건너서 이온을 수송하는 막 전위차는 제3장에서 살펴보았다. 이는 손전등과 자동차 배터리의 양극 사이에 존재하는 전기적 전위차와 유사하여 한쪽은 양극(+)이고, 다른 한쪽은 음극(−)이다. 이와 마찬가지로 전위차도 모든 세포의 원형질막을 가로질러 존재한다. 세포에서 세포질과 접해 있는 막은 음극이고, 세포외부의 액체와 닿아 있는 막은 양극이다.

뉴런이 자극되지 않았을 때, 뉴런은 **휴지막 전위**를 유지한다. 세포는 크기가 매우 작기 때문에 그의 막전위도 매우 작다. 많은 척추동물의 뉴런의 휴지막전위는 −40에서 −90 mV (또는 0.04~0.09 V)이다. 이 장에 있는 예와 그림들의 경우 평균 휴지막전위 값을 −70 mV로 사용하였다. 음의 부호를 쓰는 것은 세포 안쪽이 바깥쪽에 대해 음극이기 때문이다.

막전위 차의 원인인자

세포의 안쪽은 두 가지 이유 때문에 바깥쪽에 비하여 음의 전하를 띤다.

1. 나트륨–칼륨 펌프(sodium-potassium pump)는 K^+ 이온을 세포 내부로 운반할 때마다 3개의 Na^+ 이온을 세포 외부로 퍼낸다. 이 과정은 세포 안이 고농도의 K^+와 저농도의 Na^+, 세포 밖은 반대의 농도 차이를 만들어내고 유지시켜 준다.
2. 세포막에는 K^+ 이온 통로가 Na^+ 이온 통로보다 더 많아서 K^+의 투과성이 더 높다. 이온 통로는 막 단백질로서 막에 구멍을 형성하여 특정 이온이 지속적으로 확산을 통해 막을 통과하게 한다. K^+ 이온 통로가 더 많기 때문에 K^+의 투과성이 더 높고 세포외부로 확산되어 나가게 된다.

휴지막전위를 이해하기 위해서는 휴지막전위를 이루는 이온에 작용하는 두 가지 주요 힘에 대하여 알아보아야 하는데, (1) 전하의 불균일한 분배에 의한 전위차가 막을 가로지르고, (2) 불균일한 이온 농도에 의한 화학적 힘이 막을 가로지른다.

축삭을 따라 전파되는 활동전위

축삭을 통한 활동전위의 움직임은 축삭의 기저부터 끝까지 흐르는 이온에 의해 생성되는 것이 아니라, 활동전위가 축삭의 기저부터 생성되지 않고 축삭 막을 따라 서로 다른 지점에서 발생하는 것이다.

상승기 동안 막은 활동전위의 반대 극성을 띠게 된다. Na^+의 유입에 의한 양전하는 막의 다음 인접 부위를 역치까지 탈분극시켜 자신의 활동전위를 생성한다(**그림 18.3**). 한편 막의 이전 부위는 휴지막전위로 재분극된다. 직전에 활성화된

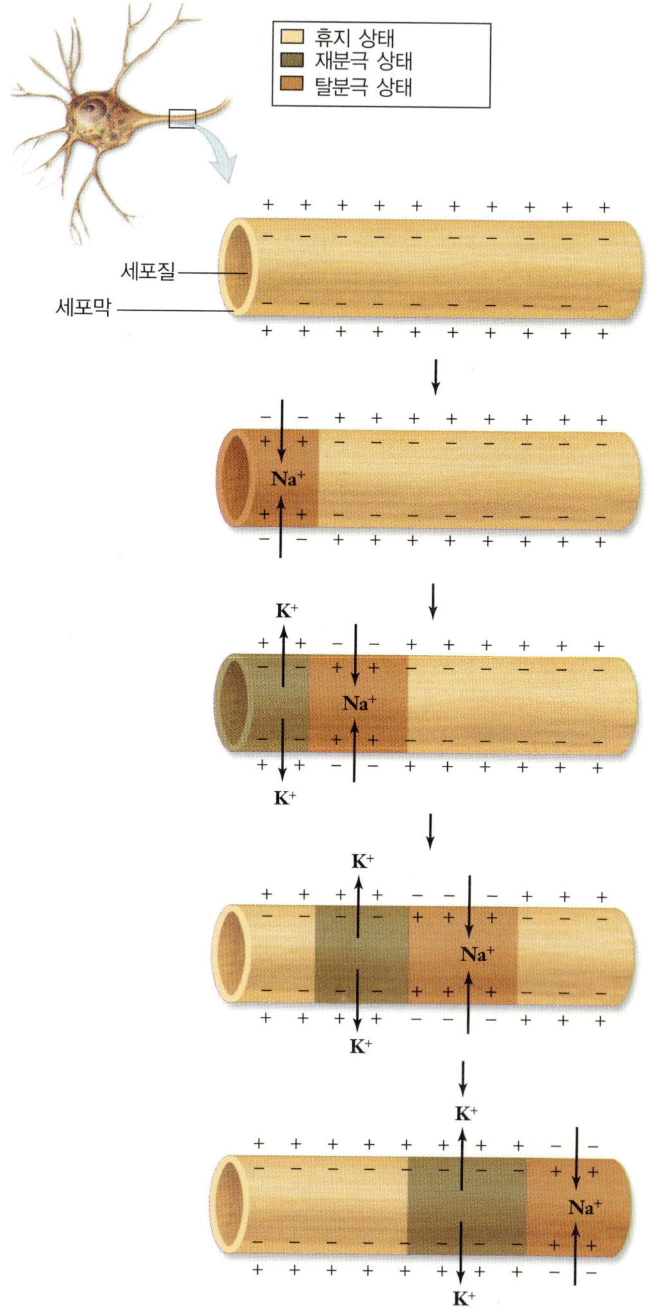

그림 18.3 미엘린화되지 않은 축삭에서 활동전위의 전파. 축삭의 한 부분에서 활동전위가 발생하고, 막의 극성이 바뀌게 되면, 이것은 다음 부위의 탈분극 자극으로 작용하게 된다. 이런 식으로 활동전위가 축삭 막을 따라 생겨나게 된다.

Na^+ 통로는 여전히 불활성 상태이고 자극에 반응할 수 없기 때문에 그 신호는 저장되지 않는다.

활동전위의 전파는 경기장에서 파도타기 응원을 하는 것과 같이 관객이 자리에 일어나면서 자리를 지킴(탈분극), 손을 드는 것(활동전위의 절정), 다시 착석(재분극), 물결은 경기장을 타고 움직이지만 사람들은 그 자리에 서 있다.

1.3 시냅스: 뉴런과 다른 세포들 사이의 연접부

축삭을 따라 내려간 활동전위는 축삭을 거쳐 축삭 가지의 말단에 도달한다. 이 가지들은 뉴런의 수상돌기나, 근육세포, 또는 분비선 세포와 연접부를 이룬다. 이와 같은 세포 간 연접부를 **시냅스**(synapse)라고 부른다. 시냅스까지 활동전위를 전달하는 축삭을 가지는 뉴런을 **시냅스전 세포**라고 하고, 시냅스 반대쪽에서 신호를 받는 세포를 **시냅스후 세포**라고 한다.

시냅스의 두 가지 유형: 전기적 시냅스와 화학적 시냅스

동물의 신경계는 두 가지 유형의 기본적 시냅스가 있는데, 이들은 전기적 시냅스와 화학적 시냅스이다. **전기적 시냅스**는 시냅스전 뉴런과 시냅스후 뉴런 사이에 생긴 간극 연결에 의해 직접적인 세포질 연락이 있는 경우이다. 활동전위를 포함하여 막 전위의 변화가 한 세포에서 다른 세포로 직접 빠르게 간극 연결을 통해 전달된다. 전기적 시냅스는 무척추동물 신경계의 특징으로 척추동물에서는 드물다.

척추동물의 시냅스는 대부분 **화학적 시냅스**이다. 광학현미경으로 시냅스를 보면 시냅스전 세포와 시냅스후 세포가 서로 닿아 있는 것으로 보이지만, 전자현미경으로 보면 이 두 세포들은 대부분 **시냅스 간극**이라고 부르는 두 세포들 사이를 분리하는 좁은 공간을 가지고 있다.

시냅스전 축삭의 말단은 부풀어 있으며 많은 **시냅스 소포**를 지니고 있는데, 이 소포 안에는 화학물질인 **신경전달물질**이 들어 있다. 활동전위는 축삭의 말단에 도달하면 Ca^{2+} 전압관문 통로가 열리도록 자극하고, Ca^{2+}이 급속하게 축삭 안으로 확산해 들어가게 한다. 이와 같은 Ca^{2+}의 진입은 시냅스 소포의 막이 축삭의 원형질막에 융합하게 만들고, 그 결과 세포외 배출(exocytosis)에 의해 시냅스 소포의 내용물이 방출된다 (**그림 18.4**).

시냅스전 축삭의 활동전위 빈도가 높을수록 더 많은 소포들이 신경전달물질을 방출하게 된다. 방출된 신경전달물질은 시냅스 간극의 반대쪽으로 신속하게 확산하여 시냅스후 세포의 원형질막에 있는 화학관문 수용체 단백질이나 리간드관문 수용체 단백질에 결합하게 된다. 이 수용체들의 활동은 시냅스후 세포막에 등급 전위를 만든다.

신경전달물질들

한 가지의 화학적 성질이 **신경전달물질**을 규정할 수는 없지만, 그들은 화학적 유사성에 따라 구분할 수 있다. 아세틸콜린과 같은 몇몇 화합물들은 신경계에서 쓰임새가 넓은데, 특히 근육과 연결되는 신경에서 많이 이용된다. 다른 신경전달물질들은 중추신경계와 같이 매우 특이적인 연결부에서만 발견된다.

아세틸콜린

아세틸콜린(ACh)은 운동뉴런과 근섬유 사이의 시냅스를 통과하는 신경전달물질이다. 이런 시냅스를 **신경근 접합부**(neuromuscular junction)라고 부른다.

근육이 이완되기 위해 ACh는 시냅스 간극에서 제거되어야 한다. 시냅스후 막에 존재하는 아세틸콜린 가수분해효소는 아세틸콜린을 제거한다. 가장 빠르게 작용하는 효소 중 하나인 이 효소는 ACh를 불활성 단편으로 자른다. 신경가스나 살충제 파라티온은 AChE의 억제물질이기 때문에 인체 내에서 이 물질들은 심한 경련성 마비를 일으키거나 호흡 근육이 마비될 경우에는 사망하게 만든다. ACh가 운동뉴런과 골격근 세포 사이의 신경전달물질로 작용하지만, 여러 가지 뉴런들은 아세틸콜린을 다른 뉴런들의 수상돌기나 세포체 시냅스에서의 신

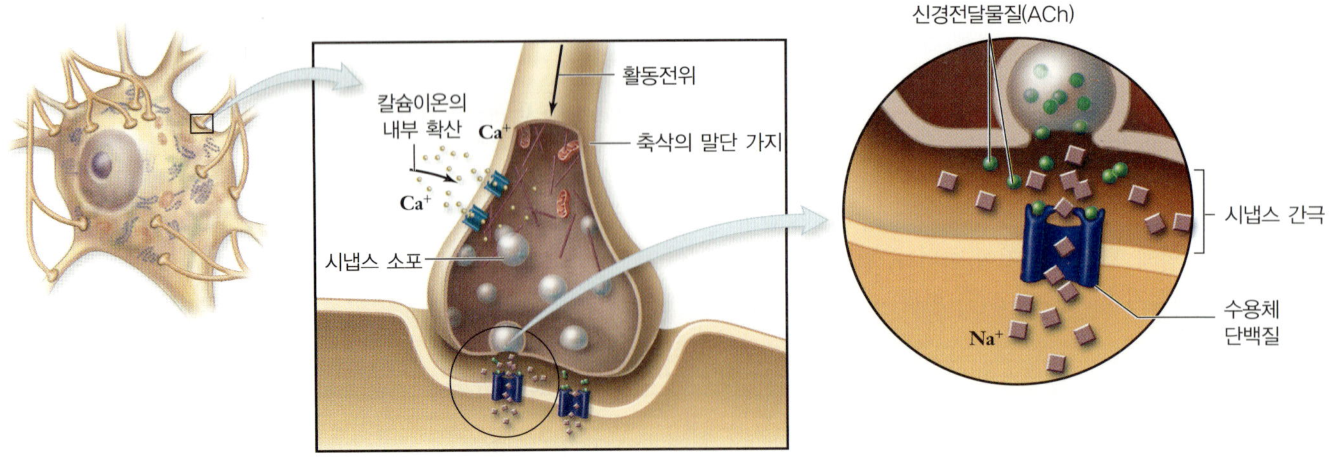

그림 18.4 신경전달물질의 방출.
축삭의 말단에 도달한 활동전위는 Ca^{2+}의 유입을 촉진하고, 이는 시냅스 소포가 세포막에 융합하도록 만들면서 신경전달물질(위 그림의 경우 아세틸콜린)의 방출을 일으킨다. 이 신경전달물질은 시냅스 간극을 지나 확산하여 시냅스후 막의 화학관문 수용체나 리간드관문 수용체에 결합한다.

경전달물질로 이용하기도 한다.

아미노산

글루탐산(glutamate)은 척추동물의 CNS에서 주요 흥분성 신경전달물질이다. 흥분성 신경전달물질들은 EPSP를 만들어 활동전위를 자극하도록 작용한다. **헌팅턴병**(Huntington disease)으로 고통 받는 사람들의 뇌에 존재하는 몇 가지 뉴런들을 보면 글루탐산에 과민 반응하여 신경 퇴행을 일으키게 변하고 있다.

생물기원 아민류들

생물기원 아민류에는 호르몬인 에피네프린(아드레날린)과 신경전달물질인 도파민, 노르에피네프린, 세로토닌이 있다. 에피네프린, 노르에피네프린 및 도파민은 아미노산 티로신으로부터 생기며, **카테콜아민**으로 분류된다. 세로토닌은 다른 아미노산인 트립토판으로부터 생긴다.

에피네프린(또는 아드레날린)은 호르몬 분비로 혈액으로 방출되는 데 비해 **노르에피네프린**은 자율신경계 뉴런의 시냅스에서 방출된다. 이러한 신경전달물질들의 목표 수용체에 대한 효과들은 빠르고 강한 심장박동, 혈당 농도의 증가, 근육과 심장의 혈류량 전환 등으로 나타난다.

도파민은 몸의 운동이나 다른 기능을 조절하는 뇌의 일부 구역에서 이용되는 중요한 신경전달물질이다. 도파민을 방출하는 특정 뉴런의 퇴화가 일어나면 파킨슨병의 근육 떨림이 일어나고, 이러한 사람들은 도파민 전구체인 L-도파(L-dopa)로 치료한다.

세로토닌은 수면이나 여러 가지 정서 상태 조절과 관련된 신경전달물질이다. 세로토닌을 방출하는 뉴런의 활동 부족은 우울증의 한 원인이 된다.

엔케팔린과 엔돌핀

통증 인지 정도는 **엔케팔린**과 **엔돌핀**이라는 신경펩티드의 영향에 따라 달라진다. 엔케팔린은 뇌에서 척수로 내려오는 축삭에서 방출되며, 통증 정보가 뇌로 가는 것을 억제한다. 엔돌핀은 뇌간의 뉴런에서 방출되며, 역시 통증 인지를 억제한다. 아편이나 이의 유도체인 모르핀이나 헤로인은 엔케팔린이나 엔돌핀 수용체에 결합할 수 있는 유사한 화학적 구조를 가지므로 진통 효과를 나타낸다. 이러한 이유로 엔케팔린과 엔돌핀은 내재적 아편이라고도 한다.

신경전달물질과 약물 중독

신경계의 일부 세포들은 화학적으로 전달되는 신호를 생산하는 자극에 장시간 노출되면 그 자극에 반응하는 능력을 잃게 되는데, 이 과정을 **습관성**(habituation)이라고 부른다. 사람은 이렇게 감각을 잃는 것에 익숙해지는데, 그 실례로 의자에 오래 앉아 있으면 나중에는 이 사실을 인지하지 못하게 된다.

몇몇 신경세포들은 이런 감수성을 잃어버리기 쉽다. 시냅스 안의 수용체 단백질이 높은 농도의 신경전달물질 분자에 장시간 노출되면, 이 신경세포는 막의 수용체 단백질의 수를 감소시킨다. 이러한 피드백은 세포 활동을 효율적으로 만드는 모든 뉴런의 정상적인 기능이다. 이 경우 세포는 자극을 위한 신경전달물질이 충분하기 때문에 수용체의 수가 감소되도록 조절한다. 약물에 의해 만들어진 인공적인 신경전달물질 효과의 경우, 오랜 시간의 약물 사용은 같은 효과를 얻기 위해 점점 더 많은 약물을 필요로 하게 되는 것을 의미한다.

코카인

코카인(cocaine)은 비정상적으로 많은 양의 신경전달물질이 시냅스에 장시간 머무르게 해준다. 코카인은 **뇌변연계**인 뇌의 쾌감 경로에 있는 신경세포들에 영향을 준다. 이 세포들은 도파민을 신경전달물질로 이용하는데, 코카인은 보통 시냅스 간극에서 도파민 제거 역할을 하는 시냅스전 막의 운반 단백질에 단단히 결합한다. 결국 도파민은 시냅스 간극에 잔류하면서 수용체를 계속 자극하게 된다. 새로운 신호가 도달할 때마다 도파민은 계속 추가되어 쾌감 경로가 더욱 자주 작동된다(**그림 18.5**).

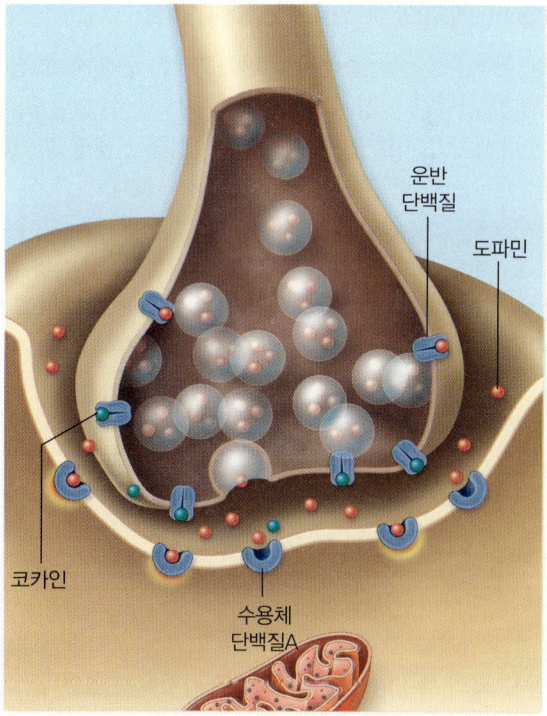

그림 18.5 코카인의 작용.
코카인이 도파민 운반체에 결합하면 신경전달물질은 시냅스에 오래 머물면서 계속 시냅스후 세포를 자극한다. 이를 통해 코카인이 쾌감을 증진시킨다.

니코틴

니코틴(nicotine)은 코카인과 마찬가지로 시냅스전 막의 단백질에는 특이성이 없는 것으로 알려져 왔다. 대신 니코틴은 뇌의 시냅스후 뉴런에 있는 특정 수용체와 직접 결합한다. 정상적으로는 뇌에 니코틴이 존재하지 않기 때문에 그곳에 왜 수용체가 있는지 의아스럽다.

연구자들은 니코틴 수용체가 신경전달물질인 아세틸콜린과 결합하는 수용체의 한 종류라는 것을 알아냈다. 니코틴은 초식 곤충의 중추신경계에 영향을 주어 식물을 보호하는 데 도움을 주는 담배의 2차 화합물로 진화된 물질이다. 니코틴이 사람의 일부 아세틸콜린 수용체에 결합할 수 있게 된 것은 자연계에서 한 가지 우연에 불과하다. 신경생물학자들은 흡연자와 비흡연자의 뇌에 있는 신경세포들을 비교하였을 때, 그들에게서 니코틴 수용체의 수와 수용체를 만드는 RNA 농도에 변화가 있다는 사실을 발견했다.

1.4 중추신경계: 뇌와 척수

척추동물의 복잡한 신경계는 오랜 진화적 역사를 가지고 있다. 여기에서는 뇌와 척수로 이루어진 중추신경계의 구조들에 대해 다루기에 앞서 척추동물 신경계의 기원과 발달에 대해 알아본다.

동물들의 복잡성에 따른 신경계 발달

무체강 무척추동물들 중에서 해면동물에는 유일하게 신경이 없다. 가장 간단한 신경계는 자포동물에서 볼 수 있는데, 모든 뉴런이 유사하고 서로 연결되어 그물 모양의 **신경망**을 이룬다. 이 신경에는 연합 활동도 없고, 조절작용도 없다.

가장 간단한 연합작용이 나타나는 신경계는 편형동물(flatworms)의 신경계이다. 편형동물에서는 몸을 따라 두 개의 신경색이 달리고 있고, 이 신경색에서 말초신경이 근육으로 뻗어나간다. 두 신경색은 몸의 전단에서 수렴하여 확대된 신경 조직체를 이루는데, 여기에 뉴런들을 연결시키는 연합뉴런이 있다. 이 신경 조직체는 원시적인 뇌로, 이 때문에 자포동물보다 복잡한 근육 반응의 조절이 가능해진다.

척추동물 뇌의 세 가지 기본 부위

5억 년 전에 살았던 **무악어류**(agnathans) 뇌는 척추동물 뇌의 초기 진화 단계를 보여준다. 이 뇌는 크기는 작지만 오늘날의 척추동물 뇌의 특징인 세 가지 부위로 이루어져 있었다.

1. 후뇌(hindbrain)
2. 중뇌(midbrain)
3. 전뇌(forebrain)

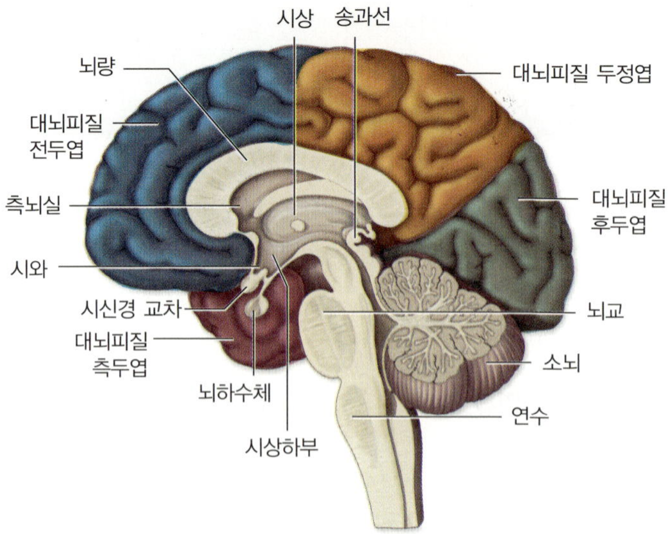

그림 18.6 사람 뇌의 단면.
전후 횡단 절단면에서 대뇌 반구와 2개의 대뇌 반구를 연결하는 섬유다발인 뇌량을 관찰할 수 있다.

우수한 정보처리 능력을 지닌 사람의 전뇌

사람의 대뇌는 매우 커서 뇌의 나머지 부분을 덮고 있는 것처럼 보인다. 대뇌는 좌우 **반구**로 나누어져 있으며, 이 두 반구는 **뇌량**으로 연결되어 있다(**그림 18.6**). 반구는 **전두엽**, **두정엽**, **측두엽**, **후두엽**으로 구분된다.

각 대뇌 반구는 몸의 반대쪽으로부터 감각 입력을 받고 그쪽의 운동을 조절한다. 그 실례로 오른쪽 손을 만지면 왼쪽 대뇌 반구가 이를 인지하고, 오른쪽 손의 움직임을 지시한다. 뇌졸중(stroke)으로 한쪽 대뇌 반구가 손상되면 그 반대쪽 반신에서 마비가 일어난다.

대뇌피질

대뇌 활동의 대부분은 표면에서 불과 수 mm 두께 층인 **회백질**(gray matter)에서 일어나는데, 이 얇은 회백질 층을 **대뇌피질**이라고 부른다. 대뇌피질에는 신경세포가 조밀하게 들어차 있다. 사람에서 대뇌피질에는 100억 개 이상의 신경세포가 있으며, 이는 뇌 전체 뉴런의 약 10%에 해당된다. 대뇌피질 표면은 고도의 굴곡을 나타내는데, 사람에서 특히 심하며, 이러한 굴곡은 피질의 표면적을 세 배로 증가시켜 준다.

대뇌피질의 활동은 운동, 감각 및 연합 활동 중의 하나로 각 부위는 특정 기능을 담당한다(**그림 18.7**).

대뇌기저핵

대뇌의 **백질부**(white matter) 안에 회백질의 섬이 깊이 묻혀 있는데, 이는 일부 세포체들과 이의 수상돌기들이 몇 개의 집단을 이루어 모여 있는 곳이다. 이 뉴런 세포체 집단들을 모두 합해 대뇌기저핵(basal ganglia)이라고 부르는데, 상향 신경으

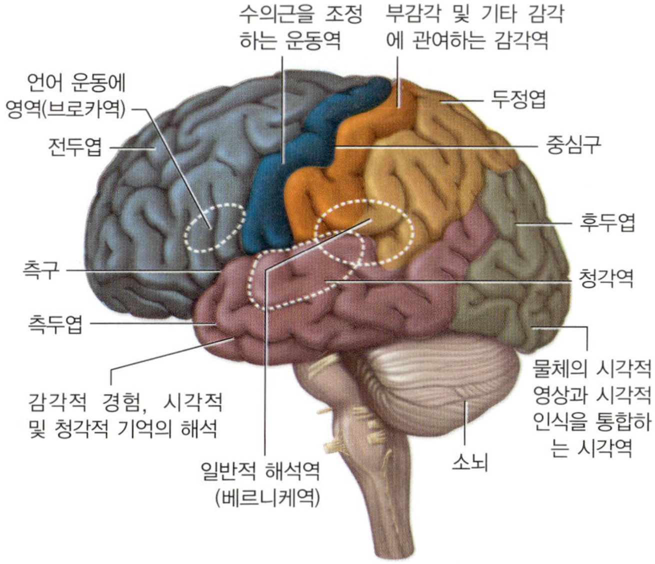

그림 18.7 대뇌.
이 그림은 대뇌에 있는 대뇌엽의 위치와 특수화된 기능을 보여준다.

로부터 오는 감각 정보와 대뇌피질이나 소뇌로부터 나가는 운동 명령을 받는 곳이다.

대뇌기저핵에서 나온 명령은 척수로 보내진 다음, 이곳에서 몸의 운동 조절에 관여한다. 대뇌기저핵의 특정 부위가 손상되면 파킨슨병의 특징인 근육 떨림이 생긴다.

시상과 시상하부

시상(thalamus)은 뇌의 1차적 감각 통합 부위이다. 시각, 청각, 신체감각 정보는 시상으로 보내지고, 시상에서 감각 신경은 연합뉴런과 시냅스를 이룬다. 감각 정보는 시상을 경유하여 대뇌피질의 후두엽, 측두엽, 두정엽으로 각각 중계된다. 이들 감각 정보들은 시상 안의 서로 다른 뉴런 세포체 집단에 의해 다루어진다.

시상하부(hypothalamus)는 내장 활동을 통합하고, 체온, 배고픔과 포만감, 갈증 그리고 대뇌변연계와 함께 여러 가지 정서 상태를 조절하는 데 도움을 준다. 또한 시상하부는 뇌하수체를 통제하고, 뇌하수체는 여러 내분비선을 조절한다. 대뇌피질과도 연결되어 있고 뇌간의 여러 조절 중추들과도 연결되어 있는 뇌하수체는 여러 가지 체내 자극과 감정에 대하여 신경적, 내분비적 반응을 조정하는 데 도움을 준다.

해마와 **편도체**는 시상하부와 함께 **대뇌변연계**의 주요 구성 부분으로서, 정서적 반응에 관여하는 부위이다. 해마는 기억의 형성에 중요한 부위로 여겨지고 있다.

특정 지역에서 조절되는 사람 뇌의 기능

사람의 뇌에 대한 연구가 어렵지만, 많은 과학자에게 매력적인 연구 분야가 되어 왔다. **수면**(sleep)과 **각성**(waking) 사이의 구분, 언어의 학습과 사용, 공간 인지, 기억들에 대한 연구가 활발하게 이루어지고 있다. 이들에 대한 완전한 이해는 매우 어렵지만, 한 가지 일반화할 수 있는 사항은 기능의 영역화이다.

각성과 수면

뇌간에는 망상체라고 부르는 뉴런 집단이 있다. 망상체의 한 부분인 망상체 활성화계는 의식과 변화를 조절한다. 모든 감각 경로는 이 계로 들어가서 뇌로 오는 정보가 조사되고, 중요한 자극이 구별된다. 망상체 활성화계가 자극을 받아 각성되면, 뇌의 여러 부위의 활동 수준이 증가된다. 망상체로부터 피질이나 뇌의 다른 부위로 가는 신경 경로는 마취제에 의해 억제될 수 있다.

망상체 활성화계는 수면과 깨어 있는 상태 모두를 조절한다. 밝은 곳보다 어두운 곳에서 잠들기가 쉬운 것은 망상체 활성화계를 자극하는 시각 자극이 거의 없기 때문이다. 이 계의 활동성은 세로토닌에 의해 감소된다. 세로토닌은 뇌의 활동성을 떨어뜨려 잠들게 한다.

언어

두 대뇌 반구는 구조적으로 비슷하지만 서로 다른 활동을 담당한다. 가장 잘 연구된 기능의 측면화의 예는 언어이다.

좌측 대뇌 반구는 오른손잡이 사람 중 90%에서 그리고 왼손잡이 사람 중 2/3에서 우세적 언어 반구이다. 여기에서 우세적이라는 말은 대부분의 언어에 관련된 신경 활동이 수행되는 대뇌 반구를 의미한다. 그중 여러 다른 부위가 언어 조절을 하는데(**그림 18.8**), 두정엽에 있는 **베르니케역**(Wernicke's area, **그림 18.7**)은 언어 이해와 사고를 말로 표현하는 데 중

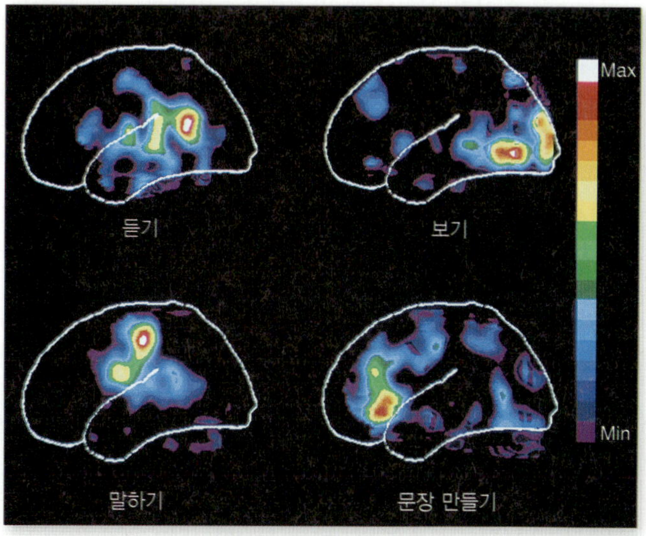

그림 18.8 여러 가지 언어 활동을 조절하는 뇌의 부위.
이 그림은 말을 들으며 묻고, 말없이 읽고, 큰 소리로 반복하고, 먼저 것과 관계된 말을 할 때 뇌가 어떻게 반응하는가를 보여준다. 흰색, 붉은색, 노란색 부위는 활성이 가장 큰 부위이다.

요하다. 얼굴 운동 조절 피질 근처의 브로카역(Broca's area)은 언어 소통에 필요한 운동 명령을 만드는 데 관여한다. 이 부위가 손상되면 **실어증**을 일으킨다. 베르니케역이 손상된 사람은 말은 빠르고 잘하지만, 그 의미가 없이 단어들을 마구 쏟아내는데, 말을 할 때 단어들이 "단어 샐러드(word salad)"처럼 흩어진다.

공간 인지

언어의 우세적 대뇌 반구가 순차적인 논리로 문장을 만드는 작업을 담당하고 있는 데 비해, 비우세적 대뇌 반구는(대부분의 사람에서 우측 대뇌 반구) 그림을 그리거나 퍼즐을 맞출 때 필요한 지각과 같은 공간적 논리를 담당하며, 음악적 능력과도 일차적으로 연관이 되어 있다. 좌측 대뇌반구의 **브로카 언어영역**(Broca's speech area)이 손상된 사람은 말할 수는 없지만 노래하는 능력은 남아 있을 수도 있다.

기억과 학습

뇌와 관련된 가장 큰 미스터리는 기억과 학습의 본질이다. 기억은 뇌를 가로질러 여러 곳에서 나타난다. 특정한 피질 부위가 특정한 기억을 갖는다고 볼 수 없는데, 이는 피질이 비교적 광범위하게 손상되어도 선택적인 기억이 제거되지 않기 때문이다. 측두엽과 같은 뇌의 한 부분이 제거되어 기억이 손상되더라도, 기억 전체를 잃어버리지는 않는다. 많은 기억들은 손상에도 불구하고 남아 있어 그에 대한 능력은 시간이 지남에 따라 점차적으로 회복된다.

기억 중에서 단기기억과 장기기억은 근본적으로 차이를 보인다. 짧은 시간 동안만 지속되는 **단기기억**은 전기 쇼크를 가하면 쉽게 지워지지만, 이때 **장기기억**은 그대로 남는다. 이 결과는 단기기억이 일시적 신경 흥분의 형태로 저장된다는 것을 알려준다. 이와는 달리 장기기억은 뇌의 일부 신경 연결이 구조적으로 변화하여 형성된다.

측두엽의 두 부위인 해마와 편도체는 단기기억과 이를 장기기억으로 통합하는 데 관여한다. 이 부위들이 손상되면 최근의 사건을 장기기억으로 저장하지 못한다.

알츠하이머병: 뇌 뉴런의 퇴화

과거에는 아주 소수의 사람들만 뇌의 기억과 사고 처리 과정의 기능을 잃는 **알츠하이머병**을 앓는 것으로 알려져 왔다. 그러나 과학자들 사이에 그 병과 원인의 생물학적 본질에 대해 의견이 일치하지 않았으며, 두 가지 가설이 제시되어 왔다. 하나는 뇌에 있는 신경세포들이 외부의 영향으로 죽는다는 것이고, 다른 하나는 내부의 영향으로 죽는다는 것이다.

첫 번째 가설에서 β-아밀로이드(β-amyloid)라고 부르는 외부 단백질들이 비정상적인 형태로 존재하고 덩어리나 플라크를 형성한다. 플라크는 뇌를 채우고 신경세포들을 손상시켜 죽게 한다. 그러나 이러한 아밀로이드 플라크들은 알츠하이머병을 앓지 않은 사람들의 부검에서도 나타난다.

두 번째 가설은 신경세포가 비정상적인 형태의 타우(τ, tau)라는 내부 단백질에 의해 죽는다는 주장이다. 타우 단백질은 정상적인 상태에서 단백질 운반 미세소관을 고정시키는 기능을 한다. 비정상적인 형태의 타우 단백질은 정상적인 신경세포의 기능을 방해하는 얽힘 형태의 나선형 구조물을 형성한다. 이때 얽힘과 신경의 실질적인 죽음의 관계가 강해진다.

정보를 전달하고 몇 가지 반응들을 직접 조절하는 척수

척수(spinla cords)는 뇌에서 척추를 따라 내려가는 일종의 신경 케이블이다. 척수는 **뇌척수막**으로 싸여 있고, 다시 척주에 의해 둘러싸여 보호된다. 척수의 안쪽에는 두 구역이 있다.

안쪽 구역은 **회백질**로 주로 연결뉴런, 운동뉴런, 신경교세포의 세포체로 이루어져 있다. 바깥쪽 구역은 **백질**로 축삭의 케이블이 분포되어 있는데 등쪽 척수에는 감각축삭이, 그리고 복부쪽 척수에는 운동축삭이 달리고 있다. 여기에는 다른 신경세포의 수상돌기들도 들어 있다. 몸과 뇌로부터 오는 정보는 척수의 위아래로 달리기 때문에 척수는 몸의 정보 고속도로라고 할 수 있다.

척수는 정보를 중계하는 일 외에 근육의 갑작스런 불수의적 운동인 **반사**를 수행한다. 반사란 자극에 대한 신속한 운동반응으로 감각뉴런이 정보를 척수에서 운동뉴런에 직접 전달하면서 발생한다. 몸에서 흔한 반사 중 하나는 눈을 감는 것인데, 이 반사는 눈을 보호한다. 벌레나 먼지가 눈에 접근하면, 눈꺼풀은 무슨 일이 일어났는지도 모르는 사이에 눈을 감는다. 반사는 대뇌가 눈이 위험하다는 것을 인식하기 전에 일어난다.

반사는 몇 개만의 뉴런을 통해서만 정보를 보내기 때문에 매우 빠르게 진행된다. **무릎반사**(**그림 18.9**)와 같은 몇 가지 반사들은 단일 시냅스 **반사궁**(reflex arcs)이다. 이 경우 감각 신경세포는 척수에서 운동뉴런과 직접 시냅스를 만들고, 운동뉴런의 축삭은 바로 근육으로 뻗어 있다.

그러나 척추동물에서 대부분의 반사들은 감각뉴런과 운동뉴런 사이에 연결된 하나의 연합뉴런이 관여한다. 뜨거운 난로에서 손을 떼거나 바람에 눈을 감는 행동들은 정보가 감각뉴런으로부터 한 개 이상의 연합뉴런을 거쳐 운동뉴런으로 전달되는 것과 연관되어 있으며, 운동뉴런은 적합한 근육이 수축하도록 자극한다. 감각뉴런도 신호를 뇌로 보내기 위해 다른 연합뉴런들과 연결되어 있다. 그래서 뜨거운 난로에서 손을 치우더라도 고통을 여전히 느끼게 된다.

1.5 말초신경계: 감각뉴런과 운동뉴런

말초신경계(PNS)는 신경과 신경절로 이루어져 있다. 신경은 케이블 모양의 축삭 집단으로, 그 속에는 보통 감각뉴런과 운

그림 18.9 무릎반사 작용. 무릎반사는 가장 간단한 반사 작용으로 감각뉴런과 운동뉴런만 관여한다.

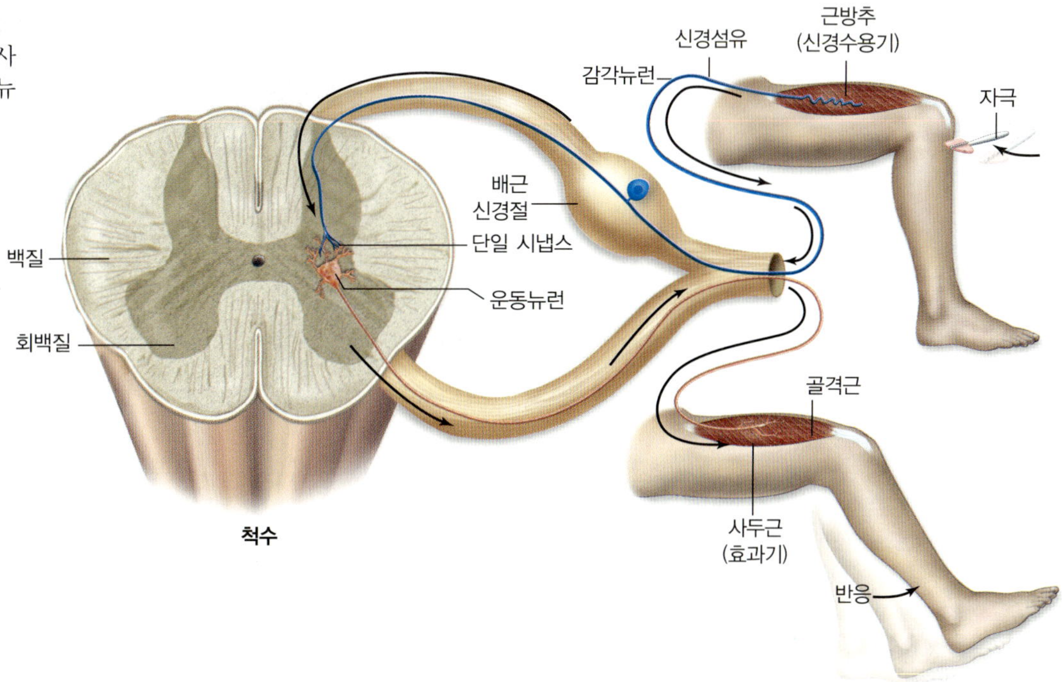

동뉴런이 들어 있다. 신경절은 **중추신경계**(CNS) 밖의 뉴런의 세포체들이 모인 부위이다. 말초신경계의 기능은 환경으로부터 정보를 받아들여 중추신경계로 전달하며, 근육세포와 같은 반응기에 반응을 전달하는 것이다.

말초신경계의 체성신경계와 자율신경계

척수에서 척수신경은 감각신경과 운동신경으로 갈라져 구분된다. 감각뉴런의 축삭들은 척수의 등쪽 표면으로 들어가서 척수신경의 **배근**을 이루고, 운동신경은 척수의 복부쪽 표면에서 나와 척수신경의 **복근**을 이룬다. 감각뉴런들의 세포체는 각 단계의 척수 밖에서 함께 모여 **배근 신경절**을 이룬다. 그에 비해 체성 운동뉴런들의 세포체는 척수 안에 들어 있어 신경절을 이루지 않는다.

체성 운동뉴런은 골격근을 자극하여 수축시키고, 자율 운동뉴런은 평활근, 심근, 샘과 같은 불수의적 반응기에 뻗어 있다. 체성신경계와 자율신경계의 비교는 **표 18.1**에서 보는 바와 같다.

운동을 조절하는 체성신경계

체성 운동뉴런은 무의식적 반사의 한 부분으로 몸의 골격근을 자극하여 수축시켜 의식적인 명령에 대해 반응하도록 한다. 골격근의 의식적 조절은 대뇌에서 나와 척수로 가는 축삭의 활성화에 의해 이루어진다. 이 하향 축삭의 일부는 척수의 운동뉴런을 직접 자극하는 반면, 어떤 축삭은 연합뉴런을 활성화시켜 이 연합뉴런이 척수의 운동뉴런을 자극하게 한다.

표 18.1 체성신경계와 자율신경계의 비교

특징	체성신경계	자율신경계
반응기	골격근	심근 평활근, 위장관, 혈관, 기도 외분비선
운동신경에 대한 영향	흥분	흥분 또는 억제
반응기 세포의 신경 분포	항상 1개	2개
반응기까지의 뉴런의 수	1개	2개
신경전달물질	아세틸콜린	아세틸콜린, 노르에피네프린

두 가지 방식으로 불수의근 기능을 조절하는 자율신경계

자율신경계는 **교감신경**(sympathetic nerves)과 **부교감신경**(parasympathetic nerves)그리고 이 신경계들을 조절하는 후뇌의 **연수**로 구성된다. 교감신경과 부교감신경은 서로 다르지만 몇 가지 특징을 공유한다. 이 두 가지 신경에서 원심성 운동경로는 두 개의 뉴런으로 이루어져 있다. 첫 번째 뉴런의 세포체는 CNS에 있고, 자율신경절로 축삭을 뻗는다. 이 뉴런을 절전뉴런이라고 부르는데, 이 뉴런들은 시냅스에서 아세틸콜

그림 18.10 자율신경계의 교감신경과 부교감신경. 교감신경의 절전뉴런은 척수의 흉부와 요추부에서 나오고, 부교감신경의 절전뉴런은 뇌와 척수의 천골 부위에서 나온다. 교감신경의 신경절은 척수 가까이 위치하고 있는 반면, 부교감신경의 신경절은 작용하는 기관 가까이 위치하고 있다. 대부분의 내부 기관들은 두 신경 모두의 지배를 받는다.

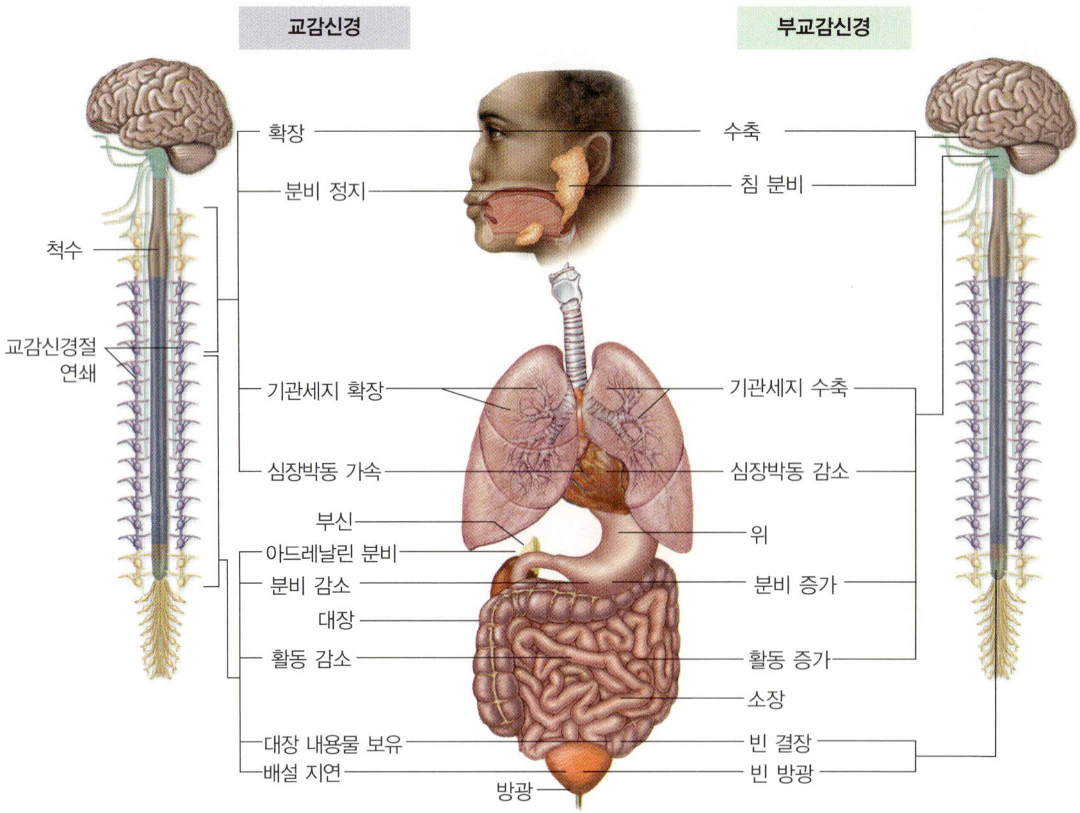

린을 방출한다.

두 번째 뉴런의 세포체는 자율신경절에 있고, 축삭은 평활근, 심근 또는 선세포와 시냅스를 이룬다. 이 두 번째 뉴런을 **절후뉴런**이라고 부른다. 부교감신경의 절후뉴런은 시냅스에서 아세틸콜린을 방출하고, 교감신경의 절후뉴런은 노르에피네프린을 방출한다.

교감신경

교감신경에서 절전뉴런은 척수의 흉부와 요추부에서 나온다(**그림 18.10** 왼쪽). 이 뉴런들의 축삭들 대부분은 척수 바로 밖에 두 줄로 평행으로 달리고 있는 신경절에서 시냅스를 이룬다. 이 구조는 보통 **교감신경절 연쇄**라고 부르는데, 교감신경절 연쇄에는 절후뉴런들의 세포체들이 있고, 여기에서 나오는 축삭들은 여러 내장기관으로 뻗는다.

그러나 이런 일반적 양상에서 벗어나는 예외들이 있다. 일부 절전 교감뉴런의 축삭은 교감신경절에서 시냅스를 이루지 않고 교감신경절을 지나쳐 부신에서 끝난다. 활동전위에 반응하여 부신수질 세포는 에피네프린(아드레날린) 호르몬을 분비한다. 동시에 노르에피네프린이 절후뉴런의 시냅스에서 방출된다. 앞서 살펴본 것처럼 두 가지 신경전달물질들은 모두 대사량과 혈류량을 증가시켜 몸이 활동하도록 준비시킨다.

부교감신경

교감신경의 활동은 부교감신경과는 길항적이다. 부교감신경의 절전뉴런은 뇌와 척수의 천골 부위에서 나온다(**그림 18.10** 오른쪽). 따라서 부교감신경은 교감신경절 연쇄 같은 구조를 이루지 않는다. 그 대신 절전 축삭(이 중 다수는 미주신경 안으로 달림)이 내부 기관 부근이나 그 안에 있는 신경절에서 끝난다. 그런 다음, 절후뉴런이 시냅스에서 아세틸콜린을 방출하여 내부 기관을 조절한다. 부교감신경은 심장박동을 느리게 하고, 소화기관의 분비작용과 활동을 증가시킨다.

2 감각계

2.1 감각수용체의 개요

감각수용체(감각수용기, sensory receptor)를 생각할 때, 주변 환경에 대한 정보를 제공해주는 시각, 청각, 미각, 후각, 그리고 촉각을 떠올린다. 확실히 이러한 외부 정보는 동물의 생존 및 번성에 결정적인 요인이 되지만, 감각수용체는 근육의 움직임, 몸의 위치, 혈압과 같은 내적인 상황에 대한 정보도 제공해준다. 여기에서는 수용체들의 유형과 그들의 작용에 대해서 전반적으로 살펴보고자 한다.

내 · 외부 자극을 감지하는 감각수용체

외부수용기는 외부 환경에서 발생하는 자극을 느끼는 수용체를 일컫는다. 척추동물의 대부분의 외부 감각들은 육상으로 진출하기 전에 물에서 진화됐다. 결과적으로 육상 척추동물의 많은 감각들은 물에서의 이동이 용이하도록 하는 자극들이 두드러진다. 이러한 자극들은 바다에서 육지로의 전환에서 유지되어 왔던 수용체를 사용한다. 예를 들어 포유동물의 듣기는 근본적으로 물에서 진화되어 왔던 것과 유사한 수용기를 이용하여 물로 전파되던 것을 공기로 전파되는 것으로 바꾼다.

물에서 잘 작용하는 어류의 전기 기관과 같은 척추동물의 몇몇 감각 시스템은 공기 중에서는 작동하지 못하며, 육상동물에서는 발견되지 않는다. 이와는 대조적으로, 어떤 육상동물은 적외선 열 탐지와 같은 물에서 작동하지 못하는 감각 시스템을 가지고 있다.

내부수용기는 체내에서 발생하는 자극을 인지한다. 이러한 내부수용기들은 근육의 길이와 신장력, 팔다리의 위치, 통증, 혈액의 화학적 성분, 혈액 부피와 압력, 체온과 관련된 자극들을 인지한다. 이러한 수용체들은 외부 환경을 받아들이는 수용기보다 단순하며, 원래의 감각수용체에 더 유사하게 유지되어온 것으로 여겨진다. 본 절에서는 자극의 종류에 따라 인지하는 것이 특수화되어 있는 외부수용기와 내부수용기의 여러 유형들에 대해서 알아본다.

3개 범주로 구분되는 수용체들

감각수용체는 자신의 **감각 수상돌기**(sensory dendrite)를 최대로 활성화시키는 외부 자극의 성질에 따라 다음과 같이 3가지 종류로 구분된다.

1. **기계적 감각수용체:** 이 수용체는 압력과 같은 기계적인 힘에 의해 자극되며, 접촉, 청력 및 균형에 대한 수용체들을 포함한다.
2. **화학적 감각수용체:** 이 수용체는 화학물질과 화학적 변화를 인지하며, 냄새와 맛의 인지를 포함한다.
3. **전자기 감각수용체:** 이 수용체는 열과 빛 에너지에 반응한다. 빛을 인지하는 눈의 광수용체(photoreceptors)와 일부 파충류에서 발견되는 열수용체(thermal receptors)가 그 실례들이다.

가장 단순한 감각수용체는 온도의 변화에 따라 감각뉴런 막이 휘거나 늘어나면서 반응을 하거나, 세포 밖 유동체에 있는 산소와 같은 화학물질에 대해 반응하는 자유 신경말단이다. 다른 감각수용체들은 특수화된 상피세포와 감각뉴런의 접촉을 포함하고 있어 더 복잡하다.

네 단계로 전달되는 감각 정보

감각뉴런에 의해 접하게 되는 감각 정보는 **그림 18.11**에서 보는 것처럼 4단계에 걸쳐 중추신경계로 전달된다.

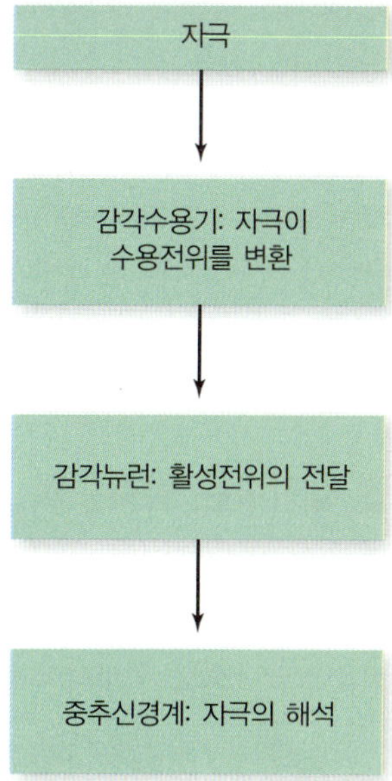

그림 18.11 감각 정보의 경로.
감각 자극은 수용체 전위로 변환되며, 그의 해석을 위해 뇌로 이동되는 감각 신경 활동전위를 자극할 수 있다.

1. **자극:** 물리적 자극은 감각뉴런 또는 연합뉴런에 부딪히게 된다.
2. **변환:** 자극 에너지는 감각뉴런의 수상돌기에서 차이가 있는 전위로 변형된다.
3. **전송:** 활동전위는 감각뉴런의 축색돌기에서 발생하여 구심성 신경 경로를 따라 중추신경계(CNS)로 전달된다.
4. **해석:** 뇌는 구심성 자극에 의해 생성된 전기화학적 작용들로부터 감각 인식을 만든다. 실제로 다섯 가지 감각은 감각기관에서 인지되는 것이 아니라 뇌에서 인지되는 것이다.

2.2 기계적 감각수용체: 접촉과 압력

피부에 존재하는 **피부 수용체**(cutaneous receptor)는 내부수용기로 분류되지만, 실제로는 외부와 내부 환경 사이의 경계에서 자극에 반응한다. 이 수용체는 통증, 열, 추위, 접촉 그리고 압력에 반응하는 수용기의 구조와 기능으로 특수화된 좋은 예이다.

손상이나 잠재적 손상에 대해 몸체를 변화시켜주는 통증수용체

조직의 손상을 유발하는 자극은 **통증**으로 인식된다. 통증으로 인식되는 자극을 전달하는 수용체는 유해한 물질뿐만 아니라 조직 손상에 민감하기 때문에 **침해 수용체**라고 부른다. 특이한 침해수용기가 존재함에도 불구하고 많은 과도한 자극을 인지하는 감각수용체는 뇌에서 통증의 지각을 인식하도록 해준다.

대부분의 침해수용체는 특별히 손상이 발생할 것 같은 표면 근처의 몸체를 따라 위치하는 유리 신경말단으로 구성되어 있다. 다른 침해수용체는 온도나 강한 충격과 같은 매우 강한 기계적 자극 및 손상된 세포에 의해 분비되는 세포외액에 존재하는 특이한 화학물질에 극단적으로 반응한다. 감각세포의 임계점은 매우 다양해서 어떤 침해수용체는 실제적인 조직 손상에 대해 민감하지만 다른 수용체는 손상이 발생하기 전에 반응한다.

열에너지 변화를 감지하는 열수용체

피부는 온도 변화에 민감하게 반응하는 감각뉴런의 노출된 수상돌기인 두 가지 형태의 열수용기를 포함하고 있는데, 이는 침해수용기가 유리 신경말단으로 구성되어 있는 것과 유사하다. 이러한 열수용기는 냉·온에 반응하는 TRP 이온채널을 포함한다.

저온을 감지하는 수용체는 온도의 하강에 의해 자극되며, 온도의 상승에 의해 억제된다. 반면에 고온을 감지하는 수용체는 온도의 상승에 의해 자극되고 온도 냉각에 의해서 억제된다. 저온을 감지하는 수용체는 표피 바로 아래에 위치하고 있으며, 고온을 감지하는 수용기보다 3~4배 더 많이 분포하고 있다. 고온을 감지하는 수용체는 좀 더 깊은 진피에 위치한다.

열수용체는 순환하는 혈액의 온도를 모니터하고, 체온에 대한 정보를 가진 중추신경계인 뇌의 **시상하부**에도 분포하고 있다. 시상하부에 있는 열수용체로부터의 정보는 대사과정을 바꾸어주며, 필요한 경우 체온을 올리거나 내릴 수 있는 반응을 자극한다.

강도에 따른 접촉을 감지하는 수용기들

피부에는 여러 유형의 기계적 감각수용체가 존재하는데, 일부는 진피에 존재하며 다른 것들은 피하조직 아래에 존재한다. 이러한 수용체들은 세포막의 기계적인 변형에 반응하여 열리는 이온채널이 있는 감각세포를 포함하며, 그들은 다양한 형태의 물리적인 접촉을 감지한다.

미세한 접촉에 반응하는 형태적으로 특수화된 수용체들은 대부분 손가락 끝과 얼굴 같은 부위에 밀집되어 있다. 그들은 피부 자극을 매우 정확하게 인지할 수 있는 곳에 위치한다 이러한 수용체는 간헐적 또는 지속적으로 활성화될 수 있는데 간헐적으로 활성화되는 수용체는 모낭수용체와 **마이스너소체**를 포함하며, 손가락, 손바닥, 젖꼭지와 같은 털을 포함하지 않는 표면에 존재한다.

장력수용체(tonic receptors)는 진피에 위치하는 **루피니소체**와 피부 표면 근처에 위치하는 **메르켈판**을 포함한다. 이러한 수용체들은 접촉의 정도와 접촉 기간을 모니터한다. 피부 깊은 곳에 있는 피하조직에는 **파치니소체**라고 부르는 간헐적으로 활성화되며, 압력에 민감한 수용체가 존재한다. 이러한 수용체들은 결합조직세포의 교대층의 피막과 세포외액에 의해 둘러싸인 구심성 축색의 말단을 구성하고 있다. 지속적인 압력이 이들 소체에 전해지면 탄력성을 지닌 피막은 그 압력을 흡수하고, 축삭돌기는 자극 생성을 멈춘다. 파치니소체는 피부에 진동하는 물체가 놓였을 때 반복적으로 발생할 수 있는 압력의 개시와 마감을 모니터한다.

자기 감각수용체에 의해 모니터되는 근육의 길이와 신장력

경골어류를 제외한 모든 척추동물의 골격근 내에 묻혀 있는 것은 근육 안에 있는 나머지 섬유들과 평행하게 놓여 있는 신장 감각수용체인 근방추이다(**그림 18.12**). 각 방추는 감각신경에 의해 둘러싸여 자극이 되는 여러 개의 얇은 근섬유로 이루어져 있으며, 근육이 신장될 때 활성화된다.

근방추는 힘줄과 관절에 있는 다른 수용체들과 함께 **자기수용체**로 알려져 있다. 이러한 감각수용체들은 동물의 신체 일부의 상대적인 위치나 움직임에 대한 정보를 제공해준다. 감각신경은 근육을 자극하는 체세포 운동 신경세포와 연접 부위인 **척수**로 활동전위를 전달한다. 이러한 경로는 무릎반사(knee-jerk reflex)를 포함한 근육신장 반사를 구성한다. 고무망치로

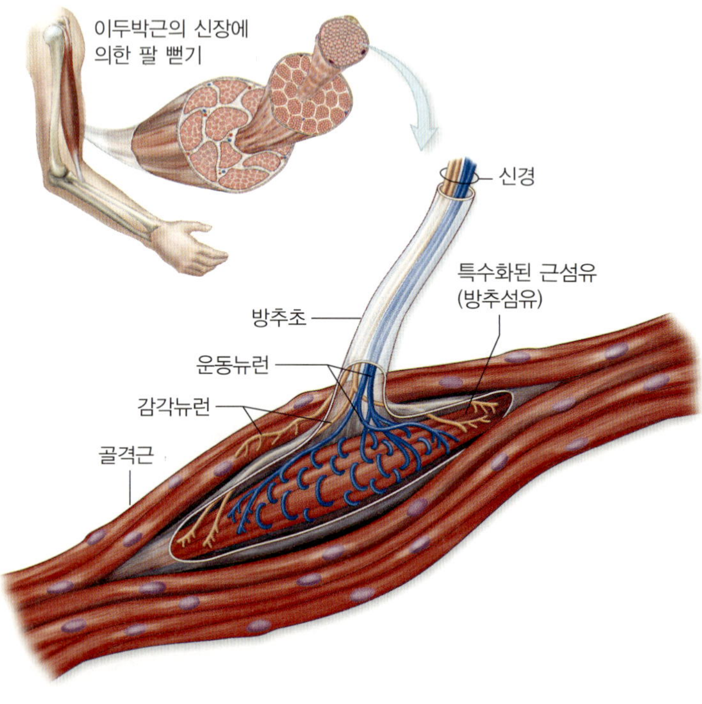

그림 18.12 근방추의 작용.
근방추는 골결근 내에 묻혀 있는 신장된 수용체이다. 근육의 신장은 방추섬유를 길게 하고 그들을 둘러싸고 있는 감각 수상돌기 말단을 자극한다. 이것은 감각뉴런을 개재뉴런과 연접되어 있거나 때때로 운동뉴런과 연접되어 있는 중추신경계로 자극을 전달하게 해준다.

무릎 뼈 인대를 가볍게 두드려 근육이 약하게 신장될 때, 방추장치도 신장된다. 방추장치는 근육 안에 깊숙이 묻혀 있으며, 방추 바깥쪽에 있는 근육섬유와 같이 근육을 따라 신장된다. 그러한 결과로 체세포 운동 신경세포를 활성화시키는 활동전위가 생성되고 다리가 갑자기 들려지게 된다.

혈압을 감지하는 압력수용체

혈압은 몸 안의 두 부위에서 모니터되는데, 하나는 뇌로 혈액을 운반하는 좌우 내부 경동맥이 확대된 **경동맥동**이며, 다른 하나는 대동맥의 일부인 **대동맥궁**으로 심장으로부터 매우 가까이에 위치하고 있다. 두 곳의 혈관 벽은 **압력수용체**라고 부르는 많은 분지를 지닌 네트워크를 이루는 구심성 신경을 포함하며, 그 벽에서 긴장과 신장을 감지한다.

혈압이 감소할 때 압력수용체에 의해 생성되는 자극의 빈도는 감소한다. 중추신경계가 자율신경계의 교감신경계를 자극함으로써 감소된 유입에 반응하면 심장 박동수와 혈관 수축이 증가하게 되는데, 이 두 가지 효과는 혈압을 상승하게 도와줄 뿐만 아니라 항상성을 유지시켜준다. 혈압의 증가는 압력수용체의 자극을 증가시켜 교감신경의 활성을 감소시키며 부교감신경을 자극한다. 그에 따라 심장 박동수가 감소하면서 혈압은 낮아진다.

2.3 청각, 진동 그리고 몸의 자세 감지

음파를 감지하는 듣기는 실제로 공기 중에서보다 물속에서 더 잘 작용한다. 왜냐하면 물이 압력 파장을 더 효율적으로 전달하기 때문이다. 이러한 제한점에도 불구하고 듣기는 환경을 모니터하거나, 다른 구성원과 연락을 위해서 또는 위험의 근원을 감지하기 위해서 육상 척추동물에 의해 널리 사용되고 있다.

소리는 물이나 공기와 같은 매질을 통해서 전달되는 **진동**이나 **파장**의 결과이다. 음파의 감지는 수중 동물에서 처음 진화된 특수화된 기계수용체의 작용을 통해 가능하다. 소리의 감지에 관여하는 세포들은 진화적으로 **중력감지 시스템**과 관련이 있다.

낮은 빈도의 진동을 감지하는 어류의 측선계

듣기에 부가하여 어류의 **측선계**(lateral line system)는 압력 파장과 낮은 빈도의 진동을 반사하는 물체를 감지하기 위해 원거리 접촉을 감지할 수 있게 해준다. 이것은 어류가 먹이를 감지할 수 있게 해줄 뿐만 아니라 떼를 지어 헤엄을 칠 수 있게 한다. 눈먼 동굴 물고기는 측선수용체를 따라 흐르는 물 흐름의 패턴 변화를 모니터함으로써 환경을 감지할 수 있다.

측선계는 양서류 유생에서도 발견되지만 변태 과정에서 소실되며, 육상 척추동물에는 존재하지 않는다. 측선계에 의해 제공되는 어류의 듣기를 보완하는 감각은 그들의 귀에 있는 감각 구조에 의해 이루어진다.

측선계는 몸의 옆면을 따라 확장되어 있는 어류의 피부 안쪽에 종으로 배열된 관과 머리에 있는 여러 도관 내에 위치하는 모세포로 이루어져 있다. 모세포의 표면 돌기들은 각두라고 부르는 젤라틴으로 된 막으로 돌출되어 있다. 모세포는 뇌로 자극을 전달하는 감각신경의 지배를 받는다.

진동 감지를 위해 특수화된 귀의 구조

귀의 구조는 측선계에서와 같이 기계적 감각세포를 기반으로 하여 압력 파장을 신경자극으로 전달되게 한다.

육상 척추동물의 귀에서 공기 중의 진동은 외이도를 통해 **고막**으로 이동될 수 있다. 이러한 구조는 **외이**의 한 부분이다. 고막의 진동은 **중이**라고 부르는 뼈로 구성된 골질강에 위치하는 한 개 또는 그 이상의 작은 뼈의 움직임을 유발한다.

양서류와 파충류는 등골이라고 부르는 하나의 중이 뼈를 가지고 있다. 그러나 포유동물은 그에 부가하여 추골과 침골을 더 가지고 있다.

등골은 내이로 뻗어 있으며 유동성 있는 막인 **난원창**에 진동을 일으킨다. 난원창은 고막보다 지름이 더 작기 때문에 진동이 단위면적당 더 강하게 생성되어 **내이**로 이동된다. 내이는 **달팽이관**이라고 부르는 막으로 이루어진 미로를 포함하는 뼈 구조의 **와우각**으로 이루어져 있다. 달팽이관은 와우각 구조의 한 가운데 위치하고 있으며, 상부는 **전정기관**이며, 하부는 **고실관**으로 이루어져 있다. 달팽이관, 전정기 그리고 고실관은 모두 액체로 채워져 있다. 난원창은 상단의 전정기관으로 열리면서 등골이 진동을 발생시킬 때 액체의 압력파가 생성된다. 이러한 압력파는 고실관 아래로 이동하며, **정원창**이라고 부르는 다른 유동성 있는 막을 밀어냄으로써 중이 강으로 압력을 전달한다.

소리에 의해 항진할 수 있는 척추동물들

육상의 척추동물은 머리의 양옆에 위치한 두 개의 귀를 가지고 있기 때문에 청각에 의해 제공된 정보는 소리가 발생된 지점의 방향을 결정하는 데 사용될 수 있다. 그러나 소리의 근원은 다양한 강도를 가지고 있으며, 주변에 있는 물체에 의해 다양한 정도로 약해지거나 반사된다. 이러한 이유로 청각만으로는 정확한 거리의 측정이 어렵다.

어두운 환경에서 먹이를 획득하며 살아가는 몇몇 포유동물은 어둠의 한계를 피해갈 수 있다. 완전히 어두운 곳에서 날아다니는 박쥐는 날아가는 길에 놓여 있는 물체를 쉽게 피할 수 있으며, 지름이 1 mm보다 작은 선을 피해갈 수 있다. 땅속에 사는 두더지는 바다 속에 사는 고래와 돌고래들이 하는 것처럼 빛이 없는 곳에 적응이 되어 소리에 의해 물체의 존재와 거리를 정확하게 알 수 있다.

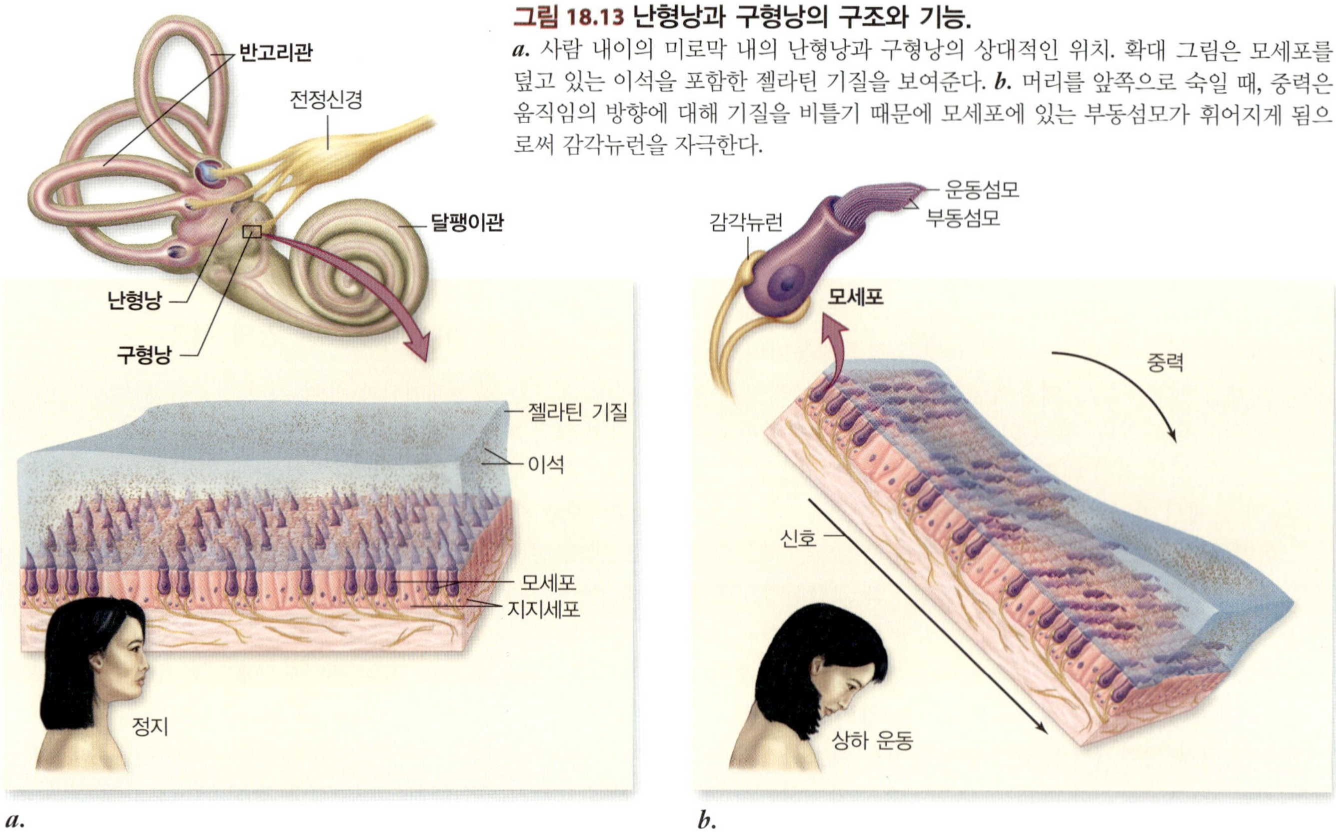

그림 18.13 난형낭과 구형낭의 구조와 기능.
a. 사람 내이의 미로막 내의 난형낭과 구형낭의 상대적인 위치. 확대 그림은 모세포를 덮고 있는 이석을 포함한 젤라틴 기질을 보여준다. *b.* 머리를 앞쪽으로 숙일 때, 중력은 움직임의 방향에 대해 기질을 비틀기 때문에 모세포에 있는 부동섬모가 휘어지게 됨으로써 감각뉴런을 자극한다.

이런 포유동물은 소리를 내고 그것이 물체까지에 도달하여 다시 돌아오는 데까지 걸린 시간을 측정하는데, 이러한 과정을 **반향 정위**라고 부른다. 예를 들어 박쥐는 2~3 ms 간격으로 1초에 수백 번의 소리를 반복해서 생성한다. 각 소리가 물체에 부딪히고 돌아오는 시간을 측정함으로써 박쥐는 그들의 환경에 놓여 있는 물체의 위치, 움직임의 방향, 빠르기를 계산할 수 있다. 인간의 발명품인 음파 탐지기(sonar)와 전파 탐지기(radar)는 반향 정위와 동일한 원리를 근거로 하여 만들어졌다.

청각계와 연관된 체계를 통해 감지되는 몸의 위치와 움직임

진동을 감지하기 위한 방법으로 내부 탄산칼슘 결정을 사용하는 진화적인 전략은 공간과 가속되는 움직임에서 몸의 위치를 감지하는 감각기관의 발달을 가능하게 해왔다.

대부분의 무척추동물은 **평형낭**이라고 부르는 감각 구조에 의해 중력에 반응하여 그들 스스로 적응할 수 있다. 평형낭은 일반적으로 탄산칼슘의 결정이 포함된 젤라틴 막에 파묻혀 있는 섬모를 가진 모세포로 구성되어 있다. 이러한 **평형**

그림 18.14 미각.
a. 사람의 혀는 미뢰가 존재하는 유두라고 부르는 돌출부를 가진다. 서로 다른 유형의 미뢰들이 혀의 다른 지역에 위치한다. *b.* 미뢰의 집합체는 유두 내에 존재한다. *c.* 개개의 미뢰는 원추형으로 이루어진 집합체이며, 미공을 통해 입과 연결되는 화학민감성수용체이다. *d.* 유두에 존재하는 미뢰의 현미경사진.

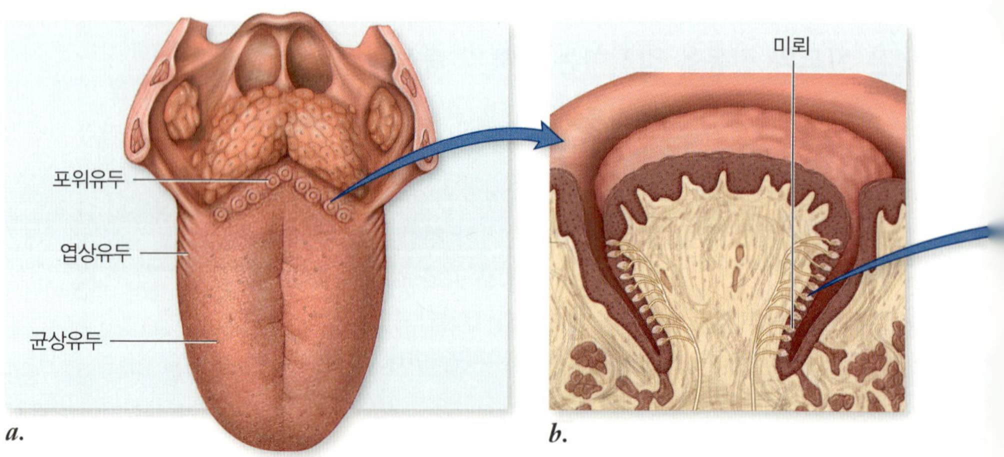

석(statoliths)은 동물의 위치가 변화할 때 젤라틴 막의 무게를 증가시킴으로써 섬모를 휘어지게 한다. 동물이 오른쪽으로 기울어지면 평형석은 오른쪽으로 섬모를 휘어지게 하고, 그에 연결된 감각신경을 활성화시킨다.

유사한 구조가 척추동물의 내이에 있는 미로 막에서 발견된다. **미로**는 뼈와 간질액의 이온 성분과 유사한 외림프액에 둘러싸여 있다. 내부의 소실과 관은 세포 간질액과 유사한 이온 성분인 내림프액으로 채워져 있다. 이러한 구조의 복잡성에도 불구하고 전체적인 구조는 매우 작으며, 인간에게서 그의 크기가 완두콩만 하다.

미로와 반고리관의 구조

대부분의 척추동물에서 중력에 대한 수용체는 **난형낭**과 **구형낭**이라고 부르는 미로 막을 지닌 두 개의 소실로 이루어져 있다(**그림 18.13**). 이들 구조 안에는 어류의 측선계에서와 유사한 **부동섬모**와 **운동섬모**를 가진 모세포가 있다. 머리카락 모양의 돌기는 탄산칼슘 결정을 포함한 평형석 막인 젤라틴 막내에 박혀 있다. 이석 기관은 난형낭과 구형낭 안에 다르게 위치하고 있기 때문에 난형낭은 달리는 차 안에서와 같은 수평적인 가속에 더 민감하고, 구형낭은 엘리베이터 안에서와 같은 수직적인 가속에 더 민감하다. 두 가지 경우 모두 가속은 난형낭을 휘어지게 하고, 결과적으로 그에 연결된 감각신경에 활동전위를 발생시킨다.

난형낭과 구형낭의 미로 막에는 세 개의 **반고리관**(semicircular canals)이 연결되어 있으며, 세 개의 고리는 어떠한 방향에서의 가속도 감지할 수 있도록 서로 다른 방향으로 자리잡고 있다.

전정기관의 작용

머리가 회전할 때 반고리관 안의 유체는 팽대마루를 밀고 섬모를 휘어지게 한다. 이러한 휘어짐은 모세포의 탈분극화와 과분극화를 일으키고 섬모가 휘어지는 방향에 의존한다. 이것은 어류에서 측선계가 작용하는 것과 유사하다. 부동섬모가 운동섬모 방향으로 휘어지게 되면 수용체 전위가 생성되면서 그에 연결된 감각신경에서 활동전위의 생성을 자극한다.

구형낭과 난형낭 그리고 반고리관은 통합적으로 **전정기관**이라고 부른다. 구형낭과 난형낭은 선형 가속의 인지를 제공하고, 반고리관은 각도가 있는 가속의 감지에 관여한다. 뇌는 몸의 위치에 대한 균형과 평형을 유지하기 위해 전정기관으로부터 오는 정보를 이용한다.

2.4 화학수용체: 맛, 냄새 그리고 pH

화학 수용기(chemical receptors)라고 부르는 감각세포들은 세포외액에서 특별한 화학물질 또는 리간드(ligands)가 붙을 수 있는 막 단백질을 지니고 있다. 이러한 화학적 상호작용에 의해 감각신경 세포막은 탈분극되고 활동전위를 생성한다. 화학수용체들은 맛과 냄새를 구별하고, 혈액과 뇌척수액의 화학적 성분을 감지하는 데 중요하게 작용한다.

미각에 의한 식품 감지

색을 인지하는 것처럼 맛을 인지하는 것은 신체적, 정신적 요인의 조합으로 나타난다. 맛은 일반적으로 단맛, 신맛, 짠맛, 쓴맛, 감칠맛의 5개의 범주로 구분되는데, 여기에서 감칠맛은 고기, 치즈 그리고 걸쭉한 죽과 같은 단백질이 풍부한 음식에서 풍성한 맛을 제공하는 글루탐산염 및 기타 아미노산에서 느껴지는 맛을 의미한다. 구심성 신경과 연결된 화학 민감성 상피세포들의 집합체인 **미뢰**(taste buds)는 척추동물에서 맛에 대한 감각을 매개한다. 어류의 미뢰는 몸 표면 전체에 산발적으로 분포해 있으며, 이들은 척추동물 중에서 가장 민감한 화학수용체를 가지는 것으로 알려져 있다. 그들은 특히 아미노산에 민감하게 반응하는데, 그 실례로 메기는 10억 개당 100개의 비율(10,000 L의 물의 1 g에 해당)보다 적은 농도에서 두 개의 서로 다른 아미노산을 구별할 수 있다. 수생 환경에서 맛을 감지하는 능력은 종종 탁한 환경 내의 먹이 존재를 감지할 수 있게 해주기 때문에 바닥에 서식하는 물고기에게 매우 중요하다.

육상 척추동물의 미뢰는 혀와 구강의 상피조직에 발달하며, **유두**라고 부르는 솟아 있는 지역 내에 존재한다(**그림 18.14**). 미뢰는 50개에서 100개 정도의 미각세포로 구성된 양파 모양의 구조이다. 각 세포는 **미공**이라고 부르는 구멍이 돌출된 손가락 모양의 미세융모를 가진다(**그림 18.14*c***). 음식물은 침에 의해 분해되고, 미공을 통해 미각세포와 접촉한다.

방대한 양의 혼합 분자들을 구별할 수 있는 후각

육상 척추동물에서 냄새의 감각(후각)에는 비관의 윗부분에 위치한 화학수용체가 관여한다(**그림 18.15**). 섬모의 수상돌기 끝

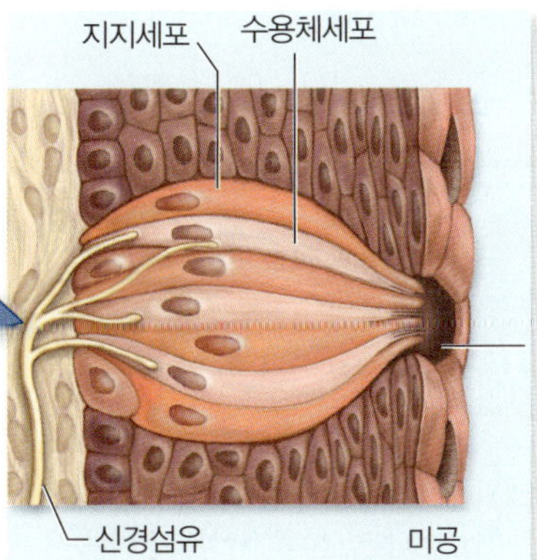

c.

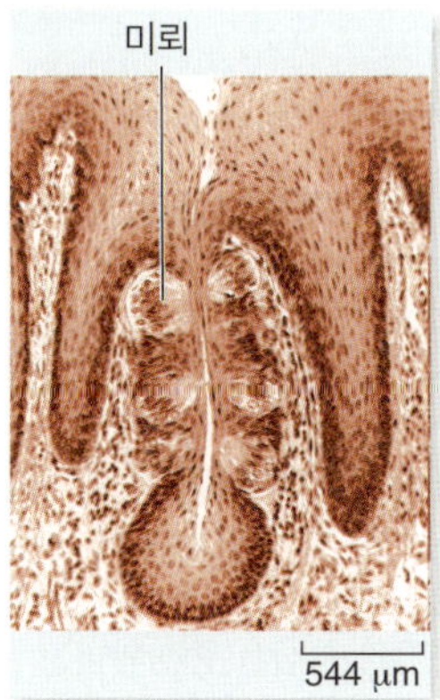

d.

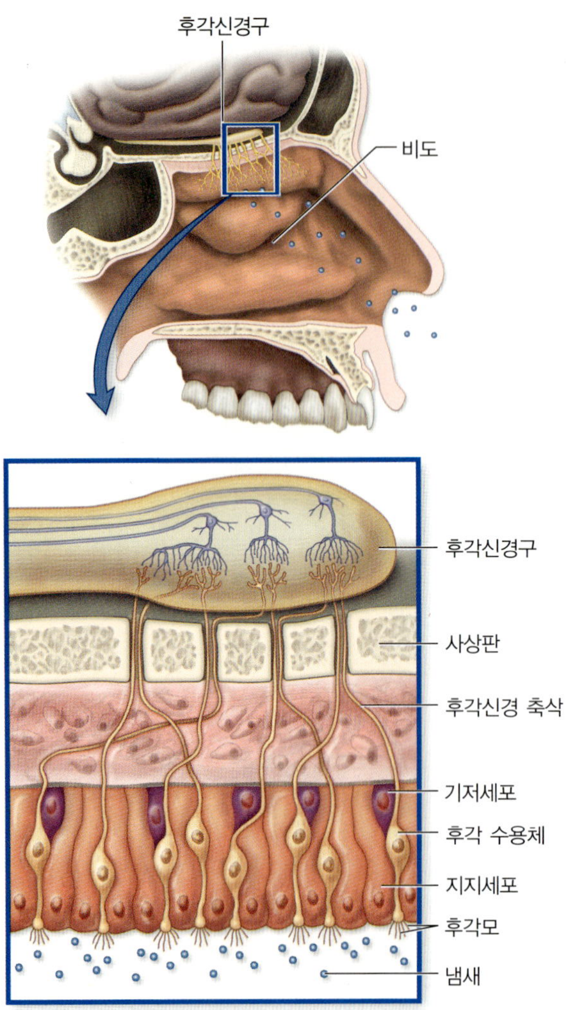

그림 18.15 후각.
인간은 비관 통로에 존재하는 후각뉴런(수용체세포)을 이용해 냄새를 감지한다. 이 뉴런의 축색은 후각신경을 통해 직접 뇌로 자극을 전달한다. 기저세포는 죽고 상처 입은 세포를 대체할 새 후각뉴런을 재생시킨다. 후각뉴런의 수명은 약 1달 정도이다.

부분에 있는 이러한 수용체들은 코의 점막으로 돌출해 있고, 그들의 축삭은 대뇌피질로 직접 뻗어 있다. 육상 척추동물은 어류가 맛을 인지할 때와 매우 유사한 방식으로 냄새를 지각한다.

육상 척추동물은 공기에 둘러싸여 있기 때문에 그들의 후각은 공기로 운반되는 입자들을 감지하기 위해 특수화되어 있다. 그러나 이러한 입자들은 후각 신경의 수용체를 활성화시키기 전에 먼저 세포외액에서 용해되어야 한다. 후각은 여러 포유류에서 극도로 예민해 단 하나의 후각 자극제 분자가 주어진 수용체를 흥분시키기에 충분할 수도 있다.

사람은 5개의 맛의 범주만을 감별하지만 이와 다르게 수천 가지의 다른 냄새를 식별할 수 있다. 최근에는 수천 개의 다른 유전자들이 다른 냄새에 대한 수용체 단백질을 암호화하고 있을 가능성이 제기되고 있다. 주어진 냄새에 반응하는 후각 신경의 특정 단위는 지문처럼 제공되고, 뇌는 그 냄새를 식별할 수 있다.

2.5 시각

대부분의 동물에서 물체를 인식하는 능력은 중요하다. 포식자는 청각, 후각, 시각 등의 감각에 의존해 그들의 먹잇감의 위치를 알아내고, 피식자들은 그 감각들을 이용해 포식자를 피한다. 이들 감각 중에서 시각은 가장 멀리 작용할 수 있으며(맨눈으로 사람은 수천 광년 떨어진 별을 볼 수 있다), 하나의 광자가 활동전위를 보내기 위한 망막의 한 세포를 자극시키기에 충분하다.

인간의 눈은 척추동물 눈의 전형적인 구조이다(**그림 18.16**). 눈의 흰 부분은 **공막**으로 질긴 결합조직으로 이루어져 있다. 빛은 투명한 **각막**을 통해 눈으로 들어오면서 집중되기 시작한다. 초점 조절은 빛이 밀도가 다른 매질로 이동할 때 굴절되기 때문에 일어난다. 눈의 색깔이 있는 부분은 **홍채**라고 부르며, 밝은 빛에서 홍채 근육의 수축은 동공이 열리는 크기를 감소시킨다. 빛은 **동공**을 통해 **수정체**를 통과하는데, 수정체는 눈의 뒤쪽에 있는 망막으로 빛의 초점 조절을 완성시켜주는 투명한 구조이다. 수정체는 진대에 의해 모양체근에 부착되어 있다. 수정체의 형태는 진대의 수축 정도에 의해 많은 영

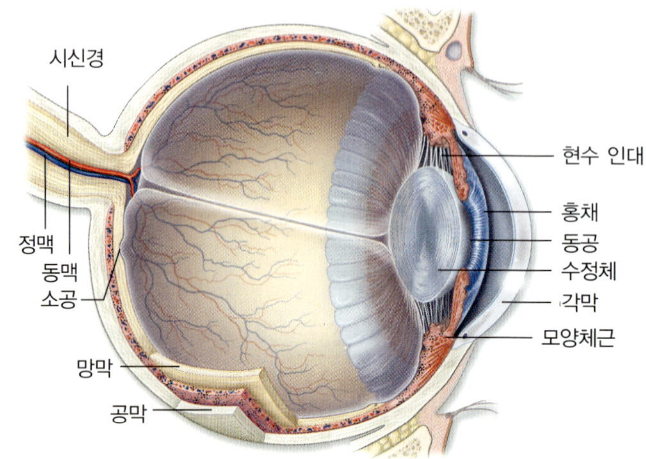

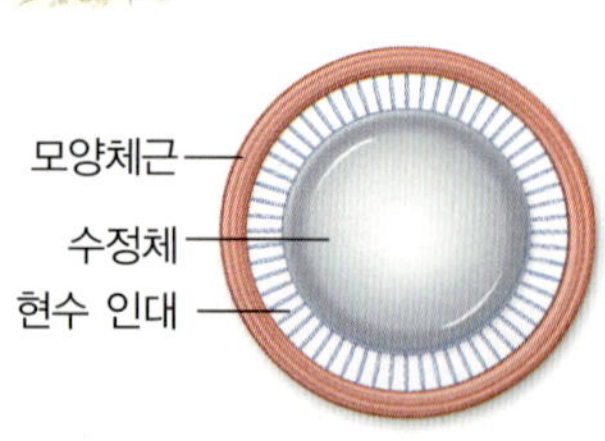

그림 18.16 사람 눈의 구조.
투명한 각막을 통해 들어온 빛은 수정체를 통해 눈 뒤쪽 표면의 망막에 모인다. 망막은 광수용체(간상체와 추상체)를 가진다. 각 눈의 가시영역의 중심은 중심와라고 부른다. 원근 조절은 모양체근의 수축과 이완에 의해 이루어지고, 모양체근은 수정체의 굴절률을 조절해준다.

향을 받는다. 진대는 수정체를 둘러싸고 그것을 모양체근에 부착시킨다. 모양체근이 수축했을 때 진대는 이완하고 수정체는 더 둥글어지며 빛을 더 강하게 굴절시켜 주는데, 이 작용에 의해 가까운 곳의 물체를 볼 수 있게 된다. 원거리를 볼 때 모양체근은 이완하고 진대는 수축한다. 수정체는 더 얇아지고 빛을 덜 굴절시키며 망막에 상이 맺힌다. 근시 또는 원시의 사람들은 망막에 상을 맺을 때 원근 조절을 적절히 하지 못한다(**그림 18.17**). 흥미롭게도 양서류 또는 어류에서는 수정체의 모양이 바뀌지 않는데, 이러한 동물들은 원근 조절을 대신해 카메라의 원근을 손으로 조절하듯이 그들의 수정체를 안과 밖으로 이동시킨다.

척추동물의 망막은 두 종류의 광수용체세포를 포함하는데, 그들을 **간상체**(rods)와 **추상체**(cones)라고 부른다. 시각세포의 끝부분을 구성하는 가늘고 긴 모양에서 그 이름을 따온 간상체는 조명이 흐릿할 때 명암을 인식한다. 그에 비해 추상체는 원뿔 모양의 생김새를 가지며 빛의 선명도와 색깔의 인지에 관여한다. 사람의 망막에는 약 1억 개의 간상체와 300만 개의 추상체가 분포되어 있다. 대부분의 추상체는 **중심와**(forvea)로 알려진 망막의 중심부에 위치하며 중심와는 눈이 선명한 이미지를 형성하는 곳이다. 간상체는 중심와에는 거의 존재하지 않는다.

간상체와 **추상체**는 같은 기본 구조를 가진다. 미토콘드리아가 풍부한 내절은 신경전달물질로 가득찬 많은 소낭을 가지며, 좁은 관을 통해 **외절**로 이어진다. 외절은 많은 평평한 디스크가 쌓인 구조로 빛을 포획하는 분자 또는 **광색소**는 이 디스크들의 막에 존재한다.

간상체에서 광색소는 로돕신이라고 불린다. 로돕신은 **시스 레티날**의 분자에 결합된 **옵신** 단백질로 이루어져 있는데, 시스 레티날은 식물의 광합성 색소인 카로틴으로부터 유래된 비타민 A로부터 생성된다.

추상체의 광색소는 **포돕신**이라고 불리는데, 구조적으로 로돕신과 매우 유사하다. 인간은 세 종류의 추상체를 가지는데, 그들은 근소하게 다른 아미노산 서열로 이루어진 단백질에 결합된 시스 레티날로 구성된 포돕신으로 이루어져 있다. 이러한 차이점은 색소에 의해 최대로 흡수될 수 있는 전자기 스펙트럼의 범위와 최대 흡수 파장에 따라 나타난다. 로돕신에서 시스 레티날의 최대 흡수 파장은 500 nm이다. 그에 비해 세 종류의 추상체의 포돕신의 최대 흡수 파장은 420 nm(청색), 530 nm(녹색) 그리고 560 nm(적색)이다. 포돕신의 빛 흡수에서 나타나는 이러한 차이점은 각 추상체의 다른 색 감지 능력 때문이다. 그래서 그들은 단순하게 청색, 녹색 그리고 적색 추상체로 언급되기도 한다.

눈의 안쪽 표면인 **망막**은 세 층의 세포들로 이루어져 있다. 안구의 바깥 표면에 가장 가까운 층은 간상체와 추상체로 이루어져 있으며, 다음 층은 양극세포로 이루어져 있다. 그리고 눈의 공동에 가장 가까운 층은 신경절세포(ganglion cells)로 이루어져 있다. 따라서 빛이 광수용체에 도달하기 위해서는 신경절세포와 양극세포를 통과해야만 한다.

시력

수용체, 양극세포 및 신경절세포 사이의 관계는 망막의 여러 부위에서 다르게 나타난다. **중심와**에서 각 추상체는 양극세포와

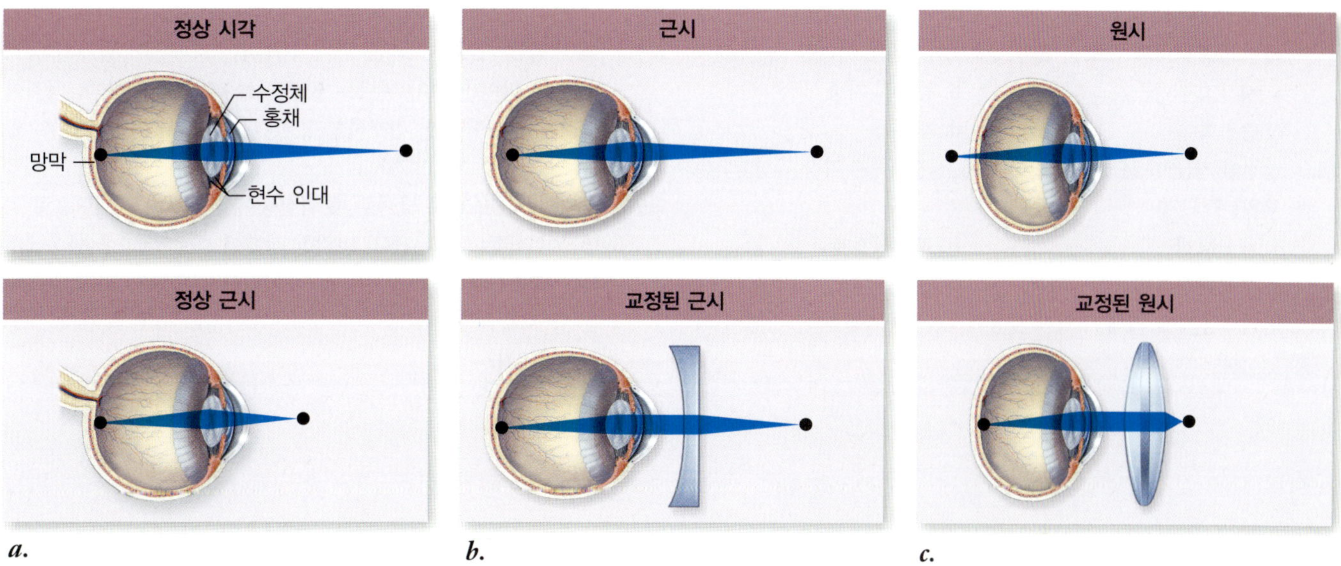

그림 18.17 사람 눈의 원근 조절.
a. 정상인의 경우 수정체의 굴절률을 통해 상은 근거리상과 원거리상이 모두 망막에 맺힌다. 정상인이 물체로부터 20피트 또는 그 이상 떨어져서 있을 때 수정체는 볼록해지고 상은 망막에 맺힌다. *b.* 근시인 경우 상은 망막의 앞쪽에 맺히고, 상이 흐릿하게 나타난다. *c.* 원시인 경우 수정체로부터 망막까지 거리가 너무 가깝기 때문에 상의 초점은 망막 뒤쪽에 맺힌다. 교정 렌즈는 빛의 각도를 조절해준다.

일대일의 관계를 만드는데, 각 양극세포는 한 개의 신경절세포와 연접되어 있다. 이러한 순서 관계는 중심와 시각의 높은 예민성을 초래한다.

중심와의 외부에서 많은 간상체는 단일 양극세포에 모여질 수 있다. 이러한 수렴성은 신경활성의 가중을 가능하게 하고, 시력과 색각을 이용해 중심와 외부의 망각 영역이 중심와보다 희미한 빛에 더욱 민감하게 한다. 이것이 밤에 희미한 별과 같은 물체들을 똑바로 보지 않을 때 더 잘 볼 수 있는 이유가 된다. 사람은 눈의 주변부를 탐지기로 사용하고, 중심와를 조사관으로 이용한다.

색맹(color blindness)은 유전적으로 하나 또는 그 이상의 추상체가 부족하여 생긴다. 정상적인 색각을 가지고 있는 사람들은 삼색형 색각자(trichromats)로 세 가지 추상체를 모두 가지고 있다. 두 가지의 추상체만을 가진 사람은 이색형 색각자이다. 예를 들어 **적녹색맹**을 가진 사람들은 적색 간상체가 부족하여 녹색으로부터 적색을 구별하기 어렵다. 한 가지 유형의 간상체 부족으로 나타나는 색맹은 반성 열성형질이며, 남성에게서 더 많이 나타난다. 적녹색맹은 간상체의 한 가지 유형에 대한 흡수 스펙트럼의 민감도 곡선이 이동되어 동일한 전자기파에 의해 자극되는 다른 간상체 유형이 나타나 적색과 녹색 사이의 구분이 불가능해져 나타나는 것이다.

Exercise

연 습 문 제

1. 휴지기 신경세포의 상태를 가장 적합하게 기술한 것은?
   a. 신경세포의 내부가 외부보다 더 음이온화되어 있다.
   b. 신경세포의 외부가 내부보다 더 음이온화되어 있다.
   c. 신경세포의 내부와 외부는 동일하게 이온화되어 있다.
   d. 칼륨이온은 휴지기에 신경세포 안으로 새어 들어간다.
2. 신경전도 억제물질은
   a. 신경절이후 세포막을 과분극시킨다.
   b. 신경절이전 세포막을 과분극시킨다.
   c. 신경절 이후 세포막을 탈분극시킨다.
   d. 신경절 이전 세포막을 탈분극시킨다.
3. 손가락에 날카로운 가시가 박혔을 때, 가시가 박힌 작은 부위에서 통증수용체가 신호를 내보낸다. 그러나, 이 부위는 신호를 반복적으로 빠르게 내보낸다(아프게 느껴진다!). 이러한 예는
   a. 시간적 가중　　b. 공간적 가중
   c. 습관화　　d. 재분극
4. 당신이 지금 이 문장을 읽고 있을 때, 신경계에서 가장 활성화되는 부위는?
   a. 체신경계　　b. 교감신경계
   c. 부교감신경계　　d. 정답 없음
5. 감각수용체에 의해 내외적 환경에 대한 정보를 받는 방법이 아닌 것은?
   a. 압력의 변화　　b. 빛과 열의 변화
   c. 분자적 농도의 변화　　d. 위 모두
6. 동화에서 잠자는 공주는 손가락에 따끔한 통증을 느낀 후 잠에 빠졌다. 어떤 종류의 수용체가 통증에 반응한 것일까?
   a. 기계적 감각수용체　　b. 열수용체
   c. 침해수용체　　d. 접촉수용체
7. 일부 곤충, 새, 파충류의 자외선을 볼 수 있는 능력은 ________.
   a. 그들 종에 의한 공통적인 식습관을 나타낸다.
   b. 추상체의 민감성에서 수렴진화의 예이다.
   c. 편형동물로부터 유래된 조상의 상태이다.
   d. 야간 활동을 위한 적응이다.
8. 당신의 친구가 카페인을 매우 좋아한다. 나중에 그 친구가 과거에 느꼈던 카페인 효과를 얻기 위해서는 카페인이 함유된 음료수를 더 많이 마셔야 된다는 불평을 늘어놓았다. 생물학 성적이 특출한 당신이라면, 짐작하고 있었던 결과라고 이야기할 수 있다. 그 이유는 무엇일까?
9. 혈액의 pH가 너무 낮아질 때 과산증이라 알려진 잠재력으로 치명적인 상황이 나타난다. 이러한 상황에 대한 다양한 반응에서 몸은 호흡률을 변화시킨다. 몸이 이러한 변화를 어떻게 감지하는가? 호흡률은 어떻게 변화시키는가? 이것은 pH를 어떻게 증가시키는가?

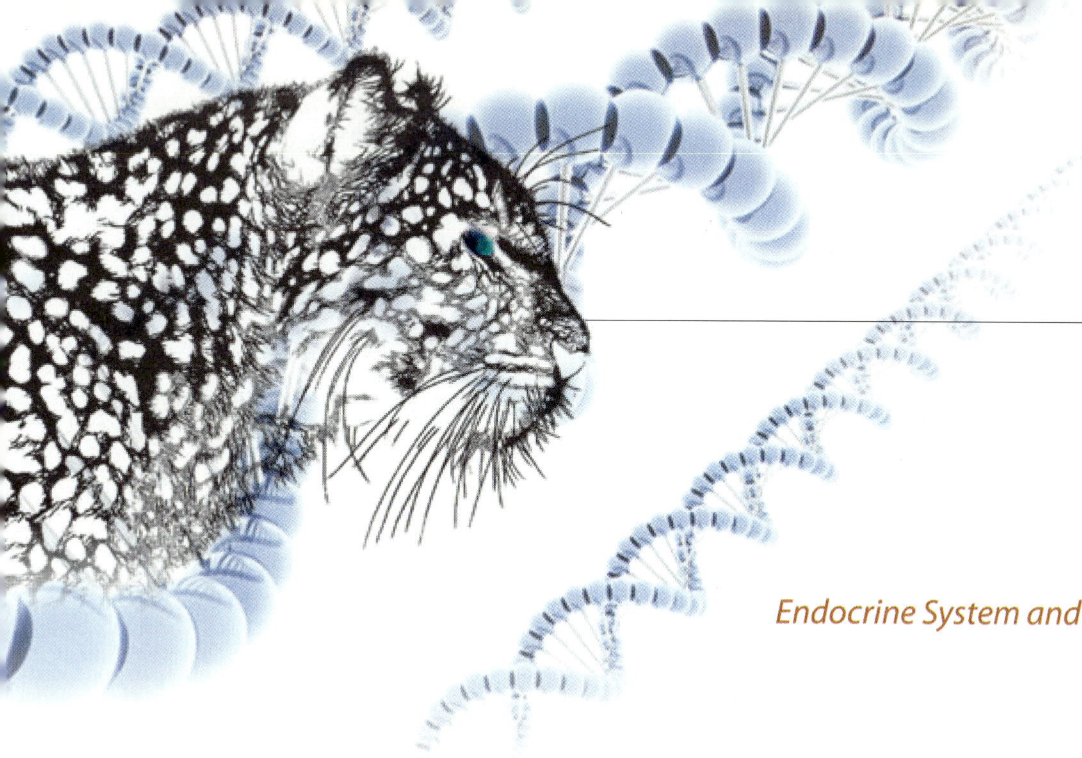

제 19 장
내분비와 근골격계

Endocrine System and Musculoskeletal System

1 내분비계

1.1 화학적 전령에 의한 인체 반응 조절

세포 신호전달에는 (1) 직접 접촉, (2) 시냅스 신호, (3) 내분비 신호, (4) 국소분비 신호의 네 가지 기작이 관여한다. 여기서는 먼저 신호전달 방법에 관여하는 세 가지 기작에 대해 알아본다.

신경의 축색돌기는 **신경전달물질**이라고 부르는 화학적 전령을 시냅스의 틈으로 분비한다. 이 화학물질들은 시냅스후막까지 짧은 거리만 분비되기 때문에 시냅스 전달은 일반적으로 신경전달물질을 받는 시냅스후막에만 영향을 끼친다.

그에 비해 **호르몬**(hormones)은 세포외액으로 분비되어 혈액을 통해 이동함으로써 먼 거리까지 역할을 수행할 수 있다. 호르몬을 분비할 수 있도록 특화된 기관은 **내분비선**이라고 부른다. 간, 신장과 같은 몇몇 기관들은 호르몬을 생산하면서 다른 기능들도 수행한다. 호르몬을 생산하는 기관들과 조직들을 통칭하여 **내분비계**(endocrine system)라고 부른다.

혈액은 인체 내 모든 세포로 호르몬을 운반하지만, 주어진 호르몬에 정확하게 부합하는 수용체를 가진 표적세포만이 그에 반응할 수 있다. 호르몬 수용체 단백질은 신경전달물질 수용체와 유사한 방식으로 기능한다. 수용체 단백질은 호르몬에 특이적으로 결합하고 호르몬에 대한 반응을 생성하는 신호전달기전을 활성화시킨다. 호르몬과 그들의 수용체 간의 특이적인 상호작용은 호르몬이 낮은 농도에도 활성화될 수 있도록 해준다. 10~8에서 10~10 M 사이의 농도로 혈액을 순환하는

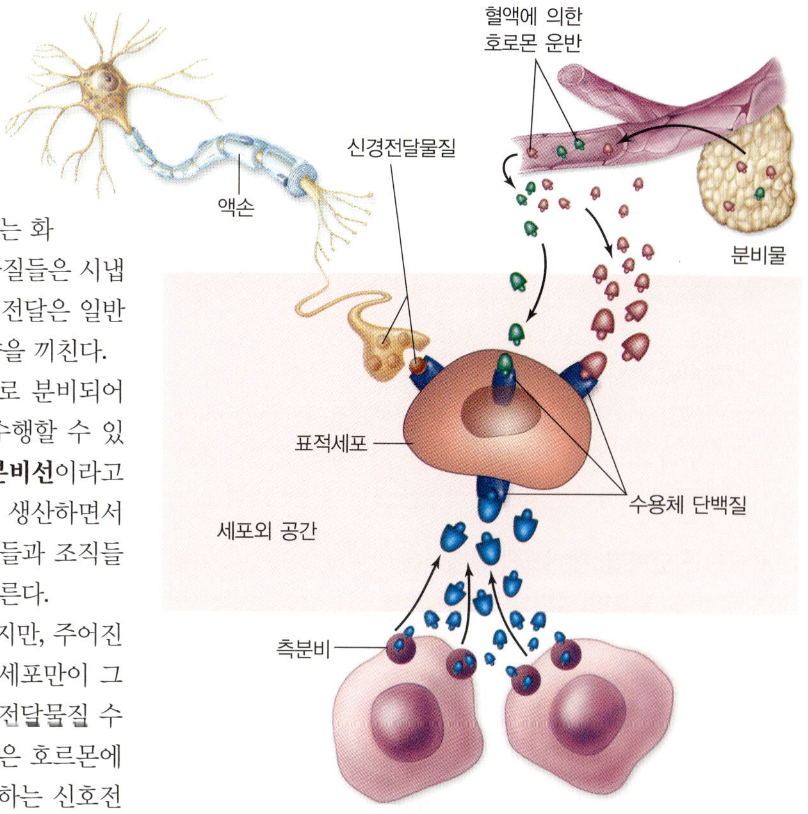

그림 19.1 화학적 전령의 여러 가지 유형.
기관들의 기능은 신경, 국소 분비, 내분비 조절인자의 영향을 받는다. 화학적 조절자의 각 유형은 표적기관의 세포 표면이나 세포내의 특이적인 수용체 단백질에 결합한다.

호르몬을 찾는 것은 어렵지 않다. 신경전달물질과 호르몬처럼 분비되는 화학적 전령과 함께 어떤 분자들은 국소적인 조절자로 기관 내 근접세포에 분비되고 역할을 한다. 이러한 화학물질들을 측분비 조절자라고 부른다. 그들은 내분비 호르몬과 유사한 방식으로 작동하지만, 그들의 표적에 도달하기까지 혈액을 통해 이동하지 않으며, 그 결과 기관 내 세포가 다른 세포를 조절하게 된다.

세포는 자기 자신의 행동이나 **자가분비**(autocrine) 신호전달에 영향을 미치는 신호전달분자를 분비할 수도 있다. 이는 면역계에서 매우 흔하게 나타나며, 성장인자를 분비하여 자신의 성장을 자극하는 암세포에서도 발견된다.

화학적 전달은 생물체 내의 세포에만 국한되지 않는다. **페로몬**(pheromone)은 환경 내로 분비되어 종 내 개체 사이에 전달되는 화학물질이다. 이들은 동물 간의 소통을 돕고, 행동이나 전달자의 생리를 변화시킬 수 있지만, 한 동물의 정상적인 대사조절에는 관여하지 않는다.

그림 19.1은 내부 조절에 이용되는 화학적 전령의 다양한 유형을 비교해 보여준다.

내분비선에 의한 세 가지 유형의 호르몬 생성

내분비계(**그림 19.2**)는 갑상선, 뇌하수체, 부신 등과 같은 호르몬을 분비하는 모든 기관을 포함한다. 이러한 기관들 내 세포들은 세포외 체액으로 호르몬을 분비하고 이를 모세혈관과 주변으로 확산시키는데, 이러한 이유로 호르몬을 내분비라고 부르는 것이다. 그에 비해 몇몇 분비선의 세포들은 인체 밖의 관이나 장으로 생성물을 배출한다. 예를 들어 췌장은 가수분해 효소를 소장의 내강으로 방출하는데, 이러한 분비선을 **외분비선**이라고 부른다.

호르몬으로 기능하는 분자들은 두 가지 기본적인 특징을 나타내야 한다. 먼저 표적까지 조절 정보를 전달하기 위해 구조가 복잡하다. 이산화탄소나 Ca^{2+} 같은 이온 등의 간단한 분자는 호르몬으로 기능하지 않는다. 두 번째로는 표적세포에 도달하기까지 파괴되지 않기 위해 충분한 안정성을 가져야 한다. 세 가지 부류의 화학적 분자들은 이러한 요구에 충족된다.

1. **펩티드와 단백질:** 펩티드와 단백질은 아미노산 사슬로 이루어져 있다. 중요한 펩티드 호르몬의 예로는 항이뇨 호르몬, 인슐린, 성장호르몬 등을 들 수 있다. 이 호르몬들은 DNA에 암호화되어 다른 펩티드 분자들의 전사와 번역 기작과 마찬가지 방식으로 생성된다.
2. **아미노산 유도체:** 아미노산 유도체는 특정 아미노산의 효소적 변형에 의해 만들어진 호르몬이다. 이 그룹은 생체 아민을 포함하며, 부신수질, 갑상선, 송과선에서 분비되는 호르몬이 이에 해당한다. 부신수질에서 분비된 호르몬은 티로신(tyrosine)에서 유래된다. 카테콜아민으로 알려진 것들로는 에피네프린과 노르에피네프린이 포함된다. 티로신에서 유래된 다른 호르몬으로는 갑상선에서 분비되는 갑상선 호르몬이 있다. **송과선**은 트립토판에서 유래된 멜라토닌이라는 다른 아민계 호르몬을 분비한다.
3. **스테로이드:** 스테로이드는 콜레스테롤의 효소적 변형에 의해 만들어진 지질이다. 여기에는 테스토스테론, 에스트라디올, 프로게스테론, 알도스테론, 코르티졸 등이 포함된다. 스테로이드 호르몬은 정소, 난소, 태반, 부신피질에서 분비되는 성스테로이드와 부신피질에서만 분비되는 코르티코스테로이드로 세분된다.

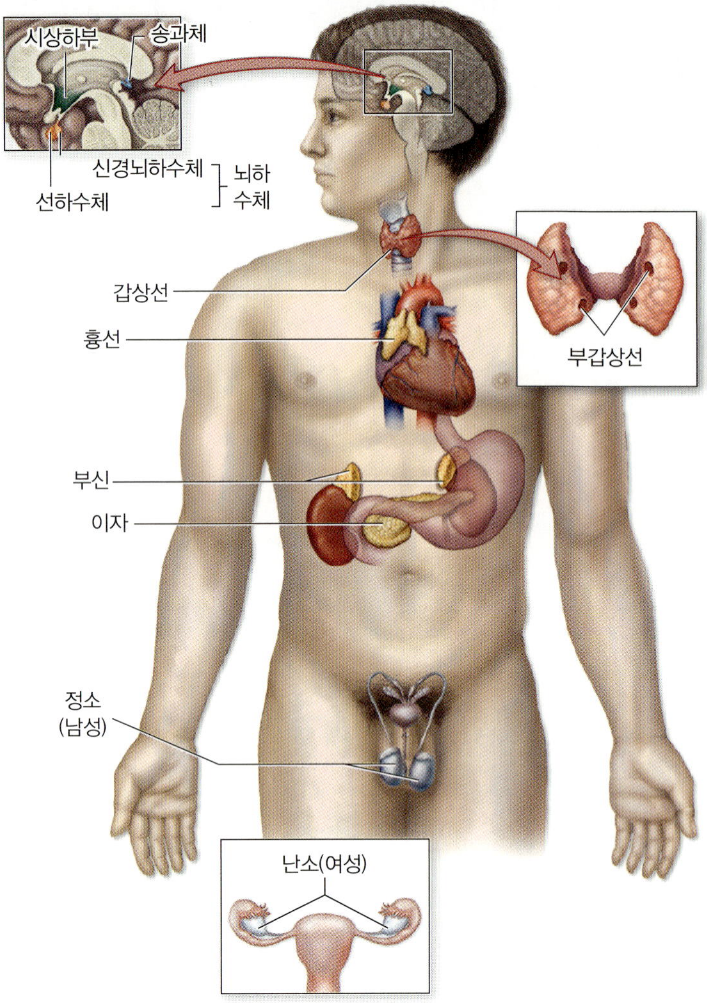

그림 19.2 사람의 내분비계.
주요 내분비선을 보여준다. 많은 기관들이 그들의 일차적 기능과 함께 호르몬을 분비한다.

지용성 호르몬과 수용성 호르몬

호르몬이 표적세포까지 수송되고 결합하는 방식은 그들의 화학적 요소에 따라 다르다. 호르몬은 지질에 용해되는 **지용성**(liphophilic)과 물에 용해되는 **수용성**(hydrophilic)으로 구분된다. 지용성 호르몬에는 스테로이드 호르몬과 갑상선 호르몬이 있으며, 대부분의 다른 호르몬은 수용성이다.

이러한 구분은 호르몬이 어떻게 표적세포를 조절하는지를 이해하는 데 중요하다. 수용성 호르몬은 혈액에 자유로이 녹을 수 있지만, 표적세포의 막을 통과할 수는 없기 때문에 그들은 세포막 바깥의 수용체들을 활성화시켜야 한다. 그에 비해 지용성 호르몬은 수송 단백질에 붙어 혈액을 돌아다니는데, 그들이 지닌 지용성은 세포막을 통과해 세포내 수용체에 결합할 수 있게 해준다.

두 가지 유형의 호르몬 모두 사용되고 나면 보통 파괴되거나 불활성화되어 담즙이나 소변으로 배출된다. 수용성 호르몬이 지용성 호르몬보다 더 빨리 불활성화되는 데, 지용성 호르몬이 대체적으로 며칠이나 몇 주 동안 활성화되는 데 비해 수용성 호르몬은 상대적으로 짧은 시간(분~시간) 동안 작용하는 경향이 있다.

1.2 지용성 호르몬과 수용성 호르몬의 작용

앞에서 언급한 바와 같이 호르몬은 지용성과 수용성으로 구분된다. 여기에서는 서로 현저한 차이를 보이는 이들 두 가지 광범위한 범주의 수용체와 작용에 대해 알아본다.

세포내 수용체를 활성화시켜주는 지용성 호르몬

지용성 호르몬은 모든 **스테로이드**(steroid) 호르몬과 티로이드 호르몬을 포함하며, 레티노이드나 비타민 A와 같은 다른 지용성 조절분자들을 포함한다. 지용성 호르몬은 원형질 막의 지질 부분이 장벽이 되지 않기 때문에 세포내로 들어갈 수 있다. 한 번 세포내로 들어가면 지용성 조절 분자들은 모두 거의 비슷한 활성 기작을 지니게 된다.

이 호르몬들은 혈액 내에서 그들을 녹기 쉽게 하고 잔존 시간을 늘려주는 **수송 단백질**에 결합하여 순환한다. 호르몬들이 그들의 수용세포에 도달하면, 그들은 수송 단백질로부터 분리되어 세포의 원형질막을 통과하여 세포내로 들어가 세포내 수용체 단백질과 결합한다.

어떤 스테로이드 호르몬은 세포질에서 그들의 수용체와 결합하고, 호르몬–수용체 복합체 상태로 핵으로 들어간다. 다른 스테로이드와 티로이드 호르몬은 그들의 수용체 호르몬과 만나기 전에 핵으로 바로 들어간다. 이들은 수용체를 핵 내에서 찾거나 수용체와 함께 세포질에서 핵으로 이동해 들어오게 되며, 그 이후의 과정은 유사하다.

단백질을 생산하고, 이것은 난소로 이동하여 계란의 노른자를 형성한다. 그에 비해 사람의 뇌하수체에 티로이드 호르몬이 수용체에 결합하면 타이로트로핀 유전자의 발현을 억제하는 음성 피드백의 메커니즘이 일어난다.

표적세포 막의 수용체를 활성화시키는 수용성 호르몬

너무 크거나 극성을 가져 표적세포의 원형질 막을 통과할 수 없는 호르몬은 모든 종류의 펩티드, 단백질, 당단백질 호르몬 그리고 카데콜아민 호르몬을 포함한다. 이 호르몬들은 원형질 막의 외부 표면에 위치한 수용체 단백질에 결합한다. 이러한 결합은 신호전달 과정을 시작하여 세포내로의 호르몬 반응을 활성화시킨다. 세포 반응은 거의 대부분 단백질 인산화효소라고 부르는 세포내의 강력한 효소의 수용체–의존적 활성화를 통해 이루어진다. 단백질 인산화효소는 인산화에 의해 세포내 단백질을 활성화 또는 비활성화시키는 주요 조절 효소이다. 단백질 인산화효소의 조절에 의해 수용성 호르몬 수용체는 광범위한 세포내 기능에 강력한 영향을 미칠 수 있다.

인슐린(insulin) 같은 호르몬들의 수용체는 스스로 인산화효소의 기능을 하고, 이것은 세포 활성을 변화시키는 세포내 단백질을 직접 인산화시킨다. 인슐린의 경우 이런 활성화는 포도당을 세포내로 이동시키는 포도당 수송 단백질을 원형질 막에 위치하게 한다. 성장호르몬과 같은 다른 펩티드 호르몬도 비슷한 기작을 통해 작용하지만 수용체는 인산화효소의 기능을 하지 않는다. 대신에 호르몬이 수용체에 결합하면 세포내부 인산화효소를 모으고, 활성화시켜 세포 반응이 시작된다.

수용성 호르몬 효과의 지속

친수성 호르몬의 수용체 결합은 가역적이고 일반적으로 매우 짧게 일어난다. 호르몬은 수용체로부터 바로 분리되거나 표적세포에 결합한 다음 빠르게 비활성화된다. 그에 부가하여 표적세포들은 2차 전달자와 단백질 인산화효소를 빠르게 비활성화시키는 특수한 효소들을 포함하고 있다. 결과적으로 수용성 호르몬들은 세포내에서 즉각적인 자극을 줄 수 있지만 그 활성의 지속 시간은 짧다.

1.3 뇌하수체와 시상하부

뇌하수체(pituitary gland)는 후뇌부의 아래쪽에 위치한 시상하부에 자루에 의해 달려 있다. **시상하부**는 인체 작용의 조절에서 중요한 역할을 수행하는 **중추신경계**(CNS)의 일부이다.

현미경으로 관찰을 통해 내분비선이 두 부분으로 나누어져 있음을 알 수 있다. 그중 하나는 선상인 **뇌하수체 전엽**이며, 다른 부분은 섬유상 **뇌하수체 후엽**이다. 뇌하수체의 두 부분은 다른 배발생에 기원하며, 다른 호르몬을 분비하고, 다른 조절계에 의해 조절된다. 모든 척추동물에 두 영역이 보존되어 있다는 것은 각각의 기능이 오래되고 중요함을 의미한다.

뇌하수체 후엽 호르몬

뇌하수체 후엽은 시상하부 안의 세포체에서 뻗어 나오는 섬유상 관으로 뇌하수체의 줄기를 따라 신장되어 있는 축색을 포함하기 때문에 섬유 모양을 나타낸다. 이러한 해부학적인 관계는 뇌하수체 후엽이 배 발달에서 형성된 결과로 나타나는 것이다. 시상하부를 형성하는 제3뇌실의 바닥은 뇌하수체 후엽을 생성하기 위해 아래쪽으로 자라며, 시상하부와 뇌하수체 후엽은 축색 관에 의해 직접 연결되어 있다.

항이뇨 호르몬

뇌하수체 후엽의 내분비 역할은 주목할 만한 의학적 사건이 보고된 1912년에 처음으로 밝혀졌다. 머리에 총을 맞은 남자가 하루 24시간 동안 대략 30분마다 소변을 누었는데, 총알은 그의 뇌하수체 후엽 안에 박혀 있었다. 연속적인 연구를 통해 뇌하수체의 이 부분을 제거할 경우 동일한 증상이 나타남이 증명되었다.

1950년대 초반에 연구자가 뇌하수체 후엽에서 **항이뇨 호르몬(ADH)** 펩티드를 분리하였다. 항이뇨 호르몬은 신장에 의한 물의 재흡수를 자극함으로써 이뇨를 억제해준다. ADH가 소실되면 저격당한 희생자처럼 신장은 많은 물을 재흡수하지 못하여 과도한 양의 오줌이 생성된다. 알코올은 항이뇨 호르몬을 억제하기 때문에 알코올의 섭취는 소변을 자주 보게 된다. 신장 기능에서 항이뇨 호르몬의 역할은 제9절에 다루어져 있다.

옥시토신

뇌하수체 후엽은 항이뇨 호르몬과 같은 두 번째 신경호르몬으로 9개의 아미노산으로 구성된 **옥시토신**(oxytocin)을 분비한다. 포유동물에서 옥시토신은 젖 분비 반사를 자극한다. 젖을 빠는 동안 젖꼭지에 있는 감각 수용체는 시상하부로 자극을 보내고, 옥시토신의 방출을 자극한다. 옥시토신은 분만 동안 여성의 자궁 수축의 자극에도 필요하다.

옥시토신 분비는 분만 후에도 젖을 먹이는 여성에서 지속적으로 일어난다. 그 결과 젖을 먹이는 엄마의 자궁은 젖을 먹이지 않은 엄마의 자궁보다 더 빨리 수축되면서 정상적인 크기로 되돌아간다.

뇌하수체 후엽 신경 호르몬과 관련된 아르기닌 바소토신은 포유동물이 아닌 종에서 유사한 효과를 나타낸다. 예를 들면 닭과 바다거북에서 아르기닌 바소토신은 알을 낳는 동안 수란관 수축을 활성화시킨다.

뇌하수체 전엽에서 생성되는 일곱 가지 호르몬들

뇌하수체 후엽과는 달리 **뇌하수체 전엽**은 뇌의 성장으로부터 발달하지 않는다. 대신에 배아의 입 천장에 풀어져 있는 상피조직 주머니로부터 발달한다. 뇌하수체 전엽은 뇌와의 근접성에도 불구하고 신경계의 일부가 아니다.

뇌하수체 전엽이 상피조직으로부터 형성되었기 때문에 뇌하수체 전엽은 독립적인 내분비선이다. 뇌하수체 전엽은 최소 7개의 필수적인 호르몬을 생성하며, 이 호르몬들은 대부분 표적기관의 성장을 자극할 뿐만 아니라 추가적인 내분비선으로부터 다른 호르몬의 생성과 분비에 관여한다. 따라서 뇌하수체 전엽의 여러 호르몬은 총체적으로 자극호르몬(tropic hormone) 또는 트로핀(tropin)이라고 부른다. 자극호르몬은 표적 선(gland)에 의해 생성되는 호르몬의 분비를 자극하기 위해 다른 내분비선에 작용한다.

그러한 호르몬들은 뇌하수체 전엽에서 다른 세포 유형에 의해 생성되고 분비되는 호르몬들은 3가지 구조적 집단으로 구분되는데, 그들은 펩티드 호르몬(ACTH와 MSH), 단백질 호르몬(GH와 PRL) 및 당단백질(TSH, LH 그리고 FSH) 호르몬이다.

1. **부신피질 자극호르몬(ACTH):** 이 호르몬은 부신피질을 자극하여 사람에서의 코르티졸(cortisol)과 다른 척추동물의 코티코스테론(corticosterone)을 포함하는 코티코스테로이드 호르몬을 생성한다. 이 호르몬들은 포도당의 항상성을 조절해주며, 스트레스에 대한 반응에 중요하게 기능한다.
2. **멜라닌세포 자극호르몬(MSH):** 이 호르몬은 멜라닌 색소의 합성과 확산을 자극해준다. 멜라닌 색소는 일부 어류, 양서류 및 파충류의 어두운 표피 색깔과 포유류에서 머리카락의 색을 조절해준다.
3. **성장호르몬**(Growth hormone, **GH**)**:** 이 호르몬은 근육, 뼈 및 다른 조직의 성장을 자극하며, 적절한 대사 조절을 위해 필수적이다.
4. **프롤락틴**(Prolactin, **PRL**)**:** 이 호르몬은 포유동물에서 젖을 생성하기 위해 유선(mammary gland)을 자극하는 것으로 가장 잘 알려져 있다. 또한 이 호르몬은 상피세포를 가로지르는 이온과 물의 수송 조절, 아기를 키우는 데 필요한 여러 기관의 자극 및 부모의 양육 행동 활성화를 포함한 많은 다른 표적기관에 다양한 효과를 가지고 있다.
5. **갑상선 자극호르몬(TSH):** 이 호르몬은 티록신 호르몬을 생성하기 위해 갑상선을 자극한 다음, 핵용체에 작용함으로써 발달과 대사 작용을 조절한다.
6. **황체형성호르몬(LH):** 이 호르몬은 난소에 의한 에스트로겐과 프로게스테론의 생성을 자극하며, 여성의 생식주기에서 배란을 위해 필요하다. 남성에서는 테스토스테론을 생성하기 위해 정소를 자극하고, 정자의 생성과 남성의 2차 성징의 발달을 위해 필요하다.
7. **여포자극호르몬(FSH):** 이 호르몬은 여성에서 여포의 발달을 위해 필요하며, 남성에서는 정자의 발달을 위해 필요하다. FSH는 여성에서는 테스토스테론을 에스트로겐으로, 남성에서는 테스토스테론을 디히드록시테스토스테론으로

의 전환을 자극한다. FSH와 LH는 총체적으로 **성선자극 호르몬**(gonadotropin)으로 언급된다.

뇌하수체 전엽을 조절하는 시상하부 신경호르몬

뇌하수체 후엽과 달리 뇌하수체 전엽은 뇌로부터 유래되지 않으며 시상하부로부터 축색 관을 받지도 않는다. 그럼에도 불구하고 시상하부는 뇌하수체 전엽 호르몬의 생성 및 분비를 조절한다. 이러한 조절은 신경 축색을 수단으로 사용하는 것보다는 자체적으로 호르몬이 분비되게 하는 것이다.

시상하부 안의 신경세포는 두 가지 유형의 신경호르몬인 **방출호르몬**(releasing hormones)과 **억제호르몬**(inhibiting hormones)을 분비하며, 이 호르몬들은 시상하부의 바닥에 있는 모세혈관으로 확산된다. 이러한 모세혈관은 뇌하수체 후엽에서 두 번째 모세혈관을 통해 뇌하수체의 줄기 내로 이어져 있는 세정맥으로 흘러나간다. 이러한 혈관계는 시상하부–뇌하수체 문맥계로 알려져 있다. 문맥계에서 두 개의 모세혈관이 정맥에 의해 이어져 있는데, 호르몬은 첫 번째 모세관으로 들어가고, 정맥은 호르몬이 뇌하수체 후엽으로 나가고 들어오는 두 번째 모세관으로 이를 운반시킨다.

피드백에 의한 뇌하수체 전엽 호르몬 조절

시상하부 호르몬은 뇌하수체 전엽의 분비를 조절하고, 이어서 뇌하수체 전엽 호르몬은 다른 내분비선의 분비를 조절하기 때문에 시상하부는 몸 전체에 대한 호르몬 분비에 역할을 하는 것으로 여겨진다. 그러나 이것은 내분비 조절의 결정적인 양상을 무시하는 것으로 시상하부와 뇌하수체 전엽은 그들 스스로 그들이 분비하도록 자극하는 다양한 호르몬에 의해 부분적으로 조절된다. 대부분의 경우에 이러한 조절은 억제성이다. 이러한 유형의 조절계는 음성 피드백(negative feedback)이라고 부르며, 표적세포 호르몬을 상대적으로 일정한 수준을 유지하게 해준다.

음성 피드백(negative feedback) 기작의 중요성에 대해 살펴보기 위해 갑상선의 호르몬 조절에 대해 알아본다. 시상하부는 시상하부–뇌하수체 문맥계로 TRH를 분비하며, TSH 분비를 위해 뇌하수체 전엽을 자극한다. TSH는 티록신 분비를 위해 갑상선을 자극한다. 대사율에 대한 티록신과 다른 갑상선 호르몬의 영향은 뒤에서 다룬다.

티록신의 많은 표적기관들은 시상하부와 뇌하수체 전엽 자신들이다. 티록신은 그들이 분비하는 TRH와 TSH의 분비를 억제하기 위해서 작용하는데, 이러한 음성 피드백 억제는 티록신의 수준을 유지하는 항상성을 위해 필수적이다.

티록신은 요오드를 포함하고 있으며, 요오드가 없으면 갑상선은 티록신을 생성하지 못한다. 요오드의 자연적인 공급원인 해변에서 멀리 떨어져 요오드의 원천이 되는 물고기가 없는 중앙 초원과 같이 요오드가 부족한 지역에 사는 사람들은 티록신을 만들기 위한 요오드가 부족하다. 그래서 시상하부와 뇌하수체 전엽은 정상인보다 음성 피드백 억제가 덜 일어나게 되는데, 이러한 감소된 억제는 TRH와 TSH가 많이 분비되는 결과를 초래한다.

그림 19.3 갑상선종을 가진 여성.
이 상태는 음식에 요오드가 부족해서 발생된다. 그 결과 티록신 분비가 낮아지고, TSH의 음성 피드백 억제가 덜 일어난다. 증가된 TSH의 분비는 추가적인 티록신을 생성하기 위한 일환으로 갑상선을 더 크게 하도록 자극하다.

TSH의 양이 많아지면 더 많은 티록신을 만들기 위해 갑상선 세포의 확대를 자극한다. 요오드가 없기 때문에 갑상선이 점점 커지면서 갑상선종이 발생하게 된다(**그림 19.3**). 갑상선종의 크기는 음식물에서 요요드를 섭취함으로써 줄어들 수 있기 때문에 대부분의 나라에서는 갑상선종을 식탁용 소금에 요오드를 추가함으로써 막고 있다.

양성 피드백의 예: 배란

양성 피드백(positive feedback)은 항상성으로부터 일탈을 유발하기 하기 때문에 표적 선에 의한 시상하부와 뇌하수체 전엽의 조절에서 양성 피드백은 흔하게 나타나지 않는다. 양성 피드백은 동일한 방향으로 변화를 유도하는데, 그 실례로 난소로부터 성숙된 난자가 배출되는 배란의 조절을 들 수 있다.

난모세포가 성장할 때 주변의 **여포세포**는 스테로이드 호르몬인 에스트로겐의 생성을 증가시킴으로써 혈액에 에스트로겐의 양이 점점 많아진다. 에스트로겐의 수준이 최고에 이르면 난모세포가 배란을 하도록 시상하부에 신호를 보낸다. 에스트로겐은 시상하부와 뇌하수체에 양성 피드백을 나타냄으로써 뇌하수체 전엽으로부터 LH 파동이 일어난다. 이러한 LH 파동은 여포세포를 터지게 하여 수정이 일어나는 곳인 수란관으로 난모세포를 방출한다. 양성 피드백 주기는 난소 여포세포의 남은 조직이 황체로 되어 FSH와 LH의 분비를 억제하는 프로게스테론과 에스트로겐을 분비하기 때문에 끝나게 된다.

뇌하수체 전엽의 작용

20세기 초반에 실험적 기술들이 발달하여 뇌하수체 적출술에 의해 뇌하수체의 수술적 적출이 가능해졌다. 뇌하수체가 적출된 동물에서는 성장과 발달의 저하, 대사 작용 저하, 불임 등을 포함하는 많은 결함이 나타났다. 이러한 강력하고도 다양한 효과들은 뇌하수체가 주된 분비선이라는 것을 인식시켜 주었다. 이들 중 대부분은 직접적인 효과로, 뇌하수체 전엽 호르몬은 간, 근육 그리고 뼈와 같은 비내분비 표적기관의 수용체를 활성화시킨다. 그러나 뇌하수체 전엽에서 생성되는 자극호르몬은 갑상선, 부신, 생식선과 같은 다른 내분비선을 활성화시키는 능력을 통한 간접적인 효과도 가지고 있다. 7가지의 뇌하수체 전엽 호르몬 중에서 성장호르몬, 프롤락틴, MSH는 직접적인 효과를 통해 작용하는 데 비해, ACTH, TSH, LH, FSH와 같은 자극호르몬은 그들의 배타적 표적기관으로의 내분비선을 가지고 있다.

뇌하수체 전엽의 중요성은 몸 전체나 일부가 과도하게 성장하는 특성을 지닌 **거인증**으로 설명할 수 있다. 키가 가장 큰 사람으로 기록된 와들로(Robert Wadlow)는 거인증을 보였다(**그림 19.4**). 1928년에 태어난 그는 키가 약 3 m이고, 몸무게는 약 220 kg였으며, 22세에 감염으로 죽기 전까지 계속 성장했다. 거인증은 성장기 어린이에서 과도한 GH의 분비에 의해 일어나는 것으로 알려져 있으며, 반대로 GH의 분비 결핍은 정상적인 신장에 도달하지 못하는 **뇌하수체 왜소증**을 나타낸다.

그림 19.4 거인증.
일리노이주 알톤의 와들로(Robert Wadlow). 21회 생일에 아버지와 어머니, 4명의 형제 자매와 집에서 찍은 사진이다. 정상으로 태어난 그는 어릴 때 성장호르몬 분비 뇌하수체 암에 걸려 22년 동안 자라는 것이 멈추지 않아서 그의 키는 2m 98cm에 달했다.

GH는 단백질 합성과 근육 및 결합조직의 성장을 자극하며, 연골 말단 성장판에서 세포분열을 자극함으로써 뼈의 신장을 간접적으로 촉진시켜준다. 연구자들은 이러한 자극이 혈장 없이 일어날 수 없음을 확인하였으며, 이러한 사실은 GH가 뼈에서 그 효과를 발휘하기 위해서는 다른 호르몬과 공동으로 작용해야 함을 의미한다. GH는 **인슐린 유사 성장호르몬**의 생성을 자극하는데, 이 호르몬은 GH의 자극에 반응하여 간과 뼈에서 생성된다. 또한 뼈의 말단판에서 세포분열을 자극하고 뼈를 신장시켜준다.

GH는 청소년 성장에서 가장 극적인 효과를 나타내지만, 성인에서도 단백질, 지방, 탄수화물 대사를 조절하는 기능을 한다. 최근에 식사하는 동안 위에서 생성되는 그렐린이라고 부르는 펩티드 호르몬이 GH의 강력한 자극제로 동정됨으로써 음식 섭취와 GH 생성 간의 중요한 연관성이 확인되었다.

1.4 갑상선 호르몬

뇌하수체에서 많은 주요 호르몬들이 만들어지지만, 내분비선은 다른 곳에도 많이 분포한다. 어떤 것은 뇌하수체의 자극호르몬에 의해 조절되지만, 부신수질과 췌장과 같은 기관들은 뇌하수체와 관계없이 독립적으로 조절된다. 일부 내분비선들은 소화관의 제일 앞 분절인 원시 인두로부터 유래하여 발달하였다. 갑상선과 부갑상선을 포함한 내분비선은 탄수화물, 지방, 단백질 및 미네랄 대사와 같은 음식물 섭취와 관련된 과정을 조절하는 호르몬을 생성한다.

갑상선은 척추동물 종들에서 형태적으로 다르게 나타나지만, 항상 목 근처 심장 앞쪽에서 발견된다. 사람의 경우 나비넥타이와 같은 모양으로, 목 앞쪽 후두융기 아래에 존재한다.

갑상선은 세 가지 호르몬을 분비하는데, 그들은 1차적으로 티록신, 더 적은 양의 트리요오드티로닌(통합해서 갑상선 호르몬이라고 부름) 그리고 칼시토닌이다. 앞에서 살펴본 것처럼, 갑상선 호르몬은 몸에서 유일하게 요요드를 포함하고 있는 분자로 티록신은 4개의 요오드 원자를 포함하고, 트리요오드티로닌은 3개의 요오드를 포함하고 있다.

갑상선 호르몬은 몸의 대부분의 세포에 존재하며 많은 세포내 단백질의 생성과 활성에 영향을 주는 핵 수용체에 결합함으로써 작용한다. 갑상선 호르몬의 중요성은 사람의 갑상선 질환에 대한 연구에서 명백하게 나타났다. **갑상선기능 저하증**

을 가진 사람은 티록신의 생산부족으로 인해 탄수화물과 지방을 이용한 능력이 감소하여 낮은 대사 작용을 한다. 그 결과 그들은 종종 피로를 느끼고, 과체중에 추위를 탄다. 갑상선기능 저하증은 성장과 뇌 발달 및 생식적 숙성에 영향을 주기 때문에 아기와 아이들에 특히 관련되어 있다. 다행스럽게도 갑상선 호르몬은 작고 단순한 분자이기 때문에 갑상선기능 저하증을 가진 사람들은 알약을 통해 티록신을 섭취할 수 있다.

그에 비해 **갑상선기능 항진증**을 가진 사람들은 티록신의 과다 생성으로 인한 몸무게 저하, 신경과민, 높은 대사 및 흥분 등의 반대의 증상을 나타낸다. 약으로 갑상선에서 갑상선 호르몬 합성을 막는 것이 가능하지만, 어떤 경우에는 갑상선의 일부를 수술이나 방사선 치료로 제거해야만 한다.

갑상선 호르몬은 대부분의 세포에서 탄수화물과 지방 대사에 관여하는 효소를 조절하며, 몸의 기초대사율을 유지하기 위해 이들을 연료로 사용하도록 촉진한다. 갑상선 호르몬은 종종 다른 호르몬과 공동 작용하거나 공동 상승작용을 하여 성장호르몬, 에피네프린 및 생식 스테로이드의 활성을 촉진시켜준다. 이러한 작용을 통하여 갑상선 호르몬은 대사적으로 요구되는 활성을 충족시키는 데 세포에너지가 적절하게 사용될 수 있도록 해준다.

상대적으로 높은 대사율을 나타내는 사람의 경우 갑상선 호르몬이 혈액에서 항상 높은 수준을 유지한다. 활동에서 계절 주기를 겪는 파충류, 양서류 및 어류에서는 혈액의 갑상선 호르몬수준이 성장, 생식 발달, 이주 및 번식과 같은 대사 활성 기간 동안에 증가하고, 추운 시절의 비활성 기간에는 감소한다.

갑상선 호르몬의 가장 극적인 효과는 성장과 발달의 조절에서 관찰된다. 그 실례로 발달중인 사람에서 갑상선 호르몬은 신경세포의 성장을 촉진하고, 중추신경계의 성숙을 자극한다. 갑상선기능 저하증을 가지고 태어난 아이들은 성장이 부진해지며, 크레틴병이라는 심각한 정신 장애를 겪는다. 이러한 질병은 초기에 갑상선 호르몬 수준을 측정하여 필요 시에 갑상선 호르몬을 처방하여 치료가 가능하다.

발생 과정에서 갑상선 호르몬의 중요성은 양서류에서 밝혀졌다. 갑상선 호르몬은 수중에 살며 초식성인 올챙이가 육지에 살며 육식성인 개구리로의 변환되는 과정인 올챙이에서 개구리로의 **변태**에 작용한다. 올챙이로부터 갑상선 호르몬이 제거되면 개구리로 변하지 못한다. 반대로 미성숙한 올챙이에게 갑상선 호르몬의 일부를 먹이면 빠른 시기에 변태를 겪으면서 작은 개구리로 된다. 이것은 갑상선 호르몬의 강력한 작용에 의해 다양한 유전자의 발현이 조절됨으로써 유도될 수 있음을 보여준다.

1.5 부신 호르몬

부신수질(adrenal medulla)은 자율신경계의 교감 신경절의 축색돌기로부터 받은 신경 신호에 대한 반응으로 카테콜아민 에피네프린과 노르에피네프린을 분비한다. 이들 호르몬의 역할은 교감 신경절에 의해 유도된 반응과 비슷한 "경고" 반응을 유발시켜 인체가 극단적인 작용에 대비하도록 돕는다. 이 호르몬의 효과에는 심장박동수의 증가, 혈압 상승, 기관지 확장, 혈당 상승, 피부와 소화기로 가는 혈류량 감소, 심장과 근육의 혈류량 증가 등이 있다. 분비된 에피네프린의 역할은 호르몬처럼 교감 신경계에 의해 분비된 신경전달물질을 보충해주는 것이다.

부신피질(adrenal cortex)로부터 유래된 호르몬은 모두 스테로이드이며 총괄적으로 코르티코스테로이드라고 부른다. 부신피질에 의해 분비되는 코르티졸과 관련된 스테로이드들은 인체 내의 다양한 세포에서 포도당의 항상성을 유지시켜준다. 포유류에서 이 호르몬들은 글루코코르티코이드라고 부르며, 뇌하수체 전엽의 ACTH에 의해 우선적으로 분비가 조절된다.

글루코코르티코이드는 근육 단백질을 아미노산으로 분해시켜 혈액을 통해 간으로 이동하게 한다. 이들은 간을 자극하여 아미노산을 포도당으로 변환시키는 글루코스 생성에 필요한 효소들을 생성하게 한다. 단백질로부터의 포도당 합성은 매우 긴 시간의 단식 또는 운동에 의해 혈당 수치가 매우 위험한 정도까지 내려갔을 때 특히 중요하다.

반면에 글루코코르티코이드는 하루의 포도당과 단백질의 조절에 중요하며, 이들은 부신수질 호르몬과 비슷하게 스트레스에 대한 반응으로 다량 분비된다. 스트레스를 받는 동안 이들은 단백질과 지방 합성 대신 포도당의 생성을 활성화한다.

1.6 췌장 호르몬

췌장(이자)은 위와 인접해 위치하고, 췌장 관에 의해 소장의 십이지장과 연결되어 있다. 췌장은 중탄산이온을 분비하고 췌장관을 통해 소장으로 다양한 소화 효소를 분비한다. 췌장은 오랫동안 유일한 외분비선으로 여겨졌었다.

1869년 독일 의과대학 학생 랑게르한스(Langerhans)는 췌장에 흩어져 있는 몇몇 특이한 세포 다발을 발견하였는데, 그 다발은 그의 이름을 따서 **랑게르한스섬**(췌도; island of Langerhans)이라 명명되었으며, 지금은 이자 섬으로 더 잘 알려져 있다. 그 후 연구자들은 외과적으로 췌장이 제거되면 소변에서 당이 발견되는 것을 관찰하였다. 이는 **당뇨병**(diabetes mellitus)이라는 질병을 검증하는 데 이용되었으며, 결국 췌장 특히 랑게르한스섬에서 생성되는 호르몬이 당뇨병을 막아주는 것을 발견하게 되었다.

그 호르몬인 **인슐린**은 랑게르한스섬의 베타세포(β-cell)에서 분비된다. 인슐린은 1922년에 밴팅(Banting)과 베스트(Best)에 의해 성공적으로 분리되었다. 1922년 1월 11일 그들

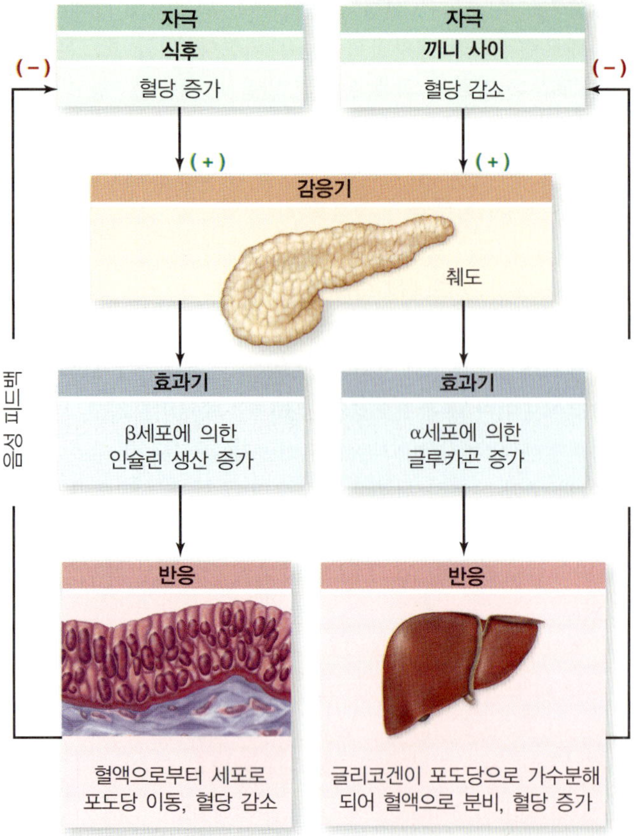

그림 19.5 혈당에 대한 인슐린과 글루카곤의 길항적 작용.
인슐린은 식사 후 혈당을 골격근, 지방세포, 간의 세포에 제공한다. 식사 끼니 사이에는 글루카곤이 간의 글리코겐의 가수분해를 촉진하여 간에서 당이 혈액으로 분비될 수 있게 한다. 이러한 길항적 효과를 통해 혈당 농도의 항상성이 유지된다.

은 소의 이자에서 정제하여 순수 분리한 추출물을 체중이 65파운드(25 Kg)까지 감소하고, 생존 가능성이 없는 13세 당뇨병 소년에게 주사하였다. 한 번의 주사로 소년의 혈당 수치가 25% 감소하였다. 더 강한 추출물의 주사를 통해 소년의 혈당은 곧 정상에 가까운 수치로 떨어졌다. 이는 성공적인 인슐린 치료의 첫 번째 사례였다.

랑게르한스섬은 다른 호르몬도 생성하는데, 랑게르한스섬의 알파 세포(α-cell)는 인슐린과 길항적으로 작용하는 **글루카곤**을 분비한다(**그림 19.5**). 사람이 탄수화물을 섭취하면 혈당 농도가 증가한다. 혈당은 직접적으로 베타세포에 의한 인슐린 분비를 활성화시키고, 알파세포에 의한 글루카곤의 분비를 저해한다. 인슐린은 간, 근육, 지방세포로 당 공급을 촉진시켜주며, 간과 근육은 글리코겐 형태로 지방세포는 지방의 형태로 당을 저장한다. 식사 동안 혈당 농도가 떨어질 때 인슐린 분비는 감소하고 글루카곤 분비는 증가한다. 글루카곤은 간에 저장된 글리코겐과 지방조직의 지방의 가수분해를 촉진해주며, 그렇게 생성된 당과 지방산은 혈액으로 분비되고, 세포에 공급되어 에너지로 이용된다.

당뇨병의 치료

많은 호르몬들이 세포로의 당의 이동에 관여하지만, 인슐린이 혈액에서 세포로 당 이동을 촉진하는 유일한 호르몬이다. 이러한 이유로 인슐린 신호전달이 저해되면 심각한 결과가 초래될 수 있다. 인슐린을 분비하는 베타세포가 결핍된 유형 I(type I) 또는 인슐린–의존성 당뇨병을 가진 사람은 결과적으로 인슐린은 생성하지 못한다. 이러한 환자들의 치료를 위해서는 인슐린이 펩티드 호르몬이라 구강 섭취 시 분해될 수 있기 때문에 피하 주사를 해야만 한다.

과거에는 돼지나 소의 췌장에서 추출한 인슐린만 사용 가능했지만, 오늘날에는 인슐린–의존성 당뇨병을 지닌 사람은 유전적으로 설계된 박테리아에서 생성된 인간의 인슐린을 주입할 수 있다. 랑게르한스섬의 이식 가능성에 대한 활발한 연구가 이러한 환자들을 위한 치료를 지속시키는 약속으로 받아들여지고 있다.

대부분의 당뇨병 환자들은 유형 II (Type II) 또는 인슐린–비의존성 당뇨병을 가지고 있다. 그들은 보통 혈중 인슐린 수치가 정상이거나 심지어 정상보다 높은 수치를 가진다. 이러한 사람들은 인슐린 주입을 필요로 하지 않고 식이요법이나 운동을 통해 그들의 당뇨병을 조절할 수 있다. 북아메리카의 당뇨병 환자들 중 90% 이상이 유형 II 당뇨병이다. 전 세계적으로 최소 1억 17만 명이 당뇨병으로 고통받고 있고, 이 숫자는 점점 늘어나고 있다. 유형 II 당뇨병은 특히 선진국에서 흔하게 나타나고, 이는 유형 II 당뇨병과 비만 사이에 연관이 있음을 시사하고 있다.

1.7 성호르몬

다양한 척추동물과 무척추동물 몸에서 일어나는 과정들은 호르몬이나 다른 화학적 전달자들에 의해 조절된다.

척추동물에서 **난소**(ovary)와 **정소**(testis)는 에스트로겐, 프로게스테론 그리고 테스토스테론을 포함한 성 스테로이드 호르몬을 생성하는 중요한 내분비선이다. **에스트로겐**(estrogen)과 **프로게스테론**(progesterone)은 1차적인 여성 스테로이드이고, **테스토스테론**(testosterone)과 그의 유도물은 1차적인 남성 스테로이드 또는 안드로겐이다. 두 호르몬 타입은 두 성 모두에서 발견된다.

배 발생 동안 남성 배아에서 테스토스테론의 생성은 남성 생식기 발달에 중요하며, 포유동물에서 성 스테로이드는 사춘기에 2차 성징 발달에 필수적이다. 이러한 특징들은 여성에서는 유방, 체모 그리고 남성에서는 근육 양의 증가를 포함한다. 근육 양의 증가 효과 때문에 운동 선수들은 근육 양을 늘리기 위해 **안드로겐**(androgen)을 남용하기도 한다. 이러한 목적을 위한 스테로이드의 사용은 주요 스포츠 단체에 의해 규제되고 있으며, 이는 다른 많은 심각한 부작용뿐만 아니라 간 이상의

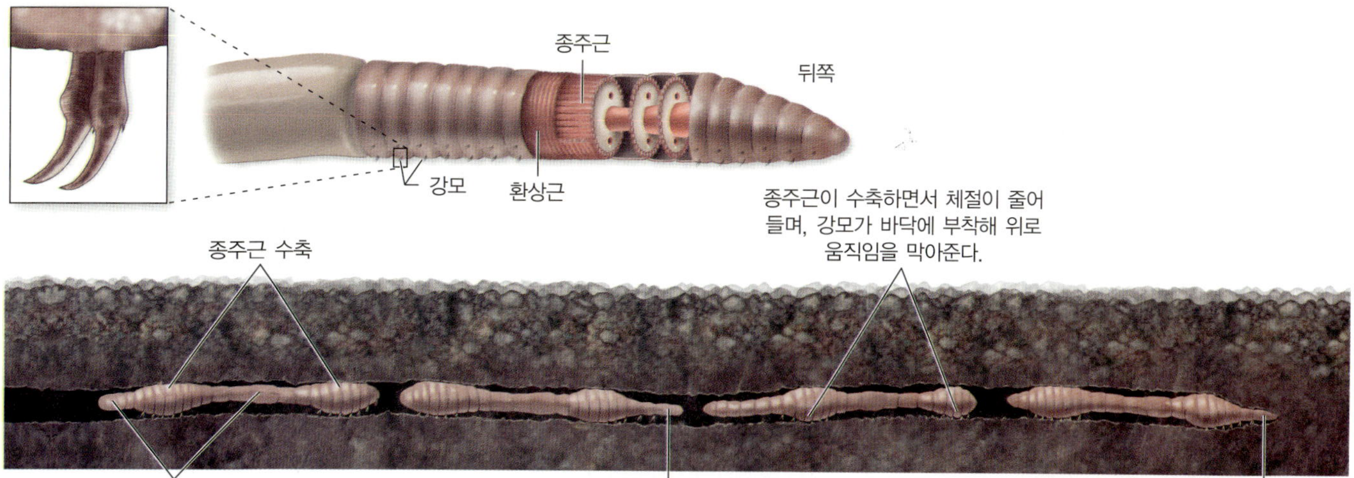

그림 19.6 지렁이의 운동.
지렁이의 정수골격은 체절로 이루어진 체강 내 액체를 움직임으로써 근육을 사용하여 모양을 변화시킨다. 환상근이 수축되면 액체의 압력이 올라간다. 동시에 종주근은 팽창하고, 몸은 길어지고 얇아진다. 종주근이 수축하면 환상근이 팽창하고, 지렁이의 아래 표면에 존재하는 강모에 의해 미끄러지는 것을 방지한다. 환상근과 종주근이 교대로 수축함으로써 앞으로 이동하게 된다.

원인이 될 수 있다.

여성에서 성 스테로이드는 성주기 유지에 특히 중요하다. 난자에서 생성된 에스트로겐과 프로게스테론은 난소 주기와 생리 주기의 중요한 조절자이다. 임신 동안 태반에서 생성된 에스트로겐은 자궁 내벽을 유지하고, 발생 중인 배아를 보호하며 영양분을 제공해준다.

2 근골격계

2.1 골격계의 유형

근육은 움직임을 일으키는 변화를 생성하기 위해 어떤 것에 대항해 당겨야 한다. 이러한 지지 구조에 필수적인 형태를 **골격계**(skeletal system)라고 부른다. 동물학자들은 동물의 골격계를 **정수골격**, **외골격** 및 **내골격**의 세 가지 유형으로 구분한다.

정수골격(hydrostatic skeletons)은 지렁이와 달팽이와 같은 연체 육상 무척추동물과 해파리와 오징어 같은 연체 수중 무척추동물에서 처음 발견되었다.

지렁이와 같이 단단한 골격이 없는 동물에서 액체로 채워진 체강은 체벽 내에 두 세트의 근육에 의해 둘러싸여 있다. **환상근**은 체절 내에 반복적으로 존재하면서 몸의 길이를 늘려주고, **종주근**은 환상근과 반대로 작용한다.

몸의 중앙 공간에서 체액에 의해 작용하는 근육을 **정수골격**이라고 부른다. 지렁이의 이동은 **그림 19.6**에서 보는 것처럼 전방의 환상근이 수축됨으로써 시작되는데, 이때 체액이 눌려 몸의 앞부분이 얇아지면서 앞으로 이동한다. 지렁이 몸체 아래쪽에는 짧은 털 모양의 구조를 가진 **강모**가 있다. 환상근이 움직일 때, 강모는 몸 가까이 끌어올려 땅과의 접촉을 느슨하게 해준다.

외골격(exoskeletons)은 몸을 싸고 있는 단단하고 굳은 껍질이다. 갑각류나 곤충 등과 같은 절지동물들은 다당류인 키틴으로 이루어진 외골격을 가진다(**그림 19.7*a***). 키틴은 균류와 몇몇 단세포 생물의 세포벽뿐만 아니라, 절지동물의 외골격에서도 발견된다.

키틴성 외골격은 구부러짐을 방지하고, 몸의 골격 틀로도 활용된다. 또한 내부 조직을 보호하고 외골격 껍질 내에 존재하는 근육이 붙는 자리도 제공한다. 그러나 성장을 위해서는 주기적으로 외골격을 벗어내고 탈피를 해야 한다. 이런 동물들은 느린 속도로 생성되는 새로운 외골격이 생성되기 전에 포식자들에게 공격받기 쉽기 때문에, 탈피 중인 게와 바닷가재는 종종 이 과정이 완료될 때까지 숨어 있기도 한다.

척추동물과 극피동물에서 발견되는 **내골격**(endoskeletons)은 몸의 틀을 형성하고 근육이 부착되는 표면을 제공하는 단단한 내부 골격이다. 바다성게와 말똥성게 등의 극피동물은 탄산칼슘염의 결정 형태인 방해석으로 만들어진 골격을 가진다. 이러한 칼슘 성분은 칼슘 인산화에 기초한 뼈에서와 다르다.

척추동물의 내골격(**그림 19.7*b***)은 좀 더 단단하고 특수화된 결합조직인 연골이나 뼈를 따라 분포하는 섬유성 조밀 결합조직을 포함한다. 연골은 관절에서 뼈의 끝부분을 연결하는 중요한 기능성을 지닌 강하면서도 유연한 조직이다. 상어와 같이 몇몇 크고 활동적인 동물은 연골로만 구성된 골격을 가지지만, 뼈는 척추동물 골격계의 주요 구성 요소이다. 뼈는 연골

a.

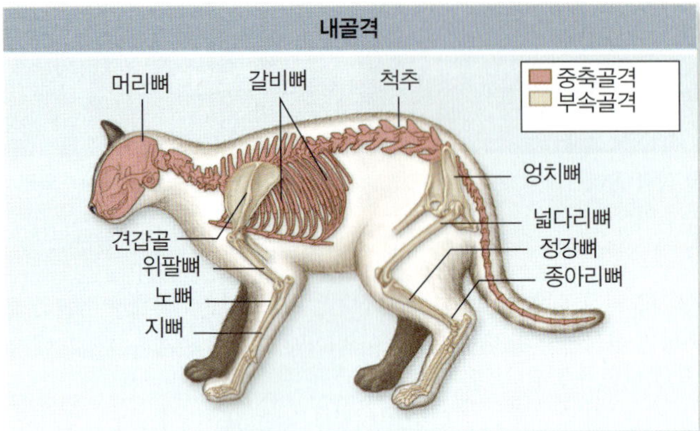

b.

그림 19.7 외골격과 내골격.
a. 메뚜기 같은 절지동물들은 단단하고 굳은 껍질을 외골격으로 가지며, 그것은 키틴으로 구성되어 있다. *b.* 고양이 같은 척추동물들은 뼈와 연골로 이루어진 내골격을 가진다. 몇몇 주요 뼈들의 특성을 표기하였다.

에 비해 매우 강하지만 유연하지는 않다.

키틴과는 다르게 연골과 뼈는 모두 살아 있는 조직이다. 부분적으로 뼈는 뼈세포가 기질 전체에 걸쳐 존재할 경우 높은 대사 활동을 가질 수 있다. 뼈와 몇몇 확장된 연골은 상처나 생리학적 스트레스에 반응하여 스스로 변화하고 개조할 수 있다.

2.2 뼈

뼈는 단단하지만 탄력 있는 조직으로 척추동물의 독특한 특징이다. 이 결합조직은 5억 2천만 년 전에 처음으로 나타났는데, 현재 연골어류를 제외한 모든 척추동물에서 발견된다.

두 가지 유형으로 구분되는 뼈의 발달

뼈 조직 자체는 몇 가지 다른 방식에 의해 여러 유형으로 분류될 수 있는데, 가장 일반적인 체계는 뼈의 발달 과정에 기초한다.

막내 발달에서는 뼈가 결합조직 층 내에 형성된다. 두개골과 턱의 외부를 만드는 많은 평평한 뼈들이 막내성이다.

전형적으로 막내 뼈는 피부의 **진피**(dermis)에서 발생한다. 배 발생 과정 중 진피는 콜라겐 섬유를 따라 미분화된 **간충조직** 세포들과 그들로부터 나온 다른 세포들을 포함하는 느슨한 조직으로 이루어진 많은 간충조직을 형성한다. 이 중 몇몇 미분화된 간충조직 세포들이 **조골세포**라고 부르는 특수화된 세포로 분화되기 시작한다. 이러한 조골세포들은 콜라겐성 섬유를 따라 스스로 정렬하고, 알칼라인 인산화 효소를 분비하기 시작하고, 이를 통해 하이드록시아파타이트라고 부르는 결정화에 필요한 인산칼슘을 생성한다. 이 결정체들은 섬유를 따라 섞여 들어가면서 섬유들을 감싸게 된다.

결정체들은 뼈를 단단하게 해주지만, 콜라겐의 늘어나는 능력에 의한 탄성이 없다면 뼈는 단단하지만 위험하고 깨지기 쉽다. 전형적인 뼈는 콜라겐과 하이드록시아파타이트가 같은 부피를 가지지만, 하이드록시아파타이트가 뼈 무게의 약 65%를 차지한다.

막내 뼈는 성장에 따라 모양의 변화가 필요하다. 진흙으로 작은 그릇을 만든 다음 그 크기를 키운다고 생각해볼 때, 간단히 진흙으로 바깥에 덧붙인다고 일이 진행되지 않는다. 이때 내부 진흙을 제거해서 그릇의 공간을 잘 넓혀나가야 할 것이다. 이와 마찬가지로 뼈도 성장하기 때문에 어느 부위에는 기질을 더하고, 내부의 다른 것을 제거하는 리모델링 과정이 필요하다. 이는 파골세포들이 어디로 들어가느냐에 달려 있는데, 이 쓸모없는 세포들은 커다란 다핵세포를 형성하기 위해 백혈구 모양의 단핵세포의 융합으로부터 형성된다. 그것들의 기능은 뼈 기질을 붕괴시키는 것이다.

연골내 발달로 인해 전형적으로 형성된 뼈는 몸 깊은 곳에서 기반이 되는 틀을 형성한다. 그 실례로 척추, 갈비, 어깨, 골반 뼈, 사지의 긴 뼈들과 대부분의 두개골 뼈의 내부가 그에 해당된다. 연골내 뼈는 아주 작게 시작하여, 결국 울퉁불퉁한 모양을 가지는 연골 모델을 형성한다. 이러한 종류의 뼈 발달은 뼈와 내부 연골을 대체하는 반면, 연골 모델의 외부에 뼈가 더해지면서 이루어진다. 뼈는 연골 덮개인 섬유성 덮개 안에서 모델 외부에 더해진다. 이 덮개는 단단하고 콜라겐 섬유로 만들어지거나, 미분화 간충조직 세포들을 포함한다. 조골세포들은 덮개의 가장 깊숙한 부분에서 섬유를 따라 자라고 선별된다. 그 후 뼈는 덮개와 연골 기질 사이에서 형성된다. 이 과정은 막내 뼈의 생성이 진피 내에서 일어나는 과정과 다소 유사하다. 외부 뼈가 형성되면 내부 연골이 석화되기 시작한다. 이 과정을 위해 칼슘이 연골세포가 되는 것으로 보인다. 석회화가 지속되면, 내부 연골 조직은 파편 조각으로 부서진다. 현재 골막이라고 부르는 덮개의 혈관은 외부 뼈의 외피를 통과하고, 연골 모델 내부로 들어가는 통로이자, 파편을 운반하는 통로가 된다. 다시 말해 성장된 조골세포는 골세포로 변화하고, 세포 융합으로 이루어지는 뼈의 리모델링을 위한 **파골세포**는 막내의 뼈와 마찬가지 방식으로 진행된다. 뼈 두께 성장은 골막 바로 아래 뼈 층이 더해지면서 일어난다.

혈관과 신경을 포함하기도 하는 뼈의 구조

뼈 발달 과정 중 종종 체내 혈액 공급이 일어나고, 이는 특히 연골내 뼈에서 확실하게 보인다. 그러나 뼈가 완전히 성장하고 나면 체내 혈액 통로는 필요 없게 된다. 대부분의 포유동물에서 연골내 뼈는 **혈관 뼈**라고 부르는 내부 혈관을 지니고 있다. 혈관뼈는 많은 파충류와 양서동물에서도 발견된다. 세포성 뼈는 골세포를 포함하며, 그런 뼈들은 혈관성으로 대사적인 활동성이 남아 있다.

어류와 새의 뼈는 **무혈관**이다. 전형적으로 무혈관 뼈는 골세포를 포함하지 않으며, 비세포성 뼈라고 부른다. 이러한 유형의 뼈는 뼈를 재생할 수 있는 간충조직 세포를 가진 골막 표면을 제외하고는 상당히 불활성화되어 있다.

많은 뼈들은 부분적으로 연골내 장골들이 수강이라고 부르는 중심관을 가지고 있다. 다양한 척추동물에서 수강은 적혈구와 백혈구 생성에 중요한 골수를 지니고 있다. 이러한 경우이 소강을 **골수강**이라고 부른다. 그러나 모든 골수강이 골수를 포함하고 있는 것은 아니다. 예를 들어 가벼운 뼈를 가진 새는 커다란 내부 소강을 가지지만, 골수는 비어 있다. 이들은 몸의 다른 장소에서 줄기세포에 의존하여 적혈구를 생성한다.

2.3 관절과 골격의 운동

내골격의 움직임은 골격의 근육조직에 의해 이루어진다. 근육의 활동에 반응하는 골격의 움직임은 관절, 정확하게는 하나의 뼈가 다른 뼈와 만나는 지점에서 일어난다.

골격 내에 있는 움직일 수 있는 관절은 특징적인 작동 범위를 가진다. 관절 운동의 유형은 **구와식**, **경첩**, **활주**, **조합** 관절의 네 가지로 구분된다.

구와식 관절(ball-and socket joints)은 골반 내 소켓에 다리뼈 위의 엉덩이뼈가 구형으로 소켓에 맞아들어가는 것과 같다. 이러한 유형의 관절은 전체적으로 모든 방향으로 움직일 수 있다(**그림 19.8*a***).

가장 간단한 유형의 관절은 다리 아래쪽 운동에 관여하는 무릎과 같은 **경첩관절**(hinge joints)로 좌, 우 이동은 안 되고 앞, 뒤로의 움직임으로만으로 제한된다(**그림 19.8*b***).

활주관절(gliding joints)은 많은 수의 비포유류성 척추동물의 두개골에서 발견되는데, 이들과 포유류의 측부 척추돌기에서도 발견된다(**그림 19.8*c***). 척추돌기는 쌍으로 존재하고 각 등뼈의 앞, 뒤로 늘어서 있다. 앞쪽 돌기는 약간 아래쪽에 있고, 각각 뒤쪽 돌기의 아래 표면을 따라 미끄러질 수 있는데, 앞으

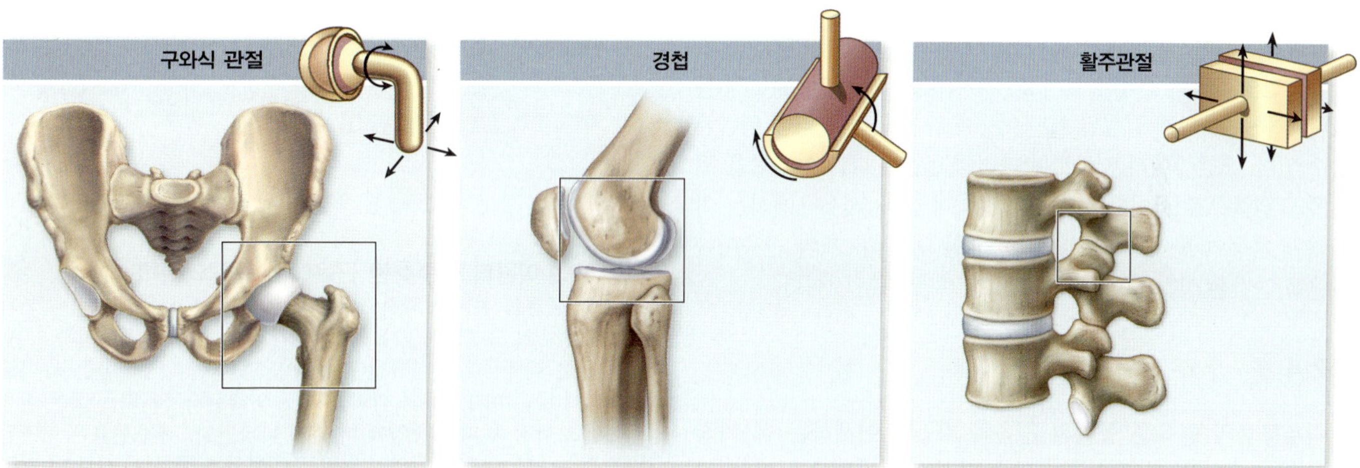

a. *b.* *c.*

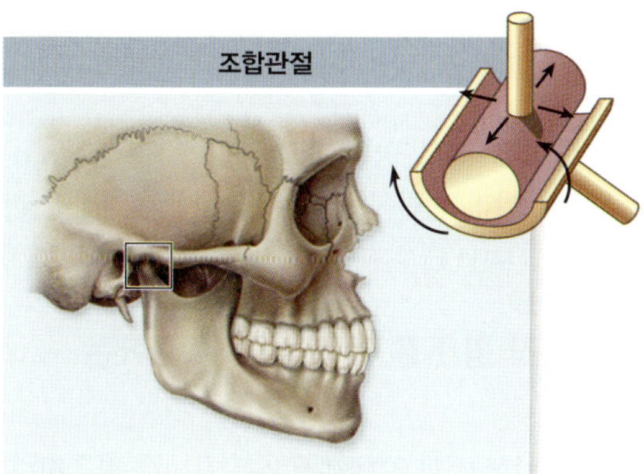

d.

그림 19.8 관절 운동의 유형.
a. 엉덩이 관절과 같은 구와식 관절은 엉덩이 소켓 내에서 다리의 꼬임 동작을 허용한다. ***b.*** 경첩관절은 이름에서 알 수 있듯이 한 쪽으로만 움직인다. ***c.*** 측면 척추관절(중앙이 아닌)에서 볼 수 있는 활주관절은 한 표면에서 다른 쪽으로의 활주를 보여준다. ***d.*** 조합관절은 돌림과 좌우 미끄러짐 모두가 가능한 포유류의 턱관절과 같이 하나 이상의 관절 유형을 가진다.

로만 활주한다. 이 활주 과정은 척추골 사이에 약간의 움직임의 유연성을 허용하는 한편, 척추 뼈에 안전성을 부여한다.

조합관절(combination joints)은 두 가지 유형 이상의 관절의 운동 특성을 가진다. 전형적인 포유류의 턱관절이 좋은 예이다. 대부분의 포유류가 음식을 씹어서 작은 조각으로 만든다. 음식을 잘 씹기 위해서는 위아래 치아 사이에서 가장 좋은 접촉을 위해 아래턱이 좌우로 잘 움직여야 한다. 아래턱은 앞뒤로도 어느 정도 움직일 수 있다. 동시에 턱관절은 입을 열고 닫는 것과 같은 경첩 기능도 가져야만 한다. 그래서 포유류의 관절 형태는 경첩과 활면관절 특징의 조합으로 나타나게 된다 (**그림 19.8*d***).

관절에서의 운동을 위해 뼈에 부착되는 골격근

골격근은 수축을 통해 골격의 운동을 생성한다. 골격근의 양쪽 끝은 피부와 같은 다른 구조와 부착되어 있기도 하지만, 보통 다른 뼈들과 부착되어 있다. 뼈 부착에는 두 가지 수단이 있는데, 근섬유가 뼈의 섬유성 외피에 해당하는 골막에 바로 부착되거나, 근육 조각들이 골막에 붙은 힘줄이라 불리는 빽빽한 끈과 같은 연결 조직에 의해 뼈에 붙기도 한다.

시작점의 근육이 한 번 부착되면 수축하는 동안 상대적으로 정지된 상태로 유지된다. 다른 쪽 끝에서 삽입은 뼈에 부착되어 근육 수축 동안 이동한다. 예를 들어 다리의 사두근 수축은 다리 낮은 쪽에서 상대적으로 높은 곳으로의 회전을 야기한다.

전형적으로 근육은 질서정연하게 정렬되어 있기 때문에 하나의 근육에 의해 생성된 어떤 이동은 다른 근육에 의해 뒤바뀔 수 있다. 오금줄이라고 부르는 다리의 굴근은 다리 아래쪽을 뒤쪽과 위쪽으로 끌어당겨 무릎을 굽히게 한다. 사두근에서는 이러한 운동이 반대로 진행된다. 중요한 점은 두 개의 근육이나 근육 집단은 상호 길항적으로 작용할 수 있다는 것이다.

2.4 근 수축

척추동물의 근육은 동물의 근육의 기능을 이해하는 데 가장 좋은 모델이다. 각 골격근은 많은 근섬유로 이루어져 있다. 각 근섬유는 **근원섬유**(myofibrils)라고 부르는 4~20개의 다발이 둘러싸고 있다. 각 근원섬유는 두껍고 얇은 **근필라멘트**(myofilaments)로 구성되어 있다.

현미경상에서 근원섬유는 교대로 나타나는 명암의 띠로 나타나 근골격 섬유의 선들을 볼 수 있다. 두꺼운 미세섬유는 겹으로 쌓여 **A-띠**(또는 암대, A bands)라고 부르는 어두운 띠를 형성하며, 얇은 미세섬유는 **I-띠**(또는 명대, I bands)라고 부르는 밝은 띠로 나타난다.

근원섬유 내에서 각 I-띠는 전자현미경에 나타나는 모양인 **Z-선**(Z-line)이라고 부르는 단백질에 의해 반으로 나누어진다. 근원섬유의 전자현미경 사진에서(**그림 19.9**) 근원섬유

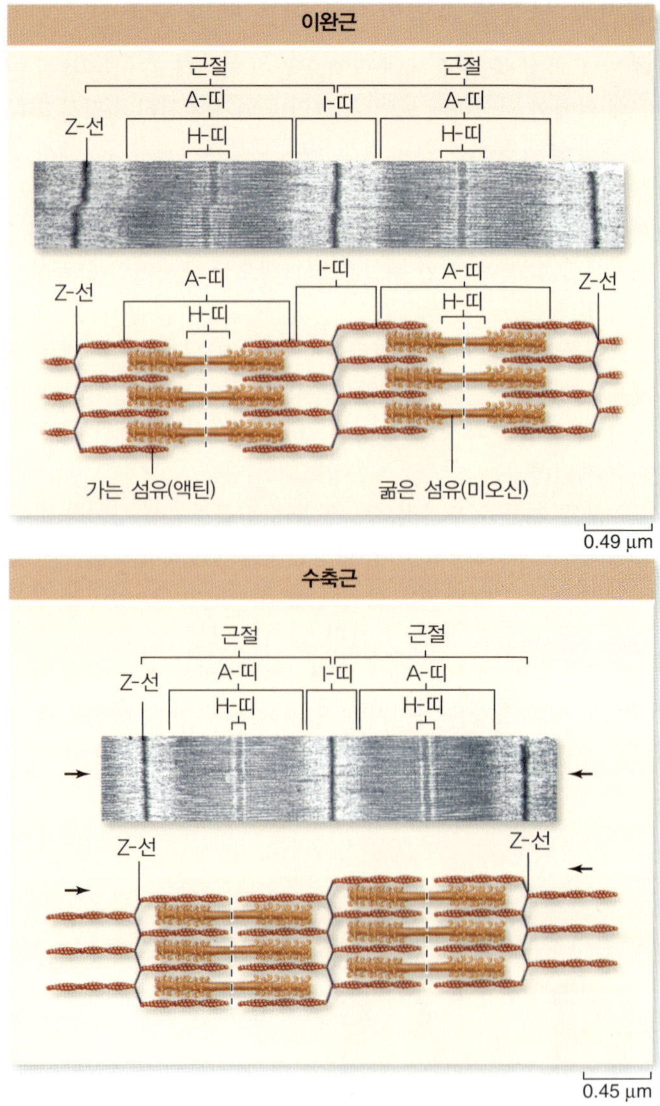

그림 19.9 이완되고 수축된 근육에서 근절의 구조.
두 개의 근절을 현미경 사진으로 살펴본 결과를 굵은 미세섬유와 가는 미세섬유로 도식화하였다. Z-선은 각 근절의 경계를 형성하고, A-띠는 굵은 미세섬유를 나타낸다. I-띠 안의 가는 미세섬유는 A-띠로 확장되어 굵은 미세섬유와 깍지를 끼듯 연결된다. H-띠는 굵은 미세섬유만 포함된 A-띠의 중앙에 더 밝게 나타난다. 위쪽 근육은 이완된 것을 보여준다. 아래 그림의 수축된 근육에서는, Z-선이 서로 더 가깝게 이동하였고, I-띠와 H-띠가 짧아졌다. 굵은 미세섬유를 가진 A-띠의 크기는 변하지 않았기 때문에 길이가 변하지 않는다.

의 구조는 Z-선에서 Z-선의 반복으로 보인다. **근절**(sarcomere)이라고 부르는 이러한 반복구조는 근육 수축의 가장 작은 단위이다.

미세섬유들이 함께 활주를 반복하여 수축하는 근섬유

가는 미세섬유는 **A-띠**에서 굵은 미세섬유들 사이를 활주한다. 그러나 근육이 쉴 때는 A-띠의 중앙으로 모두 모이지 않기 때

문에 A-띠의 중앙이 가는 미세섬유와 굵은 미세섬유가 겹쳐 있는 부분보다 밝게 나타나는데 이를 **H-띠**(H band)라고 부른다. 이러한 근절의 형태는 근육이 수축할 때 변화한다.

근육은 근원섬유가 수축하고 짧아지기 때문에 수축하고 짧아진다. 이러한 현상이 일어날 때 미세섬유는 짧아지지 않으며, 굵은 미세섬유와 가는 미세섬유가 서로를 향해 활주한다(**그림 19.9** 참고). 가는 미세섬유는 A-띠 깊숙이 활주하여 최대로 짧아지면서 H-띠는 좁아지면서 거의 사라지며, 이로 인해 Z-선들이 모두 가깝게 위치하게 되면서 I-띠도 좁아지게 된다.

지근섬유와 속근섬유

분리된 골격 근육은 전기적 충격과 함께 인위적인 조절에 의해 알 수 있다. 근육은 경련(twitch)이라고 부르는 반응에서 빠르게 수축하고 이완하는 전기적 충격으로 자극된다. 증가하는 자극 전압은 경련의 힘을 최고까지 증가시킨다. 두 번째 전기 충격이 첫 번째 이후에 바로 전달되면 첫 번째 자극이 영향을 받게 되면서 두 번째 경련이 만들어지게 되는데, 누적 반응을 **집적**이라고 부른다(**그림 19.10**).

즉각적인 전기 충격의 증가는 수축 증가의 계속적인 힘에 의해 경련 사이의 이완 시간을 짧게 한다. 결국 특정하게 일어나는 빈번한 자극에 계속 이어지는 경련 사이에 눈에 보이지 않는 이완이 일어나는데, 수축은 몸 안에서 보통의 근육 수축이 일어나는 것처럼 완만하고 지속적으로 이어진다. 이러한 지속적인 수축을 **파상풍**(tetanus)이라고 부르는데, 이는 이 병을 가진 환자가 근육 수축으로 고통을 받게 되는 상태로 되기 때문에 붙여진 이름이다.

골격 근섬유는 그들의 수축 속도에 기초해서 지근(slow-twitch) 또는 유형 I(type I) 섬유와 속근(fast-twitch) 또는 유형 II(type II) 섬유로 구분된다. 예를 들어 눈에는 속근섬유가 높은 비율을 차지하며, 약 7.3 msec에 최고 신장력에 도달한다. 그에 비해 다리에 있는 가자미근(soleus muscle)은 지근섬유가 높은 비율을 차지하고, 최고 신장력에 도달하는 데 약 100 msec를 요구한다.

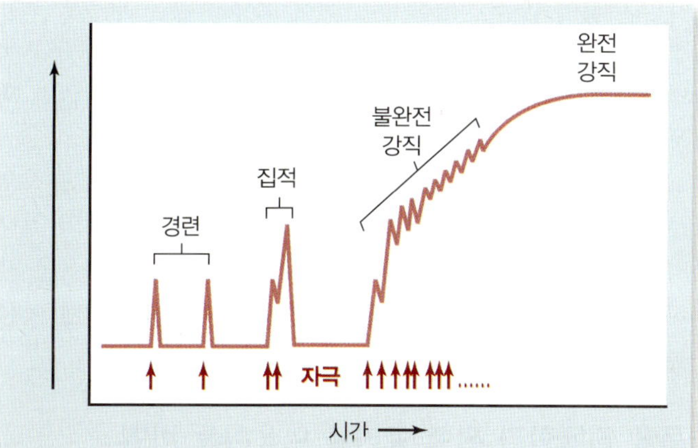

그림 19.10 집합.
근육 경련은 지속적으로 생산되는 강직성 수축을 집합한다. 이 유형은 근육이 전기적인 자극이나 뉴런에 의해 자연적으로 자극될 때 만들어진다. 완만하고 지속적인 수축인 강직 경련은 몸에서 일어나는 근육 수축의 일반적인 유형이다.

지근섬유

지근섬유는 풍부한 모세혈관, 많은 미토콘드리아와 호기성 호흡을 위한 효소 그리고 고농도의 미오글로빈 색소를 가진다. 미오글로빈은 적혈구세포에 있는 헤모글로빈과 비슷한 붉은 색소이지만, 미오글로빈의 산소와의 높은 친화력이 지근섬유로의 산소 전달을 증가시켜준다. 지근섬유는 높은 미오글로빈 함유량 때문에 적섬유(red fiber)라고도 부른다. 이들 섬유는 피로감 없이 오랜 기간 동안 계속해서 작용을 할 수 있다.

속근섬유

두터운 **속근섬유**는 지근섬유보다 미토콘드리아와 모세혈관이 적으며, 미오글로빈도 충분히 가지고 있지 않다. 그래서 이들 섬유를 백섬유(white fibers)라고도 부른다. 속근섬유는 많은 양의 글리코겐 저장과 높은 해당 효소에 혐기적(anaerobically)으로 호흡할 수 있다. 닭과 칠면조에서 볼 수 있는 검은 고기와 흰 고기는 각각 1차적으로 붉고 흰 섬유를 가진 근육으로 구성되어 있다. 속근섬유는 빠른 힘의 발생에 적응되고, 근력 운동에 의해 더 두꺼워지고 더 강해질 수 있다. 그러나 지근섬유의 특징인 지구력은 부족하다.

사람의 근육은 유형 I과 유형 II 섬유에 부가해 중간 형태의 속근섬유를 가지는데, 그들은 높은 산화 능력을 지녀 근육 피로에 대해 더 높은 저항성을 지니고 있다. 지구력 운동은 근육에서 이 섬유의 비율을 증가시켜주는 것이다.

일반적으로 단거리 선수들은 속근섬유를 더 많이 가지는 경향이 있는 데 비해 장거리 선수는 지근섬유를 더 많이 가진다. 이들의 차이는 동물 세계에서도 비슷하다. 생활 방식의 차이에서 가깝게 연관된 종들을 비교하여 보면, 먹이를 잡거나 포식자를 피하기 위해 짧게, 빠른 속도로 움직이는 데 의존하는 종들은 속근섬유를 많이 가지고 있고, 반면에 느리게 움직이지만 더 긴 기간 동안 움직이는 종들은 지근섬유를 더 많이 가지고 있다.

2.5 동물들의 이동 방법

동물들은 다세포 생물 중 한 장소에서 다른 장소로 이동할 수 있는 능력을 가진 유일한 생물이다. 이동에는 **추진기작**과 **조절기작**이 필요하다. 추진기작은 매우 다양한데, 대개 근육의 수축에 의해 필요한 힘을 생성하는 일이 포함된다. 결국 이동에서 사용되는 근육을 조절하고 활성화시켜주는 것은 신경계이다. 큰 동물의 이동 활동은 대부분 흔들리는 다리를 이용한 **부속지운동**이나 파동, 진동 또는 연동과 같이 몸체를 움직이는 **축운동**에 의해 이루어진다.

비록 동물의 이동이 다양한 형태로 이루어지지만, 모든 동물군 내에서 일반적인 원리는 같다. 이동하게 하는 물리적인 압박인 **중력**과 **마찰**은 그 정도만 다를 뿐 모든 환경에서 동일하다.

헤엄치는 동물들에서 물의 부력이 중력의 효과를 줄여준다. 결과적으로 이동을 저지하는 초기의 힘은 마찰 항력(frictional drag)이기 때문에 물을 거슬러갈 때 드는 힘을 줄이기 위해서는 몸의 모양이 중요하다.

어떤 해양 무척추동물은 수압 추진을 이용하여 이동한다. 예를 들어 가리비는 자신의 껍데기의 두 면을 함께 힘차게 파닥이고, 오징어와 문어들은 마린 제트와 같이 물을 뿜어낸다.

그에 비해 많은 무척추동물과 모든 수중 척추동물은 헤엄을 친다. 유영은 몸의 일부를 사용하여 물을 밀어내는 것과 관련이 있다. 극단적 예로 뱀장어와 바다뱀은 온몸을 사용하여 물결 모양으로 파동치며 헤엄친다(**그림 19.11*a***). 뱀장어처럼 유영하며 파동치는 몸의 곡선은 왼쪽과 오른쪽 축 근육 조직 사이의 양자 택일적인 근육의 수축에 의해 형성된다. 회전 단계에서 각각의 체절은 물과 부딪히고, 이동 파동은 뱀장어를 앞으로 나아가게 한다.

다른 유형의 물고기는 뱀장어와 비슷한 기작을 가지지만 꼬리지느러미를 사용하는 몸의 뒷부분에서 거의 모든 추진력이 만들어진다(**그림 19.11*b***). 여기에는 추진력의 소실이 없도록 몸의 앞 부분이 특수화되어야 한다. 악어와 같은 파충류들은 같은 방법으로 꼬리의 파동을 사용하여 헤엄친다.

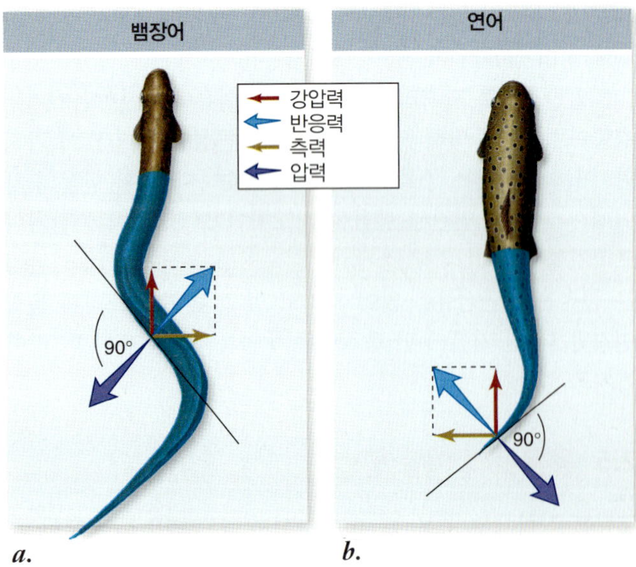

그림 19.11 유영하는 물고기의 운동.
a. 뱀장어는 몸 전체를 물에 대항하여 밀어낸다. 그에 비해 ***b.*** 송어는 꼬리의 반만 이용하여 물을 밀어낸다.

육상 이동과 중력

공기는 물보다 밀도가 훨씬 낮기 때문에 지면 이동에 대항하는 마찰력도 매우 적다. 그보다도 땅위를 움직이든 공기 중을 날든 중력의 힘에 대항하는 것은 비수중 생물에게는 가장 큰 과제이다. 세 개의 큰 육상동물 그룹인 연체동물, 절지동물 그리고 척추동물은 서로 다른 방법으로 땅위를 이동한다. 연체동물의 이동은 다른 그룹들보다 훨씬 느리다. 뱀, 민달팽이 그리고 다른 육상 연체동물은 점액질을 분비하면서 근육질의 발을 가지고 그 위를 미끄러져 간다.

척추동물과 절지동물(곤충류, 거미류, 갑각류)들만 재빠른 표면 이동을 발전시켜 왔다. 이 두 그룹에서 몸은 땅 위로 들려 있고, 일종의 관절성 부속지인 다리를 가지고 땅을 밀치며 똑바로 나아간다.

동물들이 오직 두 다리 또는 100개가 넘는 다리로 걷는다 할지라도 일반적인 원리에 의해 육상에서 이동한다. 다리는 추진력뿐만 아니라 지탱하는 힘도 제공해야만 하기 때문에 잠시의 짧은 불균형을 제외하고, 몸의 중심이 다리가 지지하는 범위에서 벗어나지 않도록 움직임을 연속적으로 하는 것이 중요하다. 그렇지 않으면 동물은 넘어질 것이다. 안정성 유지를 위한 이러한 요구는 다리 이동의 순서를 결정하고 이는 척추동물과 절지동물에서 유사하게 나타난다. 이 두 그룹의 걸음걸이의 명백한 차이는 다리 개수의 차이를 반영한다. 척추동물은 두 개 혹은 네 개의 다리로 걸으며, 모든 절지동물은 6개 이상의 다리를 가지고 있다. 절지동물의 많은 다리는 이동에서 안정성을 증가시켜주지만, 최고 속도는 감소한다.

도롱뇽에서 포유동물에 이르기까지 네발 짐승의 기본 걸음은 왼쪽 다리를 숨기고, 오른쪽을 앞으로 하고, 오른쪽 다리는 숨기고 왼쪽이 앞으로 가는 패턴을 나타낸다. 말이 질주하는 것과 같이 네발 짐승이 최고로 달리는 속도는 동물이 단 하나의 다리에 몸을 지탱하거나, 전혀 그렇지 않을 경우도 포함한다. 이는 포유동물이 중축 골격과 부속 골격 모두의 구조에 변화를 줌으로써 도약의 단계를 통해 달릴 수 있게 되었기 때문이다.

캥거루, 토끼, 개구리와 같은 척추동물들은 매우 효율적으로 도약하지만(**그림 19.12**), 곤충들이 진정한 도약계의 최강자이다. 메뚜기와 같은 많은 곤충들은 엄청난 다리 근육을 가지고 있으며, 몇몇 작은 곤충들은 그들 몸길이의 100배 이상 높이 뛰어오를 수 있다.

몸을 지탱하기 위해 공기를 이용하는 비행

비행의 진화는 **수렴진화**(convergent evolution)의 전형적인 예이다. 척추동물의 세 가지 비행 동물들은 앞 사지를 날개 구조로 변형시켰다. 그러나 그들은 자연선택이 어떻게 다른 진화 과정을 통해 비슷한 구조를 만들어내는지를 설명해주는 다른

그림 19.12 깡충 뛰어오르거나 도약하는 동물은 공기를 통해 나아가기 위해 그들의 뒷다리를 이용한다.
개구리의 강력한 다리 근육은 웅크린 자세에서 뛰어오르기까지 100 m/sec만에 폭발적으로 작동한다.

방식으로 이루어졌다. 새와 익룡(공룡과 함께 전성기를 보낸 멸종된 파충류) 모두 하나의 지지대에 의해 날개가 형성되었다. 그러나 익룡의 경우 네 번째 손가락뼈가 연장된 반면, 새의 경우는 반경, 척골 그리고 손목뼈가 연장되어 날개가 되었다. 그에 비해 박쥐 날개의 경우 각각 손가락뼈에서 연장된 여러 개의 뼈로 지탱된다. 익룡과 박쥐의 두 번째 차이점은 새가 깃털을 사용하는 반면, 이들의 날개는 파충류의 비늘이 변형된 피부로부터 형성된 막으로 구성된다는 것이다.

모든 그룹에서 비행 방식은 매우 유사한 방식으로 진행된다. 추진력은 날개를 공기에 대항하여 아래로 밀어내면서 얻어진다. 이것만으로도 곤충은 공기 중에 떠 있기에 충분하다. 그러나 더 큰 척추동물에게는 뜨는 데 더 큰 힘이 필요하고, 이는 날개 표면 위쪽이 아래쪽보다 더 돌출됨으로써 가능해졌는데, 이는 공기가 표면 꼭대기 위를 지나갈 때 더 빨리 움직이기 때문이다. 공기와 같은 유동체는 안쪽 압력을 감소시킴으로써 더 빠르게 움직인다. 따라서 날개 위는 낮은 압력이, 날개 아래에는 높은 압력이 존재한다. 이것이 비행기의 날개에 사용되는 원리이다.

Exercise

연 습 문 제

1. 다음 중 호르몬에 대해 가장 잘 설명한 것은?
   a. 호르몬은 상대적으로 불안정하고, 생성되는 분비선에 인접한 지역에서만 작용한다.
   b. 호르몬은 분비선에서 분비되고, 오래 지속되는 화학물질이다.
   c. 모든 호르몬은 지질–용해성이다.
   d. 호르몬은 환경으로 분비되는 화학적 전령이다.
2. 스테로이드 호르몬은
   a. 운반자 없이 막을 통해 확산될 수 있다.
   b. 유전자 발현에 직접적인 영향을 미친다.
   c. 막 수용체와 결합한다.
   d. a와 b 모두 해당된다.
3. 다음 중 성장호르몬 생성과 관련 없는 것은?
   a. 혈액 내 칼슘을 조절한다. b. 뇌하수체 위축
   c. 소의 우유 생산량 증가 d. 선단거대증
4. 파티를 좋아하는 사람이 술을 마실 때, 자주 소변이 마렵다고 불평한다. 당신은 그에게 알코올은 ___________ 분비를 억제하기 때문이라고 설명해 줄 수 있다.
   a. 신장으로부터 물의 재흡수를 증가시키는 티록신
   b. 신장으로부터 물의 재흡수를 감소시티는 티록신
   c. 신장으로부터 물의 재흡수를 감소시키는 ADH
   d. 신장으로부터 물의 재흡수를 증가시키는 ADH
5. 당신의 식사시간이 정상인보다 길 때, 그에 대한 당신의 인체 반응은 ________을 생성할 것이다.
   a. 혈당 증가를 위한 인슐린
   b. 혈당 증가를 위한 글루카곤
   c. 혈당 감소를 위한 인슐린
   d. 혈당 감소를 위한 글루카곤
6. 외골격과 내골격의 차이점은?
   a. 외골격은 단단하고, 내골격은 유연하다.
   b. 내골격은 척추동물에서만 발견된다.
   c. 외골격은 칼슘으로 구성되어 있고, 내골격은 키틴으로 구성되어 있다.
   d. 외골격은 부드러운 조직 바깥이고, 내골격은 안쪽이다.
7. 지렁이는 이동을 위해 정수골격을 사용하는데, 어떻게 사용하는

것일까?

a. 물로 채워진 뼈가 골격에 무게를 제공한다.

b. 물로 이루어진 체액을 압박하여 근 수축을 일으킴으로써 몸 구조를 변화시킨다.

c. 수액포를 가진 근육이 채워졌을 때, 단단한 내부 구조가 형성된다.

d. 정수라는 용어는 단순히 수분이 많은 환경을 말하는 것이다. 그들은 절지동물처럼 움직인다.

8. 골세포는 뼈 속에서 어떻게 살아남을 수 있을까?

a. 뼈는 죽은 세포나 휴지기의 세포들로 구성되어 있다.

b. 하버스 채널은 골세포에게 기질을 제공하는 혈관을 가진 뼈 구조이다.

c. 골세포는 뼈로부터 튀어나온 막을 연장시켜 주위 체액이 가진 기질을 변화시킨다.

d. 뼈는 중앙이 비어있고 압력이 낮으므로 혈액으로부터 골세포에 영양분을 공급한다.

9. 아세틸콜린(Ach) 분비가 저해되면 어떤 일이 일어날까?

a. 체강의 운동뉴런이 활성화되지 않는다.

b. 체강의 운동뉴런 자극이 근섬유 수축으로 이어지지 않는다.

c. 미오신 분자가 ADP를 방출하지 못한다.

d. 나트륨 이온의 유입이 근육 세포 막의 탈분극을 유도할 것이다.

10. 호르몬 생성의 억제가 암의 성장을 어떻게 막을 수 있는가?

11. 있는 힘껏 달리기 시작한 다음, 이어서 몸을 쉽게 유지할 수 있을 정도의 조깅을 했다. 이렇게 운동이 바뀌는 동안 골격근이 이용하는 에너지원은 어떻게 바뀔까? 그리고 그 이유는 무엇일까?

제 20 장
소화계와 호흡계

Digestive System and Respiratory System

1 소화계

1.1 소화계의 종류

종속영양생물(heterotrophs)은 먹이원에 따라 3가지로 구분된다. 식물만을 먹는 동물을 **초식동물**(herbivore)로 분류하며, 그 실례로 풀을 먹는 달팽이와 수액을 빨아먹는 곤충 외에 소, 말, 토끼, 참새 같은 척추동물들을 들 수 있다. 다른 동물을 먹는 게, 오징어, 많은 곤충, 고양이, 독수리, 송어, 개구리 등은 **육식동물**(carnivore)이라 부르고, 식물과 다른 동물을 모두 먹는 동물을 **잡식동물**(omnivore)이라고 부른다.

단세포생물이나 해면동물은 먹이를 세포내에서 소화한다. 다세포생물은 먹이를 **소화강** 안의 세포 밖에서 소화하는데, 이 경우 소화효소가 외부와 이어진 소화강으로 배출된다. 자포동물과 플라나리아 같은 편형동물은 입과 항문의 역할을 함께 하는 하나의 개구부를 지닌 소화강을 가진다. **위수강**이라고 부르는 이러한 종류의 소화계는 특수화되어 있지 않으며 모든 세포가 소화과정에 관여한다.

소화관이 입과 항문으로 구분될 때 특수화가 나타나며, 먹이는 한 방향으로만 지나간다. 이런 가장 원시적인 소화관은 선형동물에서 볼 수 있는데 단순히 상피막으로 둘러싸인 관상의 장을 가진다. 지렁이의 경우 먹이의 섭취, 저장, 분쇄, 소화, 흡수를 위한 **특수화**(specialization)된 소화관을 가진다. 척추동물을 비롯한 모든 고등동물도 이와 유사한 특수화를 보인다 (**그림 20.1**).

섭취된 먹이는 소화관의 특정 부위에 저장되거나 물리적 분쇄가 일어난다. 물리적 분쇄는 척추동물의 입에 위치한 이의 **저작작용**이나 지렁이나 새와 같은 모래주머니의 **마쇄작용**을 통해 일어난다. 그런 다음 화학적 소화가 일어나서 다당류와 이당류, 지방과 단백질의 거대분자가 가장 작은 구성단위로 분해된다.

화학적 소화는 가수분해 작용으로 그 결과 단당류, 아미노

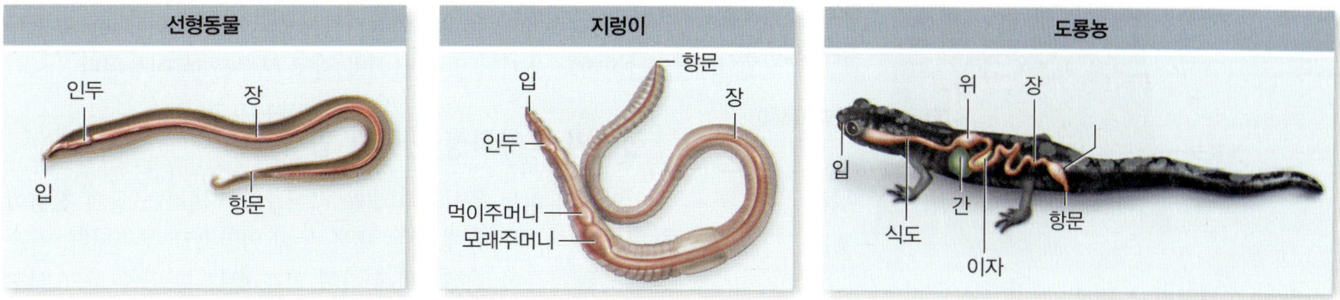

그림 20.1 선형동물, 지렁이, 척추동물의 소화관.
먹이가 소화관을 따라 한 방향으로 이동해가며, 각 부위마다 다른 기능을 하도록 특수화되어 있다.

산, 지방산이 만들어진다. 화학적 소화의 분해산물들은 장의 상피를 통해 **흡수**되어 혈액으로 들어간다. 그리고 흡수되지 않은 분자들은 배설물이 되어 항문을 통해 배출된다.

척추동물의 소화계

사람과 다른 척추동물의 소화계는 관상의 **위장관**과 부속기관으로 구성된다(**그림 20.2**).

위장관의 시작 부위는 **입**과 **인두**이며, 인두는 구강과 비강의 공통 연결 통로이다. 인두는 근육성 관인 **식도**로 연결되고 식도는 일차적 소화가 일어나는 위와 연결된다.

위와 연결된 **소장**에서는 여러 가지 소화효소에 의해 소화가 일어나고, 소화산물은 섭취된 물과 무기질이 함께 흡수되어 혈관으로 들어간다. 소화되지 않은 물질은 **대장**으로 내려가는데 이곳에서 잔여 수분과 무기질이 흡수된다.

포유동물 이외의 대부분의 척추동물에서는 대장에서 나가는 배설물이 **총배설강**으로 들어간다. 총배설강은 비뇨기계와 생식기계의 산물들도 모이는 장소이다. 포유동물에서는 요생식 산물은 대장에서 나오는 배설물과는 분리되는데, 이 소화된 배설물은 직장으로 들어가서 항문을 통해 배출된다.

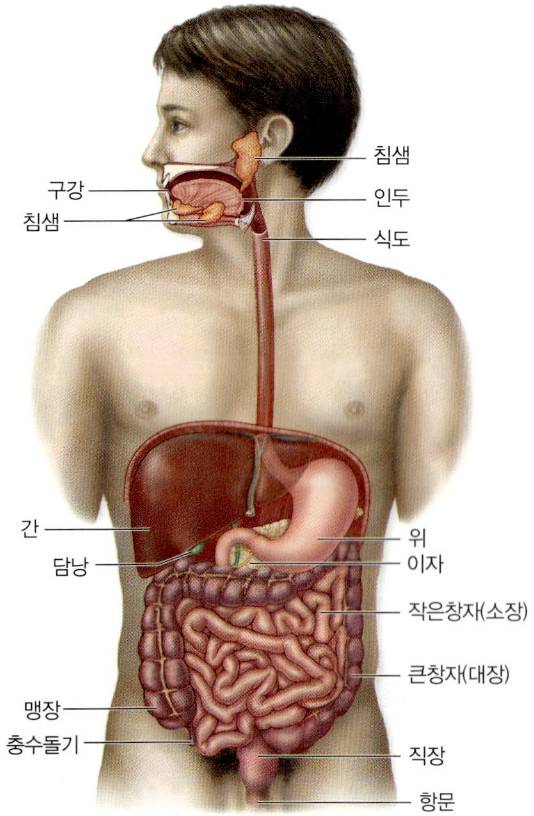

그림 20.2 사람의 소화계.
사람의 소화계는 식도, 위, 소장, 대장, 직장, 항문으로 이루어져 있고, 부속기관의 도움을 받는다.

부속 소화기관에는 **담즙**(지방을 유화시키는 녹색 용액)을 만드는 간과 담즙을 저장하고 농축하는 **쓸개**, 그리고 이자가 있다. 이자는 **이자액**을 만드는데, 이자액에는 소화효소와 중탄산염 완충액이 들어 있다. 담즙과 이자액은 소장의 앞쪽에 위치하는 **십이지장**(duodenum)으로 분비된다.

척추동물의 관상 위장관은 특징적인 층상 구조를 가진다. 가장 안쪽 층은 **점막**으로 내강과 직접 접하는 상피이다. 그 다음은 결합조직으로 이루어진 점막 하 조직이다.

점막 하 조직 바로 바깥 부분은 이중의 평활근으로 이루어진 평활근층이다. 이 중 안쪽 층의 평활근은 환상으로 배열되어 장을 수축시키는 역할을 하고 바깥쪽 층의 평활근은 종으로 배열되어 장을 짧게 하는 일을 한다. 소화관의 맨 바깥쪽에는 관의 외부 표면을 덮는 **장막**이 있다. 근육층 사이에 서로 얽힌 신경망이 **신경총**을 이루며, 점막 하 조직에 위치하여 위장 활동을 조절한다.

1.2 입과 이: 먹이 포획과 처리

척추동물에서 소화계의 특수화는 이들의 살아가는 방식을 반영한다. 조류는 이가 없지만 음식을 부수는 두 개의 방으로 구분된 위를 가지고 있다. 그중 하나인 **모래주머니**는 삼킨 모래와 근육운동으로 씨앗이나 딱딱한 식물조직을 소화하기 쉬운 작은 덩어리로 마쇄한다.

많은 척추동물은 먹이를 잘게 부수고 액상의 분비물과 혼합하는 **저작** 기능을 하는 이를 가진다. 육식 포유동물의 이는 갈기에 알맞은 편평한 표면이 아니라 자르고 찢기에 적합한 구조를 지니고 있다. 이들은 소화효소가 동물세포에 직접 작용하므로, 먹이를 찢지만 씹을 필요는 없는 것이다. 그에 비해 풀을 먹는 초식동물은 **반추위**나 **맹장**에 있는 세균들이 식물 조직의 셀룰로오스 세포벽을 분쇄해야 한다. 이런 동물은 마쇄에 적합한 많은 융기를 가진 크고 편평한 이를 가진다.

사람의 이는 식물성 및 동물성 음식을 모두 먹을 수 있도록 분화되어 있다. 앞쪽의 이는 육식동물의 것과 유사하고 안쪽에 있는 이는 초식동물의 이와 유사하다(**그림 20.3**). 위턱과 아래턱에 있는 앞니 4개는 날카로워 물어뜯는 데 사용되고, 앞니 양 옆에 있는 송곳니는 음식을 찢는 데 이용된다. 송곳니 뒤쪽에 있는 2개의 앞어금니와 3개의 어금니는 표면이 납작하고 융기가 있어 음식을 갈고 부수는 데 이용된다.

섭취와 초기과정을 위한 입

입안에서 혀는 음식물과 침을 섞어준다. 사람은 3쌍의 **침샘**이 있어 침이 점막층에 있는 관을 통해 입안으로 분비된다. 침은 음식을 축축하게 하고 매끄럽게 하여 쉽게 삼킬 수 있게 하고 식도의 조직에 걸리지 않고 잘 지나가도록 해준다.

침에는 가수분해효소인 아밀라아제가 들어 있어 다당류

그림 20.3 식습관에 따라 다른 이. 초식동물, 육식동물 및 잡식동물들은 그들의 식습관에 따라 일반적인 이가 특수하게 변화되도록 진화하였다.

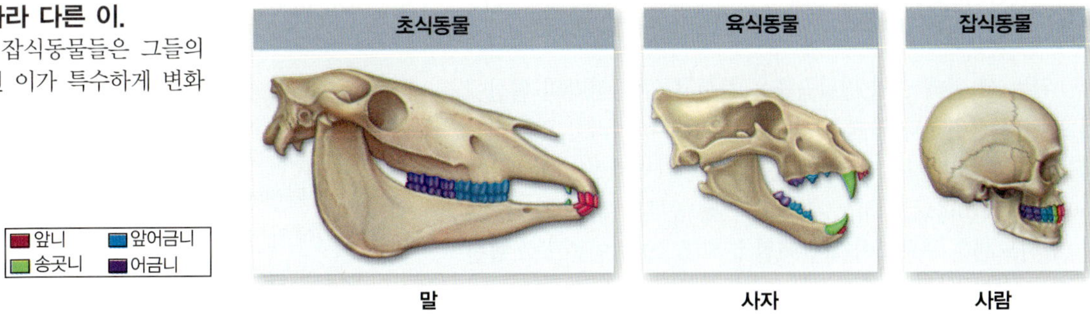

인 녹말을 이당류인 맥아당으로 분해한다. 그러나 사람은 음식을 오래 씹지는 않기 때문에 입에서의 소화는 매우 미미하다.

침샘의 분비작용은 신경계의 조절을 받는다. 침은 입안이 비어 있을 때 분당 약 0.5 mL씩 지속적으로 분비되어 입안이 항상 축축한 상태로 유지된다.

입안에 음식이 들어오면 침의 분비가 촉진되는데 이는 **후각 뉴런**뿐만 아니라 입안의 미뢰가 뇌에 자극을 전달하고 뇌는 다시 침샘을 자극하기 때문이다. 가장 강력한 자극은 산성 용액으로, 예를 들어 레몬주스는 침의 분비 속도를 8배 증가시킨다. 많은 동물의 경우 음식을 보고, 듣고, 냄새 맡는 것이 침의 분비를 크게 증가시키지만 사람은 음식에 대하여 생각하거나 말하는 것도 이런 효과를 갖게 한다.

삼키는 과정(연하)은 수의적인 활동으로 시작되고 지속적인 과정은 불수의적 지배를 받게 된다. 음식을 삼킬 때 혀는 입 뒤로 음식을 보낸다. 포유동물의 경우 삼키는 과정은 **연구개**가 들어올려지고 **인두**(pharynx)의 뒤쪽 벽을 밀면서 시작된다. 연구개가 들어올려지면 비강이 막혀서 음식이 비강 쪽으로 들어가지 않는다. 인두에 대한 압박은 자율적이고 불수의적인 반응, 즉 연하 반사를 일으키게 되고 이는 반사작용으로 한 번 시작되면 멈출 수 없다.

인두 벽에 있는 뉴런은 뇌의 연하중추에 자극을 전달한다. 이에 대한 반응으로 뇌에서 뻗어 나오는 운동뉴런을 따라 전달된 전기 자극은 근육을 수축시켜 **후두**를 들어올린다. 이 후두가 기관으로 연결되는 개구부인 **성문**을 **후두개**쪽으로 밀게 된다. 이러한 작용이 음식물을 호흡관으로 들어가지 않고 식도로 내려가게 한다.

1.3 식도와 위

삼킨 음식은 인두와 위 사이의 **식도**라고 부르는 근육으로 된 관으로 들어간다. 식도는 처리된 음식 덩어리를 근육의 작용으로 잘 이동시켜 소화의 초기 단계를 수행하는 위로 운반한다.

식도의 길이는 성인의 경우 약 25 cm이다. 식도의 위쪽 1/3은 삼킬 때 수의적 조절이 이루어지는 골격근으로 싸여 있고, 아래쪽 2/3은 불수의적인 평활근으로 싸여 있다. 연하 중추는 이러한 근육을 자극하여 한쪽 방향으로 연속적인 수축

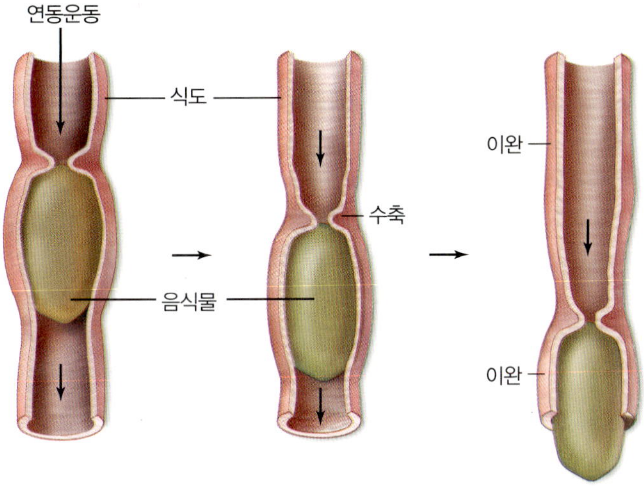

그림 20.4 식도와 연동운동. 음식물이 식도로 들어간 후, 연동운동이라는 율동적인 근육 수축에 의해 음식물이 위로 내려보내진다.

파동을 일으켜 음식을 위로 이동시킨다. 이러한 율동적인 근수축 파동을 **연동운동**이라고 하며(**그림 20.4**), 이는 사람이나 다른 척추동물이 거꾸로 매달려도 음식을 삼키는 것을 가능하게 한다.

많은 척추동물에서 식도로부터 위까지 음식의 이동은 환상의 평활근인 **괄약근**에 의해 조절되는데, 괄약근은 음식으로 인한 압력에 반응하여 열리게 되고 괄약근의 수축은 위 속의 음식이 식도로 거슬러 나오는 것을 막아준다. 설치류와 말은 이 부분에 진정 **괄약근**을 가지고 있기 때문에 먹이를 토할 수 없으며 사람에게는 진정 괄약근이 없다. 음식을 삼킬 때를 제외하고는 식도는 닫혀 있다.

위

위는 소화관 중 주머니 모양의 부분이다. 위의 내벽에는 많은 주름이 있으며, 위가 비어 있을 때는 주름이 접히고 음식으로 채워져 있을 때는 풍선처럼 확장된다. 그래서 사람의 위가 비어 있을 때는 약 50 mL의 용량을 가지지만 음식으로 채워지면 2~4리터까지 팽창할 수 있다. 한꺼번에 많은 먹이를 먹는

육식동물은 생존전략으로 훨씬 더 팽창할 수 있는 위를 가진다.

위는 세 번째 층인 평활근층을 가지고 있어 점막의 위선에서 분비되는 **위액**과 함께 음식물을 섞어준다. 이러한 외분비선에는 점액분비세포, 염산을 분비하는 위벽세포, **펩시노겐**(pepsinogen)을 분비하는 주세포의 세 종류의 분비세포가 있다. 펩시노겐은 프로테아제(단백질 분해 효소)의 일종으로 **펩신**의 불활성 형태이다.

펩시노겐은 활성부위를 막는 추가적인 44개의 아미노산으로 이루어져 있다. 염산은 펩시노겐을 펼쳐서 활성부위에 노출시키고 44개의 아미노산을 제거하게 한다. 이로써 활성 프로테아제인 펩신이 생산된다. 펩시노겐은 세포 밖에서 펩신으로 전환되므로 이를 분비하는 주세포는 펩신에 의해 소화되지 않는다. 위에서 점액은 점액분비세포에서 생산되어 내벽을 둘러싸 위벽이 소화되는 것을 막아준다.

염산 분비 외에도 위벽세포는 장에서의 비타민 B_{12} 흡수에 필요한 폴리펩티드인 내인성인자도 분비한다. 이 비타민은 적혈구 생산에 필요하므로 충분한 내인성인자가 없는 사람들은 **악성빈혈**을 일으키게 된다.

사람의 위는 매일 2리터의 염산과 다른 강한 산성 용액을 만들어 분비한다. 이 용액의 염산농도는 pH 2에 부합되는 약 10 mM이다. 따라서 위액은 정상 pH가 7.4인 혈액보다 약 250,000배 높은 산성을 띠게 된다.

이렇게 낮은 산도 때문에 음식물 속의 단백질이 변성되어 소화되기 쉽게 변화되고, 펩신이 최대로 활성화된다. 활성화된 펩신은 소장으로 들어가 섞일 때까지 단백질을 짧은 폴리펩티드 사슬로 분해한다. 이렇게 부분적으로 소화된 음식과 위액의 혼합물을 **유미**라고 부른다. 성인의 위에서는 단백질만 부분적으로 소화되고, 탄수화물이나 지방은 거의 소화되지 않는다.

위산이 과다하게 분비되면 위와 십이지장의 벽이 손상되고 **위궤양**을 일으킨다. 매운 음식이 원인이라고 알고 있는 위궤양 원인의 대부분은 **헬리코박터**(*Helicobacter pylori*)의 감염에 의한 것이다.

*H. pylori*는 위 속의 높은 산성 환경에서 잘 자랄 수 있다. 미국의 경우 이 균에 감염된 사람은 40세 이상은 약 20%, 60세 이상은 50%로 매우 흔하게 나타나지만 대부분의 사람에게 증상이 나타나지 않는다. 그러나 어떤 경우에는 이 균이 위나 십이지장의 점액층을 약화시켜 산성분비물에 의한 상피층의 손상을 유발시킨다. 항생제 치료는 증상을 완화시켜 궤양을 낫게 해준다.

유미는 **유문 괄약근**(pyloric sphincter)을 통해 소장으로 들어간다. 소장에서는 탄수화물, 지방, 단백질의 최종적 소화가 일어나며 소화산물인 아미노산과 포도당 등은 혈액 안으로 흡수된다. 유미 중 일부의 물과 아스피린이나 술 같은 소량의 물질만이 위 벽을 통해 흡수된다.

1.4 장에서의 소화와 흡수

소장의 용량은 제한적이기 때문에 소화과정에는 많은 시간이 소요된다. 따라서 효율적인 소화를 위해 언제나 적은 양의 유미만이 위에서 소장으로 들어간다.

소장의 길이는 살아 있는 사람의 경우 약 4.5 m 정도 되고 부검해서 보면 근육이 이완되어 6 m에 이른다. 소장의 앞쪽 25 cm 부위를 **십이지장**이라고 부르며, 나머지 부분은 **공장**과 **회장**으로 구분된다.

십이지장은 위로부터 산성인 유미를, 이자로부터 소화효소와 중탄산염을, 그리고 간과 쓸개로부터 담즙을 넘겨받는다. 이자액 속의 효소들은 큰 분자를 작은 조각으로 분해시키는데, 이러한 소화는 주로 십이지장과 공장에서 일어난다.

소장의 상피벽에는 융모라는 작은 손가락 모양의 돌기들이 있다. 이 융모를 싸고 있는 각각의 상피세포는 원형질막이 확장되어 생긴 많은 주름으로 덮이게 되고, 이러한 세포질의 팽창이 미세융모를 형성하게 된다. 이 미세융모는 매우 작아 전자현미경으로만 관찰이 가능한데, 현미경으로 보면 솔처럼 보이므로 소장의 안쪽 표면을 털연변부라고 부른다.

융모나 미세융모는 소장의 표면적을 크게 증가시켜 사람

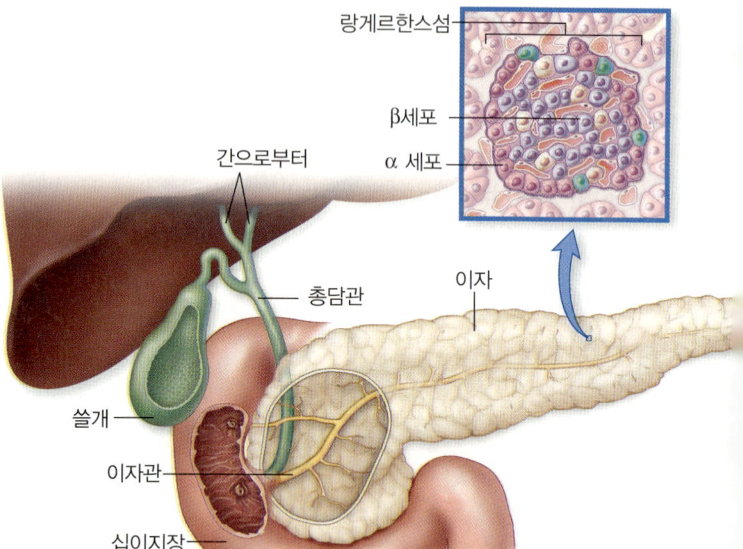

그림 20.5 이자.
이자관과 담관은 십이지장으로 연결되어 있다. 이자는 이자관으로 이자액을 분비한다. 이자의 랑게르한스섬은 혈액 안에 호르몬을 분비하는데, α세포는 글루카곤을, β세포는 인슐린을 분비한다. 간은 담즙을 분비하며, 담즙에는 담즙색소(간에서 나온 노폐물)와 담즙염이 들어 있다. 담즙염은 지방 소화에 관여한다. 담즙은 농축되어 쓸개에 저장되어 있다가 지방이 함유된 음식이 들어오면 십이지장으로 분비된다.

의 경우 이 표면적은 300 m^2이고 이는 테니스 코트보다 큰 약 3,200평방피트에 해당한다. 이렇게 넓은 표면적은 음식물의 흡수가 보다 효과적으로 일어나도록 한다.

소화를 돕는 주요기관은 이자, 간, 쓸개이다. 이들은 여러 가지 효소를 포함한 분비물을 관을 통해 직접 소장으로 보낸다.

커다란 샘인 **이자**(pancrease)는 **그림 20.5**에서 보는 것처럼 위와 소장의 경계부에 위치한다. 이자액은 **이자관**을 통하여 십이지장으로 분비된다. 이자는 외분비샘으로 기능하며, 이자액에는 단백질을 소화하는 트립신과 키모트립신, 녹말을 소화하는 이자 아밀라아제, 지방을 소화하는 리파아제 등이 들어 있다. 위에서의 펩신과 같이, 이러한 효소들은 불활성 상태로 십이지장에서 방출된 후 장의 털연변부 효소에 의해 활성화된다.

이자 효소는 단백질을 폴리펩티드로, 다당류를 작은 당류로, 지방을 지방산과 모노글리세리드로 분해한다. 단백질과 탄수화물의 소화는 그 후 털연변부 효소에 의해 완성이 된다. 이자액은 중탄산염을 포함하는데 이 중탄산염은 위에서 생긴 염산을 중화시켜 십이지장 안의 유미를 약알칼리성으로 바꾸어 준다. 이 소화효소와 중탄산염은 **선포**로 알려진 분비세포의 집단에서 생산된다.

이자는 소화에서 **외분비** 기능을 할 뿐 아니라 혈액 안의 당과 다른 영양물질의 농도를 조절하는 여러 가지 호르몬을 분비하는 **내분비** 기관의 역할도 한다. 이 호르몬들은 내분비세포의 집합체인 **랑게르한스섬**에서 만들어진다. 랑게르한스섬은 이자 전체에 흩어져 있다.

간은 인체의 가장 큰 내부기관이다. 성인에서 간의 무게는 약 1.5 kg이고 크기는 럭비공 정도이다. 간의 주요 외분비 물질은 **담즙**이며, 담즙은 **담즙색소**와 **담즙염**의 혼합물로 음식물이 소화되는 동안 십이지장으로 이동된다.

담즙색소는 간에서 폐기된 적혈구를 파괴하면서 나오는 노폐물로 소화에 관여하지 않으며 배설물로 배출된다. 간의 담즙색소 배출이 차단되면 이 색소는 혈액 내에 축적되고 조직이 노랗게 되는 **황달**(jaundice) 현상이 일어난다.

담즙은 간에서 만들어진 뒤 **쓸개**에 저장되고 농축된다. 십이지장에 도달한 지방이 많은 음식은 신경 및 내분비 반사를 통해 쓸개의 수축을 일으키고 담즙이 담관을 통해 십이지장으로 분비되게 한다. 담관이 **담석**(gallstone, 콜레스테롤이 결정화되어 생김)으로 막히게 되면 쓸개의 수축이 종종 등쪽의 극심한 통증을 유발하며, 심할 경우 외과수술을 통해 쓸개를 제거해야 한다.

흡수된 영양소의 혈액이나 림프로의 이동

단백질과 탄수화물은 효소의 작용으로 각각 아미노산과 단당류로 분해되어 흡수되는데, 소장의 털연변부를 통하여 **능동수송**(active transport)과 **촉진확산**(facilitated diffusion)을 통해 상피세포 속으로 들어가게 된다. 포도당은 나트륨 이온과 함께 이차적 능동수송을 통해 수송된다. 대부분의 과일에 존재하는 과당은 촉진확산에 의해 수송되고 대부분의 아미노산은 여러 가지 운반체를 이용한 능동수송에 의해 이동된다. 일부 운반 단백질은 나트륨 이온과 함께 **공수송**을 이용하고, 일부는 아미노산만을 운반한다. 상피세포에 들어온 단당류와 아미노산은 미세융모 안의 모세혈관으로 이동한다.

혈액은 이러한 소화산물을 장에서 **간문맥**을 통해 간으로 이동시킨다. 소장은 간문맥에 의해 간과 연결되어 있어 간은 대부분의 소화산물을 받는 일차 기관이 된다.

지방의 소화산물은 다른 방식으로 흡수된다. 트리글리세리드인 지방은 지방산과 모노글리세리드로 분해되는데 이들은 극성을 띠지 않으며, 단순확산에 의해 상피세포로 이동된다. 이들은 소장의 상피세포 안에서 다시 트리글리세이드로 재조립되어 단백질과 결합해 **유미입자**라는 작은 입자로 된다. 이 유미입자는 부피가 커서 소장 속의 모세혈관으로 들어가지 못하기 때문에 간문맥으로 들어가는 대신 림프 모세관으로 흡수되어 목 근처의 정맥을 통해 혈액으로 들어간다. 지방이 많은 식사를 한 다음 혈액을 채취해서 보면 이러한 유미입자 때문에 혈액이 뿌옇게 보인다.

대장에서의 노폐물 제거

대장은 소장보다 훨씬 짧으며 소화관의 마지막 약 1 m 부위를 차지한다. 대장은 직경이 커서 **대장**이란 이름이 붙여졌다. 소장과 대장이 만나는 부위에 맹장과 충수돌기가 있는데, 이들은 흔적구조로 남아 있다. 대장에서는 소화가 일어나지 않으며 소장에서 온 유동체를 4% 정도 흡수한다.

대장은 소장만큼 감겨 있지 않고 내면에 융모도 없어 흡수 표면적은 소장의 1/30에 불과하다. 대장의 기능은 수분과 남은 전해질 흡수, 비타민 K를 포함하여 세균의 대사산물의 흡수이다. 대장은 노폐물을 몸 밖으로 배출시키는 기능을 지니고 있다.

많은 세균들이 대장에서 살아가고 증식하며, 일부의 세균들이 **배설물**로 배출된다. 결장 내에서 세균에 의한 발효로 가스가 만들어지는데, 그 양은 하루 약 500 mL 정도이다. 이 비율은 콩이나 다른 야채를 섭취하는 경우 증가하게 되는데 이는 소화되지 않은 식물의 섬유질이 대장 속에서 세균의 발효를 일으키도록 하기 때문이다.

1.5 척추동물 소화계의 변이

대부분의 동물은 셀룰로오스 소화에 필요한 효소를 생성하지 못한다. 그러나 일부 동물의 소화관에는 셀룰로오스를 숙주동물이 소화할 수 있는 물질로 전환시키는 세균이나 원생생물이 살고 있다. 사람에서는 위장관에 사는 미생물이 영양적으로 큰 역할을 하지는 못하지만 흰개미, 바퀴, 그리고 일부 초식 포유

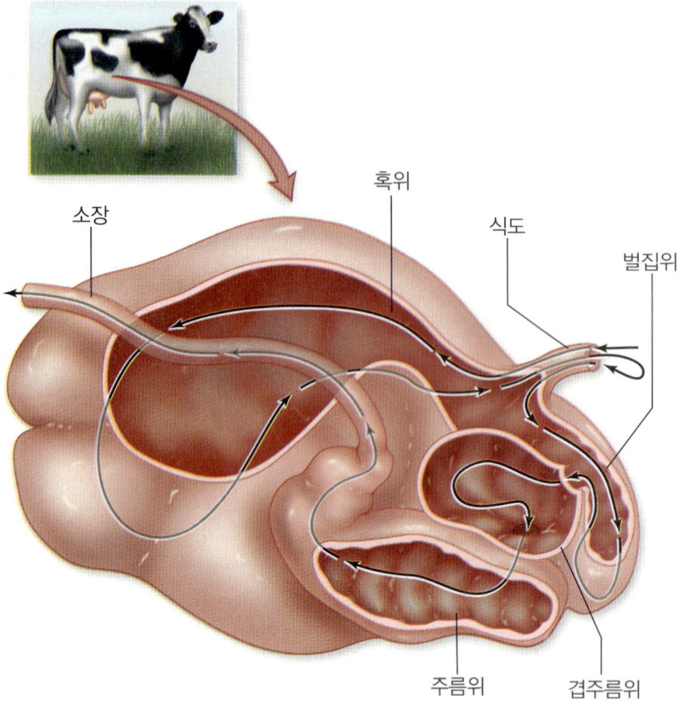

그림 20.6 4개의 방으로 이루어진 반추동물의 위. 반추동물이 먹은 식물은 혹위로 들어가서 부분적으로 소화된다. 혹위는 세균을 포함하고 있어 셀룰로오스를 분해한다. 두 번째 방인 벌집위로 이동하기 전에 음식은 역류되어 되새김된다. 그런 다음 뒤쪽 방인 겹주름위와 주름위로 이동된다. 주름위만 사람의 위에서처럼 위액을 분비한다.

동물에서는 미생물의 서식이 필수적이며, 숙주와 미생물 사이에 상호 이익을 주는 공생의 대표적인 예를 보여준다.

식물의 셀룰로오스는 소화시키기 어렵기 때문에 초식동물은 육식동물보다 훨씬 긴 소화관으로 더 오랫동안 소화할 시간을 가지게 된다. 많은 초식동물의 소화관은 식물의 소화를 향상시키도록 변화해 왔다.

반추동물은 4개의 방으로 된 위를 가지고 있다(**그림 20.6**). 앞쪽의 3부분은 **벌집위**, **혹위**, **겹주름위**로 구성되고, 진짜 위에 해당하는 **주름위**가 다음으로 이어진다.

혹위는 약 50 갤런의 먹이를 담을 수 있으며 발효가 일어나는 장소로 그 속의 세균과 원생생물이 셀룰로오스나 다른 분자를 보다 단순한 화합물로 전환시킨다. 혹위는 4개의 방 중 가장 앞쪽에 위치하여 혹위 안의 음식을 역류시키고 다시 씹도록 하는데, 이 과정을 **반추** 또는 되새김질이라 부르며, 이러한 과정을 통해 음식물에 함유된 억센 섬유질을 더 작은 입자로 분해하고 미생물이 접할 수 있는 표면적을 증가시켜준다.

혹위에 들어간 먹이는 입으로 토해내 되새김질한 다음 다시 삼켜 벌집위로 넘기고 다시 겹주름위와 주름위로 이동한다. 주름위에서는 위액과 섞인다. 이러한 과정은 셀룰로오스를 소화하는 데 있어 혹위가 없는 말과 같은 초식 포유동물보다 훨씬 더 효과적이다.

동물의 대사작용에서 장내 미생물은 비타민 K를 합성하는 일도 수행한다. 모든 포유동물은 혈액응고에 필수적인 비타민 K의 합성을 장내 박테리아에 의존한다. 이 박테리아가 부족한 새는 요구되는 적정량의 비타민 K를 위해 음식물을 섭취해야 한다.

사람의 경우 항생제의 장기간에 걸친 복용은 장내 박테리아 군집을 크게 감소시킨다. 이러한 상황에서는 비타민 K의 섭취가 필수적이다. 이로운 박테리아와 소화관이 정상으로 회복되면 비타민 K를 다시 합성하게 한다.

1.6 신경과 호르몬에 의한 조절

위장관의 활동은 **신경계**(nervous system)와 **내분비계**(endocrine system)에 의해 조절된다. 예를 들어 신경계는 시각, 후각, 음식의 섭취에 반응하여 타액과 위액 분비를 자극한다. 음식이 위에 도달하면 음식 속의 단백질이 위에서 나오는 **가스트린**이라는 호르몬의 분비를 자극하고 가스트린은 위선에서의 펩시노겐과 염산의 분비를 자극한다. 분비된 염산은 위액의 pH를 낮추는데 낮은 pH는 다시 가스트린이 더 이상 분비되는 것을 억제한다. 가스트린 분비의 억제는 위액에 방출되는 염산의 양을 감소시키므로 음성 피드백 회로가 생기는 셈이다.

유미가 십이지장으로 넘어가면 위의 수축이 억제되기 때문에 넘어간 음식이 처리되기까지는 추가적으로 유미가 십이지장으로 넘어가지 못한다. 이와 같은 위 활동의 억제는 신경반사와 혈액 속으로 분비되는 십이지장호르몬에 의해 조절된다. 이 호르몬들을 통칭하여 엔테로가스트론이라고 부른다.

주요 엔테로가스트론으로는 콜레시스토키닌(**CCK**), 세크레틴, 위억제 펩티드(**GIP**)가 있다. 지방 함량이 많은 유미는 CCK와 GIP의 분비를 강하게 자극하고, 산도가 높은 유미는 주로 세크레틴의 방출을 자극한다. 이 세 가지 엔테로가스트론은 모두 위 활동과 위액 분비를 억제하고 지방이 많은 음식이 위에 오래 머물러 있게 해준다.

CCK와 세크레틴은 위 활동 억제 외에도 중요한 조절 기능을 발휘한다. CCK는 이자에서의 소화효소의 분비와 쓸개의 수축을 자극한다. 쓸개가 수축하면 많은 담즙이 십이지장으로 흘러 나와 지방의 유화작용을 촉진한다. 세크레틴은 이자를 자극하여 더 많은 중탄산염이 방출되게 하여 유미의 산도를 떨어뜨린다. 세크레틴은 첫 번째로 발견된 호르몬이기도 하다. **표 20.1**에 소화 호르몬과 효소의 작용이 요약되어 있다.

1.7 보조기관의 기능

간과 이자는 소화효소의 생산 이외에도 중요한 역할을 한다. 간은 독소를 분해하는 중요한 기관이며, 이자는 혈당을 조절하

표 20.1	호르몬과 소화효소				
			호르몬		
호르몬	종류	분비장소	자극원	작용	비고
가스트린	폴리펩티드	위의 유문부	위로의 음식진입	위의 염산 및 펩시노겐 분비자극	분비기관과 작용기관이 동일함
CCK	폴리펩티드	십이지장	십이지장의 지방 유미화	쓸개의 수축과 이자의 소화효소 분비자극	구조적으로 가스트린과 유사함
GIP	폴리펩티드	십이지장	십이지장의 유미화	위로부터 음식물의 이동 억제	인슐린 분비도 자극
세크레틴	폴리펩티드	십이지장	십이지장의 유미화	이자의 중탄산염 분비 자극	최초로 발견된 호르몬(1902년)

효소			
분비장소	효소	기질	소화산물
침샘	아밀라아제	녹말, 글리코겐	이당류
위	펩신	단백질	짧은 펩티드
이자	리파아제	트리글리세리드	지방산, 모노글리세리드
	트립신, 키모트립신	단백질	펩티드
	DNase	DNA	뉴클레오티드
	RNase	RNA	뉴클레오티드
소장	펩티다아제	짧은 펩티드	아미노산
	누클레아제	DNA, RNA	당, 염기
	락타아제, 말타아제, 수크 라아제	이당류	단당류

는 호르몬을 분비한다.

간문맥이 위나 소장으로부터 혈액을 직접 간으로 운반하기 때문에 간은 위장관에서 흡수된 물질들이 몸의 다른 곳으로 이동하기 전에 화학적으로 변형시켜주는 기관이다. 그 실례로 알코올이나 약물은 간세포에서 물질대사가 이루어진다. 따라서 알코올이나 약물의 남용은 흔히 간의 손상을 일으킨다.

간은 **독소**, 농약 성분, 발암원 등의 독성 성분을 독성이 약한 물질로 전환시켜준다. 간은 장내 박테리아에 의해 생산된 독성이 있는 암모니아를 안전한 화합물인 **요소**로 전환시켜주기도 한다.

간은 체내에서 생성된 여러 가지 화합물의 농도를 조절한다. 그 실례로 스테로이드 호르몬은 간에서 활성이 약해지고 수용성이 커진다. 그런 다음 이 분자들은 담즙으로 들어가 대변과 함께 몸 밖으로 제거되거나 혈액에 의해 신장으로 운반되어 오줌과 함께 배출된다.

간은 대부분의 혈장 단백질을 만든다. 혈액과 조직액 사이의 삼투 균형을 유지하는 데 혈장 단백질은 중요한 역할을 하므로 이의 총 농도는 일정한 수준으로 유지되어야 한다. 만약, 간경변(cirrhosis)과 같은 간질환의 경우 혈장 단백질의 농도가 너무 낮으면 조직에 체액이 축적되어 **부종**을 일으킨다.

뇌의 뉴런은 혈장으로부터 얻은 포도당의 유기호흡을 통해 에너지를 얻는다. 따라서 단식이나 오랜 운동 중에 혈당이 너무 떨어지지 않게 하는 것이 매우 중요하다. 당뇨병 환자의 경우처럼 혈당 농도가 너무 높게 올라가면 조직 손상이 일어나기 때문에 혈당 농도가 너무 올라가지 않게 하는 것도 매우 중요하다.

탄수화물이 많은 음식을 섭취한 후에 간과 골격근은 혈액으로부터 과도한 혈당을 다당류인 글리코겐으로 전환시켜 저장하는데 이 과정은 이자의 랑게르한스섬에 있는 β세포가 분비하는 인슐린에 의해 촉진된다(**그림 20.7**).

식간, 단식, 운동 중과 같이 혈당 수준이 감소할 때 간은 포도당을 혈액 안으로 분비한다. 이 포도당은 부분적으로 간의 글리코겐이 포도당 6인산으로 분해되어 얻어지는데 이 과정을 **글리코겐 분해**(glycogenolysis)라 한다. 포도당 6인산에서 인산기가 제거되고 포도당이 혈액 안으로 흡수되어야 하는데, 골격근에는 인산기를 제거하는 효소가 없기 때문에 글리코겐을 축적하고 있더라도 혈액으로 포도당을 분비하지 못한다. 포도당 6인산이 글리코겐 분해의 첫 번째 반응물이기 때문에 근육세포는 이 당을 에너지 대사에 직접 사용한다. 간의 글리코겐 분해는 이자에 있는 랑게르한스섬의 α세포가 분비하는 호르

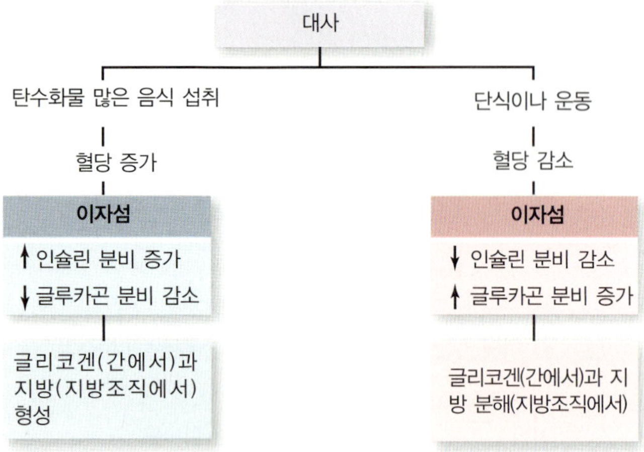

그림 20.7 인슐린과 글루카곤의 작용.
식사를 하면 이자의 β세포에서 인슐린의 분비가 증가하여 글리코겐과 지방의 축적이 촉진된다. 단식을 하거나 운동을 하면 이자의 α세포에서 글루카곤 분비가 증진되고 인슐린 분비가 감소되어 글리코겐과 지방의 분해가 촉진된다.

몬인 글루카곤에 의해 촉진된다(**그림 20.7**).

단식이나 운동을 계속하면 간은 아미노산이나 젖산 등의 분자들을 포도당으로 전환시키는데 이 과정을 **글루코스 신생합성**이라고 한다. 글루코스 신생합성에 이용되는 아미노산은 근육 단백질로부터 나오는 것이므로 단식을 계속하면 심한 근육 소모가 일어나게 된다.

1.8 음식 에너지, 에너지 소비, 필수 영양소

음식 섭취의 두 가지 기능은 에너지를 제공하는 일과 동물이 필요하지만 스스로 만들지 못하는 원료를 제공하는 일이다.

동물이 쉬고 있을 때에도 대사를 위해서 에너지가 필요한데, 최소한의 에너지 소모율을 **기초 대사율(BMR)**이라고 한다. 기초 대사율은 한 개체에서 비교적 일정하게 나타나며 나이, 성별, 체격에 따라 달라진다.

심한 운동은 기초수준 이상으로 대사율(metabolic rate)을 증가시킨다. 따라서 하루에 인체가 소비하는 에너지 양은 **BMR**에 의해서가 아니라 육체적인 활동 수준에 의해 결정된다. 만약 섭취한 에너지가 소모한 에너지보다 많으면 여분의 에너지는 글리코겐이나 지방으로 저장된다(**그림 20.7**). 글리코겐의 저장도 한계가 있으므로 과잉의 음식 에너지 섭취는 주로 지방 축적의 결과가 된다.

음식물 에너지의 섭취는 **Kc**(kilocalorie)로 측정한다. 1 Kc는 1,000 calories로 영양학자들은 Kc 대신에 대문자 C로 표기하여 Calorie라고 사용한다. 음식물이 지닌 에너지의 측정은 음식이 탈 때 발생하는 열량에 의해 측정된다. 탄다(burned)는 것은 말 그대로 calorimeter라 부르는 시험 장치나 몸속에서 음식물이 소화되고 세포호흡 하는 동안 산화될 때를 의미한다. 칼로리 섭취는 음식물의 선택과 소비되는 에너지 양에 의해 바뀔 수 있다.

사람의 하루 에너지 소비는 1,300~5,000 Kc인데, 이는 개인의 BMR과 육체적인 활동 수준에 따라 달라진다. 섭취한 에너지가 필요한 대사율을 초과하게 되면 지방이 축적되어 **비만**(obesity)을 일으켜 건강을 해치게 된다. 미국의 경우 40에서 59세 사이의 성인 중 약 34%가 비만이다. 만약 20에서 40세의 성인을 이 그룹에 추가시킨다면 비만율이 다소 떨어지지만 여전히 30% 수준에 이르고 있다.

오랫동안 식욕과 관련한 신경과 호르몬의 작용은 미스터리였다. 쥐를 대상으로 한 단식과 과식 조사에서 단식이 끝났을 때 음식 섭취의 증가를 볼 수 있었고, 이러한 증가는 잃어버린 체중을 기준치로 회복시키지만 그 이후의 음식 섭취는 감소한다. 이 실험은 음식 섭취와 에너지 균형이 관련된 기작을 조정하는 존재를 암시해준다. 이는 지방조직에서 생산되는 호르몬인 **포만인자**의 존재를 제안하게 해주었다. **시상하부**는 **섭식행동**과 관련되어 있다. 설치류를 대상으로 비만을 유도하는 많은 유전자가 밝혀지고 있다. 현대의 분자유전학은 이러한 유전자를 복제하여 섭식과 에너지 균형의 관계를 설명하고 있다. 이 이론은 지방 조직과 먹이 행동에서 오는 구심성(afferent) 신호가 **중추신경계(CNS)**와 관련이 있으며, 중추신경계에서 나오는 원심성 신호가 에너지 소비, 저장, 생산과 먹는 행동과 연관되어 있음을 알렸는데, 이와 관련된 호르몬에 대해 알아보자.

비만 쥐는 *ob*(obese에서 기원)라고 명명된 단일 유전자에 의해 나타나는 돌연변이에서 생겨난다. **그림 20.8**에서 보는 것처럼 이 열성 돌연변이 유전자가 **동형접합자**인 쥐(*ob*/*ob*)는 **야생형**(wild type)에 비해 비만으로 나타난다. 비만 생쥐에 렙틴을 주입하면 과식을 중단하고 체중이 줄어들게 된다(**그림**

그림 20.8 호르몬 렙틴의 영향.

20.8). 이 실험은 렙틴이 주요한 포만인자이며 식욕을 억제하는 역할을 하는 것을 보여준다. 렙틴 수용체(*db*)의 유전자가 분리되었으며, 이 유전자는 섭식에 관련된 시상하부에 있는 뇌의 뉴런에서 발현된다.

렙틴은 에너지 감지, 음식 섭취, 에너지 소비를 위한 제어 회로의 구심성 부분에 있는 중요 신호분자로 여겨진다. 렙틴은 먹는 것에 반응하여 지방조직에서 생산되며 렙틴 수준은 먹는 행동과 신체 지방의 양과 관련이 있다. 식사 제한은 렙틴의 혈중 농도를 낮추어 뇌에 음식 섭취가 필요하다는 신호를 보내고, 단식 후 식사를 다시 하게 되면 렙틴의 혈중 농도가 빠르게 증가되어 식욕 억제를 이끈다. 이 제어회로의 원심성 부분은 복잡하며 중추신경계에 의한 에너지 소비, 에너지 저장, 섭식 행동의 통제를 포함한다. 생식도 기아 상태에서 제한됨으로써 생식 역시 이 시스템의 영향을 받는다.

렙틴 유전자는 사람의 경우에도 쥐에서와 마찬가지로 기능한다. 그러나 사람에 있어 최근 연구는 *ob* 유전자의 활동과 렙틴의 혈중 농도가 마른 사람보다 비만인 경우 더 높다는 것을 보여주며, 비만인 사람이 생산한 렙틴은 정상으로 나타났다. 돌연변이 쥐와는 달리 사람의 비만은 지방세포의 렙틴 생산의 감소가 아니라 뇌에서의 렙틴 작용에 대한 감수성의 감소 결과이다. 사람의 렙틴에 관한 연구는 학자와 제약업체 모두 깊은 관심을 가지고 진행 중이다.

ob 유전자에 있는 기능상실 돌연변이와 관련된 극심한 비만은 다른 호르몬 신호가 렙틴 신호를 대신할 수 없다는 것을 나타내지만 다른 호르몬 또한 이에 관여한다. 인슐린 역시 포만 신호를 나타내며, 인슐린의 혈중 농도는 단식으로 인해 떨어지고, 비만으로 인해 올라간다. 앞서 기술한 대로 인슐린의 주요한 기능은 혈당의 **항상성**(homeostasis)으로 에너지 균형의 제어 회로에 있어 그 역할은 매우 복잡하다.

체내에서 생성되지 않는 필수 영양소

많은 동물이 진화과정에서 대사에 필요한 주요 물질의 합성 능력을 잃었다. 생활과 건강에 꼭 필요하지만 동물이 스스로 체내에서 합성하지 못하여 음식으로 섭취해야 하는 물질을 **필수 영양소**라고 부른다.

비타민(vitamin)은 필수 영양소의 한 종류로 미량으로 요구되는 유기물이다. 그 실례로 사람, 유인원, 원숭이류, 모르모트는 아스코르브산(ascorbic acid, 비타민 C)을 합성하는 능력을 상실하였다. 그래서 충분한 양의 비타민 C가 공급되지 않으면 결합조직이 퇴화하는 괴혈병(scurvy)에 걸리게 된다. 사람에게 필요한 비타민은 **표 20.2**에서 보는 바와 같이 13가지이다.

일부 필수 영양소는 미량 이상의 양을 필요로 한다. 예를 들어 많은 척추동물은 20가지 아미노산 중에서 한 가지 이상의 아미노산을 합성하지 못한다. 이 필수 아미노산은 음식으로 공급되어야 한다. 사람에게는 9가지 **필수 아미노산**이 있다. 엄

표 20.2 사람에게 필요한 주요 비타민

비타민	기능	주요 함유식품	결핍 증상
비타민 A(레티놀)	시각색소를 만들거나 상피조직 유지에 이용됨	녹색채소, 유제품, 간	야맹증, 거친피부
B-복합체			
B_1	세포호흡 시 CO_2 제거에 필요한 조효소	육류, 곡류, 콩류	각기병, 심장쇠약, 부종
B_2(리보플라민)	대사활동을 하는 조효소 FDA와 FMN의 부분	여러 가지 식품	피부의 염증과 위약, 눈의 염증
B_3(니아신)	조효소 NAD^+와 $NADP^+$의 부분	여러 가지 식품	펠라그라, 신경염증, 전신질환
B_5(판토텐산)	탄수화물과 지방 대사에 중요한 CoA의 부분	여러 가지 식품	드물게 피로, 신체 통합작용의 소실
B_6(피리독신)	아미논산 대사의 여러 과정의 조효소	곡류, 야채, 육류	빈혈증, 경련, 신경과민
B_{12}(시아노코발라민)	핵산 생산 과정의 조효소	적색육류, 유제품	악성빈혈
비오틴	지방합성과 아미노산 대사의 조효소	육류, 야채	드물게 우울증 및 구토증
엽산	아미노산 및 핵산 대사의 조효소	녹색채소	빈혈증, 설사
비타민 C	골라겐, 뼈와 이의 시멘트질, 혈관의 결합조직 형성에 중요 감염에 대한 저항력 유지	과일, 녹색채소	괴혈병, 피부 및 혈관약화
비타민 D(칼시페롤)	칼슘 흡수와 골격 형성증진	유제품, 대구간유	구루병, 골격기형
비타민 E(토코페롤)	지방산 및 세포막 산화방지	마가린, 씨앗, 녹색채소	드묾
비타민 K	혈액응고에 필수적	녹색채소	심한 출혈

격한 채식주의자는 음식 선택을 할 때 한 가지 음식에 포함된 필수 아미노산이 다른 음식을 보완할 수 있도록 해야 한다. 채식주의자에게는 비타민 B처럼 많은 식물에서 발견되지 않은 비타민을 공급하기 위해 보충제가 필요할지도 모른다.

모든 척추동물은 일부 불포화 지방산의 합성 능력을 소실하여 이들을 음식으로 섭취해야 한다. 척추동물은 합성할 수 있으나 다른 동물은 합성하지 못하는 필수 영양소도 있다. 예를 들어 척추동물은 스테로이드 호르몬의 주요성분인 **콜레스테롤**(cholesterol)을 합성하지만 일부 육식성 곤충류는 이를 합성하지 못한다.

음식물은 아연, 몰리브덴 같은 미량으로 요구되는 **미량원소**를 포함해 칼슘, 마그네슘과 다른 무기질 같은 필수 미네랄을 제공한다. 동물은 미량원소를 식물이나 초식성 동물로부터 섭취한다.

2 호흡계

2.1 호흡표면을 통한 가스교환

모든 다세포동물이 직면하는 주요한 생리적인 과제 중 하나는 충분한 산소 획득과 과잉의 이산화탄소의 처리이다. 산소는 세포호흡을 위해 미토콘드리아에서 사용되며, 이 과정에서 CO_2가 생산된다. 신체 시스템에서의 호흡은 세포 수준에서 보이지 않는 호흡기작에서부터 호흡기관 내의 산소와 이산화탄소의 교환에 이르기까지 많은 과정을 포함하고 있다.

무척추동물은 **상피**(epithelium), **기관**(trachea)과 **아가미**(gills)를 포함해 여러 종류의 호흡기관을 가진다. 어류나 양서류 유생과 같은 일부 척추동물도 아가미를 사용하지만 성숙한 양서류는 주된 외호흡 기관이나 보조 호흡기관으로 피부나 다른 상피를 이용한다.

많은 양서류, 파충류, 조류, 포유류는 폐로 외호흡을 한다. 수생동물이나 육상동물 모두 혈관을 가진 호흡기관의 역할은 산소를 혈액으로 확산시키고 이산화탄소를 혈액 밖으로 배출하는 것이다. 몸속 조직에서는 가스 확산의 방향이 호흡기관과 반대로 일어난다.

원형질막(plasma membrane)은 안정화를 위해 수분으로 둘러싸여 있기 때문에 가스교환의 외부 환경은 항상 물이다. 이는 육상 척추동물에게도 적용되어 공기 중의 산소는 호흡표면(respiratory surface)을 덮는 체액의 얇은 막에 용해된다.

척추동물의 경우 가스는 호흡표면을 막처럼 덮은 수분층으로 확산한다. 확산과정은 수동적으로 산소와 이산화탄소의 농도차에 의해서만 일어난다. 용해되는 가스의 농도는 압력으로 나타낼 수 있다.

세포호흡에 필요한 산소의 양을 약 0.5 mm 이상 떨어진 거리에서는 **단순확산**만으로는 얻을 수 없다. 이러한 제약 때문에 주변 환경에서 단순확산으로만 산소를 얻는 생물은 몸의 크기가 커질 수 없다. 세균, 고세균, 원생생물 그리고 군집성 단세포생물은 크기가 작기 때문에 단순확산만으로도 필요한 산소를 얻을 수 있으나 대부분의 다세포동물에서는 가스교환을 원활하게 할 수 있는 구조적 적응이 필요하다.

대부분의 무척추동물은 특별한 호흡기관이 결여되어 있지만 확산을 향상시키는 방법을 발전시켜 왔다. 이들 중 다수는 섬모를 이용해 수류(water current)를 만들고, 호흡기가 지속적으로 새로운 물에 접근하도록 함으로써 외부 산소 농도가 감소되지 않도록 한다. 이는 농도차(Δp)를 최대화하여 확산속도를 증가시키는 방법이다.

연체동물, 절지동물, 극피동물과 같은 일부 무척추동물과 척추동물은 확산이 용이하도록 표면적을 증가시키는 아가미나 기관, 폐와 같은 호흡기관을 가진다. 이런 적응 또한 물이나 공기 같은 외부환경이 혈액이나 림프처럼 항상 몸속 구석구석을 순환하는 내부체액에 가깝도록 하는 것이다. 따라서 호흡기관은 표면적을 최대화하고 확산거리를 감소시켜 확산속도를 증가시킨다.

2.2 아가미, 피부호흡, 기관계

아가미(gills)는 물에 사는 동물이 지닌 특별한 구조이다. 아가미는 극피동물의 유두돌기(papulae)처럼 단순하거나 어류의 아가미처럼 대단히 복잡하기도 하다. 아가미는 물속에서 보다 많은 산소를 얻을 수 있도록 표면적을 넓혀 확산속도를 증가시킨다. 척추동물에서 볼 수 있는 아가미에 대해 알아보자.

일부 척추동물과 무척추동물에서는 수분을 지닌 몸체 표면에서 가스교환이 이루어진다. 그 실례로 피부를 통한 가스교환은 많은 양서류에서 흔히 볼 수 있다. 곤충 같은 딱딱한 외골격을 갖는 육상 절지동물은 기관호흡을 한다.

외부 아가미는 몸 표면에 노출된 구조로 척추동물의 경우 여러 종류의 어류, 양서류의 유생, 일생 동안 유생의 특징을 갖는 액솔로틀(axolotl) 같은 양서류에서 볼 수 있다(**그림 20.9**).

외부 아가미의 단점은 산소가 풍부한 맑은 물과 접촉하기 위해 끊임없이 움직여야 하며, 많이 갈라진 아가미는 움직일 때 거센 저항을 받게 된다는 것이다. 작은 동물을 제외하고는 이런 형태의 호흡은 효과적이지 못하다. 또 다른 단점은 가스교환을 위한 얇은 상피가 쉽게 손상될 수 있다는 점이다.

어떤 수생동물은 움직일 수 없는 아가미에 물을 펌프질하기 위한 수단으로 **아가미방**을 특별하게 진화시켰다. 연체동물의 내부 **외투강**은 밖으로 열리며, 그 안에 아가미를 가지고 있다. 외투강 근육 벽의 수축은 흡입관을 통해 물을 빨아들이고 배출관을 통해 물을 내보낸다.

경골어류의 아가미는 **구강**과 **덮개방** 사이에 위치한다. 이

그림 20.9 외부 아가미를 가진 양서류.
액솔로틀(axolotl)과 같은 수생 양서류는 물속에서 산소를 얻기 위해 외부 아가미를 사용한다.

두 개의 방이 펌프처럼 작용하여 물을 입속으로, 그리고 아가미 덮개를 통해 밖으로 이동시킨다.

다랑어와 같이 쉬지 않고 헤엄치는 어류는 움직이지 못하는 아가미 덮개를 가진다. 이런 어류는 입을 부분적으로 열고 헤엄쳐 물이 계속 아가미를 지나가게 한다. 그러나 대부분의 경골어류는 움직일 수 있는 유연한 아가미 덮개를 가진다.

어류의 두부 양쪽에는 3~7개의 아가미궁이 있다. 각 아가미궁은 두 줄의 **아가미사**로 구성되고, 각 아가미사는 얇은 막상의 판(새엽, lamella)을 가진다. 물은 새엽을 지나 한쪽 방향으로만 흐른다.

항상 수분이 필요한 피부호흡

일부 척추동물은 산소와 이산화탄소를 피부표면을 통해 확산시킬 수 있다. 양서류와 일부 거북이 같은 수생동물의 경우 많은 혈관으로 이루어진 얇은 상피를 가진다. 피부를 통한 산소와 이산화탄소의 교환 과정을 **피부호흡**이라 부른다. 양서류에서는 폐 이외에 피부호흡으로 호흡을 보충하거나 대체하기도 한다. 흔하진 않지만 미주 도롱뇽 같은 육상 양서류는 전적으로 피부호흡에 의존한다.

육상 **파충류**는 건조하고 질기며 비늘로 덮인 피부를 가진다. 이는 건조는 막지만 양서류와 같은 피부호흡은 불가능하다. 그러나 일부 수생 파충류는 피부호흡을 하기도 한다. 예를 들어 자라는 폐를 사용하지 않은 상태로 여러 시간 강바닥에 움직이지 않고 잠수할 수 있다. 움직일 때는 피부호흡으로 조직에 충분한 산소를 제공한다. 보통 담수거북도 잠수할 때 피부호흡을 한다. 겨울철에 이들은 공기 없이 며칠 동안 잠수한 상태로 있을 수 있다.

절지동물은 단일 호흡기관을 가지지 않는다. 대부분의 육상 절지동물의 기관계는 작고, 가지가 많은 큐티클 막으로 덮힌 공기관으로 구성된 **기관**으로 이루어져 있다. 이 기관은 몸 구석구석으로 가스를 운반하기 위해 더 작은 기관지로 세분되며, 기관지는 각 세포와 직접 접촉하고 산소는 원형질막을 통해 직접 확산된다.

공기는 **기문**이라고 부르는 **외골격** 내에 특화된 개구부를 통해 기관으로 들어가고 대부분의 육상 절지동물에서 기문은 밸브로 개폐가 가능하다. 이 기문을 닫음으로써 수분 손실을 막는 능력은 절지동물이 육상에서 번성하는 데 중요한 적응이라 볼 수 있다.

2.3 폐

수생 환경에서의 호흡기인 아가미는 높은 효율성에도 불구하고 다음과 같은 이유로 육상동물에게는 유용하지 못하다.

1. **공기는 물보다 부력이 작다:** 아가미의 섬세한 막 모양의 새엽은 구조적인 강도가 약하여 물속에서만 지탱될 수 있다. 어류가 물 밖으로 나오게 되면 산소는 넘쳐나지만 아가미 조직은 붕괴되어 곧 질식사하게 된다. 아가미와 달리 기관이나 폐와 같은 내부에 있는 공기 통로는 몸이 구조적 지지 역할을 하게 된다.
2. **수분은 증발한다:** 대기는 호우 직후를 제외하고는 수증기로 포화되는 일은 없다. 따라서 육상생물은 끊임없이 공기 중으로 수분을 잃게 된다. 아가미가 공기에 노출되면 엄청난 수분 손실 면적을 가지게 된다.

폐는 가지 쳐진 관상 통로를 따라 공기를 이동시킴으로써 수분증발을 최소화한다. 절지동물의 기관계 또한 수분증발을 최소화하기 위해 내부의 관을 사용한다.

공기는 폐에 도달하기 전에 수증기로 포화되어 있는 얇은 젖은 막에서 가스교환이 일어난다. 물이 한쪽 방향으로만 흘러가는 아가미와는 달리 폐에서는 공기가 동일한 통로를 따라 두 방향으로 들어가고 나간다. 이어 살펴볼 조류의 호흡계는 매우 우수하다.

건조한 공기는 78.09% 질소와 20.95% 산소, 0.93% 아르곤과 불활성기체 그리고 0.03% 이산화탄소를 포함하고 있다. 고도가 높아지면 공기량은 감소하지만 이 구성은 대류로 인해 100 km의 고도 이하에서는 일정하다.

해수면의 기압은 760 mm Hg이고 이 압력을 1기압이라 한다.

전체 기압은 대기 중에 존재하는 각각의 기체의 분압(partial pressure)을 합한 것과 같다. 해수면에서 N_2, O_2, CO_2의 분압은 P_{N_2}, P_{O_2}, P_{CO_2}로 나타내며 다음과 같다.

$$P_{N_2} = 760 \times 79.02\% = 600.6 \text{ mm Hg}$$
$$P_{O_2} = 760 \times 20.95\% = 159.2 \text{ mm Hg}$$
$$P_{CO_2} = 760 \times 0.03\% = 0.2 \text{ mm Hg}$$

사람은 6,000 m 이상 고도에서는 오래 생존할 수 없다. 이런 고도에서도 20.95%의 산소가 존재하지만 대기압이 약 380 mm Hg이고 P_{O_2}는 80 mm Hg (380 × 20.95%)이므로 해수면에서의 산소양의 절반에 해당한다.

다음에는 양서류와 파충류를 시작으로 폐를 가진 척추동물에 대해 알아본다. 그 다음 포유동물의 폐와 아주 특별한 폐를 가진 조류에 대해 알아본다.

양서류와 파충류의 호흡

양서류의 폐는 장에서 팽창되어 나온 주머니 모양이다(**그림 20.10**). 주름에 의해 이 주머니의 내부 표면적이 증대되어 있지만 양서류의 폐는 다른 육상 척추동물에 비해 가스교환을 위한 표면적이 훨씬 작다. 양서류의 폐는 **구강**이나 **인두** 뒤쪽과 연결되어 있고 각 폐의 입구는 **성문**이라는 밸브에 의해 조절된다.

양서류는 다른 육상 척추동물과는 다른 방식으로 호흡한다. 양서류는 공기를 폐로 밀어넣는데, 구강을 공기로 채우고 (**그림 20.10*a***), 입과 콧구멍을 닫아 풍선을 채우는 압력탱크와 같은 원리로 폐 속으로 공기를 밀어넣는다(**그림 20.10*b***). 이를 **양압식 호흡**이라 부른다. 사람의 경우 인공호흡이 이에 해당된다.

대부분의 파충류는 근육을 수축하여 흉곽을 확장시키는 방법으로 호흡한다. 이렇게 함으로써 폐 속의 압력이 대기압보다 낮아져 폐 속으로 더 많은 공기가 이동된다. 이러한 환기를 **음압식 호흡**이라 한다. 이는 빨대로 물을 빨아들이는 것처럼 밀어넣는 공기보다 끌어당겨진 공기 때문에 발생하게 된다.

포유동물의 폐

조류나 포유류 같은 항온동물은 높은 **대사율**을 가지기 때문에 더 많은 산소를 필요로 한다. 이러한 척추동물은 변온동물에 비해 호흡계가 좀 더 복잡하고 효율적이며, 체온 유지를 위해 증가하는 세포호흡을 위해 더 효율적인 호흡계의 진화가 일어났다.

포유류의 폐에는 수백만 개의 포도 모양을 한 작은 주머니 형태의 **폐포**로 차 있어 가스교환을 위한 표면적을 크게 넓히고 있다(**그림 20.11**). 각 폐포는 세포 하나 두께의 상피로 구성되어 있고 세포 하나 두께의 벽을 가지는 모세혈관으로 둘러싸여 있다. 따라서 가스 확산거리(*d*)는 0.5에서 1.5 μm 정도로 매우 작다.

입과 코로 들어온 공기는 **인두**를 거쳐 **후두**(larynx)로 가서 **성문**을 통과한 다음, C자 모양의 연골로 지탱되는 기관으로 간다. **기관**이라는 용어는 구조가 전혀 상동이지 않은 척추동물과 곤충 모두에 사용된다. 포유동물의 기관은 오른쪽과 왼쪽의 두 갈래로 나뉘어 기관지(bronchi)가 되고 이는 더 갈라져 **세기관지**가 되어 공기를 폐포로 전달하게 된다.

폐포는 모세혈관 망으로 둘러싸여 있으며, 모든 공기와 혈액 사이의 가스교환은 폐포의 벽을 통해 이루어진다. 많은 세기관지와 엄청난 양의 폐포가 양서류, 파충류보다 호흡표면적을 훨씬 더 증가시켜 준다. 사람의 경우 각 폐에는 약 3억 개의 폐포를 가지고 있으며 확산이 일어나는 전체면적은 80 m^2이고 이는 몸 표면적의 42배에 해당한다.

조류의 호흡계는 모든 육상 척추동물의 호흡계 중 가장 효율적인 독특한 구조이다. 포유동물의 끝이 막힌 폐포와는 달리 새의 폐는 **부기관지**라는 작은 기체 통로에서 기체교환이 일어

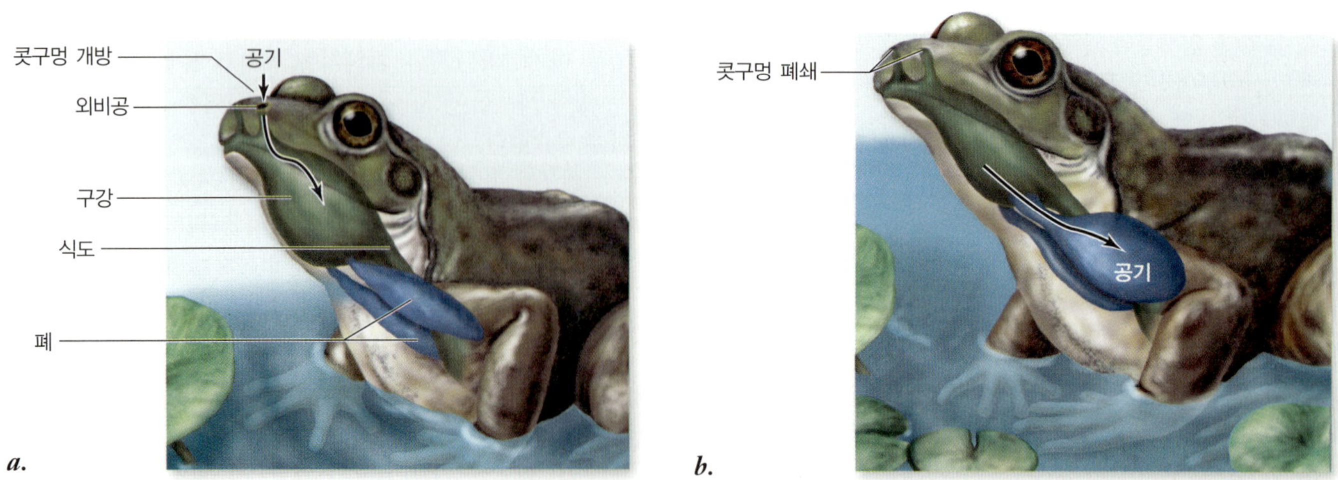

그림 20.10 양서류의 폐.
개구리의 폐는 장에서 나온 주머니 모양이고 구강의 양압에 의해 공기로 채워진다. ***a.*** 구강이 확장되고 콧구멍을 통해 공기가 들어간다. ***b.*** 콧구멍을 닫고 구강이 압축되면서 양압을 형성해 폐를 채운다. 양서류는 다른 척추동물과 비교하여 가스교환을 위해 넓은 표면적을 제공하는 구조물이 폐 안에 존재하지 않는다. 그래서 다른 척추동물의 폐만큼 효율적이지 못하다.

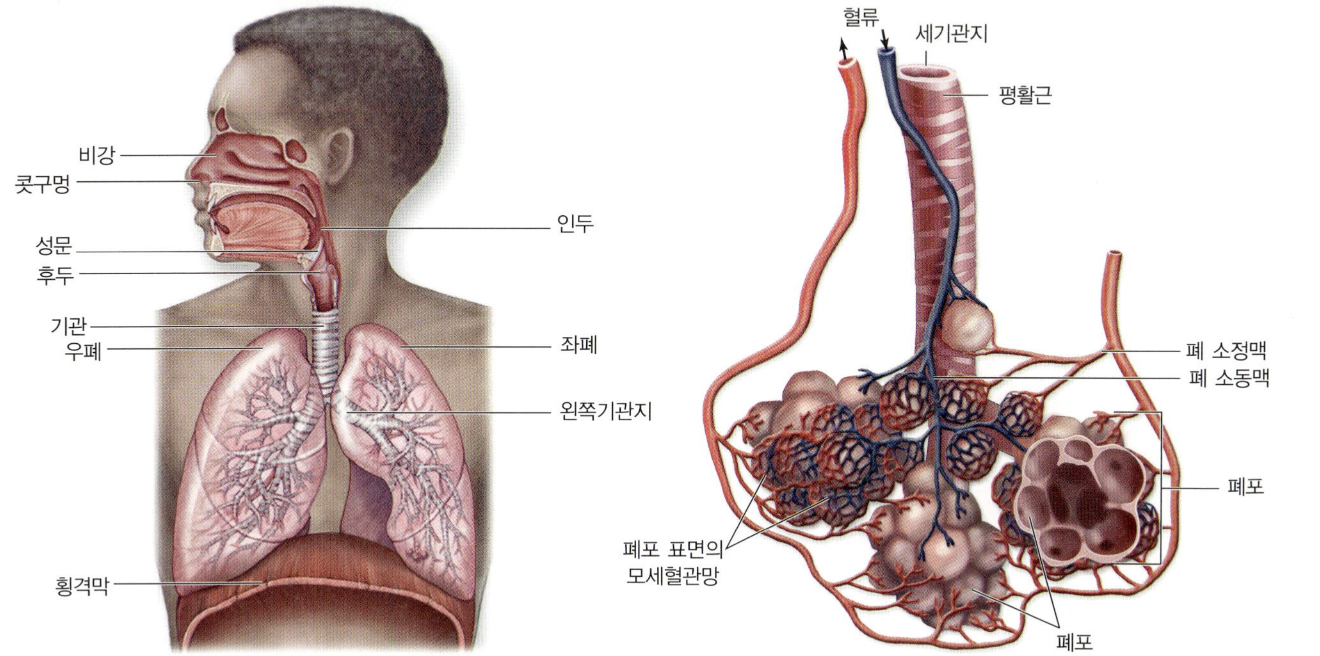

그림 20.11 사람의 호흡계와 포유동물 폐의 구조.
포유동물의 폐는 수백만 개의 폐포가 세기관지 끝에 모여 있기 때문에 커다란 표면적을 지녀 혈액과의 기체교환이 효율적으로 일어나게 된다.

난다. 공기는 부기관지를 통해 한쪽 방향으로 지나가고 이런 흐름은 어류의 아가미를 통한 물의 단일방향 흐름과 같다.

양서류, 파충류, 포유류의 폐는 완전히 비어 있는 경우가 없기 때문에 육상 척추동물에서는 신선한 공기가 산소가 없는 공기와 섞이게 된다. 그러나 조류에서는 신선한 공기만 폐의 부기관지로 들어가고 산소가 없는 공기는 다른 통로를 통해 폐에서 빠져나간다.

공기가 부기관지를 일방통행으로 통과하는 것은 기낭의 작용 때문이다. 기낭은 앞쪽과 뒤쪽의 두 가지가 있는데, 팽창할 때 공기를 흡입하고 수축할 때 공기를 폐 안으로 밀어 넣는다.

조류의 호흡은 두 주기로 이루어진다. 각 주기는 흡기 시기와 호기 시기를 가지지만 한 주기에서 흡입된 공기는 밖으로 나가지 않고 제2주기로 간다. 들이쉴 때 앞쪽 기낭과 뒤쪽 기낭이 확장되면서 공기를 안으로 넣는다. 그러나 흡입된 공기는 뒤쪽 기낭으로만 들어가고, 앞쪽 기낭은 폐에서 나온 공기로 채워진다. 내쉴 때 앞쪽 기낭에 있던 공기는 몸 밖으로 밀려 나가며 뒤쪽 기낭에 있던 공기는 폐로 밀려 들어간다. 이 과정은 제2주기에서도 반복된다.

2.4 폐의 환기 구조와 기작

폐에는 약 3백억 개의 모세혈관이 존재하고 이는 폐포당 100개에 해당된다. 그래서 하나의 폐포는 전체 표면이 혈액으로 둘러싸인 미세한 공기방울의 모습이다. 가스교환은 이 접점에서 빠르게 일어난다.

순환계를 돌아온 혈액은 산소를 소모하고 약 40 mmHg의 분압(P_{O_2})을 갖는다. 반대로 폐포에 있는 산소분압은 약 105 mmHg로 피크 법칙의 Δp에 해당하는 농도차는 65 mmHg가 되어 산소를 혈액 쪽으로 이동하게 한다. 가스교환 결과 폐를 떠나는 혈액의 산소분압은 약 100 mmHg이 된다. 이렇게 폐는 완전하지는 않지만 혈액으로 산소를 공급하는 일을 매우 효율적으로 수행한다. 원형질에서 P_{CO_2}의 변화와 혈액 내에서의 P_{O_2}의 변화는 **그림 20.12**에서 보는 바와 같다.

사람과 다른 포유동물의 경우 폐의 바깥쪽은 **장측흉막**이라는 얇은 막으로 덮여 있고 흉강 내벽은 **체측흉막**으로 싸여 있으며, 두 막 사이의 공간은 **흉막강**이라 부른다. 흉막강은 정상적일 경우 매우 작고 체액으로 채워져 있다. 체액은 두 막 사이에서 폐와 흉강을 효과적으로 연결하게 된다. 흉막은 각 폐를 따로 싸고 있어 하나의 폐의 막에 구멍이 생겨 손상되더라도 다른 폐는 여전히 기능할 수 있다.

흡기 동안 **외늑간근**과 **횡격막**의 근육수축으로 가슴 내의 용적이 증가된다. 늑골 사이의 외늑간근의 수축은 늑골을 들어올리고 흉곽을 확장시킨다. 복강과 흉강을 구분하게 하는 가로무늬근인 횡격막의 수축으로 횡격막은 내려가고 더 편평한 모양이 된다. 이는 흉곽과 폐의 용적을 크게 하여 음압식 호흡을 가능하게 하고 복부기관에는 압력을 가하게 된다(**그림 20.13*a***).

흉곽과 폐는 탄성을 지녀 외늑간근과 횡격막이 이완하면 이들이 제자리로 돌아가면서 숨을 내쉬게 된다. 그러나 풍선을 불 때와 같이 숨을 크게 내쉴 때는 복부근육을 수축시켜 많은 양의 숨을 내쉴 수 있다(**그림 20.13*b***).

환기 효율성은 폐의 용량과 호흡률에 달려 있다

호흡하는 동안 폐의 용적 변화를 나타내는 용어는 여러 가지이다. 1회 호흡 공기량은 약 500 mL이다. 즉 500 mL의 공기가 폐로 들어가고 나간다. 1회 호흡량 중 약 150 mL는 관상통로(기관, 기관지 및 기관세지)에 들어 있기 때문에 그만큼은 기체 교환을 하지 못한다. 이렇게 해부학적으로 죽은 공간에 있는 공기는 흡기 때 신선한 공기와 섞인다. 이 점이 포유동물의 호흡이 일방 통행의 공기 흐름을 가지는 조류의 호흡보다 효율성이 떨어지는 이유가 된다.

최대로 들이쉰 다음 최대로 내뱉을 수 있는 공기 양을 **폐활량**이라고 한다. 폐활량은 젊은 남자에서 평균 4.6 L이고 젊은 여자에게서는 평균 3.1 L이다. 폐활량의 측정은 임상적으로 중요한 의미를 가지는데, 폐활량이 너무 적으면 폐질환에 의해 폐포가 손상되었다고 의심할 수 있다.

호흡의 속도와 깊이에 따라 혈액 내 P_{O_2}와 P_{CO_2}가 달라진다. 만일 호흡이 충분치 않아 정상적인 혈액 내 산소분압을 유지시키지 못하면 호흡 저하가 발생하고, 과도한 호흡으로 이산화탄소의 분압이 비정상적으로 낮아지게 되면 **과호흡**이라 할 수 있다.

적당한 운동을 할 때 증가되는 호흡은 과호흡이라 할 수 없다. 왜냐하면 빠르고 힘찬 호흡은 높은 신진대사율과 잘 맞고, 혈액 가스량도 정상이기 때문이다.

호흡은 **연수**에 위치한 호흡조절중추의 뉴런에서 시작된다. 이 뉴런은 횡격막과 외늑간근에 충격을 보내 수축하도록

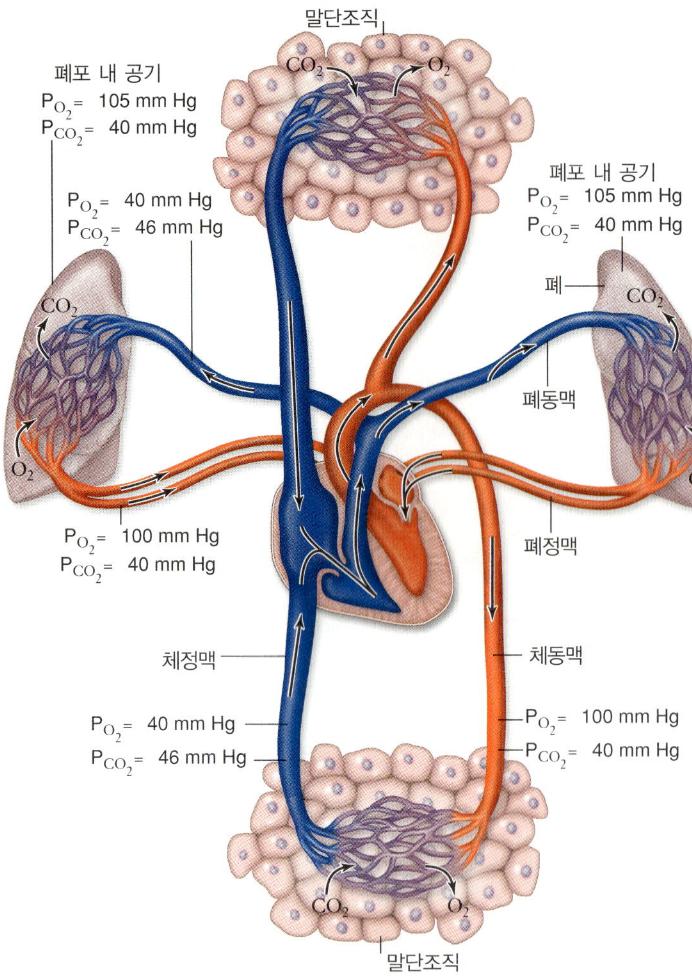

그림 20.12 폐와 순환계의 모세혈관에서의 가스교환.
폐에서의 가스교환으로 산소를 공급받은 혈액이 체동맥에 의해 운반된다(이때 CO_2의 농도는 낮다). 조직에 산소를 공급하고 정맥으로 들어온 혈액은 감소된 산소 농도와 증가된 CO_2 농도를 갖는다.

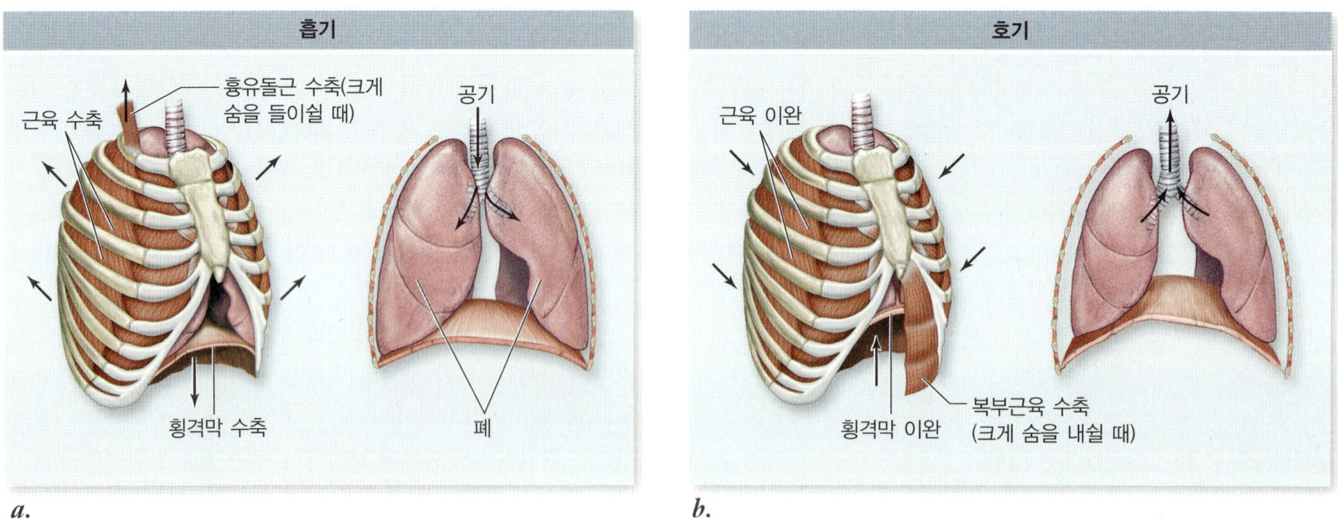

a. *b.*

그림 20.13 사람의 호흡.
a. 들이쉬기(흡기). 횡격막이 수축하고 흉강의 벽이 확장되어 흉강의 용적이 증가하면서 공기가 폐로 들어간다. ***b.*** 내쉬기(호기). 횡격막과 흉강벽이 제자리로 돌아가면 흉강의 크기가 작아지면서 기관을 통해 폐 밖으로 공기가 빠져나간다. 흡기는 흉유돌근과 같은 보조적 호흡근육의 수축에 의해, 호기는 복부근육의 수축으로도 발생한다.

자극함으로써 숨을 들이쉬게 한다. 이 뉴런의 자극을 중지하면 근육은 이완되고 숨을 내쉬게 된다. 호흡근육은 골격근이지만 이 근육들은 보통 자율신경의 지배를 받는다. 그러나 수의적으로 이 근육들을 멈추거나 움직여서 호흡을 정지시키거나 빠르게 할 수도 있다.

연수의 뉴런은 혈액 내 산소와 이산화탄소의 농도를 항상 일정하게 유지시키도록 반응해야 한다. 숨을 한참 동안 참은 뒤에는 숨을 가쁘게 쉬게 되는데, 이는 혈액 내 기체의 변화에 의해 유도되며, 이는 산소 농도의 하락보다는 이산화탄소 농도의 증가 때문에 일어난다. 혈액과 체액 안의 이산화탄소의 양은 산소 양에 비해 더 빈틈없이 탐지되어 호흡에 더 큰 영향을 미친다.

P_{CO_2}의 상승은 탄산(H_2CO_3)의 증가를 야기하는데 탄산은 혈액의 pH를 낮추는 작용을 한다. 혈액의 pH 하락은 대동맥소체와 목동맥소체의 화학감지뉴런을 자극한다.

이 말초 수용기는 호흡조절중추에 신호를 보내 호흡하도록 한다. 뇌 또한 뇌척수액의 pH 하락으로 인해 자극받는 중추 화학수용기를 가지고 있다.

사람은 수의적으로 계속 숨을 몰아쉬는 과호흡 상태를 지속할 수 없다. 과호흡으로 인한 혈장 내 이산화탄소 분압의 감소와 혈장과 뇌척수액 내의 pH 증가는 호흡을 일으키는 반사를 소멸시킨다. 과호흡을 한 사람은 숨을 오래 참을 수 있는데, 이는 혈액 내 산소 농도의 증가 때문이 아니라 감소된 이산화탄소 농도가 복귀되는 데 오래 걸리기 때문이다.

실제로 정상적인 폐를 가진 사람의 경우, P_{O_2}는 높은 산에 올라갔을 때만 중요한 호흡 자극 요인이 된다. 고산병 징후는 힘없음, 두통, 메스꺼움, 구토, 뇌기능 감소 등으로 나타난다. 이러한 징후들은 산소 부족과 관련되어 있고 산소를 공급해주면 이러한 증상은 사라지게 된다.

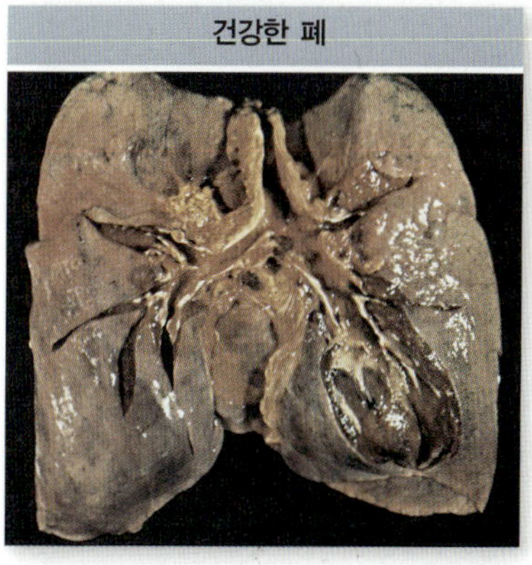

a.

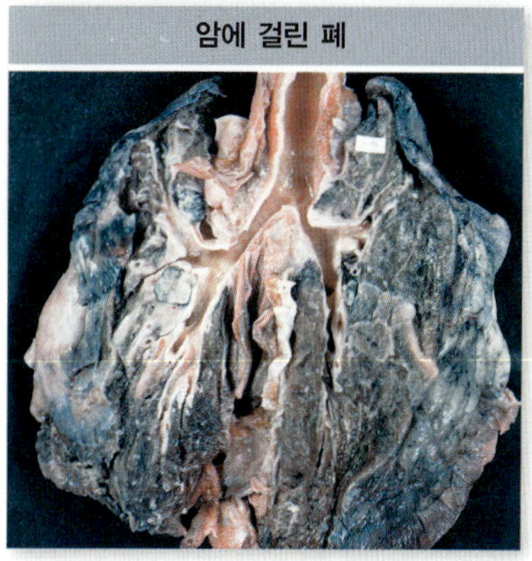

b.

그림 20.14 건강한 폐(*a*)와 암에 걸린 폐(*b*)의 비교.

호흡질병

만성폐쇄성 폐질환(COPD)은 장기적으로 공기의 흐름을 방해하는 질병이다. 주요 COPD로는 **천식**, **기관지염**, **폐기종** 등을 들 수 있다. 천식은 히스타민과 다른 염증성 화학물질의 방출로 유발되는 알레르기성 질환으로 심한 기관지 협착을 유발하고 때로는 질식하게 한다. 다른 COPD는 보통 담배연기나 공기오염, 공기 중의 자극물에 대한 직업적 노출이 원인이 되어 발생한다.

폐기종에서는 폐포 벽이 파괴되어 폐는 커져 보이나 폐포의 수는 더 줄어든 상태로 폐에 섬유가 형성되고 탄력성은 감소하게 된다. 흡입하는 동안 공기 통로는 적당히 열리지만 공기가 나갈 때는 방해를 받게 된다. 폐기종을 가진 사람은 호흡하는 데 보통사람의 3~4배의 에너지를 써야 하므로 쉽게 지치게 된다. 폐기종 원인의 80~90%가 흡연이다.

폐암은 어떤 다른 종류의 암보다 위험하다. 폐암의 가장 중요한 원인은 흡연이고, 공기오염이 그 뒤를 잇는다(**그림 20.14**). 폐암은 COPD를 동반한다.

폐종양의 90% 이상이 기관지의 점막에서 시작되며, 종양이 기관지 벽을 침범하여 그 주변에서 자라게 되어 기도를 누르게 되고 폐에서 먼 부위부터 파괴가 시작된다. 종양이 자라남에 따라 종종 기침이 나게 되지만 기침은 흡연자에게는 흔한 현상이라 무시하게 된다. 따라서 이 심각한 문제의 첫 번째 신호는 피를 토하는 것이 되기도 한다.

폐암은 매우 빨리 전이되어 보통 진단될 때쯤에는 다른 기관에 전이되어 있다. 전이된 폐암이 회복될 가능성은 진단 후 5년 이상 생존하는 환자의 비율이 단지 3%일 정도로 매우 희박하다.

2.5 체액 내에서의 가스 수송

혈장 내에서 용해되는 산소의 양은 폐포에 있는 공기의 P_{O_2}에 따라 달라진다. 포유동물의 폐가 정상적으로 작동할 때 폐를 떠나는 혈장은 이론적으로 볼 때 거의 공기의 P_{O_2}만큼의 용존 산소를 가진다. 산소는 물에 잘 녹지 않기 때문에 혈장은 리터당 최대 3 mL의 산소만 함유할 수 있다. 그러나 혈액은 리터당 200 mL의 산소를 함유한다. 이는 산소가 혈장이 아니라 적혈구 안의 헤모글로빈 분자에 결합되어 운반되기 때문이다.

헤모글로빈은 4개의 폴리펩티드와 4개의 **헴기**라는 유기 화합물로 구성된 단백질이다. 각 헴기의 중심에는 1개의 철

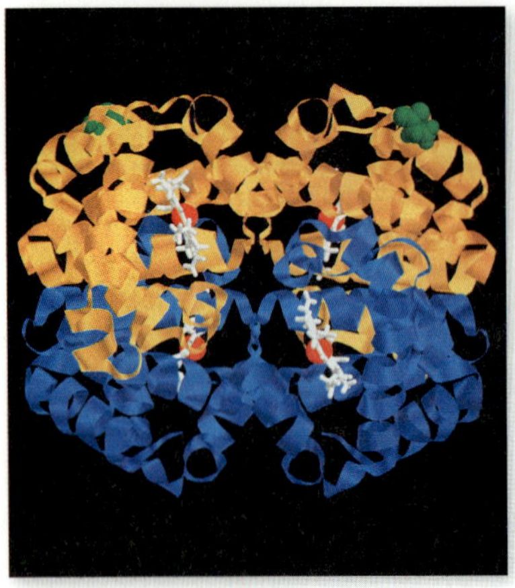

그림 20.15 헤모글로빈. 두 개의 α사슬과 두 개의 β사슬 단백질의 구조. 헤모글로빈은 4개의 폴리펩티드 사슬로 구성되어 있다. 각 사슬에는 헴기(흰색)가 연결되어 있고, 각 헴기는 중앙에 철 원자(적색 공)를 갖는데 이곳에 산소 분자가 결합하게 된다.

(iron) 원자가 있으며, 철 원자는 산소 한 분자와 결합할 수 있다(**그림 20.15**). 따라서 각 헤모글로빈 분자는 4개의 산소분자를 운반할 수 있다. 폐에서 산소와 결합한 헤모글로빈이 **산화헤모글로빈**(oxyhemoglobin)으로 밝은 적색을 띤다. 몸의 다른 부위에서 혈액이 모세혈관을 통과할 때 산화헤모글로빈의 일부는 산소를 방출하면서 **디옥시헤모글로빈**으로 된다. 디옥시헤모글로빈은 암적색을 띠며, 조직과 섞여 있을 때는 연한 푸른빛을 띤다. 심혈관계에서 붉은 색의 산소를 운반하는 혈관과 푸른색의 산소가 소모된 혈관을 볼 수 있다.

헤모글로빈은 척추동물에서뿐만 아니라 환형동물, 연체동물, 극피동물, 편형동물 같은 무척추동물과 일부 원생동물에서도 산소를 운반하는 일을 한다. **헤모시아닌**과 같은 산소 운반체를 가지는 무척추동물도 있다. 헤모시아닌은 산소결합 원자가 철이 아니라 구리(copper)이며, 혈구 내에 있지 않고 절지동물과 일부 연체동물의 혈림프(hemolymph) 내에 존재하는 단백질 종류이다.

폐포를 떠난 혈액 내의 P_{O_2}는 100 mm Hg로 이때의 적혈구 안의 약 97%의 헤모글로빈은 산화헤모글로빈 상태이다(산화헤모글로빈 포화도 97%).

휴식 상태에서 정맥에 있는 산소분압은 약 40 mm Hg로 이와 같이 낮은 P_{O_2}에서 헤모글로빈의 포화도는 75%가 된다. 따라서 쉬고 있는 사람은 산화헤모글로빈 중 22%는 조직으로 산소를 방출한 셈이 된다(97–75%). 다시 말해 약 1/5의 산소가 조직으로 넘겨지고 나머지 4/5는 혈액에 남아 있다. **그림 20.16**에서 보는 것처럼 이러한 변화를 그래프로 나타낸 것을 **산화헤모글로빈 해리곡선**이라 한다.

이와 같이 많은 잔여 산소저장은 중요한 기능을 한다. 이렇게 운동할 때나 쉬고 있는 동안 혈액은 몸이 산소가 필요할 때 사용될 수 있다. 운동할 때 근육의 가속화된 대사는 더 많은 산소가 필요하기 때문에 정맥혈의 P_{O_2}는 감소한다. 예를 들어 정맥혈의 P_{O_2}가 20 mm Hg로 감소할 경우 헤모글로빈 포화도는 35%가 된다(**그림 20.16**). 동맥혈은 항상 97%의 산화헤모글로빈을 포함하므로 조직으로 넘겨지는 산소의 양은 쉬고 있을 때의 22%보다 많은 62%가 된다(97–35%).

이와 같은 기능과 함께 산소저장은 호흡이 억제되거나 심장이 멎을 때 4~5분 동안 생명 유지에 필요한 산소를 공급할 수 있도록 해준다.

근육에 존재하는 산소 결합분자인 미오글로빈 안에 산소가 저장된다. 미오글로빈은 산소와 결합하는 철 원자를 가진 하나의 폴리펩티드 사슬로 이루어져 있다. 미오글로빈은 산소에 대한 친화력이 헤모글로빈보다 더 높아서 헤모글로빈이 산소를 방출하는 낮은 산소 분압에서도 오히려 산소를 취하여 보유할 수 있다. 깊은 바다에서 잠수하는 포유동물인 코끼리물범(elephant seal)은 근육에 높은 농도의 산소를 저장해둔 미오글로빈을 가지고 있어 오랫동안 물속에 머물 수가 있다.

혈액 내 산소 수송은 온도와 pH를 포함하여 다른 조건에 의해 영향받는다. 조직에서 생긴 CO_2는 물(H_2O)과 결합하여 탄산(H_2CO_3)으로 되고, 탄산은 해리되어 중탄산염(HCO_3^-)

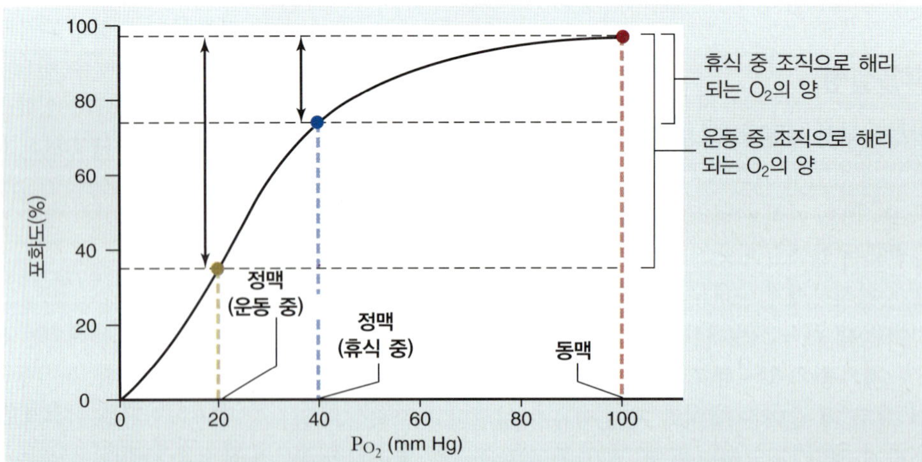

그림 20.16 산화헤모글로빈 해리곡선.
폐에서 헤모글로빈은 산소와 결합하고, 산소를 공급받은 혈액은 동맥에 의해 몸의 세포로 운반된다. 세포호흡으로 인해 혈액으로부터 산소가 제거된 뒤 정맥으로 들어가는 혈액은 적은 양의 산소를 함유하게 된다.

과 H^+로 되면서 혈액의 pH를 낮추어준다. 이 반응은 주로 적혈구 안에서 일어나며 적혈구 안에서 하락된 pH는 헤모글로빈의 산소 친화력을 감소시켜서 산소가 쉽게 떨어져 나가게 한다.

보어효과(Bohr effect)라고 부르는 헤모글로빈의 산소 친화력에 대한 pH의 효과는 헤모글로빈에 대한 H^+와 CO_2의 결합 때문에 생기며, 산화헤모글로빈 해리곡선이 오른쪽으로 밀려가는 모습으로 나타낸다.

온도 상승도 헤모글로빈의 산소 친화력에 대해 비슷한 영향을 끼친다. 골격근은 운동할 때 이산화탄소를 빨리 만들어내고 활발하게 활동하는 근육은 열을 내므로 운동할 때 혈액은 해리되는 산소의 비율을 더 높여준다.

혈액 내 CO_2의 약 8%는 단순히 혈장에 녹아 있고, 20%는 헤모글로빈에 결합되어 있다. CO_2는 헤모글로빈의 단백질 부위에 결합하고 헴기의 철에는 결합하지 않으므로 산소와 경쟁하지는 않지만 헤모글로빈의 모양을 변화시켜서 산소 친화력을 낮추어준다.

나머지 72%의 CO_2는 적혈구 안으로 확산해 들어가며 여기에서 탄산무수화 효소가 CO_2와 물을 결합시켜 탄산을 만든다. 탄산은 중탄산염(HCO_3^-)과 H^+로 해리된다. H^+는 데옥시헤모글로빈에 결합하고 중탄산염은 적혈구를 빠져나와 중탄산염 1분자와 염소이온 1분자의 교환을 일으키는 운반체를 통해 혈장으로 간다. 이를 "염소이동"이라고 부른다.

이 반응으로 혈장에서 다량의 CO_2가 제거되어 주변 조직으로부터 CO_2가 추가적으로 혈장 안으로 들어오게 된다. 탄산의 형성은 혈액 내 산 염기 균형을 유지하는 데 매우 중요하며, 탄산염은 혈장 내 주요한 완충제로서 역할을 한다.

폐포 내 공기의 낮은 P_{CO_2}는 탄산무수화 효소의 작용이 역방향으로 진행되도록 만들어서 H_2CO_3를 H_2O와 CO_2로 전환시킨다. CO_2는 적혈구에서 빠져나와 폐포 속으로 확산되고 다음 호기 때 몸 밖으로 배출된다.

헤모글로빈은 다른 용존 기체도 운반하는데, 그중 일산화질소(NO)는 혈관을 확장시키는 기능을 하고, 일산화탄소(CO)는 산소보다 헤모글로빈에 훨씬 강하게 결합하여 일산화탄소 중독으로 죽을 수도 있다. 일산화탄소 중독의 희생자에게서는 헤모글로빈이 일산화탄소와 결합하기 때문에 종종 선홍빛 피부를 볼 수 있다.

연습문제 Exercise

1. 단백질과 탄수화물의 소화와 지방 소화의 다른 점은 무엇인가?
   a. 지방은 소장에서, 단백질과 탄수화물 소화는 위에서 일어난다.
   b. 지방은 지방산과 모노글리세리드의 형태로 세포 속으로 이동 후 흡수를 위해 변경되지만 포도당과 아미노산은 더 이상 변화하지 않는다.
   c. 지방은 간문맥으로, 소화된 단백질과 탄수화물은 림프계로 들어간다.
   d. 소화된 지방은 대장에서 흡수되고 소화된 단백질과 탄수화물은 소장에서 흡수된다.
2. 다음 중 인슐린의 역할로 맞는 것은?
   a. 글리코겐의 분해로 혈당을 증가시킨다.
   b. 글루카곤 생산을 자극하여 혈당을 증가시킨다.
   c. 글리코겐을 형성하여 혈당이 감소된다.
   d. 포도당의 세포 활용을 촉진하여 혈당을 증가시킨다.
3. 비만인 사람에서 렙틴의 농도가 높은 이유는?
   a. 렙틴은 섭식을 자극한다.
   b. 뇌에 있는 렙틴 수용기에 문제가 있어서 부족함을 보상하기 위해 렙틴 생산을 증가시킨다.
   c. 체중 증가는 렙틴 생산을 증가시킨다.
   d. 렙틴은 부신 피질에서 기계적 자극에 반응한다.
4. 척추동물에서 가스교환의 효율성 증가의 원인이 아닌 것은?
   a. 피부호흡
   b. 단일방향으로의 공기흐름
   c. 역류 혈액 흐름
   d. 기관계의 연골로 된 고리
5. 피부호흡에서 필요한 조건은 무엇인가?
   a. 수분과 혈관이 발달된 피부
   b. 아가미와 폐의 부재
   c. 산소가 풍부한 환경
   d. 낮은 온도
6. 심호흡을 할 때 위가 이동하는 이유는?
   a. 공기를 삼키는 것은 흉곽의 용적을 증가시킨다.
   b. 복강의 용적이 아니라 흉강의 용적이 필요하므로 위는 심호흡할 때 이동하지 않아야 한다.
   c. 복부근육의 수축으로 위가 밀려 올라가고 폐에 음압이 형성된다.
   d. 횡경막이 수축하여 아래로 이동하면서 복강에 압력이 가해지게 된다.
7. 산을 오르는 사람은 높은 고도에서 어려움을 느끼는 이유?
   a. 산소 분압이 높은 고도에서는 낮아지기 때문이다.
   b. 높은 고도에서는 이산화탄소가 많이 발생하기 때문이다.
   c. 높은 고도에서는 공기의 농도가 희박해지기 때문이다.

d. 높은 고도에서는 낮은 온도로 인해 산소의 신진대사의 활동을 제한하기 때문이다.

8. 호르몬 렙틴을 가지고 새로운 비만에 대한 치료법을 개발한다고 가정해 보자. 렙틴을 생산하는 신체 부위는 어디인가? 렙틴의 기능은 무엇인가? 당신의 치료가 렙틴의 혈액 내 농도를 증가시키는가 아니면 감소시키는가? 이 치료는 몸속 다른 기관에도 영향을 끼치는가?

9. 운동을 할 때 주변 조직의 산소 요구가 급격하게 증가한다면 무슨 일이 발생하는가?

제 21 장 순환계와 배설계

Circulatory System and Excretory System

1 순환계

1.1 혈액의 구성 성분

혈액(blood)은 액상의 **혈장**(plasma)과 혈장에 부유하여 순환하는 수종의 세포와 기타 고형성분으로 구성된 결합조직이다(그림 21.1). **혈소판**(platelet)은 **그림 21.1**에 포함되어 있기는 하지만, 완전한 세포가 아니고 골수에서 만들어진 세포의 조각이다. 혈소판의 작용은 후반부의 혈액응고에서 다룬다.

순환하는 혈액은 다음과 같은 여러 가지 기능을 지니고 있다.

1. **수송**: 세포의 대사에 필수적인 모든 물질은 혈액을 통하여 운반된다. **적혈구**(erythrocyte)는 헤모글로빈에 결합되어 있는 산소를 운반하고, 영양분은 혈장에 의해 때로는 운반체에 실려 운반된다. 대사작용에서 만들어진 노폐물은 혈액이 간과 신장을 통과할 때 제거된다.
2. **조절**: **내분비선**에서 만들어진 조절 호르몬을 운반하고, 체온조절에도 관여한다. 상피 아래 체표면 근처에 있는 혈관이 필요에 따라 수축하거나 이완되면 열이 보존되거나 방출된다.
3. **방어**: 외상 및 몸 안으로 들어오는 미생물 또는 독소에 대항하여 몸을 방어한다. **혈액응고**(blood clotting)는 혈관이 파손되었을 때 혈액의 손실을 막아준다. 백혈구는 바이러스 및 세균과 같은 침입자를 무력화시킨다.

혈장(blood plasma)은 혈액속의 고형성분인 **혈구**(blood cells)와 **혈소판**이 현탁되어 있는 액상 기질이다. 세포외 유동액

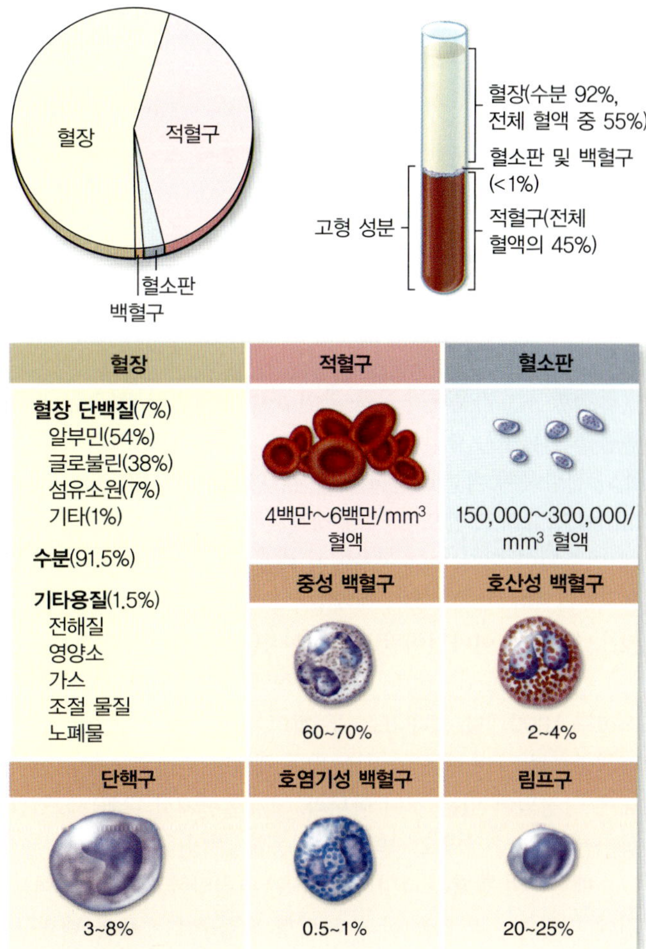

그림 21.1 혈액의 구성.

은 혈장에 있는 유동액에서 유래한다.

혈장은 92%가 물로 구성되지만, 다음과 같은 용질들을 함유하고 있다.

1. **영양소, 노폐물 및 호르몬**: 혈장에는 섭취한 음식물의 소화에 의해 만들어진 포도당, 아미노산 및 지방산 그리고 비타민 등 세포가 사용할 영양소들이 녹아 있다. 또한 세포의 대사작용 결과 만들어진 질소화합물 및 탄산가스 같은 노폐물도 혈액에 녹아 있다. 내분비선에서 분비되는 호르몬도 혈류를 통해 목적 세포로 운반된다.
2. **이온**: 혈장은 희석된 염(salts)을 포함하고 있는 용액으로 혈장에는 주로 Na^+, Cl^- 및 HCO^{3-} 이온이 많이 분포하고 있다. 그 외에 혈장은 Ca^{2+}, Mg^{2+}, Cu^{2+}, K^+, 및 Zn^{2+} 이온을 소량 함유하고 있다.
3. **단백질**: 간은 거의 대부분의 혈장 단백질을 생산한다. 혈장 단백질의 대부분을 차지하는 **알부민**은 혈액의 삼투압을 일정하게 유지해주며, 알파(α) 및 베타(β) **글로불린**은 지방 및 스테로이드 호르몬을 운반해준다. **피브리노젠**은 혈액응고에 필요한 단백질이며, 피브리노젠이 제거된 혈장은 **혈청**이라고 부른다.

고형 성분: 혈구와 혈소판

고형 성분인 혈구와 혈구 절편에는 적혈구, 백혈구 및 혈소판이 포함된다. 각 성분은 몸의 건강과 항상성 유지에 특별한 기능을 한다.

혈액 1 mm^3에는 약 5백만 개의 **적혈구**가 들어 있다. 혈액의 전체 부피에서 적혈구가 차지하는 부분을 헤마토크리트(hematocrit)라고 부르는데, 사람의 헤마토크리트는 약 45%이다.

적혈구는 가운데가 움푹 파인 도넛 모양이다. 성숙한 포유동물의 적혈구는 핵을 지니지 않는다. 척추동물의 적혈구는 산소와 결합하여 이를 운반하는 단백질인 **헤모글로빈**(hemoglobin)을 함유하고 있으며, 그에 대해서는 앞 절의 호흡에 자세하게 기술되어 있다. 척추동물에서 헤모글로빈은 적혈구에서만 볼 수 있으며, 무척추동물은 적혈구와 헤모글로빈은 갖고 있지 않으나 **헤모사이아닌**이란 단백질이 산소를 운반한다.

백혈구(leucocyte)는 사람의 혈액 세포 중 1% 미만이며, 적혈구 1000개당 하나 또는 두 개의 백혈구가 있다. 백혈구는 적혈구보다 크며 핵을 가지고 있다. 백혈구는 적혈구처럼 혈액 내에 한정되어 있는 것이 아니라, 모세혈관에서 나와 세포 간 공간을 통해 주위의 조직액으로 이동할 수 있다.

백혈구의 형태는 다양하며, 몸 안에 침입한 미생물 및 이물질에 대항하는 역할을 한다. **과립형 백혈구**에는 **중성 백혈구**, **산성 백혈구** 및 **염기성 백혈구**가 있다. 이들의 이름은 세포질 내에 있는 과립의 염색 특성에 따라 붙여진 것이다. **무과립형 백혈구**에는 **단핵구**와 **림프구**가 있다. 사람 백혈구의 경우 중성 백혈구가 가장 많고 이어서 림프구, 단핵구, 산성 백혈구 및 염기성 백혈구의 순으로 많이 있다.

혈소판은 **골수**에 있는 혈소판 모세포가 핵을 잃어 만들어진 세포 조각을 일컫는다. 혈소판의 지름은 약 3 μm이며, 혈관에 상처가 생기면 활성화되고, 이어서 간에서 혈류로 **프로트롬빈**이 유리된다. 프로트롬빈이 **트롬빈**으로 활성화되면, **피브리노겐**(fibrinogen)이 트롬빈에 의해 불용성의 피브린(fibrin)으로 전환되면서 프브린이 응집되어 혈액응고가 일어난다.

혈액의 고형성분은 모두 일정한 수명이 있어 계속적으로 보충되어야 한다. 노화된 세포 조각들은 췌장에 있는 **식세포**에 의하여 분해되지만 철분이나 아미노산 같은 물질은 새로운 고형성분을 만드는 데 이용된다. 새로운 고형성분을 만드는 것은 골수에서 이루어진다.

모든 고형성분은 **조혈모세포**에서 분화된다. **골수**에서 혈구가 만들어지는 과정을 **조혈작용**이라고 부르며, 조혈작용은 아주 제한적 운명을 갖는 두 가지 간세포를 만든다. 림프 간세포에서는 림프구가 만들어지고, 골수모세포에서는 림프구 이외의 다른 혈구가 만들어진다.

혈액 내에 이용 가능한 산소의 양이 감소하면, 신장에서 당단백인 적혈구생성소가 분비되어 조혈작용의 과정을 통해 골수모세포에서의 적혈구 생성을 촉진시켜준다.

포유동물에서 적혈구는 성숙하면서 순환계로 유리되기 전에 핵을 잃게 된다. 그에 비해 다른 척추동물의 성숙한 적혈구에서는 핵이 그대로 존재한다. 골수에서 간세포가 혈소판 모세포로 되는 것이 한 예이며, 혈소판 모세포에서 DNA를 함유하는 핵이 없어지고 세포질 일부가 없어지면서 혈소판이 된다.

혈관이 터지거나 상처가 나면, 혈관벽에 있는 평활근이 수축하여 혈관이 수축하게 되면 혈소판이 상처 부위에 축적되고, 혈소판이 서로 결합하여 주위 조직에 붙으면서 마개(플러그, plug)를 형성한다(**그림 21.2**). 효소 연쇄반응은 혈소판, 혈장에 있는 응고인자 그리고 손상된 조직에서 유리되는 물질에 의하여 시작된다.

효소 연쇄반응의 결과 정상인 경우 혈장에 녹아 있는 피브리노겐이 불용성인 **피브린**으로 된다. 혈소판 마개는 피브린 가닥에 의하여 더 강해지면서 더 단단한 덩어리를 형성한다. 혈소판 마개, 피브린 및 섬유소망에 갇힌 적혈구에 의해 **혈액응고**가 일어난다.

조직 손상이 치유되면 혈병의 용해과정이 일어나는데, 이 과정에서 응고 덩어리가 떨어져 혈류를 따라 흐르게 되면 뇌혈관을 막을 수 있어 **뇌졸중**(stroke)이나 심장마비를 일으킬 수도 있다.

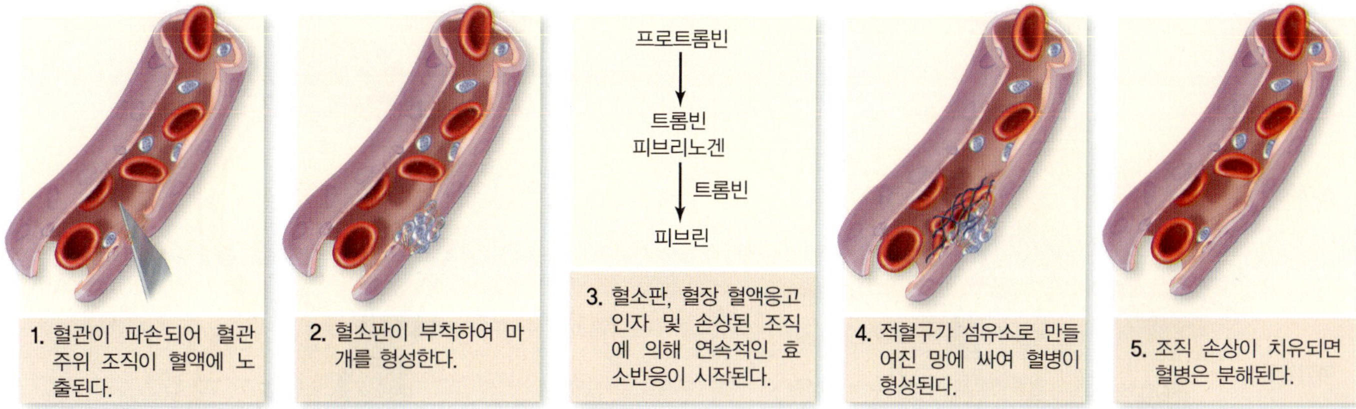

그림 21.2 혈액응고.
혈장에 있는 피브리노겐이 피브린으로 전환된다. 이 전환은 트롬빈이란 효소에 의해 촉매되는데, 트롬빈은 불활성 효소인 프로트롬빈이 활성화된 것이다. 트롬빈이 활성화되는 것은 혈관이 손상을 입었을 때 일어나는 혈병을 만드는 연쇄 효소반응의 마지막 단계이다.

1.2 무척추동물의 순환계

다세포 무척추동물의 순환계의 특성은 개체의 크기, 복잡성 및 생활습성에 따라 다르게 나타난다. **해면동물**(sponges)과 대부분의 **자포류**(cnidarian)는 주위에 있는 물을 순환액으로 사용한다. 해면동물에서는 물이 몸 안에 있는 일련의 수로를 통해 이동하며, 히드라속 및 자포류 동물들에서는 물이 **위수강**을 통해 순환한다. 히드라속의 체벽은 두 개의 세포층으로 되어 있어, 각 세포층이 외부 환경 또는 위수강에 직접 접해 있다.

회충이나 윤충 같은 **의체강**(pseudocoelomate) 무척추동물은 체강액을 순환액으로 사용한다. 이러한 무척추동물의 대부분은 아주 작거나 길고 가늘기 때문에 몸을 체액과 반대로 움직여 충분한 순환을 유지할 수 있으며, 체액은 몸 안의 조직 및 장기와 직접 접촉되어 있다. 그러나 더 큰 동물들은 여러 층으로 된 조직이 있어, 많은 세포가 주위 환경과 물질을 직접 교환하기에는 너무 멀리 떨어져 있다. 그래서 산소 및 영양소가 순환계에 있는 내액(internal fluid)에 의하여 주위 환경과 소화강에서 몸의 세포로 운반된다.

순환계는 **개방형**과 **폐쇄형** 순환계로 구분된다. 대부분의 **연체동물**과 **절지동물**의 개방 순환계에는 순환액과 체조직의 세포외액 사이에 구분이 없다. 따라서 이러한 액체를 헤모림프라고 부른다.

곤충에서는 근육의 관이나 심장이 헤모림프를 채널이나 강(cavities)의 네트워크로 밀어내면서 헤모림프가 다시 중앙강(central cavity)로 되돌아온다.

폐쇄 순환계에서는 **순환액**을 심장에서 멀리 보냈다가 다시 심장으로 되돌아오게 해주는 역할을 하는 혈액이 혈관 내에 분포하고 있다. 문어 같은 **두족류**, 연체동물 및 **환형동물** 등의 몇몇 무척추동물 그리고 모든 척추동물은 폐쇄 순환계를 갖고 있다.

지렁이 같은 환형동물에서는 등쪽 혈관이 규칙적으로 수축하여 펌프의 역할을 한다. 혈액은 다섯 개의 대동맥으로 밀려가고, 혈액은 펌프 역할을 하는 이 혈관에서 밀려 정맥으로 간다. 정맥은 혈액이 최종적으로 등쪽 혈관에 다시 도착할 때까지 혈액을 운반한다. 각 동맥에서 모세혈관이 가지를 뻗어 지렁이의 조직에 산소와 영양소를 공급하고 노폐물을 제거해준다.

1.3 척추동물의 순환계

크고 복잡한 심장과 폐쇄 순환계의 진화로 효율적인 순환이 이루어지게 되었다. 척추동물은 순환기와 호흡기를 연결하는 일련의 순화과정으로 진화해 왔고, 이에 따라 물에 사는 동물과 육지에 사는 동물들의 다양화와 몸 크기의 진화가 일어났다.

아가미와 함께 발달한 어류의 순환계

척추동물의 조상인 **척색동물**은 현재 **창고기류**에서 볼 수 있는 관형 심장과 유사한 간단한 관형 심장을 갖고 있었던 것으로 여겨지고 있다. 이들에게서 심장은 다른 동맥의 근육보다 더 발달한 복대동맥의 특별한 부위에 지나지 않았으며, 단순한 연동파로 수축하였다.

어류의 아가미 발달은 더 효율적인 펌프를 요구하게 되었으며, 어류에서 확실한 심실–펌프(chamber-pump) 심장의 진화를 볼 수 있다. 어류의 심장은 실제로 네 개의 구조가 차례로 배열되어 두 개의 펌프 소실(pumping chamber)을 가진 관(tube)이다. 앞의 두 개의 구조인 **정맥동**와 **심방**은 첫 번째 소실(chamber)이 되고, 다른 두 개의 구조인 **심실**과 **동맥원추**는 두 번째 소실을 이룬다. 동맥원추가 수축하면, 이어서 심방, 심실, 그리고 정맥동의 순으로 수축한다.

모든 척추동물에서 이러한 구조를 비교해보면 위치적인 차이에도 불구하고, 이 심박동의 순서는 그대로 유지되고 있다. 어류에서 수축을 일으키는 전기 자극은 정맥동에서 시작되

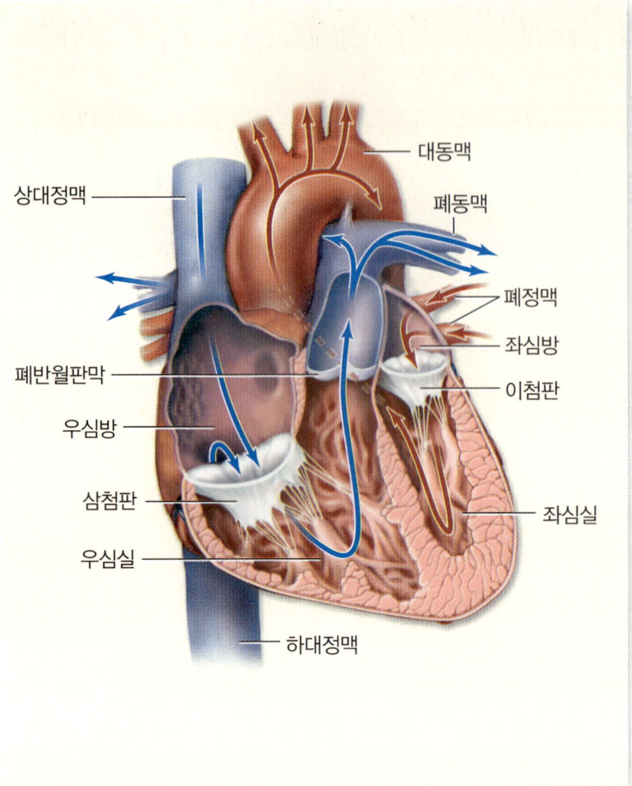

a.

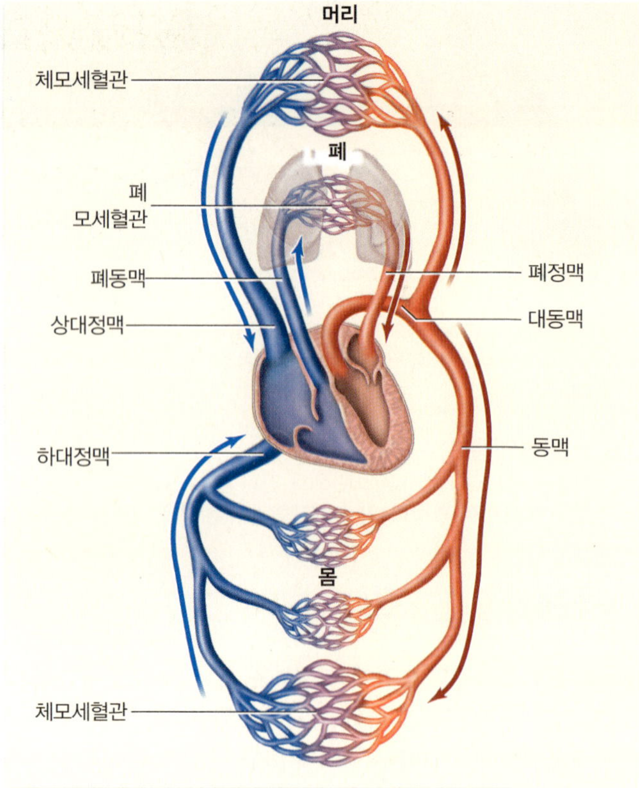

b.

그림 21.3 포유류 및 조류의 심장과 순환.
a. 4방 심장을 흐르는 혈액의 경로. ***b.*** 우측 심장은 산소를 잃은 혈액을 받아 폐로 보낸다. 좌측 심장은 산소를 얻은 혈액을 받아서 온 몸으로 보낸다. 이 과정에서 폐순환과 체순환은 완전히 분리되어 있다.

고, 다른 척추동물에서 전기 자극은 정맥동과 유사한 구조인 **동방결절**(SA node)에 의하여 시작된다.

정맥동에서 나온 혈액은 아가미를 지나면서 산화된다. 아가미를 지난 혈액은 동맥의 네트워크를 통해서 몸의 다른 부위로 흐르고, 최종적으로 정맥동으로 돌아온다. 이 단순한 순환에는 심각한 문제가 있는데, 혈액이 아가미에 있는 모세혈관을 지나며 혈압이 급격히 떨어진다는 것이다. 혈압이 떨어지면 아가미에서 몸의 다른 곳으로 가는 순환이 지연되어 조직으로의 산소 공급이 제한될 수 있다.

양서류에 폐가 생긴 것은 두 번째의 펌핑 회로의 형성으로 혈액순환 형태에 큰 변화를 가져왔다. 혈액이 심장에 의해 **폐동맥**을 통해 폐로 들어가면 혈액은 몸의 다른 조직으로 가지 않고 **폐정맥**을 통하여 심장으로 다시 돌아온다. 혈액은 다시 심장을 떠나 다른 조직을 순환하게 된다. 이것을 **이중순환**이라고 한다. **폐순환**에 의해 혈액은 심장과 폐 사이를 순환하고, **체순환**을 통해 혈액은 심장을 통해 온 몸을 순환한다.

포유류, 조류 및 악어류의 순환계

포유류, **조류** 및 **악어류**는 두 개의 분리된 심방과 두 개의 분리된 심실로 구성된 네 개의 소실로 이루어진 심장을 갖고 있다. 조류와 악어류의 심장은 약간의 차이를 보이지만, 전반적으로는 아주 비슷하다. 이는 조류와 악어류의 가까운 진화과정을 생각하면 놀라운 일이 아니다. 그러나 조류와 포유류의 심장이 너무나 유사한 것은 진화가 한 곳으로 모인다는 것을 보여주는 좋은 예이다. 조류와 포유류의 심장은 너무 유사하여 어느 하나로 두 가지 모두를 설명하기에 충분하다(**그림 21.3**).

네 개의 소실을 갖는 심장에서 **우심방**은 조직에서 산소를 잃은 혈액을 받아들여 **우심실**로 보내고, 우심실은 이 혈액을 폐로 밀어낸다. **좌심방**은 폐에서 산소를 얻은 혈액을 받아들여 **좌심실**로 보내고, 좌심실은 이 혈액을 조직으로 밀어낸다(**그림 21.3**).

이러한 척추동물의 심장은 2-순환기 펌프로 양쪽 심방이 혈액으로 가득차면 동시에 수축하여 혈액을 심실로 보낸다. 또한 양쪽 심실도 동시에 수축하여 혈액을 동시에 폐순환계 및 체순환계로 보낸다.

포유류와 조류의 이중순환계의 효율성이 좋아진 것은 **내온성**을 위한 진화에 중요했던 것으로 생각된다. 왜냐하면 내부 체온을 일정하게 유지하기 위해 필요한 높은 대사 속도의 지원에 더 효과적인 순환이 요구되기 때문이다.

1.4 4실 심장과 혈관

포유류, 조류 그리고 악어류의 심장은 두 번의 수축 주기로 혈액을 밀어낸다. 하나는 심방의 수축으로 혈액을 심실로 보내는 것이고, 다른 하나는 심실의 수축으로 혈액을 폐순환 및 체순환으로 보내는 것이다. **심박동**에 의해 진행되는 두 수축기와 휴식기를 합쳐 **심장주기**라고 한다.

심장은 두 쌍의 **판막**을 갖고 있다. 한 쌍의 **방실판막**(AV valve)은 혈액이 심방과 심실 사이에서 한쪽 방향으로 흐르게 해주는데, 심장의 오른쪽에 있는 방실판막은 **삼첨판**이고, 왼쪽의 것은 **이첨판**이다. **반월판**이라고 부르는 다른 한 쌍은 혈액이 심실에서 나와 한쪽 방향의 동맥으로 가도록 해준다.

폐 판막(pulmonary valve)은 우심실의 출구에 있고, 대동맥 판막(aortic valve)은 좌심실의 출구에 있다. 이 판막들은 심장주기에 따라 열리고 닫히고 한다. 청진기로 들으면 이 판막들이 닫히는 소리가 "룹-둡(lub-dub)" 하고 들린다.

심장주기는 혈액이 우측 및 좌측의 심방으로 옮겨진 정맥을 통해 비어 있는 심장으로 들어오면서 시작된다. 심방에 혈액이 들어오고 심방의 압력이 올라가면 방실판막이 열리고 혈액은 심실로 흘러간다. 이 동안 심실의 약 80%가 혈액으로 차게 된다. 대동맥 상부의 수축으로 혈액 80 mL 중 20%가 심실에 남아 있게 되는데, 이러한 현상은 심실이 이완되는 동안 일어나기 때문에 이 기간을 심실의 **이완기**라고 부른다.

잠시 지체한 다음 심실이 수축하는데, 이때를 심실 **수축기**(systole)라고 한다. 각 심실이 수축되면 심실의 압력이 증가하고 방살판막이 힘차게 닫히면서 "룹(lub)" 소리가 나며, 혈액이 심방으로 역류하는 것을 막아준다. 방실판막이 닫힌 직후, 심실의 압력이 반월판막을 열리게 하고 혈액은 동맥으로 흘러간다.

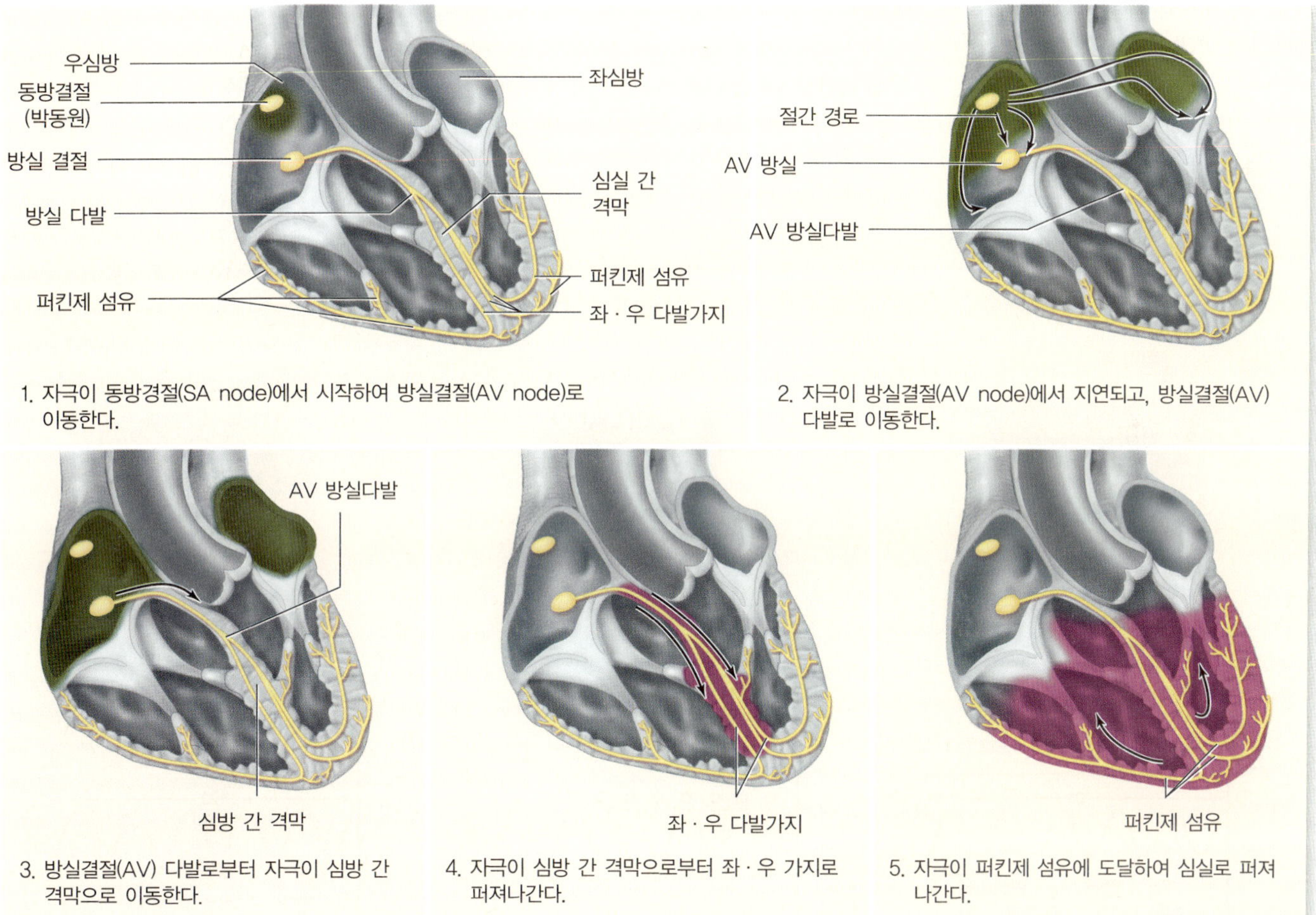

그림 21.4 심장에서 전기적 흥분의 경로.
심장이 수축하고 있는 동안 일어나는 반응들은 심전도로 전기적 활동을 측정하는 것과 상관관계가 있다. 심방의 흥분/수축은 녹색으로 표시했고, 심전도(역시 녹색)의 P 파형에 해당한다. 심실의 흥분/수축은 적색으로 표시했고, 심전도(역시 적색)의 QRS 파형에 해당한다. 심전도의 T 파형은 심실의 이완에 해당한다. 심방이 이완되어 생기는 파형은 QRS 파형에 가려진다. 두 번째 더 큰 최고점의 QRS는 심실이 이완될 때 만들어진다. 이때 심실은 수축한다(심실 수축기). 마지막 최고점인 T 파장은 심실이 이완할 때 만들어지고, 이때 심실은 이완하기 시작한다. 기록의 첫 번째 최고점 P는 심방이 흥분되어 만들어지고, 심방의 수축기와 관련이 있다. 두 번째 최고점인 QRS는 심실이 흥분되어 만들어진다. 이 동안 심실은 수축하며, 마지막 최고점인 T는 심실의 안정으로 만들어지고, 이때 심실은 이완을 시작한다.

심실이 이완되면, 반월판막이 닫혀서 혈액의 역류를 막아주게 되는데, 이때 "둡(dub)" 소리가 난다.

다른 형태의 근육처럼 심근의 수축은 막 신경 충격에 의해 촉진된다. 골격근육에서 운동신경세포에서 온 신경자극만이 신경충격을 시작하지만 심장은 자동율성 섬유라고 하는 특이한 "자기-흥분" 근육세포를 갖고 있어 신경의 활성화가 없이도 주기적으로 활동할 수 있다.

자동율동 세포 중에 가장 중요한 것은 **동방결절**(SA node)이다. 우심방의 벽에 있는 동방결절은 자동적으로 활동 전위를 만들어 다른 자동율동 세포보다 더 빠른 속도로 심장의 운동을 위한 **박동원**으로 역할을 한다. 이러한 활동 전위는 막을 자극하는 Na^+ 이온이 계속적으로 세포로 흘러가도록 해주어 막의 탈분극을 야기한다. 활동 전위가 **역치**에 달하면 활동 전위가 발생한다. 활동 전위의 끝에서 막은 다시 역치 이하가 되면서 과정이 다시 시작된다. 동방결절의 세포들은 매 0.6초마다 1분에 약 100에 해당하는 활동 전위를 일으키며, 이 속도는 자율신경계에 의해 조절된다.

박동원에 의해 시작된 **탈분극**은 좌심방의 심근섬유로, 또는 우심방과 방실결절로 전달된다. 탈분극이 시작되면 탈분극은 우측과 좌측의 심방을 거의 동시에 싸면서 한 근육섬유에서 다른 근육섬유로 아주 빠르게 퍼져나간다. 탈분극이 빨리 퍼지는 것이 가능한 것은 특별한 전도성의 섬유가 있고 심장세포가 개재판 내에 있는 간극 연결들과 결합되어 있기 때문이다.

심방과 심실을 분리하는 얇은 결합조직이 근육섬유를 통하여 한 방에서 다른 방으로 흥분이 퍼지는 것을 막아주며, 방실결절이 신경충격을 심방에서 심실로 전도하는 유일한 경로이다. 방실결절의 섬유가 신경충격 신호의 전도의 속도를 낮추어, 심실의 수축을 약 0.1초 지연시키는데, 이러한 지연에 의해 심방이 수축을 멈추게 되고, 심실이 수축하기 전에 심실로 혈액을 보내게 된다.

방실결절에서 탈분극은 **방실근색** 또는 **히스근색**이라는 섬유소를 따라 두 심실로 빠르게 전도되는데, 방실근색은 탈분극을 퍼킨지 섬유로 중계하고, 퍼킨지 섬유는 좌우측 심실에 있는 심장근육세포를 직접 자극하여 거의 동시에 수축이 일어나게 한다.

좌우측 **폐동맥**은 우심실에서 좌우측 폐로 산소를 소모한 혈액을 운반해주며, **폐정맥**은 폐에서 산소를 얻은 혈액을 좌심실로 운반해준다.

대동맥(aerota)과 대동맥에서 분지된 모든 혈관을 체동맥이라고 부르며, 산소가 많은 혈액을 좌심실에서 온 몸으로 운반한다. 관상동맥은 대동맥에서 제일 먼저 분지된 동맥으로, 산소를 얻은 혈액을 심근에 공급해준다(**그림 21.3*b***). 다른 체동맥들은 심장 위에 활모양의 대동맥에서 분지되어 흉강 및 복강을 가로질러 뻗어 있다.

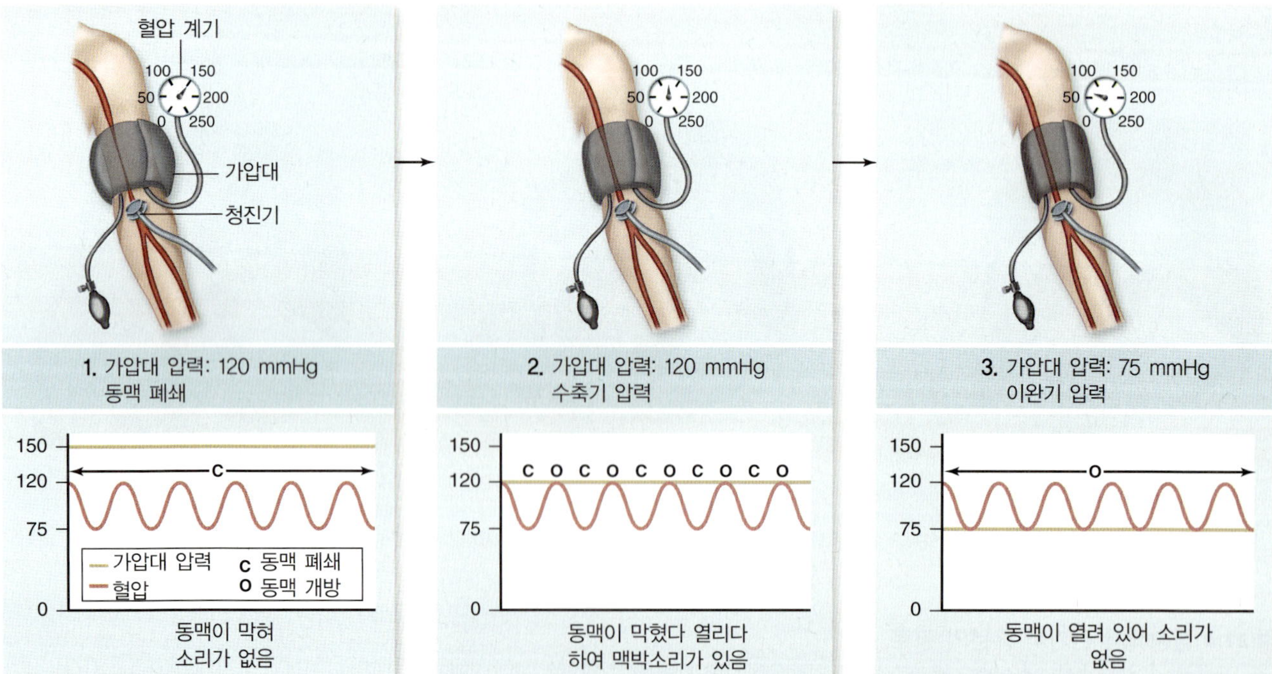

그림 21.5 혈압 측정.
가압대를 단단히 묶어 위쪽 팔 동맥을 흐르는 혈류를 멈추게 한다. 가압대를 서서히 풀면, 최고압(수축기)은 가압대 압력보다 크게 되고 혈액은 순간적으로 통과하여 청진기로 들을 수 있는 맥박이 발생한다. 이때의 압력이 수축기 압력으로 최고압으로 기록된다. 가압대 압력이 계속 떨어지면서 혈압은 한동안 가압대 압력보다 더 커진다. 결국 심장주기 동안 비록 최저압이지만 가압대 압력보다 더 커진다. 이때 혈관이 더 이상 소리를 내지 않고 혈액은 조용히 흐르게 되고, 이어서 맥박 소리가 다시 난다. 소리가 들리지 않을 때의 압력이 이완기 압력으로 최저 압력으로 기록된다.

조직에서 산소를 잃은 혈액은 체정맥을 통해 심장으로 돌아오게 되는데, 몸의 윗부분에서 혈액이 모이는 **상대정맥**과 몸의 아랫부분에서 혈액이 모이는 **하대정맥**을 거쳐 혈액은 우심방으로 운반되면서 체순환을 마치게 된다.

혈압 측정

심실이 수축할 때 심실 내에 높은 압력이 발생하고, 대동맥 판막이 열리면 혈액이 동맥으로 운반된다. 우리가 손목 또는 목에서 맥박을 감지할 수 있는 것은 주기적인 혈류의 압력 변화에 따라 탄력성이 있는 동맥이 확장되고 수축되기 때문이다. 우리 몸의 상태에 따라 혈압이 높아지거나 낮아지기 때문에 의사들은 혈압을 심혈관계의 건강 지표로 사용한다.

그림 21.5에서 보는 것처럼 혈압은 **혈압계**를 이용하여 팔꿈치 위의 안쪽에 있는 상완 동맥에서 측정한다. 팔의 위 부위에 두른 가압대를 단단하게 묶어 혈류가 팔의 아래 부위로 흐르는 것을 막아준다. 심장에서 만들어진 혈압이 가압대의 수축 압력보다 높으나, 가압대를 서서히 풀면 혈액이 동맥을 통하면서 박동이 시작되며 청진기로 들을 수 있는 소리가 난다. 맥박이 시작되는 때의 혈압이 최고가 되고, 심실이 수축할 때의 혈압으로 **수축기 혈압**이다. 가압대를 더 풀어주면 가압대의 압력이 심장주기의 혈압보다 낮아지고, 혈관은 더 이상 수축되지 않아 박동소리가 멈추게 되며, 이때의 혈압이 심박동 사이의 최저혈압으로 **이완기 혈압**이다. 이때 심실은 이완되어 있다.

혈압은 수축기 혈압 대 이완기 혈압으로 표기한다. 예를 들어 건강한 20대의 혈압은 120/75 mmHg이다. 의학적으로 수축기 혈압이 150 mmHg 이상이거나 이완기 혈압이 90 mmHg 이상일 때 **고혈압**이라고 한다.

1.5 혈관의 특성

혈액(blood)은 심장으로부터 **동맥**(arteries)을 통해 운반되며, 동맥은 분지되어 온 몸의 각 기관에 가는 나무가지 모양으로 분포한다. 가느다란 현미경적 구조의 혈관은 **소동맥**(arteriols)이라고 부르며, 소동맥에서 혈액은 좁고 가는 혈관벽의 정교한 격자 모양을 이루고 있는 **모세혈관**으로 이어진다. 모세혈관을 지난 후 혈액은 현미경적 구조인 **소정맥**으로 모이고, 소정맥은 더 큰 혈관인 **정맥**을 이루면서 심장으로 혈액을 운반한다.

그림 21.6에서 보는 것처럼 동맥, 소동맥, 정맥 및 소정맥은 같은 기본 구조를 지니고 있다. 가장 안쪽에는 상피가 있으며, 이 상피를 얇은 탄력 섬유층, 평활 근육층 그리고 결합 조직층이 둘러싸고 있다. 이와 같이 혈관벽은 혈액과 조직 사이에 물질의 교환을 최소화할 수 있을 만큼 충분히 두터운 구조를 이루고 있다.

그에 비해 모세혈관 벽은 상피세포로만 되어 있어 분자들과 이온이 확산하여 모세혈관 벽의 세포 사이에 있는 구멍을 통해 여과되어 상피를 통해 혈관 밖으로 나갈 수 있다. 따라서 혈액 및 조직액 사이의 가스와 대사산물의 교환은 모세혈관을 통해 일어날 수 있다.

대동맥은 혈관벽에 다른 혈관보다 더 탄력이 있는 섬유를 지녀 심박동에 의하여 밀려나오는 혈액이 있을 때마다 이완되었다가 수축한다. 소동맥은 큰 동맥에 비해 탄력성이 낮지만 비교적 두꺼운 평활 근육층을 지녀 혈관이 터지는 것을 막아준다.

혈관이 좁으면 좁을수록 혈액의 흐름에 대한 마찰 저항은 더 커진다. 실제로 한 혈관의 지름이 다른 혈관의 1/2이면, 이 혈관은 다른 혈관보다 16배나 높은 마찰 저항을 갖게 된다. 혈류 저항은 혈관의 반지름의 4제곱에 반비례한다. 따라서 작은

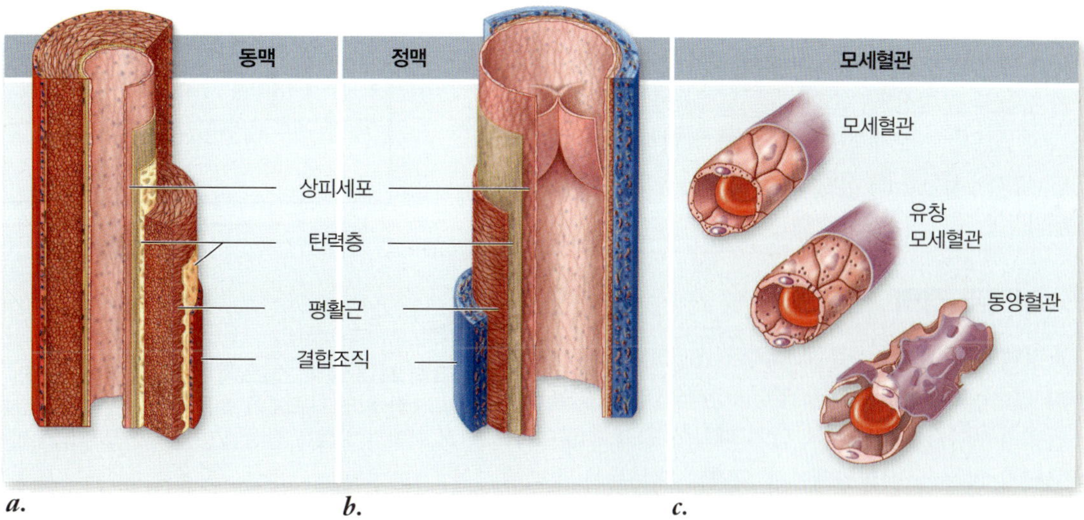

그림 21.6 혈관의 구조. 동맥(*a*)과 정맥(*b*)은 같은 조직층을 지니고 있으나, 동맥의 평활근층이 더 두껍고, 두 개의 탄력층이 있다. 모세혈관(*c*)은 상피세포로 된 한 개의 층만 갖는다(그림은 실제의 크기가 아님).

동맥과 소동맥은 혈류에 대하여 큰 저항을 갖게 된다.

소동맥의 평활근층이 수축하면 **혈관수축**이 일어나고, 혈관수축은 마찰 저항을 크게 증가시켜 혈류량을 감소시켜준다. 소동맥의 평활근층이 이완하면 **혈관이완**이 일어나, 마찰 저항이 감소되면서 조직으로 가는 혈류량이 증가된다. 소동맥의 만성적 혈관수축은 고혈압의 원인이 된다.

혈관수축과 혈관이완은 변온동물 및 온혈동물에서 체온을 조절하는 중요한 수단이 된다. 동물은 피부로 혈류량을 증가시켜 열 교환 속도를 증가시키는데, 열 교환 속도가 증가하면 열을 방출하고 획득하는 데 유리하게 된다. 반대로 동물이 열 교환을 최소화할 필요가 있으면, 추운 날씨에 일어나는 것처럼 피부로 혈액을 덜 보내게 된다.

모세혈관

모세혈관(capillaries)은 수적으로 많고 광범위하게 분지되어 몸 안의 각 세포는 모세혈관에서 100 μm 이내에 있다. 평균적으로 모세혈관은 길이가 약 1 mm 정도이고 지름은 8 μm 정도로 적혈구의 지름 5~7 μm보다 약간 크다. 이렇게 지름이 비슷하지만 정상적인 적혈구는 아무 어려움 없이 모세혈관을 흐를 수 있을 만큼 충분한 유연성이 있다.

혈류 속도는 유체역학적으로 결정되는데, 혈관의 단면적이 작으면 작을수록 혈액은 더 빨리 이동한다. 이런 가정하에서 모세혈관의 혈류가 순환계에서 가장 빠를 것으로 기대되지만 그럴 경우 물질의 확산에는 적합하지 않으며, 실제로도 그렇지 않다. 각 모세혈관은 매우 좁지만 아주 많은 모세혈관들이 있어 모세혈관이 다른 어떤 혈관보다 총 단면적이 가장 크다. 따라서 모세혈관을 흐르는 혈액은 서서히 흘러 주위에 있는 세포외액과 물질을 교환하는 시간을 더 많이 갖게 된다. 혈액이 모세혈관의 끝에 도달하면 혈액에서 산소와 영양소가 유리되고 이산화탄소와 다른 노폐물을 얻게 된다. 혈액이 소동맥과 모세혈관을 지날 때 압력과 속도를 잃지만 정맥에서는 단면적이 감소하면서 속도가 증가하게 된다.

소정맥과 정맥

소정맥과 **정맥**(veins)은 동맥과 같은 조직층을 가지며, 더 얇은 평활근을 지니고 있다. 정맥의 압력은 동맥의 압력의 약 1/10 밖에 되지 않기 때문에 근육이 많이 요구되지 않는다. 심혈관계에서 혈액의 대부분은 정맥에 있다. 정맥은 확장되어 추가적으로 혈액을 더 가지고 있

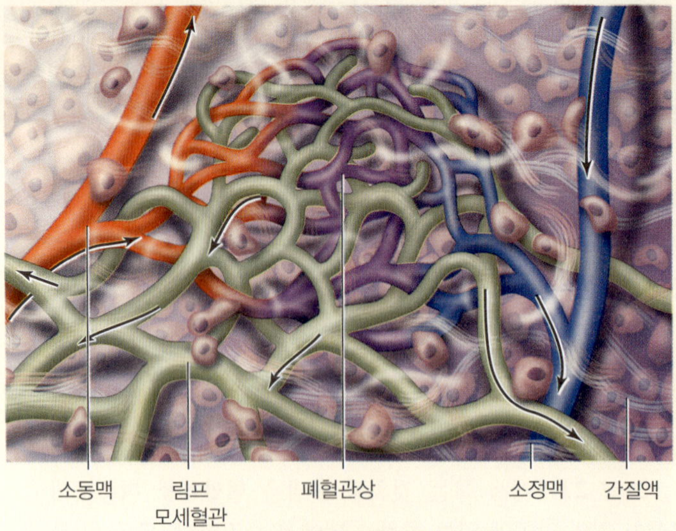

a.

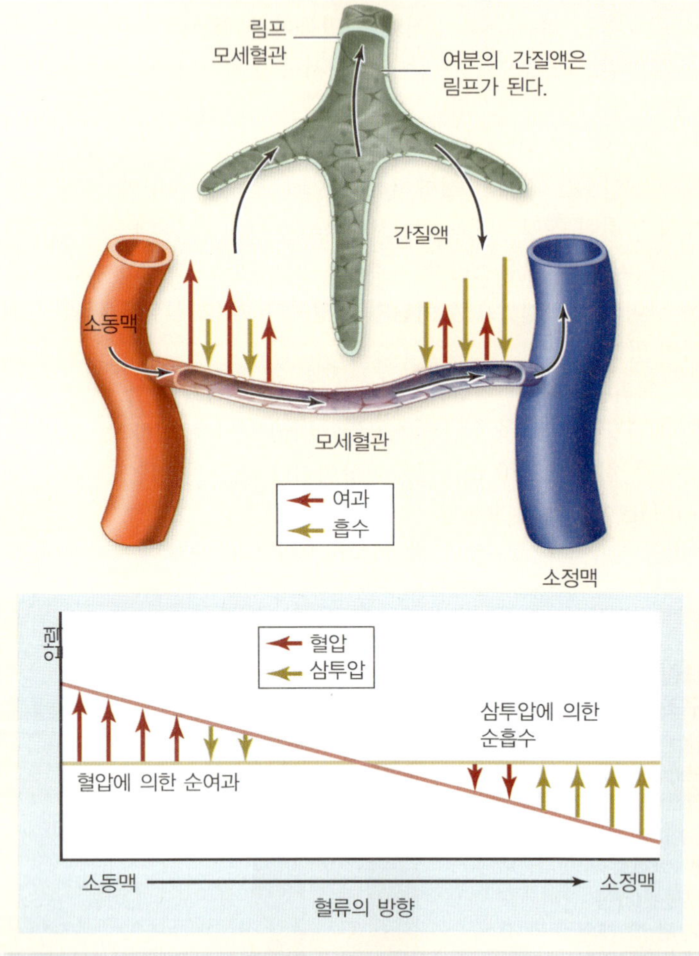

b.

그림 21.7 혈액, 림프액 및 조직액의 관계.
a. 순환계 및 림프계의 혈관. 화살표는 혈관 액체가 흐르는 방향을 가리킨다. *b.* 단백질이 없는 혈장이 여과되어 모세혈관 밖으로 나가 조직을 감싸는 조직액이 된다. 조직액의 상당량은 혈장보다 더 높은 단백질 농도 때문에 삼투압에 의해 모세혈관으로 돌아간다. 여분의 조직액은 개방된 림프 모세혈관으로 가서 최종적으로 순환계로 간다.

을 수 있는데, 우리가 오랫동안 서 있으면 다리에 있는 정맥이 확장되어 있는 것을 볼 수 있다.

정맥의 압력만으로는 혈액을 팔과 다리에서 심장까지 보내기에 충분하지 않기 때문에 압력을 도와주는 다른 요인들이 있다. 그 실례로 정맥 주위에 있는 골격근이 수축하여 정맥을 눌러 혈액 이동을 도와주는데, 이를 **정맥 펌프**라고 부른다. **정맥 판막**의 도움으로 혈액은 정맥을 한 방향으로 이동시켜 심장으로 되돌아가게 해준다. 정맥이 혈액으로 너무 심하게 확장되면 정맥판막은 더 이상 동작하지 못하여 혈액이 정맥에 몰리게 되는데, 이 상태를 정맥류성 정맥(varicose veins)이라고 한다.

림프계

심혈관계(cardiovascular system)는 모든 혈관이 서로 연결되어 있기 때문에 폐쇄계(closed system)라고 부른다. 그러나 혈장에 있는 많은 양의 물과 용질은 모세혈관 벽을 통해 여과되어 조직액이 된다. 대부분의 조직액은 혈압이 높은 소동맥 말단 근처(**그림 21.7**)에 있는 모세혈관에서 여과되는데, 소동맥 말단 근처에 있는 모세혈관은 소정맥 말단에 있는 모세혈관과 연결되어 있다.

유동액은 **삼투**에 의해 돌아오지만 대부분의 혈장 단백질들은 크기가 커서 모세혈관의 구멍을 통하여 빠져 나갈 수 없다. 따라서 혈장의 단백질 농도는 조직액의 단백질 농도보다 높게 되어 물이 조직액에서 모세혈관으로 이동하게 하는 삼투압 기울기를 만들어준다.

모세혈관의 혈압이 높으면 많은 조직액이 축적되는데, 그 실례로 임신부에서 태아를 갖고 있는 자궁은 복강에 있는 정맥을 누르게 되고 임신부의 하지에 있는 모세혈관의 혈압을 증가시켜 조직이 부어오르게 되는데, 이를 **부종**(edema)이라고 한다.

부종은 혈장 단백질의 농도가 너무 낮을 때에도 생긴다. 유동액이 모세혈관으로 돌아가지 못하고 조직액으로 남아 있게 되면 혈장 단백질 농도가 낮아지면 간 질환이 발생할 수 있는데 이는 혈장 단백질의 대부분이 간에서 생산되기 때문이다. 간 질환은 기아에서처럼 단백질을 충분히 섭취하지 않는 경우에도 발생할 수 있다.

정상적인 상태에서도 모세혈관에서 여과된 유동액 양이 삼투압에 의해 모세혈관으로 돌아오는 유동액의 양보다 더 많으며, 나머지 양은 **림프계**(lymphatic system)라고 부르는 개방 순환계에 의해 심혈관계로 돌아간다.

림프계는 림프 모세혈관, 림프관, 림프절 및 췌장과 갑상선을 포함하는 림프기관으로 이루어져 있다. 조직에 있는 과량의 유동액은 침투성이 높은 림프 모세혈관으로 흘러들어가며, **림프**라고 부르는 유동액은 점차 커지는 림프관으로 이동한다. 림프관은 정맥과 유사하여 한쪽 방향으로 향한 판막을 갖고 있다.

심혈관계 질환

심혈관계 질환(cardiovascular diseases)은 미국에서 사망률이 가장 높은 질환이다. 약 8,000만 명이 심혈관 질환으로 고생하고 있는데, 심혈관 질환은 동맥이 막히거나 터져 발생한다.

동맥경화증(artherosclerosis)은 동맥에 지방, 콜레스테롤 또는 섬유소나 세포의 잔해가 축적되어 동맥 혈관이 굳어져 발생하는 질환으로 이러한 축적물들은 혈관의 마찰 저항을 증가시켜 혈액의 흐름을 막게 된다(**그림 21.8**). 동맥의 내면은 동맥경화증 결과로 생긴 혈괴(clot)로 더 좁아질 수 있으며, 심한 경우에는 동맥이 완전히 막히게 된다.

혈청 내의 총 콜레스테롤 및 여러 콜레스테롤 운반 단백질의 농도를 포함한 많은 요인들에 의해 혈관에 콜레스테롤(cholesterol)이 축적될 수 있다. 콜레스테롤은 물에 잘 녹지 않기 때문에 혈액 내에서 콜레스테롤은 지단백 복합체(lipoprotein complexes)의 형태로 운반된다. 지단백은 밀도의 차이에 따라 **"나쁜 콜레스테롤"**이라고 부르는 저밀도 지단백(lowdensity lipoprotein, **LDL**)과 **"좋은 콜레스테롤"**이라고 부르는 고밀도

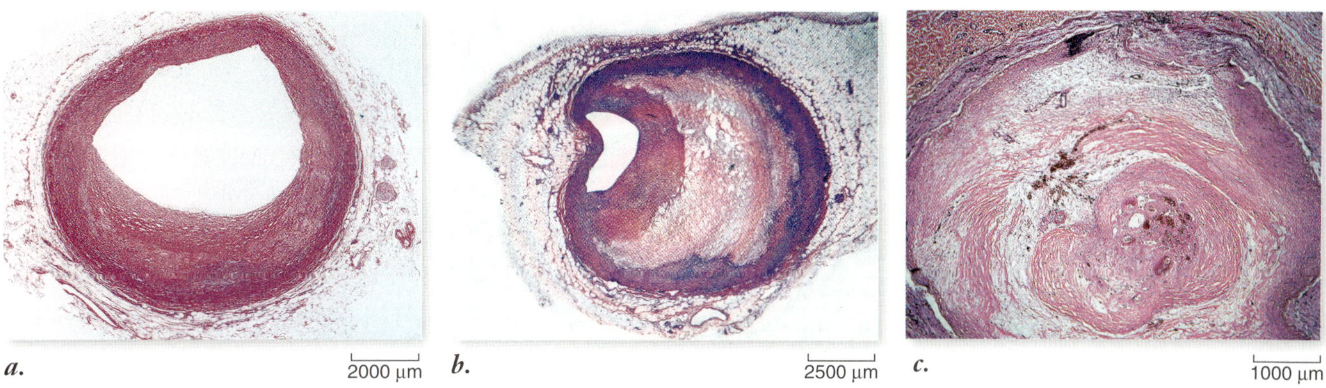

그림 21.8 Atherosclerosis.
a. 관상동맥이 약간 막혀 있다. ***b.*** 동맥이 심한 동맥경화증을 보인다. 동맥의 내측 벽이 상당히 막혀 있다. ***c.*** 관상동맥이 완전히 막혀 있다.

지단백(high-densith lipoprotein, **HDL**)으로 구분된다. 이렇게 구분하는 이유는 HDL은 콜레스테롤 순환에서 콜레스테롤을 제거하기 위해 간으로 운반되고, LDL은 콜레스테롤을 온 몸의 세포로 가져가는 운반체이기 때문이다. 세포가 충분한 양의 콜레스테롤을 가질 때 문제가 발생하는데, 세포에 충분한 양의 콜레스테롤이 있으면 LDL 수용체의 양이 감소하고, 따라서 순환하는 LDL의 농도가 높아져 결국 혈관에 쌓이게 되기 때문이다.

동맥경화증은 유전적 요인, 흡연, 고혈압 및 콜레스테롤의 영향으로 촉진된다. 담배를 피우는 사람의 경우 금연을 하는 것이 동맥경화증의 위험을 감소시키는 가장 효과적인 방법이다.

칼슘이 동맥의 벽에 축적될 때 **동맥경화증**이 발생하기도 한다. 이 경우 동맥의 혈류량이 제한될 뿐만 아니라 정상 동맥처럼 확장할 수가 없게 되는데 혈관의 유연성이 감소하면 심장은 혈류량을 유지하기 위해 더 힘차게 혈액을 밀어내고 이에 따라 혈압이 올라가기 때문이다.

심장마비(myocardial infarction, 심근경색증)는 미국에서 전체 사망의 약 1/5에 달하는 심혈관계 질병의 주원인이다. 심장마비는 심근의 한 곳 또는 여러 곳에 혈액이 충분히 공급되지 않아(혈액이 충분히 공급되지 않는 부위의 심근세포는 죽게 되어) 발생한다. 심장마비는 관상동맥의 어느 부위에 혈액응고에 의하여 생길 수 있고 동맥경화증으로 혈관이 막히면서 생길 수 있다. 심장마비의 회복은 손상을 입은 심장의 부위가 아주 적어 심장이 수축할 수 있을 경우 가능하다.

협심증(anigna pectoris)은 단어 지체가 흉통(chest pain)을 의미하는 말이다. 협심증의 원인은 심장마비에서와 유사하나, 심장마비처럼 심하지는 않다. 통증이 심장과 가끔 좌측 팔과 어깨에서 나타날 수도 있다. 협심증은 심장에 혈액 공급이 불충분하지만 아직 심근세포가 죽을 정도는 아니라는 위험을 알리는 신호이다.

뇌졸중(stroke)은 뇌의 혈액 공급 방해에 의해 발생한다. **출혈성**(hemorrhagic) 뇌졸중은 뇌에 있는 혈관이 파열되어 발병하며, **허혈성**(ischemic) 뇌졸중은 혈전이나 동맥경화증으로 뇌동맥의 혈류가 막혀 발병한다. 뇌졸중의 정도는 손상의 심각성 및 뇌의 어느 부위에서 뇌졸중이 발생하였는가에 따라 차이가 있다.

1.6 혈류 및 혈압의 조절

심장박동은 자율신경계에 의하여 조절되는데, **연수**의 심장중추는 심장박동수를 조절하는 두 개의 신경중추로 이루어져 있다. 심장촉진중추는 교감 심장촉진 신경을 통해 동방결절(SA), 방실결절(VA) 및 심근으로 신호를 보낸다. 이 신경은 심장박동수를 증가시키는 노르에피네프린을 분비한다. 교감신경계 자극은 또한 심장근육의 수축력를 증가시켜 수축할 때마다 더 많은 혈액을 분출하게 해준다.

심장억제중추는 미주신경에 있는 부교감신경섬유를 통해 신호를 동방결절 및 방실결절로 보낸다. 미주신경은 아세틸콜린을 분비하고 아세틸콜린은 활동 전위의 발생을 억제하여 심장박동수를 낮추어준다.

심박출량은 각 심실에 의해 밀려나가는 분당 혈액량으로 심장박동수에 1회 박출량을 곱하여 계산한다. 1회 박출량은 매 박동에 따라 각 심실에서 분출되는 혈액량으로 심장박동수가 분당 72회이고 1회 박출량이 70 mL이면 심박출량은 5 L/min가 되며, 이는 휴식하고 있는 사람의 평균 박출량이다.

운동하는 동안에 심장박동수와 1회 박출량이 증가하기 때문에 심박출량은 증가한다. 달리기 같은 운동을 시작하면 전신의 세포에 더 많은 산소를 공급하기 위하여 심장박동수는 분당 약 100회로 증가한다. 운동이 더 격렬해지면 골격근이 정맥을 더 강하게 눌러 혈액이 더 신속하게 심장으로 이동하도록 해주며, 심실이 더 강하게 수축하여 매 박동마다 심실의 혈액을 모두 밀어 내보내게 된다.

운동하는 동안 젊은 성인의 경우 심박출량은 최대 25 L/min로 증가한다. 이때 심박출량이 5배로 증가했지만 모든 기관이 5배의 혈액을 받는 것은 아니며, 어떤 기관은 더 받고 다른 기관은 덜 받을 수 있다. 소화계에 있는 어떤 기관의 소동맥은 수축되고, 반면에 운동하는 근육 및 심장에 있는 소동맥은 이완된다.

호르몬에 의한 혈류량 조절

혈압(blood pressure, BP)은 총 혈액량이 심박출량에 영향을 줄 수 있기 때문에 부분적으로 총 혈액량에 따라 변한다. 다른 요인들이 동일한 수준으로 유지될 경우 혈액량이 감소하면 혈압은 낮아진다. 혈류량 조절에는 **항이뇨 호르몬**, 알도스테론(aldosterone), 심방 나트륨 이뇨 호르몬, 산화질소(NO) 등이 관여한다.

항이뇨 호르몬(ADH)은 바소프레신이라고도 부르며, 혈장의 오스몰 농도(osmolarity)의 증가에 반응하여 뇌하수체 후엽에서 분비된다. 예를 들면 탈수는 혈액량의 감소를 유발하는데, **시상하부**에 있는 **삼투수용체**는 갈증을 촉진하고, 뇌하수체 후엽에서 ADH 분비를 자극한다. 그리고 ADH는 오줌으로 배설되는 수분을 최소한으로 조절해주며, 신장이 혈액으로 더 많은 수분을 가져오도록 자극한다. 그래서 탈수 상태의 사람은 물을 많이 마시고 오줌은 덜 배설하여, 혈액량을 늘려 항상성을 다시 회복하게 된다.

신장에 혈류량이 감소하면, 신장세포가 레닌이라는 호르몬을 혈액으로 유리하기 시작하며, 레닌은 혈장 단백질인 **안지오텐신**을 활성화시킨다. 안지오텐신은 전신의 혈관 수축을 촉진하고, **부신피질**이 **알도스테론**을 분비하는 것을 촉진해주며, 스테로이드 호르몬인 알도스테론은 신장에 작용하여 혈액에 Na^{+}와 수분이 보유되도록 해준다.

여분의 Na^+가 있으면 **부신**(adrenal)에서 알도스테론이 덜 분비되고, 신장은 Na^+를 덜 갖게 된다. 오줌으로 Na^+ 배설은 심방 나트륨 이뇨 호르몬에 의해 촉진된다. 심방 나트륨 이뇨 호르몬이 심장의 우심실에서 혈액량의 증가로 생긴 신장(stretching)에 반응하여 분비되면서 이 호르몬은 혈액량과 혈압을 낮추어주게 되고 음성 피드백 루프가 종료된다.

산화질소는 혈관의 상피에서 만들어지는 기체이다. 이것은 혈관에서 분비되는 많은 측분비 조절자 중의 하나이다. 유동액 내에서 산화질소는 혈관의 세포층을 통해 밖으로 나가며, 상피층을 둘러싼 평활근을 이완시켜 혈관을 이완시킨다. 지금까지 100년 이상 동안 심장병 환자들이 니트로글리세린을 처방받아 왔으나 현재 니트로글리세린이 산화질소를 방출한다는 것이 명백히 밝혀졌다.

2 삼투 조절과 배설계

2.1 삼투성과 삼투평형

사람의 체내에서 물은 세포 안과 밖에 분포하고 있다(**그림 21.9**). 삼투평형을 유지하기 위해 동물의 혈장을 포함한 세포외액은 환경으로부터 물을 흡수하고 환경으로 물을 배설할 수 있어야 한다. **항상성**(homeostasis)을 유지하기 위해 세포외액과 주변 환경 사이에서 무기이온들이 교환되어야 한다. 특수한 상피세포를 통해 신체와 바깥 환경 사이에서 물과 전해질이 교환되는데, 대부분의 척추동물에서는 신장의 여과 과정을 통해 일어난다.

대부분의 척추동물은 세포외액의 총 용질 농도와 특정 무기이온의 농도에 대해 항상성을 유지한다. 세포외액에서 나트륨 이온(Na^+)은 주 양이온(cation)이고 염소 이온(Cl^-)은 주 음이온(anion)이다. 2가 양이온인 칼슘(Ca^{2+})과 마그네슘(Mg^{2+}), 1가 양이온인 칼륨(K^+) 등의 다른 이온들도 중요한 작용을 하며, 일정한 농도로 유지된다.

삼투는 항상 더 묽은(용질의 농도가 더 낮은) 용액에서 덜 묽은(용질의 농도가 더 높은) 용액 쪽으로 일어난다. 용액의 삼투압은 삼투에 의해 물을 흡수하고자 하는 경향의 척도로, 이는 물의 이동으로 인해 생기는 압력에 균형을 맞추기 위해서 필요한 압력의 양이다.

용질의 농도가 높은 용액은 더 큰 **삼투압**(osmotic pressure)을 나타내는데, 삼투압은 용액 1 L당 삼투 활성을 가진 용질의 몰 수인 삼투질 농도로 나타낸다. 용액에서 물질이 두 개 이상의 삼투 활성을 가진 입자로 나누어진다면 삼투질 농도는 몰농도(M)와 다르다는 것에 유의해야 한다. 예를 들어, 1 M의 설탕 용액은 1오스몰(Osm)이지만 1 M의 소금

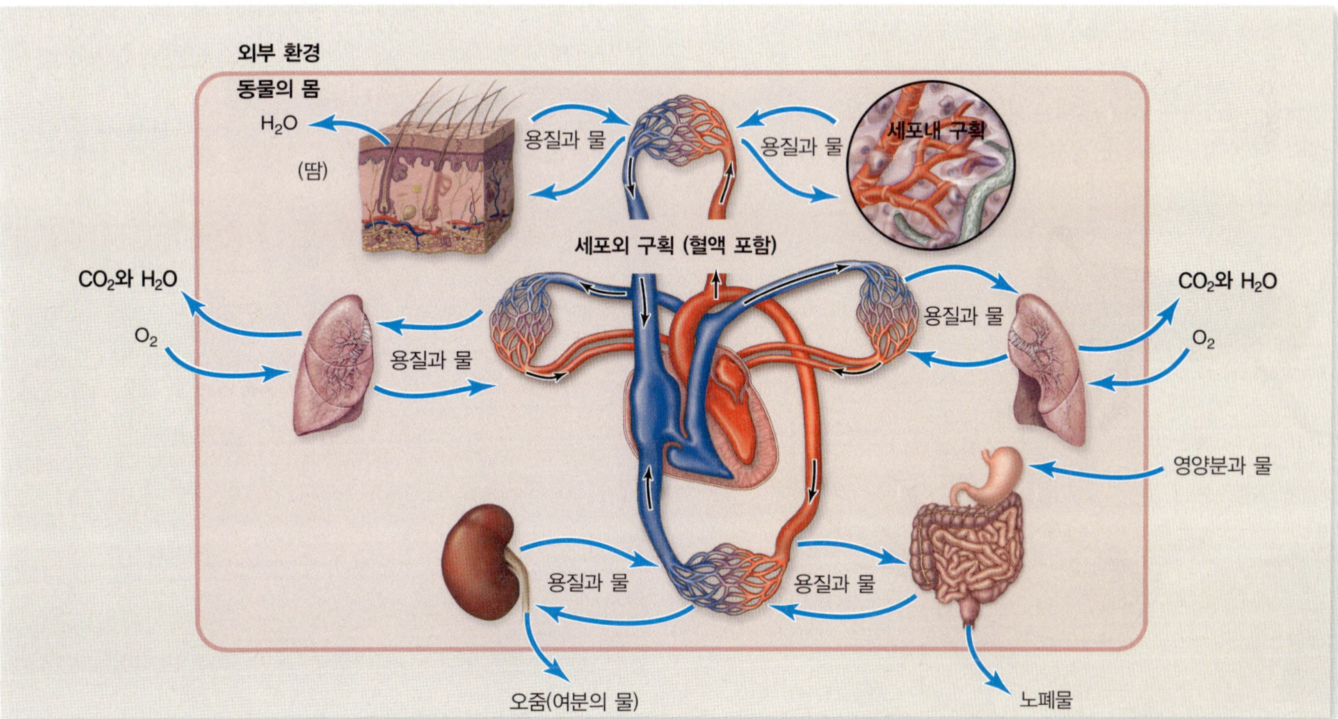

그림 21.9 몸의 세포 안과 밖 사이 그리고 주위 환경과의 상호작용.
물은 환경으로부터 들어오기도 하고 환경으로 손실되기도 한다. 상피조직을 통해 몸의 세포외액과 환경 사이에 물과 용질의 교환이 일어나고, 신장에서 물과 용질은 혈액 밖으로 여과된다. 항상성을 유지하기 위해 몸 전체에 들어오고 나가는 물과 용질의 양이 균형을 이루어야 한다.

용액은 소금이 삼투 활성을 갖는 2개의 이온으로 나누어지기 때문에 2오스몰이 된다.

2.2 삼투조절 기관

동물에서 수분 평형의 문제에 대처하기 위한 다양한 기작들이 진화되어 왔다. 여러 동물에서 생체로부터 물이나 염분의 제거는 **배설계**(excretory system)를 통한 대사 노폐물의 제거를 통해 일어난다. 단세포 원생동물은 이 목적을 위해 스펀지처럼 수축할 수 있는 **수축포**를 이용한다. 다른 다세포 동물들은 배설 세뇨관계를 이용하여 체액과 노폐물을 제거한다. 더 정교한 시스템이 무척추동물에서 발견되며, 척추동물의 배설계는 훨씬 더 복잡하다.

곤충의 배설기관은 **말피기관**(**그림 21.10**)으로 이는 후장에서 앞쪽으로 갈라져 나온 소화관의 돌출부이다. 체강의 혈액과 말피기관 사이에는 압력차가 없기 때문에 말피기관에서는 오줌이 여과에 의해 만들어지지 않는다. 대신 노폐물과 K^+ 이온이 능동수송에 의해서 관속으로 분비된다.

분비(secretion)는 재흡수의 반대 방향으로 발생하는데, 이온들과 분자들이 체액에서 관속으로 이동한다. K^+ 이온의 분비는 삼투 구배를 만들고, 이는 물이 삼투에 의해 체내의 개방순환계로부터 말피기관 안으로 들어가게 된다. 대부분의 물과 K^+ 이온은 후장의 상피를 통해 순환계로 재흡수되고, 작은 분자들과 노폐물만 변과 함께 직장으로부터 배출되기 때문에 곤충에서 말피기관은 매우 효율적인 수분 보존 수단이다.

곤충의 말피기관과는 달리 척추동물의 신장은 압력으로 혈액을 여과하여 세뇨관액을 만든다. 여과액에는 노폐물이나 물과 더불어 동물에게 필요한 포도당, 아미노산, 비타민 등의 작은 분자들이 포함되어 있다. 이 분자들과 대부분의 물은 세뇨관에서 혈액으로 재흡수되고 노폐물만 남게 되며, 추가적인 노폐물이 세뇨관에서 분비되어 여과액에 더해지고 최종적으로 만들어진 오줌이 몸에서 배출된다.

척추동물의 신장이 혈장으로부터 너무 커서 여과되지 않는 단백질들을 제외한 거의 모든 물질을 여과하고 난 다음 몸이 필요로 하는 물질들을 에너지를 써서 다시 재흡수하는 것이 불합리해 보일지도 모른다. 그러나 선택적인 재흡수는 커다란 유연성을 가져다준다. 다양한 척추동물들이 서식지에 따라 제각기 다른 물질들을 재흡수할 수 있도록 진화되어 왔다. 이러한 유연성은 척추동물들이 다양한 환경에서 살아갈 수 있도록 해준 주요 요인이다. 다음에서 척추동물의 신장과 질소화합물인 노폐물의 제거에 대해 알아본다.

2.3 척추동물의 신장의 진화

신장(kidney)은 복잡한 기관으로서 **네프론**(nephron)이라는 수천 개의 반복적인 단위들로 이루어져 있으며, 각 네프론은 신장의 수질을 관통하는 굽어진 관 구조를 이룬다(**그림 21.11**). 혈압은 **사구체**(glomerulus)라고 부르는 모세혈관 덩어리에서 바깥으로 혈액을 밀어내 **보우만 주머니**(Bowman's

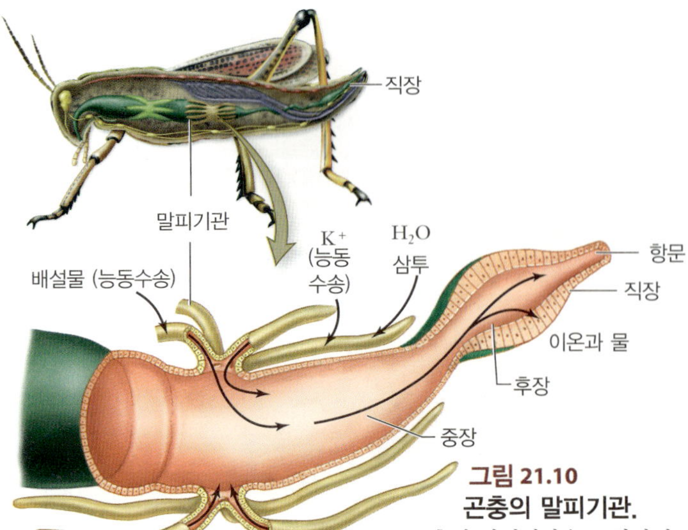

그림 21.10
곤충의 말피기관.
곤충의 말피기관은 소화관의 돌출부로, 순환계로부터 물과 노폐물을 모은다. K^+이 이 말피기관으로 분비되고, 물은 삼투작용으로 관 안으로 들어온다. 이 물의 대부분이 후장벽을 통해 재흡수된다(화살표).

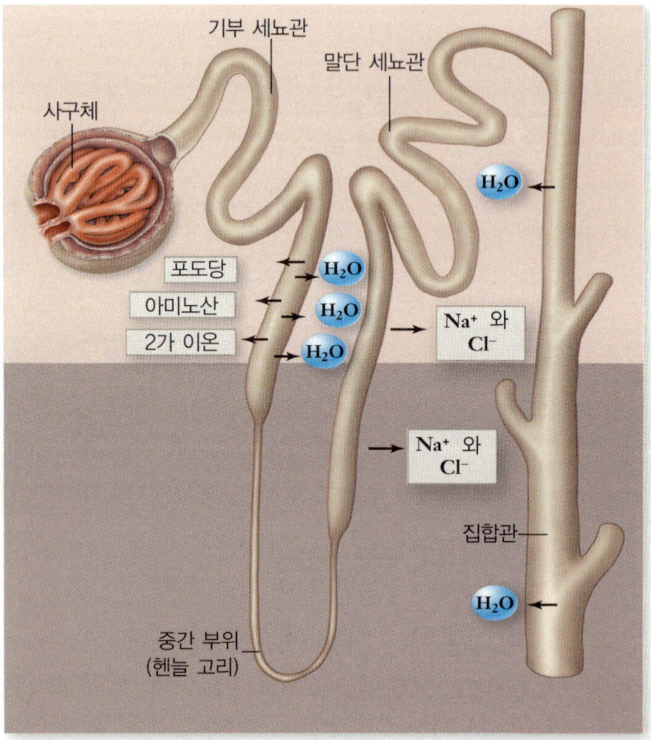

그림 21.11 척추동물의 네프론 구조.
네프론 세뇨관은 척추동물 신장의 기본 구조이다. 당, 아미노산, 물, 주요 1가 이온과 2가 이온들이 근위세뇨관에서 재흡수되고, 물과 Na^+, Cl^-와 같은 1가 이온들이 헨늘 고리에서 재흡수된다. 원위세뇨관과 집합관에서도 호르몬의 영향을 받아 물과 1가 이온들이 재흡수된다.

capsule) 속으로 들어가게 한다. 이런 과정을 통해 혈액이 여과되어 세뇨관의 여액이 되고 네프론에서 변형된다. 사구체는 혈구, 단백질, 기타 거대 분자들은 혈액 안에 남겨 두고 물, 작은 분자, 노폐물들은 여과해서 네프론의 세뇨관으로 들어가게 한다. 여과된 액체가 네프론의 관을 따라 이동하는 동안 유용한 영양물질과 이온들이 능동수송과 수동수송을 통해 재흡수되고 물과 대사 노폐물들은 오줌으로 남는다.

모든 척추동물의 신장은 기본 구조가 동일하지만 일부 차이도 있다. 원래 사구체의 여과액은 혈액과 삼투농도가 같기 때문에 모든 척추동물은 이온과 물을 동일한 비율로 재흡수하여 혈액과 등장성인 오줌을 만들 수 있다. 또는 상대적으로 물을 적게 재흡수해 혈액보다 저장성인 오줌을 만들 수도 있다. 조류와 포유류만이 사구체 여과액에서 상대적으로 많은 물을 재흡수하여 혈액보다 고장성인 오줌을 만들 수 있다.

양서류와 파충류의 주변 환경에 대한 삼투 적응

최초의 육상 척추동물은 **양서류**(amphibians)였고 양서류의 신장은 담수 어류의 신장과 같다. 양서류는 대부분의 시간을 담수에서 보내고 뭍에서는 주로 습지에 머물기 때문에 이런 현상이 놀라운 것은 아니다. 양서류는 매우 묽은 오줌을 만들고 주위의 물에서 피부를 통해 능동수송으로 Na^+을 흡수하여 보충한다.

파충류(reptiles)는 다양한 환경에서 서식하는데, 주로 담수에서 사는 것들은 담수 어류나 양서류와 비슷한 서식처에 삶으로써 비슷한 신장을 가지고 있다. 악어, 바다거북, 바다뱀, 바다도마뱀 등의 해양 파충류는 담수에 사는 파충류와 비슷한 신장을 가지고 있지만 이들과는 반대의 문제에 직면하고 있다. 즉, 물이 빠져나가고 염분이 들어오는 문제이다. 해양 경골어류처럼 해양 파충류는 해수를 마시고 등장성의 오줌을 배설한다. 해양 파충류는 코나 눈 주위에 있는 염류샘(salt gland)을 통해 과다한 염분을 배출한다.

육상 파충류의 신장은 네프론 세뇨관을 통해 많은 물과 염분을 재흡수하여 건조한 환경에서 혈액량을 유지한다. 어류나 양서류와 마찬가지로 이들도 혈장보다 더 진한 오줌을 만들지는 않는다. 그러나 실제로는 오줌을 배설하지 않고 소화관과 배설관의 공통 출구인 **총배설강**(cloaca)에 비워낸 다음, 그곳에서 추가적으로 물을 재흡수하고 노폐물을 변과 함께 배출한다.

진한 오줌을 배설하고 물을 보유하는 포유류와 조류

포유류와 조류는 체액보다 높은 삼투 농도를 가진 오줌을 만들 수 있는 유일한 척추동물이다. 따라서 소량의 물과 함께 노폐물을 배출할 수 있어서 몸 안에 더 많은 물을 보유할 수 있다.

사람의 신장은 혈장보다 4.2배나 더 높은 농도의 오줌을 만들 수 있지만, 일부 다른 포유동물의 신장은 훨씬 더 효율적으로 물을 보존할 수 있다. 예를 들어 낙타나 게르빌루스쥐, 주머니쥐는 혈장보다 각각 8배, 14배, 22배 높은 오줌을 만든다. 캥거루쥐의 신장은 매우 효율적이라 물을 전혀 마시지 않아도 되며, 음식과 유기세포호흡에서 나오는 물만으로 필요한 물을 충분히 공급받는다.

고장성 오줌의 생산은 포유류와 조류에만 있는 네프론의 **헨늘 고리**(loop of Henle) 부위에서 이루어진다(**그림 21.11** 참조). 농도의 정도는 헨늘 고리의 길이에 따라 달라지는데, 대부분의 포유동물은 짧은 고리를 가진 네프론과 긴 고리를 가진 네프론을 모두 가지고 있다. 그러나 조류는 긴 고리를 가진 네프론이 거의 없기 때문에 포유류만큼 진한 오줌을 만들지 못하고 기껏해야 혈장보다 2배 정도 농도가 높은 오줌을 만든다. 해양 조류는 물의 손실을 막기 위해 바닷물을 마시고, 눈 주위에 있는 염류샘을 통해 과다한 염분을 배출한다.

약간 고장성인 조류의 오줌은 소화관에서 온 변과 함께 배설강에 모이게 되며, 필요시 배설강의 벽을 따라 여분의 물이 더 흡수되어 반고형의 흰색 배설물의 형태로 배출된다.

2.4 질소 노폐물

아미노산과 핵산은 질소를 함유하고 있는 분자들이다. 동물이 이 분자들의 이화작용으로 에너지를 얻거나 이 분자들이 탄수화물이나 지질로 전환될 때 몸 밖으로 배출해야만 하는 질소를 함유하는 부산물인 **질소 노폐물**이 생긴다.

아미노산과 핵산 대사의 첫 단계는 **탈아미노화**(deamination)로 간에서 아미노기($-NH_2$)를 제거하여 H^+와 결합시켜 암모니아(ammonia, NH_3)를 만드는 것이다. 암모니아는 세포에 상당한 독성을 나타내기 때문에 묽은 농도로 있을 때만 안전하다. 경골어류나 양서류의 올챙이에게는 암모니아 배설이 문제가 되지 않는데, 암모니아의 대부분은 아가미를 통한 확산으로, 소량은 매우 묽은 오줌으로 배출하기 때문이다.

연골어류, 양서류, 포유류에서는 질소 노폐물이 훨씬 덜 해로운 **요소**(urea)의 형태로 배출된다. 요소는 물에 잘 녹기 때문에 오줌으로 다량이 배출될 수 있다. 요소는 간에서 생성되어 혈류를 따라 신장에 모여 배설된다.

파충류, 조류, 곤충은 물에 약간만 녹는 **요산**(uric acid)의 형태로 질소 노폐물을 배설한다. 요산은 용해도가 매우 낮기 때문에 침전되어 물이 거의 없는 형태로 배출된다. 요산은 조분석(guano)이라고 부르는 새의 배설물 속의 하얀 물질을 형성한다. 요산을 만드는 데는 에너지가 필요하지만 물을 보존하는 것으로 상쇄된다.

이런 동물들이 요산을 만드는 능력은 중요한데, 그 이유는 알이 껍질로 싸여 있고 알 속에서 배가 자라면서 질소 노폐물이 쌓이기 때문이다. 요산의 생성은 상당한 에너지를 필요로 하는 긴 과정이지만 결정화되어 침전되는 물질이 만들어진다.

고체 침전물 형태의 요산은 알 속에 있더라도 배의 발생에 아무런 영향을 주지 않는다.

포유류도 약간의 요산을 생성하지만 이는 아미노산이 아닌 퓨린 뉴클레오티드가 분해되어 생기는 노폐물이다. 대부분의 포유동물은 **요산 분해효소**(uricase)를 가지고 있는데, 이것은 요산을 물에 더 잘 녹는 물질인 **알란토인**(allantoin)으로 바꾸어준다. 사람, 유인원, 달마시안 개(Dalmatian dog)는 이 효소를 가지고 있지 않기 때문에 요산을 배설해야 한다. 사람의 관절에 요산이 과다하게 축적되면 **통풍**(gout)이 생긴다.

2.5 포유류의 신장

사람의 신장은 몸의 뒤쪽 아래에 위치한 주먹 만한 크기의 기관으로 신장은 **신동맥**으로부터 혈액을 공급받으며, 이 혈액에서 오줌이 만들어진다. 오줌은 **수뇨관**을 통해 각각의 신장으로부터 흘러나와 **방광**으로 전달되며, 방광에서 **요도**를 거쳐 몸 밖으로 배출된다(**그림 21.12**).

신장에서 수뇨관의 입구는 아랫부분이 넓어지는 나팔 모양으로 열려 있는데, 이는 깔때기 형태의 구조를 가지는 **신우**를 형성한다. 신우는 컵 모양의 공간을 가지는데, 이것은 신장 조직으로부터 오줌을 받는다. 신장조직은 바깥쪽인 **신피질**(renal cortex)과 안쪽인 **신수질**(renal medulla)로 구분된다.

신장은 세 가지 기본적인 기능을 한다.

1. **여과**(filtration)**:** 혈액 속의 유동액(fluid)은 세뇨관 시스템(tubule system) 안으로 여과되고 세포와 큰 단백질들은 혈액에 남는다. 여과액은 신장의 나머지 부분에 의해 오줌으로 변해 배설된다.
2. **재흡수**(reabsorption)**:** 재흡수는 세관 시스템 내에 있는 여과액으로부터 포도당, 아미노산, 다양한 종류의 무기염류와 같은 중요한 용질을 세포외액으로 보내는 선택적인 이동으로, 용질들은 수뇨관을 둘러싸는 모세혈관을 통해 혈류로 다시 들어간다. 재흡수는 용질에 따라 능동적 또는 수동적인 과정을 이용할 수 있다. 물도 재흡수되며, 물의 재흡수는 물의 손실 정도를 조절해준다.
3. **분비**(secretion)**:** 분비는 혈액에서 세포외액으로의 물질 이동으로, 분비된 물질은 세관 시스템 내에 있는 여과액으로 들어가게 된다. 몸속의 물질을 유지하는 재흡수와 달리 분비는 몸에서 배출되는 것으로, 이를 통해 독성 물질을 제거할 수 있다.

신장의 여과 단위 네프론

현미경적 수준에서 볼 때, 각각의 신장은 기능을 하는 **네프론**(nephrons)을 약 백만 개 정도 가진다. 포유류의 신장은 수질 내부로 깊게 들어간 긴 고리를 가지는 **근접수질 네프론**들과 고리의 길이가 짧은 **피질 네프론**들을 포함한다. 고리의 길이가 가지는 중요성은 뒤에서 알아본다.

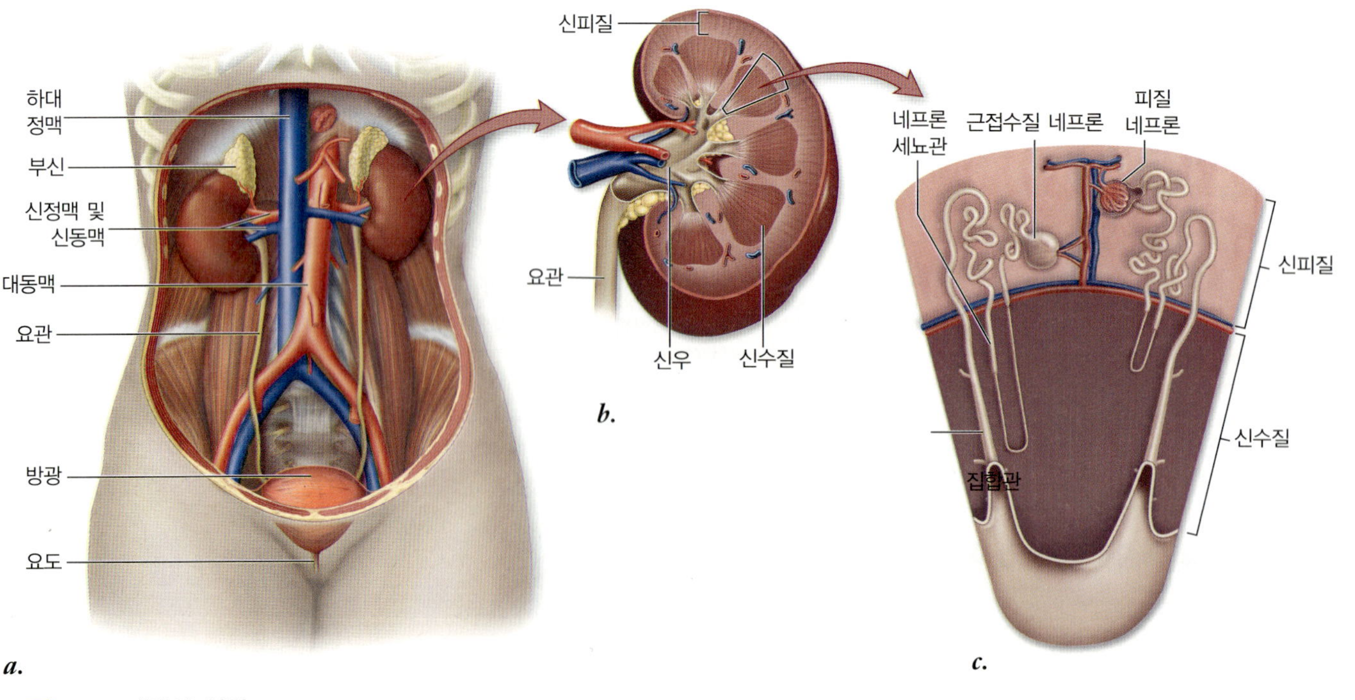

그림 21.12 사람의 신장.
a. 비뇨기계에서 장기들의 위치. *b.* 내부 구조를 가지는 구획화된 신장. *c.* 포유류 신장에서 네프론의 위치. 피질 네프론은 신장 피질에서 눈에 띄게 위치하며, 근접수질 네프론은 신장 수질 안으로 깊이 뻗어 있는 긴 고리를 가지고 있다.

각 네프론은 긴 세뇨관과 작은 혈관들로 구성되어 있다. 혈액은 구심성 소동맥을 따라 피질에 있는 모세혈관 다발인 **사구체**로 들어간다. 여기에서 혈압에 의해 혈액이 다공성 모세혈관 벽을 통과하여 여과된다. 혈구세포와 혈장 단백질들은 크기가 너무 커서 이 사구체 여과액(glomerular filtrate)으로 들어갈 수 없지만 물과 용존 분자들로 구성된 혈장의 대부분은 이 단계에서 혈관계를 떠나게 된다. 이 여과액은 바로 네프론 세뇨관의 가장 앞부분인 **보우만 주머니**(Bowman's capsule)로 들어간다. 보우만 주머니는 마치 손을 감싸고 있는 크고 부드러운 풍선처럼 사구체를 감싸고 있으며, 좁은 구멍을 가지고 있어 사구체 여과액이 네프론 세뇨관 시스템으로 들어갈 수 있다.

사구체 바깥으로 여과되지 않은 혈액 구성 성분들은 원심성 소동맥을 따라흘러 세뇨관을 둘러싸고 있는 신소체주위 모세혈관으로 들어가게 된다. 근접수질 네프론에서, 원심성 소동맥과 신소체주위 모세혈관들은 헨늘 고리를 둘러싸는 모세혈관인 직립관으로 흘러들어간다. 뒤에서 언급되겠지만 신소체주위 모세혈관은 재흡수와 분비작용을 위해 필요하다.

여과액은 보우만 주머니로 들어간 후 피질에 존재하는 네프론의 일부인 **근위세뇨관**(proximal convoluted tubule)으로 들어간다. 피질 네프론에서 유체는 헨늘 고리를 따라 흐르는데, 헨늘 고리는 수질 안으로 조금 들어갔다가 피질 쪽으로 상행한다. 근접수질 네프론에서는 헨늘 고리가 수질 안으로 더 깊게 들어갔다가 피질쪽으로 다시 올라온다. 유체는 헨늘 고리를 통해 수질 깊은 곳까지 이동하며, 다시 피질로 상행하는 것이다. 그래서 피질 네프론에서보다 근접수질 네프론에서 더 많은 물이 재흡수될 수 있다. 앞에서 살펴본 것처럼 포유류와 조류의 신장만 헨늘 고리를 가지고 있기 때문에 조류와 포유류에서만 오줌이 농축될 수 있다.

헨늘 고리를 지나 여과액은 피질에 있는 **원위세뇨관**으로 들어가고, 이어서 **집합관**로 흘러들어간다. 집합관은 다시 수질로 내려가는데, 여기에서 다른 집합관들과 합쳐져 오줌을 신우로 보내게 된다.

물, 영양분, 이온들의 재흡수와 다른 분자들의 분비

사구체(glomerulus)로 들어가 여과된 물과 용질의 대부분은 재흡수를 통해 다시 혈액으로 들어가야 한다. 그렇지 않으면 동물이 오줌을 배출하는 것은 말 그대로 죽음으로 향하는 길이 될 것이다. 그 실례로 사람에서는 매일 약 2000 L의 혈액이 신장을 통과하는데, 180 L의 물이 혈액을 떠나 사구체 여과액으로 들어간다.

사람은 약 5 L 정도의 혈액을 가지고 있으며, 하루에 1~2 L의 오줌을 생산하기 때문에 혈액은 하루에도 몇 번씩 여과되고, 여과액의 대부분은 재흡수되어야 한다. 물은 근위세뇨관에서 여과액으로부터 재흡수되며 헨늘 고리의 하행 부분과 집합관을 거쳐가면서 재흡수된다. 집합관에서의 선택적인 재흡수는 헨늘 고리에 의해 만들어진 삼투 농도차에 의해 일어난다.

사람의 몸에 필요한 포도당이나 아미노산, 그 외 다른 분자들의 재흡수는 **능동수송**(active transport)과 2차 능동수송(공동수송)에 의해 일어난다. 모든 **운반체-매개 수송**에서처럼 매개체가 포화되었을 때 최대 수송률에 도달하게 된다.

근위세뇨관에서의 포도당 수송체의 경우 혈액 내(나중에는 사구체 여과액에서) 포도당 농도가 약 180 mg/100 mL이 되는 경우 포화된다. 혈액 내 포도당 농도가 이 양을 초과하게 되면, 치료를 받지 않은 당뇨병 환자에서처럼 여과액에 남아 있는 포도당은 오줌으로 배출된다. 실제로 오줌에 포도당이 존재하면 당뇨병으로 진단된다.

외부 물질과 우리 몸의 특정 노폐물은 모세혈관과 신장 세뇨관 막을 통과해 여과액으로 넘어가 분비된다. 이 과정은 재흡수와 비슷하지만 반대 방향으로 진행된다.

몇몇 분비된 물질들은 신장을 한 번 통과하는 사이에 혈액에서 빠르게 빠져나가 오줌으로 배출된다. 이렇게 빠른 배출 과정은 네프론에서 분비되는 페니실린을 매일 많은 양으로 반복 투여해야 하는 이유가 된다.

항상성 유지를 위한 독성물질과 과다한 이온의 배출

신장의 주된 기능은 동물이 먹고 마시는 것들 중 독성이 있는 물질들을 제거해주는 것이다. 더욱이 오줌에는 앞에서 살펴본 것처럼 질소 노폐물들이 있는데 이것은 아미노산과 핵산의 이화작용의 산물이다. 또한 오줌에는 과다한 칼륨이온(K^+)과 수소이온(H^+) 그리고 혈액으로부터 제거된 여러 이온들이 포함된다.

일반적으로 오줌의 높은 H^+ 농도(pH 5~7)가 혈액의 산-염기 평형을 좁은 범위(pH 7.35~7.45)에서 유지되도록 해준다. 또한 오줌에서 물의 배출은 혈액량과 혈압을 유지하는 데 기여하는데, 배설되는 오줌의 양이 많으면 많을수록 혈액량은 적어진다.

신장 기능의 목적은 내부 환경을 일정하게 유지해주는 항상성의 유지이다. 질병으로 인해 신장 기능에 장애가 생기면, 혈액 내 질소 노폐물의 농도가 증가하고, 전해질과 산-염기 평형이 교란되며, 혈압 조절에 이상이 생긴다. 이러한 잠재력을 지닌 치명적 변화로 인해 인체 생리학적 측면에서 신장의 중요성이 강조된다.

특정 수송 기능을 수행하는 포유류의 네프론

앞에서 살펴본 것처럼 약 180 L의 등장성 사구체 여과액이 매일 사람 신장의 보우만 주머니로 들어간다. 네프론 세뇨관을 지난 다음 여과액은 혈액으로 다시 재흡수되지 않으면 오줌으로 배설된다. 오줌을 180 L 만드는 것은 사실상 불가능하다. 그렇지만 물은 오직 **삼투**(osmosis)에 의해서만 세포막을 지날 수 있으며, 삼투는 두 등장액 사이에서는 일어나지 않기 때문에 물의 재흡수를 위해 사구체 여과액과 혈액 사이에 삼투 농도차를 형성하는 일련의 과정이 필요하다.

여과액에 있는 거의 대부분의 영양물질들은 **근위세뇨관**을 통해 혈액으로 다시 재흡수된다. 그리고 보우만 주머니로 여과된 물과 NaCl의 약 3분의 2가 근위세뇨관 벽을 통해 바로 재흡수된다.

이 재흡수는 여과액으로부터 신소체주위 **모세혈관**으로의 Na^+의 능동수송에 의해 일어난다. Cl^-는 전기적 인력에 의해 Na^+를 따라 수동적으로 이동하고, 물은 삼투압 때문에 이 둘 모두를 따라 이동한다. NaCl과 물이 여과액으로부터 적절한 양만큼 제거되기 때문에, 세뇨관에 남아 있는 여과액은 여전히 혈장과 등장액이 된다.

NaCl과 물의 초기 재흡수 이후 네프론 세뇨관에는 초기 여과액의 3분의 1만이 남게 되지만 여과액은 아직도 많은 양이다(원래 여과액 180 L 중 60 L). 이렇게 많은 오줌을 배출

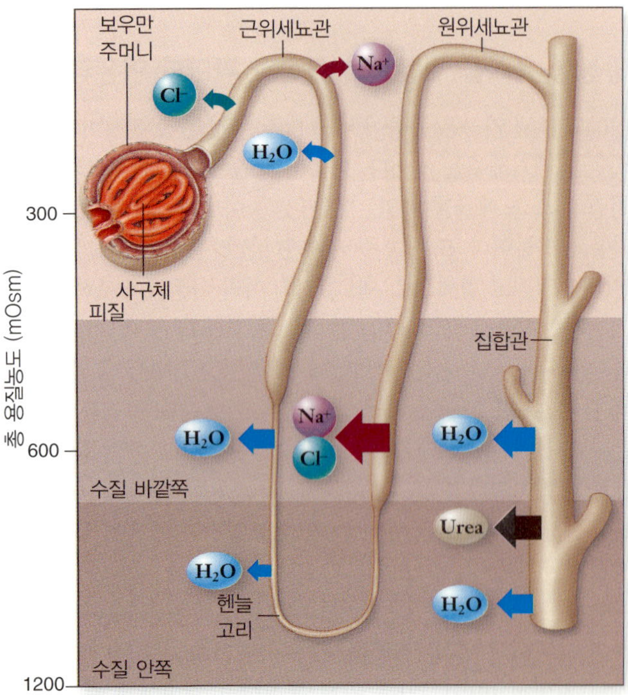

그림 21.13 포유류 신장에서 일어나는 염과 물의 재흡수. 근위세뇨관에서 바깥으로의 Na^+의 능동수송이 일어나면서 Cl^-와 물의 수동적 이동도 일어나게 된다. 헨늘 고리의 상향부로부터 NaCl이 능동적으로 배출되어 헨늘 고리의 하향 가지와 집합관으로부터 물의 재흡수에 필요한 삼투 농도구배를 형성한다. 헨늘 고리의 상향 가지와 하향 가지는 삼투 농도구배를 증가시키는 역류 증폭계를 형성한다. 신장 피질에서 수질까지 삼투 농도의 변화는 그림의 왼쪽에 수치로 표시하였다.

하는 동물은 없으며, 따라서 남은 물의 대부분은 재흡수되어야만 하는데, 물은 주로 집합관의 벽을 통해 재흡수된다.

헨늘 고리(loop of Henle)의 기능은 피질과 수질 사이에 더 많은 삼투 농도차를 형성하는 것이다. 삼투 농도차는 집합관에서 삼투에 의해 물이 재흡수되도록 해준다. 헨늘 고리의 상향하는 가지 부분과 하향하는 가지 부분은 서로 구조적으로 다르며 이온들과 물에 대한 투과성도 다르다. 이로 인해 피질과 수질 사이에 더 많은 삼투 농도차가 형성된다(**그림 21.13**). 헨늘 고리의 구조는 **역류계**의 또 다른 예가 되는데, 이것은 간질액의 삼투 농도가 증가되도록 해준다. 헨늘 고리의 기능을 이해하기 위해서 헨늘 고리 중 상향하는 부분부터 살펴본다.

1. **상향 가지**는 물을 통과시키지 않는다. 상향 가지의 두꺼운 부분은 세관 밖으로 Na^+를 능동적으로 수송하며 Cl^-는 이를 따라 수동적으로 이동한다. 상향 가지의 얇은 부분은 Na^+과 Cl^-를 모두 통과시키며 이것은 확산에 의해 밖으로 나간다.
2. **하향 가지**는 얇으며 물은 통과시키지만 NaCl은 통과시키지 않는다. 상향 가지로부터 나온 Na^+와 Cl^- 때문에 간질액의 삼투 농도는 하향 가지 내부의 삼투농도보다 높기 때문에 물은 삼투압에 의해 하향 가지로부터 빠져나간다. 따라서 헨늘 고리가 바닥을 돌아 올라오면서 세관 안의 삼투 농도가 증가되기 때문에 앞에서 설명된 것처럼 얇은 상향부에서는 확산에 의해 NaCl이 빠져나가게 된다.
3. 상향부에서 Na^+의 능동수송과 이에 따른 Cl^-의 수동이동이 일어남으로써 주변 조직의 삼투 농도가 높아지므로 하향 가지에서의 물의 소실이 더욱 촉진되어 하향 가지 내 여과액의 농도는 고리를 내려갈수록 더욱 커진다. 헨늘 고리의 길이가 길면 길수록 상향 가지와 하향 가지가 서로 상호작용하는 구간은 길어지며, 결국 여과액의 농도는 더 커진다. 사람의 신장에서, 헨늘 고리로 들어가는 사구체 여액의 농도는 300 mOsm(miliosmolar)이며, 이 농도는 신장 수질 안으로 들어와 있는 헨늘 고리의 가장 긴 지역의 바닥 부분에서 1200 mOsm 이상으로 증가한다.
4. 헨늘 고리의 상향 가지로부터 빠져나온 NaCl은 주변의 조직액으로부터 직립관으로 재흡수되며, 그 결과 NaCl은 수질에서 나가는 혈액에서 수질로 들어오는 혈액으로 확산될 수 있다. 직립관도 역류 교환의 기능을 하는데, 이는 몸체가 큰 수중 척추동물의 지느러미에서 나타나는 열 교환을 위한 혈액의 역류와 산소의 교환을 증가시키기 위해 일어나는 아가미를 통한 물과 혈액의 역류와 비슷하다고 볼 수 있다. 직립관의 경우 이러한 교환은 헨늘 고리에 의해 형성된 삼투압 구배가 모세혈관을 통한 혈액의 흐름에 의해 중단되지 않도록 해주기 때문에 선택적으로 물을 재흡수하는 집합관의 능력에 아무런 영향을 미치지 않는다.

헨늘 고리의 상향 가지와 하향 가지에서 여과액이 반대 방향으로 흐르기 때문에, 고장성 신장 수질을 형성하는 헨늘 고리의 작용을 **역류 증폭계**라고 부른다. 이를 통해 형성된 삼투 구배는 세관 시스템에서 밖으로 빠져나온 염의 능동수송에 의해 생성되는 것보다 더 크다.

신장 수질의 높은 염 농도는 주로 역류 증폭계에 의한 NaCl 축적의 결과라고 볼 수 있지만 요소 또한 수질의 총 삼투농도에 영향을 준다. 헨늘 고리의 하향 가지와 집합관은 둘 다 요소를 통과시킬 수 있으며 이것은 확산에 의해 네프론에서 빠져나간다.

NaCl이 상향 가지에서 바깥으로 분비되기 때문에 **원위세뇨관**에 도달해서 신장 피질에 있는 **집합관**으로 들어가는 여과액은 농도가 100 mOsm에 불과한 저장성 액이 되며, 이 묽은 용액이 들어 있는 집합관은 수질 안으로 빠르게 내려간다. 신장 수질의 고장성 조직액 때문에 강한 삼투 구배에 의해서 물은 집합관에서 빠져나와 주변의 혈관으로 들어가게 된다.

삼투구배는 보통 때는 변화가 없지만 원위세뇨관과 집합관의 물에 대한 투과성은 **항이뇨 호르몬**(ADH)에 의해 조절되는데, 이에 대한 내용은 제8절에 자세히 기술되어 있다. 동물이 물을 보존할 필요가 있을 때, 뇌하수체 후엽은 더 많은 ADH를 분비하며, 이 호르몬은 집합관의 원형질막에 존재하는 물 통로의 수를 증가시켜준다. 이것은 더 많은 물을 재흡수하여 오줌으로 적게 배출하기 위해 물에 대한 집합관의 투과성을 높여주기 때문에 동물들은 고장성 오줌을 배출하게 된다.

수분 평형의 조절뿐만 아니라, 신장은 재흡수와 분비를 통해 혈액 내 전해질의 균형을 조절한다. 예를 들어 신장은 근위세뇨관에서는 K^+를 재흡수하고 원위세뇨관에서 항상성을 유지하는 데 필요한 양만큼 K^+를 분비한다. 또한 신장은 오줌으로 H^+를 배출하고 HCO_3^-를 재흡수해서 산-염기 평형을 유지한다.

원위세뇨관과 집합관에서의 NaCl의 재흡수는 우리 몸의 필요에 따라 결정되며, 이는 호르몬인 **알도스테론**(aldosteron)의 조절을 받는다. NaCl에 관해서는 알도스테론이 더 중요함에도 불구하고 ADH와 알도스테론 모두 원위세뇨관과 집합관에 영향을 준다. 배설에 영향을 주는 호르몬 조절에 대해 더 자세히 알아본다.

2.6 호르몬에 의한 삼투 조절 기능 조절

포유류와 조류에서 오줌으로 분비되는 물의 양, 즉 오줌의 농도는 우리 몸이 변화하는 요구에 따라 다양해진다. 신장은 우리 몸이 물을 보존해야 할 필요가 있을 때 고장성 오줌을 배출한다. 동물이 물을 많이 마시면 신장은 저장성 오줌을 배출한다.

그 결과 혈액의 양, 혈압 그리고 혈장의 삼투 농도는 아무리 많은 물을 마셔도 신장에 의해 비교적 변화 없이 유지된다. 신장은 혈장의 K^+와 Na^+ 농도와 혈액의 pH를 매우 좁은 범위 내에서 조절해준다. 신장의 이와 같은 생체 항상성 기능은 주로 호르몬에 의해 조절된다.

항이뇨 호르몬(ADH)은 시상하부에서 생성되어 뇌하수체 후엽에서 분비된다. 혈장의 삼투농도가 증가하면 ADH가 분비된다. 사람이 탈수 상태가 되거나 짠 음식을 먹었을 때, 혈장의 삼투 농도는 증가한다. 시상하부에 있는 삼투수용기는 증가된 활동 전위를 통합 중추로 보냄으로써 증가한 혈액 삼투 농도에 반응해 결국 이는 물이 부족하다고 느끼는 감각을 촉발시켜 ADH의 분비를 증가시켜준다(**그림 21.14**).

ADH는 원위세뇨관과 집합관 벽이 물을 더 잘 투과할 수 있도록 만든다. **아쿠아포린**이라고 부르는 물 수송 단백질은 원위세뇨관과 집합관 상피에 있는 세포소낭의 막에 존재하는데 ADH는 세포외 배출과 비슷하게 세포막과 소낭 막의 융합이 활발히 일어나도록 해준다. 세포막에 위치하는 아쿠아포린은 신장 수질의 고장성 상태에 반응하여 세관들 바깥으로 물이 빠져나가도록 해주며, 이 물은 혈액으로 재흡수된다.

ADH의 분비가 감소하면, 마치 세포막을 손가락으로 떼어낸 듯 떨어져 아쿠아포린을 포함하는 새 세포소낭을 형성한

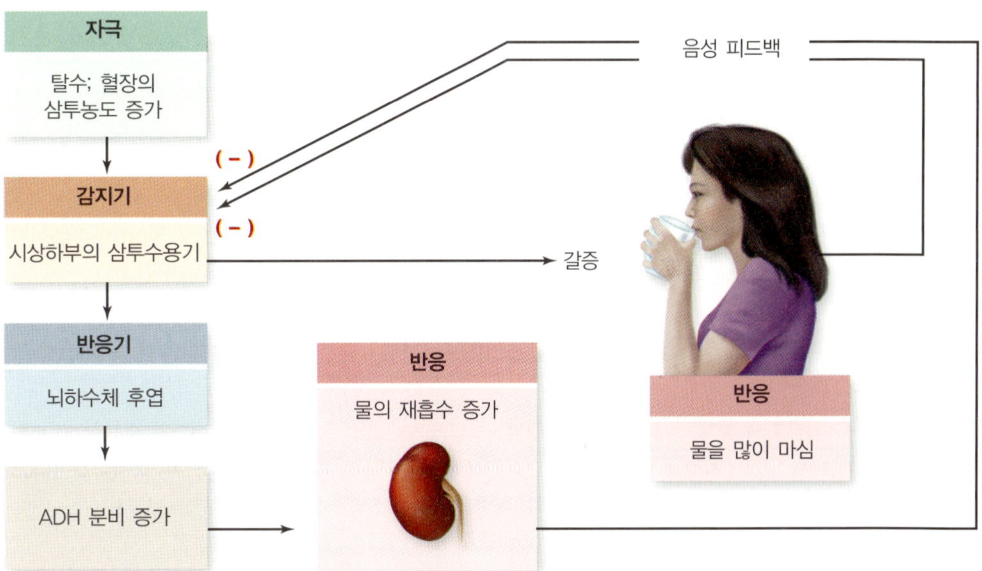

그림 21.14 항이뇨 호르몬은 신장에 의한 물의 재흡수를 촉진한다.
이 작용은 음성 피드백 작용을 따르며, 이는 혈류량과 삼투농도의 항상성을 유지하는 데 도움을 준다.

다. 이 작용에 의해 원위세뇨관과 집합관의 세포막에서 아쿠아포린은 제거되며, 이로 인해 원위세뇨관과 집합관의 물에 대한 투과성은 낮아지기 때문에 더 많은 물이 오줌으로 배출된다.

ADH가 최대로 분비될 때, 사람은 하루에 매우 농축된 오줌 약 600 mL만을 배출한다. 뇌하수체의 손상으로 ADH가 부족한 사람은 요붕증을 겪으면서 매우 희석된 오줌을 다량으로 끊임없이 배출한다. 이런 사람은 매우 심각한 탈수 증세를 겪을 위험이 높으며, 혈압이 위험한 수준으로 떨어지게 된다.

ADH 작용을 통한 항상성은 ADH의 분비를 억제하는 일반적인 약물인 에탄올과 카페인에 의해서도 영향을 받는다. 이것이 과도한 음주의 여파로 탈수 증세가 나타나는 이유가 된다.

나트륨 이온은 혈장의 주된 용질이기 때문에 혈액 내의 Na^+ 농도가 낮아지면 혈액의 삼투 농도 또한 낮아진다. 이와 같은 삼투 농도의 감소는 ADH의 분비를 억제하여 이로 인해 집합관에 많은 물이 남게 되어 오줌으로 배출된다. 그 결과 혈액의 양과 혈압은 감소하게 된다.

세포 밖 Na^+의 감소는 삼투에 의해 세포로 더 많은 물이 이동하도록 하는데, 이것은 부분적으로 혈장 삼투 농도의 감소를 상쇄시켜주지만 혈류량과 혈압은 더 감소시킨다. Na^+ 부족이 심각해지면 혈류량이 너무 낮아져 혈압은 생명 유지에 부족한 상태가 된다. 이런 이유로 염은 생명 유지를 위해 중요하다. 많은 동물들은 염분 결핍을 겪고 있으며, 마치 사슴이 소금덩어리를 찾아 모으는 것처럼 적극적으로 염분을 찾으려 한다.

혈액 내 Na^+ 농도의 감소는 부신피질에서 분비되는 **알도스테론**의 영향으로 신장에 의해 정상적으로 보상된다. 알도스테론은 원위세뇨관과 집합관에서 Na^+를 재흡수할 수 있도록 자극하여 오줌으로 배출되는 Na^+의 양을 감소시킨다. 실제로 알도스테론이 최대로 분비되는 환경에서는 Na^+가 오줌으로 거의 배출되지 않는다. Na^+의 재흡수에 이어서 Cl^-와 물도 재흡수되기 때문에 알도스테론은 염과 물의 유지를 촉진시키는 효과를 가진다. 이를 통해 알도스테론은 혈류량과 삼투농도, 그리고 혈압의 유지를 돕는다.

혈액 내 Na^+ 농도의 감소에 반응하여 발생하는 알도스테론의 분비는 간접적이며, 혈액의 Na^+ 감소는 혈류량의 감소를 동반하기 때문에, 인접사구체 장치(juxtaglomerular apparatus)라고 부르는 세포 집단을 지나는 혈액의 흐름은 줄어들게 된다. 인접사구체 장치는 신장에서 원위세뇨관과 구심성 소동맥(afferent arteriole) 사이에 위치한다.

혈류가 감소되면 인접사구체 장치는 레닌이라는 효소를 혈액으로 분비한다. 레닌은 단백질 안지오텐시노겐으로부터 폴리펩티드 안지오텐신 I(angiotensin I)의 생성을 촉매하며, 안지오텐신 I은 다른 효소에 의해 **안지오텐신 II**(angiotensin II)로 바뀌는데, 이것은 혈관이 수축하고 부신피질로부터 알도스테론이 분비되도록 자극한다. 따라서 혈류량과 혈압의 항상성은 위와 같이 레닌–안지오텐신–알도스테론 시스템의 활성화에 의해 유지될 수 있다. 그에 부가하여 알도스테론은 Na^+의 재흡수를 자극하면서 원위세뇨관과 집합관으로의 K^+ 분비를 촉진하기도 한다. 결과적으로 알도스테론은 혈액 내 K^+ 농도를 낮추어줌으로써 섭취하는 음식에 의해 변화하는 K^+ 양에 대응하여 혈액 내 K^+ 농도를 변화 없이 유지할 수 있도록 도와준다. 알도스테론을 생성할 수 없는 사람들은 오줌을 통한 염과 물의 과다손실과 혈액 내 K^+의 축적 때문에 죽음에 이를 수도 있다.

연 습 문 제

Exercise

1. 다음 중 혈액순환에서 혈액의 이동 순서가 맞는 것은?
   a. 심장 → 동맥 → 소동맥 → 모세혈관 → 정맥 → 림프 → 심장
   b. 심장 → 동맥 → 소동맥 → 모세혈관 → 정맥 → 소정맥 → 심장
   c. 심장 → 동맥 → 소동맥 → 모세혈관 → 소정맥 → 정맥 → 심장
   d. 심장 → 소동맥 → 동맥 → 모세혈관 → 정맥 → 림프 → 심장
2. 혈압계 사용 시,
   a. 수축기 압력이 가압대로 발생한 압력보다 크면 정맥 혈액에 맥박이 있다.
   b. 혈압이 수축기 압력보다 낮아지면 맥박이 멈춘다.
   c. 가압대 압력이 최대 혈압보다 크면 혈액이 정맥을 통해 이동하지 않는다.
   d. 가압대 압력이 수축기 압력과 같아지면 가압기 압력이 떨어지는 것을 멈춘다.
3. 혈병은 무슨 성분으로 이루어져 있는가?
   a. 섬유　　b. 프로트롬빈
   c. 섬유소원　　d. 위의 모두
4. 배설기관의 중요한 기능은 물질대사 과정에 의해 생산된 여분의 질소를 제거하는 것이다. 다음 생물 중 질소를 가장 효율적으로 배출하는 것은?
   a. 개구리　　b. 이구아나
   c. 담수어류　　d. 낙타
5. 신장의 기능은 무엇인가?

a. 신장은 신체로부터 유해한 물질을 제거한다.
b. 신장은 신체가 물을 이용할 수 있도록 보존한다.
c. 신장은 혈액에서 염의 레벨을 조절한다.
d. 위의 모든 것들이 신장의 기능이다.

6. 어떤 바이러스에 감염될 때, 사구체를 통해 여과된 체액으로부터 이온의 재흡수가 억제된다면, 이 바이러스는 어디에 있는 세포를 공격하겠는가?

a. 보우만주머니　　b. 세뇨관
c. 사구체　　d. 집합관

7. 이뇨제는 소변 생산량을 증가시킴으로써 고혈압 치료에 사용되는 약물이다. 이뇨제의 신장에서의 작용 기작은 무엇이겠는가?

a. ADH 분비를 증가시킴
b. 근위세뇨관이나 헨늘 고리에서 NaCl의 재흡수를 억제시킴
c. 집합관의 투과성을 증가 시킴
d. 근위세뇨관에서 NaCl의 재흡수를 증가시킴

8. 혈액, 림프 및 헤모림프의 차이에 대해 설명하라.

9. 다음 호르몬의 표적이 되는 네프론의 부위를 말하고, 그 호르몬이 언제, 어떻게 작용하는지를 설명하라.

a. ADH
b. 알도스테론
c. 심방 나트륨배출 호르몬

제 22 장 면역계

Immune System

1 면역계

1.1 선천성 면역

미생물들의 침입에 대한 척추동물의 반응은 오랫동안 **특이적**(specific) 그리고 **비특이적**(nonspecific) **방어**로 구분되어 왔다. 현재 이러한 구분은 너무 단순할 뿐만 아니라 신체의 방어를 효과적으로 파악하는 방법이 아니라는 것이 확실해지고 있다. 여기에서는 통합적인 두 가지 반응인 선천적 면역과 적응면역에 대해 알아본다.

선천성 면역계는 그람 음성균이 가지고 있는 지질다당류처럼 특정 병원체에서 보존되어 있는 분자를 인지한다. 이러한 보존된 단백질에 결합하는 분자는 유전자 재배열에 의해 만들어지지 않고 그 수도 그리 많지 않지만 몸으로 침입하는 병원체를 인지한다. 이 시스템의 특징은 매우 빠르게 작동해서 세포들을 감염된 부위로 불러모으고, 수용성 항균 단백질로 하여금 병원균에 대항하도록 한다.

적응면역은 사실상 침입하는 모든 병원균을 인지할 수 있는 다양한 분자들을 생산하는 유전자 재배열이 특징이다. 적응면역은 선천성 면역보다 느리지만 병원균에 매우 특이적인 반응을 하며, 두 번째 공격에 대해 훨씬 더 빨리 반응하는데, 이것이 **백신**(vaccines)의 기본 원리이다. 이 절에서는 선천성 면역과 적응면역에 대해 살펴보고, 두 면역체계가 서로 어떻게 연관되는지 알아본다. 이를 위해 먼저 병원균이 신체의 내부로 침입해 들어올 때 통과해야만 하는 장벽에 대해서 간단히 알아본다.

감염을 막는 장벽 피부

피부는 신체에서 가장 큰 기관으로 성인 체중의 15%를 차지한다. 피부는 침투할 수 없는 장벽을 만들어 몸을 보호할 뿐만 아니라, 표면은 화학적 무기로 무장되어 있다. 피지선과 땀샘은 피부의 표면을 pH 3~5 정도의 산성으로 만들어 병원성 미생물의 성장을 억제한다. 땀에는 라이소자임이라는 효소가 있어 박테리아의 세포벽을 분해한다. 표피세포는 다양한 항균 펩티드를 생성한다.

피부는 몸의 여러 부위의 피부 조건에 잘 적응하고 있는 많은 비병원성 세균이나 곰팡이와 같은 정상총균의 서식처로도 제공되는데, 일반적으로 피부에 서식하려는 병원균은 정상총균과 경쟁할 수 없다. 피부의 표피는 대략 10~30개의 세포층으로 이루어져 있어 그 두께가 이 책장 정도 된다. 바깥층의 세포는 신체가 활동하는 동안 생기는 마찰과 스트레스로 인해 끊임없이 마모되고, 상처를 받으며 닳게 되어 세포는 계속해서 벗겨지고 표피의 제일 안쪽에서 생기는 새로운 세포에 의해 대체된다.

점막 표면에 의한 병원균의 침입 방지

피부 외에도 소화관이나 호흡관, 비뇨생식관의 표면도 미생물이나 바이러스의 침입으로부터 몸을 보호한다. 이 점막들이 외부 환경에 노출되어 있다고 생각해보라. 점막들은 피부와 마찬가지로 계속 재생되는 표피세포로 이루어져 있다.

표피세포 사이에 흩어져 있는 특정한 세포에 의해 분비되는 점액층은 점막 표피를 덮고 있으며, 병원균은 이 점액층에 갇히거나 제거된다.

미생물(microbe)들이 음식에 존재하지만 그들은 라이소자임을 가지고 있는 침이나 위장의 강 산성, 소장의 소화효소에 의해 죽게 된다. 더욱이 위장관은 비병원균인 정상총균이 서식하는 장소로 병원균과 경쟁하여 병원균의 성장을 억제한다. 이들 비병원균은 병원균과 경쟁할 뿐만 아니라 해로운 병원균을 죽일 수 있는 물질들을 분비하기도 한다.

흡입된 공기에 들어 있는 미생물들은 번식하기에 좋은 환경인 습하고 따뜻한 폐에 도착하기 전에 작은 기관지와 기관세지에 있는 점액에 갇히게 된다. 기관지의 표피세포는 섬모를 가지고 있어서 점액을 목구멍 쪽으로 계속 쓸어내준다. 병원균을 가지고 있는 점액은 목구멍에서 삼켜져 위장관으로 들어간다. 담배를 피우면 니코틴이 호흡기의 섬모를 마비시켜 공기 통로가 청소되지 않아 위험해질 수 있다.

선천성 면역과 연관되어 있는 식균세포

선천성 면역에서 가장 중요한 것은 체내를 순환하고 조직 내에서 비특이적으로 병원체를 공격하는 몇몇 **백혈구**들이다. 방어 기작을 수행하는 백혈구들에는 세 가지의 유형이 있는데, 이들은 각각 침입한 미생물들을 각기 다른 방식으로 죽인다.

대식세포는 **식균작용**을 통해 미생물들을 포식하여 죽이는 크고 불규칙한 모양의 세포이다(**그림 22.1**). 대식세포내에서 막으로 둘러싸인 식포는 라이소자임과 함께 융합되어 미생물을 죽이고 소화하는 라이소자임 효소를 활성화시킨다. 그에 부가하여 식포 내에서 산소를 포함하는 자유 라디칼이 다량 생성되는데, 이 자유 라디칼은 매우 반응성이 크며 병원체를 파괴시킨다.

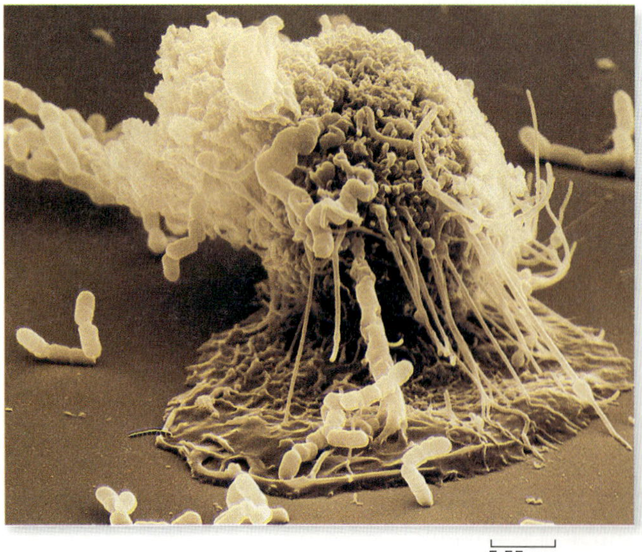

그림 22.1 활동 중인 대식세포.
이 주사전자현미경 사진에서 대식세포는 길고 끈적한 세포질 확장 돌기로 "낚시질"을 하고 있는 중이다. 확장 돌기와 접촉한 균체는 대식세포 쪽으로 끌어당겨져 삼켜진다.

대식세포는 박테리아 외에도 바이러스, 세포 부스러기, 폐의 먼지 입자들도 삼키며, 세포외액을 계속 돌아다닌다. 혈액에서 발견되는 미분화된 대식세포인 단핵구는 감염에 대응하여 모세혈관의 내피세포를 빠져나와 결합조직으로 들어간다. 감염이 일어난 지점에서 단핵구는 활성화되어 식균작용을 할 수 있는 대식세포로 성숙한다.

중성백혈구(neutrophils)는 가장 많은 순환 백혈구로 말초혈액 백혈구들 중 50~70%를 차지한다. 그들은 조직 손상이나 감염이 일어난 부위에 나타나는 첫 번째 세포 유형이다. 이들도 대식세포처럼 모세혈관의 내피세포들 사이를 빠져나가 감염된 조직으로 들어가 식균작용을 통해 다양한 병원체들을 섭취한다. 이들이 병원체를 파괴시키는 기작은 대식세포와 비슷하나 훨씬 더 다양한 반응성 산소 라디칼을 만들어낸다. 중성백혈구는 디펜신 펩티드(defensin peptides)도 생성시킨다.

자연 살해세포(또는 **NK세포**)는 침입한 미생물들을 직접 공격하지 않는다. 대신 그들은 바이러스에 의해 감염된 생체의 세포를 죽인다. 그들은 식균작용을 하지 않고 표적세포의 **세포자살**(apoptosis)을 유도하여 죽게 한다. NK세포에서 방출되는 퍼포린이라는 단백질은 표적세포의 막에 삽입되어 구멍을 만든다. 그 다음 NK세포로부터 만들어지는 다른 단백질인 그랜자임이 퍼포린 분자에 의해 생성된 구멍으로 들어가 표적세포내의 카스파아제 효소를 활성화시켜 세포자살을 유도한다. 그리고 대식세포가 막으로 둘러싸인 소포형 세포 부스러기를 소화시킨다.

NK세포는 주로 종양세포가 충분히 검출 가능한 종양으로 되기 전에 종양세포도 공격할 수 있다. NK세포에 의한 철저한 감시는 암에 대항하는 가장 강력한 방어 중 하나이다. 따라서 이 세포들은 면역 감시의 기능을 한다고 일컬어지고 있다.

염증반응

염증반응(inflammatory responses)은 생체의 몇 가지 시스템과 관련 있으며, 국소적으로 또는 온몸에 걸쳐 일어난다. 급성반응은 대부분 빠르게 시작되나 상대적으로 짧은 시간 동안만 지속된다.

감염되거나 손상된 세포들은 화학적 경보 신호로 히스타민과 함께 프로스타글란딘과 브라디키닌을 방출한다. 이 화학물질들은 국소 혈관의 확장을 촉진시켜 감염 부위로 혈액의 흐름을 증가시켜 그 부위에서 염증의 두 가지 특징인 붉고 열이 나게 한다. 이 물질들은 모세혈관의 투과성을 증가시켜 염증의 세 번째 특징인 부종을 일으킨다. 부종은 국부 신경 말단에 압력을 가하고 다른 매개체들과 함께 작용하여 염증의 마지막 두 특징인 고통과 잠재적 기능 상실을 야기한다.

모세혈관의 투과성이 증가하면 먼저 포식작용을 하는 중성백혈구가 혈액으로부터 세포외액으로 빠져나와 병원체를 포식하고 파괴시킨다. 감염 시 생성되는 고름(pus)은 죽거나 죽어가는 병원체, 조직세포, 중성백혈구의 혼합물이다. 중성백혈구는 몇 시간 뒤에 단핵구를 끌어들이는 신호전달 분자도 분비한다. 단핵구가 대식세포로 분화하면 많은 병원체와 죽은 세포들의 찌꺼기를 섭취한다.

발열(fever)은 포식작용을 자극하고 간과 비장에 철을 저장하도록 하여 생체를 방어하는 데 일조한다. 철을 저장함으로써 균체가 생장하는 데 다량 필요한 철의 혈중 농도가 감소된다. 그러나 매우 높은 발열은 위험한데, 이는 과도한 열이 중요한 효소를 변성시킬 수 있기 때문이다. 보통 39.4°C(103°F) 이상의 온도는 인간에게 위험하다고 알려져 있으며, 40.6°C (105°F) 이상의 온도는 종종 치명적이다.

급성반응 단백질들은 염증반응이 일어나는 동안에 간으로부터 방출되는데, 때로는 정상적인 혈청 농도보다 1000배 이상 높아지기도 한다. 이 단백질들은 다양한 미생물에 결합하여 포식세포들인 중성백혈구와 대식세포에 의한 포식을 촉진시킨다.

척추동물의 세포성 면역은 **보체계**라고 부르는 매우 효율적인 화학적 방어에 의해 강화된다. 보체계는 혈장을 자유롭게 순환하는 30여 가지의 단백질들로 이루어지는데, 일반적으로 그들은 비활성의 형태로 존재하면서 염증반응이 일어날 때에 조직으로 들어갈 수 있다. 보체는 선천성 면역의 가용성 센서인 **만노스-결합 렉틴 단백질**(mannose-binding lectin protein, MBL)에 의해 활성화되거나 병원체의 표면에 존재하는 전하를 띠는 물질과 관련 있는 복잡한 일련의 반응들에 의해 활성화된다.

보체계가 활성화되면 보체 단백질은 병원체의 원형질막(또는 외피보유 바이러스 주위의 지질막)에 구멍을 내면서 삽입되는 **세포막 공격복합체**를 형성한다. 세포외액은 이 구멍을 통해 병원체로 들어가 병원체가 부풀어 터지게 한다. 보체 단백질의 활성화는 B 림프구로부터 분비된 항체가 병원체에 결합할 때 특정한 방식으로 유발된다.

1.2 적응 면역

병균에 감염되지 않고 어린 시절을 보낸 사람은 거의 없을 것이다. 1991년 효과적인 백신이 출현하기 전에는 대부분의 어린 아이는 10세 이전에 수두를 앓았다. 수두나 이와 유사한 질병은 대부분의 사람들이 한번 앓고 나면 다시는 걸리지 않기 때문에, 어린아이에게만 걸리는 병으로 인식되었었다. 수두를 앓게 되면 수두를 유발하는 베리셀라-조스터 바이러스에 대해 면역성을 가지게 되고, 이러한 면역성은 면역체계에서 온전히 유지된다. 이와 유사하게 비병원성의 베리셀라 바이러스로 접종을 하면 면역이 생기게 된다. 이러한 면역성은 **후천성 면역**(acquired immunity)으로 불리는 적응면역 방어 기작에 의해 생긴다.

오래전에 관찰되었으나 최근에 와서 밝혀진 면역 기작

한번 감염된 병은 재감염에 대해 보호된다고 2000년 이상 동안 알려져 왔다. 그러나 과학적인 면역학 연구는 1796년 영국 의사 에드워드 제너(Edward Jenner)가 **천연두**(smallpox)에 대해 인간을 보호하는 실험을 수행하면서 시작되었다.

베리올라(variola) 바이러스에 의해 감염되는 천연두는 1700년대에 흔하고, 치명적인 질병이었다. 수두처럼 천연두를 앓은 사람은 다시는 동일한 병에 걸리지 않으며, 면역이 되어 살아남기 위해서는 의도적으로 스스로 접종을 하는 사람도 있다는 것이 알려져 있었다. 제너는 **우두**(cowpox)에 걸린 소의 젖을 짜는 사람은 천연두에 잘 걸리지 않음을 발견하였다.

제너는 우두가 천연두를 예방할 수 있다는 생각을 실험해 보고자 했다. 그는 건강한 어린아이에게 우두를 접종하였고, 어린아이는 병에 걸리지 않았다. 결론적으로 많은 사람들은 덜 위험한 우두로부터의 면역에 의해 천연두가 예방되었다(**그림 22.2**).

천연두와 우두는 유사한 표면을 가진 다른 바이러스에 의해 발생한다고 알려져 있다. 우두 바이러스를 접종한 제너의 환자는 향후 천연두 감염에 효과적으로 방어되었다. 이러한 위험한 병원균에 저항할 수 있도록 위험하지 않은 균을 접종하는 것을 **예방접종**(vaccination)이라고 부른다. 현재 우두 바이러스와 관련된 위험하지 않은 백시나 바이러스를 통해 항원을 접종하는 방법으로 말라리아, 헤르페스 또는 다른 질병들에 대한 백신을 개발하고 있다.

감염원에 노출되면 병에 대한 저항성이 생기는 이유를 알게 된 것은 오랜 세월이 지나서였다. 이 질문에 대한 명확한 대답은 프랑스의 유명한 과학자 파스퇴르(Louis Pasteur)에 의해 반세기가 지나서야 이루어졌다. 파스퇴르는 조류에 감염되

그림 22.2 면역학의 탄생. 이 그림은 에드워드 제너가 1790년대에 환자에게 천연두로부터 보호받기 위하여 우두를 접종하는 장면을 보여준다.

는 닭 콜레라를 연구하고 있었다. 그는 감염된 닭에서 박테리아를 분리 배양하였는데. 그는 2주일간의 휴가를 떠나면서 박테리아 배양병을 선반에 두고 떠났다. 휴가에서 돌아와 방치된 배양액을 건강한 닭에게 주입하였는데, 이 닭은 약하게 앓고 난 후 회복되었고, 놀랍게도 콜레라 박테리아로 감염시켜도 콜레라에 걸리지 않았다. 이는 명백하게 박테리아에 관련된 어떤 것이 면역성을 유도했을 것이라는 것을 시사해주는 것이다. 현재 박테리아 표면으로부터 나오는 분자들이 닭에게 면역성을 유발한다는 사실이 알려져 있다.

면역반응을 자극하는 항원

항원(antigen)이란 특이 면역반응을 일으키는 분자를 일컫는다. 대부분의 항원은 단백질과 같이 크고 복잡한 분자이다. 숙주로부터 계통학적 이질성이 클수록 면역작용이 크게 일어난다. 항원은 미생물, 바이러스, 수혈된 적혈구세포, 이식된 조직의 표면에 있는 단백질 또는 **당단백질** 등이 될 수 있다. 음식물이나 꽃가루도 항원으로 작용할 수 있다. 커다란 항원은 다양한 **항원결정기**(antigenic determinants 또는 epitopes)를 많이 가지고 있으며, 각각은 별개의 면역반응을 유도한다.

조혈작용에 의한 면역계의 세포 생성

혈액에서 발견되는 모든 세포는 **조혈작용**이라는 과정에 의해 조혈모세포로부터 분화되어 만들어진다. 발생학적으로 조혈모세포는 난황낭에서 처음으로 나타나 태아의 간과 비장으로 이동하고, 최종적으로 골수로 이동한다. 조혈모세포는 림프구 전구체와 골수 전구체를 생성한다. 림프구 전구체는 자연 살해세포, B 세포, T 세포를 생성하며, 골수 전구체는 다른 면역계세포들과 적혈구, 혈소판 등을 생성한다.

림프구는 적응면역을 담당하지만, 다른 모든 백혈구는 선천성 면역을 담당하거나 특이반응을 지원하는 역할을 한다. **단핵구**는 대식세포를 생성하는데, 대식세포는 **호중성구**와 마찬가지로 포식세포이다. **호산성구**는 퍼포린 포아를 통한 효소 분비를 통해 편형동물의 막에 박히는 소화 효소를 분비하거나 식균작용으로 장내 기생충인 편현동물을 제거하는 데 중요하다. 호산성구는 천식이나 염증성 장질환과 같은 만성적 염증 질병에 중요한 역할을 한다.

호염성구와 **비만세포**는 포식세포는 아니지만, 보체가 결합하면 히스타민이나 프로스타글란딘과 같은 염증 매개체를 분비한다. 이들 세포, 특히 비만세포는 **알러지 반응** 시에 활성화되고, 비만세포가 분비하는 염증 매개체는 알러지 증상을 유발한다.

적응면역반응을 수행하는 림프구

적응면역계는 다음과 같은 특징들을 가지고 있다.

1. 항체 인식의 특이성
2. 특이적으로 인식되는 항원의 광범위한 다양성
3. 면역계가 처음으로 만난 항원보다 이전에 마주친 적이 있는 항원에 더 빠르고 더 강하게 반응할 수 있는 기억 능력
4. 자기 항원과 비자기 항원을 구분할 수 있는 능력

적응면역반응에 필요한 혈액 내 세포들은 림프구 전구체라는 줄기세포에서 유래된 백혈구들이다. 이러한 림프구들은 표면에 항원의 **항원결정기**를 특이적으로 인식하는 수용체 단백질을 가지고 있어서 체액 속에 있거나 세포 표면에 존재하는 항원 모두에 대해 면역반응을 일으킨다. 또한 이 반응에는 선천성 면역으로부터 생성된 신호들이 영향을 미친다. 선천성 면역은 새로운 병원체에 의한 감염 초기에 우세하게 나타나고, 적응면역반응은 감염 후기에 우세하게 나타난다.

한 림프구에 있는 모든 수용체 단백질이 같은 항원결정기에 대한 특이성을 가지는 반면, 두 개의 림프구가 동일한 특이성을 가지는 것은 드물다. 이러한 특성이 우연히 마주칠지 모를 어떤 항원이라도 최소한 몇몇 항원결정기만큼은 인지할 수 있도록 하는 면역반응의 다양성을 유발한다.

이전에 한 번도 항원과 마주치지 않은 림프구를 미경험 림프구(naive lymphocyte)라고 한다. 미경험 림프구가 외부 항원에 결합했을 때 활성화되고, 동일한 항원 특이성을 가진 클론들을 만들어내면서 분화된다. 이 과정을 **클론선택**(clone selection)이라고 부른다. 이러한 세포들 중 일부는 항원에 즉시 반응하고 나머지는 **기억세포**(memory cells)가 되어 수년간 혹은 평생 동안 우리 몸에 남아있게 된다. 기억세포들은 같은 항원과 다시 마주치면 쉽게 그리고 빠르게 활성화된다.

B 림프구 또는 **B 세포**(B cell)라고 부르는 림프구들은 항체 또는 **면역글로불린**(immunoglobulins, **Ig**)이라는 단백질을 분비함으로써 항원에 반응한다. 항원 인식은 항원이 B 세포의 막에 존재하는 면역글로불린에 결합했을 때 일어난다. 항원과의 결합은 뒤에서 설명될 다른 신호들과 함께 작용하여, B 세포막의 항체에 의해 인지된 항원결정기에 특이적인 항체를 분비하는 **형질세포**의 생산을 유도한다. 이렇게 분비 항체를 생성하는 B 세포-매개 반응을 **체액성 면역**이라고 부른다.

T 림프구 또는 **T 세포**(T cell)라고 부르는 다른 림프구들은 항체를 분비하지 않는 대신, 다른 세포들의 면역반응을 조절하거나 특이적인 항원을 운반하는 세포를 직접 공격한다. 이 세포들이 적응면역의 또 다른 유형인 **세포성 면역**에 관여한다. 세포성 면역과 체액성 면역 과정들 모두 뒤에서 더 자세하게 다룬다.

두 종류의 기관들로 이루어진 면역계

면역계의 기관들은 **1차 림프 기관**인 골수와 흉선, **2차 림프 기관**들인 림프절, 비장, 점막-연관 림프조직으로 구성되어 있다

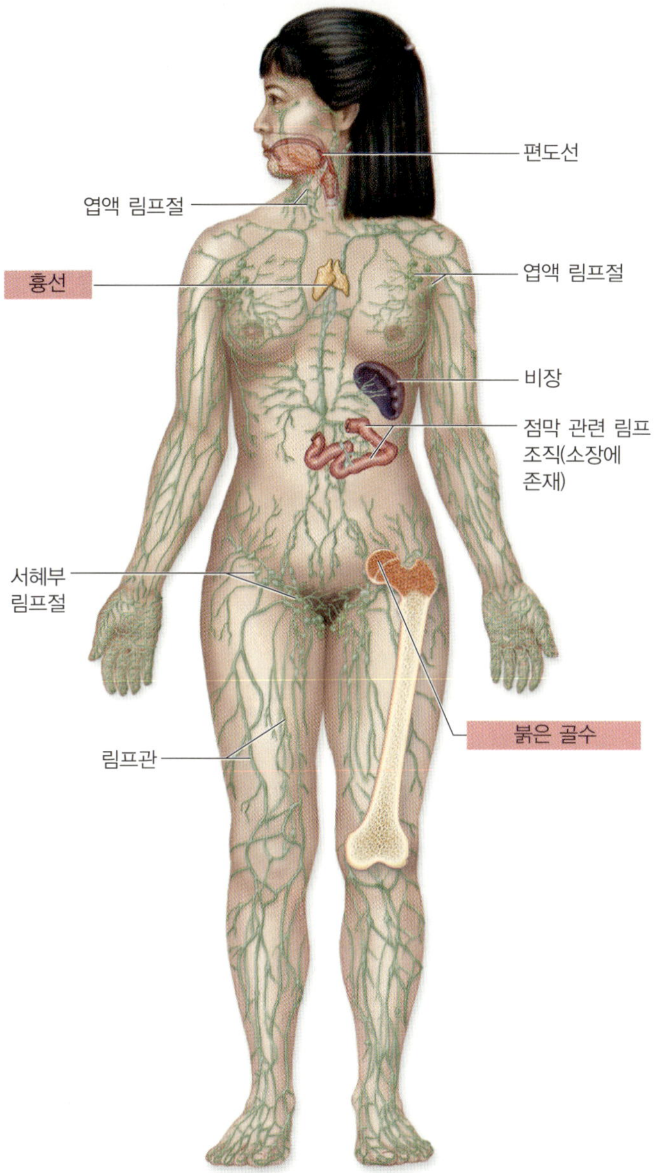

그림 22.3 특이적 면역계의 기관들.
면역계에 속하는 기관들에는 두 종류가 있다. 1차 림프 기관(붉은색 상자)은 B 림프구와 T 림프구가 성숙하고, 그들의 특이적인 수용체를 획득하는 장소이다. 그리고 2차 림프 기관(검은색으로 표시)으로 항원이 수집되고, 성숙한 순수 림프구들이 항원과 만나 항원에 의해 활성화되기 위해 순환하는 통로이다.

(**그림 22.3**).

골수는 줄기세포의 원천일 뿐 아니라, B 세포가 성숙하는 장소이기도 하다. 조혈과정으로 가장 미성숙된 세포인 전구 B 세포(progenitor B cells)가 만들어진 후에 이 세포들은 골수에서 성숙과정을 완료하게 된다. 뒤에서 다룰 면역글로불린 유전자의 DNA 재배열이 일어나 각 B 세포의 특이성이 좌우되는 곳도 여기이다. 모든 B 세포는 약 10^5개의 Ig 분자들을 표면에 가지고 있는데, 항원결정기에 대한 동일한 특이성을 가지며, 세포마다 다른 Ig 분자가 있다

자가-항원과 결합할 가능성을 가진 림프구는 모두 **세포자살**(apoptosis)을 거치게 된다(**그림 22.4*a***). 나머지들은 골수에서 방출되어 혈액과 림프를 돌아다니면서 항원과 마주칠 장소인 2차 림프 기관으로 들어간다.

전구 T 세포들은 골수에서 생성된 후에 심장 바로 위에 위치한 1차 림프 기관인 **흉선**으로 이동한다. 유아일 때 흉선은 크기가 매우 크지만, 십대가 되면서 줄어들기 시작하여 평생 동안 작아지게 된다.

T 세포에 존재하는 항원 수용체를 **T 세포 수용체(TCR)**라고 부른다. TCR은 흉선에서 T 세포가 성숙할 때, 전구 B 세포의 Ig 유전자에서 일어나는 것과 유사한 유전자 재배열에 의해 형성된다. 따라서 T 세포는 한 세포당 약 10^5개의 동일한 TCRs를 가지고 있을 것이고, T 세포마다 다른 TCR이 존재한다.

B 세포들은 단백질이거나 비단백질인 온전한 항원에서 하나의 항원결정기를 인지한다. 그에 비해 T 세포들은 단백질 항원의 펩티드 조각만을 인지하고, 이 펩티드 조각은 반드시 거의 모든 체세포의 표면에 존재하는 일련의 자가-단백질 중 하나에 결합되어 있어야만 한다. 이러한 자가-단백질들은 **주조직적합성 복합체(MHC)**의 유전자들에 의해 암호화되어 있다.

흉선에서 선택되는 동안 T 세포들은 모두 표면에 자가-펩티드와 결합한 자가-MHC 단백질을 발현하는 많은 흉선세포들에 노출된다. T 세포의 TCR이 이 자가-MHC 단백질 복합체에 너무 강하게 결합하면, 그 T 세포는 자가-반응성(self-reactive)이 되고, 세포자살을 진행한다(**그림 22.4*b***). 반대로, T 세포의 TCR이 MHC 복합체에 전혀 결합하지 않으면, 그것 또한 제거된다. 흉선에 들어온 전구 T 세포들의 약 5%만이 이 철저한 두 단계의 선택과정을 통과하고 세포자살을 피할 수 있다.

2차 림프 기관의 위치는 몸의 어떤 부분으로 들어오는 항원이라도 걸러낼 수 있도록 해준다. 예를 들어 피부에 박힌 가시에 붙어 있던 세균들은 조직을 씻어내는 림프액으로 들어간다. 이 림프액은 결국 **림프관**이라는 일련의 관을 따라 혈액 순환계로 돌아온다. 그러는 동안 림프액은 림프관 연결 부위에 위치한 수천 개의 림프절에서 걸러진다(**그림 22.3** 참조).

1차 림프 기관에서 나온 즉시 림프절로 들어온 성숙되었지만 미경험 상태인 수많은 B 림프구와 T 림프구들이나, 이곳에 존재했던 기억세포들은 항원과 마주치는 즉시 활성화된다. 림프절에서 B 세포가 활성화되면서 분비된 항체와 활성화된 B와 T 세포의 클론 세포들이 림프절을 나아서 심장 근처의 혈관으로 림프액이 돌아갈 때 혈액 순환계로 들어간다.

두 가지 형태의 적응면역

오랫동안 **자기**와 **비자기**를 구분하는 능력을 수반하는 **적응면**

그림 22.4 1차 림프 기관에서 자가 반응 림프구에 대한 선택.
B 림프구와 T 림프구가 특이적인 수용체를 얻고 난 후, 자가 반응하는 세포들은 세포자살에 의해 제거된다. ***a.*** 성숙한 B 세포의 표면에 존재하는 Ig가 골수 기질세포에 존재하는 항원결정기에 결합하면, 그 세포는 세포자살을 진행한다. 기질세포의 항원결정기를 인지하지 않는 Ig를 가진 소수의 B 세포들(10%)은 골수에서 방출된다. ***b.*** 성숙한 T 세포에 존재하는 TCR가 흉선의 수지상 세포에 존재하는 자기-MHC/자기 펩티드 복합체에 너무 강하게 결합하면, 그 T 세포는 세포자살로 이어진다. MHC 복합체에 전혀 결합하지 않는 세포들도 역시 제거된다. MHC-펩티드 복합체에 중간 정도의 친화력으로 결합하는 매우 낮은 비율의 T 세포들(2~5%)은 흉선에서 방출된다. 이 세포들이 자가-MHC/외래 펩티드 복합체에 매우 강하게 결합한다.

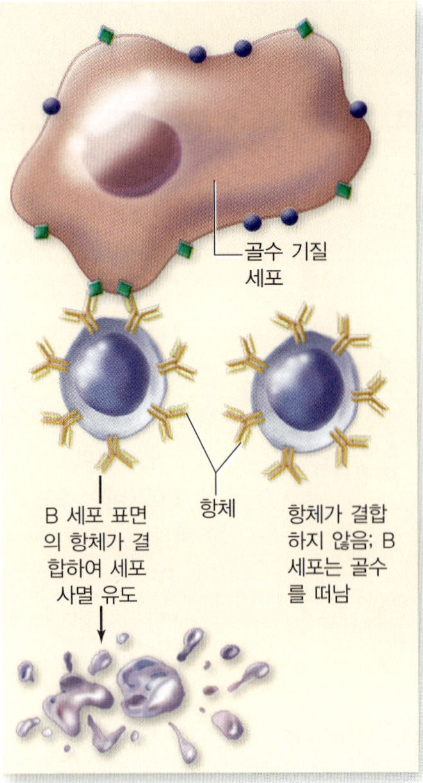

a.

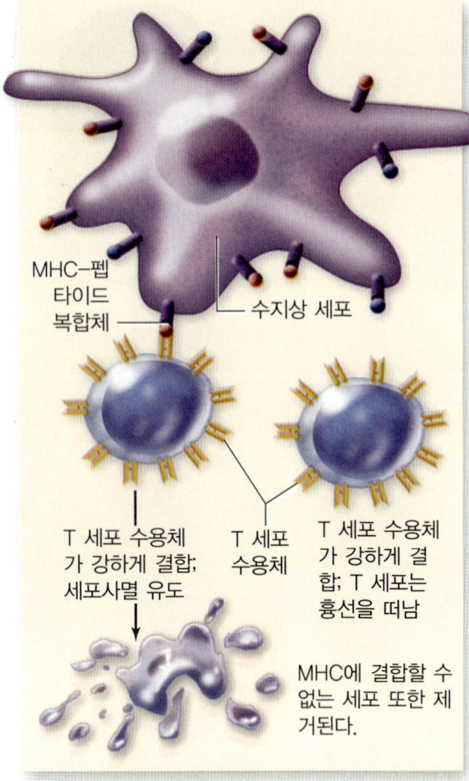

b.

역은 척추동물에서 한 번에 진화되었을 것이라고 생각되어 왔다. 본 절에서 살펴볼 적응면역의 형태는 4억 5천만 년 전에 진화된 연골 어류에서 처음으로 나타났다.

상어와 가오리들은 흉선과 비장과 함께 분산되어 있는 점막-연관 림프조직을 가지고 있다. 이 동물들은 T 세포 수용체를 지닌 T 세포들의 세포성 면역과 Ig를 분비하는 B 세포들의 체액성 면역을 나타낸다. 조혈작용이 일어나는 장소인 골수는 양서류에서 처음으로 나타나며, 림프절은 조류에서 처음으로 나타나는데, 조류의 면역계는 포유류와는 조금 다르다.

최근에 적응면역의 두 번째 형태가 무턱어류에서 발견되었다. 이 방법에는 특징적인 수용체를 가진 B 세포와 T 세포가 참여하지 않는다. 대신에 림프구들은 아미노산 잔기인 류신이 풍부한 다양한 반복 구조로 된 수용체 단백질을 가지고 있다. 이 단백질들은 Ig과 매우 흡사한 기능을 보이지만 완전히 다른 단백질 구조를 가진다. 이 면역체계에 의해 형성되는 각각 다른 수용체 단백질들의 수는 잠재적인 Ig의 수와 비슷하게 나타난다. 무턱어류에 존재하는 서로 다른 림프구 수용체들도 DNA 재배열에 의해 형성되기 때문에 두 가지 면역계에서 다양성을 형성하는 것은 유사점을 가지고 있는 것으로 보인다. 여기에 수반되는 유전자들의 구성과 재배열의 기작은 현재 밝혀져 있지 않다.

1.3 세포매개 면역

T 세포에는 **세포독성 T 세포**(T_C)와 **보조 T 세포**(T_H)가 있다. 이러한 T 세포들은 세포 표면의 표지에 기반을 두어서 구분할 수 있다. T_C 세포들은 세포 표면에 CD8 단백질을 가지고 있어서 $CD8^+$ 세포가 된다. T_H 세포들은 표면에 CD4 단백질을 가지고 있고, $CD4^+$ 세포가 된다.

활성화되기 위해서는 두 가지 유형의 T 세포 모두 MHC 단백질에 결합한 펩티드 절편을 인지해야 하지만, 두 가지 유형은 (1) 세포 분포도가 차이나는 다른 종류의 MHC 단백질을 인식한다는 점, (2) 활성화되고 난 후의 역할이 다르다는 점에서 구별된다.

대부분의 척추동물 세포들은 표면에 **주 조직적합성 복합체(MHC)**에 의해 암호화되는 당단백질을 지닌다. 사람에서 MHC 복합체에 의해 암호화되는 단백질은 **사람 백혈구 항원(HLAs)**이다. MHC 단백질을 암호화하는 유전자들은 고도의 다형성을 가진다. 그 실례로 HLA 단백질은 알려진 것 중 가장 다형성인 유전자에 의해 만들어지는데, 그들 중 일부에서는 거의 500가지의 대립인자들이 확인되었다. 드물게 두 사람이 같은 조합의 형질을 가지기도 하지만, HLAs는 지문처럼 각 개인마다 다르게 나타난다.

조직세포에 있는 MHC 단백질은 자기 대 비자기 인식이라고 부르는 능력으로 개인의 면역체계, 특히 T 세포가 자신의 세포를 외부의 세포로부터 구분할 수 있는 자기 표지로 작용한다.

MHC 단백질에는 두 가지 종류가 있다. **MHC I 단백질**은 몸에서 핵이 있는 세포라면 모두 존재하는 데 비해 **MHC II 단백질**은 항원제시세포들에서만 볼 수 있다(항원제시세포에는 MHC I도 존재함). 이러한 세포들에는 대식세포, B 세포, 그리고 수지상 세포가 포함된다. T_C 세포들은 MHC I 단백질에 결합한 펩티드에 반응하고, T_H 세포들은 MHC II 단백질에 결합한 펩티드에 반응한다.

대부분의 경우에 MHC 단백질에 결합한 펩티드는 세포의 자신의 자가-단백질로부터 유래된 것들이다. 이러한 이유 때문에 T 세포가 흉선에서 자기-MHC에 붙은 자가-단백질의 펩티드에 너무 강하게 결합하는 T 세포를 제거하기 위한 선택을 거치는 것이 매우 중요하다. 이렇게 하여 T 세포들은 보통 그들이 성숙했던 1차 림프 기관 밖에서 자기-MHC에 결합한 외부 단백질의 펩티드(예를 들어, 바이러스 감염이나 암과 같은 경우)와 마주쳤을 때만 활성화된다.

면역반응을 지휘하는 단백질을 분비하는 보조 T 세포

활성화된 보조 **T 세포**(T_H cell)들은 **사이토카인**으로 알려진 작은 분자량의 단백질들을 분비한다. 매우 다양한 사이토카인들이 알려져 있는데, 이들 대부분이 T_H 세포에 의해 분비된다. 이러한 사이토카인들은 많은 세포, 특히 면역세포의 막에 존재하는 특정 수용체에 결합한다. 수용체에 결합한 사이토카인들은 세포의 활성화와 분화를 촉진하는 신호전달 체계를 시작한다.

사이토카인들은 매우 강력하기 때문에 일반적으로 매우 낮은 농도로 분비되고, 몇 가지 예외를 제외하고는 근처의 세포에만 결합한다. IL-1이 예외에 속하는 것으로, 뇌하수체로 이동하여 **발열반응**(fever response)을 일으킨다. T_H 세포의 종류에 따라 특정한 세포 수용체에 반응하는 사이토카인들을 분비하므로, 면역반응이 사실상 체액성이 될 것인지 세포매개성이 될 것인지는 주로 T_H 세포와 사이토카인들에 의해 결정된다.

T_H 세포들은 항원제시세포에 의해 제시된 외인성 항원에 반응한다. 대식세포나 수지상 세포들은 이러한 항원들을 **식균작용** 또는 **세포내 섭취**로 획득하고, B 세포들은 수용체-매개성 세포내 섭취로 획득한다. 일단 이 세포들에 들어가면, 항원은 점점 더 산성화되는 엔도솜이나 라이소좀에서 점진적으로 분해된다. 항원의 펩티드들은 일부 엔도솜에서 MHC II 단백질들과 결합하고, MHC II-펩티드 복합체가 항원제시세포의 표면으로 수송되어 밖으로 드러나게 된다. 2차 림프 기관 내에서 T_H 세포가 이러한 세포들과 마주치면 복합체에 결합하게 되고, T_H 세포의 CD4 단백질도 MHC II의 보존 영역에 결합한다.

미분화된 **T_H 세포**는 CD28 단백질을 발현하는데, T 세포가 활성화되기 위해서는 CD28 단백질이 B7이라 불리는 단백질과 결합해야만 한다. B7은 항원제시세포에서만 볼 수 있으며, 수지상 세포에서 가장 많이 나타난다. 이러한 필요 조건으로부터 T_H 세포들은 오직 필요할 때만 활성화되는 것을 알 수 있다. 즉, 이 세포들이 방출하는 사이토카인의 강력한 효과 때문에 T_H 세포의 활성화는 정교하게 조절될 필요가 있다.

T_C 세포들과 마찬가지로 활성화된 T_H 세포는 효과기 T_H 세포와 기억 T_H 세포의 클론들을 만들어낼 수 있으며 이들은 동일한 TCR 특이성을 가지고 있다. 대부분의 효과기 T_H 세포들은 림프 기관을 떠나 몸 전체를 순환한다.

신장과 같은 이식된 조직에 나타나고 있는 비자기-MHC-펩티드 복합체와 T 세포가 마주쳤을 때, 많은 T 세포에 존재하는 TCR이 이 복합체에 약하게 결합할 수 있다. 이것이 간단한 교차-반응의 예로, 이를테면 비자기-MHC-펩티드 복합체의 구조가 자기-MHC-외부 펩티드 복합체의 그것과 충분히 닮은 것이다. 그 결과로 T 세포가 외래 조직 세포에 결합하게 된다.

TCR과 비자기 MHC-펩티드 복합체 간의 상호작용은 상대적으로 약할지라도, 모든 세포의 표면에 MHC 단백질이 높은 밀도로 존재하고 있기 때문에 하나의 T 세포와 하나의 이식된 세포 사이에 수많은 상호작용이 일어나게 된다. 이것이 T 세포들을 활성화시키고, 외래 조직에 대한 공격을 시작하게 한다.

MHC 단백질의 유전적 근거 때문에, 두 사람이 더 가까운 관계일수록 MHC 단백질의 차이가 더 적고, 서로의 조직에 대한 내성이 더 크게 나타날 수 있다. 그에 따라 장기 이식을 필요로 하는 환자에게 조직을 기증할 사람을 친척들에게서 찾고, 알맞은 형질을 찾기 위해 HLA 유형을 조사하게 된다.

다양한 약물들이 이식된 장기의 면역거부 반응을 억제하기 위하여 사용되고 있는데, MHC가 맞지 않는 이식 장기를 가진 사람들은 이러한 약물 중 몇 가지를 남은 평생 동안 계속 복용해야 한다. 가장 효과적인 약물은 림프구의 활성화 작용을 막아주는 사이클로스포린(cyclosporin)이다.

1.4 체액성 면역과 항체 생산

항원에 대한 B 세포 수용체는 세포막의 내재단백질인 면역글로불린 분자들이다. 앞에서 살펴본 바와 같이 각각의 B 세포는 특정한 항원결정기에 대하여 동일한 특이성을 가지는 약 10^5개의 면역글로불린 분자들을 가지고 있다. 2차 림프 기관에 존재하는 미분화된 B 세포 (naive B cells)가 항원과 마주친다. B 세포에 있는 면역글로불린 분자들이 특정 항원결정기에 결합

표 22.1 다섯 가지 면역글로불린		
종류		기능
IgM	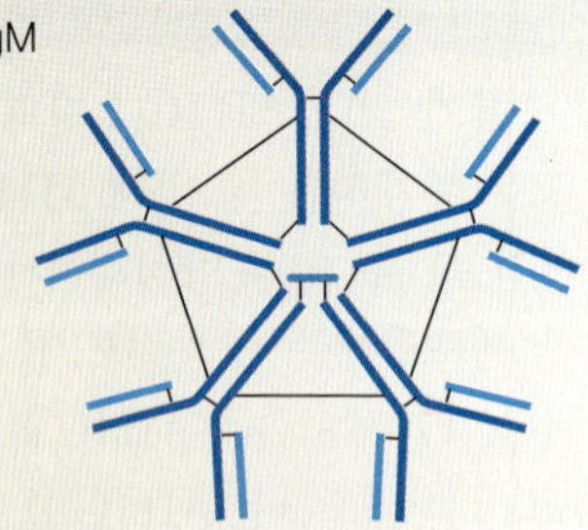	초기 면역반응 동안 가장 먼저 먼저 분비되는 항체. 응집반응 및 침전반응을 촉진하며 보체 단백질을 활성화시킴
IgD	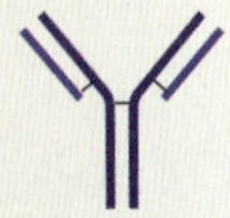	B 세포 표면에 존재하며 수용체 열할을 함
IgG	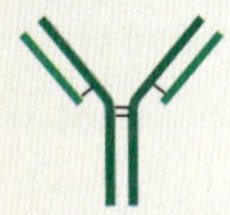	2차 면역반응에서 분비되는 주된 항체로, 항원을 중화시키고 포식 작용을 촉진시키며, 보체 단백질을 활성화시킴
IgA		분비되는 항체 중 가장 많은 부분을 차지. 점막 관련 림프조직에 IgA를 준비하는 형질세포의 밀도가 높음
IgE	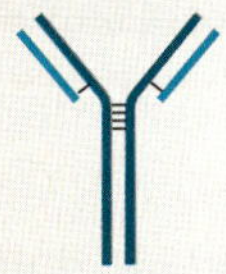	Fc는 비만세포와 호중성구에 결합함; 가변 부위에 결합한 알러지 유발 항원은 알러지 반응을 촉발시키는 물질의 분비를 촉진

하여 B 세포가 T_H 세포에서 분비된 사이토카인들과 같은 추가적으로 필요한 신호를 받았을 때, B 세포는 활성화되고 증식하면서 **형질세포**와 **기억세포**로 된다.

형질 B 세포는 부모 B 세포의 막에 결합된 항체와 같은 특이성을 가지는 용해성 항체들을 생산하는 소규모 공장이다. 이 항체들은 세포외 체액뿐 아니라 림프와 혈액 순환계에 들어가고, 몸 어느 곳에서나 마주치는 적절한 항원의 항원결정기와 결합한다. 어떤 한 항원은 다양한 여러 항원결정기를 가질 수 있기 때문에 다른 B 세포들이 한 항원의 다른 항원결정기들을 인지할 수 있을 것이다.

일단 면역글로불린이 항원을 둘러싸면, 많은 다른 세포들과 여러 과정들이 항원을 제거하기 위해 활성화된다. 파스퇴르가 닭에서 관찰했던 **조류 콜레라**에 대한 면역은 항체들과 그 항체를 만드는 B 세포가 계속 존재했기 때문에 나타난 결과이다.

서로 다른 기능을 가진 다섯 종류의 면역글로불린

항체(antibody)의 다섯 가지 종류는 무거운 사슬(heavy chain)의 불변부위의 서열과 구조에 따라 구분된다. 이러한 다섯 가지 종류는 개체를 보호하는 데 있어 서로 다른 기능을 한다. 다섯 종류의 항체들의 특징은 **표 22.1**에 요약되어 있다.

항체는 침입한 병원체를 직접 죽이는 것이 아니라 비특이적 세포 또는 활성화된 보체계의 표적이 됨으로써 병원균을 파괴한다.

IgM은 성숙한 순수 B 세포의 표면에 있는 수용체이고, 면역반응 동안 첫 번째로 분비되는 항체이다. B 세포의 막에 있는 IgM은 단량체 형태이지만, 약 900,000 kDa의 5개의 단량체로 이루어진 5합체의 형태로 분비된다. 이는 크기가 커서 순환에는 제한을 받지만, 5합체 형태는 커다란 항원에의 응집과 체액에 녹아 있는 항원의 침전을 효과적으로 촉진시켜준다. 항원에 결합한 IgM은 보체 단백질들을 활성화시키는데, 이는 IgM의 Fc 말단에 특정한 보체 단백질이 결합함으로써 시작된다.

IgD는 IgM과 함께 성숙한 순수 B 세포에 존재한다. B 세포는 두 개의 IgD 분자의 교차결합에 의해 활성화될 수 있으나 정상적인 환경에서 IgD는 분비되지 않는다. B 세포가 활성화되면 IgD는 세포 표면에 더 이상 존재하지 않는다. IgD의 다른 역할은 아직 확인되지 않고 있다.

IgG는 **혈장**에 있는 항체의 주 형태로 혈장 항체의 약 75%를 차지하며, 2차 면역반응에서 생산되는 항체의 가장 흔한 형태이다. IgG는 바이러스, 박테리아, 또는 박테리아에서 유래한 독소와 같은 항원이 숙주에 더 이상 결합할 수 없도록 하는 **중화작용**을 한다. 대식세포와 호중성구는 Fc 수용체를 가지고 있어 항원에 결합한 IgG에 결합할 수 있고, 이러한 IgG 코팅은 식균작용에 의해 항원이 더 용이하게 제거될 수 있게 헤준다. IgG는 모태로부터 태반을 가로질러 수송되기 때문에 태아에 **수동면역**을 제공하는 데에도 중요하다. 마지막으로 IgG는 IgM만큼 능률적이지는 않지만 병원체를 제거시키는 보체를 활성화시킬 수 있다.

IgA는 주로 침, 눈물 또는 위장관, 기관지, 비뇨생식기관을 덮고 있는 점액과 같은 분비물에 존재하는 항체이다. IgA는 이러한 기관 표면의 보호에 중요한 역할을 하며, 대개 2량체(dimer)로 분비된다. 점막 표면 아래의 MALT에 존재하는 많은 형질세포는 상피세포를 가로질러 관의 내강으로 IgA를 분비하며, 내강에서 항원에 결합하여 중화시킨다. 점막 표면을 통해 들어온 병원체는 표면 아래의 모낭에 있는 세포에서 분비된 IgA에 결합한다. IgA는 병원체를 끌고 상피세포를 가로질러 내강으로 간다. 그러면 병원체는 선천성 면역에 의해 제거될 수 있다. 또한 IgA는 모유에 존재하기 때문에 아기에서 젖을 먹이는 것으로 수동면역을 제공한다.

IgE는 혈장 안에 매우 낮은 농도로 존재한다. 분비되면 대부분의 IgE는 IgE의 Fc 부분을 인지하는 비만세포와 호중성구에 결합한다. 비만세포와 호중성구에 결합된 IgE 분자에 어떤 정상적으로 무해한 항원이 결합하게 되면, 콧물이 흐르고, 눈이 가려운 것과 같은 알러지 증상을 초래한다. IgE는 종종 기생충 감염에 반응하여 분비되기도 하는데, 이 경우 분비된 IgE는 기생충에 있는 항원결정기에 결합하고 호산성구에 있는 Fc 수용체에 의해 인지된다. 호산성구는 기생충에 퍼포린 구멍을 만들고 분해 효소를 분비함으로써 기생충을 죽인다.

1.5 자가면역과 과민반응

면역계는 치유보다는 질병의 원인이 되는 경우가 있다. 자가항체에 대한 부적절한 반응이 외래 항원에 대한 부적절한 반응처럼 나타날 수 있는데, 이는 조직 손상의 원인이 된다.

면역계는 자신의 조직에는 반응하지 않는데, 이를 **면역학적 관용**이라고 부른다. 태아의 면역계는 발생이 진행되는 동안 자신의 분자에 반응하지 않기 위해 관용 과정을 거친다.

자가 반응하는 모든 T 세포와 B 림프구가 일차 림프기관에서 선택 과정 동안 **세포자살**을 거치는 것은 아니다. 정상적인 건강한 사람은 자가 반응하는 성숙한 림프구를 가지지만 이 세포들은 활성이 억제되어 자가 항원에 대해 반응하지 않게 된다. 이러한 조절 또는 억압에 이상이 생기면 자가 항원에 대한 체액성 또는 세포성 반응이 나타나고 치명적인 질병의 원인이 되며, 심하면 죽음에 이를 수도 있다.

자가면역 질환

면역학적 관용의 실패로 **자가면역증**(autoimmune disease)이 발생한다. 그 결과 자가 반응하는 T 세포가 활성화되고, B 세포에 의해 자가 항체가 생산되어 염증과 기관 손상이 일어난다. 자가면역 질환이라고 여겨지는 질병은 40가지가 넘으며, 전체 인구의 5~7%가 영향을 받고 있는 것으로 추정되고 있다. 아직 그 원인은 밝혀지지 않고 있으나 자가면역 질환을 앓고 있는 사람의 3분의 2 정도가 여성이다.

자가면역 질환은 다양한 기작을 통해 유발될 수 있다. 평상시에 자가 항원은 면역 시스템에서 숨어 있다가 노출이 되면 면역 시스템이 외부 인자로서 인지를 하게 된다. 예를 들어 정상적으로는 갑상선 소포 안에 있는 단백질이 자가면역반응으로 갑상선을 파괴(하시모토 갑상선염)하기도 하고, 눈에서 분비되는 항원에 의해 교감성 안염이 나타날 수도 있다. 면역 공격으로 조직과 기관의 손상으로 인한 염증반응이 일어날 수 있기 때문에 자가면역 질환의 증상을 완화시키기 위해서는 면역 시스템을 억제시켜야 한다. 면역 억제에 일반적으로 부신피질 호르몬이나 아스피린과 같은 비스테로이드성 항염증 치료제가 사용되고 있다.

IgE 분비로 유발되는 알러지

대부분의 **알러지**(allergy) 형태는 즉각적으로 나타나는 **과민반응**(hypersenstivity)으로 알려져 있다. 과도한 IgE 생성을 유도하는 항원을 **알러젠**(allergen)이라고 부른다. 즉각적인 과민반응을 유발하는 알러젠으로는 다양한 음식, 곤충의 독, 곰팡이, 동물의 비듬, 꽃가루 등이 있다. 가장 흔한 알러지는 계절적으로 나타나는 건초열(hey fever)인데, 이는 돼지풀이나 다른 식물의 꽃가루로 인해 발생한다. 알러지는 "즉각적인"이라고 일컫는데 이것은 알러젠에 대한 반응이 수초 내지 수분 안에 일어나기 때문이다.

신체로 처음 들어온 알러젠은 B 세포에 결합하고 활성화시켜서 알러젠-특이성 면역글로불린이 분비된다. 활성화된 T_H세포는 IL-4와 같은 사이토카인을 분비하고, 분비된 IL-4는 B 세포와 결합하여 IgE 항체를 방출한다. B 세포는 보통 IgG 분비에서 IgE 분비로 빠르게 전환된다.

IgG와 달리 IgE는 신속하게 **비만세포**와 호염성구에 결합한다. 똑같은 알러젠에 다시 노출되게 되면 비만세포와 호염성구에 결합되어 있는 IgE에 알러젠이 결합하게 되며, 이 결합은 비만세포와 호염성구에서 히스타민, 프로스타글란딘 또는 다른 화학적인 매개체가 방출되어 알러지 증상이 나타난다 (**그림 22.5**).

신체 전체에 영향을 주는 **전신성 과민증**(또는 전신성 아나필락시스)은 갑작스런 염증반응과 화학 매개체의 분비로 인해 심각하게 생명을 위협할 수도 있는 알러지 반응이다. 혈압이 급격하게 떨어지고, 팽윤된 후두개는 기도를 막게 되고, 기관지 수축으로 폐에서 공기가 나오지 못하게 되는데, 이러한 현상을 과민성 쇼크라고 부르며, 20~30분 내에 신속한 응급 처치를 하지 않으면 사망에 이를 수도 있다.

다행이 대부분의 알러지 환자들은 두드러기로 인한 가려움, 가벼운 천식으로 인한 호흡기의 수축 같은 국소적인 과민성이 나타난다. 식품 알러젠에 대해 나타나는 설사는 국소적인 과민증의 또 다른 형태이다.

오래 전부터 알러지를 치료하기 위해 비만세포에서 방출되는 히스타민이 그 수용체에 결합하지 못하게 막는 **항히스타민제**(antihistamines)가 사용되고 있다. 최근에는 비만세포와 호염성구의 활성화를 억제하여 매개 물질이 분비되지 못하게 하는 다양한 약물들이 개발되고 있다. 저과민성은 다른 치료 방법으로 알러젠을 수개월간 양을 점점 늘려가며 주사하는 방법이다. 특히 알러지성 비염이나 천식을 앓고 있는 일부 사람들에게는 이 방법을 사용하면 IgE 대신에 IgG가 분비되어 알러지 증상이 없어진다.

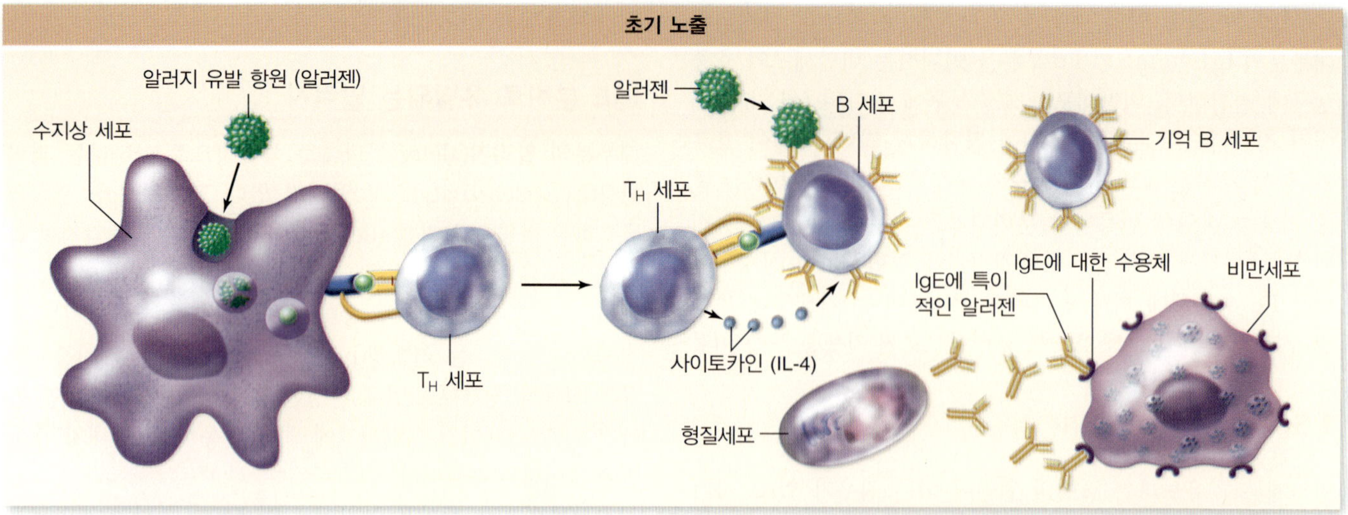

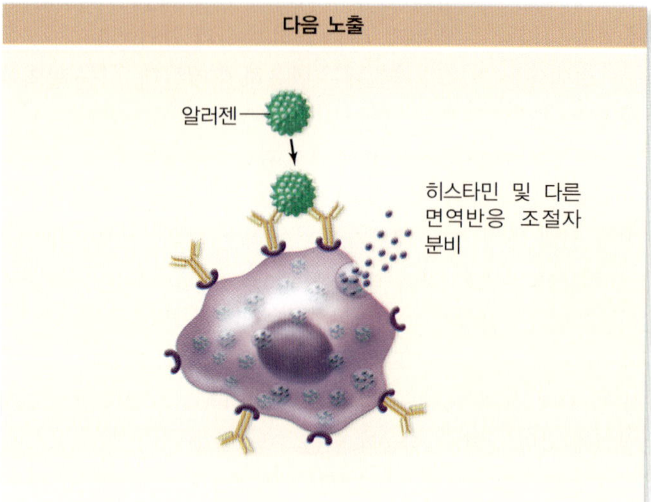

그림 22.5 알러지 반응.
알러젠에 처음 노출되었을 때 B 세포는 IgE 항체를 분비한다. 이 항체는 혈장에 매우 낮은 농도로 존재하지만 비만세포 또는 호염성구의 Fc 수용체에 빠르게 결합한다. 그 후 알러젠에 다시 노출되면 비만세포와 호염성구에 있는 IgE들에 교차 결합한다. 히스타민과 다른 염증 매개체를 분비하여 알러지 증상이 유발된다.

T_H 세포와 대식세포에 의해 매개되는 지연형 과민반응

T_H 세포와 **대식세포**에 의해 매개되는 지연형 과민반응은 항원에 두 번째 노출된 후 약 48시간 내에 증상이 나타난다. 이 경우 항원에 처음 노출되면 매우 느린 1차 반응이 일어나서 아무런 증상이 나타나지 않는 경우가 많다. 지연형 과민반응의 한 형태는 덩굴옻나무, 니켈, 화장품 성분 등의 다양한 물질에 의한 접촉성 피부염이다. 덩굴옻나무에 접촉되면 독이 피부 속으로 침투하여 피부 단백질과 결합해서 외부 항원으로 인식된다. 몸속으로 들어온 항원은 림프절로 운반되고 림프절에서 T_H 세포가 활성화된다. 활성화된 T_H 세포는 온몸을 재순환하고 항원을 가지고 있는 대식세포를 만나면 사이토카인을 방출하여 대식세포를 활성화시킨다. 대식세포는 다른 사이토카인을 방출하며, 덩굴옻나무의 경우 가렵고 부풀어오른 것이 터지게 된다. 이 과정에서 T_H 세포와 대식세포가 활성화되기까지는 꽤 오랜 시간이 걸리기 때문에 이를 "지연형(delayed-type)" 반응이라고 부른다.

1.6 치료와 진단에 사용되는 항체

척추동물의 면역 시스템은 질병 치료와 깊은 관련이 있다. 그 실례로 혈액형과 그에 따른 수혈과 함께 진단과 치료에 사용되는 단일클론 항체에 대해 알아본다.

사람의 **혈액형**은 적혈구 표면에 있는 주요 항원에 따라 결정된다. 수혈할 때 **공여자**(donor)와 **수여자**(recipient) 사이에 혈액형이 맞아야 하기 때문에 이들 항원은 매우 중요하다.

ABO 그룹

제5장에서 인간의 **ABO 혈액형** 그룹에 대한 유적학적인 기초에 대해 알아보았다. 적혈구 표면에 있는 당단백질은 항원으로 작용하고, 이는 당의 존재 여부와 종류에 따라 달라진다. 면역계는 자신의 적혈구 항원에 대해서는 관용을 가지지만 다른

적혈구에는 항체를 생산해서 응집반응을 하고 적혈구를 파괴한다. 우리 몸에 정상으로 존재하는 박테리아의 탄수화물 부분에 반응해서 생기는 IgM도 적혈구 표면의 단당류 차이를 인식할 수 있다. 그러한 항체들은 자신의 세포에 존재하는 탄수화물 형태에 대해 반응하지 않는다.

Rh 요인

또 다른 중요한 혈액 유래 항원은 **Rh 항원** 또는 Rh 요인(Rh factor)이다. 이 단백질이 적혈구의 표면에 존재하면 Rh 양성이고, 존재하지 않으면 Rh 음성이다. Rh 양성 피를 수혈받은 Rh 음성인 사람은 수혈된 세포에 있는 외래 Rh 단백질에 대한 항체를 생산한다. Rh 음성인 어머니가 Rh 양성인 태아를 가졌을 때 더 복잡한 문제가 발생하는데, 이것을 신생아 용혈 질환이라고 부른다. 이때 첫 번째 태어나는 아이에게는 보통 이상이 없지만, 출산을 할 때 Rh 음성 어머니의 면역 시스템은 태아의 혈액에 노출되게 된다. 그로 인해 어머니는 Rh 항원에 반응하는 기억 B 세포와 항체를 생산하게 된다. 차후 임신을 통해 태아 혈액에 다시 노출이 되면, 기억세포의 활성화로 분비된 IgG 항체가 태반을 통과하여 태아의 적혈구의 파괴를 초래할 수 있다.

혈액형은 순환하는 IgM 항체에 의해 확인할 수 있는데, IgM 항체는 자신에 대한 항체는 만들지 않지만, 외래 혈액형에 대한 항체는 생산한다. 만약 A형 혈액이 B형이나 O형의 혈청과 섞이게 되면 항 **A 항체**가 A형 적혈구를 응집시킨다. 이러한 일은 A형 혈액이 다른 A형이나 AB형의 혈장과 섞이게 되었을 경우에는 나타나지 않는다.

이와 마찬가지로 Rh 음성의 혈청을 적혈구와 섞었을 때 응집이 일어난다면, 그 적혈구는 Rh 양성인 사람의 것이라는 것을 알 수 있다. 이런 사람들의 혈액은 수혈에 적합하지 않을 것이다.

수혈되는 혈액이 수혈받는 사람의 몸에서 파괴되는 것을 막기 위해서는 수혈 전에 혈액형을 아는 것이 중요하다. ABO와 Rh 그룹을 포함해 20가지 이상의 혈액형 그룹이 확인되었다. ABO와 Rh 그룹 외의 다른 혈액형 그룹은 드물지만, 부적합의 위험성을 지니고 있는 사람들은 수술 전에 자신의 혈액을 비축하는 것이 필요한데, 이를 **자가헌혈**이라고 부른다.

혈액형이 판별되기 전인 20세기 초반에는 **수혈반응**으로 인한 사망의 위험 때문에 피를 수혈받는 것은 마지막 수단이었다. ABO 혈액형에서 맞지 않는 혈액을 수혈하면 즉각적인 수혈반응이 일어난다. 전형적으로 수혈 시작 후 5~8시간 안에 혈관 내에서 엄청난 **용혈**(hemolysis) 현상이 수혈된 적혈구세포에서 발견된다. 이런 현상은 외래 항원에 IgM이 결합하고, 보체 시스템이 활성화되기 때문에 발생한다. 그 결과 적혈구세포막에 막공격복합체(MACs)가 형성되고, 급격한 **삼투성 용해**가 나타나게 된다.

적혈구에서 나온 헤모글로빈은 빌리루빈으로 전환되는데, 이것은 세포에 독성이 있어 기관 손상, 특히 신장 손상을 야기한다. 주요 치료 방법은 그러한 상황이 되면 즉시 수혈을 멈추고 많은 양의 수액을 정맥 주사하여 빌리루빈을 씻어내는 것이다.

진단과 치료에 유용하게 사용되는 단일클론 항체

화학적으로 정제된 항원을 실험용 동물(척추동물)에 주입하여 얻은 항원을 **항체**(antibody)라고 한다. 접종한 후에 주기적으로 혈액을 채취하여 항원에 대한 항체를 분리한다. 그러나 항원은 다양하고 많은 항원결정기를 가지고 있기 때문에, 이 방법으로 얻은 항체는 다클론 항체로 각각 다른 특이성을 가진 여러 B 세포 클론들에서 분비되는 항체들이다. 이러한 다클론성 항체는 특정 항원결정기에 대한 감수성을 떨어뜨리고 서로 다른 항원 간의 유사한 항원결정기에 대하여 교차 반응을 일으킬 수 있다.

그에 비해 **단일클론 항체**(monoclonal antibodies)는 하나의 항원결정기에 대한 특이성을 나타낸다. 단일클론 항체는 일반적으로 생쥐에 항원을 주기적으로 접종한 후 바로 죽여 얻는다. 특정 항원결정기에 특이적인 B 림프구를 비장에서 채취하는데, 이 B 세포는 배양하는 동안 곧 사멸되지만 1975년에 이 세포를 다발성 골수종세포와 융합하는 기술이 처음으로 개발되었다. 골수종세포(myeloma cells)는 무한정 분열하고 증식하는 특성을 가지고 있다. B 세포와 골수종세포의 융합으로 생긴 세포를 하이브리도마 세포(hybridoma cells)라고 부르는데, 이 세포는 무한정 분열하고 동일한 단일클론 항체를 계속해서 많이 분비한다.

단일클론 항체와 진단 테스트

순수한 단일클론 항체를 다량 만들 수 있게 되면서 더욱 민감한 임상 실험실 테스트가 가능해졌다. 예를 들어 임신 테스트는 융모막 생식선 자극호르몬(hCG, 임신초기에 분비)에 대한 단일클론 항체를 사용한다. 이 테스트는 hCG로 코팅된 라텍스(latex) 입자를 사용하는데, 라텍스 입자를 오줌 샘플과 항-hCG 항체에 노출시킨다. 이 때 오줌에 hCG가 포함되어 있다면 이 hCG는 hCG가 코팅된 입자에 항체가 결합되는 것을 막아 응집 반응이 일어나지 않게 되는데, 이는 hCG의 존재 여부를 통해 임신 여부를 알 수 있게 해준다.

후천성면역결핍증후군(AIDS)은 T_H 세포가 파괴되는 질병이다. 환자들의 백혈구에서 T_H 세포의 감소를 확인하기 위해 T_H 세포의 마커인 CD4에 대한 단일클론 항체의 반응도를 조사해보면 이 질환의 진행 정도를 알 수 있다.

1.7 면역 시스템을 피하는 병원체

병원체가 숙주 안에서 생존하고 번식하면서 감염되려면 숙주의 면역체계를 피해야 한다. 많은 병원체들은 표면에 있는 항원의 구조를 바꾸어 특정 항원결정기에 대해 이전에 발달된 면역체계가 더 이상 인식하지 못하게 할 수 있다. 이것은 병원체가 생존하고 감염을 지속하기 위해 표면 항원을 변화시키는 자연선택의 한 형태이다. 다른 병원체들은 단순히 파괴를 피하는 방법으로 진화되었다. 다른 병원체에 의한 감염은 여전히 면역체계의 세포를 죽게 할 수 있다.

인플루엔자 바이러스는 표면 항원을 바꾸면서 면역 시스템의 인식과 파괴로부터 피하는 것으로 알려져 있다. 이러한 바이러스의 특성 때문에 예방 주사를 매년 맞아야 한다. 인플루엔자 바이러스의 외피와 감염된 세포의 표면에서 발현되는 두 종류의 바이러스성 단백질은 헤마글루티닌과 뉴라미니다아제(neuramlnidase, NA)이다. 이 바이러스는 RNA 유전체를 가지기 때문에 교정 능력이 부족한 RNA 중합효소에 의해 복제된다. 그 결과 시간이 흐름에 따라 HA와 NA 유전자에서의 점돌연변이와 같은 돌연변이가 축적된다. 이것을 **항원 연속변이**라고 한다.

HA와 NA 단백질이 드물지만 훨씬 많이 변하는 것을 **항원 불연속변이**라고 하는데, 이로 인해 완전히 다른 HA나 NA를 가진 새로운 종류의 인플루엔자 바이러스가 갑자기 출현하게 된다. 이러한 변화는 특히 감염에 취약한 집단이 생기게 한다. 매년 가장 흔한 바이러스 종류를 이용한 새로운 백신을 접종함으로써 사람들은 유행하는 바이러스에 감염되기 전에 면역을 획득할 수 있다.

최근 항원 불연속변이와 면역력의 부족으로 인한 **조류독감**이 관심의 대상이 되고 있다. 조류독감은 H5N1 형태인데, 주로 사람이 면역력을 가지고 있지 않는 조류의 인플루엔자에 의해 나타난다. 그러나 H5N1은 감염된 조류와 직접 접촉한 사람을 제외하고는 사람에 감염될 수 있다는 증거는 없다. 이 계통은 사람 감염에서 높은 치사율을 보이기 때문에 근원적인 원인에 관심을 갖게 되었다. 최근에는 아류형인 H1N1이 돼지에서 사람으로 감염되고, 매우 감염성이 높은 것으로 밝혀졌다. 현재 사망률이 대부분의 인플루엔자보다 높지 않다고 하지만 국제보건기구(WHO)는 전국적인 유행성(pandemic)의 수준까지 도달하였다고 선언한 바 있다.

다른 많은 병원체들이 면역 시스템을 피하기 위해 표면 항원을 바꾸거나 이동시킬 수 있다. 매년 1백만 명 이상이 말라리아 때문에 사망하는데, 대다수가 아프리카의 5세미만 아동이다. 이것은 원생 기생동물인 말라리아 원충인 플라스모디움(*Plasmodium*)이 원인균으로 감염된 얼룩날개모기에 물렸을 때 발병한다. 원생동물은 몇 가지 생활주기 단계가 있는데, 숙주의 간세포나 적혈구 속에서 면역체계를 피한다. 더욱이 생활주기 단계에서 발현되는 단백질을 바꿀 수 있다. 항 말라리아 원충 치료약을 계속 사용하면 여러 약물들에 저항성을 가지는 개체가 생긴다. 백신을 개발하는 일은 계속 진행 중이며, 이 백신은 특정한 생활주기 단계에 대한 면역을 효과적으로 유도하고 면역체계가 원생동물을 제거하도록 해준다.

면역계의 공격을 피하도록 진화한 박테리아

식중독의 원인균인 살모넬라균은 두 종류의 편모 단백질 중 하나를 발현하는데, 한 편모 단백질에 대해 만들어진 항체는 다른 편모 단백질을 인식하지 못하기 때문에 박테리아는 포식되지 않는다.

결핵균은 식균작용에 의해 대식세포 내로 들어갔을 때 **리소좀**(lysosome)과 **식포**(phagosome)의 융합을 억제한다. 따라서 대식세포 안에서 아주 성공적으로 증식할 수 있다.

수막염균이나 임질균과 같이 점막에 침투하는 박테리아들은 점막 표면을 보호하는 IgA 항체를 분해하는 단백질 분해효소를 분비한다. 많은 병원성 세균의 바깥 껍질은 식균작용을 촉진하는 보체 단백질 C3b의 결합을 막아서 식균작용이 느리게 일어나도록 한다. 이러한 기작을 활용하는 박테리아들이 더 잘 살아남기 때문에 면역반응은 이런 기작이 선택적으로 진화되도록 하는 기회로 작용한다.

T_H 세포를 죽이고 면역 억제를 야기하는 HIV 감염

척추동물의 면역계를 파괴하는 한 가지 기작은 적응면역계 자체를 공격하는 것이다. $CD4^+$ T_H 세포는 면역계에 직 · 간접적으로 영향을 주는 사이토카인을 분비한다.

인간 면역결핍 바이러스(human immunodeficiency virus, **HIV**)는 T_H 세포를 직접 공격한다. 이 바이러스는 T_H 세포 표면의 $CD4^+$ 단백질에 결합하여 세포내 이입(endocytosis)된다. HIV에 감염된 세포는 이 바이러스가 복제되고 방출되면서 죽게 되고(**그림 22.6**), 방출된 바이러스는 다른 T_H 세포에 계속 감염하기 때문에 시간이 흐름에 따라 T_H 세포의 수가 줄어든다. T_H 세포의 수치가 급격하게 떨어지면서 기회감염뿐만 아니라 다른 질병에 걸릴 때 **AIDS**라고 판명된다.

HIV 감염 초기에는 바이러스에 대한 항체를 생산하고, 세포독성 T 세포가 바이러스에 감염된 세포를 제거하는 등의 과정을 통해 면역계가 HIV 감염을 통제한다. 이때 혈청에서 HIV의 수치가 더 이상 증가하지 않고 T_H 세포 수치 또한 감소를 보이지 않는다.

T_H 세포에서 바이러스가 증식하면서 T_H 세포를 죽이며, HIV에 감염된 일부의 T_H 세포는 항원 자극으로 계속적으로 분열한다. 그러나 궁극적으로 T_H 세포가 분열하는 것보다 더 빨리 HIV가 T_H 세포를 죽인다. HIV에 의해 만들어진 단백질은 MHC I의 발현을 억제하여 면역계가 감염된 $CD4^+$ T_H

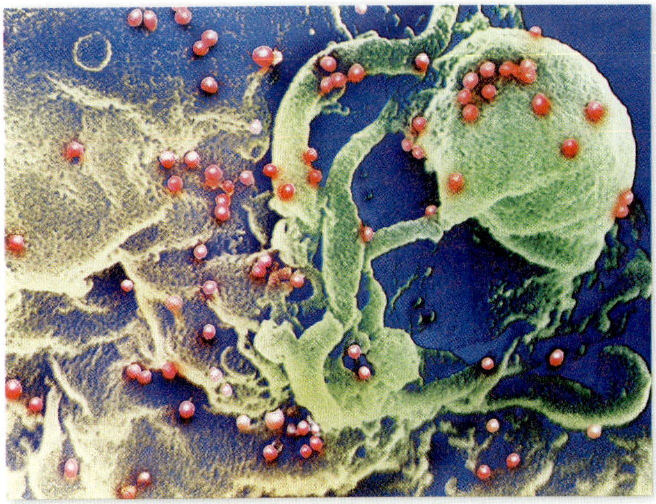

그림 22.6 AIDS를 유발하는 바이러스, HIV.
감염된 $CD4^+$ 세포로부터 방출된 바이러스는 바로 이웃 $CD4^+$ 세포들을 차례로 감염시킨다. 전자현미경상 빨간색으로 표시된 각각의 바이러스는 아주 작아서 2억 개 정도가 모여도 점 하나의 크기밖에 안 된다.

세포를 인식하고 파괴하는 것을 방해한다.

마지막으로 HIV는 **레트로바이러스**(retrovirus)이기 때문에 감염된 세포의 유전체에 삽입되어 잠복(latent) 상태로 있을 수 있다. 이런 세포들이 분열할 때 자손세포에도 HIV 유전체가 복제되어 존재하고, 어느 시점에서든지 HIV를 생성할 수 있다.

HIV 감염으로 나타나는 이러한 복잡한 반응들은 결국 사람의 면역체계를 완전히 없애버린다. 그에 따라 감염에 무방비 상태가 되기 때문에 보통의 흔한 감염도 치명적이 된다. 암이 생길 때 암세포를 인식하거나 파괴하는 능력이 없게 되어 흔히 암으로 인해 사망한다. 실제로 드문 종류의 암이 집단으로 발병함으로써 AIDS가 처음으로 병으로 인식되었다.

HIV가 최근에 사람의 질병 매개체가 되었지만 인류 역사상 매우 심각한 질병이다. WHO의 발표에 따르면, 2007년에 3천~3천 6백만 인구가 AIDS에 걸렸으며, 아프리카의 사하라 지역이 감염자가 가장 많고(약 2천 2백만), 남아시아와 동남아시아(420만)가 그 뒤를 따랐다. 2007년 WHO는 250만 인구가 새롭게 감염 되었고, 210만 명은 사망하였다고 추정하고 있다.

AIDS에 의한 사망률은 100%에 가깝고 AIDS가 발병한 사람은 치료하지 않으면 수년 이상을 살지 못한다. 그러나 이 질병은 신체 내부의 체액, 특히 정액이나 혈액을 통해서 전염되기 때문에 전염성이 크다고 볼 수는 없다.

연 습 문 제

Exercise

1. 바이러스에 감염된 세포를 죽이는 것은?
   a. 대식세포　　b. 단핵구
   c. 자연 살해세포　　d. 호중성구
2. 선천성 면역반응을 촉진시키는 수용체는
   a. 특정 항원을 인식하는 항체이다.
   b. 특정 항원을 인식하는 T 세포 수용체이다.
   c. 병원균 연관 분자 패턴을 인식한다.
   b. 전혀 특이적이지 않다.
3. 사람의 면역체계가 더 이상 자신의 MHC 단백질을 인식하지 못하는 질병은?
   a. 알레르기
   b. 자가면역 질환
   c. 즉시형 과민증
   d. 지연형 과민증
4. 당신이 AB형일 때 다음 중 예상되는 결과는?
   a. 당신의 혈액은 오직 항 A 항체와만 응집한다.
   b. 당신의 혈액은 오직 항 B 항체와만 응집한다.
   c. 당신의 혈액은 항 A와 항 B 항체 둘 다와 응집한다.
   d. 당신의 혈액은 항 A와 항 B 항체 둘 다와 응집하지 않는다.
5. 공부하다가 종이에 손을 베었을 때 일어나는 과정을 시간 순으로 정확하게 배열하라.
   a. 손상 받은 표피세포가 히스타민을 방출한다.
   b. 베인 곳으로 박테리아가 들어온다.
   c. 보조 T 세포가 활성화된다.
   d. 대식세포가 박테리아를 포식한다.
6. 인플루엔자 바이러스에 대해 여러 차례 예방접종을 하는 이유는?
   a. 바이러스가 보조 T 세포만 공격해 면역체계를 억제하기 때문에
   b. 바이러스가 표면 단백질을 바꿔서 면역계가 인식하지 못하게 하므로
   c. 바이러스가 실제로 면역반응을 일으키지 않기 때문에
   d. 바이러스가 너무 작아서 효과적인 항원으로 작용하지 않기 때문에
7. 당신이 화장품 회사의 마케팅부에서 일하고 있다고 생각해보자. 항상 경쟁력 있는 제품을 찾는 마케팅부의 부사장은 새로운 스킨로션을 면역 강화 효과가 있다고 광고하려 한다. 그 로션은 수

분이 많은 알카리성 액체를 분비하는 식물의 추출물로 만들어진다. 당신은 면역 증강제로서 이 제품을 어떻게 판촉할 것인지 설명하라.

8. 당신의 룸메이트가 당신의 고양이에게 긁혔다. 그녀의 피부는 붉어졌고 따갑고 건드리면 아프다. 그녀는 치명적인 균들에 감염되었다고 생각하기 때문에 그녀의 화를 막기 위하여 당신은 그녀에게 선천적인 방어체계에 대해 설명하려고 한다. 그녀의 피부에 실제로 무슨 일이 일어났는지 설명하라.

제 23 장
생식과 발생
Reproduction and Development

1 생식계

1.1 동물의 생식전략

사람을 포함한 대부분의 동물은 유성생식을 한다. **유성생식**(sexual reproduction)에는 완전한 한 벌의 염색체를 가진 반수체 배우자인 **정자**(sperm)와 **난자**(egg)를 생성하는 감수분열 과정이 필요하다. 배우자의 수정에 의해 생성되는 이배체의 염색체 조성을 가진 수정란인 **접합자**(zygote)는 **체세포분열**을 통해 새로운 다세포 개체로 발생한다.

무성생식(asexual reproduction)은 박테리아, 고세균, 원생생물 그리고 자포동물, 피낭동물뿐만 아니라 다른 여러 종의 동물에서 중요한 생식법이다. 무성생식이란 하나의 부모세포로부터 체세포분열을 통해 유전적으로 동일한 세포가 만들어지는 과정이다. 단세포생물에서 각 개체는 **분열**에 의해 동일한 개체가 생성된다. **출아**로 번식을 하는 자포동물은 모체의 한 부분이 분리되어 새로운 개체로 분화한다(**그림 23.1**). 새로운 개체는 독립적으로 생활을 하거나 모체의 몸에 붙어서 **군체**(colony)를 형성하기도 한다.

그림 23.1 자포동물의 출아.
자포동물은 출아법에 의한 무성생식을 한다. 새로 만들어진 개체는 사진의 오른쪽 아래에서 볼 수 있다.

특이한 생식방법

절지동물에서 흔하게 볼 수 있는 **단위생식**(parthenogenesis)은 암컷이 생산한 미수정란으로부터 자손이 생겨나는 방식을 일컫는다. 어떤 종은 전적으로 단위생식만을 하지만 어떤 종은 유성생식과 단위생식을 번갈아 하면서 이배체와 반수체 자손을 만든다. 그 실례로 꿀벌에서 여왕벌은 단 한 번의 짝짓기를 통해서 정자를 몸속에 보관하고, 정자의 방출을 조절할 수 있다. 여왕벌이 정자를 방출하지 않는다면 알은 단성발생을 해서 반수체인 수펄로 발생되지만 정자를 방출하여 수정된 알은 이배체인 암컷 일벌로 발생한다. 그러나 수정란이 적당한 호르몬에 노출되면 여왕벌로 발생한다.

1958년 러시아의 생물학자인 다레브스키(Darevsky)는 척추동물 중에 특이한 생식방법으로 살아가는 동물을 발견하였다. 작은 도마뱀 종류인 *Lacerta*속에 속하는 일부 개체군에서 모든 개체가 암컷으로만 구성되어 있는 것을 확인하고, 이 관찰 결과를 통해 이 도마뱀의 알은 미수정란이지만 발생이 가능할 것이라고 생각하였다. 즉 이 도마뱀은 정자 없이도 생식이 가능한 단위생식의 일종인 무성생식을 한 것이다. 후속 연구를 통해 도마뱀뿐만 아니라 몇몇 종의 어류와 도롱뇽도 단위생식을 한다는 사실이 밝혀졌다.

생식전략의 또 다른 유형으로는 한 개체 내에 정소와 난소를 지니고 있는 **자웅동체**가 있다. 촌충은 자웅동체이기 때문에 다른 개체를 만나지 않고 자가수정이 가능하다. 그러나 대부분의 자웅동체는 생식을 위해 성이 다른 개체가 필요하다. 그 실례로 지렁이는 생식을 위해 수컷의 역할을 하는 지렁이와 암컷의 역할을 하는 지렁이가 필요하며, 교미 후에는 각각 수정된 알을 가지고 헤어진다.

성전환이 일어나는 어류도 있는데, 이를 암수교대 자웅동체성이라고 한다. 예를 들어 산호초 물고기 중에는 **자성선숙**(태어날 땐 암컷으로 태어났지만 수컷으로 성전환됨)과 **웅성선숙**(수컷으로 태어났지만 암컷으로 성전환됨)을 일으키는 종도 있다.

유전과 환경 조절에 의한 성 결정

성은 **배**(embryo)의 발생 과정 동안 결정되는데, 그 방법은 종에 따라 다양하다.

많은 종의 어류와 파충류에서 성은 발생 과정에서 온도에 의해 결정된다. 일부 종은 차가운 온도에서는 수컷으로, 따뜻한 온도에서는 암컷으로 발생된다. 그러나 어떤 종에서는 차가운 온도와 따뜻한 온도에서 수컷으로 발생하고, 중간 온도에서 암컷으로 발생하기도 한다.

계통학적 분석에서 **온도 민감성** 성결정은 유전적으로 성이 결정되는 조상으로부터 여러 번에 걸쳐 진화되어 나온 것으로 밝혀졌다. 이들 종에서 성을 결정하는 분자적 기작이 밝혀지기는 했으나, 진화과정에서 이런 형질이 종종 나타나는 이유는 아직 정확하게 밝혀지지 못하고 있다. 한 가지 가능성은 암컷이 적절한 조건에 난자를 둠으로써 자식의 성을 결정하는 것이 유리하다는 것으로 이 가설은 아직 논쟁 중에 있다.

모든 조류, 포유류, 그리고 대부분의 척추동물은 유전자에 의해 성이 결정된다. 포유류와 일부 다른 동물에서 수컷은 X와 Y 염색체를, 암컷은 X염색체를 두 개 가지고 있다. 그러나 조류의 경우에는 암컷이 **이형접합**(heterozygous) 염색체를 가지고 있다(**그림 23.2**).

임신 후 40일까지는 여성과 남성의 생식계가 비슷하다. 이 시기 동안 정자나 난자가 될 세포는 난황낭에서 배아의 생식소로 이동하여 여성의 경우에는 난소를, 남성의 경우에는 정소를 형성한다(**그림 23.2**). 이와 같은 역할을 하는 배아의 생식소는 "미분화" 생식소라고 부른다.

남성으로 될 배아의 경우, Y염색체 상에 위치한 유전자가 미분화 생식소를 정소로 분화시킨다. 여성의 경우에는 Y염색체의 유전자와 그 유전자에 의해 만들어지는 단백질이 없기 때문에 생식소는 난소가 된다. 성결정에서 매우 중요한 역할을 하는 유전자는 *SRY* (sex-determining region of the Y chromosome)로 알려져 있다.

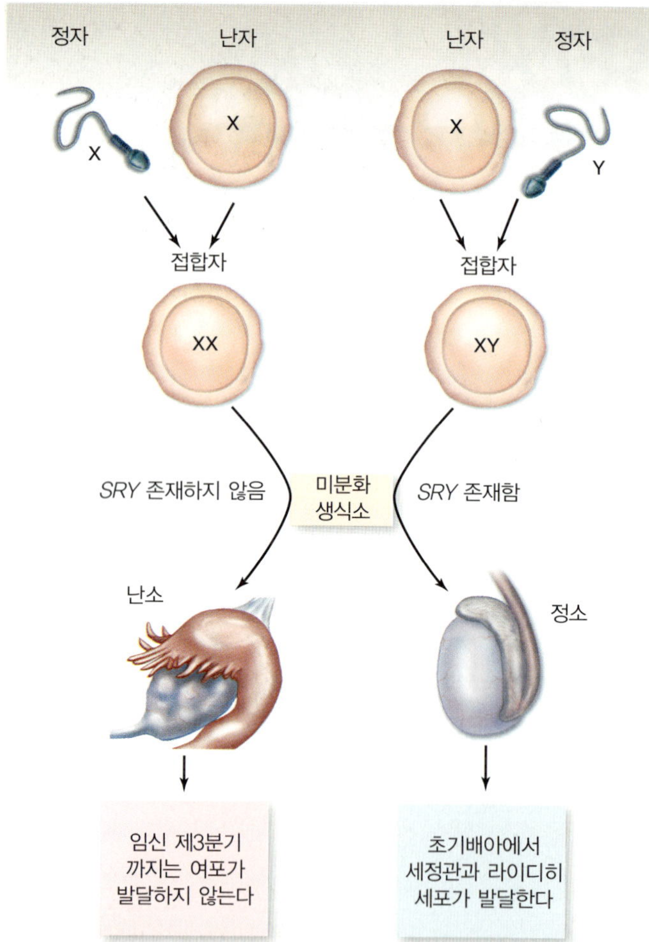

그림 23.2 포유류의 성결정.
포유류에서 Y염색체에 있는 성 결정부위는 *SRY*라고 부른다. Y염색체와 *SRY*가 있으면 정소가 형성되고, 이들이 없을 때는 난소가 형성된다.

배아기에 정소가 형성되면 정소는 남성의 외부 생식기와 부속 생식기관의 발달을 촉진시키는 호르몬인 **테스토스테론**(testosteron)과 그 외의 다른 호르몬들을 분비하기 시작한다.

SRY 유전자가 결핍된 배아는 여성의 외부 생식기와 부속 생식기관을 발달시키게 된다. 모든 포유류에서 *SRY* 유전자가 존재하지 않는 경우 배아는 암컷의 생식기관을 형성하게 된다.

1.2 척추동물의 수정과 발생

척추동물의 **유성생식**은 척추동물이 육지로 이주하기 전 바다에서 진화하기 시작했다. 해양 경골어류에서 대부분의 암컷은 한꺼번에 많은 알을 산란한다. 이 알들에 수컷이 정자를 방출하게 되면 배우자들의 결합이 일어나게 되는데, 이러한 과정을 **체외수정**이라고 한다.

바닷물이 배우자에게 나쁜 환경은 아니지만 배우자들을 빠르게 분산시키기 때문에 암컷의 산란과 수컷의 정자 방출은 거의 동시에 일어나야 한다. 그래서 해양 어류는 자신의 알이

나 정자를 한정된 시기에 그리고 빠른 시간 내에 방출해야 한다. 해양 어류 중에는 1년에 한 번만 생식을 하는 종도 있고, 몇 번씩 생식하는 종도 있다. 바다에는 동시 생식을 위한 신호로 이용되는 몇몇 계절적 요인이 있는데, 그중 가장 많이 알려져 있는 신호로 달의 주기가 있다. 달은 한 달에 한 번씩 지구에 가깝게 접근하데, 이때 증가하는 중력에 의해 조류가 약간 상승한다. 많은 해양 생물들이 달의 주기에 따른 조류의 차이를 생식과 연결시켜 배우자를 방출하게 된다.

척추동물이 육지로 올라와 생활하게 되면서 작고, 연약한 배우자는 견디기 어려운 건조라는 새로운 위험 요인에 노출되었다. 육지에서 배우자는 바로 건조한 환경에 의해 죽어버리기 때문에 배우자를 가까이 방출하는 것만으로는 생식이 가능하지 않게 되었다. 이러한 문제를 해결하기 위해 육상의 척추동물(일부 어류도 포함됨)은 암컷의 생식기관으로 수컷의 배우자(정자)를 직접 주입시키는 **체내수정**으로 진화가 일어나도록 **선택압**(selective pressure)이 강하게 작용하였다. 그래서 성체는 육지 환경에 완전히 적응하였지만, 수정은 여전히 건조하지 않은 환경에서 이루어질 수 있는 것이다.

체내수정을 하는 척추동물의 세 가지 수정 방법

체내수정을 하는 척추동물은 배아와 태아의 발생을 위한 **난생**, **난태생**, **태생**의 세 가지 전략을 가지고 있다.

1. **난생**(oviparity): 일부 경골어류, 대부분의 파충류와 일부 연골어류, 일부 양서류 그리고 일부 포유류와 모든 조류의 생식 방법으로 체내수정 후 알은 모체의 외부에 방출되어 발생한다.
2. **난태생**(ovoviviparity): 일부 경골어류(몰리, 거피, 모기물고기 포함)와 일부 연골어류 그리고 많은 종의 파충류의 생식 방법으로 수정란은 모체에 남아 난황으로부터 공급되는 영양분을 이용해 발생하게 된다. 발생이 완전히 끝난 어린 새끼가 부화되어 모체로부터 나오게 된다.
3. **태생**(viviparity): 대부분의 연골어류와 일부 양서류, 일부 파충류 그리고 거의 대부분의 포유류의 생식 방법으로 수정란은 어미의 몸속에서 발생을 하며, 난황 대신 모체의 혈액을 통해 직접 영양분을 공급받는다. 모체와 태아 사이에 기체교환이나 영양분을 공급받을 수 있는 구조인 태반은 포유류뿐만 아니라 일부 어류와 도마뱀에서도 진화되어 왔다.

태생과 난태생은 포유류에서는 한 번, 어류, 양서류 및 파충류에서는 독립적으로 여러 번에 걸쳐서 진화하였다. 출생은 한번 진화하면 사라지지 않는 한쪽 방향의 진화로 여겨진다. 암컷의 몸안에서 이루어지는 체내수정은 양막류(파충류, 조류 그리고 포유류로 구성된 생물군)에서는 한 번의 진화로 이루어졌지만, 어류와 양서류에서는 여러 번의 진화에 의해 이루어졌다.

체내수정에서는 정자가 수컷으로부터 암컷의 체내로 전달되어야 한다. 도롱뇽(salamander)의 경우 수컷이 정자를 난자 덩어리의 맨 윗부분에 방출하면 곧바로 암컷이 몸을 틀어 자신의 총배설강(cloaca) 위치를 난자 쪽으로 가도록 몸을 낮추고 수정된 알을 자신의 몸속으로 집어넣는다.

모든 척추동물은 정자를 암컷의 몸속으로 직접 삽입할 수 있도록 다양한 방식의 삽입기관(intromittent organs)이 발달되어 있다. 연골어류에서는 변형된 배지느러미(pelvic fin); 일부 양서류와 무족영원류 및 새에서는 변형된 **총배설강**(cloaca: 생식과 배설을 같이 담당하는 구멍); 거북, 악어, 포유동물에서는 서로 다른 배아 구조로부터 유래한 **음경**(penis); 뱀과 도마뱀에서는 좌우에 하나씩 있는 한 쌍의 반음경(hemipenises)을 갖도록 진화되었다. 삽입기관을 상실한 조류와 옛도마뱀(rhynchrocephalians)에서는 체내수정을 위해 암컷과 수컷은 총배설강을 서로 맞대고 수컷의 정자를 암컷으로 전달한다.

어류와 양서류의 체외수정

체내수정이 여러 번에 걸쳐 일어났지만, 대부분의 어류와 양서류는 다른 척추동물과는 달리 체외수정에 의해 생식을 한다.

대부분의 경골어류는 체외수정을 하며, 알은 짧은 발생기간 동안 배아에게 필요한 양만큼의 난황(york)을 가지고 있다. 난황이 공급하는 영양분이 고갈되면 어린 물고기는 주위의 물로부터 먹이를 찾아야만 한다. 발생은 매우 빠른 속도로 진행되며, 어린 물고기는 빠르게 성숙한다. 단 한 번의 짝짓기로 수천 개에서 수백만 개의 알이 수정되지만 많은 수정란이나 갓 부화한 새끼들은 미생물 감염이나 포식자에 의해 죽게 되어 성체로 자라는 개체의 수는 매우 적다.

경골어류와는 대조적으로 대부분의 연골어류(cartilaginous fish)는 체내수정을 한다. 어린 새끼의 발생은 대체로 **태생**이며, 암컷은 잘 발생한 몇몇의 자손만을 출산하게 된다.

양서류의 생활사는 물과 가까운 곳에서 이루어지며, 대부분의 양서류는 체외수정을 한다. 암컷과 수컷의 배우자는 총배설강을 통해 방출된다. 개구리와 두꺼비 중에는 수컷이 암컷의 배를 꽉 움켜잡고 알이 물속으로 방출되도록 하여 그 위에 정액을 뿌리는 종류가 있다.

대부분 양서류의 알은 물속에서 발생을 하지만, 몇몇 종에서는 예외적인 현상을 볼 수 있다. 그 실례로 **그림 23.3**에서 보는 것처럼 어떤 종은 어미 개구리의 등에서 발생을 하고, 어떤 종은 수컷의 울음주머니에 올챙이를 담고 있기도 하며, 어린 개구리가 부모 개구리의 입을 통해 빠져나오는 경우도 있다.

a. b. c. d.

그림 23.3 개구리의 다양한 새끼 발생 방식.
a. 독화살개구리(독개구리과)의 수컷은 올챙이를 등에다 지니고 다닌다. ***b.*** 피파개구리 암컷의 경우, 새끼 개구리는 어미의 등에 있는 특수한 육아낭에서 알로부터 발생한다. ***c.*** 남미 피그미유대개구리 암컷은 등에 있는 주머니에 발생 중인 올챙이를 넣고 다닌다. ***d.*** 다윈개구리의 올챙이는 수컷의 울음주머니 속에서 새끼 개구리로 발생한 후 입을 통해 나온다.

파충류와 조류의 체내수정

모든 조류와 파충류의 80%는 **난생**으로 체내에서 수정된 알이 어미의 몸 밖으로 방출되어 발생한다.

파충류

대부분의 난생 파충류(oviparous reptiles)는 산란 후에 알을 내버려둔 채 떠나는데, 알은 난소로부터 이어지는 암컷 생식관의 일부인 수란관을 지날 때 축적된 가죽처럼 질긴 외피(shell)로 둘러싸여 있다. **난태생**인 다른 종의 파충류는 어미의 몸속에서 알이 배아로 발생되며, 일부 종은 **태생**이다.

조류

대부분의 수컷 조류는 음경을 가지고 있지 않지만(백조, 거위, 타조 등 몇몇 조류는 총배설강 벽이 변형되어 삽입기관 역할을 함) 모든 조류는 체내수정을 한다.

알이 수란관을 지날 때 분비선은 알부민 단백질(알의 흰자)과 석회질성의 매우 딱딱한 외피를 분비하는데, 이는 파충류의 알과 구별되는 특징이다. 현생 파충류는 냉온성인 데 비해 조류는 내온성이다. 따라서 대부분의 조류는 산란 후 알을 따뜻하게 유지시키기 위해 알을 품는다(**그림 23.4**). 대부분의 조류에서 알 껍질을 깨고나온 어린 새끼는 발생이 진행되는 과정 중이기 때문에 도움을 받지 못하면 생존할 수 없으며, 어미 새로부터 먹이를 받아먹고 보호받으면서 점차 성숙한 개체로 자란다.

파충류와 조류의 알이 외피로 싸여 있는 것은 이들이 육상에서 살아가기 위한 가장 중요한 적응 중 하나라고 할 수 있다. 파충류와 조류의 알은 **양막**으로 둘러싸인 액체로 꽉 찬 공간 안에서 배아가 발생하기 때문에 **양막난**이라고 한다. 양막난의 또 다른 **배외막**으로는 외피의 바로 안쪽에 있는 **장막**과 **난황낭** 및 **요막**이 있다. 배외막과 함께 석회질의 딱딱한 외피는 건조한 곳에서도 알이 발생을 할 수 있도록 보호해주는 역할을 한다. 조류와는 달리 어류와 양서류의 알은 단 한 개의 배외막인 난황낭만을 가지고 있기 때문에 알은 건조로부터 보호받기 위해서는 반드시 수중 환경에 있어야 한다.

그림 23.4 알을 품고 있는 눈썹펭귄.
둥지에 있는 한 쌍의 펭귄이 알 품기 교대의식을 하고 있다.

사람을 포함한 태생 포유류도 배외막을 가지고 있는데, 이는 다음 절에서 다룬다.

새끼를 낳는 포유류

포유류는 일 년에 한 번만 생식을 하는 계절형 번식동물이 있는 반면, 연중 여러 번의 생식주기를 갖는 동물도 있다. 후자 가운데 암컷의 경우 일반적으로 생식주기를 갖지만 수컷은 일생 동안 거의 일정한 생식력을 갖는다.

암컷의 **생식주기**(reproductive cycle)는 난소에서 성숙한 난자를 주기적으로 방출하는 **배란**(ovulation) 과정을 포함하고 있다. 대부분의 포유류 암컷은 "교미기(in heat)"라고 부르는 배란기에만 수컷을 받아들인다. 이러한 성적 수용 시기를 **발정기**라고 하며, 이러한 생식주기를 발정주기라고 부르기도 한다. 생식주기는 임신이 될 때까지 계속된다.

대부분 포유류에서 발정주기 중 뇌하수체 전엽에서 분비되는 **여포자극호르몬**(FSH)과 **황체형성호르몬**(LH)의 분비

그림 23.4 포유류의 생식.
a. 단공류는 둥지에 알을 낳는다. 사진은 오리너구리(*Ornithorhynchus anatinus*)가 방금 부화한 새끼와 같이 있는 모습이다. ***b.*** 붉은캥거루(*Macropus rufus*)와 같은 유대류는 주머니 속에서 발생을 끝내는 작은 크기의 자손을 낳는다. ***c.*** 새끼 사슴에게 젖을 먹이는 점박이 암사슴(*Axis axis*) 같은 태반포유류의 경우, 새끼는 오랜 기간 동안 어미의 자궁내에서 자라기 때문에 더 발생된 상태로 태어난다.

a.

b.

c.

변화가 난세포 발달과 난소에서 분비되는 호르몬의 변화를 일으킨다. 사람과 유인원은 호르몬 분비와 배란이라는 관점에서 다른 포유류의 발정주기와 유사한 **월경주기**를 갖는다. 발정주기를 갖는 포유류와는 달리 사람과 유인원 암컷은 자궁내벽이 떨어져나갈 때 출혈이 동반되는데, 이러한 과정을 **월경**(menstruation)이라고 하고 월경주기 동안에도 성교는 가능하다.

토끼와 고양이는 유도 배란자(induced ovulator)라는 점에서 다른 포유류와 구별된다. 이들의 암컷은 성적 활성도와 무관하게 주기적인 배란을 하는 것이 아니라 교미 직후에만 LH 분비를 일으키는 반사 자극에 의해 배란을 하게 된다.

가장 원시적 포유류인 **단공류**(오리너구리와 바늘두더지)는 진화적으로 이들보다 이전 단계인 파충류와 마찬가지로 난생이다. 단공류의 알은 둥지(**그림 23.4*a***) 혹은 특수화된 주머니에서 부화하며, 부화한 새끼는 어미의 피부에 있는 유선을 핥아서(젖꼭지가 없음) 젖을 섭취한다.

그 외의 모든 포유류는 태생이며 새끼를 양육하는 방법에 따라 크게 두 집단으로 나눌 수 있다. 주머니쥐와 캥거루가 포함된 집단인 **유대류**의 경우 크기가 매우 작은 불완전한 태아를 출산하며, 태아는 어미의 피부 주머니 속에서 젖꼭지가 있는 어미의 유선으로부터 영양 공급을 받으면서 완전한 태아로 발생한다(**그림 23.4*b***).

태반포유류(**그림 23.4*c***)의 태아는 오랜 기간 동안 어미의 자궁 속에서 발생을 한다. 태아는 배외막(장막)과 어미의 자궁 내벽에서 기원된 **태반**으로부터 영양분을 공급받는다. 태반에는 태아의 혈관과 모체의 혈관이 가까이 근접해 있기 때문에 태아는 모체의 혈액으로부터 확산되는 영양분을 공급받게 된다.

1.3 남성 생식기관의 구조

남성의 생식계 구조는 전형적인 포유류의 수컷의 생식기관과 유사하다(**그림 23.5**). 배아에서 정소가 형성될 때 정자를 형성하는 **세정관**이 만들어지는데, 이 과정은 수정 후 43~50일 정도에 시작된다. 9~10주 동안 세정관 사이의 간질조직에 라이디히 세포가 위치하게 되고, 여기에서 남성 호르몬인 **테스토스테론**이 분비되기 시작한다. 배아 발생 동안 테스토스테론이 분비되면 미분화 생식소가 **음경**과 **음낭**을 포함한 남성 외부생식기로 분화되며, 이 후 정소는 음낭 속으로 이동하게 된다. 테스토스테론이 분비되지 않으면 여성의 외부생식기가 만들어진다. 테스토스테론은 남성의 2차 성징을 유도하여, 수염이 나거나 묵직한 목소리, 체모를 만들게 해준다.

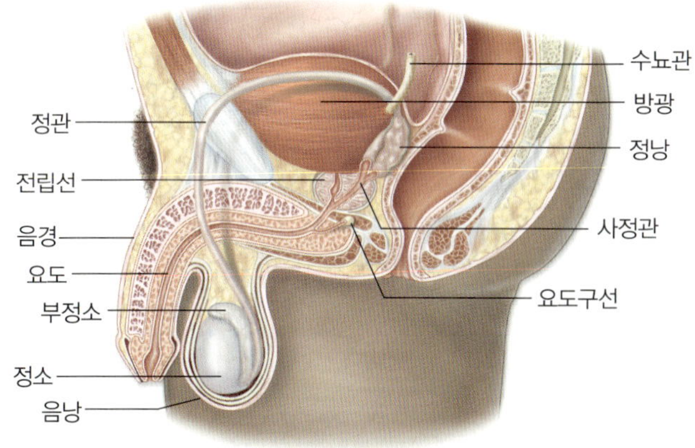

그림 23.5 남성 생식기관의 구조.
음경과 음낭은 외부 생식기이고, 정소는 생식소이다. 다른 기관은 정액의 생산과 사정을 돕는 부속 생식기관이다.

성인의 정소는 심하게 꼬인 세정관으로 구성되어 있다. 정소는 복강에서 만들어지지만, 출산 직전 서혜관을 통해 아래로 내려와 고환(음낭) 속에 들어가 복강 밖에 매달려 있게 된다. 고환은 정소의 온도를 체온인 37°C보다 낮은 34°C로 유지하도록 해주는데, 이는 정상적인 정자 형성이 낮은 온도에서 이루어지기 때문이다.

세정관의 벽에는 정원세포 혹은 **생식세포**(germ cells)와 이를 지지하는 세르톨리(Sertoli) 세포가 존재한다. 세정관 바깥쪽에 있는 생식세포는 이배체인데, 이 세포는 감수분열을 통

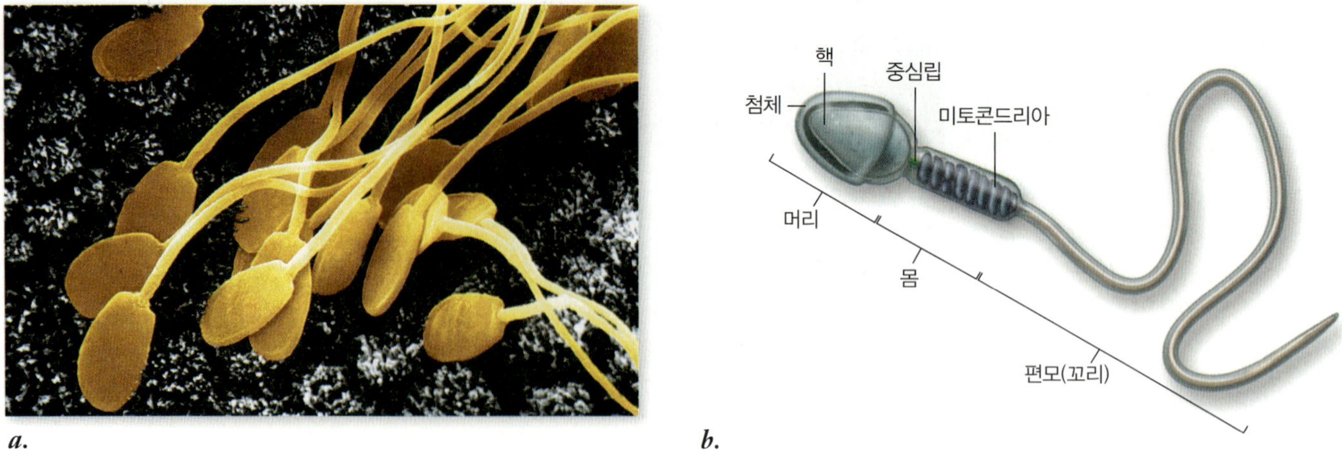

그림 23.6 사람의 정자.
a. 정자(노란색으로 표시)를 보여주는 주사전자현미경 사진. *b.* 정자세포의 주요 구성을 나타낸 모식도.

해 배우자를 형성하는 유일한 세포이다. 발생 중인 배우자 세포는 반수체로 세정관 안쪽으로 이동한다.

정원세포는 **체세포분열**(mitosis)을 통해 2개의 이배체 세포를 만든다. 2개의 세포 중 하나는 **감수분열**(meiosis)을 통해 반수체 형태인 4개의 세포를 만들게 되고, 나머지 하나는 정원세포로 남아 있게 된다. 이런 방식으로 모든 정원세포가 정자로 만들기 위해 고갈되지는 않는다. 성인 남성은 평균적으로 매일 1억~2억 마리의 정자를 평생 동안 생산해낸다.

감수분열을 하는 이배체 딸세포를 제 1정모세포라고 부른다. 사람의 세포에는 23쌍의 염색체(총 46개의 염색체)가 존재하는데, 각 염색체는 복제된 2개의 염색분체로 이루어져 있다. 제 I 감수분열에서 **상동염색체** 쌍이 분리되면서 반수체인 제2정모세포가 2개 만들어진다. 그러나 각 염색체는 여전히 2개의 복제된 염색분체로 구성되어 있다.

각 세포는 제 II 감수분열이 일어나면서 염색분체가 분리되어 반수체인 2개의 **정세포**를 형성하게 되어 제1정모세포 하나에서 4개의 정세포가 만들어지는 것이다. 이 세포들은 세정관의 생식상피를 구성하고 있으며, 배우자를 "발생(germinate)" 시킨다.

세정관의 내벽에는 생식상피 외에 세르톨리 세포가 존재한다. 이 세포는 발생 중인 정자를 돌보고, **정자형성과정**에 필요한 물질을 분비한다. 세르톨리 세포는 정자가 지닌 여분의 세포질을 흡수함으로써 정세포를 **정자**로 바꾸어주는 역할을 한다.

정자는 머리와 몸통, 편모(꼬리)의 비교적 단순한 구조로 이루어져 있다(**그림 23.6**). **머리**에는 핵이 들어 있으며, 골지체로부터 유래한 **첨체**가 이 부분을 덮고 있다. 첨체에는 난자를 둘러싼 보호층을 뚫기 위한 효소가 들어 있다. 몸통과 꼬리는 움직이기 위한 운동성을 제공해주는데, 꼬리에는 편모가 있고, 몸통 안에는 편모를 만드는 기저체로 작용하는 중심립과 편모운동에 에너지를 제공하는 미토콘드리아가 들어 있다.

정자의 이동을 돕는 부속 생식기관

세정관에서 정자가 만들어진 후, 정자는 길게 꼬인 관인 **부정소**로 이동한다. 정자는 부정소에 도착할 때까지 운동성이 없으며, 운동성을 가지려면 적어도 18시간 동안은 부정소 내에 머물러야 한다. 정자는 다시 부정소에서 복강으로 연결된 **정관**으로 이동한다.

정액에는 정자와 분비액이 포함되어 있다. 고환에서 뻗어나온 정관은 한 쌍의 **정낭**(정액주머니)에서 나온 관과 합쳐지는데, 정낭은 정액의 약 60%를 차지하는 과당이 풍부한 액체를 생산한다. 이 지점에서 정관은 사정관으로 연결되고, 방광의 밑에 붙어 있는 전립선으로 들어간다.

사람의 경우 **전립선**(prostate gland)은 해면조직으로 구성되어 있으며, 크기는 골프공 정도이며, 정액의 30% 정도를 담당한다. 전립선에서 사정관과 방광에서 뻗어나온 요도가 합쳐진다. 요도는 정액을 몸 밖으로 배출시키는 역할을 한다. 완두콩만한 한 쌍의 요도구선은 정액의 나머지 10%를 만들어내는데, 이는 요도를 통해 분비하여 성교 전에 음경의 끝부분을 매끄럽게 만들어준다.

요도 외에도 음경에는 등쪽 면에 발기조직인 2개의 음경해면체와 배쪽에 하나의 요도 **해면체**가 있다(**그림 23.7**). 음경의 **발기**는 자율신경계의 부교감신경에 의해 산화질소가 방출되면서 음경의 소동맥이 확장되어 일어난다. 발기조직은 충혈이 되어 단단해지고, 발기 조직의 압력이 증가하면 정맥을 누르게 되어, 혈액이 음경으로 들어올 수는 있으나 나가지는 못하게 된다.

대부분의 포유류 음경에는 **"음경골"**이라고 하는 뼈가 있는데, 이 뼈는 발기 과정에서 음경이 딱딱해지도록 해주는 역할을 하는데, 사람에게는 존재하지 않는다.

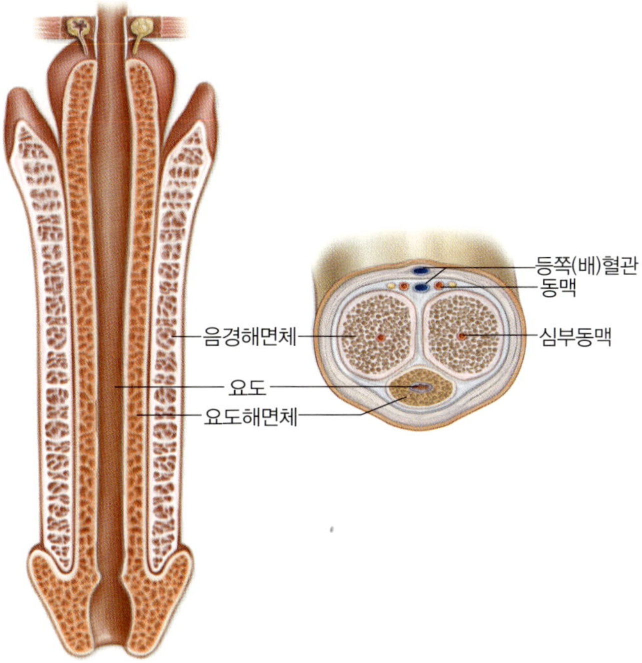

그림 23.7 음경의 종단면(왼쪽)과 횡단면(오른쪽).
발기 중 해면체 조직은 혈액으로 가득 차 음경이 커지도록 한다. 요도해면체는 발기 동안 요도의 압착을 막는다.

발기와 지속적인 성적 자극으로 **사정**(ejaculation)이 되면서 3억 개 정도의 정자가 들어 있는 2~5 mL의 정액이 방출된다. 수정을 위해서는 많은 정자가 필요한데, 이는 하나의 정자가 난자로 가는 여정을 완수하여 수정할 가능성이 매우 낮고, 한 마리의 정자가 난자로 들어가기 전에 많은 정자의 첨체가 알과 접촉해야 하기 때문이다. 정자의 수가 mL당 2천만 마리 이하인 남성은 일반적으로 불임인 것으로 알려져 있다. 이렇게 많은 정자는 사정된 정액의 약 1% 정도의 용량을 차지한다.

남성 생식기관의 기능을 조절하는 호르몬

뇌하수체 전엽에서는 두 종류의 생식샘자극호르몬인 **여포자극호르몬(FSH)**과 **황체형성호르몬(LH)**이 분비된다. 이 호르몬들은 여성의 몸에서 작용하는 역할에 따라 이름이 붙여진 것이지만, 남성에서도 생식기관의 기능을 조절한다(**표 23.1**). 남성에서 FSH는 세르톨리 세포를 자극하여 정자 발달을 촉진시키고, LH는 라이디히(Leydig) 세포에서 테스토스테론을 분비하도록 해준다.

FSH와 LH 분비 조절은 음성 피드백 저해 원리를 통해 이루어진다. 시상하부 호르몬인 **생식샘자극호르몬 방출호르몬**(**GnRH**)은 뇌하수체 전엽을 자극하여 FSH와 LH를 분비하도록 한다. FSH는 세르톨리 세포가 **억제호르몬**인 펩티드 호르몬을 방출하도록 해주며, 이 억제호르몬은 FSH가 분비되지 못하도록 억제시키는 작용을 한다. 이와 유사하게 LH는 테스토스테론의 분비를 유도하며, 테스토스테론은 뇌하수체 전엽에 직접 작용하거나, 간접적으로는 시상하부에서 분비되는 GnRH의 분비를 감소시킴으로써 LH 분비를 억제시킨다.

음성 피드백 저해의 중요성은 정소를 제거함으로써 알 수 있는데, 테스토스테론과 억제호르몬이 분비되지 않는다면 뇌하수체 전엽에서 FSH와 LH의 분비량이 현저히 증가하게 된다.

1.4 여성 생식기관의 구조와 기능

그림 23.8은 여성의 생식기관의 구조를 보여준다. **정소**(testis)에 비해 **난소**(ovary)는 매우 느리게 발달한다. 테스토스테론이 분비되지 않는 여성은 남성에서 음경과 음낭이 만들어지는 부분이 **음핵**과 **대음순**으로 발달된다. 따라서 음핵과 음경, 대음순과 음낭은 상동기관이라고 할 수 있다.

표 23.1 포유동물의 생식호르몬

호르몬	작용
남성	
여포자극호르몬	세르톨리 세포를 통해 정자형성을 자극한다
황체형성호르몬	라이디히 세포에 의해 테스토스테론의 분비를 자극한다
테스토스테론	남성의 2차 성징, 부속 생식기관, 정자 형성과정의 유지 및 발달을 자극한다
여성	
여포자극호르몬	난소 여포의 성장과 에스트로겐의 분비를 자극한다
황체형성호르몬	배란, 난소여포의 황체 전환, 황체에서 에스트로겐과 프로게스테론의 분비를 자극한다
에스트라디올(에스트로겐)	여성의 2차 성징 유지와 발달을 자극하고, 매달마다 임신을 위한 자궁의 준비를 촉진한다
프로게스테론	임신을 위한 자궁 준비를 완료하고, 여성의 2차 성징 유지를 돕는다
옥시토신	자궁 수축과 모유 분출반사를 자극한다
프로락틴	모유 생산을 자극한다

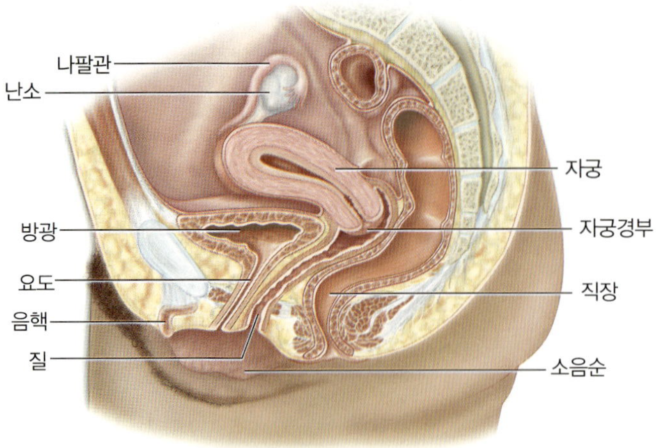

그림 23.8 여성 생식기관의 구조.
난소는 생식소이고, 나팔관은 배란된 난자를 받으며, 자궁은 수정된 난자가 배아로 발생하는 장소이다.

난소는 난소 여포라고 부르는 미세 구조를 지니는데, 난소 여포는 난자로 만들어질 제1난모세포와 작은 **과립세포**로 구성되어 있다.

사춘기가 되면 과립세포에서 에스트라디올(또는 에스트로겐)이라는 여성호르몬이 분비되기 시작하면서 **초경**이 일어나고, 월경주기가 시작된다. 에스트라디올은 유방의 발달과 음모 등 여성의 2차 성징이 이루어지도록 자극한다. 그리고 에스트라디올은 다른 스테로이드계 호르몬인 프로게스테론과 함께 **나팔관**, **자궁**, **질**과 같은 부속 생식기관을 유지하는 데 도움을 준다.

월경주기와 난자 배출

출생 시에 여성의 난소에는 제I감수분열 전기까지 진행된 **제1난모세포**를 가진 1백만 개 정도의 여포가 있다. 제1난모세포가 들어 있는 여포 가운데 일부는 매 주기마다 발달하도록 자극을 받는다. 여성의 월경주기는 약 한 달(평균 28일)이며, 난소의 활성도에 따라 **여포기**와 **황체기** 두 시기로 구분되며, 두 시기는 **배란**에 의해 분리되어 있다(**그림 23.9**).

여포기

여포기 동안 몇 개의 여포가 FSH에 의해 더 발달하도록 자극받지만, 단 하나의 여포만이 3차 혹은 그라프 여포로 성숙하여 배란된다. 자궁은 단순한 원주 상피막으로 이루어진 자궁내막을 지니며, 여포기 동안 에스트라디올은 자궁내막을 증식시켜 주는데, 이 시기는 자궁내막의 증식기이다(**그림 23.9** 참조).

여포 안의 제1난모세포는 여포기 동안 제I감수분열을 마친다. 이때 크기가 동일한 두 개의 딸세포가 만들어지는 대신, 제2난모세포라는 커다란 딸세포와 **극체**라는 매우 작은 딸세포가 만들어진다. 따라서 제2난모세포는 제1난모세포의 세포질 거의 대부분을 받게 되어(불균등 세포질분열), 수정된 후 난모세포가 초기 배아를 형성할 기회를 높여주는 반면 극체는 붕괴된다.

제2난모세포는 제 II 감수분열을 시작하지만, 제 II 감수분열 중기에서 머무르게 된다. 이때 잠재적 난자는 배란기에서 방출되지만, 나팔관에서 수정하지 못하면 제 II 감수분열을 마치지 못하게 된다.

여포기 동안 혈액 내에 에스트라디올의 양이 증가하면, 뇌

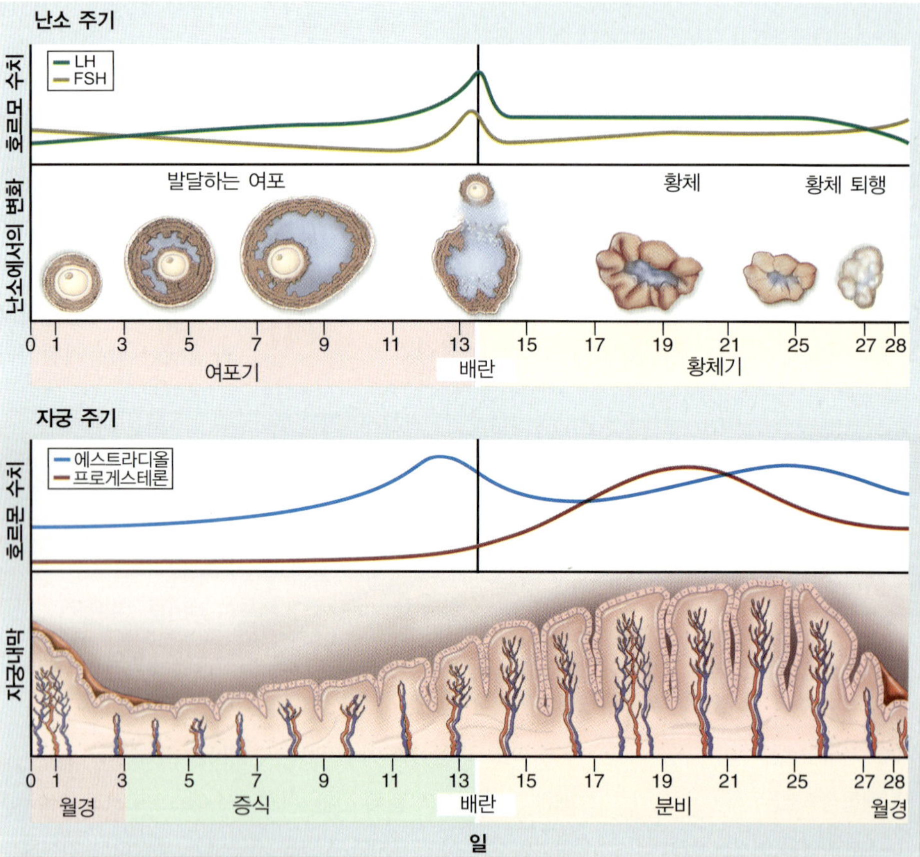

그림 23.9 사람의 월경주기.
월경주기 동안 호르몬 양의 변화는 배란 및 자궁내막의 성장과 관련이 있다. 자궁내막이 두터워지는 것은 증식기 동안의 에스트라디올에 의한 자극 때문이다. 에스트라디올과 프로게스테론은 분비기 동안에 자궁내막을 조절하고 유지한다. 이 두 호르몬 양의 감소에 의해 월경이 시작된다.

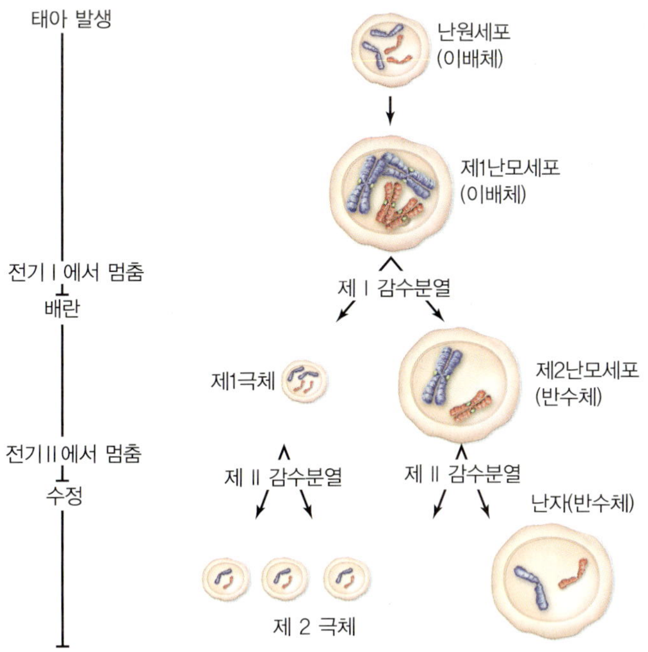

그림 23.10 사람의 난자형성과정에서의 감수분열. 제1난모세포는 이배체이다. 제 I 감수분열이 끝났을 때, 극체는 분해되고 제2난모세포는 배란기에 방출된다. 제 II 난모세포는 수정 후에 제 II 감수분열을 마치고, 제2극체와 반수체 알인 난자를 만든다. 반수체 난핵과 반수체 정핵은 융합하여 이배체 접합자를 만든다.

하수체 전엽에서 황체형성호르몬(LH)이 분비되도록 자극한다. 급격하게 분비된 황체형성호르몬은 배란기에 완전히 성숙한 그라프 여포를 터뜨려 제2난모세포를 방출하도록 한다.

방출된 **난모세포**는 나팔관 입구를 둘러싼 선모 근처의 복강으로 들어간다. 나팔관 내벽의 섬모들은 난모세포를 나팔관을 따라 자궁으로 이동시켜주는 역할을 한다.

수정되지 않은 난모세포는 배란 후 하루 이내에 퇴화되며, 수정이 되면 완전하게 제 II 감수분열이 완성되면서 성숙한 난자와 제2극체가 형성된다(**그림 23.10**).

난자와 정자의 핵이 융합하여 이배체 접합자가 만들어진다. 보통 나팔관의 상단 1/3 지점을 통과하는 동안 수정이 이루어지며, 사람의 경우 접합자는 약 3일 내에 자궁에 도착하고, 그 후 2~3일 안에 자궁내벽에 **착상**하게 된다(**그림 23.11**).

배란 후 LH의 자극으로 그라프 여포가 **황체**로 변하게 된다. 이런 이유로 월경주기의 후반부를 **황체기**라고 한다. 황체는 에스트라디올과 또 다른 스테로이드 호르몬인 프로게스테론을 모두 분비한다. 황체기 동안 에스트라디올과 프로게스테론의 높은 혈중 농도는 음성 피드백 작용을 하여 뇌하수체 전엽에서 분비되는 FSH와 LH의 분비를 억제해준다. 황체기 동안의 억제작용은 월경주기의 중간에서 에스트라디올이 LH 분비를 자극하여 배란이 일어나게 하는 것과 대조적이다. 배란 후 에스트라디올과 프로게스테론의 억제 효과는 자연적인 피임과정으로 작용해 더 이상의 여포가 발달하는 것을 막고 배란이 지속되지 못하도록 한다.

황체기 동안 에스트라디올과 프로게스테론의 분비는 자궁내벽에서 혈관과 선 조직 발달 및 글리코겐의 축적이 일어나도록 한다. 자궁내막의 선 조직 형성과 기능 때문에 이 시기를 **분비기**라고 한다. 이런 변화는 자궁에 배아가 착상할 수 있도

그림 23.11 난자의 여정. 여포 안에서 만들어져 배란기에 방출된 제2난모세포는 나팔관 안으로 들어가 나팔관 벽에 있는 섬모의 파동에 의해 이동한다. 질의 위쪽으로 이동한 정자는 나팔관 안에서 제2난모세포와 융합함으로써 수정이 일어나며, 감수분열이 끝나게 된다. 이렇게 만들어진 접합자는 나팔관 안에서 여러 번의 체세포 분열을 한다. 자궁에 도달할 무렵 접합자는 포배(blastocyst)라고 부르는 속이 빈 공 모양의 세포가 된다. 포배는 자궁벽에 착상한 후 계속 발생을 진행한다(난할 중인 알을 분명히 나타내기 위해 확대하여 나타냈음).

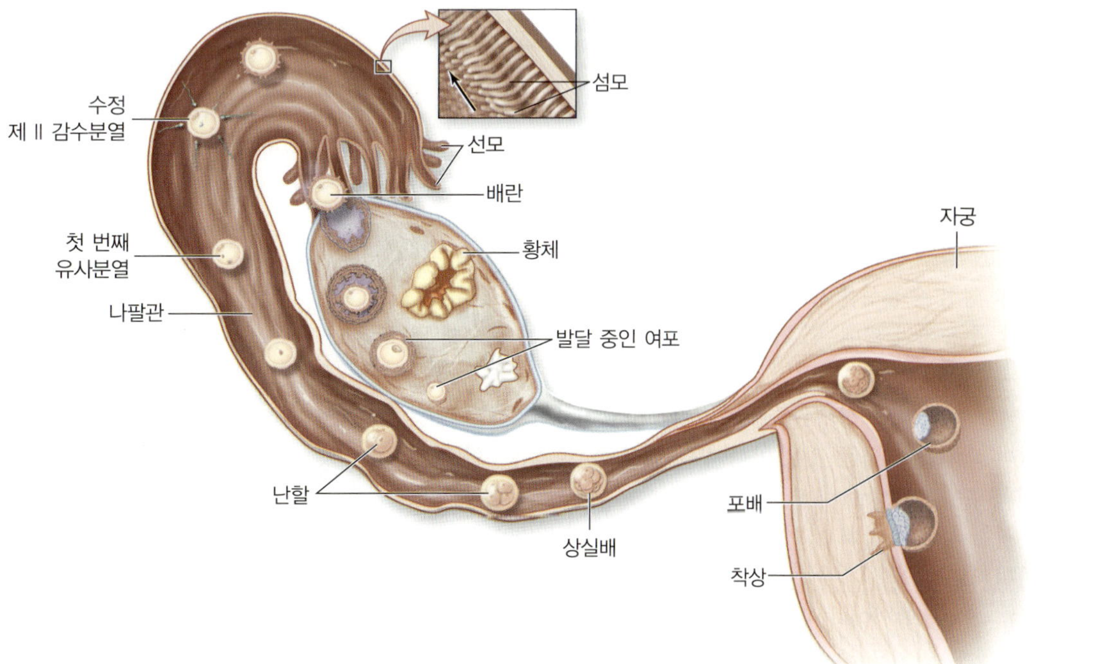

록 도와준다.

수정이 일어나지 않으면 황체기가 끝날 무렵에 LH와 FSH의 분비가 감소하여 황체가 퇴화한다. 황체에서 생성되는 에스트라디올과 프로게스테론은 황체 유지에 필요한 LH 분비를 억제한다. 황체의 소멸은 황체기 말기에 에스트라디올과 프로게스테론의 혈중 농도를 급격히 감소시켜 출혈과 함께 자궁내막이 떨어져 나가도록 한다. 이 과정이 월경이며, 이 시기를 **월경기**라고 한다.

발정주기를 가지는 포유류는 월경을 하지 않으며, 이런 포유류에서 주기적으로 자궁내막이 벗겨지지만 출혈은 일어나지 않는다. 발정주기는 **발정 전기**, **발정기**, **발정 후기** 및 **발정 간기**의 4단계로 구분된다. 이는 월경주기의 자궁내막에서 일어나는 증식기, 중기, 분비기 및 월경기에 해당된다.

여성의 부속 생식기관

나팔관은 난자를 난소로부터 자궁까지 이동시켜준다. 사람의 **자궁**은 근육질이고 배와 같은 과일 모양을 하고 있으며 **자궁경부**를 거쳐 **질**로 이어진다.

질의 입구는 **처녀막**으로 덮여 있으며, 이 막은 격렬한 운동이나 성관계에 의해 파열된다. 후자의 경우 첫 경험 시에 처녀막이 파열되며 고통스러울 수도 있다.

성적 자극에 의해 **소음순**과 **음핵** 그리고 질은 남성의 발기조직처럼 혈액이 가득 차게 된다. 음핵은 감각뉴런이 많이 분포하고 있어 매우 민감하기 때문에 여성의 성적 자극에 중요한 역할을 한다. 성적 자극이 주어지면 질 입구 부분에 있는 **바르톨리선**이 점액을 분비하여 음경의 삽입을 용이하게 해준다. 사정된 정자는 질 입구로부터 나팔관까지 멀리 거슬러올라가 제2난모세포와 만나 수정하게 된다.

1.5 피임과 불임치료

대부분의 척추동물에서 **교미**는 생식과 연관되어 있다. 교미 기간 동안에만 허용되는 성적 수용성은 암컷이 지니고 있는 본능적인 행동이다. 사람과 일부 유인원의 암컷의 경우 생식주기 내내 성적 수용성을 가질 수 있으며, 성적 행위를 받아들이는 성적 수용성의 확대는 2차적 기능, 즉 두 개체 사이의 유대 및 정서적 관계를 강화시키는 힘을 가지게 해준다.

모든 커플이 **성행위**(sexual intercourse)를 할 때마다 임신이 되기를 바라는 것은 아니지만, 성적 행위는 사람의 정서생활에 있어서 반드시 필요하며 중요한 부분을 차지하고 있다. 역사적 사실을 살펴보면 옛날부터 사람들이 성적 행위는 계속하면서도 생식을 조절하기 위해 다양한 시도를 했다는 것을 알 수 있다. 임신이나 출생을 막는 것을 피임이라 부른다. 생리학적으로 임신은 수정이 아닌, 자궁내벽에 **착상**이 된 상태로 약 일주일 이상 지나야 한다. 일반적으로 사용되는 **피임법**(contraception)은 자궁내벽에 수정란이 착상되기 전에 이루어진다.

그에 비해 일부 커플들은 아이가 생기기를 간절히 바라지만, 여러 가지 이유로 임신이 되지 않는 불임이 나타나기도 한다. 이러한 불임 부부가 아이를 가질 수 있게 하는 기술도 계속해서 발전하고 있다.

수정이나 착상을 차단하는 피임법

문화나 종교 또는 개인에 따라 장단점을 가진 다양한 피임법이 임신을 막기 위해 사용되고 있다(**그림 23.12**과 **표 23.2**).

성적 행위를 아예 하지 않는 일명 **금욕**(abstinence)이 가장 믿을 만한 피임법이다. 이 방법은 수많은 피임법 가운데 가장 확실하다. 그러나 이 피임법은 계속 실천하기에 어려운 방법이다. 왜냐하면 성충동은 억제하기가 힘들어 피임법으로 금욕을 고수하려는 부부 사이에는 원치 않는 임신이 일어날 수 있기 때문이다.

정자가 자궁에 도달하지 못하면 수정은 일어날 수 없다. 정자의 전달을 막는 한 가지 방법은 콘돔이라고 하는 얇은 막으로 음경을 감싸는 것이다. 일부 남성의 경우 성행위 시 쾌감이 줄어든다고 하여 콘돔을 선호하지 않는다. 이론적으로 이 피임법은 쉽게 사용할 수 있고 확실한 효과를 나타내지만, 실제적으론 정확하게 콘돔을 사용하지 않거나 불연속적으로 사용함으로써 매년 3~15% 정도의 실패율을 보인다. 그럼에도 불구하고 콘돔은 미국에서 가장 많이 사용되고 있는 피임법이다. 콘돔은 또한 **AIDS**(에이즈)의 전염이나 다른 성병의 전염(**STDs**)을 차단하는 방법으로 널리 사용되고 있으며, 미국에서는 매년 수십억 개의 콘돔이 판매되고 있다.

정자가 자궁으로 들어오는 것을 막는 두 번째 방법은 자궁경부를 덮어씌우는 것이다. 자궁경부에 꽉 끼도록 만들어진 덮개는 한번 장착하고 나면 며칠 동안 사용되며, 고무로 만든 반구형의 피임용 격막은 성관계를 가지기 전마다 삽입시켜 사용한다. 자궁경부의 크기는 사람마다 서로 다르기 때문에 반드시 의사와 상담 후 경부 덮개(cevical cap) 또는 피임용 격막(diaphragm)의 크기를 결정하여 장착해야 한다. 피임용 격막을 사용하는 여성들 가운데 매년 4~25% 정도는 임신을 한다. 경부 덮개가 피임용 격막에 비해 낮은 실패율을 보인다.

세 번째 피임법은 사정 후 정자를 제거하는 방법이다. 이 방법은 성관계 직후, 즉 정자가 자궁으로 들어오기 전에 질 부분을 씻어내는 것이다. 이러한 피임법을 **관수법**이라고 한다. 관수법은 사정 이후 곧바로 화장실로 달려가 완전하게 씻어버려야 하기 때문에 쉽게 적용하기 어려우며, 실제로 관수법은 정자를 질과 자궁으로 밀어올려 임신을 시킬 가능성이 높기 때문에 실패율이 매우 높다(40%).

관수법 대신 사용되는 것이 질 속으로 전달된 정자를 죽

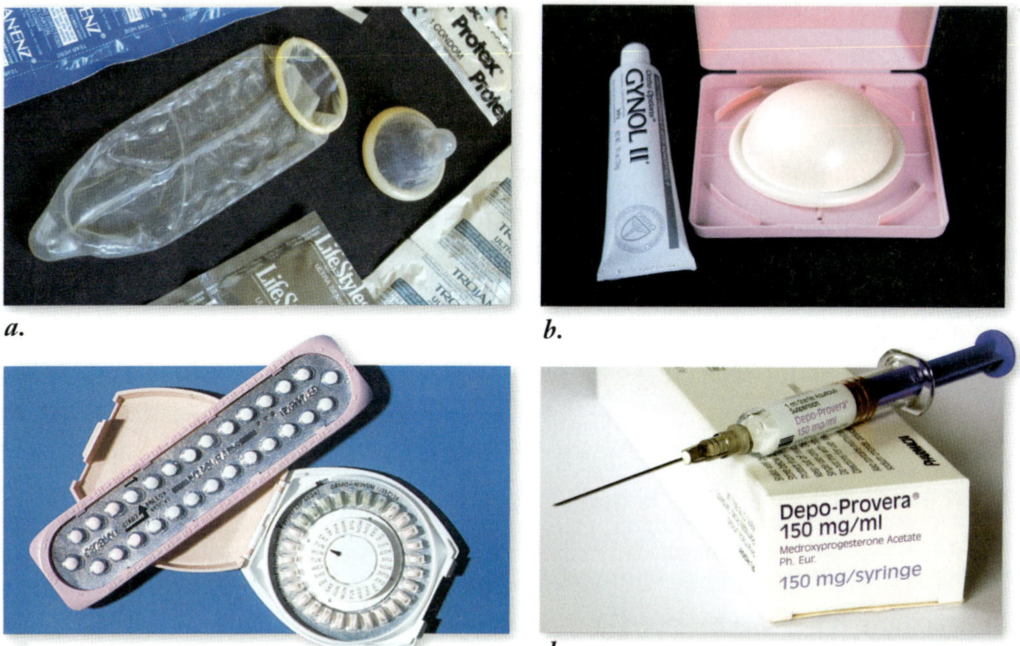

a. b. c. d.

그림 23.12 흔히 사용되고 있는 4가지의 피임 방법. *a.* 콘돔, *b.* 피임용 격막과 살정제, *c.* 먹는 피임약, *d.* 메드록시프로게스테론(데포-프로베라)

표 23.2 피임 방법

장치	작용	실패율*	장점	단점
경구 피임약	주로 배란을 억제하는 호르몬 (프로게스테론 유사제를 단독으로 쓰거나 다른 호르몬과 복합 처방함)	유형에 따라 1~5	편리함, 높은 효율성, 난소암과 자궁내막암 방지	정기적 복용; 사소한 부작용; 심장 질환 여성(특히 35세 이상의 흡연 여성)에게 부적절
콘돔	음경을 둘러싸는 얇은 막; 질벽을 둘러싸는 여성용 콘돔	3~15	간편성, 효율성, 저비용, 성병 예방	남성의 협조 필요; 성감 감퇴 가능
피임용 격막	자궁 입구를 막는 부드러운 고무 캡; 정자가 난자로 전달되는 것을 차단, 살정제 포함	4~25	위험한 부작용 없음; 제대로 사용시엔 안정성, 자궁경부암과 성병 예방	착용 시 주의 요망; 삽입과 제거가 불편함; 성교 시에 빠질 가능성 있음
자궁내 피임장치	자궁내 플라스틱 혹은 철로 된 재질 사용; 착상 방지; 일부 제품은 구리 함유 또는 호르몬 방출	1~5	편리함, 고효율, 반영구적	월경 시 과다출혈 및 통증 가능성; 천공, 감염, 불임 가능성; 임신을 원하는 사람에겐 부적절; 임신 시 위험
경부 덮개	피임용 격막의 축소판으로 정자가 난자로 전달되는 것을 차단, 살정제 포함	피임용 격막 사용 시와 유사	위험한 부작용 없음; 상당히 효과적임; 피임용 격막보다 오래 착용 가능	삽입과 착용 시 문제; 크기 제한
거품, 크림, 젤리형의 질 삽입용 좌약	성교 전에 질 안으로 살정제를 삽입하여 정자가 자궁으로 들어가는 것을 방지함	10~25	알레르기 반응이 없는 사람 사용 가능; 성병 예방; 부작용 없음	비교적 안전; 성교 5~10분 전에 사용
이식용 피임제	외과적으로 피하에 호르몬을 방출하는 캡슐을 이식하여 배란 방지	0.03	매우 안전하고, 편리하고, 효과적임; 오래 지속(5년간); 피임 외 다른 이득 없음	특정 사용 주기 없음; 삽입과 제거에 외과 수술 필요; 작은 흉터 잔존
주사용 피임제	매 3개월마다 호르몬을 주사하여 배란 방지	1	편리하고 고효율적; 때때로 월경 시 출혈이 심한 것 외에는 심각한 부작용 없음	비록 사람을 대상으로 한 연구는 고무적이지만, 동물 연구에서는 암 발생 가능성이 있음; 때론 월경 시 심한 출혈 동반

* 실패율은 매년 100명의 사용자당 임신 횟수로 계산하였음.
출처: Data from American College of Obstetricians and Gynecologists: Contraception, Patient Education Pamphlet No. AP005. ACOG, Washington, D.C., 1990.

이는 젤리나 거품 형태의 **살정제**이다. 이 약품은 성관계를 가지기 바로 직전에 주입하며, 실패율은 10~25% 정도이다. 콘돔이나 피임용 격막과 함께 살정제를 사용하면 각각의 방법을 따로 사용하는 것보다 효과가 더 높게 나타난다.

1960년대 이후 미국 사회에서는 여성들이 매일 피임약을 섭취하는 **경구 피임법**이 증가하기 시작했다. 피임약 성분에는 프로게스테론 유사제가 포함되어 있으며 일부 피임약에는 에스트로겐이 함께 들어 있는 경우도 있다. 앞에서 프로게스테론과 에스트라디올이 배란주기의 황체기 동안 음성 피드백 작용에 의해 FSH와 LH의 분비를 억제시켜 여포의 발달과 배란이 일어나지 못하도록 차단시키는 기작에 대해 설명한 바 있다. 이 호르몬들은 자궁내벽을 두껍게 만들기도 한다. 피임약 속에 들어 있는 호르몬 또한 같은 효과를 보여 배란을 차단시키기 때문에 수정될 난자가 없게 되는 것이다.

여성은 보통 3주일간 호르몬 성분의 피임약을 복용하게 된다. 4주째에는 호르몬이 포함되지 않은 피임약을 복용해 호르몬의 혈중 농도가 떨어지게 되어 월경이 일어나게 된다.

경구 피임약은 매년 실패율이 1~5%밖에 되지 않기 때문에 매우 효과적이다. 다른 형태의 경구 피임법으로는 피하 부분에 호르몬 제제의 캡슐을 삽입시키는 방법이다. 삽입된 캡슐의 실패율은 1%도 되지 않는다.

피임약이나 캡슐을 사용하는 여성들 가운데 소수의 여성에게서 혈액 응고나 메스꺼움과 같은 부작용이 나타난다. 이러한 부작용은 에스트로겐의 양이 적게 들어 있거나 다른 프로게스트론 유사제가 포함된 새로운 피임약을 사용하는 것으로 줄일 수 있다. 새로운 피임약은 자궁내막암, 난소암이나 심혈관계 질환과 골다공증(나이 든 여성의 경우) 등의 발병률을 감소시키기 때문에 또 다른 이득을 가져다주기도 하지만 유방암과 자궁경부암의 발병률은 증가시킬 수 있다.

흡연 여성, 특히 35세 이상의 흡연 여성에게는 경구용 피임약의 위험성이 매우 높아진다. 이러한 피임법의 상대적인 장점과 단점에 대해 각자가 결정할 수 있도록 의사와 상담을 해야 하지만, 많은 여성들이 경구용 피임약의 부작용보다 장점이 많다는 데 동의하고 있다.

코일이나 불규칙한 형태의 물체인 **자궁내 피임기구**(IUD)의 삽입은 배아의 착상을 막기 때문에 효과적인 피임법이다. IUD의 실패율은 단지 1~5% 정도로 나타나는데, 이렇게 높은 효과는 한번 삽입으로 피임 효과가 지속되는 편리함 때문이다. 이 방법의 단점은 IDU를 사용하는 여성의 1/3 정도가 경련, 통증, 때로는 출혈을 경험하기 때문에 지속적으로 사용할 수 없다는 점이다. 또한 기구의 삽입 시에 병원균에 감염될 우려도 있다.

착상을 막는 또 다른 방법은 일반 피임약에 비해 50배의 에스트로겐이 들어 있는 "성교 후 경구 **피임약**"을 복용하는 것이다. 이 약은 일시적으로 난자의 발달을 차단하고, 수정과 수정란의 착상을 막아주며, 실패율은 1~10%이다.

많은 여성들이 심한 부작용 때문에 고농도의 호르몬이 들어 있는 이 약의 복용을 꺼린다. 이 약은 일반적인 피임을 위해 개발된 것이 아니고, 긴급 상황에서 사용되도록 고안된 것이다.

불임시술(sterilization)은 생식선으로부터 생식세포가 이동하는 관의 일부를 제거하는 수술로 거의 100%의 피임효과를 나타낸다. 불임시술은 남성과 여성에게 모두 적용할 수 있는 피임법으로, 남성의 경우에 정자가 정액 속으로 들어가지 못하도록 차단시키고, 여성의 경우에는 배란된 난모세포가 자궁으로 들어가지 못하도록 한다.

남성에게 시술하는 **정관절제술**은 각 정소에서 빠져나오는 정관을 자르거나 일부를 묶어주는 방법이다. 이와 비슷한 방법으로 여성이 하는 **난관결찰** 수술은 각 나팔관의 일부를 제거한 다음 관을 묶는 방법이다. 매우 드물긴 하지만 잘려진 관이 다시 연결되어 수정 능력을 되찾기도 한다. 이런 일은 정관절제술에서 보다 흔하게 일어나지만, 둘 다 매우 낮은 비율로 일어난다. 두 방법 모두 수술을 통해 수정 능력을 가지도록 되돌릴 수 있는데, 절제된 정관의 경우 비용이 많이 들고 실패할 가능성이 높다.

남성과 여성의 불임

피임을 하지 않은 상태에서 성관계를 가지면서 12개월 동안 임신이 되지 않는다면 **불임**(infertility)으로 판정된다. 불임인 부부들 중 40%는 남성 쪽 이상이고, 45%는 여성 쪽 이상이며 나머지 15%는 명확한 이유가 밝혀지지 않고 있다. 이와 같은 통계자료는 비록 불임에 관해 많은 연구가 진행되었지만, 아직도 연구해야 할 점이 많이 남아 있음을 의미한다.

여성들에게 불임은 난모세포의 생성과정부터 접합자의 착상과정까지의 단계 중 어느 한 단계에서 잘못되는 경우에 생긴다. 가장 흔한 경우는 배란이 잘못되거나, 수정이나 착상에 실패하여 불임이 일어나기도 한다.

전 세계적으로 가장 많이 나타나는 불임의 원인은 골반내 감염(PID)이다. 이 질병은 나팔관을 차단시키는 여러 가지 세균의 감염에 의해 일어나며, 이 질병에 의해 정자의 통과나 수정란의 자궁으로의 이동이 차단된다.

자궁내막 조직의 증식에 의한 **자궁내막증**은 PID와 유사한 방법으로 불임을 야기한다. 증식된 조직은 상처 조직으로 발전하고, 이로 인해 수정란이 자궁으로 이동하는 것이 차단된다.

또 다른 불임의 원인으로는 여성이 나이가 들거나 조기 난소장애(POF) 때문에 나타난다. 출산력은 여성의 나이가 들어감에 따라 급격히 떨어지고, 염색체 비분리 현상과 같은 유전적 이상도 증가한다. 40세 이전에 난자 공급이 감소된다면 POF를 의심해 볼 필요가 있다.

배란을 조절하는 호르몬의 분비가 중단되는 것도 여성 불임의 원인 중 하나이다. GnRH의 분비가 감소하면 배란이 중단되고, 성선 저하증이 발생된다. 이는 시상하부나 뇌하수체에 손상을 입게 되거나 시상하부에서 분비되는 호르몬의 균형을 이루지 못해 일어나게 된다. 예를 들어 당뇨병이나 갑상선 질병, 그리고 부신에서의 과도한 안드로겐(남성호르몬) 분비는 시상하부의 호르몬 되먹임 과정에 영향을 끼치게 되고, 정상적인 기능을 중단시키므로 이는 바로 GnRH 분비량을 감소시켜 불임을 유도하게 된다. 과도한 운동이나 거식증은 GnRH 분비량을 감소시키게 되며, 불임의 원인이 될 수 있다.

호르몬의 불균형은 주로 황체기에 발생한다. 프로게스테론이 제대로 분비되지 않으면 황체기 동안 두꺼워져야 될 자궁벽이 제대로 형성되지 않는다. 만일 자궁벽이 준비되지 않으면 착상이 이루어지지 않거나 자연유산이 될 가능성이 매우 높다.

남성 불임은 주로 정자의 수가 적거나 정자의 생존성과 운동성이 떨어지기 때문에 생겨난다. 불임은 감염에서부터 호르몬 불균형까지 다양한 원인으로 생긴다. 남성의 불임 원인인 정자의 수나 생존성, 형태 및 운동성 등은 정자를 쉽게 모을 수 있기 때문에 여성에서보다 분석이 용이하다.

불임은 **자가면역**(autoimmunity)에 의해 정자의 수가 줄어듦으로써 일어날 수 있고, 정액 생성에 관계하는 생식선의 비정상적 기능에 의해서도 일어날 수 있다. 정관이나 세정관의 손상도 불임의 원인이 된다. 정자 성숙과정이 잘못되어도 불임이 될 수 있다.

이 모든 가능성을 배제해도 남성 불임의 5%는 원인이 밝혀지지 않은 특발성(idiopathic) 불임이다. 다른 환경에 있는 집단에서도 비슷한 특발성 불임률을 보이는 것으로 보아, 원인이 유전적 문제일 가능성이 있다. 초파리에서 1,500개의 열성 유전자가 불임에 영향을 주는 것으로 밝혀졌는데, 사람에게서도 유사한 유전자가 불임을 일으키는지 연구 중에 있다.

불임 치료와 생식보조 기술

불임 치료법에는 호르몬 치료법과 **생식보조 기법**의 두 가지 방법이 있다. 현재 알려져 있는 보조기법은 매우 다양하며 계속해서 발전하고 있다.

호르몬 치료법

여성 불임의 경우 배란에 문제가 생겨 나타나는 경우가 대부분이기 때문에 정상 월경주기의 한 시점에서 FSH와 LH의 농도를 높여주는 것으로 치료하게 된다. 월경주기의 호르몬 조절이 복잡하다는 점을 생각해볼 때, 많은 방법이 존재하는 것은 놀릴 일이 아니다. 현재 가장 많이 쓰이는 약은 클로미드(clomid)로 에스트로겐 수용체의 경쟁적 억제제이다. 이 약제는 난소에서 에스트라디올 생산을 조절하는 음성 피드백 작용을 방해해서 FSH와 LH 수준을 높여준다. 만약 이 방법이 성공적이지 않다면, 생식샘 자극호르몬을 주사해서 난소를 자극시키면 된다.

인공수정

생식을 돕는 가장 단순한 기법은 **인공수정**인데, 이는 수정이 일어나도록 여성의 생식관 내 적절한 위치에 정자를 주입하는 기술이다. 가축에서도 널리 이용되는 인공수정은 사람에게도 이용되고 있다. 이 방법은 정자와 난자를 모두 나팔관 내에 이동시키는 **GIFT** 기법이다.

1978년 최초의 "시험관 아기(test tube baby)"가 태어나면서 생식 방법의 새로운 시대가 열렸다. 이 방법을 개발한 사람도 얼마나 다양하게 이 기술이 적용될 것인지를 예측하지 못했다. 체외수정의 기본원리는 **시험관 수정**이고, 발생 중인 배아를 착상시키는 것을 배아 이식이라고 한다. 시험관 내에서 정자가 난자와 성공적으로 수정하지 못할 경우에는 정자를 난자에 직접 삽입하는 **세포질 내 정자주입** 방법을 사용한다.

보조기법의 대표적인 부작용으로는 **다태아**가 생길 가능성이 있다는 것이다. 이는 최소한 하나의 배아가 제대로 착상하여 발달할 수 있도록 하기 위해서 여러 개의 수정된 배아를 산모의 자궁 속에 넣기 때문에 일어나는 현상이다. 사람의 발생에 대해 많은 연구가 이루어져서 초기 배아의 성장을 지켜볼 수 있게 되었고, 그 결과 가장 좋은 배아만을 선출하여 이식함으로써 다태아라는 문제점도 감소시킬 수 있게 되었다.

정자나 난자 심지어 태아까지 냉동시켜 보관할 수 있는 기술이 가능하기 때문에 난모세포를 채취하는 횟수를 줄일 수 있게 되었다. 냉동된 정자, 난자, 배아를 사용하여 출생이 이루어질 수 있는데, 시험관 수정에서 자궁으로 이식된 하나의 배아를 제외하고 나머지는 얼려진 상태로 보관한다. 만약 이식된 배아가 착상에 실패하게 되면, 보관했던 다른 배아를 녹여 이식하면 된다.

2 동물의 발생

2.1 수정

모든 유성생식 동물 발생의 첫 단계는 암수 배우체가 이배체인 접합자를 만들기 위해 결합하는 과정인 **수정**(fertilization)으로 시작된다. 수중동물의 수정은 전형적인 체외수정이다. 그에 비해 대부분의 육상동물들은 배우체가 건조하지 않은 환경에서 수정을 할 수 있도록 체내수정을 한다.

유성생식에서 한 가지 난관은 배우체들이 서로 만나는 것으로, 배우체들이 더 잘 만날 수 있도록 진화과정에서 정교한 전략들이 많이 진화되어 나왔다. 그 실례로 대부분의 해양 무척추동물들은 수억 개의 알과 정자를 바닷물 속으로 방출하는데, 어떤 종은 달의 주기를 이용하여 배우자들을 방출하기도 한다. 체내수정을 하는 많은 동물들은 정교한 구애 행동을 보여준다. 수정은 정자 진입과 막 융합, 난자의 활성화 그리고 핵 융합의 세 단계로 일어난다.

막 융합을 위한 정자의 난자 원형질막 통과

배 발생은 정자와 난자의 원형질막 융합으로 시작되지만 수정이 되지 않은 난자는 하나 이상의 보호막으로 둘러싸여 있어 정자가 침입하는 데 어려움이 있다. 이 보호막에는 곤충 알의 **장막**, 성게와 개구리 알의 **젤리층**과 **난황막**, 그리고 포유류 알의 **투명대**가 포함된다. 포유류의 난모세포들은 과립세포로 구성된 층에 의해 둘러싸여 있다. 따라서 수정의 첫 번째 난관은 정자가 난자의 원형질막에 도달하여 외부 층을 관통해야만 한다는 것이다.

정자 머리의 핵과 원형질막 사이에 위치해 있는 **첨체**라는 세포소기관은 정자가 난자의 바깥층에 도달했을 때, **외포작용**(exocytosis)에 의해 분해 효소를 방출한다. 이들 효소는 보호막에 구멍을 형성하여 정자가 난자의 원형질막으로 들어갈 수 있는 길을 만들어준다.

성게의 정자에서는 액틴 단량체가 원형질막 바로 아래에서 세포 골격섬유를 형성하여 길고 가느다란 **첨체돌기**를 만든다. 첨체돌기는 난황막을 지나 난자의 원형질막으로 길게 확장한 후 **정핵**(sperm nucleus)을 난자 속으로 침투시킨다.

생쥐에서는 첨체돌기가 형성되지 않으므로 정자머리 전부가 투명대를 뚫고 알에 도달하게 된다. 정자와 난자의 막 융합은 정자의 핵이 난자의 세포질로 직접 들어가도록 한다. 대부분의 종에서는 막 융합이 일어날 때 정자의 머리를 완전히 에워싸기 위해 난자의 세포질이 불룩하게 튀어나온다(**그림 23.13**).

막 융합에 의한 난자의 활성화

정자와 난자의 막 융합에 의해 난자의 물질대사가 다시 활성화될 때까지 배란 후 난자는 비활성화 상태로 남아 있다. 대부분의 종에서 정자가 난자의 원형질 막과 접촉한 직후 난자의 세포질 내의 Ca^{2+} 농도가 급격히 높아진다. 이는 막 구조를 가진 세포소기관에서 Ca^{2+}의 방출이 일어나기 때문인데, 정자의 침입 지점에서부터 알의 반대편까지 진행된다.

산란 또는 사정 동안에 방출되는 다수의 정자들로 인해 하나의 난자에 여러 개의 정자들이 수정을 시도한다. **다수정**은 배수성으로 알려진 세 벌 이상의 염색체를 가지는 접합자를 생성하게 된다. **배수성**(polyploidy)은 식물에서 흔히 발견되기는 하지만, 동물의 발생에서는 치명적인 영향을 미친다. 결과적으로 많은 동물의 난자에서 정자 융합에 대한 초기 반응

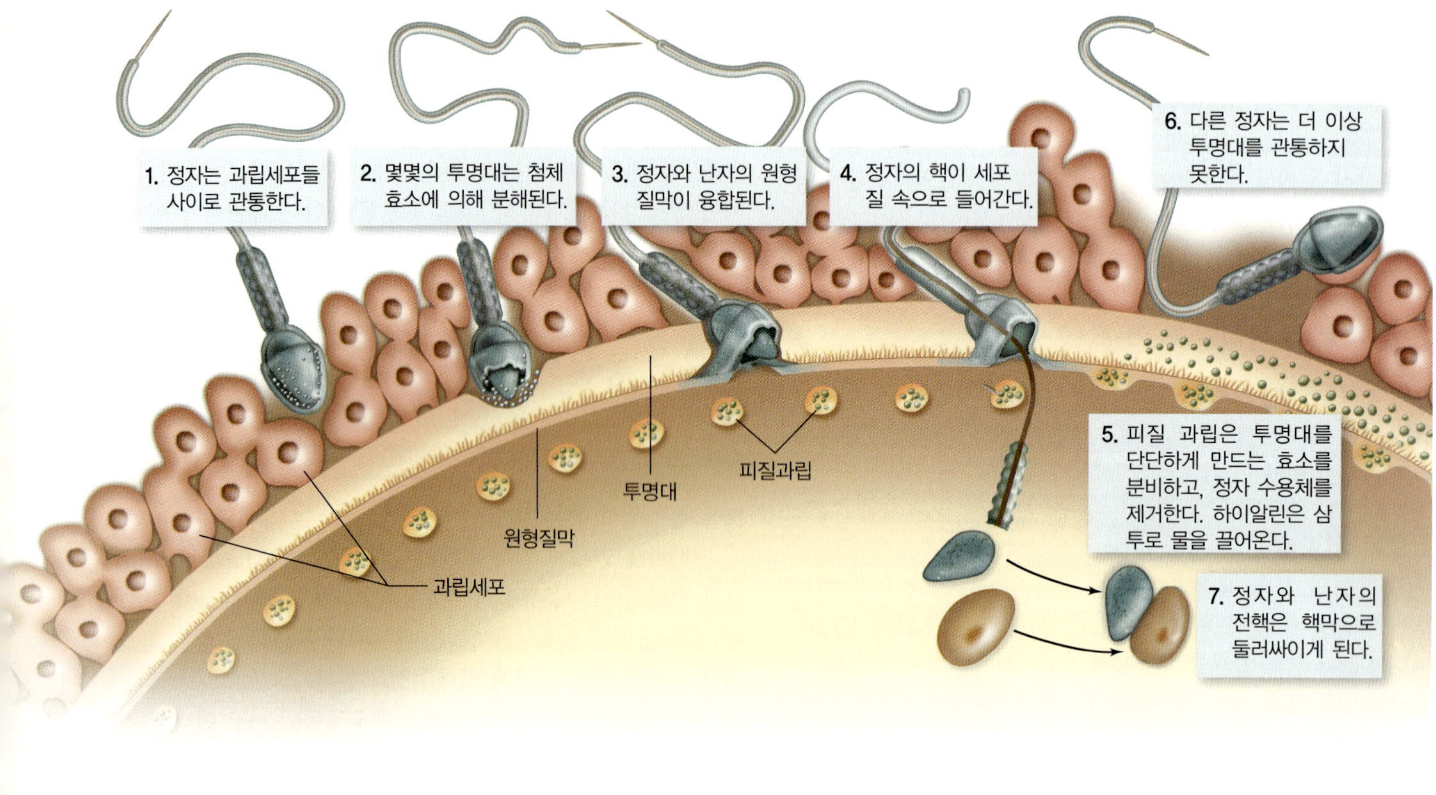

그림 23.13 정자의 관통과 융합.
정자는 난자의 원형질막과 융합을 하기 위해 난자을 둘러싼 외막들을 관통해야 한다. 융합은 난자를 활성화시키고, 다수정을 막는 일련의 기작을 일으킨다.

은 여러 개의 정자가 하나의 난자와 결합하는 **다정자수정**을 방지하기 위한 것이다.

성게에서는 첫 번째 정자가 알의 원형질막과 접촉하면 순간적으로 빠르게 알의 막 전위를 변화시켜 다른 정자가 알의 원형질막과 융합하는 것을 방지한다. 이 과정의 중요성은 Na^+의 농도가 낮은 인공해수에서 실시한 성게 알의 수정 실험으로 알 수 있다. 막 전위의 변화는 대부분 Na^+의 유입에 의한 것인데, Na^+의 농도가 낮은 물에서의 수정은 막전위 변화를 방지하므로 다정자수정은 일반 해수에서보다 좀더 흔하게 일어난다.

많은 동물들은 수정 후 다른 정자들이 난자의 외막을 통과하는 것을 방지하기 위해 알 외부 막의 조성을 영구히 변화시키는 부가적인 기작을 사용하기도 한다. 성게와 포유류에서 난자의 원형질막 바로 아래에 위치한 **피질과립**은 그 속의 내용물들을 외포작용을 통해 원형질막과 투명대 또는 난황막 사이에 있는 공간으로 방출한다. 각각의 경우 피질과립 효소는 알의 외막으로부터 정자 수용체를 제거한다.

결국 많은 성게 종의 난황막은 각각 다른 역할을 하는 피질과립 효소에 의해 알의 표면으로부터 분리되고, **하이알린**(hyalin)이 분비된다. 이 효소들은 난황막과 원형질막 사이의 연결을 분해시켜 두 막의 분리가 일어나도록 한다. 하이알린은 다당류 분자로 삼투현상에 의해 난황막과 알의 표면 사이에 있는 공간으로 물이 흡수되도록 함으로써 난황막을 알로부터 분리되도록 한다. 이렇게 형성된 단단하고 두꺼운 난황막, 즉 **수정막**은 추가적인 정자의 침입을 방지한다.

많은 동물들은 난자에 여러 정자가 들어오는 것을 막는 어떤 특별한 기작을 사용하지 않는다. 이런 종에서는 한 개의 정핵을 제외하곤 나머지 모두 퇴화되거나 알로부터 제거함으로써 배수성을 방지한다.

정자의 진입은 난자에 대해 다음과 같은 세 가지의 영향을 끼친다. 우선, 대부분의 동물에서 미수정란의 핵은 아직 반수체가 아닌데, 이는 배란 전에 감수분열이 일어나지 않았거나 감수분열이 완전히 끝나지 않았기 때문이다. 이런 동물에서 정자의 원형질막 융합은 난자의 감수분열이 끝나도록 유도한다. 포유동물에서는 반수체 핵을 가진 커다란 난자와 다른 핵을 포함하는 한 개 이상의 작은 **극체**(polar bodies)가 생성된다.

두 번째로 대부분의 동물에서 정자 진입은 난자의 세포질 이동을 일으킨다. 수정된 피낭류 난자에서는 세포질 재배열에 의해 근육 발달을 결정짓는 색소과립이 비대칭적으로 분포하게 된다. 양서류의 배아에서 정자의 진입 지점이 알의 세포질 이동이 일어나는 초점 부위로 이 세포질 이동에 의해 궁극적으로 발생 중인 동물의 좌우대칭이 확립된다.

그 실례로 몇몇 개구리에서는 정자의 침입에 의해 난자세포질의 바깥쪽 색소대가 정자 진입 부위로 회전하여 진입지점 반대쪽에 있는 내부 세포질의 **회색신월환**(grey crescent)이 드러나게 된다(**그림 23.14**). 이 회색신월환의 위치는 첫 세포

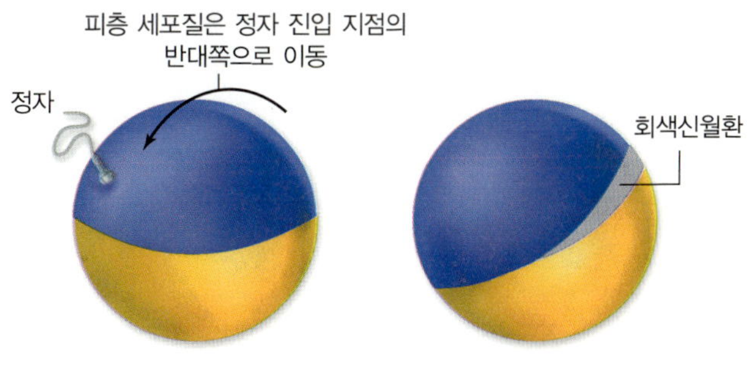

그림 23.14 개구리 알에서의 회색신월환 형성.
회색신월환은 정자의 진입 지점의 반대편에 형성된다.

분열의 방향을 결정지어 주는데, 정자 진입 지점과 회색신월환 사이의 선은 장래 성체의 좌우 절반을 2등분하는 선이 된다.

세 번째로 난자의 활성화는 일반적으로 단백질 합성과 대사 활성도의 급격한 증가를 야기한다. 실험에 의하면 활성화된 난자에서의 단백질 합성은 난자형성 기간 동안 난자의 세포질에 축적된 mRNA를 사용함으로써 이루어진다.

수정의 세 번째와 마지막 단계에서 반수체 핵을 가진 정자는 반수체의 난핵과 융합하여 이배체 접합자 핵을 만든다. 이 과정은 성상체의 미세소관을 따라 두 핵이 서로를 향해 이동함으로써 이루어진다. 정자의 핵과 함께 난세포로 들어가는 **중심립**(centriole)은 난자세포질에 저장된 튜불린으로부터 만들어진 미세소관 집합체를 구성한다.

사람을 포함한 포유류의 핵들은 실제로 융합하지 못하는 대신, 새로운 이배체의 핵이 형성되기 전에 정자와 난자의 핵막은 와해되면서 두 벌의 염색체를 둘러싸는 새로운 핵막이 형성된다.

2.2 난할과 포배기

수정 후 동물 발생에서 두 번째로 중요한 사건은 접합자가 신속히 분열하여 많은 수의 세포들을 만들어내는 것이다. **난할**(cleavage)이라고 부르는 분열기에서 배아의 전체 크기는 변하지 않는다. 조밀하게 뭉쳐진 세포 덩어리에서 각각의 세포를 **할구**(blastomere)라고 부른다. 대부분의 동물들에서 난자와 배아의 양끝을 **동물극**과 **식물극**이라고 부르는데, 일반적으로 동물극의 할구는 몸체의 외부 조직을 형성하며, 식물극의 할구들은 내부 조직을 형성한다.

대부분의 동물 배아에서 난할 동안 만들어진 공 모양의 세포 덩어리에서 가장 바깥쪽의 할구들은 세포를 둘러싸고 이웃한 세포들을 잇는 단백질의 띠인 밀착 연접에 의해 다른 할구들과 밀접하게 연결되어 있다. 이 밀착 연접은 세포를 둘러싼 배양액으로부터 세포 덩어리 내부를 분리시켜준다.

이어서 덩어리의 내부에 있는 세포들은 그들의 세포질로부터 세포 사이의 공간으로 Na^+를 내보내기 시작한다. 이런

삼투 기울기는 배아의 중심으로 수분을 이동시켜 세포 사이의 공간을 확장시켜 그 공간은 배아 안에서 하나의 큰 빈 공간을 만들게 된다. 그 결과 만들어진 속이 빈 공 모양의 세포는 **포배**(blastula)라고 부르며, 포배 내 액체로 채워진 공간은 **포배강**이라고 부른다.

난할 양상

난할은 거의 모든 종에서 매우 빠르게 진행되는데, 난할의 유형은 매우 다양해서 동물의 문(phyla)에 따라 난자의 세포질이 분열하는 방법이 다르지만 몇 가지의 방식으로 일반화할 수 있다.

곤충은 많은 양의 난황을 가지고 있는데, 세포질 분열 없이 핵분열만 여러 번 일어나서 생긴 **다핵체 배반엽**을 가지고 있다. 곤충에서는 초기 배아의 핵을 분리시키는 세포막이 없기 때문에 난자의 세포질 내 **형태형성물질**이라는 단백질의 구배는 이들 배아 핵의 활성에 직접적으로, 핵의 위치에 따라 서로 다르게 영향을 미치고, 초기 배아의 양상에도 영향을 준다. 결국 핵은 각각의 핵을 둘러싸는 세포막이 형성될 난자의 주변부로 이동한다. 곤충의 **세포성 배반엽**은 중심의 난황을 둘러싸고 있는 단층의 세포층을 가지게 된다.

난황이 적거나 거의 없는 경우 난할은 알 전체에 걸쳐 일어나는데, 이런 난할 양상을 **전할**이라고 한다. 이런 난할의 양상은 연체동물, 환형동물, 극피동물, 피낭류 그리고 양서류와 포유류에서도 나타난다.

성게에서 전할은 구형의 포배강을 둘러싸는 같은 크기의 세포 단층들로 구성된 좌우상칭 포배를 형성하게 된다. 그와 대조적으로 양서류의 알은 동물반구보다 식물반구에 더 많은 세포질 난황을 가진다. 난황이 많은 부분은 난황이 적은 부분보다 더 느리게 분열하기 때문에, 수평 난할 홈들은 동물극 쪽에 생기게 된다(**그림 23.15**). 따라서 개구리 알의 전할은 식물극에서 난황이 많은 큰 세포들을, 동물극에서는 난황이 적은 작은 세포들을 가지는 매우 비대칭적인 포배를 만든다(**그림 23.15**).

포유류의 난자들은 매우 적은 양의 난황을 가지지만, 포유류의 배아 발생은 파충류와 조류의 배아 발생과 매우 유사하다.

포유동물 난자의 난할은 난황에 의해 방해받지 않는 전할이며, 포배강을 단층의 세포들이 둘러싼 **포배**라는 구조를 형성한다. 그에 부가하여 **내세포 덩어리(ICM)**는 포배강의 한쪽 극에 있다(**그림 23.16**). ICM은 파충류나 조류의 배반과 유사하며, **배**를 형성한다.

바깥층 세포는 **영양막**이라고 부르는데, 이는 파충류 알의 단단한 외각 안쪽의 막을 형성하는 세포들과 유사하다. 이 세포들은 포유동물의 진화과정 동안 상이한 기능을 수행하도록 변화되었는데, 영양막의 일부분이 모체의 자궁내막으로 들어가 모체와 태아 사이의 혈액을 통한 물질 공급이 가능한 **태반**(placenta)을 형성하게 된 것이다.

a.

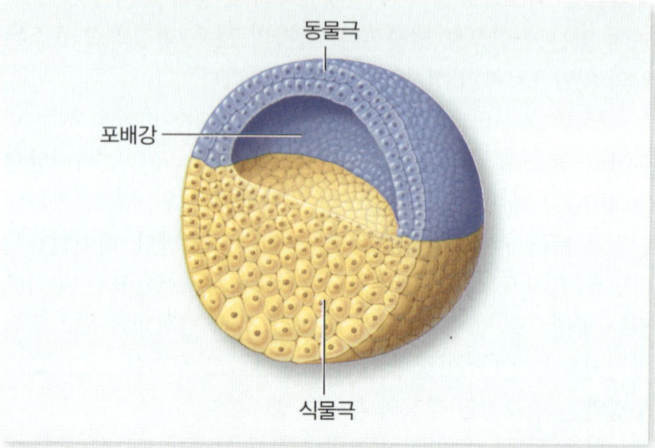

b.

그림 23.15 개구리의 난할과 포배 형성.
a. 동물극에 가까이 있는 세포(사진에서 위쪽에 보이는 세포)들은 식물극에 가까이 위치한 세포(동물극 아래에 있음)들보다 더 빨리 분열하여 세포의 크기가 더 작아진다. ***b.*** 개구리 포배의 단면도로 특이한 모양의 포배강과 난황으로 가득 차 크기가 큰 세포들이 있는 식물극과 난황이 거의 없는 작은 세포들이 있는 동물극을 보여준다.

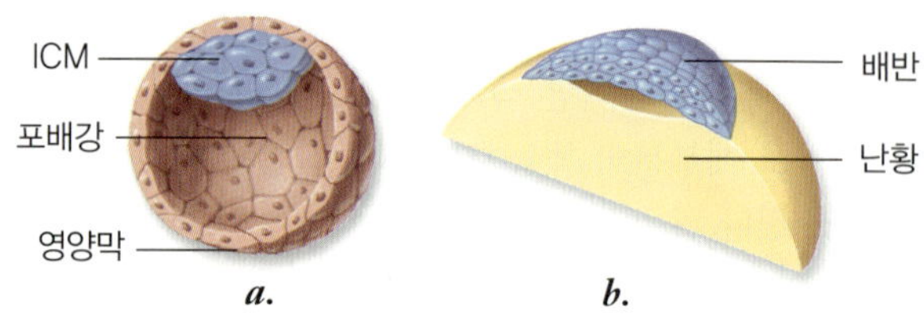

그림 23.16 포유류와 조류의 배아.
포유류의 포배인 배반포는 포배강을 둘러싼 영양막 세포와 내세포 덩어리(ICM)로 구성되어 있다(***a***). 조류의 포배는 많은 양의 난황 위에 배반이라 부르는 모자 형태의 세포들로 구성되어 있다(***b***). 배반은 위층과 아래층 사이에 납작한 포배강을 형성한다.

2.3 낭배 형성

세포 모양의 변화와 세포 이동 등의 복잡한 연쇄적 과정에서 포배의 세포들은 배아의 기본적인 몸을 형성하기 위해 재배치된다. 이러한 조직적인 이동을 **낭배형성**(gastrulation)이라고 부른다. 이 과정에서 포배가 세 가지의 기본 배엽층이 형성되고, 중심에 원장이 있고, 앞-뒤 축과 등-배 축이 뚜렷한 좌우대칭형 배아로 전환된다.

낭배형성을 통해 세 가지 배엽층인 외배엽, 내배엽, 중배엽이 만들어지는데, 각 배엽의 세포들은 매우 다른 발생 운명을 가지게 된다. 배아의 안쪽으로 이동하여 원장을 형성하는 **내배엽**(endoderm)의 세포들은 장과 췌장, 폐, 간 등을 형성한다. 바깥쪽에 있는 **외배엽** 세포들은 표피와 신경조직으로 되고, 내배엽과 외배엽 사이로 이동하는 **중배엽**(mesoderm) 세포들은 척삭, 혈관, 결합조직, 근육 그리고 신장과 생식샘과 같은 내부 기관으로 분화된다(표 23.3).

낭배형성 동안 세포들은 다양하게 모양을 변화시키며 이동한다. 어떤 세포들은 넓고 액틴으로 가득 차 있는 접착용 **판족**을 이용하여 이웃 세포들 위로 기어간다. 다른 세포들은 **사상위족**이라고 부르는 가느다란 돌기를 내보내 다른 세포의 표면이나 세포외 기질을 탐색할 때 사용한다. 적당한 지점을 찾으면 사상위족을 잡아당겨 세포를 전진시킨다. 미세섬유 다발의 수축은 세포의 모양을 변화시켜 주는데, 데스모솜이나 접착연접을 통해 다른 세포들과 밀착한 세포는 세포판으로 이동하게 된다.

표 23.3	척추동물에서 주요 배엽층의 발생학적 운명
외배엽	피부의 표피, 신경계, 감각기관
중배엽	골격, 근육, 혈관, 심장, 혈액, 생식선, 신장, 피부의 진피
내배엽	소화관과 기도의 안쪽 층, 간, 췌장, 흉선, 갑상선

적은 양의 난황과 속이 빈 포배를 가지는 배아에서 포배의 식물극에 있는 **세포판**은 원장을 형성하기 위해 함입된다. 난황이 많아 세포 이동이 어려운 배아에서는 작은 세포들의 층이 포배의 표면으로부터 말려들어가 바깥 세포층의 기저면 위로 이동하는 **회절**(involution)이 일어난다. 다른 세포들은 세포판으로부터 떨어져 나와 개별 세포가 이동하는 **이입**이 일어나기도 한다.

낭배형성

포유류의 낭배형성은 조류의 낭배형성과 비슷하게 진행된다. 이 두 종류의 동물에서 배아는 납작한 세포들의 집단(조류에서는 배반엽, 포유류에서는 내세포 덩어리)으로부터 발생한다. 비록 조류의 배반엽이 많은 양의 난황에 의해 납작하게 발달하지만, 포유류의 **내세포 덩어리**는 난황의 양이 많지 않지만 납작한 모양을 하고 있다.

포유류의 배아는 착상 후 모체의 자궁벽으로부터 영양물질을 얻는다. 그러나 배아는 난황 위에 놓인 것처럼 낭배형성을 한다.

포유류도 조류와 마찬가지로 원조가 형성되고, 원조를 통한 세포 이동에 의해 세 개의 주요 배엽층이 형성된다(**그림 23.17**). 조류와 유사하게 포유류의 배아는 배반엽의 아래층으로부터 이동되어 포배강을 싸고 있는 배외 세포로 구성된 난황주머니로 그들의 "사라진" 난황을 감싼다.

육상생활에 대한 적응으로 파충류, 조류 그리고 포유류들의 배아는 액체로 채워진 **양막**(amnion) 내에서 발생한다. 양막과 그 외 몇몇의 막들은 배아의 세포들로부터 생기지만 배아의 몸 바깥쪽에 위치하게 되는데, 이런 막들을 **배외막**이라고 부르며, 배외막은 양막, 장막, 난황주머니와 요막을 구성한다.

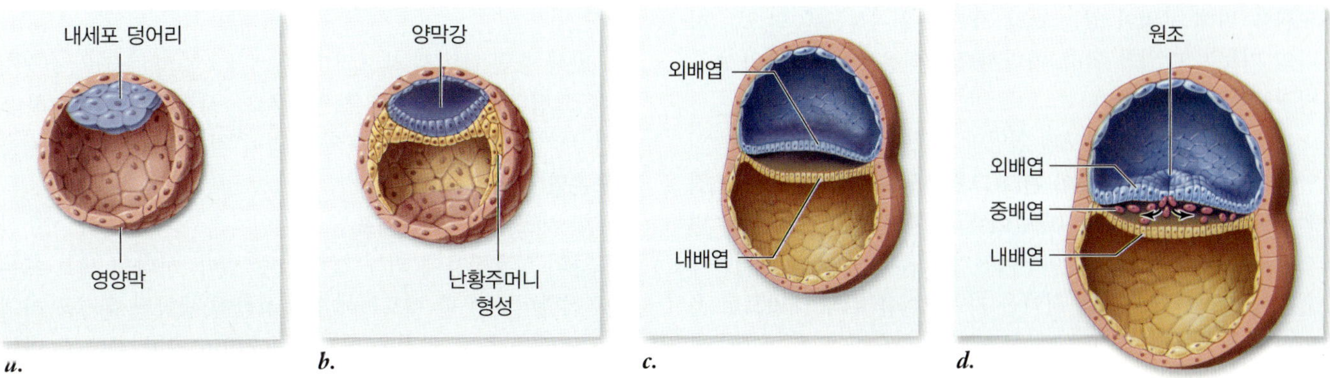

그림 23.17 포유류의 낭배형성.
a. 난할의 마지막 단계에서 포유류 배반포의 단면, ***b.*** 양막강은 내세포 덩어리(ICM)와 배아의 극 사이에 형성되면서 ICM은 납작해지고 두 층으로 분리되어 후에 외배엽과 내배엽이 된다. ***b***와 ***c.*** 아래층의 세포들은 포배강 쪽으로 이동하여 난황주머니를 형성한다. ***d.*** 원조는 외배엽층에서 형성되고, 중배엽 예정 세포들은 내부로 이동하는 등 조류의 낭배형성과 비슷하다.

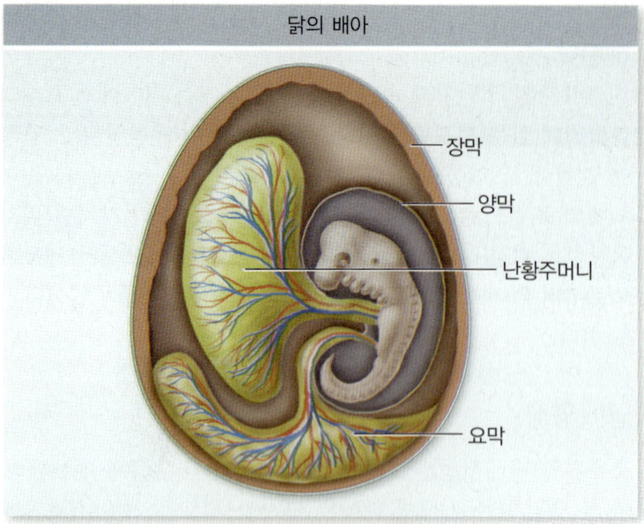

a.

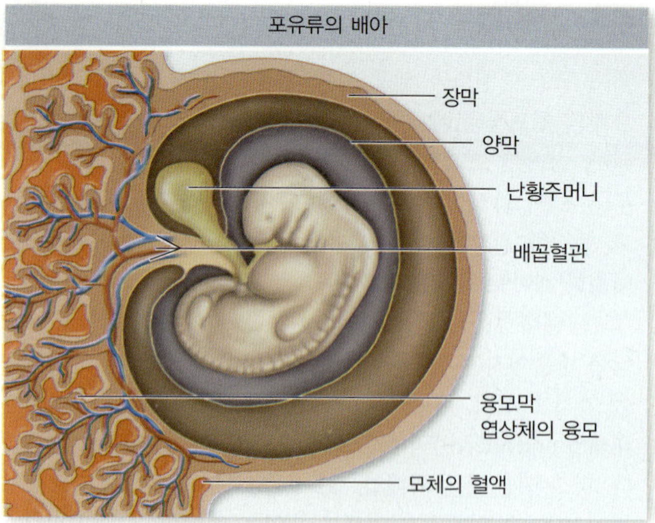

b.

그림 23.18 배외막.
닭 배아의 배외막(*a*)과 포유류 배아의 배외막(*b*)은 몇몇 같은 특징을 가진다. 닭의 요막은 알 껍질 바로 아래의 장막과 함께 융합될 때까지 자라서 가스교환에 관여하지만, 포유류 배아에서는 요막은 발생 중인 탯줄에 혈관을 형성한다.

조류에서 **양막**과 **장막**(chorion)은 배아를 완전하게 둘러싸게 될 두 개의 주름에서 생긴다(**그림 23.18*a***). 양막은 배아를 둘러싸서 배아가 **양수**(amniotic fluid) 안에 떠 있게 하는 안쪽 막인데, 그렇게 함으로써 어류와 양서류 배아의 수중 환경과 유사한 환경을 만들게 된다. 장막은 난각의 바로 안쪽에 있으며 배외체강에 의해 다른 막들과는 분리되어 있다.

난황주머니는 조류와 파충류 배아의 영양에 매우 중요한 역할을 하며, 난황주머니는 포유류에도 존재하기는 하지만 배아에 영양을 공급하지는 않는다. **요막**(allantois)은 장의 돌출부로 생기며, 조류의 오줌으로 배설된 요산을 저장하는 역할을 한다. 조류의 배가 발생하는 동안 조류 배아의 요막은 난각 바로 아래에 있는 장막과 융합할 주머니를 형성하기 위해 확장된다. 요막과 장막의 융합은 요막에 있는 배아의 혈관이 가스교환을 위해 구멍이 있는 난각 가까이 위치하도록 만드는 하나의 기능적 단위가 된다. 따라서 장뇨막은 조류 배아의 호흡막과 같은 기능을 한다.

포유류에서는 배반포의 영양막 세포들이 모체 자궁내막의 안쪽으로 끼어들어 장막이 된다(**그림 23.18*b***). 자궁내막 조직과 접촉한 장막의 일부는 태반이 된다. 태반의 다른 부위는 변형된 자궁내막 조직으로 이루어진다. 포유류의 요막은 탯줄에 혈관을 제공하여 태아의 혈액을 가스교환을 위해 태반으로 운반한다.

2.4 기관 형성

낭배형성은 몸의 기본구조를 형성하고, 동물 배아의 3개 주요 배엽을 형성한다. 그 후 배엽들 사이에서 세포들의 상호작용이 일어나 적절한 위치에 기관을 형성할 준비를 한다. 따라서 **기관형성과정**(organogenesis)은 낭배형성 직후 빠르게 일어나며, 대부분의 동물에서 낭배형성이 완전히 끝나기 전에 시작되기도 한다. 그 후의 발생 동안 조직은 기관으로 발생하며, 동물 배아는 그들 고유의 몸체를 만들게 된다.

핵이 없는 일부 세포를 제외한 모든 세포는 전체 유전정보를 똑같이 가지고 있다. 모든 세포는 유전적으로 동일함에도 불구하고, 동물의 성체를 구성하는 수십에서 수백에 이르는 종류의 세포들은 각각 전체 유전자 정보 중에서 특정한 특징만을 발현한다. 이는 다른 유형의 세포를 만드는 정보가 소실된 것은 아니지만, 발생 중인 개체에서 대부분의 세포들은 점진적으로 많은 유전자를 발현시킬 수 있는 능력을 잃어버리게 된 것이다. 무엇이 특정 세포에서 발현되는 유전자를 결정하는 것일까?

발생 중인 배에서 세포의 위치는 세포들의 운명을 결정짓는데, 그러나 이것은 세포 발생의 어느 시점까지만 가능하다. 어떤 시기가 되면 모든 세포의 운명이 결정되는데, 이 과정을 **세포운명 결정**이라고 한다.

한 세포의 운명은 세포질 결정인자를 물려받거나 이웃한 세포들의 상호작용에 의해 결정될 수 있다. 하나의 세포 또는 세포 집단이 이웃한 세포들에게 특정한 발생학적 운명을 가지도록 영향을 주는 과정을 **유도**(induction)라고 부른다. 만약 셀로판 층처럼 구멍이 없는 장벽이 유도세포와 표적조직 사이에 존재한다면, 유도는 발생하지 않을 것이다. 그에 비해 단백질이 드나들 수 있는 다공성의 필터는 유도가 일어나도록 할 것이다.

척추동물의 기관형성

척추동물의 **기관형성**(organogenesis)은 척삭동물에서만 발견되는 두 가지의 형태학적 특징인 척삭과 속이 빈 **등쪽 신경삭**의 형성으로 시작된다. 등쪽 신경삭의 발생은 **신경관 형성**이라고 부른다.

척삭은 중배엽에서 형성되며, 낭배형성이 끝난 직후 눈에 보이기 시작한다. 척삭은 유연성이 있는 막대 모양으로 척추동물에서는 지지구조로서의 기능이 척추의 발생으로 대체되지만, 모든 척삭동물 배아의 등쪽 중앙선을 따라 위치한다. 척삭이 생긴 후 척삭 위에 위치한 등쪽 외배엽 세포들의 부분은 점차 두꺼워져 **신경판**을 형성한다.

이러한 비후는 등쪽 외배엽 세포들의 신장에 의한 것으로 이 세포들은 정단에 위치한 미세섬유 다발의 수축으로 쐐기 모양이 된다. 이런 형태 변화는 신경조직이 배아의 긴 홈으로 들어가 **신경구**를 형성하도록 해준다. 신경구의 가장자리는 서로 가까워진 후 융합하여 원통 모양의 긴 신경관(neural tube)을 형성한다. 결국 신경관은 표면 외배엽으로부터 떨어져 나와 배의 등쪽 표면 아래에 위치하게 되며, 나중에 **척수**와 **뇌**로 분화된다.

등쪽 외배엽에서 신경관이 형성되는 동안, 몸의 나머지 기본 구조는 중배엽의 변화에 의해 신속하게 결정된다. 발생 중인 척삭의 양옆에 있는 중배엽층은 일련의 둥근 모양인 **체절구**로 분리가 된다. 체절구는 각각 **체절**(somite)로 분리되는데, 머리 부분의 중배엽은 체절로 분리되지 않고, 체절구로 연결되어 얼굴, 턱, 목의 골격근이 된다.

체절 자체는 일시적으로 배아 구조이지만, 체절 형성이 끝난 후 바로 세포들은 흩어져 다른 경로를 따라 분화하기 시작하여 골격, 뼈의 근육 그리고 결합조직을 형성한다. 형성된 전체 체절의 수는 종마다 다르게 나타나는데, 닭은 50개의 체절을 가지는 데 비해 몇몇 종의 뱀은 무려 400개의 체절을 가진다.

신장, 부신, 생식소를 포함한 몸 기관의 일부는 체절을 따라 형성되는 중배엽 가닥에서 발생한다. 가장 배쪽에 위치한 중배엽의 나머지 부분은 내배엽 주위를 돌아 결국 내배엽을 완전히 둘러싸게 된다. 이로 인해 중배엽은 두 배엽층으로 나뉘게 되는데, 바깥층은 안쪽 체벽 그리고 안쪽 층은 장의 외벽과 맞닿게 된다. 이들 두 배엽층 사이를 **체강**(coelom)이라고 부르며, 성체 몸의 빈 공간이 된다. **그림 23.19**은 **양막동물**(amniote) 배아의 주요 중배엽 계통을 보여준다.

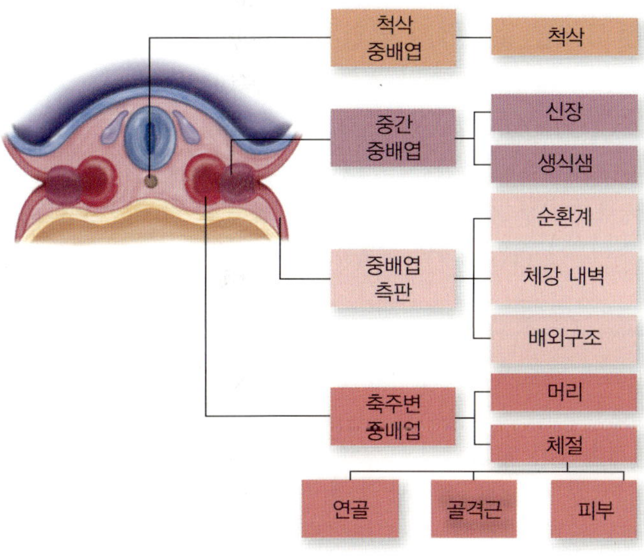

그림 23.19 조류와 포유류의 중배엽에서 유도된 구조들.

2.5 척추동물의 축 형성

동물 발생에서 특정 배엽층에 있는 세포들의 상대적 위치는 이 배엽으로부터 생기는 기관을 결정하는 데 큰 영향을 준다. 예를 들어 초파리의 다핵체 배반엽에서 형태형성 물질의 농도 기울기는 배아의 앞-뒤 축과 등-배 축을 형성한다. 척추동물의 *Hox* 유전자 복합체의 기능은 초파리의 **호메오틱 유전자**(homeotic gene)들과 기능이 비슷하며, 앞-뒤 축을 따라 기관의 위치를 분명하게 한다. 그렇다면 척추동물에서 어떻게 등-배 축을 따라 세포운명 선택이 일어나는 것일까? 다시 말해 등쪽 외배엽 세포들이 중배엽 기원인 척삭의 위에 있는지, 그리고 신경관으로 발생할 운명이란 것을 어떻게 아는 것일까? 이 문제에 대한 해답은 실험발생학의 뛰어난 업적 중 하나이다.

등-배 축을 결정하는 스페만 형성체

독일의 유명한 생물학자인 스페만(Spemann)과 그의 제자 맨골드(Mangold)는 20세기 초에 이 문제를 해결했다. 일반적으로 낭배형성 중인 양서류 배의 **등쪽입술**(dorsal lip)에서 유래된 세포들은 척삭이 된다. 스페만과 맨골드는 배아의 상순에서 세포들을 제거하여 다른 배아에 이식하였다(**그림 23.20**). 이식한 위치는 동물의 복부가 될 부위였다. 몇몇의 배는 두 개의 척삭, 즉 정상적인 등쪽의 척삭과 복부에 생긴 두 번째 척삭을 발생시켰다. 게다가 대부분의 배아에서 완전한 등쪽 축 구조(척삭, 신경관, 체절)가 이식받은 복부 쪽 위치에서 형성되었다.

스페만과 맨골드는 유전적으로 다른 공여자 포배와 수용자 포배를 이용하여 이식한 상순 세포에 의해 생긴 두 번째 척삭은 이식한 세포뿐만 아니라 수용자 세포들도 들어 있음을 확인하였다. 이식된 상순 세포들은 **형성체**(organizer)처럼 작용하여 피부와 복부 구조가 형성될 세포를 등쪽 축 구조가 되도록 자극하였다. 복부 세포들은 분명히 등쪽 축의 발생을 위한 유전정보를 포함하고 있으나, 정상 발생과정에서는 발현되지 않는다. 그러나 이식된 상순 세포에서 나온 신호는 복부 세포들로 하여금 이와 같이 하도록 만들어준 것이었다.

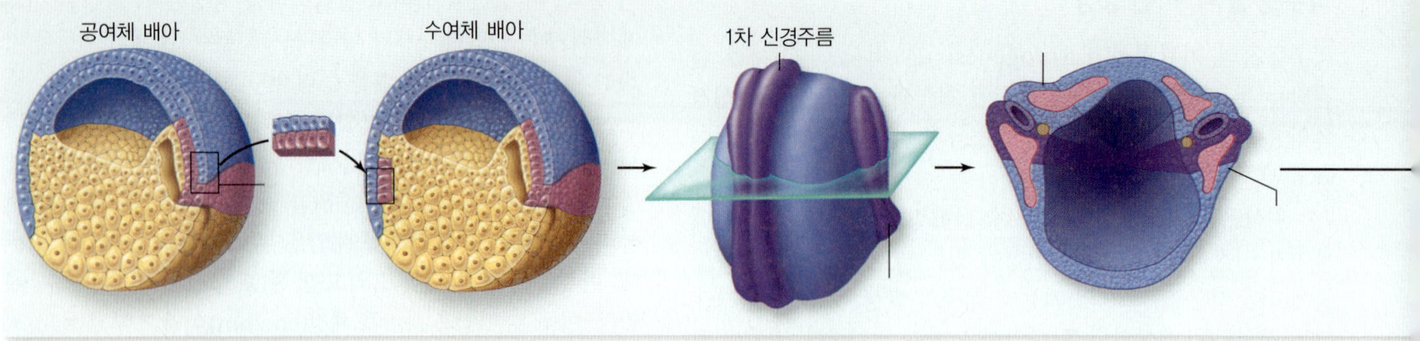

그림 23.20 스페만과 맨골드의 원구상순 이식실험.
공여체 배아의 상순 조직은 수여체 배아의 복부 예정 지역에서 두 번째 축 형성을 유도한다.

형성체는 확산성 신호분자를 분비하는 세포 집단으로, 다른 세포들에게 위치 정보를 전달해준다. 형성체는 주변 조직 발생에 크게 영향을 미칠 수 있는데, 신호등처럼 일을 하는 그들은 주변 세포가 형성체로부터 얼마나 떨어져있는지 알려준다. 형성체와 가까이 있는 특정세포일수록 더 높은 농도의 형태형성 물질에 노출되는데, 형성체와 그들이 분비하는 확산성 형태형성 물질은 척추동물 발생 동안 세포운명과 상대적 위치를 결정하는 광범위한 기작의 일부로 생각된다.

형태형성 물질의 작용

형태형성 물질의 작용은 포배의 일부분을 떼어내 분석함으로써 밝힐 수 있다. 포배는 **동물반구**(animal cap)와 **식물반구**(vegetal cap)로 구분될 수 있다. 만약 개구리의 포배로부터 동물극 모자를 떼어내 단독으로 배양하면, 외배엽에서 유래한 표피세포가 형성될 것이다. 또한 식물극을 배양한다면 내배엽 세포가 형성될 것이다. 그러나 만약 동물극 모자가 식물극 모자와 함께 배양된다면 동물극 모자는 중배엽의 구조를 형성하게 될 것이다.

이와 같은 유도 작용과 관련된 분자는 아직 분명하게 밝혀지지 않았지만, 형질전환 생장인자 집단(TGF-β)의 인자들이 관련되어 있다.

개구리의 원구상순부세포들이 어떻게 스페만 형성체가 되었으며, 그들이 등–배 축을 따라 어떻게 세포운명을 결정해 주는 능력을 가진 것일까? 초파리처럼 개구리에서 이 과정은 모체의 난자형성과정 동안 시작된다. 이때 모계로부터 만들어진 등쪽 결정인자들은 발생 중인 난모세포에 들어가고, 수정되지 않은 알의 식물극에 축적이 된다. 수정 후 세포질 재배열이 일어날 때, 이 결정인자는 알의 예정 등쪽 면에 위치하게 된다.

처음에 정자 진입 지점으로부터의 신호는 미세소관 배열의 조립을 시작해 난자의 원형질막과 그 아래에 있는 피층 세포질이 더 안쪽에 있는 세포질의 표면 위로 회전할 수 있도록 해준다. 이런 물리적 회전은 모계에서 암호화된 등쪽 결정인자를 정자 진입 지점의 반대편으로 이동하게 한다. 몇몇 종의 개구리에서는 정자 진입 반대편에 회색신월환이 형성되는데, 이 부분이 장래의 등쪽 원구상순 부위가 된다.

난할 동안 이 지역에 형성된 세포들(동물극 모자 연구를 한 과학자 이름을 따서 뉴큽 센터)은 피질 회전 시 이동한 등쪽 결정인자를 받게 된다. 등쪽 결정인자들은 이들 세포에서 유전자 발현을 변화시켜, 그들 위에 있는 세포들을 유도하여 원구상순부로 발생시키는 신호분자를 생산한다.

2.6 사람의 발생

수정(fertilization)에서 **출생**(birth)까지 사람의 발생은 평균 266일 정도로 약 9개월이 걸린다. 이 시기는 일반적으로 3개월씩 세 개의 기간으로 구분된다. 이 절에서는 3개월마다 일어나는 배아의 발달에 대해 알아본 다음, 출생의 과정, 태아의 양육 그리고 출생 후의 발달에 대해 알아본다.

첫 3개월 동안에서 접합자의 빠른 발생과 분화

수정 후 약 30시간 후 접합자는 첫 난할을 하며, 두 번째 난할은 그 후 약 30시간 후에 일어난다. 수정 후 6~7일 후 배아가 자궁에 도달할 때, 배아는 **배반포**(blastocyst)로 분화된다. 앞에서 살펴본 것처럼 배반포는 배아의 몸이 될 내세포 덩어리와 이를 둘러싼 영양막 세포층으로 구성되어 있다.

배반포의 영양막 세포들은 자궁내막의 안쪽 면을 분해하면서 뚫고 들어가는데, 이를 **착상**(implantation)이라 한다. 배반포는 빠르게 자라 양막과 장막을 형성하기 시작한다.

1개월째의 발생

수정 후 두 번째 주 동안 발생 중인 장막과 모체의 자궁내 조직들은 **태반**(placenta)을 형성하기 시작한다(**그림 23.21**). 태반 내에서 모체의 혈액과 배아의 혈액은 서로 가까이 접근하지만 섞이지는 않는다. 그러나 가스교환과 더불어 태반은 배아

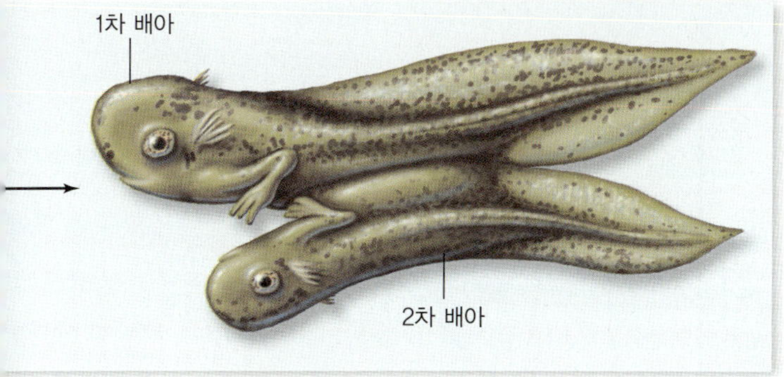

에게 영양분을 제공하고, 배아의 순환계로 가는 분자들을 해독하며, 호르몬을 분비한다. 알코올, 약물 그리고 항생제와 같은 물질들은 태반에서 걸러지지 않고 모체의 혈관을 통해 태아로 간다.

태반에서 방출되는 호르몬 중 하나는 사람 융모성 생식선 자극호르몬(hCG)이다. 이 호르몬은 장막이 되기 전에 영양막 세포로부터 분비되며, 임신진단에 이용된다. hCG는 모체의 황체를 유지시켜주며, 황체는 에스트로겐과 프로게스테론의 분비를 지속시켜 월경과 추가적인 배란을 막는다.

낭배형성(gastrulation)도 수정 후 두 번째 주 동안에 일어나며, 3개의 배엽층이 형성된다. 제 3주가 되면 신경관 형성이 일어나는데, 첫 번째 체절이 나타나 근육과 척추뼈 그리고 결합조직이 된다. 제 3주가 끝나기 전에 12개 이상의 체절이 나타나며, 혈관과 장이 발생하기 시작한다. 이때 배의 길이는 약 2 mm 정도이다.

4주째에는 기관형성이 시작된다(**그림 23.22*a***). 눈이 형성되고, 관상형 심장이 4개의 방을 만들어 주기적으로 박동하기 시작하여 일생동안 계속 유지된다. 심장은 분당 70회 정도로 뛰며, 이를 시작으로 70년 평생 동안 25억 번 이상 박동하게 된다. 제 4주가 끝날 무렵이 되면 30쌍 이상의 체절이 뚜렷하게 나타나며, 팔과 다리의 원기가 형성되기 시작한다. 배는 약 5 mm 정도로 길어진다. 이때 배의 발생이 상당히 진행되었음에도 불구하고, 대부분의 여성은 그들이 임신했다는 사실을 여전히 알지 못한다. 배아의 결함으로 인한 대부분의 **자연유산**은 이 기간에 일어난다.

2개월째

기관형성은 2개월째에도 계속해서 일어난다(**그림 23.22*b***). 배아의 작은 팔은 성인의 것과 비슷한 모양으로 되며, 팔, 다

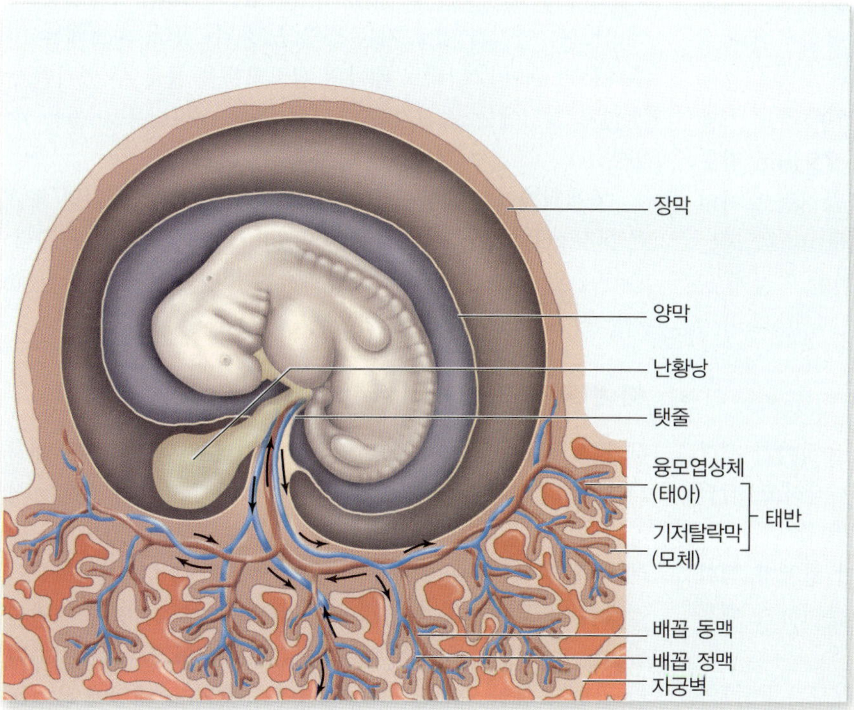

a.

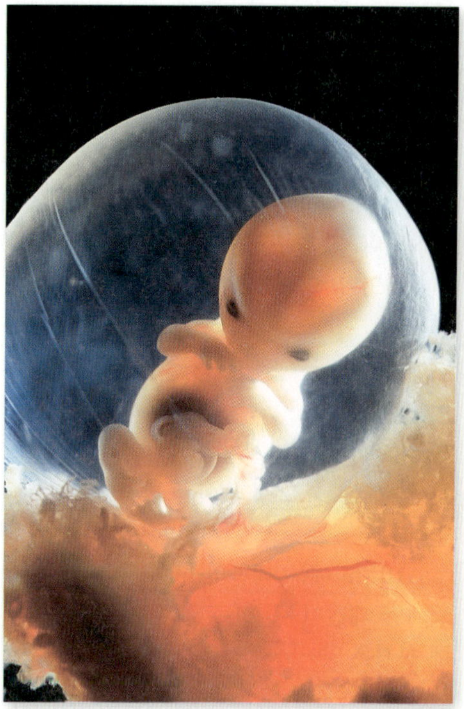

b.

그림 23.21 태반의 구조.
a. 태반은 태아의 구성 요소로 융모엽상체, 모체의 구성 요소로 기저 탈락막을 포함하고 있다. 산소가 없는 태아 혈액은 배꼽 동맥(파란 부분)을 통해 태반으로 들어가 모체의 혈액에 있는 산소와 영양분을 공급받는다. 산소가 공급된 태아 혈액은 탯줄 정맥(붉은 부분)을 통해 태아로 되돌아간다. ***b.*** 7주 된 배아는 액체로 가득 찬 양막 주머니에 의해 둘러싸여 있다.

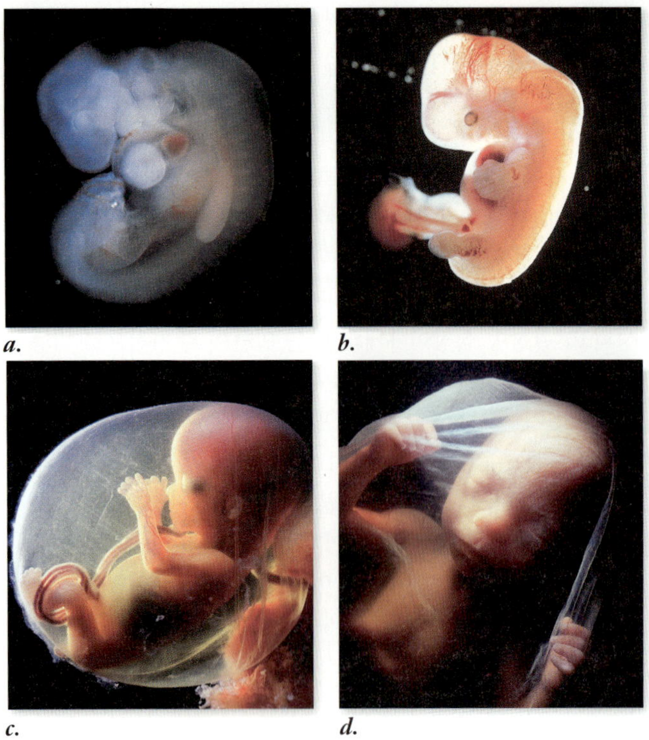

그림 23.22 사람의 발생.
(*a*) 4주, (*b*) 5주 말, (*c*) 3개월째, (*d*) 4개월째

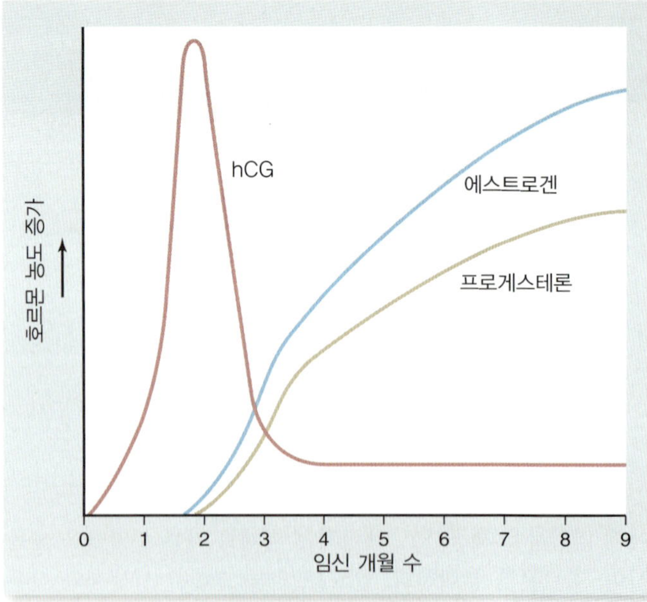

그림 23.23 태반의 호르몬 분비.
태반에서 분비된 사람 융모막성 생식선자극호르몬(hCG)은 임신 2개월째에 최고에 달했다가 감소한다. 5주 후부터 태반에서 에스트로겐과 프로게스테론 분비가 증가한다.

리, 무릎, 팔꿈치, 손가락과 발가락이 보이고, 짧은 꼬리뼈도 보인다. 진화의 유물인 배아의 꼬리뼈는 나중에 융합하여 미추골을 형성한다.

복강 안에는 간과 췌장 그리고 쓸개를 포함한 주요 기관들이 뚜렷해진다. 2개월째가 끝날 무렵 배아는 25 mm 정도로 자라며, 약 1 g 정도의 체중으로 분명하게 사람처럼 보이기 시작한다. 제 9주째는 **배아**(embryo)가 **태아**(fetus)로 되는 전환기이다. 이때 몸의 모든 주요 기관들이 적절한 위치에 생겨난다.

3개월째

3개월째에는 신경계가 발달하고, 팔과 다리가 움직이기 시작한다(**그림 23.22*c***). 배아는 얼굴 표정을 짓기 시작하고, 깜짝 놀라거나 빠는 등의 원시적인 반사를 하기 시작한다.

10주경에는 태반의 hCG 분비가 감소하여 황체가 퇴화되지만 태반이 에스트로겐과 프로게스테론을 분비하기 때문에 월경은 일어나지 않는다(**그림 23.23**).

에스트로겐과 프로게스테론의 높은 혈중 농도는 FSH와 LH의 분비를 억제하여 배란을 막아주며, 자궁을 유지시키는데 도움을 주어 궁극적으로 출산을 하도록 해주며, 출산 후 수유를 위해 **유선**의 발달을 자극한다.

두 번째 분기 3개월 동안의 발달

4개월째에 뼈가 활발히 성장하며(**그림 23.22*d***), 4개월 말기에 산모는 아기가 발로 차는 것을 느낄 수 있다. 빠르게는 10주째부터 태아 모니터로 태아의 심장박동을 들을 수 있지만, 5개월째 말기에는 청진기로 태아의 빠른 심장박동을 들을 수 있다.

6개월째에는 태아가 급속히 성장해 6개월 말이 되면 체중은 600 g(1.3파운드)이 되고 300 mm(1피트) 정도로 자란다. 출산 전의 성장은 계속되지만, 태아는 특별한 의학적 도움 없이는 자궁 밖에서 살 수 없다.

세 번째 분기 3개월 동안의 발달

세 번째 3개월은 성장이 일어나는 시기로 기관들이 성숙해진다. 태아의 체중은 몇 배로 증가하는데, 이때 크기의 증가는 성장만 의미하는 것이 아니다. 많은 새로운 뉴런뿐만 아니라 뇌에서 대부분의 주요 신경망이 이 기간에 형성된다. 신경학상의 성장은 출생 후에도 완전해지지 않는데, 만약 신경이 완전히 발달할 때까지 자궁 속에 태아가 있다면, 태아가 너무 크게 자라 골반을 통한 안전한 출산이 어려울 것이다. 대신에 유아는 생존 가능성이 높아지자마자 태어나며, 뇌는 출생 후에도 몇 개월 동안 지속적으로 발달한다.

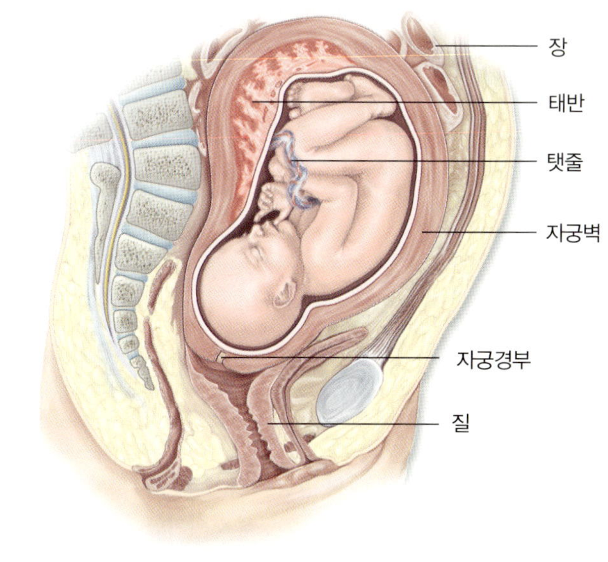

그림 23.24 출산 직전 태아의 위치.
발생 중인 태아는 모체의 해부학적 구조에 큰 변화를 일으킨다. 위와 장은 위로 밀려올라가고, 허리 쪽의 압박으로 자주 큰 불편을 느끼게 된다. 자연분만 시 태아는 자궁경부를 통해 나오는데, 이때 자궁경부가 상당히 확장되어야만 한다.

호르몬의 농도 변화에 따른 출산

일부 포유동물에서는 발생 중인 태아의 호르몬 농도의 변화가 출산 과정을 촉발한다. 이런 포유동물의 태아는 부신 피질에 여분의 세포층을 가지고 있어 코르티코스테로이드를 분비하여 모체의 자궁이 프로스타글란딘을 만들도록 유도한다. 프로스타글란딘은 자궁 평활근의 강한 수축을 일으킨다.

사람의 경우 태아의 코티솔 분비는 임신 후기에 증가하는데, 이는 태반에서 **에스트로겐** 분비를 촉진하는 것으로 보인다. 산모의 자궁은 프로스타글란딘을 방출하는데, 이는 태반에서 분비되는 높은 농도의 에스트로겐 때문인 것으로 여겨진다. 에스트라디올은 더 많은 양의 옥시토신 수용체를 생산하도록 자궁을 자극하고, 그 결과 자궁이 옥시토신에 더 민감해지게 된다.

프로스타글란딘은 자궁 수축을 일으키지만 자궁으로부터의 감각 피드백은 산모의 뇌하수체후엽에서 옥시토신 분비를 촉진시킨다. 옥시토신과 프로스타글란딘은 함께 자궁 수축을 더 자극하여 태아를 아래로 밀어낸다(**그림 23.24**). 이 양성 피드백 기작은 분만 시 더 가속화된다. 처음에는 매시간당 몇 회의 수축만이 일어나지만, 그 빈도는 점점 증가하여 2~3분마다 한 번 수축이 일어난다. 결국 산모의 의식적인 밀어냄과 함께 강한 수축이 태아를 나오게 하고, 이렇게 갓 태어난 아이를 **신생아**라고 부른다.

출생 후 자궁의 지속적인 수축에 의해 **태반**과 부속막이 나오게 되는데, 이를 **후산**(afterbirth)이라고 부른다. 탯줄은 여전히 아기에 부착되어 있는데, 이를 의사나 산파가 자르게 된다. 자른 탯줄에서의 혈액 응고와 근육 수축은 과다한 출혈을 막아준다.

신생아에게 젖을 먹이는 포유류

젖의 생산 또는 **수유**(lactation)는 뇌하수체 전엽 호르몬인 프로락틴에 의해 자극되어 유선의 유포에서 일어난다. 유포에서 나온 젖은 평활근에 의해 둘러싸인 유포관을 거쳐 젖꼭지로 나온다.

임신기간 동안 프로게스테론의 높은 농도는 유선의 유포 발달을 촉진하고, 높은 농도의 에스트라디올은 유포관의 발달을 자극한다. 그러나 에스트라디올은 유선에 대한 프로락틴의 작용을 막고, 시상하부에서의 프로락틴 억제호르몬의 분비를 촉진시킴으로써 프로락틴의 분비를 억제한다. 따라서 임신 중에 유선에서 젖의 분비를 준비하지만 실제 젖의 분비는 억제된다. 유선의 성장은 프로락틴 유사 호르몬인 사람 태반성 젖샘 발육호르몬과 생장호르몬 유사 호르몬인 사람 생장호르몬에 의해 자극되기도 한다.

출산 후 태반이 배출될 때, 산모의 혈액에서 에스트라디올과 프로게스테론의 농도는 급격히 감소한다. 이들 호르몬의 농도 감소는 뇌하수체 전엽에서 프로락틴 분비를 허용해 프로락틴은 유포를 자극하여 젖을 생산하게 한다. 아기가 젖을 빨아 생긴 감각 충격은 뇌하수체 후엽이 옥시토신을 분비하도록 한다. 옥시토신은 유포관을 둘러싸는 평활근의 수축을 자극하여 젖이 분출되게 한다. 이 경로를 **젖분출 반사**라고 부르며, 이것은 다른 포유동물에서도 발견된다. 수유기간 동안 옥시토신의 분비는 분만 시와 같이 자궁의 수축을 일으켜, 젖을 먹이는 산모의 자궁 근육을 이전 상태로 회복되도록 도와준다.

출생 후에 생산되는 첫 모유를 **초유**(colostrum)라고 부르며, 노란 액체로 영양과 다량의 모체 항체가 들어 있다. 젖의 합성은 약 출산 3일 후에 시작되며, 대부분의 산모들은 1년 또는 그 이상 수유를 한다. 수유를 중단하면 유방에 젖이 축적되고, 이로 인해 프로락틴 분비를 중단시키는 신호가 뇌에 전해져 젖 생산은 중단된다.

사람의 출산 후 발달

유아의 생장은 빠르게 지속되어 출생 후 2개월 이내에 태어날 때 체중의 2배가 된다. 기관마다 자라는 속도가 다르고, 생장이 성지되는 시기도 각기 다르기 때문에 유아 몸의 비율은 성인과 다르다. 예를 들어 머리는 갓 태어났을 때 불균등하게 매우 크고, 출생 후에는 신체의 다른 부위보다 느리게 자란다. 서로 다른 구성요소가 다른 생장률을 보이는 이와 같은 양상을

상대생장(allometric growth)이라고 한다.

대부분의 포유동물에서 뇌의 성장은 주로 태아에서 일어나는 현상이다. 예를 들어 침팬지의 뇌와 두개골은 출생 후 거의 성장하지 않으나, 턱의 뼈는 계속 자란다. 따라서 성체 침팬지의 머리는 갓 태어난 침팬지의 머리와는 매우 다르게 보인다. 그와 대조적으로 사람의 유아에서는 뇌와 두개골의 성장이 턱과 같은 비율로 자란다. 따라서 턱과 두개골의 비율은 출생 후에도 변하지 않으며, 성인의 머리와 유아의 머리가 매우 유사해 보인다.

사람의 뇌는 출생 후 수년간 크게 자라기 때문에 적당한 영양과 안전한 환경은 지능 발달 기간 동안 매우 중요하다.

연 습 문 제

Exercise

1. 바닷가의 조류가 있는 곳에 사는 어떤 생명체를 발견했는데, 이 생명체는 부속지가 떨어져 나와 점차 자라서 원래와 같은 완벽한 개체로 생장한다. 이것은 ______의 예이다.
   a. 유성생식 b. 분열
   c. 출아 d. 단성생식
2. 배우자 형성은 제 II 감수분열이 끝나야 완성되는데, 여성에서는 언제 일어나는가?
   a. 태아 발생 동안
   b. 사춘기가 시작될 때
   c. 수정 후
   d. 착상 후
3. 다음 중 정자형성과정과 난자형성과정의 가장 큰 차이점은?
   a. 정자형성과정에서는 체세포분열이 일어나지만, 난자형성과정에서는 감수분열이 일어난다.
   b. 정자형성과정은 연속적이지만, 난자형성과정은 그렇지 않다.
   c. 전구세포당 만들어지는 배우자 수는 정자형성과정이 난자형성과정보다 더 적다.
   d. 위의 모든 것이 정자형성과정과 난자형성과정의 중요한 차이점이다.
4. 수정 직후 일어나는 현상은?
   a. 난자 활성 b. 다수정 방지
   c. 세포질 변화 d. 위의 모두
5. 낭배형성이 발생 중 매우 중요한 이유는?
   a. 낭배형성은 속이 빈 공 모양의 세포 덩어리를 좌우대칭 구조로 전환한다.
   b. 낭배형성은 초기 소화관의 형성을 야기한다.
   c. 낭배형성은 포배에서 등–배 축 형성을 야기한다.
   d. 위의 모두가 낭배형성 기간 동안 일어나는 의미 있는 일이다.
6. 쌍둥이를 가진 사람이 쌍둥이는 한 난자에 두 개의 정자가 수정될 때 쌍둥이가 생성된다고 말했다. 그에 대한 대답으로 옳은 것은?
   a. 맞다. 그것은 쌍둥이 생성에서 가장 흔한 것이다.
   b. 아니다. 오직 하나의 정자만이 자궁경부을 통과해 생존한다. 그래서 두 개의 정자는 결코 수정될 수 없다.
   c. 아니다. 피질 과립은 또 다른 정자 진입을 방지하는 역할을 한다.
   d. 아니다. 쌍둥이 생성은 자발적으로 미수정란이 분화되어 일어나는데, 사실상 단성생식이 일어난다.
7. 아기가 분만 개시를 촉진할 수 있다고 말하는 생각에 대한 대답으로 옳은 것은?
   a. 포유동물 중 분만 개시는 달의 위상 변화와 밀접한 관계가 있는 것이 있다.
   b. 분만 개시를 결정짓는 것은 산모의 하루주기 생체시계이다.
   c. 몸무게가 분만 개시를 결정짓는다.
   d. 태아의 호르몬 수준의 변화가 분만 개시에 영향을 끼친다.
8. 양서류와 대부분의 어류들은 체외수정을 하는 반면에 도마뱀, 조류, 포유류는 체내수정을 하는 이유가 무엇이라고 생각하는가?
9. 왜 암컷에서만 단성생식이 일어나는 것일까?
10. 왜 여성은 임신 중에는 생리를 하지 않는 것일까?

제 24 장
행동생물학
Behavioral Biology

1 행동의 자연사

동물의 **행동**(behavior)을 관찰하고 그 행동이 어떤 의미를 지니는지 알아내는 작업은 쉬워 보이지만 그렇게 단순한 것은 아니다. 행동이란 동물이 무엇인가 행하는 것을 의미한다. 생물이 살아가면서 먹이, 포식자 그리고 배우자 등이 보내는 후각, 청각, 시각 신호나 환경 요인 등에 대해 직접 반응하는 것은 가장 즉각적인 행동 방식이다. 생각하거나 인지하며 주변의 환경을 고려하고 상대와 협동할 것인가 말 것인가 등을 결정하는 것 등도 행동이라고 할 수 있다. 행동은 동물의 생존과 번식에 절대적이기 때문에 동물의 진화 과정의 핵심적인 요소이다. **행동생물학자**(behavioral biologist)들의 연구는 사람의 행동을 포함한 모든 동물의 행동에 대한 일종의 통찰력을 제공한다.

기계론과 진화적 기원에 따른 행동분석

생물들은 왜 특정한 방식으로 행동할까? 새 소리를 들으면 우리는 새가 어떻게 소리를 내는지, 일년 중 가장 자주 울어야 할 시기를 새들이 어떻게 아는지 등에 관해 의문을 가질 수 있다. 그리고 새들이 왜 우는지, 그리고 새 소리의 기능은 무엇인지에 대해서도 궁금할 것이다. 새들이 어떻게 우는지에 대한 해답은 아마 내부적 요인인 호르몬, 신경세포 그리고 다른 생리학적 과정 등에 있을 것이다. 이는 행동의 원인이 되는 기작인 직접적인 인과관계, 즉 **근접원인**(proximate causation)에 대한 질문과 답이 될 수 있다. 새의 울음에 대한 근접요인을 조사하려면 그 새의 호르몬 수치를 조사하거나, 소리와 관련된 뇌 부위의 발생학적 그리고 신경생물학적인 연구를 수행해야 할 것이다. 예를 들어 명금류 수컷은 번식기에 혈중 테스토스테론의 농도가 높아지고, 이 테스토스테론이 뇌에 있는 수용체와 결합하면서 노래 생성을 위한 생리적 과정이 완성된다. 게다가 새의 뇌와 발성기관 사이의 신경망들은 노래가 생성되도록 발달되어 있다. 이상의 설명이 바로 새의 노래 소리에 대한 근접요인에 관한 것이다.

노래 소리와 같은 행동의 기능에 대해 의문을 가진다면 왜 그 행동이 진화되었을까를 이해하면 된다. 즉, 새의 노래 소리가 생존과 번식 성공에 어떠한 영향을 미치는지를 알아보아야 한다. 수컷 새들은 다른 수컷들로부터 자신의 영역을 지키고, 암컷을 유혹하기 위하여 노래를 한다. 이러한 대답은 궁극적이고 진화적인 설명이 될 수 있다. 다시 말해 궁극원인 그리고 적응적 가치의 견지에서 하는 설명이 될 수 있는 것이다. 많은 학자들은 기계론적, 생태학적 기능에 대해 연구하면서 진화적 요인에 입각하여 동물의 행동을 연구한다. 행동은 다음과 같은 네 가지 수준에서 분석될 수 있다. (1) 생리학: 행동이 어떻게 호르몬, 신경세포 그리고 많은 다른 내적 요인들에 의해 조절되는가? (2) 발생학: 행동이 개체의 발생과정 중 어떠한 유전적 형태적 변화를 통해 나타나는가? (3) 계통학: 행동의 진화적 기원 (4) 적응적 중요성: 행동이 생존과 적응도에 어떠한 영향을 미치는가? 등이다.

본능에 대한 연구

동물의 행동을 박물학적인 방식으로 연구하는 **행동학**(ethology)은 행동의 자연사를 연구하는 분야로 주로 동물의 본능과 무의식적 행동에 초점을 두고 있다. 행동학자들은 몇몇 동물들이 특정 자극에 대해 늘 같은 정형화된 방식으로 반응하는 것을 관찰하였고, 이러한 행동들을 반사적인 본능 또는 내재적인 반응

그림 24.1 알을 되가져가는 기러기의 반사적인 행동.
알이 둥지 밖으로 떨어지면 기러기는 늘 일관된 방식으로 알을 둥지로 되가져간다. 한 번의 신호자극(sign stimulus; 여기서는 둥지 밖으로 떨어진 알)으로 기러기는 늘 똑같은 일련의 행동을 시작하고 끝낸다. 즉, 목을 뻗고 목을 좌우로 움직여 주둥이로 알을 감싸며, 주둥이를 목 주변으로 당겨 알을 둥지로 옮기는 행동이 변화 없이 진행한다.

정도로 생각하였다. 그래서 초기 행동학자들은 행동을 유전자에 의해 만들어진 신경계의 프로그램에 따라 별다른 경험의 도움 없이 일어나는 반응이라고 규정하였다.

당시 학자들이 행동에 대해 이러한 단순한 생각을 가지도록 만든 여러 가지 생물학적 예가 있었는데, 그중 대표적인 것이 바로 둥지에서 떨어진 알을 되가져가는 어미 기러기의 행동이었다. 기러기는 둥지에서 알을 품다 알이 둥지 밖으로 떨어지면 목을 쭉 펴서 주둥이를 알 위로 가져다가 다시 주둥이를 목 아래로 잡아당기는 행동을 반복하여 알을 둥지 안으로 굴려 가져온다(**그림 24.1**). 기러기가 알을 되가져가는 행동 중 사람이 알을 살짝 빼내도 기러기는 똑같은 행동을 둥지에 도달할 때까지 반복하는데, 이를 보면 마치 처음 떨어져 나간 알을 본 모든 기러기는 이후 어떠한 일이 일어나도 기계적으로 같은 행동을 하도록 마치 무슨 프로그램이 입력된 것으로 본 것이다.

초기 행동학자들은 이러한 행동에 대해 **본능이론**(instinct theory)으로 설명하였다. 알을 되가져가는 행동은 초기의 핵심자극(신호자극이라고 부르기도 함), 다시 말해 '떨어진 알'에 의해 유도된다는 것이다. 즉, 이러한 행동은 신경계가 핵심자극을 인지하는 내재적 방출기작(떨어진 알을 알아내는 기작)과 이에 대한 고정된 행동양식(fixed action pattern; 알을 되가져가는 행동)을 통해 조절하는 것이라고 보았다. 이들은 핵심자극을 행동을 유발하는 신경계의 작용을 일으키는 외부 환경에 존재하는 일종의 신호로 규정하였다. 내재적 방출기작이란 신호를 알아내고 고정된 행동양식을 일으키도록 근육을 조절하는 신경계의 작용으로 볼 수 있다.

2 신경세포, 신경전달물질, 호르몬 그리고 행동

초기 행동학자들은 **신경생물학**(neurobiology)에 대해서 제대로 알고 있지 못했지만 나름대로 신경계의 어떤 요소(내재적 방출기작)가 행동을 조절하는 것이라고 생각하고 있었다. 오늘날에는 행동을 신경생물학적으로 분석하는 **신경행동학**(neuroethology) 분야의 많은 학자들이 환경의 각종 정보들이 어떻게 감각세포에 의해 받아들여지고, 신경세포들이 어떻게 이들을 신호로 전환시켜 근육을 움직이며 생존에 필수적인 행동을 조절하는지에 대해 자세하게 연구하고 있다. 행동이란 중추와 말초신경계의 합동 작용의 결과이며, 행동을 연구하는 것은 바로 신경세포들의 작용과 여러 세포들이 신경망에서 작용하는 과정을 연구하는 것이다.

포식자(predators)가 먹이를 잡거나, **피식자**(prey)가 도망가는 상황과 같이 무척 빨리 벌어지는 행동은 반사적으로 반응하는 신경계의 작용이다. 많은 나방들은 초음파로 들려오는 박쥐의 울음소리를 멀리서도 감지할 수 있는 청각기관을 가지고 있어 일차적으로 박쥐를 피할 수 있다. 개구리의 망막에는 빨리 움직이는 곤충들을 재빠르게 감지할 수 있는 특수 세포들이 있어 일초도 안 되는 짧은 시간에 긴 혀를 내밀 수 있다. 병정개미의 무시무시한 집게 턱에 있는 미세한 털들은 아주 작은 생물이나 움직임을 감지하는 훌륭한 촉각기관이다. 포식과 피식 행동은 무척 빠른 시간에 정보를 신경 축색을 통해 근육으로 보내는 순식간에 벌어지는 일이다. 만약 병정개미 집게 입의 털에 어떤 물질이 감지되면 턱에 있는 운동 뉴런 축색을 통해 명령이 전달될 것이고(개미 턱의 운동 뉴런은 현재까지 알려진 모든 종류의 신경세포 중 가장 빠르게 신호를 전달한다), 0.033초만에 입을 닫아버릴 수 있다. 이렇게 빠른 반응에 관련된 많은 신경망을 관찰해보면 사실 몇 안 되는 감각신경과 운동신경 그리고 그들을 연결시키는 연합신경세포들이 있을 뿐이다.

행동생물학자들은 생식과 자식 양육, 싸움 또는 스트레스 등의 상황에서 활동하는 내분비계의 기능을 이해하기 위해 호르몬과 행동의 관련성을 연구하기도 한다. 이런 연구를 통해 **테스토스테론**이나 **에스트로겐** 같은 스테로이드 성호르몬이 어떻게 행동에 영향을 미치는지 알 수 있었다. 수컷에서 테스토스테론은 영역 다툼이나 구애행동 등에 영향을 미치고, 암컷에서 에스트로겐은 짝짓기 행동을 조절한다. **글루코코르티코이드** 호르몬은 스트레스와 관련이 있다.

신경생물학자들은 **세로토닌**(serotonin)이나 **도파민**(dopamine) 등 신경전달물질의 양이 행동에 미치는 영향을 연구하고 있다. 신경세포에 의해 분비되는 이들 물질은 뇌의 여러 부분에서 작용하는데, 세로토닌은 바다가재에서 생쥐, 사람에 이르기까지 많은 종류의 동물에서 공격행동을 조절한다. 따라서 신경전달물질을 외부에서 주사하거나 약리학적으로 뇌에서 작용하는 신경전달물질의 양을 조절한다면 인위적으로 행동을 조절할 수도 있다.

3 행동유전

본능이론에 따르면 유전자들이 행동에 지대한 영향을 미치지만 오랫동안 학자들은 이를 증명해내지 못했다. 그래서 유전자와 행동의 관련성에 관한 연구는 늘 논쟁의 대상이 되어 왔다. 행동학자들과 사회과학자들은 개인의 행동 발달에 개개의 유전자가 중요한지, **학습**과 **경험**이 더 중요한지에 대해 심각하게 고민하고 있지만 아직 확실한 해답은 알지 못한다. 가장 큰 문제점은 많은 사람들이 이 두 가지 면이 같이 중요하고 상호작용한다는 사실을 모른다는 점이다. 본능과 경험 모두 동물의 행동 발달에 지대한 영향을 미치며, 상당부분 상호작용한다.

행동유전학은 행동에 영향을 미치는 유전적 작용에 대해 연구하는 분야이다. 유전물질인 유전자는 한 세대에서 다음 세대로 전달되며, 신경계의 발달을 유도하고 행동적 반응 등을 조절한다. 많은 동물들은 사회적 환경 하에서 발생하고 생장하기 때문에 당연히 행동 발달에는 경험이라는 요소를 절대 무시할 수 없다. 본성과 양육 두 가지의 중요성은 행동유전학의 역사를 이해할 때 빠짐없이 언급되는 내용으로 여기에서는 경험과 발생학적 중요성과 함께 이 두 요소의 상호작용도 같이 알아본다.

유전자와 행동을 연계해주는 인위선택과 잡종 연구

행동의 차이가 유전적 차이에 기인한 것이라는 것을 증명한 몇몇 선구적 연구가 있었다. 첫째는 잡종 연구로 많은 종류의 동물에서 둥지를 만들거나 구애행동에서 차이를 보이는 개체들을 교배시켜 얻은 잡종 새끼들은 자라서 그 중간 정도의 행동을 보인다는 것을 보여준 것이다. 이러한 초기 노력으로 행동은 유전자의 산물이라는 점이 분명해졌지만 어떤 유전자가 어떻게 관여한 것인지 알아내는 것은 최근까지도 무척 어려운 난제였다. 하지만 최근 분자생물학의 발전으로 행동의 유전적 연구가 보다 수월해지게 되었고, 많은 새로운 사실들이 추가되기 시작하였다.

학습도 유전자의 영향을 많이 받는다. 그에 대한 유명한 실험을 예로 들어 본다. 이 실험에서 출구가 하나뿐인 미로를 이용하여 쥐가 길을 찾는 능력을 조사하였는데, 출구에는 먹이가 기다리고 있었다. 어떤 쥐는 먹이를 찾아가는 길을 빨리 학습하였고, 어떤 쥐는 학습이 무척 느렸다. 빨리 길을 찾는 쥐끼리, 또 느리게 길을 찾는 쥐끼리 교배를 시켜 그 자손들이 얼마나 빨리 **미로학습**(maze-learning)을 하는지 알아본 결과, 빨리 길을 찾는 쥐의 자손은 어버이보다 더 빨리 길을 찾았고, 느리게 길을 찾는 쥐의 자손은 어버이보다 더 느린 것으로 나타났다. 결국 이 교배를 몇 세대 더 반복하여 미로학습 속도가 크게 차이 나는 두 집단의 쥐가 만들어지게 되었다(**그림 24.2**). 이 연구 결과는 미로학습 능력이 유전적 결과라는 사실을 증명하는 것이다. 부모에게서 자손에게 학습 능력과 관련된 유전자가 전달되는데, 두 쥐 집단에서 미로학습 능력 외의 다른 형질의 차이는 나타나지 않았기 때문에 이 유전자는 그 행동에 대해서만 특이적이라 할 수 있다. 결론적으로 행동은 유전적 요소를 가지고 있고, 자연선택에 의해 변화할 수 있다는 것이다.

4 학습

본능(instinct)은 동물의 활동을 유발하지만 **행동**(behavior)은 기억이라는 과거의 경험을 통해 발달할 수 있다. 전통적으로 심리학자들은 실험용 설치류(rodents)를 이용하여 학습의 기작을 연구해 왔지만 오늘날에는 학습의 근접원인 그리고 궁극원인은 생태적 및 진화학적 바탕에서 이해되고 있다.

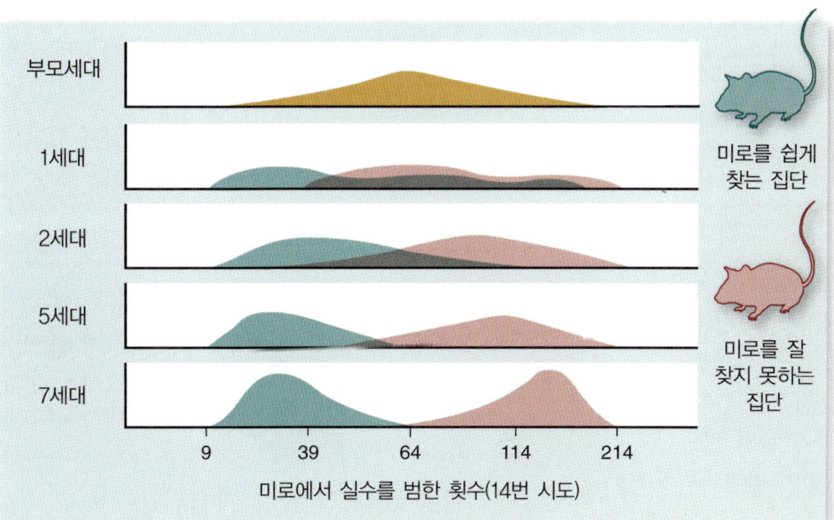

그림 24.2 학습의 유전. 실험용 쥐를 이용하여 미로 찾기에서 실수를 거의 하지 않는 개체들만 골라서 교배를 시키고, 늘 실수만을 하는 개체들만 골라 교배하면 몇 대가 지나지 않아 미로 찾기를 아주 잘하는 집단(녹색)과 아주 못하는 집단(붉은색)이 만들어진다.

습관화와 연관되어 있는 학습 기작

습관화(habituation)란 학습의 가장 단순한 형태 중 하나로 양성적 결과도 일으키지 않고 음성적 결과도 일으키지 않는 반복 자극에 대해 반응이 줄어드는 과정을 뜻한다. 어떤 자극이 가해질 때 처음에는 강한 반응을 불러일으키지만 이 자극에 반복적으로 노출되면 반응의 크기는 점점 줄어들게 된다. 그 실례로 어린 새는 머리 위에서 움직이는 물체에 반응하여 처음에는 몸을 웅크리고 조용히 앉아 있다가 떨어지는 낙엽이나 동일 종의 개체가 움직이는 것을 자주 보게 되고, 이런 물체들이 아무런 양성적이나 음성적 영향을 주지 않으면 시간이 지나면서 어린 새는 이러한 자극에 대하여 습관화되고 반응하지 않게 된다. 따라서 습관화는 자극에 반응하지 않는 것을 학습하는 것이라고 정의할 수 있다.

습관화가 적응적 가치를 가지는 한 가지 생태적 상황은 바로 먹이가 되는 생물들의 방어 행동이다. 곤충을 먹는 새들은 시각적으로 매우 복잡한 환경에서 자신의 먹이가 되는 곤충들을 발견해야 한다. 하지만 많은 곤충들은 나무 가지나 나뭇잎처럼 보이는 의태 능력을 가지고 있는데, 새들은 늘 습관처럼 나뭇잎과 가지들을 보고 살기 때문에, 이러한 곤충들에 별다른 반응을 보이지 않게 된다. 이 곤충들은 새들의 습관화를 이용하여 생존하고 결국 생식할 수 있는 기회를 얻게 된다.

보다 복잡한 형태의 학습은 자극과 자극 사이, 자극과 반응 사이의 연관을 통한 행동 변화에서 나타난다. 이러한 연관학습은 연관을 통하여 행동이 변화되거나 조건화되는 경우를 말한다. 연관학습에는 두 가지가 있는데, 하나는 **고전적 조건지우기**이고, 다른 하나는 **작동 조건지우기**이다. 이 두 가지는 연관이 일어나는 방식에서 차이가 난다. 고전적 조건지우기에서는 두 가지 서로 다른 종류의 자극이 동물로 하여금 자극 사이의 연관을 형성하게 만든다. 고전적 조건지우기는 이를 처음 설명한 러시아 심리학자 파브로프(Pavlov)의 이름을 따서 **파브로프형 조건지우기**라고도 부른다.

파브로프가 무조건적 자극인 고기 분말을 개에게 주었을 때 개는 무조건적 반응인 침 흘리기 반응을 하였다. 만약 종을 울리는 것과 같은 관련 없는 자극을 고기 분말을 줄 때 함께 주는 것을 반복하면 개는 종소리만 듣고도 침을 흘리게 된다. 개가 관련 없는 소리 자극과 고기 분말 자극을 연관 짓는 것을 학습하게 된 것이다. 따라서 소리 자극에 대한 반응은 조건화되었고, 종소리는 조건 자극이라고 한다.

작동 조건지우기에서는 동물이 자신의 행동 반응을 포상이나 처벌과 연관시키는 학습을 한다. 미국의 심리학자 스키너는 쥐를 스키너 상자라고 하는 장치 속에 넣어 작동 조건지우기를 연구하였다. 쥐가 우연히 이 상자의 발판을 밟으면 먹이가 나온다. 처음에는 쥐가 이 발판을 무시하고 먹이만 먹고는 돌아다니기를 계속했지만 곧 발판 밟기(행동 반응)와 먹이 얻는 것(포상)을 연관 짓는 것을 학습하게 되고, 배가 고프면 발판을 밟는다. 이런 시행착오 학습은 모든 척추동물에게 매우 중요한데, 이는 학습이 주위 환경에 적절하도록 행동을 보정하는 유연성을 제공해주기 때문이다.

5 행동의 발생

현대의 행동생물학자들은 행동은 유전과 학습에 의해 이루어진다고 말한다. 지금까지 유전자와 학습의 영향을 구분하여 알아보았는데, 사실, 이들은 발생과정 중 상호작용하며 행동을 완성시킨다.

동물은 성숙해가면서 다른 개체와 사회적 유대를 형성하거나 특별한 선호성을 발전시킨다. 선호성은 성장 후 행동에 영향을 미칠 수 있다. 이러한 행동 발달 과정은 **각인**(imprinting)이라고 부르는데, 각인이 형성될 가능성이 가장 높은(거위나 기러기의 경우 부화한 지 약 13~16시간) 특정 핵심 기간을 발달 민감기(criticla period)라고 한다. 이 기간 동안 정상적인 성장과 발달을 위해 요구되는 각종 정보들은 아주 오랫동안 개체의 머릿속에 남아 있게 된다.예를 들어 **친족 각인**을 통해 어버이와 자손 사이에 사회적 유대가 생긴다. 오리나 거위 같은 종의 어린 새는 부화한 지 수시간 안에 어미를 따라다니기 시작하고, 이 따라가는 행동은 어미와 새끼 사이의 유대를 형성한다. 각인을 통해 생긴 어린 새의 최초 경험은 어떤 식으로 사회적 행동을 형성할지를 결정한다. 오스트리아의 행동학자 로렌츠(Lorenz)는 새가 부화할 때 처음 본 대상을 따라가게 되고, 그 대상은 어린 개체의 사회적 행동에 지대한 영향을 미친다는 것을 보여주었다. 로렌츠는 거위의 알을 부화시켰는데, 그 자신이 각인의 모델이 되었을 때 거위 새끼들은 로렌츠를 마치 어미인 양 따라다녔다(**그림 24.3**).

부모와 자식 간의 상호작용은 사회 행동의 정상적인 발달을 위해 필수적이다. 심리학자 할로(Harry Harlow)는 레서스 원숭이 (rhesus monkey)의 어린 새끼를 두 대리모와 사회적 유대를 형성하도록 하였는데, 하나는 철사 모형에 부드러운 옷을 입힌 것이고, 다른 대리모는 옷을 입히지 않은 철사 모형이었다(**그림 24.4**). 원숭이 새끼는 철사 대리모와 함께 있으면 먹이를 먹을 수 있는데도 불구하고 옷 입은 대리모와 보다 가까이 하면서 시간을 보냈다. 이는 먹이를 주는 것보다는 감촉이 유아의 사회적 유대를 증진시키는 어버이의 중요 성질임을 알려준다. 어린 개체의 정상적인 사회 접촉을 막으면 행동의 정상적 발달이 어려워진다. 어렸을 때 부모와 사회적 접촉이 없었던 개체들은 조금 더 커서 그리고 성체가 되어서도 정상적인 행동을 보이지 못하게 되는데, 어린 고아에 대한 연구를 보면 지속적인 어머니 역할을 하는 존재가 정상적인 성장과 심리적 발달에 얼마나 중요한지 분명하게 드러난다.

그림 24.3 너무 다르게 생긴 엄마. 어린 기러기들이 로렌츠를 마치 부모처럼 따라가고 있다. 이 어린 기러기들은 태어날 때 그를 처음 보았으며 그를 각인의 한 모형으로 이용하게 되었다. 이 연구로 로렌츠는 1973년 노벨 생리의학상을 수상하였다.

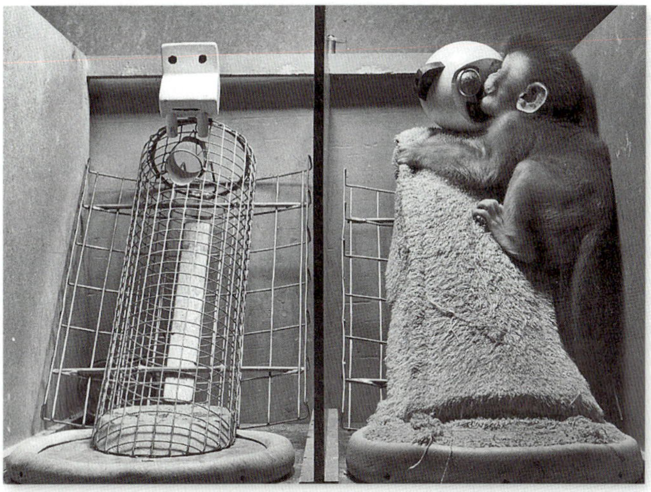

그림 24.4 어린 원숭이의 선택. 레서스원숭이 새끼에게 하나는 철사 모형에 부드러운 옷을 입힌 원숭이 모양의 머리를 가진 모형과 먹이를 가지고 있지만 옷을 입히지 않은 철사 모형을 선택하게 할 경우, 원숭이 새끼는 철사 모형의 먹이에도 불구하고 자신과 더 닮은 모형과 사회적 유대관계를 형성한다.

어버이가 자손과의 상호작용을 통해 주는 자극들은 생물학적으로도 필수적이다. 암컷 쥐는 출산 후 새끼들을 핥는데, 이 자극은 성장 억제 호르몬 등의 유해 화학물질 방출을 억제해준다. 접촉 자극을 잘 받은 새끼의 뇌는 더 많은 글루코코르티코이드 호르몬 수용체를 가지기 때문에 스트레스에 대한 내성이 더 크고, 뇌를 구성하는 뉴런의 수명이 더 길다. 인간의 조산아를 자주 쓰다듬어 주면 체중 증가가 더욱 빨라지는데, 이것도 마찬가지 이유 때문이다. 이런 연구들은 정상적으로 이루어지는 사회적 상호작용이 뇌 기능과 관련되어 있고 어버이와 자식이 몸을 맞대는 것은 육체적, 행동적 발달에 매우 중요하다는 것을 말해준다.

행동 발달의 유전적, 환경적 역할에 대한 쌍둥이 연구

유전적으로 동일한 일란성 쌍둥이를 비교하면 유전자와 환경의 상호작용이 인간의 행동에 미치는 영향을 연구할 수 있다. 예를 들어 태어나자 마자 같은 환경에서 또는 다른 분리된 환경에서 자란 경우를 비교하는 것이다. 이를 통해 행동의 유사성이 유전적인 유사성에서 비롯되는 것인지 아니면 비슷한 환경적 요인에 의한 것인지를 밝힐 수 있다. 지금까지의 연구에 따르면 주로 쌍둥이들은 다른 환경에서 자라도 인간성을 나타내는 여러 형질에 있어 비슷한 점을 많이 가지고 있다. 또한 좋지 못한 환경에서 자라났을 때 반사회적 인간이 될 수 있지만 최근 연구로는 많은 반사회적 인간이 유전적 결핍, 예를 들면 **MAOA 결핍**(monoamine oxidase A 결핍증) 등이 문제인 것으로 나타났다. 아직 유전과 환경 중 어느 것이 더 중요한가 하는 문제는 심한 논쟁의 중심에 있지만 이러한 연구 결과들로 미루어 인간의 행동에서 유전적인 면은 절대로 무시할 수 없다.

6 동물의 인지

지난 수십 년간 동물행동학자들은 인간 외의 동물이 생각할 수 있다는 사실에 지극히 회의적이었다. 최근 동물의 지각 능력에 대한 면밀한 검토가 이루어지고 있는데, 그 중심이 되는 질문은 바로 동물이 **인지행동**(cognitive behavior)을 보여주는가, 즉 이들이 정보를 가공하고 사고라고 볼 수 있는 방법으로 반응하는가 하는 문제이다.

1920년대 행해진 어느 고전적인 실험에서 손이 닿지 않는 천장에 바나나를 매달은 방에 침팬지를 홀로 남겨 두었다. 바닥에 여러 개의 상자가 놓여 있는 상태에서 처음에는 침팬지가 바나나를 잡으려고 뛰어오르려고 하지만 몇 번의 실패 후 방에 놓인 상자를 여러 개 겹쳐 올려놓고 그 위에 올라가 천장에 매달린 바나나를 따낸다. 학자들이 야외에서 관찰한 바에 따르면 일본 꼬리원숭이들은 감자를 먹기 전에 흙을 닦아 낼 줄 알고, 모래에 섞인 곡식을 분리하기 위해 이들을 물에 띄워 보기도 한다. 침팬지들은 나뭇가지의 잎을 떼어내고 가지를 흰개미 굴에 집어넣어 딸려 나오는 흰개미들을 먹을 수도 있다(**그림 24.5**). 또한 나무 조각을 망치와 모루처럼 이용하여 견과류 등을 부숴 먹을 수 있다. 더욱 놀라운 사실은 어미들이 자식들에게 이러한 기술을 가르친다는 것이다.

최근 연구에서 나타난 침팬지와 영장류들의 이러한 행동들은 이들이 강한 인지능력을 가지고 문제를 해결한다는 것을 보여준다. 침팬지는 특정 기생충에 감염이 되었을 때, 그들은

a. *b.*

그림 24.5 동물들도 생각한다?
a. 침팬지가 나뭇가지에서 잎을 벗겨내듯 떼어내고 그 가지를 흰개미 굴에 집어넣는 데 이용하고 있다. 이러한 행동은 침팬지가 다음의 일이 어찌될 것인지를 완벽하게 파악하고 의식적으로 계획하는 것이다. *b.* 해달(sea otter)이 돌로 내리쳐 조개를 부셔 먹기 위해 바윗돌을 일종의 모루로 이용하고 있다. 해달은 자신이 가장 이용하기 편리한 바윗돌을 오랫동안 가지고 있는 경우가 있는데, 이는 미래에 이용할 것을 계획하고 있다고밖에 설명할 수 없다. 이러한 동물들의 행동들은 동물이 어느 정도의 인지능력을 갖추고 있음을 증명하는 것이다.

이를 치료할 수 있는 약초를 찾아서 먹을 수 있고, 또한 성공을 위해 다른 개체와 협동할 수도 있는데, 이런 능력이 영장류에만 있는 것은 아니다. 갈가마귀나 몇몇 까마귀과의 조류들은 꽤 예리한 통찰력과 놀라운 문제 해결 능력을 보여주기도 한다.

7 방향 정위와 이주 행동

왕나비나 많은 철새들은 겨울을 나기 위해 대륙을 횡단하여 수천 마일을 따뜻한 지역을 향해 날아간다. 둥지에서 처음 나온 개체들도 이주를 하고, 봄이 되면 자신이 태어난 장소로 정확히 돌아온다. 이렇게 하기 위해서 개체들은 주변 환경에서 중요한 특징들을 잡아내 방향을 정확히 잡을 수 있는 완벽한 능력을 가지고 있어야 한다. 자신의 집으로 완벽하게 회귀할 수 있는 능력을 갖춘 몇몇 동물, 예를 들면 비둘기 등은 집으로 돌아오기 위해 주변 환경의 복잡한 특징을 철저하게 기억한다. 하지만 오랜 기간에 걸친 학자들의 노력에도 불구하고 아직 이들이 어떻게 방향을 잡고 집을 찾는지에 대한 자세한 과정은 완전하게 밝혀지지 못하고 있다.

생물들이 긴 거리를 두 방향으로 움직이는 것을 **이주**(migration)라고 한다. 매년 가을 많은 오리류나 기러기 등 철새들이 캐나다에서 미국을 거쳐 남쪽으로 이주하고 이듬해 봄 다시 되돌아온다.

북미의 왕나비는 가을에 북미의 중부와 동부에서 멕시코 중앙부의 외딴 침엽수림 지역으로 이동한다. 이 왕나비는 8월에 겨울을 보낼 남쪽으로 이동하기 시작하고, 겨울이 끝날 무렵 다시 북쪽으로 여름 번식을 위해 돌아가기 시작하는데, 놀라운 것은 남쪽에서 북쪽으로 이동하는 도중에 2~5세대를 거친다는 것이다. 즉, 가을에 다시 멕시코로 날아가는 나비는 전에 그곳에 가본 경험이 전혀 없는 것이다.

최근에 기후 변화로 많은 철새들의 분포 지역이 확장되었는데, 이러한 변화는 철새의 이동 양상에 어떠한 영향을 미칠까? 기후 변화로 미국의 중서부와 동부에 서식하는 쌀먹이새의 일부 집단이 미국 서부 지역에 새로이 정착하게 되었는데, 이들은 월동 지역인 남아메리카로 직접 날아가지 않고, 그들의 조상이 살던 지역인 동쪽으로 날아갔다가 원래 이동로를 따라 다시 남쪽을 향하여 날아간다(**그림 24.6**). 이동 경로를 바꾸기보다 원래의 이동 경로에 단순히 새로운 경로를 첨가한 것이다. 과학자들은 서부의 쌀먹이새들이 시간이 지나면 지금의 이동 경로를 바꾸어 더 효율적인 이동로를 찾게 될 것으로 예측하고 있다. 아직은 동물들의 이주 기작에 대해 알고 있는 것보다 알아나가야 할 것이 더 많은 것 같다.

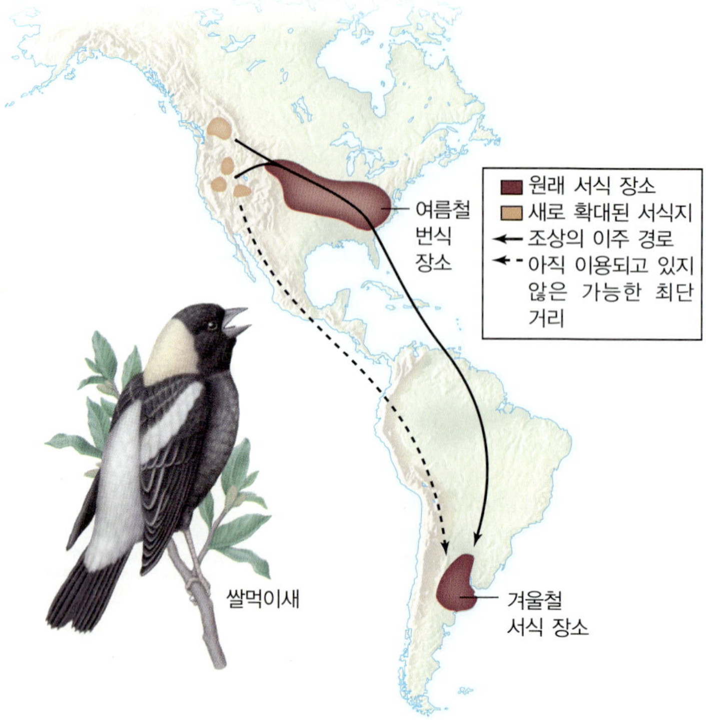

그림 24.6 철새의 이주.
쌀먹이새(*Dolichonyx oryzivorus*)의 분포 범위는 최근 북미 중서부에서 서부 지역까지 확대되었다. 새로 만들어진 집단은 겨울을 나기 위해 남미로 이동할 때 어떠한 경로로 이주할 것인가? 이들은 가장 가까운 경로로 남미로 이동하지 않고 원래 모집단이 있던 중서부 지방으로 이동한 후 모집단이 이주하는 경로를 따라 다시 남쪽으로 이주한다. 이들은 그들이 갈 수 있는 최단거리에 비해 엄청나게 먼 길을 돌아 여행하는 셈이다.

8 동물의 신호 교환

동물들이 주고받는 신호는 종의 인식이나 생식적 격리 기작의 형성에 결정적인 역할을 할 뿐만 아니라 사회행동에도 필수적이다. 많은 연구를 통해 신호 교환 행동의 본질과 어떻게 신호를 만들고 받아들이는지, 이러한 신호가 만들어지게 된 생태적 그리고 진화학적 역할 등에 대해 알 수 있게 되었다. 동물들은 서로의 통신을 위해서 시각적, 청각적, 화학적, 전기적 그리고 진동 형태 등의 신호 방식을 이용한다.

구애행동(countership behavior)을 하는 동안 동물은 그들의 잠재적 배우자와 신호를 주고받는다. 이는 **자극-반응 연쇄**를 일으켜 수컷의 행동이 암컷 행동을 촉발시키고, 결국 두 개체는 교미를 하게 된다(**그림 24.7**). 이러한 신호는 종 특이성을 가지기 때문에 다른 종의 개체들은 다른 신호를 가지게 된다. 지금까지 동물들의 시각적, 청각적, 후각적 신호 등이 어떻게 상대방에게 전달되며, 전달된 자극이 어떻게 의미 있는 정보로 해석되는지에 관한 많은 연구가 수행되었다. 가장 대표적인 연구는 큰가시고기의 영역 방어와 구애신호 전달 과정에 관한 것들이다.

구애신호는 같은 종의 개체들 간의 신호 교환의 한 과정이기 때문에 동물의 생식적 격리 기작에 가장 중요하다. 반딧불이의 반짝거리는 신호도 종 특이적인 형질로 암컷은 이 신호를 통해 동종의 수컷이 구애를 하고 있다는 것을 알 수 있다(**그림 24.8**). 수컷 역시 암컷이 자신의 구애에 대한 반응을 보고 동종의 암컷이 있다는 사실을 깨닫게 된다. 그러므로 이러한 일련의 상호 신호와 반응은 두 배우자 간의 동질성에 대한

그림 24.7 자극과 반응 연쇄.
큰가시고기의 구애행동은 만나서 알을 수정할 때까지의 다양한 행동 과정의 연속이다.

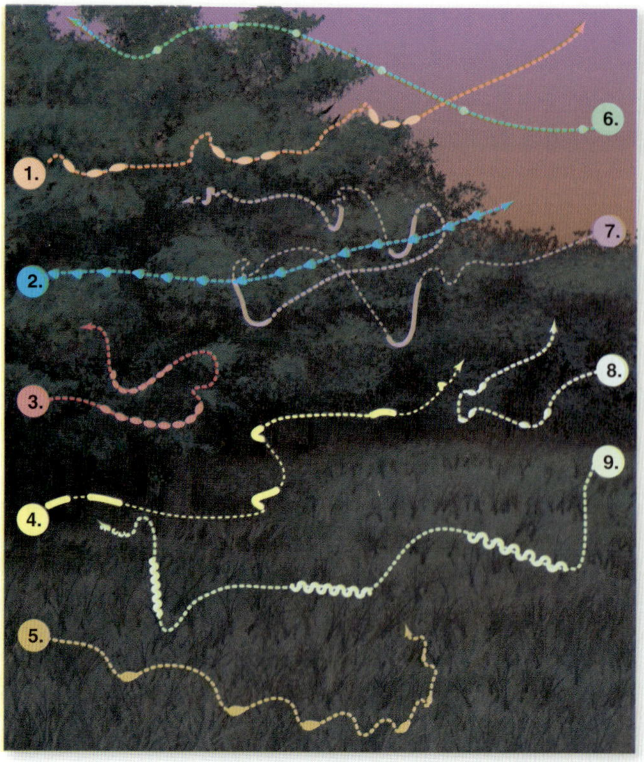

그림 24.8 반딧불이의 불꽃놀이.
반딧불이가 만드는 발광과 과시 행동은 종 특이적이기 때문에 다른 종과의 생식적 격리에 중요하다. 양쪽에 있는 각 번호들은 각기 다른 종 수컷의 발광과 과시 행동 방식을 표시하는 것이다.

지속적 확인이다.

동종 개체 사이의 신호 전달에 이용되는 화학적 신호 전달물질인 **페로몬**(pheromone)은 대개 성 유인물질의 역할을 한다. 사람의 난자도 정자와 통신하기 위해 화학적 유인 물질을 만든다. 누에나방 암컷은 생식계와 연결된 샘에서 **봄비콜**(bombykol)이라는 성 페로몬을 만든다. 수컷의 더듬이에는 다수의 매우 민감한 감각수용체가 있으며, 신경생리학적 연구 결과 이 수용체들은 봄비콜을 아주 잘 감지해 낼 수 있다는 사실이 밝혀졌다. 나방 수컷은 아주 낮은 농도의 성 페로몬도 쉽게 감지할 수 있으며, 심지어는 7 km 떨어져 있는 암컷의 위치도 파악할 수 있다고 한다.

곤충, 양서류, 조류는 종 특이적인 청각 신호를 내어 짝을 유인한다. 개구리 수컷은 아래턱 밑에 있는 소리주머니에 공기를 넣었다 빼면서 소리를 낸다. 암컷은 동종의 수컷이 내는 소리를 다른 종 수컷이 내는 소리와 정확하게 구별한다. 앞에서도 이미 언급하였지만 수컷 새들은 자신의 존재를 알리고, 암컷을 유혹하기 위하여 노래를 한다. 새의 수컷은 개체마다 노래의 특징이 달라 심지어는 집단 내에서 노래 소리로 특정 개체가 구별되기도 한다. 이런 종에서는 노랫소리가 종 특이적일 뿐만 아니라 개체 특이적이기도 하다. 음성 신호와 같이 진동을 이용하는 신호 전달은 곤충, 양서류, 조류 등이 구애를 위해

그림 24.9 북미 프레리독(prairie dog)의 경고음.
프레리독이 포식자를 발견하면 앞다리를 들고 서서 경고음을 발산한다. 다른 개체들은 재빠르게 자신의 굴로 피신한다.

이용하는 기계적인 신호 전달이다. 뒤에서 자세히 다루겠지만 구애행동은 **성선택**(sexual selection)에 아주 중요한 역할을 한다.

무리 내 구성원들끼리의 신호전달을 통한 정보 교환

많은 곤충, 어류, 조류, 그리고 포유류는 일종의 사회 집단을 이루며 개체들 간 정보를 교환한다. 예를 들면 포유류 집단의 어떤 개체는 교대로 보초 역할을 하며, 어떠한 위험이 근처에 다가오는지 살펴본다. 만약 포식자가 나타나면 바로 **경고음**(alarm call)을 내고 다른 구성원들은 도망할 곳을 찾는다(**그림 24.9**). 개미나 꿀벌과 같은 사회성 곤충은 경고 페로몬을 분비하여 다른 개체들의 공격 행동을 유발한다. 또한 개미는 집과 먹이가 있는 장소 사이에 길잡이 페로몬을 분비해 다른 개체들을 먹이가 있는 곳으로 안내한다. 꿀벌은 매우 복잡한 춤 언어(dance language)로 동료들을 밀원으로 안내한다.

꿀벌의 춤 언어

유럽의 꿀벌은 한 마리의 여왕벌 아래 수만 개체들이 모여 사는데, 이들의 행동들은 복잡하지만 서로 협력하는 하나의 사회를 구성하고 있다. 일벌은 자신의 집에서 수 마일이나 떨어진 곳까지 가서 꿀과 화분을 모아온다. 밀원은 고른 분포를 하기보다 여러 지점에 밀집되어 있는 경우가 많고, 주로 각 지점의 꿀과 화분의 양은 한 마리의 꿀벌이 운반할 수 있는 양보다 훨씬 많다. 무리에는 정찰 업무를 맡은 일벌이 있어 꿀과 화분이 풍부한 지점을 집단 전체가 이용할 수 있게 해준다. 정찰 일벌은 그 지점을 찾아내고, 특별한 춤 언어를 통해 다른 일벌에게 알려준다. 1973년 틴버겐(Tinbergen), 로렌츠(Lorenz)와 함께 노벨 생리의학상을 수상한 폰 프리쉬(Von Friesch)는 동료 연구자들과 함께 여러 해 동안 이러한 꿀벌의 춤과 신호 전달 체계를 연

그림 24.10 꿀벌의 흔들춤. ***a.*** 정찰 일벌의 춤에서 직선을 나타내는 부분으로 태양과 밀원과 벌통 사이의 각도를 표시하며, 밀원의 방향을 나타낸다. 밀원이 태양으로부터 오른쪽으로 30° 기울어져 있다면, 벌은 춤의 직선 부위가 태양에서 그은 수직선에서 30° 기울도록 흔들춤을 춘다. ***b.*** 정찰 일벌이 벌집 위에서 춤을 추고 있다.

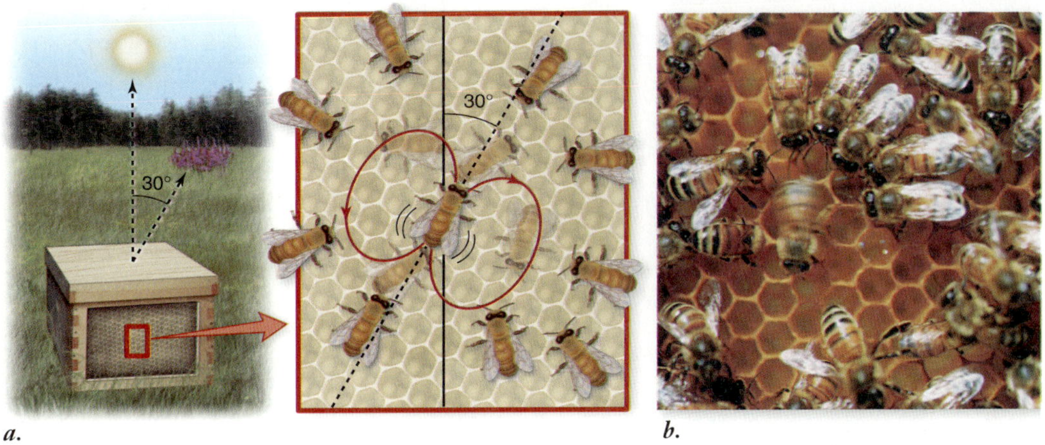

구하였다.

멀리 있는 밀원을 찾아낸 정찰 일벌이 벌집에서 흔들춤(waggle dance)을 춘다(**그림 24.10**). 이 춤을 추면서 벌이 지나가는 길은 8자 모양인데, 중간의 직선 부위에서는 복부를 흔들거나 진동시키면서 갑자기 소리를 낸다. 춤을 추는 꿀벌은 주기적으로 춤을 정지하여 가져온 꿀의 샘플을 동료들에게 준다. 다른 동료들은 춤을 춘 개체를 가까이 따라다니는데 이들은 새로운 밀원으로 함께 갈 개체들이다.

프리쉬는 다른 벌들이 이 흔들춤의 정보를 이용하여 밀원을 알아낸다는 것을 확인하였다. 정찰 일벌은 태양과 밀원, 벌통 사이의 각도를 표시하며, 밀원의 방향을 나타낸다. 벌이 흔들춤의 직선 부위가 태양으로부터 그은 수직선과 같도록 춤을 추면 밀원은 태양과 동일한 방향에 있고, 밀원의 방향이 태양으로부터 30도 기울어져 있다면 벌은 춤의 직선 부위가 태양으로부터 그은 수직선에서 30도 기울도록 흔들춤을 춘다(**그림 24.10**). 밀원까지의 거리는 흔들춤의 속도나 강도로 표현한다. 위의 사실들을 실질적으로 입증하기 위한 하나의 실험이 고안되었는데, 그것은 밀원의 방향이 아닌 잘못된 방향으로 다른 꿀벌들을 이끌도록 정찰 일벌이 춤을 추도록 하는 것이었다. 컴퓨터가 조정하는 로봇 일벌을 이용해서 밀원이 아닌 다른 방향으로 꿀벌들을 이끌도록 춤을 추게 하였고, 결과적으로 많은 동료 꿀벌들은 로봇이 춤에서 인도한 곳으로 향하였다. 이 결과를 통해 동료 꿀벌들은 스스로 냄새 등을 이용하여 밀원의 위치를 깨닫는 것이 아니라, 정찰 일벌의 춤에서 나온 정보에 전적으로 의존하고 있음이 명확해졌다.

진화생물학자(evolutionary biologist)들은 인간 언어의 기원을 원숭이나 유인원의 신호 교환 체계에서 찾으려 한다.

일부 영장류는 인간으로 치면 단어에 해당하는 음성 신호를 가지고 다른 개체들에게 특정 포식자의 정체를 알린다. 그 실례로 아프리카의 버벳원숭이는 독수리, 표범, 뱀이 나타났을 때 각기 다른 소리를 낼 수 있다.

9 행동생태학

틴버겐(Tinbergen)은 동물 행동의 적응적 기능에 관한 연구의 개척자이다. 동물은 특정 행동을 통해 자신의 생존뿐 아니라 생식 그리고 자식의 생존까지도 보장할 수 있다. 그 실례로 틴버겐은 갈매기 새끼가 부화한 뒤 어미는 둥지에서 알 껍질을 재빠르게 제거하는 것을 발견하였다. 왜 그렇까? 틴버겐은 이 행동이 왜 일어나는지를 알아보기 위하여 새로운 실험을 기획하였다. 갈매기 알의 색깔은 둥지나 주위 환경과 유사하여 잘 눈에 띄지 않는다. 틴버겐은 계란에 페인트칠을 해서 갈매기 알과 비슷하게 만들고, 이를 갈매기들이 튼 둥지들 근처에 놓았다(**그림 24.11**). 그리고 그 옆에 깨진 갈매기 알들을 가져다 놓았다. 이 깨진 알들의 내부는 눈에 잘 띄는 흰색이다. 그리고 대조군으로 깨진 갈매기 알 없이 색칠한 계란만을 가져다 놓은 다음, 어떤 알이 까마귀에게 잘 발견되는지를 알아보았다. 까마귀는 깨진 난각의 흰색 안쪽 면을 보고, 옆에 있는 온전한 계란을 발견하게 되기 때문에 틴버겐은 갈매기가 난각을 제거하는 것은 적응적 행동이라는 결론을 내렸다. 즉, 갈매기의 난각 제거는 포식을 감소시켜서 자손의 생존 확률을 높이는 행동이다.

틴버겐은 자연선택이 어떻게 행동을 형성하는지를 연구하는 **행동생태학**(behaviolal ecology)의 창시자이다. 이 분야는 행동의 적응적 중요성, 즉 행동이 어떻게 생존과 생식을 증진하는지를 연구한다. 오늘날의 행동생태학의 연구는 행동이 어떻게 한 동물의 번식 성공도, 즉 적응도에 기여하는지 밝히는 데 초점을 둔다.

결론적으로 행동생태학은 크게 두 가지의 의문을 해결하는 분야라고 할 수 있다. 첫째, 행동이 적응적인가? 모든 행동은 진화 과정을 거치며 환경에 적응한 결과라고 생각할 수 있겠지만, 반드시 그런 것은 아니다. **자연선택**(natural selection) 이외에도 **유전적 부동**(genetic drift), **유전자 흐름**(genetic

그림 24.11 알 색깔의 적응적 가치.
1973년 노벨 생리의학상 수상자인 틴버겐(Niko Tinbergen)이 갈매기 알을 흉내 내기 위해 계란에 얼룩덜룩한 갈색을 칠하고 있다. 이 색칠된 계란은 갈매기 알의 무늬가 포식자의 눈에 잘 띄지 않아 새끼의 생존율을 높일 수 있도록 적응한 형질인지를 조사하는 데 이용되었다.

flow) 등도 중요하며, 자연선택압을 받는 어느 유전자의 대립인자와 연결된 많은 다른 유전자의 대립인자가 적응과는 상관없이 빈도가 증가할 수 있다. 더욱이 현재 존재하는 형질은 과거의 환경에 완벽한 적응을 보이던 산물이었지만, 현재에는 적응적으로 그다지 훌륭하지 못한 것일 수도 있다. 동물의 행동도 하나의 형질이기 때문에 반드시 현재 최적의 적응적 산물이 아닐 수도 있다.

10 생식 전략과 성의 선택

번식기에 동물은 배우자 선택, 배우자의 수, 자손을 양육하는 데 드는 시간과 에너지 등 **생활사**(life cycle)에 관한 몇 가지 중요한 결정을 내려야 한다. 이러한 결정들은 모두 동물이 자신의 번식 성공도를 극대화하기 위해 반드시 해야 하는 **생식전략**(reproductive strategy)의 중요한 부분들이다. 생식을 위해 어떻게 에너지를 쓰는가 하는 문제는 수컷과 암컷의 행동적 차이를 유발시키는 중요한 요인이다. 먹이 자원, 둥지를 틀기에 적합한 지역, 배우자 등의 공간적 분포와 질병 등의 생태적 요인이 생식전략과 관련된 암컷과 수컷의 결정 방식의 진화에 중요한 역할을 했을 것으로 여겨진다.

암컷이나 수컷이나 지구상의 모든 종들의 개체들은 가능한 많은 자손을 남기고자 하는 목표를 가지고 있다. 하지만 이를 추구하는 암컷과 수컷의 방식은 크게 다르다. 생식 행동의 차이는 배우자를 선택하는 방식에서 더욱 분명하게 나타난다. 암컷은 수컷과 달리 단순히 처음 만나는 수컷과 교배하지 않고, 여러 수컷의 질을 평가하여 교배할 것인가를 결정하는데, 이를 처음 발견한 사람은 바로 다윈(Darwin)이다. 암컷 공작은 깃털에 눈 모양의 무늬를 더 많이 가진 화려한 수컷을 배우자로 선호하는 경향이 있다. 암컷 개구리는 더 복잡한 소리를 구사하는 수컷을 좋아한다. 이런 암컷의 **배우자 선택**은 많은 무척추동물과 척추동물에서 흔하게 발견된다.

이와는 달리 수컷에 의한 배우자 선택은 그리 흔하지 않다. 그 이유는 무엇일까? 두 성간의 생식전략 차이는 암컷과 수컷 간 양친 투자를 비교하면 쉽게 이해할 수 있다. **양친 투자**는 자손을 만들고 기르는 데 투여하는 기여도인 암컷과 수컷이 소비하는 에너지와 시간 등을 의미한다.

일반적으로 양친 투자는 수컷보다는 암컷에서 훨씬 크게 나타난다. 그 한 가지 이유는 난자가 정자보다 크기 때문인데, 사람의 경우 195,000배에 이른다. 난자에는 난황에 있는 단백질과 지질 등 많은 영양소가 들어 있으나 정자는 아주 작은 그저 움직이는 DNA 정도라고 말할 수 있다. 더욱이 포유동물 등에서는 암컷이 임신과 수유라는 많은 에너지를 소비하는 생식과정을 가지고 있다.

이와 같이 암컷의 생식적 투자가 매우 크기 때문에 성에 따른 **선택압**(selection pressure)이 생겨날 수밖에 없다. 수컷은 생식에 한 번 참여하는 데 에너지 손실이 많지 않기 때문에 적응적 이득을 높이는 방법은 가능한 한 많은 암컷과 교미하는 일이며, 수컷의 적응도는 생산하는 정자의 양에 의해 제한을 받는 일이 거의 없다. 이와는 달리 암컷은 한 번 생식하는 데 많은 에너지 손실이 생기며, 생산할 수 있는 난자의 수가 번식 성공을 제한하게 된다. 이 때문에 암컷은 자손에게 가장 많은 이익을 줄 수 있는 수컷을 고르기 위해 무척 신중해져야 한다.

생식 경쟁과 배우자 선택을 통해 나타나는 성의 선택

한 개체의 번식 성공도는 여러 가지 요인에 의해 결정된다. 이를테면 개체의 수명, 교배의 빈도, 교배 횟수당 자손의 수 등이 이런 요인이 된다. 이 중 두 번째의 요인인 교배 기회를 위한 경쟁의 과정과 기작을 **성 선택**(sexual selection)이라고 부른다. 일부 학자들은 성 선택이 자연선택과는 뚜렷이 구별된다고 보지만 많은 학자들은 이를 자연선택의 한 부류라고 본다.

성 선택에는 **성내 선택**과 **성간 선택**이 있다. 성내 선택은 하나의 성 구성원들 간의 상호작용(다윈은 수컷들이 다른 수컷 개체들을 정복하려는 과정이라 표현함)이며, 성간 선택은 배우자 선택(상대 성을 유혹하려는 노력)이다. 성 선택은 다른 수컷들과 겨루는 데 이용되는 사슴의 뿔이나 산양의 뿔 등의 구조물이나 상대 성을 교미에 응하도록 유인하는 데 이용되는 장식, 예를 들면 긴 꼬리나 화려한 깃털 등을 진화시켰다. 이러한 형질들을 **2차 성징**이라고 부른다.

선택 과정은 배우자를 얻기 위한 경쟁을 유리하게 만드는 형질의 진화를 유도한다. 큰 덩치는 영역 싸움이 배우자를 얻는 데 중요하다면 큰 이득이 될 수 있다. 이러한 종들에서 수컷은 암컷보다 훨씬 크다. 이러한 암수 차이를 **성적이형**이라고 한다. 어떤 종들에서는 뾰족한 뿔이나, 사슴의 뿔, 강한 이빨 등이 특히 수컷에 발달된 경우가 있는데, 이 역시 수컷 간 경쟁을 유리하게 만들기 위해 진화한 산물들이다.

만약 암컷이 여러 마리의 수컷과 교미한다면 다른 수컷들의 정자들 간의 **정자 경쟁**(sperm competition)이 생길 수 있다. 이러한 종류의 경쟁은 교미 후에 벌어지는데, 다른 수컷의 정자를 제거하기 쉽게 생긴 생식기, 많은 정자를 생산할 수 있는 거대한 정소, 빠른 속도로 난자를 향해 돌진할 수 있는 정자 등은 이러한 경쟁에서 승리하기 위해 선택된 형질들이다. 이러한 형질들의 발달로 난자를 수정시킬 확률이 증가되게 된다.

많은 종에서 한쪽 성(보통 수컷)의 개체들은 상대 성의 개체들과의 교배 기회를 갖기 위하여 서로 강하게 결투를 벌인다. 이러한 결투는 암컷이 서식하는 영역의 소유권을 얻기 위하여 또는 암컷들을 직접 차지하기 위하여 일어난다. 코끼리바다표범 수컷은 번식 해변 지역에서 영역을 구축하고 소수의 우세 수컷이 대부분의 암컷과 교미한다. 한 해안에서 8마리의 수컷이 348마리의 암컷을 수태시키고, 나머지 수컷은 생식에서 완전히 배제된 예도 있다.

성간 선택(intersexual selection)은 배우자를 고르는 행동과 관련이 있다. 배우자 선택으로 개체들은(특히 암컷) 직접 이익이나 간접 이익을 얻게 된다.

배우자 선택의 직접적 이익: 배우자 선택이 명백한 직접적인 이득을 가져다주는 경우가 있다. 여러 조류에서 수컷은 자손 양육에 협조한다. 이 경우 암컷은 자손을 가장 잘 양육할 수컷을 선택하는 것이 유리하다. 어떤 종에서는 수컷이 자손을 돌보지는 않지만 영역을 유지하여 먹이, 보금자리, 숨을 곳 등을 제공해준다. 이런 경우에는 암컷이 가장 훌륭한 영역을 소유하고 있는 수컷을 선택한다. 어느 수사슴이 양질의 풀을 가지고 있는 영역의 소유자라면 암컷들은 이 수컷을 선택하는 것이 가장 최선의 방법이 될 수 있다. 이는 암컷이 양질의 먹이를 별 문제 없이 먹을 수 있는 직접적 이득의 기회가 되기 때문이다.

배우자 선택의 간접적 이익: 많은 종에서 수컷은 암컷에게 별다른 직접적 이득을 가져다주지 않는다. 이런 경우 암컷은 수컷을 선택함으로써 무슨 이익을 얻을 수 있을까? 다시 말해 긴 꼬리를 가진 수컷이나 복잡한 노래를 부르는 수컷을 선택하는 것이 무슨 이익을 줄 수 있는 것일까?

이러한 동물들에서 암컷이 특정 수컷을 선호하는 행동의 진화를 설명하기 위한 여러 가지 이론이 제시되어 왔다. 한 가지 생각은 암컷이 가장 건강하거나 가장 나이 많은 수컷을 선택한다는 것이다. 가령 몸이 큰 개체는 오래 살거나 많은 먹이를 얻고 기생충이나 질병에 대한 저항력이 크다. 이와 유사하게 구피나 새의 수컷에서 화려한 체색은 영양 상태나 건강을 반영한다. 이들과 교배하여 암컷은 두 가지 이익을 얻을 수 있다. 첫째, 이러한 우수성은 유전적 바탕에 의한 것일 가능성이 크기 때문에 수컷의 우수한 유전자를 자손이 물려받으면 자손의 건강이나 생존 가능성이 높아질 것이다. 둘째, 건강한 수컷은 병을 가지고 있을 확률이 낮기 때문에 교배 중 암컷에게 병을 옮길 가능성이 적다는 것이다.

많은 물고기나 나방 등을 대상으로 학자들은 암컷이 배우자 선택을 할 때 생식 성공에서 어떠한 이득을 얻는지를 조사하였다. 즉, 어떤 암컷들은 자신의 배우자를 선택하도록 하고, 다른 암컷들은 선택권 없이 무작위로 수컷들과 교미를 시켰다. 그 결과 자신의 배우자를 선택한 암컷의 자식들은 배우자 선택이 없었던 암컷의 자식들보다 훨씬 강하고 더욱 잘 생존하였다. 이는 암컷이 배우자 선택을 통해 보다 훌륭한 유전적 조성을 갖춘 수컷들과 교미할 수 있다는 점을 의미한다.

부모가 자식을 키우는 능력과 생태 요인 등에 의해 결정되는 교배 양식

하나의 개체가 번식기에 교미하는 배우자의 수는 종에 따라 크게 다르다. 어떤 동물은 일부일처이고, 일부다처나 일처다부인 동물들도 있다. 북미산 야생들쥐처럼 한 쌍의 암 · 수가 오랜 기간 같이 지내는 경우도 있다. 배우자 선택과 같이 교배 양식은 암컷과 수컷이 각자의 적응적 이득을 높이기 위한 과정에서 진화되어 나온 산물이다.

얼마나 많은 배우자와 교배할지는 자식 양육의 필요성 등에 의해 결정되기도 한다. 새끼가 성공적으로 양육되기 위해 양쪽 어버이의 존재가 필요하다면 일부일처의 방식이 보다 성공적일 수 있다. 이런 교배양식은 일반적으로 조류에서 흔하게 나타나는데, 조류의 90% 이상의 종이 일부일처를 택한다. 그러나 수컷에게는 남아서 암컷을 돕느냐 그리고 떠나서 새로운 배우자를 만나느냐 하는 선택이 있을 수 있다. 두 가지 모두 수컷의 번식 성공을 가져다줄 수 있는 전략이 될 수 있다. 자연선택이 암컷과 협력하여 자식을 먹이고 방어하는 수컷에게 유리하게 작용하는 경우가 있는데, 자식이 **만숙성**(altricial)이어서 장기간의 양육이 필요한 경우가 그렇다. 이런 종에서는 두 어버이의 보호가 필요하고, 따라서 수컷은 배우자를 떠나 다른 배우자를 찾아가는 경향을 줄이게 된다. 새끼가 **조숙성**(precocial)이어서 어버이의 양육이 별로 필요하지 않다면 수컷은 일부다처제를 선택하기 쉽다. 포유동물의 경우는 조금 달라서 암컷만이 자식에게 필수적인 먹이 자원을 공급할 수 있다. 예를 들면 암컷들은 자식에게 젖을 먹여야 하고 어미의 젖이 필수적인데, 수컷들은 그와 같은 일을 할 수 없다. 그렇기 때문에 포유류의 대부분은 일부다처인 것이다.

교배 양식은 생태의 영향도 크게 받는다. 수컷은 생식 장소나 한 마리의 암컷이 생식하는 데 필요한 먹이나 둥지 또는 필요한 모든 자원이 있는 영역을 방어하는데, 그 영역이 한 마리 암컷에게 필요한 것 이상의 자원을 가질 수도 있고, 아니면 부족한 자원을 가질 수도 있다. 만일 수컷들이 지키는 영역의 질이 서로 다르다면 암컷은 높은 질을 가진 영역을 소유한 수컷과 교배하는 것이 적응적 이득을 극대화하는 방법이 될 수 있다. 또한 암컷은 질이 낮은 영역을 방어하면서 배우자가 없는 수컷보다는 질이 좋은 영역을 소유하면서 이미 배우자를 가진 수컷과 교배하는 것이 더 유리하다. 이런 경우 자연선택은 일부다처제의 진화를 유발하게 된다.

일부다처제가 훨씬 흔하지만 여러 동물에서 일처다부제도 알려져 있다. 일처다부제는 점박이도요새나 남미의 자카나(jacana)라는 새들에서 잘 알려져 있는데, 이들은 주로 물가나 습지 등에서 서식하기 때문에 새끼를 키우는 데 필요한 먹이나 각종 자원들을 이용하기가 용이하다. 수컷은 알을 품고 새끼 양육을 도맡아 하지만 암컷은 교미하여 알을 낳아 수컷에게 넘겨주고는 다른 수컷을 찾아가 또 교미를 한다.

암컷이 여러 마리의 수컷과 교미를 하게 되면 자식들의 유전적 다양성이 커지게 되고, 증가된 다양성으로 자식들의 질병에 대한 저항성이 커진다는 연구 결과도 있다. 여왕벌이 여러 마리의 수컷과 교미를 하는 것도 바로 이런 이유에서다.

학자들은 일부일처를 고집하는 많은 새들을 **DNA 지문법**(DNA fingerprinting)을 이용하여 검사하였다. 이 방법으로 새끼의 아버지가 누구인가를 찾아낼 수 있고, 각 수컷의 번식 성공도를 보다 정확히 측정할 수 있다(**그림 24.12**). 학자들은 붉은날개지빠귀에서 모든 둥지 중 절반은 영역 소유자 수컷이 아닌 다른 수컷에 의해 수정된 알이 적어도 한 개 이상 포함되어 있었다는 사실을 밝혀냈다. 전체 새끼 중 20%는 이렇게 **배우자외 교미**에 의해 생긴 것들이었다.

왜 개체들은 배우자외 교미를 하는 것일까? 수컷은 당연히 번식 성공도를 높이기 위해서 배우자외 교미를 한다. 암컷의 경우는 왜 그럴까? 암컷은 배우자외 교미로 더 많은 자손을 생산하는 것은 아니기 때문에 그 이유가 덜 명백하다. 한 가지 가능성은 암컷은 유전적으로 뛰어난 개체와 교배하여 그 유전자를 자손에게 물려줄 수 있다는 것과 또 한 가지 가능성은 암컷은 자손을 기르는 데 배우자가 많으면 추가적 협력을 얻을 수 있다는 것이다. 예를 들어 영국에서 가장 흔한 새인 바위종다리에서 암컷은 영역 소유자뿐만 아니라 영역 주변의 낮은 등급의 수컷과도 교미를 한다. 이 하위 등급의 수컷은 둥지의 새끼들이 자기 새끼일 가능성이 있기 때문에 교미한 암컷의 자손 양육을 적극적으로 돕게 된다.

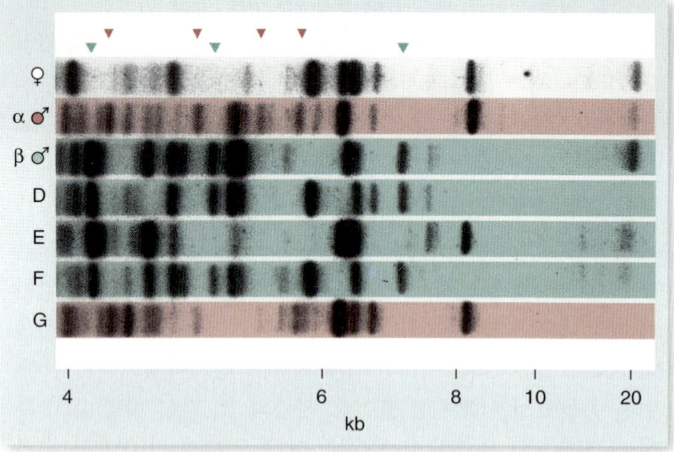

그림 24.12 친자 분석.
DNA 지문법을 이용한 바위종다리의 친자 분석. 젤(gel)에 보이는 각 DNA 단편들은 다른 길이를 가지고 있다. 네 마리의 어린 개체들(D – G)은 암컷의 둥지에 있던 자식들이다. 자식들은 암컷과 두 마리의 수컷이 가지고 있는 단편(band)들 중 하나를 반드시 가지고 있어야 하기 때문에 그 어린 개체들이 조사된 암컷과 어느 수컷의 자식인지 알 수 있다. 두 마리의 수컷을 구분하는 단편의 위치를 삼각형 화살표로 표시하였다. 이 경우 수컷이 네 마리 중 세 마리 새끼의 아빠(D, E, F; 하지만 G는 아님)라는 것을 알 수 있다.

11 이타적 행동

이타주의(altruism)가 어떻게 진화되었는지를 밝히는 것은 다윈(Darwin)뿐 아니라 많은 진화학자들에게 큰 도전이 되어왔다. 왜 개체가 자신의 적응적 이득을 잃으면서까지 남을 도와야 할까? 이타적 행동을 유발하는 유전자들은 시간이 지나며 점차 사라질 것 같은데, 어떻게 자연선택의 과정을 통해 이 유전자들이 집단 내에서 늘어날 수 있었던 것일까?

실제로 이타적 행동을 통해 개체는 미래의 생식 기회를 잃어버릴 수 있고, 자신의 삶을 희생해야 할 수도 있지만 오히려 큰 이득을 얻을 수도 있다. 그렇다면 무슨 이득을 얻을 수 있는 것일까?

이타성은 실행하는 개체 자신은 손해를 입지만 다른 개체에게 이득을 주는 행동을 말한다. 전쟁 중 자신을 희생하는 사람들이나 위험에 빠진 자식을 구하기 위해 자신을 희생하는 사람들이 그 예가 될 수 있다. 사람 이외에도 여러 다양한 동물에서 이타적 행동을 관찰할 수 있다. 많은 새들에서 성체가 되어도 독립하지 않고 둥지에 남아 부모의 양육 활동을 돕는 '도우미(helper)' 개체들을 어렵지 않게 볼 수 있다. 또한 많은 종류의 새나 포유동물에서 포식자가 주변에 나타나면 경고음을 내어 다른 개체들이 미리 도망할 수 있도록 하지만, 정작 자신은 그 소리로 위험에 빠지는 경우가 있다. 대부분의 개미들에서 일개미들은 생식을 하지 않고 평생 일을 하면서 어미인 여왕의 생식을 보조한다.

이타성의 진화를 이해하기 위한 많은 해설들이 있는데, 그 중 하나는 그 종의 번성에 유리하기 때문에 이타주의가 진화될 수 있다는 것으로, 교미를 하지 않는 개체들이 소위 집단을 고려하는 '이타주의자'이기 때문이라는 것이다. 그렇다면 개체들은 교미 기회를 얻기 위해 경쟁하며, 경쟁에서 실패한 개체들은 집단의 개체 수가 너무 늘어나 자원이 고갈되고 집단이 절멸하는 것을 막기 위해 스스로 교미를 포기한 것일까? 절대로 그렇지는 않다. 이는 선택이 집단이나 종 수준에서 작용한다는 집단선택 이론으로 많은 진화학자들은 이 이론이 잘못된 것이라고 지적하고 있다. 이 이론대로라면 번식에 성공하지 못한 개체들은 어떠한 자식도 남기지 못하기 때문에 이타적인 유전자들이 다음 대에 남을 수 없게 되는데, 어떻게 현재에도 이렇게 많은 이타적인 동물들이 있을 수 있을까 하는 의문이 생겨나기 때문이다.

유전적으로 무관한 개체들 간에도 이타적인 행동이 나타날 수 있으며, 이는 **파트너십**과 같이 이타적인 행동을 교환하여 서로 도움을 받고 이득을 나누어 가지는 것으로 설명할 수 있다. 그렇기 때문에 동료에게 자발적으로 도움을 줄 수 있고, 나중에 필요할 때 동료에게 도움을 받는 관계가 만들어질 수 있다. **상호 이타주의**에서 파트너십 관계는 매우 안정적이기 때문에 상대를 속이거나 도움을 주지 않는 개체들은 나중에 도움을 받지 못하게 된다. 실제로 상대방을 이타적으로 돕는 것은 그리 어려운 일이 아니기 때문에 상호간에 도움을 주지 않고 얻는 약간의 이득은 나중에 도움을 전혀 받지 못하는 거대한 손실에 비하면 상대적으로 무척 적다. 이러한 여건에서 상대를 속이는 행동은 자연선택에 의해 쉽게 제거될 수 있는 것이다.

흡혈박쥐들은 속이 비어있는 나무나 동굴, 탄광 등에 8-12마리 정도가 무리를 지어 생활한다. 이 박쥐들은 대사율이 무척 높아 먹는 시기를 조금이라도 놓치면 쉽게 죽을 수 있다. 대상 동물을 발견한 박쥐들은 많은 피를 빨아 먹고 섭식한 피 중 약간을 다른 동료들이 굶지 않게 나누어준다. 이 박쥐들은 주로 과거에 자신에게 피를 나누어 준 개체들에게 우선적으로 피를 나누어주며, 친족 관계와는 전혀 상관이 없다. 어느 개체가 피를 받아먹게 도움을 준 개체들을 나중에 돕지 않으면 이렇게 피를 나누는 관계에서 배제될 확률이 크다. 상호 협동 관계는 인간을 포함한 많은 영장류에서 자주 나타나는 광경이다.

위대한 집단유전학자 할데인(Haldane)은 어느 선술집에서 8명의 사촌이나 자신의 형제 2명을 구하기 위해 자신의 목숨을 기꺼이 버릴 수 있다는 열정적인 말을 한 적이 있다.

진화학적으로 이러한 희생은 충분히 의미 있는 말이다. 형제들끼리는 50%의 동일한 유전자를 부모로부터 물려받는다. 두 명의 형제가 각각 자신의 유전자들을 다음 대에 물려준 후 비교해보면, 친사촌 간에는 1/8 정도의 대립인자만 공유하게 된다는 것을 알 수 있다. 형제간 공유 대립인자 비율 1/2, 부모와 자식 간의 관계가 각 1/2, 그래서 $1/2 \times 1/2 \times 1/2 = 1/8$이 되는 것이다. 따라서 8명의 사촌이 남기는 유전자나 할데인 혼자서 남기는 유전자가 동일한 것으로 볼 수 있는 것이다.

유명한 진화학자 중 한 사람인 해밀턴(Hamilton)은 1964년에 친족과 관련된 이타적 행동의 진화에 대해 보다 명쾌한 답변을 제시하였다. 해밀턴은 이미 할데인의 논지를 정확히 파악하고 있었고, 자연선택은 자신을 희생하지만 자신의 대립인자를 보다 많이 다음 대에 전달하는 그 어떤 행동에게도 유리하게 작용할 수 있다는 점을 강조하였다.

해밀턴은 이타적인 도움을 유전적으로 가까운 혈연관계의 개체들에게 주면서 자신은 손실을 무릅쓰고 그 개체들의 생식 성공을 돕는 것은 그 개체들을 돕지 않고 얻을 수 있는 최고의 이득보다 더 많은 적응적 이득을 얻을 수 있음을 수학적으로 증명하였다. 그렇기 때문에 혈연관계의 개체들에게 이타적인 행동을 하도록 하는 대립인자는 자연선택을 통해 증가할 수 있는 것이다. 여기에서 친족을 이타적으로 돕는 대립인자와 형질을 증가시키는 선택 기작을 **혈연선택**(kin selection)이라고 부른다. 아무리 행동이 이타적이라고 해도 그 유전자는 사실 이기적으로 행동하는 것이다. 왜냐하면 유전자의 입장에서 개체로 하여금 그 유전자의 복제들을 증가시키도록 행동하게 유도하는 것이기 때문이다. 다시 말해 어느 개체가 이타적 행동을 만드는 우성 대립인자를 가지고 있다면 그 대립인자의 빈도를 증가시키는 어떠한 기작도 자연선택의 도움을 받을 것이다. 하지만 그 개체의 입장에서 자연선택은 당장 개체의 생존에 도움이 되는 것이 아니다.

해밀턴은 생식 성공을 포괄적 적응도라는 새로운 개념으로 정의하였다. **포괄적 적응도**란 유전자의 전파는 직접적(개체의 적응도) 또는 간접적(혈연관계를 가진 개체의 적응도) 생식을 통해 가능하다는 것이다. 해밀턴의 혈연선택 모델에 따르면 이타성은 가까운 친족들을 대상으로 존재하는 것이다. 만약 이타적 도움을 더 가까운 친족에게 준다면 더 많은 포괄적 적응 이득을 얻게 되는 것이다.

혈연선택으로 다른 동물의 이타적 행동을 설명할 수 있다. 북미얼룩쥐는 코요테나 오소리 같은 포식동물이 접근할 때 경고음을 낸다. 하지만 포식자들은 경고음을 낸 개체들의 위치를 정확히 파악할 수 있기 때문에 다른 개체들을 위해 경고음을 낸 개체들이 오히려 위험에 빠질 수 있다. 이 북미얼룩쥐 무리를 자세히 살펴보면 이들은 한 마리의 암컷과 딸들, 여동생들, 이모, 조카 등 주로 암컷으로 구성되어 있다. 수컷은 자라서 자신이 태어난 무리를 떠나기 때문에 무리 내에 있는 약간의 수컷들은 무리의 암컷들과는 혈연관계가 없다. 학자들은 각 개체들을 식별할 수 있도록 염색약을 여러 색 조합으로 털에 묻히고 누가 경고음을 내는지, 경고음을 낼 때의 무리의 상황 등을 조사한 결과, 암컷 주변에 혈연관계를 가진 개체들이 있을 때 주변에 아무 개체도 없을 때보다 더 자주 경고음을 낸다는 사실을 밝혔다. 무리 내 아무런 혈연관계도 없는 수컷은 경고음을 내는 경우가 거의 없다.

혈연선택의 또 다른 예는 아프리카 강둑에서 100에서 200마리 정도가 무리 지어 사는 흰무늬벌잡이새에서 볼 수 있다. 얼룩쥐와는 반대로 벌잡이새 수컷들은 자신이 태어난 무리에 머물고, 암컷들은 무리를 떠나 다른 무리에 들어간다. 많은 벌잡이새들은 자식을 낳아 키우는 대신 다른 개체들의 생식과 양육을 도와준다. 대부분 이런 도우미들은 어린 새들이지만 생식에 실패한 몇몇 성체들도 도우미가 될 수 있다. 단 한 마리의 도우미가 있어도 새끼들의 생존율은 두 배가 될 수 있기 때문에 도우미의 역할을 매우 중요한 것이다. 이 종의 도우미 행동에서 혈연선택 이론을 지지하는 두 가지의 증거가 있는데, 그 하나는 도우미들은 같은 무리에서 나고 자란 수컷들이지 암컷들이 아니라는 것이며, 다른 하나는 도움을 받는 대상은 예외 없이 도우미와 유전적으로 가장 가까운 개체들이라는 것이다.

12 집단생활과 동물사회의 진화

원생생물, 자포동물, 곤충, 어류, 조류, 사자, 고래, 침팬지와 같은 다양한 생물들이 사회적 집단을 이룬다. 동물에서 사회란 협동적 방식으로 구성된 동종의 생물 집단을 일컫는 말이다.

왜 많은 동물들은 단독 생활을 포기하고 사회를 이루며 살고 있는 것일까? 하나의 가설은 개체들은 사회를 이룸으로써 많은 직접적인 이익을 얻을 수 있기 때문이다. 그 실례로 무리를 이루어 사는 새들은 포식자의 위협으로부터 벗어나기 쉽고, 무리의 크기가 커질수록 더 많은 개체들이 포식자를 감시할 수 있기 때문에 포식 위험은 더 줄어든다.

무리 내 개체 수가 증가할수록, 개체들이 먹이의 위치나 풍부도에 대한 정보를 공유하게 되어 먹이를 얻기가 더 쉬워진다. 또한 포식자들은 무리를 이루어 사냥을 하면 성공률이 높아지고, 혼자 사냥하기에 다소 덩치가 큰 피식자들도 쉽게 사냥할 수 있다.

곤충에서의 사회성은 개미와 꿀벌, 말벌 등의 벌목에서 일반적이다. 벌목은 아니지만 모든 흰개미들과 몇몇 다른 목의 곤충들 및 몇몇 절지동물들도 친사회성을 가지고 있다. 이 사회성 곤충은 하나의 무리가 서로 다른 **계급**으로 구성되어 있다. 이 계급에 따라 개체의 크기와 형태가 다르고, 하는 일도 다르다. 예를 들어 생식적 능력을 기준으로 여왕개미와 일개미로 나눌 수 있고, 여왕은 생식을 담당하며 일개미들은 유충을 돌보고, 둥지를 관리하며, 먹이를 찾는다. 병정개미들은 덩치가 크고 아주 발달된 턱을 가지고 있어 방어 업무를 담당한다.

잎자르는 개미는 색다른 사회적 곤충의 모습을 보인다. 이들은 수백만 개체가 무리를 이루어 땅속에 균류를 재배한다. 날마다 일개미는 길을 따라 나무에 올라가 잎을 작은 조각으로 잘라서 개미집으로 운반한다. 더 작은 일개미는 잎 조각을 씹어서 균류 재배 방에 카펫처럼 깔아 놓으며, 그 위에 균류 균사를 이식하기도 한다. 일부 일개미는 좋지 않는 균류를 솎아내고, 보육 개미는 유생을 균류 재배 방으로 옮겨 균류를 먹인다.

생태와 연관된 척추동물 사회

곤충사회가 고도로 구조화되고 통합되어 있으며, 그들이 놀랄 만한 이타적 행동을 보이는 것과는 대조적으로 척추동물 사회는 곤충만큼 엄격하게 조직화되어 있지 않고, 구성원들의 단결력이 약하다. 곤충보다 커다란 뇌를 가지고 있고, 더 복잡한 행동을 할 수 있는 척추동물이 곤충보다 덜 이타적이라는 것은 믿기 어려운 일이다. 그렇지만 몇몇 척추동물 사회에서는 개체가 **상호협동**과 혈연선택적 이타주의를 보이기도 한다. 그러나 일반적으로 척추동물 사회는 곤충사회보다 구성원들 사이에 먹이와 짝을 차지하여 자신의 적응적 이득을 쟁취하기 위한 갈등이 더 크게 나타난다.

척추동물의 사회는 종에 따라 크기, 구성원의 일관성, 번식하는 암컷과 수컷의 수, 교배 체계 등 여러 가지 면에서 다르다. 먹이와 포식 당할 가능성은 사회적 무리를 형성하는 데 중요한 요인이 된다. 그 실례로 미어캣은 다른 구성원들이 먹이를 먹는 동안 교대로 포식자들의 접근에 대비해 망을 본다(**그림 24.13**).

약 90여종에 이르는 아프리카 피리새류는 생태와 사회조직 사이의 상관관계를 보여주는 좋은 예이다. 어떤 종류는 숲속에 살면서 잘 위장된 독립적인 보금자리를 만들며, **일부일처제**이고 암수가 같이 곤충을 잡아 새끼를 먹인다. 두 번째 종은 사바나지역의 나무에 군체를 이루어 보금자리를 만들며, **일부다처제**이고 무리를 이루어 씨앗을 먹고 산다. 이들 두 종의 섭식과 둥지를 만드는 습관은 그들의 교배 양식과 관련되어 있다. 숲 속에서는 곤충을 발견하기 어렵기 때문에 새끼를 먹이기 위해 암수가 협력해야만 하며, 위장된 보금자리는 포식자의 관심을 끄는 것을 방지해준다. 그에 비해 개방된 사바나에서는 많지 않은 나무에 둥지를 틀어 포식자로부터 새끼를 보호하는데, 이처럼 안전하게 둥지를 틀 곳이 많지 않으므로 새들은 무리를 이루어 함께 둥지를 튼다. 그러나 먹이가 되는 씨앗은 풍부하므로 수컷의 도움 없이도 암컷은 새끼를 양육할 수 있다. 양육의 의무에서 벗어난 수컷은 많은 암컷과 교미하며 일부다처제를 이루게 된다.

척추동물 사회는 곤충만큼 조직화되어 있지 않다는 일반적 법칙의 한 가지 예외는 동부 아프리카 지역에 사는 털 없는 두더지쥐에서 볼 수 있는데, 이들은 광범위한 지역에 뻗어 있는 터널의 중앙에 둥지를 가진 개체들이 땅속에서 무리를 이루어 살며, 보통 80마리 정도가 한 무리를 이룬다. 이들은 땅속뿌리와 줄기들을 먹고 살며, 끊임없이 땅굴을 파서 먹이를 찾아낸다. 곤충처럼 이들도 몸 크기에 따라 일이 분업화되어 있어 몸이 큰 것들은 무리를 방어하고 땅굴을 판다.

이 동물은 다른 사회성 곤충과 같이 번식적 분화가 이루어져 있다. 모든 번식은 한 마리의 암컷인 여왕 쥐에 의해 이루어지고 한두 마리의 수컷과 교배를 한다. 암수로 이루어진 일쥐는 땅굴을 청소하고 먹이를 찾는 일에 집중한다.

그림 24.13 먹이 찾기와 보초 서기.
남부 아프리카의 칼라하리 사막에 사는 한 마리의 미어캣이 주변을 조심스럽게 관찰하고 있다. 이런 보초 업무는 혼자서 하는 것이 아니라 여러 개체들이 돌아가며 한다. 미어캣은 고도록 발달된 사회구조를 가지고 있으며, 몇 마리가 이렇게 포식자의 접근에 대비하여 보초를 서고 있는 동안 나머지 개체들은 먹이 찾는 일에 집중할 수 있다.

연 습 문 제

Exercise

1. 길을 찾고 있을 때, 거리에서 어떤 사람이 가르쳐 준 대로(예를 들면 다음 신호등에서 우회전을 해서, 사거리를 네 번 지나 후 좌회전) 가는 것과 목표 지점을 찾기 위해 지도를 이용하는 것은
   a. 각각 항행과 방향정위를 의미한다.
   b. 각각 학습과 항행을 의미한다.
   c. 각각 방향정위와 항행을 의미한다.
   d. 새들은 방향정위 능력이 없다는 것을 의미한다.
2. 행동생태학에 대해 가장 올바른 설명은?
   a. 모든 행동적 특징은 본능에서 만들어지는 것이다.
   b. 행동을 결정짓는 가장 주요한 요인은 바로 학습이다.
   c. 모든 행동적 특징은 자연선택을 통해 만들어지는 것이다.
   d. 행동적 특징은 개체의 적응적 이득에 영향을 미치지 않는다.
3. 이타적 행동이란?
   a. 상호협동을 통해서만 가능한 것이다.
   b. 혈연선택을 통해서만 가능한 것이다.
   c. 집단선택에 의해서만 설명이 가능하다.
   d. 이타적 행동을 하는 개체가 얻는 적응적 이득이 그 행동으로 가지게 될 적응적 손실보다 클 경우 생겨나는 것이다.
4. 이타적 행동은 자신은 손실을 입어도 다른 개체에게 이득을 주는 행동을 말한다. 이타적 행동이 진화될 수 있었던 이유에 대한 두 가지 가설이 있는데, 이는 '혈연선택'과 '호혜적 협동'이다. 야외에서 관찰한 결과가 이 두 가지 중 어느 것에 해당하는지 알 수 있는 방법은 무엇인가? 자연선택 관점에서 이타적 행동은 그 행동을 하는 개체들에게 손실을 가져다주는 것일까?
5. 행동유전학은 유전자가 어떻게 행동을 조절하는지에 관한 원리를 파악하고자 하는 목적을 지닌 분야로 초파리와 같이 잘 알려진 실험동물들을 연구 재료로 사용하여 최근 급격한 발전을 이루고 있다. 잘 알려진 실험동물을 사용하였을 때 얻을 수 있는 장점과 단점은 무엇이 있을까? 이러한 실험동물들을 대상으로 연구해서 얻게 되는 결과들을 다른 동물에게도 적용시킬 수 있을까?

Part 6 BIOLOGY

환경생물학

제 25 장
생태학과 동적 생태계

Ecology and Dynamics of Ecosystem

1 개체군 생태학

1.1 환경의 도전

물리적 환경과 특징은 한 지역에 사는 생물들의 종류를 결정하는 요인이 되는데, 중요한 물리적 환경 요소로 다음과 같은 것들을 들 수 있다.

온도: 대부분의 생물은 좁은 온도 범위에 적응되어 있기 때문에 그 온도 범위보다 높거나 낮은 온도에서는 잘 살지 못한다. 생장기의 식물은 특히 온도에 민감하다.

물: 모든 생물의 생활에는 물이 필요하다. 많은 육상 환경은 물이 풍부하지 않기 때문에 강수량이 생물의 서식 환경을 결정하는 주요 요인이 된다.

햇빛: 생태계 내부에 최초로 에너지를 공급하는 것은 거의 대부분이 식물의 광합성이기 때문에 식물들이 얻을 수 있는 태양광의 양이 생태계가 가질 수 있는 생물량을 결정한다고 볼 수 있다.

토양: 토양의 물리적 안정성, pH, 질소나 인과 같은 무기질의 조성 등은 식물의 생장을 좌우할 수 있는 중요한 요인이다.

생물 개체는 다양한 환경을 접해도 체내환경을 큰 변화 없이 일정하게 유지할 수 있는 **항상성**(homeostasis)의 능력을 가진다. 즉, 생물은 능동적으로 생리적, 형태적, 행동적 과정을 변화시켜 항상성을 유지하고 있다. 예를 들어 **그림 25.1**에서 보는 딱정벌레는 주위 수분의 양이 급격히 변화하는 환경에서 항상성을 유지하기 위해 특이한 행동을 한다. 어떤 생물들은 주변의 온도, 염도 등 환경 변화에 스스로 자신의 몸과 생리적 기능을 적응하기만 하는데, 이런 생물들을 **순응자**(conformer)라고 부른다.

그림 25.1 수분 획득을 위한 노력.
서남아프리카의 나미브(Namib) 사막에 서식하고 있는 딱정벌레의 일종인 *Onymacris unguicularis*가 복부를 위로 쳐들어 주변 안개로부터 수분을 모으고 있다. 이렇게 모은 수분은 농축되어 방울이 되어 몸을 타고 내려와 입으로 들어간다.

환경 변이에 대한 반응은 단기적일 수도 장기적일 수도 있다. 여기서 단기적이란 개체가 짧게는 몇 분에서 길게는 살아가는 동안 환경 변화에 대처하는 방식을 말한다. 장기적이란 주어진 환경에 더욱 잘 적응하는 개체가 살아남아 이들만의 개체군이 만들어지는 **자연선택**(natural selection)의 과정을 의미한다.

일생동안 다양한 환경 변화에 반응하며 사는 생물들

생물은 하루 동안, 한 계절 동안 혹은 일생에 걸쳐 그 개체가 견딜 수 있는 범위 내의 변화에 대처하며 살아가고 있다. 생물들은 그렇게 대처할 수 있는 생리적, 형태적 그리고 행동 능력을 지니고 있는데, 이러한 능력들은 오랜 기간 특정 환경에 적응하며 정착된 자연선택의 결과이기 때문에 생물들이 자신이 서식하던 환경을 떠나 다른 환경에서 사는 것은 쉽지 않다.

많은 생물들은 생리적 조절을 통해 변화하는 환경에 적응한다. 사람들은 더우면 땀을 흘리고, 증발되는 수분을 통해 열을 방출하여 몸을 식힌다. 아주 높은 산에 올라가는 사람은 처음에는 낮아진 기압과 산소량 때문에 가슴이 두근거리고 구역질, 고열, 두통 등으로 고생하기도 하며, 정신이 혼미해지고 심한 경우 폐수종 등의 심각한 고산병을 경험하지만, 수일이 지나면 여러 가지 생리적 변화를 통해 차츰 괜찮아진다.

추운 환경에 서식하는 동물들은 일정한 체온을 유지하기 위해 에너지 소비를 최소화하도록 적응되어 있다. 포유동물에서 겉가죽은 겨울에 훨씬 두꺼워져 체온을 유지하는 단열 효과를 높인다. 그 실례로 늑대의 털은 여름보다 겨울에 3배 더 두꺼워지고, 단열효과는 2배 더 높아진다.

환경이 변화하면 동물들은 다른 서식처를 찾아 나섬으로써 부적절한 환경을 벗어날 수 있다. 열대 도마뱀류는 햇볕과 그늘 사이를 오가며 체온을 유지한다. 그러나 깊은 숲에 서식하는 도마뱀은 행동으로 체온을 조절하는 데 한계가 있기 때문에 주변 환경의 온도에 체온을 맞추는 **순응자**로 생활하게 된다.

이러한 행동적 적응이 매우 극단적인 경우도 있다. 북아메리카의 사막에 사는 빨판두꺼비는 매년 땅속 1 m 깊이까지 파고 들어가 9개월간 머무르며 대사율을 크게 낮춘 채 몸에 저장된 지방에 의존하여 산다. 습도가 높고 시원한 계절이 오면 땅속에서 나와서 번식을 시작한다. 새로 태어난 어린 빨판두꺼비는 신속히 성숙한 다음 다시 땅속으로 들어간다.

자연선택: 환경변화에 대한 진화적 적응과정

한 개체가 지닌 생리, 형태, 행동을 변화시키는 능력은 자연선택의 결과로 생긴 일종의 진화적 적응이다. 자연선택의 결과는 서로 다른 환경에서 사는 유연 관계가 깊은 비슷한 종들을 비교하면 확인할 수 있다. 이 경우 종들은 대개 특정 환경에 특별하게 적응되도록 진화되었음을 알 수 있다.

서로 다른 기후에서 사는 동물들은 여러 가지 차이를 보인다. 그 실례로 추운 기후에 사는 포유동물은 열손실이 일어나는 표면적을 줄이기 위해 귀나 다리 등 말단 부위가 짧아지는데, 이를 "**앨런의 법칙**(Allen's rule)"이라고 부른다. 서로 다른 기후에 사는 도마뱀들은 온도에 대한 생리적 적응 방식이 다르다. 사막 도마뱀의 경우 북유럽 도마뱀은 도저히 살 수 없는 고온에서도 아무렇지 않게 살 수 있지만, 북유럽에 사는 도마뱀은 사막 도마뱀이 절대로 다닐 수 없는 낮은 온도에서도 잘 다니면서 먹이를 잡아먹을 수 있다.

물이 거의 존재하지 않는 곳에 완벽하게 적응한 생물종들도 있다. 잘 알려져 있는 것처럼 낙타와 같은 사막의 동물은 물을 마시지 않고도 꽤 오래 걸을 수 있다. 믿기 어려운 일이지만 사막 기후에 적응한 개구리도 있다. 대부분의 개구리는 물이 쉽사리 투과할 수 있는 축축한 피부를 가지기 때문에 건조한 곳에서는 살지 못한다. 그러나 사막 개구리들은 특수 샘에서 왁스 물질을 분비하여 피부를 통한 수분 손실을 95%까지 막아내며 별 다른 물의 공급 없이 건조한 기후에 서식할 수 있다.

1.2 개체군: 특정 지역에 분포하는 단일종 집단

모든 생물들은 같은 시각 같은 지역에 존재하는 단일 종 개체들의 모임인 **개체군**(population)의 일원으로서 살아간다. 이 장에서는 개체군의 성장과 쇠퇴 그리고 그 속도에 초점을 맞추어 개체군의 특성에 대해 알아본다. 최근 몇 세기 동안 폭발적으로 증가한 인구 증가도 하나의 중요한 예가 될 것이다.

개체군이란 좁은 의미와 넓은 의미로 정의될 수 있다. 지구의 인구, 흰개미의 소화기관에 서식하는 원생생물의 집단, 어느 숲에 사는 사슴 집단 등을 모두 개체군으로 정의할 수 있다. 또한 개체군은 산악지대 호수에 서식하는 송어 집단에서처럼 경계가 분명한 경우가 있으며, 이 숲과 저 숲을 쉽게 뛰어다니는 사슴들에서 볼 수 있는 것처럼 그렇지 않은 경우도 있다.

개체군 생태학에서 중요한 3가지 특징은 (1) 개체군이 차지하는 범위, (2) 범위 내에서 개체군이 차지하는 분포 양상, 그리고 (3) 개체군의 크기와 시간에 따른 변화이다.

전 세계에 걸쳐 모든 서식지에 널리 분포하는 개체군은 절대로 존재할 수 없다. 대부분의 종은 제한된 지리적 범위 안에 국한되어 있으며, 어떤 종은 좁은 지역에서만 발견된다. 그 실례로 어떤 작은 잉어과 물고기는 미국 네바다주 남쪽에 있는 어느 한 작은 샘물에서만 발견되지만, 어떤 돌고래종은 전 세계의 모든 주요 바다에서 쉽게 발견된다.

생물은 사는 곳의 환경에 적응해야 한다. 북극곰은 북극의 저온에 견디도록 적응되어 있으며, 어떤 원핵생물은 옐로스톤 국립공원 온천의 끓는 물에서도 살 수 있다. 각 개체군은 특정 온도, 습도, 먹이 등이 서식에 필수인 조건들이며, 이러한 조건이 맞아야 번식하며 살 수 있다. 물리적 환경 요건뿐 아니라 다른 생물인 **포식자**(predators), **경쟁자**(competitors), **기생충**(parasites) 등도 개체군의 서식에 영향을 미칠 수 있다.

개체군의 분포 범위는 정적인 것이 아니라 시간이 지남에 따라 변화한다. 이 변화는 크게 두 가지 이유 때문에 일어나는데, 첫 번째 이유는 바로 환경 변화이다. 그 실례로 약 1만 년 전 빙하기 말에 빙하가 후퇴하면서 북아메리카의 여러 식물과 동물 개체군은 북쪽으로 확장하였다. 그와 동시에 기후가 따뜻해지면서 생물의 종들은 이들이 살기 적합한 고도로 이동하였다.

개체군은 이전에는 분포하지 않던 지역으로 분포 범위를 확장할 수도 있다. 예를 들면 쇠백로는 아프리카가 원산지인데,

그림 25.2 쇠백로의 분포 범위 확장.
쇠백로는 소나 발굽 달린 동물 등을 따라 다니면서 곤충이나 작은 척추동물을 잡아먹는데, 1800년대 후반 아프리카에서 남아메리카에 처음 이입되었다. 1930년대 이후 이 종은 계속 분포 범위를 서쪽으로 확장하다가 북쪽의 북아메리카로, 남쪽으로는 안데스 서부를 따라 남아메리카 남부까지 확장하였다.

1800년대 후반에 3,200 km나 되는 대서양을 횡단해 남아메리카 북부에 처음 나타났다. 이 조류는 강한 바람을 타고 대양을 건넌 것으로 추정되고 있는데, 그 후 계속 분포 범위를 확장하여 현재는 미국 대부분의 지역에서 발견되고 있다(**그림 25.2**).

인간의 활동으로 환경이 파괴되고 변화되면서 많은 종들은 서식지를 그들이 살지 않던 지역까지 확대해 나가고 있다. 반대로 종들의 이동이나 서식지 확대가 인간의 활동에 의해 방해받을 수도 있다. 또한 사람들이 특정 종을 이식하거나 이식된 종이 새로운 환경에서 빠른 속도로 번식하여 우점종이 된 예도 있다. 그 실례로 1896년 뉴욕에 도입된 찌르레기는 100년도 지나지 않은 1986년 조사 결과 미국 전역에 분포하는 것으로 나타났다. 수많은 동물과 식물 개체군이 인간의 손에 의해 자리 이동을 하고 그 예는 해마다 증가하고 있다. 불행하게도 이렇게 이입되는 개체군이 성공적으로 번성할수록 원래 그 지역에 있던 다른 종의 개체군이나 군집들은 점차로 쇠퇴해갈 수 밖에 없다.

개체들이 다른 지역으로 이동하는 방식은 여러 가지가 있다. 대륙에서 멀리 떨어진 외딴 섬에 사는 도마뱀들은 어떻게 그곳에 정착하였을까? 놀랍게도 알 자체가 물에 떠서 이주했거나 떠다니는 식물체가 알들을 그 섬으로 이주시킨 예도 있다. 포유류인 박쥐들은 날아서 외딴 섬에 정착할 수 있다.

식물의 종자는 대체로 분산에 아주 적합한 형태를 가지고 있는데, 바람을 타고 이동할 수 있는 종류가 있는가 하면, 동물의 가죽이나 깃털에 잘 붙어 멀리까지 이동할 수 있는 종류도 있다. 겨우살이의 경우 열매의 아래쪽이 터지면서 튕겨져 나가는 방식으로 분산할 수 있다.

종자가 아주 먼 지역까지 퍼지면서 새로운 곳에서 성공적으로 집단을 번성시킬 확률은 그리 높지 않지만 긴 시간을 고려한다면 이러한 방식으로 겨우 이주한 몇몇 종자들이 성공적으로 번성하여 현존하는 많은 식물의 분포를 만들었을 가능성은 충분하다.

1.3 개체군의 특성과 역학

시간이 흐르면서 개체군 역학적 특성은 여러 가지 요인에 의해 영향을 받게 된다. 그중에서 가장 중요한 요인은 성체와 어린 개체, 그리고 젊은 개체의 비율을 나타내는 연령 분포이다.

개체군통계학(demography)이란 개체군의 양적인 특성과 변화에 관해 통계적인 연구를 하는 분야이다. 시간에 따른 개체군 변화 양상은 하나의 개체군 전체를 포괄적 수준이나 개체군을 여러 부분으로 쪼개어 분석하는 두 가지 측면에서의 연구가 가능하다. 포괄적 수준에서 개체군의 특성을 알아보려면, 전체 개체군이 커 가는지, 작아지는지, 또는 일정한 상태로 유지되는지를 측정하는 것이 연구의 시작이 될 수 있다. 쉽게 말해 출생자 수가 사망자 수를 능가하면 개체군은 생장하고, 그 반대이면 줄어든다. 그러나 개체군을 여러 부분으로 쪼개어 살펴보고 싶다면 개체군을 연령별로 나누어 출생률과 사망률을 별도로 조사하는 방법을 취해야 한다.

개체군의 **성비**(sex ratio)는 개체군의 생장에 중요한 영향을 미친다. 한 개체군의 출생률은 보통 암컷의 수와 직접적인 관련이 있는데, 특히 하나의 수컷이 여러 암컷과 교배하는 일부다처 종의 개체군에서 출생률은 수컷의 수와는 별로 관련이 없고 암컷의 수가 매우 중요하게 작용한다. 이는 많은 수컷들이 암컷을 차지하기 위해 심한 경쟁을 하며, 일부의 수컷만이 암컷을 차지할 수 있는 특권을 누리기 때문이다. 이런 경우 수컷들은 끊임없이 경쟁에 의해 제거되기 때문에 성비는 암컷에 치우치는 경우가 많으며, 성비는 개체군의 변화에 별다른 영향을 미치지 않는다. 이와는 달리 **일부일처제**의 종에서는 수컷의 수적 감소가 직접 출생 수의 감소로 연결될 수 있다.

세대 기간은 한 개체의 출생과 그 자손의 출생 사이의 평균 간격으로 개체군 생장 속도에 중요한 영향을 준다. 종마다 세대 기간은 큰 차이를 보인다. 몸의 크기 차이는 세대 간의 차이를 어느 정도 설명해주기도 하는데, 코끼리의 한 세대는 대략 생쥐 100세대에 해당된다. 그러나 이런 관계는 항상 정확한 것은 아니며, 그 실례로 영원류는 생쥐보다 크기가 훨씬 작지만 세대 기간은 더 길다.

세대가 짧은 개체군은 세대가 긴 개체군보다 크기가 증가하는 속도가 빠르다. 이와 반대로 세대 기간과 수명은 보통 밀접하게 관련되어 있으므로 짧은 세대 기간을 가지는 개체군에서 출생률이 갑자기 감소한다면 크기가 빨리 줄어들 수도 있다.

다른 연령의 개체들의 상대적인 수에 의해 결정되는 연령구조

동일 연령의 개체들을 **동령군**이라고 부르며, 대부분의 종에서 한 개체가 생식하거나 사망할 확률은 연령에 따라 다르게 나타난다. 그 결과 한 개체군 내에서 각 동령군은 각기 다른 **출생률**(birth rate)과 **사망률**(death rate)을 갖는다. 출생률은 **생식력**(fecundity)과 동일한 의미로 단위 시간 내에 생산된 자손의 수로 나타낼 수 있으며, 사망률은 이 기간에 사망한 개체 수로 나타낼 수 있다.

각 동령군의 상대적 개체 수를 개체군의 **연령구조**라 한다. 서로 다른 동령군은 서로 다른 출생률과 사망률을 가지므로 연령 구조는 개체군의 생장 속도에 중대한 영향을 준다. 젊은 개체의 비율이 높은 개체군은 신속히 생장하는데, 여러 미개발 국가의 인구가 그 실례가 된다. 반대로 만약 한 개체군에서 상대적으로 늙은 개체들의 비율이 높다면 현재의 서부유럽 국가들이나 일본과 같이 개체군의 크기는 감소하게 된다.

생명표: 동령군의 생존률과 생식률

자연계에서 개체군이 어떻게 변하는지 평가하기 위해서 생태학자들은 **생명표**를 이용한다. 생명표는 출생부터 사망까지 한 동령군의 운명을 표로 나타낸 것으로 매년 태어나는 자손의 수와 사망하는 개체의 수를 보여준다.

대개의 경우 생명표 분석은 복잡한데, 이는 수명이 짧은 생물들을 제외하고는 마지막 개체가 사망할 때까지 한 동령군의 운명을 추적하기가 어렵기 때문이다. 이런 경우 각 연령군을 대상으로 별도의 조사를 하고 이를 나중에 통합하여 분석할 수는 있지만 세대가 긴 경우 개체군의 성장과 감소에 영향을 주는 요인이 많기 때문에 별도의 조사를 하더라도 해석이 복잡한 경우가 많다.

생존곡선

주어진 연령까지 생존하는 원래 개체군의 비율을 **생존율**이라고 한다. 개체군의 연령 분포 양상을 나타내는 한 가지 방법은 **생존곡선**(survivorship curve)을 이용하는 것으로 **그림 25.3**에서 보는 바와 같이 히드라는 모든 연령에서 개체들의 사망확률이 동일하여 생존곡선이 직선으로 나타난다(II형). 굴은 막대한 수의 자손을 낳고, 이 중 소수만 살아남아 생식하기 때문에 개체가 한번 살아남아 생식 연령에 도달하면 사망률은 매우 낮게 나타난다(III 형). 사람은 여러 동물과 원핵생물처럼 생식 이후에 생애의 마지막에 사망률이 급격히 높게 나타난다(I 형).

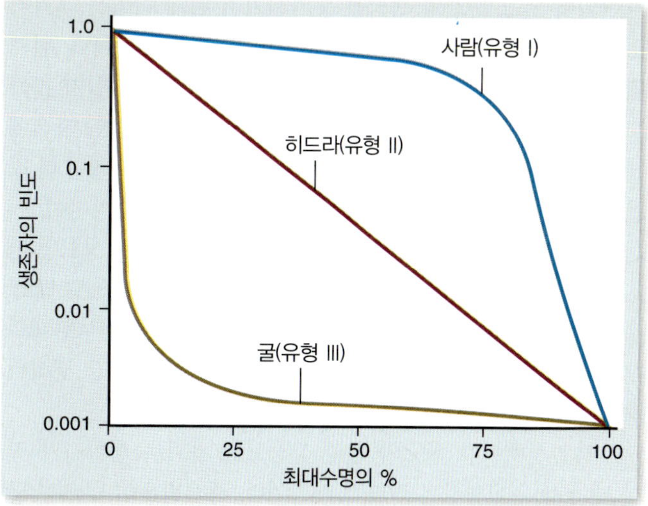

그림 25.3 생존곡선.
Y축의 생존자 빈도는 로그 값으로 표시한 것이며 이렇게 로그 값을 이용하는 것이 일반적이다. 인간은 유형 I, 히드라는 유형 II, 굴은 유형 III의 생활주기를 갖는다.

1.4 생활사와 생식 비용

자연선택은 다음 세대에 생존하는 자손의 수를 최대화할 수 있는 형질이 선택되는 진화적 과정을 의미한다. 이는 두 가지 요인에 의해 영향을 받는데, 첫째는 얼마나 오랫동안 살 수 있을까 이며, 둘째는 얼마나 많은 자손을 생산할 수 있을까 하는 것이다.

생물들이 태어나자마자 생식하고 많은 자식을 낳고, 모든 힘을 쏟아 새끼를 돌보는 일들을 쉬지 않고 하는 것이 과연 가능한 것일까? 그리고 쉬지 않고 포식자를 피하고, 먹이를 구하며, 다른 개체와 경쟁을 하는 것이 가능할까? 그에 대한 대답은 한 마디로 '아니오' 가 될 것이다. 왜냐하면 모든 개체들이 이렇게 하기에는 에너지로 쓸 수 있는 가용 자원이 많이 부족하기 때문이다. 따라서 모든 개체들은 가용 자원을 최대로 얻어서 이를 효과적으로 분배하여 생존과 생식에 이용하려 한다.

한 생물의 완전한 생활주기를 생활사(life cycle)라고 부르는데, 모든 생활사에서 절충이라는 것이 매우 중요하다. 자원은 제한되어 있고 현재의 생식을 증가시키기 위해 어떠한 투자가 있었다면 생존율과 장래의 생식은 당연히 감소될 것이다. 현재 많은 열매를 만드는 전나무는 현재의 생식은 성공적일지 몰라도 생장 속도는 느려지며, 생장 속도가 느려지는 바람에 장래에 생산할 솔방울의 수도 감소되게 된다. 이와 유사하게 매년 더 많은 자손을 생산하는 새는 그 해에 사망 가능성이 증가하며, 이듬해에 지금보다 더 적은 수의 알을 생산하게 될 가능성도 높아진다. 반대로 생식을 늦추는 개체는 생장 속도가 빠를 수 있고, 장래의 생식력이 높아질 가능성이 크다. 생태학자들은 현재의 생식 노력 때문에 장래의 생식 잠재력이 감소하는 것을 **생식비용**(cost of reproduction)이라고 부른다.

자연선택이란 최고의 번식 성공도를 가지는 생활사가 집단 내에서 우세해지는 진화적 과정이다. 생식비용이 낮으면 낮을수록 개체는 많은 자손을 생산할 수 있으며, 낮은 생식비용은 자원이 풍부해야 가능해진다. 전체 사망률이 높을 때도 생식비용은 낮아진다. 다시 말해 개체들은 다음 산란 시기까지 생존할 가능성이 낮으므로 현재의 생식 노력을 최대화하려 하고 이러한 생식 노력에 에너지를 쏟아 부어도 장래의 생존률은 크게 변하지 않는다는 것이다.

생식비용이 높을 때는 현재의 생식을 최소화하고, 생장과 생존율을 높임으로써 일생 중 후반부의 번식 성공을 높여 생애 평균 번식 성공도를 높이는 것이 가장 효율적인 방법으로 많은 동물들이 취하는 전략이다. 이러한 상황은 생식비용이 개체의 생존 능력에 심각하게 영향을 주고 장래 생산될 자손의 수를 감소시킬 경우에 일어나게 된다.

연령과 생식력 사이의 절충은 생활사에서 중요한 역할을 한다. 일년생 식물과 대부분의 곤충은 그들의 모든 자원을 단 한 번의 생식에 집중하고 바로 죽는다. 이러한 생활사를 **일회생식**이라고 한다. 이와 달리 여러 계절에 걸쳐 여러 번 자손을 생산하는 것을 **반복생식**이라고 한다.

연중 생식하는 종이 한 번의 생식에 과도한 투자를 한다면 이는 이 종의 생존과 미래의 생식 성공에 아주 나쁜 영향을 미치게 된다. 일회생식은 보통 수명이 짧고 생산된 자손의 생존률이 낮은 종에서 볼 수 있으며, 열악한 기후에 자라는 식물들은 대개 이런 생식을 한다. 예를 들어 산란을 위해 태평양에서 엄청난 에너지를 소모하며 강을 거슬러 올라가는 연어들처럼 한 번의 생식에 엄청나게 많은 손실이 수반되는 종에서는 일회생식이 적합한 전략이 될 수 있다. 한 번에 최고의 생식력을 위해 투자 가능한 모든 자원을 투입하였기 때문에 이런 종에서 반복생식이나 생식 후 오랜 생존을 기대하는 것은 무리이다.

포유동물이나 여러 동물 중에서 수명이 긴 종은 수명이 짧은 종보다 첫 생식이 다소 늦게 이루어진다. 생식은 일생 중 어떠한 과정보다 많은 자원 손실을 요구하는 과정이기 때문에, 이런 종에서 어린 개체들은 생식을 경험하기 전에 많은 다른 경험을 할 수 있다. 즉, 수명이 긴 동물에서는 생식보다는 생존과 성장에 투자되는 에너지가 앞선다고 말할 수 있다. 그에 비해 수명이 짧은 동물에서는 시간이 관건이며, 어린 개체의 경험보다는 신속한 생식이 더 중요하기 때문에 생식을 일찍 경험하게 된다.

1.5 개체군을 조절하는 요인

많은 요인들이 개체군의 크기가 시간이 흐름에 따라 변화하는 데 영향을 준다. 몇몇 요인들은 개체군의 크기와 상관이 있기 때문에 밀도의존적이라는 용어를 쓰기도 한다. 천재지변 등의 요인에 의해 개체군의 크기가 변화한다면 이는 밀도 비의존적이라고 할 수 있다. 많은 개체군은 크기의 증감을 주기적으로 접하게 되는데, 이는 밀도의존적 또는 비의존적 요인들의 상호작용에 따른 것이다.

개체군의 크기에 따라 생장 속도가 달라지는 것은 **밀도의존 효과** 때문에 나타난다. 개체군 크기가 증가하면 생식률이 감소하거나 사망률이 증가하고, 또는 두 가지 모두가 일어나는데, 이런 현상은 **음성 피드백**(negative feedback)이라고 한다.

개체군은 여러 가지 과정으로 조절되는데, 개체군이 환경수용력에 가까워지면 자원에 대한 경쟁이 치열해져 출생률이 감소하고 사망의 위험이 증가한다. 또한 개체군이 증가하면 포식자의 주의를 끌게 되어 사망률이 증가하고, 높은 개체군 밀도로 인해 환경에 독성 노폐물이 축적되게 된다.

행동의 변화도 개체군 생장 속도에 영향을 미치는데, 그 실례로 일부 설치류 종에서는 개체군이 생장하면서 반사회적이 되고, 더 많이 싸우고, 번식이 줄어들며, 스트레스 현상을 보인다. 이러한 행동 변화는 호르몬 작용의 결과인 것으로 추정되나 궁극적 원인은 아직 확실하게 밝혀지지 않고 있으며, 단지 자원이 부족한 상황에서 더 많은 자원을 차지하기 위한 적응 반응으로 설명되고 있다. 밀집된 개체군에서는 개체들이 더 좋은 조건을 찾아 다른 곳으로 이동하므로 개체군 생장 속도가 감소할 수도 있다.

모든 밀도의존성 요인들이 개체군 크기에 부정적 효과를 나타내는 것은 아니다. 어떤 경우에는 개체군 크기가 증가함에 따라 생장 속도가 증가하기도 한다. 이런 현상을 **알리 효과**(Allee effect)라고 부르는데, **양성 피드백**(positive feedback)의 한 실례가 된다. 알리 효과는 여러 가지 유형으로 나타나는데, 가장 뚜렷한 것은 보통 드문드문 분포한 개체들로 이루어진 개체군의 경우 배우자를 찾기가 무척 어렵지만, 개체군이 커지면서 이러한 문제를 어느 정도 해결할 수 있게 되는 것이다. 몇몇 종에서는 개체군이 커지면 포식자를 피하거나 생식에 유리하게 작용하는 경우들을 드물게 볼 수 있다. 알리 효과는 서식처 파괴나 남획 등으로 급격히 그 수가 감소하고 있는 멸종위기 종이 왜 회복하기 어려운지를 잘 설명해준다.

복잡한 상호작용을 반영하는 개체군 주기

어떤 개체군에서는 밀도의존성 효과가 개체군의 생장을 평형 상태에 이르도록 하는 것이 아니라 증감이 주기적으로 나타나도록 만드는 경우가 있다. 생태학자들은 1820년대부터 눈토끼 개체군의 주기를 연구한 결과, 눈토끼 개체군이 10년여 주기를 가지고 변하는 것을 발견하였다. 이 주기 내에서 개체군 크기는 대략 10배에서 30배까지 변동하는 것으로 나타났는데, 이 주기는 먹이 식물과 포식자의 두 가지 요인에 의해 만들어지는 것이었다.

먹이 식물: 눈토끼가 좋아하는 먹이는 버드나무나 자작나무의 작은 가지이다. 눈토끼 밀도가 증가하면서 이들 나무 가지는 감소하고, 눈토끼는 섬유질이 많은 열악한 먹이를 먹을 수 밖에 없게 된다. 그 결과 출생률이 낮아지고 어린 개체들의 생존률이 떨어질 뿐만 아니라 개체들의 생장 속도는 느려지게 된다. 또 눈토끼는 먹이를 찾는 데 더 많은 시간을 소비할 수밖에 없기 때문에 포식자에게 더 잘 노출될 수 있다. 그 결과 눈토끼의 수적 감소가 나타나고, 이에 반응하여 2~3년이 걸려 버드나무나 자작나무의 가지들이 다시 원상태로 무성하게 되는 것이다.

포식자: 눈토끼의 주요 포식자는 캐나다 시라소니이다. 시라소니 개체군의 변동은 눈토끼 개체군 변동 주기를 그대로 따른다. 눈토끼가 증가하면 시라소니도 따라서 증가하고, 눈토끼가 감소하면 시라소니도 감소한다.

어떤 요인이 **포식자-피식자**의 변동을 일으키는 것일까? 눈토끼의 증가가 식물의 과다 소비를 일으키는 것 때문일까(눈토끼-식물 주기), 아니면 시라소니 증가가 눈토끼의 과다 포획을 일으키는 것 때문일까(눈토끼-시라소니 주기)? 1992년의 크랩스(*C. Krebs*)가 캐나다의 유콘(Yukon; 캐나다 북부의 한 주) 지역에서 실행한 야외 실험이 그 해답을 보여주었다. 실험 지역에서 먹이 부족이 없도록 먹이를 추가하고 포식자를 제거하면, 눈토끼의 수는 10배로 증가하고 그 상태를 유지하며 주기가 없어졌다. 그러나 두 가지 요인 중 한 가지만 작용하도록 할 경우, 즉 포식자는 제거하고 먹이는 추가시키지 않거나, 먹이는 주고 포식자는 존재하도록 하면 주기는 다시 진행되었다. 따라서 두 가지 요인이 모두 주기에 영향을 주는 것이다.

1.6 인구 증가

사람은 적은 수의 자녀만 낳고, 생식을 늦게 하며, 양친의 양육의 강도가 높은 점 등의 특징을 가지고 있다. 인류 역사에서 인구는 식량, 질병, 포식자에 의해 조절되어 왔다. 홍수, 전염병, 가뭄 등 많은 외부 요인들이 인류 개체군 생장에 크게 영향을 주었지만, 전반적으로 개체군 크기는 역사 초기부터 완만하게 증가하였다. 2,000년 전 지구상의 인구는 약 1억 3,000만 명이었을 것으로 추산되고 있다. 이 수가 배로 되는 데 약 1,000년이 걸린 반면 다시 그 배로 된 것은 1650년으로, 이때 인구는 5억 명 정도로 16세기 동안 인구는 굉장히 완만하게 증가하였다.

1700년대 초부터 시작된 각종 기술의 발전으로 사람에게 식량은 더 이상 큰 문제가 되지 않게 되었고, 개발된 무기로 포식자를 제압할 수 있게 되었으며, 여러 가지 질병을 치료할 수 있는 능력도 갖추게 되었다. 동시에 주거지의 개발과 저장 능력 증진으로 기후의 불확실성까지 극복할 수 있게 되었다. 이러한 변화로 인류는 서식처의 환경 수용력을 확대시켜 로지스트형 생장의 억제로부터 벗어나 S자형 생장곡선의 **지수 생장기**(exponential phase)에 돌입하게 되었다.

인구 증가를 제한할 위협들이 없어지면서 인구는 지난 300여 년간 폭발적으로 증가하였다. 출생률은 연간 1,000명당 30명으로 변함이 없지만 사망률이 급격히 하락하여 1년에 1,000명당 20명에서 현재는 1년에 1,000명당 13명이 되었다. 이러한 출생률과 사망률의 차이로 미루어 연간 인구 증가율은 약 2% 정도이다. 현재는 1.2% 정도로 많이 줄어들었다.

연간 인구 생장 속도 1.2%는 그리 크다고 볼 수는 없으나, 문제는 70억에 이르는 현재의 인구이다. 현재의 생장 속도로 미루어 매년 7,800만 명이 새로 추가된다고 가정할 때, 58년 내에 지구의 인구는 현재의 배가 될 것이다.

인구 피라미드에서 볼 수 있는 출생률과 사망률의 추이

인구는 지금도 계속 빠르게 증가하고 있으나, 이 증가가 전 지구에서 균등하게 일어나는 것은 아니다. 아프리카나 아시아 그리고 중남미의 인구는 엄청난 속도로 증가하지만(**그림 25.4**) 유럽의 몇몇 국가의 인구는 감소하고 있다.

미래의 인구 증가 속도는 인구 피라미드(population pyramid)로 평가할 수 있는데, 이는 각 연령군의 인구 수를 막대그래프로 나타낸 것이다. 인구 피라미드는 성에 따른 인구의 연령 구성을 나타내며, 인구 피라미드에서는 대개 여성 노인이 남성 노인보다 수가 많은데, 이는 여성의 평균수명이 길기 때문이다.

인구 피라미드를 보면 통계적으로 출생률과 사망률의 추이를 예측해볼 수 있다. 일반적으로 직사각형 형태의 피라미드는 증가하지도 감소하지도 않는 안정된 상태를 보여준다. 삼각형 피라미드는 미래의 급격한 인구 성장을 의미하며, 역삼각형 피라미드는 출생률 감소로 빠른 인구 감소의 조짐이 있다고 말할 수 있다.

급격히 증가하는 지구의 인구는 아마도 우리 인간을 비롯한 지구의 모든 생물이 처한 가장 큰 도전이 될 것이다. 지구의 인구는 매년 7,800만 명씩 증가하고 있는데(5일에 100만명, 분당 150명), 특히 빠른 증가를 보이는 나라의 인구 증가는 무

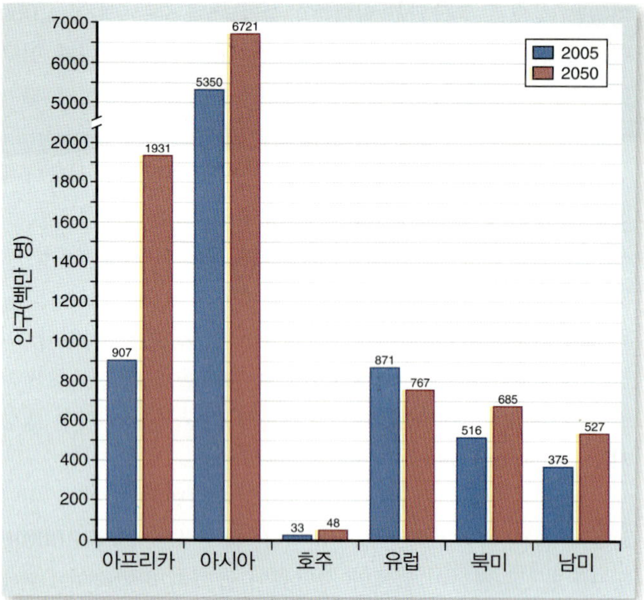

그림 25.4 2050년 예상되는 인구 성장.
대다수 선진국의 인구는 약간 증가하거나 그대로 머물 것이지만 대부분의 미개발 국가가 지구의 인구 증가를 주도하게 될 것으로 예측된다.

척 놀라운 수준이다(**표 25.1**). 인도의 인구는 2002년 10억 5천만 명 정도였는데, 2050년 경에는 16억 명을 돌파할 것으로 추정되고 있다.

인구 증가 문제의 핵심 요소는 국가 간의 불균등 분포이다. 1990년대에 추가된 10억 명 중에서 90%는 개발도상국에 살고 있으며, 선진국이 전체 인구에서 차지하는 비율은 점차 떨어졌다. 1950년대에는 세계 인구의 1/3이 선진국에서 살았으나, 1996년에는 그 비율이 1/4로 떨어졌고, 2020년에는 1/6로 떨어질 것으로 예상되고 있다. 세계 인구 증가의 중심은 인구 증가를 제어할 능력이 없는 국가에서 나타날 것으로 예상되기 때문에 문제가 더욱 심각하다.

표 25.1 2005년의 선진국과 개발도상국의 인구 자료 비교

	미국 (선진국)	브라질 (개발도상국)	에티오피아 (후진국)
출산율	2.1	1.9	5.3
현재 속도에서의 배가 시간(년)	75	65	29
유아사망률(신생아 1,000명당)	6.6	30	95
평균수명(년)	78	72	49
1인당 GNP(US$)	$40,100	$8,100	$800
15세 미만 인구(%)	21	26	44

개발도상국의 인구 증가는 이들 국가에서 빈부의 격차를 심화시키는 주요 요인이다. 오늘날 선진국에 살고 있는 인구는 약 19% 정도로, 이들의 1인당 국민 소득은 $22,060 정도지만 나머지 81%의 개발도상국이나 후진국 사람들의 1인당 평균 소득은 $3,580에 불과하다. 이들의 약 1/4 정도는 하루에 1달러 벌기도 벅찬 사람들이다. 지구에서 생산되는 에너지의 80% 정도가 선진국에서 소비된다는 사실로 미루어 보아 이는 심각한 불균형이다. 현재 69억 지구의 인구가 별 문제 없이 유지될 수 있을지 아무도 예상할 수 없다. 앞으로 인구는 더 증가할 것으로 생각되는데, 과연 그 많은 인구가 지구에서 버텨낼 수 있을까? 지구 생태계는 많은 인구 때문에 상당한 스트레스를 받고 있다. 지구의 수용 능력은 무한정 증가될 수 없으며, 이미 그 수용 능력이 한계점에 도달한 것 같다는 것이 학자들의 일반적인 지론이다.

현재 지구 전체 육지에서 만들어지는 생물학적 총생산량의 45%가 그리고 전 세계 담수의 절반이 인류를 위해 사용되지만 인류의 1/4~1/8 정도는 영양불량 상태이다. 1798년 멜서스(Malthus)가 그의 유명한 저서 '인구의 원리에 관한 논평(Essay on the Principle of Population)'에서 예측하였듯이 지구의 몇몇 지역에서는 사망률이 증가하고 있다. 예를 들어 아프리카 사하라 남쪽지역의 인구는 AIDS의 영향으로 현재의 13억 3천만에서 2025년에는 약 10억 5천만 명 정도로 21%의 인구가 감소할 것으로 예측되고 있다. 러시아 역시 질병 때문에 사망률이 급격히 증가할 것으로 예상되는 지역이다.

사망률의 급격한 증가를 막기 위해서는 출생률을 크게 감소시키는 것 말고는 별 다른 대책이 없다. 이렇듯 후진국들이 처한 어려운 상황을 개선하기 위해 전 세계적으로 출생률을 감소시키는 움직임이 벌어지고 있다.

지구의 인구 증가율은 1965년에서 1970년에 최고조를 이루어 2.0% 정도였는데, 2008년에는 많이 감소하여 약 1.2% 정도에 그치고 있다. 그러나 이미 지구에는 이미 엄청나게 많은 인구가 살고 있기 때문에 1.2%는 적지 않은 증가율이고, 이를 인구 수로 환산하면 매년 7천 8백만 명 정도가 새로 태어난다고 볼 수 있다. 이는 1960년대 매년 5천 8백만 명이 태어나던 시절에 비해서도 무척 많이 증가된 수치이다.

개발도상국의 소비 증가에 따른 지구 자원의 고갈

개체군의 크기는 사용 가능한 자원의 양을 결정하는 가장 중요한 요소이지만 1인당 사용량 또한 간과할 수 없는 요소이다. 이런 면에서 선진국에 있는 사람들은 인구 수가 많지는 않지만 세계의 자원의 대부분을 소모하고 있기 때문에 자원 사용에 관한 문제에 보다 많은 관심을 기울여야 한다. 실제로 세계 인구의 20%밖에 되지 않는 선진국 사람들이 전 세계 자원의 86%를 소비하고 있으며, 세계 이산화탄소 배출량의 53%에 대한 책임이 있다. 그에 비해 전 세계 인구의 약 20% 정도인

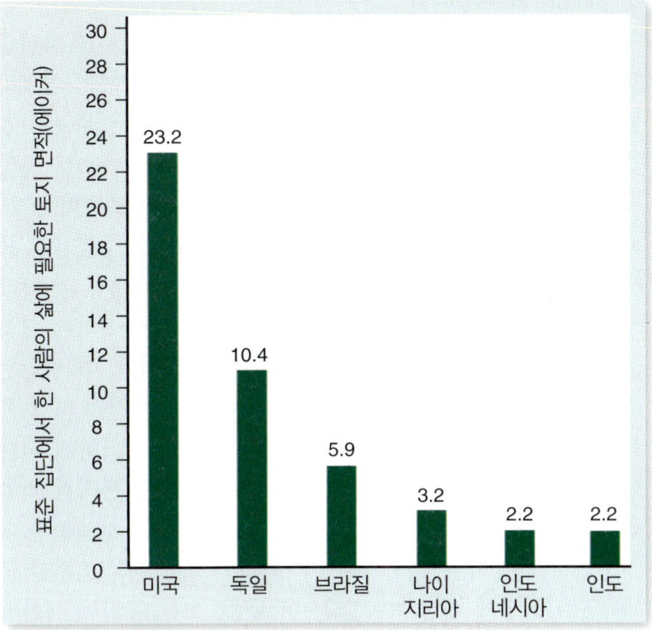

그림 25.5 국가별 생태 발자국 비교.
생태 발자국은 한 사람이 일생을 살기 위해 요구되는 식량 생산을 위한 토지 면적, 숲의 생산량, 거주지, 화석 연료 연소에서 발생하는 이산화탄소를 흡수하기 위해 필요한 숲의 면적 등을 의미한다.

최빈국들은 다 합쳐도 겨우 1.3%의 자원 소비량에 3% 정도의 이산화탄소를 배출할 뿐이다. 이는 선진국에서 태어날 아이들은 후진국에서 태어나는 아이들보다 향후 훨씬 더 많은 자원을 소비한다는 의미가 되기도 한다.

이러한 불균형을 수치화하는 방법은 **생태 발자국**(ecological footprint)을 측정하는 것인데, 이는 특정 인구가 그들의 표준 생활을 유지하기 위해 요구되는 생산지의 양을 의미한다. 이는 먹거리(동물과 식물) 생산에 필요한 토지, 삼림에서 얻을 수 있는 산물, 주거지, 화석 연료 때문에 방출되는 이산화탄소를 흡수할 수 있는 삼림의 크기 등을 모두 합쳐 토지 면적으로 환산한 값이다. **그림 25.5**의 그래프에서 보는 것처럼 미국 국민 1인당 생태 발자국의 크기는 인도의 1인당 수치의 10배가 넘는다.

이러한 측정법에 의거하여 많은 연구자들은 인간이 사용하는 자원의 양은 자연이 지속적으로 재생되며 공급할 수 있는 양의 약 1/3 정도 초과했다고 말하고 있다. 그에 부가하여 개발도상국의 생활수준이 향상되면 그들의 소비 역시 증가할 텐데, 그렇다면 앞으로 지구가 두 개 정도는 더 있어야 된다는 계산이 나오게 된다.

지속가능한 세상을 만드는 것이 우리 인류가 직면한 가장 시급한 과제이기 때문에 우리의 후세들이 누릴 삶의 질은 인구 증가의 감소와 1인당 자원 소비량에 달려 있다고 해도 과언이 아니다.

2 군집생태학

2.1 생물 군집

지구상의 거의 모든 장소는 종에 의해 점유되어 있다. 아마존의 열대 우림과 같은 지역에는 많은 종들이 분포하고 있으며, 옐로스톤에 있는 간헐천의 끓는 물에는 몇 가지 종들만이 분포해 있다. **군집**(community)이란 어느 특정 지역에 사는 종들을 일컫는 말이다. 군집은 그들을 구성하는 종들에 의해 또는 **종 풍부도**(species richness)나 에너지의 생산량을 나타내는 1차 생산력과 같은 특성들에 의해서 특징지어진다.

군집 구성원들 간의 상호작용으로 여러 가지 생태적, 진화적 과정이 일어난다. 포식과 상리공생 등과 같은 이러한 상호작용들은 개체군의 크기 증가나 감소와 같은 특정 종의 개체군 생물학과 생태계의 에너지와 영양분의 순환방식에 영향을 준다. 더욱이 군집의 내용은 여러 방식으로 한 종의 자연선택 양상에 영향을 주어 진화과정에 영향을 미치게 된다.

과학자들은 자세한 관찰이나 대규모의 실험과 같은 방법을 통해 생물군집을 연구한다. 어떤 경우에는 군집 전체를 조명하고, 어떤 경우에는 상호작용하는 몇몇 종들만을 주목한다. 과학자들이 가끔 사용하는 집합이라는 용어는 거미 군집과 같이 군집내의 하위 군집을 일컫는 말인데, 본 용어에서 종이란 전체 군집내에 속하는 한 부분만을 의미한다.

군집의 기본 구조와 기능을 보는 두 가지 관점이 있다. 군집에 대한 **개별적 개념**은 군집을 한 장소에 함께 공존하고 있는 종들의 단순한 집합으로 보는 관점이다.

그에 비해 군집에 대한 **총론적 개념**은 군집을 하나의 통합적 단위로 본다. 이 관점에서는 군집을 구성하는 종들이 동물의 몸에서 신장, 심장, 폐 등과 같이 함께 기능하는 기관으로 공진화하여 전체의 일부분으로서 기능하고 있는 초생물로 본다.

이 두 가지 관점은 시간과 공간을 통한 군집의 **보전성**(integrity)에 대하여 서로 다른 예측을 낳게 한다. 개별적 관점에서 보는 것처럼 군집이 종들의 조합에 지나지 않는다면 동일한 군집을 발견하는 것은 기대할 수 없다. 왜냐하면 종들이 각자의 독특한 생태적 요구에 따라 독립적으로 나타나거나 사라지게 되기 때문이다. 이와 달리 군집이 하나의 통합적 단위라고 본다면 거대한 환경 변화로 완전히 다른 군집으로 교체되기 전까지는 시간이나 공간과 관계없이 군집이 일정하게 존속되게 된다.

2.2 생태적 지위

생태계 내의 모든 생물은 살아가면서 여러 가지 도전에 직면한다. 어떤 생물이 생태계에서 차지하는 **생태적 지위**(niche)는 그들이 살고 있는 환경 내의 자원을 이용하는 모든 방법의 총합이다. 한 종의 생태적 지위는 공간 이용, 먹이 소비, 온도대, 짝짓기를 위한 적절한 조건, 수분 요구량 등의 여러 가지 요소로 설명될 수 있다.

때때로 다른 종들이 있거나 없기 때문에 생물 종들은 그 지역의 모든 생태적 지위를 차지하지 못한다. 종들은 다양한 방법으로 다른 종들과 상호작용을 하는데, 그 방법은 긍정적일 수도 있고, 부정적일 수도 있다. 일반적으로 두 종이 동일한 자원을 서로 이용하려고 시도하는 현상을 **종간 경쟁**이라고 한다. 이 경쟁은 두 종이 이용하기에 충분한 자원이 없을 때 같은 자원을 이용하기 위해 싸우는 것이다. 자원을 둘러싼 싸움을 **간섭 경쟁**이라고 하며, 공동 자원을 소비하는 경쟁을 **소비 경쟁**이라고 한다.

기본 생태적 지위와 실제 생태적 지위

생리적 내성 한계와 자원 요구에 따라 한 종이 이용할 수 있는 전체 생태적 지위를 **기본 생태적 지위**라고 하고 두 종이 실질적으로 차지할 수 있는 지위를 **실제 생태적 지위**라고 부른다. 종간 상호작용으로 한 종의 실제 생태적 지위는 기본 생태적 지위보다 훨씬 작게 나타난다.

캘리포니아 대학의 코넬(Connell)은 스코틀랜드의 해안에 살고 있는 두 종의 따개비 사이에서의 종간 경쟁을 조사하였다. 따개비는 유생이 자유 유영하는 갑각류로 유생은 유영하다가 적당한 부착 지점을 찾아 부착하여 그 지점에서 평생 살아간다. 코넬이 연구한 두 종의 따개비 중 조무래기따개비는 간조 시 노출되는 얕은 물에 서식하고, 북방따개비는 간조 시에도 노출되지 않는 조하대 부위에 서식한다. 이러한 지역에서는 살 수 있는 공간을 얻기가 매우 어렵다. 물이 깊은 부위에서는 북방따개비가 조무래기따개비를 바위에서 떨어뜨리거나 경쟁에서 항상 앞서게 되는데, 이는 **간섭 경쟁**에 따른 것이다.

경쟁 외의 과정은 종의 실제 생태적 지위를 제한할 수 있다. 예를 들면 워트라는 식물은 캘리포니아의 방목장에 도입된 이후 딱정벌레에 의해서 조절되기 전까지는 광범위하게 퍼져 나갔다. 그러나 딱정벌레가 들어오게 되면서 그 식물의 개체군 크기는 급격하게 감소하였고, 지금은 딱정벌레가 번창하여 살지 못하는 그늘이 있는 장소에서만 그들을 찾아볼 수 있다. 이 경우 포식자의 존재는 식물의 실제 생태적 지위를 제한한 것이다.

어떤 경우에는 다른 종의 부재가 더 작은 실제 생태적 지위로 이끌 수 있다. 많은 북아메리카 식물들은 곤충에 의한 수분에 의존하며, 미국 농업을 위한 곤충의 수분의 가치는 일년에 20억 달러 이상으로 추정되고 있다. 하지만 수분하는 개체군들은 현재 몇 계절 동안 감소하고 쇠퇴하였다. 환경보호가들은 이 곤충들이 서식지에서 사라진다면 많은 식물 종의 실제 생태적 지위는 감소하거나 전체적으로 사라질 것을 염려하고 있다. 이러한 경우에 다른 종의 부재가 비교적 작은 실제 생태적 지위의 원인이 된다.

러시아의 생태학자 가우스(Georgii Gause)는 1934년과 1935년에 3종의 짚신벌레를 대상으로 경쟁에 대하여 연구하였다. 이 짚신벌레들은 시험관 안의 배양액 속에서 세균과 효모를 먹으며 자란다. 그러나 *P. aurelia*와 *P. caudatum*을 동일 시험관에서 배양하면, 항상 *P. caudatum*은 멸종하고 *P. aurelia*만 살아남는데, 그 원인은 *P. aurelia*가 경쟁자인 *P. caudatum*보다 한정된 자원을 더 잘 이용하여 6배나 더 빨리 성장하기 때문이다. 이는 **소비 경쟁**의 실례이다. 이러한 실험을 통해 가우스는 **경쟁 배타**의 원리를 창안하였다. 이 원리는 만약 두 종이 한정된 자원을 두고 경쟁한다면 자원을 더 효율적으로 이용하는 종이 다른 종을 그 지역에서 제거하게 된다는 이론으로 자원이 한정되어 있을 때는 동일한 생태적 지위를 갖는 어떤 두 종도 함께 공존할 수 없다는 것을 보여준다.

가우스는 다른 실험에서 *P. caudatum*을 제3의 종인 *P. bursaria*와 함께 배양했다. 그는 이 두 종 모두 공급이 제한된 세균을 먹기 위해 경쟁할 것이고, 그가 이전에 했던 실험에서와 마찬가지로 한 종이 이기는 결과가 나올 것으로 예측했다. 그러나 예상과는 달리 각 종은 시험관 내에서 먹이 자원을 분배하면서 살아갈 수 있었다.

경쟁에 따른 자원분배

자원 분배는 대개 같은 지리적 지역을 차지하는 유사한 종들 사이에서 나타난다. 이러한 **동소종**(sympatric species)들은 서식지 내 다른 구역에 살거나, 서로 다른 먹이나 다른 자원을 이용하면서 경쟁을 피한다(**그림 25.6**). 이 자원 분배 양상은 초기엔 유사했던 종들이 경쟁 압력을 줄이기 위해 자연선택으로 자원 이용에서 분화된 결과로 여겨진다.

동일한 서식지를 차지하는 두 종이 다른 서식지를 차지하는 같은 종보다 형태와 자원 이용에서 뚜렷하게 차이나는 경우가 많다. 동소종 사이에서 차이나는 경우가 많다. 동소종 사이에서 차이가 뚜렷하게 나타나는 **형질치환**은 서식지를 분할하기에 용이한 기작으로 자연선택되어 왔다고 볼 수 있고, 그 결과 경쟁이 감소된다. 핀치새 두 종은 이소적일 때 부리 크기가 서로 유사하고, 두 종이 동소적인 섬에서는 각각의 부리 크기가 다르게 되었는데, 한 종은 큰 종자를 먹기에 적합하게, 그리고 다른 종은 작은 종자를 먹기에 적합하게 진화되었다.

2.3 포식-피식의 상호관계

포식(predation)은 어떤 생물이 다른 생물을 소비하는 것을 의미하며, 포식에는 표범이 영양을 잡아먹는 것부터 사슴이 봄에 풀을 뜯어먹는 것 등이 모두 포함된다.

실험적 개체군인 짚신벌레를 잡아먹는 포식자 디디늄을 실험실 조건에 놓아두면 피식자인 짚신벌레를 모두 잡아먹고

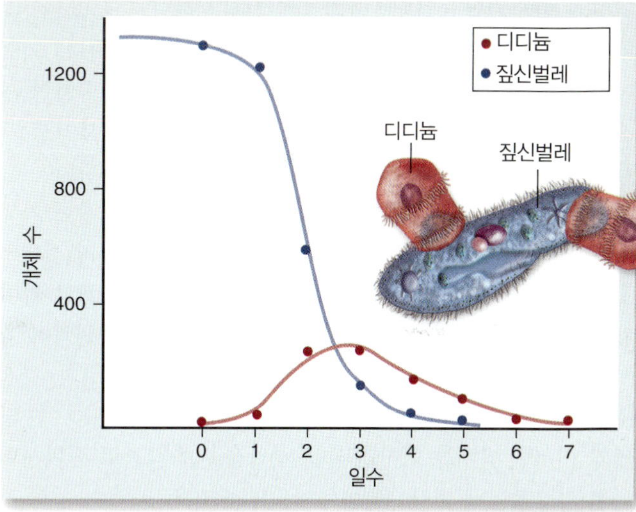

그림 25.7 실험관 안의 포식자와 피식자.
짚신벌레(*Paramecium*) 개체군이 들어 있는 시험관에 디디늄(*Didinium*)을 넣으면 처음에 디디늄은 증가하고 짚신벌레는 계속적으로 감소한다. 그러나 짚신벌레 개체군이 사라지고 나면 디디늄 개체군도 사라진다.

a. b. c. d.

그림 25.6 동소적 도마뱀류의 자원 분배.
카리브 섬에서 도마뱀류(*Anolis*종)를 조사한 결과 이들은 여러 방법으로 서식지에서 자원을 분배하는 것으로 나타났다. ***a.*** 어떤 종은 나무의 수관부를 이용하며, ***b.*** 다른 종은 주변의 나뭇가지를 이용하고, ***c.*** 어떤 종은 나무 몸통의 밑부분을 이용하며, ***d.*** 어떤 종은 개활지의 초원을 이용한다. 두 종이 나무의 동일한 곳을 이용할 때는 서로 다른 크기의 곤충을 잡아먹으며, 온도에 따라 미서식처(microhabitat)를 나누어 생활한다. 예를 들면 한 종은 그늘에서만 살며, 다른 한 종은 햇빛이 쪼이는 곳에서만 살아간다.

나서 먹을 것이 없게 되면 자신도 죽고 만다(**그림 25.7**). 그러나 짚신벌레를 위한 은신처를 제공하게 되면 낮은 수치이지만 멸종하지는 않는다. 낮은 수의 짚신벌레 개체군은 먹이로 디디늄이 부족해져 포식자 개체군의 감소를 야기하는데, 이러한 일이 발생하면 포식자 개체군은 복구될 수 있다.

자연계에서 포식자는 대개 피식자 개체군에 큰 영향을 준다. 그러나 앞의 예에서와 같이 상호작용은 두 가지 방향으로 나타난다. 피식은 포식 개체군의 역동성에 영향을 미치게 되며, 이러한 상호작용의 결과는 복잡하고 다양한 요인에 따라 달라진다.

사람이 포식자를 한 지역에 넣어주거나 제거할 때 그 영향이 크게 나타난다. 예를 들면 미국 동부에서 대형 육식동물을 제거했을 때, 흰꼬리사슴 개체군이 폭발적으로 증가해 식생이 파괴된 적이 있다. 그와 유사하게 미국 서해안에서 해달이 멸종 수준으로 감소되었을 때, 성게 개체군이 폭발적으로 증가하였다.

그와 반대로 쥐, 개, 고양이를 섬에 유입되어 토종 동물상의 파괴가 일어나는 것이 세계적으로 알려져 있다. 그 실례로 갈라파고스 군도의 여러 섬에 쥐, 개, 고양이를 유입시키자 거북이는 멸종 위기에 처하게 되었다. 이들이 거북의 알과 어린 새끼들을 잡아먹었기 때문이었다. 유사하게 뉴질랜드에서는 몇몇 종의 새들과 양서류가 쥐에 의해서 박멸되어가고 있다. 뉴질랜드 근처에 있는 스테펜 섬에서 멸종한 굴뚝새는 등대를 지키던 고양이들에 의해 잡아먹힌 것이다.

포식의 역할에 대한 고전적인 예로는 19세기 호주의 프리클리 페어 선인장을 들 수 있다. 포식자의 부재로 선인장은 급격하게 확산되었고, 1925년에 1천 2백만 헥타르의 방목장은 빠져나갈 수 없는 가시로 인해 소떼 목장 운영이 힘들게 되었다. 선인장을 조절하기 위해, 1926년에 아르헨티나의 자연 서식지로부터 포식자인 나방이 도입되었다. 1940년 선인장 개체군은 크게 줄었으며, 현재는 작은 개체군으로 나타난다.

포식은 피식자 개체군에 강한 **선택압**을 가하며, 잡힐 가능성을 줄여주는 형질은 강하게 선택된다. 이러한 형질의 선택은 포식자 개체군의 적응을 불러일으킨다. 이와 같은 식으로 방어 효율을 높이는 자연선택과 포식 효율을 높이는 자연선택이 함께 **공진화**(coevolution)를 일으킨다. 공진화적인 무기 경쟁(arms race)은 포식자와 피식자들이 지속적으로 보다 나은 방어와 이러한 방어를 피하는 좋은 수단을 지속적으로 진화시키면서 공진화하게 된다.

초식동물에 대한 식물의 방어

식물은 초식동물로부터 자신을 방어하기 위한 여러 가지 기작을 발달시켜 왔다. 그중 가장 뚜렷한 것은 가시나 바늘 모양의 돌기 등과 같은 형태적 방어이다. 분비샘, 끈적끈적한 말단부 등을 가진 식물의 털은 초식 곤충의 접근을 막는다. 잔디 같은 식물들은 잎에 규소를 침적시켜 단순히 먹기에 너무 질기게 만듦으로써 스스로를 보호한다.

형태적 적응만큼 중요한 것은 화학적 방어인데, 식물에서 널리 발생되는 화학적 방어는 훨씬 더 광범위하다. 식물은 초식동물과 싸우기 위해 놀라운 화학적 적응을 나타낸다. 그 실례로 최근의 연구에서 애벌레에 의해 공격당한 야생 담배 식물은 공기에 특정 화학물질을 방출하는데, 그 공기는 애벌레를 먹이로 하는 곤충 종들을 불러들여 애벌레들을 공격하게 한다는 사실이 밝혀졌다.

초식동물에 저항하기 위한 식물의 화학적 방어로 가장 잘 알려져 있는 것은 2차 화합물이다. 이는 주요 대사과정의 구성요소인 1차 화합물과 구별된다. 많은 식물과 조류는 구조적으로 다양한 2차 화합물을 포함하고 있으며, 이것들은 대부분의 초식동물들에게 독성을 가지거나 곤충 유충의 정상적인 성장을 방해한다. 결과적으로 대부분의 초식동물들은 이러한 화합물을 가진 식물들을 피하는 경향이 있다.

배추과 식물은 겨자기름이라는 화학물질을 만드는데, 이 물질은 겨자, 양배추, 무, 양고추냉이 등과 같은 식물의 자극성 향과 맛을 낸다. 사람들이 즐기는 이 맛은 많은 곤충들에게는 독이 있는 화학물질의 존재를 알리는 신호가 된다. 그와 유사하게 박주가리과와 협죽도과 식물은 유액을 만들어내는데, 이 유액에는 독성이 있어서 초식동물들이 먹는 것을 방지하게 한다. 그에 부가하여 이 식물들은 척추동물의 심장에 유독한 영향을 끼치는 강심성 배당체를 포함하고 있다.

일부 초식동물들은 특정 종류의 2차 화합물로 보호받는 식물군에서 산다. 이러한 초식동물들은 특정 식물을 아무 탈

a.

b.

그림 25.8 초식 곤충과 숙주.
a. 배추흰나비(*Pieris rapae*)의 초록색 애벌레는 은폐색을 가진다. 식물은 겨자기름으로 초식동물에 대항하지만 이 애벌레는 겨자기름을 분해할 수 있다. ***b.*** 배추흰나비 성체.

없이 먹을 수 있어서 이 식물들을 독점적인 먹이원으로 이용한다. 예를 들어 배추흰나비의 유충은 겨자기름을 함유하는 식물들을 독점적으로 먹을 수 있다(**그림 25.8**). 그와 유사하게 왕나비의 유충은 박주가리나 개정향풀 등을 먹는다.

포식자에 대한 동물의 방어

2차 화합물이 풍부한 식물을 먹고 사는 동물은 다른 이익을 얻는다. 예를 들면 왕나비 유충은 박주가리를 먹은 후 이 식물의 초식동물 방어 물질인 강심성 배당체를 분해하지 않고 이를 지방체에 농축시켜 저장한다. 유충 단계에서 축적된 이 물질은 성체는 물론 다음 세대의 알에게까지 전달되기 때문에 포식자로부터 보호받을 수 있다. 새가 왕나비를 먹으면 곧 토하게 되며, 이런 경험을 갖게 된 새는 왕나비의 특징인 오렌지와 검정색깔의 형상을 가진 모든 곤충을 피하게 되는 것이다. 어떤 종의 새는 보호하는 화학물질을 참아내는 능력이 있도록 발달하기도 한다. 이들은 왕나비를 먹는다.

동물들은 몸의 방어를 위해 여러 가지 자극적 물질들을 사용한다. 벌, 나나니벌, 육식성 노린재류, 전갈, 거미 등의 절지동물은 자신을 방어하고 먹이를 죽이기 위해 화학물질을 사용한다. 그에 부가하여 해양동물, 독사, 도마뱀, 어류 등에서도 여러 가지 화학적 방어 방법이 진화해 왔다.

독을 뿜는 열대 개구리는 피부가 밝은 색을 띠며, 피부 점막에는 알칼로이드 독소가 들어 있다(**그림 25.9**). 이 알칼로이드 독소는 개구리를 먹으려 하는 동물들에게는 혐오스럽고 치명적인 것이다. 또한 이 독소는 매우 유독하여 소량을 주사해도 사람이 죽을 수 있다. 200여종 이상의 알칼로이드가 이러한 개구리에서 추출되었고, 일부는 신경근 연구에 중요하게 이

그림 25.9 척추동물의 화학적 방어.
중남부 아메리카의 삼림에 풍부한 Dendrobatidae과의 개구리는 척추동물에게 매우 유독하다. 이 개구리류는 화려한 색으로 자신이 유독하다는 사실을 알린다. 포식자는 본능과 학습으로 이러한 화려한 색깔의 개구리류를 먹지 않는다.

그림 25.10 은폐색과 형태.
이 자벌레(*Necophora quernaria*)의 유충은 나뭇가지와 구별하기 힘들다.

용되고 있다. 그와 유사하게 해양동물, 독성 있는 파충류, 조류, 현화식물들은 암이나 다른 질병을 이겨내기 위한 새로운 약물의 발견 혹은 항생물질로의 이용을 위해 연구가 진행 중이다.

박주가리를 먹는 곤충들은 대개 밝은 **경고색**(warning coloration)을 띠어 독이 있음을 나타낸다. 선명한 체색은 포식자에게 독과 침이 있음을 알리는 동물의 일반적인 특징이며, 화학적 방어 전략이 없는 동물은 화려한 색을 띠지 않는다. 이들은 **보호색**(cryptic coloration)을 이용하여 주위 환경과 조화를 일으켜서 포식자로부터 몸을 숨긴다(**그림 25.10**). 보호색을 가진 동물들은 대개 무리지어 살지 않는다. 이는 발견된 한 개체가 다른 개체의 존재를 알리는 단서가 될 수 있기 때문이다.

뮬러 의태

다른 종류의 의태로 **뮬러 의태**(Mullerian mimicry)가 있다. 뮬러 의태는 독일의 생물학자 뮬러(Fritz Muller)의 이름에서 딴 명칭으로, 뮬러는 이런 종류의 의태를 1878년에 처음 보고하였다. 뮬러 의태에서는 유연관계가 없으나 보호를 받는 여러 가지 동물이 모두 독이 있거나 위험하다면 포식자가 이를 회피하는 학습을 신속히 하므로 서로 이익을 얻는다. 베이츠 의태나 뮬러 의태에서 의태종과 모델은 모양뿐만 아니라 행동도 유사해야 한다. 가령 나나니벌과 유사한 여러 가지 곤충들은 나나니벌처럼 이리저리 활발하게 날아다닌다.

2.4 군집내 종들의 상호작용의 유형

군집을 이루어 함께 사는 식물, 동물, 원생생물, 균류, 그리고 원핵생물들은 수백만 년 이상 계속 변화하고 서로 적응해 왔다. 예를 들어 많은 현화식물의 특징은 동물에 의한 식물의 배우자 분산과 관계를 맺고 발달해 왔다(**그림 25.11**). 동물들도 마찬가지로 그들이 찾는 꽃으로부터 먹이나 다른 자원을 효율적으로 얻을 수 있는 특징을 발달시켜 왔다.

장기간의 상호작용과 관련된 공생

공생(symbiosis)은 공진화의 한 유형으로 둘 이상의 생물이 상호작용하면서 거의 영구적인 관계를 갖게 되는 경우를 일컫는다.

지의류(lichens)는 공생의 대표적인 예로 균류가 녹조류나 남세균과 연합하여 공생하고 있는 경우이다. 식물의 뿌리와

그림 25.11 박쥐에 의한 수분.
여러 가지 꽃들은 화분을 옮겨주는 다른 종들과 공진화하였다. 곤충 이외에 새, 박쥐, 주머니쥐, 그리고 도마뱀 등이 일부 식물 종들의 수분매개자 역할을 한다.

균류와의 연합인 균근도 공생의 예이다. 균류는 식물의 특정 영양분의 흡수를 돕고, 식물은 균류에게 탄수화물을 제공한다. 콩과식물의 뿌리에 공생하여 대기 중의 질소를 고정하는 뿌리혹박테리아는 숙주식물이 공기 중의 질소를 이용할 수 있게 해준다.

공생의 유형은 (1) 한 종은 이익을 얻으나 상대 종은 이익이나 해가 없는 **편리공생**, (2) 두 종 모두 이익을 얻는 **상리공생**, (3) 한 쪽은 이익을 얻으나 상대방은 해를 입는 **기생**으로 구분된다.

편리공생

편리공생(commensalism)은 한 종은 이익을 얻으나 상대방 종은 다치거나 도움을 받지도 않는다. 자연계에서는 가끔 한 종이 다른 종에 달라붙는 경우를 볼 수 있다. 예를 들면 **착생식물**은 다른 식물의 가지에 부착하여 자란다. 이 경우 숙주식물은 해가 없는 반면, 착생식물은 이익을 얻는다. 그 실례로 스페인 이끼는 남아메리카에 있는 나무에 붙어 있다. 이 식물과 이 속의 다른 것들은 파인애플나무에서 햇빛을 받기 위해 자란다. 그러나 그들은 나무에 해를 입히지는 않는다.

그와 유사하게 따개비와 같은 해양동물들은 고래와 같은 동물에 의해 다른 장소로 운반된다. 이러한 종을 "운반자"라고 부르며, 이들은 한 장소에 정착되는 것보다 움직이는 동물에 부착하여 살 때 포식자로부터 더 많이 보호를 받고 새로운 먹이원에 도달하기 쉬워진다. 숙주의 이동으로 얻게 되는 높은 물의 순환은 착생 종에게는 매우 중요한 의미를 가지는데, 만약 기생종의 개체가 크게 증가하더라도 숙주 종은 여기에 영향을 받지 않는다.

가장 잘 알려진 편리공생의 예 중의 하나는 소형 열대어류와 말미잘의 관계이다. 말미잘에 접근하는 다른 어류는 말미잘의 촉수가 쏘는 공격을 받지만 이 소형 어류는 촉수 사이에서 살며 숙주가 먹다 남은 먹이 부스러기를 먹고, 말미잘은 특별한 손해를 입지 않는다.

육상에서는 소나 영양 등의 초식동물과 이들의 몸에 앉는 새 사이에서 편리공생을 볼 수 있다. 이 새들은 숙주의 몸에 있는 기생충이나 다른 곤충을 쪼아 먹으면서 산다.

공생의 경우 숙주가 이익을 얻는지 또는 아무런 이익이 없는지를 알아내기 어려워 편리공생과 상리공생의 구분이 모호한 경우가 많다. 말미잘은 그 촉수로부터 제거된 음식물의 일부를 취함으로써 이익을 얻을 수 있는데, 이는 다른 먹이원을 용이하게 사냥할 수 있기 때문이다. 그와 유사하게 초식동물 군집과 이삭을 먹는 조류 사이에 편리공생적 관계가 성립한다고 생각되지만, 이는 실제로는 상리공생의 한 예이다. 포유류는 기생충을 보유하고, 다른 곤충들은 그 몸에서 제거함으로써 이익을 얻게 된다. 하지만 조류는 먹이원을 얻음으로써 이익을 얻게 된다.

상리공생

상리공생(mutualism)은 종 사이의 공생관계에서 두 종 모두 이익을 얻는 것으로, 생물군집의 구조를 결정하는 데 중요한 역할을 한다.

상리공생의 대부분의 사례들은 현화식물과 이 식물을 찾는 동물 사이에 발생하는데, 거기에는 곤충도 새도, 심지어 박쥐도 포함한다. 현화식물의 진화 과정에서 꽃의 특징은 꽃의 화분매개자의 특징과 연계하여 진화한다. 동시에 특정 종류의 꽃으로부터 음식 혹은 다른 물질을 확보하기 위한 **화분 매개자**의 특성 변화로 인해 화분매개자의 특징도 변하게 되었다.

상리공생의 다른 사례는 개미와 진딧물에서 찾을 수 있다. 진딧물은 살아 있는 식물체의 체관부로부터 체액을 취하는 소곤충이다. 그들은 일정량의 자당과 일정 부분의 양분을 체액으로부터 취하는데, 많은 양을 그들의 항문을 통하여 배출한다. 어떤 개미는 이들 분비물을 취하는데, 이로 인해 진딧물을 보호하게 된다.

상리공생이 아닐 수도 있는 상리공생

아프리카에서도 개미와 아카시아의 상리공생이 발견된다. 케냐에는 여러 종의 아카시아 개미가 있으며, 하나의 나무에는 한 종의 개미만 서식한다. 그중 한 종은 다른 두 종과의 경쟁에서 열세인데, 이 종은 다른 종의 개미가 침입하는 것을 막기 위해 다른 나무의 가지와 접촉할 수 있는 아카시아의 가지를 잘라서 침입자가 건너오지 못하게 한다. 이 행동은 개미에게는 이익을 주지만 나무에게는 해를 입힌다. 꽃이 생산될 조직을 파괴해 나무의 생식을 방해하기 때문이다. 이 경우는 원래 상리공생의 관계로 시작된 진화가 기생의 관계로 변형된 것이라고 볼 수 있다.

기생

기생(parasitism)은 피식자에게는 해롭고, 기생생물에게는 이익이 있는 경우를 일컫는다. 많은 경우에 기생충은 숙주를 죽이기 때문에 기생의 생태적 효과는 포식과 유사하다고 볼 수 있다. 과거에 기생은 생물 개체나 개인이나 그들이 살고 있는 개체군에 영향을 주는 것으로 연구되었다. 그러나 최근에는 기생이 군집의 구조에 중요한 요소가 될 수 있다는 것이 밝혀지고 있다.

한 생물의 표면에서 기생하는 기생자를 외부 기생생물이라고 부른다. 외부 기생은 동물과 식물에서 모두 잘 알려져 있다. 포식 **기생충**은 살아 있는 숙주에 알을 낳는 곤충이다. 포식기생은 나나니벌에서 흔하며, 나나니벌의 유충은 숙주의 몸을 먹고 자라며 죽이기도 한다.

동물의 몸속에서 기생하는 동물은 **내부 기생생물**(endoparasite)이다. 내부 기생은 일반적으로 외부 기생보다 더 특수화된 양상을 보인다. 기생생물과 숙주의 생활이 밀접히 연관되어 있을수록 기생생물은 형태적으로나 행동적으로 더 많은 변이를 일으키며 진화하는 것으로 여겨진다. 생물의 몸속은 외부보다 훨씬 안정된 환경을 유지하는데, 그 결과 내부 기생자의 몸은 보통 단순화되어 있어 불필요한 구조나 무기가 소실되어 있다.

생태적 과정에서의 상호작용 효과

지금까지 종들 사이의 상호관계에 대해 살펴보았는데, 자연계에서는 보통 한 가지 이상의 상호작용들이 동시에 나타난다. 많은 경우 다른 상호작용이 작용할 경우 한 가지 상호작용은 수정되거나 거꾸로 작용하기도 한다.

자원이 제한될 때 우세한 경쟁자는 다른 종을 군집에서 제거하게 된다. 그러나 포식자는 경쟁 종들의 개체 수를 감소시켜 이와 같은 경쟁 배타를 막거나 크게 약화시킬 수 있다. 하나의 군집내에서 포식자는 한 종 이상의 동식물을 먹고 산다. 이 때 포식자의 먹이 선택은 부분적으로 피식자의 상대적인 수에 따라 달라진다. A종이 흔할 때 포식자는 A종을 먹고 살지만, A종이 희귀해지면 B종을 먹고 살게 된다. 그와 유사하게 주어진 피식 종은 더 풍부하게 증가하는 종에 대한 초기의 먹이 원천이 될 것이다. 그 결과 우세 경쟁 종은 다른 경쟁 종보다 압도적으로 많아지지는 않게 된다.

한 종이 다른 종과 직접적인 상호작용을 하지는 않지만 제3의 종과의 상호작용을 통하여 간접적으로 영향을 주는 경우도 있는데, 이러한 영향을 **간접 효과**(indirect effect)라고 부른다. 예를 들어 앞에서 언급한 사막의 설치류는 종자를 먹는데, 이 군집의 개미들도 종자를 먹기 때문에 양자는 경쟁할 것으로 예측할 수 있다. 그러나 사육장에서 설치류를 모두 제거하고 다시 돌아가지 못하게 하면, 개미 개체군은 처음에는 증가하다가 나중에는 감소한다. 설치류는 대형 종자를 맺는 식물에 경쟁적으로 우세하다. 따라서 설치류 제거는 여러 가지 대형 종자를 맺는 식물의 증가를 일으키고 개미가 먹는 소형 종자를 맺는 식물의 감소를 일으킨다. 따라서 개미에게 주는 설치류의 영향은 복잡한 것으로 자원 경쟁으로 직접적이고도 음성적인 효과를 일으키기도 하고, 식물의 경쟁을 통해 간접적이면서 양성적인 효과를 일으키기도 한다.

군집의 구성에 특별히 강한 영향을 주는 종을 **핵심종**(keystone species)이라고 부른다. 불가사리와 같은 포식자는 한 종의 피식자가 독점하지 못하도록 하여 군집내 종 다양성을 유지시키는 핵심종의 역할을 한다.

여러 가지 다양한 종류의 핵심종이 있다. 몇몇 종들은 새로운 서식지를 만드는 방법으로 환경을 변경시킬 수 있다. 그 실례로 비버는 계류의 흐름을 변화시킨다(**그림 25.12**). 악어는 호수 바닥에 깊은 구멍을 파서 가뭄 때 이 구멍에만 물이 고여 수생동물이 살아남게 만든다.

그림 25.12 핵심종의 예.
비버는 댐을 만들어 연못의 흐름을 바꾸어서 다양한 식물과 동물 종들을 위한 새로운 서식지를 만든다.

2.5 생태적 천이, 교란 그리고 종 풍부도

한 지역의 기후가 계속 일정해도 군집은 점점 복잡해져 가는데, 이 과정을 **천이**(succession)라고 부른다. 이 과정은 증가하는 종에 의해 빈터나 나무가 없는 곳이 천천히 점령되어 가는 과정을 일컫는다.

삼림이 벌채된 후 그대로 두면 식물은 점차 그 지역을 메워간다. 기존의 군집이 교란되었으나 토양은 남아 있는 지역에서 나타나는 이와 같은 천이를 **2차 천이**이라고 한다.

그에 비해 **1차 천이**는 바위처럼 생물이 없는 불모지에서 시작된다. 1차 천이는 빙하의 퇴조 후 남은 호수, 해양에서 솟아오른 화산섬이나 빙하 퇴조로 드러난 육지 등에서 시작된다.

빙하가 물러간 뒤에 일어나는 1차 천이는 다음과 같다. 토양의 pH는 바위 속의 탄산염 때문에 염기성이고 질소 농도는 낮다. 이러한 조건에서 자랄 수 있는 최초의 식물은 지의류이다. 지의류는 산을 분비하여 암석을 부수고 pH를 낮추며, 토양입자가 생기게 만든다. 그 후 새로 생긴 토양에 이끼가 자라게 되며, 이끼는 토양에 양분을 축적시켜서 오리나무속 관목이 자랄 수 있는 조건을 만들어준다. 대기 중의 질소를 고정할 수 있는 공생 세균을 가지는 오리나무류는 100여 년이 지나는 동안 토양에 질소를 축적하고, 낙엽이 분해루 토양의 pH는 더욱 낮아진다. 이 상태에서는 가문비나무가 번창하게 되고, 결국에는 오리나무류를 몰아내고 울창한 가문비나무숲을 이루게 된다.

천이의 원인

천이(succession)는 어느 한 종이 서식지를 변화시켜 다른 종들이 살기에 좋은 상태를 만들기 때문에 일어난다. 천이 과정에는 다음과 같은 세 가지 동적 개념이 있다.

1. **정착:** 천이 초기에는 특징적으로 불모지에서 견딜 수 있는 선택을 하는 잡초 식물이 생육한다.
2. **촉진:** 초기의 잡초는 다른 식물이 서식할 수 있도록 서식처 변화를 일으킨다.
3. **억제:** 한 종에 의한 서식지 변화는 다음 천이단계를 위한 종의 생육을 억제한다.

천이가 진행되면서 한 군집의 동물의 종도 변화한다. 이는 식생이 변화하고 종마다 요구하는 서식처의 종류가 다르기 때문에 생긴다.

한 가지 뚜렷한 예는 크라카토 섬에서 볼 수 있는데, 이 섬은 1883년에 화산 폭발로 생물상이 완전히 파괴되었다. 폭발 후 화산재뿐이었으나 그 후 식생이 유입되고 빠른 천이가 시작되었다. 폭발 후 이듬해에 소수의 풀이 나타났고, 15년이 지나지 않아 해안 식생이 형성되었으며, 안쪽은 조밀한 초원을 이루었다. 1930년에 섬 전체는 숲으로 덮히게 되었다.

크라카토의 동물상은 식생과 함께 변화하였다. 폭발 9개월 후 발견된 동물은 거미 한 마리뿐이었으나, 1908년에는 3일 동안의 조사로 200종의 동물이 발견되었다. 대부분의 초기 동물은 초원에 서식하는 종들이었으나, 나무가 우점하면서 초원에 서식하는 종들이 사라지고 숲에 서식하는 종으로 교체되었다.

동물 종의 천이는 식생의 천이에 의해 일어났지만 동물 군집의 구성 변화가 역으로 식물의 출현에도 영향을 주었다. 특히, 동물에 의해 분산되고, 수분을 하는 식물은 해당 동물이 나타나기 전까지는 이 섬에 출현하지 않았다.

교란

전통적으로 많은 생태학자들은 생물군집은 **평형**(equilibrium) 상태에 있어 사람이나 자연에 의해 교란되어도 신속히 원래의 상태로 복귀한다고 생각해왔다. 이러한 안정성은 대개 종간 경쟁 과정 때문이라고 여겨졌다.

최근에 이러한 생각은 재고되고 있으며, 과학자들은 기후 변화(climate changes), 종의 침입(species invasions), 교란(disruption) 등으로 군집은 계속 변한다고 인식하게 되었다. 그 결과 많은 생태학자들은 안정보다는 변화를 강조하는 **비평형** 모델을 중요시하게 되었다. 특히 군집 구조의 결정에 대한 교란의 역할에 대한 연구가 집중되고 있다.

교란은 광범위하거나 국지적일 수 있다. 산림의 화재나 가뭄, 홍수 등과 같은 심한 교란은 넓은 지역에 영향을 준다. 동물도 심한 교란을 일으킬 수 있다. 집시나방은 나뭇잎을 모두 소비하여 산림을 황폐화시킬 수 있다. 규제되지 않은 사슴 개체군은 폭발적으로 성장할 수 있으며, 과도하게 방목된 사슴들은 그들이 사는 산림을 파괴시킬 수 있다. 한편 국지적 교란은 나무가 넘어지거나 동물이 땅을 파서 구멍을 만들고, 식물을 뿌리째 뽑거나 하는 등에서와 같이 작은 지역에만 영향을 미칠 수 있다.

교란이 한 지역의 종 다양성을 높이는 경우도 있다. **중간 교란 가설**에 의하면 적당한 수준의 교란을 받은 군집은 교란이 거의 없거나 많은 군집보다 종 다양성이 높아진다는 것이다.

이러한 양상을 일으키는 요인은 두 가지로 나타나는데, 첫째로 적당한 교란을 받은 군집에서는 여러 가지 천이 단계의 서식처가 존재하기 때문에 종의 다양성이 높아진다. 전체 지역 내에서 모든 범위의 종이 있기 때문에 종 다양성이 높다. 예를 들면 가끔씩 발생하는 간헐적인 교란의 패턴은 다른 종의 침입을 허용하여 열대우림에서 간격을 제공한다. 결국 거주하는 종의 간격은 천이과정을 통해 진행될 것이다. 한 나무는 다른 나무로 교체되고, 지붕처럼 우거진 나무가 다시 간격을 점유할 때까지 우점하지만 산림에서 연령의 차이가 다양하면 다양한 다른 종들은 공존할 것이다.

둘째로 적당한 수준의 교란은 군집이 천이의 최종 단계에 도달하는 것을 막아서 소수의 우점종이 다른 종을 밀어내는 것을 막아주게 된다. 그러나 과도한 교란은 군집이 계속 초기 천이 단계에 머물게 해서 종의 다양성이 낮게 유지된다.

3 동적 생태계

3.1 생지화학적 순환

생태계(ecosystem)는 특정 장소에 상호작용하며 사는 모든 생물과 생물이 사는 무생물 환경으로 구성된다. 생태계는 본질적으로 물질과 에너지 흐름이 다양하게 나타나는 동적 체계이다. 여기에서는 생태계의 물질부터 알아본다.

물질이 생물학적 과정을 거치는 동안 탄소와 산소와 같은 원자는 결합하여 새로운 화합물을 형성하고, 그 화합물들은 분해되어 이용된다. 지구에는 근본적으로 생물학적으로 중요한 정해진 수의 원소들이 분포해 있는데 이 원자들은 재순환된다.

생물체는 토양, 대기, 다른 생물체 이전에 있던 원자로부터 그들의 몸을 구성한다. 생물체가 죽게 되면, 이 원자들은 다른 유기체에 의해 이용되거나 무생물적 환경으로 돌아간다. 물질을 구성하는 원자들의 순환 때문에 우리의 몸은 살아 있는 동안 한때 줄리어스 시저(Julius Caesar)나 클레오파트라(Cleopatra)가 지녔던 탄소나 산소 원자를 가질 수도 있다.

다양한 화학 성분의 원자들은 **생지화학적 순환**(biogeochemical cycles)을 통해 생태계 내에서 이동하는데, 이는 화학적 성분의 순환이 생물학적 유기체와 과정뿐만 아니라 무생물적인 지질계와 그 과정도 포함한다는 것을 말해준다. 그리고 몇 초로부터 천년이라는 시간으로의 다양한 시간 규모에서 일어나는 과정도 포함한다. 생지화학적 순환은 생태계와 그 밖까지 포함하는 다양한 공간 규모에서 일어나는 과정을 포함하는데, 그 순환은 종종 생태계의 경계를 넘어 서로 교차되기도 한다. 그 실례로 한 생태계는 다른 생태계와 연계하여 탄소를 내보내거나 받아들일 수 있다.

여기에서는 물과 함께 몇몇의 주요 성분의 순환에 대해 알아본다. 또한 산림 생태계에서 일어나는 생지화학적 순환의 예도 알아본다.

생태계에서 유기물의 기반이 되는 탄소 순환

탄소는 생물의 주요 구성 물질이다. 왜냐하면 탄소원자는 모든 유기화합물의 틀을 형성하는 데 기반이 되기 때문이다. 사람 몸무게 중 20%가 정도가 탄소이다. 매일매일의 생태계의 동적인 상태에서 이산화탄소(CO_2)는 생물의 무생물적 환경에서 가장 중요한 탄소 구성 화합물이다. 이산화탄소는 대기의 0.03%를 차지하고 있는데, 이것은 대기가 약 7조 5천억 톤의 탄소를 포함한다는 의미이다. 수서 생태계에서 이산화탄소는 물과 반응하여 중탄산염(HCO_3^-)을 형성한다.

그림 25.13에서 보는 것처럼 **탄소 순환**(cabon cycle)은 복잡하지 않다. 육상 생태계에서 식물과 광합성 생물들은 그들을 구성하는 탄소를 포함한 유기화합물을 합성하기 위해서 이산화탄소를 활용하는데, 이 과정을 **탄소 고정**이라고 부른다.

동물들은 광합성 생물의 섭취를 통해 유기화합물을 흡수하여 탄소원자를 사용함으로써 그들 자신의 조직을 만든다. 광합성 생물과 동물들은 그들이 사는 동안 **유기 세포호흡**을 통해 유기화합물을 분해함으로써 에너지를 획득하면서 CO_2를 생성한다. 부패하는 생물체들 역시 CO_2를 생성한다. CO_2 형태로 돌아간 탄소원자는 새로운 유기화합물을 합성하기 위해 다시 광합성에 사용될 수 있다.

수서 생태계에서 탄소 순환은 기본적으로 육상과 유사하지만 무기 탄소가 수중에 용존 CO_2와 중탄산염(HCO_3^-)의 형태로 존재하며, 이들은 조류와 수중식물의 광합성을 위해 탄소의 원천으로 이용된다.

미생물은 **무기 세포호흡**에 의해 유기화합물을 분해하여 전 지구적인 탄소 순환에 관여한다. 그 실례로 메탄을 만드는 미생물인 메타노겐은 CO_2 대신에 메탄가스를 생성한다. CH_4의 주요 원천은 습지 생태계로 습지 생태계에서 메타노겐은 산소가 없는 침전물 속에 살며, 대기 속으로 들어가는 메탄은 비생물적 CO_2로 산화되지만 산소가 없는 상태에서는 CH_4가 장시간 동안 없어지지 않고 계속 남아 있게 된다.

전 지구적인 탄소 순환에는 오랜 시간이 걸리는데, 그중 일부 순환은 다른 순환들보다 더 빠르게 진행된다. 이러한 속도의 차이는 연도별로 비교해보면 미미한 수준으로 한 해 동안 유기화합물이 분해되어 나오는 CO_2의 양은 새로운 유기화합물이 합성될 때 사용되는 CO_2의 양과 거의 같다.

그러나 이러한 차이가 여러 해 동안 지속된다면 조금의

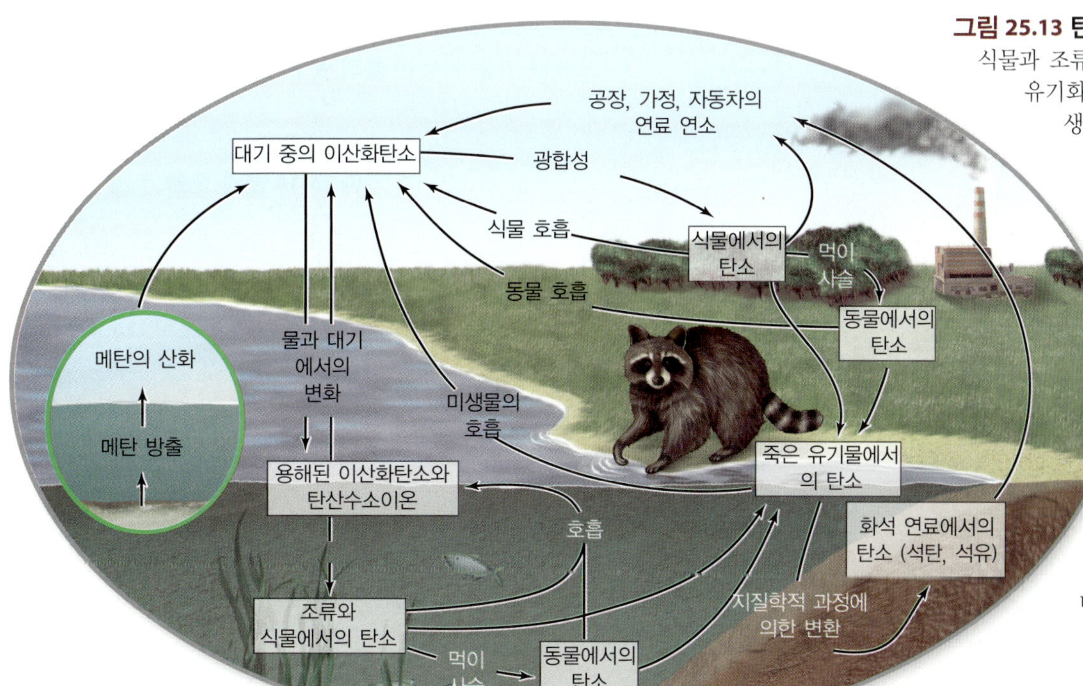

그림 25.13 탄소의 순환. 식물과 조류는 광합성을 통해 탄소를 유기화합물의 형태로 포획한다. 생물의 호흡과 인간의 연료 소비에 의해 탄소는 이산화탄소(CO_2)나 탄산염 이온(HCO_3^2) 형태로 되돌아간다. 산소가 없는 연못 바닥의 진흙 속에 사는 미생물인 메타노겐(methanogens)은 메탄(CH_4) 가스를 생성하여 대기 중으로 방출하며, 이 메탄가스는 무생물적으로 이산화탄소로 산화된다(녹색 원으로 표시).

차이들이 커다란 결과를 초래할 수 있다. 현재 지구의 석탄 매장량은 지질시대 동안에 형성되었다. 셀룰로오스와 같은 유기 화합물은 그들이 분해되는 것보다 더 빨리 합성되어 축적되었고, 그들은 지질학적 과정에 의해서 변형되었다. 대부분의 과학자들은 세계의 석유 저장도 이러한 방법으로 만들어지게 된 것으로 믿고 있다.

인류에 의한 화석 연료의 사용은 탄소 순환에 큰 불균형을 가져다주었다. 화석 연료의 사용으로 인해 화석 연료에서 수백만 년이 걸려 축적된 탄소는 급격하게 대기로 돌아가게 되는데, 그 결과 대기 위쪽의 CO_2의 농도가 상승하고, 이는 **지구 온난화**(global warming)의 원인이 되고 있다.

육상 생태계에서의 물의 이용성

그림 25.14에서 보는 물 순환은 모든 생지화학적 순환 중에서 가장 중요한 순환이다. 모든 생명들은 물에 의존하며, 쉬고 있는 상태에서도 물 없이 생존할 수 있는 생물체들도 물 없이는 살아남을 수 없다. 성인의 몸은 몸무게의 60%가 물로 이루어져 있다. 생태계에서 이용 가능한 물의 양은 종종 산림과 사막의 차이에 의해 표현되는 것과 같이 그곳에 존재하는 생물체의 다양성과 양을 결정한다.

생지화학적 순환의 유형들은 독특한 특징을 가지는데, 물 순환의 독특한 특징은 물은 화합물로 원소가 아니기 때문에 합성되고 분해될 수 있다는 것이다. 물은 무기 세포호흡이 진행되는 동안 합성되며, 광합성 동안 화학적으로 분해된다. 이러한 과정의 비율은 일반적으로 동일하기 때문에 결과적으로 생물권을 통해 순환하는 물의 양은 상대적으로 일정하게 유지된다.

물 순환의 핵심 부분은 지구 표면에서 액상(liquid)의 물이 대기 중으로 증발하는 것이다. 액체에서 기체로의 변화에는 열에너지가 요구되는데, 이는 태양 복사열이 지구 표면에 도달할 때보다 급격하게 증산 작용이 일어나는 원인을 설명해준다.

증발(evaporation)은 해양, 호수, 강의 표면에서 직접 발생하지만 지구상의 생태계에서는 물의 약 90%가 식물의 증산 작용을 통하여 대기로 증발된 것이다. 교목, 초본류 그리고 다른 식물들은 뿌리를 통해 토양으로부터 물을 얻으며, 그 물은 잎과 다른 표면을 통해 증발되는데, 그러한 과정은 증산이라고 부른다.

물은 증발되어 대기 중의 다른 가스처럼 대기 중에 가스 상태로 존재하지만 액체 형태로 다시 응축될 수 있다. 수증기의 응축은 작은 물방울과 결정이 되어 구름을 형성하고, 물방울과 결정이 충분히 커지면 그들은 눈이나 비로 지구 표면으로 떨어진다.

하천, 호수, 연못에서 보는 표층수 외에 눈에 잘 띄지 않는 물로 지하수가 있는데, 지하수는 **대수층**이라고 부르는 바위, 모래, 자갈로 이루어진 투과성의 지하층에 형성된다. 많은 지역에서 지하수는 물의 주요 저장고이다. 미국의 경우 담수의 95% 이상이 지하수이다. 지하수는 위층과 아래층의 두 개의 층으로 구분된다. 지하수 중 위쪽의 갇혀 있지 않은 부위는 지하수면을 이루며 식물이 이용할 수 있는 물로 하천을 이루게 된다. 아래쪽의 갇혀있는 물은 일반적으로 인간에 의해 끌어올려지기 전에는 지상으로 올라올 수 없는 물이다. 지하수면은 토양을 통해 침투하는 강수나 연못, 호수, 시내 등에서 아래로 스며드는 물로 보충된다. 깊은 곳에 있는 대수층의 물은 지하수면으로부터 천천히 보충된다. 지하수는 지표수에 비하여 훨씬 천천히 흐르고, 장소에 따라 하루에 수 mm에서 1 m 정도를 흐르는 경우도 있다.

오늘날 인류 활동은 **물의 순환**을 심하게 변화시켜 생태계

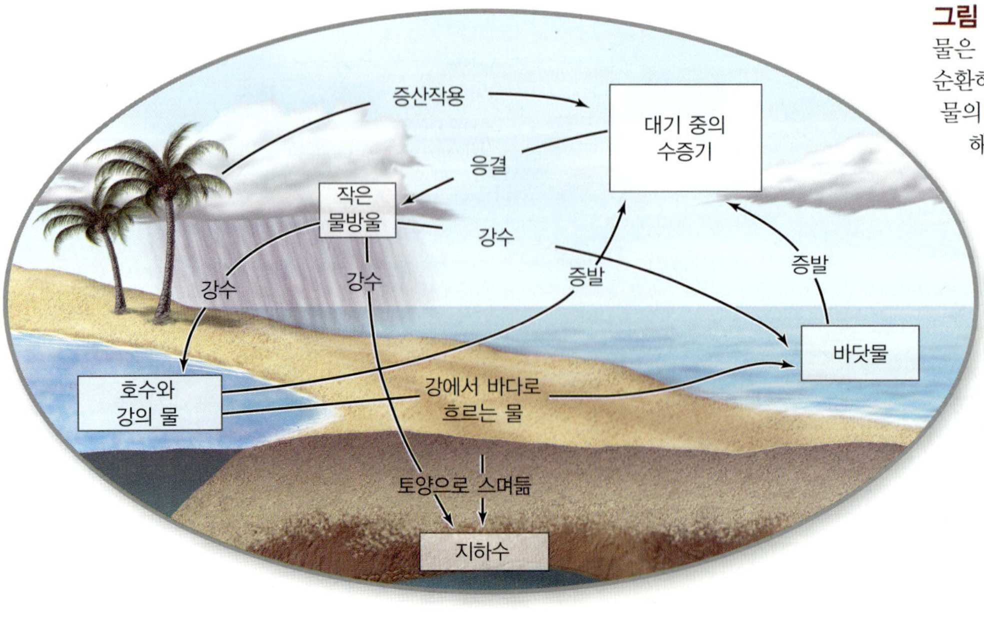

그림 25.14 물의 순환. 물은 지구상의 대기로부터 지표면으로 순환하며, 그 역으로도 순환한다. 태양은 물의 증발에 필요한 많은 에너지를 제공해준다.

를 완전히 바꿀 수 있다. 그 하나의 실례로 벌채에 의한 열대우림의 변화를 들 수 있다. 열대우림과 같은 밀도가 높은 산림 생태계에서는 수분의 90% 이상이 식물에 의하여 흡수되고 대기로 증산된다. 열대우림 속의 매우 많은 식물들이 이러한 작용에 의해 식생은 국부적 강우의 원천이 되는데, 식물들이 자신이 필요로 하는 비를 만드는 셈이다. 식물에서 대기로 나간 수분은 비의 상태로 다시 지표면으로 되돌아오지만, 삼림이 벌채되면 물 순환이 파괴되면서 수분은 대기로 돌아가지 않게 된다. 물은 구름으로 올라가서 산림으로 다시 떨어지는 대신 바다로 유출되어 버린다. 오늘날 이러한 변화가 많은 열대우림 지역에서 일어나고 있다. 그 실례로 20세기에 들어와 브라질의 넓은 지역에서 우거진 숲이 반건조 사막으로 변하여 원래 서식지에 살던 고유 동식물 종들이 없어진 것을 들 수 있다.

질소고정 미생물에 의존하는 질소순환

질소는 모든 단백질과 핵산 등의 유기화합물의 구성 성분으로 단백질 무게의 16%는 질소이다. 많은 생태계에서 질소는 생물체가 필요로 하는 원소들 중 비교적 적게 요구되는 화학 원소이지만 대기의 78%를 질소가 차지하고 있다.

대기에는 많은 양의 질소가 포함되어 있지만 모든 식물과 동물들은 기체 상태의 질소가스(nitrogen gas, N_2)를 사용할 수 없다.

동물에서 궁극적인 질소 원천은 식물이나 조류 혹은 다른 미생물에 의해 합성된 질소함유 유기화합물들이다. 예를 들면 초식동물들은 식물이나 조류를 먹고 아미노산으로 소화하여 자신이 필요한 단백질을 합성한다.

식물과 조류는 그들의 조직과 단백질을 합성하기 위해 다수의 간단한 질소함유 화합물을 사용한다. 그중 흔하게 이용되는 두 가지 질소원은 암모니아(NH_3)와 질산염(NO_3^-)이다. 앞에서 살펴본 것처럼 원핵 미생물은 암모니아와 질산염을 대기에 있는 질소분자(N_2)로부터 합성할 수 있다. 이로 인해 대기의 질소기 식물과 조류가 이용할 수 있게 된다(**그림 25.15**). 또 다른 원핵생물은 NH_3와 NO_3^-를 생물이 직접 이용할 수 없는 N_2로 전환한다. 이러한 미생물의 두 가지 활동의 균형이 식물과 조류의 질소 접근 가능성을 결정해준다.

N_2로부터 질소 화합물의 합성은 **질소고정**으로 알려져 있다. 이 과정에서의 첫 번째 단계는 N_2로부터 NH_3의 합성이다. NH_3가 합성된 후, 다른 원핵 미생물들은 그 일부를 NO_3^-로 산화시키는데, 이러한 과정을 **질화작용**(nitrification)이라고 부른다.

인간은 농지와 잔디에 비료를 사용함으로써 지구의 질소 순환을 빠르게 변화시키고 있다. 비료에 포함된 고정된 질소는 질소가스로부터 산업적으로 만들어진 암모늄염과 같이 작물이 이용할 수 있다. 비료의 생산으로 인간은 토양과 지하수에 고정되는 질소가스 양의 2배에 해당하는 양의 질소를 사용하고 있다.

육상 생태계와 수서 생태계의 인의 순환

인은 모든 생물에서 많은 양이 요구되는 원소로 **핵산**, 세포막의 **인지질** 그리고 **ATP**와 같은 화합물의 구성분이 된다.

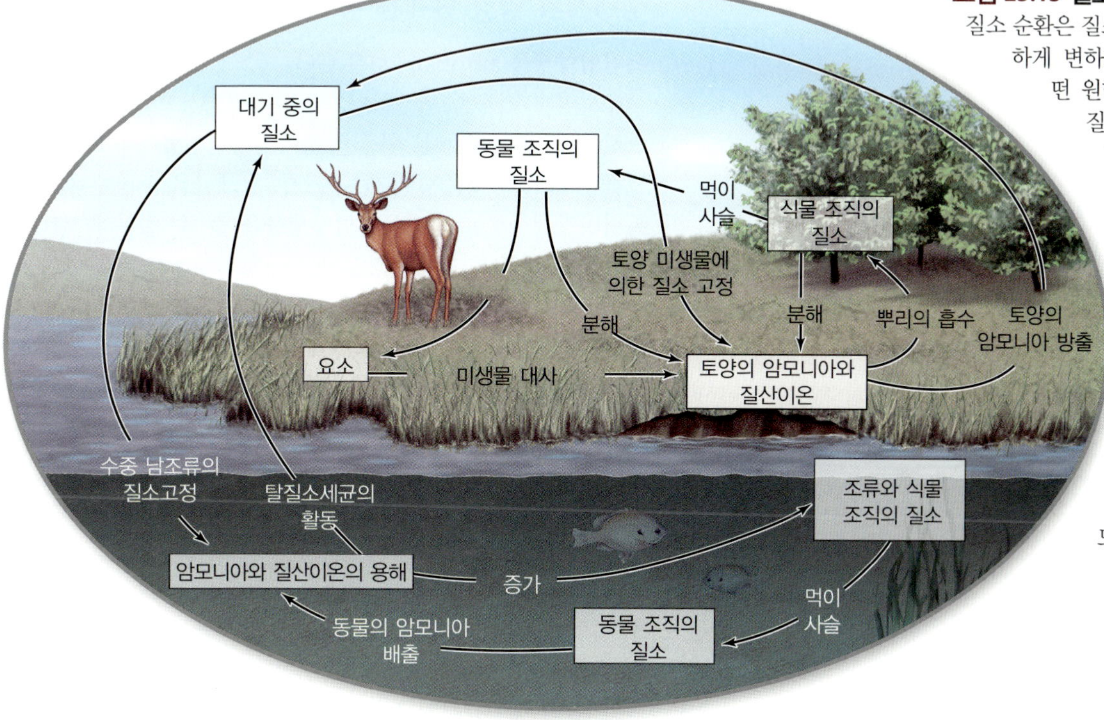

그림 25.15 질소의 순환. 질소 순환은 질소의 화학적 상태가 다양하게 변하기 때문에 복잡하다. 어떤 원핵생물들은 대기에 있는 질소(N_2)로부터 식물들이나 조류가 이용할 수 있는 NH_3와 NO_3^- 형태로 전환시킨다. 다른 원핵생물들은 질소 화합물인 NH_3와 NO_3^-를 분해하여 생물이 직접 이용할 수 없는 N_2로 전환한다. 암모니아 가스는 토양으로부터 직접 대기 중으로 들어갈 수도 있다.

인은 물, 탄소, 질소, 산소와는 달리 대기를 통해 순환하지 않는데, 이러한 점에서 인의 순환은 칼슘, 실리콘 등과 같은 무기물들의 순환과 유사하다. 질소 순환과 비교해볼 인의 순환에서의 특징은 생태계에서 인은 산화 상태인 인산염으로만 존재한다는 것이다.

식물과 조류는 토양이나 물에 용해된 인산염 이온(PO_4^{3-})을 사용하여 이를 유기화합물로 전환시키고, 동물들은 식물이나 조류에 있는 인산을 이용하여 자신에게 필요한 인산화합물을 만든다. 생물체가 죽게 되면, 그들 몸의 유기화합물이 분해되는데, 이러한 과정을 인의 재무기화라고 부른다. 인산염 이온으로 방출된 인은 식물과 조류가 다시 사용할 수 있다.

인산염은 음이온의 형태로 토양에 소량으로 존재하는데, 이는 인산염이 비교적 불용성이고 특정 종류의 암석으로만 존재하기 때문이다. 토양에서 씻겨나간 인산염은 하천을 통해 바다로 흘러나가 침전하게 된다.

작물의 생산을 풍부하게 하기 위한 인류의 활동이 전 지구적인 인 순환을 크게 변경시켰다. 전형적으로 **비료**는 작물에게 PO_4^{3-}를 제공하기 위해 개발되었는데, PO_4^{3-}는 전형적으로 인산염이 풍부한 바위 가루와 뼈로부터 얻어진다. 세제는 생태계에 PO_4^{3-}를 추가시키는 잠재적인 요인이 되지만, 현행 법률은 낮은 인삼염이 있는 세제를 사용할 것만을 명령하고 있다.

3.2 생태계 내의 에너지 흐름

생태계의 동적 특성은 에너지 과정뿐만 아니라 물질도 포함한다. 에너지는 물질과는 매우 다른 원리에 따르며, 절대 재순환되지 않는다. 대신에 지구로 도달하는 태양의 복사에너지는 지구 생태계에 대해 한 방향으로만 진행한다. 복사에너지가 열로 전환되어 우주로 다시 돌아가기 전까지 지구는 에너지에 대해 **열린계**(open system)가 된다.

에너지는 왜 물질과는 다른 것일까? 이 질문에 대한 대답의 핵심적 부분의 하나는 에너지가 빛, 화학결합 에너지, 운동, 열과 같은 여러 가지 형태로 존재한다는 것이다. 에너지는 **열역학 제1법칙**(First Law of Thermodynamics)에 의거하여 생물권에서 파괴되거나 창조되지 않지만 형태는 자주 변한다.

두 번째 핵심으로 생물체들이 열을 어떤 다른 형태의 에너지로도 전환할 수 없다는 것이다. 따라서 생물체들이 만약 화학결합 에너지나 빛 에너지를 열로 전환시킨다면, 그것은 한 방향으로만 진행되며, 원래 형태의 에너지로 다시 돌아갈 수 없다.

지구가 왜 에너지에 대해 열린계인지를 이해하기 위해서는 두 가지 원리를 알아야 한다. 첫째, 생물체들은 확실한 형태의 에너지만을 이용한다는 것이다. 동물들은 생존을 위해 그들의 먹이로부터 화학결합 에너지를 얻어야 하며, 식물은 빛으로부터 에너지를 얻어야 한다. 동물과 식물 둘 중 어느 하나도 에너지의 원천으로 열을 이용하지 않는다.

두 번째 원리로는 생물체가 화학적 결합이나 빛 에너지를 이용할 때, 그중 일부는 열로 전환된다는 것이 **열역학 제2법칙**(Second Law of Thermodynamics)에서 부분적인 열로의 전환은 필수적이라고 명시되어 있다. 다시 말해 동물과 식물은 삶을 유지하기 위해서 화학결합 에너지와 빛을 필요로 하지만, 그들은 이런 형태의 에너지를 사용할 때, 그 일부를 열로 전환한다는 것이다. 그들은 열을 그대로 유지할 수 없으며, 원래의 형태로 되돌릴 수도 없다.

다행스럽게도 생물체들에게 지구는 에너지에 대해 열린계로 기능한다. 빛은 매일 태양으로부터 지구에 도달하며, 식물과 다른 광합성 생물들은 새롭게 도달하는 빛으로 유기물을 합성하며 살아간다. 그리고 동물들은 광합성 생물들을 먹고 유기화합물 형태로 이 화학에너지를 이용하여 살아간다. 빛과 화학결합 에너지는 매 단계마다 부분적으로 열로 전환되는데, 실제로 빛과 화학결합 에너지는 궁극적으로는 열로 전환된다. 이 열은 보이지 않는 공간으로 퍼져나가 지구를 떠나게 된다. 지구상에 생명체들이 존속하려면 항상 새로운 빛에너지가 필요하게 된다.

지구상의 복사에너지의 흐름에서 들어오는 에너지양과 나가는 에너지양은 같아야 한다. 그러나 인간의 활동으로 나가는 에너지의 흐름이 지연되면 대기의 조성은 바뀌게 되는데, 이러한 현상을 **온실효과**(greenhouse effect)라고 한다. 이렇게 열이 지구에 계속 축적이 된다면 **지구 온난화**(global warming)가 야기될 것이다.

생태계의 영양 단계를 통한 에너지 흐름

독립영양생물(autotrophs)은 CO_2, 물, 질소와 같은 무기물을 이용하여 유기물을 합성한다. 몇몇 독립영양생물은 에너지원으로 빛을 사용하는데, 이들을 **광독립영양생물**이라고 부른다. 그들은 광합성 생물체로 식물, 조류, 남세균을 포함한다. 다른 독립영양생물로는 **화학독립영양생물**을 들 수 있는데, 심해의 열수구에 사는 화학독립영양생물은 황화수소를 산화하여 에너지를 얻는다. 모든 화학독립영양생물은 원핵생물이다. 광독립영양생물들은 대부분의 생태계에서 가장 중요하다.

종속영양생물(heterotrophs)은 무기물로부터 유기물을 합성하지 못하기 때문에 유기물을 먹으며 살아간다. 그들은 자신에게 유용한 유기생물을 분해하여 살아가는 데 필요한 에너지를 얻는다. 동물, 균류 그리고 많은 미생물들이 종속영양생물에 포함된다.

자연 환경에서 살 때 종들은 서로를 먹는 순서대로 사슬로 정렬이 된다. 예를 들면 곤충류는 식물을 먹고, 뾰족뒤쥐류는 곤충을 먹으며, 매는 뾰족뒤쥐를 잡아먹는다. 이때 먹이는 식물 → 곤충 → 설치류 → 매의 순서로 네 종을 통해 지나가

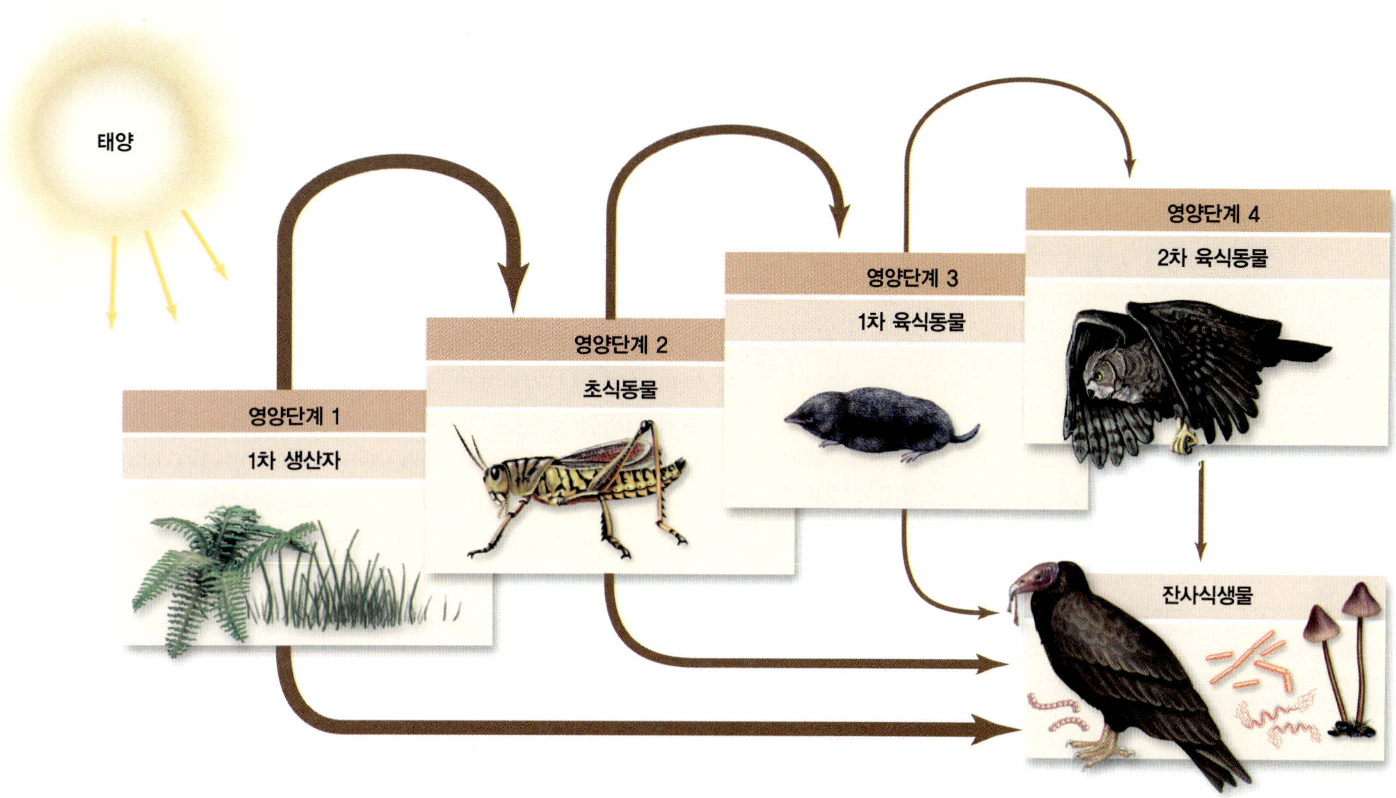

그림 25.16 생태계 내의 영양단계.
1차 영양단계에 위치한 식물은 태양으로부터 직접 에너지를 얻는다. 메뚜기처럼 식물을 먹는 초식동물은 1차 소비자로 2차 영양단계에 속한다. 초식동물을 먹는 뾰족뒤쥐 같은 육식동물은 2차 소비자로 3차 영양단계에 속한다. 매와 같은 육식동물을 먹는 상위 육식동물은 3차 소비자로 4차 영양단계에 속한다. 잔사식생물은 모든 영양단계 생물을 먹이로 한다.

게 되는데, 이러한 종의 순서를 **먹이사슬**(food chain)이라고 부른다.

전체 생태계에서 많은 종들은 유사한 역할을 하는데, 전형적으로 하나의 종이 하나의 역할에만 관여하는 경우는 없다. 그 실례로 식물을 먹는 동물은 한 종의 곤충이 아니라 약 30여 종의 곤충들이 그리고 포유동물들이 식물을 먹이로 섭취한다. 생태학자들은 이러한 복잡한 특징들을 체계화시켜 먹이 수의 한계를 **영양단계**(trophic levels)로 나타내고 있다(**그림 25.16**).

생태계에서의 첫 번째 영양 단계는 모든 독립영양생물을 포함하고, 이들을 **1차 생산자**라고 부르며, 종속영양생물을 **소비자**라고 부른다. 종속영양생물은 1차 생산자를 먹이로 한다. 1차 생산자들은 같은 영양 단계에 위치하게 되는데, 이들을 **초식동물**(herbivores)이라고 부른다. 초식동물을 먹이로 하는 종속영양생물들을 총괄하여 **1차 육식동물**(carnivores)이라고 부르고, 1차 육식동물을 먹이로 하는 동물들을 **2차 육식동물**이라고 부른다.

소비자 단계에 추가되는 것은 **잔사식생물** 영양 단계이다. 잔사식생물은 생태계의 폐기물을 먹고 산다. 잔사식생물의 하위 범주는 **분해자**(decomposers)이다. 분해자는 대부분이 미생물로 죽은 유기물에서 유기물을 분해하며 살아간다.

지구상으로 들어오는 태양에너지 중에서 1차 생산자에게 포획되는 양은 매우 작다. 연중 숲이나 해양에 부딪히는 에너지 중 1% 정도가 포획된다. 태양에너지 포획량이 1%에도 미치지 못하는 경우도 있으며, 어떤 조건에서는 5% 정도가 되기도 한다. 광합성에 의해 화학결합으로 포획되지 않은 에너지는 바로 열로 전환된다.

1차 생산자는 호흡을 통해 자신이 지닌 화학결합 에너지를 방출하기 위해 유기화합물을 분해한다. 그들은 이 화학결합 에너지를 몸체에서 일어나는 에너지를 필요로 하는 여러 반응에서 사용되는 ATP 생성에 이용한다. 호흡에 의해 방출되는 화학결합 에너지도 결국은 열로 전환된다.

생물은 열을 그들의 생존에 사용할 수 없다. 따라서 에너지가 열로 바뀔 때마다 생물에게 유용한 많은 또는 모든 에너지 원천을 소실하게 된다. 생태계에 도달하는 태양에너지의 약 99%가 열로 전환되는데, 이는 그 에너지가 광합성에 이용되지 못하기 때문이다. 그리고 광합성에 의해 포획된 에너지의 일부도 1차 생산자의 호흡에 의해 열로 소실되기 때문에 생태계 내의 모든 **타가영양생물**(heterotrophs)들은 1차 생산자에 남아 있는 화학결합 에너지에 의존해 살 수밖에 없다.

화학결합 에너지는 하나의 타가영양생물의 영양 단계에서 다음 단계로 넘어갈 때 많은 양의 에너지가 전환된다. 이러한 원리는 중요한 결과를 보이는데, 1차 육식동물이 이용할 수 있는 화학결합 에너지양은 초식동물들이 이용할 수 있는 에너지양보다 훨씬 적고, 2차 육식동물이 이용할 수 있는 화학결합 에너지양은 1차 육식동물들이 이용할 수 있는 에너지양보다 훨씬 적다는 것이다.

화학결합 에너지의 양이 한 영양 단계에서 다음 단계로 넘어갈 때 줄어드는 이유는 무엇일까? 이를 초식동물 영양 단계에서의 에너지의 이용을 예로 알아본다(**그림 25.17**). 식물의 잎을 먹는 곤충과 같은 초식동물은 먹이를 섭취한 후에 배설물을 배출하며, 배설물을 구성하는 화합물에 있는 화학 에너지는 1차 육식동물 영양 단계를 따라 이동하지 않는다. 초식동물에 의해 동화된 음식물의 화학 에너지는 조직 수선, 몸의 이동 및 다른 기능에 사용될 때 **세포호흡**(cellular respiration)에 의해 방출된다. 이 방법으로 사용되는 에너지는 열로 전환되면서 육식동물 영양 단계에 따라 이동되지 않는다. 일부 화학결합 에너지는 초식동물의 조직으로 들어가거나 육식동물의 먹이로 제공될 수 있다. 그러나 일부 초식동물은 육식동물에 의해 먹히기보다는 오히려 질병 또는 사고로 죽는다.

잎에서 요구되는 화학결합 에너지는 1차 육식동물에게 먹히는 초식동물의 조직으로 들어가게 된다. 그러나 다량의 화학결합 에너지는 배설물이나 열 그리고 육식동물에게 먹히지 않는 초식동물의 몸체로 전환된다. 이러한 과정은 일련의 영양

그림 25.17 종속영양생물의 먹이 에너지 이용.
종속영양생물은 먹은 에너지의 소량만 흡수한다. 가령, 초식 곤충이 500J의 에너지를 먹으면 이의 약 50%(250 J)는 배설물 상태로 소실되고, 33%(165 J)는 세포호흡에 소비되며, 약 17%(85 J)은 곤충의 생체량으로 전환된다. 따라서 이 85 J만이 다음 영양단계에서 이용될 수 있다(1 J = 0.239 calories).

단계에 있는 각 단계에서 반복된다.

생태학자들은 영양 단계에 따른 화학결합 에너지의 이용률은 약 10% 정도로 추정하고 있으며, 그 이용률은 30%에 이르는 경우도 있다.

근본적으로 생태계에서 광합성에 의해 포획된 모든 화학결합 에너지는 여러 영양 단계에서 사용되면서 열로 방출된다. 생태계에 있는 **잔사식생물**(detritivores)들도 모든 사체, 배설물 및 그들이 이용 가능한 물질을 대사 과정을 통해 다른 영양 단계에서와 같이 열로 배출한다.

에너지 이용성으로 제한되는 영양단계의 수

섭취된 에너지가 화학 에너지로 저장되는 비율은 생물마다 다르며, 1차 생산자로부터 초식동물 그리고 육식동물로 이동하면서 기하급수적으로 감소하게 된다. 그 실례로 1차 생산자가 생태계에서 1,000단위의 에너지를 얻는다면 다음 단계인 초식동물에서는 그중 10%인 100단위가 화학결합 에너지로 저장되며, 1차 육식동물에는 10단위 그리고 2차 육식동물에서는 같은 기간에 1단위만 저장하게 된다. 즉, 평균적으로 볼 때 한 영양 단계에서 다음 영양단계로 넘어가는 유기물의 에너지양은 10% 정도가 되는 것이다.

상위 육식동물에 대한 제한 요인

영양사슬에서 화학결합 에너지의 기하급수적인 감소는 영양사슬의 길이와 생태계 내에서 유지될 수 있는 상위 육식동물의 수를 제한하는 요인이 된다. 추정 모델에 따르면 2차 육식동물은 광합성으로 포획된 에너지 중 약 1/1,000을 받게 되고, 3차 육식동물은 1/10,000을 받게 된다.

각 영양 단계에서 일어나는 화학결합 에너지 소실은 상위 육식동물의 수를 낮게 제한한다. 상위 육식동물의 영양 단계에서는 적은 양의 에너지만 받지만 육식동물의 몸체는 커지면서 한 개체 유지에 많은 에너지가 요구된다. 이러한 두 가지 요인에 의해 상위 포식자들의 개체군에서 그 수는 적어지게 된다.

더 긴 **영양 사슬**(trophic chain)은 해양에서 볼 수 있다. 연어를 비롯한 다른 해양 포식자들은 3단계 또는 4단계의 육식동물이 될 수 있다. 그러한 긴 영양사슬을 밝히려는 연구가 진행되고 있지만 아직 확실하게 밝혀지지 못하고 있다.

소비자로서의 인간

코넬 대학의 코올(L. Cole)은 뉴욕주의 카유가 호수의 담수 생태계에서의 에너지 흐름을 연구하였다. 그는 조류와 남세균과 같은 1차 생산자가 고정하는 에너지 1,000칼로리(cal) 중 약 150칼로리가 소형 종속영양생물의 몸으로 전환되는 것으로 계산하였다(**그림 25.18**). 이 중에서 약 30칼로리는 생태계의 주요 2차 소비자인 치어(smelt)의 몸으로 전환되었다.

사람이 이 치어를 먹으면 생태계에서 원래 고정한 에너지

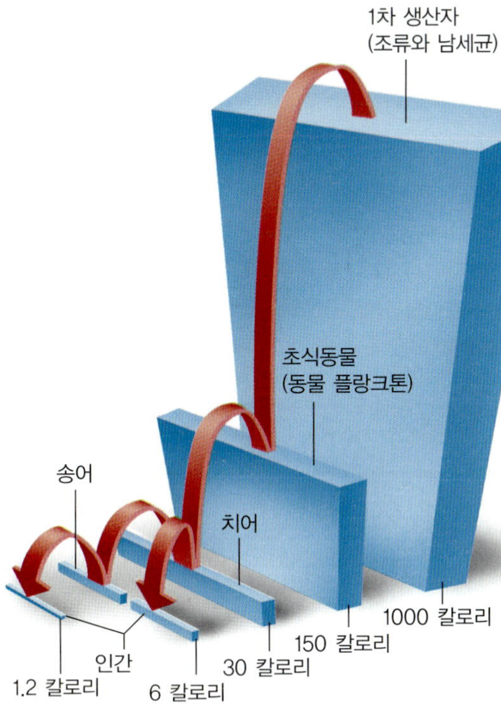

그림 25.18 카유가호에서의 영양단계에 따른 에너지 흐름. 독립영양 플랑크톤(조류와 남세균)은 태양에너지를 고정하고, 초식동물인 동물성 플랑크톤(animal plankton)들은 이들을 먹고산다. 이들 둘은 치어(smelt)에 의해 소비되고, 치어는 송어에 먹힌다. 사람이 치어를 섭취할 경우 치어로 얻을 수 있는 생체량은 송어에서 얻을 수 있는 것보다 적어도 5배는 크지만 사람은 송어를 선호한다.

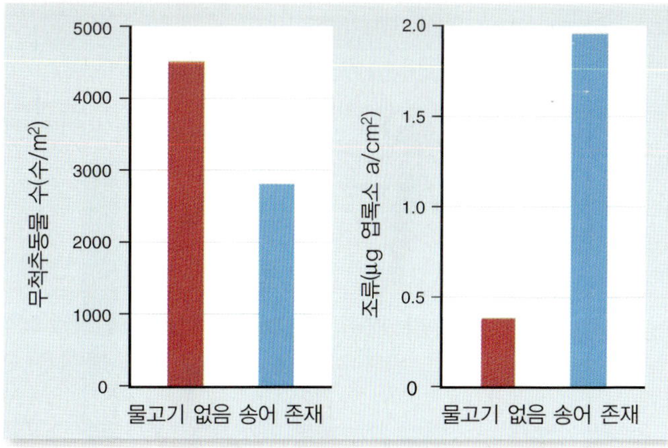

그림 25.19 단순한 영양연쇄에서의 하향효과. 송어가 있는 계류에는 송어가 없는 계류보다 초식성 무척추동물의 수가 적고 조류는 많다.

1,000칼로리 중 약 6칼로리를 얻게 되며, 송어가 치어를 먹고 사람이 다시 송어를 먹게 되면 사람은 1차 생산자에 의해 고정된 에너지 중 1.2칼로리만을 이용하게 된다. 사람이 동물을 먹지 않고 식물이나 다른 1차 생산자들을 먹으면 개체군에서 더 많은 에너지를 이용할 수 있다. 즉, 육식동물을 소비하는 것보다 초식동물을 소비할 때 더 많은 에너지를 이용할 수 있는 것이다.

3.3 영양단계 사이의 상호작용

먹이사슬을 보면 서로 다른 영양 단계에 있는 종들 사이에 상호작용이 있음을 알 수 있다. 1차 육식동물은 그들이 잡아먹는 동물들에게만 영향을 주는 것이 아니라 **피식자**가 먹는 식물이나 조류에도 간접적으로 영향을 준다. 반대로 1차 생산량의 증가는 초식동물에게 더 많은 먹이를 제공할 뿐만 아니라 간접적으로 육식동물에게도 더 많은 먹이를 제공하게 된다.

한 영양 단계의 영향이 위쪽과 아래쪽 영양 단계에 미치는 이런 현상을 **영양 연쇄반응**(trophic cascade)이라고 부른다. 이 영향이 포식자로부터 하위 영양 단계로 내려갈 때 이 연쇄반응은 **하향효과**(또는 top-down effect)라고 부르며, 1차 생산자에서부터 더 높은 영양 단계로 올라갈 때 이 연쇄반응은 **상향효과**(또는 bottom-up effect)라고 한다.

하향효과가 담수 생태계에서 실험적으로 확인이 되었다. 한 계류에 망을 설치하여 구역으로 나누어 실험이 이루어졌는데, 실험 구역 중 일부 구역에는 무척추동물을 먹이로 하는 송어를 넣고 다른 구역에는 넣지 않았다. 10일 후 송어가 들어있는 구역의 무척추동물의 수는 송어를 넣지 않은 대조군의 절반으로 줄어들었으나, 이 구역의 무척추동물이 먹는 조류의 생체량은 대조군보다 5배 많게 나타났다(**그림 25.19**).

영양연쇄반응의 논리에 따르면 육식동물을 먹는 다른 동물, 즉 4차 영양 단계도 연쇄반응이 나타날 수 있다는 것을 예측할 수 있다. 이 경우 상위 포식자는 하위 포식자 개체군을 조절하고, 이는 다시 초식동물의 수를 늘려 식물의 수가 줄어들게 될 것이다. 앞에서 수행한 것과 비슷한 실험을 캘리포니아의 한 계류에서 수행한 바가 있다. 이 경우 대형 육식어류가 들어간 구역에서는 실잠자리 애벌레(nymphs)와 같은 곤충을 잡아먹는 소형 포식자의 수는 크게 감소하면서 조류를 먹고사는 곤충 같은 초식동물의 수는 증가하게 되어 조류의 생체량이 감소하게 된다(**그림 25.20**).

규모가 큰 생태계에서 일어나는 영양연쇄반응은 앞의 실험에서처럼 실험에 의해 확인하기 쉽지 않기 때문에 그러한 연쇄반응을 완전하게 파악할 수 없다. 그럼에도 불구하고 많은 대규모 생태계에서의 연쇄반응들이 생태학자들에 의해 밝혀졌다. 해달과 성게 그리고 다시마 숲에서의 극적인 실례를 알아본다.

해달은 성게를 먹고, 성게는 어린 다시마를 먹는다. 해달이 풍부할 때 다시마 숲은 번성하는데, 이는 성게의 수가 상대적으로 적기 때문이다. 하지만 해달의 수가 줄어들게 되면 성게의 수가 늘어나고 다시마 숲은 손상이 된다. 지난 수년간 범고래가 해달을 잡아먹어 왔으며, 이 때문에 수달의 개체군은

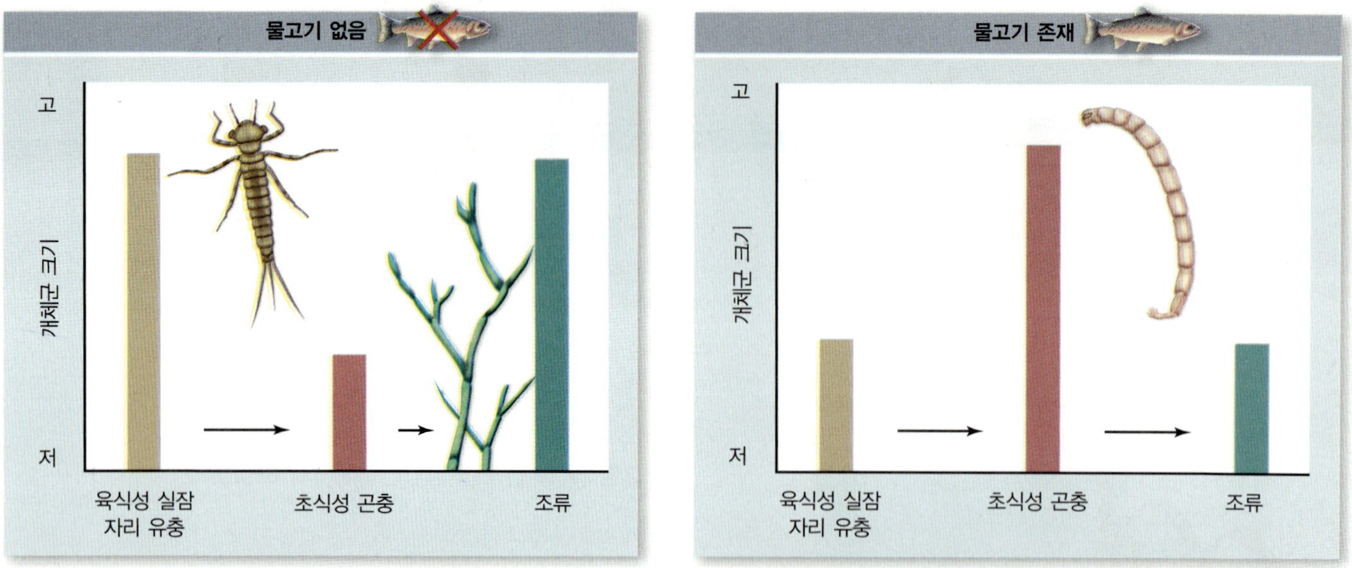

그림 20.20 네 단계 영양연쇄에서의 하향효과.
대형 육식성 어류가 있는 계류에는 실잠자리 유생과 같은 1차 포식자의 수가 적고, 초식성 곤충(예: 수서곤충인 깔다구 유충)이 많으며, 조류가 적다.

줄어들었다.

많은 생태계에서 하향효과는 인간의 행동에 의한 것이라 여겨지고 있다. 유명한 박물학자인 레오폴드(Leopold)는 그의 책 '모래 나라 알마나크(Sand Country Almanac)' 에서 영양연쇄반응이 과학적으로 입증되기 이전에 이러한 효과에 대해 다음과 같이 서술한 바 있다.

"나는 주(州)마다 늑대를 말살하는 것을 보아왔다. 나는 늑대가 사라진 많은 산의 모습을 관찰해 왔고, 남쪽 사면이 새로운 사슴 발자국들로 뒤덮여 있는 것을 보았다. 나는 먹이가 될 수 있는 모든 덤불과 어린 나무들이 사슴에게 뜯어 먹힌 것을 보았는데, 이 나무들은 생기를 잃고 결국 죽어갔다. 나는 먹이가 될 만한 모든 나뭇잎들이 말안장 높이까지 뜯긴 것을 보았다."

포식자의 제거가 더 낮은 영양 단계에 영향을 미치는 유사한 많은 예들이 있다. 그 한 실례로 콜로라도 섬(Barro Colorado Island)에서 재규어, 사자와 같은 거대 포식자의 부재는 결과적으로 이들보다 낮은 단계의 포식자들인 원숭이, 페커리, 붉은긴코너구리, 아르마딜로 등의 수가 더 많아지게 되는 결과를 가져오게 되었다. 이러한 더 낮은 단계의 포식자들은 그들에게 발견되는 먹이감을 먹어치우기 때문에 지상에 둥지를 트는 새들은 공격에 취약해졌고, 많은 종들이 감소하였다. 그 결과 적어도 15종의 새들이 섬에서 완전히 사라지게 되었다.

그와 유사하게 세계 대양에서는 새치류와 대구와 같은 거대 포식자의 과도한 포획으로 그 수가 평균 10% 감소하였고, 몇몇의 지역에서는 대구의 먹이인 새우, 게와 같은 개체군들이 더 풍부해졌다.

1차 생산자의 증가는 초식동물에 의해 감소되는데, 초식동물 개체군의 규모가 증가하면서 1차 생산자들의 개체 수가 조절된다. **상향효과** 예측을 위해 생태학자들은 생물들의 생활사를 고려해야 한다. 이 때 1차 생산량이 낮으면 생산자 개체군은 초식동물 개체군을 지지할 수 없게 된다. 1차 생산량이 증가하면 초식동물 개체군이 증가하게 된다.

1차 생산량이 높아지면서 초식동물 개체군은 1차 육식동물들을 지지할 수 있을 정도로 충분히 커지게 된다. 이와 같이 1차 생산량의 계속적인 증가는 초식동물의 개체군만을 증가시키는 것이 아니라 포식자 개체군도 증가시킨다.

3.4 생물다양성과 생태계 안정성

생태학자들은 오랫동안 군집 사이의 종 풍부도 차이의 중요성에 대해 논쟁해 왔다. 한 가지 이론은 종이 풍부한 군집은 안전성이 커서 종 구성이 더 일정하고, 교란에 대한 내성이 더 크다는 것이다. 이 가설은 틸만(Tilman)과 공동 연구자들에 의해 미네소타 대학의 세다 크릭(Cedar Creek) 지역에서 정교하게 연구되었다.

미네소타 연구진들은 207개의 작은 토지 구역(8~16 m^2)을 설정하여 11년 동안 조사하였다. 그들은 각 구역 안의 식물 종의 수와 식물의 생체량을 측정하였다. 연구 기간 중에 식물의 종 풍부도는 군집의 안정성과 관련되어 종이 다양한 구역일수록 해마다의 생체량 변동이 적었다. 더욱이 두 해의 가뭄에서 생체량 감소는 종 풍부도와 역의 관계를 나타냈는데, 이는 분포하는 종이 더 많은 구역이 가뭄의 영향을 덜 받은 것을 보여주는 것이다. 이러한 결과는 구역 내에 여러 다른 종들의 종자를 뿌린 실험에서도 확인되었는데, 종이 풍부한 구역일수록 매해

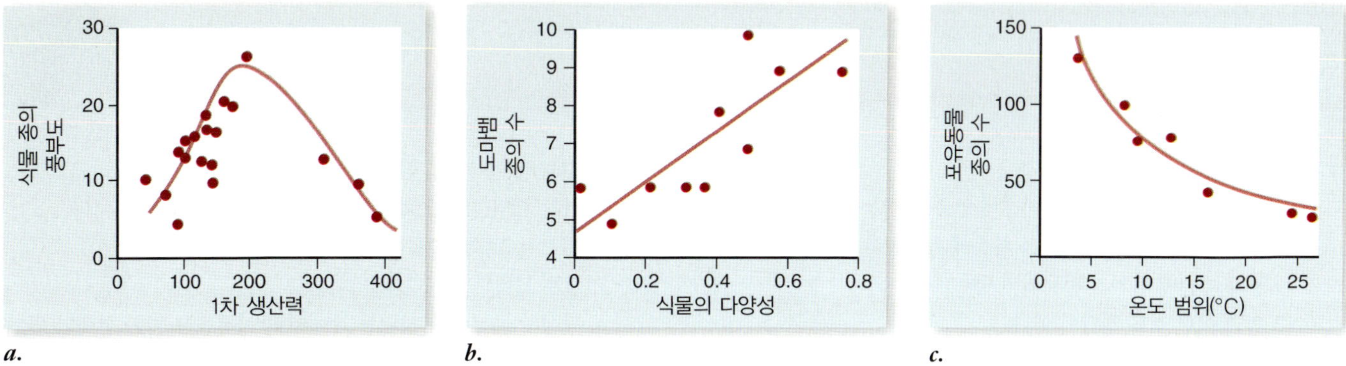

그림 25.21 종 풍부도에 영향을 주는 요인들.
a. 생산력: 남아프리카 산악지대의 식물 군집에서 종 풍부도는 중간 수준의 생산력(생체량)을 나타내는 군집에서 최대 값을 보인다. ***b.*** 공간적 이질성: 남서아메리카 사막의 도마뱀의 종 다양성은 식물의 구조적 다양성과 비례한다. ***c.*** 기후: 북아메리카 서해안에서 포유동물의 종 다양성은 월평균 온도의 변동폭과 반비례한다.

의 생체량이 10년 동안 계속 증가하는 것으로 나타난 것이다.

이와 관련된 실험에서 다른 종의 종자를 여러 구역에 뿌려주었을 때, 이 종들이 그 구역에서 뿌리내릴 가능성은 종 풍부도와 역의 관계를 나타냈는데, 이는 종이 풍부한 군집일수록 새로운 종의 침입에 대한 저항성이 더 높다는 것을 보여주는 것이다.

종 다양성은 생태계의 다른 과정에도 영향을 준다. 틸만(Tilman) 등은 종의 수가 다른 147개의 실험 구역을 설정하고 생장 정도와 토양으로부터의 질소 흡수량을 조사하였다. 그 결과 종이 많은 구역일수록 질소 흡수량과 생산된 총 생산량이 많았다. 생물 다양성 증가가 생산력 증가와 연결되었던 것이다.

실험실 연구에서도 이와 유사한 결과가 나오고 있다. 1m^{2}의 식물의 생장실 안의 생태계에서 온도, 빛, 공기 흐름, 기체의 농도를 조절하였다. 그리고 여러 가지 식물, 곤충, 기타 동물을 넣어서 9종, 15종, 31종으로 구성된 생태계를 만들었다. 이때 소비된 이산화탄소의 양과 생산된 생체량은 종 다양성이 클수록 증가하였다.

생태계의 특성에 민감한 종 풍부도

군집내의 종 풍부도에 영향을 미치는 요인들로는 1차 생산력, 서식지 이질성 그리고 기후 요인 등을 들 수 있다.

생태계마다 **1차 생산력**이 다르게 나타난다. 생산력과 종 다양성은 비례하지 않으며, 중간적인 생산력을 가진 생태계가 가장 많은 종을 가지는 경향을 보인다(**그림 25.21*a***).

그 이유는 아직 논란거리이지만, 한 가지 가능한 설명은 생산력의 크기가 포식자의 수와 관련이 있기 때문이라는 것이다. 1차 생산력이 낮으면 초식동물이 거의 없어 식물들 중 우세종이 대부분의 종을 절멸시키게 된다. 그에 비해 1차 생산력이 높으면 초식동물들이 많아지면서 포식에 내성이 강한 종만 살아남게 되어 종 다양성이 감소하게 된다. 그 결과 중간 정도의 생산력과 포식성이 공존하게 되면서 가장 높은 식물 종들이 분포하게 된다는 것이다.

다양한 토양이나 지형을 가진 환경은 다양한 서식처, 기후, 은신처 등을 제공하므로 더 많은 종을 유지할 수 있다. 일반적으로 동물의 종 다양성은 식물의 종 다양성을 반영하는 경향이 있다. 즉, 군집내에 식물 종의 수가 많을수록 **미소서식지**(microhabitat)의 다양성이 커지기 때문이다. 또한 한 지역의 동물 풍부도는 그 지역에 분포하는 식물 종의 풍부도에 영향을 받는데, 그 실례는 **그림 25.21*b***에서 볼 수 있다. 그림에서 보는 것처럼 아메리카 남서부 여러 지역의 도마뱀의 종의 수는 그 지역의 식물의 구조적 다양성에 따라 다르게 나타난다.

생태계에 대한 기후 요인의 역할은 측정하기가 더욱 어렵다. 기후에 따라 계절마다 다른 종이 서식할 것이므로 일정한 기후보다는 계절적 기후 환경에서 더 많은 종들이 공존할 것으로 기대할 수 있다. 그러나 달리 생각하면 안정된 환경이 변동이 심한 곳에서 살지 못하는 특수한 종을 유지할 수도 있다. 북아메리카 서해안의 포유동물 종들의 수는 지역적 온도 변화에 역상관을 보이는데, 온도 변이가 심하면 포유동물의 종수가 적게 나타나 후자의 예측을 지지해준다(**그림 25.21*c***).

연습문제

1. 생태학에서 생식비용이란?
   a. 현재 생식에 대한 투자로 미래에 얻을 수 있는 생식산물의 감소
   b. 성공적인 생식을 위한 모든 활동에 들어가는 칼로리의 양
   c. 알과 자손에 담겨진 칼로리의 양
   d. 위의 어떤 것도 정답이 아니다.
2. 지수생장과 로지스틱 생장의 차이점은?
   a. 지수생장은 출생률과 사망률에 따라 달라지지만 로지스틱 생장은 그렇지 않다.
   b. 로지스틱 생장에서 이입과 이출은 별로 중요하지 않다.
   c. 둘 다 밀도의 영향을 받지만 로지스틱 생장은 아주 천천히 영향을 받는다.
   d. 로지스틱 생장만 출생과 사망이 밀도에 의해 영향을 받는다.
3. 어느 개체군의 주변에 포식자가 많아진다면 어떤 현상이 일어날까?
   a. 개체는 생존율을 최대화하기 위해 생식에 대한 투자를 줄일 것이다.
   b. 개체들은 적은 수의 자식을 낳을 것이고 자식에 대한 투자도 줄일 것이다.
   c. 다음 번식기까지 생존할 확률이 적기 때문에 생식에 집중 투자를 할 것이다.
   d. 개체들은 모두 생식을 중단할 것이다.
4. 인간이 포식자들을 제거하면?
   a. 새로운 포식자가 그 서식처로 들어오기 전에는 피식자 개체군들이 지수생장을 계속할 것이다.
   b. 서식처의 환경 수용력이 높아질 것이다.
   c. 피식자들이 이전에 제거된 포식자들에 의해 조절되었었다,면 피식자 개체군의 크기는 증가할 것이다.
   d. 알리 효과(Allee effect)가 생길 것이다.
5. 만약 두 종이 제한된 자원을 공유하고 공존하는 실제 생태적 지위가 매우 유사하다면,
   a. 두 종은 공존할 것이다.
   b. 두 종은 멸종할 것이다.
   c. 제한된 자원을 가장 능률적으로 사용하는 종은 다른 종이 멸종하도록 만든다.
   d. 두 종은 다른 종보다 더 유사해질 것이다.
6. 서식지의 1차 천이를 일으키는 첫 번째 개척종은
   a. 보통 사나운 경쟁자들이다.
   b. 그들의 서식지를 변함없이 유지하려하고 지속된다.
   c. 다른 종의 침입으로 그들의 서식지를 바꾸려 할 것이다.
   d. 반드시 2차천이에 성공할 것이다.
7. 기생은 포식과 다르다. 왜냐하면
   a. 기생의 존재는 기생되는 종에서 방어적응을 위한 선택의 원인이 아니기 때문이다.
   b. 기생하는 그들은 공진화를 하는 진화하는 것에 절대 관계하지 않는다.
   c. 기생하는 종들은 그들이 기생하는 군집에 강력한 영향을 주지 않기 때문이다.
   d. 답 없음
8. 한 영양단계로부터 위의 단계로의 에너지 전송에서 얼마의 에너지가 바로 손실되는가?
   a. 1%　　b. 10%
   c. 90%　　d. 50%
9. 종 다양성은
   a. 위도로 보아 적도에서 북극으로 멀리 움직일때 증가한다.
   b. 위도로 보아 적도에서 북극으로 멀리 움직일 때 감소한다.
   c. 적도에서 북극까지 동일하게 유지된다.
   d. 위도상 적도 북쪽으로는 증가하고 적도 남쪽으로는 감소한다.
10. 질소는 종종 많은 생태계에서 제한양분이다. 왜냐하면,
   a. 대기중에 탄소보다 더 적은 양의 질소가 있기 때문이다.
   b. 질소는 매우 빠르게 대부분의 생물에 의해서 사용되기 때문이다.
   c. 질소 유용성이 비료사용으로 인한 오염에 의해 줄었기 때문이다.
   d. 대부분의 생물체는 질소를 원소 형태로 사용하지 못하기 때문이다.
11. 경쟁은 전통적으로 한 종이 다른 종에 미치는 영향을 의미한다. 생물체들이 다소 크거나 수명이 길어 실험적 방법으로 접근하기에 다소 어려운 생물체에 대한 경쟁의 영향을 연구하는 대안적 방법은 무엇인가?
12. 변온동물이 음식물의 소화에 의한 에너지를 사용하지 않고 체온을 유지하기 위해서 초식성 변온동물에 의해 우점된 생태계 먹이사슬을 어떻게 예측할 수 있는지 초식성 내온동물 및 육식동물에 의한 시스템과 비교하라.

제 26 장

생물권과 보전생물학

Biosphere and Conservation Biology

1 생물권

1.1 생태계에 대한 태양, 바람 및 물의 영향

지구상에 살고 있는 생물의 분포 유형은 (1) 지구의 서로 다른 부분에 도달하는 **태양광**(solar radiation)의 양과 그 광량의 계절적 변이와 (2) 지구의 대기 순환 패턴과 그에 따른 해양 순환 패턴에 의해 크게 영향을 받고 있다. 토양 특성과 육상 고도와 같은 국지적 특성은 햇빛, 바람 및 해류와 같은 거시적 특성과 상호작용을 하며, 이들은 생물의 존재 유무를 결정하고, 궁극적으로는 생태계 분포 및 특성을 결정하게 된다.

지구는 태양으로부터 가시광선 및 비가시광선인 전자기장 형태로 많은 양의 에너지를 받는다. 대기 상층부의 1 m^2 면적에서 1초당 1,400 joules(J/sec)의 에너지가 입사되며, 이는 100와트 전구 14개를 켜는 것과 동일한 효과를 갖는다.

태양방사 에너지는 대기를 통과하면서 강도 및 파장 조성이 변화하게 되는데, 전체 에너지의 약 절반은 대기로 흡수되고, 나머지 절반은 지표에 도달한다. 대기권에 있는 기체들은 특정 파장을 강하게 흡수하는 반면 다른 파장의 빛들은 자유롭게 통과하게 된다. 따라서 지표면에 도달하는 태양에너지의 파장 조성은 태양에 의해 발산되는 것과는 판이하게 다르다. 예를 들면 UV-B로 알려진 자외선 파장은 대기권의 오존(ozone; O_3)에 의해 강하게 흡수되며, 따라서 이 파장은 태양에서 방출된 에너지보다 크게 감소하여 지표면에 도달하게 된다.

지표면의 일부 지역은 다른 곳에 비해 태양으로부터 더 많은 에너지를 받게 되며, 이런 차이는 기후에 크게 영향을 미친다.

지구에 유입되는 태양에너지 방사가 지역적으로 차이를 보이는 주요 원인은 지구가 구형 또는 거의 구형(**그림 26.1*a***)으로 되어 있다는 사실에 기인한다. 열대지방은 태양광이 적도 근처 지역의 지표면에 거의 수직으로 도달하기 때문에 특히 더 따뜻하며, 극지방에 근접할수록 태양광이 도달하는 각도(입사각)에 의해 태양에너지가 더 많은 지표면을 향해 넓게 분산시키게 되고, 이는 상대적으로 단위 지표 면적당 더 낮은 에너지를 전달하게 된다.

태양에 대한 지구 공전 및 지구의 축에 따른 일일 자전은 태양 방사 에너지와 기후 패턴을 결정하는 중요한 요인이 된다. 지구의 자전축은 태양을 중심으로 돌고 있는 지구 궤도 평면에 대해 수직으로 되어 있지 않고, 이 축이 약 23.5° 정도 기울어져 있기 때문에 지구의 모든 지역에서 계절 변화가 일어나며, 특히 적도로부터 멀리 떨어진 위도에서는 계절 변화가 뚜렷하게 나타난다. 예를 들면 북반구는 몇 달 동안은 태양을 향해 기울어지고, 몇 달은 반대 방향으로 기울어지면서 여름과 겨울이 생기게 되는 것이다.

육상 생태계에 대한 지역 및 국지적 차이의 영향

특정 지역의 환경 상태는 태양 방사량, 대기 순환 및 해류 순환의 지역적 및 국지적 영향을 받는다. 육상계에 대한 지역적, 국지적 영향에 대한 몇몇 사례를 살펴보면 다음과 같다. 육상 생태계에 영향을 주는 요인으로는 **비그늘 효과**, **본순풍**, 고도 및 미세 기상학적 요소들을 들 수 있다.

지상에서 사막의 형성은 때때로 바다로부터 불어오는 수분을 함유한 바람을 산맥이 차단하면서 생겨난다(**그림 26.2**).

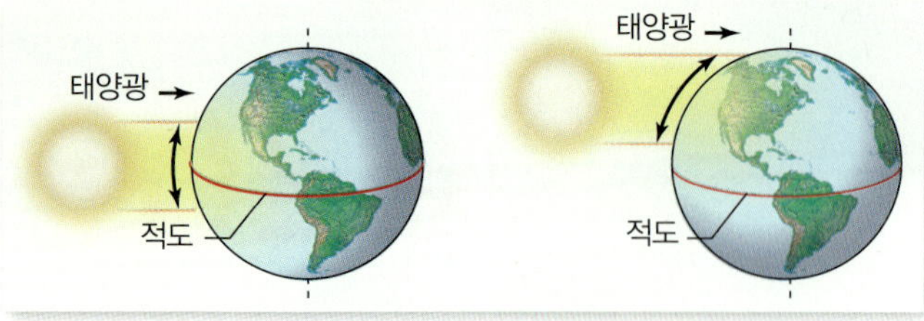

a.

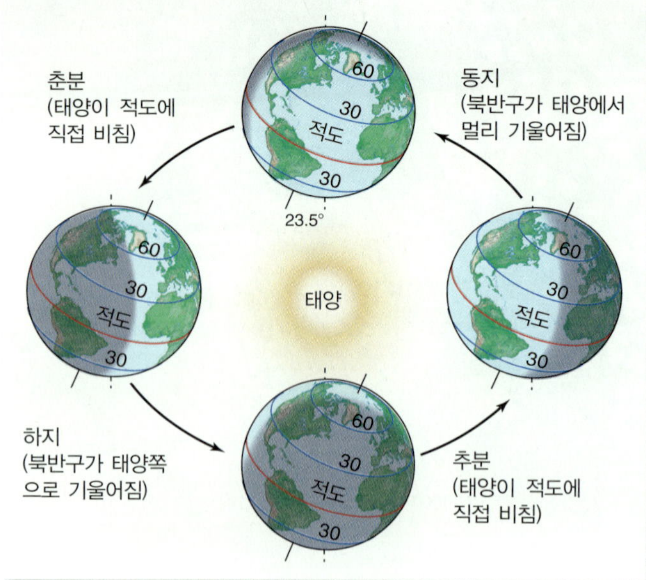

b.

그림 26.1 지구의 생물 분포 및 특성의 결정에 중요하게 작용하는 지구와 태양 사이의 상호 관계.
a. 북반구의 중위도 부분 또는 남반구에서 지구에 입사되는 태양에너지 광선은 적도 지역에 조사되는 동일량의 광선보다 더 넓은 면적을 조사한다. ***b.*** 지구가 매년 태양을 중심으로 궤도를 돌고 있다는 사실은 기후에 큰 영향을 미치고 있다. 북반구와 남반구에서는 지구의 축이 그 궤도 평면에 수직으로 위치해 있지 않기 때문에 1년 주기로 대기온도가 변한다. 따라서 각 반구의 한쪽은 어떤 기간 동안에는 태양을 향해 있고, 다른 기간에는 태양과 반대로 기울어져 있게 된다.

그림 26.2 캘리포니아에서 비그늘 효과.
태평양으로부터 수분을 함유한 바람은 시에라 네바다 산맥을 만나면서 상승하고 냉각된다. 좀 더 차갑고 높은 고도에서 공기의 수분 함유력은 감소하게 되어 비를 뿌리고, 이는 산맥의 바다면 경사지에 수분을 공급한다. 이 경사지에서는 나무가 잘 자라는 숲이 형성되어 큰 거목도 발견된다. 이 공기는 산맥 동쪽 지역으로 하강하게 되면서 수분 함유력이 다시 증가하게 되고, 공기는 주변으로부터 수분을 빼앗는다. 이로 인해 산맥의 동쪽 지역은 건조해지고, 비그늘 효과에 의해 종종 사막도 형성된다.

바다로부터 육지로 오는 공기가 산맥을 만나면 공기는 상승하게 되면서 수분 흡착 능력은 감소하게 된다. 이는 높은 고도에서 공기가 더 차가워지면서 바다를 접하는 산의 경사면에 강우를 형성하게 되기 때문이다.

상당 부분의 수분을 잃어버린 공기가 이후에 산맥의 다른 경사면으로 하강하면, 따뜻하지만 건조한 상태를 유지하게 된다. 그리고 따뜻한 온도로 인해 수분 함유량이 증가하면서 토양이나 식물로부터 수분을 흡수하게 된다.

그 결과 산맥의 두 개 경사면에서 수분 함유량의 극적인 차이가 나타나게 된다. 예를 들면 캘리포니아에 위치하는 태평양으로부터 많이 떨어진 경사지에 있는 시에라 네바다 산맥의 동쪽 경사지는 서쪽 경사지에 비해 훨씬 더 건조하다. 다른 예로 사막은 건조한 지역에 더 발달되는데, 모하비 사막이 바로 그 실례로, 산맥이 비그늘 효과를 만들어 주었다고 볼 수 있다.

몬순의 영향

아시아 대륙은 대단히 거대하여 계절이 바뀌면서 표면이 달구어지기도 하고 냉각되기도 하면서 풍향 패턴에서 대규모의 지역적 변동이 생긴다. 하절기 동안 아시아 대륙은 주변 대양보다 더 많은 열을 흡수하게 되고, 반면에 동절기 동안에는 해양보다 더 빨리 냉각된다. 그 결과 바람은 여름철에 특히 인도양 지역과 서부 열대 태평양 지역과 같은 아시아 대륙의 내륙지방 내로 물을 이동시키는 경향을 보인다. 겨울철에는 반대로 대륙에서 해양 쪽으로 바람이 불게 된다. 이러한 계절적 전이풍을 몬순이라고 부른다. 이 바람은 강우 형태와 강우 기간 및 강도에 영향을 미치며, 그 지역에 살고 있는 수백만 명의 식량 및 기근에 지대한 영향을 미치고 있다.

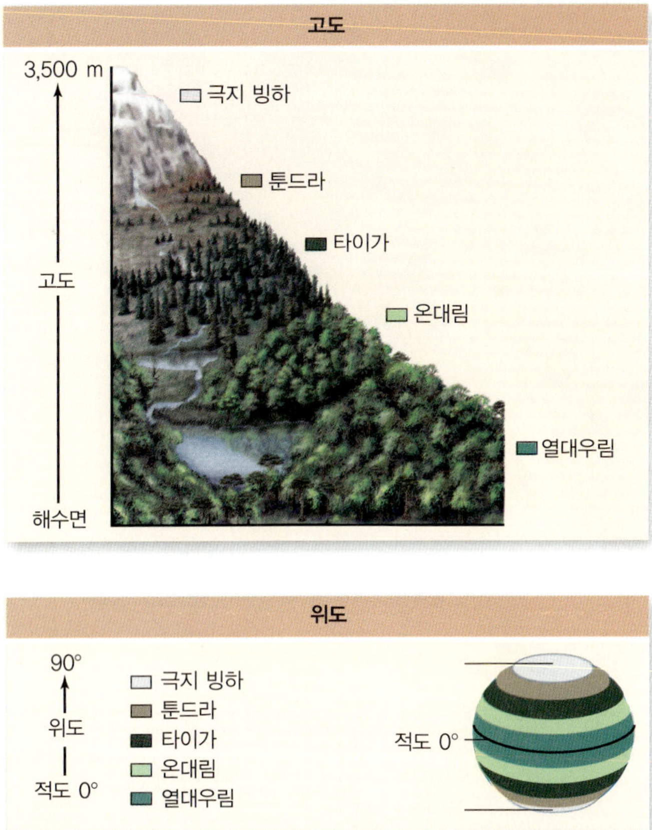

그림 26.3 생물군계 분포에 영향을 미치는 해발 고도. 해수면에서 적도와 멀리 떨어진 북쪽에서 일반적으로 생성되는 생물군계는 열대지역의 고산지대에서도 나타난다. 열대지방의 고산지대에서는 위의 그림에서 보여주는 것처럼 생물군계의 연속성을 볼 수 있다. 북미에서 해발 고도가 1,000 m 상승되면서 나타나는 온도 감소는 위도가 880 km 증가할 때와 동일한 효과를 갖는다.

해발 고도 효과

다른 지역적 패턴은 산악 지역에서 해발 고도에 따른 온도 변화 등에 의해 나타난다. 일반적으로 특정 위도에서 대기온도는 해발고도가 매 1,000 m 상승할 때마다 약 6°C씩 떨어진다. 해발 고도에 따른 기온 변화의 생태학적 중요성은 위도 변화에 따른 온도 변화와 유사하다(**그림 26.3**).

미기후

환경은 아주 작은 공간적 규모에서도 시시각각 변한다. 그 실례로 탁 트인 숲에 앉아 있는 새는 강한 태양에너지를 받고, 대기온도는 높고 습도는 낮으나, 그에 비해 10피트 길이의 나무 아래 숨어있는 생쥐는 그늘지고 시원한 온도 그리고 수증기를 가득 머금은 공기에 노출되어 있다. 이렇게 국부적으로 다양하게 나타나는 기후를 **미기후**(microclimate)라고 부른다.

어떤 경우에 생물종은 다른 미기후를 이용하면서 적응하고 경쟁을 피하기도 한다. 그 실례로 동일 지역에 서식하는 도롱뇽들은 서로 다른 서식지에서 서로 다른 습도에 맞게 적응되어 있다.

1.2 지구의 생물군계

생물군계(biome)는 육상 생태계의 주요 유형을 일컫는다. 각 생물군계는 특징적인 외형을 가지고 있으며, 지역적으로 뚜렷한 기후 차이를 보인다. 생물군계들은 그들의 식물 분포 구조에 의거해 명명되었으나 각 군계는 현존하는 동물들을 포함하고 있다.

생물군계를 광의적으로 정의한다면, 육상 생태계를 생물군계로 분류하기 위한 몇 가지 방법이 있다. 기본적인 생물군계의 8가지 유형은 다음과 같다. (1) 열대우림, (2) 열대 건조림, (3) 사바나, (4) 사막, (5) 온대성 초원, (6) 온대 낙엽수림, (7) 온대 상록수림, (8) 타이가, (9) 툰드라.

생태학자들에 의해 여섯 개의 추가적인 생물군계들이 제시되고 있는데, 그들은 극지 빙하, 고산지대, 관목지대, 온대습윤 상록수림, 열대 계절풍림 및 반사막 등이다. 다른 생태학자들은 이 6개 군계 특성을 8개의 주요 생물군계와 함께 묶어 구분한다. **그림 26.4**는 14개의 생물군계들의 분포를 보여준다.

기온과 습도에 의한 생물권 결정

어떤 생물군계가 어디에 분포되어 있는가를 결정해주는 두 개의 핵심 환경 요인은 기온과 습도이다. 육상 지역에서의 연평균 기온과 연평균 강우량을 알고 있다면, 우점하고 있는 생물군계를 쉽게 예상할 수 있다. 기온과 습도는 생태계에 다양한 영향을 주는데, 이들의 영향이 매우 크다는 것에 대한 이유 중의 하나는 앞에서 살펴본 바와 같이 이들이 1차 생산력과 아주 높은 상관관계를 보인다는 것이다.

연평균 기온과 연평균 강수량이 아주 유사하지만 서로 다른 장소에서 서로 다른 생물군계가 나타날 수 있는데, 이는 기온과 습도만이 중요한 요인이 아니라는 것을 의미한다. 토양 구조와 미네랄 성분도 영향을 줄 수 있는 요인들이다. 또한 현존하는 생물군계는 기온과 강우량이 얼마나 계절적으로 분포하는지 혹은 비교적 일정한지 아닌지에 의해 좌우되기도 한다.

연평균 강수량이 약 140~450 cm에 이르는 **열대우림**은 지구상에서 가장 풍부한 생태계로 강우량이 많고 기온이 높아 생산력이 매우 높은 지역이다. 이 군계는 매우 높은 생물다양성을 보여주며, 세계에 존재하는 모든 지상 식물 및 동물의 절반에 이르는 2백만 종 이상이 존재하는 지역이다. 브라질 우림 지역의 1평방 마일 내에는 약 1,200종의 나비가 서식하는데, 이는 북미 전체 종 수의 2배에 해당한다. 열대우림은 빠르게 영양물질을 흡수하여 토양에서 영양물질의 결핍 현상을 만들기도 한다.

사바나는 열대 또는 아열대 초원지역으로 광활한 지역에 키가 작은 관목들이 산재되어 분포하는 지역이다. 사바나는 열

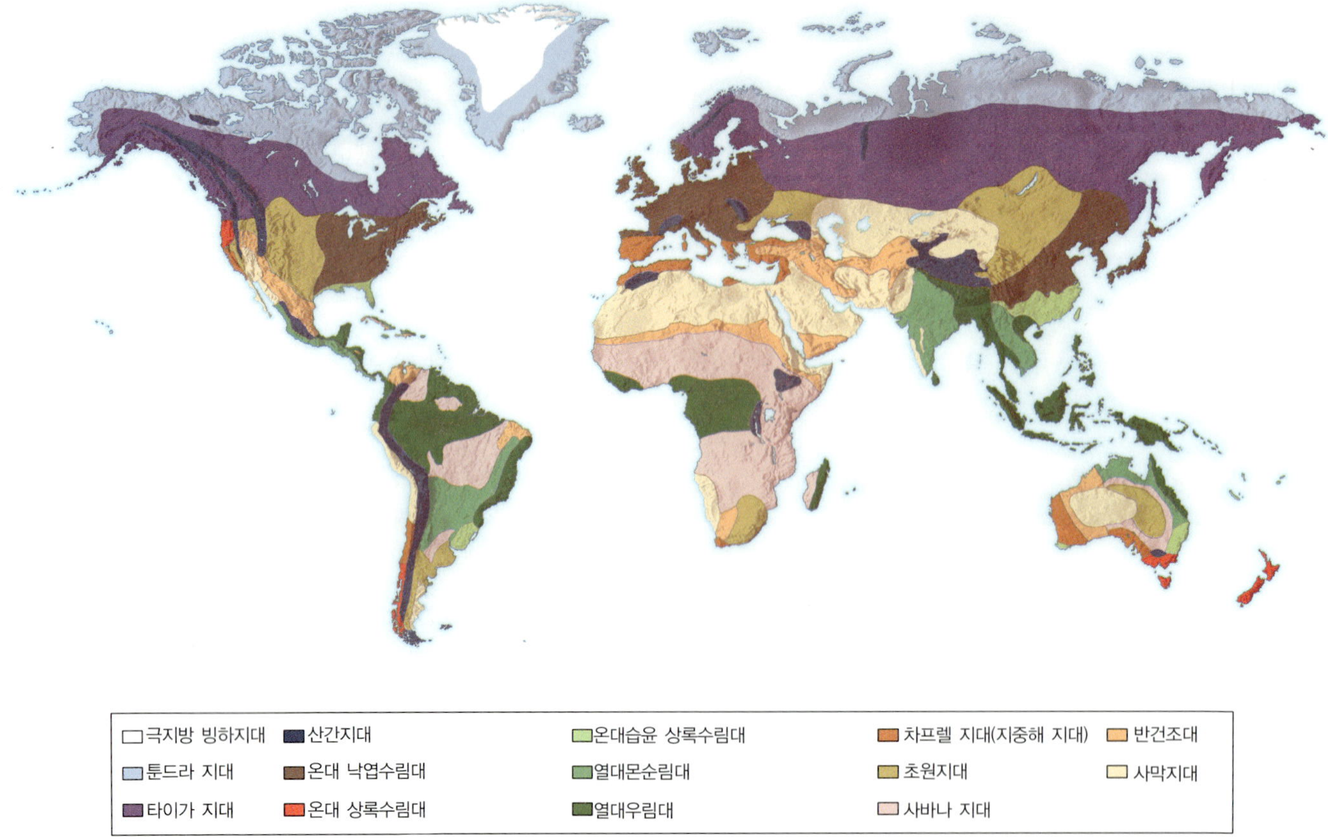

그림 26.4 생물군계의 분포.
각 생물군계는 자체 내의 고유한 식생 구조 및 외형적 특성을 갖는다.

대우림과 사막 사이의 **전이형 생태계**이다. 이 군계는 연평균 강수량이 50~125 cm로 난대성 특징을 지닌 지역이지만, 연중 강우량이 너무 적어 우림 생물들을 지탱하게 할 수 없으나, 사막 환경을 조성할 만큼 비가 적게 내리지는 않는다.

사바나에서 강우는 계절적으로 나타나는데, 동아프리카의 세렌게티 생태계는 세계에서 가장 유명한 사바나 생물권의 한 예가 될 것이다. 세렌게티 대부분 지역에서는 연중 몇 개월에 걸쳐서 비가 내리지 않지만, 그 외 몇 개월은 비가 풍부하게 내린다. 생태계 내의 많은 초식동물들은 강우의 계절 특성에 반응하는데, 많은 종들은 몇 개월 동안 강우기에 수위가 높아진 강을 피해 이동한다.

사막은 건조한 지역으로 연평균 강우량은 25~40 cm 이하이며, 예측이 불가능하다. 이러한 불예측성이 의미하는 바는 식물과 동물은 1년 동안 심한 경우 단 한 차례도 비를 맞을 수 없게 된다는 것을 의미한다. 앞에서 언급한 바와 같이 거대한 사막의 대부분은 북위 30°와 남위 30° 부근에 존재하는데, 이는 지구의 대기 순환 패턴 때문에 나타나는 현상이다. 그러나 어떤 사막들은 비그늘 효과에 의해 형성되기도 한다.

온대성 초원은 적도와 극지방의 중간에 위치하며, 풀들이 아주 잘 자라는 지역이다. 이러한 초지지역을 **평원**이라고 부르며, 북미 내륙 지방에 먼저 분포한 이래 유라시아 대륙 및 남미 대륙으로 널리 퍼져 나갔다.

다년생 초본의 뿌리는 특징적으로 토양 깊숙이 들어갈 수 있으며, 초지의 토양은 표토층이 깊고 비옥하다. 온대성 초원은 경작지로 전환하면 생산력이 매우 높기 때문에 광대한 면적이 이런 식으로 변하게 된다. 북미에서 토지 이용도가 이렇게 변화되기 전에는 아메리카 들소와 영양 등 수많은 무리들이 온대성 초원에 서식하며, 해마다 먹이 자원의 변화에 따라서 계절적으로 이동하였다. 자연적인 온대성 초원은 주기적인 화재에 적응한 생물군계 중의 하나이기 때문에 생물 번성을 위해서는 적당한 화재가 필요하다.

온대성 낙엽수림은 강우가 충분하고, 여름에 따뜻하고 겨울에 추운 계절적 기후 특성을 나타내는 지역의 생물권으로 미국 동부지역, 캐나다 동부지역 및 유라시아 대륙이 이에 해당된다. 낙엽수는 겨울철에 잎을 떨어뜨리는 나무를 의미한다. 이런 생물권에 주로 서식하는 동물들은 사슴, 곰, 비버 및 너구리 등이다.

온대성 상록수림은 미국 북서부와 같은 온대성 기후를 가지는 해안선을 따라 형성되어 있다. 우점하는 식물들은 잎을 떨어뜨리지 않는 상록수들로 주요 우점 수종은 가문비나무, 소나무 및 삼나무 등이다.

타이가와 **툰드라**는 서로 다른 특성을 가지고 있다. 타이가는 항상 뾰쪽한 바늘 같은 침상 잎을 가진 침엽수(전나무, 잣나무)가 우점하고 있으며, 북부 산림지대에 많이 분포하고 있다.

타이가는 지구상에서 가장 크게 분포하는 생물군계 중 하나이다. 타이가에서의 겨울철은 아주 길고, 추위가 극심하며, 강우는 대부분 하절기에 국한되어 있다. 이 군계에 서식하는 동물들로는 엘크나 무스, 사슴과 같은 많은 초식동물들과 늑대, 곰, 시라소니와 같은 육식동물들을 들 수 있다.

툰드라 지역은 타이가보다 높은 북쪽 위도에 위치하며, 거의 나무가 자라지 않는 지역을 일컫는다. 툰드라는 개방된 공간이며, 바람이 휩쓸고 지나가는 공간으로 때로는 습원을 이루고 있다. 지구상 대륙의 1/5을 차지하고 있는 이 툰드라 생물군계에는 비나 눈이 거의 내리지 않는다. **영구동토대**는 1년 내내 토양이 얼어 있으며, 지표면 1 m 하부까지 얼어 있다.

툰드라 지역에서 나무들은 크기가 작고, 대부분 하천이나 호숫가에 제한되어 분포한다. 승록과 같은 커다른 초식동물과 늑대와 이리 등의 육식동물들이 툰드라 지역에 살고 있다. 설치류 군집은 그들을 포식하는 동물들에 따라 그 수가 심하게 변동된다.

1.3 생물권에 대한 인간의 영향: 오염과 자원 고갈

인간의 활동은 생태계에 악영향을 초래할 수 있다. 이런 문제와 관련하여 창의적인 사람들은 합리적인 해결책을 찾을 수 있다는 인식이 중요하다.

그의 좋은 사례는 미국에서의 DDT 관련 연구에서 찾아볼 수 있다. DDT는 세계 2차 대전 때부터 수십 년 동안 전 세계적으로 사용된 화학물질로, 습지에서 모기 퇴치에 크게 기여한 효과적인 살충제다. 고농도의 DDT가 유통되어 살포되는 동안 대형 어류를 섭식하는 물수리, 독수리, 펠리칸 등의 맹금류가 오염되기 시작했고, 궁극적으로 DDT의 사용은 이러한 조류들을 죽음으로 내몰았다.

과학자들의 연구에 따르면 DDT와 그 대사산물은 먹이연쇄를 통하면서 동물 조직에 계속 농축된다고 보고하였다(**그림 26.5**). 먹이연쇄의 하부에 있는 동물들의 지방조직에는 상대적으로 낮은 농도로 축적되지만, 이를 먹이로 하는 1차 소비자인 육식동물에서는 더 높게 농축되고, 대형 어류를 섭식하는 맹금류와 같은 최상위 포식동물은 DDT의 영향을 가장 많이 받았다. 과학자들은 이러한 맹금류에 축적된 DDT의 대사산물은 알 껍질 형성을 방해한다는 사실을 발견하였다. 맹금류들은 얇은 껍질을 가진 알을 낳게 되고, 부화되기 전에 깨져 개체군이 감소하였다.

어류를 섭식하는 조류의 죽음으로 인해 DDT에 대해 생태계 정화의 필요성을 깨닫기 시작했으며, 결국 DDT 사용금지 법안이 통과되었다. 금지령이 내려진 지 30년 후인 현재 물수리, 독수리, 펠리칸의 개체 수는 복원되고 있다. 사람들은 과학을 연구하는 중요한 이유를 이러한 성공적인 사례에서 찾게 된다.

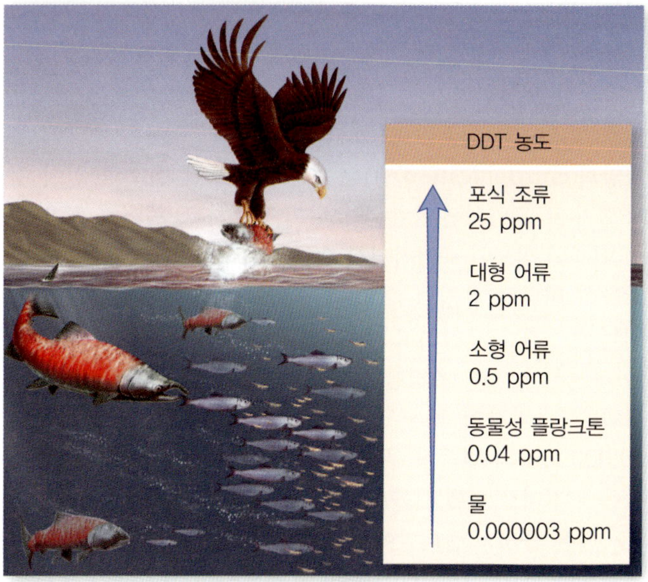

그림 26.5 DDT 농도의 생물학적 농축 현상.
동물들이 먹이를 섭식할 때 DDT는 지방조직에 축적되기 때문에 먹이연쇄의 상위에 있는 동물들에게 DDT 농도가 더욱 증가하게 된다. 오른쪽의 농도 단위는 ppm. 미국에서 DDT 사용 금지령이 내려지기 전에 대형 어류를 섭식하는 조류의 개체군은 급격히 감소하기 시작했는데, 그 원인은 DDT의 대사산물이 알 껍질을 얇게 만들고, 이는 부화하는 동안 껍질이 깨져 개체 수가 감소하는 원인을 제공하였다.

오염과 자원 고갈로 위협받고 있는 담수 서식처

담수(민물; frech water)는 지구에서 가장 적게 남아 있는 서식지이면서도 가장 크게 위협받고 있는 서식지이다. 담수 생태계는 아주 적은 면적을 가지고 있지만, 인구 증가 및 인간 활동은 과도하게 증가하고 있다는 것이다. 예를 들면 콜로라도강은 북미지역에서 가장 큰 강 중 하나로 록키산에서 얼음이 녹아 발원하고 바다로 나가기 전 유타, 아리조나, 네바다, 캘리포니아, 북멕시코로 흐른다. 오늘날 물은 강으로부터 물을 필요로 하는 도시까지 끌어오고 농작물에 관개한다. 그러나 강에서는 이런 수자원이 고갈되고 있으며, 사막에서 말라버려 바다까지 내려가지 못한다. 세계적으로 담수 공급의 위기가 서서히 나타나고 있다.

담수 오염은 세계적인 문제이다. **점 오염원**은 공장이나 배수관 같이 정해진 곳에서 나오는 배출수로부터 쉽게 오염원의 감별이 가능하다. 점 오염원의 실례로는 강의 특정 지역에서 처리수를 방류하는 하수 처리장 혹은 중금속과 화학물질을 포함한 배출수를 내보내는 공장을 들 수 있다. 오염의 유형 및 오염원의 정확한 위치가 파악되면서 점차 법과 기술을 통해 점 오염원을 적절히 규제할 수 있게 되었다. 많은 나라에서 그에 맞는 적절한 규제 법안이 만들어졌지만, 개발도상국과 같은 다른 국가에서 수질 오염은 여전히 문제가 되고 있다.

확산 오염원의 예는 잔디밭 혹은 농경지로 이런 곳에서는 질소(N)와 인(P)의 과다한 유출이 일어나고, 이는 수체에 **부영양화**(eutrophication)를 야기한다. 과도한 질소와 인이 강과 호수로 유입되면 용존 산소량이 감소하고, 잉어과 같은 내성 어종의 밀도가 증가하면서 수체의 특성이 악화된다. 문제는 강물이 바다로 유입될 때 더욱 심화되는데, 부영양화는 수체 내의 산소를 고갈시키고, 어류 및 다른 수생생물의 대량 폐사를 가져온다. 가장 유명한 사례는 멕시코만의 "죽음의 지역"으로 미시시피강이 멕시코만으로 유입되면서 2008년에 약 20,000 km^2의 면적이 무산소 상태로 되어 생물이 살 수 없는 죽음의 지대로 변했 것을 들 수 있다.

많은 농지와 잔디밭에서 유출되는 질산과 인산이 전체 수계로 유입되고, 이는 많은 수체로 유입되면서 문제가 발생한다. 이러한 종류의 확산 오염원은 기존 기술로 간단히 해결할 수 없으며, 공공 교육 및 정치적 결단이 이에 대한 해결책으로 제안되고 있다.

점 오염원과 확산 오염원의 중간 단계의 오염 유형은 화력 발전소의 석탄 연소를 들 수 있다. 공장의 굴뚝은 점 오염원이지만, 굴뚝으로부터 나오는 연기와 가스는 지역에 넓게 확산된다.

이런 문제의 한 예가 **산성비**(acid rain)이다. 석탄이 연소되면 석탄에 포함되어 있는 황이 산화된다. 산화황이 조절되지 않으면, 굴뚝에서 황이 대기 중으로 유출되고 수증기와 결합하여 황산으로 변하며, 비나 눈은 대기로부터 산성 물질을 흡수하여 지표면에 떨어질 때 강한 산성을 띠게 된다.

굴뚝에서 발생되는 물질 중 두 번째 심각한 문제는 수은(Hg)이다. 수은의 배출은 석탄의 연소에서 방출되는데, 아주 적은 농도의 수은도 성인과 태아의 뇌 발달을 저해할 수 있기 때문에 공중보건의 큰 관심사가 되고 있다.

위협받고 있는 열대지역과 온대지역의 산림 생태계

산림 서식지 소실은 끔찍한 결과를 초래할 수 있다. 예를 들어 열대우림에서 종 다양성은 그 서식지에 직접적으로 의존하고 있는데, 열대우림이 사라지면 종 다양성이 감소된다. 많은 열대우림 지역이 이미 심하게 훼손되었고, 최근 조사에 따르면 원시상태 그대로 잘 보존된 세계 열대우림은 절반 이하로 감소하고 있다. 세계 대부분의 열대우림은 계속 빠르게 훼손되어 가고 있고, 30년 안에 대부분이 파괴되어 사라질 것이라는 예측도 있다.

더욱이 서식지 소실 및 산림 벌채는 지역에 따라 많은 2차적인 문제를 야기시킬 수 있다. 아프리카 사하라 사막의 남부 사헬 지역에서 사막화의 주요 요인이 무분별한 산림 벌채였다. 미국 북동부에 위치한 산림 생태계인 허바드천 실험은 산림 벌채가 산림 토양으로부터 양양분 손실을 가져오고, 동시에 하천 하류에 부영양화 현상을 야기시키는 실례를 보여주고 있다.

열대우림의 벌채는 그 유역의 물 분포를 변경시켜 **물 순환**을 교란시킨다. 열대우림 지역이 소실되면, 빗물은 증산작용에 의해 즉시 대기로 돌아가지 않고 먼 지역까지 흘러간다. 이 변화는 원래 열대우림에 서식하던 식물들에게 부적당한 상태를 만들게 되고, 식생이 감소하면서 침식이 증가하고, 궁극적으로 땅은 황폐화된다.

산림 벌채는 열대지역뿐만 아니라 온대지역에서도 문제가 될 수 있으며, 산성비는 호수와 하천뿐만 아니라 산림에도 직접적인 영향을 준다. 온대의 광범위한 지역에 서식하는 나무들은 산성비에 취약하다. 산성비는 토양 산성도를 가속화시키고, 그 토양에 뿌리를 내린 나무를 고사시키기도 한다.

해양 서식지 감소

해양에서의 과다한 어획은 최근 몇 십년 동안 집중적으로 이루어졌고, 이는 현재 해양에서 가장 큰 문제로 대두되고 있다. 해양은 크기가 거대하기 때문에 담수나 육상 생태계보다 인간의 영향에 훨씬 덜 민감하다고 할 수 있다. 그럼에도 불구하고 전 세계 어획량은 지난 20년 동안 계속 최대치를 보이고 있으며, 어류 수요량도 꾸준히 증가하고 있다. 어획량이 너무 많아 세계 해양 어류 보유량의 25~30%는 공식적으로 과잉 포획되었거나, 이미 고갈되었거나 혹은 복원 중에 있다. 그 밖의 40~50%는 최대 가능 수준까지 포획되고 있다.

양식에 의한 수산업은 지난 20년 동안 안정적으로 성장하고 있으며, 어업 문제의 직접적인 해결책으로 제안되고 있다. 연어와 같은 양식 종의 사료에는 단백질이 포함되어야 하는데, 이런 단백질은 자연에서 잡은 어류에서 충당되고 있다. 이런 경우 남획은 한 종에서 다른 종으로 이동하는 셈이 된다.

더욱이 현재 양식업은 해양 생태계에 악영향을 주는데, 그 실례로 새우와 어류 양식업을 위해 해안을 따라 형성된 맹그로브가 벌채되고 있다.

해양은 크기가 크기는 하지만 21세기로 들어서면서 많은 **오염물**들이 계속 유입되고 있다. 최근 보고에서 광대한 태평양에서 아주 멀리 떨어진 곳에서 무인 섬이 발견되었는데, 그것은 엄청난 양의 플라스틱이 해변가에 쌓이면서 형성된 섬이었다. 북극의 바닷물도 독성 화학물질로 오염이 되고 있다. 북극 범고래(*Orcinus orca*)의 생체조직 검사 결과에서 높은 농도의 살충제와 카펫에 사용되는 인화 억제제와 같은 화학물질이 조직에서 발견되었다. 그러나 해양은 아주 광대하기 때문에 오염물질의 농도는 아직 위기 수준은 아니다.

성층권의 오존 고갈에 의한 오존 구멍

그림 26.6에서 보는 위성사진은 지표면으로부터 20~25 km

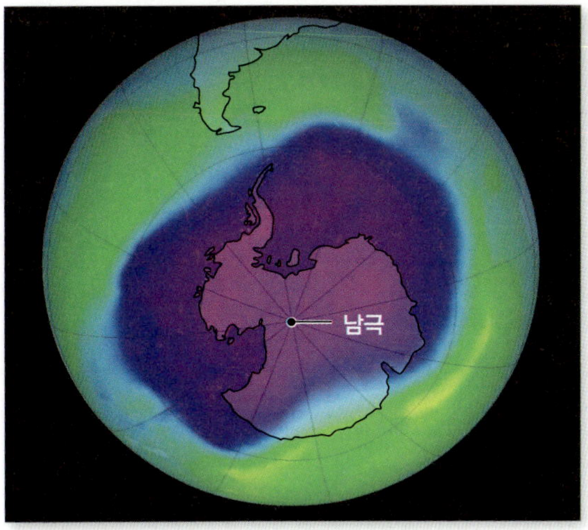

그림 26.6 남극의 오존 구멍.
NASA 위성은 현재 남극 성층권의 오존층 파괴의 범위를 추적하였다. 1980년 이후 매년 오존 고갈은 8월(남반구에서 이른 봄)에 가장 심하게 나타났는데, 이 시기는 바로 남극에서 겨울 동안 갇혀 있던 찬 공기가 햇빛과 화학적 반응을 일으킬 때이다. 오존 구멍은 9월 동안 가장 극대화된다. 2006년 9월에 관측된 1,140만 평방마일의 오존 구멍(위성사진 중 보라색)의 크기는 미국, 캐나다, 멕시코를 합친 것보다 컸으며, 가장 큰 면적으로 기록되었다.

에 위치한 오존(O_3)의 밀도 차이를 보여준다. 남극(그림에서 보라색 부문)의 성층권에서 오존 농도는 정상 농도의 1/3~1/2까지 고갈되었는데, 이를 오존 구멍이라 부른다.

성층권의 오존 파괴는 남극에서 가장 두드러지게 나타나지만, 전 세계적인 현상이다. 미국 환경부 보고에 따르면 미국의 오존 밀도는 약 4%가 감소하였다.

성층권의 오존은 태양 복사에너지로부터 방출되는 **UV-B**라고 부르는 파장의 자외선을 흡수하기 때문에 중요하다. UV-B는 다양한 면에서 생물체에 피해를 주는데, 그 실례로 백내장과 피부암의 위험을 증가시킨다. 성층권의 오존층 파괴는 더 많은 UV-B가 지표면으로 도달하게 하여 UV-B의 피해를 증가시킨다. 예를 들면 오존층에서 1% 오존의 감소는 피부암 발생을 6% 증가시킨다고 추정되고 있다. 자외선 노출은 양서류와 같은 많은 동물에게도 피해를 줄 수 있다.

오존층 파괴의 주요 요인은 산업적으로 생산된 염소와 브롬의 대기 방출이다. 특히 관심 대상은 최근까지 에어컨 및 냉장고에 냉매로 사용되는 **염화불화탄소**(chloro-fluorocarbons, **CFCs**)인 프레온 가스이다. 대기로 방출된 CFCs는 염소 분자를 유리시키고, 이것은 성층권에서 오존분자(O_3)를 분해하여 산소분자(O_2)로 전환시켜준다. 오존은 계속적으로 합성되고 분해되는데, 유리된 염소원자는 빠른 속도로 오존 농도의 균형을 깨뜨린다.

남극에서 오존층의 심각한 파괴는 남극의 특이한 날씨 때문이다. 남극에서 겨울이 계속되는 밤 동안에 강한 성층권 바람인 극야 제트류가 발달하고, 지구 전체 둘레로 부는 바람은 지구의 나머지 대기로부터 남극의 성층권과 격리된다.

그 결과 남극의 성층권은 몇 주 동안 매우 식게 되면서(영하 80도 이하) 특이한 유형의 얼어 있는 구름을 형성하게 된다. 이 구름에서 입자들과 관계된 반응에서 두 개의 염소원자인 Cl_2의 축적이 일어나며, 남극에서 태양광이 들어오는 초봄이 되면, 염소분자는 광화학적으로 분해되어 유리된 염소원자를 풍부하게 만들고, 이는 오존을 고갈시키는 반응이 계속 진행되게 만든다.

오존층 파괴의 원인이 밝혀진 후 세계적으로 CFCs와 오존층 파괴를 일으키는 다른 화합물 등의 생산이 중단되기 시작하였다. 미국에서 이런 화합물의 제조업자들은 1996년에 생산을 중지하였고, 현재는 오존을 보존하는 대체 화학물질의 중요성을 인식하게 되었다. 이런 물질은 화학적으로 상당히 안정적 물질이기 때문에, 오존 파괴 화합물은 대기로부터 아주 천천히 감소될 것이다. 그럼에도 불구하고 오존 파괴의 문제는 감소하고 있고, 21세기의 후반부에는 실질적으로 해결될 것으로 기대되고 있다.

1.4 생물권에 대한 인간의 영향: 기후 변화

과학자들은 지구의 역사를 연구하고, 다른 행성과의 비교 검토를 통해 대기 속에 있는 기체, 특히 이산화탄소(CO_2)가 지구의 평균 온도 유지에 중요한 역할을 한다는 것을 밝혔다. 대기에 가스가 전혀 존재하지 않을 때보다 대기 가스가 존재할 때 평균 25°C 이상의 온도를 유지하게 된다. 이러한 사실은 대기의 구성이 지구 생명을 유지하는 핵심 열쇠라는 것을 보여주는 것이다. 대부분의 연구자들의 주장에 따르면, 불행하게도 인간 활동은 대기의 구성을 변화시키고 있고, 궁극적으로 지구 생태계가 피해를 입어 큰 재난을 가져올 것이라고 결론을 내리고 있다.

대기 성분의 변화 때문에 지표면의 평균 온도가 증가하고 있는데, 이런 현상을 **지구 온난화**(global warming)라고 부른다. 대기온도의 변화는 지구 풍향 및 해류 방향 패턴에 영향을 준다. 이것은 지구 평균 온도의 상승을 의미하고, 세계의 어떤 지역에서는 약간 온도가 올라가는 데 비해 다른 특정 지역에서는 광범위하게 더워질 수 있는 것을 의미한다(**그림 26.7**).

2007년 미국의 부통령이었던 앨 고어(Al Gore)와 함께 노벨평화상을 수상한 국제기후변화기구(Intergovernmental Panel on Climate Change, IPCC)는 최근에 지구의 기후 변화에 대한 4번째 평가보고서를 발표하였다. 다양한 시나리오에 기반을 둔 컴퓨터 모델은 지구 온도가 금세기 말까지 1.1~6.4°C까지 증가할 것으로 예측하고 있다.

대기온도보다 더 불길한 징조는 강우량의 예측에서 나타났다. 예를 들면 북유럽은 현재보다 더 많은 강우가 있을 것으

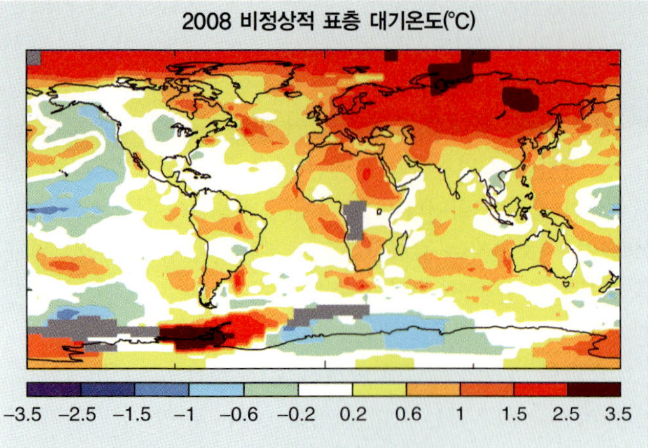

그림 26.7 지구 온난화의 지리적 추이 변화.
1880년 이후 가장 온도가 높게 기록된 10년은 1997~2008년의 12년간이었는데, 어떤 지역은 다른 곳보다 더 뚜렷하게 높은 온도를 보였다. 컬러는 온실효과가 일어나기 전 기간인 1951~1980년에 비해 2008년에 온도가 얼마나 더 상승했는지를 보여준다.

로 예상되었지만, 남유럽에서는 강우가 20% 이하로 감소될 것이라 예측하여 자연 생태계를 교란하고, 농업용수 및 음용수 공급에도 큰 문제를 가져다 줄 것으로 예측하였다. 유럽의 몇몇 국가는 경제적으로 좋아질지 모르지만 그 밖의 다른 국가들은 경제적으로 사정이 악화될 것이며, 국가들 사이의 정치적인 관계는 식량수급 문제에 차질을 빚으면서 변화될 것으로 예측하고 있다.

주 온실가스인 이산화탄소

지구 온난화를 유발하는 기체로 다른 것들도 존재하지만, 이산화탄소가 **지구 온난화**의 핵심 요인으로 알려져 있다. 하와이의 마우나 로아(Mauna Loa) 정상에 있는 관측소에서 화산(고도 4,200 m) 지대의 대기 이산화탄소의 농도가 1950년 이래 계속 모니터링되었다. 이 관측소는 태평양의 중간에 있고, 많은 사람들이 사는 대륙에서 멀리 떨어져 지역적 영향이 거의 없어 대기 모니터링의 최적지이다.

이곳 관측에 따르면 1958년에 대기 이산화탄소의 농도는 0.031%였으나, 2004년 농도는 0.038%로 상승했다. 학자들은 대기의 이산화탄소 농도 증가는 인구 증가에 따른 석탄과 석유의 소비 증가 때문으로 분석하였다.

대기 중의 CO_2 농도는 지구 온도에 영향을 준다. 이는 이산화탄소가 지구의 열 보유능에 중요한 몇몇 파장에서 전자기장의 복사에너지를 흡수하기 때문이다. 지구는 태양으로부터 복사에너지를 받을 뿐만 아니라, 받은 에너지를 지구 밖으로 방출하기도 한다. 이런 유입 및 방출이 동일하다면, 지구의 온도는 일정하게 유지될 것이다.

지구에 유입되는 태양에너지는 전자기 스팩트럼 중 비교적 단파장으로 가시광선 혹은 가시광선과 가까운 파장들이다. 그에 비해 지구로부터 방출되는 에너지는 더 긴 파장으로 다르게 구성되어 있다. 이산화탄소는 장파인 적외선 파장을 흡수하는데, 이것은 이산화탄소가 단파의 복사에너지 흡수를 방해하지는 않지만 지구로부터 장파가 우주로 방출되는 것을 간섭한다.

이산화탄소를 **온실가스**(greenhouse gas)라고 부르는데, 이는 온실에서와 유사한 효과를 보여주기 때문이다. 유리 온실은 유리가 투명하여 창을 통해 빛이 투과되지만 장파의 적외선은 적은 양만 투과할 수 있다. 일단 온실 내부에서 에너지가 열로 흡수되고 나면 에너지는 장파의 적외선으로 다시 방사되는데, 적외선은 쉽게 유리를 통과하여 빠져 나갈 수 없기 때문에 에너지가 온실 내부에 축적된다.

이산화탄소 외에 다른 온실가스들도 존재하는데, 그 예로는 메탄과 아산화질소를 들 수 있다. 특정한 온실 기체의 효과는 분자 특성 및 농도에 따라 달라진다. 예를 들면 분자 대 분자의 비율로 메탄은 이산화탄소보다 20배의 열을 가두어두는 효과를 가진다. 그에 비해 메탄은 이산화탄소보다 밀도가 작고 대기 중에 머무를 수 없다.

메탄은 주로 지구의 혐기성 토양에서 합성되며, 소와 같은 반추 동물의 소화 발효과정에서 합성된다. 엄청난 양의 메탄이 북극의 영구 동토대에 저장되어 있어 영구 동토대가 녹으면 메탄이 급격히 방출되어 지구의 온도는 갑작스럽게 변할 수 있다.

아산화질소 방출의 가장 큰 공급원은 비료를 이용하는 농업이고, 두 번째는 에너지 소비, 세 번째는 각종 산업에서의 배출이다.

생태계에 대한 지구의 온도변화

지구 온난화의 증거는 다양한 곳에서 확인할 수 있다. 예를 들면 세계 통계적 수치에 근거할 때 호수와 강의 얼음은 과거보다 늦게 얼고, 빨리 녹아 버린다. 평균적으로 얼음이 없는 기간은 100년 전보다 현재 2.5주가 길어졌다. 또한 북극에서 빙하의 크기는 지속적으로 작아지고 있으며, 빙하는 전 세계적으로 점점 줄어들고 있다(**그림 26.8**).

지구 온난화와 냉각화는 과거에도 일어났었고, 그의 대부분은 최근의 간빙기에 일어났다. 생물 종은 환경 변화에 따라 지리적으로 이동하면서 반응하였다. 예를 들면 북미의 추운 지역에 적응한 많은 식생 종은 과거 환경이 훨씬 더 한대 상태였던 10,000~20,000년 전에 원래 먼 남쪽이나 고도가 낮은 저지대에서 살았지만, 현재는 먼 북쪽이나 고지대에서만 발견된다. 현재 지구 온난화는 이와 유사한 효과를 가지고 있다. 그 실례로 많은 나비와 조류들은 최근 10년 동안 북쪽으로 이동하고 있다.

많은 이주 철새들은 과거 10년 전보다 여름에 더 빨리 이동을 한다. 많은 곤충과 양서류는 일찍 짝짓기를 시작하고, 식물은 좀 더 일찍 개화한다. 최근 조사에 따르면, 호주에 서식하

그림 26.8 빙하의 소멸.
1970년(위 사진)과 2000년(아래 사진)에 찍은 탄자니아의 킬리만자로산. 30년에 걸쳐 빙하가 덮인 면적은 줄어들고 있다.

는 야생 초파리의 개체군은 과거 20년 전보다 유전자 빈도에서 뚜렷한 변화를 보였는데, 추운 지역의 개체군이 유전적으로 따뜻한 지역과 닮아가고 있다.

산호초를 만드는 산호는 오랫동안 적응해온 해수 온도와 살아 생존할 수 있는 최대 온도 사이의 좁은 범위에서 살아가고 있다. 지구 온난화는 이미 광범위한 해양의 **백화현상**(bleaching)을 발생시켰고, 이는 산호초에게 위협이 되고 있으며, 자포동물과 조류 세포 사이의 공생관계를 파괴하고 있다.

사람에게도 영향을 미치는 지구 온난화

지구 온난화는 인간의 건강과 생활에도 다양한 영향을 주고 있다. 이러한 변화 중 일부는 도움이 될 수도 있지만, 어떤 경우에는 극히 해로울 수도 있다. 선진국들은 이런 지구 온난화의 변화를 잘 조정해 나갈 수 있지만 후진국에서는 빠르게 대처할 수 없고, 그의 개선을 위해서는 선진국에서도 힘든 많은 예산을 투입해야 한다.

20세기의 후반부에 해수면은 10년 동안 2~3 cm 상승하였다. **미국 환경보호국**은 21세기 해수면 상승은 2가지 지구 온난화 영향으로 인해 2~3배 정도 더 빨라질 것으로 예상하였다. (1) 극지방의 얼음과 빙하가 녹아 그로 인해 해수면이 상승한다. (2) 해양의 평균 수온이 상승하여 온도가 상승하면서 해수의 부피가 증가하여 수위 상승을 유발한다는 것이다. 이러한 수위 상승은 저지대와 연안 습지대의 침식과 범람을 유발할 것이며, 다른 서식지들도 위태롭게 만들 것이다. 지구에서는 매년 2억 명 이상의 사람들이 홍수의 피해를 입고 있다. 해수면이 계속 상승하면 해안가 도시와 인도양에 있는 몰디브와 같은 섬은 수몰되는 위험에 처할 것이다.

지구 온난화는 온도의 상승뿐만 아니라 다른 다양한 영향을 줄 것으로 예상된다. 특히 열파, 가뭄, 심각한 태풍, 허리케인 등과 같은 극한 상황이 증가될 것으로 예상되며, 엘리뇨와 같은 이상기후 현상은 더 흔하게 발생될 것이다.

더욱이 강우 패턴이 변하기 쉽고, 현재 이런 지역에 거주하는 약 2억 명의 사람들은 이미 물의 영향을 받고 있으며, 몇 년 안에 더 심각한 물 부족 문제에 직면하게 될 것이다. 이러한 증거는 과거 몇 년 동안 강력한 폭풍, 허리케인, 엘리뇨의 빈도 증가를 통해 뚜렷하게 나타나고 있다.

지구 온난화는 긍정적인 효과 및 부정적인 효과를 모두 가지고 있다. 긍정적인 측면으로는 온도 상승 및 이산화탄소의 증가가 특정 농작물의 성장을 증가시켜 농업 분야가 성장할 수 있다. 그러나 다른 종류의 농작물은 부정적인 영향을 받을 수 있다. 대부분의 농작물은 증가된 가뭄의 빈도에 의하여 악영향을 받게 된다. 북쪽 지역에 있는 농작물은 높은 온도에서 더 잘 성장할 수 있으나, 아열대 농작물의 대부분은 이미 최대 온도에서 성장하고 있었기 때문에 상승된 온도는 농작물의 생산량을 감소시킬 것이다.

부정적인 측면으로는 강우, 대기온도, 해충의 분포 및 여러 가지 다른 요인들의 변화가 생물 서식에 많은 적응 변화를 요구할 것이다. 그런 변화는 상대적으로 선진국의 농부에게는 쉬울지 모르지만, 개발도상국에서는 그와 동일한 비용을 지불해야 할 경우 농부들을 더 어렵게 만들 것이다.

빈번한 폭풍, 홍수 및 가뭄은 인간의 건강에 악영향을 준다. 그런 직접적인 영향을 배제하더라도, 기후 변동은 개발도상국에서 사회기반 시설을 붕괴하고, 안전한 식수 공급을 불가능하게 하며, 그 밖의 다른 문제들을 유발한다. 그 결과 유행성 콜레라와 다른 질병들이 더 빈번하게 발생될 수 있다.

그에 부가하여 온도가 상승하면서 열대에 서식하는 생물들은 북쪽으로 확장해나갈 것이다. 여기서 특히 관심이 집중되는 것은 그런 생물들이 인간의 질병을 유발한다는 것이다. 열대지방에 국한되었던 많은 질병은 그 범위가 확장되면서 열대지방이 아닌 다른 지역들에서도 문제가 될 수 있다. 모기에 의해 전파되는 질병으로는 말리리아, 뎅기열, 뇌수막염 등이 있다. 모기의 분포는 추위에 의해 제한받기 때문에 겨울에 영하로 떨어지는 것은 대부분의 모기와 모기의 알을 박멸하는 효과를 가져온다. 그 결과 말라리아는 온도가 16°C 이상인 지역에서만 발병하고, 황열병과 뎅기열은 온도가 10°C 이상인 지역에서 발병하며, 말라리아와는 다른 모기 종류에 의하여 전파된다. 온도가 상승하면 말라리아 균은 더 빨리 성장한다.

말라리아(malraria)는 매년 100만 명의 사람을 죽음에 이르게 하고 있다. 연구에 따르면 말라리아에 의해 감염되거나 위험에 처할 수 있는 인구는 21세기 말에 33%까지 증가될 것이라고 예상되고 있으며 말라리아는 증가 추세에 있다. 말라리아는 1980년까지만 해도 캘리포니아를 제외한 미국 전 지역에서 박멸되었지만, 최근에는 미국의 남부 및 북부의 몇 개 주에서 출현하고 있다.

뎅기열(dengue fever)의 전파도 확대되고 있다. 예전에는 1년에 500만 명~1억 명 정도가 이런 질병에 감염되었고, 발병 지역이 열대와 아열대에 국한되었지만, 최근에는 미국, 남미, 북호주에서도 발생하고 있다.

이런 질병에서 가장 우려되는 것 중 하나는 예방 백신(vaccines)이 없다는 것이다. 말라리아 감염은 약물 치료가 가능하지만, 기생충은 내성이 빠르게 생기고 있어 궁극적으로 약물 치료 효과가 없게 될 수 있다. 뎅기열에도 약물 치료제는 아직 개발되지 못하고 있다.

2007년에 발표된 국제기후변화기구(IPCC)의 4번째 평가 보고서에 따르면, 기후 변화는 인류에게 큰 변화를 주는 전환점이 될 수 있다고 지적하였다. 지구 온난화는 예전의 낙관론자들마저도 그중요성을 인식하게 되었고, 그 대부분은 인간 활동에 의하여 발생된다는 것이다. 심지어 예전에 이에 반대하던 국가들도 현재 인간의 활동을 조정해야 한다는 인식을 같이 하고 있고, 국제적 협력의 필요성을 인식하고 있다. 이런 결과로 **녹색기술**과 실천 사례들이 점점 보편화되고 있다. 오존 고갈 문제를 지난 세기에 해결했던 것처럼, 시민, 회사, 정부의 상호 협력을 통해 세계 기후 변화의 더 심각한 문제를 막을 수 있을 것이다.

2 보전생물학

2.1 생물 군집

멸종(extinction)은 생명계에서 일어나는 대부분의 종은 궁극적으로는 멸종의 길을 걷게 된다. 화석 자료를 통해 과학계에 알려진 종의 99% 이상은 이미 멸종했다. 그러나 현재도 멸종 속도는 놀랍도록 나타나고 있는데, 오늘날 열대지방 같은 곳에서의 매우 빠르게 가속화되는 서식지 소실을 감안해볼 때, 전 세계의 **생물다양성**(biodiversity)의 20% 정도는 이번 세기의 중반까지 사라질 것으로 추정되고 있다. 또한 생물종의 상당수는 우리가 그들의 존재를 인지하기도 전에 사라져버리고 있다. 과학자들의 추정에 따르면 전 세계 진핵생물의 15% 정도만이 동정되어 학명이 부여되었고, 이 비율도 열대지역에서는 훨씬 낮을 것으로 보고 있다.

이러한 생물종의 소실은 잘 알려지지 않은 집단의 생물에게 더 큰 영향을 주게 될 것이다. 전 세계 식물 25만 종 중에서 5만여 종이, 20만 종의 나비 중에서 4천여 종이, 8,600종의 조류 중에서 약 2천여 종들이 금세기에 사라질 수 있다. 45억 년의 지구 역사에서 인류 역사는 20만년밖에 되지 않으며, 인류가 농경을 시작한 지 1만년밖에 안 된다는 것을 고려해볼 때 이러한 사실은 매우 충격적인 것으로 받아들여진다.

현재 일어나는 멸종의 속도는 과거 상태의 연구를 통해 알 수 있다. 선사시대의 인류(*Homo sapiens*)는 새로운 지역에 들어갈 때마다 파괴를 일삼았다. 예를 들면 마지막 빙하기(Ice Age) 말기인 약 12,000년 전에 북미의 동물상은 **그림 26.9**에서 보는 것처럼 맘모스, 마스토돈, 말, 낙타, 거대한 육상 나무늘보, 검치호랑이 그리고 사자 등 현재의 아프리카와 비슷한 거대 포유류 위주의 다양성으로 구성되어 있었던 것으로 여겨지고 있다.

인류의 출현 직후 바로 74%에서 86%에 이르는 거대 동물(100파운드가 넘는 동물들)들이 멸종했다. 이러한 멸종은 사냥에 의해서 일어났으며, 간접적으로는 숲을 태우고 벌목을 통해 초래되었다. 일부 과학자들은 이러한 멸종이 기후 변화로 인해 나타났다고 주장하지만, 이 가설은 초기 빙하기에서 대량 멸종이 일어나지 않은 이유와 왜 크기가 작은 동물들이 큰 동물들에 비해 영향을 덜 받았는가에 대해서는 설명하지 못하고 있다.

전 세계적으로도 인류의 등장으로 인하여 비슷한 결과가 나타났다. 4만 년 전 호주는 하마나 표범과 비슷한 크기와 생태를 가진 9피트 높이의 캥거루와 같은 유대류와 20피트 길이의 왕도마뱀 등과 같은 매우 다양한 거대 동물들이 번창했지만 이들도 인류의 출현과 유사한 시기에 모두 사라졌다.

유사 이래 계속 진행된 멸종

역사적으로 멸종 비율은 조류와 포유류들을 통해 잘 알려져 있다. 왜냐하면 이 종들은 상대적으로 개체 크기가 커서 연구가 잘 되어 있기 때문이다. 다른 생물 종들에 대한 멸종 수치의 추정치는 들쭉날쭉하다. **표 26.1**에 제시된 자료는 확보 가능한 최적의 증거에 의거하여 만들어진 것으로 1600년부터 현재까지 멸종 기록을 보여주고 있다. 이 표에서는 1600년 이래 85종의 포유류와 113종의 조류가 멸종한 것으로 제시되어 있는데, 이는 현재 알려진 포유류의 2.1%, 조류의 1.3%에 해당한다.

대다수의 **멸종**은 최근 150년 동안에 일어났는데, 1850년에서 1950년까지는 매년 1종 그리고 1986년부터 1990년까지 매년 4종이 멸종된 것으로 나타났다. 멸종의 비율적 측면에서의 이러한 증가는 생물다양성의 위기에서 중요 요인으로 작용한다.

불행하게도 상황은 더 악화되고 있다. 그 실례로 1996년에서 2000년까지 4년 기간 동안에 심각한 멸종 위기종으로 지정된 조류의 종수는 8% 증가하였고, 최근 연구 결과에 따르면 지구 식물 종들의 절반 이상이 멸종 위기에 처해 있다고 알려졌다. 일부 연구자들은 금세기가 끝날 때까지 모든 척추동물의 2/3가 소멸할 것으로 예측하고 있다.

최근 멸종 위기가 섬에서 대륙으로 이동했다. 대부분의 생물 종들이 멸종이 발생하는 대륙에서 위협받고 있으며, 금세기

그림 26.9 인류가 나타나기 전의 북아메리카. 인류가 등장하기 이전의 북아메리카에서는 고대 북미 낙타, 검치호랑이, 거대 육상 나무늘보, 거대 시체독수리와 같은 새들과 거대한 포유류들이 존재했다.

표 26.1 지난 1600년 이후 멸종된 분류군

	기록된 멸종 현황				종 수	멸종된 분류군 비율
분류군	본토	섬지역	대양	합계		
포유류	30	51	4	85	4,000	2.1
조류	21	92	0	113	8,600	1.3
파충류	1	20	0	21	6,300	0.3
어류	22	1	0	23	24,000	0.1
무척추동물*	49	48	1	98	1,000,000+	0.01
현화식물	245	139	0	384	250,000	0.2

*많은 종에 대한 지식의 부족으로 멸종된 무척추동물의 수는 과소평가될 수 있다(같은 이유로 다른 그룹의 종 수도 더 작게 과소평가될 수 있다).

내에 이러한 지역은 멸종 위기에 직면하게 될 것이다.

일부 사람들은 인류가 멸종에 대해 관심 가질 필요가 없다고 주장하고 있는데, 이 견해에 따르면 멸종은 자연적인 현상이며 대량 멸종은 과거에도 일어났었다는 점을 근거로 제시하고 있다. 실제로 대량 멸종은 50만 년 동안 몇 번 발생했다. 그러나 현대의 대규모 멸종 사건은 몇 가지 점에서 주목해볼 만하다. 첫째, 이러한 사건은 단일 종인 인류에 의해서만 촉발되어 왔으며, 비록 종의 다양성이 종종 수백만 년에 걸쳐 회복이 될 수 있다

할지라도, 이런 기간은 우리 후손이 생물다양성에서 얻게 되는 이익이나 즐거움을 포기하고 살아야 하는 시간으로는 너무 긴 것이다.

그에 부가하여 생물다양성이 회복될지가 분명하지 않다는 점이다. 이전의 대량 멸종 이후에는 새로운 종들은 이전에 이용하던 종들의 멸종으로 인해 새롭게 유용 가능한 자원을 이용하는 쪽으로 진화했다. 그러나 오늘날 인간이 서식지를 파괴하고 스스로 이익을 위해 자원을 갈취함으로써 이러한 자원은 아쉽게도 얼마 남지 않게 되었다.

특별히 위협받고 있는 고유종

자연적으로 유일하게 그 지역에서만 발견되고, 다른 지역에서는 찾을 수 없는 종을 **고유종**(endemic species)이라고 부른다. 고유종이 살고 있는 지역은 매우 넓게 분포할 수 있는데, 그 실례로 검은체리나무는 북아메리카의 모든 온대지역의 고유종이다.

고유 식물종의 수는 지역마다 크게 다를 수 있다. 예를 들어 미국의 경우 379종의 식물이 텍사스와 그 밖의 장소에서 발견되지만, 뉴욕에서는 오직 한 종의 고유종만 존재한다. 사막, 산맥, 해안, 오래된 숲, 초지 등의 다양한 서식지를 가진 캘리포니아에는 다른 주보다 더 많은 고유종들이 살고 있다.

세계적으로 고유종이 특히 밀집되어 있는 특정한 지역이 있는데, 최근 **보존주의자**(conservationists)들은 고유종이 많지만 종이 빠르게 사라지는 지역을 **관심지역**(hotspot)이라고 명명하였다. 이러한 관심지역들로는 마다가스카르, 다양한 열대우림, 동부 히말라야, 캘리포니아, 남아프리카, 오스트레일리아 등과 같은 지중해성 기후를 가진 지역 및 그 밖의 다른 몇몇 지역 등이 제시되고 있다(**그림 26.10, 표 26.2**). 종합적으로 25개의 관심지역이 확인되었는데, 이곳에서는 육상 생물종의 절반에 가까운 종류들이 서식하고 있다.

왜 이들 지역에 많은 고유종이 분포하고 있는지가 현대 과학 연구의 관심사가 되었다. 관심지역의 일부 지역은 높은 종 다양성을 가지고 있으며, 이러한 보존지역에서는 종 다양성이 높고, 이용 가능성이 높다. 그에 부가하여 일부 관심지역들은 뉴질랜드, 뉴칼레도니아, 그리고 하와이 섬과 같은 고립된 섬들인데, 이런 외딴 섬들은 오랜 기간을 거친 진화적 다양화

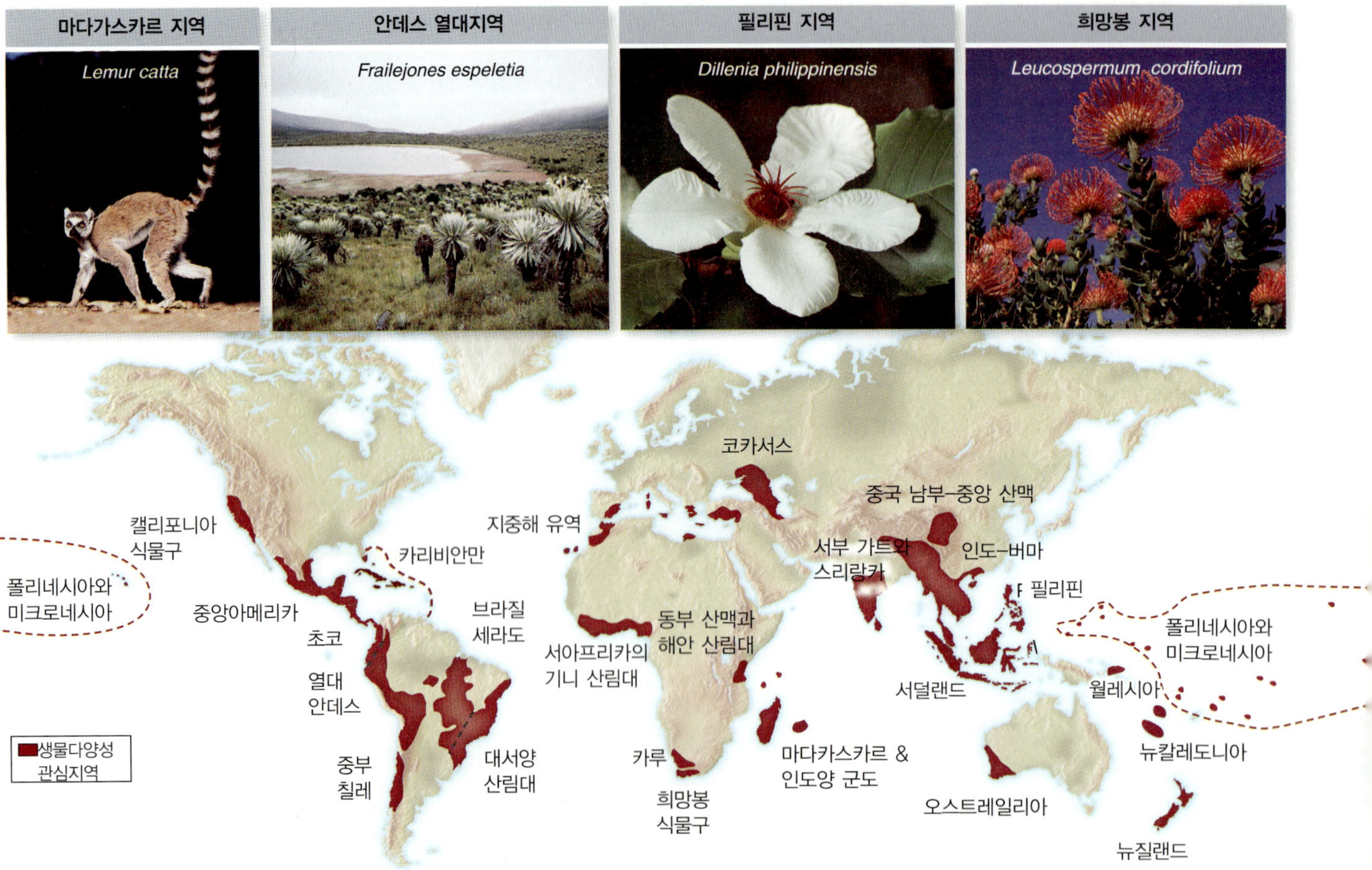

그림 26.10 고유종들이 많이 분포하는 관심지역.
이 지역들은 고유종이 풍부하고, 이런 종들이 대개 멸종 위기에 처해 있는 지역이다.

표 26.2 일부 관심지역들에서 나타나는 고유종의 수

지역	포유류	파충류	양서류	식물
대서양 해안산림	160	60	253	6,000
남아메리카 초코지역	60	63	210	2,250
필리핀 지역	115	159	65	5,832
안데스 열대지역	68	218	604	20,000
호주 남서지역	7	50	24	4,331
마다카스카르	84	301	187	9,704
남아프리카(케이프타운지역)	9	19	19	5,682
캘리포니아 지역	30	16	17	2,125
뉴칼레도니아	6	56	0	2,551
중국 남중부	75	16	51	3,500

의 결과로 어떤 다른 곳에서 발견되지 않는 특이한 식물과 동물 종들로 이루어진 풍부한 생물상을 보여준다.

관심지역의 인구 증가

관심지역에 서식하고 있는 많은 고유종들의 분포 및 서식 때문에 그들의 생물다양성을 보호하는 것은 세계의 생물학적 유산을 안전하게 보호하는 데 매우 중요하다. 또 다른 관점에서 보면 단지 세계 지표면의 1.4%만 보호해도 세계 유관속 식물의 44%, 육상 척추동물의 35%를 보호할 수 있게 되는 것이다.

불행하게도 이런 관심지역의 보존에 따라 많은 고유종들이 증가하지만 인구도 함께 증가하는 현상이 나타나고 있다. 1995년에 이런 관심지역들에 11억 명(세계 인구의 20%)이 살고 있었는데, 인구 밀도가 증가 추세를 보이고 있다. 그보다 더 중요한 문제는 이런 관심지역 지역에 사는 인구를 분석해 보면 출산율이 사망률보다 높고, 유입 인구가 증가하여 인구 밀도가 빠르게 증가하고 있다는 것이다. 이를 종합해보면 19개의 관심지역의 인구 증가율은 세계 평균 인구 증가율을 크게 초과하고 있다. 일부 평균에서는 세계 인구 증가율의 2배에 근접한 수치를 보여주고 있다.

인구 증가만 관심지역의 서식지 파괴를 초래하는 것은 아니다. 선진국 사람들의 상업적 개발도 서식지 파괴에 중요한 역할을 하였다. 예를 들면 열대우림에서의 광범위한 벌목은 미국, 서유럽 및 일본 등 세계 선진국들에 목재로 제공하게 되면서 서식지를 파괴하였다. 마찬가지로 중남미 지역의 많은 산림은 목장 건설로 인해 소실되었다. 선진국에서 이런 관심지역들이 위기에 처해 있는데, 그 이유는 이런 관심지역은 부동산 및 상업적 가치가 높기 때문으로 그 좋은 실례는 미국의 플로리다와 캘리포니아에서 잘 볼 수 있다.

2.2 생물다양성의 가치

우리는 생물다양성의 감소를 왜 염려해야 하는가? 생물다양성 보존이 우리에게 중요한 가치가 있는 이유는 다음과 같다.

직접적인 경제적 가치: 식물, 동물 및 다른 종류의 생물로부터 산물을 얻을 수 있기 때문이다.

간접적인 경제적 가치: 우리가 특정 종을 소비하지 않음으로써 만들어지는 혜택 때문이다.

윤리적 그리고 심미적 가치

많은 생물 종들은 의식주, 의약품, 의복 및 생물량(에너지와 그 외의 용도) 및 주거지와 같은 직접적인 가치를 부여한다. 세계 식량자원의 대부분은 반건조 및 열대지역에 있는 야생종의 품종 개량을 통해 얻어졌다. 결국 인류에게 중요한 작물들인 옥수수, 밀 그리고 쌀은 상대적으로 유전적 변이가 거의 없으나, 그 야생형과 유사한 종들은 높은 다양성을 보인다.

미래에는 수확량을 늘리거나 새로운 해충에 대한 저항력을 얻기 위해 유전적 변이가 요구될 것이다. 실제로 최근 농작물의 교배 실험에서 일반 작물과 유사한 야생종의 보존이 중요하게 대두되고 있다. 그 실례로 일반적으로 판매하는 토마토 상품의 주요 품종을 페루 산간지역에 서식하는 크기가 작고, 색깔이 특이한 토마토 야생종과 교배했을 때, 작물의 수확량은 50% 증가되었고, 영양소 함유량과 색소는 훨씬 더 좋아졌다. 세계 인구의 70% 정도는 의약품의 원료를 야생식물에 직접적으로 의존하고 있다. 그에 부가하여 오늘날 사용되는 처방 의약품과 비처방 의약품의 40%는 식물이나 동물의 성분에서 추출하고 있다. 전 세계적으로 가장 널리 사용되는 의약품인 아스피린은 열대 버드나무의 잎으로부터 추출되었다. 소아 백혈병을 치료하기 위한 의약품은 마다가스카르의 로시 페리윙클로부터 얻어졌

a. *b.*

그림 26.11 임상 치료 약품에 가치를 지닌 식물들.
a. 로시 페리윙클(*Catharanthus roseus*)로부터 추출한 빈블라스틴과 빈크리스틴의 두 가지 성분은 유년기 백혈병에 효과적인데, 생존율을 20%에서 95%로 증가시켜준다. ***b.*** 주목(*Taxus brevifoolia*)의 나무껍질에서 추출한 택솔(Taxol)은 항암제 성분을 함유하고 있다.

고(**그림 26.11**), 다양한 암과 기타 질병들을 효과적으로 치료할 수 있는 의약품은 태평양의 **주목**으로부터 생산되었다. 전체적으로 항암 치료제의 62%가 동물과 식물에서 유래된 산물로부터 개발되었다.

최근에 생물학자들은 어떤 종의 유전자를 다른 종에 도입시켜 종을 변형시키는 기술을 완성하였는데 그를 통해 인류는 다른 종으로부터 얻어진 유전자를 이용하여 혜택을 보기 시작했다. 유용한 유전자를 찾기 위해 동물과 식물 유전체를 찾는 이른바 전망 있는 유전자 분야가 시작되었다. 생물들의 유전자가 인간에게 유용한 성질을 가졌는지 알기 위해 지구상의 생물에서 아주 소량의 유전자만을 조사하는 것이 가능하게 되었다.

생물다양성 보존은 인류의 미래에 대한 혜택을 유지시켜준다. 그러나 불행하게도 많은 유용한 종들이 열대 우림과 같은 서식지에서 우려할 만한 속도로 파괴되고 있는 것도 현실이다.

생물군집(biological communities)의 다양성은 건강한 생태계 유지에 매우 중요하다. 생물다양성은 물의의 화학적 질을 유지하는 데 중요한 역할을 하며, 폭우와 가뭄에 의한 생태계 영향에 완충 역할을 해준다. 또한 토양을 보존하고 무기질과 영양물질의 손실을 막으며, 지역에서의 큰 기후 변화를 막고, 오염물질을 흡수하며, 무기물의 순환 및 폐 유기물의 분해를 촉진하는 데에도 중요한 역할을 한다.

생태계의 안정성 및 생산성은 종 풍부도와 직접적으로 연관되어 있다. 생물다양성의 파괴는 생태계 안정성을 감소시키고, 생산성을 저하하며, 사막화를 가속화시켜 많은 바람직하지 않은 결과들을 초래한다.

경제학자들은 원래대로 잘 유지된 서식지를 훼손된 서식지와 비교하면서 원형 서식지의 사회적 가치를 금전적인 관점에서 평가하고 있다. 놀랍게도 그동안 진행된 대부분의 연구에 따르면 온전한 생태계는 훼손된 서식지보다 훨씬 더 큰 가치를 지니고 있다. 태국에서의 한 예를 들어보면, 새우 양식장이 들어서면서 해안의 맹그로브 산림 및 서식지가 사라지게 되었다. 새우의 양식도 가치가 있었지만, 목재 및 석탄 생산, 연안 어장 및 맹그로브에 의해 제공되는 폭풍으로부터의 보호 효과 등에 대한 가치는 새우 양식의 가치를 훨씬 능가한다.

사례 연구: 뉴욕시의 수계

변하지 않은 채로 잘 보존된 생태계 가치로 가장 잘 알려진 사례로 뉴욕시의 **수계**(watersheeds)를 들 수 있다. 9백만 명의 뉴욕 시민을 위한 용수의 90%가 카츠킬산(Catskill Mountains)과 인근 델라웨어강(Delaware River)의 상류에서 온다. 4000 km^2 이상의 시골 산악지역으로부터 흘러들어온 물은 인공호에 집수되고, 이 물은 수도 관로를 통해 136.8 km를 이동하여 매일 49억 리터씩 뉴욕시로 공급된다. 1990년대에 뉴욕시는 딜레마에 빠지게 되었는데, 이는 물이 공급되는 수원지 부근에서는 개발과 수질 오염이 가속화됨에도 불구하고, 오히려 연방 정부의 새로운 수질 규제법은 더 깨끗한 물을 요구하고 있었기 때문이었다. 뉴욕시는 두 개의 선택권을 갖고 있었는데, 그것은 깨끗한 물을 제공하기 위해 생태계의 기능을 보호하는 일을 할 것인지, 혹은 뉴욕시에 오는 물을 정화하기 위해 정수장을 건설할 것인지 하는 것이었다. 비용 분석 결과 선택의 문제는 아주 명료하게 나타났다. 정수장 건설 비용은 60억 달러에 매년 운영비 3억 달러가 추가되는 데 비해 생태계 보존을 선택할 경우 10년 동안 10억 달러의 비용만으로도 가능하다는 것이었다. 따라서 결정은 아주 쉽게 내려졌다.

인간의 양심과 의식에 기반을 둔 윤리적, 미학적 가치

많은 사람들이 생물다양성을 보존하는 것이 윤리적 문제라고 믿고 있는데, 이는 인간이 모든 종들로부터 혜택을 얻지 못한다 할지라도, 그 종들의 존재 자체에 가치를 부여할 수 있기 때문이다. 윤리적 측면에서 이런 사람들은 다른 생물 종을 착취하고 파괴하는 것과 동시에 책임이 뒤따른다고 느끼고 있다. 많은 종의 생물 및 생태계 전체를 제거할 수 있고, 인간이 자행하고 있는 것에 대해 반성할 수 있는 지구에서의 유일한 생물은 바로 인간이기 때문이다. 또한 우리 주변의 생물다양성을 위해 수호자 또는 관리자로 행동해야 하는 것도 인간의 일이다.

아무도 거대한 산맥과 아름다운 꽃, 커다란 코끼리 등과 같은 생물다양성의 심미적 가치를 부정하지 않겠지만 우리가 자연에 둘러싸여 있을 때 우리의 느낌을 새롭게 해주는 가치 혹은 미적 가치를 어떻게 부여할 것인가? 그것에 대해 인간이

할 수 있는 최선책은 그것이 더 이상 존재하지 않을 때 우리가 느낄 깊은 상실감에 대해 고려해보는 것이다.

2.3 멸종을 초래하는 요인

멸종(extinction)을 초래하는 요인에는 다양한 원인들이 있는데 독자적으로 일어나거나 혹은 다른 요인들과 함께 작용하여 생겨난다. 과거에는 과도한 남획이 멸종의 커다란 원인이었는데, 이는 오늘날까지도 멸종의 주된 요인이다. 오늘날 대부분의 생물에서 가장 큰 문제점은 서식처의 소실이며, 두 번째 문제점은 외래종 도입이다. 종의 멸종에 기여하는 다른 주요 요인들에는 자연적 또는 인위적 요인으로 생태계 통로의 방해, 오염, 유전적 변이의 소실 및 재난에 따른 교란이 포함된다.

이러한 요인들 중 하나 이상이 생물 종에 영향을 미친다. 실제로 연쇄반응이 일어날 수 있는데, 어떤 종에 대한 하나의 요인이 종을 취약하게 하고, 다른 요인에 의해 더욱 더 심각하게 악영향을 받기도 한다. 예를 들어 서식처 파괴는 출생률 감소 및 사망률 증가를 야기하는데, 이러한 결과로 개체군은 크기가 점점 작아져 이를 사라지게 할 수 있는 홍수나 산불 등의 재해에 더욱 더 취약하게 된다. 또한 서식처가 보다 더 작게 분리되면서 개체군 격리가 일어나고, 집단 간 유전자 교환이 중단되고, 교란에 의해 완전히 파괴된 서식지에서는 개체군 증식이 일어나지 못하게 된다. 결국 개체군의 크기가 극히 작아짐에 따라, 근친 교배가 증가하고 **유전적 부동**(genetic drift)에 의하여 유전적 변이는 상실된다. 최후의 어떤 하나의 요인에 의한 결정적 멸종은 거의 없을 것으로 생각되며, 대부분은 많은 요인들과 그들의 상호작용이 점진적으로 종을 멸종에 이르게 할 것이다.

사례 연구: 종 감소에 처한 양서류

1963년 파충류 학자인 사베이지(Savage) 박사는 코스타리카의 구름이 덮인 원시림을 걷고 있었다. 바람이 부는 능선에 도달했을 때 그의 눈을 믿을 수가 없었다. 그의 앞에 번식을 하고 있는 거대한 두꺼비 집단이 있었는데, 두꺼비의 색이 그가 그전까지 보아왔던 그 어떤 두꺼비들과도 다른 눈 부실 정도의 밝은 오렌지색으로 매우 놀라운 것이었다(**그림 26.12**).

두꺼비의 색이 너무 놀랍고 뜻밖이어서 사베이지 박사는 잠시 평범한 두꺼비의 색이 어떻게 오렌지색이 될 수 있는지에 대한 가능성을 생각했고, 그렇게 될 수 없을 것이라고 생각한 그는 두꺼비 연구에 몰두하였으며, 결국 이 종은 금두꺼비로 학계에 신종으로 보고되었다.

그 후 24년 동안 매년 봄, 번식 기간 동안 엄청난 수의 두꺼비들을 볼 수 있었다. 이들의 서식처는 외향적으로 아주 잘 보존되어 생태계 기능을 잘 수행하는 서식지로 법적으로 몬트에버드(Monteverde) 산림 보존지역으로 정해졌고, 생태 보전

그림 26.12 멸종된 종.
1989년에 관찰된 금두꺼비(*Bufo periglenes*)의 생식 집단.

의 성공적인 모델로 인식되고 있다. 그 후 1988년에 아주 적은 수의 두꺼비만이 발견되었고, 1989년에는 단 한 마리의 수컷 두꺼비만이 관찰되었다. 이후 많은 노력에도 불구하고 더 이상 금두꺼비를 볼 수 없게 되었다.

아주 잘 보존된 생태계에서 살았음에도 불구하고, 또한 오염으로부터의 명백한 위협이나 외래종 도입, 남획이나 그 이외의 다른 요인들을 찾을 수 없는 상황에서 더욱이 과학자들과 환경보호 활동가들의 철저한 감시 하에 있었는데도 이 두꺼비는 멸종되었다. 어떻게 이런 일이 일어날 수 있었는가?

양서류의 감소는 몇 가지 이유에서 매우 걱정스러운 일로 받아들여지고 있다. 첫째, 금두꺼비를 포함한 많은 종들이 매우 잘 보호된 원시 서식처에서도 감소되고 있다. 이러한 지역에서 종들이 절멸하게 된다면, 전 세계의 생물다양성을 보존하는 인간의 능력에 의문을 던져 보아야 할 것이다.

둘째, 많은 양서류는 특히 환경 상태에 민감한데, 이는 주변 환경의 화학물질들이 체표면으로 직접 흡수되기 때문이며, 특히 양서류는 유생 시기에 수중 서식처에서 살기 때문에 오염되지 않은 깨끗한 물이 반드시 필요하다. 다른 측면에서 이전에 탄광 갱도에서 공기의 질(대기오염 정도)을 알아내기 위해 카나리아를 이용한 것과 마찬가지로 양서류를 이들에 이용할 수 있는데, 카나리아가 죽게 되면 광부들은 밖으로 빠져 나와야 한다는 것을 알고 있었다.

셋째, 양서류의 개체 수 감소 원인은 단 하나의 요인이 아닌 것이 분명하다. 단 하나의 원인이 관심의 대상일 수는 있지만, 염화불화탄소(CFCs)의 적극적 이용 감소에 의한 오존층 복원에서 보여준 바와 같이 전 세계가 환경문제를 해결하기 위해 협력한다면 현재의 상황을 뒤집을 수도 있다. 하지만 여전히 다른 생물 종들은 서식처 파괴, 지구 온난화, 오염, 성층권의 오존 감소, 풍토병, 도입된 외래종 등의 문제들에 의해 피해를 입고 있다.

종 풍부도를 파괴하는 서식처 감소

서식처의 소실은 오늘날 멸종의 가장 중요한 원인이다. 열대우림에서 해저에 이르기까지 모든 유형의 서식처에서 많은 서식지 파괴가 일어나고 있는 것을 고려해보면, 이것은 그렇게 놀랄 일이 아니다. 자연 서식처는 다음과 같은 네 가지 면에서 인간에 의해 나쁜 영향을 받고 있다:

1. **파괴**(destruction)
2. **오염**(pollution)
3. **교란**(disruption)
4. **서식처 분할**(habitat fragmentation)

이러한 원인들 외에도 앞에서 다루었던 전 세계의 기후 변화가 서서히 확산되고 있으며, 이러한 여러 요인들과 연계하여 작용하게 된다. 기후 변화에 따라 서식처는 일부 변하거나, 모두 사라질 수 있다. 이에 대한 사례로 북극곰을 들 수 있다. 북극곰은 먹이인 바다물개를 사냥하기 위해서 떠다니는 얼음이 필요하게 되었는데, 이는 기후 온난화에 따라 나타난 결과이다. 몇몇 연구에 따르면, 지구 온난화는 지구 모든 생물 종의 30%를 위험에 빠뜨리게 될 것이라고 추정하고 있다.

특정한 종들이 이용할 수 있는 서식지의 일부는 쉽게 파괴될 수 있다. 이러한 파괴는 산림 벌채, 목초지를 조성하기 위한 열대림의 불에 의한 파괴, 도시 확장 및 산업 발달 등에 의해 흔히 발생한다. 계속되는 산림 벌채는 가장 만연하고 있는 형태의 서식처 파괴이다(**그림 26.13**). 많은 열대림은 연간 1% 혹은 그 이상 벌채되거나 불에 타서 사라지고 있다.

생물 종들이 이용할 수 있는 서식처 감소의 결과를 추정하기 위해 생물학자들은 "서식지의 면적이 커지면 커질수록 생물의 종 수는 증가한다."는 잘 확립된 원리를 이용한다. 이러한 관계는 지리적인 위치, 생물의 종류, 지역의 유형 등에 따라 다르게 나타나지만, 일반적으로 서식지 지역의 면적 크기가 10배 증가하면 대략적으로 종의 수가 두 배가 된다. 다시 말해 이 관계식이 제시하는 것은 서식처 크기의 90%가 줄어들면, 서식처는 단지 10%만 남게 되고, 절반의 종들은 사라지게 된다는 것이다. 이 가설은 핀란드에 있는 섬들에 서식하는 조류 연구로부터 증명되었는데, 새들의 멸종률은 군도의 크기(면적)와 역비례한다는 것이다.

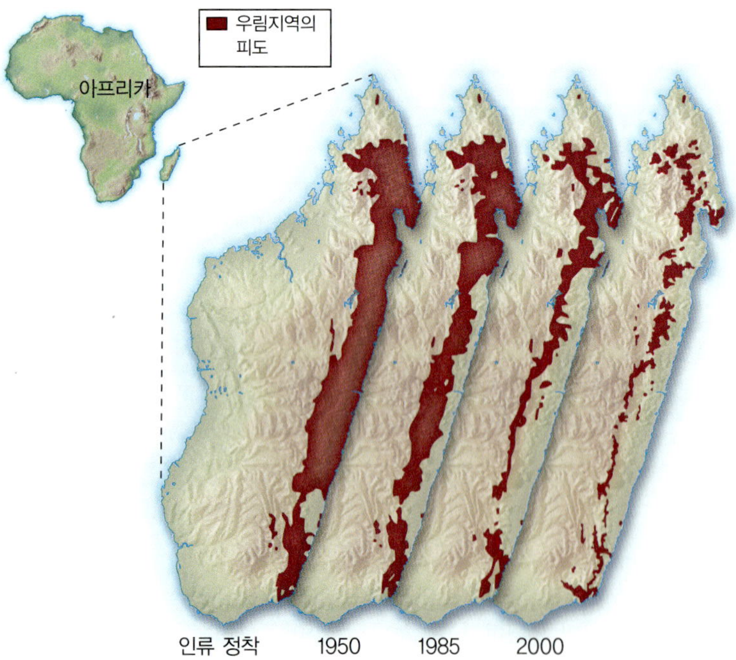

그림 26.13 서식처 파괴와 멸종.
동아프리카의 해안에서 조금 떨어진 마다가스카르 섬에서 해안을 덮고 있는 열대우림 분포도. 이 열대우림은 점진적으로 파괴되었고, 인구수가 늘어나면서 숲들 간의 단절현상도 발생했다. 현재는 동쪽 해안 원래 숲의 90%가 사라진 상태이다. 이미 많은 종이 멸종되었고, 마다가스카르의 31종의 영장류 중 16종이 멸종 위기에 처해 있다.

오염

서식지는 **오염**(pollution)에 의해 몇몇 종들이 그곳에서 더 이상 살 수 없는 정도에 이르기까지 질적으로 저하가 된다. 서식처의 질적 저하는 산성비에서부터 살충제에 이르기까지 많은 오염의 결과로 발생된다. 수환경은 특히 취약한데, 그 실례로 유럽과 북미 북부에 있는 많은 호수는 본질적으로 산성비에 의해 피해를 입고 있다.

인간의 활동은 서식처를 계속 **교란**(disruption)하면서 몇몇 종들은 더 이상 살 수 없게 된다. 예를 들어 앨라배마와 테네시에 있는 동굴에 사는 박쥐는 그곳을 찾는 관광객 때문에 지난 8년 동안 거의 100%까지 개체가 감소되었다. 매달 사람들의 동굴 방문 횟수가 1회 이하인 동굴에서는 20% 미만의 개체군이 사라졌지만, 매달 방문 횟수가 4회 이상일 때 박쥐의 개체는 86%에서 95%까지 감소되었다.

일반적으로 인간은 생물 종들 사이의 상호관계를 변화시킨다. 이러한 단절은 생태계 전체에 광범위하게 영향을 미친다. 그 실례로 꽃가루를 운반해주는 곤충들이 살충제에 의해 모두 죽어버린다면 식물은 생식을 할 수 없게 되기 때문에, 식물의 씨앗을 먹이로 하는 모든 식물 의존성 동물들은 나쁜 영향을 받게 될 것이다.

서식지 분할

서식지의 소실은 흔히 어떤 개체군의 개체수 감소를 가져올 뿐만 아니라 개체군을 분할하여 개체군 간의 연결 고리를 끊어 패치 형태의 조각으로 만든다. 서식처는 도로나 주거지가 숲을 침범하여 뚜렷하지 않게 조각으로 분할될 수도 있다. 이런 결과는 서식처에 살고 있는 개체군을 일련의 더 작은 개체군으로 만들

그림 26.14 서식지 분할의 연구. 브라질 마나우스(Manaus)의 토지 소유자들은 다양한 서식지 패치 크기에 대한 종 멸종의 영향을 테스트하기 위해 열대우림을 보존하는데 동의하였다. 생물다양성이 벌목 전과 후에 각각 격리된 패치에서 모니터링되었다. 서식지 분할은 패치에서의 중요한 종의 소실을 가져왔다. 작은 패치에서 사라진 대표적인 종들 중의 하나가 병정개미이다.

고, 이들은 종종 심각한 결과를 가져오기도 하는데, 이는 종의 멸종률이 서식지의 면적 감소와 정(+)의 상관관계를 보이기 때문이다. 상세한 자료를 찾을 수는 없지만, 선진국의 온대지역에서 야생 서식지의 분할은 매우 심각한 것으로 여겨지고 있다.

주변 서식지가 증가하면 몇몇 종의 기생 동·식물 및 포식 동물들에게 개방된 공간을 제공하게 된다. 따라서 분할된 서식지의 크기가 감소하면 할수록, 가장자리로부터 떨어져 있는 서식지의 상대적 비율은 감소하게 되고, 결과적으로 더욱더 많은 서식지가 마련되어 그 속에 다양한 종이 서식할 수 있게 된다. 서식지 분할은 다양한 생물 종의 지역적인 멸종을 가져오게 한다.

서식지 분할의 영향에 대한 사례는 브라질의 마나우스 지역에서 수행된 연구에서 확실하게 볼 수 있는데, 열대우림이 상업적으로 벌채되면서 서식처 분할이 일어난 것이다. 토지 소유자들은 다양한 크기의 열대림의 패치를 보존하는 데 동의했으며, 벌채 전에 이들 지역에서 조사를 실시하였다. 벌채가 진행된 이후 현재 고립된 패치로부터 종들은 사라지기 시작했다(**그림 26.14**). 넓은 서식 범위가 필요한 원숭이들이 제일 먼저 사라졌고, 곤충(병정개미)을 섭식하는 새들은 개미 개체군이 너무 좁은 서식지에서 집단을 유지할 수 없게 되자 새들도 사라지게 되었다. 예상된 바와 같이 멸종률은 패치의 크기와 반비례하지만, 크기가 가장 큰 서식지 패치(100헥타르)도 15년도 안되어 서식하는 조류 종의 절반이 사라졌다. 원숭이와 같은 몇몇 종들은 넓은 서식지 패치를 필요로 하기 때문에, 넓은 서식지 패치는 생물 다양성을 높게 유지하기 위해서는 필수불가결한 요인이다.

과도한 남획에 의한 종의 절멸

인간이 사냥하거나 포획한 생물 종들은 초기에 그 종이 매우 풍부하였더라도 현재 아주 중대한 멸종 위기에 놓여 있다. 1세기 전 북미의 하늘은 나그네비둘기들의 거대한 무리에 의해 덮힐 만큼 가득 찼지만, 육질이 맛이 있다고 소문나면서 이들을 멸종 위기로 몰아갔다. 거대한 무리를 지어 북미의 중앙 평원을 이동하는 들소(bison)는 간신히 같은 운명을 면했다.

상업적 시장은 흔히 종의 남획을 가져온다. 그 실례로 국제적 모피 무역은 친칠라나 비큐나, 수달 그리고 많은 고양이과 종의 상당수 개체 수를 감소시켰다. 또 다른 예로 상업적으로 매우 가치가 있는 나무의 벌목도 있는데, 서인도의 마호가니 나무의 대부분은 이미 벌목되었고, 레바논의 고산지에 넓게 퍼진 광범위한 삼나무림 역시 오늘날 극소수의 독립된 숲으로만 남아 있다.

특히 심각한 남획에 대한 예로는 북대서양에서 상거래되는 대표적 어류인 대구를 들 수 있다. 1980년대 어선들은 뉴펀들랜드의 연안에서 막대한 양의 대구를 계속해서 잡아 들였고, 개체 수는 바닥으로 하락하였다. 1992년에 대구 개체 수는 초기 개체 수의 1% 미만으로 급락하였다. 미국과 캐나다 정부는 급히 대구 어장을 폐쇄하였지만, 대구의 개체수가 회복될 수 있을지는 아무도 예측할 수 없다. 대서양의 참다랑어(bluefin tuna)는 지난 10년 동안 90%의 개체 수 감소를 보였으며, 황새치(swordfish)는 그 이상으로 감소되었다. 이 모든 사례에서 볼 때, 남아 있는 개체에 대한 극심한 남획은 개체수의 하락을 더욱 심하게 끌어내릴 것으로 예상되고 있다.

외래종에 의한 자생종과 서식지 위협

한 종이 지리학적 범위를 확장해가는 자연적 과정을 **개체군 형성**(colonization)이라고 부르는데, 이는 다양한 방법으로 일어난다. 한 무리의 새떼가 생겨나면, 새는 과실을 먹고 그 종자를 먼 지역 혹은 해수면이 낮은 지역에 배설하게 되고, 이는 이전에 격리된 장소와 그렇지 않았던 곳을 연결시켜주는 역할을 한다. 새로운 개체군이 정착하는 이런 과정은 드물게 일어나지만, 일단 일어나면 자연군집의 변화는 크게 일어날 수 있다. 그 이유는 이런 개체군 형성은 이전에 전혀 접촉한 적이 없던 새로운 생물종을 동반해오기 때문이다. 결과적으로 생태학적 상호작용은 강하게 일어날 수 있는데, 그 이유는 이런 종들이 포식자를 피하거나 경쟁을 최소화하는 방향으로 진화하지 않았기 때문이다. 고생물학적 기록에 따르면 지질학적 변화는 이전에 격리된 종을 서로 함께 다시 모이게 했다는 많은 사례들이 보고되고 있다.

개체군 형성에 대한 인간의 영향

불행히도 인간의 활동 때문에 자연적 생물 정착은 최근에 아주 희소하게 되었다. 종 도입은 인간 활동에 의해 다양한 방법으로 발생되는데, 때때로 의도적이기도 하지만 보통은 그렇지 않다. 식물과 동물은 대규모 해양 선박의 선박 평형수에 의해 이송되고, 나무로 만들어진 상자 안에 들어 있는 딱정벌레의 애벌레, 보트, 자동차, 비행기 속의 밀입국자, 심지어는 신발 바닥에 붙어 있는 진흙 속의 식물 종자 및 포자 형태로 이송될 수 있다. 몇몇 연구자의 연구를 종합해보면 약 5만 종의 많은 종들이 미국에 도입된 것으로 추정되고 있다.

인간에 의한 종 도입 효과는 엄청나게 큰 것으로 나타났다. 미국에서만 하더라도 외래종 퇴치에 소요되는 경제적인 비용을 연간 140억 달러(약 14조원)로 추정하고 있다. 예를 들어 미국 콜로라도주에서 외래 도입된 12종의 식물은 수십만 에이커 이상의 면적을 덮고 있는 것으로 나타났다. 이들 종들 중 단지 3종이 밀을 재배하는 농부에게 수십만 달러의 비용을 소비하게 한다. 같은 시기에 유럽에서 들어온 잎이 우거진 등대풀(spurge)은 토종 목초를 몰아내고 소를 위한 방목장을 손상시켜 연간 144억 달러(약 150조원)의 비용이 낭비되고 있다.

도입종의 영향은 항상 직접적이지는 않지만, 생태계를 통하여 반영될 수도 있다. 예를 들어 아르헨티나 개미는 미국 남부에 퍼져 토종개미의 개체 수를 급격히 감소시켰다. 이런 토종 개미의 멸종은 토종 개미를 먹고 사는 해안 뿔도마뱀에 악영향을 주었다. 개미의 멸종으로 도마뱀은 선호하지 않는 개미종을 섭식하였다. 게다가 본토종 개미는 씨앗을 먹어 주변에 씨앗 전파에 중요한 역할을 하는 데 비해 아르헨티나 개미는 씨앗을 섭식하지 않아 그러지 못했다. 아르헨티나 개미가 출현한 남아프리카에서는 씨앗을 퍼트리는 분산자가 사라져 최소한 한 종의 식물에서 생식 성공률이 감소한 것으로 나타났다.

그러나 도입종의 가장 심한 피해 결과는 전체 생태계가 변할 때 나타난다. 몇몇 도입된 식물종은 서식지를 완전히 황폐화시킬 수 있고, 자생종을 없어지게 하여 단일종 생존지역(즉 한 종에 의하여 점령된 지역)으로 변하게 한다. 캘리포니아에서는 한때 생산성이 높은 목초지였던 곳이 현재는 노란별엉겅퀴의 단일종이 4백만 헥타르의 광활한 면적을 차지하고 있다. 왜냐하면 이들 종의 질소 고정률이 매우 높아 토양의 질소 함량을 90배까지 증가시켰고, 그 결과 질소를 이용하는 종이 퍼지게 되었다.

사례 연구: 빅토리아 호수의 시클리드

빅토리아 호수(Lake Victoria)는 크기가 엄청나게 크고, 수심이 얕은 담수 바다로 적도의 동아프리카 중심부에 위치해 있고, 스위스 크기 만한 면적을 가지고 있다. 이 호수에는 과거에 300종이 넘는 시클리드 종이 서식할 만큼 믿기 어려울 정도의 다양한 군집의 서식처였다. 시클리드는 크기가 작고, 농어와 유사한 어류로 체장은 5~13 cm 범위에 있고, 수컷들은 매우 다양한 체색을 가지고 있다. 그러나 오늘날 이러한 시클리드 종의 대부분은 멸종 위기에 처해 있거나 멸종되었다.

많은 시클리드의 고유종이 갑자기 사라지게 된 원인은 과연 무엇일까? 1954년 맛이 아주 좋아 상업적 가치가 있는 어류인 나일농어가 빅토리아 호수에 놓여 있는 우간다 수역에 인위적으로 도입되었다. 길이가 1 m 이상까지 자라는 나일농어는 수산업의 새로운 근간을 만들었으며, 수십 년 동안 이런 농어가 중대한 영향을 미칠 것이라고는 전혀 알 수 없었다. 30년이 지난 1978년까지 나일농어는 호수로부터 포획한 모든 어류 생산량의 2% 미만을 차지하였다(**그림 26.15**).

그 후 나일농어의 개체군은 폭발적으로 증가하였고, 급속하게 호수 전체로 퍼져 시클리드를 포식하게 되는 문제가 발생하였다. 1986년에는 호수에서 잡힌 전체 어류의 80%가 나일농어였으며, 고유종인 시클리드는 사실상 사라졌다. 개방된 구역에서 서식하는 모든 종을 포함하여, 70%가 넘는 시클리드 종이 사라져버렸다.

그렇다면 무엇이 시클리드의 대멸종을 야기하였을까? 그 방아쇠 역할을 한 것은 부영양화로 여겨지고 있다. 1978년 이

그림 26.15 나일농어.
체장이 2 m, 체중이 200 kg에 달하는 이 포식성 어류는 빅토리아 호수에서 잠재적인 식량 자원으로 초기에 도입되었다. 이 종은 결국 100 여종의 시클리드 어류들을 멸종하게 만들었다.

전에는 빅토리아 호수의 용존 산소 수준은 모든 깊이에서 높게 유지되었고, 이런 농도는 수심 60 m 이상까지도 나타났다. 그러나 1989년까지 계속된 농경지에서 흘러나오는 물이나 마을이나 도시의 하수에 포함된 높은 영양염류기가 호수에 과잉 유입되면서 호수의 심층부에 심각한 산소 고갈이 야기되었고, 이는 **적조 현상**(algal bloom)을 유발시켰다. 초기에 조류(algae)를 섭식하는 시클리드는 이러한 그들의 먹이 공급 증가에 대한 반응으로 그들의 개체 수가 증가할 것이라 생각되었지만, 과거 비슷한 적조 현상이 일어났을 동안의 상황과는 다르게 나일농어가 이 상황에서 더 유익한 것으로 나타났다. 급작스러운 조류 증가로 초기의 시클리드 개체의 증가는 나일농어의 개체수를 폭발적으로 증가시켰고, 나일농어는 먹을 수 있는 모든 시클리드를 단숨에 먹어치워버린 것이다.

1990년 이후 빅토리아 호수의 상황은 더 악화되었는데, 이는 남미로부터 도입된 부유성 수초인 히야신스(*Eichhornia crassipes*) 때문이었다. **부영양화**(eutrrophic condition)가 일어난 상태에서 수초의 생식은 빠르게 일어났고, 이 수초의 두꺼운 매트가 연안대 전체를 뒤덮게 되어 결국 개방 수역에 살지 않고 연안대에 서식하는 시클리드의 연안 서식처에 산소 공급이 중단된 것이다.

규모가 작은 개체군의 취약성

많은 종의 **개체군**(population) 서식지는 점점 분할되고, 그 크기도 감소되고 있는데, 그런 개체군들은 멸종되기 쉽다.

규모가 작은 개체군들은 생존하기 어렵거나 생식력이 떨어지는 경우 멸종에 취약하다. 예를 들면 선천적으로 크기가 작은 개체군들은 홍수나 산불, 혹은 풍토병과 같은 커다란 재해를 견뎌낼 수 있는 능력이 떨어진다. 한 실례로 지금은 평원에 살던 히스헨을 들 수 있다. 히스헨은 한때 미국 동부 전체에서 흔히 볼 수 있었던 종이었지만, 18~19세기에 사냥이 거세지면서 매사추세츠의 케이프 코드 연안의 섬인 마서즈 빈야드에서 단지 하나의 개체군을 제외하고 모든 개체군이 완전히 사라졌다. 보존구역을 만들어 보호하던 이 하나의 개체군은 수적으로 증가하였으나, 결국은 대부분의 보호 서식지가 산불로 파괴되었다. 생존한 소규모 개체군은 이듬 해에 특이한 포식자 새의 집단에 의해 황폐화되었으며, 그 후에 곧 풍토병이 수반되었다. 이 히스헨이 마지막으로 목격된 것은 수컷으로 1932년이었다(**그림 26.16*a***).

그림 26.16 더 이상 존재하지 않는 종.
a. 1932년에 멸종된 것으로 보고된 히스헨(*Tympanuchus cupido cupido*)의 박물관 표본. ***b.*** 마지막 남아 있던 검은 해변참새 (*Ammodramus maritimus nigrescens*) 수컷.

개체군의 크기가 극히 작을 때, 어떤 불운은 최후를 가져온다. 예를 들면 검은 해변참새(**그림 26.16*b***)는 과거에 플로리다 연안 동쪽에서 발견되었으나, 현재는 멸종한 아종으로 5마리의 개체가 포함된 한 개체군에서 왜소화되는 현상을 보였는데 이들은 모두 수컷에서만 일어났다. 규모가 큰 개체군에서는 모든 개체들이 하나의 성으로 될 가능성이 극히 적지만 소규모의 개체군에서는 우연하게 5회 혹은 10회 혹은 심지어 20회까지 연이어 태어나는 모든 개체들이 하나의 성으로 나타날 수 있는데, 이것은 결국 이 종을 멸종으로 이끈다. 더욱이 개체군의 크기가 매우 작을 때, 개체들은 서로를 찾는 데 어려움을 겪게 되기 때문에 개체군이 멸종을 향해 질주해가게 된다.

크기가 작은 개체군은 두 번째 딜레마에 마주치게 된다. 이들은 개체 수가 적기 때문에 개체군 내에서 유전적 변이가 잘 나타나지 않아 유전적 부동이 발생한다. 규모가 작은 대부분의 개체군에서는 유전적 변이가 일어나지 않거나 일어나도 아주 적게 일어나게 되는데, 그 결과 생겨난 유전적인 측면에서의 높은 동질성은 개체군에게 큰 재앙이 될 수 있다. 유전적 변이는 개체군에 두 가지 면에서 혜택을 가져다주는데, 첫째로는 이형접합체의 장점을 들 수 있고, 둘째로는 유전적으로 다양한 개체들은 생물 종에게 해로운 열성 대립유전자의 두 복제본을 한꺼번에 갖지 않기 때문이다. 변이가 일어나지 않는 개체군에서는 병약하고, 건강이 좋지 않거나 불임 개체들이 주로 나타난다. 실험실에서 작은 크기의 개체군으로 유지되는 설치류와 초파리의 집단은 세대가 지남에 따라 각 세대마다 이전 세대에 비해 약하고, 생식능력이 감소하면서 궁극적으로는 완전히 절멸된다.

종의 멸종 원인이 전적으로 유전적 변이의 결핍 때문이라고 설명하기는 어렵지만, 동물원과 자연 개체군의 비교 연구에 따르면, 유전적으로 다양한 개체들은 그렇지 못한 개체군보다 훨씬 더 자연 적응력이 높은 것으로 밝혀졌다. 더욱이 오랜 시간 동안의 장기적 측면에서 볼 때, 제한된 유전적 변이를 가진 개체군은 환경 변화에 적응하는 능력이 떨어지는 것으로 나타났다.

2.4 멸종 위기종과 생태계 보존 방안

종의 멸종 위기에 대한 원인이 밝혀지면, 복원 계획을 수립하는 것이 가능해진다. 그리고 그 원인이 상업적인 목적을 위한 과잉 수확에 대한 것이라면, 수확을 제한하여 위협받는 종을 보호하고 규제하는 것이 가능하다. 그 원인이 서식지 교란에 의한 것이라면 서식지를 복원하는 쪽으로 계획을 수립하면 된다. 고립된 소규모 개체군에서의 유전적인 변이의 감소를 막기 위해서는 유전적으로 다른 개체군의 개체를 이식하는 방식으로 해결할 수 있다. 멸종 위기에 직면한 개체군은 그 속의 개체를 포획하여 인위적 교배 프로그램을 통해 다시 다른 적절한 서식지에 재도입시키면 된다.

이러한 문제의 해결에는 막대한 재정적 지원이 필요하다. 클린턴 정부에서 내무부 비서관을 지낸 바비트는 사건이 발생한 이후 해결하는 것보다는 사건 발생 이전에 환경적인 연쇄 파괴를 막는 것이 훨씬 경제적이라고 언급하고 있다. 즉, 위기 상황이 발생하기 전에 생태계를 보호하고 생물을 모니터링하는 것이 환경을 보존하고 멸종을 방지하는 데 있어서 가장 효과적이라는 것이다.

파괴된 서식지의 복원 가능성

보전생물학(concervation biology)에서는 전형적으로 멸종의 위기에 처해 있거나 혹은 감소 추세에 있는 개체군 및 종의 보존에 대해 다룬다. 그러나 보존을 위해서는 몇 가지 수행해야 하는 과제들이 있는데, 대부분의 상황에서 보존은 더 이상 선택 수단(option)이 될 수가 없다는 것이다. 왜냐하면 어떤 경우 종이나 군집 전체가 사라져 버리거나 회복 불가능할 정도로 교란되어 왔기 때문이다. 워싱턴주의 온대산림의 사례를 보면 벌목으로 인해 산림은 아스팔트 주차장이나 밀을 재배하는 밭의 일부가 됨으로써 더 이상 보존해야 할 것이 남아 있지 않게 되었다. 이러한 상황을 복구하기 위해서는 보존보다 복원이 더 필요하게 된다.

서식지 교란의 원인에 따라 다음에 제시되는 세 가지의 서식지 복원 프로그램이 선택될 수 있다.

원상태로 복원

모든 종들이 제거된 생태계가 있다고 할 때, **환경보존주의자**들이 원래 살던 종이 무엇인지를 알게 된다면 그 지역의 동식물들의 원상 복원을 시도할 것이다. 버려진 경작지가 초원으로 복원될 때 그 경작지에 무엇을 심어야 하는지 어떻게 알 수 있을까?

원래의 생태계 복원을 위해서는 본래의 종을 원래 분포 비율에 맞게 재건하는 것이 원칙이다. 따라서 군집의 재건을 위해서는 먼저 원래 서식하던 생물들의 실체를 알아야 하며, 각 종에 대한 생태 특성을 알아야 한다.

복원생물학자들은 같은 군집의 구성을 재창조하려고 노력하기보다는 생태계의 기능을 복원하는 것에 초점을 맞추고 있다. 이런 접근 방식은 과거처럼 단순한 종 복원 방식이 아니라 종들이 살아가는 자연 상태의 서식처에서 일어나는 과정 및 생태기능을 재건하는 데 초점을 맞추고 있다.

외래 도입종 제거

서식지는 단 하나의 외래종 도입에 의해서 파괴되기도 한다. 이런 경우의 서식지 복원 방법은 외래종을 제거하는 것이다. 한때 빅토리아 호수의 다양했던 시클리드 종의 복원을 위해서 멸종 위기 종을 증식시켜 다시 방류하였는데, 이를 통해 외래종인 워터 히야신스와 나일농어의 개체들은 조절되거나 퇴치될 것이고, 부영양화는 개선될 수 있게 된다.

외래종의 퇴치가 결정되면 신속한 조치를 취하는 것이 중요하다. 아주 공격적인 아프리카 벌이 우연히 브라질에 전파되었을 때, 그들은 그 지역에 단지 일부 계절에 제한적으로 남아 있었다. 그러나 현재 이들은 서쪽 반구의 대부분 지역을 점유하고 있다.

정화와 복원

화학적 오염에 의해서 심각하게 훼손된 서식지는 오염물질이 **정화**(cleanup)되어야만 **복원**(rehabilitation)이 가능하다. 뉴잉글랜드에 있는 나슈아강의 복원은 이런 성공적인 사례를 제시하고 있는데, 복원 시 어떻게 협력해야 심하게 오염된 서식지를 원래 상태에 가까운 서식지로 복원하는지를 보여주고 있다.

한때 염료제조 공장으로부터 배출되는 화학물질에 의해 심하게 오염되었던 강물은 현재 맑게 바뀌었고, 그에 따라 여가 활동에도 잘 이용되고 있다.

포획에 의한 번식 프로그램을 이용한 위기종 구제

한 종 또는 몇 종에 국한해 복원 계획을 수립할 경우, 멸종으로부터의 위협을 피하기 위해 자연 개체군에 직접 개입해야 한다.

사례 연구: 송골매

미국에서 송골매 같은 맹금류의 개체수는 2차 세계대전 직후에 급감하였다. 1942년 미시시피강의 동부에는 약 350쌍의 송골매가 살았는데, 1960년에는 모두 사라졌다. 이 사건의 주범은 다름 아닌 화학 살충제인 DDT로 밝혀졌다.

미국 동부 지역에서의 맹금류의 개체 수를 급격히 감소시키는 원인이 되었던 DDT는 1972년 연방 법안에 의해 사용이 중지되었으나 송골매의 복원을 위한 자연 개체군은 더 이상 미국 동부지역에서는 남아 있지 않았다. 이에 따라 1970년에 코넬대학교에서는 이 종을 포획하여 인위적으로 교배하는 포획육종프로그램(captive breeding program)을 확립하였다. 이를 위해 타 지역에서 입수해온 성체 송골매 교배를 실시하였고, 이렇게 얻은 새끼를 동부지역에 풀어줌으로써 송골매를 복원하는 데 목적을 두었다. 1986년 말경 850개체 이상이 동부의 13개 주에 각각 방류되었고, 그것은 놀랄 만큼 잘 복원되었다(**그림 26.17**).

다차원적으로 접근하는 현재의 보존

보존주의자들은 과거로부터 계속 서식지 분할의 문제를 해결하려고 노력해 왔는데, 이들은 주로 국립공원이나 보존지정 지역에서 전혀 훼손되지 않은 원래의 자연 상태로 보존하는 데에만 힘써왔다. 그러나 시간이 지나면서 분명한 사실은 어떤 지역에서 보호받을 수 있는 면적은 제한되어 있다는 것이다. 더욱이 대다수 지역은 완전하게 보호받지 못하고 있음에도 불구하고, 이런 지역들이 많은 종에게 여전히 적절한 서식지를 제공하고 있다는 것이다.

그 결과 보존 계획에는 점진적으로 다차원적인 방법들이 요구되고 있다. 즉, 보존 계획은 원상태의 지역뿐만 아니라 어느 정도 인위적 교란이 허용된 주변 지역도 포함되어야 한다는 다차원적인 특성을 요구하고 있는 것이다. 앞에서 살펴본 바와 같이 종의 소실은 대규모로 보호되는 서식지에 비해 고립된 서식지의 패치에서 더 빠르게 일어난다. 따라서 다소 교란이 있는 지역을 보존 계획에 포함하면, 여러 종들에게 이용할 수 있는 전체 면적의 양은 증가된다.

오랜 기간을 거쳐 토지의 광범위한 지역을 성공적으로 관리하기 위한 핵심 요소는 지역적 토지 이용도를 적절한 방법으로 관리하는 것이다. 예를 들면 원시상태로 보존되는 핵심 구역에 어떤 경제적 활동도 허용되지 않을지라도, 나머지 토지는 자원을 파괴하지 않으면서 수확할 수 있는 방식으로 이용하면 된다. 몇몇 종에 대한 사냥이 허가된 지역에서도 다른 많은 종을 보호할 수 있다.

생태통로(corridor)는 원래의 잘 보존된 지역들이 서로 떨어져 있을 때 이런 지역들을 서로 연결해 생물들의 확산에 도움을 주는데, 이는 결국 생물의 개체군 증가 효과를 가져오며, 어떤 개체군이 재난에 의해 소실되었을 때 개체군의 재생 효과를 준다. 생태통로는 일년 내내 장거리를 이동하는 생물종도 보호해줄 수 있다. 동아프리카의 생태통로는 유제류의 이동로를 제공해주었다. 코스타리카에서 생태통로는 저지대의 열대우림 지역(라셀바 생물관측소 지역)을 산악지대의 열대우림(바우리오 카릴로 국립공원 지역)과 연결시켜주는 역할을 하여, 조류, 포유류 및 나비류 등의 많은 생물 종들이 고도 간에 이동하는 것을 가능하게 만들어주었다.

보존 구역이 아주 광범위한 경우에 대한 관심 외에 최근에 보존생물학자들은 생물다양성 유지를 위한 또 다른 최상의 방법으로 특정 종에 대한 관심보다는 원형 그대로의 생태계로 보존하는 데 주안점을 두고 있다. 이러한 이유 때문에 대부분의 경우 보존주의자들의 관심은 보존이 가장 필요한 생태계를 먼저 찾아내고, 보호하기 위한 수단을 고안해내는 것인데, 이런 관심은 결국 생태계 내에 있는 생물종을 보호할 뿐만 아니라 생태계 기능까지 보호하게 만든다. 이와 같은 관심은 이들 보호 구역의 규모가 커야 하며, 수계와 같은 구성 요소들을 보호하여 보호 구역 밖의 활동으로 인해 보호구역 내의 생태계가 위협받지 않도록 해야만 한다.

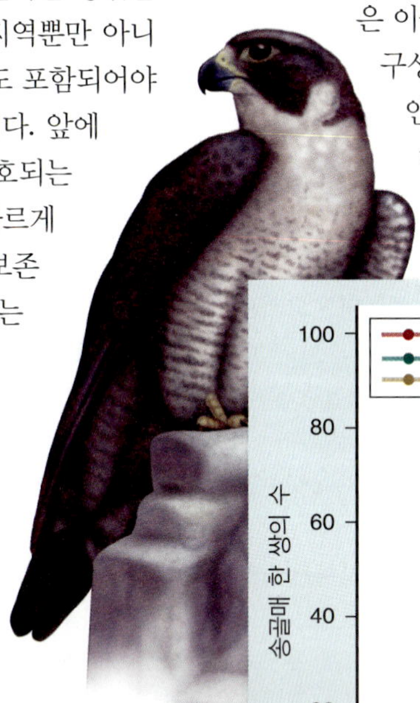

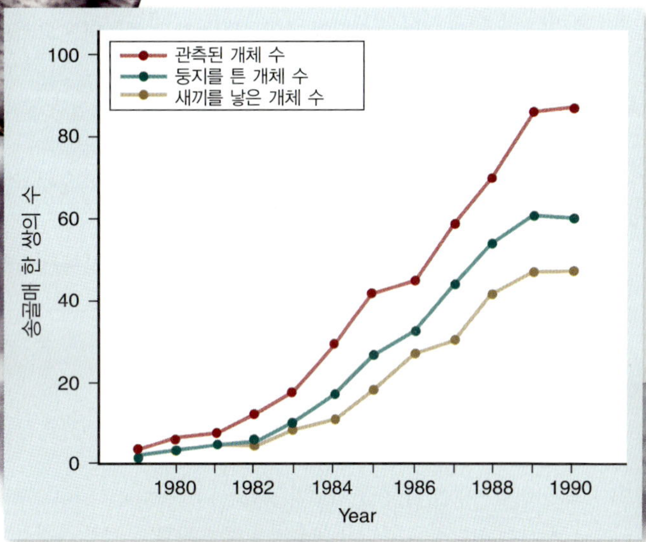

그림 26.17 포획 교배의 성공률.
포획 교배한 송골매(*Falco peregrinus*)는 10년의 기간에 걸쳐 이입되어 결국 미국 동부에 완전히 자리를 잡게 되었다.

Exercise

연 습 문 제

1. 코리올리의 효과는?
   a. 지구의 자전에 의해 유도된다.
   b. 적도지방에서 계절적 변화가 거의 없기 때문이다.
   c. 지구의 바람순환 패턴을 유도한다.
   d. 지구의 바람 및 해수 순환 패턴을 유도한다.
2. 비그늘 효과에 따르면, 공기가 상승하면서 냉각되고 가라앉으면서 열을 흡수하게 되어 습하거나 건조한 산맥의 경사면을 형성하게 되는데, 공기가 수분을 흡수하는 힘은?
   a. 직접적으로 대기온도와 관계되기 때문이다.
   b. 대기온도와 역 상관관계를 갖기 때문이다.
   c. 기온에 의해 영향을 받지 않기 때문이다.
   d. 대기온도의 변화를 만들기 때문이다.
3. 생물농축 현상은?
   a. 영양단계가 높아질수록 생물 조직 속에 오염물의 농도가 증가한다.
   b. 오염물질 효과는 생물내 화학적 상호작용에 의해 증폭된다.
   c. 생물을 해부현미경 하에서 관찰될 때 일어난다.
   d. 생물에 의해 일단 소화되면 오염물질 농도는 예측되는 효과보다 더 크다.
4. DDT와 같은 살충제가 저농도에서 유해하지 않고 적절히 잘 이용된다면, 비표적 생물에 어떻게 위협을 가하게 되는 것일까?
   a. DDT에 노출된 이후에도 일부 생물들은 비록 낮은 농도이긴 하지만 알레르기 반응이 생기기 때문이다.
   b. DDT 분자는 서로 상호 결합하여 시간이 경과하면서 농도가 상승하기 때문이다.
   c. DDT와 같은 화학물질의 농도는 상위 영양단계에서 농도가 더 증가하기 때문이다.
   d. 지구 온난화와 UV-B 노출은 DDT 분자들에게 강력한 힘을 생성하기 때문이다.
5. 보존 관심지역을 가장 잘 기술한 것은?
   a. 빠르게 사라지고 있는 고유종들이 많은 지역
   b. 적극적으로 종 다양성을 지키려고 노력하는 사람들이 사는 지역
   c. 멸종률이 높은 섬 지역
   d. 토착종이 도입종으로 대체된 지역
6. 생태계가 제공하는 간접적인 경제적 가치는
   a. 생태계 복원 후 이용에서 발생되는 경제적 가치를 초과하지 않는다.
   b. 그 가치는 신중하게 결정되지 않았다.
   c. 생태계 복원에 드는 비용보다 훨씬 클 것이다.
   d. 전적으로 미적인 부분에 관한 것이다.
7. 지금까지 존재하던 종들의 99%가 멸종했다.
   a. 이는 현재의 멸종률이 정상보다 높지 않다는 것에 대한 증거가 될 수 있다.
   b. 이들 소실의 대부분은 지난 400년 동안에 발생했다.
   c. 이는 지구에 생물종이 너무 많았다는 것을 보여준다.
   d. 상기 설명은 모두 틀리다.
8. 생태계에 외래 포식자를 도입하는 것은 어떤 이유에 의해 멸종을 초래 할 수 있는가?
   a. 상부에서 하부로 영양단계 연쇄작용에 의해
   b. 토착 포식자의 과도한 경쟁에 의해
   c. 고유종들이 적응하지 못한 기생충의 전파에 의해
   d. 위의 설명 모두가 옳다.
9. 세계적으로 발생되는 요인들로 인해 양서류 개체군들이 전 세계적으로 감소한다는 증거가 있다. 이 멸종이 자연스러운 작용이라고 알고 있는데, 양서류의 전 지구적인 멸종이 자연스러운 멸종과 다르다는 것을 어떻게 알 수 있는가?
10. 생태계를 복원하는 일은 항상 비용이 소요되고, 혜택도 있다. 보통 혜택은 사회의 각 분야로 흘러들어가고, 소요 비용은 사회 전체가 부담한다. 따라서 언제, 어떻게 생태계를 변화시킬 것인가를 결정하는 것은 어려운 일이다. 그러나 우리가 오늘날 이해하는 방식으로 생태계를 바꾸는 것은(예, 맹그로브 숲에서 새우 양식장으로 전환) 문제가 되는가? 이런 결정을 할 때 지표가 될만한 다른 예가 있는가?

찾아보기

국문 찾아보기

ㄱ

ㄴ

ㄷ

ㄹ

ㅁ

ㅂ

ㅅ

ㅇ

ㅈ

ㅍ

ㅎ

기타

영문 찾아보기

A

B

C

D

H

I

J

K

L

M

N

O

P

Q

R

S

T

U

V

W

X

Y

Z

생명과학의 이해

발 행 일 | 2013년 2월 25일 1쇄 발행
저 자 | Raven, Johnson, Mason, Losos, Singer
역 편 자 | 방 재 욱 외
발 행 인 | 김 중 현
발 행 처 | **녹 문 당**
주 소 | 서울특별시 마포구 염리동 36-249 (202호)
전 화 | (02) 713-2711
팩 스 | (02) 713-2710
등록번호 | 서울 제 19-100호

ISBN: 978-89-88684-76-4 93470

정 가 | 30,000원